AF670102

Kurt E. Geckeler
Heiner Eckstein
(Hrsg.)

Bioanalytische und biochemische Labormethoden

Kurt E. Geckeler
Heiner Eckstein
(Hrsg.)

Bioanalytische und biochemische Labormethoden

Mit 209 Abbildungen und 84 Tabellen

Die Deutsche Bibliothek – CIP-Einheitsaufnahme

Der Verlag Vieweg ist ein Unternehmen der Bertelsmann Fachinformation GmbH.

http://www.vieweg.de

Druck und buchbinderische Verarbeitung: Hubert & Co., Göttingen
Gedruckt auf säurefreiem Papier
Printed in Germany

ISBN 3-528-06418-8

Vorwort

In sehr vielen interdisziplinären Gebieten, vor allem in den Bio- und Materialwissenschaften und auch in der Medizin, hat eine Vielfalt von Labormethoden Eingang in die Praxis gefunden, die es dem Wissenschaftler und Anwender fast unmöglich macht, sie alle zu überblikken, geschweige denn zu beherrschen.

In Anlehnung an unser Buch „Analytische und präparative Labormethoden“, das überwiegend organisch-chemisch orientiert ist, konzipierten wir in Fortsetzung eine Zusammenstellung von Labormethoden, jedoch hier mit dem Schwerpunkt auf biochemischen Methoden. Diese nehmen in der heutigen Laborpraxis eine dominante Rolle ein, und es ist aufgrund der Vielzahl von Methoden schwierig, einen Überblick zu behalten.

Mit diesem Buch wird der Versuch unternommen, zu einer Reihe von Methoden einen Einstieg in kompakter Form zu ermöglichen. Es ist für Wissenschaftler und Praktiker gedacht, die grenzüberschreitend Forschung betreiben oder Routineuntersuchungen durchführen. Ein großer Teil des Inhalts des Buches ist auf der Basis von akademischen Veranstaltungen und Fortbildungskursen entstanden und daher praxiserprobt. Es soll daher auch eine fundierte Informationsquelle für die Aus- und Weiterbildung darstellen.

Hierzu wurden nicht nur allgemeine Methoden, wie Chromatographie, Elektrophorese und enzymatische Methoden berücksichtigt, sondern auch die Trennung, Reinigung und Sequenzanalyse von Biopolymeren, Radioisotopenmethoden und immunologische Methoden ebenso wie die Elektroanalytik miteinbezogen. Schließlich wurden auch neuere Entwicklungen, wie Elektrospray-Massenspektrometrie und Biosensorik, berücksichtigt.

Das bewährte systematische Einteilungsraster mit Definition, Einleitung, Durchführung, Fehlerquellen, Dokumentation und Literatur wurde dabei weitestgehend beibehalten. Zahlreiche Bilder und Beispiele dienen zur Veranschaulichung und Erleichterung des fachübergreifenden Einblicks.

Allen Autoren sei für die anschauliche und verständliche Darstellung ihres Fachwissens herzlich gedankt. Bedanken möchten wir uns auch für eine Reihe von Reproduktionsgenehmigungen von Verlagen und Firmen. Dank gesagt sei auch der Lektorin des Verlages, Frau Dr. A. Schulz, die mit ihrem Sachverstand und Engagement wesentlich mit zum Gelingen des Werkes beigetragen hat. Schließlich gebührt auch unseren Familien Dank für die Geduld und das Verständnis, die bei der Herausgabe eines solchen Werkes erforderlich sind.

Mai 1998 — Die Herausgeber

Inhaltsverzeichnis

Vorwort V

Inhaltsverzeichnis VI

Autorenverzeichnis XI

1 Allgemeine Methoden 1

1.1 Chromatographie von biologischen Materialien 1
Heiner Eckstein

1.1.1 Trennprinzipien 11
1.1.2 Miniaturisierung in der HPLC 24

1.2 Elektrophoretische Trennmethoden (ZE, ITP, IEF) 26
Harald Stransky und Heiner Eckstein

1.2.1 Zonenelektrophorese (ZE) 27
1.2.2 Isotachophorese (ITP) 48
1.2.3 Isoelektrische Fokussierung (IEF) 48
1.2.4 Kapillar-Elektrophorese (HPCE) 62

1.3 Enzymatische Testmethoden 69
Rolf Gebhardt

1.3.1 Bestimmung der Enzymaktivität 69
1.3.2 Enzymatische Konzentrationsbestimmung 97

1.4 Zentrifugation 115
Harald Stransky und Kurt E. Geckeler

1.4.1 Grundlagen 115
1.4.2 Hochgeschwindigkeits-Zentrifugation 122
1.4.3 Präparative Ultrazentrifugation 124
1.4.4 Analytische Ultrazentrifugation 144

1.5 Zellaufschlußverfahren 145
Harald Stransky und Heiner Eckstein

1.5.1 Aufschluß durch schwache Scherkräfte 151
1.5.2 Osmolyse 151
1.5.3 Aufschluß durch Einfrieren und Auftauen 151

1.5.4 Aufschluß durch Trocknen der Zellen ... 152
1.5.5 Zermahlen ... 153
1.5.6 Zellhomogenisatoren ... 157
1.5.7 Ultraschallgeräte ... 158
1.5.8 Zellaufschluß durch Druck ... 159

1.6 Trennung und Reinigung von Biopolymeren ... 160
Kurt E. Geckeler

1.6.1 Einführung ... 160
1.6.2 Isolierung und Trennung ... 161
1.6.3 Trennung von Biopolymeren ... 162
1.6.4 Reinigungsverfahren ... 163
1.6.5 Fällungsprozeduren ... 165
1.6.6 Membrantrennverfahren ... 168
1.6.7 Sonstige Verfahren ... 172
1.6.8 Qualitativer Nachweis von Biopolymeren ... 172
1.6.9 Anwendungsbeispiele ... 175

2 Spezielle Methoden ... 180

2.1 Sequenzanalyse von Proteinen ... 180
Stefan Stevanoviç

2.1.1 Grundlagen ... 180
2.1.2 Materialien ... 181
2.1.3 Geräte ... 181
2.1.4 Vorbereitung ... 182
2.1.5 Durchführung ... 182
2.1.6 Auswertung ... 186
2.1.7 Fehlerquellen ... 190
2.1.8 Ausblick ... 190

2.2 DNA-Sequenzanalyse ... 192
Herbert Schott

2.2.1 Sequenzanalyse langkettiger DNA-Fragmente ... 192
2.2.2 Sequenzanalyse von Oligonucleotiden mit Hilfe des Fingerprints („Wandering Spot“-Methode) ... 213

2.3 Analyse von Kohlenhydraten ... 218
Hermann Bauer

2.3.1 Hydrolysemethoden ... 220
2.3.2 Quantitative Bestimmungsmethoden ... 224

2.3.3 Methoden zur Strukturaufklärung 238

2.4 Manometrische Messung von Gaswechselprozessen (nach Warburg) 244
Harald Stransky

2.5 Electrospray-Massenspektrometrie 250
Jörg W. Metzger

2.5.1 Besondere Arbeitsmethoden 253
2.5.2 Hochleistungsflüssigkeitschromatographie-Massenspektrometrie (HPLC-MS) 257

2.6 Photometrische und fluorimetrische Methoden für Ionentransportmessungen 263
Harald Stransky und Heiner Eckstein

2.6.1 Messung des Protonentransports an Membran-Vesikeln mit der Neutralrot-Methode 265
2.6.2 Messung von Ca^{2+}-Konzentrationen mit der Indo-1-Methode 267

3 Radioisotopenmethoden 271
Heiner Eckstein und Harald Stransky

3.1 Markierungsverfahren 276

3.2 Meßtechniken 277
3.2.1 Flüssigkeitsszintillationszähler (LSC) 279
3.2.2 Gammazähler 290
3.2.3 β, γ-Direktmessungen von DC, Elektrophorese und Schnitten 293

4 Elektroanalytische Methoden 301
Bernd Speiser (4.1-4.5)

4.1 Allgemeines 301
4.1.1 Elektroanalytische Methoden 301

4.2 Grundlagen 302
4.2.1 Prozesse an einer Elektrode 302
4.2.2 Theorie 303
4.2.3 Einteilung der elektroanalytischen Methoden 307
4.2.4 Aufbau eines elektroanalytischen Experiments 310
4.2.5 Die Bestandteile einer elektroanalytischen Zelle 311

4.3 Potentiostatische Methoden 327
4.3.1 Cyclische Voltammetrie 327
4.3.2 Chronoamperometrie 345

4.3.3 Chronocoulometrie und Coulometrie bei konstantem Potential 350
4.3.4 Präparative Elektrolyse bei konstantem Potential 353

4.4 Galvanostatische Methoden 355
4.4.1 Chronopotentiometrie und Coulometrie bei konstantem Strom 355
4.4.2 Präparative Elektrolyse bei konstantem Strom 359

4.5 Spezielle, moderne elektrochemische Methoden 360
4.5.1 Spektroelektrochemische Methoden 360
4.5.2 Elektrochemische Detektion 363
4.5.3 Verwendung von Ultramikroelektroden 367
4.5.4 Simulation elektrochemischer Experimente 369

4.6 Biosensoren 371
Wolfgang Göpel und Peter Heiduschka

4.6.1 Definition und Klassifizierung von Biosensoren 371
4.6.2 Anwendungen 397

5 Immunologische Methoden 416

5.1 Immundiffusion und Immunelektrophorese 416
Wilhelm K. Aicher

5.1.1 Einleitung 416
5.1.2 Immundiffusion, experimentelles Design 419
5.1.3 Immunelektrophorese, experimentelles Design 426

5.2 Immunfluoreszenz (IF) 429
Armin Saalmüller

5.2.1 Die Einfarbenimmunfluoreszenz 435
5.2.2 Zweifarbenimmunfluoreszenz 440
5.2.3 Dokumentation 450
5.2.4 Anwendungsbereich 454

5.3 Immunpräzipitation und Western Blotting 454
Gerd Klein und Claudia Müller

5.3.1 Immunpräzipitation 454
5.3.2 Western Blotting 465

5.4 Epitopmapping und ELISA 475
Annette Beck-Sickinger und Wilhelm K. Aicher

5.4.1 Epitopmapping 475
5.4.2 ELISA (Enzyme Linked ImmunoSorbent Assay) 495

Anhang

Heiner Eckstein

A Laborsicherheit **499**

B Strahlenschutz **517**

C Entsorgung von Laborabfällen **555**

Sachwortverzeichnis **560**

Autorenverzeichnis

Priv. Doz. Dr. Wilhelm K. Aicher
Orthopädische Universitätsklinik
Pulvermühlstr. 5
D-72070 Tübingen

Tel: 07071-298 6045
Fax: 07071-29 45041
email: wilhelm.aicher @uni-tuebingen.de

Prof. Dr. Hermann Bauer
FB Technische Chemie
Georg-Simon-Ohm-Fachhochschule
Keßlerplatz 12
D-90489 Nürnberg

Tel.: 0911-5880 138
FAX: 0911-5880 139

Prof. Dr. Annette Beck-Sickinger
ETH Zürich, Dept. Pharmazie
Winterthurerstr. 190
CH-8057 Zürich

Tel.: 0041-1-635 6063
e-mail: beck-sickinger@pharma.ethz.ch

Prof. Dr. Heiner Eckstein
Institut für Organische Chemie
Universität Tübingen
Auf der Morgenstelle 18
D-72076 Tübingen

Tel: 07071-297 6211
FAX: 07071-29 4193
e-mail: heiner.eckstein@uni-tuebingen.de

Prof. Dr. Dr. Kurt E. Geckeler
derzeit:
Dep. of Materials Sci. and Engineering
Kwangju Inst. of Science & Technol.
572 Sangam-dong, Kwangsan-gu
Kwangju 506-303, South Korea

(Adresse siehe Prof. Eckstein)

Tel.: 0082-62-970 2316
FAX: 0082-62-970 2338
e-mail: keg@eunhasu.kjist.ac.kr

Prof. Dr. Rolf Gebhardt
Institut für Biochemie
Universitätsklinikum
Liebigstr. 16
D-04103 Leipzig

Tel.: 0341-97 22100
FAX: 0341-97 22109

Prof. Dr. Wolfgang Göpel
Inst. für Physikalische Chemie
Universität Tübingen
Auf der Morgenstelle 8
D-72076 Tübingen

Tel.: 07071-297 6904
FAX: 07071-297 5490
e-mail: wg@ipc.uni-tuebingen.der

Dr. Peter Heiduschka
Universitätsklinik Münster
Abtlg. Exp. Ophthalmologie
Domagkstr. 15
48149 Münster

Tel.: 0251-83 56917
FAX: 0251-83 56916
e-mail: krabal@uni-muenster.de

Priv. Doz. Dr. Gerd Klein
Medizinische Universitätsklinik
Abteilung Innere Medizin II
Otfried-Müller-Str. 10
D-72076 Tübingen
Tel.: 07071-298 4465
FAX: 07071-29 4464
e-mail: gerd.klein@med.uni-tuebingen.de

Prof. Dr. Jörg W. Metzger
Institut für Siedlungswasserbau,
Wassergüte- und Abfallwirtschaft
Universität Stuttgart
Bandtäle 2
D-70569 Stuttgart
Tel.: 0711-685 3721
FAX: 0711-685 3729
e-mail: joerg.metzger@iswa.uni-stuttgart.de

Prof. Dr. Claudia Müller
Medizinische Universitätsklinik
Abteilung Innere Medizin II
Otfried-Müller-Str. 10
D-72076 Tübingen
Tel.: 07071-298 3682
FAX: 07071-29 5755
e-mail: claudia.mueller@med.uni-tuebingen.de

Dr. Armin Saalmüller
BFA für Viruskrankheiten
Paul-Ehrlich-Str. 28
D-72076 Tübingen
Tel.: 07071-967 256
FAX: 07071-967 303
e-mail: armin.saalmueller@tue.bfav.de

Prof. Dr. Herbert Schott
Institut für Organische Chemie
Universität Tübingen
Auf der Morgenstelle 18
D-72076 Tübingen
Tel.: 07071-297 6220
FAX: 07071-65782
e-mail: herbert.schott@uni-tuebingen.de

Prof. Dr. Bernd Speiser
Institut für Organische Chemie
Universität Tübingen
Auf der Morgenstelle 18
D-72076 Tübingen
Tel.: 07071-297 6205
FAX: 07071-29 5518
e-mail: bernd.speiser@uni-tuebingen.de

Dr. Stefan Stevanoviç
Institut für Zellbiologie
Universität Tübingen
Auf der Morgenstelle 15
D-72076 Tübingen
Tel.: 07071-298 7654
FAX: 07071-29 5653
e-mail: stefan.stevanovic@uni-tuebingen.de

Dr. Harald Stransky
Botanisches Institut
Universität Tübingen
Auf der Morgenstelle 1
D-72076 Tübingen
Tel.: 07071-297 4240
FAX: 07071-29 5344
e-mail: harald.stransky@uni-tuebingen.de

1 Allgemeine Methoden

1.1 Chromatographie von biologischen Materialien

Als Chromatographie bezeichnet man eine Methode zur Trennung von Substanzen, bei der sich die zu trennenden Moleküle (oft Makromoleküle) zwischen einer unbeweglichen (stationären) und einer beweglichen (mobilen) Phase verteilen. Je nach ihren physikalischen Eigenschaften halten sich die verschiedenen Moleküle in beiden Phasen unterschiedlich lange auf und können daher voneinander getrennt werden.

Zur Chromatographie von biologischen Substanzen müssen zusätzliche Faktoren berücksichtigt werden, z. B. anderes Diffusionsverhalten von Makromolekülen im Vergleich zu kleinen Molekülen, nachteiliger Einfluß von Metallionen auf einige biologisch aktive Substanzen.

Grundlagen

Die allgemeinen Grundlagen der Chromatographie bei Normal-, Mitteldruck (MPLC) und Hochdruck (HPLC) werden in den *Analytischen und präparativen Labormethoden* (Verlag Vieweg, Braunschweig **1987**) bereits ausführlich behandelt. In diesem Kapitel werden besonders chromatographische Methoden im Hinblick auf biologische Stoffklassen berücksichtigt.

Der Erfolg einer chromatographischen Trennung hängt neben der Auswahl des richtigen Trennprinzips (Adsorptions-, Verteilungs-, Ionenaustausch- oder Gelchromatographie) von mehreren Faktoren ab:

- Selektivität des Systems Säulenfüllmaterial/Elutionsmittel
- Betriebsbedingungen (Fließgeschwindigkeit, Temperatur, Viskosität des Elutionsmittels)
- Konstruktion und Dimension der Säule
- Belastbarkeit der Säule (maximale Probemenge)
- Güte der Säulenpackung
- Korngröße und Korngrößenverteilung des Füllmaterials
- Mittlerer Porendurchmesser der Partikel
- Konstruktionsmerkmale der gesamten Chromatographieanlage:
  - Probenaufgabesystem
  - Totvolumina in den Verbindungsschläuchen und der Detektorzelle
- Probenvorbereitung

Im folgenden sind die Parameter für chromatographische Trennprozesse zusammengefaßt.

Die Güte einer Trennung (Trennleistung der Säule) hängt außer von der Homogenität der Säulenpackung wesentlich von der raschen Einstellung des Adsorptions-/Desorptionsgleichgewichts bzw. des Verteilungsgleichgewichts ab. Ein Maß für die Trennleistung ist die *Zahl der theoretischen Böden N* einer Säule (= Trennstufenzahl). Da dieser Wert direkt von der Säulenlänge abhängt, lassen sich verschiedene Säulen nicht direkt miteinander vergleichen. Eine bessere Größe stellt die *Trennstufenhöhe H* dar. Je kleiner H ist, desto besser ist die Trennleistung. Sie kann aber auch durch die Selektivität des Trennsystems Säulenfüllmaterial/Elutionsmittel entscheidend beeinflußt werden.

In Bild 1.1 sind die wesentlichen Größen, die in der Flüssigkeitschromatographie benötigt werden, dargestellt.

Zur Beurteilung und quantitativen Beschreibung einer Trennung dient die *Auflösung R* zweier benachbarter Banden B_1 und B_2 (Bild 1.1). In der HPLC und Gaschromatographie verwendet man Retentionszeiten t an Stelle der in der Niederdruck-Flüssigkeitschromatographie oft verwendeten Elutionsvolumina V_e – dies ist aber kein prinzipieller Unterschied. Bringt man die Wendetangenten der Banden mit der Abszisse zum Schnitt, dann bezeichnet man die Abszissenabschnitte als *Basisbreiten* w_1 bzw. w_2. Die *Auflösung R* ist dann definiert als

$$R \text{ oder } R_{2,1} = \frac{2\left(t_{R_2} - t_{R_1}\right)}{w_1 + w_2} \qquad \text{Auflösung } R$$

Die Auflösung R ist somit eine dimensionslose Zahl. Treffen sich die beiden Basisbreiten genau, dann ist die Auflösung $R = 1$. Da der tatsächliche Kurvenverlauf zu breiteren Banden

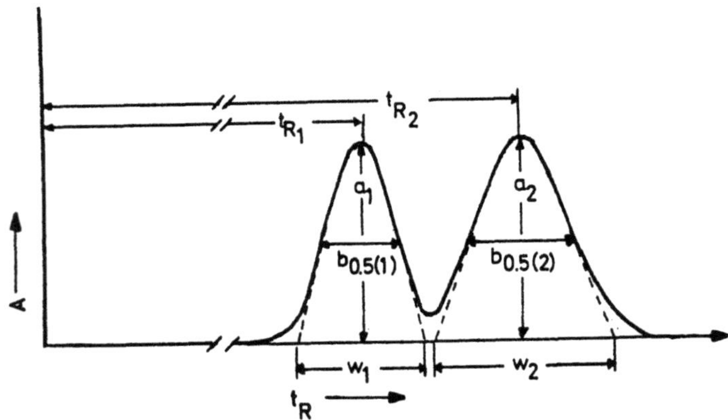

Bild 1.1 Die Auflösung zweier benachbarter Banden B_1 und B_2.

t_0	= Totzeit
t_{R_1}	= Bruttoretentionszeit
t_{R_1} und t_{R_2}	= Bruttoretentionszeiten der Komponenten 1 bzw. 2
a	= Peakhöhe
$b_{0,5}$	= Peakbreite in halber Höhe
w	= Basisbreite

führt, ist eine Trennung für $R = 1$ noch nicht vollständig. Für eine quantitative Bestimmung der Flächeninhalte F_i genügt aber diese Auflösung, wenn man zur Berechnung der Peakflächen F_i nicht die Basisbreiten w_i, sondern die Peakbreiten in halber Peakhöhe, $b_{0,5(i)}$, sowie die Peakhöhen a_i heranzieht.

Die Auflösung R hängt eng mit der *effektiven Trennstufenzahl* N_{eff} zusammen. Sie läßt sich einfach aus dem Elutionsprofil bestimmen:

$$N_{\text{eff}} = 16\left(\frac{t'_R}{w}\right)^2 \qquad \text{effektive Trennstufenzahl}$$

t'_R = Nettoretentionszeit
w = Basisbreite

Die *Nettoretentionszeit* t'_R ergibt sich aus der Bruttoretentionszeit t_R durch Abziehen der Zeit, nach der ein nicht retardierter Peak eluiert wird (Totzeit t_0):

$$t'_R = t_R - t_0$$

Die *Selektivität* $r_{2,1}$ (auch als relative Retention oder *Trennfaktor* α bezeichnet) wird definiert als

$$\alpha = r_{2,1} = \frac{t'_{R_2}}{t'_{R_1}} = \frac{t_{R_2} - t_0}{t_{R_1} - t_0} \qquad \text{Selektivität}$$

und gibt die relative Position benachbarter Peaks an.

Um eine Auflösung von $R = 1$, also eine beinahe vollständige Trennung zweier benachbarter Peaks zu erreichen, werden je nach der Selektivität des Trennsystems eine unterschiedliche Zahl von Trennstufen benötigt. Bei einer sehr schlechten Selektivität von $\alpha = 1{,}01$ würden für die Trennung der beiden Substanzen ca. 165 000 Trennstufen benötigt. Wird die Selektivität des Trennsystems durch Optimieren der Elutionsbedingungen auf $\alpha = 1{,}25$ gebracht, genügen für dieselbe Trennung bereits 400 Trennstufen. Daraus ergibt sich, daß eine hohe Selektivität für eine Trennung wichtiger ist als eine große Trennstufenzahl.

Das Verhältnis der Aufenthaltszeiten einer Substanz i in der stationären und mobilen Phase bezeichnet man als Kapazitätsverhältnis oder in Anlehnung an den englischen Ausdruck „capacity factor" auch als *Kapazitätsfaktor k'*:

$$k' = \frac{t_R - t_0}{t_0} \qquad \text{Kapazitätsfaktor}$$

Wie in der Gelchromatographie verwendet man nicht den Verteilungskoeffizienten K_d, für den die schwer bestimmbaren Phasenverhältnisse $V_{\text{mobil}}/V_{\text{stationär}}$ genau bekannt sein müssen, sondern das Kapazitätsverhältnis, wenn man die Resultate verschiedener Experimente miteinander vergleichen will. Als relative Größe ist das Kapazitätsverhältnis weitgehend unabhängig von der Säulendimension und der Fließgeschwindigkeit.

In Tabelle 1.1 sind die wichtigsten chromatographischen Größen[1] zusammengestellt.

[1] Der Arbeitskreis „Chromatographie" der Fachgruppe Analytische Chemie in der Gesellschaft Deutscher Chemiker hat die deutschen chromatographischen Grundbegriffe zur IUPAC-Nomenklatur in einer Broschüre zusammengestellt.

Tabelle1.1 Die wichtigsten Größen in der Chromatographie

Bezeichnung der Größe	Einheit	Symbole nach Kirkland[a)]	Symbole nach ASTM E-19[b)]	Symbole nach Chromatographia[b)]
Retentionszeit einer nicht retardierten Substanz oder Totzeit	s	t_0	t_M	t_m
Bruttoretentionszeit (vom Start gemessen)	s	t_R	t_R	t_{m+s}
Nettoretentionszeit	s	$t'_R = t_R - t_0$	$t'_R = t_R - t_M$	$t_s = t_{m+s} - t_m$
Basis- oder Bandenbreite	s	w	y_t	w_b
Auflösung	–	$R_s = 2\frac{t'_{R_2} - t'_{R_1}}{w_2 + w_1}$	$R_{ji} = 2\frac{t'_{R_j} - t'_{R_i}}{y_{tj} + y_{ti}}$	$R_s = 2\frac{t''_{m+s} - t'_{m+s}}{w''_b + w'_b}$
Selektivität, Trennfaktor oder relative Retention	–	$\alpha = \frac{k'_2}{k'_1} = \frac{t'_{R_2}}{t'_{R_1}}$	$r_{ji} = \frac{t'_{R_j}}{t'_{R_i}}$	$r = \frac{t''_s}{t'_s}$
Kapazitätsverhältnis oder Kapazitätsfaktor	–	$k' = \frac{t'_R}{t_0}$	$k = \frac{t'_R}{t_M}$	$k = \frac{t_s}{t_m}$
Anzahl der theoretischen Böden oder Trennstufenzahl	–	$N = 16\left(\frac{t_R}{w}\right)^2$	$n = 16\left(\frac{t_R}{y_t}\right)^2$	$n = 16\left(\frac{t_{m+s}}{w_b}\right)^2$
Anzahl der effektiven Böden oder Trennstufenzahl	–	$N_{eff} = 16\left(\frac{t'_R}{w}\right)^2$	$n_{eff} = 16\left(\frac{t'_R}{y_t}\right)^2$	$n_{eff} = 16\left(\frac{t_s}{w_b}\right)^2$
Länge der Trennsäule	cm	L	L	L
Trennstufenhöhe	cm oder mm	$H = L/N$	$H = L/n$	$h = L/n$
effektive Trennstufenhöhe	cm oder mm	$H_{eff} = L/N_{eff}$	$H_{eff} = L/n_{eff}$	$h_{eff} = L/n_{eff}$
Teilchendurchmesser des Trägermaterials	µm	d_p		

a) J. J. Kirkland, Hrsg. Modern Practice of Liquid Chromatography, Wiley, New York 1971.

b) B. Versino, F. Geiß, Beilage in Chromatographia 3, 1970.

Die Trennstufenzahlen von HPLC-Säulen liegen im Bereich von 10 000 bis 40 000, während mit Niederdrucksäulen Trennstufenzahlen von einigen hundert erreicht werden können

Charakteristisch für jede chromatographische Trennung ist eine Bandenverbreiterung mit zunehmender Elutionszeit. Grund dafür sind verschiedene Diffusionseffekte, die durch die Fließgeschwindigkeit u des Elutionsmittels und den Durchmesser der Partikel des Trennmaterials d_p (englisch: diameter of the particle) beeinflußt werden. Für den Einfluß der Partikelgröße des Säulenfüllmaterials auf die Trennstufenhöhe H gilt: Je kleiner die Partikel sind und je enger die Korngrößenverteilung ist, um so kleiner ist H, und um so größer ist die Trennleistung der Säule. Dabei ist eine enge Korngrößenverteilung ebenso wichtig wie die absolute Korngröße. In dieser Hinsicht optimal sind die als „monodispers“ im Handel angebotenen Trennmaterialien. Für die Chromatographie unter Normaldruck verwendet man üblicherweise Körnungen von 40–60 μm, für die Hochdruck-Flüssigkeitschromatographie solche von 3, 5, 7 oder 10 μm.

Aus den Beiträgen der einzelnen Diffusionsphänomene (Eddy-Diffusion, Massentransfer durch die stehende (stagnierende) mobile Phase, Massentransfer durch die mobile Phase und die Longitudinal-Diffusion) zur Verbreiterung der Banden ergibt sich folgender Einfluß der Fließgeschwindigkeit u auf die Trennstufenhöhe H:

$$H = A + C_s \cdot u + C_m \cdot u + \frac{B}{u}$$

Die Beiträge der einzelnen Diffusionseffekte zur Trennstufenhöhe H sind in Bild 1.2 wiedergegeben.

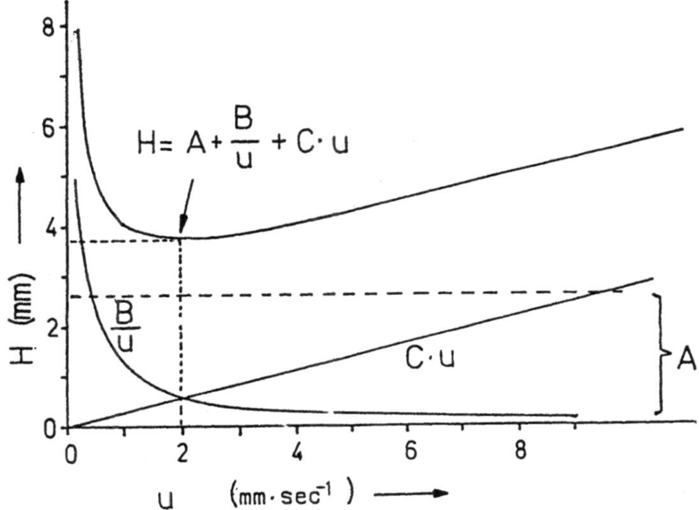

Bild 1.2 Abhängigkeit der Peakverbreiterung vom linearen Fluß u (van-Deemter-Kurve).
H = Trennstufenhöhe (Abstand zweier theoretischer Böden)
A = Packungsfaktor (Eddy-Diffusion)
B = Longitudinaldiffusion
C = Massentransfer durch die mobile und die stationäre Phase
Der Pfeil kennzeichnet die Fließgeschwindigkeit, bei der die Trennstufenhöhe am kleinsten, die theoretische Bodenzahl am größten ist. (Nach H. Engelhard, Hochdruck-Flüssigkeits-Chromatographie, Springer Verlag, Berlin 1975, Abb.II.3, S. 18).

Die Abhängigkeit der Trennstufenhöhe H von der Fließgeschwindigkeit u wird allgemein als „van-Deemter-Kurve" bezeichnet. Die wesentliche Erkenntnis aus diesem Zusammenhang ist: Es gibt eine optimale Fließgeschwindigkeit (Minimum der Kurve). In der Flüssigkeitschromatographie ist der Beitrag der Longitudinaldiffusion aufgrund des verhältnismäßig kleinen Diffusionskoeffizienten B gegenüber den Beiträgen der anderen Diffusionseffekte gering und bei Biopolymeren (mit Molmassen größer als 1000) vernachlässigbar.

Daraus ergeben sich folgende Richtlinien für eine optimale Trennung in der Flüssigkeitschromatographie:

- kleine Partikel des Säulenfüllmaterials mit einem möglichst engen Bereich der Korngrößenverteilung verwenden,
- möglichst niedrige Fließgeschwindigkeit,
- geringe Viskosität des Fließmittels, damit eine schnelle Einstellung der Diffusionsgleichgewichte gewährleistet ist,
- eventuell höhere Temperatur in Betracht ziehen.

Es gibt keinen grundsätzlichen Unterschied bei der Trennung großer oder kleiner Moleküle oder biologischer und nicht-biologischer Materialien. Jedoch müssen bestimmte Eigenschaften großer Moleküle in Betracht gezogen werden.

- Die Molmassen biologischer Materialien sind oft um Größenordnungen größer als die kleiner Moleküle. Dadurch diffundieren die Makromoleküle langsamer und entsprechend langsamer stellt sich das Gleichgewicht ein. Dies führt zu längeren Trennzeiten.
- Proteine haben eine Tertiärstruktur, die für die biologische Aktivität erforderlich ist. Sie muß dann während der Trennung erhalten bleiben. In solchen Fällen können nur bestimmte Trennprinzipien angewendet werden.
- Metalle stören oft die biologische Aktivität von Enzymen. Aufgrund der hohen Molmasse der Enzyme müssen dann schon Spuren von Metallionen vermieden werden. Dies muß bei der Auswahl der Geräte berücksichtigt werden (s. u.).

In Bild 1.3 sind die H/u-Kurven unterschiedlich großer Proteine für eine gelchromatographische Trennung wiedergegeben. Es ist ganz deutlich zu sehen, daß für Myoglobin (niedrigste Molmasse) die optimale Fließgeschwindigkeit (kleinster H-Wert) wesentlich höher liegt als beim höhermolekularen Ovalbumin. Beim humanen Serumalbumin, das in diesem Beipiel die höchste Molmasse besitzt, nimmt die Trennstufenhöhe H bereits oberhalb von 2 ml cm^{-2} h^{-1} drastisch zu und die Trennleistung entsprechend ab. Dies bestätigt die oben gemachte Aussage: Je höher die Molmasse der zu trennenden Substanz umso länger ist die Trennzeit.

Benötigt werden Bruchteile eines Gramms, oft genügt ein µg oder auch weniger als ein pg. Aber auch eine Trennung im Tonnenmaßstab ist möglich. Dabei können die Molmassen nur einige 100 MM-Einheiten oder mehrere Millionen betragen. Kaum ein anderes Trennverfahren für kleinste sowie relativ große Stoffproportionen besitzt einen derart weiten dynamischen Bereich und eine vergleichbare technische Variabilität.

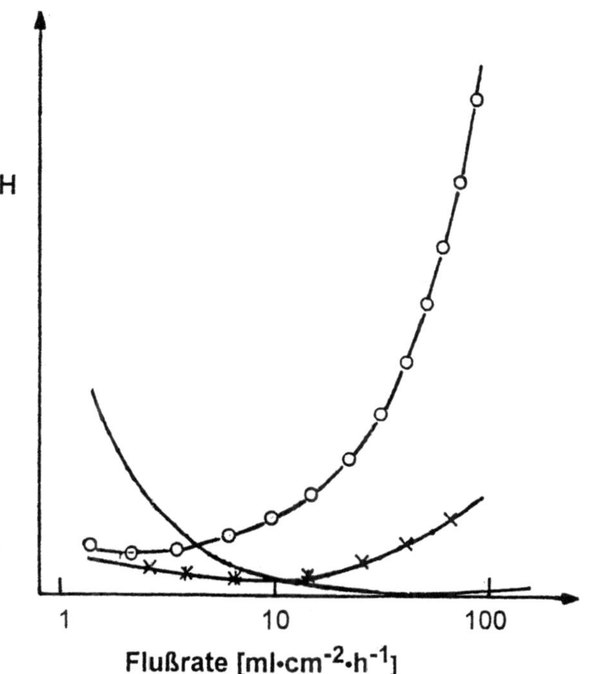

Bild 1.3 Einfluß der Molmasse von Proteinen auf die Trennstufenhöhe und somit auf die Peakverbreiterung. (——.) Myoglobin (MM 16 900); (—×—×—) Ovalbumin (MM 47 000); (—O—O—) Humanes Serumalbumin (MM 69 000). Säule: LKB TSK SW.

Geräte

Benötigt werden alle Komponenten, wie sie üblicherweise in der HPLC eingesetzt werden.

- *Pumpen* dienen zur Einstellung der gewünschten Fließgeschwindigkeit und des Gradienten. Manche Pumpen sind mit einer Kolbenhinterspülung ausgerüstet (günstig bei salzhaltigen Elutionsmitteln → verlängerte Lebensdauer der Dichtungen). Wird der Gradient auf der Hochdruckseite hergestellt, werden zwei HPLC-Pumpen benötigt. Wird der Gradient auf der Niederdruckseite gebildet, genügt eine HPLC-Pumpe. Nachteil: Gradienten unter 5% und über 95% werden oft ungenau eingestellt; Elutionsmittel müssen sehr gut entgast sein, sonst können Gasblasen im Pumpenkopf auftreten, die die Funktion der Pumpe stören.
- Die *Probenaufgabe* geschieht entweder manuell mit einem Einspritzventil mit der geeigneten Probeschleife oder mit einem Autosampler, der viele Proben nacheinander aufgeben kann. Bei temperaturempfindlichen Proben muß der Probenraum thermostatisiert werden können.
- Als *Säulen* sind Stahlsäulen mit unterschiedlichen Längen (Standardwerte sind 3, 10 und 25 cm) und Durchmessern (1, 2 und 4 mm im analytischen bzw. 8 und 16 mm im halbpräparativen oder noch größer für den präparativen Bereich) üblich. Aus Kompatibilitätsgründen mit manchen biologischen Materialien werden auch Glas- und Titansäulen für die HPLC angeboten.
- *Detektoren* sollten bis 200 nm herab einsetzbar sein. Der zum jeweiligen Zeitpunkt gemessene Extinktionswert wird an den Rechner weitergegeben. Oft werden auch Photodiodenarraydetektoren eingesetzt, bei denen zum jeweiligen Zeitpunkt die Extinktionswerte

des gesamten Spektrums an den Rechner gegeben werden. Aufgrund der hohen Datenmenge, muß der Rechner entsprechend konfiguriert sein.

- *Prozessrechner* zur Steuerung der gesamten Anlage. Er besteht im einfachsten Fall aus einem PC der AT Klasse, einem AD-Wandler und der notwendigen Software. Oft ist der Rechner in ein Netzwerk eingebunden, damit die gesammelten Daten an anderen Orten ausgewertet werden können.

Bei der Trennung mancher Proteine stören Metallionen bereits in kleinsten Konzentrationen (Verlust der biologischen Aktivität oder Spezifität). Bei den für die Biochromatographie angebotenen HPLC-Anlagen ist sichergestellt, daß die Probe während der gesamten Trennung nicht mit Metallteilen in Berührung kommt. Daher sind das Einspritzventil und die Pumpenköpfe aus Keramik, die Säulen aus Glas oder Titan und die Verbindungen aus inerten Kapillaren hergestellt.

Trennmaterialien

Der Trend der derzeitigen Aktivitäten der HPLC geht in Richtung der Entwicklung neuer Phasen unter Ausnutzen der vielfältigen Wechselwirkungen der zu trennenden Komponenten mit der stationären Phase. Der Nutzer sieht sich einem zunehmenden Bombardement mit neuen Trennmedien ausgesetzt, sodaß es schwer fällt, den Überblick zu behalten.

Kieselgel und obenflächenmodifizierter Kieselgele unterliegen einer eingeschränkten Stabilität bei pH-Werten kleiner 2 und größer 8. Daher wurden organische Polymere entwikkelt, die inzwischen die wesentlichen Anforderungen an HPLC-Materialien erfüllen: genügend Druckstabilität, kleine Partikel- und große Porendurchmesser, vernachlässigbare Volumänderung bei Lösungsmittelwechsel. Die Trennleistungen reichen zwar noch nicht an die

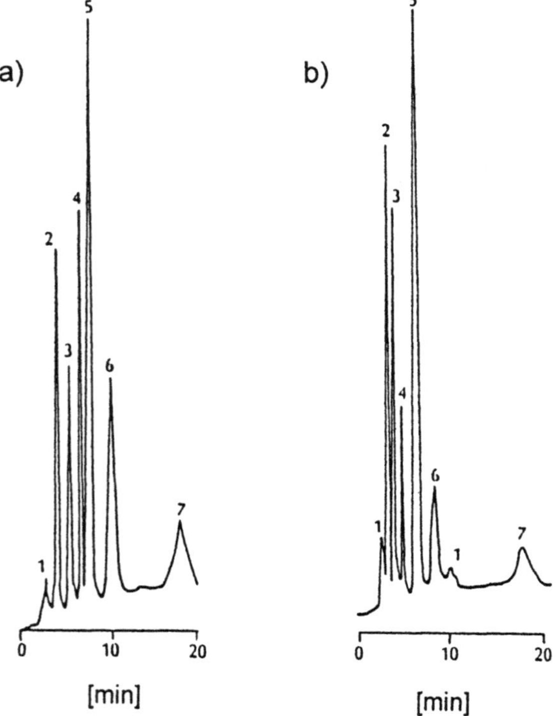

Bild 1.4 Trennung von Proteinen a) an einer Astec 300 C18 und b) an einer Astec 300 C4 Säule. Alle anderen Trennbedingungen sind gleich. (ict, Frankfurt)

1 Verunreinigungen	5 Lysozym
2 Ribonuclease A	6 Rinderserum-albumin
3 Insulin	
4 Cytochrom C	7 Ovalbumin

der oberflächenmodifizierten Kieselgele heran, sind aber oft ausreichend. Für pharmazeutische Anwendung besitzen die organischen Polymere den Vorteil mit 1 N NaOH oder höher sterilisierbar zu sein.

Entgegen der weitverbreiteten Annahme hängt die Retention von Peptiden und Proteinen nicht wesentlich von der Kettenlänge der Alkylketten ab (Bild 1.4).

Auch werden mit kurzen Säulen bei der Gradientenelution oft bessere Ergebnisse erhalten als mit längeren (Bild 1.5).

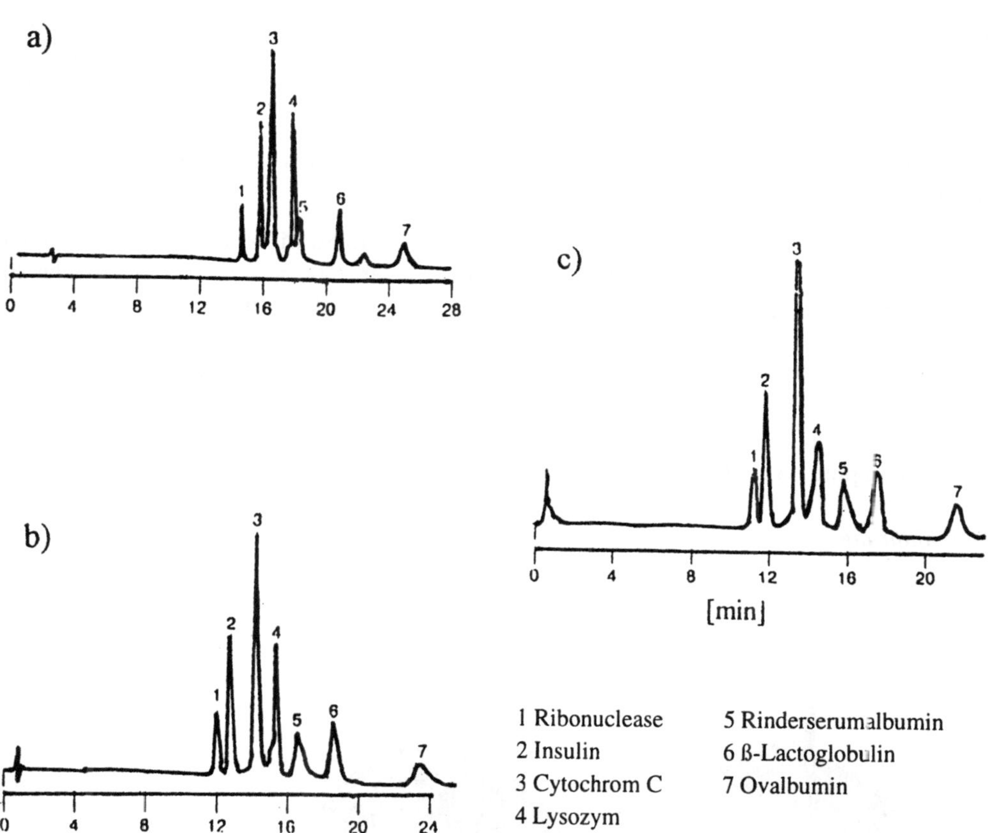

Bild 1.5 Trennung von Proteinen an Supelcosil LC-3DP-Säulen unterschiedlicher Länge, aber sonst vergleichbaren Bedingungen: a) 25 cm, b) 5 cm und c) 2 cm. Säulendurchmesser 4,6 mm; Mobile Phase: Isopropanol/0.1% Trifluoressigsäure 10:90 (Eluent A), 90:10 (Eluent B), Gradient in a) und b): Linear von 5%B nach 60%B in 15 min, 5 min bei 60%B und in 2 min zurück nach 5%B; in c: wie in a) und b) aber 15 min bei 60%B und in 5 min zurück nach 5%B. Fließgeschwindigkeit 1 ml/min, Temp. 40°C, Detektion (220 nm) 1.0 AUFS, Probevolumen 40µl in Eluent A, 0,65 mg/ml Cyctochrom C, alle anderen Proteine 0,25 mg/ml. (Supelco, Bad Homburg)

Perfusionspartikel. Ein völlig neues Konstruktionsprinzip liegt der von Regnier und Afeyan entwickelten Perfusionschromatographie zugrunde. Hierbei werden die Schranken des begrenzten Massentransports durchbrochen, ohne daß Auflösung und Bindungskapazität geopfert werden müssen. Da es sich um Polystyrol-Divinylbenzol-Polymere handelt, können sie direkt zur RP-HPLC eingesetzt werden. Wie in Bild 1.6 wiedergegeben ist, besitzen die Partikel zwei verschiedene Porendurchmesser.

Im Gegensatz zu den sonst üblichen Trennmaterialien, bei denen sich die zu trennenden Substanzen nur mittels Diffusion durch die Poren bewegen, herrscht hier auch in den Poren eine beträchtlicher Fluß. Man nennt diese Poren daher Durchflußporen (through pores). Die Trennung findet in den Verästelungen der Durchflußporen, den Diffusionsporen (diffusive pores), statt. Der Vorteil liegt in den sehr kurzen Diffusionswegen (→ schnelle Einstellung des Diffusionsgleichgewichts). Trotz hoher Fließgeschwindigkeiten und verhältnismäßig großen Partikeln sind hochauflösende Trennungen von Peptiden möglich. Der hierfür notwendige Arbeitsdruck liegt wesentlich unter dem von herkömmlichen Trennmaterialien. Das Haupteinsatzgebiet ist für Trennungen im präparativen Maßstab.

Tentakel-Polymere. Mit Hilfe eines Hochfrequenzfeldes (13,56 MHz) und eines geeigneten Monomers kann weitporiges Kieselgel (Porendurchmesser 2500 nm) an der Oberfläche so modifiziert werden, daß sich an ihr lange Polymerketten (Tentakeln) befinden. Diese können weiter funktionalisiert werden, z. B. zu Ionenaustauschern. Die elektrisch geladenen Gruppen des Ionenaustauschers sind dann weit genug von der Oberfläche des Trennmaterials entfernt, um ungehindert mit den räumlich anspruchsvollen Biopolymeren in Wechselwirkung zu treten. Die Verhältnisse sind ähnlich wie bei den Spacern, die bei der Affinitätschromatographie (vgl. Abschnitt 1.1.1.4) benutzt werden.

Durchführung

Die Durchführung der Biochromatographie erfolgt weitgehend wie bei der normalen Chromatographie und ist den entsprechenden Monographien zu entnehmen.

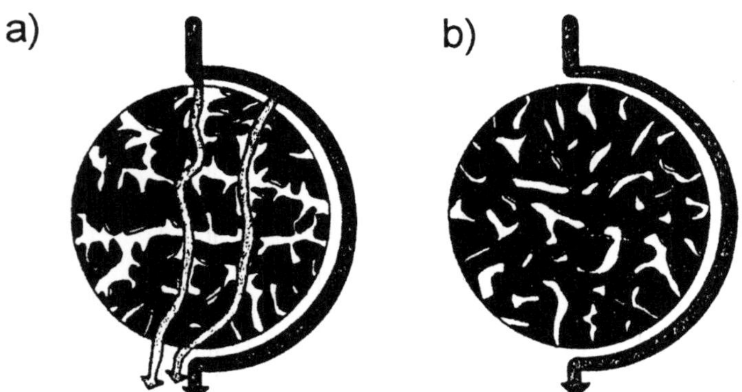

Bild 1.6 Schematische Wiedergabe der Partikel für die Perfusionschromatographie (a) und die normale Chromatographie (b). Während der Stofftransport durch die Partikel bei (b) nur durch lange Diffusionswege erfolgt, sind bei (a) die Diffusionswege kurz, da die Trennung nur in den Verästelungen der Durchflußporen stattfindet.

Literatur

N. B. Afeyan, S. P. Fulton, F.-E. Regnier, High-Throughput Chromatography Using Perfusive Supports, *LC·GC International* **1991**, *4*, 14-19.

H.-P. Angele (Hrsg.), *Dictionary of Chromatography* – English – German – French – Russian, Hüthig, Heidelberg **1984**.

P. R. Brown, R. A. Hardwick (Hrsg.), *High Performance Liquid Chromatography*, Chemical Analysis, Vol. 98, John Wiley, Chichester **1989**.

H. J. Cortes (Hrsg.), *Multidimensional Chromatography* – Techniques and Applications, Chromatographic Science Series, Vol. 50, Marcel Dekker, New York **1989**.

H. Engelhardt, *Hochdruck-Flüssigkeits-Chromatographie*, Springer, Heidelberg **1975**.

H. Engelhardt, L. Rohrschneider, Hrsg., *Deutsche chromatographische Grundbegriffe zur IUPAC-Nomenklatur*, Arbeitskreis „Chromatographie" der Fachgruppe Analytische Chemie in der Gesellschaft Deutscher Chemiker, Frankfurt **1998**.

K. E. Geckeler, H. Eckstein, *Analytische und präparative Labormethoden*, Verlag Vieweg, Braunschweig **1987**.

K. M. Gooding, F. E. Regnier (Hrsg.), *HPLC of Biological Macromolecules*, Chromatographic Science Series, Vol. 51, Marcel Dekker, New York **1990**.

P. Jandera, J. Churacek, *Gradient Elution in Column Liquid Chromatography* – Theory and Practice, Journal of Chromatography Library, Vol. 31, Elsevier, Amsterdam **1985**.

J. Å. Jönsson (Hrsg.), *Chromatographic Theory and Basic Principles*, Chromatographic Science Series, Vol. 38, Marcel Dekker, New York **1987**.

P. Kucera (Hrsg.), *Microcolumn High-Performance Liquid Chromatography*, Journal of Chromatography Library, Vol. 28, Elsevier, Amsterdam **1984**.

R. E. Majors, New Chromatography Columns and Acessories at the 1994 Pittsburgh Conference, Part I, *LC·GC International* **1994**, *7*, 190-203; Part II, *ibid* **1994**, *7*, 310-324.

R. E. Majors, D. Hardy, Sample Preparation for Biochromatography: An Overview, *LC·GC International* **1992**, *5*, 10-15.

O. Mikes, *High Performance Liquid Chromatography of Biopolymers and Biooligomers*, Part A: Principles, Materials and Techniques; Part B: Separation of Individual Compound Classes, Elsevier, Amsterdam **1988**.

G. Schwedt, *Chromatographische Trennmethoden*, Georg Thieme Verlag, Stuttgart **1979**.

1.1.1 Trennprinzipien

Für flüssigkeitschromatographische Trennungen kommen vier Grundprinzipien in Betracht. Von ihnen leiten sich eine ganze Palette weiterer Trennprinzipien ab. Die Zusammenhänge sind in Schema 1.1 dargestellt.

- Bei der *Adsorptionschromatographie* unterscheidet man zwischen der *Normal-Phase*, der traditionellen Phase mit polarer Oberfläche wie Kieselgel oder Aluminiumoxid. Weitaus häufiger wird heute die „reverse" Phase (*Reversed-Phase, RP*), also ein Trägermaterial mit einer unpolaren Oberfläche, eingesetzt. Hierbei handelt es sich überwiegend um modifizierte Kieselgele.

Schema 1.1 Trennprinzipien in der Flüssigkeitschromatographie

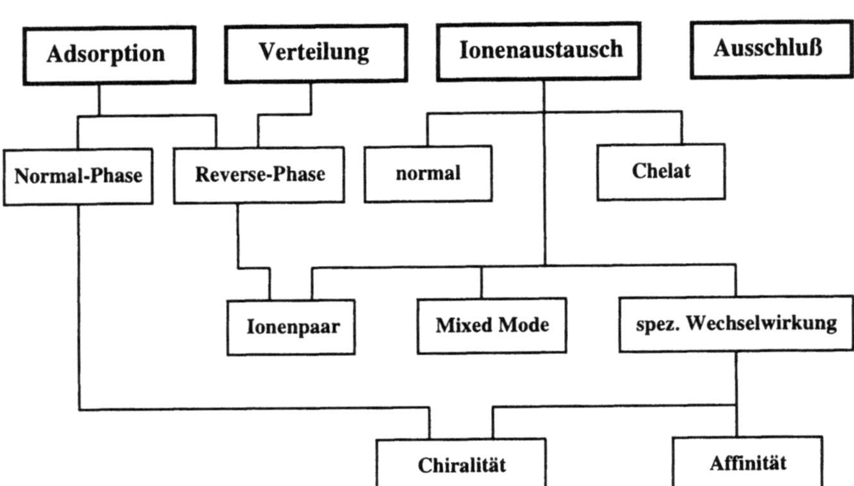

- Unter *Verteilungschromatographie* versteht man im engeren Sinne die Verteilung der Komponenten einer Probe zwischen einer flüssigen mobilen Phase und einer flüssigen stationären Phase. Es ist nun Ansichtssache, ob es sich bei der Reversed-Phase-Chromatographie um eine Adsorption an eine unpolare Oberfläche oder um eine Verteilung zwischen der polaren mobilen und der unpolaren stationären Phase handelt. Daher ist die Reversed-Phase-Chromatographie in Schema 1.1 sowohl der Adsorptions- als auch der Verteilungschromatographie zugeordnet.

Die *Ionenaustauschchromatographie* (*IEC*) oder *Ionenchromatographie* (*IC*) ist natürlich auf Ionen beschränkt und daher vor allem in der Biochemie angesiedelt. Hier gibt es eine Reihe von modifizierten Verfahren, bei denen teilweise auch andere Trennprinzipien mit beteiligt sind.

- Die *Ausschluß- oder Gelchromatographie* ergänzt die Adsorptionschromatographie und Ionenaustauschchromatographie.

Eine Kombination dieser drei, dem Trennprinzip nach völlig verschiedenen Verfahren führt bei der Trennung komplexer Mischungen zuverlässiger zum Ziel als die Anwendung nur eines, wenn auch maximal optimierten, Verfahrens. Darin liegt die hohe Trennfähigkeit der *multidimensionalen Chromatographie*.

Zur Trennung komplexer Mischungen biologischen Ursprungs bietet sich folgender Trennungsgang an.

- Zunächst werden mit der Gelchromatographie die Komponenten mit ähnlicher Molmasse von allen anderen Substanzen abgetrennt. Damit wird ein großer Teil von Nebenprodukten (z. B. Salze) zu einem recht frühen Zeitpunkt abgetrennt.
- Anschließend wird an einem Ionenaustauscher nach Ladung getrennt. Kleine Fraktionsvolumina können dann direkt auf eine Reversed-Phase Säule übertragen werden. Die Pufferionen werden unter diesen Bedingungen mit der Front eluiert. Da im vorausgegangenen Schritt noch weiter angereichert wurde, kann nun die hohe Selektivität der Reversed-Phase-Chromatographie maximal genutzt werden.

Literatur

s. auch Abschnitt 1.1

A. Henschen, K.-P. Hupe, F. Lottspeich, W. Voelter (Hrsg.), *High Performance Liquid Chromatography in Biochemistry*, VCH Verlagsges., Weinheim **1985**.

H. Eckstein, H. Schott, „Chromatography of Synthetic and Natural Oligodeoxyribonucleotides" in *Chromatographic and Other Analytical Methods in Nucleic Acids Modification Research*, C. W. Gehrke und K. C. Kuo (Hrsg.), Elsevier, Amsterdam **1990**.

K. Hostettmann, M. Hostettmann, A. Marston, *Preparative Chromatography Techniques* – Applications in Natural Product Isolation, Springer, Heidelberg **1986**.

J.-Ch. Janson, L. G. Ryden, *Protein Purification* – Principles, High Resolution Methods and Applications, VCH Verlagsges., Weinheim **1989**.

1.1.1.1 Ausschlußchromatographie (Gelchromatographie, GPC)

Die Ausschluß-, Gel(permeations)chromatographie oder Gelfiltration wird eingesetzt zur Trennung nach der Molekülgröße und unter bestimmten Voraussetzungen auch nach der Molmasse.

Während die meisten Molmassenbestimmungen, wie Osmometrie, Viskosimetrie etc., nur bei reinen Stoffen eingesetzt werden können, kann bei der Ausschlußchromatographie in einem Arbeitsgang ein Stoffgemisch getrennt und gleichzeitig eine Aussage über die Molmassen der einzelnen Komponenten gemacht werden. Hierfür müssen drei Forderungen erfüllt sein:

1. Zur Kalibrierung der Säule müssen geeignete Standards zur Verfügung stehen.
2. Die zu bestimmenden Komponenten müssen der gleichen Stoffklasse angehören wie die zur Kalibrierung verwendeten Standards.
3. Da die Retentionszeit mit der Molmasse in einem logarithmischen Zusammenhang steht, müssen sich die zu trennenden Komponenten genügend in ihren Molmassen unterscheiden.

Neben der Bestimmung der Molmasse und der Molmassenverteilung bei synthetischen Polymeren, liegt ihr Vorteil vor allem bei Trennungen von biologisch aktiven Substanzen im präparativen Bereich.

Die Gelchromatographie ist die schonendste chromatographische Methode. Sie ist die einzige nicht-adsorptive Technik. Das Elutionsmittel kann – im Prinzip – frei gewählt und ganz den zu trennenden Komponenten angepaßt werden. Da kein Gradient benötigt wird, eignet sich gerade diese Methode besonders gut für Trennungen im Produktionsmaßstab. Verwendet man einen flüchtigen Puffer, können die größeren Fraktionsvolumina durch Lyophilisieren leicht wieder kompensiert werden. In den Tabellen 1.2 und 1.3 sind die neueren Materialien für die Gelchromatographie zusammengestellt.

Die Trennung niedermolekularer Moleküle von den hochmolekularen stellt oft den ersten Schritt einer sequenziellen Analyse dar. Die isolierten Produkte können dann mit einem anderen Trennprinzip (z. B. der Reversed-Phase-Chromatographie oder Ionenaustauschchromatographie) weiter untersucht werden, ohne daß die Säulen durch hochmolekulare Komponenten beeinträchtigt werden.

Tabelle 1.2 Hydrophile Trennmaterialien und ihre Anwendungsbereiche in der Gelchromatographie. Stark vernetzte Gele können auch zur Adsorptionschromatographie (HIC) und Verteilungschromatographie eingesetzt werden

Trennmaterialien	Eigenschaften	Anwendungsbereich
Agarose (Sepharose, Pharmcia;Bio-Gel A, Bio-Rad)	hydrophile Gele, Normaldruck	für MM 10^4–10^8 (Proteine, Nucleinsäuren)
Sephacryl HR (Pharmacia)	hydrophile Gele, Normaldruck	für MM 10^3–10^6, Feinfraktionierung (wie oben, Antikörper, Polysaccharide)
Ultrogel (LKB-Pharmacia)	hydrophile Gele, enge Fraktionierbereiche, mäßig druckstabil	wie oben, für MM 10^4–10^6
Fraktogel TSK (Merck)	hydrophile Vinylpolymere, MPLC geeignet	für MM 10^2–10^7, Feinfraktionierung
Controlled Pore Glasses (CPG) (Serva)	poröses Glas, HPLC geeignet, irreversible Adsorption und Denaturierung möglich	für MM 10^4–10^{10}, auch für org. Lösungsmittel
Supelcosil LC-Diol (Supelco)	modifiziertes Kieselgel (OH-Phase), HPLC geeignet	für MM 10^3–10^6, (MM-Bestimmung bei Proteinen)
Sephadex, Biogel P, Hydrogel	hydrophile Gele, Normaldruck	für MM 10^2–10^6 (Peptide, Oligonucleotide, Oligosaccharide), zum Entsalzen und Umpuffern

Tabelle 1.3 Organophile Trennmaterialien und ihre Anwendungsbereiche in der Gelchromatographie.

Trennmaterialien	Eigenschaften	Anwendungsbereich
Trennung synthetischer Polymere		
Controlled Pore Glasses (CPG) (Serva)	poröses Glas, HPLC geeignet	für MM 10^4–10^{10}
Styragele (Waters)	Polystyrolgele, HPLC geeignet	für MM 10^2–10^7 (wie oben)
Fraktogel TSK (Merck)	hydrophile Vinylpolymere, MPLC geeignet, für hydrophile Lösungsmittel	für MM 10^2–10^7, Feinfraktionierung
Trennung niedermolekularer organischer Verbindungen		
Sephadex LH 20* bzw. LH 60	hydroxypropyliertes Dextrangel, für hydrophile Lösungsmittel, Normaldruck	für MM 10^2–10^4 (z. B. geschützte Peptide)
Sephasorb HP Ultrafine* (Pharmacia)	hydroxypropyliertes, stark vernetztes Dextrangel, MPLC geeignet	
100 Å Ultrastyragel (Waters)	HPLC geeignet	für MM > 2×10^3

* auch für die Adsorptionschromatographie einsetzbar

Oft wird übersehen, daß sich die Gelchromatographie auch zur Trennung von niedermolekularen Komponenten eignet.

Im analytischen Bereich wesentlich effizientere Trennungen makromolekularer Komponenten können mit der SDS-Polyacrylamid-Gel- und der Kapillar-Elektrophorese erzielt werden (vgl. Abschnitt 1.2).

1.1.1.2 Adsorptionschromatographie

Unter Adsorptionschromatographie versteht man die chromatographische Trennung von Substanzen einer mobilen, flüssigen oder gasförmigen Phase durch die Oberflächeneigenschaften von Säulenfüllmaterialien.

Grundlagen

Der Vorgang der Adsorption beruht im wesentlichen auf Dipol-Dipol-Wechselwirkungen. Sie wird häufig noch überlagert von zusätzlichen Wechselwirkungskräften wie Wasserstoffbrückenbindungen oder hydrophoben und elektrostatischen Wechselwirkungskräften. Unter gewissen Voraussetzungen lassen sie sich gezielt beeinflussen und zur Trennung ausnutzen.

Je nach Art ihrer Oberfläche werden die Trennmaterialien in polare und unpolare Sorbentien eingeteilt. Polare Verbindungen werden an polare Sorbentien adsorbiert. Sie können dann durch polare Fließmittel von der Oberfläche des Sorbens verdrängt (desorbiert) werden. In der Flüssigkeitschromatographie bezeichnet man aus historischen Gründen dieses Vorgehen als Chromatographie an einer „Normal-Phase“. Den umgekehrten Fall (unpolares Sorbens) nennt man „Reversed-Phase“-Chromatographie.

Materialien

Die mittleren Porendurchmesser der Sorbentien reichen von 40 bis 4 000 Å (10^{-10} m). Z. B. ist Kieselgel 60 für Molmassen bis 1000 g mol^{-1} geeignet. Sorbentien mit größeren Porendurchmessern sind für synthetische oder Biopolymere geeignet. Außerdem unterscheidet man noch die Geometrie der Partikel:

- *gebrochene* Materialien entstehen durch Mahlen von Partikeln,
- *sphärische* Materialien sind kugelförmig,
- *pelliculare* Materialien besitzen einen massiven Kern und eine dünne poröse Schicht an der Oberfläche (porous layer beads).

a) Normal-Phasen-Chromatographie

An den polaren Oberflächen der Sorbentien für die Normal-Phasen-Chromatographie werden die meist polaren biologischen Komponenten sehr stark adsorbiert und können oft nicht mehr vollständig desorbiert werden. Biologisch aktive Proteine verlieren ihre Aktivität. Daher sind solche Sorbentien nur mit Einschränkungen einsetzbar.

Kieselgel

Kieselgele werden aus gefällter Kieselsäure durch Sintern hergestellt. Wichtige Bezeichnungen für gebrochene (= zermahlene) Materialien sind:

- LiChrosorb und LiChroprep (Merck)
- Polygosil (Macherey-Nagel)

Sphärische Partikel werden unter den Bezeichnungen angeboten:

- LiChrospher Si (Merck)
- Nucleosil (Macherey-Nagel)
- Porasil (Waters)

Pelliculare Materialien sind:

- Perisorb (Merck)
- Corasil (Waters)
- Vydac (vertrieben z. B. von Riedel de Haen).

Aluminiumoxid

Aluminiumoxid wird außer durch die Partikelgröße noch zusätzlich als sauer, neutral oder basisch charakterisiert. Diese Bezeichnungen bedeuten, daß eine wäßrige Aufschlämmung des Aluminiumoxids sauer, neutral oder basisch reagiert.

b) Reversed-Phase-Chromatographie (RP)

Hier sind zunächst die oberflächenmodifizierten Kieselgele zu erwähnen. Dabei kommt Kieselgelen, die mit C4- und C18-Alkylketten modifiziert sind, eine besondere Bedeutung zu.

Der Nachteil oberflächenmodifizierter Kieselgele liegt in der eingeschränkten Stabilität bei pH-Werten kleiner 2 und größer 8. Daher wurden organische Polymere entwickelt, die inzwischen die wesentlichen Anforderungen an HPLC-Materialien erfüllen: genügend Druckstabilität, kleine Partikel- und große Porendurchmesser, vernachlässigbare Volumenänderung bei Lösungsmittelwechsel (vgl. Tabelle 1.4). Die Trennleistungen reichen zwar noch nicht an die der oberflächenmodifizierten Kieselgele heran, sind aber oft ausreichend.

Oberflächenmodifizierte Kieselgele

Direkt an die Oberfläche der Siliciumdioxidpartikel können über Si-C-Brücken organische Reste kovalent gebunden werden, z. B.:

- Kohlenwasserstoffreste mit 2 C-Atomen (RP2, bzw. C2), 4 C-Atomen (C4), 8 C-Atomen (C8) und 18 C-Atomen (C18 oder ODS = Octadecylsilan).
- Phenylgruppen und viele andere, z. B. -CN, -OH

Durch die vollständige Belegung der Kieselgeloberfläche wird die polare Oberfläche in eine hydrophobe Oberfläche (Reversed Phase) überführt. Die Adsorption von unpolaren und mäßig polaren Verbindungen ist in wäßrigem Milieu am stärksten. Mit zunehmendem Anteil eines organischen Lösungsmittels (meist Methanol oder Acetonitril) beginnt die Desorption. In den letzten Jahren hat sich die sogenannte „Reversed-Phase-Chromatographie“ stark durchgesetzt. Für präparative Anwendungen liegt ein Nachteil darin, daß die zu trennenden Substanzen in Wasser oft nicht genügend löslich sind. Auch ist die Beladbarkeit (Kapazität) der Säulen geringer.

Wichtig ist die möglichst vollständige Belegung der Kieselgeloberfläche, die eventuell noch nachbehandelt sein muß. Dies kann durch eine weitere Silanisierung z. B. mit Hexamethyldisilazan, HMDS, geschehen (Endcapping), wobei noch vorhandene freie Silanolgruppen beseitigt werden. Trotzdem muß vor allem bei basischen Peptiden mit Peaktailing und mangelnden Wiederfindungsraten gerechnet werden. Um dem Abhilfe zu schaffen, wurden speziell behandelte als „base-deactivated" bezeichnete Trennmaterialien entwickelt (vgl. Tabelle 1.4).

In Tabelle 1.4 sind einige der neueren Trennmaterialien, von denen einige besonders für die „Biochromatographie" geeignet sind, zusammengestellt.

Eine Kombination von Ausschluß- und Reversed-Phase-Chromatographie wird in SPS-Säulen (SPS = semi permeable surface, Regis) bzw. der HISEP-Säule (Supelco) zur Chromatographie von proteinbelasteten Proben verwirklicht. Wie aus Bild 1.7 ersichtlich, ist eine hydrophobe innere Phase von einer hydrophilen äußeren Phase mit großen Poren umgeben.

Tabelle 1.4 Reversed-Phase Materialien/Säulen (Auswahl).

Produktname	Hersteller	Basismaterial/Eigenschaften	Partikel
Oberflächenmodifizierte Kieselgele			
BDS-Hypersil	Shandon	C8*, C18*, für bas. Kompon., kein Amin-Modifier notwendig	120Å/3µm
Bakerbond Reversed Phase	J.T. Baker	C4, C8, C18, für Biopolymere, alle "endcapped"	120, 300Å/5µm
C18-DABS Ultrasphere	Beckman	C18, für die Trennung von Dabsyl-Aminosäuren	80Å/5µm
HS Pharmaceutical Analysis Column	Separations Group	C18*, für basische pharmazeutische Komponenten (Vydac)	90Å/5,10µm
LiChrospher RP und RP-select B	Merck	C8, C18, nachsilanisiert C18*, für basische Komponenten	100Å; 4, 5, 10µm 60Å; 5, 7µm
Nucleosil 5 C18 AB	Macherey-Nagel	C18, für saure und basische Komponenten	100Å/5µm
Nucleosil mit HMDS nachsilanisiert	Macherey-Nagel	C18 (3, 5, 7, 10µm) C4, C18 (5, 7, 10µm) C4, C18 (7µm)	100, 120Å 300Å 500, 1000, 4000Å
PYE	Nacalai Tesque	Pyren, für Dioxine und HIC	110Å/5µm
Spherisorb (Kartusche)	Phase Separations	C18*, für basische Komponenten	80Å/5µm
Zorbax Rx-C18	Rockland Technol, früher von Du Pont	C18*, zur Analyse basischer Substanzen	80Å/5µm
Polymere Trägermatrices			
HEMA-RP C18	Alltech Associates	Hydroxyethylmethylacrylat (pH 2–12, 180°C, 1 N NaOH, 6 M Harnstoff), für Peptide u. Proteine	100, 300 Å 10, 60µm
MRPH-Gel NPR	Nest Group	Divinylbenzol, ohne Poren, für FermentationsMonitoring, 1mg Protein pro 1,5mg Gel	2µm
Poly-RP C0	Interaction Chemicals	Poly(Styrol-Divinylbenzol), für basische und saure Drogen, Pestizide und Amine	250Å/4µm

* Basendeaktiviert

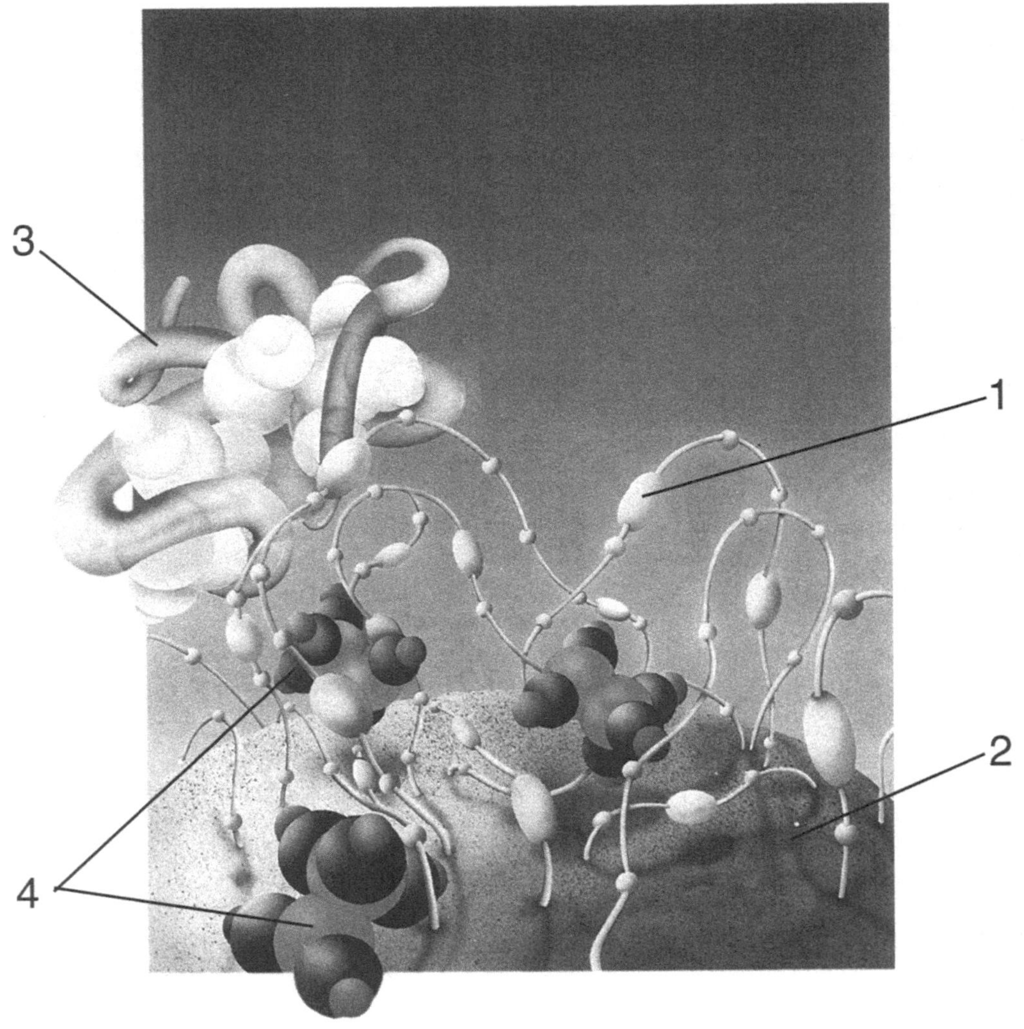

Bild 1.7 HISEP-Säule. Die äußere, hydrophile Oberfläche (1) schützt die innere, hydrophobe Oberfläche (2) vor Proteinen oder anderen Makromolekülen (3). Diese laufen unretardiert durch die Säule. Kleinere Moleküle (4), z. B. Metaboliten werden nach dem Prinzip der Reversed-Phase-Chromatographie an der inneren Phase (C18, C8) getrennt. (Supelco, Bad Homburg).

Proteine oder andere Makromoleküle, die in biologischen Proben (Körperflüssigkeiten, Gewebe- und Pflanzenextrakte, Lebensmittel) meistens vorhanden sind und die chromatographische Analyse stören, werden ohne Retention eluiert. Die interessierenden kleineren Komponenten werden an der inneren Oberfläche durch Reversed-Phase-Chromatographie getrennt. Eine sonst erforderliche Probenvorbereitung ist somit nicht notwendig.

1.1.1.3 Ionenaustauschchromatographie (IEC, IC)

Die Trennkapazität von Ionenaustauschern ist im Vergleich zur Reversed-Phase-Chromatographie hoch (1–10 mäquiv/g für polymere makroreticulare Ionenaustauscher). Bei analytischen Anwendungen allerdings werden nur etwa 5% ihrer Kapazität ausgenutzt.

Es gibt mehrere Einschränkungen für den Einsatz von Ionenaustauschern:

- Die Auflösung ist normalerweise geringer als bei Reversed-Phase- oder Ionenpaarchromatographie.
- Aus gelegentlich auftretender irreversibler Bindung an die Matrix oder durch Reaktion der Komponenten mit den funktionellen Gruppen der Ionenaustauscher resultieren Probleme wie mangelnde Wiederfindungsrate und verringerte Lebensdauer der Säulen.
- Bei oberflächenmodifizierten Kieselgelen treten Stabilitätsprobleme der Matrix bei höheren Temperaturen, Verwendung organischer Lösungsmittel und pH-Werten kleiner 2 und höher 9 auf.

Vor allem aus dem letzten Grund wurden viele organische Polymere als Matrix für Ionenaustauscher entwickelt. Sie können im vollen pH-Bereich eingesetzt und regeneriert werden. Der wesentliche Vorteil der Ionenaustauscher liegt in ihrer hohen Beladbarkeit. Einige für die HPLC von biologischen Substanzen geeignete Ionenaustauscher sind in den Tabellen 1.5 und 1.6 wiedergegeben.

Tabelle 1.5 Anionenaustauscher zur Trennung von Oligonucleotiden, Peptiden und Proteinen mit der HPLC (Auswahl).

Produktname	Hersteller	Basismaterial	Partikelgröße (µm)
Oberlächenmodifizierte Kieselgele			
MicroPak AX-10	Varian	Silicagel	10
Nucleogen DEAE 500 (sb)*	Macherey-Nagel	Silicagel, hydrophile Oberfläche mit DMA oder DEAE Gruppen, 60 – 4000 Å	10
Oligo-Säule aus der Zorbax Bio-Serie	Du Pont	Silicagel 150 Å, mit Zirkonoxid behandelt (pH 2,5 – 8,5)	5
Partisil 10-SAX	Whatman	Silicagel	10
Polymere Trägermatrices			
Hydrophase HP-PI (sb)*	Interaction	Polyolcopolymer, 500 Å (pH 2 – 12)	10
Mono Q (stb)*	Pharmacia	hydrophiles Polymer, Ausschlußgrenze 10^7 MM (pH 2 – 12)	10 ± 0,3 „Monodispers"
PolyWAX LP™	The Nest Group (ict)	Silicagel mit PEI, 300 Å	5, 15 – 20
TSK DEAE 5 PW (sb)*	Toyo Soda (Bio-Rad)	hydrophiles Polymer, 1000 Å (pH 2 – 12)	10
Tuff-Bead PEI (sb)*	Bio-Rad	Synthetisches Harz, keine Poren (pH 2 – 12)	7

* stb = stark basisch, sb = schwach basisch

Tabelle 1.6 Kationenaustauscher zur Trennung von Peptiden und Proteinen mit der HPLC (Auswahl).

Produktname	Hersteller	Basismaterial	Partikelgröße (µm)
Oberflächenmodifizierte Kieselgele			
PolyCAT A™ (ss)*	The Nest Group (ict)	Silicagel mit Polyasparaginsäure belegt, 300 Å	5, 7, 15 – 20
PolySULFOETHYL A™ (sts)*	The Nest Group (ict)	Silcagel mit Polypeptid mit Sulfoethylgruppen belegt, 300 Å	5, 7, 15 – 20
Polymere Trägermatrices			
Mono S (sts)*	Pharmacia	hydrophiles Polymer, Ausschlußgrenze 10^7 MM (pH 2 – 12)	10 ± 0,3 „Monodispers“
Hydrophase HP-CM2 (ss)*	Interaction	Poröses Polymer, 500 Å (pH 3 – 13)	10

* sts = stark sauer, ss = schwach sauer

Literatur

s. auch Abschnitt 1.1

S. Yamamoto, K. Nakanishi, R. Matsuno, *Ion-Exchange Chromatography of Proteins*, Chromatographic Science Series, Vol. 43, Marcel Dekker, New York **1988**.

1.1.1.4 Affinitätschromatographie

Die Affinitätschromatographie ist ein säulenchromatographisches Verfahren, das Enzym-Substrat-Wechselwirkungen zur Trennung ausnutzt. Die zu reinigende Substanz wird hierbei spezifisch und reversibel durch eine komplementäre Verbindung (Ligand) gebunden, die an einem unlöslichen Träger (Matrix) fixiert ist.

Der Affinitätschromatographie kommt eine herausragende Stellung innerhalb der Trennverfahren zu, da sie die einzige Technik darstellt, die Isolierung bzw. Reinigung prinzipiell jeder Substanz auf der Grundlage ihrer biologischen Funktion ermöglicht. Ein weiterer Vorteil liegt im Konzentrierungseffekt, so daß auch große Probenvolumina bequem verarbeitet werden können.

Die Grundlagen der Affinitätschromatographie, die Herstellung von Trennmaterialien und die Anwendungsbereiche sind in den „Analytischen und präparativen Labormethoden“ ausführlich beschrieben.

Für die Affinitätschromatographie steht eine Vielzahl der verschiedensten Trennmaterialien zur Verfügung. Agarose wird sehr häufig eingesetzt, es kann aber nur für die Elution unter Normaldruck angewendet werden. Darüber hinaus werden auch Trägermaterialien auf Polyamidbasis und microporöse Gläser verwendet.

In Tabelle 1.7 sind einige neuere Säulen für die Affinitätschromatographie zusammengestellt, die auch unter hohen Drücken verwendet werden können.

Tabelle 1.7 Neue Säulen für die Hochdruck-Affinitätschromatographie (Auswahl)

Produktname	Hersteller	Basismaterial	Funktionalität	Poren-, Partikelgröße
Affi-Prep 10	Bio-Rad	hydrophiles Polymer	N-Hydroxysuccinimid (aktiv. Ester)	1000Å 40 – 60μm
Affi-Prep Protein A	Bio-Rad	makroporöses Acrylat	Protein A	1000Å 40 – 60μm
Duraspher Activated/R	Alltech	copolymeres Methacrylat	mit Epoxid oder Vinylsulfon aktiviert	350Å 10,60μm
Durasphere GammaBind G	Alltech	Silicagel	Protein G, gentechnisch hergestellt	300Å 7μm
GammaBind G	Genex	polymer beschichtetes Silikat	Protein G, gentechnisch hergestellt	30μm
HIPACK Aldehyde Column	Chromato-Chem	Silicagel	mit Aldehyd aktiviert	500Å 30μm
HIPACK Protein A	Chromato-Chem	Silcagel	Protein A	500Å 30μm
Sepharon HEMA Protein A	Tessek	Hydroxyethylmethacrylat	Protein A	350Å 10μm

Literatur

Firmenschrift, *Affinity Chromatography* – Principles & Methods, Pharmacia Fine Chemicals AB, Uppsala **1979**.

T. C. J. Gribnau, J. Visser, R. J. F. Nivard (Hrsg.), *Affinity Chromatography and Related Techniques*, Analytical Chemistry Symposia Series, Vol. 9, Elsevier, Amsterdam **1981**.

C. R. Lowe, P. D. G. Dean, *Affinity Chromatography*, John Wiley, New York **1974**.

H. Schott, *Affinity Chromatography*: Template Chromatography of Nucleic Acids and Peptides, Chromatographic Science Series, Vol. 27, Marcel Dekker, New York **1984**.

W. H. Scouten, *Affinity Chromatography*: Bioselective Adsorption on Inert Matrices, Vol. 59, Chemical Analysis, P. J. Elving & J. B. Wineforder, Hrsg., John Wiley, New York **1981**.

s. auch Abschnitt 1.1

1.1.1.5 Weitere Trennverfahren

Ionenpaarchromatographie (PIC)

Wird der zu trennenden ionischen Komponente ein stark hydrophobes Gegenion zugesetzt, bildet sich ein Ionenpaar aus, das sich nach außen ähnlich wie eine ungeladene, hydrophobe Substanz verhält.

Die Ionenpaarchromatographie ermöglicht die Trennung stark polarer ionischer Verbindungen an Reversed-Phase-Materialien, die unter normalen RP-Bedingungen nicht genügend adsorbiert werden.

Die Vorteile sind dann:

- Ausnutzung der hohen Selektivität der Reversed-Phase-Chromatographie,
- es genügt *ein* Säulentyp (RP-Säule) für die Trennung der unterschiedlichen Substanzklassen,
- oft kann auf Salzpuffer wie NaCl, Phosphat etc. verzichtet werden, die bei den HPLC-Pumpen zu Problemen führen können.

Als Nachteil wäre lediglich die im Vergleich zu den Ionenaustauschern geringere Kapazität der RP-Säulen zu nennen.

Für basische Komponenten wird n-Hexansulfonsäure und bei Peptiden besonders 1% Trifluoressigsäure eingesetzt, wobei das TFA-Ion als Ionenpaarreagenz wirkt, und Tetrabutylammoniumhydrogensulfat (TBA, 0.005M genügt) oder Cetyltrimethylammoniumsulfat für anionische Komponenten (Oligonucleotide und saure Peptide).

Hydrophobe Interaktions-Chromatographie (HIC)

Sehr oft wird beobachtet, daß Proteine an hydrophoben Trennmaterialien sowohl bei niedrigen als auch bei hohen Salzkonzentrationen wesentlich stärker adsorbiert werden als bei mittleren Salzkonzentrationen. Es ist daher sinnvoll, die beiden Effekte mit den unterschiedlichen Bezeichnungen „Reversed-Phase" bzw. „hydrophobe Interaktion" zu versehen.

Im Unterschied zur Reversed-Phase-Chromatographie sind bei der HIC an einer hydrophilen Matrix *nur vereinzelt* hydrophobe Liganden vorhanden. Diese können in hohen Salzkonzentrationen mit hydrophoben Seitenketten der Proteine eine schwache hydrophobe Wechselwirkung ausbilden, die somit adsorbiert werden. Dies ist vergleichbar mit dem Aussalzeffekt. Wird die Salzkonzentration kontinuierlich erniedrigt, werden die Komponenten mit zunehmend hydrophobem Charakter nacheinander desorbiert und eluiert.

Aufgrund der wenigen hydrophoben Zentren auf der Trägermatrix werden Proteine, falls überhaupt, nur wenig denaturiert. Im Gegensatz dazu werden sie bei der Reversed-Phase-Chromatographie an der stark hydrophoben Oberfläche und durch das organische Lösungsmittel (Modifier) oft sehr stark denaturiert.

Für die HIC geeignete (antichaotropische) Salze sind Kaliumcitrat, Alkalisulfate und -phosphate und Kaliumperchlorat.

Mixed-Mode-Chromatographie

Diese Trennmaterialien enthalten elektrisch geladene Gruppen mit hydrophoben Substituenten. Damit überlagert sich der elektrostatischen Wechselwirkung noch eine hydrophobe Wechselwirkung. Daher ist dieses Trennprinzip im Schema 1.1 zwischen der Reversed-Phase-Chromatographie und der Ionenaustauschchromatographie angesiedelt. Es ist besonders für die Trennung von tRNA geeignet.

Literatur

s. auch Abschnitt 1.1

R. M. Patel, J. J. Jagodzinski, J. R. Benson, D. Hometchko, Mixed Mode Sorbent for Sample Preparation, *LC·GC International*, **1990**, *3*, 49-53.

Enantiomerentrennung

Die Idee, optisch aktive Substanzen durch Adsorption an optisch aktive Phasen (natürlicher Herkunft) zu trennen, ist ebenso alt wie der Begriff Chromatographie. 1904 versuchte Willstätter, Alkaloide durch Adsorption an Seide bzw. Wolle zu trennen, leider ohne Erfolg.

Heute stehen mehr als 50 verschiedene Phasen, bzw. Trennsäulen, zur Trennung von Enantiomeren mittels der Flüssigkeitschromatographie zur Verfügung. Eine Auswahl ist in Tabelle 1.8 enthalten.

Die zur Zeit aktuellen Trennphasen (chirale stationäre Phasen, CSP) lassen sich in 5 Gruppen einteilen.

- *Gruppe I.* Der Komplex zwischen den Komponenten und der stationären Phase (z. B. optisch aktive Dinitrobenzoyl- oder (Naphthyl)ethylaminocarbonylaminosäuren bzw. -peptide) wird durch Anziehungskräfte, Wasserstoffbrücken, p-p- und Dipol-Dipol-Wechselwirkungen gebildet. Daher müssen die meisten Proben vorher so derivatisiert werden, daß die Komponenten wenigstens *einen* aromatischen Ring enthalten.
- *Gruppe II.* Der Komplex wird überwiegend durch Anziehungskräfte, aber auch durch Einschlußphänomene in die Trägermatrix (z. B. Cellulosetriacetat, -benzoat und -phenylcarbamat bzw. deren Derivate) gebildet. Eine Derivatisierung der zu trennenden Komponenten ist oft nicht erforderlich.

Tabelle 1.8 Säulen für die Trennung von Enantiomeren (Auswahl). Die Angaben in Klammern beziehen sich auch die Gruppeneinteilung (s. Text).

Produktname	Hersteller	Basismaterial/Eigensch.	Partikel
Bakerbond DNBPG bzw. DNPLeu	J.T. Baker	Silicagel mit (R)-N-Dinitrobenzoyl-phenylglycin bzw. (L)-Dinitrobenzoylleucin (I, II)	120Å 5µm
Bio-Sil Chiral I	Bio-Rad	Silicagel mit Pirkle Phase (I)	5µm
Chiral-AGP	ChromTech (ict)	Silicagel mit gebundenem α_1-Säure-glycoprotein (V)	5µm
Chiralpak, Chiralcel und Crownpak	Daicel (J.T. Baker)	Silicagel mit verschiedenen Phasen bzw. feinkristalline Triacetylcellulose	1000Å 5,10µm
Cyclobond I, II und III	Astec (ict)	Silicagel mit gebundenem β-, γ- und α-Cyclodextrin, I und III auch acetyliert (III)	5µm
Chiraspher	E. Merck	Silicagel mit optisch aktivem Polyacrylamid (II, III)	5,25µm
LC-(R)-Phenyl Urea und LC-(R)-Naphtyl Urea	Supelco	Silicagel mit chiralen Harnstoff-Phasen. Auch (L)-Phasen erhältlich	100Å 5µm
Nucleosil Chiral-1 Säule	Macherey-Nagel	Nucelosil 120-5 mit geb. L-Hydroxyprolin-Cu^{2+} Komplexen (IV)	120Å 5µm
Nucleosil Chiral-2 und Chiral-3 Säule	Macherey-Nagel	Silicagel mit L-Weinsäure und L-Dinitro-benzylphenylethylamin derivatisiert, „brush type". Chiral-3 enthält D-Verbindungen	5µm

- *Gruppe III.* Hier wird die Trennung überwiegend durch sterische Effekte beim Eintritt der Komponenten in die chirale Höhle der stationären Phase bewirkt. Die Träger basieren auf Cyclodextrinen, Poly(triphenylmethylmethacrylat), Polyacrylamin, Polymethacrylamid und mikrokristallinem Cellulosetriacetat. Die Cyclodextrine haben eine besondere Bedeutung erlangt. Eine Derivatisierung ist oft nicht erforderlich.
- *Gruppe IV.* Die Trennung wird durch chiralen Ligandenaustausch an immobilisierten Aminosäuren bewirkt. Die Fließmittel enthalten die entsprechenden Metallionen. Die Komponenten müssen keine aromatischen Gruppen enthalten. So können z. B. Aminosäuren direkt untersucht werden. Hierfür gibt es auch von Merck und Macherey-Nagel speziell vorbereitete Dünnschichtplatten.
- *Gruppe V.* Hier enthält die stationäre Phase ein Protein (Rinderserum Albumin oder a_1-Säureglycoprotein). Der Komplex wird durch eine Kombination von hydrophoben und polaren Wechselwirkungen gebildet.

Literatur

M. Krstulovic (Hrsg.), *Chiral Separations by HPLC* – Applications to Pharmaceutical Compounds, Ellis Horwood, **1989**.

M. Zief, L. J. Crane (Hrsg.), *Chromatographic Chiral Separations*, Chromatographic Science Series, Vol. 40, Marcel Dekker, New York **1987**.

I. W. Wainer, M. C. Alembik, Steric and Electronic Effects in the Resolution of Enantiomeric Amides on a Commercially Available Pirkele-type HPLC Chiral Stationary Phase, *J. Chromatogr.* **1986**, *367*, 5968.

I. W. Wainer, Some Observations on Choosing an HPLC Chiral Stationary Phase, *LC·GC International* **1989**, *2*, 14-18.

1.1.2 Miniaturisierung in der HPLC

Seit einigen Jahren ist die Microbore- bzw die Micro-HPLC in das Blickfeld von Anwendern und Herstellern in der HPLC gerückt. Trotz einiger Fortschritte hat sich die miniaturisierte HPLC nicht wesentlich durchsetzen können.

Zunächst sind die Begriffe *Microbore*, *Narrowbore* und *Micro* gegeneinander abzugrenzen. Von den meisten Anwendern werden heute Säulen mit 1 mm und weniger als Microbore-Säulen bezeichnet, während Säulen mit 2 mm Durchmesser je nach Literatur als Microbore- oder Narrowbore-Säulen bezeichnet werden. Als Micro-HPLC versteht man Trennungen in fused-silica-Kapillarsäulen mit Durchmessern von 250 – 320 µm und einer Säulenlänge von 10 – 25 cm.

Zur Zeit haben die meisten Säulen Durchmesser von 4 bzw. 4,6 mm. Dafür gibt es eigentlich keinen ersichtlichen Grund, außer vielleicht dem einfachen Umgang mit solchen Säulen. Mit zunehmend kleineren Durchmessern lassen sich die Säulen schwerer packen.

Als Vorteile der „Micro“-Säulen werden genannt:

- Einsparung von Lösungsmitteln. In einem Industrielabor spielen die Lösungsmittelkosten zwar eine untergeordnete Rolle, aber ihre Entsorgung nach der Trennung bereitet zunehmend Schwierigkeiten.

- Höhere Empfindlichkeit. Dies gilt nur, wenn gleiche Probevolumina in zwei zu vergleichende Säulen eingespritzt werden. Paßt man das Probevolumen dem Säulendurchmesser und der Säulenlänge an, also dem Säulenvolumen, dann kann keine Empfindlichkeitssteigerung bei kleineren Säulendurchmessern erwartet werden.
- Leichtere Kopplung mit Massenspektrometern. Die Kopplung von 2 – 4 mm Säulen mit Massenspektrometern bereitet keine Probleme mehr. Das zur Zeit gängige Thermosprayverfahren ist auf größere Elutionsvolumina ausgelegt.

Als eindeutige Vorteile mögen gelten:

- Kleinere Probevolumina notwendig. Dies ist überall dort wichtig, wo nur geringe Substanzmengen zur Verfügung stehen, z. B. beim Microsequenzing von schwer zugänglichen Proteinen oder Peptiden.
- Höhere Säulen-zu-Säulen Reproduzierbarkeit, da mit einer Charge wesentlich mehr Säulen gepackt werden können.

Ein früher wesentliches Problem kleiner Volumengeschwindigkeiten, nämlich mangelnde Reproduzierbarkeit besonders bei Gradientenelutionen, haben die Hersteller von HPLC-Pumpen inzwischen für die microbore HPLC weitgehend behoben. Dem Routineeinsatz der Micro-HPLC stehen immer noch erhebliche Schwierigkeiten im Weg:

- Micro-HPLC Säulen sind schwer zu handhaben. Vom Anwender wird ein hohes Maß an Erfahrung verlangt. Fused-silica-Säulen brechen sehr leicht.
- Retentionsdaten und quantitative Ergebnisse sind nicht zuverlässig genug. Die Reproduzierbarkeit hängt ganz wesentlich von der Qualität des Pumpensystems ab. Kleine Fluktuationen in der Fließgeschwindigkeit beeinflussen Retentions- und Peakflächenwerte.
- Die Detektion der extrem kleinen Volumina ist sehr schwierig, geeignete Meßzellen werden noch nicht genügend angeboten.

Literatur

J.-P. Cherret, Microcolumn and Capillary Liquid Chromatography, *LC·GC International* **1991**, *4*, 11-12.

R. Hirt, H. Panning, *Praktischer Vergleich von Normalbore- und Narrowbore-HPLC.* Chromatographie-Spektroskopie **1989**, 68-75.

D. Ishii, M. Masashi, T. Takeuchi, The Efficient Use of Microcolumns in Chromatographic Systems. *J. Pharm. Biomed.* **1984**, 2, 223-31.

1.2 Elektrophoretische Trennmethoden (ZE, ITP, IEF)

Unter dem Überbegriff Elektrophorese können drei grundsätzlich verschiedene elektrophoretische Trennmethoden zusammengefaßt werden, die die Wanderungsgeschwindigkeit geladener Teilchen in einem elektrischen Gleichstromfeld zur Trennung ausnutzen, die Elektrophorese, auch Zonenelektrophorese genannt (ZE), die Isotachophorese (ITP) und die Isoelektrische Fokussierung (IEF).

Grundlagen

In einem elektrischen Gleichstromfeld wandern geladene Teilchen in die Richtung der Elektrode mit entgegengesetztem Vorzeichen. Die zu untersuchenden Proben befinden sich in gepufferter wäßriger Lösung. Verschiedenartige Moleküle und Partikel eines Gemisches wandern aufgrund unterschiedlicher Ladungen und Massen mit unterschiedlicher Geschwindigkeit und lassen sich dadurch auftrennen.

Die Wanderungsgeschwindigkeit ist eine charakteristische Größe eines Moleküls oder Partikels. Sie ist abhängig von den pK-Werten der geladenen Gruppen und der Partikelgröße. Art, Konzentration und pH-Wert des Puffers, Temperatur, Feldstärke und Beschaffenheit des Trägermaterials beeinflussen die Mobilität. Die Trennungen können in freier Lösung (trägerfreie Elektrophorese) oder in stabiliserenden Medien (Dünnschicht oder Gel-Elektrophorese) durchgeführt werden. Die drei Trennprinzipien sind in Bild 1.8 dargestellt.

Bei der *Elektrophorese* gewährleistet ein homogenes Puffersystem einen konstanten pH-Wert über die gesamte Trennstrecke. Die Wanderungsstrecke pro Zeiteinheit ist damit ein Maß für die elektrophoretische Mobilität.

Bei der *Isotachophorese* (Gleichgeschwindigkeits-Elektrophorese) ist das Puffersystem diskontinuierlich. Die geladenen Substanzen wandern zwischen einem „schnellen“ Leitelektrolyt und einem „langsamen“ terminierenden Elektrolyt mit gleichen Geschwindigkeiten.

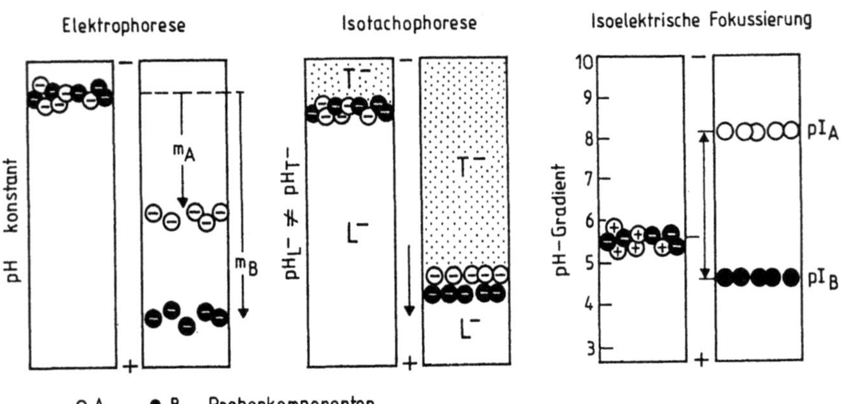

Bild 1.8 Die drei elektrophoretischen Trennprinzipien (nach Westermeier). Nähere Beschreibung im Text.

Dabei bilden die Probenkomponenten einen Stapel zwischen dem Leition (L) und dem Folgeion (T), wobei die Substanzen mit der größten Mobilität direkt dem Leition folgen.

Die *isoelektrische Fokussierung* findet in einem pH-Gradienten statt. Sie kann nur bei amphoteren Verbindungen (Peptide, Proteine) angewendet werden. Die Moleküle wandern hier je nach Ladung zur Anode oder Kathode, bis sie im Gradienten an dem pH-Wert ankommen, an dem ihre Nettoladung null ist. Dieser pH-Wert ist der isoelektrische Punkt (pI) der Substanz.

Bei elektrophoretischen Trennungen, d.h. immer dann, wenn eine Spannung über ein Gel oder eine Kapillare angelegt wird, tritt das Phänomen der *Elektroendoosmose* auf. Alle Gelmaterialien enthalten geladene, meist saure Gruppen. So liegen bei Agar und Agarose Sulfat- und Carboxyl-Gruppen vor, bei Polyacrylamid tritt unvermeidbar eine teilweise Desaminierung auf, bei Kapillaren sind Silanolgruppen vorhanden. Diese immobilisierten, negativ geladenen Gruppen nehmen Kationen aus dem Puffer als Gegenion auf, wodurch die Elektroneutralität des Systems gewahrt bleibt. Diese Gegenionen dissoziieren jedoch in die Lösung, wo sie mit dem Spannungsgradienten mitgenommen werden, bis sie wieder an der Matrix binden. Da es sich bei diesen Ionen in der Regel um kleine und somit stark hydratisierte Kationen handelt, entsteht ein Flüssigkeitstransport von der Anode zur Kathode. Der elektroendoosmotische Fluß steigt mit der Ladungsdichte der Matrix, der angelegten Spannung und der Pufferkonzentration. Deshalb benötigt die IEF mit ihren extrem geringen Ionenkonzentrationen auch eine nahezu ungeladene Matrix. Andererseits wird ein kontrollierter elektroendoosmotische Fluß auch für Trennungen ausgenutzt (vgl. Abschnitt 1.2.4). Zu weiteren Grundlagen siehe bei Wagner.

1.2.1 Zonenelektrophorese (ZE)

Elektrophorese ist ein Verfahren zur Trennung von geladenen Teilchen im elektrischen Feld. Die Wanderungsstrecke pro Zeiteinheit (elektrophoretische Mobilität) ist für Teilchen mit unterschiedlichem Ladungs/Masse-Verhältnis verschieden.

1.2.1.1 Elektrophorese in freier Lösung

1.2.1.1.1 Kontinuierliche trägerfreie Elektrophorese

Das Prinzip dieser Methode ist eine kontinuierliche Elektrophorese, bei der sich der Puffer senkrecht zum elektrischen Feld bewegt.

Grundlagen

Bei dieser von Hannig entwickelten Methode fließt senkrecht zum elektrischen Feld ein kontinuierlicher Pufferfilm durch einen 0,5 bis 1 mm schmalen Spalt zwischen zwei gekühlten Glasplatten. An der Eintritts-Seite des Puffers wird an einer definierten Stelle die Probe zugeführt. Geladene Partikel werden mit dem Pufferstrom durch die Apparatur befördert und gleichzeitig konstant senkrecht zur Fließrichtung des Puffers abgelenkt, sodaß sie je nach ihrer elektrophoretischen Mobilität an unterschiedlichen Stellen am Ende der Trennkammer auftreffen. Dort werden Sie in Einzelfraktionen aufgefangen (Bild 1.9).

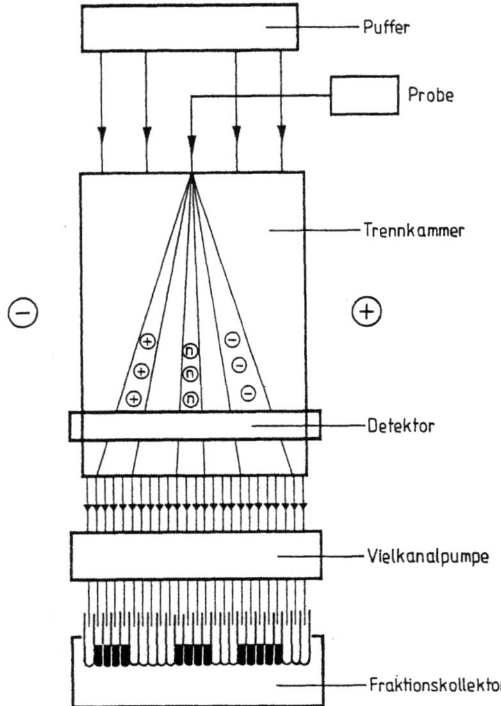

Bild 1.9 Schematische Darstellung der trägerfreien Elektrophorese

Geräte

Für die analytische kontinuierliche trägerfreie Elektrophorese nach K. Hannig wird z.B. von der Fa. Hirschmann, Unterhaching ein weitgehend automatisiertes System (ACE 710) mit Video-Detektion angeboten, für präparative Trennungen z.B. von der Fa. Bender & Hobein, München ein Gerät mit Detektoren für Trübung, Absorption und Fluoreszenz.

Anwendungsbereich

Neben der Trennung löslicher Substanzen wird diese Technik auch zur Identifizierung, Reinigung und Isolierung von Zellorganellen, Zellmembranen sowie ganzen Zellen eingesetzt.

1.2.1.2 Elektrophorese in stabilisierenden Medien

1.2.1.2.1 Papier- und Dünnschicht-Elektrophorese

Grundlagen

Diese Methoden sind wegen der besseren Trenneigenschaften von Agarose- und Polyacrylamid-Gelen weitgehend durch Gel-Elektrophorese abgelöst worden. Zur Analyse von hochmolekularen Polysacchariden, Lipopolysacchariden und Verbindungen, welche die Gelporen verstopfen können, sind sie noch wichtig.

Materialien

Es werden entweder Papierstreifen oder bequemer handhabbare Glasplatten mit Trägermaterial wie Cellulose, Ionenaustauscher-Cellulose, Kieselgel, etc. verwendet.

Geräte

Verwendet wird ein Flachbettgerät, wobei die Streifen oder Platten auf einem isolierten Aluminiumblock mit integrierter Kühlung aufliegen. Papierstreifen tauchen direkt in die Puffertröge, bei Platten wird die leitende Verbindung durch in Puffer getränkte Papierstreifen (Brücken) hergestellt.

Für die Trennung eignen sich flüchtige Puffer, die bei der späteren Detektion mit Hilfe von Sprühreagentien nicht stören und bei präparativer Anwendung eine salzfreie Isolierung der getrennten Substanzen ermöglichen.

Anwendungsbeispiel

In Bild 1.10 ist eine zweidimensionale Auftrennung von Fixierungsprodukten von Mais-Blattstanzstücken (1 cm^2) unter Weißlicht (5 KLux) bei 0,5% CO_2 in Luft gezeigt. Die Substanzen wurden nach 10 min Inkubationsdauer mit heißem 80%igen Ethanol extrahiert.

1.2.1.2.2 Celluloseacetat-Elektrophorese

Grundlagen

Celluloseacetatfolien sind großporig und zeigen keine Siebwirkung auf Proteine. Deshalb ist die Trennung rein ladungsabhängig. Die grobe Matrix führt allerdings zu einer schnellen Diffusion der getrennten Zonen. Auch diese Methode wird zunehmend von der Gel-Elektrophorese verdrängt.

Geräte

Die Trennkammern sind aufgebaut wie in Abschnitt 1.2.1.2.1 beschrieben, jedoch ist in vielen Fällen eine Kühlung entbehrlich.

Anwendungsbereich

Klinischer Routinebereich zur Untersuchung von Serum und zur Analyse von Isoenzymen in physiologischen Flüssigkeiten.

1.2.1.3 Gel-Elektrophorese

Grundlagen

Eine ideale Gelmatrix soll chemisch inert sein und möglichst genau einstellbare Porengrößen haben. Die Gelelektrophorese-Methoden können durchgeführt werden mit nicht restriktiven und restriktiven Gelen.

Nicht restriktive Gele. Bei dieser Methode wird der Reibungswiderstand der Gelmatrix so gering gehalten, daß die elektrophoretische Mobilität nur von den Nettoladungen der Probenmoleküle abhängt.

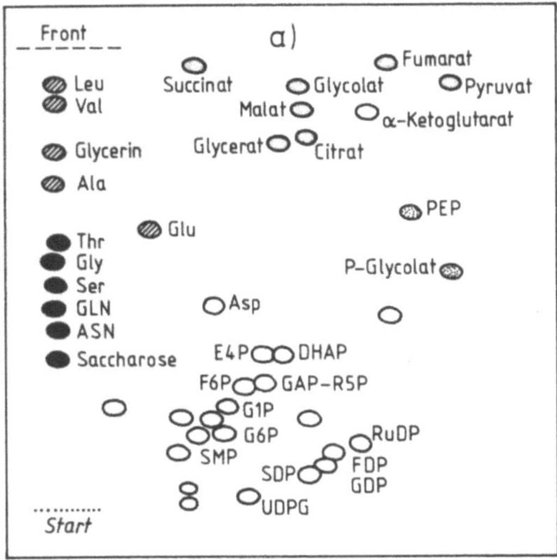

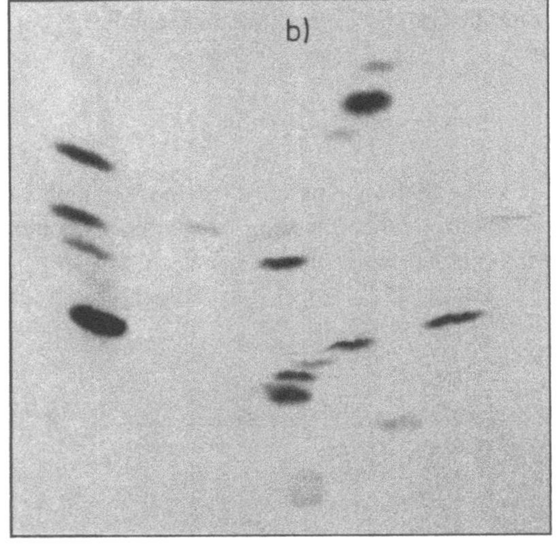

Bild 1.10 Zweidimensionale Dünnschicht-Elektrophorese-Chromatographie von ^{14}C markierten photosynthetischen Fixierungsprodukten bei Zea mays; Expositionsdauer 10 min (zur Verfügung gestellt von K. Wegmann).
Schicht: Cellulose MN 300; 1. Richtung (senkrecht): Elektrophorese in einem Pyridin-Essigsäure-Puffer pH 4,0 für 50 min bei 900 V und 0°C; 2. Richtung (waagrecht): Chromatographie in Butanol-(2):Ameisensäure:Wasser = 6:1:2
a) Trennschema, b) Detektion durch Autoradiographie auf Röntgenfilm

Restriktive Gele. Hier hängen die elektrophoretischen Mobilitäten sowohl von der Nettoladung als auch vom Molekülradius ab.

Bei der Gelelektrophorese kommen verschiedene Gele zur Anwendung:

Stärke-Gele werden aus hydrolisierter Kartoffelstärke hergestellt. Wegen schlechter Reproduzierbarkeit werden sie von den Polyacrylamid-Gelen abgelöst.

Agarose-Gele werden aus den Polysacchariden von marinen Rotalgen hergestellt und vor allem für hochmolekulare Verbindungen benötigt. Agarose wird durch Kochen in Wasser gelöst und geliert beim Abkühlen. Die Porengröße ist abhängig von der Agarosekonzentration und variiert zwischen 500 nm bei 0,16 %igem Gel (w/v) und 150 nm bei 1% igem Gel.

Polyacrylamid-Gele wurden erstmals von Raymond und Weintraub für die Elektrophorese eingesetzt. Sie sind mechanisch und chemisch stabil, voll transparent und zeigen nur eine geringe Elektroendoosmose. Durch Kopolymerisation von Acrylamid-Monomeren mit einem Vernetzer (meist N,N'-Methylenbisacrylamid) erhält man Gele von definierter Porengröße. Diese hängt ab von der Konzentration an Acrylamid und dem Vernetzungsgrad.

Polyacrylamidgele lassen sich durch die „T" (von **t**otal acrylamid concentration) und „C" (von **c**rosslinking) Nomenklatur beschreiben:

$$T = \frac{(A+B)\cdot 100}{V}\ [\%] \quad \text{und} \quad C = \frac{B\cdot 100}{A+B}\ [\%]$$

A = Masse von Acrylamid in g,
B = Masse von Bisacrylamid in g,
V = Volumen in ml, definiert als Volumen des Puffers.

Oft wird jedoch das Gesamtvolumen der Gellösung angegeben. In Bild 1.11 ist die Vernetzung von Polyacrylamid mit Bisacrylamid gezeigt.

Die Polymerisation muß unter Luftabschluß erfolgen, da Sauerstoff ein Radikalfänger ist. Sie soll bei mindestens 20°C durchgeführt werden, da sie sonst unvollständig abläuft. Die Gele können vertikal als Rundstäbe oder Platten sowie horizontal auf Trägerfolien aufgegossen verwendet werden.

Achtung: Acrylamid ist im Tierversuch nachgewiesenermaßen kanzerogen und giftig beim Einatmen und Verschlucken sowie bei Berührung mit der Haut! Reste mit Ammoniumpersulfat-Überschuß auspolymerisieren.

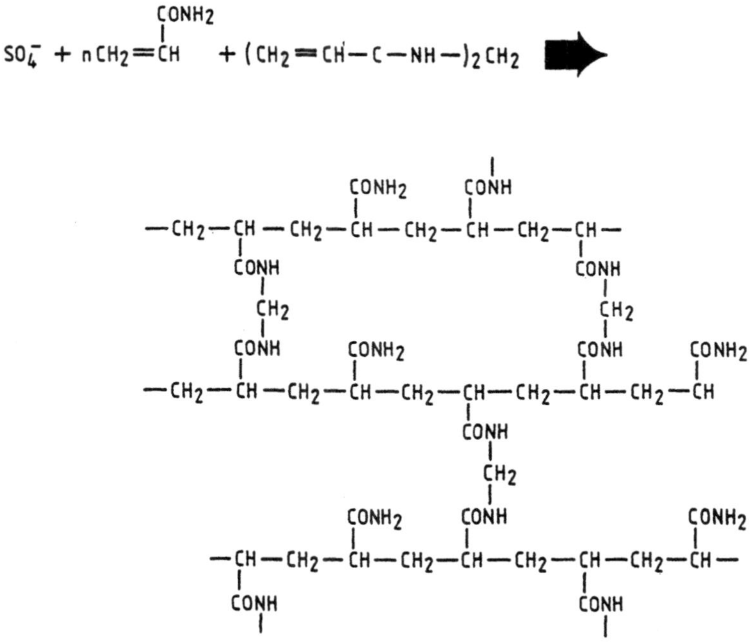

```
                   CONH2
                   |
SO4⁻  +  n CH2=CH        + (CH2=CH—C—NH—)2 CH2     ➡


                            |
                   CONH2    CONH
                   |        |
—CH2—CH—CH2—CH—CH2—CH—CH2—CH—
     |                    |
     CONH                 CONH
     |                    |
     CH2                  CH2
     |                    |
     CONH  CONH2          CONH    CONH2
     |     |              |       |
—CH2—CH—CH2—CH—CH2—CH—CH2—CH—CH2—CH
                   |
                   CONH
                   |
                   CH2
                   |
           CONH2   CONH           CONH2
           |       |              |
  —CH—CH2—CH—CH2—CH—CH2—CH—CH2—CH—
   |                     |
   CONH                  CONH
   |                     |
```

Bild 1.11 Polymerisation von Acrylamid mit dem Vernetzer Bisacrylamid führt zu einem dreidimensional vernetzten Polyacrylamid.

Geräte

Die Elektrophorese-Ausrüstung besteht im wesentlichen aus vier Bauteilen:

a) *Stromversorgung*:
   Einfache Stromversorger können mit konstanter Spannung oder konstanter Stromstärke betrieben werden.
   Stromversorger für die IEF sind zusätzlich leistungsstabilisiert. Dies ist notwendig, weil nach der Ausbildung des pH-Gradienten und der Auswanderung der Pufferionen aus dem Gel die Leitfähigkeit stark absinkt. Ohne Leistungsbegrenzung würde das Gel leicht überhitzt werden.
   Programmierbare Stromversorger können die Trennbedingungen variieren. So kann z.B. zuerst eine niedrige Spannung für einen sanften Probeneintritt in das Trenngel vorgesehen werden, dann eine hohe Spannung für eine schnelle Trennung, zuletzt nur eine Erhaltungsspannung zur Vermeidung von Diffusion der getrennten Zonen.
b) *Kühl-Thermostat*: Reproduzierbare Ergebnisse sind nur bei genauer Thermostatisierung zu erhalten.
c) *Trennkammer*: Hier gibt es wegen der Vielzahl der Methoden auch eine Reihe von Typen. Eine leicht aufzubauende Trennkammer ist in Bild 1.12 dargestellt. Zur apparativen Ausrüstung für die DNA-Sequenzierung siehe Abschnitt 2.2.
d) *Gieß-System*: Im einfachsten Fall besteht die Gießvorrichtung aus zwei Glasplatten mit Abstandshaltern, die die Dicke des Gels festlegen. Für Gradientengele siehe Abschnitt 1.2.1.3.2

1.2.1.3.1 Elektrophorese in nichtrestriktiven Gelen

Bei dieser Methode ist der Reibungswiderstand der Gelmatrix so gering, daß die elektrophoretische Mobilität nur von den Nettoladungen der Probenmoleküle abhängt. Für Proteine verwendet man horizontale Agarosegele, für niedermolekulare Peptide horizontale Polyacrylamidgele.

Die Agarose-Gelelektrophorese wird mit drei verschiedenen Techniken durchgeführt:

- *Zonen-Elektrophorese*: Agarose-Gele mit Konzentrationen bis zu 1% werden in der klinischen Routine zur Analytik von Serumproteinen eingesetzt. Ihr Vorteil liegt in geringen Trennzeiten (ca. 30 min). Nach der elektrophoretischen Trennung erfolgt der Proteinnachweis durch Immunfixation, Immunprinting oder Immunblotting.

  Bei der *Immunfixation* läßt man nach der Trennung spezifische Antikörper in das Gel eindiffundieren, welche mit den jeweiligen Antigenen Immunkomplexe bilden. Diese liegen als unlösliche Präzipitate vor. Vor der Anfärbung werden die nicht gefällten Proteine ausgewaschen und dadurch ein selektiver Nachweis erreicht. Beim *Immunprinting* wird eine Folie (Celluloseacetat) oder ein Agarosegel aufgelegt. Die Antigene diffundieren in die Auflage mit den Antikörpern. Beim *Immunblotting* verwendet man immobilisierende Membranen (z.B. Nitrozellulose), welche die Antigene binden.

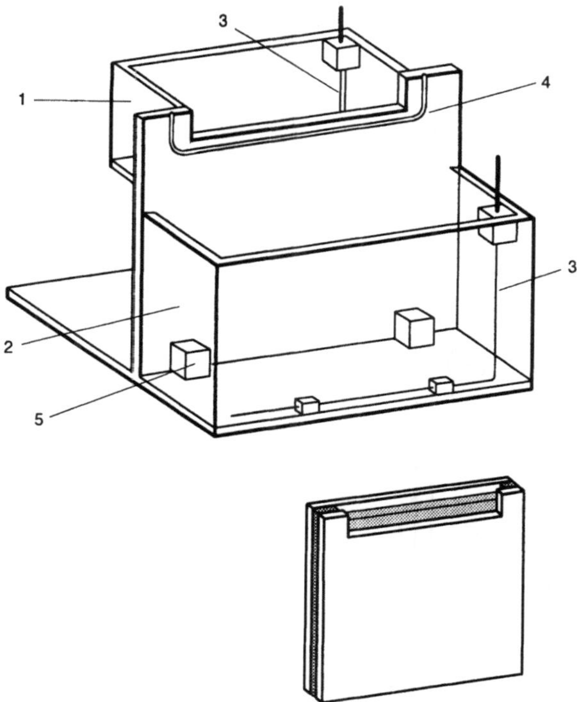

Bild 1.12 Elektrophorese-Trennkammer aus Plexiglas. In dieser Ausführung steht der Puffer im oberen Tank in direktem Kontakt mit der Geloberkante. Dies wird erreicht durch einen Ausschnitt in der Vorderwand des Tanks und in der Rückseite der Gel-Gießkasette (hier von hinten gezeichnet). Die Befestigung der Kassette erfolgt mit Metallklammern (nicht gezeichnet).
(1) Kathodenpuffer (2) Tank für Anodenpuffer, (3) Platinelektroden, (4) Nut für Silicondichtung; in diese Nut wird vor der Befestigung der Gelkassette mit dem fertigen Gel ein Siliconschlauch als Dichtung eingelegt. (5) Auf die Klötzchen wird die Kassette gestellt.

- *Immun-Elektrophorese*: Bei dieser Technik wird die Ausbildung von Präzipitationslinien am Äquivalenzpunkt zwischen Antikörper und dem jeweiligen Antigen zum Nachweis ausgenutzt. Dabei bilden sich riesige Makromoleküle aus Antigen und Antikörper, welche präzipitieren und als weiße Linien im Gel zu erkennen sind oder mit Proteinfarbstoffen gefärbt werden können.

  Es werden verschiedene Methoden von Immun-Elektrophoresen angewendet (vgl. Bild 1.13 und Abschnitt 5.1.3.2). Dazu gehören:
  - Gegenstrom-Elektrophorese
  - Zonen-Elektrophorese/Immundiffusion
  - Rocket-Technik

- *Affinitäts-Elektrophorese*: Hierbei werden Methoden der Immun-Elektrophorese eingesetzt, jedoch beruhen die Nachweise auf spezifischen Interaktionen zwischen verschiedenen Makromolekülen. Beispiele sind Interaktionen zwischen Lectinen und Glykoproteinen, Enzymen und Substraten, Enzymen und Inhibitoren.

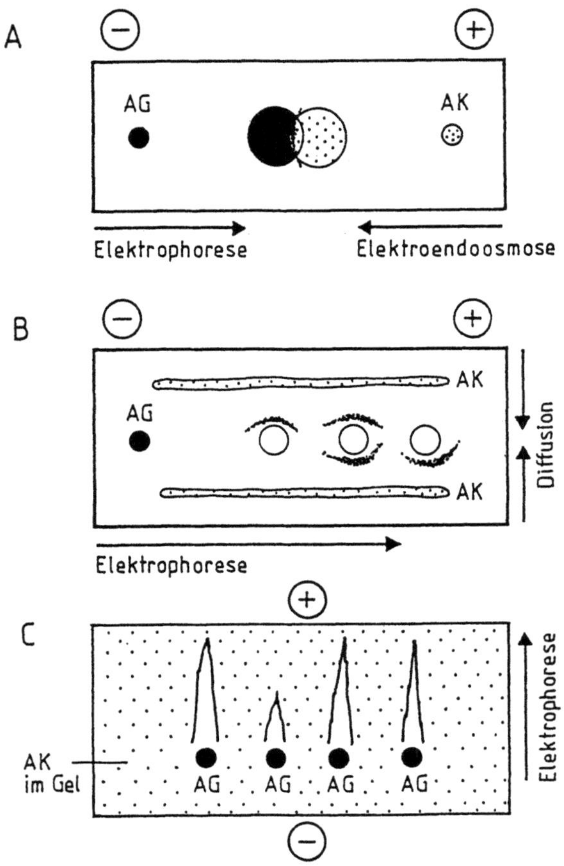

Bild 1.13 Techniken für die Immun-Elektrophorese: a) Gegenstromelektrophorese; b) Zonenelektrophorese mit Immundiffusion; c) Rocket-Technik

1.2.1.3.2 Elektrophorese in restriktiven Gelen

Im restriktiven Gel hängen die elektrophoretischen Mobilitäten sowohl von der Nettoladung als auch von Molekülradius ab. Dennoch kann durch *Ferguson-Plots* (Auftragung des Logarithmus der Wanderungsstrecken über der Gelkonzentration) eine physiko-chemische Protein-Analytik erfolgen.

Agarose-Gel-Elektrophorese. Für *Proteine* ist diese Technik nur bei sehr hochmolekularen Protein-Aggregaten sinnvoll, da Agarose in Konzentrationen über 1% trüb ist und eine hohe Elektroendoosmose aufweist.

Für die Trennung, Identifizierung und Reinigung von *DNA- und RNA-Fragmenten* ist dies die Standard-Methode. Es werden horizontale Trennkammern nach der „Submarine"-Technik verwendet. Dabei liegt das Gel direkt im Puffer, wodurch Austrocknungseffekte vermieden werden.

Pulsed Field Gel-Elektrophorese (PFG). Dies ist eine modifizierte „Submarine“-Technik zur Trennung von hochmolekularer DNA (über 20 Kilo-Basen) und von Chromosomen.

Die zu trennenden Makromoleküle richten sich bei der klassischen Elektrophorese der Länge nach aus und zeigen identische Mobilitäten. Bei der PFG müssen die Moleküle ihre Orientierung entsprechend den räumlichen Änderungen des elektrischen Feldes ändern. Dabei wird die Helix-Struktur abwechselnd gestreckt oder gestaucht, wobei die viskoelastische Relaxationszeit mit der Molekülgröße zunimmt. Auch die Umorientierungzeit steigt mit der Größe der Moleküle. Dadurch bleibt für größere Moleküle in der gegebenen Pulszeit weniger Zeit für die Migration übrig. So kann eine Auftrennung nach Molekülgröße bis in den Bereich von 10 Mega-Basen erreicht werden.

Polyacrylamid-Gel-Elektrophorese (PAGE).

Nukleinsäuren: Bei den DNA-Sequenzierungsmethoden besteht der letzte Schritt aus einer Vertikal-Elektrophorese im Polyacrylamid-Gel unter denaturierenden Bedingungen (8 mol l^{-1} Harnstoff). Zu den verwendeten Verfahren und Geräten siehe Abschnitt 2.2.

Proteine: Bei der analytischen Protein-PAGE wurden die traditionellen Rundgele durch Flachgele abgelöst. Die Gele können für geringste Probenmengen sehr dünn hergestellt werden, da es entsprechend empfindliche Färbemethoden (z. B. Silberfärbung) gibt. Bei der horizontalen Ultradünnschicht-Elektrophorese müssen diese Gele aber auf Trägerfolien aufgebracht werden.

Die PAGE kann in verschiedenen Variationen durchgeführt werden:

- *Diskontinuierliche Polyacrylamid-Gelelektrophorese* (*Disk-PAGE*)
  Bei der Disk-PAGE nach Ornstein und Davis zur Auftrennung von Proteinen in engporigen Gelen bezieht sich die Diskontinuität sowohl auf die Gelstruktur als auch auf die Puffer (pH, Ionenstärke, Art der Ionen).

  Die *Gelmatrix* besteht aus einem kürzeren, großporigen *Sammelgel* (Gelpuffer: 125 mmol l^{-1} Tris-HCl, pH 6,8) und einem engporigen *Trenngel* (Gelpuffer: 375 m mol l^{-1} Tris-HCl, pH 8,8).

  Der Elektrodenpuffer (Anoden- und Kathodenpuffer) besteht aus 25 mmol l^{-1} Tris und 192 mmol l^{-1} Glycin. Es werden somit als Anionen ausschließlich langsame Folgeionen (Glycin), im Gel nur Leitionen (Chlorid) mit hoher Mobilität verwendet. Glycin ist beim pH-Wert des Sammelgels ungeladen. Um diese Diskontinuität durch Diffusion der Ionen nicht zu verlieren, wird das Sammelgel erst kurz vor der Elektrophorese auf das Trenngel aufgegossen.

  Bei Beginn der Elektrophorese trennen sich die Proteine nach dem Prinzip der Isotachophorese auf (vgl. Abschnitt 1.2.2). Nach dem Kohlrausch'schen Gesetz bilden sie einen Stapel („Stack“) in der Reihenfolge der Mobilitäten, wobei die einzelnen Zonen aufkonzentriert werden. Wegen der großen Gelporen des Sammelgels sind die Mobilitäten rein ladungsabhängig.

  An der Grenzschicht zum engporigen Trenngel werden die Proteine aufgestaut und dadurch die Zonen geschärft. Das niedermolekulare Glycin wird nicht betroffen und überholt die Proteine in Richtung der Anode.

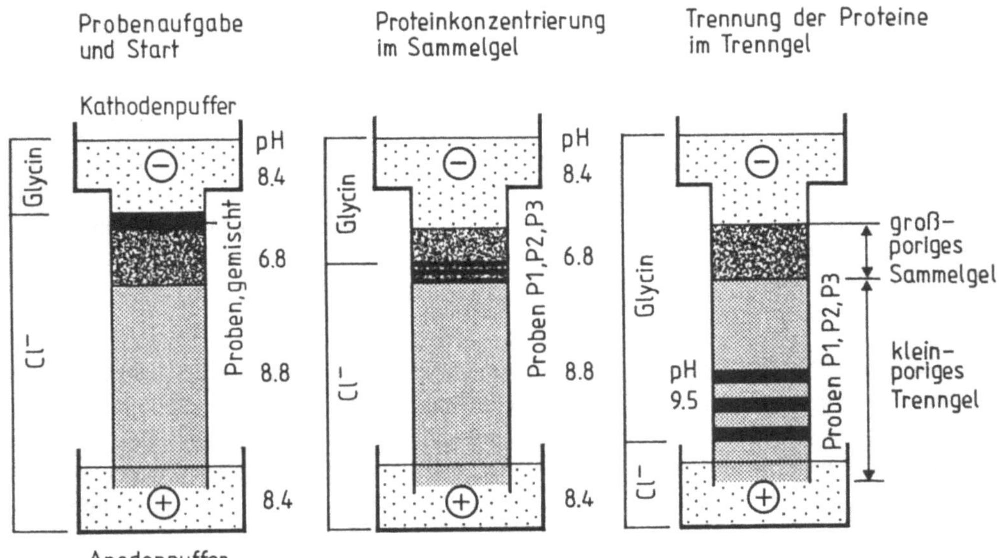

Bild 1.14 Schematische Darstellung der Disk-PAGE (nach Westermeier). Erläuterung im Text.

Im Trenngel gibt es eine Diskontinuität nur noch an der Front, ansonsten befinden sich die Proteine in einem homogenen Puffersystem und werden nun nach dem Prinzip der Zonenelektrophorese aufgetrennt. Die Mobilität wird durch die Ladungen und die Molekülgröße bestimmt. Der pH-Wert steigt auf 9,5 und die Proteine erhalten dadurch eine höhere Netto-Ladung.

Bei den beschriebenen Bedingungen werden allerdings Proteine mit einem pK-Wert über 6,8 zur Kathode transportiert und gehen verloren. In diesem Fall sind andere Puffersysteme zu wählen (siehe bei Maurer).

Vorteile dieses Trennsystems: Hohe Bandenschärfe und die Verhinderung von Aggregation und Präzipitation von Proteinen beim Eintritt in die Gelmatrix.

- *Gradienten-Gel-Elektrophorese*
  Ein Gradient in der Porengröße des Trenngels erhält man durch kontinuierliche Veränderung der Acrylamidkonzentration in der Polymerisationslösung. Die Porengradienten-Gele eignen sich zur Ermittlung von Moleküldurchmessern und damit – näherungsweise – von Molmassen.

  Die Acrylamidkonzentration und der Vernetzungsgrad müssen so hoch gewählt werden, daß die Proteinmoleküle einen Ort erreichen, wo sie in den Gelporen stecken bleiben. Da die Wanderungsgeschwindigkeiten der einzelnen Proteine aber auch von deren Ladungszahl abhängt, muß die Trennung so lange laufen, bis auch das Molekül mit der niedrigsten Ladung an seinem Endpunkt angekommen ist.

  Zur Herstellung von Gelen mit linearen oder exponentiellen Porengradienten verwendet man einen Gradientenmischer nach Bild 1.15 und zwei Polymerisationslösungen

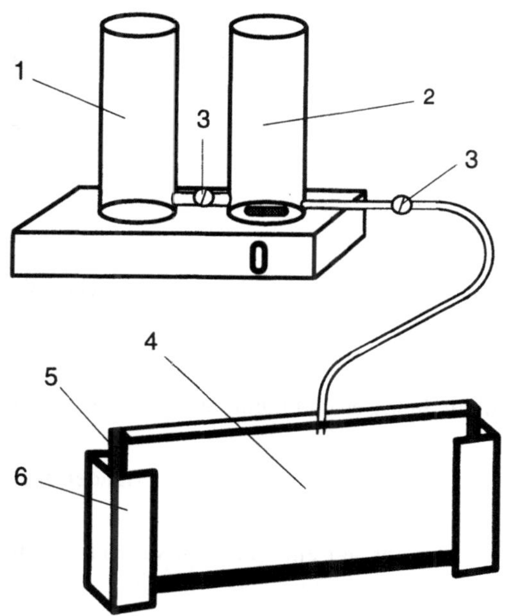

Bild 1.15 Gradientenmischer zur Herstellung eines linearen Gelgradienten. (1) Vorratsgefäß für die spezifisch leichtere Komponente, (2) Mischer für die spezifisch schwerere Komponente, (3) Absperrhähne, (4) Glasplatten, (5) Abstandshalter (1 mm) und Klebeband, (6) Klammer.

mit unterschiedlichen Acrylamid-Konzentrationen. Während des Gießens wird der hochkonzentrierten Lösung in der Mischkammer kontinuierlich die niederkonzentrierte Lösung aus dem Reservoir zugemischt, sodaß in der Gießküvette die Konzentration von unten nach oben abnimmt.

Zur Stabilisierung des Gradienten wird die hochkonzentrierte Lösung zusätzlich mit Glycerin (15%) versetzt, sodaß man im Prinzip einen Dichtegradienten gießt. Das Vermischen der nachfließenden leichten Lösung mit der schweren Lösung erfolgt mit einem Magnetrührer.

Ein linearer Gradient entsteht, wenn die Mischkammer offen ist. In den beiden verbundenen Röhren ist das Flüssigkeitsniveau immer gleich hoch. Deshalb fließt stets halb so viel leichte Lösung nach, wie Lösung aus der Mischkammer ausfließt.

Einen exponentiellen Gradienten erhält man durch Verschließen der Mischkammer. Da deren Volumen nun konstant bleibt, muß ebensoviel leichte Lösung nachfließen, wie Lösung aus der Mischkammer abfließt.

- *SDS-Gelelektrophorese.* SDS ist die Abkürzung von engl. sodium dodecyl sulphate, dem Natriumsalz der Dodecansulfonsäure, einem anionischen Detergenz. Die Trennung erfolgt ausschließlich nach Molekülgröße, denn durch die Beladung mit SDS werden die Eigenladungen von Proteinen so effektiv überdeckt, daß anionische Mizellen mit konstanter Nettoladung pro Masse-Einheit entstehen. Zudem werden unterschiedliche Molekülformen ausgeglichen, indem Tertiär- und Sekundär-Strukturen durch Aufspalten der Wasserstoffbrücken und durch Streckung der Moleküle aufgelöst werden. Deshalb spricht man auch von denaturierenden Bedingungen. Disulfid-Brücken werden allerdings nur durch reduzierende Thiolverbindungen (z.B. Dithiothreitol) gelöst. Eventuell müssen freie SH-Gruppen durch Alkylierung mit Iodacetamid geschützt werden.

  Die mit SDS beladenen Proteine bilden Ellipsoide. Bei der Elektrophorese im restriktiven Polyacrylamid-Gel mit 0,1% SDS ergibt sich in etwa eine lineare Beziehung zwischen dem Logarithmus der Molmasse und den relativen Wanderungsstrecken. Mit Hilfe von Markerproteinen lassen sich über eine Eichkurve die Molmassen unbekannter Proben ermitteln.

Gradienten-Gele sind von Vorteil, weil sie einen weiteren Trennbereich als Gele mit konstantem Porendurchmesser und schärfere Banden haben.

Vorteile der SDS-Elektrophorese:

- Mit SDS gehen nahezu alle Proteine in Lösung.
- SDS-Protein-Komplexe sind stark geladen. Sie haben eine hohe elektrophoretische Mobilität.
- Alle Protein-SDS-Mizellen laufen wegen ihrer einheitlichen Ladung in eine Richtung.
- Die Trennung erfolgt nur nach dem Moleküldurchmesser und damit annähernd nach der Molmasse.
- Die Trennung in stark restriktiven Gelen wirkt der Diffusion entgegen, die Banden bleiben scharf und sind einfach zu fixieren.
- SDS kann durch den Transfer der getrennten Proteine auf eine immobilisierende Membran wieder entfernt werden.
- Die SDS-Elektrophorese eignet sich bei Verwendung anderer Gel- und Puffersysteme auch für niedermolekulare Peptide im Bereich unter 10 kDa.

Die Disk-PAGE nach Ornstein wurde von Lämmli direkt für die SDS-Gelelektrophorese übernommen. Der pH-Wert- und Ionenstärke-Sprung sind aber nicht nötig. Deshalb kann ein SDS-Disk-Elektrophoresegel in einem Arbeitsgang hergestellt werden, da hier das Sammelgel den gleichen Puffer wie das Trenngel enthält.

Bei Glykoproteinen muß dafür gesorgt werden, daß auch der Zuckeranteil negativ geladen wird. Dies wird durch ein borathaltiges Puffersystem erreicht.

Stark saure Proteine binden kein SDS. Deshalb wird das kationische Detergenz Cetyltrimethylammoniumbromid (CTAB) in einem sauren Puffersystem bei pH 3,5 – 5 verwendet.

Besondere Verfahren

Zweidimensionale Elektrophoresen werden durchgeführt, um:

- aus komplexen Proteingemischen bei der ersten Elektrophorese eine Fraktion von nicht für die Problemstellung relevanten Proteinen abzutrennen. Dann kann mit der zweiten Elektrophorese eine störungsfreie Analytik der interessierenden Fraktion erreicht werden.
- komplexe Proteingemische möglichst in sämtliche Einzelproteine zu zerlegen. Damit erhält man ein Gesamtmuster der Proteinzusammensetzung und kann einzelne Proteine identifizieren.

Häufiger angewandt wird die *hochauflösende zweidimensionale Elektrophorese nach O'Farrell*. Hier besteht die erste Dimension aus einer isoelektrischen Fokussierung in Gegenwart von hohen Harnstoffkonzentrationen (8 mol l^{-1}) und einem nichtionischen Detergenz (z. B. Triton X-100). Es wird entweder mit Rundgelen oder Gelstreifen gearbeitet, welche nach der Trennung auf das Gel für die zweite Dimension übertragen werden. Die zweite Dimension ist eine SDS-Gelelektrophorese. Die Trennprinzipien für die beiden Dimensionen sind unterschiedlich; bei der ersten Dimension ist der pI entscheidend, bei der zweiten die Molmasse. Als Ergebnis erhält man ein Fleckenmuster, eine sog. zweidimensionale Proteinkarte.

Dieses Verfahren besitzt von allen bekannten Analysenmethoden das höchste Auflösungsvermögen. Dabei geht der Trend zu einer Verlängerung der Trennstrecken, einer Verwendung ultradünner Gele und einer Entwicklung von äußerst sensitiven Nachweismethoden (z.B. Autoradiographie, Silberfärbung).

Probleme bestehen in der Reproduzierbarkeit der Fleckenpositionen, vor allem in der ersten Dimension. Durch ein Driften der pH-Gradienten variieren die Positionen besonders im basischen Bereich. Deshalb müssen immobilisierte pH-Gradienten verwendet werden.

Vorbereitung

Zur Elektrophorese sollten hochreine Chemikalien verwendet werden. Ungelöste Partikel werden durch Zentrifugation oder Sterilfiltration beseitigt, damit scharfe Banden ohne verschmierten Hintergrund entstehen. Die Proben müssen durch Dialyse oder Gelfiltration entsalzt werden. Bei Bedarf werden Additiva wie beispielsweise nichtionische Detergenzien (Nonidet P-40, Triton X-100, Tween 80), Harnstoff und Schutzsubstanzen gegen Proteolyse (z.B. PMSF) hinzugefügt. Milde Detergenzien erhöhen die Löslichkeit und beeinträchtigen die Enzymaktivität und Proteinstruktur in den meisten Fällen nicht. Harnstoff (4–9 mol l^{-1}) kann die Solubilität auch von hydrophoben Proteinen (z.B. Membranproteine) verbessern. Harnstoff und Detergenzien sind nur für Polyacrylamidgele zu verwenden. Sie können auch zur Gellösung und zur Probe zugesetzt werden.

Durchführung

Es werden mikrosomale Membranen aus Zea mays verwendet. Zur Herstellung siehe Abschnitt 1.4. Die pelletierten Membranen werden in einem Puffer (25 mmol l^{-1} HEPES/NaOH Puffer, pH 7,0) aufgenommen.

a) Probenvorbereitung

Für die SDS-Elektrophorese müssen die Proteine aus ihrem Nativzustand in anionische SDS-Protein-Mizellen überführt werden. Alle Mizellen erhalten eine der Masse proportionale negative Ladung. Man verwendet 1 bis 2 % (g/v) SDS in der Probenlösung, 0,1 % im Gel.

Die Art der Probenbehandlung ist sehr wichtig für das Trennergebnis und dessen Reproduzierbarkeit. Es gibt folgende 3 Möglichkeiten:

- *Nichtreduzierende SDS-Behandlung.* Nichtreduzierender Probenpuffer (Endkonzentration): 0,0625 mol l^{-1} Tris, 2 % SDS, 10 % Glycerin, 0,01 % NaN_3, 0.001 % Bromphenolblau und 0,003 % EDTA mit Aqua bidest. auf 80% des Volumens auffüllen, mit 1 M HCl auf pH 6,8 titrieren, dann mit Aqua bidest. auf das Endvolumen auffüllen.

  Die Proben werden mit dem Puffer 0 bis 30 min bei Raumtemperatur inkubiert, aber nicht gekocht. Dabei werden die Disulfidbrücken nicht aufgespalten und deshalb die Polypeptidfäden nicht vollständig gestreckt. Eine korrekte Molekulargewichtsbestimmung ist hierbei nicht gewährleistet.

  Achtung: Kochen von nicht reduzierten Proben kann zur Bildung von Proteinfragmenten führen. Auf Protease-Aktivität prüfen!

- *Reduzierende SDS-Behandlung.* Dithiothreitol-Stammlösung (2,6 mol l^{-1} DTT): 250 mg DTT in 0,5 ml Aqua bidest. lösen.

  Reduzierender Probenpuffer (26 mmol l^{-1} DTT): 10 ml Nichtreduzierender Probenpuffer werden mit 100 µl DTT-Lösung versetzt.

  Achtung: Diese Lösungen werden erst kurz vor Gebrauch in der benötigten Menge hergestellt.

Durch die Zugabe von Dithiothreitol (DTT) erreicht man eine vollständige Streckung der Polypeptide und damit eine Auftrennung nach Molekulargewicht. Dazu werden die Proben 2 bis 3 min mit dem Puffer gekocht (Heizblock). Nach dem Abkühlen wird 1 µl DTT-Stammlösung pro 100 µl Probenlösung zugeben. Durch die nochmalige Zugabe von Reduktionsmittel werden die SH-Gruppen besser geschützt. Rückfaltungen und Aggregation von Untereinheiten werden dadurch verhindert.

Achtung: In der Praxis wird diese erneute Zugabe von Reduktionsmittel häufig vergessen. Das Resultat sind zusätzliche Banden im hochmolekularen Bereich („Geisterbanden") und Präzipitate an der Probenauftragsstelle.

- *Reduzierende SDS-Behandlung und Alkylierung mit Iodacetamid.*
  Nach der reduzierenden SDS-Behandlung werden die SH-Gruppen durch Alkylierung mit Iodacetamid dauerhafter geschützt. Bei Proteinen mit hohem Anteil an schwefelhaltigen Aminosäuren kann allerdings eine geringfügige Molekulargewichtserhöhung auftreten. Zudem verhindert man bei der Silberfärbung auftretende Artefakte, weil Iodacetamid das überschüssige DTT abfängt. Die Alkylierung mit Iodacetamid wird bei pH 8,0 in einem Probenpuffer mit höherer Ionenstärke durchgeführt.

  Probenpuffer für Alkylierung (pH 8; 0,4 M): 0,4 mol l^{-1} Tris, 2 % SDS, 10 % Glycerin, 0,01 % NaN_3, 0.001 % Bromphenolblau oder Orange G 10 und 0,003 % EDTA mit Aqua bidest. auf 80% des Volumens auffüllen, mit 4 M HCl auf pH 8 titrieren, dann mit Aqua bidest. auf das Endvolumen auffüllen.

  Reduzierender Probenpuffer für Alkylierung: 10 ml Probenpuffer für Alkylierung mit 100 µl DTT-Stammlösung versetzen.

  Iodacetamidlösung 20 % (g/v): 20 mg Iodacetamid mit 100 µl Aqua bidest. mischen. Nach dem Kochen der reduzierten Probe werden 10 µl Iodacetamidlösung pro 100 µl Probenlösung zugeben und 30 min bei Raumtemperatur inkubiert.

b) Stammlösungen für Gelherstellung

Achtung: Acrylamid ist im Tierversuch nachgewiesenermaßen kanzerogen und giftig beim Einatmen und Verschlucken sowie bei Berührung mit der Haut! Reste mit Ammoniumpersulfat-Überschuß auspolymerisieren.

- Acrylamid/Bisacrylamid-Lösung, z.B. Protogel (T=30,8%; C=2,6%) Sammelgelpuffer pH 6,8 (4fach konzentriert): 0,5 mol l^{-1} Tris, 0,4 % SDS und 0,01 % NaN_3 mit Aqua bidest. auf 80% des Volumens auffüllen, mit 4 M HCl auf pH 6,8 titrieren, dann mit Aqua bidest. auf das Endvolumen auffüllen.
- Trenngelpuffer pH 8,8 (4fach konzentriert): 1,5 mol l^{-1} Tris, 0,4 % SDS und 0,01 % NaN_3 mit Aqua bidest. auf 80% des Volumens auffüllen, mit 4 M HCl auf pH 8,8 titrieren, dann mit Aqua bidest. auf das Endvolumen auffüllen.

- Ammoniumpersulfatlösung (APS): 100 mg APS in 1 ml Aqua bidest. auflösen. Die Lösung ist eine Woche im Kühlschrank haltbar.
- Kathodenpuffer (10fach konzentriert): 0,25 mol l^{-1} Tris, 1,92 mol l^{-1} Glycin, 1 % SDS und 0,01 % NaN_3 mit Aqua dest. auf Endvolumen auffüllen. Nicht mit HCl titrieren!
- Anodenpuffer (10fach konzentriert): 0,25 mol l^{-1} Tris mit Aqua dest. auf 80% des Endvolumens auffüllen, mit 4 M HCl auf pH = 8,4 titrieren und auf das Endvolumen bringen.

c) Vorbereitung der Gießkassette

Benötigt werden 1 Glasplatte mit Ausschnitt, 1 Glasplatte ohne Ausschnitt, 3 Abstandshalter (1 mm), 6 Klammern, 2 %ige Agarlösung

- Die Glasplatten werden sorgfältig gereinigt und entfettet (Aceton).
- Auf die ausgeschnittene Platte werden die 3 Abstandshalter entlang dreier Kanten in einem Abstand von 5 mm aufgelegt; die Kante mit dem Ausschnitt bleibt frei.
- Danach wird die zweite Glasplatte aufgelegt und angeklammert. Zur sicheren Abdichtung der so entstandenen Gießkasette wird die flüssige Agarlösung entlang der Platten-Außenkanten in den Spalt zwischen den Glasplatten mit einer Pasteurpipette eingegossen.
- Nach dem Erhärten des Agars wird die Gießkassette im Kühlschrank bei 4°C etwa 10 min vorgekühlt, um den Start der Polymerisation zu verzögern.

d) Herstellung des Gradienten-Gels

- *Gelgießlösungen* für einen Gradienten $T = 6\%$ bis 18% und das Sammelgel ($T = 4\%$, $C = 2{,}6\%$, vgl. Abschnitt 1.2.1.3)

In 2 Bechergläser pipettieren	Schwere Lösung $T = 18\%$ $C = 2{,}6\%$	Leichte Lösung $T = 6\%$ $C = 2{,}6\%$	Sammelgel $T = 4\%$ $C = 2{,}6\%$
Acrylamid-Lösung	6,0 ml	2,0 ml	1,6 ml
Trenngelpuffer	2,5 ml	2,5 ml	–
Sammelgelpuffer	–	–	3,0 ml
Glycerin (87 %)	1,5 ml	–	–
Aqua bidest.	–	5,5 ml	7,8 ml
Temed	6 µl	6 µl	12 µl

- *Gießen eines linearen Gradienten*: Es wird der Gradientenmischer nach Bild 1.15 verwendet. Eine Laborplattform wird so eingestellt, daß sich das Auslaufniveau etwa 5 cm oberhalb der Oberkante der Gießkassette befindet. Vor der Befüllung muß der Verbindungskanal zwischen Reservoir (hinteres Rohr) und der Mischkammer (vorderes Rohr) sowie auch die Auslaufklemme geschlossen werden. Es werden 8 ml leichte Lösung in das Reservoir gefüllt und der Verbindungskanal entlüftet. Dann wird in die Mischkammer 8 ml schwere Lösung eingefüllt, die Kassette aus dem Kühlschrank geholt und mit der Ausschnitt-Seite zum Mischer gestellt.

  Die weiteren Schritte sind:

- Einpipettieren von 37 µl APS in das Reservoir; mit dem Multifunktionsstab verteilen.

- Einpipettieren von 37 µl APS in die Mischkammer; kurz mit dem Magnetrührer aufrühren.
- Einführen des Auslaßschlauchs zwischen die beiden Glasplatten der Gießkassette.
- Magnetrührer starten.
- Öffnen der Auslaßschlauchklemme und des Verbindungskanals.
- Gießen des Gradienten. Hier enthält die schwere Lösung den höheren Acrylamid-Anteil, ergibt also den engporigen Teil des Gradienten. Die leichte Lösung enthält den niederen Acrylamid-Anteil und ergibt den großporigen Teil.
- Überschichten des gegossenen Gradienten mit 500 µl wassergesättigtem 1-Butanol (Luftabschluß!)
- Spülen des entleerten Gradientenmischers mit Aqua bidest.
- Nach dem Auspolymerisieren des Gels bei Raumtemperatur (mindestens 1,5 h) wird das 1-Butanol vom Trenngel abgegossen und die Gel-Oberkante mehrfach mit Aqua bidest. gespült. Die Wasserreste werden sorgfältig entfernt.
- Aufgießen des Sammelgels bis zur Oberkante der Gießkasette.
- Ausformung der Probentaschen. Dazu wird ein entsprechend geformter Kamm (12, 16 oder 20 Zähne) in das flüssige Sammelgel blasenfrei eingeschoben.

Vor der Elektrophorese muß das Gel vollständig auspolymerisiert sein (3 Std. bei Zimmertemperatur). Eine Aufbewahrung über Nacht im Kühlschrank ist danach möglich.

Zusammenbau der Elektrophorese-Einheit:

- An der Gelkassette werden die Klammern am unteren Rand entfernt und der untere Abstandshalter herausgezogen.
- Entfernung des Probenkammes.
- Entfernung der seitlichen Klammern.
- Einsetzen der Gelkassette in die Vertikalelektrophoresekammer. Dabei muß darauf geachtet werden, daß der obere Elektroden-Tank sicher abgedichtet ist (z.B. Silicongummi). Eine feste Anpressung von Gelkasette und Kammer wird durch Ansetzen der seitlichen Klammern erreicht.
- Einfüllen des Anodenpuffers (10 fach verdünnt) in den unteren Tank (+). Dabei ist wichtig, daß keine Luftblasen zwischen Gelunterseite und Puffer eingeschlossen werden.
- Einfüllen des Kathodenpuffers (10 fach verdünnt) in den oberen Tank (–). Dabei können die Geltaschen nochmals mit dem Puffer gespült werden, um Gelreste daraus zu entfernen.

e) Durchführung der Elektrophorese

Probenaufgabe. Als Probenkonzentration ist für Coomassie-Färbung 0,5 bis 1,5 µg pro Bande zu empfehlen, für Silberfärbung 5 bis 150 ng pro Bande. Die Proben werden mit

Probenpuffer verdünnt (Endkonzentration des Probenpuffers nicht unterschreiten!) und in die Geltaschen eingebracht. Das Auftragevolumen kann zwischen 5 und 50 µl variieren.

Zur Molekulargewichtsbestimmung werden 1–3 Spuren mit entsprechenden Markerproteinen beschickt. Zur Quantifizierung von Proteinbanden ist das gleichzeitige Auftrennen eines externen Standards in Form einer Verdünnungsreihe von Markerproteinen zu empfehlen nach folgendem Schema:

Quantifizierungsstandard				Auftragsmenge µl	Auftragsmenge µg
LMW-Marker*	+	200 µl	Probenpuffer	10	4,15
LMW-Marker*	+	200 µl	Probenpuffer	7	2,90
LMW-Marker*	+	200 µl	Probenpuffer	5	2,01
LMW-Marker*	+	200 µl	Probenpuffer	7	1,45
LMW-Marker*	+	200 µl	Probenpuffer	5	0,69
LMW-Marker*	+	200 µl	Probenpuffer	5	0,42

* LMW = Low Molecular Weight

Starten der Elektrophorese

- Elektroden über Kabel mit dem Netzgerät verbinden.
- Sicherheitsdeckel schließen und Netzgerät einschalten.

Standard-Trennbedingungen bei 4°C und 10 cm Trennstrecke:
600 V, 40 mA, 35 W, 2 h 30 min.

Im folgenden sind einige geeignete Einstellungen an einem programmierbaren Netzgerät angegeben:

Phase	U [V]	I [mA]	P [W]
1	200	25	10
2	600	35	30
3	100	5	5

Phase 1 dient zum sanften Probeneintritt, Phase 3 wirkt der Bandendiffusion entgegen.

Beendigung der Elektrophorese. Sobald die Bromphenolblaufront das Ende des Trenngels erreicht hat, wird die Elektrophorese abgebrochen.

- Stromversorgung abschalten,
- Anschlußkabel zum Netzgerät lösen und Sicherheitsdeckel öffnen,
- Absaugen der beiden Pufferlösungen aus den Elektrodentanks,
- Entnahme der Gelkassette,
- Öffnen der Gelkassette. Dabei kann ein Spatel zum Trennen der Glasplatten eingesetzt werden.

- Abtrennen des Sammelgels (Abfall) und Lagemarkierung z.B. durch Abschneiden einer Gelecke.
- Fixierung des Gels in einer TCA-Lösung (12% g/v).

Auswertung

Für das Sichtbarmachen der Substanzflecken gibt es mehrere Möglichkeiten:

- Coomassie-Färbung
- Silberfärbung (engl. silver staining)
- Blotting
- Densitometrie

Coomassie-Färbung. Hier gibt es zwei Verfahren, das Standard-Verfahren und die Kolloidal-Färbung.

Standard-Verfahren:

- Fixierung: Mindestens 1 h in 12 % (g/v) Trichloressigsäure auf einem Schüttler. Bei Trägerfolien-gestützten Gelen geschieht dies am besten mit der Geloberfläche nach unten auf dem Gittereinsatz der Färbeschale, damit Additive mit hoher Dichte (z.B. das Glycerin bei Gradienten-Gelen) aus dem Gel diffundieren können.
- Färben: Man benötigt zwei Lösungen; Lösung A (0,2 % Coomassie R-250 in Ethanol) und Lösung B (20 %ige Essigsäure (v/v). Die Lösungen werden vor Gebrauch 1:1 gemischt. Die Färbung wird über Nacht auf einem Schüttler bei Raumtemperatur durchgeführt.
- Entfärben: In einer Entfärbe-Apparatur (bestehend aus Entfärbe-Behälter, Umwälz-Pumpe, Aktivkohle- und Mischbett-Ionenaustauscher) wird das Gel für 2-3 Stunden mit einer wäßrigen Lösung von 20% Ethanol und 10% Essigsäure entfärbt.
- Trocknen: In einer Vakuum-Trockenapparatur für 2 Stunden bei 80°C.

Kolloidal-Färbung: Diese Methode hat eine sehr hohe Nachweisempfindlichkeit (30 ng pro Bande) . Die Färbedauer beträgt mindestens 12 Stunden. Eine Entfärbung des Gel-Hintergrundes ist nicht nötig.

- Fixierung: siehe oben
- Waschen: 1–2 Stunden in einer wäßrigen Lösung mit 20% Methanol und 10% Eisessig unter mehrmaligem Wechsel der Waschlösung schütteln.
- Färbung: 100 g Ammoniumsulfat langsam in 980 ml 2 %ige (g/v) H_3PO_4 bis zur vollständigen Lösung einrühren. Dann Coomassie G-250 Lösung (1 g auf 20 ml H_20) zugeben. Lösung nicht filtrieren! Vor Gebrauch schütteln. 160 ml dieser Färbelösung wird vor Gebrauch mit 40 ml Methanol versetzt.
- Waschen: 1 bis 3 min in 0,1 M Tris/H_3PO_4-Puffer, pH 6,5.
- Spülen: 1 min in 25 % (v/v) Methanol in H_20.
- Stabilisierung des Protein-Farbstoff-Komplexes in 20 % (g/v) Ammoniumsulfat in H_20. Vor dem Trocknen muß das Gel gewässert werden.

Silberfärbung

Verfahren 1: Besonders für foliengestützte Gele geeignet.

Schritt	Lösung	V [ml]	t [min]
Fixierung	300 ml Ethanol 100 ml Essigsäure H_2O dest. auf 1000 ml	250	>30
Inkubierung	75 ml Ethanol[a)] 17,00 g Na-Acetat 1,25 ml Glutaraldehyd (25% g/v) 0,50 g $Na_2S_2O_3 \times 5\ H_2O$ H_2O dest. auf 250 ml	250	30 oder über Nacht
Waschen	H_2O dest.	3 × 250	3 × 5
Versilberung	0,5 g $AgNO_3$[b)] 50 µl Formaldehyd (37% g/v) H_2O dest. auf 250 ml	250	20
Entwicklung	7,5 g Na_2CO_3 30 µl Formaldehyd (37% g/v) H_2O dest. auf 300 ml wenn pH > 11,5, mit $NaHCO_3$ auf diesen Wert titrieren	1 × 100 1 × 200	1 3 bis 7
Stoppen	2,5 g Glycin H_2O dest. auf 250 ml	250	10
Waschen	H_2O dest.	3 × 250	3 × 5
Präservieren	25 ml Glycerin (87% g/v) H_2O dest. auf 250 ml	250	30
Trocknen	Luft (Raumtemperatur)		

a) Na-Acetat erst in Aqua bidest. lösen, dann Ethanol zufügen. Thiosulfat und Glutaraldehyd erst vor Gebrauch zugeben.

b) $AgNO_3$ in Aqua bidest. lösen, vor Gebrauch mit Formaldehyd versetzen.

DNA und *RNA* werden mit Ethidiumbromid nachgewiesen (*Vorsicht: Ethidiumbromid ist sehr giftig*!). Die Banden fluoreszieren unter UV-Licht. Auch für Proteine gibt es Fluoreszenzfarbstoffe. Für radioaktiv markierte Makromoleküle steht die Technik der Autoradiographie zur Verfügung. Weiterhin gibt es Nachweismöglichkeiten durch enzymatische Reaktionen und das Immunprinting.

Blotting. Spezifische Nachweise von Proteinen kann man nach ihrem elektrophoretischen Transfer aus dem Gel auf einer immobilisierenden Membran (Blotfolie) durchführen. Man kann Proteine unmittelbar nach der Trennung, aber auch nach der Färbung blotten. Beim Blotting aus gefärbten Gelen müssen die Proteine mit SDS-Puffer wieder in Lösung gebracht werden. Für die nachfolgenden Immunnachweise ist, trotz zusätzlicher Denaturierung mit den Färbereagenzien, in den meisten Fällen Antigen-Antikörper-Reaktivität erhalten geblieben. Zu weiteren Grundlagen und Durchführung siehe Abschnitt 5.3.

Verfahren 2: Für Geldicke von 1 mm; es werden ca. 250 ml für jeden Schritt benötigt.

Schritt	Lösung	t [min]
Fixierung	500 ml Methanol 200 g TCA 20 g $CuCl_2$ 0,68 ml Formaldehyd (37%) H_2O dest. auf 1000 ml	20
Waschen	100 ml Ethanol 50 ml Essigsäure H_2O dest. auf 1000 ml „Lösung A"	10
Oxidation	0,025 g $KMnO_4$ 0,025 g KOH H_2O dest. auf 250 ml	10
Waschen	Lösung A	10
Waschen	10 % Ethanol (v/v)	10
Waschen	Aqua bidest.	10
Versilberung	0,5 g $AgNO_3$ H_2O dest. auf 250 ml	10
Waschen	Aqua bidest.	0,3
Inkubierung	25 g K_2CO_3 H_2O dest. auf 250 ml	1
Entwicklung	5 g K_2CO_3 0,68 ml Formaldehyd (37%) H_2O dest. auf 250 ml	3–4
Stoppen	Lösung A	10
Dokumentation	Fotografieren	
Trocknen	Vakuum	

Densitometrie. Bei der quantitativen Auswertung eines gefärbten SDS-Geles folgt man den Anleitungen des jeweiligen Geräteherstellers. Zielsetzungen sind:

- Zuordnen der Molmassen
- Quantifizierung mit externem Standard

Zur *Quantifizierung bekannter Proteine* werden wie bei der quantitativen Auswertung chromatographischer Trennungen Eichstandards verwendet. Das zu bestimmende Protein muß als Reinsubstanz vorliegen. Es wird in bekannten Mengen auf das Elektrophorese-Gel aufgetragen und läuft während der Trennung als Standard mit. Es müssen jeweils verschiedene Mengen (Konzentrationsreihe) als externer Standard aufgetragen werden, da fast alle verwendeten Farbstoffe keine linearen Verhältnisse von Konzentration zu Extinktion aufweisen.

Zur *Quantifizierung unbekannter oder nicht rein dargestellter Proteine* bietet sich die Möglichkeit der Ermittlung von „Albumin-Äquivalenten" an. Dabei wird als externer Standard Albumin eingesetzt. Natürlich kann man mit dieser Methode keine absolute Quantifizierung erreichen. Die Verwendung eines bestimmten Proteins als Standard, auf den man die Peakflächen aller anderen zu messenden Banden bezieht, erlaubt aber eine gute relative Messung und Vergleichbarkeit.

Anwendungsbeispiel

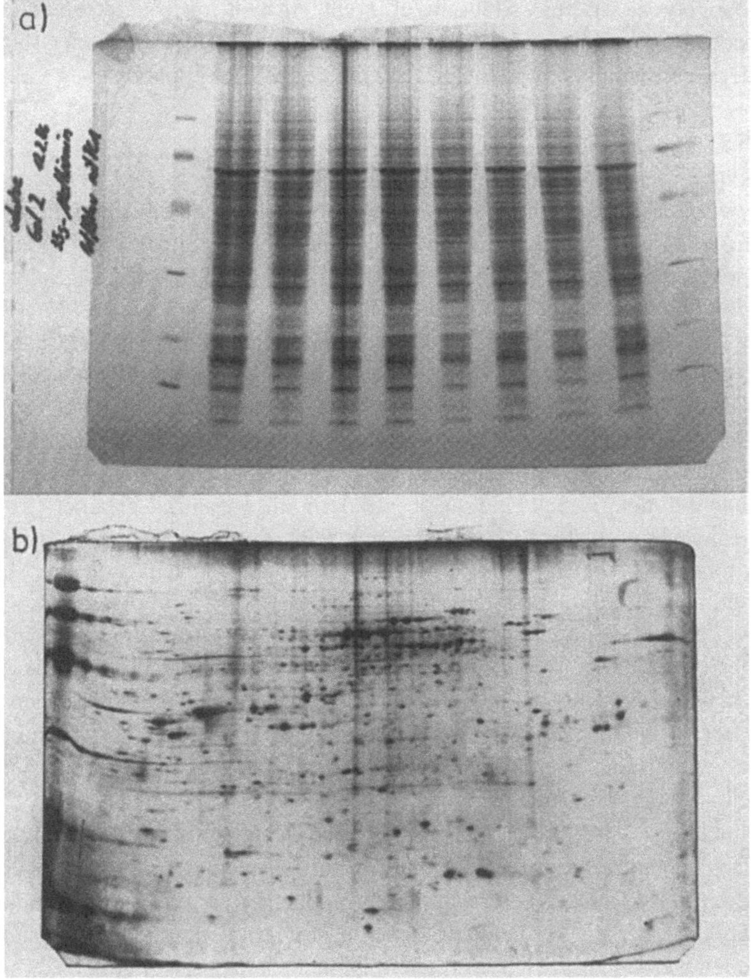

Bild 1.16 Auftrennung von Membranproteinen aus Maiskoleoptilen durch
a) eine eindimensionale SDS-Gradienten-Gelelektrophorese: Die Proben wurden mit reduzierendem Probenpuffer versetzt. Die Detektion erfolgte durch Coomassie-Färbung.
b) ein zweidimensionales Verfahren nach O'Farrell: Die Membranfraktion wurde mit Solubilisierungs-Puffer versetzt. Als erste Dimension wurde eine isoelektrische Fokussierung in einem 0,8 cm breiten Gelstreifen mit der Immobiline-Technik durchgeführt (s. Abschnitt 1.2.3.1). Dieser Gelstreifen wurde auf ein SDS-Gradientengel aufgebracht (Zweite Dimension; Bedingungen siehe oben). Die Detektion erfolgte durch Silber-Färbung.

Anwendungsbereich

Die elektrophoretischen Trennungen in restriktiven Polyacrylamidgelen sind als Standardmethode für nahezu alle Trennprobleme zu betrachten.

1.2.2 Isotachophorese (ITP)

Die Isotachophorese ist ein Verfahren zur Trennung von Ionen unterschiedlicher Mobilität im elektrischen Feld. Dabei wandern die Ionenarten in direkt aufeinander folgenden Zonen mit gleicher Geschwindigkeit (Gleichgeschwindigkeits-Elektrophorese).

Grundlagen

Bei Isotachophoresen ist das Puffersystem diskontinuierlich. Die geladenen Substanzen wandern zwischen einem „schnellen" Leitelektrolyt (L) und einem „langsamen" terminierenden Elektrolyt (T) mit gleichen Geschwindigkeiten. Dabei bilden die Probenkomponenten einen Stapel zwischen dem Leition (L) und dem Folgeion (T), wobei die Substanzen mit der größten Mobilität direkt dem Leition folgen.

Sollen Anionen getrennt werden, so muß der Leitelektrolyt (L-) Anionen mit höherer Mobilität, der Folgeelektrolyt (T-) Anionen mit niedrigerer Mobilität als sämtliche interessierenden Probe-Ionen enthalten. Zu Beginn der Isotachophorese befindet sich der Leitelektrolyt an der Anode und füllt die Trennkapillare; dann folgt die Probe und der Folgeelektrolyt direkt an der Kathode. Das System enthält ein gemeinsames kationisches Gegenion.

Legt man ein elektrisches Feld an, so wandern alle Ionen mit gleicher Geschwindigkeit. Aus dem Ionengemisch der Probe bilden sich reine direkt aufeinanderfolgende Zonen der einzelnen Ionen. Im Gleichgwichtszustand folgt das Ion mit der höchsten Mobilität direkt dem Leition, das mit der niedrigsten Mobilität wandert vor dem Folgeion, die übrigen Ionen wandern in der Reihenfolge abnehmender Mobilitäten dazwischen. Die Zonen höherer Mobilität haben eine niedrigere Feldstärke, wobei für jede Zone das Produkt aus Feldstärke und Mobilität konstant ist. Dies hat einen Zonenschärfungseffekt zur Folge. Wenn Ionen in eine Zone höherer Mobilität gelangen, werden sie aufgrund der dort herrschenden niedrigeren Feldstärke verlangsamt. Bleibt ein Ion zurück, so gelangt es in einen Bereich mit höherer Feldstärke und wird beschleunigt.

Isotachophorese wird in Teflonkapillaren oder Quarzkapillaren durchgeführt. Dabei verwendet man Spannungen bis zu 3 kV und Stromstärken im μA Bereich. Während man zur Detektion mit UV-Licht bei Teflonkapillaren Meßzellen verwenden muß, kann in Quarzkapillaren direkt gemessen werden. Zur sicheren Differenzierung der direkt aufeinander folgenden Zonen werden zusätzlich Wärmeleitfähigkeitsdetektoren eingesetzt.

Zu *Geräten*, *Durchführung* und *Anwendungsbereich* siehe bei Piljac und Geckeler/Eckstein.

1.2.3 Isoelektrische Fokussierung (IEF)

Die isoelektrische Fokussierung findet in einem pH-Gradienten statt. Sie kann nur bei amphoteren Verbindungen (Peptide, Proteine) angewendet werden. Die Moleküle wandern je nach Ladung zur Anode oder Kathode, bis sie im Gradienten an dem pH-Wert ankommen,

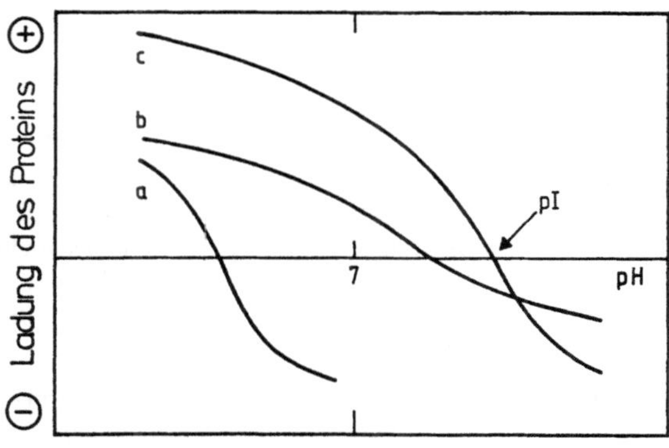

Bild 1.17 Das Diagramm verdeutlicht die Netto-Ladungen von 3 verschiedenen Proteinen (a, b, c). Der pH-Wert, an welchem die Nettoladung 0 ist, heißt Isoelektrischer Punkt (pI). Es gibt saure Proteine (pI < 7), neutrale Proteine (pI = 7) und basische Proteine (pI > 7). Die Steigung der Nettoladungskurve am pI-Wert kann sehr unterschiedlich sein.

an dem ihre Nettoladung null ist. Dieser pH-Wert entspricht dem isoelektrischen Punkt (pI) der Substanz.

Grundlagen

Die Nettoladung eines Proteins ist die Summe aller positiven und negativen Ladungen der Aminosäuren mit geladenen Seitenketten. Bei niedrigem pH-Wert sind die Carboxylgruppen neutral, bei hohen pH-Werten negativ geladen. Die Amino- und Imidazol-Gruppen sind dagegen bei niedrigem pH-Wert positiv geladen, bei hohen pH-Werten neutral. Bei komplexen Proteinen müssen auch Kohlenhydrat-, Nukleinsäure- oder Phosphat-Reste berücksichtigt werden.

Trägt man die jeweiligen Nettoladungen eines Proteins über einer pH-Skala auf, so ergibt sich eine Kurve, welche die Abszisse am isoelektrischen Punkt pI schneidet, wie in Bild 1.17 dargestellt.

Trägt man ein Proteingemisch an einer beliebigen Stelle eines pH-Gradienten auf, so haben die verschiedenen Proteine bei diesem pH-Wert unterschiedliche Nettoladungen. Im elektrischen Feld wandern die Proteine an ihren jeweiligen isoelektrischen Punkt. Deshalb ist die IEF im Gegensatz zur Zonenelektrophorese eine Endpunktmethode. Das Prinzip der isoelektrischen Fokussierung zeigt Bild 1.18.

Scharfe Proteinbanden und hohe Auflösung erreicht man durch:

- *Reduktion der Diffusion*: Dies ist möglich durch Erhöhung der Viskosität. Dem Gradienten werden inerte Substanzen (Saccharose, Glyzerin) oder Gelmaterialien (engporiges Polyacrylamid) zugesetzt. Allerdings wird dadurch die Mobilität der Proteine herabgesetzt. Da die Diffusionsrate umgekehrt proportional der Molekülgröße ist, fokussieren größere Moleküle besser.
- *Geringe Steigung der pH-Gradienten*: Bei flacheren Gradienten vergrößert sich der Abstand zweier benachbarter Proteine. Extrem flache Gradienten haben jedoch den Nachteil, daß sehr lange Trennzeiten nötig sind, weil die Proteine eine relativ lange Strecke in der Nähe ihres pI wandern müssen, wobei ihre Ladung sehr klein ist. In solchen Fällen muß auch der pH-Gradient sehr stetig sein. Dies ist mit Trägerampholyten nicht zu erreichen, daher müssen immobilisierte pH-Gradienten eingesetzt werden.

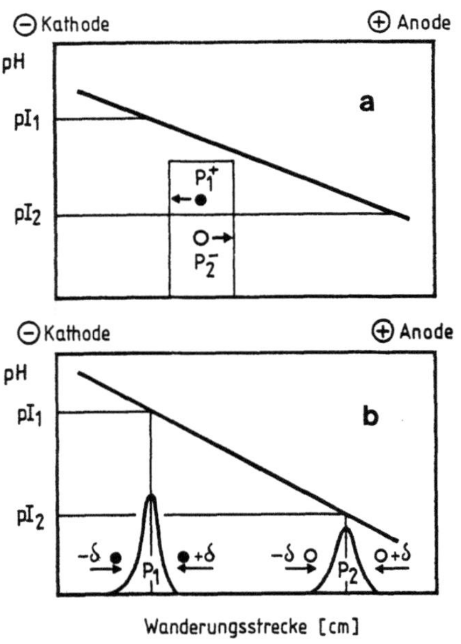

Bild 1.18 a) Schematische Darstellung eines Probenauftrags mit 2 Proteinen P1 und P2 in der Mitte eines pH-Gradienten. P1 besitzt einen mehr alkalischen pI und ist an der Auftragestelle positiv geladen, das mehr saure P2 ist negativ geladen. Unter dem Einfluß des elektrische Feldes beginnen die Proteine in Pfeilrichtung zu wandern.

b) In der Nähe ihres pI verlieren die Proteine schrittweise ihre Ladung. Sie konzentrieren sich an der Stelle, an der ihr pI dem pH des Gradienten entspricht. Dem Konzentrationseffekt läuft jedoch eine Bandenverbreiterung durch Diffusion entgegen. Bei der Diffusion eines Proteins weg von der Ideal-Position tritt wieder eine Nettoladung auf, wodurch ein Rücktransport durch Elektrophorese stattfinden kann (nach Janson und Rydén).

- *Höhere Feldstärken*: Dadurch wird sowohl die Auflösung verbessert als auch die Trennzeit reduziert. Die Feldstärke kann zwar durch hohe Spannungen gesteigert, aber nicht uneingeschränkt erhöht werden (Sicherheit!).
- *Hohe pH-Abhängigkeit der elektrophoretischen Mobilität*: Eine hohe Mobilität eines Proteins an seinem pI würde die beste Fokussierung bedeuten. Dieser Faktor ist jedoch ein Charakteristikum eines Proteins und ist deshalb nicht beeinflußbar.

Grundvoraussetzung zur Erzielung hochauflösender und reproduzierbarer Trennergebnisse ist ein stabiler und kontinuierlicher pH-Gradient mit gleichmäßiger und konstanter Leitfähigkeit und Pufferkapazität. Dies wird erreicht durch:

- *Trägerampholyte*, d.h. amphotere Puffer, welche im elektrischen Feld einen pH-Gradienten ausbilden.
- *Immobilisierte pH-Gradienten*, bei welchen die puffernden Gruppen Bestandteil des Gels sind.

Freie Trägerampholyte. Der pH-Gradient wird erst im elektrischen Feld durch ein heterogenes Gemisch von Isomeren aliphatischer Oligoamino-Oligocarbonsäuren gebildet. Es handelt sich dabei um ein Spektrum kleinmolekularer Ampholyte mit eng benachbarten isoelektrischen Punkten. Diese Trägerampholyte haben eine niedrige Molmasse, hohe Pufferkapazität und gute Löslichkeit am pI.

Nach der Herstellung hat das Gel einen einheitlichen pH-Wert, der sich aus dem Mittelwert der pH-Werte der einzelnen Trägerampholyte ergibt. Fast alle Trägerampholyte sind geladen, die mit höherem pI positiv, die mit niedrigerem pI negativ.

Wenn man ein elektrisches Feld anlegt, wandern die negativ geladenen Trägerampholyte zur Anode, die positiv geladenen zur Kathode, wobei die Geschwindigkeiten von der Höhe

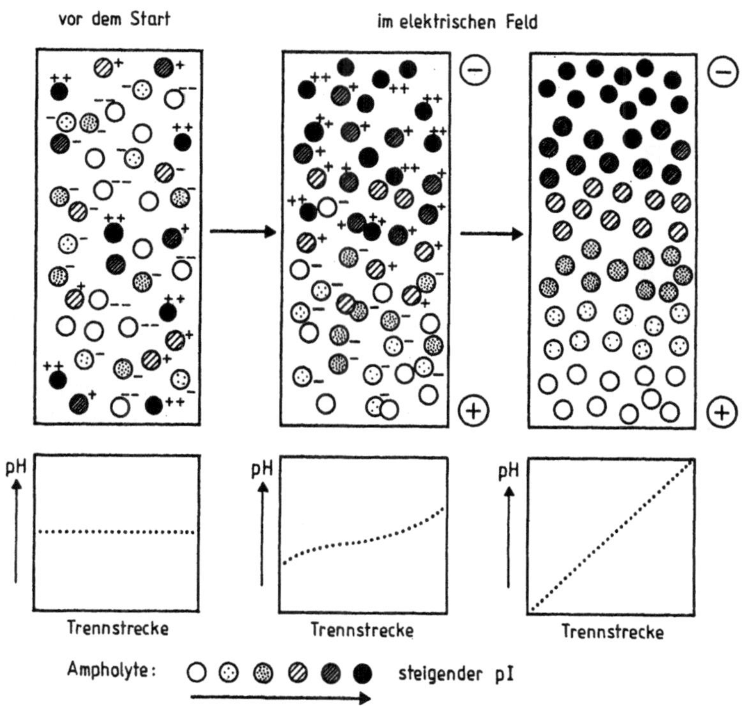

Bild 1.19 Entstehung eines pH-Gradienten durch Trägerampholyte im elektrischen Feld (nach Westermeier). Erläuterungen im Text.

der jeweiligen Nettoladung abhängen. Die Trägerampholyte mit dem niedrigsten pI wandern bis an das anodische, die mit dem höchsten an das kathodische Ende des Geles. Die anderen Trägerampholyte arrangieren sich dazwischen in der Reihenfolge ihrer pIs. Auf diese Weise erhält man einen stabilen, monoton steigenden pH-Gradienten. An der Anode wird ein besonders niedriger pH-Wert vorgegeben (z. B. 1 mol l^{-1} H_3PO_4), an der Kathode ein hoher pH-Wert (z. B. 1 mol l^{-1} NaOH). Deshalb werden die dort ankommenden Trägerampholyte entladen oder umgeladen und können das Trenngel nicht verlassen (Bild 1.19).

Die niedermolekularen Trägerampholyte diffundieren andauernd und schnell von ihrem Fokussierungsort weg und wandern andererseits auch schnell wieder elektrophoretisch dorthin zurück. Deshalb entsteht ein „glatter" pH-Gradient, auch wenn nur wenige Ampholyte verwendet werden. Dies ermöglicht die Herstellung von flachen Gradienten (z.B. pH 4,0 bis 5,0) bei sehr hoher Auflösung. Die Diffusion der Proteine ist aufgrund ihrer Größe deutlich geringer.

Hinweis: Bei flachen Gradienten und bei Anwesenheit hoch viskoser Zusätze (Harnstoff, nichtionische Detergenzien) sind lange Fokussierungszeiten notwendig. Dabei kann der Gradient in beide Richtungen driften, vor allem aber in die kathodische. Es entsteht in der Mitte ein Plateau mit Leitfähigkeitslücken. Ein Teil der Proteine wandert aus dem Gel aus.

Immobilisierte pH-Gradienten. Zur Erhöhung der Auflösung wurden die immobilisierten pH-Gradienten (IPG) entwickelt. Dieser Gradient wird aus Acrylamidderivaten mit puffernden Gruppen, den Immobilinen, durch Kopolymerisation mit den Acrylamid-Monomeren in ein Polyacrylamid-Gel eingebaut. Zum gegenwärtigen Zeitpunkt ist der Einsatz immobilisierter pH-Gradienten deshalb ausschließlich auf Polyacrylamid-Gele begrenzt. Die allgemeine Strukturformel lautet:

$$CH_2{=}CH{-}\underset{\underset{O}{\|}}{C}{-}NH{-}R$$

R = Carboxylgruppe oder tert. Aminogruppe

Ein Immobilin ist demnach eine schwache Säure oder eine schwache Base. Kommerziell erhältlich sind zur Zeit zwei Säuren (Carboxylgruppen) mit pK 3,6 und pK 4,6 und vier Basen (tertiäre Aminogruppen) mit pK 6,2, pK 7,0, pK 8,5 und pK 9,3. Um einen bestimmten pH-Wert puffern zu können, braucht man mindestens zwei verschiedene Immobiline, eine Säure und eine Base, wobei sich aufgrund des Mischungsverhältnisses ein bestimmter pH-Wert einstellt. Ein pH-Gradient wird durch kontinuierliches Verändern des Immobilin-Mischungsverhältnisses erzielt. Das Prinzip ist dabei eine Säure-Base-Titration.

In der Praxis werden immobilisierte pH-Gradienten durch Mischen von zwei verschiedenen Polymerisationslösungen mit einem Gradientenmischer hergestellt, so wie das bei den Porengradienten der Fall ist. Beide Lösungen enthalten Acrylamid-Monomere und Katalysatoren zur Polymerisation. Nach der Polymerisation entsteht ein stationärer pH-Gradient, denn die puffernden Carboxyl- und Aminogruppen sind kovalent an die Gelmatrix gebunden.

Die Immobiline werden als Stammlösungen mit der Konzentration 0,2 mol l^{-1} eingesetzt. Die mit Glycerin beschwerte Lösung ist auf das saure Ende des gewünschten pH-Gradienten, die andere Lösung auf das basische Ende eingestellt.

Vorteile von immobilisierten pH-Gradienten:

- Sie bleiben über die gesamte Trennzeit unverändert, weil der Gradient fest an die Gelmatrix gebunden ist. Außerdem gibt es keine verzogenen Iso-pH-Linien, denn der Gradient wird durch die Proteine und Salze in den Proben nicht beeinflußt.
- Sie sind besser reproduzierbar, weil sie mit maximal sechs verschiedenen, chemisch exakt definierten Substanzen erzeugt werden.
- Sie lassen sich exakt dem Trennproblem anpassen. Man kann durch die Herstellung sehr flacher Gradienten (bis zu 0,01 pH-Einheiten pro cm) extrem hohe Auflösung erreichen.
- Es gibt keine Randeffekte. Die Trennungen können auch in schmalen Gelstreifen durchgeführt werden.
- Mit Hilfe zusätzlicher Immobilin-Typen (eine Säure mit pK 0,8 und eine Base mit pK 10,4) ist es möglich, den pH-Gradienten nach oben und unten zu erweitern.
- Da als basische puffernde Gruppen ausschließlich tertiäre Aminogruppen verwendet werden und keine Trägerampholyte vorhanden sind, kann man niedermolekulare Peptide mit Ninhydrin oder Dansylchlorid direkt im Gel detektieren.

Nachteile:

- Die Gießtechnik für die Gele ist aufwendiger.
- Man kann nur Polyacrylamid verwenden.

- Wegen der niedrigen Leitfähigkeit benötigt man längere Trennzeiten und sehr hohe Spannungen.
- Manche Proteine wandern nicht ohne weiteres in das Gel ein.

Fehlerquellen

- *Einfluß der Temperatur*: Weil die pK-Werte von Trägerampholyten, Immobilinen und den zu analysierenden Substanzen temperaturabhängig sind, soll die IEF bei kontrollierter, konstanter Temperatur durchgeführt werden (10°C). Zur Analyse von Konfiguration, Liganden-Bindungen oder Enzym-Substrat-Komplexen werden auch Trennungen bei Temperaturen unter 0°C durchgeführt.
- *Abdriften des pH-Gradienten*: Deshalb sollte der pH-Gradient nach der Trennung überprüft werden. Diese Kontrolle kann mit dünnen, speziellen Glaselektroden (Oberflächen-Elektrode) erfolgen, welche aber bei der niedrigen Trenntemperatur nur langsam reagieren. Außerdem beeinflussen Zusätze im Gel die Messung. In basischen Bereichen kann eindiffundierendes CO_2 aus der Luft die pH-Werte absenken. Deshalb ist die Verwendung von Markerproteinen mit bekannten pIs zu empfehlen.
- *Wellige iso-pH-Linien* können beim Einsatz von Träger-Ampholyten entstehen. In diesem Fall sollte der pH-Gradient durch Vorfokussierung vor dem Probenauftrag ausgebildet werden. Auf ausreichenden Kontakt zwischen Elektroden und Gel ist zu achten.
- *Verzogene Banden* entstehen meist, wenn Salze in der Probe vorhanden sind. Es sind dann die Standardmethoden zur Entsalzung (Dialyse, Gelfiltration) einzusetzen.
- *Präzipitation an der Probenauftrags-Stelle* kann durch Zusätze wie Harnstoff oder Detergenzien vermieden werden.

1.2.3.1 Analytische isoelektrische Fokussierung

Grundlagen

Die analytische IEF wurde ursprünglich in Dichtegradienten-Säulen in flüssiger Phase durchgeführt. Heute verwendet man fast ausschließlich Polyacrylamid- oder Agarose-Gele. Großporige und sehr dünne, auf Folie gegossene Gele sind von Vorteil.

Polyacrylamid-Gele gibt es als fertig polymerisierte Trägerampholyt-Polyacrylamidgele und als rehydratisierbare Polyacrylamid-Gele mit oder ohne immobilisierten pH-Gradienten zu kaufen.

Schwierigkeiten gibt es mit hydrophoben Proteinen. Diese bleiben häufig nur gelöst in Gegenwart von Harnstoff (9 mol l^{-1}). Dabei erhöht sich jedoch, bedingt durch die Pufferwirkung von Harnstoff, im sauren Bereich des Gradienten der pH-Wert. Bei manchen dieser Proteine geht die Quartärstrukur verloren. Die Löslichkeit besonders hydrophober Proteine, wie z.B. Membranproteine, kann durch die zusätzliche Verwendung von nichtionischen Detergenzien (z. B. Nonidet NP-40, Triton X-100) oder zwitterionischen Detergenzien (wie CHAPS, Zwittergent) erhöht werden.

Agarose-Gele, meist mit 0,8 bis 1,0 % Agarose, können nur dann zur IEF verwendet werden, wenn eine speziell behandelte Agarose verwendet wird, deren Eigenladungen durch Abtrennung der Agaropektin-Reste aus dem Agar-Rohmaterial überdeckt oder entfernt sind.

Allerdings ist bei der Agarose-IEF mit stärkeren Elektroendoosmose-Effekten zu rechnen als bei der Polyacrylamidgel-IEF.

Vorteile der Agarose-Gele:

- Geringer Zeitbedarf
- Auch Makromoleküle über 500 kDa können aufgetrennt werden, weil die Agaroseporen größer sind als bei Polyacrylamidgelen.
- Ausgangsstoffe im Gegensatz zu Acrylamid-Monomeren ungiftig.
- Keine störenden Katalysatoren zur Polymerisation nötig.
- Eignung für Immunprinting, Immunblotting und enzymatische Färbeverfahren.

Schwierigkeiten können bei der Herstellung von stabilen Agarosegelen mit hohen Harnstoff-Konzentrationen entstehen. Rehydratisierbare Agarose-Fertiggele sind hierbei von Vorteil.

Geräte

Zur Geräteausstattung siehe Abschnitt 1.2.1.3. Anstelle von Puffertanks werden bei der IEF zwischen Gel und Elektroden Filterpapierstreifen gelegt, die mit den Elektrodenlösungen getränkt sind.

Durchführung

Es wird die Trennung von Membranproteinen im immobilisierten pH-Gradienten mit Hilfe einer Horizontaltechnik beschrieben.

Herstellung der Proben. Es werden mikrosomale Membranen aus Mais-Koleoptilen verwendet. Zur Herstellung siehe Abschnitt 1.4. Die pelletierten Membranen werden in einer Solubilisierlösung (8 mol l^{-1} Harnstoff, 2% nichtionisches Detergenz NP-40, 100 mmol l^{-1} DTT, 0,8 % Ampholine in Aqua bidest.) resuspendiert und für 10 min bei Raumtemperatur geschüttelt.

Probenvorbereitung. Die besten Ergebnisse werden mit verdünnten Proben erzielt. Die Beladungskapazität von Immobiline-Gelen ist zwar höher als bei Ampholine-Gelen, aber es entstehen Probleme beim Eintritt der Proteine ins Gel. Wenn eine größere Proteinmenge aufgetrennt werden soll, empfiehlt sich daher das mehrmalige Nachladen der Probe. In manchen Fällen hilft das Versetzen der Probe mit 2% Nonidet NP-40 oder Polyethylenglykol. Da Immobiline-Gele bei der Herstellung intensiv gewaschen werden, können die Proben durch toxische Monomere und Katalysatoren nicht zerstört werden.

Stammlösungen. Für die IEP benötigt man die folgenden Stammlösungen:

Immobiline Stammlösungen (0,2 M) sind erhältlich mit pK 3,6 (a), pK 4,6 (a), pK 6,2 (b), pK 7,0 (b), pK 8,5 (b), pK 9,3 (b).

Saure Immobiline (a) werden in Aqua bidest. gelöst und mit 5 ppm Polymerisations-Inhibitor (Hydrochinon-Monoethylether) stabilisiert, basische Immobiline (b) werden in n-Propanol gelöst. Die Lösungen sind gegen Autopolymerisation und Hydrolyse stabilisiert und 1 Jahr bei einer Lagerung im Kühlschrank (4 bis 8 °C) haltbar.

Hinweis: Immobiline dürfen nicht eingefroren werden!

Acrylamidlösung (T = 30 %, C = 3 %): 29,1 g Acrylamid + 0,9 g N,N'-bis-Methylen-Acrylamid (Bis) mit Aqua bidest. auf 100 ml auffüllen.

Achtung: Acrylamid ist im Tierversuch nachgewiesenermaßen kanzerogen und giftig beim Einatmen und Verschlucken sowie bei Berührung mit der Haut! Reste mit Ammoniumpersulfat-Überschuß auspolymerisieren.

Ammoniumpersulfat-Lösung (APS): 40 % (g/v): 400 mg APS in 1 ml Aqua bidest. auflösen.

HCl (4 mol l^{-1}): 33,0 ml HCl auf 100 ml mit Aqua bidest. auffüllen.

Essigsäure (2 mmol l^{-1}): 11,8 ml Essigsäure auf 100 ml mit Aqua bidest. auffüllen.

Tris (2 mmol l^{-1}): 24,2 mg Tris auf 100 ml mit Aqua bidest. auffüllen.

Vorbereitung der Gießkassette. Für die horizontale IEF wird die Glasplatte mit der aufgeklebten, 0,5 mm dünnen, U-förmigen Silikongummidichtung vor dem ersten Gebrauch auf der Innenseite mit Repel Silane behandelt, damit sich die Gele nach der Polymerisation ablösen lassen. Dazu werden unter dem Abzug einige ml Repel Silane auf die gesamte Plattenoberfläche verteilt (Schutzhandschuhe tragen!). Wenn das Lösungsmittel verdunstet ist, wird die Platte unter fließendem Wasser abgewaschen und mit destilliertem Wasser abgespült.

Das Gel wird auf einen GelBond-PAG-Film aufpolymerisiert. Dazu wird die zweite Glasplatte auf saugfähiges Laborpapier gelegt und mit wenigen ml Wasser benetzt. Der GelBond-PAG-Film wird mit der hydrophoben Seite nach unten auf die Glasplatte gewalzt. Das austretende, überschüssige Wasser wird aufgesaugt.

Die beiden Glasplatten werden nun zu einer Kassette zusammengeklammert. Diese Gießkassette wird im Kühlschrank bei 4 °C etwa 10 min vorgekühlt (Verzögerung der Polymerisation). Dies ist erforderlich, da der eingefüllte Gradient in der 0,5 mm dünnen Schicht etwa 5 bis 10 min benötigt, um sich horizontal auszugleichen.

Herstellung der Polymerisationslösungen. Zum Gießen der pH-Gradienten stellt man zwei Lösungen her, eine saure, schwere (mit Glycerin) und eine basische, leichte. Die Standard-Geldicke ist 0,5 mm; für ein Gel benötigt man je 7,5 ml Lösung. Die optimale Ionenstärke beträgt ca. 5 mmol l^{-1} im Gel, die pH- und pK-Werte beziehen sich auf 10°C. Maßgeschneiderte pH-Gradienten sind den Anleitungen bei Westermeier zu entnehmen.

Gießen des Gradienten. Der Gradient wird mit einem Gradientenmischer (Bild 1.15) hergestellt. In die Mischkammer werden 7,5 ml saure, schwere Lösung (25% Glycerin), in das Reservoir 7,5 ml leichte, basische Lösung (5% Glycerin) einpipettiert.

Zum Gießen wird die Gießkassette aus dem Kühlschrank geholt. Die Glasplatte mit der aufgewalzten Folie zeigt zum Bediener.

Nach dem Gießvorgang wird das Gel mit ca. 0,5 ml Aqua bidest. (kein 1-Butanol!) überschichtet, damit das basische Ende glatt wird und vor dem Sauerstoff der Luft geschützt ist. Der Gradient benötigt zum Ausgleich 10 min bei Raumtemperatur, dann läßt man 1 h bei 37 °C polymerisieren. Dabei ist auf die horizontale Ausrichtung der Kassette zu achten.

Waschen und Trocknen des Gels. Da die puffernden Gruppen des pH-Gradienten fest im Gel verankert sind und sich nicht wie Trägerampholyte frei bewegen können, haben Immobiline-Gele eine geringe Leitfähigkeit. Frei bewegliche Ionen, wie z.B. TEMED und APS, können

Lösungen für zwei 0,5 mm Gele pH 4–10, T=4 %, C=3 %.

	Saure Lösung (pH 4,0) V [µl]	Basische Lösung (pH 10,0) V [µl]
Immobiline pK 3,6	1102	–
Immobiline pK 4,6	–	114
Immobiline pK 6,2	455	50
Immobiline pK 7,0	89	488
Immobiline pK 8,5	334	157
Immobiline pK 9,3	–	357
Glycerin (87 %) [a]	4300	800
Acrylamid, Bis-Lösung	2000	2000
mit Aqua bidest. auffüllen auf	15000	15000
TEMED (100 %) [b]	7,5	7,5
sorgfältig mischen		
pH-Wert messen		
4 mol l^{-1} HCl [b]		20
TEMED (100 %)	15 µl	
Ammonium-Persulfat [c]	7,5	7,5

[a] Bei dünnen Gelen sind Saccharose-Gradienten aufgrund ihrer hohen Viskosität nicht geeignet.

[b] Vor Beginn der Polymerisation werden beide Lösungen mit HCl bzw. TEMED auf einen gemeinsamen pH-Wert von 7 eingestellt. Die angegebenen HCl- und TEMED-Mengen gelten nur für dieses Beispiel. Für andere Gradienten muß man sich vorsichtig in 5 µl-Schritten an pH 7 herantasten.

[c] APS-Lösung wird erst im Mischer zugegeben, damit der Gradient mehr Zeit zur horizontalen Nivellierung hat.

während der IEF auf elektrophoretischem Wege nicht vollständig aus dem Gel transportiert werden. Immobiline-Gele werden deshalb nach der Polymerisation mit Aqua bidest. gewaschen:

- Das Gel in Aqua bidest. waschen (4 mal 15 min in je 300 ml auf einem Schüttler). Beim Waschen quellen die Gele an. Manchmal bekommen sie dabei eine eigenartige Oberflächenstruktur („Schlangenhaut“). Beim Trocknen wird die Oberfläche wieder glatt.
- Das Gel 15 min in 1,5 % (v/v) Glycerin äquilibrieren, damit es sich beim Trocknen nicht einrollt.
- Das vollständige Trocknen des Geles erfolgt bei Raumtemperatur mit einem Ventilator, am besten in einem staubfreien Schrank. Anschließend wird das Gel in einem Kunststoffbeutel verpackt.

Lagerung. Die Lagerung der trockenen Gele sollte bei –20 °C erfolgen, damit die Quelleigenschaften erhalten bleiben.

Rehydratisierung. Die Trocken-Gele werden in einer Quellkassette rehydratisiert, damit die Gelschicht gleichmäßig anquillt und eine korrekte Additiv-Konzentration im Gel gewährleistet ist.

Rehydratisierung von Immobiline-Gelen:

Rehydratisierlösung	Dauer (h)	Proben
Dest. Wasser	1	wasserlösliche Proteine, Enzyme
25 % (v/v)Glycerin	1	Serum bei Bestimmung von PI, GC, TF
8 mol·l^{-1} Harnstoff	2	schwerlösliche Proteine
8 mol·l^{-1} Harnstoff, 0,5 % (g/v) Ampholine, 50 mmol·l^{-1} DTT	über Nacht	getrocknetes Vollblut, Plasma, Globine
4 % (g/v) Ampholine, 2 % (v/v) Nonidet NP-40	über Nacht	Membranproteine
8 mol·l^{-1} Harnstoff, 0,5 % (v/v) Nonidet NP-40 50 mmol·l^{-1} DTT 0,5 % (g/v) Ampholine	über Nacht	Hydrophobe Proteine, Proteingemische, Membranproteine, 2D-Elektrophorese

Nach der Rehydratisierung muß die Geloberfläche trocken sein, d.h. die gesamte Lösung muß ins Gel aufgenommen worden sein. Enthält die Quell-Lösung ein nichtionisches Detergenz, kann die Oberfläche etwas schmierig bleiben. In diesem Fall wird die Oberfläche mit Filterpapier abgetrocknet.

Zur Optimierung der Konzentration von Gelzusätzen, z.B. zur Untersuchung von Konformationsänderungen und Ligandenbindungen bestimmter Proteine in Abhängigkeit von Additivkonzentrationen, kann ein Additivgradient senkrecht zum immobilisierten pH-Gradienten erzeugt werden. Ein Ampholine-Gradient senkrecht zum pH-Gradienten ist jedoch nicht sinnvoll, da die Trägerampholyte eine zu hohe Leitfähigkeit besitzen. Manche Additive, wie z.B. Harnstoff, verschieben die pH-Werte.

Isoelektrische Fokussierung

Sollen nur wenige Proben aufgetrennt werden, läßt man nur einen Teil des Geles anquellen. So wird für die erste Dimension von 2D-Elektrophoresen das Gel bereits vor dem Quellen in schmale Streifen geschnitten.

Die richtige Orientierung – saure Seite zur Anode, basische Seite zur Kathode – ist bei Immobiline-Gelen unbedingt einzuhalten. Die basische Seite des Gels ist leicht erkennbar durch die Wellenform der Gelkante und den breiteren Folienrand.

Als Kontaktflüssigkeit zwischen Kühlblock und Trägerfolie wird Kerosin oder Silikonöl DC-200 verwendet. Bei Verwendung anderer Flüssigkeiten (z.B. dest. Wasser, 1 % Triton X-100) kann es am Rand der Trägerfolie zu Entladungen und Funkenbildungen kommen, da für Immobiline-Gele sehr hohe Spannungen angelegt werden.

Probenaufgabe: Bei Immobiline-Gelen wird nicht vorfokussiert, die Proben (10 bis 20 µl) können direkt auf die Oberfläche aufgetragen werden. Die Kontaktfläche von Gel und Probe soll jedoch so klein wie möglich sein. Größere Probenvolumina kann man mit ausgeschnittenen Silikongummi-Rähmchen auf das Gel aufgeben. Durch Vorversuche ist die optimale Probenaufgabestelle zu ermitteln. Sie liegt für mikrosomale Membranen aus Mais auf der anodischen Seite. Für die gleichzeitige Fokussierung vieler Proben nebeneinander verwendet man Silikongummi-Auftragebänder mit trichterförmigen Löchern und Rillen an der Unterseite.

Elektrodenlösungen: Bei immobilisierten pH-Gradienten brauchen beide Fokussierungsstreifen nur in destilliertem Wasser getränkt zu werden. Dies erhöht die Aufnahmekapazität der Streifen für Salz-Ionen und reduziert zu Beginn der Trennung die Feldstärke im Gel (besserer Probeneintritt!).

Fokussierungsbedingungen: Man fokussiert bei einer Temperatur von 10 °C. Bei empfindlichen Enzymen verwendet man tiefere Temperaturen, bei hohen Harnstoffkonzentrationen (8 mol l^{-1}) höhere Temperaturen. Die Trennzeiten sind abhängig von der Steigung des pH-Gradienten, von Additiven, Molekülgrößen und der Stromversorger-Einstellung. Die Stromversorgung wird so eingestellt, daß die Feldstärke im Gel zu Beginn möglichst niedrig ist (< 40 V cm^{-1}). Bei zu hoher Anfangs-Feldstärke präzipitiert ein Teil der Proteine.

Anwendungsbeispiel: Für ein ganzes Gel mit mehreren Spuren (Breite 24 cm, Trennstrecke 11 cm, Dicke 0,5 mm) und einem pH-Bereich von 4,0 bis 10, welches in einer Lösung für Membranproteine (siehe Tabelle oben) rehydratisiert wurde, werden folgende Einstellungen verwendet:

Stromversorger Maximalwerte:	V	mA	W	h
Schritt 1	300	2	5	1
Schritt 2	3000	2	5	5
Fokussierintegral	15000 Vh			

Nach der IEF wird die Stromversorgung abgeschaltet und der Sicherheitsdeckel geöffnet. Zur Überprüfung des pH-Gradienten können aufgrund der niedrigen Leitfähigkeit keine Elektroden verwendet werden. Der pH-Gradient kann jedoch mit pI-Markerproteinen ermittelt werden.

Auswertung

Im Anschluß an die IEF erfolgt die Auswertung. Dazu können die in Abschnitt 1.2.1.3.2 beschriebenen Verfahren eingesetzt werden. Im Falle einer Proteinfärbung wird die kolloidale Coomassie-Färbung bevorzugt, weil andere Coomassie-Blau-Färbungen einen starken Hintergrund verursachen.

Anwendungsbeispiel

Siehe Bild 1.20.

Anwendungsbereich

- Proteinisolierung, auch im präparativen Maßstab
- Identifizierung genetischer Varianten
- Untersuchung von chemischen und biologischen Einflüssen auf Proteine und Enzyme.

a)

b)

Bild 1.20 Auftrennung von Membranproteinen aus Maiskoleoptilen durch eine isoelektrische Fokussierung mit der Immobiline-Technik. Die Membranfraktion wurde mit Solubilisierungs-Puffer versetzt und im sauren Bereich mit Hilfe von Applikatoren aufgetragen. Die Detektion der mit ^{35}S markierten Proteine erfolgte a) durch Autoradiographie auf Röntgenfilm (Trennstrecke 16 cm) b) durch Coomassie-Färbung (Trennstrecke 11 cm)

Besondere Arbeitsweise

Mit der *Titrationskurvenanalyse* in Trägerampholyten-Gelen kann man die Nettoladungskurven von Proteinen ermitteln.

In einem quadratischen Flach-Gel wird zuerst eine IEF ohne Proben durchgeführt, bis sich der pH-Gradient aufgebaut hat. Dann wird das Gel auf der Kühlplatte um 90° gedreht. Die Probe wird in eine schmale, vorher in die Gelmitte einpolymerisierte Gelrinne einpipettiert. Legt man senkrecht zum pH-Gradienten ein elektrisches Feld an, bleiben die Trägerampholyte an Ort und Stelle unbeweglich, da sie an ihrem pI eine Nettoladung von Null haben. Die Probenproteine wandern in Abhängigkeit vom jeweiligen pH-Wert mit unterschiedlichen Mobilitäten. Es bilden sich Titrationskurven. Der pI eines Proteins befindet sich dabei an der Stelle, wo seine Titrationskurve die Gelrinne schneidet.

Mit diesem Verfahren lassen sich z. B. folgende Eigenschaften eines Proteins oder Enzyms bestimmen:

- Konformationsänderungen oder Ligandenbindungen in Abhängigkeit vom pH-Wert
- pH-Optimum für die Eluierung bei der Ionenaustauschchromatographie und präparativen Elektrophorese.

1.2.3.2 Präparative isoelektrische Fokussierung

Grundlagen

Trägerampholyten-IEF in Gelen wird hauptsächlich mit granulierten Gelen in horizontalen Trögen durchgeführt. Dazu wird hochgereinigtes Dextran-Gel mit Trägerampholyten vermischt und ausgegossen. Nach einer Vorfokussierung zur Ausbildung des pH-Gradienten wird ein Teil des Geles an einer bestimmten Stelle im Gradienten herausgenommen, mit der Probe vermischt und wieder an seinen ursprünglichen Platz zurückgegossen.

Nach der IEF können die Proteinzonen durch Anfärbung eines Papierabdruckes aufgefunden werden. Mit einem Gitter wird das Gel fraktioniert und die Einzelfraktionen mit Puffer aus dem Gel eluiert. Auf diese Weise können Proteinmengen in einer Größenordung von 100 mg isoliert werden.

Problematisch ist die Präparation von Peptiden, denn diese haben die gleiche Größe und nach der IEF auch die gleiche Ladung wie die Trägerampholyte, so daß man sie nicht voneinander trennen kann.

Immobilisierte pH-Gradienten sind ebenfalls für präparative Trennungen geeignet. Sie besitzen eine hohe Probenkapazität. Aufgrund der geringen Leitfähigkeit gibt es auch bei 5 mm Geldicke kaum Erwärmungsprobleme.

Da Polyacrylamidgele mit immobilisierten pH-Gradienten Proteine stärker festhalten als andere Medien, müssen elektrophoretische Elutionsmethoden angewendet werden.

Besonders vorteilhaft ist diese Technik für Peptide, weil im Gegensatz zur Trägerampholyten-IEF die puffernden Substanzen im Gel gebunden bleiben und die Probe nicht kontaminieren.

IEF in freier Lösung

Die Isolierung spezifischer Proteine aus komplexen biologischen Proben mit einer nicht denaturierenden Technik kann in freier Lösung erfolgen. Dieses Verfahren wird für die ersten Reinigungsschritte vor einer präparativen nativen oder SDS-Gelelektrophorese eingesetzt. Es ermöglicht innerhalb kurzer Fokussierzeiten (typisch 4 h) eine Auftrennung von einigen Gramm Protein in mehrere Fraktionen; dabei kann eine über 300 fache Anreicherung erreicht werden.

Ein entsprechendes Gerät wird unter dem Namen „Rotofor" von Bio-Rad, München, angeboten. Das wichtigste Bauteil ist eine zylindrische Fokussierkammer, welche durch Membranscheiben in 20 einzelne Segmente unterteilt ist. Diese Scheiben besitzen eine Porengröße von 10 µm. Sie verhindern eine Konvektion der Flüssigkeit, nicht jedoch den Stromfluß und die Wanderung der Proteine. Eine langsame Rotation des waagerecht liegenden Zylinders stabilisiert zusätzlich zur Kammereinteilung die fokussierten Banden gegen Diffusion und Sedimentation. Nach der Trennung kann jede Kammer einzeln entleert werden.

Vorteile der IEF in freier Lösung sind:

- Erhaltung der biologischen Aktivität durch kurze Fokussierzeiten unter kontrollierter Temperatur (4 °C).
- Wie bei der Trägerampholyten-IEF kann die Probe nach Vorfokussierung des pH-Gradienten in einen pH-Bereich eingebracht werden, in dem optimale Stabilität zu erwarten ist.
- Es können alle Additive (nichtionische und zwitterionische Detergenzien, Glycerin, Saccharose, Harnstoff), Reduktionsmittel (DTT, DTE) und Protease-Inhibitoren verwendet werden.
- Kurze Trennzeiten.
- Rasche Entnahme der fokussierten Proteine.

Anwendungsbereich

Reinigung von Proteinen für die Sequenzierung, Isolation von Mempranproteinen, Antikörper-Produktion und Enzym-Charakterisierung.

Literatur

B. J. Davis, *Ann. New York Acad. Sci.* **1964**, *121*, S. 404-427.

K. E. Geckeler, H. Eckstein, *Analytische und präparative Labormethoden*, Verlag Vieweg, Braunschweig **1987**.

K. Hannig, *Elektrophoresis* **1982**, *3*, S. 235-243.

J. Heukeshoven, R. Dernick in: B.J. Radola (Hrsg.), *Elektrophorese-Forum* '86 Eigenverlag, S. 22-27, **1986**.

J. C. Janson L. Rydén (Hrsg.), *Protein Purification*, VCH Verlagsges., Weinheim **1989**.

U. K. Lämmli, *Nature* **1970**, *227*, S. 680-685.

R. H. Maurer, *Disk-Elektrophorese* – Theorie und Praxis der diskontinuierlichen Polyacrylamid-Elektrophorese, W. de Gruyter, Berlin **1968**.

V. Neuhoff, R. Stamm, R, H. Eibl, *Electrophoresis* **1985**, *6*, S. 427-448.

P. H. O'Farrell, *J. Biol. Chem.* **1975**, *250*, S. 4007-4021.

L. Ornstein, *Ann. New York Acad. Sci.* **1964**, *121*, S. 321-349.

V. Piljac, G. Piljac, *Genetic Engineering* – Centrifugation and Electrophoresis, TIZ Zrinski, Cakovec Yugoslaviia **1986**.

S. Raymond, L. Weintraub, *Science* **1959**, *130*, S.711 ff.

P. G. Rigetti, *Isoelectric focussing*: Theory, methodology and applications, in: T.S. Work and R.H. Burdon (Hrsg.), Laboratory techniques in biochemistry and molecular biology, Elsevier Biomedical press, Amsterdam **1983**.

H. Wagner E. Blasius (Hrsg.): *Praxis der elektrophoretischen Trennmethoden*, Springer, Heidelberg **1989**.

R. Westermeier, *Elektrophorese-Praktikum*, VCH Verlagsges., Weinheim **1990**.

1.2.4 Kapillar-Elektrophorese (HPCE)

HPCE steht für **H**igh **P**erformance **C**apillary **E**lectrophoresis. Es gelten die gleichen Trennprinzipien wie bei der konventionellen Elektrophorese. Durch die Verwendung von Kapillaren werden allerdings wesentlich bessere Trennungen erzielt. Es können außer geladenen Substanzen nach den Methoden der Zonenelektrophorese, der Isotachophorese oder der isoelektrischen Fokussierung auch ungeladene Moleküle getrennt werden. Hierbei wird der elektroendoosmotische Fluß ausgenutzt.

Grundlagen

Die Kapillar-Elektrophorese als instrumentelle Umsetzung klassischer elektrophoretischer Prinzipien durchläuft derzeit eine rasche Entwicklung. Proben fast jeder Größe können separiert werden, beginnend mit kleinen Ionen bis hin zu Zellorganellen und Bakterien. Alle aus der konventionellen Elektrophorese bekannten Verfahren lassen sich in die Kapillare transferieren. Die mögliche Automatisierung und die on-column UV- oder Fluoreszenz-Detektion führen zu reproduzierbaren quantitativen Ergebnissen. Die zeitraubenden Prozeduren des Färbens und der Densitometrie wie bei Elektrophoresen in Schichten entfallen. Darüber hinaus eignet sich die Kapillarelektrophorese besonders gut zur Kopplung mit einem Elektrospray-Ionisations Massenspektrometer (ES-MS) oder mit einem Matrix unterstützten Laserdesorptionsionisation-Time-of-Flight-Massenspektrometer (MALDI-TOF-MS).

Die sehr hohe Trennleistung der CE hat zwei Gründe:

- Die durch den elektrischen Strom zwangsläufig entstehende Joulesche Wärme wirkt durch die entstehende Konvektionsströmung der Trennleistung entgegen. In den Kapillaren wird die Wärme aber sehr schnell abgeleitet. Damit wird diese Störung stark reduziert.

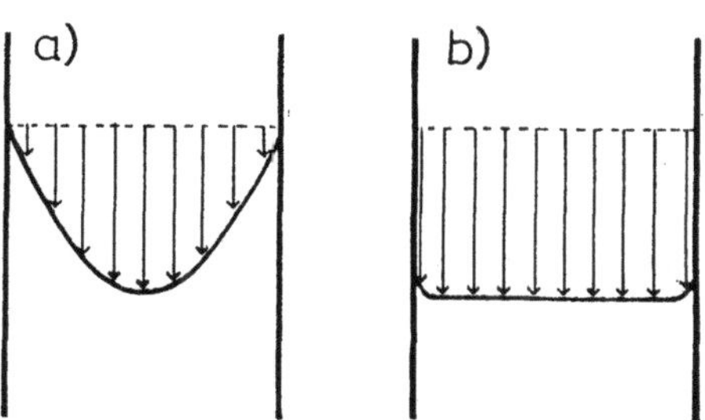

Bild 1.21 Flußprofile in einer HPLC-Säule (a) und einer Kapillare (b) der Elektrophorese. Die ungleichen Fließgeschwindigkeiten quer zur HPLC-Säule bewirken eine Verbreiterung der Bande. Diese Bandenverbreiterung tritt in der Kapillarelektrophorese b) nicht auf.

- In der Säulenchromatographie herrscht ein paraboloides Strömungsprofil, das zu einer Bandenverbreiterung führt. In der Kapillar-Elektrophorese liegt dagegen ein pfropfenartiges Strömungsprofil vor. Im gesamten Querschnitt der Kapillare herrscht die gleiche Fleißgeschwindigkeit. Daher sind hier die Banden grundsätzlich schärfer. Ein Vergleich der beiden Strömungsprofile zeigt das Bild 1.21.

Als Säulen haben sich die sog. Fused-silica-Säulen durchgesetzt. Bei diesen ist das spröde, zerbrechliche Quarzmaterial außen mit Polyimid, einem temperaturbeständigen Kunststoff ummantelt. Typische Dimensionen sind eine Länge zwischen 10 und 50 cm und ein Innendurchmesser von 25 bis 100 µm.

Zur Verhinderung von Adsorption an die Wandungen der Kapillare und zur Vermeidung von Elektroendoosmose-Effekten können die Kapillaren innen mit linearem Polyacrylamid oder Methylcellulose belegt werden („coating"). In Bild 1.22 ist das unterschiedliche Trennverhalten von unbeschichteter und beschichteter Kapillare verdeutlicht. In der unbeschichteten Kapillare wird die elektrophoretische Mobilität vom endoosmotischen Fluß überlagert. Somit werden auch ungeladene Teilchen bewegt. Dies ist für die Elektrochromatographie (s. u.) die Grundvoraussetzung, bei der kapillaren isoelektrischen Fokussierung aber unerwünscht.

Kapillarzonenelektrophorese (Capillary Zone Electrophoresis, CZE). Die Kapillare (beschichtet oder unbeschichtet) ist nur mit Puffer gefüllt. Die Trennbedingungen entsprechen denen der trägerfreien Elektrophorese. Die Trennung der Komponenten erfolgt nach ihren unterschiedlichen elektrophoretischen Beweglichkeiten in diskreten Zonen.

Kapillargelelektrophorese (Capillary Gel Electrophoresis, CGE). Ähnlich wie in der Gelchromatographie (vgl. Abschnitt 1.1.1.1) werden die Komponenten nach ihrem hydrodynamischen Durchmesser getrennt. Die Kapillare ist mit einem Gel als Elektrophoresemedium gefüllt. Als Gele kommen Agarose-, Cellulose- und vor allem Polyacrylamidgele zur Anwendung. Polyacrylamidgele können in zwei Arten eingesetzt werden:

- Lineare Gele. Dabei handelt es sich um lineare Polymere, die durch zufällige Knäuelung Poren aufweisen. Die Porengröße wird durch die Polymerkonzentration bestimmt. Solche Flüssiggele können mit geringem Druck in die Kapillare gepreßt werden.
- Quervernetzte Gele. Sie werden wie bei der Polyacrylamidgelelektrophorese (PAGE) durch Polymerisation von Acrylamid und dem Vernetzer, Bisacrylamid, direkt in der Säule hergestellt. Die Porengröße kann im Gegensatz zu den linearen Gelen gut kontrolliert werden. Mit zunehmendem Anteil von Vernetzer werden die Poren kleiner.

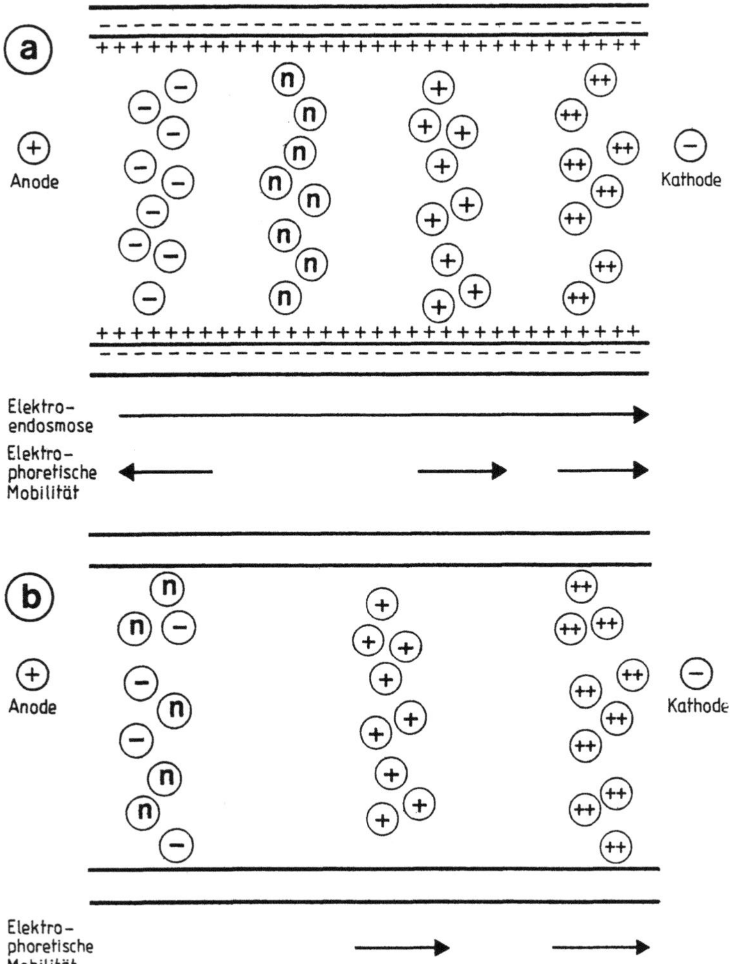

Bild 1.22 Trennmechanismen der Kapillarelektrophorese a) Zonen-Elektrophorese in einer unbeschichteten Kapillare wird durch Elektroendoosmose überlagert. b) Reine Zonen-Elektrophorese in einer beschichteten Kapillare. Die Kapillaren können allein mit Puffer gefüllt eingesetzt werden, sie können aber auch mit Trenngelen als gefüllte Kapillaren verwendet werden. Die Vielseitigkeit der HPCE beruht auf den verschiedenen Trennmethoden, welche sich in ihren Aussagen sinnvoll ergänzen.

Um ein Austreten der Gele aus der Kapillare zu verhindern, können sie durch ein geeignetes „Coating" an der inneren Oberfläche der Kapillare chemisch fixiert werden. Im Gegensatz zur konventionellen Gelelektrophorese dient hier das Gel ausschließlich als Trennmedium.

Mizellare Elektrokinetische Kapillarchromatographie (Micellar Electrokinetic Capillary Chromatography, MEKC). Darunter versteht man eine elektrophoretische Technik zur Trennung von ionischen und neutralen Substanzen mit Hilfe von Mizellen. Mizellen bilden sich beim Zusatz von anionischen oder kationischen Detergenzien zum Trennpuffer oberhalb der kritischen mizellaren Konzentration. Diese liegt für **SDS** (**s**odium **d**odecyl **s**ulphate) bei 8 mmol l^{-1}. Ein anionisches Detergens ist CTAC (**C**etyl**t**rimethyl **a**mmonium**c**hlorid). Die hydrophoben Bereiche der Detergenzien zeigen zum Zentrum der Mizellen, die hydrophilen, im Fall von SDS negativ geladenen Bereiche sind zum Puffer hin orientiert. Verschieden hydrophobe ungeladene Substanzen verteilen sich entsprechend ihrer Polarität zwischen den Mizellen und dem Puffer. Die Mizellen zerfallen laufend und bilden sich wieder neu, ähnlich wie beim Ausschütteln einer wäßrigen Phase z. B. mit Ether.

Da die Mizelle geladen ist, wandert diese je nach Ladung mit oder gegen den endoosmotischen Fluß. Anionische Detergenzien, wie im SDS Beispiel, wandern zu Anode, also gegen den endoosmotischen Fluß. Da dieser Fluß bei neutralen pH-Werten jedoch gewöhnlich stärker ist als die elektrophoretische Beweglichkeit der Mizellen, ergibt sich eine Nettobewegung in Richtung des endoosmotischen Flusses. Aufgrund der Ladung und der Größe wandern die Mizellen langsamer, als es dem endoosmotischen Fluß entsprechen würde. Sie passieren daher den Detektor später als die nicht in den Mizellen eingeschlossenen Komponenten. Analog zur Chromatographie bezeichnet man den Puffer als die mobile Phase und die Mizellen als pseudostationäre Phase. Die Verhältnisse sind also mit der Verteilungschromatographie vergleichbar (vgl. Abschnitt 1.1.1). Während der Wanderung werden die Mizellen durch hydrophile und elektrostatische Interaktionen chromatographisch getrennt. Ein Anwendungsbeispiel zeigt Bild 1.23.

Kapillar-Elektrochromatographie (Capillary Electrochromatography, CEC). Hierbei befindet sich eine stationäre Phase entweder als Beschichtung an der Innenwand der Kapillare oder auf einem inerten Träger, mit dem die Kapillare gefüllt ist. Letzteres Verfahren ist aufgrund des höheren Volumanteils von Trennphase im Vergleich zum gesamten Volumen effizienter. Als Trennphase werden wie in der HPLC bevorzugt oberflächenmodifizierte Kieselgele verwendet. Neben dem überwiegend verwendeten Octadecyl-Silicagel können auch Ionenaustauscher und chirale Phasen eingesetzt werden.

Um die Packung in der Kapillare festzuhalten, müssen Fritten an beiden Enden der Packung erzeugt werden. Eine praktikable Methode ist das direkte Sintern des Packungsmaterials durch Erhitzen der Kapillare mit einer kleinen Flamme. Bei thermisch weniger belastba-

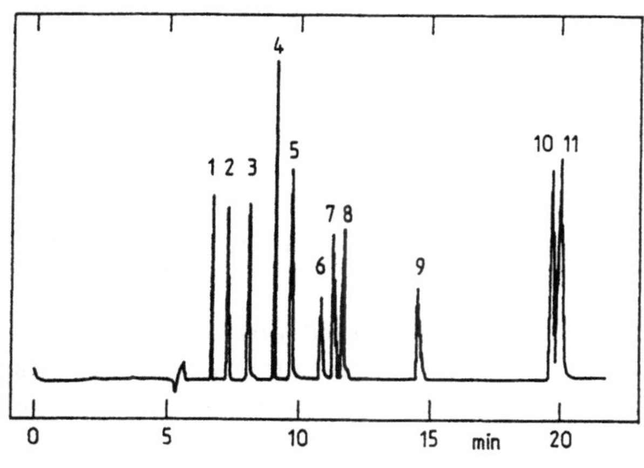

Bild 1.23 Trennung von Arzneimitteln nach der MEKC-Methode in 20 mmol l^{-1}. Phosphat-Puffer (pH 9) mit 100 mmol l^{-1} SDS. Trennbedingungen: Kapillare 65 cm, innerer Durchmesser 50 µm, Spannung 20 kV, UV-Detektion bei 210 nm (nach Heiger)

ren Trennphasen muß zuerst eine kleine Zone mit Silicagel in die Kapillare gebracht werden. Nach dem thermischen Sintern wird die Trennphase eingebracht. Der Anfang der Kapillare wird auf dieselbe Weise verschlossen.

Bei der RP-CEC enthält die mobile Phase einen entsprechenden Anteil an Acetonitril. Dadurch wird die Leitfähigkeit und somit die Wärmeentwicklung stark reduziert. Der Innendurchmesser der Kapillaren von 50 bis 100 μm kann für semipräparative Trennungen wahrscheinlich noch vergrößert werden.

Die Trennung erfolgt nach denselben Prinzipien wie bei der HPLC. Der Transport der Komponenten durch die Kapillare erfolgt hier aber durch den endoosmotischen Fluß. Damit wird der Fluß nicht wie bei der HPLC durch einen Druckabfall aufrecht erhalten, sondern durch den Feldgradienten. Dies hat zur Folge, daß der Fluß in erster Näherung nicht vom Flußkanal abhängt. Der endoosmotische Fluß entsteht im wesentlichen an der Oberfläche der Trennpartikel. Die Konsequenz daraus ist, daß wesentlich kleinere Partikel als bei der HPLC eingesetzt werden können. Prinzipiell sollten nach Knox und Grant Partikeldurchmesser mit 0,4 μm noch einsetzbar sein. Das ungünstige physikalische Verhalten solch kleiner Partikel beim Packen der Kapillaren spricht jedoch gegen die Verwendung von extrem feinkörnigem Packungsmaterial.

Von Smith und Evans wurden Kapillaren von 40 cm Länge mit 1,8 μm Trennmaterial eingesetzt. Eine solche Kapillare könnte mit der herkömmlichen druckgetriebenen HPLC aufgrund des sehr hohen Strömungswiderstands nicht mehr betrieben werden. Die kleinen Trennpartikel ermöglichen bereits wie in der HPLC sehr hohe Trennstufenzahlen. Unter dem günstigeren Strömungsprofil der mobilen Phase unter den Bedingungen der Elektrophorese (s. Bild 1.21) können noch höhere Trennstufenzahlen erzielt werden. Die Elektrochromatographie kann somit als eine hocheffiziente flüssigkeitschromatographische Methode betrachtet werden. Die Entwicklung ist noch nicht abgeschlossen.

Die Vorteile der CEC im Vergleich zur HPLC sind:

- höhere Trennleistung (bis zu 100 000 theoretische Böden pro Kapillare),
- geringerer Lösungsmittelverbrauch. Die Flußrate liegt bei etwa 1 μl min^{-1}.

Als Nachteile sind zu nennen:

- bei photometrischer Detektion ist die Nachweisgrenze höher,
- die Möglichkeit der Nachsäulenderivatisierung ist eingeschränkt,
- bei manchen Trennungen wird die Trennleistung durch die Zusammensetzung der Probe stark beeinflußt,
- bei kommerziellen CE-Geräten sind nur isokratische Trennungen möglich. Modulare Aufbauten für die Gradienten-CEC sind in Entwicklung (z. B. Behnke und Bayer),
- eine präparative Anwendung ist aufgrund des sehr geringen Innenvolumens der Trennkapillare ausgeschlossen, eine mikropräparative Anwendung nur sehr beschränkt möglich.

Kapillare Isotachophorese (Capillary Isotachophoresis, CITP) und *Kapillare Isoelektrische Fokussierung (Capillary Isoelectric Focussing, CIEF).* Die Trennprinzipien sind dieselben wie in den Abschnitt 1.2.2 und 1.2.3 bereits beschrieben. Zur Unterdrückung des elektroendoosmotischen Flusses bei der CIEF müssen innenbeschichtete Kapillaren eingesetzt werden. Nach erfolgter Fokussierung wird der Inhalt der Kapillare durch Anlegen von Druck oder Vakuum am Detektor vorbeibewegt. Dabei bleibt die Fokussierspannung angelegt, um eine Bandenverbreiterung durch Diffusion zu vermeiden.

Geräte

Den prinzipiellen Aufbau eines HPCE-Gerätes zeigt Bild 1.24.

Zentraler Bestandteil ist die Kapillare. Sie taucht mit beiden Enden in je ein Puffer-Reservoir. Dort befinden sich auch die Elektroden der Hochspannungsversorgung. Ein Detektions-System ist kurz vor dem Auslaß-Ende der Kapillare angeordnet. Es können sehr hohe Feldstärken (1 kV cm^{-1}) eingesetzt werden, sodaß sehr kurze Trennzeiten (10 bis 20 min) erreicht werden.

Für die praktische Durchführung der HPCE werden eine Reihe von Komponenten benötigt.

- *Probengeber.* Die benötigten Probenvolumina von 1 bis 10 nl werden durch Schwerkraft (Siphon-Applikation), elektrokinetische Injektion oder durch ein Druck- oder Vakuumverfahren appliziert.
- *Empfindliche UV- und Fluoreszenz-Detektoren.* Soll gleichzeitig eine Charakterisierung der getrennten Substanzen erfolgen, ist eines der oben erwähnten Massenspektrometer als Detektor geeignet.
- *Fraktionensammler*
- *Pumpen* mit exakt steuerbarem Fluß bei niedriger Flußrate für Säulenfüllung und off-line Detektion
- Steuerung und Datenverarbeitung durch einen *Personal Computer.*

Die Abführung der durch den Stromfluß entstehenden Jouleschen Wärme ist durch eine sehr konstante und effiziente Temperierung über die gesamte Kapillare hinweg gewährleistet.

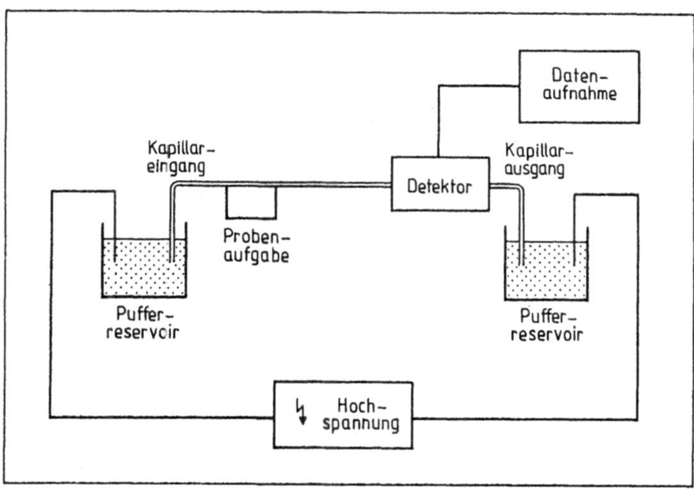

Bild 1.24 Gerätekombination für die Kapillar-Elektrophorese (HPCE)

Im Vergleich zur HPLC ist der Geräteaufwand hier geringer, da statt der technisch aufwendigen und teuren Hochdruckpumpen nur ein Spannungsversorgungsgerät benötigt wird, das keine besondere Wartung benötigt. Komplette Kapillar-Elektrophoresegeräte sind von mehreren Geräteherstellern erhältlich, z. B. von Applied Biosystems, Beckman, Bio-Rad, Dionex und Hewlett Packard.

Anwendungsbereich der Kapillarelektrophorese

Die HPCE wird vermehrt für analytische und mikropräparative Trennungen eingesetzt. Alle geladenen Moleküle wie Pharmazeutika, Peptide, Proteine, DNA-Fragmente oder anorganische und organische Ionen aber auch ungeladene Komponenten sind trennbar. Im Gegensatz zur Reversed-Phase Chromatographie (vgl. Abschnitt 1.1.1.2) werden Proteine bei der HPCE nicht geschädigt. Für Peptide liegt die Nachweisgrenze im unteren Femtomol-Bereich (10^{-15} mol).

Einige spezielle Anwendungen sind:

- Direktanalyse von Körperflüssigkeiten mit der MEKC.
- Quantitative Bestimmung des Maillard-Produkts Furosin sowie von ß-Lactalbumin als Kriterium der Wärmebehandlung von Milch.
- Nachweis phenolischer Inhaltsstoffe in Wein und Früchten mit der MEKC.
- In der Rückstandsanalytik zur Bestimmung z. B. von Tetracyclinen in Milch, von herbizid wirkenden Terbutylazinen in Wasser, von Sulfonylharnstoffderivaten in Getreide.

Literatur

B. Behnke, E. Bayer, *J. Chromatography* A *680*, **1994**, 93.

H. Carchon, E. Eggermont, Capillary Electrophoresis, *International Chromatography Laboratory*, **1991**, *6*, 17-22.

H. Engelhardt, W. Beck, T. Schmitt, *Kapillarelektrophorese* – Methoden und Möglichkeiten, Verlag Vieweg, Braunschweig **1994**.

N. A. Guzman (Hrsg.), *Capillary Electrophoresis Technology*, Chromatographic Science Series, Vol. 64, Marcel Dekker, New York **1993**.

D. N. Heiger, *High Performance Capillary Elektrophoresis* – An Introduction, Hewlett-Packard Company, **1992**.

J. H. Knox, I. H. Grant, *Chromatographia 24*, **1987**, 135.

U. Pyell, MEKC- und CEC-miniturisierte Trenntechniken, *Nachr. Chem. Techn. Labor.*, **1997**, *45*, 33-36.

N. W. Smith, M. B. Evans, *Chromatographia 38*, **1994**, 649.

Firmenschrift, Introduction to Capillary Electrophoresis of Proteins and Peptides, Beckman Instruments, Fullerton, Kalifornien **1992**.

1.3 Enzymatische Testmethoden

Enzymatische Testmethoden dienen der Bestimmung von Molekülen, die an einer durch ein Enzym katalysierten chemischen Reaktion teilnehmen, oder zur Bestimmung der katalytischen Aktivität selbst.

Enzyme sind Proteine, die im Stoffwechsel der Zellen die Rolle von Katalysatoren übernehmen. Für diese Wirkung ist ein besonderer Teil des Enzymmoleküls, das „*aktive Zentrum*", verantwortlich, das entweder (a) ein bestimmter Teil des Moleküls selbst ist oder (b) zusätzlich ein *Coenzym* mit Nichtprotein-Charakter benötigt, das sich mit dem allein unwirksamen *Apoenzym* zum aktiven *Holoenzym* verbindet.

Wesentlichstes Charakteristikum der Wirkungsweise eines Enzyms ist die Bildung eines reaktionsfähigen, aber kurzlebigen *Enzym-Substrat-Komplexes*. Vereinfacht kann formuliert werden:

$$E + S \rightarrow ES \rightarrow E + P$$

(E = Enzym, S = Substrat und P = Produkt)

Im Enzym-Substrat-Komplex ES wird die Aktivierungsenergie des Übergangszustandes herabgesetzt und damit die chemische Reaktion beschleunigt. Die molare Enzymaktivität, d.h. der Umsatz pro aktives Zentrum, ist sehr schnell und schwankt je nach Enzym in der Größenordnung von 10^2 bis 10^7 Substratmoleküle/min.

Literatur

H. U. Bergmeyer, K. Gawehn (Hrsg.) *Grundlagen der Enzymatischen Analyse*, Verlag Chemie, Weinheim, New York **1977**.

P. D. Boyer, *The Enzymes*, 3. Aufl., Academic Press, New York **1970-1973**.

E. Buddecke, *Grundriss der Biochemie*, 9. Aufl., Walter de Gruyter, Berlin **1994**.

M. Dixon, C. E. Webb, *Enzymes*, 2. Aufl., Longman, Green & Co., London **1964**.

G. G. Hammes, *Enzyme Catalysis and Regulation*, Academic Press, New York **1982**.

E. Hofmann, *Medizinische Biochemie systematisch*, UNI-MED-Verlag, Lorch **1996**.

P. Karlson, D. Doenecke, J. Koolman, *Kurzes Lehrbuch der Biochemie*, 14. Aufl., Georg Thieme Verlag, Stuttgart **1994**.

H. P. Kleber, D. Schlee, W. Schöpp, *Biochemisches Praktikum für Studium, Praxis, Forschung*, 5. Aufl., Gustav Fischer Verlag, Stuttgart **1997**.

D. Schomburg, D. Stephan (Hrsg.), *Enzyme Handbook*, Springer, Heidelberg **1998**.

L. Stryer, *Biochemie*, 4. Aufl., Spektrum Akademischer Verlag, Heidelberg **1996**.

1.3.1 Bestimmung der Enzymaktivität

Hierunter versteht man die Bestimmung der katalytischen Aktivität eines Enzyms an Hand der Geschwindigkeit der katalysierten Reaktion.

Grundlagen

Die katalytische *Aktivität* eines Enzyms wird durch die Geschwindigkeit v, mit der die katalysierte Reaktion abläuft, gegeben. Sie wird unter entsprechend kontrollierten Versuchsbedingungen durch Messung des Substratschwundes oder der Produktzunahme pro Zeiteinheit bestimmt. Als Maß der Aktivität wurden folgende Einheiten festgesetzt:

$$1\ \text{Katal} = \frac{1\ \text{Mol Substrat}}{1\ \text{sec}}$$

1 Katal ist also diejenige Enzymmenge, die unter möglichst optimalen Meßbedingungen 1 Mol Substrat in 1 sec umsetzt. Die bisher übliche und besonders bei kommerziellen Enzymen noch gebräuchliche Aktivitätsangabe ist die „Internationale Einheit", Unit (U) genannt, die dem Umsatz von 1 µMol Substrat pro min entspricht. Es gelten folgende Umrechnungen:

$$1\ \text{Katal} = 6 \cdot 10^7\ \text{U}$$

$$1\ \text{U} = 16{,}67\ \text{nKatal}$$

Die Geschwindigkeit (v) einer enzymatisch katalysierten Reaktion hängt von verschiedenen Faktoren ab:

$$v = \text{f}\,([\text{E}], [\text{S}], T, \text{pH}, [\text{Puffer}], t)$$

Um diese komplexe Abhängigkeit, die noch beliebig (z.B. durch den Druck) ergänzt werden könnte, zu vereinfachen, versucht man, den Einfluß der einzelnen Faktoren zu minimieren oder ganz auszuschalten, indem man sie konstant hält. Für die Bestimmung der Enzymaktivität beispielsweise, hält man T, pH und die Pufferlösung konstant und betrachtet die Abhängigkeit bei $t = 0$. Dann ergibt sich vereinfacht:

$$v = \text{F}\,([\text{E}], [\text{S}])$$

Dieser Zusammenhang wird mathematisch durch die bekannte Gleichung von *Michaelis-Menten* wiedergegeben:

$$v = \frac{K_2\,[\text{E}]\,[\text{S}]}{K_\text{m} + [\text{S}]} = \frac{V_\text{max}\,[\text{S}]}{K_\text{m}\,[\text{S}]}$$

Im folgenden werden die Einflüsse der einzelnen Faktoren gesondert betrachtet:

Enzymkonzentration:

Aus der MM-Gleichung ist ersichtlich, daß die (Anfangs-)Geschwindigkeit stets proportional der Enzymkonzentration ist. Dies gilt allerdings nur solange, wie ein molarer Überschuß an Substrat vorhanden ist.

Zu beachten ist, daß Enzyme in verdünnten Lösungen häufig instabil sind und zur Denaturierung und Dissoziation neigen. Auch die Anfälligkeit gegenüber Schwermetallionen und Luftsauerstoff ist dann größer. Zur Stabilisierung können 1–2 mg Albumin/ml, 1–10 µM

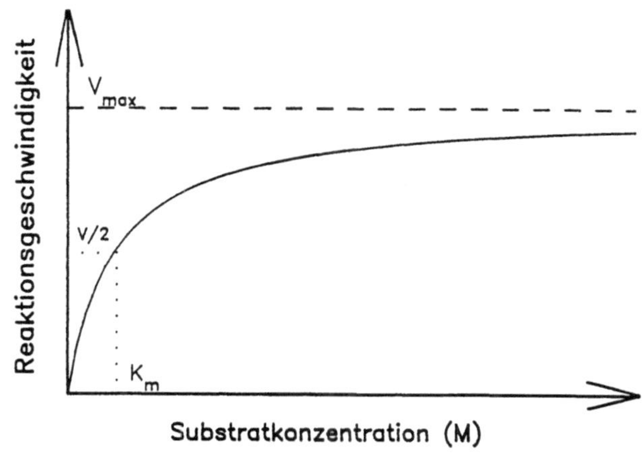

Bild 1.25 Abhängigkeit der Reaktionsgeschwindigkeit von der Substratkonzentration nach Michaelis-Menten. V_{max}, Maximalgeschwindigkeit; $V/2$, halbmaximale Geschwindigkeit; K_m, Michaelis-Menten-Konstante.

EDTA, 1 mM Mercaptoethanol, Glutathion, Saccharose und Glycerin verwendet werden. Bei stark verdünnten Lösungen muß auch mit Adsorption an Glas und Plastik gerechnet werden.

Substratkonzentration:

Die *Michaelis-Menten-Gleichung* beschreibt zugleich die Abhängigkeit der Reaktionsgeschwindigkeit von der Substratkonzentration: (s. Bild 1.25)

Prinzipiell lassen sich zwei Konzentrationsbereiche unterscheiden. Ist die Konzentration relativ zum K_m-Wert hoch, so verschwindet ihr Einfluß auf die Reaktionsgeschwindigkeit; die Reaktion verläuft 0. Ordnung (Bild 1.26). Dies ist der Ideal-Bereich für die Enzymaktivitätsbestimmung, da sich hier der Verbrauch an Substrat während der Reaktion nicht auf die Geschwindigkeit auswirkt. Ist die Konzentration relativ zum K_m-Wert klein, so ist die Geschwindigkeit der Substratkonzentration proportional; die Reaktion verläuft 1. Ordnung (Bild 1.26). In diesem Bereich kann über die Reaktionsgeschwindigkeit auf die Substratkonzentration zurückgeschlossen werden (s. Abschnitt 1.3.2.1.2).

Bei Mehrsubstratreaktionen sollten möglichst für alle Substrate sättigende Bedingungen vorliegen. In Fällen, da dies aus Gründen schlechter Löslichkeit etc. nicht möglich ist, kann ausgenutzt werden, daß zwischen den Substratkonzentrationen mit gleicher Effektivität ein hyperboler Zusammenhang besteht. Für Einzelheiten sei hier auf die Originalliteratur verwiesen.

Temperatur:

Die Temperatur beeinflußt die Geschwindigkeit einer enzymatisch katalysierten wie die jeder anderen chemischen Reaktion über die Erhöhung der kinetischen Energie der reagierenden Moleküle. Die sogenannte RGT-Regel von Van't Hoff besagt, daß sich die Reaktionsgeschwindigkeit bei Erhöhung der Temperatur um 10 °C etwa verdoppelt. Dies gilt für enzymatische Reaktionen nur in einem eingeschränkten Bereich, da eine Temperaturerhöhung zugleich zu einer zunehmenden Denaturierung der thermolabilen Enzyme (s.o.) führt. Daraus resultiert dann eine asymmetrische Aktivitätskurve, die mit steigender Temperatur ein Optimum durchläuft:

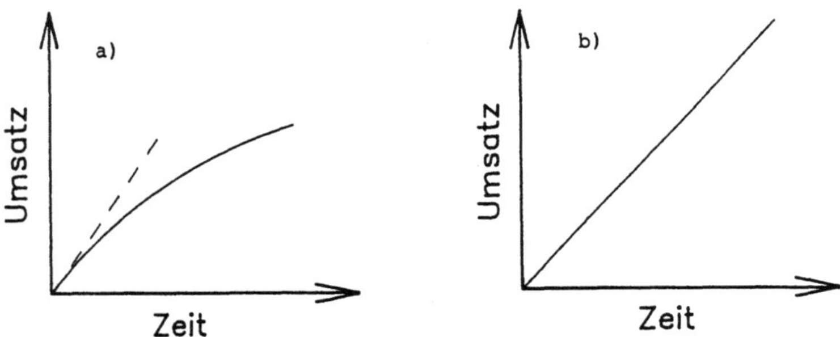

Bild 1.26 Abhängigkeit des Umsatzes von der Zeit, bei a) einer Reaktion 1. Ordnung (stetig abnehmender Umsatz; die gestrichelte Linie gibt die Tangente im Nullpunkt an; ihre Steigung entspricht der Anfangsgeschwindigkeit v_0) und b) einer Reaktion 0. Ordnung (linear zunehmender Umsatz).

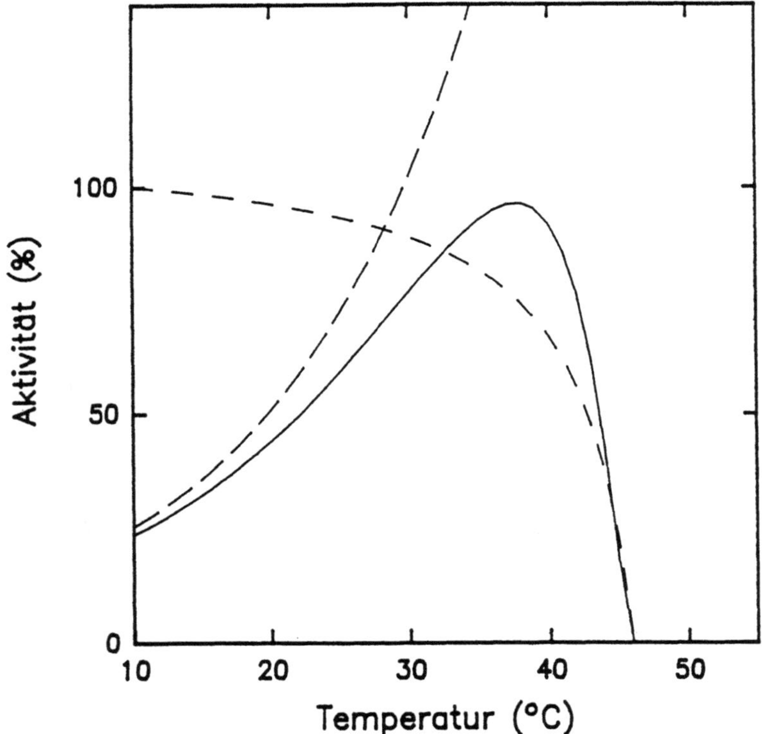

Bild 1.27 Abhängigkeit der Enzymaktivität von der Temperatur als Resultante aus temperaturbedingter Zunahme der Reaktionsgeschwindigkeit und Denaturierung des Enzymproteins (gestrichelte Linien).

Da die temperaturabhängige Denaturierung ein zeitabhängiger Prozeß ist, ist das Temperaturoptimum nicht konstant, sondern hängt von der gewählten Versuchsdauer ab.

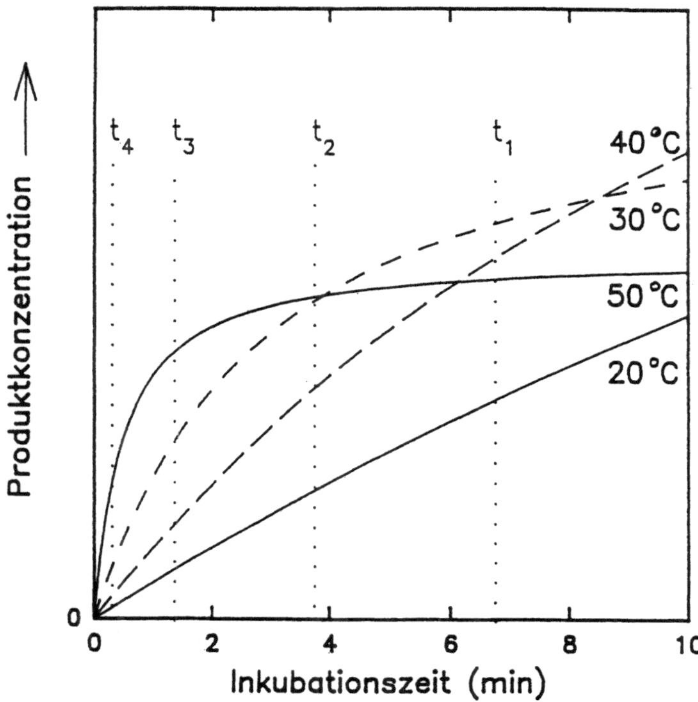

Bild 1.28 Unterschiedliche Länge des optimalen Meßintervalls bei Variation der Inkubationstemperatur. Je höher die Temperatur, desto kürzer ist das optimale Meßintervall.

Für kurzzeitige Inkubationen liegt das Temperaturoptimum bei tierischen Enzymen oft zwischen 30 und 40 °C, bei pflanzlichen Enzymen zwischen 60 und 70 °C und bei thermophilen Bakterien häufig sogar darüber.

Gebräuchliche Temperaturen für die Messung enzymatischer Reaktionen sind 25 °C, 30 °C und 37 °C.

pH-Wert

Die H^+-Konzentration mit der höchsten Aktivität des Enzyms bezeichnet man als pH-Optimum. Es ergibt sich als Resultante der Dissoziationskurven von kationischen und anionischen Gruppen an Enzym und Substrat. Meist sind die pH-Aktivitätskurven mehr oder weniger breite Glockenkurven:

Das pH-Optimum kann als Konstante betrachtet werden, doch hängt es vom verwendeten Substrat und von den verwendeten Puffersubstanzen sowie der Ionenstärke ab. Tabelle 1.9 gibt die pH-Optima verschiedener Enzyme an.

Puffersubstanzen

Der verwendete Puffer soll beim pH-Optimum puffern und eine ausreichende Pufferkapazität besitzen. Der Einfluß der Puffersubstanzen selbst auf einen enzymatischen Test ist nicht zu unterschätzen. Sie sollen weder das Enzym beeinflussen, noch mit einzelnen Substraten reagieren und nicht mit der gewählten Meßmethode interferieren (z.B. gleiche Absorption wie Chromophor).

Tabelle 1.9 pH-Optima, Aktivatoren und Inhibitoren einiger Enzyme

Enzym	EC-Nummer	optimaler pH-Bereich	Aktivatoren	Inhibitoren
Acetylcholinesterase	2.7.2.1	7.4	–	Aminosäuren, Amide
Ó-Amylase (Pankreas)	3.2.1.1	6,9	Cl^-	–
Amyloglucosidase	3.2.1.3	5,0	–	–
Arginase	3.5.3.1	9,2 – 10,2	Mn^{2+}	Ornithin, Hg^{2+}, Zn^{2+}
Arylsulfatase	3.1.6.1	5,2	–	Phosphat, Sulfat
Carboxypeptidase C	3.4.12.1	5,3	–	–
Citrat Lyase	4.1.3.6	8.0	Mg^{2+}, Mn^{2+}, Fe^{2+}, Zn^{2+}	Ca^{2+}, Oxalacetat
Clostripain	3.4.22.8	7.4 – 7.8	Cystein	H_2O_2
Collagenase	3.4.24.3	6 – 8	Ca^{2+}	–
Creatin Kinase	2.7.3.2	9,0	Mg^{2+}, Mn^{2+}	Zn^{2+}, Cu^{2+}, ADP
Enolase	4.2.1.11	6,2 – 6,9	Mg^{2+}	F^-
Esterase (Leber)	3.1.1.1	8,6 – 8,8	–	Diethyl–p–nitro-phenylphosphat
ß-Galactose Dehydrog.	1.1.1.38	8,0 – 9,0	EDTA	–
ß-Galactosidase (Kaffeebohnen)	3.2.1.22	5,3	–	Galactose, Hg^{2+}
ß-Galctosidase (E. coli)	3.2.1.23	7,2 – 7,7	–	org. SH–Verbind.
ß-Glucuronidase	3.2.1.31	4,5 – 5,0	Diamide	D-Glucuronat, Ag^{2+}, Cu^{2+}, Hg^{2+}
Glutamat-Dehydrogenase (Leber)	1.3.1.3	8,5 – 8,6	–	Ag^+, Hg^{2+}, Fe^{2+}, Zn^{2+}
Glutamat-Oxalacetat-Transaminase	2.6.1.1	8,0 – 8,5	Pyridoxal-P	Maleat, Succinat
Glycerokinase	2.7.1.30	9,0 – 9,8	Mg^{2+}	AMP, ADP
Hyluronidase	3.2.1.35	4,5 – 6,0	–	Heparin, Fe^{2+}, Hg^{2+}, Zn^{2+}
Lipase	3.1.1.3	3,5 – 7,0	NaCl, Ca^{2+}, Mg^{2+}	Fe^{2+}, Zn^{2+}, Co^{2+}
Luciferase (Firefly)	2.7.–.–	7,0	Arsenat	p-Merkuribenzoat
Papain	3.4.4.10	6,0 – 7,0	EDTA	Cd^{2+}, Hg^{2+}, Fe^{2+}, Zn^{2+}
Peroxidase (Meerrettich)	1.11.1.7	4,0 – 8,0	NH_4^+	–
Phosphatase (alkal.)	3.1.3.1	10,5	Mg^{2+}, Co^{2+}, Mn^{2+}	Zn^{2+}, P_i, L-Phenylalanin
Phosphodiesterase (Niere)	3.1.4.18	7,0	EDTA	Mg^{2+}, Mn^{2+}, Cu^{2+}, Zn^{2+}
Phosphoglucomutase (Muskel)	2.7.5.1	6,5 – 8,0	Glucose-1,6-P_2	ATP, ADP, 6-P-Gluconat
Proteinase K	–	7.5 – 12.0	–	EDTA, SH-Verbind.

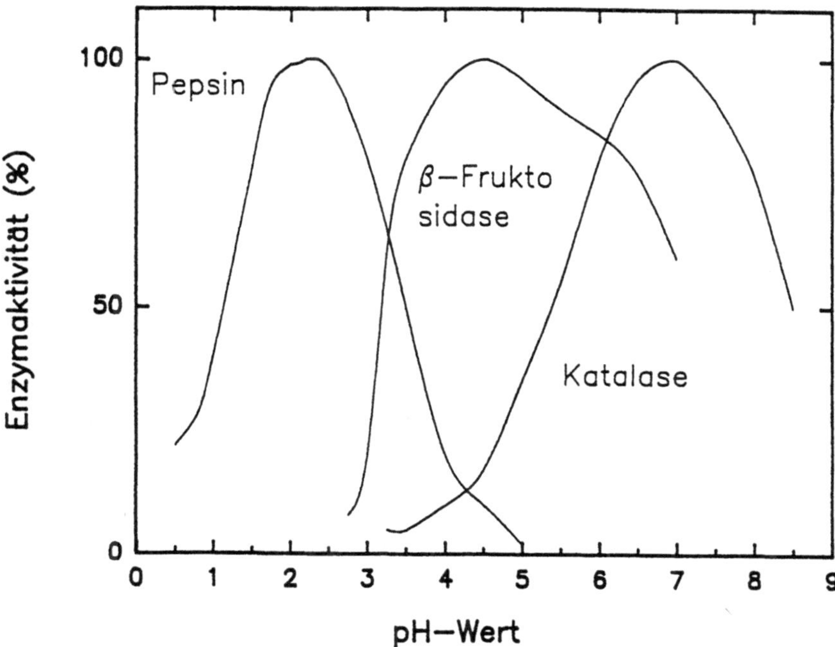

Bild 1.29 Abhängigkeit der Enzymaktivität vom pH-Wert des Testpuffers bei Pepsin, ß-Fructosidase und Katalase.

Effektoren

Viele Enzyme brauchen bestimmte Substanzen für ihre optimale Aktivität. Diese werden als *Aktivatoren* bezeichnet. Desgleichen können Enzyme durch bestimmte Substanzen gehemmt werden, den sogenannten *Inhibitoren*. Einen Überblick über die Vielfalt solcher Effektoren gibt Tabelle 1.9.

Außerdem gibt es viele Enzyme mit einer sigmoiden anstelle einer hyperbolen Abhängigkeit der Aktivität von der Substratkonzentration. Solche Enzyme werden als *allosterische Enzyme* bezeichnet. Die Aktivität dieser Enzyme wird in besonderem Maße von anderen Metaboliten, aber auch Substraten und Produkten, beeinflußt. Solchen Wechselwirkungen muß in einem entsprechenden Test stets Rechnung getragen werden.

Reaktionszeit

Mit fortschreitender Reaktionszeit muß damit gerechnet werden, daß sich die Testbedingungen verschieben und suboptimal werden.

Es ist daher darauf zu achten, daß zu Beginn des Tests gemessen wird. Allerdings kann es bei gekoppelten Reaktionen vorkommen, daß eine kurze Anlaufphase abgewartet werden muß (s.u.).

Reaktionssysteme

Grundsätzlich muß zwischen *einfachen* und (mehrfach) *gekoppelten* Reaktionen unterschieden werden.

Bei den *einfachen Reaktionen* ist nur eine einzige Reaktion beteiligt (es muß also ein Substrat oder ein Produkt unmittelbar der Messung zugänglich sein). Bei einer Reaktion 0. Ordnung ergibt sich in diesem Fall stets eine lineare Zeit-Umsatz-Kurve (vgl. Bild 1.26). Beispiel Lactat-Dehydrogenase (LDH; EC 1.1.1.27):

$$\text{Pyruvat} + \text{NADH} + \text{H}^+ \xrightarrow{\text{LDH}} \text{Lactat} + \text{NAD}^+$$

Die Messung dieser Reaktion erfolgt photometrisch direkt über die Abnahme von NADH.

Bei den *gekoppelten Reaktionen* werden eine oder mehrere Reaktionen zusätzlich benötigt (*Hilfsreaktionen*), die in der *Indikatorreaktion* zu einem meßbaren Produkt führen.

Bei einer nachgeschalteten Kopplung ergibt sich eine Reaktionskette aus Primär-Enzym und Indikator-Enzym. Ein Beispiel hierfür ist die Aktivitätsbestimmung der Glutamat-Oxalacetat-Transaminase (GOT, EC 2.6.1.1) mit Hilfe der Malat-Dehydrogenase (MDH, EC 1.1.1.37):

$$\text{Glutamat} + \text{Oxalacetat} \xrightarrow{\text{GOT}} \alpha - \text{Ketoglutarat} + \text{Aspartat}$$

$$\text{Aspartat} + \text{NADH} + \text{H}^+ \xrightarrow{\text{MDH}} \text{Malat} + \text{NAD}^+$$

Die photometrische Messung erfolgt hier indirekt über die Abnahme an NADH.

Im Bedarfsfall kann zwischen Primär- und Indikatorreaktion noch eine Hilfsreaktion eingeschoben werden. Voraussetzung für eine sinnvolle Bestimmung der Primär-Enzymaktivität ist in jedem Fall, daß die nachfolgenden Enzymreaktionen schnell genug ablaufen müssen, damit aus der Geschwindigkeit der Indikatorreaktion auf die Aktivität des Primär-Enzyms geschlossen werden kann. Damit der „Steady state", d.h. der Zustand in dem beide Reaktionen mit gleicher Geschwindigkeit ablaufen, möglichst bald eintritt (kurze *Anlaufphase*) (vgl. Bild 1.30), darf die Konzentration des Zwischenprodukts P_1 nicht zu hoch werden. Vereinfacht kann folgender Zusammenhang abgeleitet werden:

$$V_{\text{max}}(\text{Indikatorenzym}) = \left(1 + \frac{K_{\text{m}}(\text{P}_1)}{[\text{P}_1]}\right) \cdot V_{\text{max}}(\text{Primärenzym})$$

Als Richtwert für $[P_1]$ kann 1 µM dienen. Detailliertere Berechnungen finden sich in der Literatur.

Materialien

Kommerziell erhältliche Enzyme liegen häufig als Kristallsuspensionen in Ammoniumsulfat, in wäßriger Glycerin-Lösung oder als Lyophilisat vor. Sie sollen – wenn nicht anders angegeben – zwischen 0 °C und 4 °C gelagert werden. Gelöste Enzyme sind oft im gefrorenen Zustand haltbarer.

Für die meisten Messungen liegen die Enzyme entweder in geeigneten Pufferlösungen vor (z.B. bei Enzym-Reinigungen) oder sie sind Bestandteil von Körperflüssigkeiten und Extrakten. In allen diesen Fällen liegen komplexe Lösungen mit oft vielen verschiedenen Enzymen vor. Ob diese Lösungen und Extrakte besser bei 0 – 4 °C aufbewahrt oder eingefroren werden sollten, muß jeweils ermittelt werden.

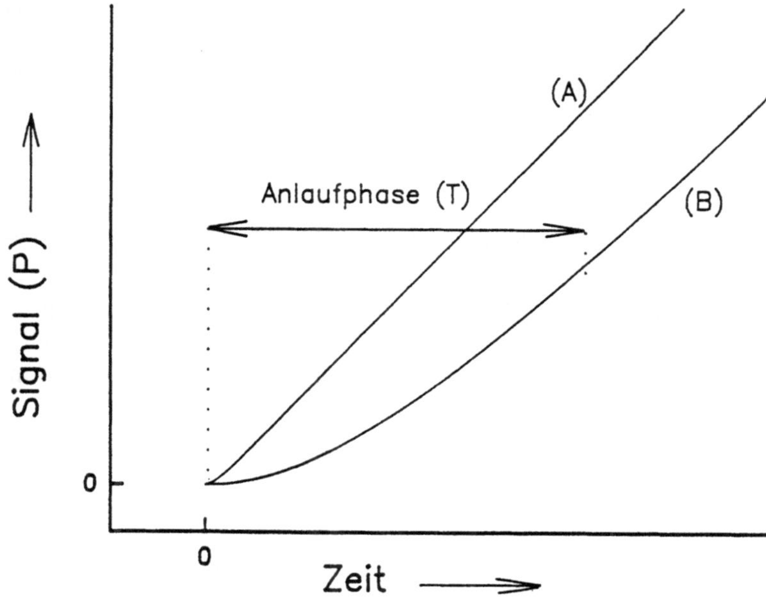

Bild 1.30 Zeit-Umsatz-Kurve bei gekoppelten Reaktionen mit kurzer (A) und langer (B) Anlaufphase (T).

Enzyme sind auf Grund ihrer Proteinnatur thermolabil und neigen bei Lagerung zur Denaturierung unter Verlust der Aktivität. Bei biologischen Proben, z.B. Seren, unterliegen die darin enthaltenen Enzyme zusätzlich oftmals noch der Spaltung durch ebenfalls vorhandene Proteasen. Tabelle 1.10 gibt eine Übersicht über die Stabilität verschiedener klinisch wichtiger Enzyme.

Tabelle 1.10 Durchschnittlicher Aktivitätsverlust bei Aufbewahrung von Serum:

Enzym	Temperatur [°C]	Lagerzeit		
		24 h	3 Tage	7 Tage
Aldolase	4	0%	0%	12%
	25	0%	0%	20%
Alkalische Phosphatase	4	0%	0%	0%
	25	0%	3%	10%
Glutamat-Oxalacetat-Transaminase	4	2%	8%	12%
	25	2%	10%	13%
Glutamat-Pyruvat-Transaminase	4	2%	10%	20%
	25	8%	17%	39%
Leucin-Aminopeptidase	4	0%	0%	0%
	25	0%	0%	0%
Sorbit-Dehydrogenase	4	22%	38%	62%
	25	24%	58%	78%

Coenzyme (NAD(P), NAD(P)H, FAD, ATP, CoA etc.) werden trocken (Exikator) und lichtgeschützt bei 0 °C bis 4 °C aufbewahrt. $NAD(P)^+$ ist alkalilabil und wird deshalb leicht sauer gelöst; es sollte eingefroren werden. NAD(P)H dagegen ist säurelabil und wird deshalb in Bicarbonat-Puffer (pH > 7,5) gelöst; es sollte nur im Kühlschrank aufbewahrt werden. ATP ist bei pH 9,0, CoA bei pH 4,0 am stabilsten.

Vorbereitung

- Ansetzen der Pufferlösungen (auf richtigen pH und Pufferkapazität achten). Eingefrorene Pufferlösungen auf Versuchstemperatur vorwärmen.
- Enzymverdünnungen mit aqua dest. oder Pufferlösung anfertigen. Bei hohen Verdünnungen Kristallsuspensionen mit 3,2 M Ammoniumsulfat, Glycerin-Lösungen mit 50% Glycerin bis maximal 1:10 vorverdünnen. Achtung: stark verdünnte Enzymlösungen sind instabil und nur wenige Stunden haltbar!
- Vorbereitung der Probelösungen. Verdünnungen stets mit Puffer anfertigen.

Durchführung

Allgemein kann zwischen einem *Stopptest* und einem *kontinuierlichen Test* unterschieden werden.

Beim *Stopptest* wird der Test nach einer bestimmten Inkubationszeit abgebrochen und die Konzentrationsabnahme eines Substrats oder die -zunahme eines Produkts gemessen:

- Mischen des Puffers und der Substratlösung(en). Kurze Vortemperierung bei Testtemperatur.
- Start durch Zugabe des Cosubstrats (Es kann auch das Cosubstrat zuvor zugegeben und mit dem Enzym (der Probe) gestartet werden.) Bei kleinen Mengen (im ml-Bereich) wird das Tröpfchen zunächst auf den flachen Teil eines Plümpers pipettiert und mit diesem rasch in die Lösung eingerührt.
- Kontrollwerte ohne Substrat bzw. ohne Enzym ansetzen.
- Bei einem Testansatz sofortiger Stopp unmittelbar nach dem Start (Zeitnullwert). Dieser Wert dient der Überprüfung der Testbedingungen.
- Inkubation aller Ansätze im geeignet temperierten Wasserbad (Schütteln nicht erforderlich) für die vorgewählte Zeit.
- Stopp mit geeigneter Lösung (oder thermisch: Kochen oder Eis).
- Messung der Konzentrationsänderung eines Substrats oder Produkts mit geeigneter Methode.

Beim *kontinuierlichen Test* wird die Reaktion mit einem geeigneten Detektor kontinuierlich verfolgt und an einem Schreiber aufgezeichnet. Der Reaktionsverlauf ist somit über die gesamte Reaktionszeit erfaßbar und kann auf eventuelle Nichtlinearität geprüft werden.

- Mischen des Puffers und der Substratlösung(en). Kurze Vortemperierung bei Testtemperatur mit Meßwertaufzeichnung. In der Regel kann diese Vorphase als Leerwert betrachtet werden, besonders, wenn keine Meßwertänderung erfolgt.

- Start durch Zugabe des Enzyms oder Co-Substrats mit Plümper
- Inkubation aller Ansätze im geeignet temperierten Wasserbad (Schütteln nicht erforderlich) für die vorgewählte Zeit unter kontinuierlicher Aufzeichnung des Meßsignals.

  Nur bei inkonstantem Meßwert während der Vorphase:
- Wiederholung der Messung ohne Enzym bzw. Co-Substrat.

Auswertung

Stopptest: Die Aktivität wird bestimmt, indem die gemessene Konzentrationsänderung des Produkts (oder Substrats) durch die Inkubationszeit dividiert wird. Mit dem Kontrollwert wird erfaßt, ob auch unkatalysiert Produkt entstanden ist, mit dem Zeitnullwert, ob solches schon zuvor vorhanden war. Diese Werte müssen vom eigentlichen Meßwert abgezogen werden (s. Bild 1.31)

Kontinuierlicher Test: Die Aktivität wird durch Anlegen einer Tangente an den Kurvenverlauf und Ermittlung von deren Steigung bestimmt. Die Steigung während der Vorphase oder bei einem parallel durchgeführten Kontrolltest muß dann abgezogen werden (s. Bild 1.32).

Dokumentation

Die Meßergebnisse werden in Form von Katal/l (*Volumenaktivität*) oder Katal/g Protein (*Spezifische Aktivität*) angegeben.

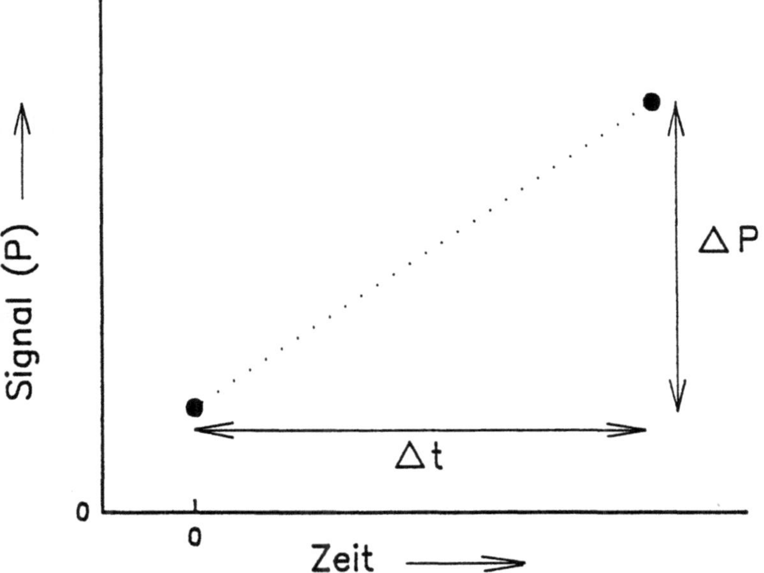

Bild 1.31 Auswertung eines Stopptests. Die Geschwindigkeit der Reaktion wird berechnet als Quotient aus der Differenz zwischen Anfangs- und Endwert (*P*) und dem Zeitintervall *t*.

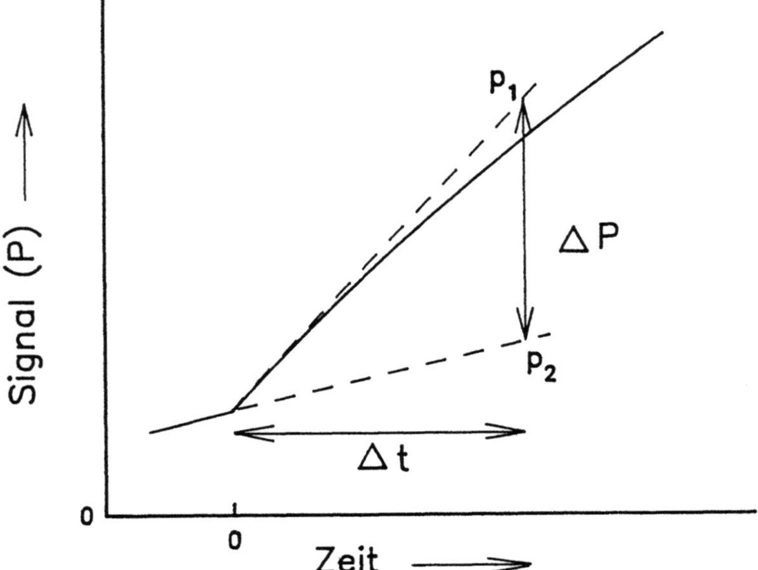

Bild 1.32 Auswertung eines kontinuierlichen Tests. Die Geschwindigkeit wird berechnet als Quotient aus der korrigierten Differenz des Produktsignals (*P*) und dem Zeitintervall *t*. *P* ergibt sich als Differenz der indirekt bestimmten Signale P_1 (Nullpunkts-Tangente) und P_2 (extrapolierter Vorlauf).

Fehlerquellen

Stopptest:

- Nichtlinearer Verlauf der Reaktion während des Inkubationsintervalls. Bei gekoppelten Reaktionen darf die Anlaufphase im Stopptest höchstens 10% der Meßzeit betragen. Überprüfen durch kürzere Inkubationszeiten.
- Kein vollständiger Stopp der Reaktion. Bei Verwendung von Eppendorf-Cups muß die schlechte Wärmeleitfähigkeit dieser Reaktionsgefäße berücksichtigt werden.
- Enzymatisch katalysierte oder rein chemisch verlaufende Nebenreaktionen. Nur durch sorgfältige Kontrollwerte zu erfassen.

Kontinuierlicher Test:

- Keine ausreichende Vorphase zur Ermittlung der Leerwert-Steigung.
- Keine ausreichende Vortemperierung. Dadurch Vortäuschung einer Anlaufphase.

Anwendungsbereich

Stopptests werden sinnvoll dort eingesetzt, wo viele Proben gleichzeitig gemessen werden sollen, aber kein Automat (s. Abschnitt 1.3.1.7) zur Verfügung steht. Voraussetzung ist die Linearität des Reaktionsverlaufs im Inkubationsintervall.

Kontinuierliche Tests sind zeitraubender, bieten aber den Vorteil, daß der Reaktionsverlauf überwacht werden kann. Viele Photometer bieten durch Mehrfachküvettenhalter die Möglichkeit, mehrere Messungen parallel durchzuführen.

Literatur

H. U. Bergmeyer, K. Gawehn (Hrsg.) *Grundlagen der Enzymatischen Analyse*, Verlag Chemie, Weinheim **1977**.

M. Dixon, C. E. Webb, *Enzymes*, 2. Aufl., Longmans, Green & Co., London **1964**.

D. Hawcroft, *Diagnostic Enzymology*, Analytical Chemistry by Open Learning, John Wiley, Chichester **1987**.

E. Hofmann, *Medizinische Biochemie systematisch*, UNI-MED-Verlag, Lorch **1996**.

H. M. Rauen, *Biochemisches Taschenbuch*, Teil I und II, Springer Heidelberg **1964**.

M. L. Uhr, Coupled Enzyme Systems: Exploring Coupled Assays with Students, *Biochemical Education* **1990**, *18*, 48-50.

1.3.1.1 Photometrischer Test

Beim Photometrischen Test wird der Substratumsatz unter Anwendung der Absorptionsphotometrie gemessen.

Grundlagen

Die Absorptionsphotometrie ist sehr einfach und hat deshalb bei der Messung von Enzymatischen Tests die breiteste Anwendung gefunden. Hinsichtlich der Grundlagen und allgemeinen Methodik sei auf Abschnitt 3.4.1 des Buches von K. E. Geckeler und H. Eckstein verwiesen. Von Vorteil bei der Absorptionsphotometrie ist, daß viele Reaktionen, die unter Bildung oder Verbrauch von NADH ablaufen, wegen der günstigen spektralen Eigenschaften von NADH oder NADPH im langwelligen UV-Bereich leicht der Messung zugänglich sind.

Geräte

Für einfache Enzymaktivitätsbestimmungen mit NAD(P)H-abhängigen Reaktionen genügen bereits Einstrahlphotometer, bei denen mit verschiedenen Filtern einzelne Wellenlängen herausgefiltert werden. Bei Verwendung von Quecksilberdiffusionslampen in Verbindung mit entsprechenden Filtern ist es möglich, Licht, das einer der Spektrallinien des Quecksilbers entspricht (z.B. 365 nm oder 405 nm), auszusondern. Für anspruchsvollere Messungen eignen sich Geräte, die mit Monochromatoren ausgerüstet sind, bzw. Zweistrahl-Spektrophotometer. Diese Geräte verwenden für den UV-Bereich Deuteriumlampen und für den sichtbaren Bereich Wolframlampen.

Durchführung

Die Anwendung der Absorptionsphotometrie bei einem *Stopptest* am Beispiel der Tyrosin Aminotransferase (EC 2.6.1.5):

$$\text{Tyrosin} + \alpha - \text{Ketogluterat} \xrightarrow{\text{TAT}} \text{Phenylpyruvat} + \text{Glutamat}$$

- Vortemperieren des Testpuffers [hier: Kaliumphosphat-Puffer, pH 7,3; Tyrosin; Pyridoxalphosphat]
- Start durch Zugabe des Cosubstrats [hier: α -Ketoglutarat].
- Kontrollwerte ohne Cosubstrat ansetzen.
- Bei einem Testansatz sofortiger Stopp unmittelbar nach dem Start (Zeitnullwert).
- Inkubation aller Ansätze im geeignet temperierten Wasserbad (Schütteln nicht erforderlich) für die vorgewählte Zeit.
- Stopp mit NaOH; dies führt zugleich zur unkatalysierten Oxidation von p-Hydroxyphenylpyruvat zu p-Hydroxybenzaldehyd, dem eigentlichen Chromophor.
- Messung der Konzentrationszunahme des Chromophors bei 331 nm.

Beispiel eines gekoppelten *kontinuierlichen Tests* mit photometrischer Detektion am Beispiel der GOT (s.o.):

Von großem Vorteil ist es, wenn an das Photometer ein Schreiber angeschlossen ist, der die Extinktionsänderungen kontinuierlich aufzeichnet.

Folgende Schritte sind erforderlich:

- Vorbereitung der Lösungen und Puffer wie unter 1.3.1.
- Vorlegen des vorgewärmten Puffers, der Substrate und aller Hilfsenzyme in der Küvette. Mitführen von Kontrollen, denen eines der Substrate fehlt.
- Anschalten des Schreibers und gegebenenfalls Verfolgen einer Extinktionsänderung bis zur Konstanz.
- Start der Reaktion durch Zugabe der Probe. Gut mischen mit Rührstab (Plümper).
- Kontinuierliche Aufzeichnung der Extinktionsänderung. Anpassung der Schreibergeschwindigkeit an den Reaktionsverlauf.
- Abbruch der Aufzeichnung, wenn ein genügend großer linearer Abschnitt die genaue Ermittlung der Steigung ermöglicht.

Auswertung

Aus der Steigung des linearen Abschnitts ergibt sich nach Umrechnung mit dem Extinktionskoeffizienten (s. Tabelle 1.11) der gemessenen Substanz unmittelbar die Volumenaktivität des Enzyms im Testansatz. Zur Berechnung der Probe muß noch die Verdünnung berücksichtigt werden. In der Regel kann folgende Formel Anwendung finden:

$$\text{Volumenaktivität} = \frac{\Delta E \cdot V}{t\varepsilon\, d\, v} \qquad [\text{U / ml}]$$

E = Extinktionsdifferenz	t = Zeit
V = Testvolumen	ε = Extinktionskoeffizient $[\text{Mol}^{-1} \cdot \text{cm}^{-1}]$
v = Probevolumen	d = Schichtdicke der Küvette

Tabelle 1.11 Absorptionswellenlängen und Extinktionskoeffizienten für die photometrische Messung einiger Chromophore

Chromophor	Absorptions-wellenlänge (nm)	Extinktions-koeffizient ($M^{-1} \cdot cm^{-1}$)
ABTS (2,2'-Azino-di-(3-ethyl-benzthiazolin)-6-sulfonat) (oxid.)	420 436	43200 29300
5-Amino-2-nitrobenzoat	405	9500
o-Dianisidin (oxid.)	460	–
Formazan von INT (2-(p-Iodo-phenyl)-3-(p-nitrophenyl)-5-phenyl-tetrazoliumchlorid)	492	19400
Formazan von MTT (3-(4',5'-Di-methylthiazol-2-yl)-2,4-diphenyl-tetrazoliumbromid)	578	13000
NAD(P)H	340 366	6300 3400
p-Nitroanisol	405	9900
2-Nitro-5-mercaptobenzoat	405	13300
p-Nitrophenol	405	18500

Fehlerquellen

- Zu wenig Hilfs- bzw. Indikatorenzym, daher unübersichtliche Anlaufphase, die bereits als Meßphase interpretiert wird.
- Zu geringe Konzentration einzelner Substrate: frühzeitige Nichtlinearität.
- Bei hochkonzentrierten Gewebsextrakten oft Trübung, die zu unkontrollierten Schreiberausschlägen führt. Abhilfe durch Zentrifugieren oder Verdünnen.

Anwendung

- In der biochemischen Forschung bei Enzymreinigungen und Stoffwechseluntersuchungen.
- In der klinischen Chemie zu Diagnosezwecken.

Literatur

H. U. Bergmeyer (Hrsg.) *Methoden der enzymatischen Analyse*, 3.Aufl., Verlag Chemie, Weinheim **1974**.

H. U. Bergmeyer (Hrsg.) *Methods of Enzymatic Analysis*, 3. Aufl., Verlag Chemie, Weinheim **1987**.

T. G. Cooper, *Biochemische Arbeitsmethoden*, Walter de Gruyter, Berlin **1981**.

K. E. Geckeler, H. Eckstein, *Analytische und Präparative Labormethoden*, Verlag Vieweg, Braunschweig **1987**.

H. P. Kleber, D. Schlee, W. Schöpp, *Biochemisches Praktikum für Studium, Praxis, Forschung*, 5. Aufl., Gustav Fischer Verlag, Stuttgart **1997**.

E. Schmidt, F. W. Schmidt, *Kleine Enzym-Fibel*, Boehringer Mannheim GmbH, Mannheim **1973**.

1.3.1.2 Visualisierung NAD(P)-abhängiger Reaktionen

Unter Visualisierung versteht man eine Verschiebung des Absorptionsbereichs einer Reaktion in den sichtbaren Teil des Spektrums durch Kopplung mit weiteren Reaktionen zur Bildung geeigneter Chromophore.

Grundlagen

Enzymatische Reaktionen, bei denen NAD(P) reduziert oder NAD(P)H oxydiert wird, werden spektralphotometrisch oft bei 340 nm gemessen. Durch eine Kopplung solcher Dehydrogenase-Reaktionen mit geeigneten Redoxfarbstoff-Reaktionen können erstere im sichtbaren Spektralbereich verfolgt werden. Gleichzeitig kann durch die Kopplung eine ungünstige Gleichgewichtslage der Dehydrogenase-Reaktion überwunden werden.

Für diese Kopplung werden meist die schwach gefärbten *Tetrazoliumsalze* (Mono- und bimolekulare Derivate des 1,2,3,4-Tetrazols) eingesetzt, die zu den intensiv gefärbten *Formazanen* reduziert werden. Da NAD(P)H die Tetrazoliumsalze fast kaum direkt reduzieren kann, muß eine Zwischenreaktion zwischengeschaltet werden. Als Wasserstoffüberträger eignen sich das Enzym Diaphorase oder niedermolekulare Substanzen, z.B. 5-Methylphenazinium-methylsulfat, das jedoch autoxydabel ist. Besser ist das nahezu lichtunempfindliche Meldolablau (8-Dimethylamino-2,3-benzophenoxazin) (s. Bild 1.33).

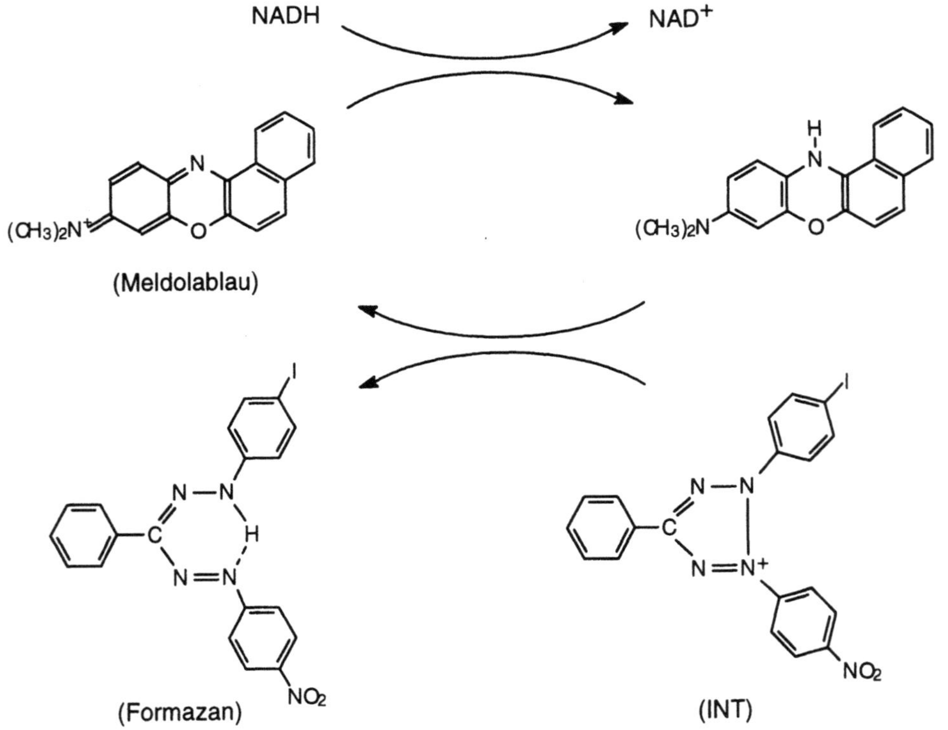

NADH → NAD^+

(Meldolablau)

(Formazan)

(INT)

Bild 1.33 Reaktionsschema der Formazan-Bildung durch NADH-abhängige Reduktion des Monotetrazoliumsalzes INT mittels Meldolablau.

Geräte

Die Absorptionsmessung im sichtbaren Bereich ermöglicht die Verwendung einfacherer Photometer ohne Verlust an Genauigkeit und Sensitivität.

Vorbereitungen

- Zahlreiche SH-Verbindungen, z.B. Glutathion, Dithioerythrol, oder Ascorbinsäure können Tetrazoliumsalze reduzieren und müssen durch Oxidation beseitigt werden. Für Ascorbinsäure wird Ascorbat-Oxidase empfohlen.
- Bei Verwendung vieler Tetrazoliumsalze muß auf Ausschluß von Licht geachtet werden.
- Detergenzien, z.B. Triton X 100, beschleunigen die Reduktion von Tetrazoliumsalzen, verändern aber auch gleichzeitig die spektralen Eigenschaften der Formazane. Hierauf ist bei den vorzubereitenden Kontrollwerten und Standardwerten zu achten.

Durchführung

- Wie normaler photometrischer Test (Abschnitt 1.3.1.1)
- Bei Methoden, die zur Bildung schwerlöslicher Niederschläge von Formazanen führen, können diese mit org. Lösungsmitteln extrahiert und darin gemessen werden.

Auswertung

Die Auswertung erfolgt analog zum photometrischen Test (Abschnitt 1.3.1.1). In Tabelle 1.12 sind die spektralen Eigenschaften einiger Formazane aufgeführt.

Fehlerquellen

- Zu hohe Spontanoxidation oder Lichteinfluß,
- Ausfällung des schwerlöslichen Produkts blockiert das aktive Zentrum,
- ungeeigneter Elektronenüberträger,
- Hersteller- und Chargen-abhängige Variation der spektralen Eigenschaften der Tetrazoliumsalze, insbesondere ihrer Absorptionskoeffizienten.

Anwendungsbereich

- Die hohen molaren Extinktionskoeffizienten ermöglichen eine Empfindlichkeitssteigerung gegenüber der photometrischen Messung von NADH.
- Da die Formazane schwerlöslich sind, eignen sich diese Reaktionen auch zur Aktivitätsfärbung an Gewebeschnitten (Histologie) oder auf Gelen (Detektion von Isoenzymen).

Literatur

F. P. Altman, *An Introduction to the Use of Tetrazolium Salts in Quantitative Enzyme Cytochemistry*, Koch-Light Laboratories, Colnbrook, Bucks **1972**.

H. U. Bergmeyer (Hrsg) *Methoden der enzymatischen Analyse*, 3.Aufl., Verlag Chemie, Weinheim, **1974**.

Z. Lojda, R. Gossrau, T. H. Schiebler, *Enzym-histochemische Methoden*, Springer, Heidelberg **1976**.

G. Michal, H. Möllering, J. Siedel, in: H. U. Bergmeyer (Hrsg) *Methods of Enzymatic Analysis*, 3. Aufl., S. 197, Verlag Chemie, Weinheim **1987**.

A. G. E. Pearse, *Histochemistry*, Theoretical and Applied, 2. Aufl., J. & A. Churchill, London **1960**.

W. Ried, Formazane und Tetrazoliumsalze, *Angew. Chemie* **1952**, *64*, 391-396.

1.3.1.3 Fluorimetrischer Test

Beim fluorimetrischen Test wird der Stoffumsatz bei der enzymatischen Reaktion mit Hilfe der Fluorimetrie gemessen.

Grundlagen

Die Eigenschaft bestimmter Moleküle, bei Anregung mit Licht definierter Wellenlänge zu fluoreszieren, kann ebenfalls zur Messung bei enzymatischen Tests herangezogen werden. Bezüglich der Grundlagen der Fluoreszenz, Instrumentation und allgemeinen Meßmethodik sei auf Abschnitt 3.4.1 des Buches über Labormethoden von Geckeler und Eckstein verwiesen. Die Fluoreszenzmessung ist in der Regel empfindlicher und von größerer spektraler Selektivität als die Absorptionsphotometrie. Auf Grund der direkten Beziehung zwischen Konzentration und Fluoreszenzintensität ist die Messung besonders auch bei niedrigen Konzentrationen sehr genau.

Für die Bestimmung von Enzymaktivitäten ist von Bedeutung, daß nur wenige Chromophore Fluoreszenz zeigen. Die daraus resultierende Limitierung der Anwendbarkeit wird durch die Herstellung fluoreszierender Substratanaloga umgangen. Besonders interessant sind diese Substratanaloga, wenn sie selbst, im Gegensatz zu den enzymatisch daraus freigesetzten Chromophoren, nicht fluoreszieren. Eine Zusammenstellung entsprechender Fluorophore zeigt Tabelle 1.12.

Materialien

Die Anforderungen an die Reinheit fluoreszierender Verbindungen ist besonders hoch. Bei nichtfluoreszierenden Substratanaloga sollte sichergestellt werden, daß diese nicht spontan (z.B. durch Hydrolyse von Methylumbelliferon-Estern) das fluoreszierende Produkt freisetzen.

Auch die Reinheit des Wassers ist bei der Fluorimetrie sehr wichtig. Das Wasser sollte frisch aus einer 20%igen $KMnO_4$ Lösung destilliert werden, um Spuren kontaminierender fluoreszierender Verbindungen durch Oxidation zu beseitigen. Beim Filtrieren mit normalem Filterpapier werden oft kleine Mengen fluoreszierenden Materials gelöst.

Tabelle 1.12 Anregungs- und Emmisisonswellenlängen einiger Fluorophore

Fluorophor	Wellenlänge (nm)	
	Anregung	Emmission
7-Amino-4-methylcumarin	380	460
ATP (5 N H_2SO_4)	272	390
FAD	264/373	536
FMN	450	536
4-Methylumbelliferon	370	450
NAD(P)H	360	465
Pyridoxalphosphat	292	392
Resorufin	572	583

Geräte

Die verwendeten Fluorimeter sollten eine ausreichende Langzeitstabilität der Intensität des Anregungslichts und der Kalibriereinstellungen zeigen, sonst ist die häufige Eichung mit Standardsubstanzen nötig. Mikroprozessor-kontrollierte Geräte vermeiden solche Fehlerquellen.

Vorbereitung

- Eichung der Fluorimetereinstellungen mit einer Eichlösung (z.B. Fluoreszein oder Rhodamin in Wasser).

Durchführung

- Allgemeine Methodik (Abschnitt 1.3.1)
- Zugabe von trüben Probenlösungen vermeiden.

Auswertung

Die Auswertung und Dokumentation erfolgt analog zu den photometrischen Tests (Abschnitt 1.3.1.1)

Fehlerquellen

- Unbefriedigende Langzeitstabilität des Fluorimeters
- Hohe Hintergrundfluoreszenz durch ungenügende Reinheit der Substanzen
- Quencheffekte bei zu hohen Umsätzen

Anwendungsbereich

- Der Fluorimetrische Test findet häufig bei NADH und NADPH gekoppelten Reaktionen Anwendung zur Steigerung der Empfindlichkeit.
- Routinemessungen im klinischen Labor.

Literatur

H. U. Bergmeyer (Hrsg) *Methoden der enzymatischen Analyse*, 3.Aufl., Verlag Chemie, Weinheim **1974**.

H. Bisswanger, *Enzymkinetik, Theorie und Methoden*, 2. Aufl., VCH Verlagsges., Weinheim **1994**.

K. E. Geckeler, H. Eckstein, *Analytische und präparative Labormethoden*, Verlag Vieweg, Braunschweig **1987**.

G. Schwedt, *Fluorimetrische Analyse*, Verlag Chemie, Weinheim **1981**.

C. Urbanke, in: H. U. Bergmeyer (Hrsg) *Methods of Enzymatic Analysis*, 3. Aufl., S. 326, Verlag Chemie, Weinheim **1987**.

E. L. Wehry, in: G. G. Guilbault (Hrsg.) *Fluorescence – Theory, Instrumentation and Practice*, Marcel Dekker, New York **1967**.

1.3.1.4 Luminometrischer Test

Wird bei einer enzymatisch katalysierten Reaktion ein Teil der freien Energie in Form von Lichtquanten abgegeben, so spricht man von Biolumineszenz. Bei der Luminometrie werden diese Lichtquanten durch geeignete Detektoren der Messung zugänglich gemacht.

Grundlagen

Da die Luminometrie fast ausschließlich für die Bestimmung von Metaboliten und anderen Biomolekülen verwendet wird, soll auf die Grundlagen dieser Technik an anderer Stelle näher eingegangen werden (Abschnitt 1.3.2.3).

Für die Bestimmung der Enzymaktivität wird diese Technik vor allem bei der Messung der Firefly-Luciferase (EC 1.13.12.7) eingesetzt. Dieser Bestimmung liegt folgende Reaktion zugrunde:

$$\text{D}-\text{Luciferin} + \text{ATP} + \text{O}_2 \xrightarrow{\text{Luciferase}} \text{Oxyluciferin} + \text{AMP} + \text{PP}_\text{i} + \text{CO}_2 + 0{,}9\,h\nu$$

Bei der Umsetzung von ATP werden Photonen einer Wellenlänge von 562 nm in einer Quantenausbeute von 0,9 Einstein pro Mol D-Luciferin emittiert.

Bei Wahl geeigneter Meßbedingungen kann am Photomultiplier ein nahezu konstantes Lichtsignal detektiert werden (s. Abschnitt 1.3.2.3), dessen Intensität der Aktivität der Luciferase proportional ist. Diese Proportionalität erstreckt sich über 4–5 Größenordnungen oberhalb des sehr niedrigen Leerwerts und ermöglicht dadurch die Messung sehr unterschiedlicher Proben ohne vorherige Verdünnung.

Diese Eigenschaften und die Tatsache, daß Luciferase in tierischen Geweben normalerweise nicht vorkommt, prädestinieren dieses Enzym als Reporterenzym bei molekularbiologischen Untersuchungen der Genexpression. Die folgenden Betrachtungen beschränken sich auf diesen Anwendungsbereich. Die Bestimmung ist außerordentlich sensitiv und kostengünstig.

Materialien

Luciferin ist bei –20 °C in Lösung stabil, wenn es unter Ausschluß von Licht aufbewahrt wird. (s. auch Abschnitt 1.3.2.3)

Geräte

s. Abschnitt 1.3.2.3

Vorbereitung

Bezüglich der Herstellung geeigneter Vektoren mit dem Luciferase-Reportergen sowie die Transfektion geeigneter Zellen wird in diesem Zusammenhang auf die Literatur verwiesen.

- Abschaben der transfizierten Zellen in Phosphat-gepufferte Saline
- Abzentrifugieren der Zellen, Überstand verwerfen.

Durchführung

- Versetzen des Zellpellets mit Extraktionspuffer und Aufschließen durch Ultraschall
- Überführung in die Reaktionsküvette
- Zugabe von Probenpuffer (mit ATP)
- Einführung der Küvette in das Luminometer
- kurze Vorinkubation (30 sec) im Luminometer
- Injektion von Luciferin-Reagenzlösung, automatischer Start
- Automatische Integration über 10 sec.

Dokumentation

Die Angabe der Meßwerte erfolgt in relativen Lichteinheiten; es ist somit nicht nötig, die Messung zu kalibrieren. Entsprechende Vektoren ohne Promotor bzw. mit sehr starken Promotoren (z.B. SV40) stellen die Bezugspunkte für die quantitative Bewertung der Enzymexpression dar.

Anwendungsbereich

- Als Reporterenzym bei molekularbiologischen Untersuchungen der Genexpression.

Literatur

J. Alam, J. L. Cook, *Analytical Chemistry* **1990**, *188*, 245-254.

M. A. DeLuca, *Bioluminescence and Chemiluminescence*, Methods in Enzymology, Vol. 57, Academic Press, New York **1978**.

K. Wulff, in: H. U. Bergmeyer (Hrsg.) *Methods of Enzymatic Analysis*, 3. Aufl., S. 340, Verlag Chemie, Weinheim **1983**.

1.3.1.5 Radioisotopentechnik

Bei der Radioisotopentechnik wird ein Substrat als radioaktiv markierte Verbindung eingesetzt. Die Enzymaktivitätsbestimmung erfolgt aus der Menge des gebildeten, radioaktiv markierten Produkts nach dessen Trennung vom entsprechenden Substrat.

Tabelle 1.13 Trennverfahren bei der Radioisotopentechnik

Trennverfahren	Beispiel
Abdampfen	Austreiben von CO_2 aus Bicarbonat durch Ansäuern
Extraktion	Extraktion von anorganischem Phosphat aus wäßriger Lösung durch Isobutanol
Fällung	Polymere (z.B. Proteine) werden mit org. Lösungsmitteln (zweckmäßigerweise auf Filtern) ausgefällt
Ionenaustauscher	a) Trennung mittels Säulen b) Trennung mit DEAE-Papier
Papier- oder Dünnschicht-chromatographie	Gängige Substanztrennung und Auswertung mittels Scanner
Elektrophorese	Trennung von Glutamin und Glutamat
Aktivkohle	Orthophosphat von Nukleotiden
Gelfiltration	Trennung von polymeren und niedermolekularen Komponenten

Grundlagen

Wird eines der an einer enzymatischen Reaktion beteiligten Substrate in radioaktiv markierter Form eingesetzt, so entsteht daraus ein in entsprechender Form markiertes Produkt. In der Regel werden bei den enzymatischen Umsetzungen keine allzu großen Isotopeneffekte beobachtet. Da die Gesamtradioaktivität während der Reaktion konstant bleibt, ist eine kontinuierliche Detektion ausgeschlossen. Es muß daher immer mit einem Stopptest (s. Abschnitt 1.3.1) gearbeitet und nach Beendigung der Reaktion eine Trennung zwischen Substrat und Produkt vorgenommen werden, um die übertragene oder verbliebene Radioaktivität zu messen. Damit besteht eines der vorrangigen Probleme der Radioisotopentechnik darin, ein geeignetes Trennverfahren zu finden (s. Tabelle 1.13).

Da für Enzymaktivitätsbestimmungen unter Substratsättigung gearbeitet werden sollte, empfiehlt es sich hier, die spezifische Aktivität des markierten Substrats so gering wie möglich zu halten. Niedrige spezifische Aktivität bedeutet jedoch gleichzeitig geringere Empfindlichkeit des Tests.

Materialien

An radioaktiv markierte Verbindungen, die für die Radioisotopentechnik verwendet werden sollen, sind besondere Reinheitsanforderungen zu stellen. Dabei ist zu beachten, daß bei Lagerung die Substanzen durch Autoradiolyse teilweise zerstört werden oder verschiedenen Formen der Umlagerung unterliegen. Die Reinheit kann durch Papier- und Dünnschichtchromatographie mit anschließender Auswertung am Scanner oder durch Autoradiographie kontrolliert werden (s. auch Kapitel 3).

Besonders günstig ist es, die Substanzen mit demselben Trennverfahren vorzureinigen, mit dem nach der Durchführung der enzymatischen Reaktion die Trennung vollzogen wird.

Entscheidend bei der Beurteilung der Eignung einer radioaktiv markierten Substanz ist die spezifische Aktivität und die Art der Markierung. Eine hohe spezifische Aktivität steigert die Empfindlichkeit der Messung. Bei der Art der Markierung ist zu unterscheiden zwischen uniform markierten Substanzen und solchen, die an ganz speziellen Stellen markiert sind. Es ist stets darauf zu achten, daß die enzymatische Reaktion ein geeignet markiertes Produkt liefert. So sollte sich beispielsweise bei Umsetzung von Glucose mit ^{32}P-ATP durch Hexokinase nach der Trennung keine Radioaktivität in der ADP-Fraktion befinden, sondern nur im nichtumgesetzten ATP und in der G-6-P-Fraktion.

Als Szintillatoren zur Messung flüssiger Proben wurden früher Lösungen von PPO (2,5-Diphenyloxazol) und POPOP (1,4-Bis(5-phenyloxazol-2-yl)-Benzol) in Toluol verwendet. Diese sind jedoch mit Wasser schwer mischbar. Heute werden kommerziell geeignete Szintillatorgemische angeboten, die auf ganz spezielle Anforderungen hinsichtlich Löslichkeit, Zählausbeute, Quencheffekte und Umweltverträglichkeit zugeschnitten sind.

Geräte

Für die Messung flüssiger Proben werden spezielle Flüssigszintillationszähler verwendet, die mit sensitiven Photomultipliern ausgerüstet sind. Entsprechende Geräte werden von verschiedenen Firmen angeboten.

Für die Messung von Radioaktivität auf Dünnschichtplatten oder Gelen eignen sich entsprechende Radioaktivitäts-Scanner und Linear-Analysatoren, die zugleich das Verteilungsmuster der Radioaktivität angeben. Die Geräte werden in Kapitel 3 ausführlich behandelt.

Vorbereitung

- Überprüfung der Reinheit der verwendeten radioaktiv markierten Verbindung,
- gegebenenfalls Reinigung mit dem zum Test verwendeten Trennverfahren,
- Bestimmung der optimalen Menge an Szintillator für eine möglichst quenchfreie Messung.

Durchführung

- Ausführung eines normalen Stopptests mit Ein- bzw. Zweipunktmessung,
- mitführen geeigneter Leerwerte (Vorsicht mit Nebenreaktionen),
- stoppen der Reaktion durch Säuren, Laugen oder thermisch,
- Anwendung eines geeigneten Trennverfahrens zur Trennung von Substrat und Produkt im gestoppten Testansatz,
- bei Anfallen flüssiger Fraktionen Zugabe von Szintillator und Messung im Flüssigszintillationszähler,
- bei Vorliegen trägergebundener Radioaktivität (z.B. Dünnschichtplatten) Messung mit Scanner.

Dokumentation

Für viele Anwendungen genügen Relativmessungen, so daß lediglich Bq-Werte ermittelt werden müssen. Ist die Angabe von Katal oder Units erforderlich, müssen entsprechende Eichungen vorgenommen werden.

Fehlerquellen

- Ungenügende Reinheit der radioaktiv markierten Verbindungen,
- ungenügende Kontrolle der spezifischen Radioaktivität,
- fehlerhafte Detektion der Radioaktivität,
- ungenügende Kontrolle der Zusammensetzung der Produktfraktion (sollte keine Nebenprodukte enthalten).

Anwendung

Die Radioisotopentechnik wird eingesetzt, wenn für die Bestimmung des Substrats oder Produkts keine andere Nachweismethode geeignet ist oder wenn eine besonders hohe Sensitivität des Tests erforderlich ist.

Literatur

S. Aronoff, *Techniques in Radiobiochemistry*, Iowa State University Press, **1958**.

T. G. Cooper, *Biochemische Arbeitsmethoden*, Walter de Gruyter, Berlin **1981**.

M. Holzhauer, *Biochemische Labormethoden*, Heidelberger Taschenbücher 249, Springer, Heidelberg **1988**.

R. Oliver, *Principles of the use of Radioisotope Tracers in Clinical and Research Investigations*. Pergamon Press, Oxford **1971**.

C. H. Wang, D. L. Willis, *Radiotracer Methodology in Biological Sciences*, Prentice Hall, Englewood Cliffs, NJ **1965**.

B.L. Williams, K. Wilson, *Praktische Biochemie*, Georg Thieme Verlag, Stuttgart **1978**.

W. Wolf, A. Hagen, E.A. Newsholme, in: H. U. Bergmeyer (Hrsg.) *Methods of Enzymatic Analysis*, 4. Aufl., S. 527, Verlag Chemie, Weinheim **1987**.

1.3.1.6 Trockenchemische Verfahren

Bei trockenchemischen Verfahren sind alle Reagenzien in Trägermaterialien konserviert und reagieren nach Aufbringen der flüssigen Probe unter Farbstoffbildung, die dann mittels Reflexionsphotometrie gemessen wird.

Grundlagen

Reagenzien für enzymatische Bestimmungen können durch Fixierung auf Papier oder kovalente Bindung an Oberflächen unter geeigneten Bindungen sehr haltbar gemacht werden. Indem sie voneinander separiert werden, wird verhindert, daß eine Reaktion eintritt. Es gibt verschiedene Möglichkeiten, diese fixierten Chemikalien zu nutzen:

a) Die fixierte Chemikalie wird vor Beginn des Tests in einer Pufferlösung aufgelöst.
b) Ein fixiertes Enzym wird in die Testlösung eingebracht und führt dort die Reaktion aus.
c) Der Träger wird so komplex gestaltet, daß er zur Durchführung komplexer chemischer Reaktionen befähigt wird, wenn die Testlösung (z.B. Serum) aufgebracht wird. Die auftretende Farbe wird dann durch Reflektions-Photometrie gemessen.

Ein System nach Art von C) ist das von Boehringer angebotene Reflotron[R]-System, das beispielsweise zur Messung der Enzyme γ-GT (γ-Glutamyltransferase, EC 2.3.2.2), GOT und GPT dient. Als Beispiel sei der γ-GT-Test angeführt, der auf folgender Reaktionssequenz basiert:

Glutamyl-phenylendiamin-carboxylat + Glycylglycin	$\xrightarrow{\gamma\text{-GT}}$	Phenylendiamin-carboxylat + Glutamylglycylglycin
Phenylendiamin-carboxylat + 2 N-Methylanthranilsäure + $K_3[Fe(CN)_6]$	$\longrightarrow$	grüner Farbstoff

Bei der letztgenannten Reaktion wird das entstandene Phenylendiamin-carboxylat oxidativ mittels $K_3[Fe(CN)_6]$ an N-Methylanthranilsäure gekoppelt. N-Methylanthranilsäure und $K_3[Fe(CN)_6]$ werden auf verschiedenen Trägerschichten untergebracht, um eine Reaktion während der Lagerungsphase zu vermeiden. Der Aufbau eines solchen Reaktionsträgers ist schematisch in Bild 1.34 widergegeben.

Ähnliche trockenchemische Verfahren werden auch von Kodak (Ektachem[R]) und Ames (Serolyzer[R]) angeboten.

Geräte

Die Reflexionsphotometrie mißt die diffuse Reflexion von Licht, das in einem Medium und/ oder an den (irregulären) Oberflächen gestreut wird. Sie ist schon von den theoretischen Grundlagen komplexer als die Absorptionsphotometrie, und reproduzierbare Messungen sind ebenfalls schwieriger durchführbar und erfordern größeren apparativen Aufwand. Die

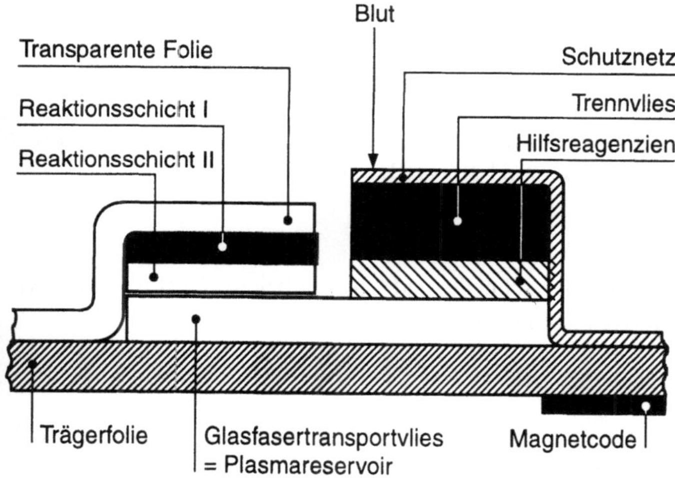

Bild 1.34 Schematischer Aufbau eines Reflotron[R]-Reagenzträgers. Das Vollblut wird auf der rechten Seite auf das Trennvlies aufgetragen, wo die zellulären Bestandteile abgetrennt werden. Das Serum diffundiert unter Auflösung der Hilfsreagenzien in das Glasfasertransportvlies und durchdringt von dort aus die verschiedenen Reaktionsschichten auf der linken Seite, wo dann die Farbreaktion abläuft. Die Lichtreflexion wird durch die darüberliegende transparente Folie gemessen. (mit Genehmigung der Boehringer Mannheim GmbH)

Messung erfolgt häufig zwischen 500 und 650 nm, da oberhalb von 550 nm die Störung durch die Eigenfarbe der Probe nachläßt und bei kürzeren Wellenlängen die Reflexion stark von der Oberflächenstruktur abhängig wird.

Für die Messung von Metabolit- und Enzymspiegeln im Serum oder Vollblut auf der Grundlage trockenchemischer Verfahren wurden mehrere speziell ausgelegte Reflexionsphotometer entwickelt, darunter der Seralyzer^R von Ames, das Ektachem^R System von Kodak und der Reflomat^R von Boehringer. Mit den jeweils zugehörigen trockenchemischen Testkits erreichen diese Geräte eine Genauigkeit, die der direkten naßchemisch-photometrischen Messung nicht nachsteht.

Vorbereitung

- Beim Reflotron^R-System ist keine Vorbereitung erforderlich, es kann mit Vollblut gearbeitet werden. Bei anderen Systemen ist eventuell ein Schritt zur Gewinnung von Serum vorzuschalten.

Durchführung

- Auftragen der Blutprobe auf den Teststreifen,
- einschieben des Teststreifens in das Meßgerät; Start,
- automatischer Ablauf von Inkubation und Messung im Gerät,
- Ausgabe der relevanten Meßdaten auf Anzeige und Druckstreifen.

Dokumentation

Obwohl das Reflotron^R-System bei 37 °C arbeitet, werden die Analysedaten vom Meßgerät auf die üblichen Standardwerte bei 25 °C umgerechnet.

Fehlerquellen

Störungen können durch Anwesenheit reaktiver oder gefärbter Substanzen in der Probe ausgelöst werden. Im Reflotron^R-Test auf γ-GT stört z.B. Paracetamol.

Anwendungsbereich

Trockenchemische Verfahren finden als schnelle und unkomplizierte Testmethoden vor allem im klinisch-chemischen Bereich und in der Labor-Diagnostik Anwendung.

Literatur

H. U. Bergmeyer, M. Graßl, in: H. U. Bergmeyer (Hrsg.) *Methods of Enzymatic Analysis*, 3. Aufl., Vol. 1, S. 102, Verlag Chemie, Weinheim, **1983**.

G. Kortüm, *Reflexionsspektroskopie*, Springer-Verlag, Heidelberg **1969**.

D. Kutter, *Schnelltests in der klinischen Diagnostik*, Urban & Schwarzenberg, München **1976**.

W. Werner, *Aufbau und Chemismus von Reagenzträgern in der Reflometrie*. Boehringer, Mannheim **1985**.

W. Werner, W. Rittersdorf, in: H. U. Bergmeyer (Hrsg.) *Methods of Enzymatic Analysis*, 3. Aufl., Vol. 1, S. 305, Verlag Chemie, Weinheim **1983**.

R. L. Steinhausen, C. P. Price, in: C. P. Price, M.M. Alberti (Hrsg.) *Recent Advances in Clinical Biochemistry*, S. 273, Churchill Livingstone, Edinburgh **1985**.

1.3.1.7 Halbautomatisierte und automatisierte Systeme

Wird ein enzymatisches Testverfahren in Teilen oder als Ganzes maschinell durchgeführt, so spricht man von *halbautomatischen* bzw. *vollautomatischen* Systemen.

Grundlagen

Bei den halbautomatischen bzw. vollautomatischen Systemen werden einzelne oder alle Teilschritte eines enzymatischen Tests mechanisiert. Prinzipiell kann man folgende Einteilung in Einzelschritte vornehmen:

- Probensammlung
- Probenverdünnung
- Reagenzdosierung
- Mischungsvorrichtung
- Reaktionseinheit
- Einzelkanal- oder Mehrkanal-Meßgerät
- Datenverarbeitung

Bei halbautomatisierten Systemen sind besonders die Teilschritte Reagenzdosierung, Mischung und Reaktionsausführung der manuellen Durchführung vorbehalten, da sie am schwierigsten zu mechanisieren sind. Es gibt jedoch seit Jahren ständig verbesserte vollautomatische Systeme, etwa von Eppendorf Gerätebau GmbH, Technikon, Du Pont de Nemur und anderen.

Nicht alle enzymatischen Testverfahren sind für die automatische Durchführung geeignet. Prinzipiell ist es günstig, Detektionsverfahren zu wählen, mit denen ganze Gruppen verschiedener Enzyme erfaßt werden können. Unter solchen Bedingungen ist es sogar möglich, mehrere Enzyme bei einem Meßdurchgang zu erfassen. Geeignete Enzymgruppen und die zugehörigen Reaktionsprodukte sind in Tabelle 1.14 aufgeführt.

Tabelle 1.14 Geeignete Enzymgruppen für die automatisierte Mehrfachanalyse

Gruppe	Gemeinsames Reaktionsprodukt
Amidasen	Ammoniak
Aminotransferasen	Glutamat oder α-Ketoglutarat
Decarboxylasen	CO_2
Dehydrogenasen (allgemein)	NAD(P)H, künstl. Elektronenakzeptoren
Esterasen	pH-Änderung; chromogene Alkohole
Glykosidasen	reduzierende Zucker
Phosphatasen	anorg. Phosphat
Phosphotransferasen	ATP
Sulphatasen	Sulfat

Anwendungsbereich

- Biochemische Routinemessungen
- Klinisch-chemische Labordiagnostik

Literatur

W. A. Coakley, *Handbook of Automated Analysis*. Continuous Flow Techniques, Marcel Dekker, New York, Basel **1981**.

R. Haeckel, *Rationalisierung des medizinischen Laboratoriums*, GIT-Verlag, Darmstadt **1979**.

R. Haeckel, in: H. U. Bergmeyer (Hrsg.) *Methods of Enzymatic Analysis*, 4. Aufl., S. 450, Verlag Chemie, Weinheim **1987**.

L. C. Payne, *An Introduction to Medical Automation*, Pitman Medical Publishing Co. **1966**.

D. B. Roodyn, *Automated enzyme assays*, North Holland Publ. Company, Amsterdam, London **1970**.

1.3.1.1 Weitere Methoden

Grundsätzlich können alle Meßverfahren, die ein Substrat oder ein Produkt einer enzymatischen Reaktion erfassen können, zur Aktivitätsbestimmung von Enzymen verwendet werden. Meist ist der Anwendungsbereich spezieller Methoden sehr beschränkt. Es gibt jedoch eine Reihe von Meßverfahren, auf die immer wieder zurückgegriffen wird, da die Reaktionen anders nicht zu verfolgen sind. Die wichtigsten dieser Verfahren sind in Tabelle 1.15 zusammengestellt.

Literatur

[1] H. P. Kleber, D. Schlee, W. Schöpp, *Biochemisches Praktikum für Studium, Praxis, Forschung*, 5. Aufl., Gustav Fischer Verlag, Stuttgart **1997**.

[2] P. Schuler, J. Herrnsdorf, in: H. U. Bergmeyer (Hrsg.) *Methods of Enzymatic Analysis*, 4. Aufl., S. 368, Verlag Chemie, Weinheim **1987**.

[3] B.L. Williams, K. Wilson, *Praktische Biochemie*, Georg Thieme Verlag, Stuttgart **1978**.

[4] W.W. Umbreit, R.H. Burris, J.F. Stauffer, *Manometric and Biochemical Techniques*, 5. Aufl., Burgess Publishing Company, Mineapolis **1972**.

[5] M.A. Lessler, G.P. Brierley, in: D. Glick (Hrsg.) *Methods of Biochemical Analysis*, Bd. 17, Wiley-Interscience, New York **1969**.

[6] P. Zuman, in: C. J. Nicholau (Hrsg.) *Experimental Methods in Biophysical Chemistry*, John Wiley, Chichester **1973**.

[7] H. Galster, Gassensitive Elektroden, *GIT* **1981**, *25*, 32.

[8] C.F. Jacobsen, J. Leonis, K. Linderstrom-Lang, M. Ottesen, in: D. Glick (Hrsg.) *Methods of Biochemical Analysis*, Bd. 4, Wiley-Interscience, New York **1957**.

[9] G. Mattock, R. Ross, *pH-Measurements and Titration*, Heywood & Co., London **1961**.

[10] A. J. Lawrence, G. R. Moores, Conductimetry in Enzyme Studies, *Eur. J. Biochem.* **1972**, *24*, 538.

[11] H. D. Brown, *Biochemical Microcalorimetry*, Academic Press, New York **1969**.

[12] C. McDonald, J. Charles, *Enzymes in Molecular Biology*, John Wiley, New York **1996**.

[13] K. Buchholz, V. Kasche, *Biokatalysatoren und Enzymtechnologie*, Wiley-VCH, Weinheim **1997**.

Tabelle 1.15 Weitere Methoden

Methode	Anwendungsbereich	Literatur
Manometrie	Messung gasförmiger Produkte bei konstantem Volumen (Warburg-Manometer) oder konstantem Druck (Gilson-Differential-Respirometer). Meist bei komplexen enzymatischen Reaktionsketten (Glykolyse)	[1 – 4]
Polarographie	Meist für Sauerstoff- oder H_2O_2-verbrauchende oder produzierende Reaktionen.	[1 – 3, 5, 6]
Potentiometrie	Ionenselektive Elektroden für die Messung des pH-Werts von Ammoniumionen, Iodid oder Cyanid.	[1 – 3, 7 – 9]
Leitfähigkeits-messung	Blutharnstoffmessung	[10]
Kalorimetrie	Bestimmung von Glucose, Harnstoff und Cholesterin	[1, 11]

1.3.2 Enzymatische Konzentrationsbestimmung

Verfahren zur indirekten Konzentrationsbestimmung einer Substanz durch Messung von Co-Substraten oder Produkten, die in einer enzymatisch katalysierten Reaktion mit dieser Substanz verbunden sind oder daraus hervorgehen.

Substanzen, deren Konzentration direkt nur schwer meßbar ist, können durch enzymatische Reaktionen mit anderen Substraten verbunden oder in Produkte überführt werden, die der quantitativen Bestimmung leichter zugänglich sind. Erfüllt die verwendete enzymatische Reaktion bestimmte Voraussetzungen, so kann auf die Konzentration der Ausgangssubstanz zurückgeschlossen werden. Die Spezifität der Enzyme erlaubt es dabei meist, einzelne Substanzen selektiv in sehr heterogenen Gemischen zu erfassen. Grundsätzlich unterscheidet man zwischen zwei Verfahren, der *Endwertmethode* und der *kinetischen Methode*, die ihrerseits weitere Meßprinzipien (z. B. das „*Enzymatic Cycling*") umfaßt.

1.3.2.1 Prinzipielle Meßmethoden (Photometrie)

Die hier genannten Verfahren stellen grundsätzliche Meßmethoden bei der enzymatischen Substratbestimmung dar und sind unabhängig von der gewählten physikalischen Nachweismethode. Da jedoch bei der enzymatischen Substratbestimmung die Photometrie an erster Stelle steht, soll das Prinzip der Meßverfahren hieran erläutert werden. Bezüglich der Photometrie selbst sei auf Abschnitt 1.3.1.1 verwiesen.

Anwendungen

- Biochemische Analytik
- Medizinische Labordiagnostik
- Lebensmittelanalyse

Literatur

H. U. Bergmeyer, K. Gawehn, (Hrsg.) *Grundlagen der Enzymatischen Analyse*, Verlag Chemie, Weinheim **1977**.

H. U. Bergmeyer, (Hrsg.) *Methods of Enzymatic Analysis*, 4.Aufl., Verlag Chemie, Weinheim **1987**.

H. P. Kleber, D. Schlee, W. Schöpp, *Biochemisches Praktikum für Studium, Praxis, Forschung*, 5. Aufl., Gustav Fischer Verlag, Stuttgart **1997**.

E. Schmidt, F. W. Schmidt, *Kleine Enzym-Fibel*, Boehringer Mannheim GmbH, Mannheim **1973**.

Endwertmethode

Bestimmungsmethode bei der eine enzymatische Reaktion bis zur Einstellung des Gleichgewichts abäuft.

Grundlagen

Bei der Endwertmethode ist Grundvoraussetzung, daß die enzymatisch katalysierte Reaktion ihren Gleichgewichtszustand erreicht hat, also zu Ende abgelaufen ist. Dabei ist es von Vorteil (aber nicht unbedingt nötig), daß das Gleichgewicht der Reaktion auf der Seite der Produkte liegt. Hat man eine Mehrsubstratreaktion und setzt man die Co-Substrate in großem Überschuß ein, so erhält man praktisch unter allen Bedingungen (d.h. ohne Einfluß der Gleichgewichtslage) eine nahezu lineare Abhängigkeit der Konzentration des zu messenden Produkts von der Konzentration des zu bestimmenden Substrats.

Bezüglich des Konzentrationsbereichs des zu bestimmenden Substrats sind die Endwertmethoden sehr flexibel, sofern die Konzentration kleiner ist als die der Co-Substrate.

Die Enzymaktivität sollte so hoch gewählt werden, daß die Reaktion in einer angemessenen Zeit t (ca. 20 min) abläuft. Für 99 % Umsatz bei einer Reaktion 1. Ordnung kann die Volumenaktivität folgendermaßen berechnet werden:

$$V_{\mathrm{max}} = 4{,}6 \cdot \frac{K_{\mathrm{m}}}{t} \quad [\mathrm{U/ml}]$$

V_{max} = Maximalaktivität
K_{m} = Michaelis-Menten-Konstante
t = Zeit (min)

Auch bei der Endwertmethode können gekoppelte Reaktionen eingesetzt werden, wenn das unmittelbare Produkt nicht direkt gemessen werden kann. Als Beispiel sei die Bestimmung von Glucose mittels Hexokinase (HK) und Glucose-6-Phosphat-Dehydrogenase (G6P-DH) angeführt:

$$\text{Glucose} + \text{ATP} \xrightarrow{\text{HK}} \text{ADP} + \text{Glucose-6-P}$$

$$\text{Glucose-6-P} + \text{NADP}^+ \xrightarrow{\text{G-6-P-DH}} \text{Gluconat-6-P} + \text{NADPH} + \text{H}^+$$

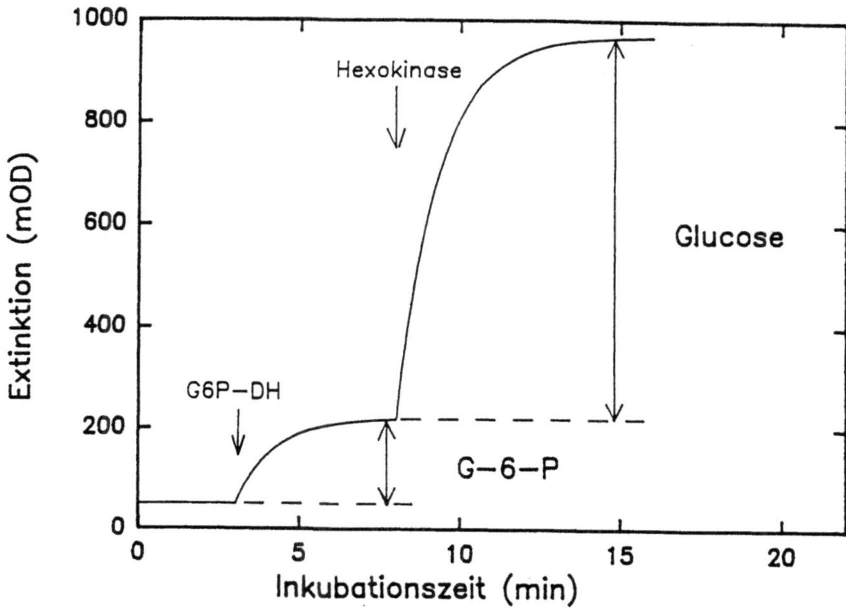

Bild 1.35 Ablauf einer Glucosebestimmung nach der Endwertmethode unter Verwendung einer gekoppelten Reaktion. Die Glucosekonzentration wird bestimmt aus der Differenz der Meßwerte vor und nach der Zugabe von Hexokinase.

Mit dieser Reaktionsfolge kann Glucose nach der Endwertmethode quantitativ in Glucose-6-P überführt und dann über die Bildung von NADPH gemessen werden. Mit diesem Ansatz können sowohl Glucose-6-P als auch Glucose gemessen werden, wenn zuerst nur die G6P-DH und danach die HK zugegeben wird (s. Bild 1.35).

Allgemein können auf diese Weise sehr viele Metaboliten sukzessive gemessen werden, wenn die verschiedenen Hilfsreaktionen dasselbe Produkt liefern, das mit der gleichen Indikatorreaktion quantifiziert werden kann: Solche Systeme sind in der Lebensmittelanalytik sehr beliebt.

Lactose $\xrightarrow{E_1}$ Glucose + Galactose

Sucrose $\xrightarrow{E_2}$ Glucose + Fruktose

Glucose + ATP $\xrightarrow{E_3}$ Glucose-6-P + ATP

Glucose-1-P $\xrightarrow{E_4}$ Glucose-6-P

Glucose-6-P + $NADP^+$ $\xrightarrow{E_5}$ Gluconat-6P + NADPH + H^+

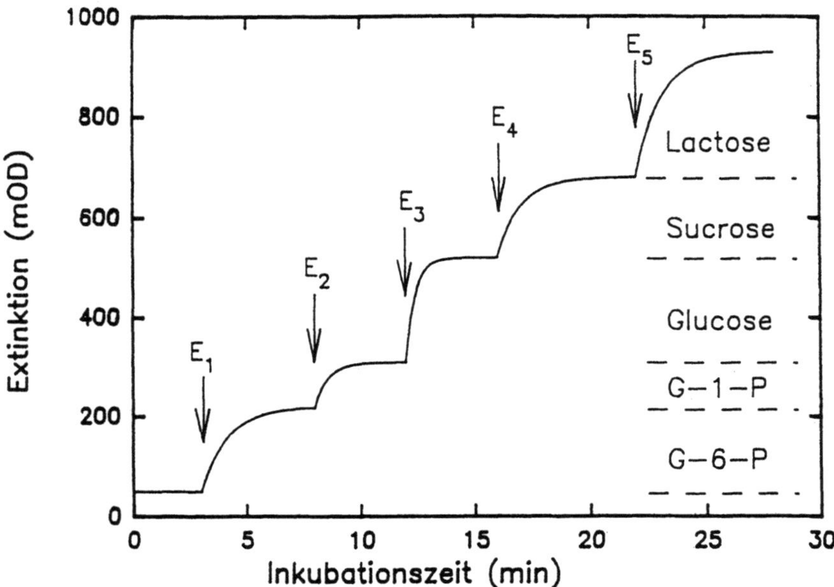

Bild 1.36 Ablauf einer sequenziellen Mehrfachbestimmung von Zuckern und Zuckerphosphaten.

Probenvorbereitung

- Lösen der Substanz im Testpuffer;
- bei biologischen Proben (z.B. Seren) schonende Enteiweißung mit Perchlorsäure. Neutralisierung mit KOH oder $KHCO_3$ (Vorsicht, schäumt!). Abzentrifugieren des Kaliumperchlorats;
- eventuell Zugabe einer Standardmenge;
- Vorwärmen des kompletten Testgemischs (einschließlich Enzym).

Durchführung

- Vorlegen des kompletten Testgemisches (oder der Probe),
- Messung des Nullwerts (konstantes Signal erforderlich),
- starten mit Probe (oder Testgemisch),
- Inkubation bis zum Stillstand der Reaktion,
- Messung des Probenwerts (oder Standards).

Auswertung

Berechnung der Differenz von Proben- und Nullwert. Ablesen der Konzentration aus einer Eichkurve oder Berechnung an Hand von Eichfaktoren.

Überprüfung der Testmethode

Folgende Kriterien sind Hinweise auf eine richtige Versuchsdurchführung:

- Proportionalität von Einwaage und Analysenergebnis bei verschiedenen Einwaagen,
- Proportionalität zwischen eingesetztem Probevolumen (bei flüssigen Proben) und Analysenergebnis (bei konstantem Gesamtvolumen!),
- quantitative Wiederfindung einer vor Probenvorbereitung zugemischten bekannten Menge der zu bestimmenden Substanz.

Fehlerquellen

- Überschreiten des optimalen Konzentrationsbereichs,
- „Schleichreaktion" (s. Bild 1.37) – Beseitigung: Extrapolation oder Messung gegen Leerwert,
- störende Nebenreaktion – Beseitigung: Vorlauf ohne Enzymzusatz,
- ungenügende Spezifität des Enzyms.

Anwendungen

Bei allen Messungen, die Konzentrationsbereiche umfassen, die im Nachweisbereich der jeweils verwendeten physikalischen Meßmethode liegen. Erlaubt den rationellen Durchsatz großer Probemengen im Parallelverfahren.

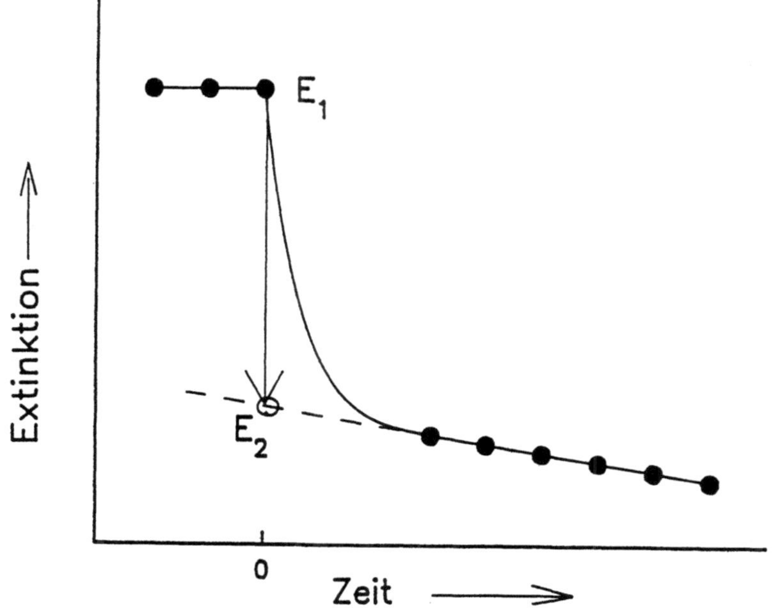

Bild 1.37 Auswertung einer Endwertbestimmung bei Auftreten einer als „Schleich" bezeichneten Nebenreaktion. Zur Berechnung wird die Differenz zwischen dem realen Meßpunkt E_1 und dem extrapolierten Wert E_2 verwendet.

Kinetische Methode

Verfahren zur Ermittlung einer Substratkonzentration aus der Geschwindigkeit einer enzymatischen Reaktion.

Grundlagen

Die kinetische Methode der Substratbestimmung macht davon Gebrauch, daß die Reaktionsgeschwindigkeit proportional zur Substratkonzentration [S] ist, wenn diese klein gegenüber dem K_m-Wert ist (vgl. Abschnitt 1.3.1).

Auf Grund der Tatsache, daß die enzymatische Reaktion in diesem Bereich nach 1. Ordnung abläuft, ergibt sich eine gekrümmmte Zeit/Umsatz-Kurve (Bild 1.38). Über die Reaktionsgeschwindigkeit zu Beginn der Reaktion, die *Anfangsgeschwindigkeit* v_A, läßt sich die ursprünglich vorhandene Substratkonzentration ermitteln.

Gekoppelte Reaktionen können auch bei den kinetischen Tests eingesetzt werden, doch muß beachtet werden, daß die erste Reaktion hier stets nach 1. Ordnung verlaufen sollte. Aus theoretischen Überlegungen folgt, daß die Geschwindigkeit der Indikatorreaktion (2) nur dann einen Rückschluß auf die Konzentration des vom Primärenzym (1) umgesetzten Substrats zuläßt, wenn gilt:

$$\frac{(V_{max})_2}{(K_m)_2} = F \cdot \frac{(V_{max})_1}{(K_m)_1}$$

Der Faktor F muß dabei mindestens 100 betragen.

Probenvorbereitung

- Lösen und Enteiweißen der Probe (vgl. Abschnitt 1.3.2.1.1)
- Anfertigen einer Verdünnungsreihe, um auf jeden Fall Konzentrationen unterhalb des K_m-Werts des Enzyms zu erreichen.

Anfertigen einer Verdünnungsreihe von Standardkonzentrationen (unbedingt erforderlich!)

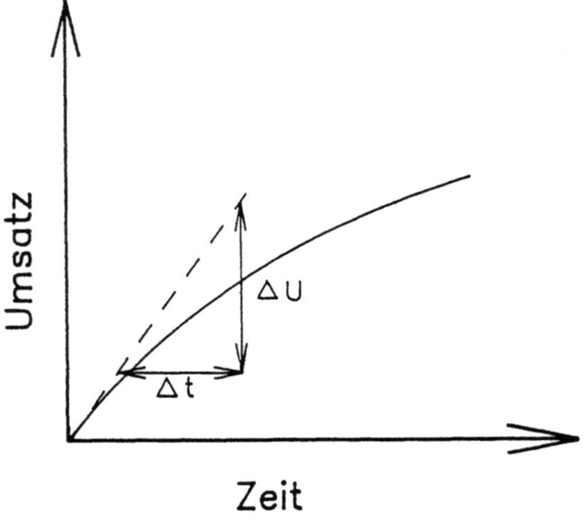

Bild 1.38 Berechnung der Anfangsgeschwindigkeit beim kinetischen Test. Die Reaktionsgeschwindigkeit entspricht der Steigung der Tangente im Ursprung der gekrümmten Umsatz-Zeit-Kurve.

Durchführung

- Vorlegen des kompletten Testgemisches (oder der Probe)
- Starten mit Probe (oder mit Testgemisch/Enzym)
- Kontinuierliche Schreiber-Aufzeichnung des Reaktionsverlaufs
- Abbruch der Aufzeichnung, wenn genügend Kurvenverlauf erkennbar ist.
- Ermitteln der Anfangsgeschwindigkeit durch Anlegen einer Tangente

Auswertung

- Berechnung der Konzentrationen an Hand einer Eichkurve.
- Nur Meßwerte, die eine proportionale Abhängigkeit von der eingesetzten Menge zeigen, oder die nach Umrechnung Konzentrationswerte unterhalb des K_m-Werts ergeben, können zur Auswertung herangezogen werden.

Fehlerquellen

Da die Reaktionsgeschwindigkeit nicht nur zur Substratkonzentration, sondern auch zur Enzymaktivität proportional ist, wirken sich alle Veränderungen der Enzymaktivität sehr störend auf die Bestimmung aus. Die einzige Möglichkeit zur Elimination solcher Störungen liegt in der gleichzeitigen Messung von Standardwerten, die dann für die Berechnung herangezogen werden.

- Temperaturinkonstanz während des Meßvorgangs
- Schwankende Enzymkonzentrationen (z.B. aus Gründen der Abnahme während der Lagerung)
- Präsenz von aktivierenden oder inhibierenden Substanzen in der Probe
- Überschreiten der Konzentrationsobergrenze (Vergleich mit K_m-Wert!)

Anwendungen

Auf Grund der oft niedrigen K_m-Werte ist der Anwendungsbereich der kinetischen Methode beschränkt, stellt aber bei einzelnen Nachweisverfahren (vgl. Abschnitt 1.3.2.3 und 1.3.2.4) die bevorzugte Meßmethode dar. Auch in der verfeinerten Form des *Enzymatic Cycling* bzw. des *Katalytischen Tests* (= Enzymatic Cycling mit simultaner Schreiberaufzeichnung) ermöglicht diese Methode die Messung außerordentlich kleiner Substratmengen.

„Enzymatic Cycling"

Das *Enzymatic Cycling* ist eine spezielle kinetische Methode, die selbst nicht der Bestimmung dient, sondern nur als eine Art Verstärkungsmechanismus anzusehen ist.

Grundlagen

Das Prinzip des Enzymatic Cycling beruht darauf, daß die Konzentration der zu messenden Substanz S mittels einer Regenerationsreaktion konstant gehalten wird. Damit ergibt sich folgende Reaktionsfolge:

$$A + S \xrightarrow{\text{Enzym}} B + P$$

$$C + P \xrightarrow{\text{Enzym}} D + S$$

Zu beachten ist wieder, daß die Konzentration des Substrats S unterhalb des K_m-Werts von Enzym_1 und die des Produkts P unterhalb des K_m-Werts von Enzym_2 liegt, was in Anbetracht der geringen zu messenden Substratkonzentrationen kein Problem darstellt. Unter diesen Bedingungen ergibt sich eine konstante Umsatzgeschwindigkeit und damit eine (quasi-)linear mit der Zeit zunehmende Produktmenge. Minimale Konzentrationen (10^{-8} bis 10^{-9} M) werden auf diese Weise in einem solchen Grad verstärkt, daß die Produkte der Reaktion über eine Endwertmethode oder einen kinetischen Test meßbar sind. Durch Kopplung zweier Cycling-Systeme kann sogar eine noch größere Verstärkung erzielt werden.

Selbstverständlich kann die Verstärkung in einem einzelnen Cycling nicht beliebig erhöht werden, d.h., daß innerhalb eines optimalen Zeitintervalls (Bild 1.39) gearbeitet werden muß, in dem der Verstärkungsfaktor einen bestimmten Wert nicht überschreiten darf. Der Verstärkungsfaktor, auch *Zykluszahl*, der je nach den Testbedingungen ermittelt werden muß, ist definiert als:

$$\text{Zykluszahl} = \frac{\text{Menge des Produktes}}{\text{Menge des zyklisierenden Substrates}}$$

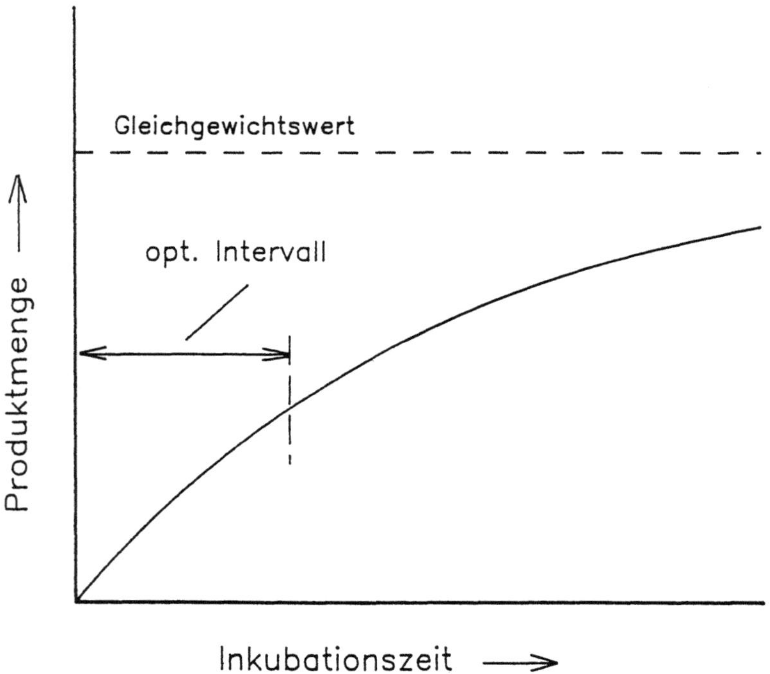

Bild 1.39 Optimales Inkubationsintervall beim Enzymatic Cycling.

Wichtig ist es auch, auf eine sinnvolle Relation der beiden Enzymaktivitäten zu achten. Normalerweise wählt man die Aktivitäten so, daß die Größen V_{max} / K_m für beide Enzyme nahezu gleich sind.

Nur im Falle der Labilität oder sonstigen Störanfälligkeit (Effektoren) eines der Enzyme wird dieses gegenüber dem anderen in hohem Überschuß eingesetzt. Da dadurch die andere Reaktion geschwindigkeitsbestimmend wird, wird die Störanfälligkeit des Cycling, die als kinetische Methode beträchtlich ist, verringert.

Durchführung

- Frische Herstellung einer Mischung, die alle notwendigen Reagenzien einschließlich der Enzyme enthält.
- Erwärmen auf Versuchstemperatur.
- Start der Reaktion durch Zugabe der Probe.
- Stoppen der Reaktion nach geeigneter Inkubationszeit (kann durch Kochen, Abkühlen, Ansäuern, etc. erfolgen).
- Bestimmung eines geeigneten Produkts in einer nachfolgenden Endwertmethode oder kinetischen Methode.

Auswertung

Berechnung der Substratkonzentration ausschließlich an Hand der mitgeführten Standards. Eine separat (d.h. zu anderer Zeit) erstellte Eichkurve ist wertlos.

Überprüfung

- Prüfen, wie lange der Anstieg der Produkte linear verläuft und maximale Zykluszahl festlegen (eventuell Meßzeit korrigieren).
- Stets Konzentrationsstandards mitführen.

Fehlerquellen

- Gealterte oder labile Enzyme.
- Störende Bestandteile der Probe (Einzelreaktionen des Cycling auf Beeinträchtigung untersuchen).
- Überschreiten der zulässigen Meßzeit bzw. der Zykluszahl.

Literatur

H. U. Bergmeyer, K. Gawehn, (Hrsg.) *Grundlagen der Enzymatischen Analyse*, Verlag Chemie, Weinheim **1977**.

H. U. Bergmeyer (Hrsg.) *Methods of Enzymatic Analysis*, 4. Aufl., Verlag Chemie, Weinheim **1987**.

O. H. Lowry, J. V. Passonneau, *A Flexible System of Enzyme Analysis*, Academic Press, New York **1972**.

1.3.2.2 Fluorimetrie

Auf die Anwendung der Fluorimetrie bei enzymatischen Tests wurde in Abschnitt 1.3.1.3 eingegangen. Für die enzymatische Substratbestimmung (insbesondere nach der Endwertmethode) ist von Bedeutung, daß neben Verbindungen, die zur Freisetzung von natürlichen Fluorophoren führen, auch einzelne Produkte nachträglich mit Fluoreszenzfarbstoffen gekoppelt und als solche nachgewiesen werden können (z.B. mit DANSYL-Chlorid, s. Tabelle 1.16).

Tabelle 1.16 Reagenzien für Fluoreszenz-Derivatisierung

Reagenz	Substrat
7-Amino-4-Methylcoumarin	Carbonsäuren, Peptide
DANSYL-Chlorid (5-Dimethylaminonaphthalin-1-sulfonylchlorid)	Amine, Aminosäuren, Peptide, Proteine
4(7-Dimethylamino-4-methyl-3-coumaryl)maleimid	Thiole
Fluorescamin	Primäre Amine, Peptide, Proteine
Fluoreszeinisothiocyanat	Amine
N-Methylindol-3-carbonsäure	Alkohole
ß-Naphthylamin	Aminosäuren

1.3.2.3 Luminometrie

Grundlagen

Wird bei einer chemischen Reaktion Energie in Form von Lichtquanten abgegeben, so spricht man von *Chemilumineszenz.* Ist die Reaktion enzymatisch katalysiert, spricht man von *Biolumineszenz.* In der Luminometrie wird die Anzahl der bei einer chemischen Reaktion pro Zeiteinheit freigesetzten Photonen gemessen.

Maßeinheit ist dabei 1 *Einstein*, das analog zum Mol definiert ist als Anzahl Photonen dividiert durch die Avogadrosche Zahl N. Die Geschwindigkeit einer Biolumineszenzreaktion wird folglich in Einstein pro sec angegeben. Da statistisch nicht jeder molekulare Umsatz zur Freisetzung eines Lichtquants führt, muß die *Quantenausbeute* Q berücksichtigt werden:

$$Q = \frac{\text{Zahl der emittierten Photonen}}{\text{Zahl der umgesetzten Moleküle}}$$

Die wichtigsten Biolumineszenzreaktionen für den analytischen Bereich sind:

1) die Luciferin/Luciferase (Firefly) Reaktion zur Bestimmung von ATP (vgl. Abschnitt 1.3.1.4):

$$\text{D-Luciferin} + \text{ATP} + O_2 \xrightarrow{\text{Luciferase}} \text{Oxyluciferin} + \text{AMP} + \text{PP}i + CO_2 + 0{,}9\ h\nu \quad (562\ \text{nm})$$

Damit sind prinzipiell alle ATP-bildenden oder -verbrauchenden Reaktionen nach entsprechender Kopplung der Messung zugänglich.

2) das FMN-Reduktase (EC 1.6.8.1), Alkanal-Monooxygenase (FMN) (EC 1.14.14.3) System der Lucibakterien für die Bestimmung von NAD(P)H:

$$NAD(P)H + H^+ + FMN \xrightarrow{\text{FMN-Reduktase}} NAD(P)^+ + FMNH_2$$

$$FMNH_2 + R\text{-}CHO + O_2 \xrightarrow{\text{Monooxygenase}} FMN + H_2O + R\text{-}COOH + 0{,}1\ h\nu \quad (493\ \text{nm})$$

3) das Luminol/Meerrettich-Peroxidase (EC 1.11.1.7) System für die Bestimmung von H_2O_2:

$$\text{Luminol} + H_2O_2 \xrightarrow[\text{Peroxidase}]{\text{Meerrettich}} \text{Aminophthalsäure} + 2H^+ + 2\ H_2O + N_2 + 0{,}2\ h\nu\ (425\ \text{nm})$$

Die Reaktion kann durch Zusatz von D-Luciferin verstärkt, d.h. zu einer größeren Lichtausbeute gebracht werden.

Da die Biolumineszenzreaktionen im Bereich 1. Ordnung ablaufen, ergibt sich bei Aufzeichnung der Intensität des Lichtsignals eine exponentiell abfallende Kurve (s. Bild 4.40).

Wird der Umsatz sehr klein gehalten und ist die Lichtausbeute groß, so erhält man ein nahezu konstantes Lichtsignal (s. Bild 4.41).

Die Geräte verfügen heute über zwei Auswertemodi, die Peak-Messung und die Integration über ein vorwählbares Zeitintervall. Die Peakhöhe ist in jedem Fall die Gesamtfläche bei einer Kurve nach Bild 1.40, oder die Teilfläche bei konstanter Lichtintensität (Bild 1.41) der Menge des zu messenden Substrats proportional. Über entsprechende Eichkurven kann somit der Gehalt einer Probe problemlos ermittelt werden.

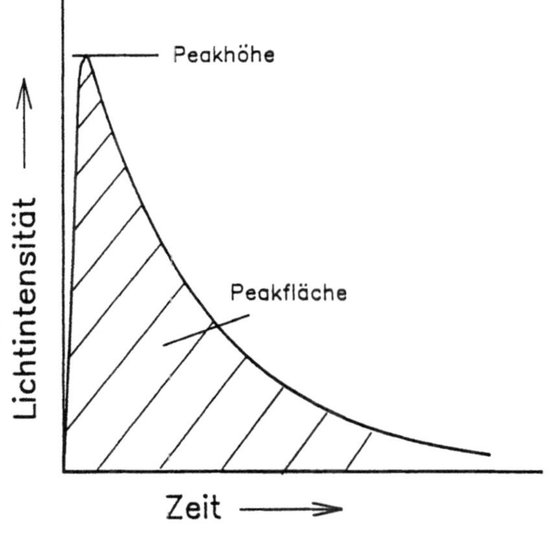

Bild 1.40 Intensitätskurve des emittierten Lichts bei einer Biolumineszenz-Reaktion 1. Ordnung mit schnellem Reaktionsverlauf. Sowohl die Peakhöhe als auch die gesamte Peakfläche sind der Konzentration des zu messenden Substrats proportional.

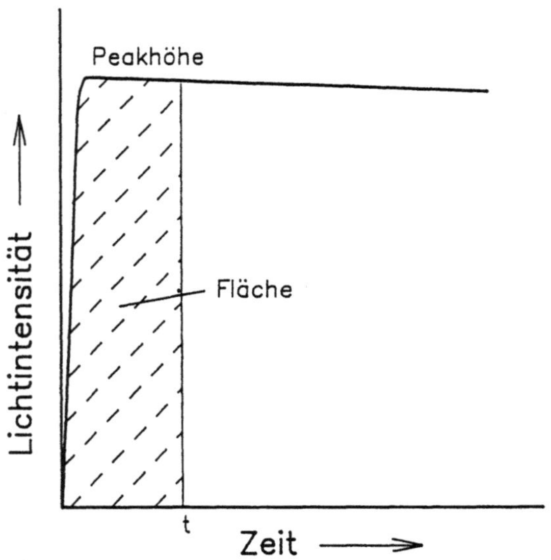

Bild 1.41 Intensitätskurve des emittierten Lichts bei einer Biolumineszenz-Reaktion 1. Ordnung mit langsamem Reaktionsverlauf. Peakhöhe und alle Flächenintegrale bis zum Zeitpunkt *t* sind der Konzentration des zu messenden Substrats proportional, solange *t* innerhalb eines nahezu konstanten Lichtsignals liegt.

Material

Die erforderlichen Reagenzien sind heute in der erforderlichen Reinheit kommerziell erhältlich.

Manche Geräte müssen mit einem „Lichtstandard" geeicht werden, der leicht aus einer genau definierten Menge einer ^{14}C-markierten Verbindung in einem Szintillationsgemisch hergestellt werden kann.

Geräte

Infolge der Bedeutung der Lumineszenzmessung für die biochemische Analytik sind heute spezielle für die Lumineszenzmessung ausgelegte Geräte auf dem Markt. Der prinzipielle Aufbau eines Luminometers ist aus Bild 1.42 ersichtlich. Zentrale Einheit ist der Photomultiplier, der einzelne oder kleine Gruppen von Photonen zu detektieren vermag. Die Reaktionsküvette muß in einen absolut lichtdichten Meßraum eingebracht werden. Bei den heute angebotenen Geräten kann eines (oder mehrere) der Reagenzien automatisch in die Reaktionsküvette injiziert werden (Bild 1.43).

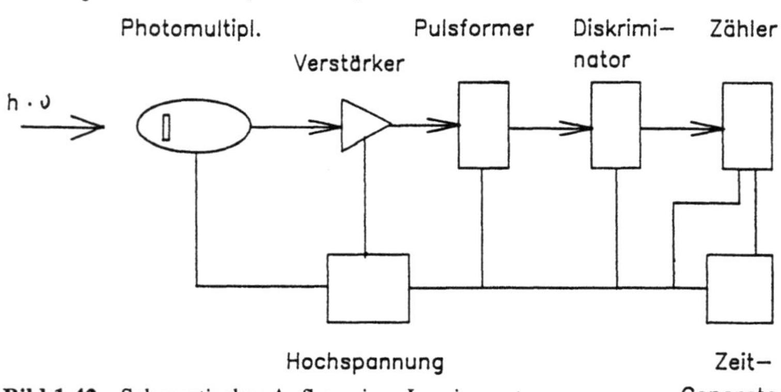

Bild 1.42 Schematischer Aufbau eines Luminometers.

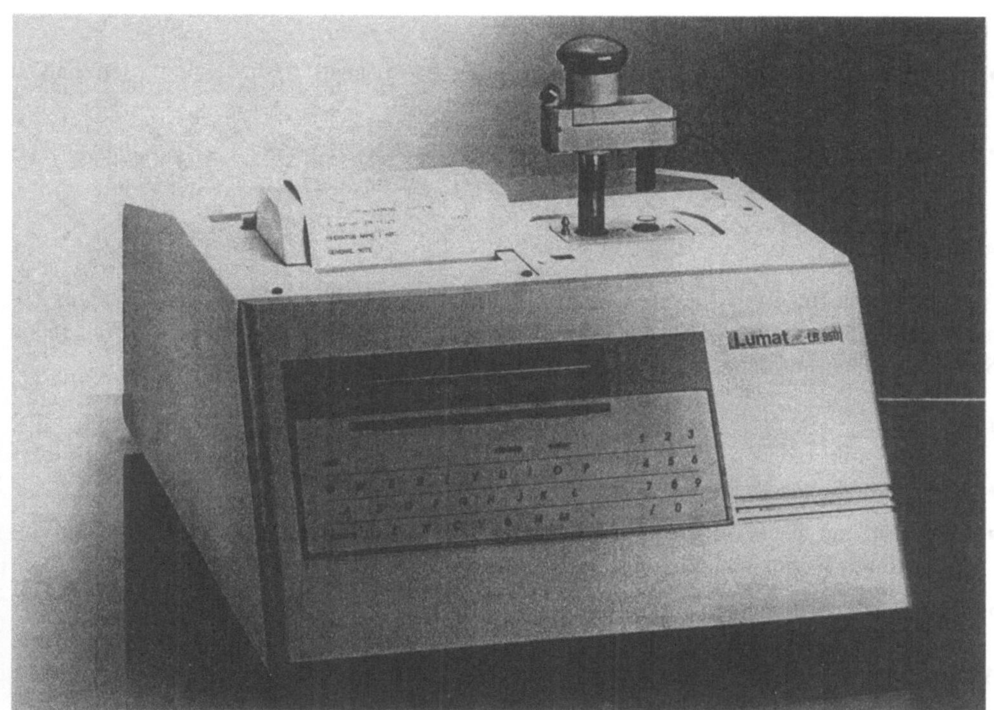

Bild 1.43 Luminometer mit einfacher Meßkammer, automatischer Reagenzinjektion, Meßwertanzeige und Drucker. (Lumat LB 9501, Laboratorium Prof. Dr. Berthold GmbH & Co., Wildbad)

Vorbereitung

Hier wird nur auf die Bestimmung von ATP eingegangen, andere Tests verlaufen sinngemäß.

- ATP enthaltende Lösungen können (evtl. verdünnen) direkt eingesetzt werden.
- Bei ATP-Messung in kultivierten Zellen muß das ATP vorher aus den Zellen extrahiert werden. Dies kann mit TCA und Freon/Trioctylamin oder mit kommerziellen Extraktionsmitteln geschehen. Die wäßrige Phase wird für die ATP-Bestimmung verwendet.
- Bei manchen Geräten ist eine Eichung mit einem „Lichtstandard" erforderlich.

Durchführung

- Herstellung der Reagenzmischung (für ATP-Messung bestehend aus Puffer, D-Luciferin und AMP).
- Vorlegen des Puffers und der Probe (bzw. Eichlösung) in der Reaktionsküvette.
- Einführen in den Meßraum.
- Ablesen des Leerwerts (Meßintervall nach Herstellerangaben).
- Injektion der Luciferase.
- Ablesen des Meßwerts (in relativen Lichteinheiten) nach geeignetem Meßintervall.

Variationen:

- Bei manchen Geräten wird durch Zugabe der Probe (manuell) gestartet. In diesem Fall ist die Luciferase in der Reagenzmischung enthalten.
- Nach Messung des Probenwerts kann eine interne Standardisierung vorgenommen werden. Hierzu wird eine Standardlösung (z.B. ATP) injiziert und erneut gemessen.

Auswertung

Aus dem Probenmeßwert (in rel. Lichteinheiten) kann nach Abzug des Leerwerts unter Zuhilfenahme des externen oder internen Standards die Konzentration des zu bestimmenden Stoffes errechnet werden.

Fehlerquellen

- Kein lichtdichter Meßraum.
- Verfälschung der Meßwerte durch Chemi- oder Thermolumineszenz der Probe (Beseitigung durch Vorinkubation vor Start der Reaktion).
- Fehlerhafte Eichung des Meßgeräts.

Anwendungen

Luminometrische Verfahren sind von der Empfindlichkeit her der radiochemischen Methodik vergleichbar und bieten sich in vielen Fällen als problemlosere und umweltschonendere Verfahren an.

Literatur

W. Adam, G. Cilento (Hrsg.), *Chemical and Biological Generation of Excited States*, Academic Press, New York **1982**.

M. J. Cormier, D. M. Hercules, J. Lee (Hrsg.), *Chemiluminescence and Bioluminescence*, Plenum Press, New York **1974**.

D. Hawcroft, *Diagnostic Enzymology*, John Wiley, Chichester **1987**.

M. A. De Luca, W. D. McElroy (Hrsg.), *Bioluminescence and Chemiluminescence*, Academic Press, New York **1981**.

E. Schramm, Ph. Stanley (Hrsg.), *Analytical Applications of Bioluminescence and Chemiluminescence*, State Printing and Publishing Inc., Westlake Village **1979**.

M. Serio, M. Pazzagli (Hrsg.), *Luminescent Assays*: Perspectives in Endocrinology and Clinical Chemistry, Raven-Press, New York **1982**.

K. Wulff, in: H. U. Bergmeyer (Hrsg.) *Methods of Enzymatic Analysis*, 4. Aufl., S. 340, Verlag Chemie, Weinheim **1987**.

Weitere Literatur s. Abschnitt 1.3.1.4.

1.3.2.4 Radiochemische Bestimmung

Grundlagen

Zur Konzentrationsbestimmung mittels Radiochemikalien gibt es mehrere Prinzipien (vgl. Abschnitt 1.3.1.5). Die *Isotopenverdünnungsanalyse* und das *substöchiometrische Isotopenverdünnungsverfahren* seien hier nur erwähnt, da sie nicht auf einer enzymatischen Umsetzung beruhen. Die *spezifische enzymatische Umwandlung* beruht auf folgendem Prinzip (erläutert am Beispiel der Oxalacetat-Bestimmung):

$$\text{Oxalacetat} + {}^{14}\text{C-Acetyl-CoA} \xrightarrow{\text{Citrat-Synthase}} {}^{14}\text{C-Citrat}$$

Die in Citrat eingebaute Radioaktivität ist proportional der Konzentration an Oxalacetat. Bei sehr hoher spezifischer Radioaktivität des ^{14}C-Acetyl-CoA ist dieser Test sehr empfindlich. Um die Radioaktivität im ^{14}C-Citrat bestimmen zu können, muß das Acetyl-CoA zerstört werden (Spaltung bei pH 12 in Acetat und Verdampfen der Essigsäure bei 65°C; s. Tabelle 1.13).

Die *enzymatische Isotopenverdünnungstechnik* sei am Beispiel der Glycerin-Bestimmung erläutert:

$${}^{14}\text{C-Glycerin} + \text{ATP} \xrightarrow[\text{Kinase}]{\text{Glycerin-}} {}^{14}\text{C-}\alpha\text{-Glycerophosphat} + \text{ADP}$$

Grundsätzlich wird im Bereich 1. Ordnung, d.h. unterhalb des K_m-Werts gemessen. Zugabe von unmarkiertem zu markiertem Glycerin vermindert dessen spezifische Aktivität, erhöht jedoch gleichzeitig die Reaktionsgeschwindigkeit. Beide Effekte verbinden sich derart, daß gilt:

$$\frac{C_0}{C_s} = 1 + \frac{S}{K_m + S_0}$$

C_0 = Betrag von ^{14}C im α-Glycerophosphat ohne Zusatz
C_s = Betrag von ^{14}C im α-Glycerophosphat mit Zusatz von unmarkiertem Glycerin
K_m = Michaelis-Menten-Konstante der Glycerin-Kinase
S_0 = Konzentration des ^{14}C-Glycerins
S = Konzentration des unmarkierten Glycerins

Durch Ermittlung von C_0 und C_s, bzw. von C_0/C_s kann somit die unbekannte Konzentration S von Glycerin bestimmt werden. Die Gesamtmenge an Radioaktivität muß nicht bestimmt werden. Der Umsatz an Glycerin darf 20 % nicht übersteigen.

Durchführung

- Mischen der Reaktionslösung mit ^{14}C-Glycerin
- Start der Reaktion mit Glycerin-Kinase
- Stopp der Reaktion nach kurzer Zeit (nicht über 20 % Umsatz)
- Entnahme eines Aliquots und Bestimmung von C_0

- Durchführung einer 2. Messung unter Zusatz von unmarkiertem Glycerin in der Probelösung)
- Stopp nach demselben Zeitintervall
- Entnahme eines Aliquots und Bestimmung von C_s

Auswertung

Die Berechnung von S kann aus

$$S = \left(\frac{C_0}{C_s} - 1\right)\left(K_m + S_0\right)$$

erfolgen, doch ist eine Eichkurve empfehlenswert.

Fehlerquellen

- Grundsätzlich alle Fehlerquellen eines kinetischen Tests (s. Abschnitt 1.3.2.1.2)
- zu geringe spezifische Aktivität von ^{14}C-Glycerin
- zu hoher Umsatz (> 20 %)
- Entnahme ungleicher Aliquots

Anwendungen

- Sehr empfindliche Methode zur Bestimmung kleinster Konzentrationen

Literatur

F. Berthold, M. Wenzel, in: H. U. Bergmeyer (Hrsg.) *Methods of Enzymatic Analysis*, 4. Aufl., Bd. 1, S. 424, Verlag Chemie, Weinheim **1987**.

A. Hagen, E. A. Newsholme, in: H. U. Bergmeyer (Hrsg.) *Methoden der Enzymatischen Analyse*, 3. Aufl., Verlag Chemie, Weinheim **1974**.

W. Wolf, A. Hagen, E.A. Newsholme, in: H. U. Bergmeyer (Hrsg.) *Methods of Enzymatic Analysis*, 4. Aufl., Bd. 1, S. 527, Verlag Chemie, Weinheim **1987**.

weitere Literatur s. Abschnitt 1.3.1.5.

1.3.2.5 Mikromethoden

Unter dieser Bezeichnung werden Methoden zusammengefaßt, die Konzentrationsbestimmungen im Bereich von 10^{-8} bis 10^{-11} M und gegebenenfalls noch darunter erlauben. In der Regel handelt es sich um Kombinationen der zuvor besprochenen Verfahren.

Grundlagen

Enzymatische Mikromethoden haben das Ziel extrem niedrige Konzentrationen bzw. Substanzmengen zu erfassen. Häufig wird dies über eine Kombination mehrerer, an sich schon sehr sensitiver Methoden wie dem *enzymatic cycling* und der Fluorimetrie erreicht. Beispielhaft sei dies für eine Mikrobestimmung für Phosphat (bis 10^{-13} Mol) gezeigt, die in mehreren Schritten abläuft:

1) Phosphat-Analyse:

$$\text{Glycogen} + P_i \xrightarrow{\text{Phosphorylase a}} \text{Glucose-1-P}$$

$$\text{Glucose-1-P} \xrightarrow{\text{Phosphoglucomutase}} \text{Glucose-6-P}$$

$$\text{Glucose-6-P} + \text{NADP}^+ \xrightarrow[\text{Dehydrogenase}]{\text{Glucose-6-P}} \text{6-P-Gluconat} + \text{NADPH} + \text{H}^+$$

(Zerstören von überschüssigem NADP)

2) NADPH/NADP-Cycling:

$$\alpha\text{-Ketoglutarat} + \text{NADPH} + \text{NH}_4^+ \xrightarrow[\text{Dehydrogenase}]{\text{Glutamat-}} \text{Glutamat} + \text{H}_2\text{O} + \text{NADP}^+$$

$$\text{Glucose-6-P} + \text{NADP}^+ \xrightarrow[\text{Dehydrogenase}]{\text{Glucose-6-P}} \text{6-P-Gluconat} + \text{NADPH} + \text{H}^+$$

3) Indikator-Reaktion:

$$\text{6-P-Gluconat} + \text{NADP}^+ \xrightarrow[\text{Dehydrogenase}]{\text{6-P-Gluconat-}} \text{Ribulose-5-P} + \text{NADPH} + \text{H}^+$$

Derart anspruchsvolle Kopplungen machen jedoch eine besondere Arbeitsweise notwendig, die „*Öl-Well*"*-Technik* zur Inkubation äußerst geringer Volumina. Bei dieser Technik wird die Inkubation von Testansätzen im nl Bereich in flachen Kerben auf silikonisierten Glas-Objektträgern oder in Löchern in einem Teflonblock unter einer Öl-Schutzschicht durchgeführt, die das Verdunsten der kleinen Flüssigkeitsmengen verhindert (s. Bild 1.44).

Material

Teflon eignet sich besonders gut, da es leicht auf 100 °C erhitzt oder auf 4 °C abgekühlt werden kann. Das verwendete Öl soll eine angemessene Viskosität haben, um jede Adsorption von CO_2 aus der Luft zu vermeiden und andererseits pipettierte Tröpfchen auf den Boden des Gefäßes sinken zu lassen. Kommerziell erhältliches Paraffin kann ohne weitere Reinigung eingesetzt werden.

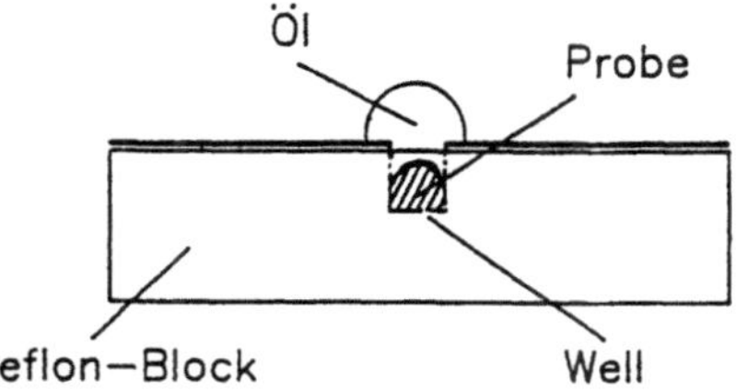

Bild 1.44 Schematischer Querschnitt durch einen Teflon-Block zur Öl-Well-Mikroinkubation.

Die Mikropipetten für die Öl-Well-Inkubation können leicht selbst aus Pyrex-Glasröhren hergestellt werden. Die Kapillarpipetten werden ausschließlich durch adhäsive Kräfte gefüllt und müssen fluorimetrisch mit Quinin-Hydrobromid-Lösung geeicht werden.

Vorbereitung

- Reinigung des Teflonblocks: Beseitigung von Öl-Resten mit Chloroform und Kochen des Teflons für 10 min in 1 N NaOH.

Durchführung

- Vorlegen der Reagenzmischung in der Vertiefung
- Abdecken der Reagenzmischung mit Paraffin-Öl
- Starten der Reaktion durch Zugabe der Probe oder der Standardlösungen mit der Mikro-Kapillarpipette durch den Öl-Tropfen hindurch.
- Inkubieren bei 37 °C, z.B. auf einem Aluminiumblock
- Stoppen der Reaktion in geeigneter Weise (z.B. Erhitzen, Alkalinisieren, etc.)
- Entnahme der Reaktionslösung und flourimetrische Messung

Auswertung

s. Abschnitt 1.3.2.1 und 1.3.2.2. Grundsätzlich werden die Probenkonzentrationen an Hand der Standardwerte ermittelt.

Fehlerquellen

- Ungenügende Temperierung der Teflonblocks
- Veränderungen des pH-Werts durch ungenügenden Ausschluß von CO_2.
- Pipettierfehler

Anwendungsbereich

- Mikromessungen in kleinsten Gewebemengen (Mikrodissektion)
- Einzelzellmessungen

Literatur

O. H. Lowry, J. V. Passonneau, *A Flexible System of Enzyme Analysis*, Academic Press, New York **1972**.

U. Schmidt, M. Horster, in: M. Martinez-Maldonado (Hrsg.), *Methods in Pharmacology*, Vol. 4B, S. 259, Plenum Publishing Corporation **1978**.

1.4 Zentrifugation

Unter Zentrifugation versteht man die Methode zur Gewinnung und Trennung von Partikeln, Zellen, subzellulären Strukturen und Makromolekülen durch beschleunigte Sedimentation.

1.4.1 Grundlagen

Bei den Zentrifugationstechniken unterscheidet man drei Methoden:

a) *Differentielle Pelletierung*: Zu Beginn der Pelletierung sind die Partikel gleichmäßig in einer Lösung verteilt. Unter dem Einfluß der Zentrifugalbeschleunigung wandern Partikel unterschiedlicher Dichte und Molmasse verschieden schnell in Richtung des Röhrchenbodens. Es wird kein Dichtegradient benötigt. Die Partikel erreichen nie einen Gleichgewichtszustand (Bild 1.45). Es können jedoch nur die kleinsten Partikel im Überstand mehr oder weniger sauber präpariert werden, nachdem alle größeren pelletiert sind.

b) *Dichtegradienten-Differentialzentrifugation* oder Zonenzentrifugation (engl. rate-zonal centrifugation): Hier wandern die sedimentierenden Teilchen durch einen stabilisierenden, sehr flachen Gradienten, dessen maximale Dichte nicht größer sein darf als die des am wenigsten dicht sedimentierenden Materials. Während der Zentrifugation bewegen sich die Teilchen mit einer Geschwindigkeit durch den Gradienten, die durch den Sedimentationskoeffizienten bestimmt wird. Die Zentrifugation muß abgebrochen werden, bevor die ersten Teilchen den Boden des Zentrifugenröhrchens erreichen. Diese Methode

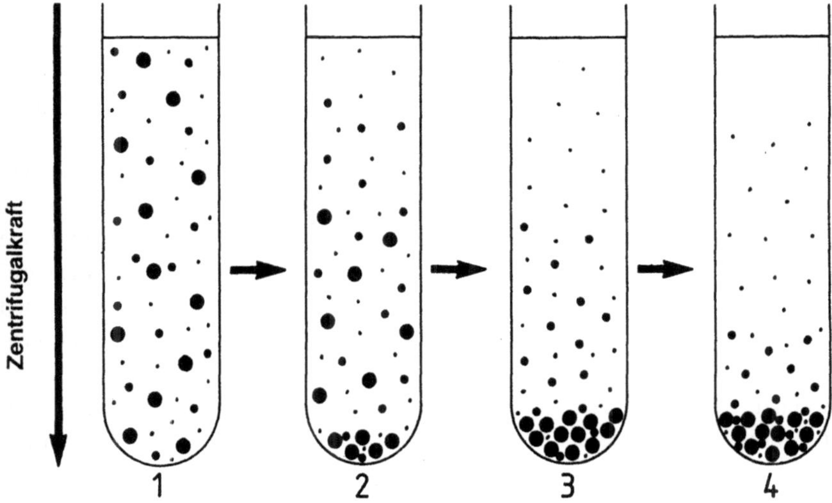

Bild 1.45 Schematische Darstellung der Trennung von Partikeln durch differentielle Zentrifugation. Unterschiedliche Symbole bedeuten Teilchen mit verschiedener Molmasse. Die Zahlen 1–4 bedeuten zunehmende Zentrifugationszeit.

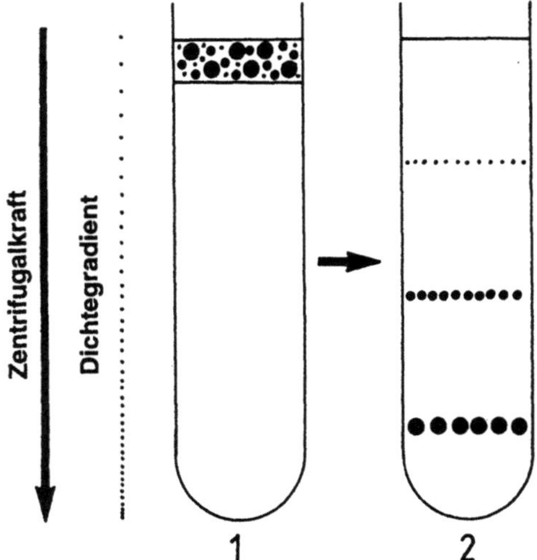

Bild 1.46 Schematische Darstellung der Trennung von Partikeln durch rate-zonal-Zentrifugation. Unterschiedliche Symbole bedeuten Teilchen mit verschiedenen Sedimentationskoeffizienten.
1: Zentrifugenröhrchen mit eingebrachtem Dichtegradienten und aufpipettierter Probe vor dem Start
2: Unter dem Einfluß der Zentrifugalkraft bewegen sich die Partikeln entsprechend ihrer unterschiedlichen Masse unterschiedlich schnell.

eignet sich gut für Substanzen, die sich zwar in der Größe, aber nicht in der Dichte voneinander unterscheiden. Andererseits können subzelluläre Organellen, wie Mitochondrien, Lysosomen und Peroxisomen, die sehr unterschiedliche Dichten, aber ähnliche Größen haben, mit dieser Methode nur schlecht voneinander getrennt werden (Bild 1.46).

c) **Isopyknische Zentrifugation**: Die sedimentierenden Teilchen bewegen sich hier so lange durch den Gradienten, bis sie einen Punkt erreichen, an dem ihre Dichte mit der des Gradienten übereinstimmt. Dann sedimentieren die Teilchen nicht weiter, da sie praktisch auf einer Unterlage schwimmen, die eine größere Dichte als sie selbst besitzt. Für diese Methode wird ein ausreichend steiler Gradient benötigt, da die maximale Dichte des Gradienten größer sein muß als die größte Dichte der sedimentierenden Substanzen. Damit alle Teilchen ihre Gleichgewichts-Dichte erreichen, muß die Zentrifugation lange genug und mit höherer Geschwindigkeit durchgeführt werden, als für die Zonen-Zentrifugation notwendig ist. Diese Technik wird zur Trennung von Teilchen verwendet, die sich in ihrer Dichte, nicht jedoch in ihrer Größe voneinander unterscheiden. Da fast alle Proteine annähernd die gleiche Dichte besitzen, wird sie gewöhnlich nicht für Proteintrennungen verwendet. Bei Substanzen mit unterschiedlicher Dichte ist jedoch die isopyknische Zentrifugation die Methode der Wahl. Dies gilt z.B. für Moleküle wie Nukleinsäuren genauso wie für subzelluläre Organellen, wie Mitochondrien, Proplastiden, Peroxisomen.

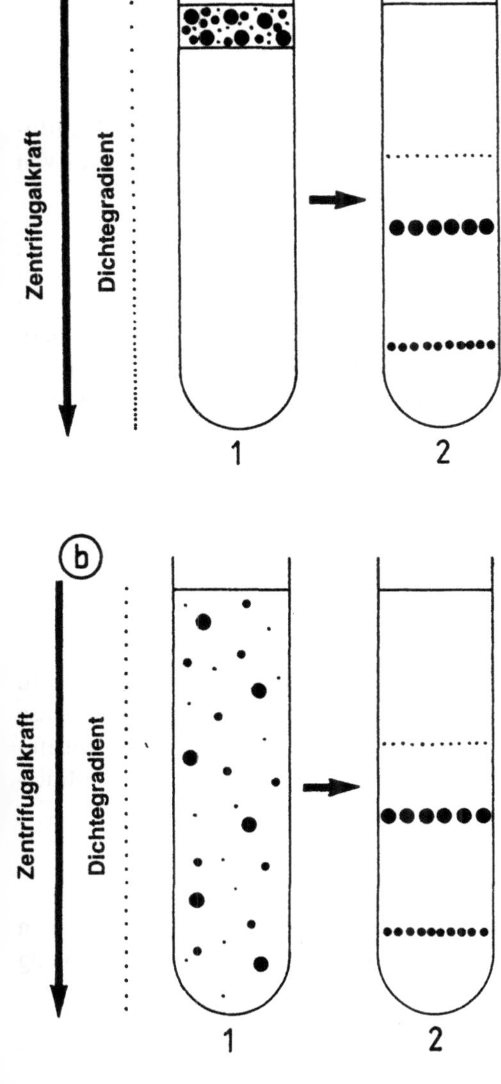

Bild 1.47 Schematische Darstellung der Trennung von Partikeln durch isopyknische Zentrifugation. Unterschiedliche Symbole bedeuten Teilchen mit verschiedenen Dichten.

a) Die Probe wird auf den vorgeformten Gradienten aufgebracht. 1: Vorgeformter Gradient mit aufpipettierter Probe; 2: unter dem Einfluß der Zentrifugalkraft bewegen sich die Partikel solange, bis ihre Dichte der Dichte des umgebenden Gradienten entspricht.

b) Die Probe wird mit dem Gradienten-Material homogen gemischt. 1. Im Gradientenmaterial verteilte Probe; 2. Unter dem Einfluß der Zentrifugalkraft wird ein Dichtegradient aufgebaut und die Partikel konzentrieren sich an ihren isopyknischen Positionen.

Eine praktische Modifikation der isopyknischen Zentrifugation ist die Verwendung eines gestuften Gradienten. Dies kann zur Vergrößerung der Kapazität eines Gradienten oder zur besseren Trennung zweier Substanzen beitragen. Ein gestufter Gradient wird durch sorgfältiges Übereinanderschichten von Lösungen unterschiedlicher Dichte im Zentrifugenröhrchen hergestellt.

Ungeachtet der beschriebenen Techniken wird die Bewegung von Teilchen unter dem Einfluß der Zentrifugalkraft durch folgende Gleichungen beschrieben:

1.4.1.1 Relative Zentrifugalbeschleunigung

Das Prinzip der Zentrifugation beruht darauf, daß jedes Objekt, das mit konstanter Winkelgeschwindigkeit kreisförmig bewegt wird, einer nach außen gerichteten Beschleunigung F

ausgesetzt ist. Die Größe der Beschleunigung hängt von der Winkelgeschwindigkeit Ω und dem Radius der Rotation r ab.

$$F = \Omega^2 \cdot r$$

F wird oft in Bruchteilen der Erdbeschleunigung ausgedrückt und als relative Zentrifugalbeschleunigung RZB (engl. RCF für **r**elative **c**entrifugal **f**orce) oder als „Vielfaches von g" bezeichnet.

$$\text{RZB} = \frac{\Omega^2 \cdot r}{980}$$

Für den praktischen Gebrauch zur Angabe der Geschwindigkeit eines Rotors muß diese Beziehung jedoch in die üblichere Größe rpm (engl. **r**evolutions **p**er **m**inute) umgeformt werden. Die Winkelgeschwindigkeit und rpm stehen über folgende Gleichung in Beziehung:

$$\Omega = \frac{\pi \cdot \text{rpm}}{30}$$

Daraus folgt:

$$\text{RZB} = \frac{(\pi \cdot \text{rpm})^2 \cdot r}{30^2 \cdot 980} = 1{,}119 \times 10^{-5} \cdot \text{rpm}^2 \cdot r$$

Zur Berechnung der RZB, der eine Probe im beschleunigten Rotor ausgesetzt ist, wird vorausgesetzt, daß sich die Probe in einem konstanten Abstand r von der Rotationsachse befindet. Abhängig vom Aufbau des Rotors ist jedoch r am Hals und am Boden des Zentrifugenröhrchens unterschiedlich. Deshalb wird die RZB in der Regel als numerischer Mittelwert der beiden Extremwerte angegeben.

1.4.1.2 Sedimentations-Koeffizient

Moleküle oder Partikel sedimentieren unter dem Einfluß der Zentrifugalbeschleunigung in Richtung des Röhrchenbodens mit einer Geschwindigkeit v, die durch folgende Gleichung beschrieben wird:

$$v = \frac{dr}{dt} = \frac{2 \cdot r_p^2 \cdot (\rho_p - \rho_m) \cdot \Omega^2 \cdot r}{9 \cdot \eta} \quad [\text{cm} \cdot \text{sec}^{-1}]$$

Dabei ist:

r = Abstand zwischen Rotationsachse und sedimentierenden Partikel [cm]
r_p = Radius des Partikels [cm]
ρ_p = Dichte des Partikels [g · cm^{-3}]
ρ_m = Dichte des Mediums [g · cm^{-3}]
η = Viskosität des Mediums in Poise [g · m^{-1} · s^{-1})]
Ω = Winkelgeschwindigkeit [radians · s^{-1}]

Aus Gleichung (1) folgt für die Sedimentationsgeschwindigkeit eines gegebenen Materials:

- Sie ist proportional der Partikelgröße und dem Dichteunterschied zwischen Partikel und Medium;
- sie ist null, wenn die Dichte des Partikels gleich der Dichte des Mediums ist;
- sie nimmt mit wachsender Viskosität des Mediums ab;
- sie nimmt mit wachsender Stärke des Schwerefeldes zu.

Der Sedimentations-Koeffizient s eines Teilchens ist seine Sedimentations-Geschwindigkeit im Einheits-Zentrifugalfeld der Stärke 1 dyn = 10^{-5} N:

$$s = \frac{dr}{dt} \cdot \frac{1}{\Omega^2 r}$$

1 Svedberg-Einheit $s = 10^{-13}$ s (bei 20 °C in Wasser)

Da der Sedimentations-Koeffizient unter verschiedenen Bedingungen bestimmt werden kann, wird meist wird der Sedimentations-Koeffizient auf einen Wert korrigiert, den man erhalten würde, wenn das Medium die Dichte und Viskosität von Wasser bei 20 °C hätte.

Zur Veranschaulichung der Dimension der Diffusionskoeffizienten von verschiedenen Biopolymeren und subzellulären Organellen sind einige Beispiel in einem Diagramm zusammengestellt (Bild 1.48).

1.4.1.3 Rotorparameter

Ist der Sedimentationskoeffizient bekannt, so kann die Zeit t berechnet werden, die benötigt wird, um ein Partikel oder Molekül vollständig zu sedimentieren. Bei Verwendung von Wasser als Zentrifugationsmedium berechnet sich der Zeitbedarf in Stunden nach:

$$t = \frac{1}{s} \cdot \frac{\left(\ln r_{max} - \ln r_{min}\right)}{\Omega^2} \qquad [\mathrm{h}]$$

r_{max} und r_{min} sind die Werte für die Abstände in cm zwischen Rotationsachse und dem Hals bzw. dem Boden des Zentrifugenröhrchens.

Traditionell wird die Effektivität eines Zentrifugenrotors in Form des K-Faktors angegeben.

$$K = t \cdot s$$

wobei s der Sedimentationskoeffizient des Partikels ist. Zur Berechnung abgeleiteter K-Faktoren (K',K^*) siehe bei Rickwood.

1.4.1.4 Geräte

Es gibt Zentrifugen für die unterschiedlichsten Zwecke, z.B. Mikroliterzentrifugen für Volumina unter 1000 µl oder Separatoren, mit denen man Tausende von Litern zentrifugieren kann. Bei einigen Geräten wird die Umdrehungsgeschwindigkeit und die Temperatur nur grob reguliert, während in anderen diese Parameter prozentgenau eingestellt werden können.

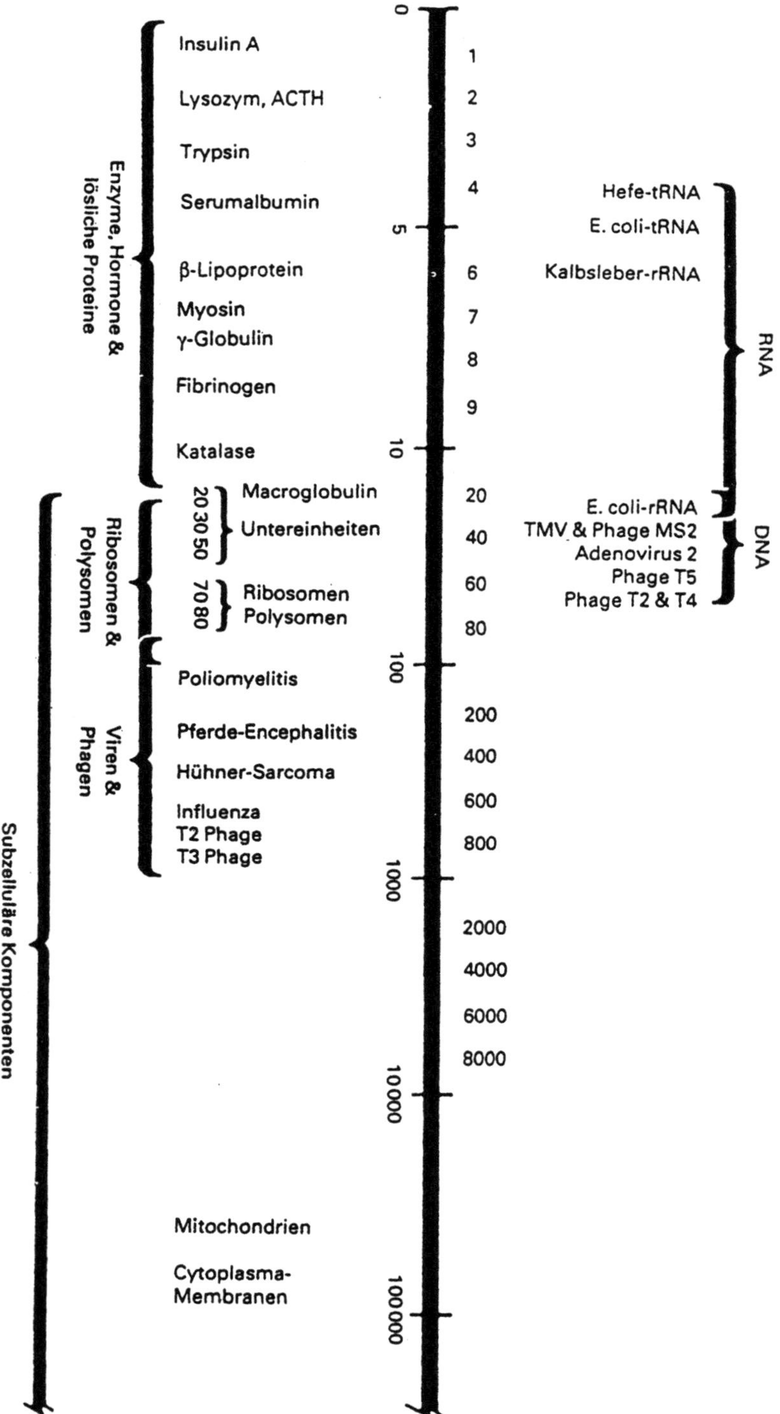

Bild 1.48 Schema zur Dimension der Diffusionskoeffizienten einiger Biopolymerer und subzellulären Organellen

In ihrer einfachsten Form besteht die Zentrifuge aus einem Metallrotor mit einer Anzahl von Bohrungen, in denen die Zentrifugenröhrchen mit dem zu zentrifugierenden Inhalt untergebracht werden, und aus einem Elektromotor oder einer anderen Vorrichtung, mit der der Rotor auf eine bestimmte Umdrehungsgeschwindigkeit gebracht werden kann. Alle anderen Teile, die man in modernen Zentrifugen findet, dienen zur Konstanthaltung der Arbeitsbedingungen oder sind Zubehör für verschiedene Aufgaben.

- **Zentrifugen-Klassen:** Die Klassifizierung von Zentrifugen erfolgt üblicherweise durch ihre Höchstgeschwindigkeit. Die Tabelle 1.17 gibt einen Überblick über die drei wichtigsten Klassen und deren Anwendungsbereiche.

a) Niedertourige und Mikroliter-Zentrifugen

Tisch-Zentrifugen sind die einfachsten und billigsten Geräte. Die maximale Geschwindigkeit liegt meist um 4000 rpm und sie arbeiten alle bei Raumtemperatur. Trotzdem werden sie für eine ganze Reihe von Anwendungen bei schnell sedimentierenden Substanzen herangezogen.

Mikroliter-Zentrifugen sind speziell für Kunststoff-Einmalartikel, wie 1,5 ml Eppendorf Reaktionsgefäße oder 400 µl Beckman Zentrifugen-Röhrchen konstruiert. Sie rotieren bis zu 15.000 rpm und erzeugen eine RZB bis zu 25000 g.

Untertisch-Zentrifugen sind meist kompakte Geräte mit einer Temperaturegulierung der Rotorkammer und mit Drehzahlen bis 8000 rpm (RZB 7000 g).

Niedertourige, präparative Zentrifugen werden für die ersten Isolationsprozeduren eingesetzt. Sie erlauben Füllungen bis zu 9 Litern.

Tabelle 1.17 Zentrifugen-Klassen und ihre Anwendung

	Zentrifugenklasse		
	Niedertourig	Hochtourig	Ultrazentrifuge
Drehzahl (rpm × 1000)	4–8	18–28	40–100
Max. RZB (×1000)	10	100	600
Kühlung	einige	ja	ja
Vakuumsystem	nein	manchmal	ja
Beschleunigung und Bremsung	einige	einstellbar	einstellbar
Anwendung für:			
Zellen	ja	ja	ja
Zellkerne	ja	ja	ja
Präzipitate	einige	viele	ja
Zellorganelle	einige	ja	ja
Membranfraktionen	nein	einige	ja
Ribosomen	nein	einige	ja
Makromoleküle	nein	selten	ja

b) Hochgeschwindigkeits-Zentrifugen

Hochgeschwindigkeits-Laborzentrifugen arbeiten bei Geschwindigkeiten bis zu 28.000 rpm (RZB 100.000 g). Sie sind für die meisten präparativen Anwendungen geeignet (Kapazität < 2 L) und besitzen eine Kühlvorrichtung, mit der die Rotorkammer auf die gewünschte Temperatur gekühlt werden kann. Aufgrund ihrer guten Handhabbarkeit werden sie auch für niedertourige Anwendungen eingesetzt.

Präparative Durchfluß-Zentrifugen sind relativ einfache, oft ungekühlte Zentrifugen mit hoher Kapazität (> 5 L). Sie werden verwendet, um Hefen oder Bakterien aus großen Kulturansätzen zu ernten. Die Kultur wird von unten in den Rotor gepumpt. Während die Flüssigkeit im Rotor nach oben gedrückt wird, sedimentieren die Mikroorganismen an der Wand des Rotors. Das klare Kulturmedium tritt aus dem oberen Ausfluß aus. Wenn die gesamte Kultur durchgepumpt ist, wird der Rotor auseinandergenommen und die sedimentierten Zellen geerntet. Auf diese Weise können 1–15 L Medium pro Minute verarbeitet werden.

c) Ultrazentrifugen

In diese Klasse gehören:
Präparative Ultrazentrifugen (siehe Abschnitt 1.4.3)
Analytische Ultrazentrifugen (siehe Abschnitt 1.4.4)

1.4.1.5 Anwendungsbereich

Niedertourige und Mikroliter-Zentrifugen: Konzentrierung oder Gewinnung schnell sedimentierender Substanzen (z.B. Blutzellen, grobe Präzipitate oder Hefezellen).

Hochgeschwindigkeitszentrifugen: Gewinnung von Mikroorganismen, Zellen, Zellorganellen, Ernte von Hefen oder Bakterien aus großen Kultur-Volumina (mit Durchflußrotor). Anwendungsbeispiel siehe Abschnitt 1.4.2.

Ultrazentrifugen: siehe Abschnitt 1.4.3 und 1.4.4.

1.4.1.6 Fehlerquellen

Je einfacher eine Zentrifuge ausgeführt ist, desto eher kann sie zu einer Gefahrenquelle im Labor werden. Deshalb sind folgende Überprüfungen angebracht:

- Paßt der Rotor in die Rotorkammer (Ausschwingrotor!)?
- Ist der Rotor für die vorgesehene Drehzahl zugelassen?
- Führt die Beschickung zu einer Überschreitung der zulässigen Höchstwerte hinsichtlich Gewicht oder Dichte?
- Funktioniert die Deckelverriegelung?
- Ist das Gerät elektrisch sicher (z. B. Erdung)?

1.4.2 Hochgeschwindigkeits-Zentrifugation

1.4.2.1 Geräte

Die hochtourigen Laborzentrifugen werden meist für präparative Zwecke verwendet und sind fast in jedem biochemisch orientierten Labor vorhanden. Sie sind allgemein wie folgt ausgestattet:

- Es ist eine effektive Kühlung der Rotorkammer vorhanden. Die Temperatur wird durch einen Thermofühler am Boden der Rotorkammer reguliert. Die Genauigkeit beträgt zwar nur ±2 °C, jedoch kann die Temperatur schnell auf 0 °C gebracht werden.
- Die Regulierung der Geschwindigkeit ist wesentlich genauer als in den Tischzentrifugen. Beschleunigungs- und Bremszeiten sind teilweise variabel einstellbar. Die starke Wärmeentwicklung beim Hochfahren und Bremsen (Wirbelstrombremse) ist beim Betrieb zu beachten.
- Es können sehr unterschiedliche Rotoren benutzt werden, deren Verwendungsmöglichkeiten noch durch die verschiedensten Adapter vergrößert werden.

1.4.2.2 Durchführung

Die Durchführung einer typischen Zentrifugation sei am Beispiel der Präparation von mikrosomalen Vesikeln veranschaulicht. Es wird folgendes benötigt:

- Saatgut von *Zea mays* L (80 g): Die Maiskaryopsen werden gesäubert (Beizmittel!) und 15 Stunden unter fließendem Leitungswasser angequollen.
- Kleingewächshäuser (60 × 22 cm) mit Deckel: In diesen erfolgt die Anzucht auf Zellstoff mit 300 ml destilliertem Wasser bei 26 °C und 90% Luftfeuchtigkeit unter grünem Sicherheitslicht. Durch tägliche zweistündige Belichtung mit Rotlicht wird das Wachstum des Mesokotyls gehemmt. Wenn der Zellstoff austrocknet, ist die Keimung schlecht. Ist er andererseits zu feucht, so tritt gerne eine Infektion mit Schimmelpilzen auf oder die Keimlinge gären aufrund von Anaerobiose. Zur Membranisolation werden 90 Stunden alte Keimlinge verwendet.
- Homogenisiermedium, bestehend aus HEPES/Tris Puffer (100 mmol l^{-1}, pH = 7,0), Saccharose (300 mmol l^{-1}), Ascorbinsäure (20 mmol l^{-1}), DTT (2,5 mmol l^{-}), EGTA (10 mmol l^{-1}), EDTA (1 mmol l^{-1})
- Suspensionsmedium, bestehend aus HEPES/Tris Puffer (10 mmol l^{-1}, pH = 7,0) und Saccharose (300 mmol l^{-1}).
- Die Maiskoleoptilen (2,5 bis 3,5 cm lang) werden oberhalb des Knotens abgeschnitten und das Primärblatt wird entfernt.
- Nach Zugabe von Homogenisiermedium (2 ml g^{-1} Frischgewicht) werden die Koleoptilen mit Rasierklingen manuell zerhackt und in einem Mörser verrieben. Es sind vorgekühlte Geräte (2 °C) zu verwenden.
- Das Rohhomogenat wird durch vier Lagen Verbandmull gepresst, um größere Gewebestücke zurückzuhalten.
- Das Homogenat wird bei 10.000 g für 10 Minuten in einem Winkelrotor zentrifugiert (Temperatur 2 °C).
- Nach Beendigung dieser differenziellen Pelletierung enthält das Pellet Zellbruchstücke, Zellwände, Stärke, Proplastiden, Mitochondrien und Zellkerne sowie den Hauptanteil an Mitochondrienmembranen.
- Der Überstand wird vorsichtig abdekantiert. Der Niederschlag aus sedimentierten Organellen ist nur sehr locker und fließt bei unvorsichtigem Abgießen leicht weg.

- Der Überstand enthält Membranen von Tonoplast, endoplasmatischem Retikulum, Golgi-Apparat, Plasmalemma und einen Anteil an Mitochondrienmembranen. Allerdings sind auch alle löslichen Komponenten aus Cytoplasma und Vakuole darin enthalten.
- Zur Abtrennung der Membranen von löslichen Substanzen muß anschließend:
  - eine Pelletierung bei 40.000 g in einem Winkelrotor vorgenommen werden (Dauer 30 min, Temperatur: 2 °C). Das Membranpellet wird in Suspensionspuffer (1 ml g^{-1} Frischgewicht) aufgenommen und kann weiter analysiert oder präpariert werden.
  - zur weiteren Auftrennung der Membranen durch Dichtegradientenzentrifugation eine Pelletierung in der Ultrazentrifuge vorgenommen werden (siehe Abschnitt 1.4.3).

1.4.2.3 Anwendungsbereich

- Gewinnung von Mikroorganismen, Zellen, Zellbruchstücken, großen Zellorganellen
- Pelletierung von Ammoniumsulfat-Fällungen und Immunpräzipitaten.
- Nicht geeignet zur Sedimentation von Viren, kleinen Organellen, wie Ribosomen, Membranen, oder Makromolekülen.

1.4.3 Präparative Ultrazentrifugation

1.4.3.1 Grundlagen

Die präparative Ultrazentrifuge mit Zentrifugalbeschleunigungen bis zu 600.000 g (85.000 rpm) ermöglicht die Isolation, Identifizierung und Charakterisierung von hochmolekularen Stoffen (einzel- und doppelsträngige Nukleinsäuren, Proteine, Polysaccharide), funktionellen Aggregaten (Chromatin, Polysomen, Ribosomen, Membranen), Organellen (Mitochondrien, Microbodies), Viren, Zellkernen und ganzen Zellen in Lösung bzw. Suspension, frei von Begleitstoffen unter Erhaltung ihrer biologischen Aktivität.

- **Dichtegradient**

Die *gleichmäßige* Sedimentation der Partikel in einer Ultrazentrifuge wird in einem homogenen Medium durch mechanische Vibrationen, Wärmegradienten und Konvektionen gestört. Diese Störungen können durch einen Gradienten aus schnell diffundierenden Substanzen vermindert werden. Geeignete Substanzen zur Bildung eines Gradienten sind anorganische Salze (Cäsiumchlorid, Cäsiumsulfat), osmotisch aktive Substanzen (Glycerin, Saccharose), iodierte Verbindungen (Metrizamid), Polymere (Ficoll, Dextran) und kolloidales Kieselgel (Percoll). Der Gradient kann entweder mit einem Gradienten-Mischer vorgeformt oder bei der Zentrifugation selbst gebildet werden; er ist am Boden des Zentrifugenröhrchens am dichtesten. Gradienten werden sowohl bei der Dichtegradienten-Differential- oder Zonen-Zentrifugation als auch bei der isopyknischen Zentrifugation verwendet.

Die erfolgreiche Isolierung einzelner Moleküle und subzellulärer Organellen durch Dichtegradienten-Zentrifugation hängt stark von der Wahl der Parameter für den Gradienten ab. Diese Parameter sind Gradienten-Material, Ionenstärke, Viskosität, osmotische Eigenschaften, Form des Gradienten, pH-Wert und die Zugabe von stabilisierenden Substanzen wie Mercaptanen, EDTA, Enzym-Substraten und Mg^{2+}.

- **Gradienten-Material**: Ein ideales Gradientenmedium sollte folgende Bedingungen erfüllen:
  - Gute Löslichkeit im gewünschten Dichtebereich
  - Keine Wechselwirkung mit der biologischen Aktivität des zu trennenden Materials
  - Keine osmotische Wirkung, auch bei hohen Konzentrationen
  - Niedrige Viskosität
  - Keine Absorption im UV
  - Leichte Abtrennbarkeit von den getrennten Substanzen
  - Keine Hemmung von chemischen oder enzymatischen Reaktionen
  - Verträglichkeit mit dem Material von Rotor und Bechern

Zu den Eigenschaften von Dichtegradienten-Medien siehe Tabelle 1.18

Saccharose wird am häufigsten zur Bildung eines Gradienten benutzt. Die maximale Dichte einer Zucker-Lösung ist 1,3 g ml^{-1}. Vorteil: Niedrige Kosten; Nachteil: Hohe Osmolarität und hohe Viskosität bei Dichten über 1,1 g ml^{-1}.

Metrizamid, *Ficoll* oder *Percoll* sind geeignetere Substanzen für den gleichen Dichtebereich, aber mit inertem und nichtionisierendem Verhalten, sowie mit geringer Viskosität und Osmolarität.

Metrizamid-Gradienten erreichen Dichten bis zu 1,46 g ml^{-1}. Sie können entweder durch einen Gradientenmischer vorgeformt oder durch Zentrifugation einer homogenen Lösung aufgebaut werden. Das Material wirkt jedoch im Flüssigkeits-Szintillations-Zähler als starker Quencher, wodurch die Isolierung von radioaktiv markierten Substanzen erschwert wird.

Ficoll ist der Handelsname für ein hochmolekulares Polymer aus Saccharose und Epichlorhydrin (Pharmacia Biosystems).

Percoll ist der Handelsname für kolloidales Kieselgel (Pharmacia Biosystems). Es ist besonders geeignet für die Isolierung intakter Zellen, wie weißen und roten Blutzellen und Hefen, denn es kann ein isoosmotischer Gradient gebildet werden (siehe unter „kombinierte Gradienten").

Die oben erwähnten Verbindungen eignen sich gut zur Isolierung von Proteinen und Zellen, nicht aber zur Trennung von Nukleinsäuren und Viren. Hierfür werden anorganische Salze eingesetzt.

Cäsiumchlorid kann Gradienten bis zu einer Dichte von 1,9 g ml^{-1} bilden. Lineare Gradienten werden durch Zentrifugation einer homogenen Lösung des Salzes und der Probe bis zum Gleichgewicht erhalten. Während der Zentrifugation bildet sich der Gradient durch Diffusion aus. Vorteil: Hohe Dichte; linearer Zusammenhang zwischen Schwebedichte und Guanosin-Cytosin-Gehalt bei der Sedimentation von DNA-Molekülen. Nachteil: Die Löslichkeitsgrenze liegt bei einer Dichte von 1,9 g ml^{-1}, daher weniger gut für RNA geeignet.

Cäsiumsulfat bildet einen doppelt so steilen Gradienten wie das Chlorid und erlaubt somit die Trennung von DNA-Molekülen mit sehr unterschiedlichen Dichten. Die DNA-Moleküle sind in einer Cäsiumsulfat-Lösung wesentlich stärker hydratisiert als in Cäsiumchlorid-Lösungen, wodurch die Schwebedichten von 1,7 g ml^{-1} im Cäsiumchlorid-Gradienten auf 1,4 g ml^{-1} im Cäsiumsulfat-Gradienten reduziert werden. Vorteil: Eignung für einzelsträngige RNA-Moleküle und für jede doppelsträngige RNA- und RNA-DNA-Hybride. Nachteil: Präzipitation bestimmter einzelsträngiger RNA-Moleküle.

Tabelle 1.18 Dichtegradienten-Medien und ihre Eigenschaften

Material	Molmasse ($g\ mol^{-1}$)	Max. Dichte ($g\ cm^{-3}$)	Ionenstärke	Viskosität[a)]	Osmolarität	Anwendung
Anorganische Salze						
Cäsiumchlorid	169	1,9	hoch	+	hoch	Nukleinsäuren
Cäsiumsulfat	362	2,0	hoch	+	hoch	Nukleinsäuren
C_sTFA[b)]	246	2,6	hoch	+	hoch	Nukleinsäuren
Rubidiumchlorid	121	1,5	hoch	+	hoch	Proteine
Natriumbromid	103	1,5	hoch	+	hoch	Lipoproteine
Natriumjodid	150	1,9	hoch	+	hoch	Nukleinsäuren
Osmotische Verbindungen						
Saccharose	342	1,3	nichionisch	++	mäßig	sehr viele
Sorbit	182	1,26	nichtionisch	++	mäßig	Zellen und Membranen
Glyzerin	92	1,26	nichtionisch	+++	hoch	Membranen, Proteine
Iodierte Verbindungen						
Urografin	614	1,45	mäßig	+	mäßig	Zellen
Metrisamid	789	1,46	nichtionisch	++	niedrig	viele
Nycodenz	821	1,45	nichtionisch	++	niedrig	viele
Polymere Verbindungen						
Ficoll	400.000	1,23	nichtionisch	+++	niedrig	Membranen u. Zellen
Dextran	50–500.000	1,05	nichtionisch	+++	niedrig	Membranen u. Zellen
Rinderserumalbumin (BSA)	69.000	1,12	niedrig	+++	niedrig	Zellen
Kolloides Kieselgel						
Ludox	–	1,2	niedrig	+	niedrig	Zellen
Percoll	–	1,23	niedrig	+	niedrig	Zellen u. Organellen

a) Es ist schwierig, genaue Zahlen für die Viskosität von vielen verdichteten Lösungen festzulegen.
b) CsTFA Cäsiumtrifluoracetat; Warenzeichen von Phyarmacia Biosystems AB.
+ Hinweise für eine Dichte, die der von Wasser sehr nahe kommt.
++ Dichte mit einer gleichen Viskosität wie Ficoll oder ähnlicher Konzentration.
+++ Eine Lösung mit ähnlicher Viskosität wie dieselbe Konzentration.

Ein praktisches Problem bei der Verwendung von Cäsium-Salzen für die Gradienten-Zentrifugation ist die Kontamination der Salze mit UV-absorbierenden Substanzen. Dadurch wird die Bestimmung der Nucleinsäuren bei 260 nm ausgeschlossen. Optisch reine Substanzen sind relativ teuer.

Kombinierte Gradienten: Die beschriebenen Verbindungen können allein oder in Kombination mit anderen Substanzen zur Herstellung von Gradienten verwendet werden. Hierzu zählen auch die isoosmotischen Gradienten, welche über den ganzen Gradientenbereich einen konstanten osmotischen Wert besitzen. Sie sind unentbehrlich für die Fraktionierung von Zellen und Organellen. Ein isoosmotischer Gradient kann durch Zusatz eines Osmoregulators (Natriumchlorid, Glucose) zu einem selbstformenden Percoll-Gradienten einfach hergestellt werden.

- *Einfluß des Gradientenmaterials auf die Trennung*: Die Zusammensetzung der Gradienten beeinflußt die Auftrennung sehr stark. So haben z. B. bei der isopyknischen Zentrifugation in einem isoosmotischen Glycogen/Saccharose-Gradient (durchgehend 0,5 mol l^{-1} Saccharose) die Peroxisomen (Leitenzym: Katalase) eine niedrigere Schwebedichte als Mitochondrien (Leitenzym: Cytochrom-c-Oxidase). Im Fall des Sacharose/Wasser-Gradienten sind die Peroxisomen aber deutlich dichter als die Mitochondrien.

  Auch bei Änderung der Ionenkonzentration können derartige Veränderungen auftreten. Während sich z.B. in einem linearen Gradienten von 33–60% Saccharose Mitochondrien, Proplastiden und Glyoxysomen gut trennen lassen, binden die Glyoxysomen bei Anwesenheit von Kaliumchlorid in millimolaren Konzentrationen nun mit den Proplastiden. Wenn die Ionenstärke weiter ansteigt, fällt die Dichte der Glyoxysomen auf einen Wert, der nahe bei dem der Mitochondrien liegt.

  Diese Einflüsse müssen beachtet werden, ehe man die Schlußfolgerung zieht, daß zwei Organellen oder ihre Marker-Enzyme bei der gleichen Dichte sedimentieren. Die gleichen Überlegungen gelten auch in etwas abgewandelter Form für die Dichtegradienten-Differentialzentrifugation.

- Herstellung der Gradienten:
  Lineare Gradienten werden erhalten durch
  - Diffusion, wobei es ausreicht, zwei Lösungen unterschiedlicher Dichte in einem Zentrifugenbecher übereinander zu schichten. Innerhalb von 24 Stunden bildet sich dann ein nahezu linearer Gradient aus. Dieses Vorgehen ist nur bei schnell diffundierenden Substanzen möglich (z.B. Alkalimetalle).
  - Benutzung eines Gradientenformers. Dieser besteht aus einem Reservoir und einer Mischkammer mit einem Ausfluß und einem Rührer. Um das dichte Ende des Gradienten zuerst herzustellen, wird die dichtere Lösung bei geschlossenem Ausfluß und geschlossener Verbindung zum Reservoir in die Mischkammer gefüllt. Mit einem gleich schweren Aliquot der leichteren Lösung wird das Reservoir gefüllt. Nach Öffnen des Ausflusses und der Verbindung zwischen Reservoir und Mischkammer fließt der Gradient in das Zentrifugenröhrchen (Bild 1.49).

Stufengradienten, auch als diskontinuierliche Gradienten bezeichnet, werden duch vorsichtiges Übereinanderschichten verschieden dichter Lösungen im Zentrifugenröhrchen erhalten, wobei mit der dichten Lösung zu beginnen ist. Stufengradienten sollen sofort

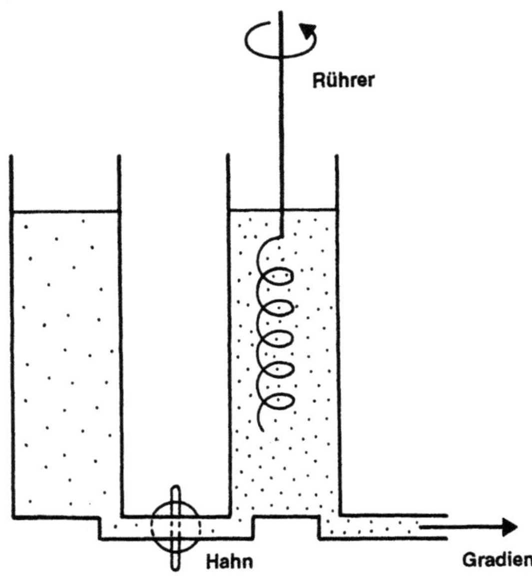

Bild 1.49 Gerät zur Herstellung linearer Gradienten. In dieser Anordnung wird das dichte Ende des Gradienten zuerst entnommen und in das schräg gestellte Zentrifugenröhrchen von oben eingepumpt.

verwendet werden, es sei denn, eine Abrundung der scharfen Kanten ist erwünscht. Dann wird eine Wartezeit von 2 Stunden eingehalten.

Exponentielle Gradienten werden durch ein Gerät nach Bild 1.50 gebildet.

Selbstformende Gradienten: Da das Gradientenmaterial dichter als das Lösungsmittel Wasser sind, sedimentiert es während der Zentrifugation. Im Falle der Saccharose kann dieser Vorgang vernachlässigt werden. Im Falle der Alkalimetalle jedoch findet eine signifikante Sedimentation statt, da diese Substanzen sehr dicht sind und für die Nukleinsäuren lange Sedimentationszeiten benötigt werden. Ähnliches gilt für iodierte Gradientenmedien. Bei Percoll (kolloidales Kieselgel mit Partikeln von 15 nm Durchmesser) findet bereits in niedrigen Schwerefeldern (10 bis 30.000 g) innerhalb einer halben Stunde eine völlige Sedimentierung dieses Materials statt.

- *Wahl der Gradientenform*: Die Steigung des Gradienten ist an das Trennproblem anzupassen. Hinweise dazu erhält man z.B. durch sog. S-ρ-Diagramme (Bild 1.51).

  Die Auswahl eines geeigneten Gradientenprofils verbessert die Trennungen wesentlich. Zur Veranschaulichung zeigt Bild 1.52a die Auftrennung von Mitochondrien (d = 1,19 g cm^{-3}), Proplastiden (d = 1,23 g cm^{-3}) und Glyoxysomen (d = 1,25 g cm^{-3}) auf einem linearen Gradienten durch isopyknische Zentrifugation. Aus dieser Trennung kann ein Stufengradient abgeleitet werden mit Zuckerkonzentrationen von 57% für Glyoxysomen, 50 % für Proplastiden und 44 % für Mitochondrien (Bild 1.52b). Diese Konzentrationen sind die höchsten Werte, die bei der Sedimentation der einzelnen Teilchen beobachtet werden. Während der Zentrifugation passieren alle Organellen außer den Mitochondrien schnell die Stufe mit der niedrigsten Dichte. Die Mitochondrien sedimentieren zwar durch die 33%ige Lösung, können aber nicht in die 44%ige Lösung eindringen. In der gleichen Weise werden die Proplastiden und Glyoxysomen durch die 50%ige bzw. 57%ige Zucker-Lösung zurückgehalten. Diese Methode liefert schmale Organellen-Banden und vergrößert dadurch die Kapazität des Gradienten.

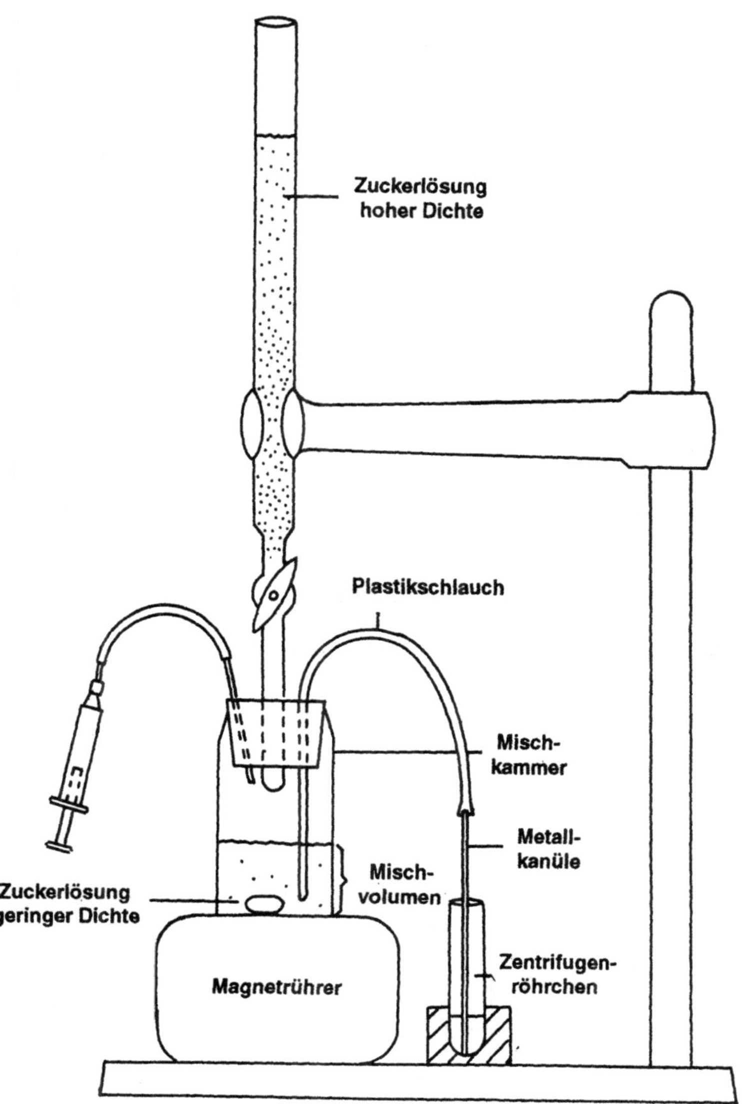

Bild 1.50 Gerät zur Herstellung von exponentiellen Gradienten. Diese Anordnung kann exponentielle Gradienten verschiedenster Art liefern. Das Mischvolumen ist durch die angeschlossene Spritze veränderbar (siehe bei Rickwood, 1992).

Es muß jedoch betont werden, daß alle Mitochondrien, die in die 44%ige Lösung eindringen, bis zur nächsten Stufe weiterwandern und so die Proplastiden-Fraktion verunreinigen. Es ist daher wichtig, die Konzentrationen der Lösungen so zu wählen, daß eine solche Kontamination möglichst gering gehalten wird. Vor der routinemäßigen Anwendung der Methode sollte die wechselseitige Verunreinigung der einzelnen isolierten Fraktionen bestimmt werden.

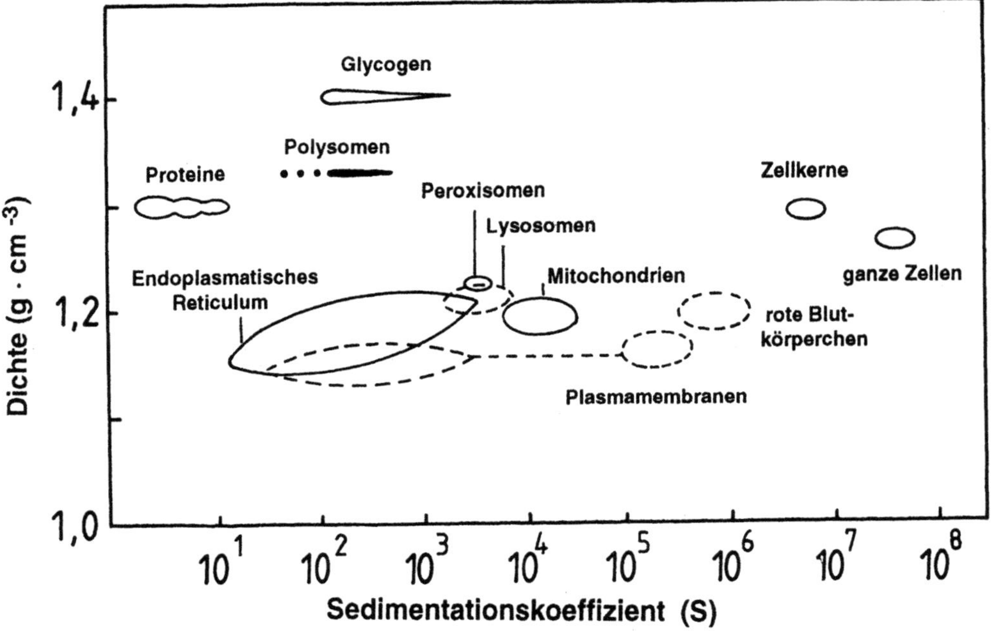

Bild 1.51 Sedimentationskoeffizienten-Dichte (s-ρ)-Diagramm für Rattenleber: Das Diagramm zeigt die Verteilung der Komponenten eines Homogenats aus Rattenleber.

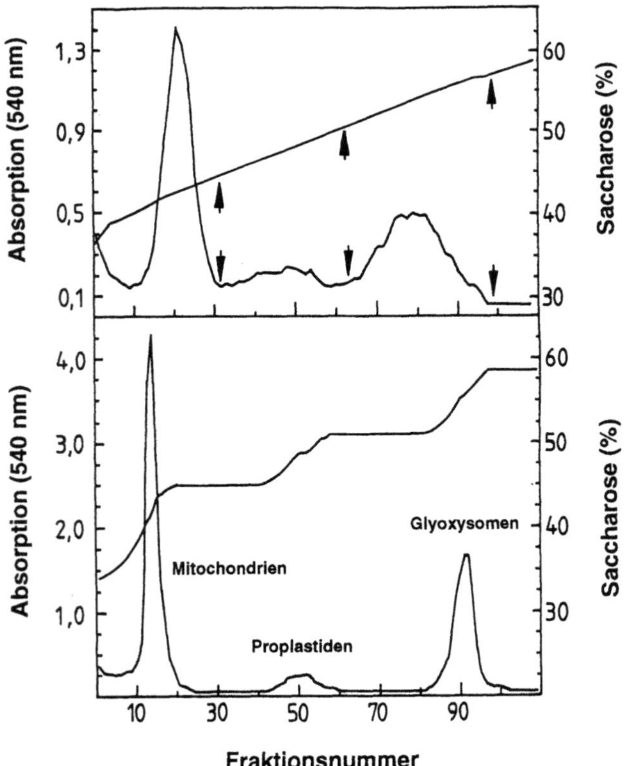

Bild 1.52 Proteinverteilung nach isopyknischer Zentrifugation eines Extraktes aus Rhizinuskeimlingen auf einem linearen (a) und einem gestuften (b) Saccharosegradienten. Die Pfeile in (a) zeigen die richtige Auswahl für Größe und Dichte der Stufen für (b) an.

1.4.3.2 Geräte

Moderne Geräte bestehen aus vier Funktionseinheiten: Antrieb, Temperatur-Kontrolle, Vakuumsystem und Rotor (Bild 1.53).

- Antrieb

  Als *Antrieb* der konventionellen Geräte dient ein wassergekühlter Elektromotor, der mit der Rotorspindel durch ein Präzisionsgetriebe verbunden ist. Die Verwendung von frequenzgesteuerten Induktionsmotoren und der Wegfall des Getriebes in modernen Maschinen bedeuten einen nahezu verschleißfreien Antrieb. Weiterhin sind Turbinenantriebe im Einsatz. Dabei werden Ölturbinen für die Standardvolumina verwendet und Luftturbinen für Mikro-Ultrazentrifugen.

  Die *Antriebswelle* hat einen Durchmesser von knapp 5 mm. Wegen dieser Abmessung ist die Welle während der Rotation flexibel und kann geringe Unwuchten des Rotors ohne Vibration oder Zerstörung der Spindel ausgleichen.

  Das *Unwucht-Detektionssystem* muß aus Sicherheitsgründen sehr zuverlässig arbeiten. Es erkennt seitliche Auslenkungen der Rotorspindel und schaltet bei Bedarf den Antrieb ab.

  Eine sehr präzise *Drehzahlkontrolle* ist notwendig. Durch den Einsatz von Mikroprozessoren können der zeitliche Ablauf und die Parameter der Zentrifugation vorprogrammiert werden.

  Eine *Drehzahlbegrenzung* muß verhindern, daß ein Rotor mit zu hohen Geschwindigkeiten gefahren wird. Ein Überdrehen kann zum Auseinanderbrechen oder zur Explosion des Rotors führen. Aus diesem Grund ist die Rotorkammer mit schweren Panzerplatten umgeben, die einer möglichen Explosion standhalten müssen. Die Drehzahlbegrenzung benutzt einen am Boden des Rotors angebrachten Ring mit abwechselnd reflektierender und nichtreflektierender Oberfläche. Das Licht einer im Boden der Rotorkammer eingesetzten punktförmigen Lichtquelle wird von den reflektierenden Teilen des Ringes auf eine Photozelle zurückgestrahlt. Während der Rotation erhält die Photozelle ein pulsierendes Signal, dessen Frequenz eine direkte Funktion der Rotordrehzahl ist. Übersteigt die Frequenz den zulässigen Höchstwert, so wird die Zentrifuge automatisch abgeschaltet.

- Temperatur-Kontrolle

  Das Temperatur-Kontrollsystem einer Ultrazentrifuge ist komplizierter und genauer als bei einer hochtourigen Zentrifuge. Ein empfindlicher Infrarot-Sensor unterhalb des Rotors mißt kontinuierlich und direkt dessen Temperatur. Die Leistung der Kühlmaschine ist aufgrund des Hochvakuums in der Rotorkammer niedriger, deshalb ist auch eine Temperaturregelung durch Peltier-Elemente möglich.

- Vakuum

  Ein wichtiger Unterschied zwischen einer hochtourigen Zentrifuge und einer Ultrazentrifuge liegt im Vakuumsystem. Bei Geschwindigkeiten unterhalb von 20.000 rpm wird durch die Reibung zwischen dem sich drehenden Rotor und der umgebenden Luft relativ wenig Hitze erzeugt. Um die Reibungswärme bei höheren Drehzahlen auszuschalten, wird die Rotorkammer luftdicht verschlossen und durch zwei Pumpensysteme evakuiert. Die erste Pumpe ist eine normale mechanische Drehschieber-Vakuumpumpe, welche ein

a)

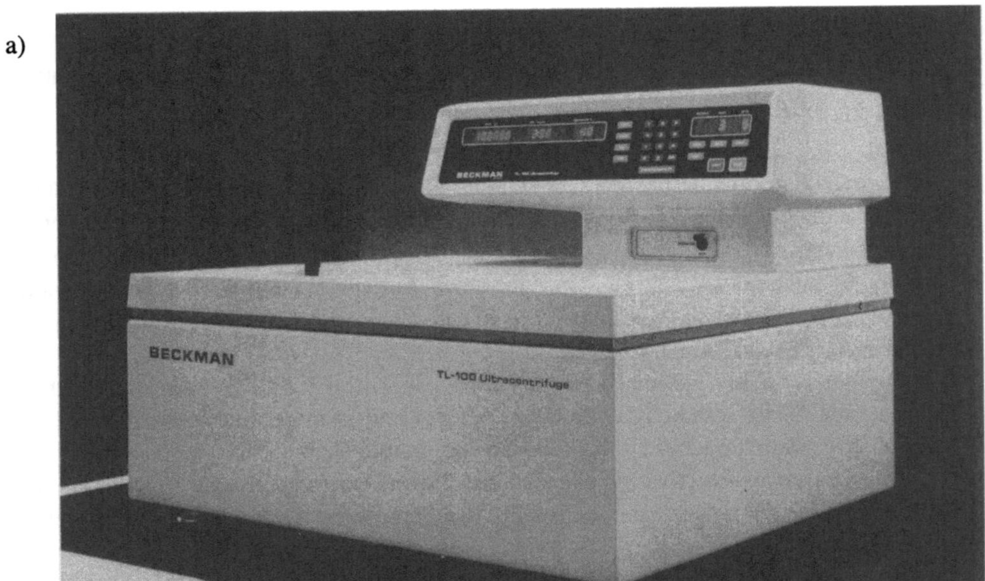

b)

Bild 1.53 Ultrazentrifugen: a) Tisch-Ultrazentrifuge (Beckmann TL100); b) Präparative Ultrazentrifuge (Beckmann L7-55)

Vakuum bis zu 200 Pa erzeugen kann. Wenn der Druck in der Kammer bis auf 10^4 Pa abgefallen ist, schaltet sich eine wassergekühlte Öl-Diffusionspumpe dazu. Beide Pumpen zusammen können ein Vakuum von 100 Pa aufrechterhalten. Diese Verhältnisse gelten für konventionelle Ultrazentrifugen mit Elektromotor und Getriebe außerhalb des Vakuum-Systems. Bei Geräten mit Induktionsmotor im Vakkuumsystem liegen die Werte um den Faktor 100 niedriger.

- Rotoren

  Es sind sehr unterschiedliche Rotortypen in Verwendung, nämlich Ausschwing-, Festwinkel-, Vertikal- und Zonal-Rotoren (Bild 1.54). Für niedrige bis mittlere Geschwindigkeiten werden sie aus Aluminiumlegierungen hergestellt, sonst aus Titan oder Kohlefaser.

a)

b)

c)

Bild 1.54 Rotortypen für die Ultrazentrifugation: a) Ausschwingrotoren (Bildmitte und hinten), Vertikalrotor aus Titan (vorne links), Winkelrotoren aus Titan (rechte Seite und Mitte links); b) Vertikalrotoren aus Carbonfaser und Winkelrotor; c) Zonalrotor

Festwinkel-Rotoren bestehen aus einem Metallblock, in dem sich 6–12 Bohrungen in einem Winkel von 20–45° zur Rotationsachse befinden. Sie können bis 600.000 g betrieben werden und besitzen K-Faktoren unter 30. Diese Rotoren werden meist zur vollständigen Sedimentierung verwendet, denn die Partikeln erreichen schnell die äußere Röhrchenwand, gleiten an dieser herab und pelletieren am Boden (Bild 1.55). Sie sind:

- Nicht geeignet für „rate-zonal"-Trennungen bei Partikeln mit s-Werten über 10.
- Gut geeignet für isopyknische Trennungen, jedoch mit Ausnahme von großen Partikeln wie Kernen oder Mitochondrien.
- Geeignet füt größere Probenmengen, da die Kapazität der Gradienten von dem Durchtrittsquerschnitt abhängt, welcher während des Laufes durch die Umorientierung des Gradienten vergrößert ist.

Ein *Ausschwing-Rotor* (Bild 1.56) besitzt 3–6 Halterungen, an welche die Gehänge mit den Zentrifugröhrchen angehängt werden. Diese Becher (buckets) hängen frei beweglich und haben in der Ruhestellung eine vertikale Lage. Durch die Zentrifugalbeschleunigung während des Laufes schwingen sie in einen Winkel von 90° aus, so daß sie sich in horizontaler Lage befinden. Diese Rotoren wurden für unvollständige Sedimentation in einem Gradienten konstruiert. Der Vorteil dieser Rotoren ist, daß der Gradient während der Zentrifugation in eine waagerechte Position gebracht wird. So bewegt sich das sedimentierende Material in Form von geraden Banden durch das Röhrchen und nicht, wie in den Festwinkel-Rotoren, in einem bestimmten Winkel. Der Inhalt des Röhrchens in einem Ausschwing-Rotor wird nach Beendigung der Zentrifugation nicht umgeschichtet, wie es bei einem Festwinkel-Rotor der Fall ist. Sie sind:

- Gut geeignet für „rate-zonal"-Trennungen im Saccharose-Dichtegradienten
- Gut geeignet für isopyknische Trennungen, allerdings mit kleinerer Probenkapazität als bei Winkelrotoren. Die Banden bei Trennungen von Zellorganellen sind wesentlich schärfer.
- Geeignet für Pelletierung sehr kleiner Substanzmengen im µg-Bereich (Pellet im Zentrum des Bodens!).

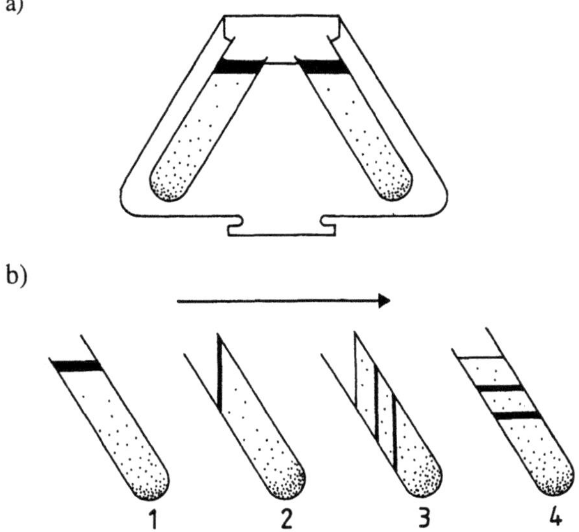

Bild 1.55 Der Trennvorgang im Festwinkelrotor: a) Schnitt durch einen Festwinkelrotor mit eingesetzten Röhrchen und eingefülltem, vorgeformten Dichtegradienten sowie aufpipettierter Probe. Der unbedingt notwendige Röhrchenverschluß ist hier nicht gezeichnet. b) 1: Gradient mit aufgebrachter Probe vor dem Start; 2: Reorientierung des Gradienten mit Probe während der Beschleunigungsphase; 3: Ausbildung von Banden während des Laufes; 4: vollständig reorientierter Gradient mit den getrennten Banden nach Rotorstillstand

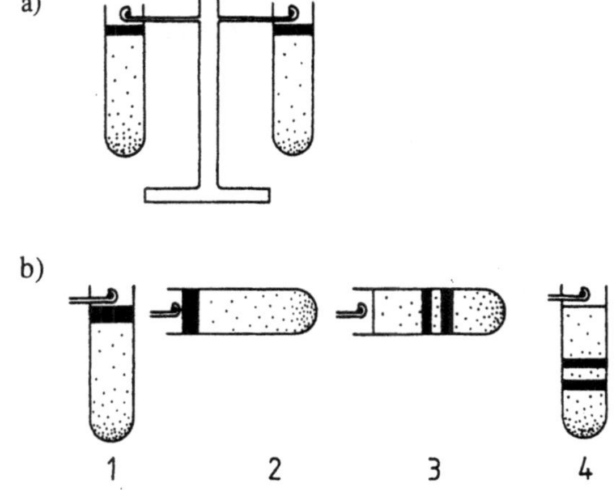

Bild 1.56 Der Trennvorgang im Ausschwingrotor: a) Schnitt durch einen Ausschwing-Rotor mit eingesetzten Röhrchen und eingefülltem, vorgeformten Dichtegradienten sowie aufpipettierter Probe. Ein Röhrchenverschluß ist nicht notwendig. b) 1: Gradient mit aufgebrachter Probe vor dem Start; die Schwingbecher hängen nach unten; 2: Reorientierung der Schwingbecher in horizontale Lage während der Beschleunigungsphase; 3: Ausbildung von Banden während des Laufes; 4: vollständig reorientierte Schwingbecher in senkrechter Position mit den getrennten Banden nach Rotorstillstand

Vertikalrotoren (Bild 1.57) können als Winkelrotoren mit extrem kleinem Winkel angesehen werden. Sie sind gut für isopyknische und „rate-zonal"-Läufe geeignet und besitzen die kleinsten K-Faktoren. Sie können deshalb auch in Hochgeschwindigkeits-Laborzentrifugen eingesetzt werden. Die Probleme der Umorientierung des Gradienten bei 800 rpm können durch die Programmierung der Anlauf- und Bremszeiten ausgeschaltet werden.

Zonal-Rotoren (Bild 1.58) wurden für größere Probenmengen konstruiert und können für alle Zentrifugationsmethoden verwendet werden. Es gibt Batch-Rotoren und Durchflußrotoren. Die Beladung kann während des Laufes erfolgen oder stationär. Zur Anwendung siehe bei Rickwood, 1992.

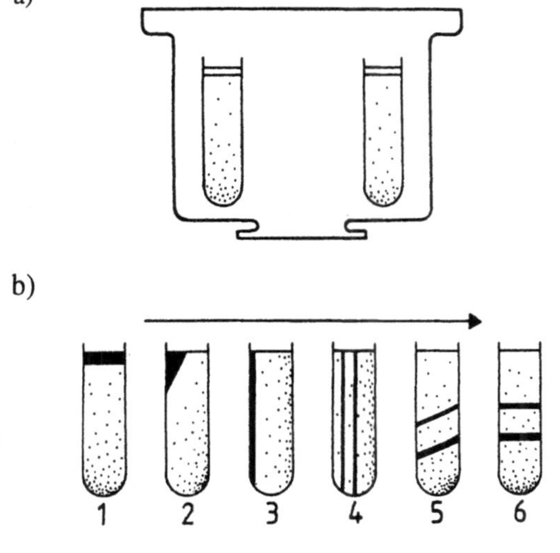

Bild 1.57 Der Trennvorgang im Vertikalrotor a) Schnitt durch einen Vertikalrotor mit eingesetzten Röhrchen und eingefülltem, vorgeformten Dichtegradienten sowie aufpipettierter Probe. Der unbedingt notwendige Röhrchenverschluß ist nicht gezeichnet. b) 1: Gradient mit aufgebrachter Probe vor dem Start; 2: beginnende Reorientierung des Gradienten mit Probe während der Beschleunigungsphase; 3: vollständige Reorientierung des Gradienten mit Probe; 4: Ausbildung von Banden während des Laufes; 5: Reorientierung des Gradienten mit den getrennten Probenkomponenten während der Abbremsphase; 6: vollständig reorientierter Gradient mit den getrennten Banden nach Rotorstillstand

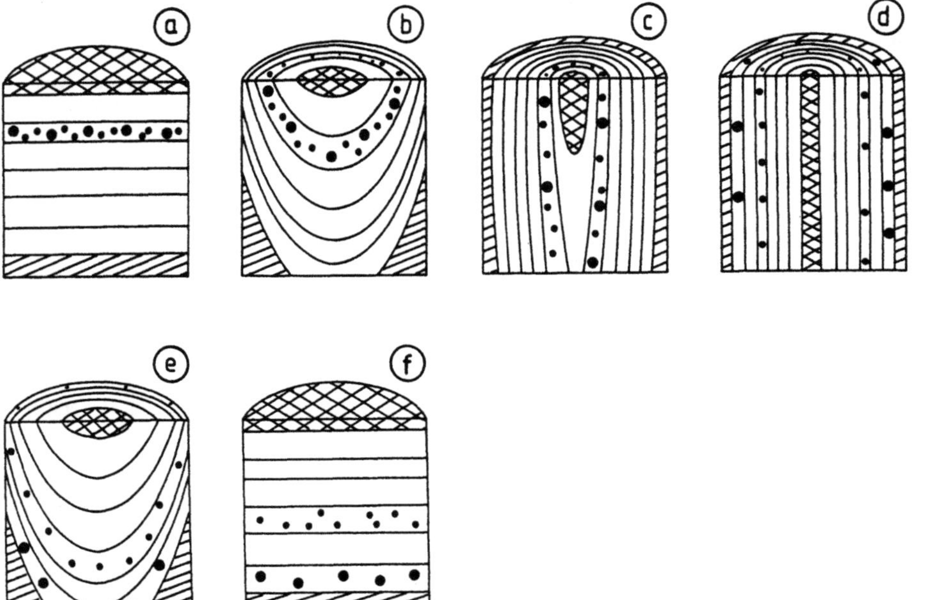

Bild 1.58 Der Trennvorgang im reorientierenden Zonalrotor (Reograd) a) Zonalrotor im Stillstand. Die einzelnen Stufen des Gradienten wurden jeweils durch Überschichten der dichteren Stufe eingefüllt, die Probe wurde eingepumpt und der Rotor dann vollständig gefüllt. b) Reorientierung des Gradienten mit der Probenzone in der Anfangsphase der Beschleunigung. c) Nahezu vollständige Umlagerung des Gradienten mit Probe gegen Ende der Beschleunigungsphase. d) Vollständige Reorientierung des Gradienten und Ausbildung von Substanzbanden während des Laufes. e) Rückorientierung des Gradienten mit den getrennten Probenkomponenten während der Abbremsphase. f) Vollständig reorientierter Gradient mit den getrennten Banden nach Rotorstillstand

1.4.3.3 Vorbereitung

Gelegentlich wird empfohlen, die Proben nur zu homogenisieren und die Homogenate direkt zu zentrifugieren. Dabei entstehen jedoch gravierende Einschränkungen bei der Beladung des Gradienten hinsichtlich der Probenmenge, wodurch u.U. die getrennten Substanzen nicht mehr zu detektieren sind. Wird andererseits eine differenzielle Pelletierung zur Probenreinigung vorgenommen, so steigt das Risiko, daß pelletierte Organelle oder Zellen aggregieren oder beim Resuspendieren aufbrechen.

1.4.3.4 Materialien

Zur isopyknischen Dichtegradientenzentrifugation von Zellmembranen werden benötigt:

- Gereinigtes Zellhomogenat aus Koleptilen von *Zea mays* L (siehe Abschnitt 1.4.2)
- Suspensionsmedium, bestehend aus HEPES/Tris Puffer (10 mmol l^{-1}, pH = 7,0) und Saccharose (300 mmol l^{-1})
- Gradientenmedium, bestehend aus HEPES/Tris Puffer (10 mmol l^{-1}, pH = 7,0) und DTT (1 mmol l^{-1}). Die Saccharosekonzentration reicht von 15 bis zu 45% (w/w).

1.4.3.5 Durchführung

Die Isolierung von Membranfraktionen auf einem linearen Saccharose-Dichtegradienten durch isopyknische Zentrifugation in einem Ausschwingrotor (Beckman SW28) verläuft in folgenden Schritten:

- Die Zucker-Lösungen für den linearen Gradienten werden durch Zugabe der entsprechenden Menge an Saccharose zum Gradientenmedium hergestellt. Die Saccharose-Konzentration wird besser mit einem Refraktometer und nicht durch Auswägen bestimmt.
- Als „Kissen" für den linearen Gradienten werden 2 ml 45%ige Zucker-Lösung in das Zentrifugenröhrchen gegeben (SW 28 Rotor).
- Mit einem Gradientenmischer (Bild 1.50) wird ein linearer Saccharose-Dichtegradient von 15% bis 45% und einem Gesamtvolumen von 26 ml hergestellt und auf dem Kissen im Zentrifugenröhrchen aufgebaut.
- Der Gradient wird mit 10 ml des Überstandes der differentiellen Zentrifugation bei 10.000 g überschichtet. Dabei ist darauf zu achten, daß eine Saccharosekonzentration von 10 % nicht überschritten wird.
- Wichtig ist, daß alle Zentrifugenröhrchen voll sind und exakt das gleiche Gewicht haben. Dazu werden die Röhrchen in die Metallbecher des Rotors eingesetzt und auf einer Waage auf ± 20 mg Abweichung tariert.
- Die Becher werden in den Rotorkopf eingesetzt. Generell müssen bei einem Ausschwingrotor alle Positionen besetzt werden. Gegebenenfalls sind sog. „leere Gradienten" zu verwenden, bei denen die Probe durch destilliertes Wasser ersetzt ist.
- Die Zentrifugations-Geschwindigkeit und -Dauer, sowie weitere Parameter (Beschleunigungs- und Abbremszeit, Temperatur) werden entsprechend den Angaben des Herstellers eingestellt. Im vorliegenden Fall wird 15 Stunden bei 2 °C mit 28.000 rpm zentrifugiert. Dies entspricht einer RZB von 110.000 g
- Nach Beendigung der Zentrifugation sollte der Gradient so bald wie möglich für die Auswertung fraktioniert werden:

Wenn die Präparation zur Bestimmung der *Enzym-Verteilung* verwendet werden soll, wird durch Anstechen des Röhrchens und Auffangen von je 40 Tropfen pro Röhrchen fraktioniert. Bild 1.59 zeigt ein nach dieser Methode erhaltenes Profil.

Für eine quantitative Bestimmung der *Enzym-Aktivitäten* wird der gesamte Bereich der Membranbanden des Gradienten in einem einzigen Röhrchen gepoolt. Durch sorgfältiges Vermischen wird eine homogene Lösung hergestellt, deren Volumen gemessen wird.

1.4.3.6 Auswertung

- *Photographie*
  Bei Verwendung von voll transparenten Zentrifugenröhrchen können vor der Fraktionierung Photographien angefertigt werden.
- *Fraktionierung des Gradienten*
  Nach der Auftrennung verschiedener Moleküle oder Organellen in einem Dichtegradienten müssen die einzelnen Komponenten isoliert werden. Dazu stehen mehrere Methoden zur Verfügung (Bild 1.60):

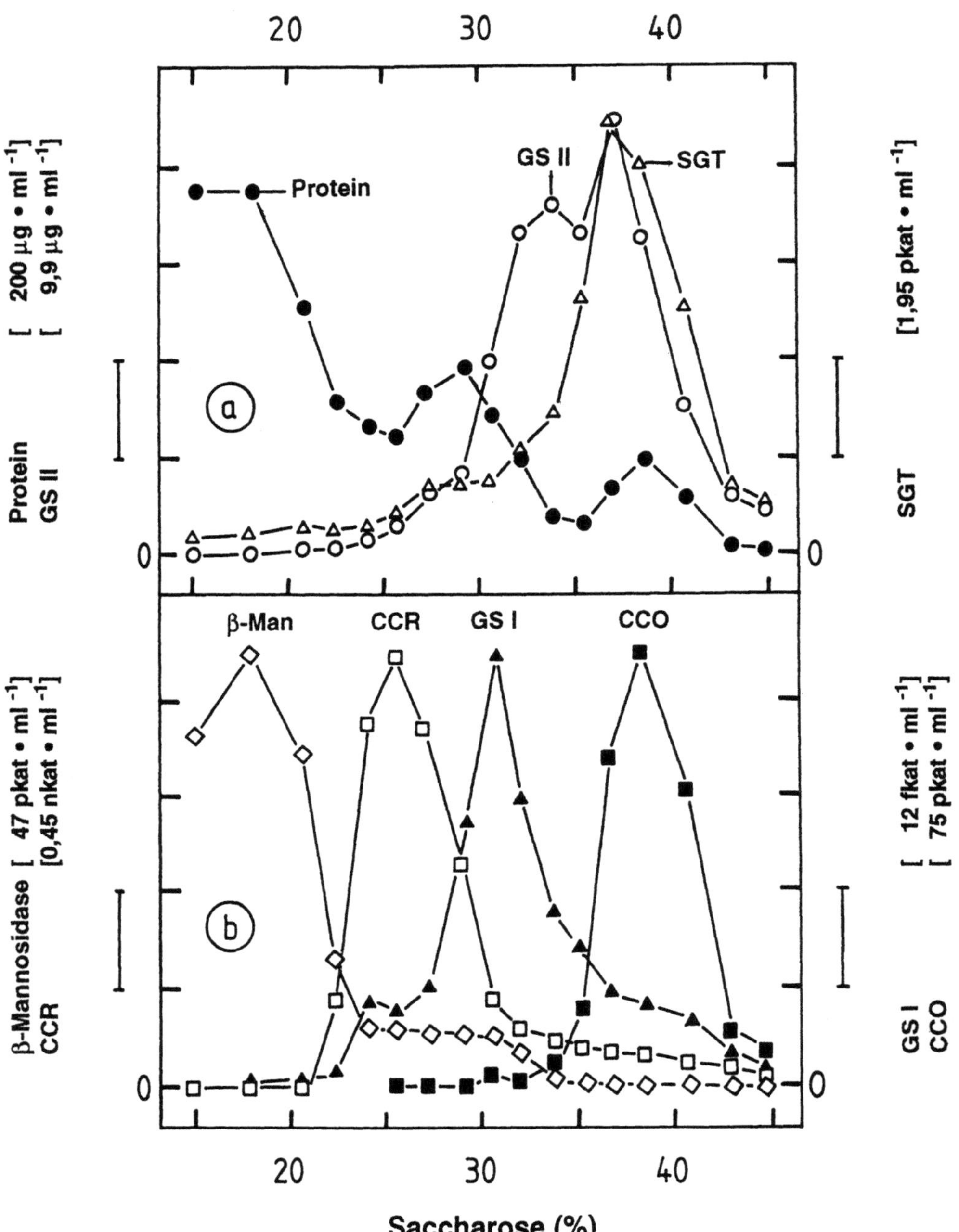

Bild 1.59 Verteilung von mikrosomalen Membranen (6000 g Überstand aus einer Hochgeschwindigkeitszentrifugation) in einem linearen isopyknischen Saccharose-Dichtegradienten. Die Charakterisierung der einzelnen Fraktionen erfolgte durch biochemische Marker. Markerenzyme: CCR: Cytochrom-c Reduktase für endoplasmatisches Retikulum; CCO: Cytochrom-c Oxidase für Mitochondrien; GSI: Glucansynthetase I für Golgi Apparat; GSII: Glucansynthetase II für Plasmalemma; ß-Man: ß-Mannosidase für Vakuolen; SGT: UDPG-Sterol-ß-D-Glucosyltransferase für Plasmalemma

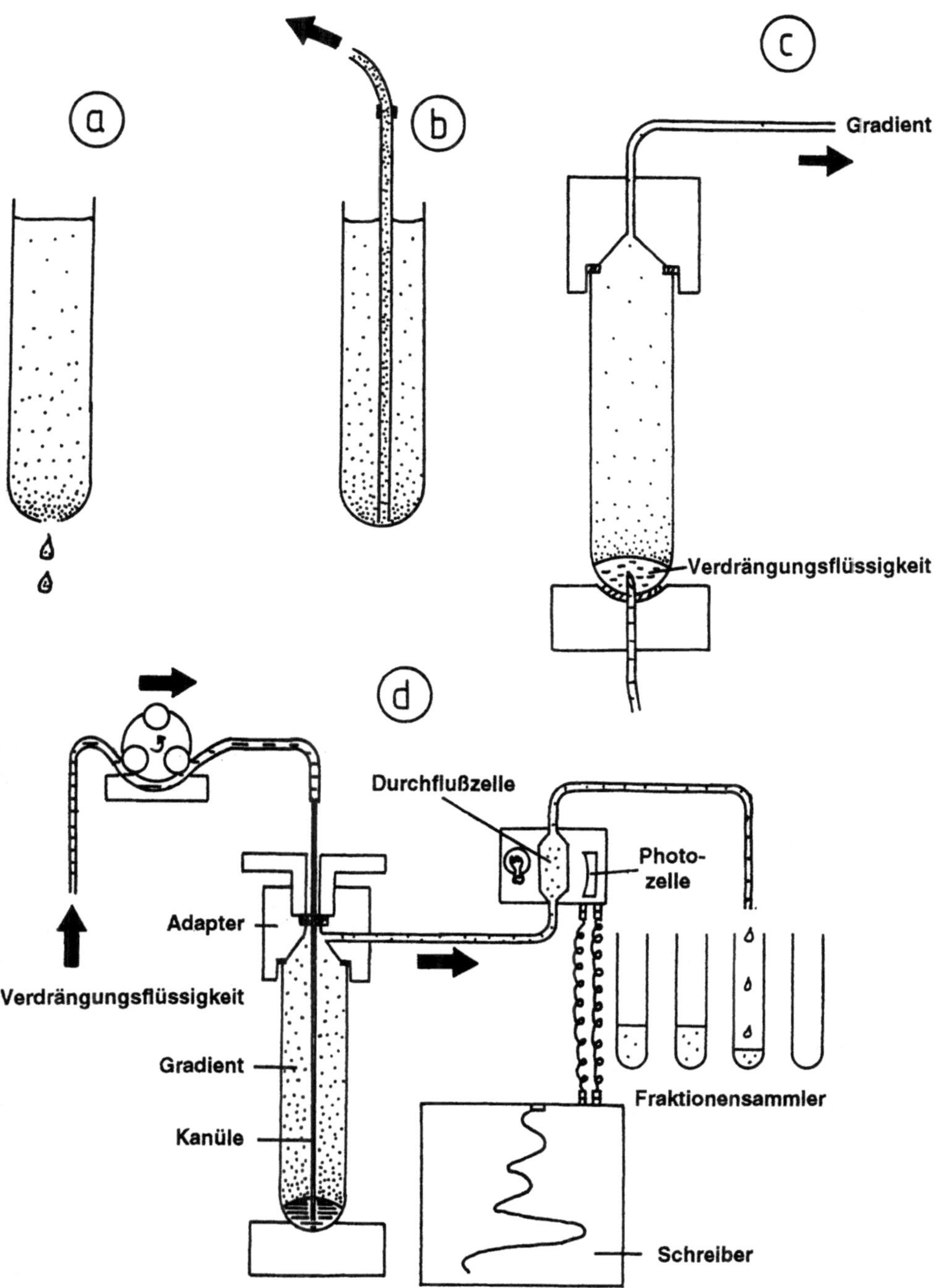

Bild 1.60 Methoden zur Gradienten-Entnahme nach der Zentrifugation: a) Direktes Anstechen des Bodens des Zentrifugenröhrchens; b) Abpumpen des Gradienten durch eine bis auf den Boden des Zentrifugenröhrchens abgesenkte Kanüle; c) Gradientenentnahme durch Verdrängung: Das Zentrifugenröhrchen wird nach oben durch einen aufgesetzten Adapter entleert, indem eine sehr dichte Lösung durch den angestochenen Boden des Röhrchens eingepumpt wird.

- *Direkte Entnahme* ist angebracht, wenn nur eine Bande benötigt wird, die zudem auch gut sichtbar ist. Hierzu dient eine Pasteurpipette mit Gummihütchen.
- *Anstechen* des Zentrifugenröhrchens am Boden: Dazu wird mit einer Nadel ein kleines Loch in den Boden des Zentrifugenröhrchens gestochen. Der Inhalt tropft dann aus, oder er wird mit einer peristaltischen Pumpe herausgesaugt.
- *Verdrängen* des Gradienten: Dazu wird das Zentrifugenröhrchen mit einer Kappe verschlossen, durch die ein schmales Glas- oder Plastikröhrchen bis zum Boden des Röhrchens geführt wird. Anschließend wird eine Lösung, die eine größere Dichte besitzt als die maximale Dichte des Gradienten, auf den Boden des Röhrchens gepumpt. Das Einpumpen der Lösung kann auch durch eine in den Boden des Röhrchens gestochene Nadel erfolgen. Dabei wird der Inhalt des Zentrifugenröhrchens durch ein Loch in der Kappe herausgedrückt. Die austretende Lösung wird in einem Fraktionensammler aufgefangen. Die Kappe des Zentrifugenröhrchens muß sich nach oben verjüngen, um den Querschnitt des Röhrchens langsam auf den des Schlauches zu verringern und die Vermischung möglichst gering zu halten. Während der Fraktionierung kann mit einem Durchflußmonitor z.B. der Proteingehalt o.ä. aufgezeichnet werden.

  Wünschenswert wäre es, wenn jedes Teströhrchen oder jede Fraktion das gleiche Volumen besitzen würde, dies ist jedoch leider meist nicht der Fall. Die Tropfen am leichten Ende des Gradienten sind auch am wenigsten viskos und haben deswegen eine kleinere Oberflächenspannung als die Tropfen des dichten Gradienten-Bereichs. Da die Größe der Tropfen, die sich am Schlauchausgang bilden, eine Funktion der Oberflächenspannung ist, werden die Tropfen vom oberen Ende des Gradienten kleiner sein als die Tropfen am Gradienten-Maximum. Bei genaueren quantitativen Bestimmungen muß dies durch entsprechende Korrekturen ausgeglichen werden.

  Nach der Fraktionierung des Gradienten in eine Reihe von Teströhrchen kann die Konzentration der zu untersuchenden Komponenten bestimmt werden. Im Fall der subzellulären Organellen geschieht die Bestimmung durch Lokalisierung der Aktivität bestimmter Marker-Enzyme. Organellen oder Moleküle, die keine leicht bestimmbaren Enzymaktivitäten besitzen, werden entweder durch spektroskopische Methoden oder durch radioaktive Markierung lokalisiert.

- *Bestimmung des Dichtegradienten-Profils*

  Obwohl das Gradientenprofil durch die Herstellungsweise ungefähr bekannt ist, muß das exakte Profil nach der Trennung durch Vermessung der einzelnen Fraktionen bestimmt werden.

  Bei der *refraktometrischen Bestimmung* geht man davon aus, daß die Konzentration und damit die Dichte der meisten Lösungen, die zum Aufbau eines Gradienten verwendet werden, proportional ihrem Brechungsindex ist. Dieser kann leicht mit einem Refraktometer nach Abbé bestimmt werden (siehe Geckeler/Eckstein). Dafür werden nur ca. 20 µl Lösung benötigt. Zur Dichteberechnung für reine Gradientenmedien sind umfangreiche Tabellenwerke vorhanden; bei kombinierten Gradienten ist der Zusammenhang zwischen Brechungsindex und Dichte durch Eichkurven zu ermitteln.

  Refraktometrie kann nur bei echten Lösungen angewendet werden, für kolloidale Kieselgelgradienten ist dieses Verfahren nicht brauchbar. Hierfür gibt es *Dichtemarkierungs-Kügelchen* in zehn verschiedenen Dichten (z.B. Pharmacia Biosystems), welche zur besseren Identifizierung farblich kodiert sind. Diese Kügelchen sind besonders für Percoll-Gradienten hilfreich.

- *Detektion der getrennten Komponenten*
  Bereits *während der Fraktionierung* kann mit Durchflußmonitoren die Verteilung von Substanzen im Dichtegradienten verfolgt werden. Hierbei sind sowohl die Absorption (z.B. Nukleinsäuren bei 260 nm, Chlorophyll bei 650 nm) als auch die Lichtstreuung (z.B. Plasmamembranen bei 540 nm) meßbar. *Nach der Fraktionierung* bieten sich folgende Verfahren an:
  - Licht- und Elektronenmikroskopie für Zellen und Organellen
  - Biochemische Identifizierung:
    Die *Proteinbestimmung* erfolgt nach der Methode von Bradford (1976): Die Proteine bilden mit Coomassie-Brillantblau 250G einen Komplex, dessen Absorption bei 595 nm gemessen wird. Das Reagenz besteht aus 65 mg Coomassie-Brilliantblau 250G, 50 ml Ethanol (96 %ig w/v) und 100 ml Phosphorsäure (85 %ig w/v). Nach dem Überführen der einzelnen Komponenten in einen Meßkolben wird mit dest. Wasser auf ein Endvolumen von 1000 ml aufgefüllt. Das Gemisch wird filtriert und im Kühlschrank (4 °C) aufbewahrt. Zur Proteinbestimmung werden 10 µl Probe und 1 ml Reagenz gemischt und bei Raumtemperatur 10 Minuten inkubiert. Zur Kalibrierung dient Rinderserum-Albumin (BSA).
    Leitenzyme: Neben der Bestimmung der mittleren Dichte der Fraktionen und der Bestimmung der Proteinkonzentration ist die Identifikation der Komponenten durch charakteristische Enzyme, den Marker-Enzymen oder Leitenzymen, wichtig. Die Gegenwart dieser Enzyme in einzelnen Membranfraktionen nach einer Zellfraktionierung gibt Aufschluß über den intrazellulären Ursprung der Fraktionen (Tabelle 1.19).

1.4.3.7 Testbedingungen:

Citrat-Synthetase: Die Reaktionsmischung enthält in einem Volumen von 1,3 ml: 80 mmol l^{-1} Tris/HCl (pH 8,0), 1,5 mmol l^{-1} 5,5'-Dithio-bis-2-nitrobenzoesäure, 8 mmol l^{-1} $MgCl_2$, 2,6 mmol l^{-1} Oxalacetat, 180 µmol l^{-1} Acetyl-CoA und zwischen 2 und 25 µg Protein. Die Bestimmung wird durch die Zugabe des Acetyl-CoA gestartet und bei 412 nm verfolgt. Zur Berechnung wird ein Wert von $1{,}3 \times 10^7$ cm^2 mol^{-1} als molarer Extinktionskoeffizient für den Dithiobisbenzoesäure/CoA-Komplex verwendet.

Malat-Dehydrogenase: Die Reaktionsmischung enthält in 1,4 ml: 70 mmol l^{-1} Phosphat-Puffer (pH 7,5), 3,4 mmol l^{-1} Dithiothreitol, 6,9 mmol l^{-1} $MgCl_2$, 250 µmol l^{-1} NADH und 1 bis 5 µg Protein. Die Reaktion wird durch Zugabe von 2,3 mmol l^{-1} Oxalacetat gestartet und bei 340 nm verfolgt.

Fumarase: Die Fumarase-Aktivität wird durch Umwandlung von Malat in Fumarat bestimmt. Die Reaktionsmischung enthält in 1,3 ml: 80 mmol l^{-1} Phosphat-Puffer (pH 7,5), 4 mmol l^{-1} Dithiothreitol und 2 bis 25 µg Protein. Die Reaktion wird mit 8 mmol l^{-1} Natriummalat gestartet und bei 240 nm verfolgt. Der molare Extinktionskoeffizient des Fumarats ist $2{,}6 \times 10^2$ cm^2 mol^{-1}.

Malat-Synthetase: Die Reaktionsmischung enthält im Endvolumen von 1,3 ml: 7,7 mM $MgCl_2$, $1{,}8 \times 10^{-4}$ M Acetyl-CoA, $2{,}0 \times 10^{-2}$M Na-Glyoxylat und 2 bis 25 µg Protein. Die Reaktion wird mit Glyoxylat gestartet und bei 412 nm verfolgt.

Tabelle 1.19 Leitenzyme und chemische Marker für subzelluläre Strukturen

Membrantyp	Enzymatischer oder chemischer Marker
Plasmamembran	Na^+ K^+ ATPase, Adenylat-Cyclase, Spezifische Rezeptoren der Zelloberfläche, 5'-Nukleotidase, Leucin-Aminopeptidase-Glutamyltranspeptidase, Alkalische Phosphatase
Endoplasmatisches Retikulum (ER)	Glucose-6-Phosphatase, Cholin-Phosphotransferase, NADPH-Cytochrom-c Reduktase, Cytochrom b_5
Mitochondrien, Oxidase	Succinatdehydrogenase, Cytochrom-c
Golgiapparat	Monoamin-Oxidase, Kynurenin-3-Hydrolase Galactosyltransferase, Sialytransferase NADP-Phosphatase, Mannosidase II
Lyosomen	Saure Phosphatase, Glucuronidase, Aryl-Sulphatase
Endosomen	Monensin aktivierte Mg^{2+}-ATPase, Spezifische GTP bindende Proteine: rab 7 für „späte" Endosomen, rab 4 and 5 für „frühe" Endosomen
Peroxisomen	Katalase, Carnitin-Palmitoyl-Transferase
Zytosol	Lactatdehydrogenase
Zusätzlich für Pflanzenzellen:	
Plasmamembran	K^+ stimulierte, Vanadat hemmbare H^+-ATPase, Glucansynthetase II
Tonoplast	NO_3-hemmbare H^+-ATPase, H^+-Pyrophosphatase
Chloroplasten	Chlorophyll
Amyloplasten	Monogalactosyldiglycerid-Synthetase
Golgiapparat	Latente IDPase
Vakuolen	ß-Mannosidase, Saure Phosphatase
ER	NADH-abhängige, Antimycin A insensitive Cytochrom-c-Reduktase
Mitochondrien	Citrat-Synthetase, Malat-Dehydrogenase, Fumarase, Succinat-Dehydrogenase
Glyoxysomen	Malat-Synthetase, Malat-Dehydrogenase
Speziell für Bakterien-Membranen:	
Innere Membran	D-Lactatdehydrogenase
Äußere Membran	Phospholipase A1 (bei gram negativen)

Succinat-Dehydrogenase: Die Reaktionsmischung enthält in 1,3 ml Endvolumen: 80 mmol l^{-1} Phosphatpuffer pH 7,5, 0,79 mmol l^{-1} Phenazinmethosulfat, 24 mmol l^{-1} Kaliumcyanid, 96 µmol l^{-1} Dichlorphenolindophenol und die Probe (20 µg Protein). Die Reaktion wird mit 16 mmol l^{-1} Succinat gestartet und bei 600 nm verfolgt. Der molare Extinktions-Koeffizient für Dichlorphenol-indophenol ist $1{,}1 \times 10^4$ cm^2 mol^{-1}.

Cytochrom-c-Oxidase: Die Cytochrom-c-Oxidase der inneren Mitochondrienmembran katalysiert die Oxidation von reduziertem Cytochrom-c durch molekularen Sauerstoff. Die Proben werden mit Digitonin (1 g l^{-1}) 10 min bei 0 °C vorinkubiert. Probe und Digitoninsuspension werden im Verhältnis 1:1 gemischt (je 50 µl). Zu den vorbehandelten Proben werden 900 µl Reaktionsmix zugegeben, welcher 0,5 mg Cytochrom-c, das mit Natriumdithionit reduziert wurde, in 900 µl eines Kaliumphosphatpuffers (100 mmol l^{-1}, pH 7,5) enthält. Die Messung der Extinktionsänderung erfolgt bei 550 nm. Der molare Extinktionskoeffizient für Cytochrom-c ist 28 mM^{-1} cm^{-1}.

ß-Mannosidase: Als Substrat wurde p-Nitrophenyl-ß-D-Mannopyranosid (pNM) eingesetzt. Zur Messung werden 200 µl 100 mmol l^{-1} Kaliumcitratpuffer pH 4,8, 200 µl 10 mmol l^{-1} pNM und 50 µl Probe in eine Küvette pipettiert und 30 Minuten bei Raumtemperatur (20–22 °C) inkubiert. Durch Zugabe von 800 µl 200 mmol l^{-1} Kaliumboratpuffer (pH 9,8) wird die Reaktion gestoppt. Das Reaktionsprodukt, das im alkalischen Millieu gelbgefärbte p-Nitrophenol, wird bei 405 nm bestimmt. Zur Kalibrierung dient eine Eichkurve, die mit Nitrophenolstandards erstellt wird.

Latente IDPase: Zur Aktivierung der latenten IDPase wird eine Digitoninsuspension (Stammlösung: 1 g l^{-1}) und 355 µl Pufferlösung (60 mmol l^{-1} Tris/HCl, pH 7,5, 3 mmol l^{-1} $MgCl_2$) in phosphatfreien Reagenzgläschen gemischt. Die Reaktion wird durch die Zugabe von 2,5 mmol l^{-1} IDP gestartet. Es folgt eine einstündige Inkubation bei 20–22°C. Durch die Zugabe von 3,5 ml eisgekühltem Reagenz C (s.u.) wird die enzymatische Reaktion beendet und die Nachweisreaktion für Phosphat gestartet. Nach einer weiteren einstündigen Inkubation bei 20–22°C wird der durch die Zugabe von Reagenz C entstandene reduzierte Phosphomolybdatkomplex photometrisch bei 578 nm bestimmt.

- 3,5 ml Reagenz C bestehen aus:
  0,4 ml Schwefelsäure (3 M)
  0,4 ml Ammoniummolybdat 2,5% (w/v)
  0,4 ml Ascorbinsäure 10% (w/v)
  2,3 ml Aqua bidest.

Die Phosphatbestimmung beruht auf der Methode von Chen, 1956. Die enzymatische, Digitonin-abhängige Phosphatfreisetzung wird hiermit bestimmt und mit Hilfe einer Eichkurve, die mit Phosphatstandards erstellt wird, kalibriert.

Cytochrom-c-Reduktase: Die NADH-abhängige, Antimycin A insensitive Cytochrom-c-Reduktase dient als Leitenzym des endoplasmatischen Retikulums. Mitochondriale Enzyme, die die gleiche Reaktion katalysieren, lassen sich durch Antimycin A hemmen, die folgenden Reaktionsansätze enthalten daher diesen Inhibitor.

910 µl Cytochrom-c-Lösung (0,5 mg Cytochrom-c in KALIUMPhosphatpuffer, 100 mmol l^{-1}, pH 7,5), 10 µl Antimycin A (0,1 mmol l^{-1} in Ethanol) und 50 µl Kaliumcyamid (60 mmol l^{-1}) werden in eine Küvette pipettiert, wobei das Cyanid zur Hemmung der Cytochrom-c-Oxidase dient. Nach der Zugabe von 20 µl Probe wird die Extinktionsänderung bei 550 nm 3 Minuten lang aufgezeichnet. Mit der Zugabe von 10 µl NADH (5 mmol l^{-1}) wird die Enzymreaktion gestartet und weiter aufgezeichnet. Die Differenz der Extinktionsänderung vor und nach NADH-Gabe wird zur Ermittlung der Enzymaktivität verwendet. Hierbei wird ein molarer Extinktionskoeffizient für Cytochrom-c bei 550 nm von 28 mM^{-1} cm^{-1} verwendet.

Pyrophosphatase: Der Ansatz für die enzymatische Phosphatfreisetzung enthält HEPES/ Tris-Puffer (20 mmol l^{-1}, pH 7,0), 1 mmol l^{-1} Ammoniummolybdat, 0,5 mmol l^{-1} Natriumazid, 50 mmol l^{-1} Kaliumchlorid, 2 mmol l^{-1} Magnesiumsulfat und 50 µl Probe. Die Enzymreaktion wurde durch die Zugabe von 1 mmol l^{-1} Substrat gestartet und 30 Minuten bei 22 °C inkubiert. Die Enzymreaktion wurde mit 3,5 ml Reagenz C (siehe Abschnitt „latente

IDPase") gestoppt. Nach einstündiger Inkubation wurde der entstandene reduzierte Phosphormolybdatkomplex photometrisch bei 578 nm bestimmt.

Saure Phosphatase: Im Gegensatz zu membrangebundenen Phosphatasen ist die saure Phosphatase durch Molybdat hemmbar. Aufgrund ihrer geringen Substratspezifität spaltet sie p-Nitrophenylphosphat (pNP). Das hierbei freigesetzte Nitrophenol zeigt im alkalischen Milieu eine gelbe Farbe und kann photometrisch bestimmt werden.

Für die Aktivitätsmessung werden 200 µl pNP (5 mmol l^{-1}), 200 µl MES (100 mmol l^{-1}, pH 5,5) und 20 µl Probe in eine Küvette pipettiert und 30 Minuten bei Raumtemperatur inkubiert. Die Reaktion wird durch Zugabe von 800 µl Boratlösung (200 mmol l^{-1}, pH 9,8) gestoppt. Anschließend wird die Extinktion des freigesetzten Nitrophenols bei 405 nm gemessen. Zur Kalibrierung dient eine Eichkurve, die mit Nitrophenolstandards erstellt wird.

1.4.3.8 Anwendungsbereich

Isolation, Identifizierung und Charakterisierung von hochmolekularen Stoffen:

- einzel- und doppelsträngige Nukleinsäuren,
- Proteine, Polysaccharide),
- funktionellen Strukturen (Chromatin, Polysomen, Ribosomen, Membranen),
- Organellen (Mitochondrien, Microbodies),
- Viren, Zellkernen und ganzen Zellen in Lösung bzw. Suspension, frei von Begleitstoffen unter Erhaltung ihrer biologischen Aktivität.

Literatur

P. S. Chen, jr., Microdetermination of phosphorus, *Anal. Chem.* **1956**, *28*, 1756-1758.

T. G. Cooper, *Biochemische Arbeitsmethoden*, Walter de Gruyter Verlag, Berlin, New York **1981**.

P. H. Quail, Plant cell fractionation, *Ann. Rev. Plant Physiol.* **1979**, *30*, 425-484.

D. Rickwood (Hrsg.), *Preparative centrifugation – A practical approach*, Oxford University Press, Oxford **1992**.

1.4.4 Analytische Ultrazentrifugation

Grundlagen

Die analytische Ultrazentrifugation war bis in die 60er Jahre die wichtigste Methode zur Bestimmung von Molmassen, sie wurde jedoch durch die gelelektrophoretischen Methoden verdrängt. Es gibt im Prinzip zwei Techniken:

- *Sedimentationsgeschwindigkeits-Methode*: Hierbei wandern die Substanzen unter dem Einfluß sehr starker Zentrifugalkräfte mit hoher Sedimentationsgeschwindigkeit und geringer Diffusion zu einem Gleichgewichtszustand, welcher jedoch nie erreicht wird. Mit diesem Verfahren können Sedimentationskoeffizienten, Molmassen, Konformationsänderungen von Makromolekülen und Interaktionen zwischen Makromolekülen untersucht werden.

- *Sedimentationsgleichgewichts-Methode*: Hier herrscht in allen Volumenelementen der Ultrazentrifugenzelle ein thermodynamisches Gleichgewicht. Das Verfahren liefert Aussagen über Molmassen, Molmassenverteilung (Dispersion) von Makromolekülen, über Schwebedichten von DNA.

Anwendungsbereich

- Bindungs-Studien
- Molmassenbestimmung
- Bestimmung des Sedimentations-Koeffizienten
- Charakterisierung von Makromolekülen

Zu Grundlagen, Gerätetechniken und zur Durchführung von analytischen Ultrazentrifugations-Experimenten siehe bei Rickwood, 1984.

Literatur

D. Rickwood (Hrsg.), *Centrifugation – A practical approach*, 2. Auflage, Oxford University Press, Oxford **1984**.

1.5 Zellaufschlußverfahren

Unter dem Begriff Zellaufschlußverfahren werden Methoden zusammengefaßt, mit welchen aus Mikroorganismen oder aus Geweben oder Zellen von Pilzen, Pflanzen und Tieren subzelluläre Organellen, Membran-Fraktionen oder lösliche Inhaltsstoffe gewonnen werden.

Grundlagen

Bei den meisten Aufschlußtechniken werden die Zellen mechanisch zerstört. Daneben werden enzymatische und chemische Methoden zur Extraktion von löslichen Molekülen eingesetzt. Meistens ist man für das Herauslösen der gewünschten Zellstrukturen oder Makromoleküle auf einen empirischen Weg angewiesen. So wird z.B. eine lösliche nieder- oder hochmolekulare Verbindung bei der Homogenisation weniger geschädigt als eine komplexe Zellstruktur.

Eine Hauptrolle bei der Isolation chemischer Verbindungen spielen die Proteine, Lipide, Kohlenhydrate und Nukleinsäuren (DNA, RNA). Falls Makromoleküle nicht durch einfaches Aufbrechen der Zellen isoliert werden können, weil sie an Zellstrukturen gebunden sind, müssen sie aus diesen Strukturen herausgelöst werden. Liegt das gewünschte Makromolekül in einem Zellorganell, wird zuerst das Zellorganell mit einem möglichst schonenden Aufschlußverfahren vorsichtig isoliert. Dadurch werden nicht interessierende Zellkomponenten abgetrennt. Im Anschluß wird das Organell aufgebrochen und das gesuchte Makromolekül isoliert. Die Qualität des Aufschlusses kann licht- oder elektronenmikroskopisch kontrolliert werden.

Folgende Kriterien sollten bei der Auswahl der Homogenisationsmethode beachtet werden:

- Die gewünschte strukturelle oder chemische Komponente soll möglichst quantitativ freigesetzt werden.
- Die Methode soll so schonend wie möglich sein.
- Verunreinigungen oder Begleitstoffe, die bei der späteren Analytik Probleme verursachen, sollen abgetrennt werden.

Viele mechanische Aufschlußverfahren erzeugen Wärme, die zur Inaktivierung und Denaturierung des Zellinhaltes führen können. Deshalb ist es nötig, möglichst kurz (30 s bis 1 min) und unter Kühlung (z.B. auf Eis, Trockeneis) zu homogenisieren. Die Temperaturen sollten 5–10°C nicht überschreiten.

Tierische und pflanzliche Objekte unterscheiden sich stark hinsichtlich ihrer Fragilität und Inhaltsstoffe. Bei den meisten tierischen Zellen aus Zellkulturen oder Geweben benötigt man relativ geringe Kräfte zum Aufschluß. Pflanzliche Zellen und viele Mikroorganismen besitzen neben der leicht zerreißbaren Zellmembran eine widerstandsfähige Zellwand, wodurch die Zellen schwerer aufzubrechen sind.

Vor der Weiterverarbeitung von Homogenaten werden die Zelltrümmer abzentrifugiert (z.B. 2000 g, 30 min). Grobe Gewebe- und Zellreste werden vor der Zentrifugation abfiltriert (z.B. über Verbandmull oder Tuch).

Vorbehandlung

Die Gewebe müssen nach Entnahme gekühlt (bei 0°C auf Eis oder bei –20°C im Tiefkühlfach) aufbewahrt werden, damit die Stoffwechselreaktionen herabgesetzt und Autolyseprozesse weitgehend unterbunden werden. Falls das Gewebe nicht sofort bearbeitet werden kann, sollte es eingefroren werden (Tiefkühltruhe bei –70°C, flüssiger Stickstoff bei –196°C). Es gibt allerdings auch Enzyme, wie z.B. die Pyruvat-Carboxylase, die in der Kälte inaktiv werden. Wiederholtes Einfrieren und Auftauen der Zellen kann die intrazellulären Komponenten zerstören und Enzyme freisetzen, die Abbaureaktionen katalysieren (z.B. Proteasen, Nucleasen, Glykosidasen). Glycerin oder DMSO bieten einen partiellen Schutz vor Denaturierung beim Einfrieren und Wiederauftauen.

Tierisches Gewebe sollte möglichst frei von Bindegewebe, Blut und Blutgefäßen sein. Vor der Homogenisation wird es deshalb durch ein Stahlsieb (1 mm^2 Porengröße) passiert.

Pflanzliches Gewebe wird nach dem Waschen mit Leitungswasser zur Oberflächensterilisation 15 s in eine Lösung mit 0,1% Natriumhypochlorit und 0,05% nichtionischen Detergenzien (z.B. Nonidet P-40) gelegt. Anschließend wird in sterilem, deionisiertem Wasser gewaschen und abgetrocknet. Große Leitbündel werden entfernt. Samen werden 30 s in 0,1% Natriumhypochloritlösung sterilisiert und mit deionisiertem Wasser gewaschen. Man läßt sie über Nacht in sterilem, deionisiertem Wasser quellen.

Der wichtigste Aspekt beim Aufschluß von Zellen ist der *Erhaltungszustand* der zu isolierenden und zu reinigenden Komponenten. Dafür muß ein geeignetes Homogenisiermedium eingesetzt werden

Homogenisationsmedien

Es gibt kein universell geeignetes Homogenisationsmedium, da jede zu isolierende Komponente eine spezifische Problemstellung mit sich bringt. Gebräuchliche *wäßrige Homogenisations-Puffer* sind Phosphat-Puffer, Tris (2-Amino-2-hydroxymethylpropan-1,3-diol), HEPES

(N-2-Hydroxyethylpiperazin-N'-2-ethansulfonsäure), Citrat-Puffer, Glycylglycin. Generell sollte man als Lösungsmittel Aqua bidest. verwenden. Unterschiede bestehen in der Art und Konzentration eines Puffers, in dem Vorhandensein von Ionen, in der Anwesenheit von Substanzen zur osmotischen Stabilisierung von zellulären Komponenten und in der Verwendung von Schutzsubstanzen. Zur Isolation von Organellen *können auch nichtwäßrige Medien* verwendet werden. Man benutzt häufig eine Mischung aus schweren und leichten organischen Lösungsmitteln (z.B. Tetrachlorkohlenstoff-Benzol; Chloroform-Ether). Allerdings können organische Lösungsmitte Enzyme inaktivieren.

Sehr häufig mißlingt beim Zellaufschluß die Erhaltung der Proteine in aktiver Form. Als wichtige Parameter für die erfolgreiche Isolierung müssen pH-Wert und Ionenstärke, Oxidations-Vorgänge, Schwermetall-Konzentration, Protease-Konzentration und Temperatur beachtet werden.

pH-Wert und Ionenstärke: Der pH-Wert, bei dem Enzyme die höchste Reaktionsgeschwindigkeit zeigen, muß nicht auch für die Stabilität am günstigsten sein. Es gibt eine beträchtliche Anzahl von Beispielen, wo sich das pH-Optimum für Aktivitäts-Test und für Aufbewahrung um eine oder mehr pH-Einheiten voneinander unterscheiden.

Der Puffer zur Einstellung auf die entsprechenden pH-Werte muß nicht nur einen passenden pK_S-Wert haben, er darf auch die Enzymaktivität nicht ungünstig beeinflussen. Phosphat- und Pyrophosphat-Puffer wirken oft als kompetitive Inhibitoren einer ganzen Reihe von Enzymen, die Reaktionen mit anorganischen oder organischen Phosphat-Verbindungen als Substrat oder Reaktionsprodukt katalysieren. Auch die Konzentration eines Puffers muß beachtet werden. Allgemein gilt, daß Gewebe mit großen Vakuolen wie Pflanzen oder Pilze zur Regulierung des pH-Wertes eine größere Pufferkapazität benötigen.

Physiologische Lösungen (pH-Bereich 8–9) müssen ausreichend puffern können und den gleichen osmotischen Druck haben wie das Gewebe. Für solche isotonischen Verhältnisse können Zucker (Saccharose) oder Zuckeralkohole (Glycerin, Mannit) sorgen. Auch salzhaltige Lösungen ermöglichen eine Anpassung an zelluläre Ionenverhältnisse und den osmotischen Druck und werden oft verwendet, z.B. KCl, NaCl, NH_4Cl un $(NH_4)_2SO_4$. Salzlösungen stören jedoch bei einer nachfolgenden Reinigung in einem Ionenaustauscher.

Schutz vor Oxidation: Die meisten Proteine enthalten eine Anzahl von freien *Sulfhydryl-Gruppen*. Diese können an der Bindung von Substraten beteiligt sein und sind dementsprechend sehr reaktiv. Bei der Oxidation bilden Sulfhydryl-Gruppen intra- oder intermolekulare Disulfid-Brücken, woraus meist der Verlust der Enzym-Aktivität resultiert. Die Bildung von Disulfid-Brücken kann mit 2-Mercaptoethanol, Cystein, reduziertem Glutathion und Thioglycolat in Konzentrationen von 100 µmol l^{-1} bis 5 mmol l^{-1} verhindert werden. In der Lösung treten folgende Reaktionen zwischen dem Enzym E und dem Sulfhydryl-Reagenz R–SH auf:

$$\underset{\text{inaktiv}}{\text{E–S–S–E}} + \text{R–SH} \leftrightarrow \underset{\text{aktiv}}{\text{E–SH}} + \text{E–S–S–R}$$

$$\underset{\text{inaktiv}}{\text{E–S–S–R}} + \text{R–SH} \leftrightarrow \underset{\text{aktiv}}{\text{E–SH}} + \text{R–S–S–R}$$

Da die Gleichgewichts-Konstanten dieser Reaktionen bei 1 liegen, ist ein Überschuß an Schutzreagenz notwendig. Wesentlich günstiger ist die Situation bei Dithiothreitol und dem

Isomer Dithioerythritol. Hier liegt das Gleichgewicht weit auf der rechten Seite, da diese Thiole eine intramolekulare Disulfid-Bindung eingehen und einen sterisch günstigen Sechsring bilden können. Deswegen wirken diese Schutzreagenzien in viel kleineren Konzentrationen.

Ein zweiter Typ von oxidierenden Verbindungen tritt bei der Untersuchung von verschiedenen Pflanzengeweben auf. Es handelt sich um *Phenole und Chinone*, die beim Aufbrechen von Zellen freigesetzt werden. Diese Verbindungen sind verantwortlich für die Braunfärbung von Proteinlösungen oder aufgeschlossenem Gewebe- und Zellmaterial. Das gebräuchliche Schutzmittel gegen diese starken Oxidationsmittel ist Poly(vinylpyrrolidon) (PVP) oder Poly(vinylpolypyrrolidon) (PVPP). 1,5–2% im Puffer bindet Phenole in unlöslichen Komplexen, die abfiltriert werden können. PVP wird 2 bis 24 Stunden vor Gebrauch zum Puffer gegeben, damit eine vollständige Reaktion gewährleistet ist. Doch selbst bei Anwesenheit von PVP bleibt die Oxidation der Proteine ein Problem.

Schwermetallionen: Sulfhydryl-Gruppen reagieren auch mit Schwermetallionen, wie Blei-, Eisen- oder Kupferionen. Hauptsächlich stammen diese Ionen aus Reagenzien oder entionisiertem Wasser, welches über Ionenaustauscher-Harze hergestellt wurde. Deshalb wird am besten Aqua bidest. verwendet. Stören Schwermetall-Spuren, so kann dem verwendeten Puffer EDTA (Ethylendiamintetraessigsäure) in einer Konzentration von 100 µmol l^{-1} zugefügt werden.

Protease- und Nuklease-Schutz: Ein häufig auftretendes Problem ist die Anwesenheit von Proteasen bzw. Nukleasen. Diese abbauenden Enzyme werden bei der Zerstörung der Zelle freigesetzt. Ein Proteaseabbau des zu isolierenden Proteins zeigt sich durch den ständigen Aktivitätsverlust unabhängig von den Maßnahmen, die zur Stabilisierung des Proteins durchgeführt werden. In Tabelle 1.20 sind eine Reihe von Protease-Inhibitoren aufgenommen, die Protease-Aktivitäten neutralisieren können. Diese Verbindungen sollten jedoch wegen ihrer unbekannten Nebenwirkungen mit Vorsicht verwendet werden, denn sie können nicht nur Proteasen, sondern auch verschiedene andere Enzyme hemmen. Man sollte deswegen beachten, daß weder die katalytische noch eine andere Funktion des betrachteten Moleküls verändert wird.

Ein *Serin-Protease-Inhibitor* ist PMSF (Phenylmethylsulfonylfluorid). Der Nachteil dieser Substanz besteht aber darin, daß sie nicht gegen jede Protease wirksam ist und auch andere Enzyme blockieren kann. Als Stammlösung wählt man eine Konzentration von 100 mmol l^{-1} in 2-Propanol oder in 95% Ethanol und 5% 2-Propanol. Weitere Serin-Protease-Inhibitoren sind Benzamidin-HCl, Benzamid (1 mmol l^{-1}), ε-Amino-n-Capronsäure (5 mmol l^{-1}) und Aprotinin (Trasylol, 1–2 µg ml^{-1} kurz vor Gebrauch zum Puffer zugeben). Zu den *Cystein-(thiol-) Protease-Inhibitoren* gehören Natrium-p-hydroxymercuribenzoat (PHMB, 1 mmol l^{-1}), Antipain und Leupeptin. Als *Aspartat-Protease-Inhibitoren* finden Pepstatin und Diazoacetylnorleucin-methylester (DAN, 1–5 mmol l^{-1}) Verwendung. Weiterhin werden *Metallprotease-Inhibitoren* wie EDTA (0,1–10 mmol l^{-1}) eingesetzt, das Metallionen in Chelatbindung abfängt. Auch EGTA (Ethylenglycol-bis[ß-aminoethylether]) findet in einer Konzentration von 0,5–10 mmol l^{-1} Verwendung. o-Phenanthrolin inhibiert in einer Konzentration von 1 mM. Will man mehrere Proteasen effektiv blockieren, verwendet man einen „Cocktail" aus verschiedenen Inhibitoren.

Zur Inhibition von *Phosphatasen,* die an phosphorylierten Proteinen angreifen, benutzt man Natriumfluorid (50 mmol l^{-1}).

Tabelle 1.20 Protease-Inhibitoren

Inhibitor	Spezifität	übliche Konzentration	Bemerkungen
Amastatin	Amino-Exopeptidasen	1–10 μg ml^{-1}	
Antipain	Cathepsin B, Papain, Trypsin	1–10 μg ml^{-1}	
Benzamidin	Serin-Proteasen	bis 10 mmol l^{-1}	
Benzylmalic acid	Carboxypeptidasen	1–10 μg ml^{-1}	
Bestatin	Amino-Exopeptidasen	bis 1 μg ml^{-1}	
Chymostatin	Cathepsin B, Chymotrypsin, Papain	1–10 μg ml^{-1}	
Diisopropylphosphorfluoridat (DFP)	Serin-Proteasen	bis 0,1 mmol l^{-1}	Sehr giftig!
Diprotin A und B	Dipeptidylaminopeptidasen	10–50 μg ml^{-1}	
Elastatinal	Elastase	10 μg ml^{-1}	
Ethylendiaminotetraessigsäure (EDTA)	Metalloproteasen	0,1–5 mmol l^{-1}	Universeller Hemmstoff
Leupeptin	Cathepsin B, Papain, Plasmin, Trypsin	1–100 μg ml^{-1}	
Pepstatin A	Carboxyl-Proteasen, wie Pepsin, Renin	1–10 μg ml^{-1}	Lösen in trockenem Ethanol oder Methanol, nicht in Wasser
Phenylmethylsulfonylfluorid (PMSF)	Serin-Proteasen	bis 0,1 mmol l^{-1}	Zersetzt sich in wässrigen Puffern, in trockenem Isopropanol lösen
Phosphoramidon	Collagenase, Thermolysin	1–10 μg ml^{-1}	Kein genereller Zink-Protease-Hemmstoff
Natriumtetrathionat	Thiol-Proteasen	bis 5 mmol l^{-1}	
Tosyl-Methyl-Keton	Papain, Trypsin	bis 100 μg ml^{-1}	
Tosyl-Phenylalanin-Chloromethylketon	Chymotrypsin	bis 100 μg ml^{-1}	
Trypsin-Inhibitoren, Typ I-IV	Chymotrypsin, Trypsin	10–100 μg ml^{-1}	Aus verschiedenen Quellen, wie Hühnereiweiß, Sojabohne. Unterschiedliche Aktivitäten

Temperatur: Gewöhnlich wird angenommen, daß Proteine bei 0°C am stabilsten sind. Es gibt jedoch auch Proteine, die in der Kälte labil sind. Ähnlich ist es bei der Aufbewahrung. Einige Proteine halten sich ohne Aktivitätsverlust in konzentrierten Lösungen bei 0°C; andere wiederum benötigen Temperaturen von –20 bis –70°C. Es ist eine falsche Annahme, daß kältere Bedingungen immer eine größere Stabilität bewirken, da Einfrieren und Wiederauftauen für viele Proteine sehr schädlich ist. In diesem Fall kann die Zugabe von Glycerin oder kleinen Mengen DMSO vor dem Einfrieren die Denaturierung herabsetzen.

Folgende Homogenisiermedien haben sich bewährt:

- *Homogenisiermedium für pflanzliches Material:* 50 mmol l^{-1} Tris-HCl (pH 8,0, 25°C); 5% Glycerin, monovalentes Kation (100 mmol l^{-1} K^+ oder NH_4^+); Protease-Inhibitoren (1 mmol l^{-1} PMSF, 1 mmol l^{-1} Benzamid, 1 mmol l^{-1} Benzamidin-HCl, 5 mmol l^{-1} ε-Amino-n-Capronsäure, 10 mmol l^{-1} EGTA, 1 µg/ml Antipain, 1 µg/ml Leupeptin, 0,1 mg/ml Pepstatin); Reduktionsmittel (5 mmol l^{-1} DTT, 20 mmol l^{-1} Natrium-diethyl-dithiocarbamat); antiphenolische Schutzsubstanz (1,5% PVPP). Bei der Isolierung von phosphorylierten Enzymen gibt man noch 50 mmol l^{-1} KF hinzu.
- *Homogenisierpuffer für tierisches Gewebe*: 20 mmol l^{-1} Tris-HCl (pH 7,5); 250 mmol l^{-1} Saccharose; Protease Inhibitoren (2 mmol l^{-1} PMSF, 2 mmol l^{-1} EDTA, 0,5 mmol l^{-1} EGTA, 100 µg/ml Leupeptin); Reduktionsmittel (50 mM ß-Mercaptoethanol).

Entfernung von Störsubstanzen durch Dialyse

Störende Substanzen mit niedrigem Molekulargewicht lassen sich durch Dialyse von einer Proteinlösung abtrennen. Der Dialyseschlauch wird mit einer Proteinlösung gefüllt. Beide Enden verschließt man mit einem Knoten. Man gibt den gefüllten Schlauch in einen Behälter mit kalter Pufferlösung, die langsam gerührt wird. Die Pufferlösung besitzt eine niedrige Ionenstärke und ein großes Volumen. Die kleinen Moleküle diffundieren aus dem Dialyseschlauch, die Ionenstärke im Schlauch nimmt ab. Nach etwa 6 Stunden ist ein Diffusionsgleichgewicht erreicht. Falls die Ionenkonzentration nach der ersten Dialyse noch nicht weit genug abgesunken ist, wird die Pufferlösung im Becherglas gewechselt.

Besondere Arbeitsweise

Bei der *Isolation von Proteinen* muß beachtet werden, daß viele Proteine an subzelluläre Komponenten, wie Membranen, Ribosomen oder Zellwand, gebunden sind. Zur Isolation müssen sie zuerst in Lösung gebracht werden.

Lose assoziierte Proteine werden durch Lösungen mit hoher Ionenstärke herausgelöst. Gut geeignet sind KCl- oder NH_4Cl-Lösungen (100 mmol l^{-1} bis 5 mol l^{-1}).

Fest gebundene Membranproteine: Ein großer Teil der Proteine ist nur funktionsfähig, wenn er an zelluläre Strukturen wie Ribosomen, Membranen oder Makromoleküle wie Nukleinsäuren gebunden ist. Integrale Membranproteine, Strukturproteine oder enzymatisch aktive Proteine sind fest gebunden. Zur Isolation sind Lösungen mit hoher Ionenstärke nicht geeignet. Sie müssen mit Detergenzien in niederer Konzentration (z.B. Desoxycholat, Triton X-100, ß-D-Octylglucosid, Natriumcholat, CHAPS (3-[(3-Cholamidopropyl)-dimethyl-ammonio]-1-propan sulfonat) oder organischen Lösungsmitteln (z.B. 1-Butanol, Chloroform-Methanol-Gemische) herausgelöst werden. Ultraschall fördert das Aufbrechen der Zellstrukturen. Die Proteine müssen während des gesamten Reinigungsvorganges im Lösungsmittel bleiben, das den solvatisierenden Lipid-Bilayer ersetzt, da sie die Tendenz haben, Aggregate zu bilden, die im wäßrigen System unlöslich sind. Nebenwirkungen dürfen bei den Extraktionsmitteln nicht übersehen werden. Triton X-100 oder Tween 80 können auf Grund von Verunreinigungen Sulfhydrylgruppen oxidieren. Detergenzien mit Phenolgruppen absorbieren wie die Proteine im UV-Bereich und behindern auf diese Weise spektrophotometrische Messungen. In höheren Konzentrationen bilden Detergenzien Mizellen, in die Proteine eingelagert werden können, was die chromatographische Auftrennung der Proteine stört.

1.5.1 Aufschluß durch schwache Scherkräfte

Geringe Scherkräfte werden bereits beim Pipettieren von Zellen erzielt. Wiederholtes Pipettieren reicht aus, um fragile Zellen wie Leukozyten aufzuschließen. Eine Spritze wirkt in derselben Weise. Fragile Zellen (z.B. Ciliaten) brechen ebenfalls auf, wenn sie unter Druck durch ein feinporiges Sieb gepreßt werden. Der Aufschluß ist sehr schonend.

1.5.2 Osmolyse

Grundlagen

Unter Osmolyse versteht man das Aufbrechen der äußeren Membran von Zellen in einem hypotonischen Medium. Dabei handelt es sich um eine der mildesten Methoden der Zerstörung von Zellen. Die Zellen werden hypotonischen Bedingungen und milden Scherkräften, wie dem Aufsaugen in eine Pipette, ausgesetzt. Die Methode ist anwendbar bei Einzelzellen, die nur eine Zellmembran haben und die nicht als Zellverband vorliegen.

Zellgewebe müssen vorher enzymatisch mazeriert werden. Dabei werden die Zellwände aus Kohlenhydrat-Polymeren (Bakterien), Zellulose (Pflanzen) oder Chitin (Pilze) mit Enzymen verdaut. Es sind folgende Enzyme im Einsatz (Auswahl):

- Lysozym, zur Hydrolyse von Mucopolysacchariden, Mucopolypeptiden und Chitin
- ß-Glucuronidase, für konjugierte Glucuronide (z.B. Hefen)
- Chitinase, für chitinhaltige Pilz-Zellwände
- Cellulase, meist in Kombination mit Pectinase zur Auflösung von pflanzlichem Gewebe
- Pectinase, zur Gewinnung von Fruchtsäften

Anwendungsbereich

Isolierung von Zellorganellen (Zellkern, Mitochondrien, etc.), mikrosomalen Membran-Vesikeln, oder für kleine Mengen eines labilen Makromoleküls, z.B. mRNA. Für die Isolierung von Zellkernen kann ein Detergenz hinzugefügt werden, das die Zerstörung der Zellen unterstützt, aber den Kern vor enzymatischem Abbau schützt. Diese Methode ist nur bei kleinen Proben in verdünnter Lösung anwendbar.

1.5.3 Aufschluß durch Einfrieren und Auftauen

Diese Methode hat sich als Aufschlußtechnik bei Mikroorganismen, vor allem Bakterien bewährt. Die Organismen werden mit Puffer (50 mmol l^{-1} Phosphatpuffer, pH 7,5) gewaschen und als Zellpellet oder Organismensuspension eingefroren (unter –20°C). Der Wechsel der Aggregatzustände wirkt deformierend auf die Zellmembran, bricht sie auf, und der cytoplasische Inhalt wird frei. Das Einfrieren und Wiederauftauen wird wiederholt. Diese Aufschlußmethode wird auch in Kombination mit der Zugabe von Detergenzien eingesetzt.

1.5.4 Aufschluß durch Trocknen der Zellen

1.5.4.1 Trocknen bei Raumtemperatur

Die Methode des Trocknens eignet sich für Mikroorganismen und hat sich vor allem bei Hefen bewährt. Die Zellen werden abzentrifugiert und das Pellet wird in dünner Schicht 2–3 Tage bei 20–30°C auf Filterpapier getrocknet. Durch den Trocknungsprozeß wird die Zellmembran zerstört. Die getrocknete Zellmasse wird zu Pulver zerrieben (Mörser) und bei 4°C gelagert. Im trockenen Zustand ist eine Lagerung über Jahre möglich. Durch Suspension des Pulvers in einem Puffer (50 mmol l^{-1} Na_2HPO_4, pH 7,0; 3 mmol l^{-1} EDTA; 2–5 faches Volumen) unter Rühren (2–5 Stunden, 25–37°C) lassen sich lösliche Proteine extrahieren.

1.5.4.2 Aceton-Trockenpulver

Mit Wasser mischbare Lösungsmittel wie Aceton können die Zellen schnell entwässern. Gleichzeitig werden Lipoproteidkomplexe zerstört und eine Reihe von Lipiden entfernt. Zurück bleibt ein Pulver, aus dem man Proteine mit wäßrigen Lösungsmitteln extrahieren kann. Neben Aceton eignen sich auch Toluol, Essigsäureethylester oder Phenolwasser.

Das Gewebe wird in Aceton (–15°C bis –20°C; 10 faches Volumen) homogenisiert (2–4 Minuten mit einem Homogenisator). Das Homogenat wird anschließend 15 min in der Kälte gerührt. Der Niederschlag wird im Kühlraum abgesaugt (Büchner-Trichter) oder bei einer Temperatur von –15°C abzentrifugiert. Darauf wäscht man das Pellet mit Aceton (–15°C; 2–3 faches Volumen), saugt bzw. zentrifugiert scharf ab und läßt es auf einem Filterpapier an der Luft trocknen (häufiger umrühren). Bei empfindlichen Enzymen wird unter Stickstoff getrocknet. Die trockene Substanz wird pulverförmig zermahlen und im Exsikkator (mit festem NAOH oder $CaCl_2$ als Trocknungsmittel) im Kühlraum gelagert, bei empfindlichen Enzymen unter Stickstoff-Atmosphäre. Auf diese Weise kann man das Trockenpulver über Monate ohne Aktivitätsverlust lagern. Der Acetontrocknung kann auch eine Ethertrocknung folgen (2–3 mal mit peroxidfreiem Ether (–15°C), dreifaches Volumen). Da die Enzymtrocknung beschleunigt wird, wird auch die Denaturierung der Proteine herabgesetzt. Allerdings muß man prüfen, ob der Ether nicht denaturierend auf die Enzyme wirkt.

Als Modifikation kann man das Gewebe in Puffer homogenisieren (10 mmol l^{-1} Na_2HPO_4, pH 6,5 für tierisches Gewebe), anschließend das Homogenat auf 0°C abkühlen und unter Rühren Aceton (–15°C, 10 faches Volumen) langsam zutropfen. Man verfährt wieter wie oben geschildert.

1.5.4.3 Gefriertrocknung

Mikroorganismen-Kulturen und Zellgewebe können durch Lyophilisation konserviert werden und behalten ihre Lebensfähigkeit über Jahre. Zellorganelle und biochemische Verbindungen (z.B. Enzyme) können dadurch im Nativzustand aufbewahrt werden.

Die Technik der Lyophilisation basiert darauf, daß unter Vakum Wasser aus gefrorenen Proben (Zellen, Lösungen) direkt aus dem Eiszustand sublimiert. Die Gefriertrocknungsanlage (Bild 4.61) verfügt über eine Vakuumpumpe und ein Kühlsystem. Der Wasserdampf wird durch eine Kühlfalle im Vakuum entfernt. Die niedrige Temperatur bewirkt, daß diese Methode der Konservierung und Trocknung sehr schonend ist.

Bild 1.61 Darstellung einer Gefriertrocknungsanlage mit einem Gestell zur Aufnahme von Lyophilisationsproben (Lyovac GT2, Typ 3, Amsco/Finn-Aqua GmbH, Hürth).

Eine Suspension mit Mikroorganismen wird in kleinen Ampullen schnell eingefroren (z.B. in flüssigem Stickstoff). Schutzsubstanzen (z.B. Dimethylsulfoxid, Glycerin, Dextran) verhindern, daß Zellen durch das schnelle Abkühlen zerreißen. Nach der Lyophilisation in der Gefriertrocknungsanlage werden die Ampullen unter Vakuum oder unter einem inerten Gas (z.B. Stickstoff), das sterilisiert und getrocknet ist, zugeschmolzen.

1.5.5 Zermahlen

1.5.5.1 Reibschale und Pistill

Grundlagen

Das Zermahlen von Geweben mit Reibschale und Pistill ist ein universell anwendbares Verfahren zum Aufschluß von Geweben und Einzelzellen.

- *Frisches Gewebe* wird schonend in entsprechenden Puffern mit Oxidations-Schutz per Hand mit Mörser und Pistill zerrieben. Dabei wird mit vorgekühlten Gerätschaften auf Eis gearbeitet.
- Das Zermahlen von *in flüssigem Stickstoff eingefrorenen Geweben* ist das Verfahren mit dem besten Erhaltungsgrad für Enzyme. Die Zerkleinerung findet in einer vorgekühlten Reibschale im gefrorenem Zustand statt. Vor dem Auftauen wird das erhaltene feine Pulver mit entsprechenden Lösungsmitteln aufsuspendiert.
- *Lyophilisiertes Gewebe* kann mit Mörser und Pistill zu einem feinen Pulver zerrieben werden, das anschließend suspendiert und mit einer entsprechenden wäßrigen Lösung extrahiert wird. Diese Methode eignet sich besonders gut für käufliche, getrocknete Bäkkerhefe.

Das Zermahlen in einem Mörser wird durch den Zusatz von Schleifmitteln effektiver. Dazu wird pulverisiertes Aluminium oder gereinigter Quarzsand verwendet. Auch kleine Glasperlen (50 µm Durchmesser) eignen sich gut, doch ist ihre Anwendbarkeit wegen der Adsorption von Proteinen an ihrer Oberfläche eingeschränkt.

Anwendungsbereich

Durch Zermahlen von Hand können Zellorganellen, Mitochondrien, Lysosomen, Microbodies sowie mikrosomaler Membranfraktionen erhalten werden. Daraus können dann alle anorganischen sowie hoch- und niedermolekularen organischen Verbindungen in wässrigen bzw. organischen Lösungsmitteln gewonnen und Proben bis zur Größe einer Kaninchen-Leber, d. h. ca. 25 g, verarbeitet werden.

1.5.5.2 Potter

Anstelle der klassischen Reibschale mit Pistill sind Homogenisatoren für Hand- und Motor-Betrieb erhältlich. Der Einsatz von motorbetriebenen Homogenisatoren ist zu empfehlen, wenn bei rein manuellen Methoden die nötige Reproduzierbarkeit nicht zu erreichen ist. Bild 1.62 zeigt ein kommerzielles Gerät, den Potter S. Als Aufnahmegefäße sind in der Regel Glasbehälter im Einsatz, die Pistille bestehen aus aufgerauhtem Glas, Metall, Teflon, Keramik, etc.

1.5.5.3 Zellmühlen

Grundlagen

Zum Zermahlen und Pulverisieren von größeren Mengen (>20 g) an Trockenmaterial (Hefen, Pilze, Getreide, lyophilisierte Gewebe) werden verschiedene Mühlen im Handel angeboten, die Substanzmengen zu einigen Kilogramm relativ einfach verarbeiten können. In Bild 1.63 ist eine Zellmühle mit den Mahlbechern und den Kugeln wiedergegeben. Dabei ist es günstig, etwas Trockeneis zuzugeben. Dadurch wird die Mühle und das getrocknete Material kühl gehalten. Es soll bei niedriger Luftfeuchtigkeit gearbeitet werden, da sonst Wasser in der kalten Präparation kondensiert und das überschüssige CO_2 zu einer Ansäuerung führt. Vor dem Suspendieren des Pulvers in einer Lösung verschwindet das Trockeneis als Gas.

Bild 1.62 Homogenisator Potter S zum schonenden und reproduzierbaren Aufschluß (B. Braun Biotech Internatl., Melsungen).

Anwendungsbereich

Gewinnung von Inhaltsstoffen aus getrocknetem oder lyophilisiertem Material verschiedenster Herkunft. Beim Zermahlen und der anschließenden Lagerung besteht Gefahr von Oxidation durch den Luftsauerstoff.

Bild 1.63 Zellmühle (rechts) und der Mahlbecher (links) mit den Kugeln (Retsch GmbH, Haan)

1.5.6 Zellhomogenisatoren

1.5.6.1 Messerhomogenisatoren

Grundlagen

Die am häufigsten benutzte Methode zum Aufschluß von Zellen ist die Zerkleinerung in einem handelsüblichen Mixer. Diese Geräte sind in unterschiedlichen Größen und Ausführungen erhältlich. Die Zerkleinerung im Mixer ist allerdings eine sehr rauhe Methode. Es muß darauf geachtet werden, daß die Temperatur während des Laufs nicht zu stark ansteigt. Temperaturerhöhungen um 10°C bereits nach 30 Sekunden sind keine Seltenheit.

Eine gute Zerkleinerung von Einzelzellen mit starker Zellwand, z. B. Grünalgen, erreicht man durch Zusatz von feinen Glasperlen zur Zellsuspension. Der Volumenanteil der Perlen kann 30 % bis 50 % betragen. Die Zellen werden dann nicht durch die Messer des Mixers zerstört, sondern durch die Glasperlen zerquetscht.

Anwendungsbereich

Aufschluß von pflanzlichem und tierischem Gewebe, jedoch nicht für Hefe und Bakterien geeignet.

1.5.6.2 Glasperlenhomogenisatoren

Grundlagen

Für die vollständige Zerkleinerung von Geweben und Einzelzellen mit starken Zellwänden sind hochtourige Glasperlen-Homogenisatoren erhältlich. Diese Geräte müssen mit flüssigem CO_2 gekühlt werden. Die Hälfte des Gesamt-Volumens im Homogenisiergefäß wird von einer Glasperlen-Mischung (feine Perlen mit 50 µm Durchmesser, grobe Perlen mit 2 mm Durchmesser) ausgefüllt. Die Zellen werden durch die Glasperlen zerstört, die miteinander kollidieren und die Zellen dabei zerquetschen.

Anwendungsbereich

Vollständiger Aufschluß von starkwandigen Einzelzellen.

1.5.6.3 Dispergier-Geräte

Effektiver als die handelsüblichen Mixer ist das in Bild 1.64 gezeigte hochtourige Dispergiergerät (Ultra-Turrax). Es besitzt keine Messer, sondern zerkleinert das Gewebe durch Scherkräfte, die zwischen einem rotierenden Metallstab (im Inneren des Schaftes) und der äußeren, durchbrochenen und feststehenden Ummantelung entstehen.

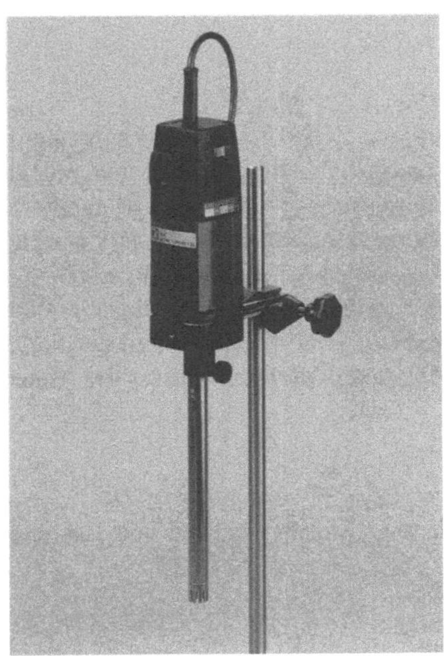

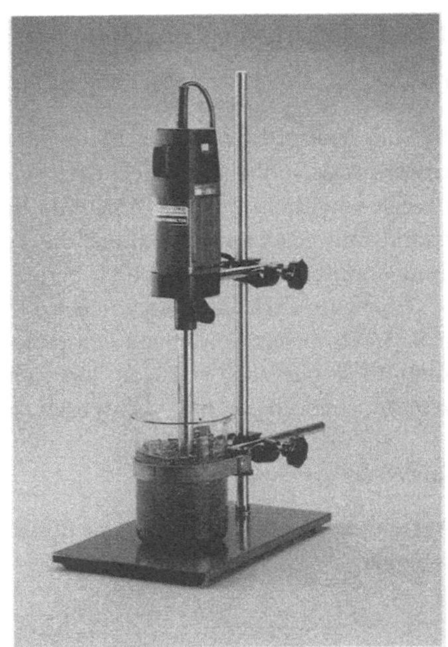

Bild 1.64 Hochtouringes Dispergier-Gerät Ultra-Turrax. Der im Inneren des Schaftes schnell rotierende Metallstab erzeugt an der äußeren, durchbrochenen Ummantelung Scherkräfte, durch die das Gewebe zerkleinert wird (links). Im rechten Bild sieht man den Ultra-Turrax im Betrieb (IKA-Labortechnik, Staufen).

1.5.7 Ultraschallgeräte

Ultraschallgeräte eignen sich gut, um Zellen und Organellen aufzubrechen. Bei ausreichend langer Anwendungsdauer sind sie auch bei Bakterien und Hefen anwendbar. Die Beschallungs-Dauer kann durch Zugabe von Glasperlen zur Zellsuspension abgekürzt werden. Ultraschallgeräte (Bild 1.65) bestehen aus einem elektronischen Generator, der ein Ultraschallsignal mit hoher Intensität erzeugt, und einem Umformer, der die Wellen in die Lösung überleitet. Die durch die Wellen hervorgerufenen Stöße und Vibrationen bewirken die Zerstörung des Gewebes und die Bewegung der Glasperlen. Mit einem Ultraschallgerät können Proben von einigen Millilitern bis zu einem Liter gut verarbeitet werden. Der größte Nachteil dieser Methode ist die Wärmeentwicklung. Deshalb ist unbedingt eine Kühlung und ständige Überprüfung der Temperatur nötig. Vorteilhaft ist die Verwendung spezieller Kühlgefäße mit hoher Wärmeableitung.

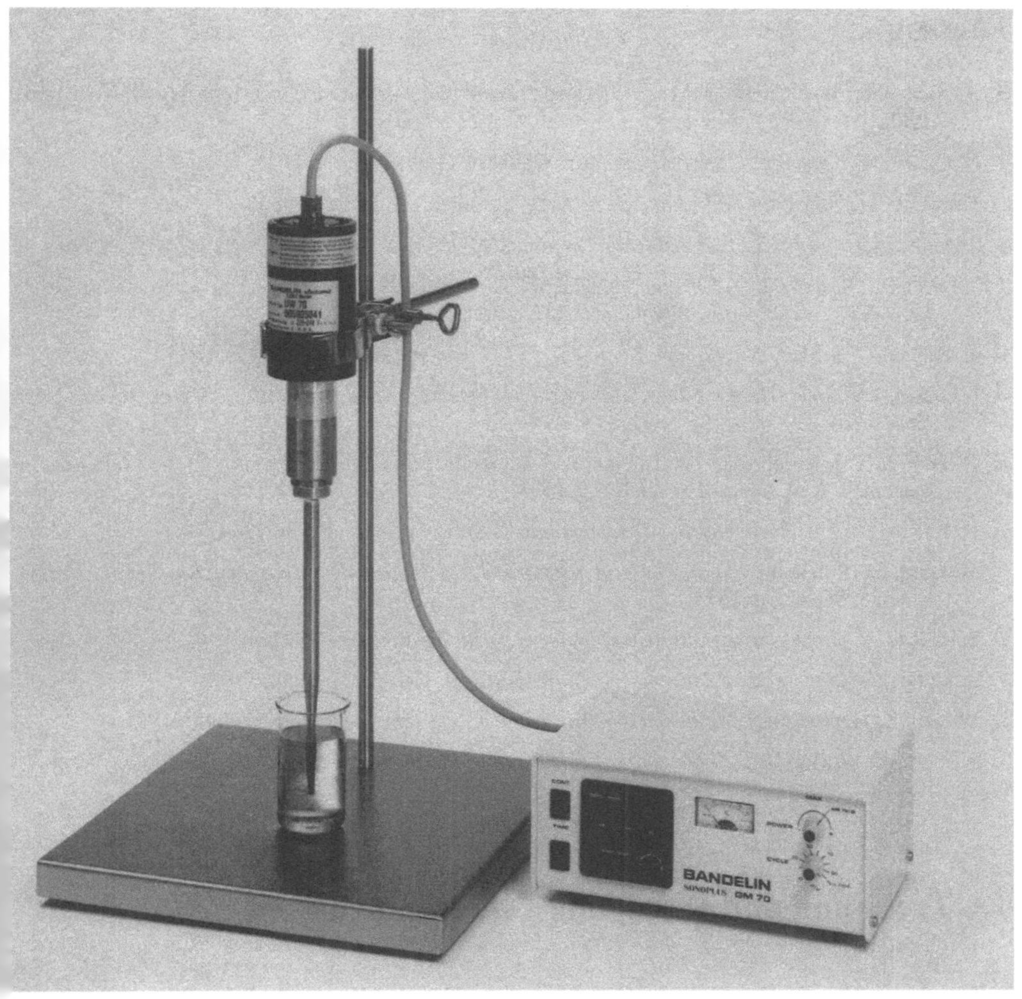

Bild 1.65 Ultraschall-Homogenisator Sonoplus HD 70 (Bandelin electronic, Berlin).

1.5.8 Zellaufschluß durch Druck

Es gibt drei Techniken, um Zellen mit Hilfe von Druck aufzubrechen. Dazu werden drei unterschiedliche Pressen verwendet; die Hughes-, die French- und die Eton-Presse. Bei allen drei Geräten wird eine Zellsuspension von 5–50 ml Volumen unter einem Druck von 1500–3000 kg durch eine schmale Öffnung gepreßt. Im Fall der French- und Eton-Presse ist der Durchmesser der Öffnung 1 mm oder weniger. Bei der Hughes-Presse wird die Zellsuspension durch zwei in einem geringen Abstand voneinander angebrachten Platten hindurchgedrückt. Die Zellen werden durch die beim Durchqueren der schmalen Mündung auftretenden Scherkräfte zerstört. Diese Technik läßt sich zwischen den rauhen und schonenden Methoden einordnen, ihr Nachteil ist jedoch das begrenzte Probenvolumen.

Literatur

R. R. Alexander, J. M. Griffiths, M. L. Wilkinson: *Basic biochemical methods*. John Wiley, New York **1985**.

T. G. Cooper: *Biochemische Arbeitsmethoden*. Walter de Gruyter, Berlin **1981**.

G. Drews: *Mikrobiologisches Praktiktum*. 4. Aufl., Springer, Heidelberg **1983**.

P. Gegenheimer: *Preparation of extracts from plants. Methods in Enzymology 182*, 174-193, **1990**.

J. C. Janson, L. Ryden (Hrsg.): *Protein purification. Principles, high resolution methods, and applications*. VCH Verlagsges., Weinheim, **1989**.

H.-P. Kleber, D. Schlee, W. Schöpp: *Biochemisches Praktikum*. Fischer, Stuttgart **1988**.

A. I. Laskin, J. A. Last (Hrsg.): *Subcellular Particles, Structures and Organelles*. Marcel Dekker, New York **1974**.

O. H. Lowry, N. J. Rosebrough, A. L. Farr, R. J. Randall: Protein measurement with the Folin phenol reagent. *J. Biol. Chem. 193*, 265-275, **1951**.

H. H. Rauen (Hrsg.): *Biochemisches Taschenbuch*. 2. Aufl., Springer, Berlin **1964**.

N. Rehfeld, D. Reichelt: *Analytische und Präparative Methoden der klinischen Biochemie*. Verlag Chemie, Weinheim **1973**.

D. Schlee, H.-P. Kleber (Hrsg.): *Biotechnologie*. 1. Aufl., Fischer, Jena **1991**.

P. Schopfer: *Experimentelle Pflanzenphysiologie*. Springer, Heidelberg **1989**.

K. Wilson, K. H. Goulding: *Methoden der Biochemie*. Georg Thieme Verlag, Stuttgart **1991**.

T. S. Work, E. Work (Hrsg.): *Laboratory Techniques in Biochemistry and Molecular Biology*. Vol. 7. Elsevier, Amsterdam **1979**.

1.6 Trennung und Reinigung von Biopolymeren

1.6.1 Einführung

Die Trennung und Reinigung von Biopolymeren ist in der Molekularbiologie und Biotechnologie von großer Bedeutung. In jüngster Zeit haben dabei Geschwindigkeit, Auflösung und Ausbeute große Fortschritte gemacht. Jedoch erfordert die komplexe Natur vieler biologischer Proben die Einführung zusätzlicher Schritte einer Probenvorbereitung zur Erzielung einer optimalen Reinigung und Trennung.

Zunächst ist der Begriff Biopolymer zu definieren. Darunter versteht man makromolekulare Verbindungen natürlichen Ursprungs. Charakteristisch für die Biopolymere ist, daß alle Moleküle eines Biopolymeren eine identische Primärstruktur besitzen, d.h. sie haben nicht nur die gleiche chemische Zusammensetzung, sondern auch die gleiche Molmasse und die gleiche Sequenz der Grundbausteine. Darüber hinaus sind sie meist stereochemisch einheitlich aufgebaut, d.h. sie haben die gleiche Konfiguration und Konformation. Hinsichtlich der Funktion in der Natur kann man zwischen Gerüst- und Speicherpolymeren (z.B. Zellulose, Stärke) einerseits und sog. „Funktionalen“ Biopolymeren (z.B. Proteine, Nucleinsäuren) andererseits differenzieren.

Tabelle 1.21 Wichtige Biopolymerklassen und ihre Eigenschaften

Biopolymere	Molmasse (10^3 g mol^{-1})	Monomer
Proteine	10–900	Aminosäure
Nucleinsäuren	1–1000	Mononucleotid
Polysaccharide	25–90	Monosaccharid
Polyisoprene	300–700	Isopren
Lignine	4–100	Phenol u.a.

Da Biopolymere sehr verschiedene Substanzklassen darstellen (s. Tabelle 1.21) und auch innerhalb der Klasse recht verschiedene Strukturen und Eigenschaften resultieren, ist es zunächst vor der Trennung bzw. Reinigung wichtig, die Eigenschaften der Biopolymeren zu kennen bzw. zu bestimmen. Falls nicht bekannt, sollte der Typ des Biopolymeren oder ähnlicher Verbindungen durch eine Literaturrecherche ermittelt werden, sowie deren Löslichkeit und Stabilität. Beispielsweise erfordern manche Membranproteine zur Aufrechterhaltung der Löslichkeit eine Tensidzugabe während des Reinigungsprozesses.

Proteine stellen den mengenmäßig größten organischen Bestandteil des Protoplasmas dar. Daher wird in der Literatur vorzugsweise die experimentelle Durchführung auf diese Substanzklasse bezogen. Prinzipiell sind diese Vorschriften jedoch auch häufig auf andere Biopolymerklassen anwendbar, gegebenenfalls nach analoger Durchführung bzw. geeigneter Modifizierung der Vorschriften.

1.6.2 Isolierung und Trennung

Zur Konzentrierung und Trennung von Biopolymeren gibt es eine begrenzte Anzahl von Methoden, die auf verschiedenen Trennprinzipien beruhen. Einige wichtige Methoden und Trennprinzipien sind in Tabelle 1.22 aufgeführt. Beispielsweise wird das Löslichkeitsminimum von globulärem Proteinen am isoelektrischen Punkt (IEP) bei der isoelektrischen Fällung herangezogen.

Nach Aufschluß des biologischen Materials (s. Abschnitt 1.5, Zellaufschlußmethoden) werden die Biopolymere mit Wasser oder Salzlösungen extrahiert. Zur Lösung von Biopolymeren werden häufig Verbindungen mit hoher Ionenstärke (0,5–5 M Kalium- oder Ammoniumchloridlösungen) verwendet. Gegebenenfalls können auch ionische oder nichtionische Tenside als Lösungsvermittler hilfreich sein.

Der spezifische Trennprozeß sollte auf

- Löslichkeitseigenschaften,
- Molekülgröße,
- elektrische Ladung,
- Adsorptionsverhalten und
- Wechselwirkung mit Biopolymeren (Proteinen, Alginaten, Pektinen)

abgestimmt werden.

Tabelle 1.22 Methoden und Trennprinzipien zur Reinigung und Fraktionierung von Biopolymeren

Methode	Trennprinzip
Fällung	Löslichkeit
isoelektrische	
Lösungsmittel	
Neutralsalz	
Multiplikative Verteilung	Löslichkeit
Chromatographie	
Verteilung	Löslichkeit
Gelfiltration	Molekülgröße, -gestalt
Ionenaustausch	elektrische Ladung
Affinität	Wechselwirkungen
Membranfiltration	Molekülgröße
Zentrifugation	Molekülgröße, -dichte, -gestalt
Elektrophorese	elektrische Ladung

1.6.3 Trennung von Biopolymeren

Vorgehensweise:

- Zuerst ist der quantitative Aspekt zu klären, d.h. die Größenordnung der zu trennenden Menge ist abzuschätzen. Ist es eine analytische oder präparative Prozedur?
  Beispielsweise werden für eine volle chemische Charakterisierung 50–100 mg Substanz gebraucht, während für moderne immunologische Bestimmungen bereits Spuren ausreichen.
- Soll die biologische Aktivität der Substanz erhalten bleiben?
  Dies ist besonders bei Proteinen wichtig; dann sollten in wässriger Lösung neutrale Puffer verwendet werden und es sollte bei der optimalen (meist tiefen) Temperatur gearbeitet werden.

1.6.3.1 Analytische Trennung

Zur analytischen Bestimmung einer makromolekularen Verbindung aus biologischem Material ist es nicht immer erforderlich, diese völlig zu reinigen. Eine quantitative Bestimmung ist manchmal auch möglich, wenn die Verbindung aufgrund ihrer charakteristischen Eigenschaften eine analytische Bestimmung erlaubt. Beispielsweise gehört die biologische Aktivität zu solchen Eigenschaften. Es lassen sich so Enzyme in intakten Zellen oder Zellorganellen bestimmen. Auch spektrometrische Methoden sind vielfach geeignet. In allen anderen Fällen ist eine vollständige Reinigung vor der Analyse erforderlich.

Da bei allen Reinigungsprozeduren Substanzverluste auftreten, ist es entscheidend, daß die Zahl der Reingungsschritte möglichst gering gehalten wird. Hierzu sind besonders chromatographische Methoden (vor allem Ionenaustausch- und Affinitätschromatographie) zu nennen.

Die Ziele bei der Trennung von Biopolymeren zur Probenvorbereitung sind:

- Entfernung von niedermolekularen Bestandteilen (z.B. Salze, Tenside), die während der Aufarbeitung wechselwirken können,
- Entfernung von unerwünschten Biopolymeren, welche die Trennung stören können,
- Auftrennung der komplexen Mehrfachkomponentenmischung in bearbeitbare Fraktionen,
- Konzentrierung der Probe bis zur optimalen Konzentration oder Verdünnung der Probe um Lösungsmitteleinflüsse zu steuern und
- Abtrennung von störenden Partikeln.

Eine Vielzahl von Techniken haben Eingang gefunden, um diese Ziele zu erreichen.

1.6.3.2 Präparative Trennung

Das Vorgehen bei der präparativen Trennung hängt natürlich von der Art des Biopolymeren ab. Optimal ist es, wenn möglichst viele typische Eigenschaften der jeweiligen Substanzklasse ausgenutzt werden. Für bestimmte Klassen haben sich aus der Reihe von theroretisch möglichen Verfahren in der Praxis meist einige wenige herauskristallisiert.

Grundsätzlich ist hier zwischen hochkapazitiven und hochauflösenden Verfahren zu unterscheiden. Aufgrund der begrenzten Kapazität von hochauflösenden Methoden sind diese für präparative Trennung jedoch meist weniger geeignet.

- Hochkapazitive Verfahren:
  Präzipitation, Dialyse, Adsorption, Säulenchromatographie, Gegenstromverteilung.
- Hochauflösende Verfahren:
  HPLC (vor allem Ionenaustausch-Chromatographie), präparative Gelelektrophorese oder Gaschromatographie.

1.6.4 Reinigungsverfahren

Für die Untersuchung von biologischen Systemen ist es meist erforderlich, daß eine oder mehrere Komponenten isoliert und gereinigt werden.

Es sollten vor der Reinigung die Ziele und Anforderungen definiert werden:

- Zweck und Ziel der Reinigung
- Welche Ansprüche werden an die Reinheit des Endprodukts gestellt?
- Welche Menge an reinem Biopolymer wird verlangt?
- Muß es vollkommen rein sein, was zu einer Reduzierung der Ausbeute führt, oder reicht ein geringerer Reinheitsgrad aus. Dies ist öfters der Fall, wenn nur auf die biologische Aktivität Wert gelegt wird.
- Ist der Erhalt der biologischen Aktivität entscheidend?

- Welcher Art ist das Ausgangsmaterial? Kann es in geeigneter Weise vorgereinigt werden, um die Zahl der Reinigungsstufen zu reduzieren?
- Gibt es ähnliche oder vergleichbare Vorschriften in der Literatur, die als Anhalt dienen können?
- Löslichkeit: Die Löslichkeit in wässrigen Lösungen bei schwacher und starker Ionenstärke und bei verschiedenem pH. Die Bedingungen, unter denen das Biopolymer aggregiert oder ausfällt, bzw. Agentien, die dies verhindern oder die Löslichkeit erhöhen. Davon hängt häufig die Entwicklung der Reinigungsprozedur ab.
- Stabilität: Hinsichtlich der Stabilität ist auch wichtig zu wissen, in welchem pH-Bereich die biologische Aktivität erhalten bleibt. Für viele Proteine ist dies beispielsweise der pH-Bereich 6–8.
- Molmasse: Von ihr hängt die Kapazität des Harzes bei der chromatographischen Trennung oder der Membrantyp bei Membranfiltrationen ab.
- Ladung/isoelektrischer Punkt (pI): Er beeinflußt den Typ des Ionenaustauschers bei der Chromatographie, oder er ist wichtig zur Optimierung des pH während der Reinigungsschritte.

Folgende Schritte sollten vor der Durchführung festgelegt werden:

- Entwicklung eines geeigneten Kontrolltests
- Wahl des entsprechenden Ausgangsmaterials zur Isolierung
- Herstellung einer (meist wässrigen) Lösung des Biopolymeren
- Stabilisierung des Biopolymeren, falls erforderlich
- Ausarbeitung einer geeigneten Sequenz von Isolierungs- und Fraktionierungsschritten.

Schon innerhalb einer Substanzklasse ist die Bandbreite an Typen und Eigenschaften sehr groß, z.B. reicht die Strukturvielfalt bei den Proteinen vom relativ einfachen linearen Polypeptid bis hin zum komplexen Protein mit Quartärstruktur. Häufig sind noch anorganische oder organische prosthetische Gruppen enthalten oder sie sind mit Lipoiden assoziiert, wie bei den Membranproteinen. Daher ist es wichtig, die natürliche Konformation möglichst weitgehend zu erhalten und Denaturierungsprozesse zu minimieren. Der Reinigungsfaktor bei der Proteinisolierung ist auf die spezifische Aktivität bezogen und als Quotient aus der spezifischen Aktivität der gereinigten Fraktion und derjenigen vor dem Reinigungsschritt definiert (Williams, 1984). Die Gewinnung von Kristallen besonders reiner Biopolymeren für die Kristallographie sind in ausführliche Abhandlungen beschrieben (z.B. Wood, 1985). Es können zu diesem Zweck auch kombinierte Methoden, wie z.B. die Dialyse-Kristallisation im Mikromaßstab, eingesetzt werden.

Reinigungsverfahren im präparativen Maßstab sind in der Literatur eingehend beschrieben (Harris, 1990); auf sie soll daher in diesem Rahmen nicht eingegangen werden.

Die Gefriertrocknung ist meist bei den Zwischenschritten einer Reinigungsprozedur nicht empfehlenswert, da folgende Nachteile damit verbunden sind:

- Salze werden nicht entfernt, außer der Puffer enthält eine flüchtige Komponente, z.B. Ammoniumhydrogencarbonat.
- Die makromolekularen Verbindungen können denaturieren.

1.6.5 Fällungsprozeduren

Zur Trennung und Reinigung von Makromolekülen eignen sich folgende Methoden:

- Fällung mit anorganischen Salzen (z.B. mit Ammoniumsulfat)
- Fällung mit wasserlöslichen, organischen Lösungsmitteln (z.B. Ethanol)
- Fällung durch Polykationen (z.B. Poly(ethylenimin), 1%-ige Lösung), vor allem von Nukleinsäuren
- Fällung durch Änderung der Temperatur oder des pH-Wertes.

1.6.5.1 Salzfällung

Die Salzfällung mit Ammoniumsulfat, Natriumsulfat oder Kaliumphosphat ist eine häufig angewandte Methode. Entscheidend ist die Geschwindigkeit der Salzzugabe, sie sollte sehr langsam erfolgen. Das Aussalzen ist genau besehen ein Dehydratationsvorgang.

Proteine können ebenfalls ausgesalzen werden, wobei die Struktur deutlich weniger verändert wird als bei unter stark sauren Bedingungen durchgeführten Fällungen. Bei Gemischen kann durch stufenweise Zugabe auch eine Fraktionierung erzielt werden. Mit Wolframatsäure (10 % $Na_2WO_4 \cdot 2\,H_2O$) können Proteine aus Gewebehomogenaten gefällt werden.

Durchführung

- Das Volumen der zu konzentrierenden Lösung des Biopolymeren wird bestimmt und dann in ein Becherglas (Größe ca. doppeltes Volumen der Lösung) gegeben.
- Das Becherglas wird in ein Eisbad gestellt und die Lösung langsam gerührt.
- Für jeden Milliliter der Lösung werden 0,5 g festes, fein pulverisiertes Ammoniumsulfat eingewogen (die Menge entspricht einer Sättigung von 75% bei 0°C); die optimale Konzentration sollte in Vorversuchen bestimmt werden. Bei geringen Biopolymerkonzentrationen wird entsprechend weniger, evtl. auch mehr, eingewogen (0,7 g/ml entsprechen 100% Sättigung).
- Das Ammoniumsulfat wird in kleinen Portionen zu der Lösung des Polymeren gegeben, wobei darauf zu achten ist, daß die Portion jeweils gelöst ist, bevor weitere Substanz zugegeben wird.
- Nach Beendigung wird ca. 10–20 min gewartet, um eine quantitative Fällung zu erreichen, und dann wird das gefällte Biopolymer durch Zentrifugation (s. Abschnitt 1.4) gewonnen (30 min, 5000 g).
- Der Überstand jedes Zentrifugenbehälters wird abdekantiert. Dann werden die Pellets des gefällten Biopolymeren in wenig Wasser oder Puffer digeriert.
- Die Suspension wird durch Dialyse oder Ultrafiltration gereinigt (s.u.).

1.6.5.2 Fraktionierte Fällung mit Ammoniumsulfat

Mit Neutralsalzen (NaCl, KCl, NH_4Cl, $(NH_4)_2SO_4$) ist eine gute Fraktionierung möglich. Aufgrund der hohen Ionenstärke und der guten Wasserlöslichkeit wird Ammoniumsulfat bevorzugt. Diese Methode kann auch zur Fraktionierung von Immunglobulinen aus Blutserum dienen (Jones, 1978). Insbesondere bei Proteinen kann eine fraktionierte Fällung auch durch

Veränderung des pH-Werts durchgeführt werden. Bei der Isolierung von Membranproteinen spielt der Gebrauch von Tensiden zur Solubilisierung eine wichtige Rolle. Zu deren Entfernung eignen sich vor allem Membranfiltrationstechniken oder auch spezielle chromatographische Methoden. Falls metallsensitive Biopolymere, wie z.B. bestimmte Proteine, gefällt werden sollen, muß sehr reines Ammoniumsulfat verwendet werden, oder die enthaltenen Metallspuren durch Zugabe von EDTA komplexiert werden.

Durchführung

- In einem orientierenden Versuch wird die optimale Konzentration an Ammoniumsulfat (z.B. 40–60%) für die vorliegende Konzentration des Biopolymeren ermittelt.
- Das Volumen der Probenlösung wird bestimmt und die Lösung in ein Becherglas mit dem doppelten Volumen gefüllt.
- Die erforderliche Menge an Ammoniumsulfat (z.B. 0.26 g ml^{-1} Probelösung bei 40 % Sättigung; siehe Tabelle 1.23) wird abgewogen.
- Die Probelösung wird in ein Eisbad gestellt und langsam gerührt.
- Das Ammoniumsulfat wird in kleinen Portionen zu der Lösung des Polymeren gegeben, wobei darauf zu achten ist, daß die Portion jeweils gelöst ist, bevor weiteres zugegeben wird.
- Nach Beendigung wird 10–20 min gewartet, um eine quantitative Fällung zu erreichen, und dann das gefällte Biopolymer durch Zentrifugation (s. Abschnitt 1.4) gewonnen (30 min, 5000 g, 4 °C).
- Der Überstand jedes Zentrifugenbehälters wird abdekantiert und die Volumina mit einem Meßzylinder bestimmt.
- Die Pellets werden in wenig Wasser oder Puffer aufgeschlämmt und durch Dialyse oder Ultrafiltration gereinigt (s. Abschnitt 1.6.6.3).
- Die Überstände werden in einem Becherglas vereinigt und 120 mg ml^{-1} Ammoniumsulfat (die Menge um die Konzentration der Lösung von 40 auf 60 % zu bringen) unter Beachtung der o.g. Hinweise zugegeben.
- Die Prozedur kann dann in einer Anzahl von analogen Schritten zur Erzielung einer größeren Anzahl von Fraktionen wiederholt werden.
- Die Substanz wird jeweils durch Zentrifugation isoliert und wie oben beschrieben durch Membranfiltration gereinigt.

1.6.5.3 Fraktionierte Fällung mit organischen Agentien

Eine gute Fraktionierung von Proteingemischen gelingt auch durch Zugabe von organischen Lösungsmitteln (Methanol, Ethanol, Aceton, bis zu 80 Vol.%) aufgrund einer Verringerung der Dielektrizitätskonstanten des Lösungsmittelgemisches und folgender Dehydratation. Der Vorteil hierbei ist, daß keine Entfernung von Salzen erforderlich ist. Die Gefahr der Denaturierung wird durch zügiges Arbeiten bei niedrigen Temperaturen (< 0°C) eingeschränkt. Vor der Fällung sind anorganische Salze mit Membrantrennverfahren (s. Abschnitt 1.6.6 und Geckeler/Eckstein, 1987) zu entfernen, da sie sonst als unlösliche Anteile mitausgefällt werden.

Tabelle 1.23 Ammoniumsulfatkonzentrationen zur Fällung von Biopolymeren (bezogen auf 0°C)*

Anfangs-konzentration (%)	Benötigte Menge Ammoniumsulfat (mg ml^{-1}) zur Erzielung einer Endkonzentration (in %) von								
	20	30	40	50	60	70	80	90	100
0	106	164	226	291	361	436	516	603	697
10	53	109	169	233	301	374	452	536	627
20		55	113	175	241	313	387	469	557
30			56	117	181	249	323	402	488
40				58	120	187	258	335	418
50					60	125	194	268	348
60						62	129	201	279
70							65	134	209
80								67	139
90									70

* Falls nicht bei 0°C, sondern bei 20°C gearbeitet werden soll, kann die Menge an Ammoniumsulfat nach folgender Formel bestimmt werden:

$$m = \frac{533\left(S_2 - S_1\right)}{100 - 0{,}3\,S_2}$$

wobei m die erforderliche Menge an Ammoniumsulfat (in g) ist, um dessen Konzentration in 1 Liter Lösung von der Sättigung S_1 zur Sättigung S_2 bei 20°C zu ändern.

Statt organischen Lösungsmitteln können auch wasserlösliche Polymere, vor allem Polyhydroxyverbindungen, wie z.B. Poly(ethylenglycol) (PEG 6000), als Fällungsreagenzien verwendet werden. Als geeignet haben sich Konzentrationsbereiche von bis zu 15 Gew.% PEG (Molmasse 6000 g mol^{-1}) herausgestellt. Bei dem schonenden Verfahren spielt der pH-Wert, die Ionenstärke und auch die Molmasse des PEG (Molmasse 2000 bis 6000 g mol^{-1}) eine Rolle. Die bei den Fällungen oder Fraktionierungen erhaltenen Niederschläge werden in wenig Pufferlösung aufgenommen und bei Verunreinigung noch membranfiltriert. Bei Proteinen ist bei diesem Verfahren die Denaturierungsgefahr deutlich geringer (Ingham, 1990).

Durchführung

- In einem Vorversuch werden die optimalen Konzentrationsbereiche für die Fällung bestimmt.
- Das Volumen der Probenlösung wird festgestellt und die Lösung in ein Becherglas oder in einen Rundkolben gegossen und das Gefäß in ein Eisbad gestellt.
- Dann wird gerührt, bis die Temperatur der Lösung auf 0°C gesunken ist.
- Für jeden Milliter der Probenlösung wird die definierte Menge an Lösungsmittel (z.B. 0,5 ml Aceton pro ml Lösung), die auf –10°C vorgekühlt wurde, tropfenweise so langsam zugeben, daß die Temperatur nicht über 0°C steigt.

- Die ausgefällte Substanz wird in vorgekühlten Zentrifugenbehältern durch Zentrifugation (10 min, 3000 g, 0°C) abgetrennt.
- Das Volumen des Überstands wird gemessen, die Überstände in einem Gefäß im Eisbad vereinigt und weiteres Lösungsmittel (z.B. 0,3 ml pro ml Lösung) zugegeben.
- Die erneut ausgefällte Substanz wird analog aufgearbeitet und dann die Zentrifugenbehälter über Filterpapier umgedreht aufgestellt, um eine Trocknung zu erreichen.
- Die Pellets werden in Wasser suspendiert und durch Membranfiltration oder Gelfiltration gereinigt.

Ein alternatives Verfahren mit Methanol:

- Zu 1 ml Probe werden 4 ml Methanol gegeben und dann zentrifugiert (1 min, 9000 g). Nach Zugabe von 1–2 ml Chloroform wird analog verfahren.
- Dann wird durch Zugabe von 3 ml Wasser eine heterogene Phase erzeugt und nach Zentrifugation die obere Phase verworfen; die untere Phase wird mit 3 ml Methanol versetzt und erneut 2 min zentrifugiert.
- Der erhaltene Rückstand wird im Vakuum getrocknet und kann nach Auflösung in Wasser der weiteren Trennung oder Analyse zugeführt werden.

1.6.5.4 Protolytische Fällung

Aus wässrigen Lösungen lassen sich Proteine durch Säuren (insbesondere Trichloressigsäure, Sulfosalicylsäure) einfach und effektiv ausfällen. Allerdings bleibt hierbei meist die biologische Aktivität aufgrund der Denaturierung nicht erhalten. Das Verfahren eignet sich für die Fällung von Proteinkonzentrationen > 50 μg ml^{-1}, bei geringeren Konzentrationen ist vorher die Zugabe eines Additivs (Natriumdesoxycholat, Konz. 1–2 mg ml^{-1}) für eine quantitative Fällung erforderlich. Die optimale Säurekonzentration in der Fällungsmischung liegt üblicherweise zwischen 5 und 10 Gew.% und die Temperatur sollte bei 0°C liegen. Durch Zentrifugation (ca. 10 min, 3000–5000 g) werden die Proteine abgetrennt und in einem kleinen Volumen Base aufgenommen.

1.6.6 Membrantrennverfahren

Mit Hilfe von Membranen lassen sich Biopolymerlösungen rasch und schonend konzentrieren und reinigen. Das Prinzip der Membranfiltration ist Bild 1.66 schematisch veranschaulicht. Bei den Membrantrennverfahren kann zwischen mehreren Verfahren unterschieden werden (s. Tabelle 1.24).

Als Membranen werden meist Polymermembranen aus Cellulose, Polysulfon oder Polyamid verwendet. Zu beachten ist, daß eine Reihe von Membrantypen eine gewisse Adsorptionsfähigkeit für Biopolymere besitzen, sodaß spezielle Membranen entwickelt wurden. Für Proteinlösungen gibt es z.B. Membranen mit der Charakteristik einer geringer Proteinadsorption („low protein adsorption“).

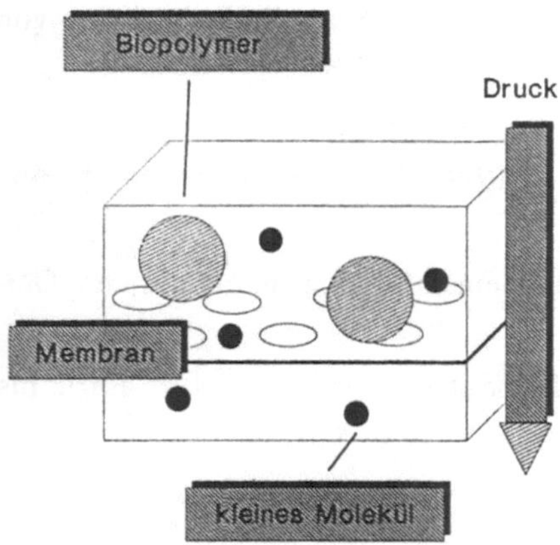

Bild 1.66 Prinzip der Trennung von Biopolymeren und niedermolekularen Anteilen durch Membranfiltration

Tabelle 1.24 Wichtige Membrantrennverfahren für Biopolymere

Verfahren	Prinzip
Dialyse	Konzentrationsgradient Volumenkonstanz
Ultrafiltration	Druckgradient Volumenreduzierung
Diafiltration	Druckgradient Volumenkonstanz
Elektrodialyse	Elektrisches Feld Volumenkonstanz

1.6.6.1 Konzentrierung von Biopolymeren durch Dialyse

Die Dialyse ist die einfache und statische Version der Membranfiltration, bei der die Trennung hauptsächlich auf Diffusion und Konzentrationsgradienten beruht (s. Geckeler/Eckstein, 1987). Nachteile sind die lange Dauer und die geringere Effektivität gegenüber der Ultrafiltration. Außerdem ist die Vielfalt der Ausschlußgrenzen der Membranen wie bei der Ultrafiltration nicht gegeben. Typischerweise haben Dialysemembranen einen Porendurchmesser von 5–100 nm.

Durchführung

- Zur Konzentrierung von Biopolymeren durch Dialyse wird eine Probe von maximal 50 ml in einen sehr schmalen Dialyseschlauch gefüllt, damit eine große Oberfläche gegeben ist.

- Der Dialyseschlauch wird dann in ein großes Volumen einer kalten Pufferlösung mit niedriger Ionenstärke eingebracht und die Lösung gerührt.
- Durch Diffusion stellt sich ein Gleichgewicht ein, das meist in der Größenordnung von 5–10 Stunden liegt, abhängig primär von der Konzentration und dem Volumen.

Alternativ läßt sich folgendes Verfahren anwenden:

- Man bedeckt den verschlossenen Schlauch mit kaltem Poly(ethylenglykol) (PEG) 6000 in Pulverform und beläßt ihn bei 4°C.
- Das trockene Pulver absorbiert die Lösung mit den kleinen Molekülen, die aus dem Dialyseschlauch austritt.
- Man entfernt das feuchte PEG alle 2 Stunden und gibt neues trockenes Pulver hinzu, bis die Lösung genügend konzentriert ist.

1.6.6.2 Pufferaustausch durch Dialyse

Das Verfahren der Dialyse eignet sich auch für den Pufferaustausch, wobei die Lösung mit dem ersten Puffer maximal eingeengt wird (ca. 5–10 % des Ausgangsvolumens) und dann mit dem zweiten Puffer aufgefüllt wird. Zur sicheren Entfernung des ersten Puffers ist dieser Schritt nochmals zu wiederholen.

Der Pufferaustausch ist besonders wichtig vor der Durchführung von SDS-PAGE (s. Geckeler/Eckstein, 1987) und für die komplette Entfernung von Phosphat vor einer Phosphorlipid-Bestimmung. Tenside, die kleine Mizellen bilden, können meist effektiv durch Dialyse oder Ultrafiltration entfernt werden, wenn Membranen mit Ausschlußgrenzen >20000 g mol^{-1} eingesetzt werden. Große Mizellen können auf diese Weise nur entfernt werden, wenn die kritische Mizellkonzentration (CMC) hoch ist, was bedeutet, daß ein hoher Anteil an monomeren Tensidmolekülen vorhanden ist (z.B. bei Octylglucosid). Bei niedriger CMC, wie z.B. bei Triton X-100 und Dodecylmaltosid, ist dies nicht möglich.

Durchführung

- Das pH-Meter wird mit auf 5°C gekühlten Standardpuffern geeicht.
- Der Puffer wird auf die gewünschte Konzentration verdünnt und nochmals kontrolliert, wobei das Puffervolumen 100fach so groß wie das Probenvolumen sein sollte.
- Der Dialyseschlauch wird mit Knoten oder einer Klammer an einem Ende verschlossen und dann die Biopolymerlösung mit einem Trichter eingefüllt.
- Die Luft oberhalb der Lösung wird ausgepresst und der Schlauch analog am anderen Ende verschlossen.
- Der Schlauch wird dann mindestens 4 bis 10 h in die Pufferlösung (oder dest. Wasser) eingehängt, wobei mit einem Magnetrührer gerührt und die Lösung mehrmals gewechselt wird (siehe Geckeler/Eckstein, 1987).
- Nach Beendigung wird der Dialyseschlauch geöffnet und die Biopolymerlösung weiterverwendet oder lyophilisert.

1.6.6.3 Trennung durch Ultrafiltration

Die Ultrafiltration dient vor allem zur Abtrennung von niedermolekularen Komponenten, jedoch ist auch bei Verwendung von Membranen mit geeigneten Ausschlußgrenzen eine Fraktionierung von Makromolekülen möglich. Es werden gerührte Zellensysteme, Hohlfasersysteme und Minisysteme (sehr kleine Volumina, für Zentrifugen bzw. Schwerkraft) eingesetzt.

Bild 1.67 zeigt das Schema zur Ultrafiltration. Die Lösung der Biopolymeren kann im Membranfiltrationssystem konzentriert werden und liefert das Retentat, das im Idealfall keine niedermolekularen Anteile mehr enthält, sowie das Permeat (Filtrat), das frei von Makromolekülen ist. Neben der Konzentrierung (Ultrafiltration) kann auch eine kontinuierliche Auswaschung (Diafiltration) durch Zufuhr von Wasser oder Pufferlösung aus dem Reservoir erfolgen.

Üblicherweise werden bei der Ultrafiltration asymmetrische Membranen verwendet, wobei sich zur Probenseite eine dünne Schicht (0,1–1,5 µm) mit sehr feinen Poren (1–40 nm) befindet, darunter eine zellulare Strukturschicht (50–250 µm). Dadurch ist Selektivität und ein hoher Durchfluß gewährleistet und gleichzeitig wird die Verstopfung von Membranporen vermieden. Ultrafiltrations-Membranen haben nominale Ausschlußgrenzen, die auf Modellverbindungen bezogen sind. Häufig verwendete Größen sind 500, 1000, 2000, 5000, 10000, 30000, 50000, 100000, 500000 g mol^{-1}; die Grenzcharakteristik der Membranen wird in k angegeben, z.B. 10 k für 10000 g mol^{-1}. Zu beachten ist, daß die nominale Ausschlußgrenze der Membran deutlich unter der Molmasse des zu trennenden Biopolymeren gewählt wird, z.B. ist für ein Biopolymer mit der Molmasse von 60.000 g mol^{-1} eine Membran mit der Trenngrenze von 30.000 besser geeignet als eine mit 50.000.

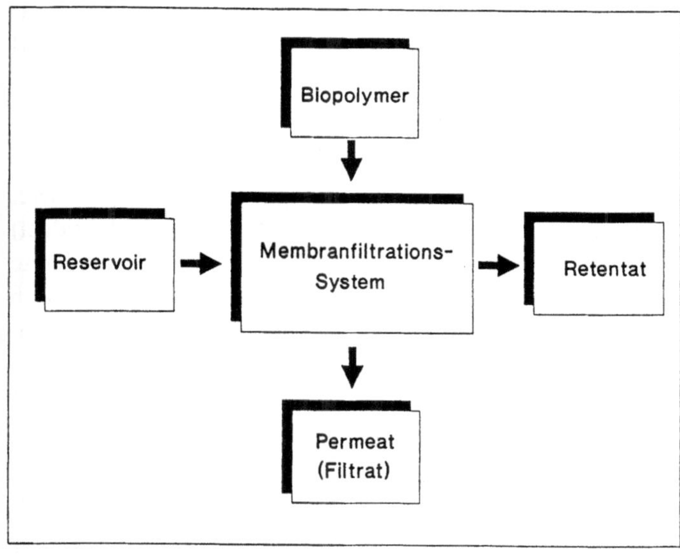

Bild 1.67 Schema zur Trennung durch Ultrafiltration mit den Produkten Retentat und Permeat

Durchführung

- Die Biopolymerlösung wird zuerst zur Entfernung von Partikeln oder Niederschlägen filtriert oder zentrifugiert.
- Dann wird die Lösung in die Zelle gegeben und über das Druckventil (meist Stickstoff) ein konstanter Druck von ca. 300 kPa (ca. 3 atm) eingestellt.
- Unter Rühren wird das Lösungsvolumen in der Zelle durch Druckfiltration reduziert (Ultrafiltration) oder durch Zulauf von Pufferlösung oder dest. Wasser aus dem Reservoir das Lösungsvolumen in der Zelle konstant gehalten (Diafiltration).
- Nach Beendigung wird der Rührer abgeschaltet, das System „belüftet" (Druckausgleich) und die Retentatlösung aus der Zelle in einen Rundkolben (z.B. durch Absaugung im Vakuum) überführt.

1.6.7 Sonstige Verfahren

1.6.7.1 Lyophilisation

Ein sehr schonendes Verfahren zur Abtrennung von Biopolymeren aus Lösungen stellt die Gefriertrocknung dar. Die Probe muß hierzu rasch eingefroren werden (Kryostat, Trockeneis/Ethanol-Bad, flüssiger Stickstoff). Durch Hochvakuum werden die Lösungsmittel (vor allem Wasser) entfernt. Wichtig ist, daß das Vakuum ausreicht, die Probe durch die Verdunstungskälte in gefrorenem Zustand zu halten. Durch Zugabe von Additiven (z.B. Saccharose) ist ein gewisser Schutz von empfindlichen Verbindungen beim Einfrieren möglich. Einzelheiten sind in der Literatur (Geckeler/Eckstein, 1987) beschrieben.

1.6.7.2 Zweiphasen-Extraktion

Auch durch eine wässrige Zweiphasen-Extraktion kann eine Trennung erfolgen. Die Phasenkomponenten, die im Gegensatz zu unpolaren Lösungsmitteln niedrige Grenzflächenspannungen und Dielektrizitätskonstanten zeigen, bestehen aus wasserlöslichen Polymeren und Salzen. Die meist verwendeten Systeme bestehen aus PEG-Dextran (Albertson, 1986).

1.6.7.3 Adsorption an Gele

Bei bestimmten Salzkonzentrationen und bei einem bestimmten pH werden Biopolymere, wie z.B. Proteine, selektiv an Adsorbentien (Calciumphosphat- und Aluminiumhydroxidgel) adsorbiert. Es läßt sich so eine Fraktionierung durchführen, indem jeweils eine definierte Menge des Gels zugegeben wird und dann das Gel durch Zentrifugation aus dem Gemisch entfernt wird. Die jeweilige Fraktion läßt sich durch Änderung des pH oder der Ionenkonzentration wieder freisetzen.

1.6.8 Qualitativer Nachweis von Biopolymeren

Für die wichtigen Biopolymerklassen, die Proteine, Polynucleotide und Polysaccharide, sollen hochsensitive Färbetechniken als qualitativer Nachweis während der Trennungs- bzw.

Reinigungsprozeduren aufgeführt werden. Wenige Farbstoffe, wie z.B. Stains All (4,4',5,5'-Dibenzo-3,3'-diethyl-9-methylthiacarbocyaninbromid), sind in der Lage, einzelne Biopolymerklassen (Proteine, Nucleinsäuren, Lipide) unterschiedlich zu färben. Dieser Farbstoff ist allerdings licht- und luftempfindlich und bleicht relativ schnell aus.

1.6.8.1 Proteine

Bei Proteinen wird der Färbenachweis neben organischen Farbstoffen (z.B. Coomassie Briliant R 250, Amidoschwarz 10B) vor allem mit Silbersalzen geführt (Marshall, 1984). Mit Silberreagenzien können Nanogramm-Mengen von Proteinen oder Nucleinsäuren nachgewiesen werden. Durch ihre sehr niedrige Nachweisgrenze (z.B. 0,03 ng mm^{-2}) sind sie empfindlicher als organische Farbstoffe (Mitchell, 1996). Zusätzlich bieten sie den Vorteil, daß weder mutagene Reagenzien (z.B. Ethidiumbromid) noch radioaktive Methoden verwendet werden. In jüngster Zeit gibt es auch kommerzielle Reagenzien auf der Basis von kolloidalem Gold.

Durchführung

- Herstellung des Silberreagenzes: 4 ml handelsübliches Methylamin (30%) werden zu 20 ml Natronlauge (0,36%) gegeben und diese Lösung unter guter Mischung zu 8 ml einer wässrigen Silbernitratlösung (20%) getropft, bis sich der braune Niederschlag gerade wieder auflöst.
- Dann wird filtriert und mit Wasser auf 200 ml aufgefüllt.
- Mit der Protein-enthaltenden Lösung wird zuerst eine SDS-Gel-Elektrophorese durchgeführt.
- Das Gel wird zuerst in 50%-iges Methanol und dann in 10%-ige Essigsäure transferiert und zur Fixierung dann über Nacht daringelassen.
- Dann wird gewaschen, unter sanftem Schütteln jeweils mit 5% Methanol für 10, 20 und 30 min gewaschen und dieser Intervallzyklus mit 7%-iger Essigsäure wiederholt.
- Inkubation für 10 min in einer Formaldehydlösung (10% aus 40%-igem Formalin hergestellt) bei 60°C und dann mit Natronlauge auf pH 7 eingestellt.
- Bei 60°C wird jeweils mit destilliertem Waser (pH 7) für 10, 20 und 30 min gewaschen.
- Das Gel wird bei Raumtemperatur in Wasser äquilibriert und dann im Silberreagenz bei Raumtemperatur für 10 min inkubiert.
- Dann wird kurz mit destilliertem Wasser gewaschen und mit 0,005% Zitronensäure und 0,019% Formaldehyd inkubiert. Die Lösung wird in 10-min-Abständen gewechselt, spätestens aber nach Entfärbung.
- Die Proteinbanden erscheinen nach 10 bis 30 min.

1.6.8.2 Polynucleotide

Wie bei den Proteinen werden für den qualitativen Nachweis von Polynucleotiden neben organischen Farbstoffen (Acridinorange, Methylgrün) Silbersalze eingesetzt. Meist werden Nukleinsäuren nach der elektrophoretischen Trennung im Poly(acrylamid)-Gel nachgewiesen. DNS kann auch durch die Technik der Nucleinsäuren-Hybridisierung mit radiomarkierter DNS in Picogramm-Mengen nachgewiesen werden (Hames, 1985; vgl. auch Abschnitt 2.2).

Durchführung

- Nach der Elektrophorese wird das Gel in 10%-igem Ethanol für 10 min eingetaucht. Das Volumen wird so bemessen, daß etwa die doppelte Menge an Alkohol verwendet wird, die zur Bedeckung des Gels erforderlich ist. Das Gel kann in dieser Form lange aufbewahrt werden.
- Dann wird das Gel in die Oxidationslösung (0,0034 M Kaliumdichromat und 0,0032 M Salpetersäure (stark oxidierend, im Dunkeln aufbewahren) gegeben (3–5 min).
- Schließlich kommt das Gel für 15–20 min eine 2%-ige Silbernitratlösung.
- Das Gel wird kurz in demineralisiertem Wasser gewaschen, um Silbernitrat von der Geloberfläche zu entfernen.
- Dann wird das Bild entwickelt, indem das Gel mit vorgekühltem (4°C) Entwickler (0,28 M Natriumkarbonat mit 0,5 ml/L von 37%-igem Formalin, das direkt vor Gebrauch zugegeben wird) für etwa 30 s unter Rühren versetzt wird.
- Sobald die Lösung nicht mehr klar ist, wird jeweils mit neuem Entwickler versetzt, bis das Bild entwickelt ist.
- Wenn die DNA-Banden die gewünschte Intensität erreicht haben, wird die Entwicklung durch Überführung in Essigsäure (5 Vol.-%) abgebrochen. Ein normales Bild zeigt dunkelbraune oder schwarze Banden auf einem schwachgelben bis -braunen Untergrund.
- Die gefärbten Gele können getrocknet werden (Mikrowelle oder bei Raumtemperatur). Für eine permanente Dokumentation sollte das Gel photographiert werden.

8.3 Polysaccharide

Nach saurer Hydrolyse des Polysaccharids stehen die üblichen Analyseverfahren bei nachfolgender entsprechender Detektion der oligomeren und monomeren Zucker zur Verfügung (vgl. auch Abschnitt 2.3). Auch ein enzymatischer Abbau ist möglich, insbesondere um Proteine aus Glykoproteinen, vor allem durch Proteasen, abzuspalten. Alcianblau (Mowry, 1960), ein Kupfer-Phthalocyanin, bindet und aggregiert Polysaccharide und wird vor allem zum Nachweis von Glykosaminglykanen und Mucin verwandt (Gold, 1979, 1981). Auch Methylenblau wird zu diesem Zweck eingesetzt (Taylor, 1969).

Durchführung

- Die Probe (ca. 0,1 ml mit einem Gehalt von 5–100 µg Polysaccharid) wird zu einer Lösung (1,2 ml) des Alcianblaus (1,4 mg ml^{-1}, in 0,5 M Natriumacetat-Lösung) gegeben.
- Nach 10 min wird die Absorption spektrometrisch (480 nm) gemessen (Linearität und Stabilität ist in der Zeitspanne zwischen 10 und 30 min gegeben).

1.6.9 Anwendungsbeispiele

1.6.9.1 Proteinreinigung

Am Beispiel der sauren Phosphatase soll eine Proteintrennung und -reinigung exemplarisch beschrieben werden (Cooper, 1981, 368).

Durchführung

- Weizenkeime werden unter langsamem Rühren in 200 ml kaltem Wasser suspendiert. Man läßt die Mischung 30 min stehen und rührt ab und zu auf.
- Der grobe Brei wird durch Gaze gefiltert. Man drückt so viel Flüssigkeit wie möglich aus der Gaze und überführt das Filtrat in Zentrifugations-Röhrchen.
- Die Röhrchen werden bei 4°C 10 min lang bei 10 000 g zentrifugiert.
- Der Überstand wird sorgfältig in einen 250-ml-Standzylinder abdekantiert und das Volumen notiert. Dies ist Überstand 1. Die Niederschläge werden verworfen.
- 1,0 ml des Überstandes werden für einen Enzym-Test und die Protein-Bestimmung abgenommen. Der Rest wird in ein Becherglas (250 ml), das sich in einem Eisbad befindet, überführt.
- Während der Extrakt mit einem Magnetrührstab langsam gerührt wird, gibt man 2,0 ml 1 M $MnCl_2$ für je 100 ml Überstand hinzu.
- Das präzipitierte Material wird durch Zentrifugation entfernt.
- Der Überstand jedes Röhrchens wird in einen 250-ml-Standzylinder abdekantiert und das Volumen notiert. Dies ist Überstand 2. Die Niederschläge werden verworfen.
- 1 ml des Überstands 2 wird für einen Enzym-Test und eine Protein-Bestimmung entnommen. Der Rest wird in ein in einem Eisbad befindliches 600-ml-Becherglas überführt.
- Während die Lösung mit einem Magnetrührer gerührt wird, werden langsam 54 ml kalter gesättigter Ammoniumsulfat-Lösung pro 100 ml Überstand 2 hinzugefügt. Die Ammoniumsulfat-Konzentration beträgt nach der Zugabe 35%. Die Zugabe erfolgt am besten mit einer 10-ml-Pipette und sollte insgesamt ca. 5–10 min dauern. Wird die Lösung zu schnell gerührt, denaturieren einige Proteine. Dies kann man an der Bildung eines weißen Schaumes an der Oberfläche der Lösung erkennen. Diese Denaturierung ist zu vermeiden.
- Nach der Ammoniumsulfat-Zugabe wird die Lösung weitere 10–15 min gerührt
- Das Präzipitat wird durch Zentrifugation entfernt.
- Man dekantiert den Überstand in einen graduierten Standzylinder, mißt sein Volumen und gibt ihn in das 600-ml-Becherglas zurück. Mit der Lösung wird eine zweite Ammoniumsulfat-Fällung durchgeführt.
- Die Niederschläge werden in 25–50 ml 0,05 M Natriumacetat-Puffer resuspendiert. Sobald man eine gute Suspension erhalten hat, wird ungelöstes Protein durch Zentrifugation entfernt. Die Überstände werden in einen 100-ml-Standzylinder überführt und das Volumen notiert. Dann wird die Lösung für spätere Bestimmungen der Enzym-Aktivität und

Protein-Konzentration aufbewahrt. Obwohl diese Fraktion nur wenig Aktivität enthalten kann, ist es ratsam, alle Fraktionen eines Reinigungsschrittes aufzubewahren, bis man tatsächlich nachgewiesen hat, daß sie vernachlässigbar kleine Aktivitäten aufweisen. Der Niederschlag des ungelösten Proteins kann verworfen werden.

- Während die erhaltene Lösung langsam gerührt wird, gibt man langsam 51 ml kalter gesättigter Ammoniumsulfat-Lösung pro 100 ml Lösung hinzu. Die Endkonzentration an Ammoniumsulfat beträgt 57%.
- Ein Wasserbad wird auf 70°C gebracht.
- Für die Hitze-Präzipitation wird das Becherglas in das Heißwasserbad gestellt und leicht mit dem Thermometer umgerührt. Man läßt die Lösung auf 60°C erwärmen und hält die Temperatur 2–2,5 min lang. Nach der Inkubation wird das Becherglas schnell in ein Eisbad getaucht und die Lösung gerührt, bis die Temperatur auf 6–8°C gesunken ist.
- Das Präzipitat wird durch Zentrifugation entfernt.
- Der Überstand wird vorsichtig in ein 250-ml-Standzylinder abdekantiert und das Volumen notiert. Dies ist Überstand 3. Er wird bei 4°C für spätere Enzym-Teste und Protein-Bestimmungen aufbewahrt.
- Das Präzipitat wird mit einem Glasstab in 40 ml kaltem Wasser (1/3 des Volumens von Überstand 2) suspendiert.
- Sobald man eine gleichmäßige Suspension erhalten hat, wird das ungelöste Protein durch Zentrifugieren entfernt.
- Der Überstand wird sorgfältig in einen 50-ml-Standzylinder abdekantiert und das Volumen gemessen. 1,0 ml wird für einen späteren Test abgenommen. Dies ist Überstand 4. Die Präparation kann zu diesem Zeitpunkt ohne wesentlichen Aktivitätsverlust mehrere Wochen lang eingefroren werden.
- Die Protein-Konzentration von Überstand 4 wird bestimmt und notfalls auf 4–5 mg/ml Protein durch Verdünnen mit kaltem destilliertem Wasser eingestellt. Man bestimmt das resultierende Volumen der Lösung und gibt für jeden ml 0,09 ml 0,25 EDTA-Lösung und 0,05 ml gesättigte Ammoniumsulfat-Lösung hinzu.
- Schrittweise gibt man unter leichtem Rühren 1,75 ml kaltes (–20°C) Methanol für jeden ml der oben erhaltenen Lösung zu.
- Das Präzipitat wird durch Zentrifugieren entfernt. Der Überstand wird abgegossen und verworfen.
- Das präzipierte Protein wird in 10 ml kaltem Wasser resuspendiert. Das ungelöste Protein trennt man durch Zentrifugieren und hebt den Überstand auf.
- Das ungelöste Protein wird in weiteren 10 ml kaltem Wasser resuspendiert. Das unlösliche Protein wird durch Zentrifugieren entfernt. Die überstehende Lösung vereinigt man mit der aus vorhergehendem Schritt. Dies ist Überstand 5. Das Volumen wird bestimmt und 0,5 ml für spätere Tests entnommen. Die ungelösten Proteine können verworfen werden.
- Von einem Dialyseschlauch schneidet man ein entsprechendes Stück ab. Der Schlauch wird mit dest. Wasser angefeuchtet und an einem Ende mit zwei Knoten verschlossen.

- Der Überstand 5 wird mit einer Pasteur-Pipette in den Dialyseschlauch überführt. Man achte darauf, den Schlauch nicht mit der Pipette zu durchstechen.
- Das andere Ende des Schlauches wird ebenfalls mit zwei Knoten verschlossen, so daß noch etwas Luft im Schlauch bleibt.
- Der Dialyseschlauch wird in ein 1-L-Becherglas gefüllt mit kalter 5 mM EDTA-Lösung gegeben. Die Lösung wird mit einem großen Magnetrührstab über Nacht bei 4°C langsam gerührt.
- Nach Beendigung der Dialyse schneidet man ein Ende des Schlauchs vorsichtig auf und überführt den Inhalt in einen Meßzylinder und notiert das Volumen. Die Lösung kann eingefroren werden und wird Überstand 6 genannt. Eine 0,5-ml-Probe wird für eine Protein- und Aktivitäts-Bestimmung abgenommen.
- Die Präparation kann jetzt auf unterschiedliche Weise weiterbehandelt werden. Sie kann entweder einer DEAE-Cellulose-Chromatographie bei pH 7,4 mit linearem Gradienten zwischen 0,005 und 0,1 M Tris-Puffer unterworfen, oder es können auf dieser Reinigungsstufe kinetische Studien durchgeführt werden wie im nächsten Abschnitt beschrieben. Schließlich kann auch eine Gelfiltration auf einem Agarose-Gel (z.B. Biogel, 0,5 m, Ausschlußgrenze: 500.000 g mol^{-1}), durchgeführt werden.

Wird die letzte Methode gewählt, muß die Lösung wie folgt konzentriert werden:

- Zur Konzentration wird dem Überstand 6 langsam 4 g festes Ammoniumsulfat pro 10 ml Protein-Lösung hinzugegeben. Die Fällung findet in einem Eisbad statt.
- Das Gleichgewicht stellt sich in der Mischung innerhalb von 10–15 min ein. Anschließend trennt man das Präzipitat durch Zentrifugation ab und löst es in 2–3 ml einer 0,2 M Ammoniumsulfat-Lösung mit 1 mM EDTA wieder auf. Ungelöste Proteine werden durch Zentrifugieren abgetrennt und verworfen.
- Die Präparation kann jetzt einer Gelfiltration (s. Geckeler/Eckstein, 1987) bei Raumtemperatur in einer 2,5 × 35-cm-Säule gefüllt mit Biogel-Agarose 0,5 m, die mit 0,2 M Ammoniumsulfat und 1 mM EDTA äquilibriert wurde, unterworfen werden. Es empfiehlt sich ein Probenvolumen von 1–2 ml.

1.6.9.2 Trennung von Nucleinsäuren und Proteinen

Zur analytischen Bestimmung von Nucleinsäuren und Proteinen in Gewebeproben ist ein klassischer Trennungsgang verwendbar, der hier beschrieben ist (Schmidt, 1945).

Durchführung

- Die Probe (Biopolymerlösung oder wässrige Gewebeprobe) wird mit eiskalter Perchlorsäure (14 Gew.-%, gleiches Volumen) versetzt und mit eiskalter Perchlorsäure (7 Gew.-%) auf ein definiertes Volumen aufgefüllt und für 10 min in einem Eisbad kaltgestellt.
- Der entstandene Niederschlag wird durch Zentrifugation (10 min, 4000 g, 0°C; s. Abschnitt 1.4) abgetrennt und dreimal gewaschen (Suspendierung in eiskalter 3%iger Perchlorsäure bei 0°C).

- Evtl. enthaltene Lipide werden durch Extraktion (zweimal mit Ethanol, dann dreimal mit Diethylether/Ethanol, 3:1, v:v) bei 30–40 °C entfernt. Die oberen Phasen werden verworfen und der Rückstand i.V. getrocknet.
- Zu dem trockenen Rückstand wird Kalilauge (1 M, ca. 0.5–1 ml) gegeben und 1 h bei Raumtemperatur stehengelassen.
- Dann wird das gleiche Volumen Perchlorsäure (14 Gew.-%) zugegeben und nach einer Stunde im Eisbad durch Zentrifugation abgetrennt (s.o.). In der überstehenden Lösung ist die RNS enthalten, die daraus direkt analytisch bestimmt werden kann.
- Zur weiteren Abtrennung wird der Niederschlag mit 5%-iger Trichloressigsäure (1–2 ml) angesäuert und 30 min auf 90°C erhitzt (mit Kühler oder Abdeckung).
- Danach läßt man abkühlen, dann 30 min bei 0°C stehen und zentrifugiert analog wie oben beschrieben. Der Überstand enthält die DNS.
- Schließlich wird der Rückstand mit Natronlauge (1 M, 1–2 ml) versetzt und 10 min auf 90°C erhitzt. Nach analogen Zentrifugationsschritten wird als Überstand die Protein-enthaltende Lösung erhalten.

Literatur

P.A. Albertson, *Partition of Cell Particles and Macromolecules*, John Wiley, New York **1986**.

E.J. Cohn, J.T. Edsall, *Proteins, Amino Acids, and Peptides*, Reinhold, New York **1958**.

G.C. Cooper, *Biochemische Arbeitsmethoden*, Walter de Gruyter, Berlin **1981**.

Terrance G. Cooper, *Biochemische Arbeitsmethoden*, Walter de Gruyter, Berlin **1981**, Seite 371-73.

Z. Deyl, Ed., *Separation of Biopolymers and Supramolecular Structures*, Special Vol.: J. of Chromatogr., Vol. 418, Elsevier, Amsterdam **1987**.

Sh. Doonan, Ed., *Protein Purification Protocols*, Humana Press, Totowa, NJ **1996**.

S. Englard, S. Seifter, Precipitation Techniques, *Methods Enzymol.*, **1990**, *182*, 285-300.

G.D. Fasman, *Practical Handbook of Biochemistry and Molecular Biology*, CRC Press, Boca Raton **1989**.

K.E. Geckeler, H. Eckstein, *Analytische und präparative Labormethoden*, Verlag Vieweg, Braunschweig **1987**.

E.W. Gold, *Anal. Biochem.*, **1979**, *99*, 183-188.

E.W. Gold, *Biochem. Biophys. Acta*, **1981**, *673*, 408-415.

B.D. Hames, S.J. Higgins (Hrsg.), *Nucleic Acid Hybridization*: A Practical Approach, IRL Press, Oxford **1985**.

E.L.V. Harris, S. Angal, Hrsg., *Protein Purification Applications*: A Practical Approach, IRL Press, Oxford **1990**.

L.M. Hjelmeland, Removal of Detergents from Membrane Proteins, *Methods Enzymol.*, **1990**, *182*, 277-282.

K.C. Ingham, Precipitation of Proteins with Polyethylene Glycol, *Methods Enzymol.*, **1990**, *182*, 301-306.

G. von Jagow, Hrsg., *A Practical Guide to Membrane Protein Purification*, Acad. Press, San Diego **1994**.

H.-D. Jakubke, H. Jeschkeit, *Aminosäuren, Peptide, Proteine*, Verlag Chemie, Weinheim **1982**.

J.-C. Janson, L. Ryden, Hrsg., *Protein Purification – Principles, High Resolution Methods and Applications*, VCH Verlagsges., Weinheim **1989**.

G.L. Jones, G.A. Hebert, W.B. Cherry, *Fluorescent Antibody Techniques and Bacterial Applications*, H.E.W. Publ., Atlanta (USA) **1978**.

T. Marshall, *Anal. Biochem.*, **1984**, *136*, 340.

R.W. Mowry, *J. Histochem. Cytochem.*, **1960**, *8*, 323-324.

L.G. Mitchell, A. Bodenteich, C.R. Merril, *Use of Silver Staining to Detect Nucleic Acids*, in: *Methods in Molecular Biology*, Vol. 58: Basic DNA and RNA Protocols (Hrsg. A. Harwood, Humana Press, Inc., Totowa, N.J., USA **1996**.

G. Schmidt, S. Thannhauser, *J. Biol. Chem.*, **1945**, *161*, 83-89.

P.V. Tavel, R. Sigher, *Adv. Protein Chem.*, **1956**, *11*, 237.

K.B. Taylor, G.M. Jeffree, *Histochem. J.*, **1969**, *1*, 199-204.

D. Wessel, U. Flügge, *Anal. Biochem.*, **1983**, *138*, 141-143.

B.L. Williams, K. Wilson, *Methdoden der Biochemie*, Georg Thieme Verlag, Stuttgart **1984**

S.P. Wood, in: B.D. Hames, S.J. Higgins (Hrsg.), *Nucleic Acid Hybridization*: A Practical Approach, IRL Press, Oxford **1985**, S. 45.

2 Spezielle Methoden

2.1 Sequenzanalyse von Proteinen

Durch Sequenzanalyse wird die Aufeinanderfolge der Aminosäuren in Proteinen (d.h. die Primärstruktur) ermittelt, indem schrittweise Aminosäuren vom Protein oder seinen Fragmenten (Peptiden) abgespalten und identifiziert werden. Dazu stehen mehrere chemisch/physikalische und enzymatische Methoden zur Verfügung.

Noch vor wenigen Jahren war der Begriff „Sequenzanalyse" in der Proteinchemie gleichbedeutend mit dem Edman-Abbau. Anfang der 90er Jahre wurde das Gebiet der Proteinsequenzierung durch neue Entwicklungen der Massenspektrometrie und das Aufkommen multipler Methoden und der C-terminalen Sequenzanalyse revolutioniert. Daher ist diesem Abschnitt, der den Schwerpunkt auf die nach wie vor gebräuchlichste Methode (Edman-Abbau) legt, der Unterabschnitt „Ausblick" angefügt, in dem alternative Techniken zumindest kurz angerissen werden sollen.

2.1.1 Grundlagen

Die sequentielle Abspaltung von Aminosäuren aus einer (Poly-) Peptidkette kann sowohl vom Amino- als auch vom Carboxyterminus erfolgen. Beide Strategien können mit Exopeptidasen, also enzymatisch, oder durch chemische Spaltung über Thiohydantoinderivate verfolgt werden. Außerdem besteht die Möglichkeit der Sequenzanalyse kurzer Peptide über massenspektrometrische Methoden.

Der enzymatische Ansatz über Amino- oder Carboxypeptidasen hat den großen Nachteil, daß solche Enzyme unterschiedliche Aminosäuren unterschiedlich schnell abspalten und die Reaktion sehr schnell ihre Synchronität verliert. Typischerweise werden mit Amino- oder Carboxypeptidasen deutlich weniger als zehn Aminosäuren sequenziert. Deswegen spielen die enzymatischen Sequenzanalysemethoden heutzutage nur eine untergeordnete Rolle.

Der Edman-Abbau dominiert zur Zeit die Proteinsequenzanalyse. Diese N-terminale Sequenzierungsmethode kann nicht nur hochsensitiv Probenmengen im Subpicomolbereich bearbeiten, sondern auch – im Picomolbereich – lange Sequenzen von im Idealfall über 50 Aminosäuren bestimmen und ist in diesem Punkt allen anderen Methoden weit überlegen.

Relativ neu ist die Methode der automatisierten C-terminalen Sequenzanalyse. Sensitivität der Detektion und Länge der ermittelten Sequenzen liegen jedoch weit unter dem mit Edman-Abbau erreichbaren Niveau.

In den letzten Jahren haben sich auch massenspektrometrische Methoden zur Sequenzanalyse etabliert. Unterschiedlichste Techniken und Kombinationen mit anderen Methoden ermöglichen die Sequenzanalyse im hochsensitiven Maßstab, zur Zeit allerdings nur für relativ kurze Peptide von bis zu 20 Aminosäuren.

In jedem Fall ist die Kettenlänge von Proteinen (meist zwischen 100 und 1000 Aminosäuren) zu groß für eine direkte, einstufige Sequenzanalyse. Daher müssen unbekannte Proteine vor der eigentlichen Sequenzierung in kleinere Bruchstücke zerlegt werden. Auch für diese Fragmentierungen sind chemische oder enzymatische Spaltreaktionen geeignet.

2.1.2 Materialien

Für die Fragmentierung von Proteinen:

- Bromcyan, 70 % Ameisensäure, Ammoniumhydrogencarbonat, 2-Mercaptoethanol
- o-Iodosobenzoesäure, Essigsäure, Guanidiniumhydrochlorid, p-Kresol, Dithiothreitol
- Harnstoff oder SDS zur Denaturierung
- Puffersubstanzen, Proteasen wie Trypsin, Chymotrypsin, V8-Protease

Für die Sequenzanalyse durch Edman-Abbau:

- 5 % Phenylisothiocyanat in n-Heptan
- Trimethylamin oder Methylpiperidin als Base
- wasserfreie Trifluoressigsäure
- Lösungsmittel: n-Heptan, Essigester, 1-Chlorbutan, 20 % Acetonitril
- Trägermatrix: Glasfaserfilter oder Polyvinylidendifluorid-(PVDF)membranen

2.1.3 Geräte

- Thermostatisiervorrichtung (Wasserbad, Heizblock, Trockenschrank)
- Zentrifuge
- HPLC-Anlage
- Proteinsequenator

Anmerkung: Obwohl mehrere Techniken zur manuellen Durchführung des Edman-Abbaus (z. T. unterstützt durch Dansyl- oder DABITC-Reagenzien) bekannt sind, empfiehlt sich unbedingt die automatisierte Methode mit den Geräten der Hersteller Perkin-Elmer/Applied Biosystems, Hewlett-Packard oder Beckman Instruments. Drei Gründe sprechen für diese Sequenatoren:

- die Reaktion kann durch die Automatisierung in sehr kleinen Volumina und völlig reproduzierbar vor sich gehen,
- durch den Ablauf in geschlossenen Systemen unter Inertgas sind sehr gute Ausbeuten und ein Minimum an Nebenreaktionen gewährleistet,
- der Experimentator wird den hochgiftigen Reagenzien weniger ausgesetzt.

Auf die manuellen Methoden wird hier nicht weiter eingegangen.

2.1.4 Vorbereitung

Die zu analysierenden Proben müssen vor der Sequenzanalyse hochrein vorliegen (Ausnahme: Poolsequenzierungen, s. u. „Ausblick"). Die Aufarbeitungsschritte sollten so geplant werden, daß im reinen Protein alle Begleitsubstanzen vermieden werden, die sich negativ auf Fragmentierung oder Sequenzierung auswirken können, wie

- Detergenzien
- UV-absorbierende Substanzen
- hohe Salzkonzentrationen
- Substanzen mit freien Aminogruppen (Tris-Puffer!).

Auch Veränderungen an Aminogruppen oder Seitenketten durch Oxidation, Acylierung/Alkylierung oder Radikalreaktionen müssen verhindert werden. Als letzter Schritt vor der Sequenzierung sollte eine Dialyse oder Gelfiltration stehen, um unerwünschte niedermolekulare Stoffe abzutrennen.

Für die Sequenzanalyse von Proteinen bietet sich die Fixierung der Proben auf Blot-Membranen an – heutzutage die Methode der Wahl. Dieses Verfahren bietet den Vorteil, daß im Idealfall ein einziger Reinigungsschritt (SDS- oder 2D-Gelelektrophorese mit anschließendem Western-Blot) ausreicht, das gewünschte Protein von sämtlichen störenden Fremdsubstanzen zu trennen. Sogar eine Fragmentierung ist während der Elektrophorese noch möglich: aufgrund der SDS-Verträglichkeit der V8-Protease kann dieses Enzym mit in die Probentasche gegeben werden, die Proteinprobe wird noch im Sammelgel gespalten.

Für die Sequenzanalyse von Peptiden mit Molmassen unter 10 000 g/mol empfiehlt sich die Reinigung über „reversed-phase" HPLC.

Die zu einer Fragmentierung benötigte Proteinmenge liegt je nach Verfahren im Bereich von 5–100 picomol, für Sequenzanalysen im Edman-Sequenator sind Mengen von 1–10 picomol erforderlich.

2.1.5 Durchführung

Mehrere Strategien sind denkbar:

- N-terminale Ansequenzierung des Proteins → Datenbanksuche
- falls N-terminal blockiert: enzymatische Spaltung mit Trypsin, Fragmenttrennung durch HPLC oder Elektrophorese, Sequenzanalyse der Fragmente → Datenbanksuche
- falls kein Datenbankeintrag vorliegt: Fragmentierung mit verschiedenen Methoden (Tabelle 2.1), Fragmenttrennung und Sequenzanalyse, Identifizierung der Totalsequenz durch überlappende Sequenzen.

Auf die Alternative, über Oligonukleotide die mRNA zu „fischen" und zu sequenzieren, wird hier nicht eingegangen.

Einige Rezepte für Fragmentierungen:

Bromcyanspaltung (spaltet C-terminal von Methionin)

- Probe in 0,1 M NH_4HCO_3 pH 8,5 mit 1 % 2-Mercaptoethanol reduzieren (37°C, 16 h), anschließend lyophilisieren,
- in 70 % Ameisensäure aufnehmen,
- Zugabe von Bromcyan in 100fachem Überschuß zu Methioninresten,
- Spaltung verläuft 24 h bei Raumtemperatur unter Lichtabschluß,
- Verdünnen mit 20 Vol. Wasser, lyophilisieren.

Limitierte Hydrolyse (spaltet C-terminal von Asparaginsäure):

- Spaltung von Asp-Pro-Bindungen: 5 mg/ml Probe in 50 % Ameisensäure, 96 h bei 37°C,
- Verdünnen mit 20 Vol. Wasser, lyophilisieren,
- Asp-X-Spaltung: 5 mg/ml Probe in 0,25 M Essigsäure, 8 h bei 110°C,
- Verdünnen mit 20 Vol. Wasser, lyophilisieren.

Spaltung mit Iodosobenzoesäure (spaltet C-terminal von Tryptophan):

- Zu 2 ml 4 M Guanidiniumchlorid in 80 % Essigsäure werden 10 mg o-Iodosobenzoesäure gegeben,
- die Lösung wird auf 0,1 M p-Kresol eingestellt und 2 h bei Raumtemperatur stehengelassen,
- nach Zugabe von 5 mg Probe verläuft die Reaktion über 24 h bei Lichtabschluß,
- beenden durch Zugabe von 5 mg Dithiothreitol,
- Entsalzung durch Gelfiltration,
- lyophilisieren.

Enzymatische Spaltung mit Trypsin (spaltet C-terminal von Lysin und Arginin):

- Probe und Trypsin im stöchiometrischen Verhältnis 100:1 in 0,1 M NH_4HCO_3 pH 8 lösen,
- kurze Reaktionszeiten bei 37°C (einige Minuten bis 1 h) und native Proteine führen zu wenigen, langkettigen Fragmenten: Trennung direkt aus der Reaktionslösung preferentiell über Gelelektrophorese,
- lange Reaktionszeiten (über Nacht) und vorhergehende Denaturierung ergeben kurzkettige Fragmente: Trennung preferentiell über HPLC,
- zur HPLC-Trennung Reaktion mit gleichem Volumen 10 % Trichloressigsäure abstoppen, ausgefallenes Protein abzentrifugieren (10 min, 15000 g), Überstand auftrennen.

Enzymatische Spaltung mit V8-Protease (spaltet C-terminal von Glutaminsäure):

- Probe und Enzym werden im stöchiometrischen Verhältnis 100:1 in 0,25 M NH_4HCO_3 pH 7,8 gelöst,
- Reaktionszeit für vollständige Spaltung 18 h bei 25°C,
- Abstoppen/Auftrennen analog der Trypsinspaltung,
- falls die Reaktion in 0,1 M Kaliumphosphatpuffer pH 7,8 abläuft, spaltet die V8-Protease zusätzlich C-terminal von Asparaginsäure.

Tabelle 2.1 Methoden zur Fragmentierung. Neben den angegebenen spezifischen Enzymen gibt es noch weitere Proteasen mit trypsinähnlicher Aktivität: Thrombin (Arg-X) und Plasmin (Lys-X, Arg-X). Unspezifische Proteasen wie Thermolysin, Subtilisin, Elastase oder Papain werden zur Sequenzanalyse kaum eingesetzt.

Bezeichnung	Spezifität	Einschränkungen
Bromcyan	Met-X	
Iodosobenzoesäure	Trp-X	Cys-Alkylierung nötig, His/Tyr instabil
Chymotrypsin	Aromatische AS-X	weitere Spezifitäten, v.a. Leu-X
Endoproteinase Arg-C	Arg-X	
V8-Protease	Glu-X, auch Asp-X	nicht bei X=Pro, X=Glu
Endoproteinase Lys-C	Lys-X	
Factor Xa	Ile-Glu-Gly-Arg-X	
Pepsin	Leu-X, Phe-X, Met-X, Trp-X	weitere Spezifitäten
Trypsin	Lys-X und Arg-X	
Endoproteinase Asp-N	X-Asp	

Sequenzierung mit automatisiertem Edman-Abbau

1. Schritt: Probenfixierung

Als Probenträger kommen Glasfaserfilter oder inerte Membranen aus Polyvinylidendifluorid (PVDF) zur Verwendung. Die Probe wird in der Regel adsorptiv fixiert, obwohl auch Trägermaterialien zur kovalenten Fixierung angeboten werden. Eine besonders elegante Version der Probenfixierung besteht in der adsorptiven Beladung kleiner Chromatographiesäulen.

Adsorptive Fixierung auf Glasfaserfilter:

- als Adhäsionsvermittler wird eine Lösung von 1–3 mg Polybren auf einen Glasfaserfilter getropft und unter Inertgas getrocknet,
- der Glasfaserfilter wird im Sequenator mit 3 Abbauzyklen konditioniert („precycling") und
- die Probenlösung wird auf den Filter getropft und getrocknet.

Adsorptive Fixierung auf PVDF-Membranen:

- a) Spinverfahren: die Membran wird in Methanol eingeweicht, anschließend mit 50 % Methanol in Wasser benetzt. Einige Mikroliter der Probenlösung werden auf die Membran getropft und das Lösungsmittel durch Zentrifugation durch die Membran entfernt (für kleine Probenvolumina von unter ca. 500 µl).
  b) Saugverfahren: die Membran wird in Methanol eingeweicht, anschließend mit 50 % Methanol in Wasser benetzt. Die Probenlösung wird in ein Reservoir über der Membran gegeben und durch die Saugwirkung eines unter der Membran angebrachten Filterpapiers durch die Membran gezogen (für große Probenvolumina bis einige ml).

Adsorptive Fixierung auf Chromatographiesäulchen:

- Die Probe (in wäßrigem Milieu) wird mit Hilfe einer Vakuumpumpe in eine mit „reversed-phase"-Material (C18-Ketten) gefüllte Säule (ca. 10 mm × 1 mm) gesaugt,

- es kann beliebig nachgewaschen werden, soweit kein Lösungsmittel verwendet wird, das die Probe wieder vom Säulenmaterial eluiert.

Kovalente Fixierung auf Isothiocyanat-Membranen:

- Die Probe muß in einer Lösung von 2 % N-Ethylmorpholin und 0,1 % SDS in Wasser vorliegen,
- Probenlösung wird 20 min auf 55°C erhitzt,
- ein Isothiocyanat-Membranstück wird mit 5 µl Isopropanol/Wasser/N-Ethylmorpholin (49:49:2) benetzt,
- die Probenlösung wird auf die Membran gegeben und bei 55°C getrocknet,
- nach nochmaliger Behandlung mit 5 µl Isopropanolmischung und Trocknung wird die Membran in den Sequenator eingesetzt.

Die Isothiocyanatmembran reagiert mit Aminogruppen des zu analysierenden Proteins. Es stehen auch Arylamin-Membranen zur Kopplung über Carboxylgruppen zur Verfügung.

Die Methoden zur Probenfixierung variieren je nach Hersteller des Sequenators und sind nicht beliebig für alle Geräten anwendbar.

Ablauf des Edman-Abbaus (siehe Reaktionsschema Bild 2.1)

1. Unter dem Einfluß einer Base (z.B. Trimethylamin oder N-Methylpiperidin) erfolgt der nucleophile Angriff des Aminostickstoffs an das stark positivierte Kohlenstoffatom der Isothiocyanatgruppe von PITC (Phenylisothiocyanat): es entsteht ein Peptidylcarbamoylderivat (PTC-Peptid, Schritt A).

2. Nach Auswaschen von Base und überschüssigem PITC wird der pH-Wert in der Reaktionskammer durch Trifluoressigsäure (TFA) ins stark saure Milieu verschoben. Unter diesen Bedingungen gelingt der Ringschluß zwischen Schwefelatom und dem Kohlenstoffatom der ersten Peptidbindung des Proteins, was zur Abspaltung der ersten Aminosäure als Anilinothiazolinonderivat führt (ATZ-Aminosäure, Schritt B). Dieses Derivat wird wegen seiner guten Löslichkeit in hydrophoben Solventien leicht mit Essigester und/oder n-Butylchlorid aus der Reaktionskammer extrahiert, zurück bleibt die um eine Aminosäure verkürzte Proteinkette (Schritt C). Der erste Zyklus ist somit beendet, die Proteinkette steht erneut für eine Kupplung mit PITC bereit.

3. In einer separaten Reaktionskammer, der sogenannten „conversion flask“, findet die Umwandlung (Konvertierung) der ATZ-Aminosäure (D) in ein stabileres Phenylthiohydantoinderivat, die PTH-Aminosäure statt. Dieser Prozeß verläuft im wäßrig-sauren Milieu unter dem Einfluß von 25 % TFA über die offenkettige Form des Phenylthiocarbamoylpeptids (PTC-Peptid, Schritt E).

4. Die Identifizierung der entstandenen PTH-Aminosäure (F) gelingt durch einen anschließenden HPLC-Lauf, indem die Retentionszeit der PTH-Aminosäure gegen einen Standard verglichen wird. Das HPLC-System ist im Sequenator integriert („on-line detection“).

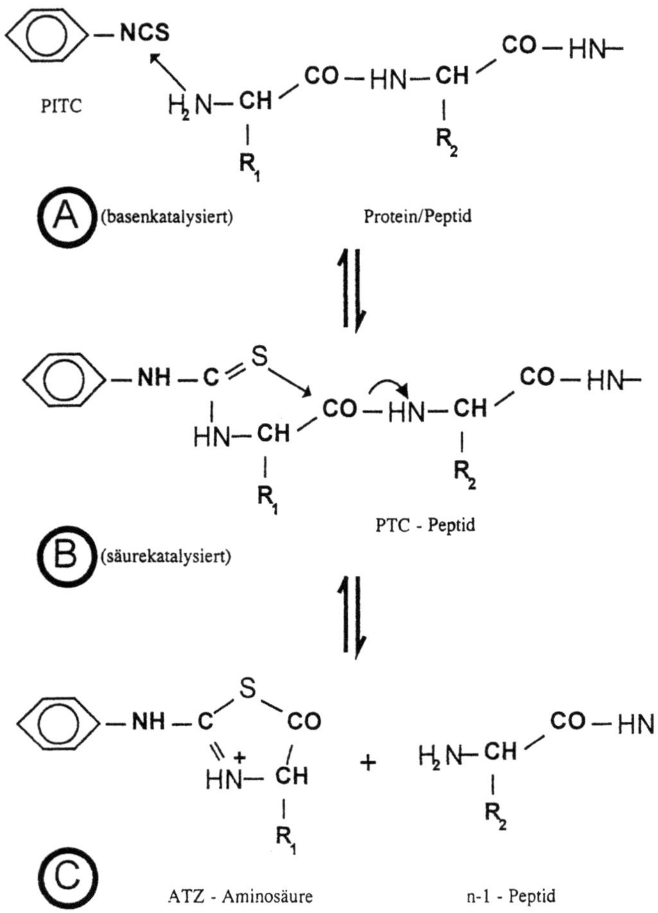

NCS
PITC
CO — HN —
CO — HN — CH
H2N — CH
R1
R2
A (basenkatalysiert)
Protein/Peptid
NH — C
S
CO — HN — CH
CO — HN —
HN — CH
R1
R2
PTC - Peptid
B (säurekatalysiert)
S
NH — C
CO
HN — CH
+
H2N — CH
CO — HN
R1
R2
C
ATZ - Aminosäure
n-1 - Peptid

Bild 2.1a Reaktionsschema des Edman-Abbaus.

2.1.6 Auswertung

Die Bandbreite der Auswertungsmöglichkeiten ist enorm:

- die klassische Leuchttisch-Methode: die resultierenden HPLC-Chromatogramme werden übereinandergelegt und ansteigende/abnehmende Peakhöhen der PTH-Aminosäuren von Zyklus zu Zyklus verraten die Sequenz (leicht zu sehen in Bild 2.2),
- die exakte Tabellenberechnung: eine komplette Auflistung der Mengen aller PTH-Aminosäuren in jedem Zyklus ermöglichen nicht nur die quantitative Erfassung der Sequenz (und möglicher Nebensequenzen), sondern auch Berechnungen von Probenverlust und Ausbeuten einzelner PTH-Aminosäuren, s. u. S. 189,

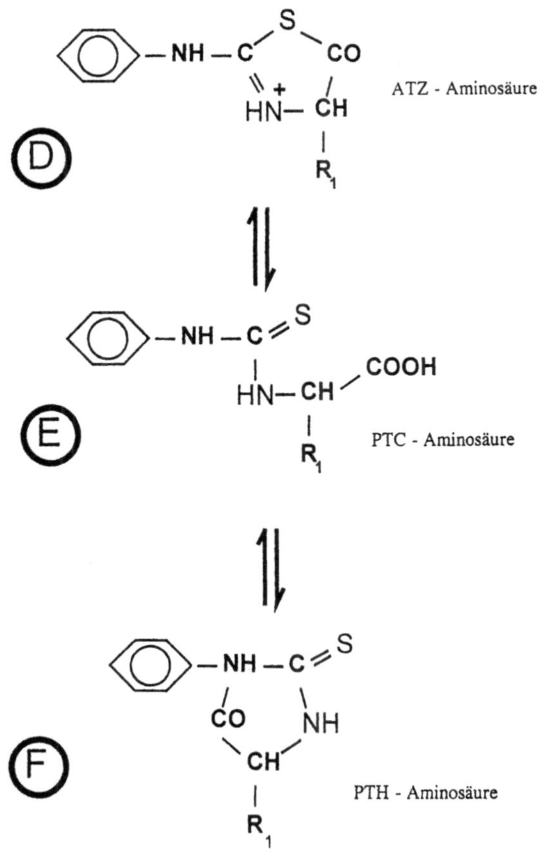

(D) ATZ - Aminosäure

(E) PTC - Aminosäure

(F) PTH - Aminosäure

Bild 2.1b Reaktionsschema des Edman-Abbaus.

- die Computeranalyse: automatische Peakerkennung, -integration und -zuordnung sowie ein Sequenzvorschlag der Software sind in den Auswerteprogrammen aller Sequenatoren enthalten

Eine Sequenz ist durch das Auftauchen und Verschwinden von PTH-Aminosäuren über die Zyklen des Edman-Abbaus charakterisiert. Anhand von Tabelle 2.2 soll die Auswertung einer Sequenzanalyse demonstriert werden.

1. Erstes Kriterium: welches Signal ist das höchste im Zyklus? Tabelle 2.2 gibt die Mengen sämtlicher gefundenen PTH-Aminosäuren in Picomol für jeden Zyklus an – Position 1 entspricht dem N-Terminus, Position 2 der 2. Aminosäure usw. In fast allen Positionen stimmt die höchste Menge mit der tatsächlichen Sequenz (schattiert: Beta-Lactoglobulin) überein, lediglich in Position 11 erreicht Asparaginsäure nur den zweithöchsten Wert.
2. Zweites Kriterium: welches Signal hat den höchsten Zuwachs gegenüber dem vorhergehenden Zyklus? Außer in Position 1, wo diese Frage nicht beantwortet werden kann, ist jeweils die PTH-Aminosäure mit dem höchsten Zuwachs gegenüber der vorhergehenden Position auch die tatsächlich richtige, selbst Asparaginsäure in Position 11 wird mit diesem Kriterium richtig eingestuft.

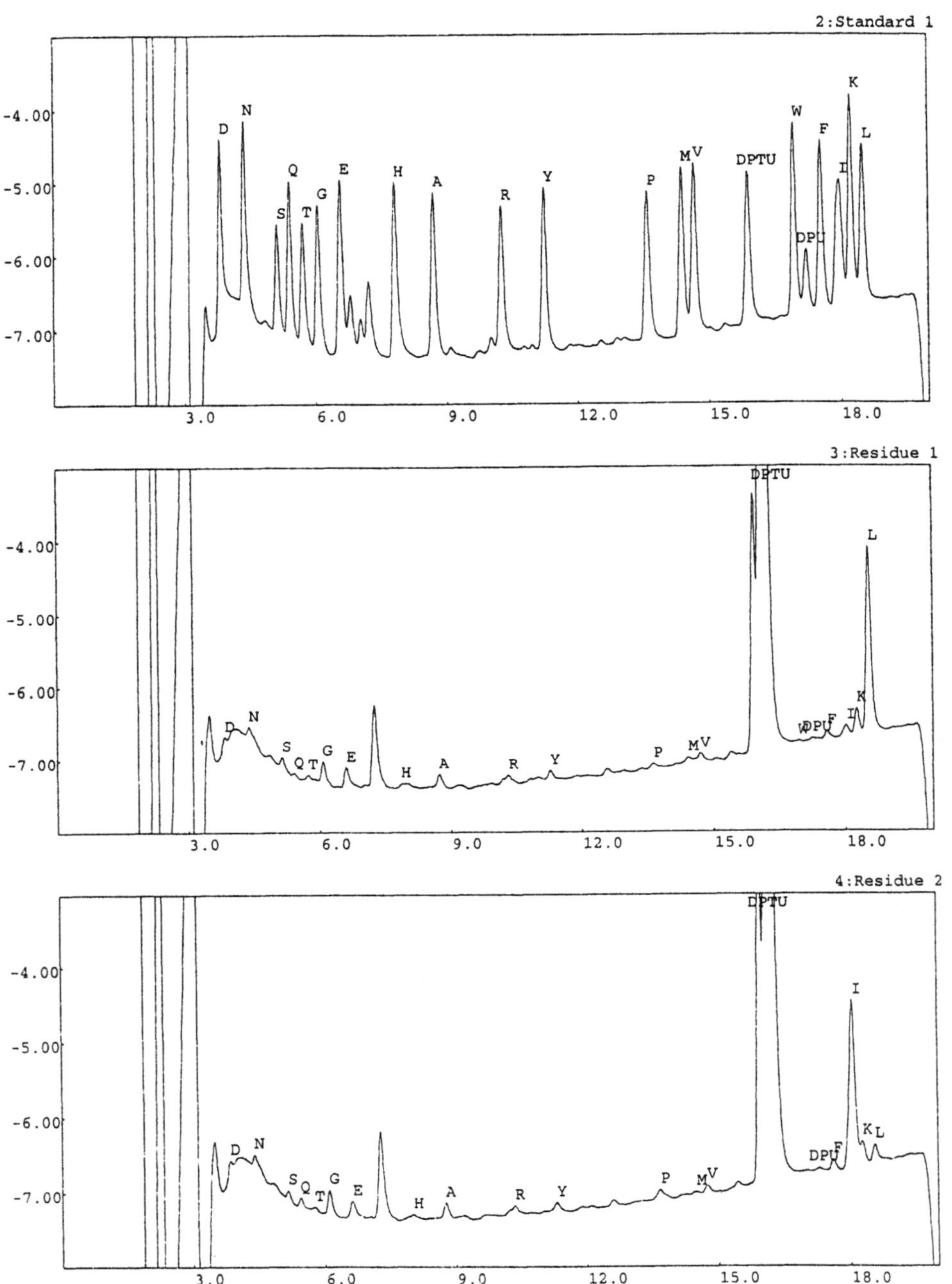

Bild 2.2 HPLC-Chromatogramme des Edman-Abbaus. Oben: Eichmischung von PTH-Aminosäuren, Mitte und unten: die ersten zwei N-terminalen Aminosäuren Leucin und Isoleucin des Proteins β-Lactoglobulin.

Tabelle 2.2 Sequenzanalyse von β-Lactoglobulin. Angegeben sind die detektierten Mengen (in Picomol) jeder Aminosäure in jeder Sequenzposition (Pos. 1 = N-Terminus). Die korrekte Sequenz LIVTQTMKGLDIQKV ist grau unterlegt.

Pos	A	D	E	F	G	H	I	K	L	M	N	P	Q	R	S	T	V	Y
1	0.8	0.8	1.2	0.4	1.6	0.2	0.8	1.2	11.9	0.4	1.0	0.3	0.3	0.6	1.2	0.4	0.4	0.5
2	0.9	0.9	1.0	0.6	1.7	0.2	12.7	1.0	1.0	0.2	1.0	0.7	0.6	0.6	1.0	0.3	0.5	0.5
3	0.9	1.0	1.0	0.4	1.8	0.2	1.0	0.9	0.9	0.1	0.9	0.6	0.6	0.4	0.9	0.5	9.9	0.8
4	0.9	0.7	0.9	0.3	2.0	0.1	0.7	0.7	1.0	0.2	0.8	0.7	0.6	0.5	1.1	8.8	1.3	0.7
5	0.9	0.9	2.3	0.4	2.1	0.1	0.6	0.9	1.5	0.1	0.8	0.6	6.6	0.5	1.0	1.6	0.7	0.6
6	1.0	0.9	1.7	0.4	2.1	0.2	0.8	0.8	1.5	0.2	1.0	0.6	2.7	0.6	1.1	6.0	0.8	0.7
7	0.9	0.9	1.7	0.4	2.1	0.1	0.8	0.8	1.6	5.0	1.0	0.6	1.2	0.4	1.2	2.6	0.7	0.9
8	1.2	0.9	1.5	0.5	2.4	0.3	0.7	6.0	1.6	2.7	1.1	0.6	1.0	0.6	1.1	1.3	0.8	0.8
9	1.2	0.9	1.4	0.6	5.4	0.3	0.8	3.8	1.7	1.1	0.9	0.5	0.8	0.6	1.2	0.9	0.8	0.9
10	1.1	0.9	1.5	0.5	4.4	0.3	0.7	1.9	5.5	0.5	0.9	0.6	1.0	0.7	1.2	0.6	0.8	1.0
11	1.3	3.7	1.5	0.5	3.4	0.3	0.9	1.5	4.4	0.4	0.9	0.7	0.9	0.7	1.2	0.6	0.8	1.1
12	1.2	2.7	1.5	0.6	2.7	0.2	4.7	1.4	3.0	0.3	0.8	0.5	0.9	0.7	1.2	0.7	0.8	1.0
13	1.1	1.8	2.0	0.7	2.7	0.2	3.6	1.2	2.6	0.3	0.8	0.7	3.8	0.9	1.1	0.4	0.7	1.0
14	1.2	1.3	2.0	0.7	2.7	0.3	2.3	4.3	2.3	0.3	1.0	0.7	3.2	0.8	1.3	0.3	0.8	1.0
15	1.4	1.2	1.7	0.6	2.7	0.2	1.6	3.5	2.3	0.4	1.1	0.7	2.2	0.8	1.3	0.5	3.7	0.9

Mit einer Kombination dieser beiden Kriterien kann schon ein Großteil der Sequenzanalyse fehlerfrei ausgewertet werden. Wenn dazu noch einige spezielle Störfaktoren berücksichtigt werden, die teils geräteabhängig, teils sequenzabhängig von Analyse zu Analyse variieren, ist die Auswertung perfekt:

- Die Menge der Probe nimmt über die Zyklen exponentiell ab, was sich als „Repetitive Yield“ (Verbleibender Rest pro Zyklus, meist 90–95 %) ausdrücken läßt.
- Durch statistisch auftretende Bindungsbrüche während der Einwirkung von TFA werden neue N-Termini erzeugt: der Hintergrund steigt kontinuierlich an (in Tabelle 2.2 gut zu beobachten bei der häufigsten Aminosäure Glycin).
- Aus Glutamin und Asparagin werden die entsprechenden Säuren gebildet (in Tabelle 2.2 werden die Glutaminsignale in Position 5 und 13 von Glutaminsäure begleitet. die Umwandlungsrate liegt bei etwa 20 %).
- Jede Aminosäure hinterläßt einen „memory“- oder „lag“-Effekt im nachfolgenden Zyklus (deswegen ist das Leucin-Signal in Position 11 höher als das der authentischen Asparaginsäure). Dieser lag-Effekt liegt zu Beginn einer Sequenzierung unter 10 % des Signals, kann aber im Verlauf mehrerer Zyklen über 100 % ansteigen! Ursache für diesen Verlust der Synchronität sind unvollständige Kupplungs/Abspaltungsreaktionen (Bild 2.1, Schritt A und B).
- Mehrere Aminosäuren sind unter den Edman-Bedingungen nicht stabil: ihre Ausbeute entspricht nicht der erwarteten Menge. Cystein wird komplett zerstört und ist im Normal-

fall nicht detektierbar (eine Derivatisierung z.B. mit Vinylpyridin zu Pyridylethylcystein vor der Sequenzanalyse hilft hier), Tryptophan ist für Oxidation des Indolrings anfällig, und die Seitenkette von Serin kann unter sauren Bedingungen dehydratisieren.

2.1.7 Fehlerquellen

Ein Großteil der Mißerfolge in der Proteinsequenzanalyse ist auf Fehler bei der Probenvorbereitung zurückzuführen. Vor allem die Oxidation empfindlicher Aminosäure-Seitenketten (Tryptophan!), die Blockierung freier N-terminaler Aminogruppen durch Acrylamid-Monomere in nicht ausreichend polymerisierten Elektrophoresegelen und der Verlust von Proteinfragmenten während der HPLC-Auftrennung eines enzymatischen Verdaus schränken die Erfolgsaussichten oft drastisch ein. Die Schwierigkeiten bei der automatischen Sequenzanalyse mit modifizierten Proteinen sind in Tabelle 2.3 zusammengefaßt.

Tabelle 2.3 Fehlerquellen bei der Protein-Sequenzanalyse

Fehler	Ursache	Behebung
keine Sequenz erkennbar	Pyroglutamat am N-Terminus	Pyroglutamat-Aminopeptidase
	N-terminale Acylierung	Acylaminosäure-Peptidase
	Acrylamid-Addukt	Fragmentierung
	Zyklisierung des Peptids	Fragmentierung
	zuwenig Probenmenge	Probenmenge erhöhen
Lücken in der Sequenz	Cystein	Derivatisierung mit Vinylpyridin
	Glykosylierung	N-Glycosidase/O-Glycosidase
	Phosphorylierung	kovalente Probenfixierung
	ungewöhnliche Aminosäuren	HPLC-Gradient verändern
plötzlicher Sequenzabbruch	β-Aminosäuren	Fragmentierung
	zyklische Aminosäuren	Fragmentierung
	α,β-Didehydroaminosäuren	Thioladdition

2.1.8 Ausblick

Die Identifizierung eines Proteins ganz ohne Sequenzanalyse ist dann möglich, wenn schon ein Eintrag in einer speziellen Proteindatenbank vorliegt. Ein tryptischer Verdau des Proteins genügt – und erfordert nicht einmal eine Auftrennung der Fragmente: im Massenspektrometer werden die Massen aller entstandenen Peptidfragmente gegen eine Fragmentdatenbank (Auswahl s.u. „Internet-Adressen“) verglichen. Solche ersten Experimente und Datenbanksuchen ersparen viel unnötige Arbeit.

Weitere Möglichkeiten der Sequenzanalyse von kürzeren Peptiden (bis maximal 20 Aminosäuren, meist jedoch unter zehn Reste) ergeben sich durch massenspektrometrische Techniken:

- „Tandem-Massenspektrometrie" (MS/MS): Ein Peptid mit definierter Masse wird im Massenspektrometer selektiert und durch Kollision mit Argonmolekülen fragmentiert. Aus den Massendifferenzen der entstehenden Bruchstücke läßt sich die Sequenz des Peptids ablesen.
- „Ladder Sequencing": Durch Zumischen von 5 % Phenylisocyanat zum Phenylisothiocyanat erfolgt in jedem Zyklus des Edman-Abbaus ein irreversibler Abbruch der Reaktion bei einem Teil der zu analysierenden Peptidmoleküle. Die unterschiedlichen Längen der verbleibenden Peptidmoleküle ergeben über die Massendifferenzen die Sequenz.

Der Edman-Abbau kann nicht nur für die Analyse von gereinigten Proteinen/Peptiden eingesetzt werden. Die „Multiple Sequenzanalyse" von Peptidgemischen ist bisher erfolgreich zur Analyse von rezeptorgebundenen Peptidmischungen, zur Charakterisierung synthetischer Peptidbibliotheken und zur Bestimmung von Proteasespezifitäten eingesetzt worden.

Eine Variante des Edman-Abbaus stellt die C-terminale Sequenzanalyse dar, die ebenfalls auf Isothiocanate setzt und die jeweiligen C-terminalen Aminosäuren eines Proteins zu Thiohydantoin-Aminosäuren umsetzt. Allerdings werden für diese Analysen noch sehr große Probenmengen benötigt (meist 1 nmol) und nur wenige Abbauzyklen erreicht – typischerweise 2–5.

Hilfreiche Internet-Adressen:

A) Sequenzdatenbanken

- Proteindatenbank „swissprot". Die umfangreichste Proteindatenbank mit vielen Annotationen zu Literaturstellen, Funktion und Strukturdaten sowie Querverweisen zur 2D-Datenbank und den Nukleotiddatenbanken. Im Internet: http://expasy.hcuge.ch/www/expasy-top.html
- Nukleotiddatenbank „genbank". Die klassische Genbank, beinhaltet DNA- und RNA-Sequenzen mit allen Angaben über Exons/Introns/Startcodons usw.. Stichwortsuche ist unter folgender Internetadresse möglich: http://www2.ncbi.nlm.nih.gov/web/search/index.html
- Nukleotiddatenbank „embl". Das europäische Pendant zur „genbank", beide Datenbanken sind bezüglich Umfang und Informationsgehalt äquivalent. Im Internet: http://www.ebi.ac.uk/ebi_docs/embl_db/ebi/topembl.html

B) Suchprogramme für identifizierte Sequenzabschnitte in den Sequenzdatenbanken

- FASTA: Ein Suchalgorithmus, der jeweils Aminosäurensequenzen oder Nukleotidsequenzen miteinander vergleichen kann – eine Suche von Peptidsequenzen in Nukleotiddatenbanken ist nicht möglich. Die Ergebnisse werden anschaulich und umfassend dargestellt. Die Antwort wird nicht interaktiv erhalten, sondern kommt an die eigene e-mail-Adresse. Im Internet: http://www2.ebi.ac.uk/fasta3/
- BLAST: Ein ähnlicher Suchalgorithmus wie FASTA, nur ist die Darstellung der Ergebnisse nicht so komfortabel. Der Vorteil: mit der Option TBLASTN können Peptidsequenzen in Nukleotiddatenbanken gesucht werden. Im Internet: http://www.ncbi.nlm.nih.gov/cgi-bin/BLAST/nph-blast?Jform=1

C) Suchprogramme für Enzymverdau-Muster in Massendatenbanken

- MOWSE. Der Klassiker unter den Fragmentdatenbanken. Im Internet: http://gserv1.dl.ac.uk/SEQNET/mowse.html
- PeptideSearch/PeptidePattern. Zwei Programme aus dem EMBL Heidelberg mit unterschiedlichen Optionen. Im Internet: http://www.mann.embl-heidelberg.de/services/peptideSearch/FR_peptidesearchform.html oder ...services/peptidesearch/fr_Peptidepatternform.html
- MS-Fit. Im Internet: http://falcon.ludwig.ucl.ac.uk/msfit.html
- MassSearch: Im Internet: http://cbrg.inf.ethz.ch/MassSearch.html

D) Weitere nützliche Adressen unter

- Pedro's Biomolecular Research Tools. Die bei weitem umfangreichste Zusammenfassung aller Möglichkeiten zur Arbeit mit Sequenzdatenbanken u.a.. Die meisten der oben angegebenen Adressen sind hier als Querverweis erreichbar. Allein das Ausprobieren aller bei Pedro angedeuteten Möglichkeiten nimmt Wochen in Anspruch! Im Internet: http://www.biophys.uni-duesseldorf.de/bionet/research_tools.html

2.2 DNA-Sequenzanalyse

Die DNA-Sequenzanalyse ist die Bestimmung der Reihenfolge, in der die Monomereinheiten einer DNA miteinander verknüpft sind.

Art und Folge von Mononucleotideinheiten einer Nucleinsäure werden von 5'- zum 3'-Ende gelesen und als ihre Sequenz bezeichnet. Die Sequenz langkettiger DNA-Fragmente wird heute entweder nach der von Sanger entwickelten enzymatischen Didesoxinucleotid-Methode oder nach dem von Maxam und Gilbert eingeführten chemischen Abbauverfahren bestimmt. Die Sequenz von Oligonucleotiden mit bis zu 20 Monomereinheiten kann dagegen aus dem Abbaumuster ermittelt werden, das bei einer enzymatischen Partialhydrolyse und anschließenden zweidimensionaler Chromatographie des Partialhydrolysats (Fingerprint-Technik) erhalten wird.

2.2.1 Sequenzanalyse langkettiger DNA-Fragmente

Grundlagen

Die Sequenzanalyse sowohl nach der Didesoxinucleotid-Methode als auch nach dem Maxam-Gilbert-Verfahren beginnt an einem definierten Startpunkt auf der DNA. Das Ziel beider Verfahren ist zunächst die Herstellung definierter Polynucleotidpopulationen. Die einzelnen Komponenten der Polynucleotidpopulation repräsentieren in ihrer Summe die Sequenz der zu sequenzierenden unbekannten DNA. Über die Identifizierung der Komponenten der Polynucleotidpopulation wird die DNA-Sequenz indirekt gefolgert. Die Sequenzanalyse erfordert in beiden Verfahren vier Arbeitsgänge:

- Die Probenvorbereitung bei der natürlich vorkommenden DNA umfaßt die Isolierung der DNA, ihre Fragmentierung und die anschließende Vermehrung (Klonierung) der erhaltenen DNA-Fragmente. Dann folgt die Isolierung eines oder mehrerer Klone aus dem Klonierungsansatz. Die klonierten DNA-Fragmente können je nach der Art der verwendeten Methode direkt oder nach ihrer radioaktiven Markierung sequenziert werden.
- Aus der vorbereiteten Probe werden entweder durch eine partielle enzymatische Neusynthese (Sanger-Methode) oder durch eine partielle chemische Hydrolyse (Maxam-Gilbert-Verfahren) definierte Polynucleotidpopulationen hergestellt.
- Die Polynucleotidgemische werden mit Hilfe der hochauflösenden Gelelektrophorese aufgetrennt und anschließend im Gel sichtbar gemacht. Hierbei erhält man ein Bandenmuster aus dem die Sequenz des eingesetzten DNA-Fragments „abgelesen" werden kann. Die Sequenzen der verschiedenen DNA-Fragmente werden nach dem Prinzip des Puzzels mit Hilfe der Datenverarbeitung nach und nach zur Sequenz der gesamten DNA zusammengesetzt.

Bei der Sequenzanalyse synthetischer DNA-Fragmente kann der Anreicherungsschritt entfallen, wenn die Synthese ausreichende Mengen der zu sequenzierenden DNA-Fragmente liefert. Zur Markierung synthetisierter DNA-Fragmente werden Radioisotope oder Fluoreszenzfarbstoffe verwendet.

Materialien und Geräte

Die Sequenzanalyse langkettiger DNA-Fragmente ist ein komplexes Verfahren in dem sehr unterschiedliche Labortechniken praktiziert werden. Die folgende knappe Aufzählung der hierzu erforderlichen Materialien und Geräte soll nur eine orientierende Übersicht vermitteln, da sehr ausführliche Angaben in der zitierten Literatur gemacht werden.

- Zur Probenvorbereitung benötigt man eine umfangreiche Laborausrüstung, mit der die Klonierungstechnik durchgeführt werden kann.
- Werden radioaktiv markierte Reagenzien eingesetzt, so müssen Laboreinrichtungen vorhanden sein, die für solche Arbeiten zugelassen sind (vgl. Abschnitt 3.1 und Anhang B).
- Für die Sequenzierung sind heute gebrauchsfertige Reagenziensätze (Kits) mit gut ausgearbeiteten Anwendungsvorschriften im Handel erhältlich, die wesentlich zur Vereinfachung der Verfahren beitragen.
- Zur Auftrennung der erhaltenen Polynucleotidpopulationen werden Reagenzien und Geräte benötigt, die eine hochauflösende Gelelektrophorese ermöglichen.
- Die erforderliche Ausrüstung für die Identifizierung der getrennten Komponenten nach der Gelelektrophorese richtet sich danach, ob die Polynucleotide radioaktiv markiert oder mit Fluoreszenzfarbstoffen derivatisiert sind bzw. detektiert werden können. Bei umfangreichen Sequenzierungsarbeiten ist die Interpretation der Bandenmuster nur mit Hilfe der Datenverarbeitung effektiv durchführbar, so daß entsprechende Hard- und Software benötigt werden.
- Für die automatisierte Aufarbeitung der Polynucleotidpopulation (Trennung, Detektion, Interpretation) werden verschiedene sogenannte DNA-Sequencer im Handel angeboten, wie z. B. der 373A Sequencer (Applied Biosystems) und der A.L.F. DNA Sequencer (Pharmacia).

Vorbereitung

Eine natürliche DNA weist in der Regel viele Millionen Basenpaare auf, die in einem Ansatz nicht sequenziert werden können. Aus diesem Grund wird die DNA vor der Sequenzanalyse zunächst mit sogenannten Restriktionsenzymen in gut handhabbare Fragmente mit 300 bis 5000 Basenpaare zerschnitten. Da die Enzyme als Endonucleasen die DNA an genau definierten Erkennungssequenzen (Bild 2.3) schneiden, resultieren DNA-Fragmente, die über ihre terminalen Sequenzen leicht identifizierbar sind. Durch die Verwendung unterschiedlicher Restriktionsenzyme erhält man Fragmente mit unterschiedlichen aber bekannten Endsequenzen, über die ein späteres Zusammensetzen der sequenzierten Fragmente zur DNA-Sequenz möglich ist.

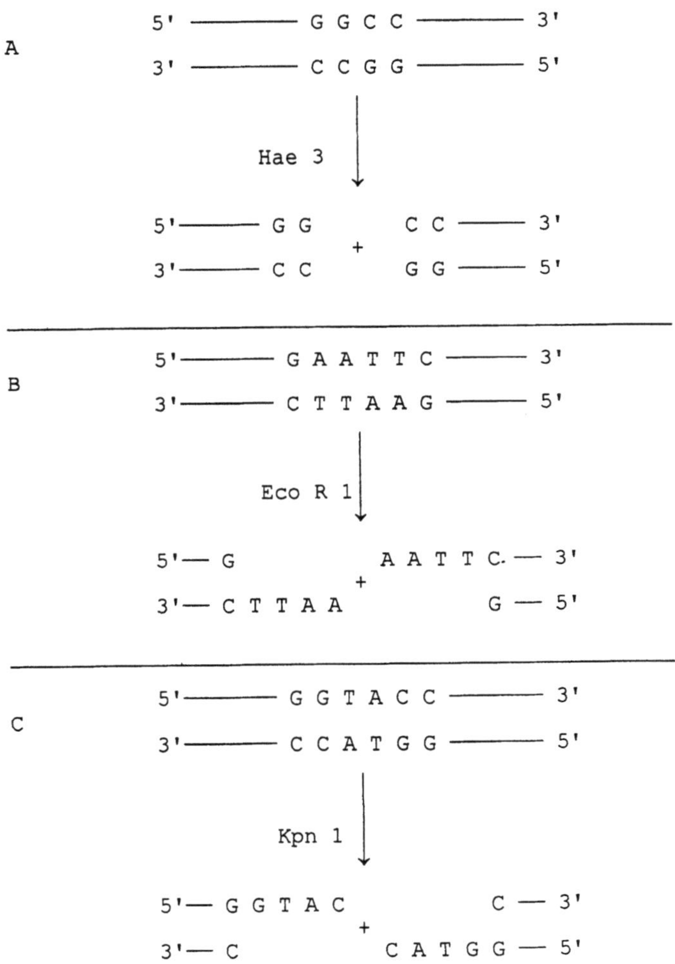

Bild 2.3 Beispiele für die Fragmentierung einer DNA mit Restriktionsenzymen: A) Hae 3 schneidet die DNA an einer G G C C -Sequenz glatt durch, B) Eco R 1 erzeugt DNA-Fragmente mit überstehenden 5' – A A T T – Enden, C) Kpn 1 erzeugt DNA-Fragmente mit überstehenden 3' – G T A C – Enden.

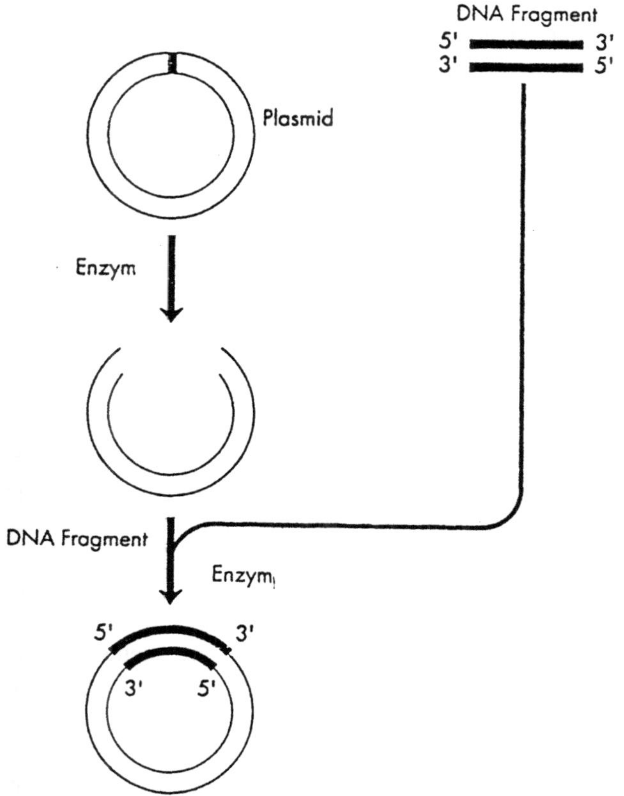

Bild 2.4 Enzymatischer Einbau eines mit Restriktionsenzymen erhaltenen DNA-Fragments in ein Plasmid. Zur Vermehrung des inserierten DNA-Fragments wird das Plasmid in einer Wirtszelle kloniert.

Die Mengen der einzelnen DNA-Fragmente, die bei der enzymatischen Fragmentierung der isolierten DNA anfallen, reichen in der Regel für eine Sequenzanalyse nicht aus. Mit Hilfe der Klonierungstechnik können die DNA-Fragmente aber beliebig vermehrt werden. Hierzu baut man die DNA-Fragmente nach dem in Bild 2.4 dargestellten Weg enzymatisch in die DNA von bakteriellen Plasmiden oder Viren (Phagen) ein, die anschließend in geeignete Wirtsbakterien eingeschleust werden. Im Zuge der Virus- oder Plasmidvermehrung, die in den Wirtsbakterien stattfindet, werden die inserierten DNA-Fragmente mitvermehrt. Auf diesem Weg kann ein beliebiges DNA-Fragment mit bis zu mehreren tausend Basenpaaren in jeder gewünschten Menge erhalten werden.

Üblicherweise wird eine Population von DNA-Fragmenten in die Plasmide oder Viren-DNA inseriert, so daß nach der Klonierung ein Gemisch von unterschiedlichen DNA-Fragmenten anfällt, das ohne vorherige Auswahl sequenziert wird. Nach Durchführung einer genügenden Anzahl von Sequenzierungsreaktionen ist jedes Nucleotid statistisch mindestens einmal erfaßt worden. Die Sequenzinformation wird mit geeigneter Software im Computer ausgewertet.

Von den zahlreichen Möglichkeiten zur in vivo Vermehrung von DNA-Fragmenten wird zum Zwecke der DNA-Sequenzierung nach der Didesoxinucleotid-Methode die sogenannte

M-13-Shotgun-Klonierung am häufigsten genutzt. Mit dieser Technik erhält man nach der Klonierung einzelsträngige DNA-Fragmente, die direkt sequenziert werden können.

Der zur Sequenzierung verwendete M-13 ist ein filamentöser Coliphage, der eine einzelsträngige kovalent geschlossene DNA enthält, in die ein Segment des Lactose-Operons eingesetzt ist. Das Fragment, das auch den Promotor-Operator-Bereich des Operons enthält, codiert für das α-Peptid der ß-Galactosidase. Außerdem ist die DNA an der Eco R 1 Schnittstelle durch Einbau eines Polylinkers um mehrere verschiedene Schnittstellen so erweitert, daß die Insertion eines Fremd-DNA-Fragments über unterschiedliche Schnittstellen erfolgen kann. Somit bietet sich das M-13-Shotgun-System für die Vermehrung einer breiten Palette von DNA-Fragmenten mit unterschiedlichen Schnittstellen an. Verwendet man als Wirtszelle für den modifizierten M-13-Phagen eine E.-coli-Zelle mit defektem ß-Galaktosidasegen, so wird in der infizierten E. coli Zelle das defekte Gen komplementiert. Mit einem X-Gal-Indikatormedium findet man blaue Kolonien als Folge der Galactosidase-Aktivität. Durch die erfolgreiche Insertion eines Fremd-DNA-Fragments wird die Komplementation des ß-Galaktosidasegens wieder aufgehoben und anstelle der blauen treten weiße Kolonien auf. Über die Farbreaktion läßt sich der Erfolg der Insertion sichtbar machen und die Vermehrung des Fremd-DNA-Fragments verfolgen.

Neben dieser in-vivo-Vermehrung können DNA-Fragmente auch in vitro in der sogenannten Polymerase-Kettenreaktion (Polymerase chain reaction, PCR) angereichert werden. Voraussetzung ist, daß ein Sequenzbereich des zu vermehrenden DNA-Fragments bekannt ist. An dieser Teilsequenz wird ein komplementäres Oligonucleotid hybridisiert und mit Hilfe der DNA-Polymerase zum Doppelstrang aufgefüllt. Der neu gebildete Doppelstrang wird durch Erhitzen (95°C) getrennt. Beim Abkühlen hybridisiert wieder das komplementäre Oligonucleotid an den getrennten Einzelstrang und wird bei 70°C mit Hilfe der Polymerase zum Doppelstrang aufgefüllt. Hierzu verwendet man die thermostabile DNA-Polymerase aus Thermus aquaticus (Taq-Polymerase), da die übrigen DNA-Polymerasen bei der hohen Temperaturen denaturieren. Dieser Reaktionszyklus wird wiederholt durchgeführt und ergibt über 10^6 Kopien des eingesetzten DNA-Fragments.

Durchführung

Die Sequenzierung des isolierten bzw. angereicherten DNA-Fragments kann entweder nach der heute am häufigsten verwendeten Didesoxinucleotid-Methode oder nach dem Maxam-Gilbert-Verfahren erfolgen. Beide Verfahren unterscheiden sich nur darin, daß die Darstellung der Polynucleotidpopulation aus dem zu sequenzierenden DNA-Fragment auf unterschiedlichen Wegen erfolgt. Die Auftrennung der Polynucleotidpopulation wird in beiden Fällen mit Hilfe der Gelelektrophorese erreicht. Nähere Einzelheiten sind in den Abschnitten 2.2.1.1 und 2.2.1.2 ausgeführt.

Fehlerquellen

Die in der Literatur beschriebenen Verfahren sind gut ausgearbeitet und nur in wenigen Details störanfällig. Die grundsätzlichen Fehlerquellen sind in der Literatur ausführlich aufgelistet, wobei auf spezielle Probleme der Desoxinucleotid-Methode und dem Maxam-Gilbert-Verfahren eingegangen wird.

Fehlerquellen bei der Elektrophorese sind vor allem durch die Präparation der Gele bedingt:

- Unvollständig oder ungleichmäßige Polymersisation
- Auftreten von Luftblasen
- verunreinigte Glasplatten
- falsche Abstandhalter
- alte oder verunreinigte Chemikalien führen häufig zu unbrauchbaren Gelen.
- Temperaturgradienten bei der Elektrophorese sind oft die Ursache dafür, daß die Nucleotide in einer durchhängenden Zone wandern.

Eine zu niedrige Temperatur begünstigt Doppelstrangbildung und die Ausbildung von Sekundärstrukturen.

Dokumentation

Wird die DNA-Sequenzierung manuell mit radioaktiv markierten Reagenzien durchgeführt, dient das erhaltene Autoradiogramm, in dem das Bandenmuster wiedergegeben ist, als Dokumentation der Sequenzanalyse. Bei Verwendung von automatisierten DNA-Sequencern werden die Fluoreszenzsignale als Rohdaten gespeichert und vom Computer in Sequenzdaten übersetzt. Sinnvoll ist es, wenn der Computer Rohdaten und prozessierte Daten ausgibt. Dadurch bietet sich die Möglichkeit unklare oder mehrdeutige Sequenzbereiche manuell wie in herkömmlichen Autoradiogrammen zu überprüfen.

Anwendungsbereich

- Die Kenntnis der DNA-Sequenz eines Lebewesens ist eine grundsätzliche Voraussetzung für das Verständnis der genetischen Informationsübertragung und der Genexpression.
- In der Gentechnik ist ein gezieltes Arbeiten wie z. B. beim Protein-Design ohne Kenntnis der DNA-Sequenz nicht möglich.
- Aus der DNA-Sequenz sind häufig auch die Primärstrukturen von Proteinen wesentlich einfacher zu entschlüsseln als durch eine direkte Proteinsequenzierung.
- Bei synthetischen DNA-Fragmenten bestätigt die anschließende Sequenzanalyse den Syntheseerfolg und dokumentiert die Reinheit des Syntheseprodukts.
- Mit Hilfe der Sequenzanalyse können Gendefekte und somit Erbkrankheiten diagnostiziert werden.
- In der Rechtsmedizin wendet man die Sequenzanalyse im Rahmen von Vaterschaftsfragen und der Spurenanalyse an.
- Mit Hilfe der Sequenzanalyse können genmanipulierte Lebensmittel identifiziert werden.

Literatur

Firmenschrift, *DNA Sequencing Guide*, Sequencing Support Service, United States Biochemical, Cleveland Ohio, USA; deutsche Niederlassung Bad Homburg **1991**.

Firmenschrift, *A DNA-Sequencing Primer*, Milli Gen/Biosearch, Burlington **1991**.

W. Ansorge (Hrsg.), *DNA Sequencing Strategies: Automated Advanced Approaches*, John Wiley, New York **1997**.

I. G. Griffin (Hrsg.), *DNA Sequencing Protocols*, Humana Press, Totowa, NJ **1993**.

S. B. Primrose, *Principles of Genome Analysis: A Guide to mapping and sequencing DNA from different Organisms*, Blackwell Scientific, Oxford **1995**.

2.2.1.1 Didesoxinucleotid-Methode (Sanger-Methode)

Bei der von Sanger eingeführten Didesoxinucleotid-Methode wird die enzymatische DNA-Replikation zur Herstellung einer Polynucleotidpopulation genutzt.

Grundlagen

Einzelsträngige DNA-Fragmente bilden mit Oligonucleotiden, die komplementäre Sequenzen aufweisen, über den Basenpaarungsmechanismus doppelsträngige Bereiche aus (Hybridisierung). Bei Zugabe von DNA-Polymerase und den vier natürlichen Mononucleotidtriphosphaten wird das 3'-Ende des hybridisierten Oligonucleotids schrittweise zum Doppelstrang verlängert. Hierbei wird jeweils immer nur das Mononucleotid an das sogenannte Starteroligonucleotid (Primer) kondensiert, das zur Monomereinheit des vorgegebenen DNA-Fragments (Template) komplementär ist. Die Reaktion endet, wenn der Einzelstrang zum Doppelstrang aufgefüllt ist.

Limitierte Primerverlängerung

Will man diesen Mechanismus zur DNA-Sequenzierung nutzen, so werden dem Reaktionsansatz außer den vier natürlichen Mononucleotidtriphosphaten eine kleine Menge sogenannter Kettenabbruchnucleotide zugesetzt, wie z. B. die 2',3'-Didesoxiribonucleotidtriphosphate oder Arabinosylnucleotide. Die DNA-Polymerase kondensiert diese Nucleotide in gleicher Weise wie die natürlichen Verbindungen an das 3'-Ende des hybridisierten Starteroligonucleotids. Aufgrund der fehlenden 3'-Hydroxylgruppe z. B. eines eingebauten 2',3'-Didesoxiribonucleotids kann aber im darauf folgenden Kondensationsschritt kein weiteres Mononucleotid an das 3'-Ende der neu synthetisierten Polynucleotidkette (verlängerter Primer) gekuppelt werden. Die Primerverlängerung stoppt somit immer dann, wenn eines der Kettenabbruchmoleküle eingebaut wird, wie in Bild 2.5 gezeigt ist.

Die Menge der Kettenabbruchnucleotide wird so dosiert, daß bei jeder neu synthetisierten Nucleotidkette nur einmal ein Kettenabbruchnucleotid anstelle des natürlichen Nucleotids eingebaut wird. Die so programmierte Unterbrechung der enzymatischen Primerverlängerung führt zu der gewünschten Polynucleotidpopulation.

Gelelektrophoretische Trennung der Polynucleotide

Die Komponenten der Polynucleotidpopulationen werden anschließend in einem hochauflösenden Polyacrylamid-Gel (Sequenziergel) elektrophoretisch der Kettenlänge nach aufgetrennt (vgl. Abschnitt 1.2.1.3.2). Die Trennleistung der Methode ist so hoch, daß Polynucleotide, die sich in ihrer Länge um nur eine Monomereinheit unterscheiden, noch getrennt werden.

Pro Sequenziergel können bis zu 500 Nucleotideinheiten ermittelt werden. Sequenzbereiche, die im Gel nicht mehr ausreichend aufgelöst sind, werden in einem weiteren Sequenzierungsansatz ermittelt.

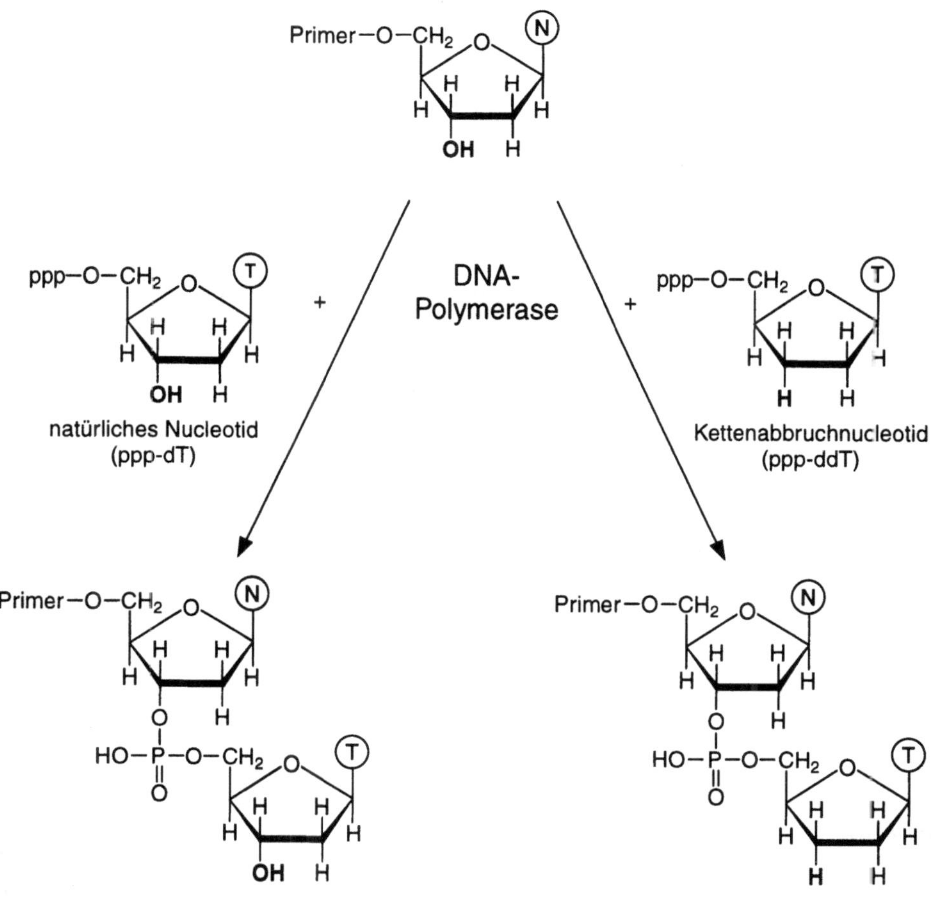

Bild 2.5 Grundreaktion für die Sequenzanalyse nach der von Sanger entwickelten Didesoxinucleotid-Methode.

Nach der Auftrennung, werden radioaktiv markierte Polynucleotide mit Hilfe der Autoradiographie detektiert (vgl. Abschnitt 3.2.3.1).

Auswertung

Aus dem Bandenmuster wird die Sequenz des eingesetzten DNA-Fragments ermittelt. Die Auswertung der Autoradiogramme erfolgt so, daß die Banden vom Boden zur Auftragestelle hin schrittweise „gelesen" die Nucleotidsequenz vom 5'- zum 3'-Ende ergeben. Die am weitesten gewanderte Bande entspricht dem kürzesten Nucleotid, d.h. dem um nur eine Monomereinheit verlängerten Primer. Das Set, in dem die Bande lokalisiert wird, zeigt an, ob T, C, G oder A addiert wurde. Die zweitschnellste Bande entspricht dem um zwei Monomereinheiten verlängerten Primer usw. Die gesuchte Sequenz des eingesetzten DNA-Fragments ist zu der verlängerten Primersequenz antiparallel und komplementär.

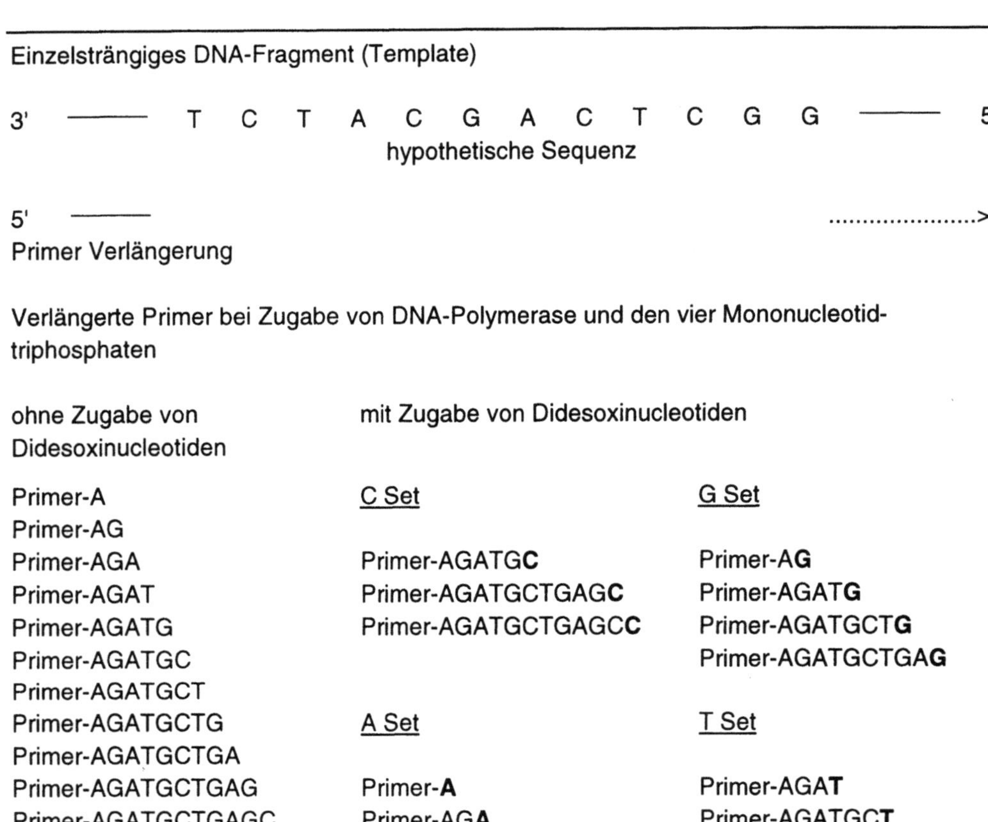

Bild 2.6 Schrittweise enzymatische Verlängerung eines Primers mit und ohne Zugabe von Kettenabbruchnucleotiden. Fragmente aus der abgebrochenen Kettenverlängerung tragen am 3'-Ende ein Didesoxinucleotid, das dem jeweiligen Set zugegeben wird.

Anstelle der radioaktiven Markierung werden häufig Fluoreszenzfarbstoffe verwendet. So markierte Komponenten werden über Fluoreszenzmessungen vor allem in Sequencern detektiert. Die Rohdaten werden in Form von Chromatogrammen farbig ausgedruckt. Hierbei erscheinen die detektierten Polynucleotide als „DNA-Peaks“, bzw. die ermittelte Sequenz wird direkt mitangegeben (vgl. Bild 2.11).

Materialien und Geräte

Außer der in 2.2.1 aufgeführten Ausstattung sind für die Didesoxynucleotid-Methode Primer, Nucleotidtriphosphate und DNA-Polymerase erforderlich.

Vorbereitung

Bei der M-13-Shotgun-Klonierung der zu sequenzierenden DNA-Fragmente werden Viruspartikel, die die einzelsträngige DNA aufweisen, aus der Wirtszelle ins Medium exportiert. Die Phagen können durch Zentrifugation aus dem Überstand der E.coli-Kultur isoliert wer-

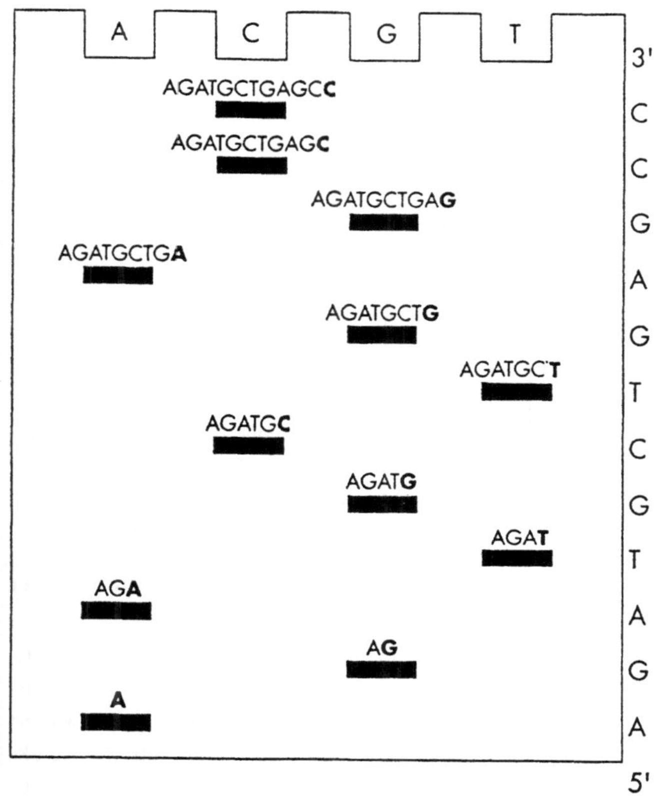

Bild 2.7 Hypothetisches Bandenmuster in einem Sequenziergel nach der Trennung der enzymatisch verlängerten Primer aus Bild 2.6. 3' terminale Reste sind Didesoxinucleotide.

den. Aus 5 ml einer Kulturlösung kann man eine ausreichende Menge an einzelsträngigen DNA-Fragmenten isolieren.

Für die Sequenzierung wird das isolierte einzelsträngige DNA-Fragment mit einem Primer hydrisiert (Schritt 1 in Bild 2.8). Die Sequenz des Primers ist komplementär zur Sequenz der M-13-Phagen-DNA und zwar in dem Abschnitt, der kurz vor dem inserierten Fremd-DNA-Fragment liegt, das sequenziert werden soll. Nach der Hybridisierung des Primers wird der Ansatz auf vier Reaktionsgefäße verteilt, in denen dann die limitierte Neusynthese der Polynucleotide (s. u.) durchgeführt wird (Schritt 2 in Bild 2.8).

Durchführung

a) Limitierte Primerverlängerung

- Zur limitierten Neusynthese von Polynucleotiden werden in jedes Reaktionsgefäß die vier natürlichen Mononucleotidtriphosphate dTTP, dATP, dCTP, dGTP zugegeben. Bei G-reichen Sequenzen werden die Kettenverlängerung und chromatographische Auftrennung durch unerwünschte Nebenwirkungen häufig erschwert. Anstelle von dGTP wird daher das Nucleotidanaloge 7-Deaza-dGTP verwendet. Mit dem Einbau des Nucleotidanalogen wird vermieden, daß in den neu synthetisierten Fragmenten Sekundärstrukturen auftreten, die die Verlängerung stoppen und zu unaufgelösten Banden führen.

1. **Primerzugabe**

2. **Limitierte Primer-verlängerung**

3. **Gelelektrophorese**

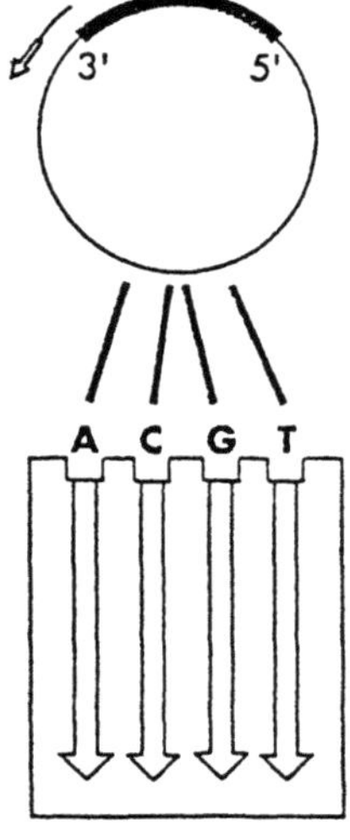

Bild 2.8 Reaktionsschritte bei der Sequenzierung nach der Didesoxinucleotid-Methode. Z.B. wird in die Geltasche A der A-Set von Bild 2.6 gegeben

- Außer den vier Nucleotidtriphosphaten wird pro Reaktion jeweils eine Sorte der vier Kettenabbruchnucleotide ddTTP, ddATP, ddGTP, ddCTP zugesetzt.
- Zur späteren Detektion der neu synthetisierten Polynucleotide werden allen vier Reaktionsansätzen markierte Reagenzien zugegeben. Durch Zugabe eines Aliquots der erforderlichen Nucleotidtriphosphate oder Primer, das mit $[\gamma^{32}P]$- oder $[^{35}S]$-Isotopen markiert ist, können die limitiert verlängerten Primer später aufgrund ihrer Radioaktivität detektiert werden. Anstelle der radioaktiven Markierung wird vor allem bei Verwendung automatischer DNA-Sequencer die Fluoreszenzmarkierung bevorzugt. In diesem Fall werden Primer oder Kettenabbruchnucleotide eingesetzt, die mit Fluoreszenzfarbstoffen derivatisiert sind[1].
- In den so vorbereiteten vier Reaktionsansätzen wird die Primerverlängerung durch Zugabe des Enzyms gestartet. Hierzu können das Klenow-Fragment der E.coli-Polymerase, T7-Polymerase, Reverse Transcriptase oder Taq-Polymerase verwendet werden. Am Ende der enzymatischen Verlängerung des Primers erhält man in den vier Sets jeweils eine andere Population von neu synthetisierten Polynucleotiden. Alle Polynucleotide weisen an ihrem 5'-Ende die Sequenz des eingesetzten Primers auf, unterscheiden sich aber in ihrer Länge und enden am 3'-Ende mit dem Abbruchnucleotid, das dem jeweiligen Ansatz zugegeben wird. So weisen z. B. alle Polynucleotide des T-Sets am 3'-Ende ein 2',3'-Didesoxithymidin auf, während die Polynucleotide der übrigen drei Sets ddA, ddC oder ddG Reste an ihren 3'-Enden tragen (Bild 2.7).

[1] Die Herstellung fluoreszierender Primer erfolgt in ähnlicher Weise wie bei der radioaktiven Markierung unter Verwendung eines komplett erhältlichen Reagenziensatzes. Die erforderlichen Oligonucleotide werden mit kommerziellen Synthesemaschinen hergestellt, zusätzlich wird jedoch am 5'-Ende des Primers ein Linker-Arm angehängt. Nach Abspaltung der Schutzgruppen kann an diesen sogenannten Amino-Linker in einer einfachen Reaktion ein Farbstoffmolekül (Fluoresceinisothiocyanat) gekoppelt werden. Die Abtrennung nicht eingebauter Farbstoffmoleküle erfolgt durch Gelfiltration. In der Regel liefert das beschriebene Verfahren Primer, die ohne weitere Reinigung direkt eingesetzt werden können.

b) Trennung der Polynucleotidgemische durch Gelelektrophorese

Die Polynucleotidgemische werden in einem sogenannten Sequenziergel bei 30–40 mA mit ca. 1200–1700 V elektrophoretisch getrennt (s. Abschnitt 1.2.1.3.2). Der Anteil Acrylamid zum Vernetzer wird im Verhältnis 20:1 gewählt, während die Menge an Acrylamid variiert. Ein „8 %iges Gel", das z. B. für die Auftrennung von Fragmenten mit 25–250 Monomereinheiten geeignet ist, weist folgende Zusammensetzung auf: 7,6 % (w/v) Acrylamid, 0,4 % (w/v) Bisacrylamid, 8,3 M Harnstoff, 100 mM Tris-Borat Puffer (pH 8,3), 2 mM EDTA. Kurze Oligonucleotide trennt man an 20 %igen Gelen. Häufig werden zur Auftrennung eines Sequenzierungsansatzes drei unterschiedlich Gele verwendet, die 0,03 oder 0,5 mm dick und bis zu 100 cm lang sind. Bei der Elektrophorese erwärmen sich die Gele bis zu 70°C. Die hohe Temperatur sowie die Verwendung von 8 M Harnstoff im Elektrophoresepuffer sind nötig, um das Renaturieren der DNA-Fragmente zu verhindern. Mit Hilfe von farbigen Markern läßt sich die Kettenlänge der im Gel wandernden DNA-Fragmente abschätzen und die Trennung verfolgen. Bromphenolblau wandert etwa so schnell wie ein DNA-Fragment mit 30 Monomereinheiten, während Xylol-Cyanol im Bereich von Polynucleotiden mit 80 Monomereinheiten wandert.

Zur Gelelektrophorese radioaktiv markierter Polynucleotidgemische wird für jeden der vier Sets eine Auftragetasche des Gels benötigt. Gemische, deren Komponenten mit nur einem Fluoreszenzfarbstoff markiert sind, werden getrennt in vier Geltaschen (Vierspur-System) aufgetragen. Werden vier Fluoreszenzfarbstoffe verwendet, werden alle Komponenten vereinigt und gemeinsam in einer Geltasche (Einspur-System) aufgetragen. Die Auftrennung nach dem Einspur-System erfolgt dann, wenn in den vier Sets entweder Primer oder Kettenabbruchnucleotide verwendet werden, die mit vier verschiedenen Fluoreszenzfarbstoffen derivatisiert sind. Wird dagegen nur ein Fluoreszenzfarbstoff zur Derivatisierung des Primers oder der Kettenabbruchnucleotide verwendet, werden die Sets nach dem Vierspur-System getrennt. Der Vorteil des Einspur-Systems liegt in der besseren Ausnutzung des Gels, da mehrere Sequenzierungsansätze in einem Gel getrennt werden können. Nachteilig ist, daß die Detektion hohen technischen Aufwand erfordert.

c) Detektion

Zur Detektion der getrennten, radioaktiv markierten Polynucleotide wird das Gel nach der Elektrophorese in eine dünne Plastikfolie eingepackt, mit einem Röntgenfilm abgedeckt und 3–7 Tage bei ca. –70°C exponiert. Die niedrige Temperatur verhindert weitgehend die Diffusion der Banden. Der entwickelte Röntgenfilm (Autoradiogramm) zeigt ein Bandenmuster, aus dem die Nucleotidsequenz des eingesetzten DNA-Fragments ersichtlich ist (Bild 2.9).

Die Detektion der mit Fluoreszenzfarbstoffen markierten Polynucleotide wird fast ausschließlich automatisch mit Hilfe von DNA-Sequencern durchgeführt und erfolgt bereits während der Gelelektrophorese. Das Konstruktionsprinzip eines DNA-Sequencers (A.L.F., Pharmacia) ist im Bild 2.10 wiedergegeben.

- Zur Detektion eines Einspur-Systems werden recht aufwendig konstruierte scannende Lasersysteme eingesetzt. Die unterschiedlichen Farben fluoreszierender Polynucleotide

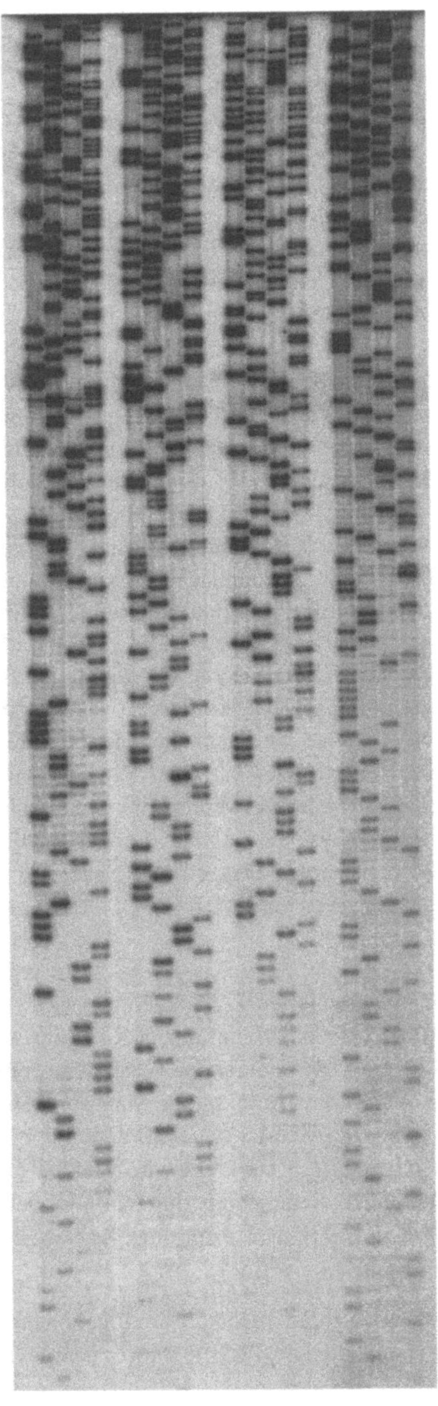

Bild 2.9
Autoradiogramm der getrennten Polynucleotidpopulation, die nach der Didesoxinucleotid-Methode eines natürlichen DNA-Fragments erhalten werden.

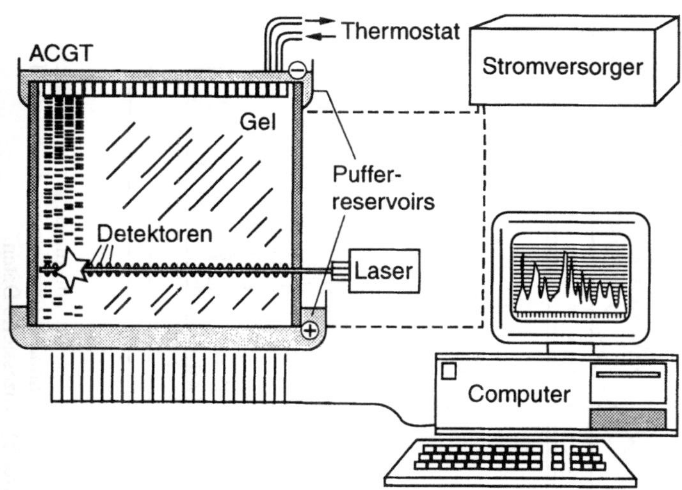

Bild 2.10 Konstruktionsprinzip und Arbeitsweise des Automated Laser Fluorescence DNA-Sequencers (A.L.F.), der nach dem „Vier-Spur-System" detektiert.

werden beim Durchwandern eines bestimmten Gelbereichs registriert. Abweichungen im Laufverhalten, die durch die verwendeten Farbstoffe bedingt sind, müssen von einem Computerprogramm korrigiert werden.

- Zur Detektion der nach dem Vierspursystem getrennten Gemisch (Bild 2.11) durchdringt ein fixierter Laserstrahl ständig das Gel in ganzer Breite im unteren Fünftel der Trennstrecke, in der die Auflösung optimal erfolgt. Gelangt nun eine Bande bei ihrer Wanderung im Gel in den Bereich des Laserstrahls, werden die fluoreszierenden DNA-Fragmente durch den Laser angeregt und emittieren Fluoreszenzlicht. Da jeder Trennspur ein eigener Detektor zugeordnet ist, werden die wandernden Banden in jeder Spur nach ihrer Reihenfolge registriert und auf dem Bildschirm direkt lesbar dargestellt.

Das Detektionssystem ist für 40 Spuren ausgelegt, so daß 10 Sequenzierungsansätze gleichzeitig entwickelt werden können. Während des Laufs ist die Sequenz analog zu einem Autoradiogramm direkt aus den gesammelten Rohdaten ablesbar und später jederzeit manuell überprüfbar.

d) Multiplex-Sequenzierung

Bei der Multiplex-Sequenzierung wird die aufwendige Trennung der Polynucleotidgemische rationeller durchgeführt und damit das Sequenziergel besser genutzt, ohne die herkömmlichen Methoden grundsätzlich zu ändern (Bild 2.12).

In speziell konstruierten Vektoren werden zunächst verschiedene zu sequenzierende DNA-Fragmente kloniert. Die so vermehrten Fragmente werden dann vereinigt und gemeinsam nach der Didesoxinucleotid-Methode behandelt. Entscheidend ist aber, daß bei der enzymatischen Verlängerung des Primers gleichzeitig eine Erkennungssequenz kopiert wird, die nur für einen der verwendeten Klonierungsvektoren spezifisch ist. An dieser Sequenz werden die verschiedenen DNA-Fragmente später erkannt. Die erhaltenen Polynucleotidpo-

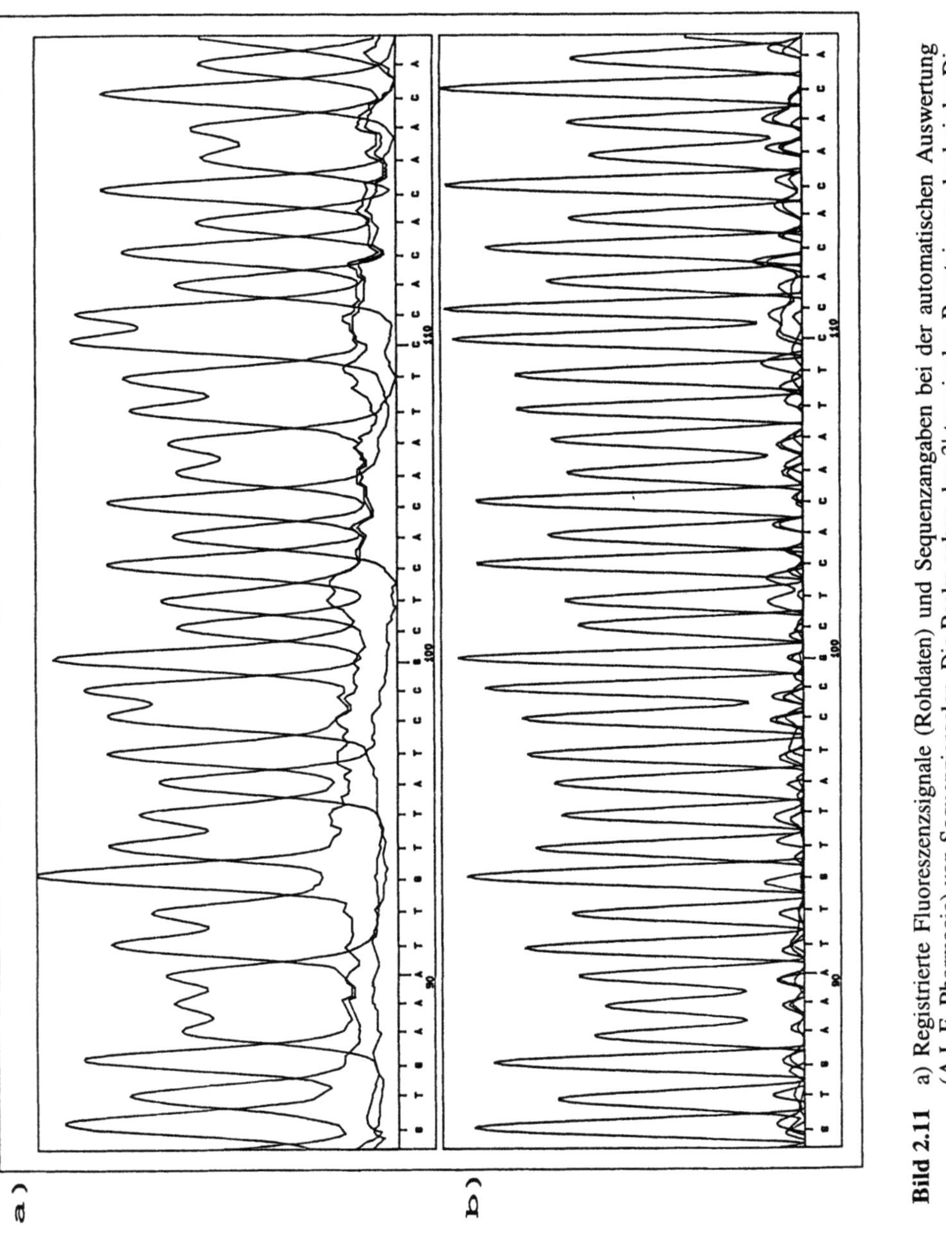

Bild 2.11 a) Registrierte Fluoreszenzsignale (Rohdaten) und Sequenzangaben bei der automatischen Auswertung (A.L.F, Pharmacia) von Sequenziergelen. Die Peaks geben den 3'-terminalen Baustein an, der bei der Didesoxinucleotidmethode in den jeweiligen Sets eingebaut wird. b) Prozessierte Daten.

pulationen aus den vier Reaktionsansätzen werden nach der Gelelektrophorese vom Gel auf Nylonmembranen übertragen und durch UV-Bestrahlung daran immobilisiert. Abweichend von der herkömmlichen Methodik erfolgt die Detektion der immobilisierten Polynucleotide mit einer DNA-Sonde.

Als DNA-Sonde dient ein markiertes Polynucleotid, dessen Sequenz zur Erkennungssequenz nur eines der verwendeten Klonierungsvektoren komplementär ist. Die DNA-Sonde

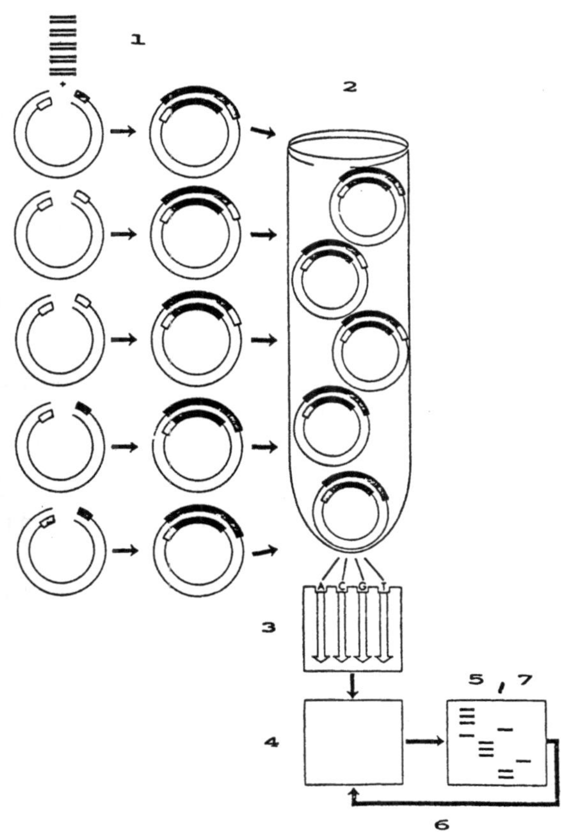

Bild 2.12 Prinzip der Multiplex-Sequenzierung. 1. Insertion von 5 verschiedenen DNA-Fragmenten in Plasmide und anschließende Klonierung, 2. Limitierte Primerverlängerung, 3. Trennung der Polynucleotide durch Gelelektrophorese, 4. Immobilisierung der getrennten, verlängerten Primer nach der Gelelektrophorese an einer Nylonmembran, 5. Detektion mit der 1. DNA-Sonde, 6. Entfernen der 1. DNA-Sonde, 7. Detektion mit der 2. DNA-Sonde usw.

hybridisiert dann an den Stellen auf der Nylonmembran, an denen Polynucleotide mit komplementären Sequenzbereichen immobilisiert sind. Durch Detektion der markierten hybridisierten DNA-Sonden wird selektiv das Bandenmuster nur eines bestimmten DNA-Fragments erhalten. Das Muster stammt von dem DNA-Fragment, das in dem Klonierungsvektor mit der entsprechenden Erkennungssequenz inseriert ist. Das so detektierte Bandenmuster wird mittels eines an einen Computer angeschlossenen Scanners registriert und automatisch ausgewertet. Danach wird die DNA-Sonde abgewaschen. Mit der nächsten DNA-Sonde wird das Bandenmuster des zweiten DNA-Fragments auf analogem Weg aufgefunden. Der Zyklus wird so oft wiederholt, bis alle immobilisierten Polynucleotide erfaßt sind. Mit der Multiplex-Sequenzierung können pro Gel-Lauf die Sequenzen von 10 verschiedenen DNA-Fragmenten bestimmt werden.

Fehlerquellen

- Bereits bei der Klonierung des zu sequenzierenden DNA-Fragments und der Isolierung des Einzelstranges kann die Ausbeute unzureichend sein. Zu geringer Einbau der Fremd-DNA in den Vektor und zu niedrige Transfektionsraten der Wirtszellen sind hierfür Hauptursachen.
- Die Qualität des zu sequenzierenden DNA-Fragments, des Primers, der Nucleotidtriphosphate und des Enzyms ist gleichermaßen ausschlaggebend für die erfolgreiche Sequenz-

analyse. Zu langes Lagern, zu häufiges Auftauen und Einfrieren der Nucleotide und Enzyme mindert generell die Qualität dieser Reagenzien.

- Verunreinigungen mit Salz und mit anderen DNA- oder RNA-Fragmenten, die bei der Präparation des DNA-Fragments auftreten können, behindern die exakte Kettenverlängerung ebenso wie bereits teilweise schon abgebaute Primer.
- Zu kurze Primer finden unter Umständen mehrere Startpunkte an dem Template, so daß das Bandenmuster später mehrdeutig wird.
- Die zur Kettenverlängerung geeigneten Enzyme reagieren unterschiedlich empfindlich auf die Qualität der eingesetzten Reagenzien.
- Mit einer methodischen Schwierigkeit ist dann zu rechnen, wenn das zu sequenzierende DNA-Fragment z. B. an G-reichen Sequenzbereichen Sekundärstrukturen ausbildet. Dort stoppt die Kettenverlängerung, ohne daß ein Kettenabbruchnucleotid eingebaut wurde.
- Zu hohe Konzentrationen der Reaktionspartner führen zur Überladung der Gele und damit zu überlappenden Banden. Zu niedrige Konzentrationen erzeugen kein Bandenmuster.
- Ungünstige Molverhältnisse zwischen Mononucleotiden und Kettenabbruchmolekülen führen dazu, daß die Polynucleotidpopulation entweder zu viele kurze oder lange Fragmente aufweist. Die Folge davon ist, daß die Intensität des Bandenmusters ungleichmäßig wird.

Dokumentation und Anwendungsbereich

Siehe Abschnitt 2.2.1

Literatur

A. J. H. Smith, *DNA Sequence Analysis by Primed Synthesis* in Methods in Enzymology (L. Grossman, K. Moldave, Hrsg.), Vol. 65, 560–580, Academic Press, New York **1980**.

2.2.1.2 Maxam-Gilbert-Verfahren

Nach diesem Verfahren wird die Polynucleotidpopulation durch einen partiellen chemischen Abbau des zu sequenzierenden DNA-Fragments erhalten. Aus den Sequenzen der Polynucleotide kann die Gesamtsequenz des betreffenden DNA-Fragments abgeleitet werden.

Grundlagen

Zunächst werden die Nucleobasen chemisch spezifisch derivatisiert. Hierdurch wird die glykosidische Bindung zwischen der derivatisierten Base und dem Desoxiriboserest geschwächt. Die modifizierte Base kann anschließend leicht abgespalten werden, wobei sich der Desoxiribosering öffnet. Auf diesem Weg wird eine „Sollbruchstelle" im DNA-Fragment erzeugt, an der die Phosphodiesterbindung der DNA selektiv gespalten wird. Die Reaktionsbedingungen werden so gewählt, daß in vier getrennten Reaktionsansätzen jeweils bevorzugt nur eine Sorte der vier Nucleotideinheiten statistisch eliminiert wird. Am Ende der chemischen Partialhydrolyse erhält man vier Sets von Polynucleotidpopulationen, deren markierte

1. Selektive Derivatisierung (x) der Nucleobasen des [γ^{32}P] markierten DNA-Fragments [^{32}P]ATCGCTA

Set	Set	Set	Set
G > A	G + A	C + T	C > T
Dimethylsulfat	Ameisensäure	Hydrazin	Hydrazin 5 M NaCl
x	x x x	xx xx	x x
pATCGCTA	pATCGCTA	pATCGCTA	pATCGCTA

2. Hydrolytische Entfernung der derivatisierten Basen und Strangbruch

pATC + CTA	**pATC** + CTA	**pAT** + GCTA	**pAT** + GCTA
	p + TCGCTA	**pATCG** + TA	**pATCG** + TA
	pATCGCT	**pA** +CGCTA	
		pATCGC + A	

Bild 2.13 Partielle chemische Hydrolyse eines markierten DNA-Fragments [γ^{32}p]d(ATCGTA) nach dem Maxam-Gilbert-Verfahren.

Komponenten jeweils am 3'-Ende um eine definierte Monomereinheit verkürzt sind (Bild 2.13). Im G > A Set wird nur G abgespalten, während im G + A-Set beide Purinnucleotide gleichzeitig entfernt werden. Analog verläuft die Entfernung der Pyrimidinnucleotideinheiten. Im C + T Set werden beide Pyrimidinnucleotide gleichzeitig entfernt, während im C > T Set nur eine T-Spaltung auftritt.

Die Komponenten der Polynucleotidpopulation werden anschließend in einem hochauflösenden Polyacrylamidgel (Sequenziergel) elektrophoretisch der Kettenlänge nach aufgetrennt (vgl. Abschnitt 1.2).

Materialien und Geräte

Für die Sequenzierung nach dem Maxam-Gilbert-Verfahren werden außer der in 2.2.1 aufgeführten Ausstattung zusätzlich noch diverse Reagenzien benötigt. Die verwendeten Chemikalien sind sehr toxisch und erfordern somit besondere Laboreinrichtungen. Außerdem werden in der Regel radioaktiv markierte DNA-Fragmente eingesetzt. Dementsprechend müssen Laboreinrichtungen vorhanden sein, die für solche Arbeiten eingerichtet sind (vgl. Abschnitt 3.1. und Anhang B).

Probenvorbereitung

Für die Sequenzierung nach dem Maxam-Gilbert-Verfahren wird die DNA-Probe wie folgt vorbereitet (Bild 2.14):

Das durch Klonierung vermehrte doppelsträngige DNA-Fragment wird isoliert und anschließend an seinen Enden mit Phosphatase enzymatisch dephosphoryliert. Danach erfolgt

Zu sequenzierende DNA

5'——————————————— 3'
3'——————————————— 5'

Hydrolyse mit Restriktionsenzymen

↓

5'p ——————————— 3'
3'—————— p 5'

Dephosphorylierung (alkal. Phosphatase)

↓

5' OH ——————————— 3'
3'—————— OH 5'

Phosphorylierung (Polynucleotid-Kinase)

↓

5'[γ^{32}p] ——————————— 3'
3'—————— [γ^{32}p] 5'

Trennung des markierten Doppelstranges

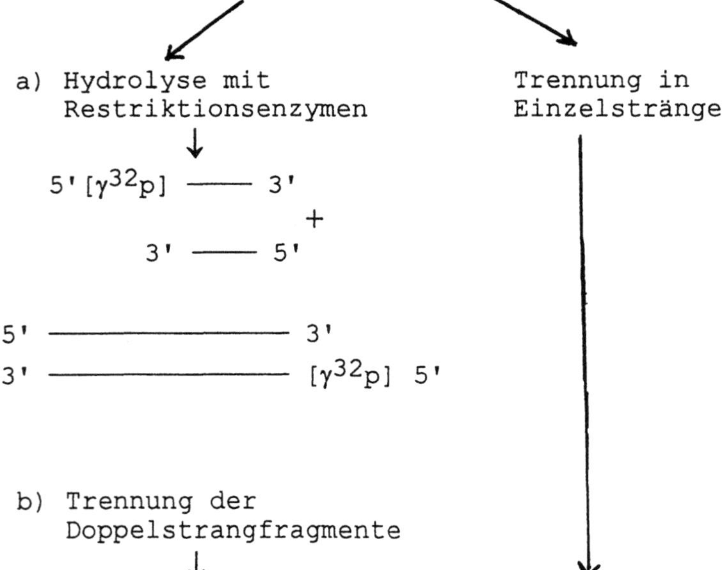

Zu sequenzierende markierte DNA-Fragmente

Bild 2.14 Radioaktive Markierung und Vorbereitung eines DNA-Fragments zur Sequenzierung nach dem Maxam-Gilbert-Verfahren.

mit Hilfe von [γ^{32}P] ATP und der Polynucleotidkinase eine enzymatische Rephosphorylierung der beiden 5'-Enden. Hierbei wird das doppelsträngige DNA-Fragment an zwei Stellen radioaktiv markiert erhalten. Für die nachfolgende Sequenzierung darf aber nur ein Strang markiert sein. Diese Bedingung erreicht man entweder durch eine Strangtrennung oder erneute Fragmentierung und Trennung des doppelsträngigen markierten DNA-Fragments. Am häufigsten wird der zweite Weg gewählt. Die Stränge können durch Denaturierung und anschließende Gelelektrophorese getrennt werden. Die Fragmentierung mit Hilfe von Restriktionsenzymen wird so durchgeführt, daß die Spaltung zu zwei sehr unterschiedlich langen Fragmenten führt, die anschließend in der Gelelektrophorese gut getrennt werden können. Nach der Trennung wird das gewünschte DNA-Fragment, das jetzt nur noch an einem 5'-Ende radioaktiv markiert ist, aus dem Gel eluiert. Nach Zugabe von RNA als Präzipitationshilfe wird das Fragment mit Ethanol ausgefällt, isoliert und in vier Aliquots aufgeteilt, die anschließend chemisch partialhydrolysiert werden.

Durchführung

Das zu sequenzierende DNA-Fragment, dessen 5'-Ende radioaktiv markiert ist, wird zu gleichen Teilen auf vier Reaktionsgefäße verteilt, in denen anschließend die chemische Partialhydrolyse erfolgt.

- *G > A-Reaktion.* Im ersten Reaktionsansatz werden durch Behandlung mit Dimethylsulfat Guanin an N-7 und Adenin an N-3 methyliert, wobei die Methylierung des Guanins bevorzugt abläuft. Bei der anschließenden Einwirkung von Piperidin spaltet das DNA-Fragment unter Eliminierung der modifizierten G-Monomereinheiten.

- *G + A-Reaktion.* Im zweiten Reaktionsansatz wird das DNA-Fragment mit Ameisensäure statistisch depuriniert und mit Piperidin unter Eliminierung der A- und G-Monomereinheiten gespalten.

- *C + T-Reaktion.* Im dritten Reaktionsansatz werden die Pyrimidinbasen T und C mit Hydrazin unter der Bildung von Ribosylharnstoff und Hydrazon gespalten. Bei der nachfolgenden Hydrolyse mit Piperidin werden die DNA-Fragmente unter Eliminierung der Reste der T- und C-Monomereinheiten gespalten.

- *C > T-Reaktion.* Im vierten Reaktionsansatz wird die Hydrazinolyse in Gegenwart von 5 M NaCl durchgeführt. Unter diesen Bedingungen reagiert T langsamer als C, so daß bei der anschließenden Hydrolyse mit Piperidin die DNA-Fragmente bevorzugt unter Eliminierung der C-Monomereinheiten gespalten werden.

Die so erhaltenen vier verschiedenen Polynucleotidgemische werden durch Zugabe von Ethanol ausgefällt, abzentrifugiert und getrocknet. Das Partialhydrolysat wird anschließend in der hochauflösenden Gelelektrophorese in Analogie zur Didesoxinucleotid-Methode (2.2.1.1) getrennt und mit Hilfe der Autoradiographie detektiert. Beim Abbau eines hypothetischen DNA-Fragments der Sequenz [γ^{32}p]d(ATCGCTA) würde das Bandenmuster von Bild 2.15 erhalten werden. Bild 2.16 zeigt das Autoradiogramm eines natürlichen DNA-Fragments, das nach Maxam und Gilbert sequenziert wurde.

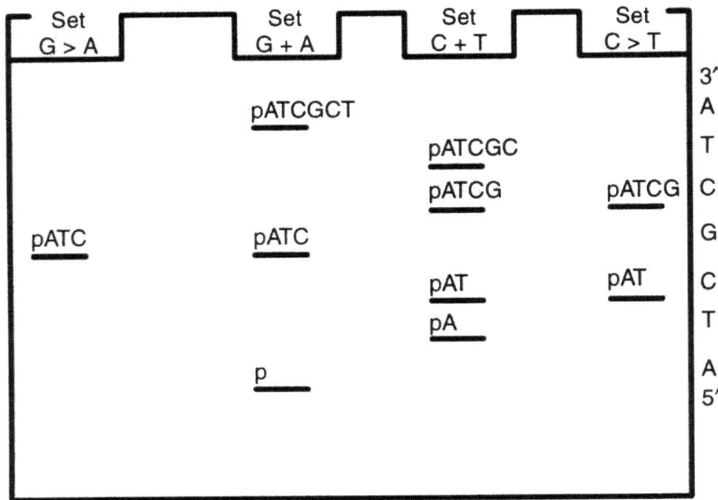

Bild 2.15 Hypothetisches Bandenmuster in einem Sequenziergel, nach der Trennung des partialhydrolysierten DNA-Fragments [γ^{32}p]d(ATCGCTA) aus Bild 2.13.

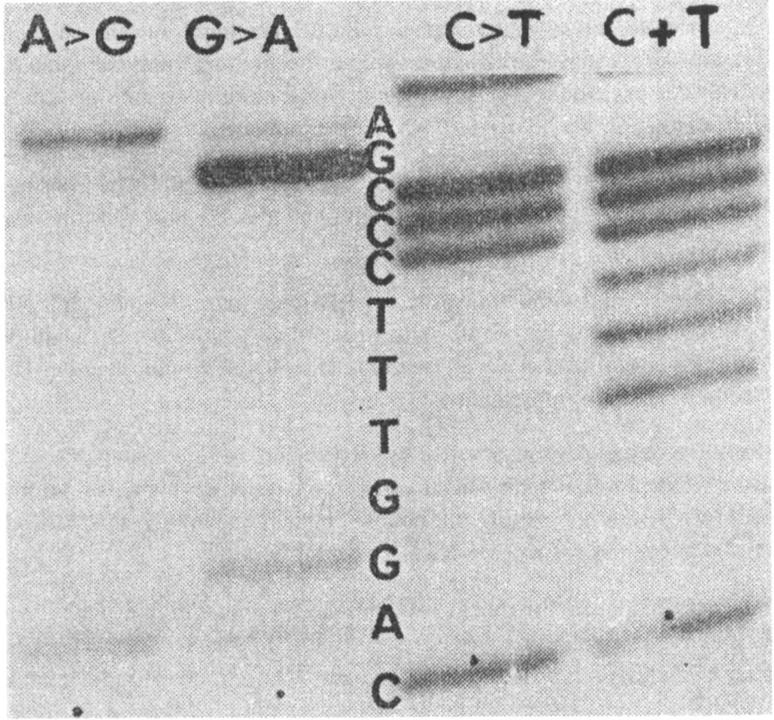

Bild 2.16 Autoradiogramm der getrennten Polynucleotidpopulation, die bei der Sequenzierung eines natürlichen DNA-Fragments nach dem Maxam-Gilbert-Verfahren erhalten werden. Das kürzeste Oligonucleotid wandert am schnellsten und ist unten im Gel sichtbar. Die Punkte zeigen die Position des Farbmarkers, aus dem die Länge des jeweiligen Oligonucleotidfragments abgeschätzt werden kann (nach R. Wu).

Auswertung

Die Auswertung der Autoradiogramme erfolgt so, daß die Banden vom Boden zur Auftragestelle hin schrittweise „gelesen“ die Nucleotidsequenz vom 5'- zum 3'-Ende ergeben. Das markierte terminale 5'-Mononucleotid wandert am weitesten. Die Gelspur, in der die jeweilige Bande auftritt, gibt an, ob T, A, C oder G abgespalten wurde. Hierbei ist zu beachten, daß bei der Spaltung der Purine und Pyrimidine immer zwei gleich schnell wandernde Banden, aber mit unterschiedlicher Intensität auftreten. Die intensivere Schwärzung gibt die Set-Zugehörigkeit an. Tritt gleichzeitig in der G > A-Spur eine starke, in der G + A-Spur dagegen eine schwache Bande auf, so wurde ein G abgespalten. Im umgekehrten Fall wurde ein A entfernt. Tritt in der C + T-Spur eine starke und gleichzeitig in der C > T-Spur eine schwache Bande auf, so wurde ein T entfernt. Im umgekehrten Fall ging ein C verloren. Liest man dieses Bandenmuster schrittweise von der schnellsten zur langsamsten Bande, so ergibt sich daraus direkt die Sequenz des eingesetzten DNA-Fragments, wenn es am 5'-Ende markiert war.

Fehlerquellen

- Die Reinheit des zu sequenzierenden DNA-Fragments ist für den Erfolg der Sequenzierung ausschlaggebend. Bei der radioaktiven Markierung des DNA-Fragments werden auch alle Verunreinigungen in Form von DNA-Fragmenten mitmarkiert und später beim chemischen Abbau mitabgebaut. Die Folge sind mehrdeutige Bandenmuster.
- Die chemische Derivatisierung der Nucleobase ist bezüglich ihrer Selektivität (T + C-Reaktion) sehr salzempfindlich, so daß bei der Präparation der DNA auf Salzfreiheit zu achten ist.
- Die Elimination der modifizierten Basen und der damit verbundene Kettenbruch sind pH-abhängig und können unvollständig ablaufen.

Dokumentation und Anwendungsbereich

Abschnitt 2.2.1

Literatur

A. M. Maxam, W. Gilbert, "Sequencing End-Labeled DNA with Base-Specific Chemical Cleavages" in *Methods in Enzymology* (L. Grossman, K. Moldave, Hrsg.), Vol. 65, 499-560, Academic Press, New York **1980**.

R. Wu,"DNA Sequence Analysis", *Ann. Rev. Biochem.* **1978**, *47*, 607-634.

2.2.2 Sequenzanalyse von Oligonucleotiden mit Hilfe des Fingerprints („Wandering Spot“-Methode)

Ermittlung der Sequenz von Oligonucleotiden mit bis zu 20 Monomereinheiten durch enzymatische Partialhydrolyse und nachfolgende zweidimensionale Auftrennung des Hydrolysats.

Grundlagen

Das zu sequenzierende Oligonucleotid wird zunächst am 5'-Ende radioaktiv markiert, dann vom 3'-Ende schrittweise mit Phosphodiesterase aus Schlangengift abgebaut. In Zeitintervallen werden dem Reaktionsansatz bestimmte Mengen entnommen, in denen die Partialhydrolyse gestoppt wird. Sie werden später vereinigt und ergeben ein Gemisch verschieden langer Abbauprodukte. Die Summe aller Fragmente ergibt die Sequenz des eingesetzten Oligonucleotids. Bei der Partialhydrolyse eines Oktamers z. B. werden acht Fragmente, die jeweils um eine Monomereinheit verkürzt sind, in unterschiedlichen Mengen erhalten

Die Mischung der Abbauprodukte wird anschließend zweidimensional chromatographiert. In der ersten Dimension wird das Gemisch auf einem Celluloseacetatstreifen bei pH 3,5 mit Hilfe der Hochspannungselektrophorese fraktioniert. Unter diesen Bedingungen wandern Oligonucleotide bei gleicher Nettoladung trotz unterschiedlicher Kettenlänge als gemeinsame Bande auf dem Celluloseacetatstreifen. Die Nettoladung resultiert aus den positiven Ladungen der bei pH 3,5 unterschiedlich protonierten Nucleobasen und den negativen Ladungen der Phosphodiesterbindungen. Die Nettoladung wird somit maßgeblich von der Art der Mononucleotideinheiten eines Oligonucleotids bestimmt und ist somit sequenzabhängig.

Nach der Trennung in der ersten Dimension werden die getrennten Banden des Celluloseacetatstreifens auf den Auftragebereich einer DEAE-Cellulose-Platte übertragen. An der DEAE-Cellulose werden die übertragenen Gemische in der zweiten Dimension nach der Kettenlänge getrennt. Die Trennung erfolgt mit Hilfe der sogenannten *Homochromatographie*[2].

Materialien und Geräte

Die Sequenzanalyse ist ein komplexes Verfahren, in dem unterschiedliche Techniken kombiniert werden. Die erforderliche Ausrüstung ist detailiert in der Literatur angegeben, so daß im folgenden nur das wesentliche aufgeführt wird. Da mit radioaktiv markierten Substanzen gearbeitet wird, sind besondere Laboreinrichtungen erforderlich (Anhang B).

- Enzyme (Kinase, Phosphodiesterase) für die enzymatische Phosphorylierung und Partialhydrolyse
- Geräte, die ein Arbeiten im µl Maßstab ermöglichen.
- Celluloseacetatstreifen zur elektrophoretischen Auftrennung, im Handel erhältlich

---

[2] Unter Homochromatographie versteht man die chromatographische Auftrennung von [γ^{32}P] markierten Oligonucleotiden unter Zusatz von einem Partialhydrolysat nicht markierter RNA. Die RNA-Fragmente werden an den DEAE-Cellulose-Platten der Kettenlänge nach getrennt. Die kurzen Fragmente wandern an dem schwachen Anionenaustauscher am weitesten. Bei ihrer Wanderung schleppen sie die ihrer Kettenlänge entsprechend langen radioaktiv markierten Oligonucleotide von der Übertragungsstelle mit oder verdrängen kürzere aus ihren Positionen. Nach der zweidimensionalen Entwicklung werden die getrennten Oligonucleotide aufgrund ihrer Radioaktivität durch die Autoradiographie detektiert. Aus dem Bandenmuster (*Fingerprint*), werden die Sequenz und Reinheit des eingesetzten Oligonucleotides „abgelesen". Bei einem reinen Oligonucleotid werden nur so viele Flecken gefunden, wie Monomereinheiten in ihm enthalten sind. Jede Fehlsequenz erzeugt einen zusätzlichen Flekken. Derivatisierte Nucleobasen in der Oligonucleotidsequenz erhöhen ebenfalls die Zahl der auftretenden Flecken, geben aber „keinen Sinn" bei der Interpretation des Fingerprints. Dies ist häufig bei chemisch synthetisierten Oligonucleotiden zu beobachten.

- Apparatur zur Hochspannungselektrophorese.
- Zur Homochromatographie muß RNA alkalisch unterschiedlich partialhydrolysiert werden (*Homomix*). Die hierzu erforderliche RNA kann „technisch rein" verwendet werden. Die Homochromatographie erfordert Entwicklungskammern für die Dünnschichtchromatographie, die in einem Trockenschrank bei ca. 70°C ausgeführt wird.
- Ausstattung für die Autoradiographie zur Detektion der entwickelten Chromatogramme.

Vorbereitung

- Das zu sequenzierende Oligonucleotid wird an seiner freien 5'Hydroxylgruppe mit [γ^{32}P] ATP und der T4 Polynucleotidkinase enzymatisch phosphoryliert.
- Das markierte Oligonucleotid wird chromatographisch von nicht eingebautem [γ^{32}P] ATP und dessen Abbauprodukten befreit, durch Gelchromatographie an Sephadex G 10, auf DEAE-Cellulose-Papier, mit Hilfe der HPLC oder durch Polyacrylamid-Gelelektrophorese. Für die anschließende enzymatische Partialhydrolyse sind mindestens 10^5 cpm (Cerenkov) des Oligonucleotids erforderlich, wobei die spezifische Radioaktivität möglichst hoch sein sollte, damit in kleinst möglichen Volumina gearbeitet werden kann.

Durchführung

Für die enzymatische Partialhydrolyse und zweidimensionale Auftrennung des erhaltenen Oligonucleotidgemisches sind die folgenden Arbeitsschritte notwendig.

- Zur enzymatischen Partialhydrolyse wird soviel Enzym zugesetzt, daß nach ca. 4 Std. das Oligonucleotid vollständig zu Mononucleotiden abgebaut werden kann. Eine Oligonucleotidpopulation in der alle unterschiedlich langen Fragmente gleichmäßig vertreten sind, erhält man, indem dem Reaktionsansatz nach 10, 20, 40, 90, 180 und 360 Minuten jeweils gleiche Mengen entnommen werden.
- Das entnommene Aliquot wird zur Denaturierung des Enzyms kurz auf 95°C erhitzt und anschließend eingefroren. Hierdurch wird der weitere Kettenabbau des Oligonucleotids gestoppt.
- Die vereinigten Aliquots aus der Partialhydrolyse werden anschließend in einer möglichst engen Zone auf dem Celluloseacetatstreifen aufgetüpfelt.
- Neben der Auftragestelle wird eine Farbmarkierung aufgebracht, mit deren Hilfe der Verlauf der Elektrophorese verfolgt werden kann. Die Strecke, die die Oligonucleotide wandern, darf maximal der Breite der in der zweiten Dimension verwendeten DEAE-Celluloseplatte entsprechen.
- Die übertragenen Oligonucleotide werden bei ca. 60–70°C in 7M Harnstoff homochromatographiert. Die Bedingungen verhindern Aggregatbildungen der Oligonucleotide und gewährleisten eine gute Auftrennung des Gemisches. Der mobilen Phase werden außerdem RNA-Partialhydrolysate zugesetzt. Je nach der Länge der zu trennenden Oligonucleotide sind unterschiedliche RNA-Partialhydrolysate, sogenannte Homomixe zu verwenden. Die durchschnittliche Länge der RNA-Fragmente des Homomixes muß etwa den markierten Oligonucleotiden entsprechen.
- Die Detektion des Fleckenmusters mit Hilfe der Autoradiographie ergibt den sogenannten Fingerprint.

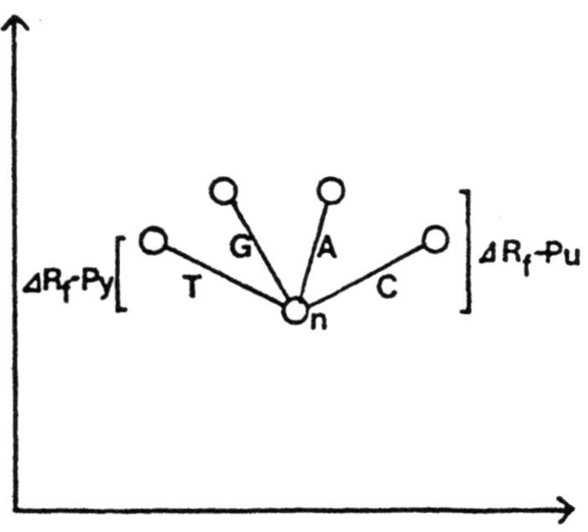

Bild 2.17 Der Verlust eines 3'-terminalen Nucleotids bedingt eine charakteristische Winkeländerung im Fingerprint eines partiell abgebauten Oligonucleotids. Die Differenzen der R_F-Werte sind bei der Abspaltung von Purinresten größer als bei der Abspaltung von Pyrimidinresten.

Auswertung

Aus dem Fingerprint wird die Sequenz des Oligonucleotids wie folgt bestimmt. Der langsamste Fleck am Boden des Fingerprints entspricht dem unabgebauten markierten Oligonucleotid. Folgt man schrittweise den Flecken vom Boden aufsteigend, so ergibt sich daraus die Sequenz vom 3'- zum 5'-Ende. Jeder schneller wandernde Fleck entspricht dem um eine weitere Monomereinheit verkürzten Oligonucleotid. Aus der Winkeländerung (Bild 2.17) und der Differenz der R_F-Werte läßt sich für jeden Fleck bestimmen, welche Monomereinheit am 3'-Ende abgebaut wurde.

Der Fingerprint, der z.B. beim Abbau des Oligonucleotids pdGCGATCGC erhalten wird, ist in Bild 2.18 dargestellt. Der Gang vom untersten Fleck (Oktamer) zum nächst höheren Flecken (Heptamer) verläuft im Winkel von > 120°, vom Heptameren zum Hexameren im Winkel von < 90° usw.

Aus der in Bild 2.17 angegeben Winkeländerung im Gang einer Sequenz folgt, daß von Oktameren ein C, von Heptameren ein G abgespalten wird. An der Differenz der R_F-Werte benachbarter Flecken läßt sich zusätzlich überprüfen, ob ein Purin- oder Pyrimidinnucleotid vom 3'-Ende abgespalten wird. Kleine Differenzen treten beim Verlust eines Pyrimidinnucleotids auf, während größere Differenzen für Purinnucleotide charakteristisch sind.

Fehlerquellen

Die wesentlichen Fehler können bei der radioaktiven Markierung, Partialhydrolyse und Homochromatographie gemacht werden.

- Eine zu niedrige spezifische Radioaktivität der Oligonucleotide führt dazu, daß eine zu große Menge der abgebauten Oligonucleotide aufgetragen werden muß, da sie sonst später nicht detektiert werden können. Damit wird aber die Auftragezone auf den Celluloseacetatstreifen überladen. Die Folge sind schlecht getrennte Fingerprints mit sich überlappenden Flecken.
- Eine zu hohe spezifische Radioaktivität kann zur Autoradiolyse der Oligonucleotide führen, so daß im Fingerprint zusätzlich schwache Flecken auftreten, die Verunreinigung oder falsche Sequenzen vortäuschen.

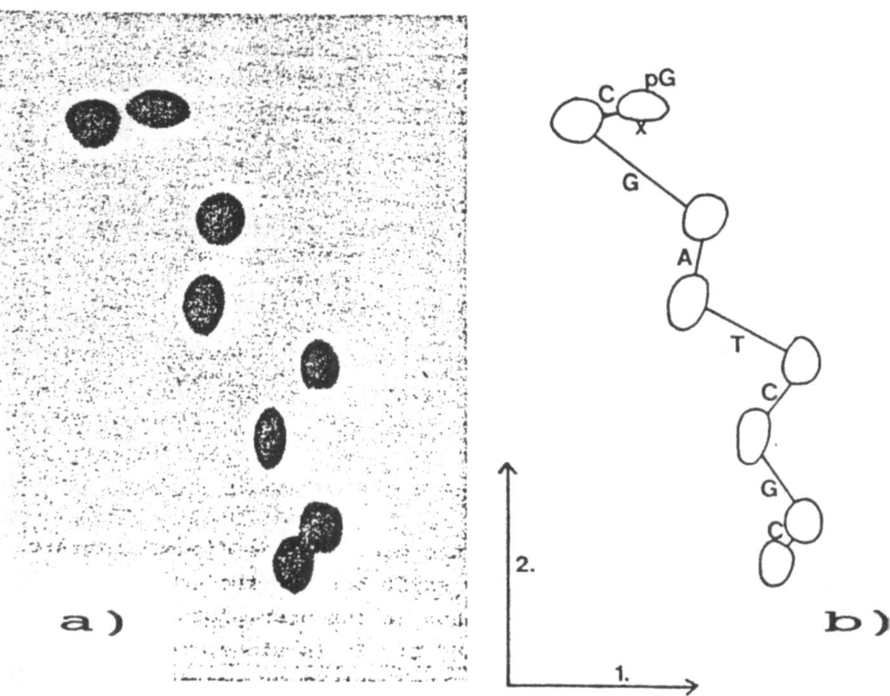

Bild 2.18 a) Autoradiogramm des in der zweidimensionalen Chromatographie getrennten Partialhydrolysats von $[\gamma^{32}p]d$(G-C-G-A-T-C-G-C), 1. Dimension Elektrophorese, 2. Dimension Homochromatographie; b) Die Interpretation des Fleckenmusters ergibt von unten nach oben gelesen die Sequenz von 3'- zum 5'-Ende.

- Wird die Elektrophorese zu weit durchgeführt, werden Teile des Partialhydrolysats anschließend nicht auf die DEAE-Celulose übertragen, so daß einige Flecken im Fingerprint fehlen.

- Zu schneller Abbau bei der enzymatischen Partialhydrolyse durch zuviel Enzym. Die Folge ist, daß im Fingerprint die längeren Fragmente fehlen. Der umgekehrte Fall tritt ein, wenn zuwenig oder gealtertes Enzym verwendet wird. Es hat sich bewährt, von Zeit zu Zeit mit Testreaktionen den vorhandenen Reagenziensatz in seiner Wirkung zu überprüfen.

- Falscher Homomix von partialhydrolysierter RNA bei der Homochromatographie. Entsprechen die RNA-Fragmente des Homomix in ihrer Kettenlänge nicht dem zu trennenden Oligonucleotidgemisch, erhält man Fingerprints, in denen das Gemisch zu schnell oder zu langsam auf der DEAE-Cellulose wandert. Abhilfe: Mischung eines „schnellen" und eines „langsamen" Homomixes. Bei längerem Stehen werden die RNA-Fragmente nach und nach abgebaut, so daß der Homomix schneller wird.

Dokumentation

Das erhaltene Autoradiogramm wird zur Dokumentation der Sequenz und Reinheit eines Oligonucleotids verwendet. Die Richtungen, in der die zweidimensionale Chromotographie erfolgte, sollte auf dem Autoradiogramm markiert werden. Ebenso ist die Sequenz des abgebauten Oligonucleotids anzugeben.

Anwendungsbereich

Die Fingerprint-Methode zur Sequenzierung von kurzen Oligonucleotiden empfiehlt sich besonders bei synthetisierten Verbindungen zur

- Ermittlung der Sequenz
- Reinheitskontrolle im Hinblick auf falsche Sequenzen und derivatisierte Monomereinheiten im Syntheseprodukt.

Literatur

R. Frank, H. Blöcker, „The Wandering Spot Sequence Analysis of Oligodeoxyribonucleotides“ in *Chemical and Enzymatic Synthesis of Gene Fragments* (H. G. Gassen, A. Lang, Hrsg.), Verlag Chemie, Weinheim **1982**, S. 226-246.

C-P. D. Tu, R. Wu, „Sequence Analysis of Short DNA Fragments“ in *Methods in Enzymology* (L. Grossman, K. Moldave, Hrsg.), Vol. 65, 620-638, Academic Press, New York **1980**.

R. Wu, N-H. Wu, Z. Hanna, F. Georges , S. Narang, „Purification and Sequence Analysis of Synthetic Oligonucleotides“ in *Oligonucleotide Synthesis a Practical Approach* (M. J. Gait, Hrsg.), IRL Press Ltd. Oxford **1984**, S. 135-151.

2.3 Analyse von Kohlenhydraten

Zucker und ihre Derivate sind in ihrer freien, oligomeren und polymeren Form sowohl als Energieträger als auch als Gerüststoffe bekannt. Darüber hinaus besitzen sie vor allem als oligomere Kohlenhydrateinheiten besondere physiologische Eigenschaften. Von besonderem Interesse sind hierbei die immunaktiven Spezies in z.B. den Blutgruppensubstanzen oder Glycoproteinen. Die komplizierte Stereochemie und die besonderen analytischen Anforderungen haben zu einer weitgehend eigenständigen Kohlenhydratanalytik geführt.

Grundlagen

Unter dem Begriff „Kohlenhydrate“ versteht man definitionsgemäß Poly-Hydroxy-Carbonyle. Die einfachsten Kohlenhydrate sind demnach Glycerinaldehyd (die Stammverbindung der Aldosen) und Dihydroxyaceton (die Stammverbindung der Ketosen). Diese historisch bedingte Definition ist vor allem in biochemischer Sicht gelegentlich weniger günstig. Zum Beispiel gehört demnach das einfachste Monohydroxycarbonyl, der Glycolaldehyd, systematisch gesehen nicht zu den Kohlenhydraten; aufgrund seiner zahlreichen biochemisch relevanten Reaktionen muß er aber notwendigerweise in diesem Kapitel zumindest als kohlenhydratartige Verbindung betrachtet werden. Das gleiche gilt für die zahlreichen Kohlenhydratabkömmlinge, wie Zuckeralkohole, Zuckersäuren, Aminozucker, Phosphatzucker usw.

Für die Analyse von Kohlenhydraten gibt es bislang keine universelle Methode. Die Entscheidung für die eine oder andere Methode wird vor allem durch die Art der zu bestimmenden Kohlenhydrate stark eingeengt. Häufig wird die Wahl durch die Art und Herkunft der Probe bereits so weit eingeschränkt, daß es unerläßlich scheint, zunächst neben den analytisch-chemischen Besonderheiten der Kohlenhydrate und ihrer Derivate, auch auf die wichtigsten Probenmatrices einzugehen.

Kohlenhydrate und ihre Abkömmlinge sind ubiquitär. Sie kommen sowohl in freier, als auch in chemisch gebundener Form in der Natur vor. Sie bilden im allgemeinen nur verhältnismäßig kleine stöchiometrisch und sterisch exakte Moleküle. Aufgrund der komplexen Stereochemie und der Vielzahl an Verknüpfungsmöglichkeiten können bereits mit verhältnismäßig kleinen Molekülen alle Forderungen zur Differenzierung in biologischen Systemen ausreichend erfüllt werden. Nur selten enthalten diese oligomeren Moleküle mehr als 20 Kohlenhydratbausteine. Als Gerüst- und Speicherstoffe bilden sie dagegen Makromoleküle mit meist undefiniertem Polymerisationsgrad. Die Vielfalt wird dadurch noch gesteigert, daß andere Hydroxylgruppen in ein und demselben Molekül ebenfalls Bindungen eingehen können und somit quervernetzte Polymere möglich werden.

In Tabelle 2.4 sind einige, biochemisch besonders relevante Verbindungsklassen, Glycokonjugate, Glycoproteine und Proteoglycane, vergleichend zusammengefaßt.

Aufgabe des Analytikers ist es, die Art der am Gesamtmolekül beteiligten Kohlenhydratbausteine, deren Verknüpfungsart und Ort, sowie deren sterische Anordnung im Molekül zu bestimmen. Hierzu wurden mehrere Einzelmethoden entwickelt, die jedoch im allgemeinen nur durch sinnvolle Kombination letztendlich zum Ziel führen.

Obwohl es keine generelle Analysenvorschriften für Kohlenhydrate gibt, erscheint es sinnvoll, die Fragestellung der reinen quantitativen Analytik von der der Strukturanalyse zu unterscheiden. Beide Methoden sind im folgenden vergleichend gegenüber gestellt:

Tabelle 2.4 Charakteristische Daten einiger Kohlenhydrat-Verbindungsklassen

	Mono- u. Oligo-Saccharide	Glycoside	Glycoproteine	Proteoglycane
Vorkommen	Körperflüssigkeiten, Membranoberflächen		Körperflüssigkeiten, Membranen, Sekrete	Binde- und Stützgewebe
Kohlenhydrate	freie Monomere	Mono-, Oligo-saccharide	Oligosaccharid-bausteine	Glycosaminoglycane
Zahl der KH.-Gr.		Weniger als 25	weniger als 25 pro Untereinheit	über 50
Wiederholungs-Einheiten	entfällt		selten (außer z. B. mucose Gele)	vorwiegend
Gestalt	vorw. unverzweigt		vorwiegend verzw.	Unverzweigt
Proteinbindung	entfällt	keine	N- oder O-glycosidisch, meist über Aminohexose	N- oder O-glycosidisch, meist über Aminohexose
Hexuronsäure		häufig	nein	ja
Beispiel	Glucose, Fructose	Blutgruppen-substanz	Ovalbumin	Obereinheiten der Mucopoly-S.

Quantitative Analyse

- Gesamt KH-Bestimmung
- Einzelbestimmungen mittels selektiver Reagenzien
- Simultanbestimmungen mittels Trenntechniken (HPLC und GC)

Strukturanalyse

- Zuckerzusammensetzung
- Einzel- oder Simultanbestimmungen
- Sequenzanalyse
- Art und Ort der Verknüpfung
- Konformation: C1- oder 1C-Pyranose, twist- oder envelope-Furanose
- anomere Konformation α- oder ß-glycosidisch
- Raumstruktur der KH-Reste
- Verknüpfungsart und -ort zum Aglycon

Für den qualitativen Nachweis von Kohlenhydraten in der zu untersuchenden Probe sind allgemeine Methoden, wie zum Beispiel die Detektion der Furfuralbildung im sauren Milieu, der reduzierenden Wirkung freier glycosidischer Gruppierungen oder der Perjodatabbau vicinaler Hydroxyle, geeignet. Unter (halb)quantitativen Arbeitsbedingungen führen diese Arbeitstechniken zu dem sogenannten „Gesamtkohlenhydratgehalt". Diese Bestimmungsmethoden führen natürlich nur zu Näherungswerten, die aber innerhalb eines Probentyps (vor allem in der Lebensmittelchemie) recht brauchbare Ergebnisse liefern.

Sind Kohlenhydrate eindeutig nachgewiesen, so sollte im nächsten Schritt die Art der Kohlenhydratbausteine und möglichst ihr prozentualer Anteil bestimmt werden. Handelt es sich um freie Zucker, so können diese direkt mit den später zu besprechenden Methoden (s. Abschnitte 2.3.2 und 2.3.3) untersucht werden. Liegen sie jedoch in chemisch gebundener Form vor, so muß zunächst eine Hydrolyse zur Freisetzung der Monomeren durchgeführt werden.

2.3.1 Hydrolysemethoden

2.3.1.1 Freisetzung monomerer Kohlenhydrate

Generell gelten hier die allgemeinen Regeln der Spaltung von Acetalen bzw. Ketalen (der glycosidischen Bindung), von Estern (z.B. Acyl-Zucker), Ethern (z.B. Alkyl-Zuckern), Säureamiden (z.B. N-Acyl-Aminozucker), etc. Neben den chemischen Methoden gewinnen die enzymatischen Methoden zunehmend an Bedeutung.

Die glycosidische Bindung ist alkalistabil; ihre Spaltung kann deshalb nicht im alkalischen Milieu erfolgen. Die saure Hydrolyse muß unter sehr schonenden Bedingungen durchgeführt werden, weil alle reduzierenden Kohlenhydrate in saurem Medium leicht in ihre korrespondierenden Furfurale oder niedere Hydroxycarbonyle übergehen. Eine universelle Vorschrift, wie zum Beispiel bei der Aminosäurenanalyse, gibt es nicht. Es ist empfehlenswert, mit einer leichtflüchtigen Säure bei mäßiger Molarität und Temperatur zunächst einige Vorversuche durchzuführen und die für die jeweilige Probenart optimalen Hydrolysebedingungen auszuarbeiten.

Chemische Hydrolyse

Hierbei handelt es sich um eine Hydrolysemethode für Neutralzucker (für Glycoproteine, Oligo- und Polysaccharide, Glycoside, etc.).

- Die eingewogene Probe wird in einem dicht verschließbaren Hydrolysegefäß in der 1000-fachen Gewichts-Menge Trifluoressigsäure (1,8 $mol \cdot l^{-1}$) aufgenommen. Sofern die Probe nicht löslich sein sollte, wird bei unpolaren Proben etwas Ethanol zugesetzt, ansonsten fein dispergiert (Ultraschall). Um oxidative Nebenreaktionen auszuschließen, sollte zumindest die Säure mit Stickstoff oder Helium sauerstofffrei gespült sein.
- Die verschlossenen Probe wird bei 90°C einer 8-stündigen Hydrolyse unterzogen.
- Die Trifluoressigsäure wird am Rotationsverdampfer abgezogen und durch mehrmaliges Aufnehmen in wenig Wasser und erneutem Abziehen von den letzten Säurespuren befreit. Empfehlenswert ist auch das Abblasen im schwachen Stickstoffstrom bei leicht erhöhter Temperatur (ca. 50°C).

Hydrolysebedingungen für Amino- und Phosphatzucker. Aminozucker sind wesentlich säure- und basestabiler als Neutralzucker. Ihre Freisetzung, zum Beispiel aus Glycoproteinen, erfolgt am günstigsten analog der Standardmethoden der Aminosäureanalytik bei 110°C in 6 N Salzsäure. Allerdings muß die Hydrolyse schon nach 4–8 Stunden abgebrochen werden, wenn Ausbeuten in der Größenordnung um 90% erreicht werden sollen. Die Freisetzung von Phosphatzuckern gelingt mit chemischen Mitteln im allgemeinen nicht in dem für analytische Methoden allgemein vorauszusetzenden Maße. Hierfür haben sich inzwischen einige enzymatische Methoden bewährt (s. Abschnitt 2.3.1.1, enzymatische Hydrolyse).

Basische Hydrolysemethoden. Durch die verhältnismäßig hohe Basenstabilität der glycosidischen Bindung, lassen sich basische Hydrolysemethoden mit sehr hoher Selektivität im Bereich der Kohlenhydratanalytik einsetzen. Im allgemeinen werden auf diese Weise O- und N-Acyl-Reste abgespalten. Von ganz besonderem Interesse ist diese Methode jedoch, wenn ganze KH-Untereinheiten aus z.B. Glycoproteinen isoliert werden sollen und die enzymatische Hydrolyse aus sterischen Gründen versagt.

Zucker und deren Glycoside unterliegen im basischen Milieu der sog. ß-Eliminierungsreaktion unter Bildung hochreaktiver vicinaler Dicarbonyle. Diese unerwünschte Nebenreaktion läßt sich auch unter milden Hydrolysebedingungen nicht vollständig unterdrücken. Unter reduzierenden Bedingungen lassen sich die entstehenden Nebenprodukte jedoch eindeutig als solche von den gesuchten KH-Einheiten differenzieren und im allgemeinen auch leicht abtrennen. Meist genügt bereits ein geringer Zusatz von Natriumborhydrid.

Bei Kohlenhydraten mit freier anomerer Gruppe versagen alle basisch katalysierte Hydrolysemethoden, da es zu Umlagerungs-, Isomerisierungs- und Spaltungsreaktionen kommt.

Durchführung der chemischen Hydrolyse

- Aufnahme der zu hydrolysierenden Probe in der O_2-freien verdünnten Hydrolysiersäure (-Lauge) im Gewichtsverhältnis von ca. 1:1000.
- Verschließen des Hydrolysegefäßes unter O_2-Ausschluß und die angegebene Zeit bei der erforderlichen Temperatur hydrolysieren (vgl. Tabelle 2.5).
- Aufarbeitung der Proben durch Einengen bzw. Abblasen oder spezieller Methoden.

Tabelle 2.5 Hydrolysebedingungen für einige ausgewählte Beispiele

Probe	Reagenz	c [mol·l^{-1}]	T [°C]	t [h]	Bemerkungen
Saccharose	TFA	1,8	90	8	TFA abziehen
	HCl	1,5	90	8	HCl abblasen
Glycoprotein	TFA	1,8	80	12	Neutralzucker
	HCl	6,0	110	4–8	Aminozucker
	NaOH/$NaBH_4$	4,0 / 0,1%	40	8–12	KH-Untereinheiten
Stärke/Cellulose	TFA	2,0–2,5	90	8–12	TFA abziehen
	HCl	2,0	90	8–12	HCl abblasen
	H_2SO_4	1,0	90	8–12	mit $BaSO_4$ ausfällen
Inulin	TFA	1,5	80	8	TFA abziehen
N-Acyl-Zucker	NaOH	1,0	70–80	4	nur Acyl-Reste

Optimierung der chemischen Hydrolysebedingungen. Zur Optimierung stehen drei Parameter zur Verfügung: Reaktionszeit, Reaktionstemperatur und Säure- bzw. Basenkonzentration.

Werden chemisch stabile Zucker, wie zum Beispiel Glucose, Galactose oder Arabinose erwartet, so kann die Reaktionszeit bedenkenlos verdoppelt werden. Labile Zucker, wie zum Beispiel Fucose oder Ribose, neigen zu sauer katalysierten Abbaureaktionen. Über die Reaktionsdauer läßt sich zwar der Hydrolysegrad präzise steuern, die Abbaureaktionen gehen jedoch in gleichem Maße einher, so daß hier eher eine Verkürzung der Hydrolysedauer angemessen ist.

Der Temperatureinfluß ist deutlich stärker als der der Zeit. Trotzdem sollte, auch bei stabilen Kohlenhydraten, nicht bei merklich höheren Temperaturen als 80–90°C gearbeitet werden. Vor allem bei labilen Zuckern ist dieser Einfluß gravierend, da der Anteil der Abbaureaktionen insgesamt drastisch zunimmt!

Mit der Zunahme der Säurekonzentration steigt neben der Hydrolysegeschwindigkeit auch die Tendenz zur Bildung von Furfuralen. Allerdings scheint hier in praktisch allen Fällen die Hydrolysegeschwindigkeit rascher zuzunehmen als vergleichsweise die unerwünschten Abbaureaktionen. Werden also eher labile Kohlenhydrate erwartet, so empfiehlt es sich, die Säurekonzentration schrittweise auf ca. 2,5 mol·l^{-1} zu erhöhen; gleichzeitig aber die Hydrolysetemperatur geringfügig (z. B. auf 75°C) zu erniedrigen. Die Hydrolysezeit sollte beibehalten werden, bzw. unter Umständen auf 10–12 Std. verlängert werden.

Enzymatische Hydrolyse

Kohlenhydratspaltende Enzyme werden zunächst nach dem Ort ihrer Wirkung eingeteilt: Exo-Glycosidasen spalten ausschließlich vom Ende einer Kohlenhydratkette den (und zwar nur einen) entsprechenden Zucker ab. Exo-ß-Galactosidase spaltet also zum Beispiel nur endständige, ß-glycosidisch gebundene Galactose ab; ß-glycosidische Galactose innerhalb der Zuckerkette wird nicht abgespalten! Endo-Glycosidasen spalten ausschließlich innerhalb einer Kohlenhydratkette. Sie liefern also Kettenfragmente, mit deren Hilfe wichtige konfigurative und konformative Erkenntnisse möglich werden. Neben unspezifischen Endo-Glycosi-

Tabelle 2.6 Ausgewählte Beispiele der enzymatischen Hydrolyse

Probe	Enzym	T [°C]	t [h]	Produkt	Bemerkungen
Saccharose	α-Glucosidase	RT	4	Glucose und Fructose	
Glycoprotein (endständige ß-Gal)	exo-ß-Galactosidase	38	12	Gal und Rumpfproteine	allg. Methode der Strukturanalyse
Stärke / Glycogen	α-Amylase	RT	6	Maltose, iso-Maltose	Stärke-Sirup

dasen gibt es solche mit höherer Spezifität, wie zum Beispiel solche, die kleinere Fragmente als 2er- oder 3er-Einheiten nicht weiter aufspalten können. Inzwischen befindet sich etwa ein Dutzend solcher Exo- und Endo-Glycosidasen am Markt. Mit Ihrer Hilfe gelingt es häufig, gezielt Informationen über Oligosaccharide zu gewinnen. Zu beachten ist allerdings, daß ein Versagen der Methode oder ein zu geringer Umsatz häufig seine Ursache in sterischen Momenten hat.

Der zeitliche Aufwand kann deshalb beträchtlich sein und im Bereich von Tagen liegen. In Tabelle 2.6 ist die Wirkungsweise von drei Glycosidasen tabellarisch dargestellt

Sofern ausreichende Probenmengen zur Verfügung stehen, sollte zumindest bei unbekannten Probentypen eine Umsatzkontrolle erfolgen. Geeignet sind hierfür die meisten der später beschriebenen chemischen, enzymatischen und chromatographischen Methoden (s. Abschnitt 2.3.2 und 2.3.3).

2.3.1.2 Freisetzung ganzer Kohlenhydrat-Untereinheiten

Im allgemeinen ist es für die Strukturaufklärung von Kohlenhydrat-Verbindungen unerläßlich, die intakten Untereinheiten vor der eigentlichen Analyse zu isolieren. Dieser Schritt ist fester Bestandteil der analytischen Strategie. Er läßt sich im allgemeinen nur mit enzymatischen Methoden oder durch eine alkalische Hydrolyse unter reduzierenden Bedingungen durchführen. Die enzymatische Freisetzung führt zum Beispiel im Falle eines Glycoproteins unter Anwendung einer unspezifischen Peptidase zu den Aminosäurebestandteilen und – im Idealfall – zu dem gesuchten Oligosaccharid, das noch an die ursprüngliche Aminosäure glycosidisch gebunden ist (vgl. Arbeitsvorschrift 2.1). N-Glycanasen oder O-Glycanasen vermögen die intakte Zuckeruntereinheit vom Aglycon zu spalten, sofern ihr Angriff nicht behindert wird, was bei den meisten verzweigten Oligosacchariden jedoch der Fall ist. Die Auftrennung liefert dann die entsprechende Untereinheit in reiner Form. Häufig versagen aber beide Methoden bereits im Vorfeld, weil eine Reaktion der Peptidasen bzw. Glycanasen durch die gesuchten Oligosaccharid-Untereinheiten aus sterischen Gründen praktisch unterbunden wird. In solchen Fällen kann eine alkalische Hydrolyse bei mäßiger Temperatur durchgeführt werden. Um jedoch die unerwünschten Abbauprodukte der Kohlenhydrate klar von den gesuchten Oligosacchariden abzugrenzen, wird unter reduzierenden Bedingungen gearbeitet. Dabei werden die über ß-Eliminierungsreaktionen freigesetzten Carbonylgruppen in situ zum Alkohol reduziert. Auf diese Weise können die Nebenprodukte eindeutig von den gesuchten Kohlenhydraten unterschieden werden.

Arbeitsvorschrift 2.1 Enzymatische Freisetzung von KH-Einheiten aus Glycoproteinen

Prinzip	enzymatische Spaltung der Peptidkette unter Freisetzung der KH-Einheit mit glycosidischer Aminosäure		
Reagenzien	Pronase	Papain	Pepsin
	20–50 µg/ml in 0,05 M Phosphatpuffer / pH 7,4 0,1 M Trichloressigsäure	20–50 µg/ml, 0,01 M $CaCl_2$ in 0,05 M Boratpuffer pH 7,5; 0,1 M Trichloressigsäure	50 µg/ml in 0,001 M Essigsäure, 0,1 M Trichloressigs.
Geräte	Thermostat	Thermostat	Thermostat
Ausführung	Probe (10 mg/ml) Reagenz / 1:1 40°C / mind. 30 min mit TCA ansäuern, chromatographisch auftrennen	Probe (10 mg/ml) Reagenz / 5:1 35°C / mind. 30 min mit TCA ansäuern, chromatographisch auftrennen	Probe (20 mg/ml) Reagenz / 25:1 35°C / mind. 30 min mit TCA ansäuern, chromatogr. auftrennen

2.3.2 Quantitative Bestimmungsmethoden

Freie Kohlenhydrate und ihre Abkömmlinge besitzen im allgemeinen keine Gruppen, die aufgrund ihrer chemischen oder physikalischen Eigenschaften mit ausreichender Selektivität zu deren direkter und selektiver quantitativer Analyse herangezogen werden können.

2.3.2.1 Polarimetrie

Die meisten Kohlenhydrate und ihre Abkömmlinge sind chiral und sollten demzufolge mittels Polarimetrie erfaßbar sein. Zwei gewichtige Nachteile schränken jedoch die Anwendung dieser Methode stark ein. Zum einen sind die spezifischen Drehwerte relativ schwache Effekte, was eine geringe Nachweisgrenze zur Folge hat. Zum anderen handelt es sich um eine Meßgröße, die auf dem Brechungsindex des Lösungsmittels basiert. Die Folge ist eine nicht lineare Massenabhängigkeit und vor allem eine kaum vorhersagbare Beeinflussung der Meßwerte durch andere Komponenten in der Lösung.

2.3.2.2 Chemische Methoden

Kohlenhydrate lassen sich zwar nach ihren reaktiven Gruppen gut klassifizieren und aufgrund deren chemischer Reaktivität unterscheiden, doch gelingt es im allgemeinen nicht eine zufriedenstellende Differenzierung innerhalb der einzelnen Gruppierungen zu erreichen. In Arbeitsvorschrift 2.2 sind einige gebräuchliche Reaktionen für den direkten chemischen Nachweis einiger Kohlenhydrate und deren Verbindungen zusammengefaßt. In allen Fällen handelt es sich um die Bildung von Furfural-Derivaten in saurem Milieu in Gegenwart von Phenol-Derivaten. Es darf jedoch nicht außer Acht gelassen werden, daß andere Zucker zu erheblichen Störungen führen können.

Arbeitsvorschrift 2.2 Photometrischer Gruppennachweis einiger Zucker mittels saurem Abbau.

	Aldohexosen	Ketohexosen	Aldopentosen
Prinzip	Hydroxymethylfurfural	Oximethylfurfural	Furfural
Reagenzien	1% Phloroglycin in Essigsäure (konz.)	0,5% Resorcin in 6n Salzsäure	0,2% Orcin in Salzsäure 1,16
Gerät	Wasserbad 90°C Photometer	Wasserbad 90°C Photometer	Wasserbad 90°C Photometer
Ausführung	1 ml Probe, 2 ml Reagenz 8 min / 90°C nach Abkühlen bei 625 nm gegen Blindwert messen	1 ml Probe, 1 ml Reagenz 15 min / 90°C nach Abkühlen bei 625 nm gegen Blindwert messen	1 ml Probe, 1 ml Reagenz 10 min / 90°C nach Abkühlen bei 420 nm gegen Blindwert messen

Gesamtkohlenhydratbestimmungen. Üblicherweise wird die Gesamt-Zuckerbestimmung nach wie vor meist reduktometrisch nach einer modifizierten Fehling'schen Probe mittels iodometrischer Rücktitration durchgeführt. Die Bestimmung erfolgt in drei Schritten:

1. Cu^{2+} + Zucker → Cu^{+} + -onsäure
2. $2\,Cu^{+} + 4\,I^{-}$ → $2\,CuI_2 + I_2$
3. $I_2 + S_2O_4^{2-}$ → $2\,I^{-} + S_4O_7^{2-}$

Die Differenz zwischen Blindwert und Probe entspricht der Menge an reduzierten Cu^{2+}-Ionen. Diese Menge sollte der vorhandenen Zuckermenge proportional sein; die Oxidation der Zucker verläuft jedoch nicht stöchiometrisch, sodaß die Ergebnisse mittels einer zu erstellenden Tabelle ermittelt werden müssen. Verständlicherweise sind diese Werte nur in einem engen Konzentrationsbereich (max. 0,05 $mol \cdot l^{-1}$) als vertrauenswürdig anzusehen.

Zum gleichen Ergebnis gelangt man wesentlich eleganter, wenn das entstandene Cu^{+} in situ mittels Bicinchoninsäure als Komplex abgefangen wird. Der gebildete Komplex ist stabil und besitzt bei 570 nm ein intensives Absorptionsmaximum.

In Arbeitsvorschrift 2.3 sind die beiden Methoden vergleichend zusammengefaßt.

2.3.2.3 Enzymatische Methoden für die quantitative Analyse von Kohlenhydraten

Kohlenhydrate lassen sich im allgemeinen nicht durch gängige chemische Verfahren so differenzieren, daß ein quantitativer Einzelnachweis in Gemischen möglich ist. Weitgehend spezifische Nachweise aus Gemischen gelingen nur durch die hohe Selektivität enzymatischer Reaktionen oder mittels chromatographischer Methoden.

Enzymatische Methoden werden immer häufiger für die Untersuchung biochemischer Proben eingesetzt, weil sie eindeutig eine Reihe bedeutender und unverzichtbarer Vorteile bieten. Enzyme besitzen eine hohe Spezifität und setzen nur Substanzen um, die sie als ihre Substrate erkennen. Hieraus folgt, daß die Probenvorbereitung sehr einfach ist, in vielen Fällen sogar ganz entfällt. Die Durchführung solcher Analysen ist einfach und schnell erlernbar. Das Arbeiten mit ungefährlichen Reagenzien trägt zum Arbeitsschutz für das Laborpersonal bei und ist im Hinblick auf den Umweltschutz anzustreben.

Die meisten in der biochemischen Analytik angewandten enzymatischen Tests werden indirekt über photometrisch detektierbare Reaktionspartner durchgeführt, die über geeignete

Arbeitsvorschrift 2.3 Gesamtkohlenhydratbestimmung

	iodometrisch	photometrisch
Prinzip	Fehling/iodometrische Rücktitration	Fehling/Farbreagenz, Photometrie
Reagenzien	I. 0,5% Kupfersulfat in Wasser II. 2% Seignettesalz in 4n NaOH III. Schwefelsäure verd. IV. 0,1 N Iodidlösung V. 0,1 N Thiosulfatlösung VI. Indikator/Stärke	0,5% Kupfersulfat, 0,1% Bicinchonin, 0,75% Asparaginsäure in 1m Kalium-carbonat
Geräte	Heizblock oder Wasserbad Bürette	Heizblock oder Wasserbad Photometer
Ausführung	2 ml Reagenz I, 2 ml Reagenz II, 1 ml Probe 10 min / 100°C nach Akühlen mit Schwefelsäure ansäuern, 50 ml Reagenz IV; mit Reagenz V gegen Stärke (VI) titrieren	3 ml Reagenz 3 ml Probe 10 min / 100°C nach Abkühlen gegen Blindprobe bei 570 nm messen

Chromophore verfügen und deren Konzentration sich während der Reaktion proportional zum gesuchten Analyten verhält. Beispielsweise wird bei der Umsetzung von D-Glucose zu D-Gluconat mit Glucosedehydrogenase NAD^+ zu NADH umgesetzt (vgl. Arbeitsvorschrift 2.4). Aus dem Verhältnis von NAD^+ zu NADH kann über die photometrische Messung bei 334 nm die Konzentration an Glucose errechnet werden. Bild 2.19 zeigt die Lichtabsorption beider Substanzen.

Neben der hochselektiven Hexokinase-Methode für Glucose sind auch weniger selektive Enzym-Kits erhältlich, die u.U. auch mit Mannose, Fructose oder Xylose reagieren. Über die vielfältigen Kombinationsmöglichkeiten geben vor allem die Schriften der einschlägigen Firmen Auskunft.

Arbeitsvorschrift 2.4 Enzymatische Bestimmung von Glucose nach dem Hexokinase-Verfahren

Prinzip	$\text{D-Glucose} + \text{ATP} \xrightarrow{\text{HK}} \text{Glucose-6-Phosphat} + \text{ADP}$ $\text{Glucose-6-P} + \text{NADP}^+ \xrightarrow{\text{G6P-DH}} \text{Gluconat-6-P} + \text{NADPH} + \text{H}^+$
Reagenzien	I. 0,2 % NADP, 0,5 % ATP, 0,1 % Mg_2SO_4 in 0,75 m Triethanolamin / pH 7,6 II. Hexokinase ca. 30 U/ml, Glucose-6-Phosphat-Dehydrogenase ca. 15 U/ml
Geräte	Thermostat und Photometer
Ausführung	Probe, Reagenz I und Reagenz II im Verh. 1 : 5 : 1 20–25°C / 10–15 min, gegen Blindprobe bei 340 nm messen

HK = Hexokinase G6P-DH = Glucose-6-Phosphat-Dehydrogenase

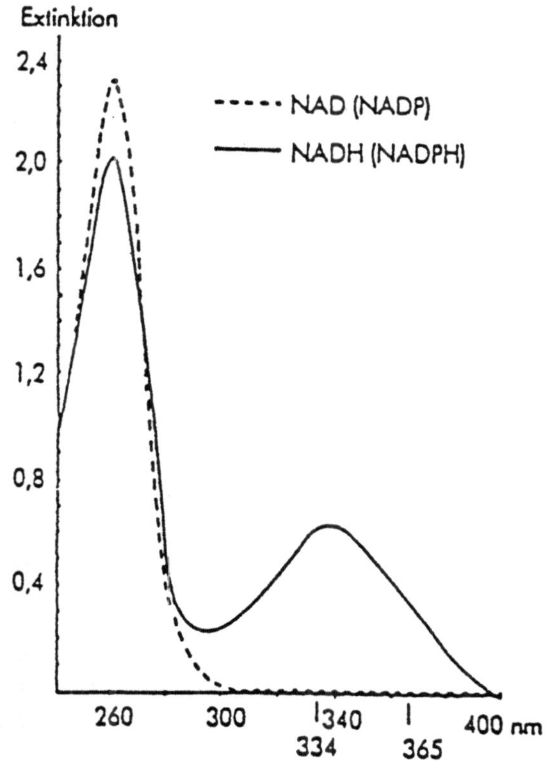

Bild 2.19 Lichtabsorption von NAD^+ ($NADP^+$) und NADH (NADPH)

In dem tabellarischen Reaktionsschema (Tabelle 2.7) wird die Leistungsfähigkeit der enzymatischen Analyse anhand der simultanen Bestimmung von Glucose, Saccharose, Maltose und partiell hydrolysierter Stärke demonstriert. Durch den gezielten Einsatz von Glycosidasen können alle 4 Kohlenhydrate letztendlich mit der Hexokinase-Methode über die Glucosebestimmung quantitativ erfaßt werden. Hierbei wird durch enzymatische Spaltung in allen Fällen Glucose freigesetzt, die als Meßparameter dient. Freie Glucose wird direkt bestimmt (Ansatz A). Das Disaccharid Saccharose wird durch α-Fructosidase zu Fructose und Glucose gespalten (Ansatz B). Der Gehalt an Saccharose wird durch Abziehen des Meßwertes aus Ansatz A ermittelt. Aus dem Disaccharid Maltose entstehen mittels α-Glucosidase zwei Glucoseeinheiten (Ansatz C). Da Saccharose unter diesen Bedingungen ebenfalls gespalten wird, muß der Gesamtwert vom Ansatz B, also Saccharose und Glucose, abgezogen werden. Das Polysaccharid Stärke wird zu Glucose gespalten (Ansatz D). Da Maltose eine Untereinheit der Stärke ist, wird sie miterfaßt und muß zusammen mit der freien Glucose vom Meßwert abgezogen werden.

2.3.2.4 Chromatographische Methoden

Zucker können im underivatisierten Zustand nur flüssigkeitschromatographisch untersucht werden. Für die Gaschromatographie müssen sie zuvor in unzersetzt verdampfbare Derivate überführt werden. Die Entscheidung für die eine oder die andere Methode dürfte im allgemeinen (zumindest im Vorfeld) von den im Labor vorhandenen Gerätschaften abhängen.

Tabelle 2.7 Simultane enzymatische Analyse von Glucose, Saccharose, Maltose und Stärkepartialhydrolysaten

	Ansatz A	Ansatz B	Ansatz C	Ansatz D
Enzyme	HK/G6P-DH	α-Fructosidase, HK/G6P-DH	α-Glucosidase, HK/G6P-DH	Amyloglucosidase, HK/G6P-DH
gemessen	freie Glucose	freie Glucose	freie Glucose	freie Gluc
		Gluc / Sacch	Gluc / Sacch	
			Gluc / Malt	Gluc / Malt
				Gluc / Stärke
		B − A	C − B	D − (C − B) − A
	Glucose	Saccharose	Maltose	part. hydrol. Stärke

Sind beide Methoden zugänglich, dann sollte die Entscheidung ausschließlich von der Probenmatrix, der erforderlichen Probenaufarbeitung einschließlich möglicherweise erforderlicher Derivatisierung und neben der geforderten analytischen Aussage auch von der Wirtschaftlichkeit abhängig gemacht werden.

Zucker sind aufgrund ihrer besonders großen Zahl stereoisomerer Verbindungen, die sich häufig nur in der Stellung einer einzigen Hydroxylgruppe unterscheiden, selbst unter chromatographischen Bedingungen nur äußerst schwierig zu differenzieren. Beispielsweise gibt es vier unverzweigte Hexosen, die sich von der D-Glucose lediglich in der Stellung einer einzigen Hydroxylgruppe unterscheiden: D-Mannose (C-2); D-Galactose (C-3); L-Idose (C-4); D-Fructose (Carbonyl an C-2).

Dünnschichtchromatographie

Die Dünnschichtchromatographie hat zwar den Nachteil der mäßigen Trennleistung, doch besticht sie durch ihre Einfachheit, ihre geringen Kosten und vor allem dadurch, daß auf die Probenaufarbeitung in fast allen Fällen verzichtet werden kann. Effiziente Trennungen lassen sich nur verteilungschromatographisch an reinen Silicagel- oder an stark polaren Phasen erzielen. Bild 2.20 (I) zeigt ein Dünnschichtchromatogramm, wie es auf Silicagel mit einem verhältnismäßig polaren Fließmittel erhalten wird. Der Ersatz des Wassers im Fließmittel durch einen Boratpuffer steigert die Effizienz der Trennung, da Borsäure mit vicinalen Hydroxylgruppen abhängig von deren stereoechemischer Anordnung Komplexe unterschiedlicher Stabilität und Polarität bildet (Bild 2.20 (II)).

In Arbeitsvorschrift 2.5 ist die Vorgehensweise für beide Methoden tabellarisch dargestellt.

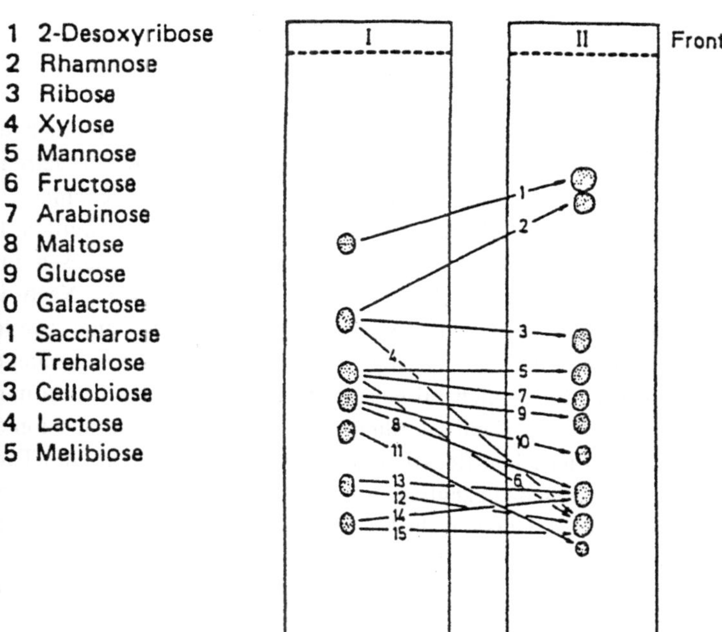

Bild 2.20 Vergleich zweier Dünschichtchromatogramme ohne und mit Borsäure im Fließmittel. Träger: Kieselgel Si 60, Merck, Darmstadt; Fließmittel: I = Propanol/ Toluol/ Eisessig/ Wasser, II = Propanol/ Toluol/ Eisessig/ Boratpuffer (0,4 $mol \cdot l^{-1}$ / pH 9,0); Anfärbung: Periodat-Benzidin-Reagenz (vgl. Arbeitsvorschrift 2.5).

Arbeitsvorschrift 2.5 Dünnschichtchromatographie von Zuckern

Prinzip	Verteilungschromatographie an Silicagel	
	ohne Boratpuffer	mit Boratpuffer
Schicht	Dünnschichtplatten, Si-60 oder Si-100, normale oder HPTLC-Qualität, 20 X 10 cm oder kleiner	
Fließmittel	Propanol/Toluol/Eisessig /Wasser (50:10:25:15)	Propanol/Toluol/Eisessig/0,4 M Boratpuffer/pH 9,0 (50:10:25:15)
Anfärbereagenz	Natriummetaperjodat/Benzidin-Reagenz I. 0,1% Natriummetaperiodat in Wasser II. 1,8g Benzidin in 50 ml Ethanol	
Geräte	Dünnschichtkammer; 2 Reagenzsprüher (Glas oder Plastik)	
Ausführung	DC-Kammer mit Fließmittel füllen (ca. 0,5 cm) Proben und Standard auftragen (ca. 1 cm über Rand) DC-Platte in Kammer stellen; bis ca. 90% entwickeln DC-Platte entnehmen und trocknen DC-Platte mit Reagenz I besprühen und trocknen DC-Platte mit Reagenz II besprühen Zucker bilden weiße Flecken auf blauem Grund	

HPLC

Prinzipien

Mittels HPLC können Mono- und Oligosaccharide nur durch Verteilungs- oder Ionenaustauschchromatographie, Polysaccharide nur durch Gelchromatographie effizient getrennt werden. Die Detektion erfordert wegen der fehlenden Chromophore besondere Techniken.

Eluierte Kohlenhydrate können mittels UV bei 195–215 nm direkt bestimmt werden. Es muß jedoch beachtet werden, daß Photometrie in diesem Grenzbereich nur in eingeschränkter Weise den allgemeinen Anforderungen genügt. Ein möglicher Ausweg ist die Nachsäulenderivatisierung. Hierzu wird dem von der Säule kommenden Eluat mittels einer zweiten Pumpe ein geeignetes Reagenz kontinuierlich zugefügt, das Derivat in einem sogenannten „post column reactor“ entwickelt und anschließend beispielsweise photometrisch bestimmt. Als „post column reactor“ wird meist ein Kapillarschlauch verwendet, der so dimensioniert ist, daß die Durchtrittszeit der erforderlichen Reaktionszeit entspricht. Durch erhöhte Temperatur werden auch langsame Reaktionen zugänglich. Am weitesten verbreitet dürfte die sogenannte Bicinchoninatmethode (vgl. Arbeitsvorschrift 2.6) sein, die bereits bei der Gesamtzuckerbestimmung (vgl. 2.3.2.2) vorgestellt wurde.

Kohlenhydrate und ihre Abkömmlinge, z.B. Polyalkohole oder Zuckersäuren, lassen sich in alkalischem Milieu auch elektrochemisch erfassen.

Werden neutrale oder saure Eluenten verwendet, so muß das Eluat analog dem oben besprochenen „post column reactor“ mit einem stark basischen Medium versetzt werden, bevor es nach Durchlaufen einer Mischkapillare amperometrisch vermessen werden kann.

Im Falle der direkten Ionenaustauschchromatographie vereinfacht sich der apparative Aufbau, da das Eluat bereits im geeigneten pH-Bereich vorliegt.

Bei der amperometrischen Oxidation von Kohlenhydraten bei konstantem Potential kommt es zu Basisliniendriften und einem merklichen Empfindlichkeitsverlust in Abhängigkeit zur Analysenzahl aufgrund von Ablagerungen oxidierter Verbindungen auf der Elektrodenoberfläche. Um die Ausbildung dieser Deckschicht auf den Arbeitselektroden zu vermeiden, sollte unbedingt die Methode der gepulsten Amperometrie gewählt werden. In vorzuge-

Arbeitsvorschrift 2.6 HPLC-„post column reaction“ für reduzierende Zucker, Bicinchoninat-Methode.

Prinzip	modifizierte Fehlingreaktion auf Zucker
Reagenz	0,1% Natriumbicinchoninat, 0,75% Asparaginsäure in 1,2 M Kaliumcarbonat (in Wasser)
Geräte	HPLC-Gerät mit VIS-Detektion (570 nm); Reagenzpumpe; PTFE- oder PEEK-Kapillare, 0,2 mm ID × 20 m; Heizbad (Präzision 0,1°C)
Ausführung	Reaktionskapillare mit T-Stück zwischen Säule und Detektor, Reagenzpumpe mit T-Stück verbinden. Reaktionskapillare in Heizbad installieren. Fluß Eluent: Reagenz = 1:1,2
Temperatur	bei Eluentenfluß 1 ml·min^{-1}: 125°C bei Eluentenfluß 0,5 ml·min^{-1}: 100°C; etc.

Tabelle 2.8 Typische Arbeitsgrößen eines gepulsten amperometrischen Detektors.

E_1	Meßspannung / Meßintervall	+ 0,18 V / 350 msec
E_2	Oxidationsschritt / Intervall	+ 0,70 V / 120 msec
E_3	Gegenspannung / Intervall	– 0,85 V / 300 msec

benden Intervallen wird eine sich immer wiederholende Potentialsequenz von zwei oder drei Potentialen, E_1, E_2, E_3 angelegt. Im Falle der Zweierpotentialsequenz wird lediglich eine relativ hohe Gegenspannung angelegt, um die sich bildende Deckschicht wieder aufzulösen. Die hohe Gegenspannung erlaubt es, den Regeneriervorgang zeitlich so kurz zu gestalten, daß der Meßbetrieb nur unwesentlich gestört wird. Wesentlich günstiger ist jedoch die Arbeitstechnik mit drei Potentialen. E_1 ist das Meßsignal, während die beiden anderen Potentiale dazu dienen, die Goldoberfläche zunächst oxidativ zu reinigen und während dieses Vorgangs von Zuckeroxidationsprodukten freizuspülen, bzw. durch das stark negative Potential E_3 die entstandene Goldoxidschicht wieder zu Gold zu reduzieren.

Typische Meßgrößen für die Detektion von Zuckern sind in Tabelle 2.8 zusammengestellt.

Da Platinelektroden unter den erforderlichen Bedingungen im alkalischen Milieu nicht stabil sind, müssen besondere Elektrodenlegierungen verwendet werden. Im allgemeinen handelt es sich um Elektroden auf Goldbasis. Die besonderen Anforderungen müssen den Angaben der Hersteller entnommen werden.

Verteilungschromatographie

Als polare verteilungschromatographische Phasen haben sich besonders Ionenaustauscher auf Polystyrolbasis in ihrer Salzform und sogenannte Amino-Phasen auf Silicagelbasis bewährt. Die Trennung wird im allgemeinen bei erhöhter Temperatur mit Ethanol/Wasser- oder Acetonitril/Wasser-Eluenten durchgeführt. Die Selektivität dieser Methode ist zum einen wegen der geringen physikalisch-chemischen Unterschiede der Zucker und zum anderen wegen der Mutarotation bei freiem anomerem Hydroxyl und der damit unter chromatographischen Bedingungen entstehenden dynamischen Gleichgewichte nicht sehr hoch. Aufgrund der komplexen Austauschvorgänge müssen verhältnismäßig lange Trennzeiten in Kauf genommen werden. Bild 2.21 zeigt drei Chromatogramme eines Hydrolysats aus gastrointestinalem Mucus: an zwei Ionenaustauschern auf Polystyroldivinylbenzol-Basis (I) und Silicagel-Basis (II) sowie an einer Amino-Phase (III).

In Arbeitsvorschrift 2.7 sind die Elutionsbedingungen für die besprochenen drei Methoden der Verteilungschromatographie an polaren Phasen zusammengefaßt.

Ionenaustauschchromatographie von Neutralzuckern

Direkte Trennung im stark alkalischen Milieu. Kohlenhydrate zeigen nur im extrem basischem Bereich ausreichend acides Verhalten, um sie direkt ionenaustauschchromatographisch zu trennen.

Bewährt hat sich diese Methode bei der Trennung vor allem, in Verbindung mit der gepulsten Amperometrie, bei den stabilen Monosacchariden (Glucose, Mannose, Xylose), oli-

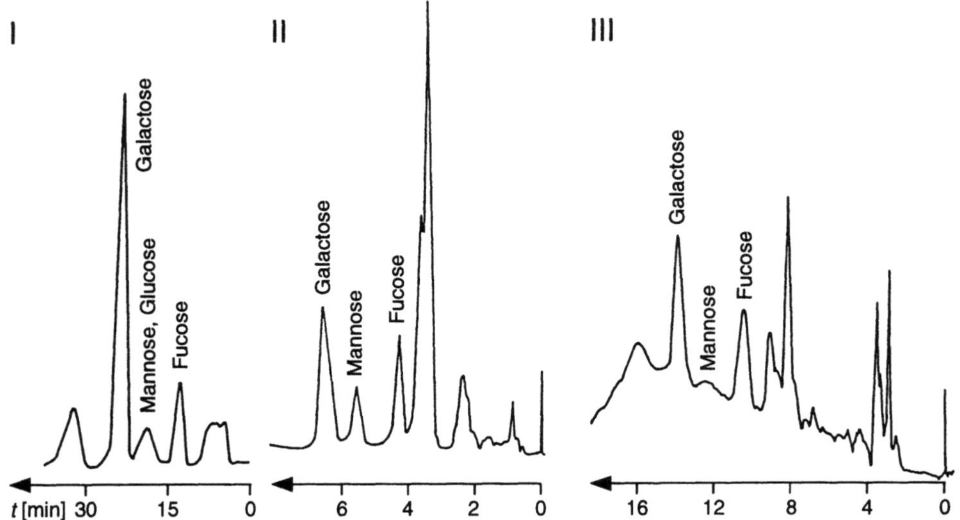

Bild 2.21 Verteilungschromatographische Trennungen eines Hydrolysats aus gastrointestinalem Mucus an diversen Trägern. I: Calcium-Form eines stark sauren Ionenaustauschers auf Polystyroldivinylbenzolbasis; II: Lithium-Form eines stark sauren Ionenaustauschers auf Silicagelbasis; III: Alkylaminophase auf Silicagelbasis; experimentelle Bedingungen: Vgl. Arbeitsvorschrift 2.7.

gomeren Partialhydrolysaten aus Polysacchariden und bei Kohlenhydratuntereinheiten aus z.B. Glycoproteinen. Das eigentlich Bestechende der Methode ist, daß aufgrund des systembedingt basischen Eluenten ohne weiteren technischen Aufwand direkt detektiert werden kann. Labile Zucker, wie z.B die Pentulosen, können bereits auf der Säule alkalisch katalysierte Umlagerungsreaktionen eingehen und so zu nur unbefriedigenden Ergebnissen führen. Bild 2.22 zeigt ein typisches Chromatogramm eines Partialhydrolysats von Dextran mittels direkter Ionenaustauschchromatographie.

Arbeitsvorschrift 2.7 Verteilungs-HPLC von Kohlenhydraten

Prinzip	Verteilungschromatographie		
	Ionenaustauscher (Polystyrol-Basis)	Ionenaustauscher (Silicagel-Basis)	Aminophase
Säule	BTC-207, Ca-Form 4 × 250 mm Biotronik (Maintal)	Nucleosil 5 SA 4 × 200 mm Macherey-Nagel (Düren)	Lichrosorb Amin 4 × 250 mm Merck (Darmstadt)
Eluent	isokratisch Ethanol/Wasser (89 : 11)	isokratisch Acetonitril/Wasser (88 : 12)	isokratisch Acetonitril/Wasser (88 : 12)
Temp.	65°C	78°C	*RT* (max. 35°C)
Detektion	UV bei ca. 200 nm, gepulste Amperometrie oder „post-column-reaction“, z. B. Bicinchoninmethode		

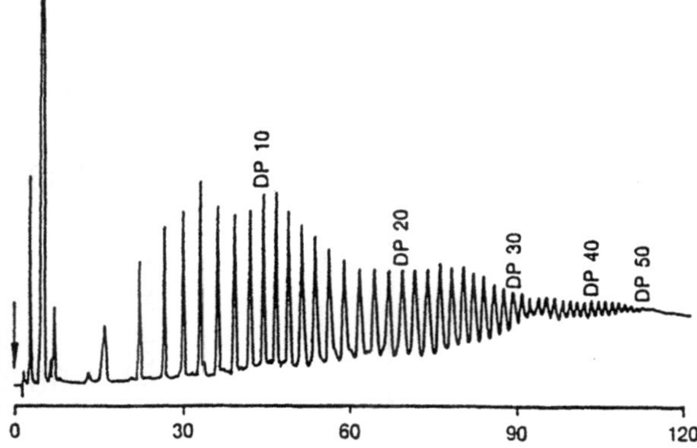

Bild 2.22 Chromatogramm eines Dextran-Partialhydrolysats mittels direkter Ionenaustauschchromatographie. Säule: Carbo Pac PA 1, Dionex; Gradient: 0,1 mol·l^{-1} NaOH bis 0,1 mol·l^{-1} NaOH + 0,5 mol·l^{-1} Natriumacetat, 0–40%B / 40 min, 40–100%B / 10 min; Fluß: 1 ml·min^{-1}; Detektion: gepulste Amperometrie; DP = Polymerisationsgrad. Aus Firmenschrift Fa. Dionex, Idstein.

Trennung mittels Boratmethode. Zucker bilden mit Borsäure Komplexe, deren Stabilität und damit auch deren Acidität direkt von der Stereochemie benachbarter Hydroxyle abhängt. Durch den Zusatz von Borsäure zum Eluenten im leicht alkalischen Bereich lassen sich deshalb auch die Zucker differenzieren, die mit den bislang besprochenen Methoden nicht auftrennbar sind. Die auf der Hand liegenden Vorteile werden lediglich durch die Tatsache eingeschränkt, daß die zusätzlichen Komplexgleichgewichte das dynamische Gleichgewicht stark beeinflussen, und somit ein etwas höherer Zeitaufwand erforderlich wird. Bild 2.23 zeigt ein Chromatogramm, das mit der Boratmethode erzielt wurde.

Die Arbeitsbedingungen der direkten und der Borat-Ionenaustausch-Chromatographie sind in Arbeitsvorschrift 2.8 vergleichend dargestellt.

Ionenaustauschchromatographie von Aminozuckern. Freie Aminozucker lassen sich am günstigsten an sauren Ionenaustauschern trennen. Nach geringfügiger Veränderung der Elutionspuffer können sie neben Aminosäuren mit Hilfe eines Aminosäureanalysators bestimmt werden. Bild 2.24 zeigt ein solches Chromatogramm. Die Aminozucker werden nach Phenylalanin, aber vor den basischen Aminosäuren eluiert.

Arbeitsvorschrift 2.8 Ionenaustauschchromatographische Trennung von Kohlenhydraten

	direkte Methode	Boratmethode
Prinzip	stark alkalischer Ionenaustausch	Bildung acider Zucker-Borat-Komplexe; neutral-schwach alkalischer Ionenaustausch
Säule	Carbo Pac PA 1 4,6 × 200 mm Dionex, Darmstadt	BTA 2710/7, 4 × 125 mm Biotronik, Maintal
Eluent	0,05–0,3 N NaOH (evtl. geringer Salzanteil)	Boratpuffergradient, 0,1–0,6 M an Borat, pH 7,5–9,4 (KOH)
Temperatur	RT	65°C
Detektion	Bicinchoninat-Methode oder gepulste Amperometrie	

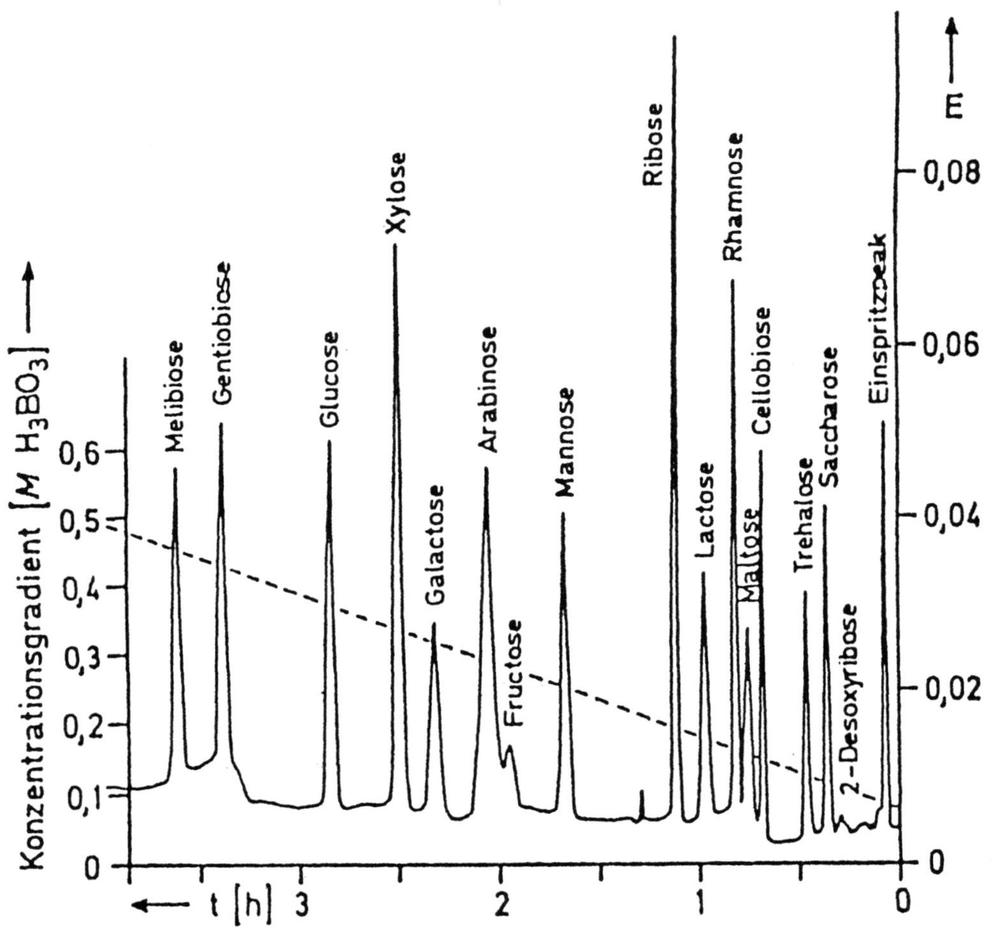

Bild 2.23 Trennung von Mono- und Oligosacchariden mittels der Boratmethode. Säule: BTA 2708, 8 µm, 4 × 125 mm; Gradient: 0,075–6,0 m Boratpuffer, pH 8,0–10,5; Fluß: 0,3 ml·min^{-1}; Säulentemperatur: 65°C; Probe: 16-Zucker Standard, 8 nmol je Einheit.

Aminozucker mit blockierter Aminogruppe, wie z.B. N-Acetylaminozucker, verlieren ihren basischen Charakter und verhalten sich weitgehend wie neutrale Zucker. Ihre Trennung gelingt im allgemeinen problemlos mit den oben besprochenen Trenntechniken.

Gaschromatographie

Zucker und die meisten Zuckerderivate sind nicht unzersetzt verdampfbar und können deshalb nicht underivatisiert gaschromatographisch bzw. mittels GC-MS untersucht werden.

Neben den klassischen Verfahren der per-Alkylierung und der per-Acylierung haben sich vor allem diverse Silyletherderivate bewährt.

Alle gebräuchlichen Reagenzien reagieren schnell und praktisch unter vollständiger Umsetzung mit allen freien Hydroxygruppen. Hierbei werden Mutarotationsgleichgewichte

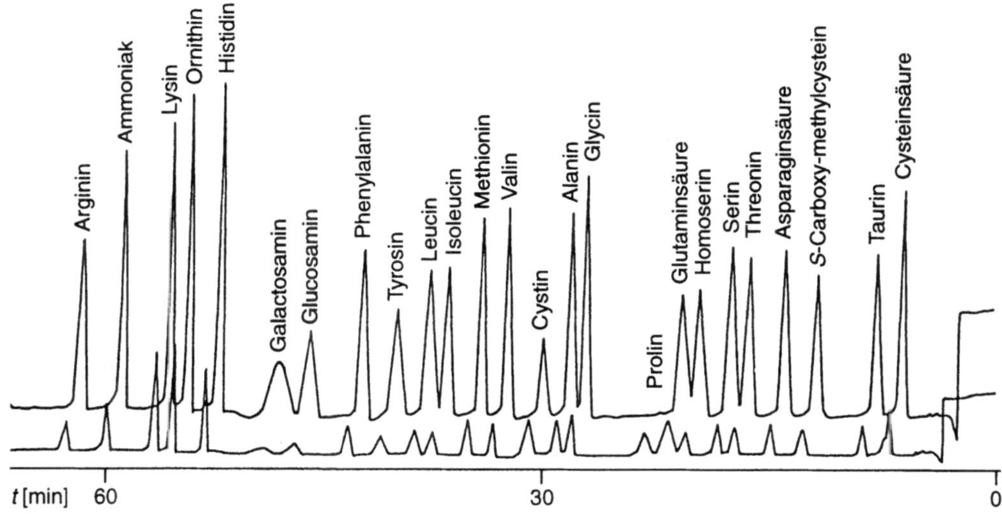

Bild 2.24 Bestimmung freier Aminozucker neben Aminosäuren. Säule: BTC 2710/7, Biotronik; Stufengradient: 0,1–1,0 mol·l^{-1} Natriumcitratpuffer, pH 3,4–4,6; Fluss: 0,4 ml·min^{-1}; Temperaturgradient: 46–65°C; Detektion: Ninhydrin / photometrisch 570 nm (oberer Kurvenzug / 440 nm (unterer Kurvenzug; Probe: 5 nmol je Komponente. Mit freundlicher Genehmigung der Fa. Eppendorf-Netheler-Hinz Biotronik GmbH, Maintal.

„konserviert", was zur Folge hat, daß je Zucker bis zu vier oder mehr Derivate im Gaschromatogramm zu erwarten sind. Daher sind schon einfache Gemische nur beschwerlich auswertbar. Für komplexe Gemische sollte jedoch möglichst nur ein einziges Derivat je Zucker gebildet werden. Von den in der Literatur hierzu beschriebenen Verfahren sollen hier nur die wichtigsten besprochen werden.

Aldoximmethode

Die Carbonyle freier Zucker reagieren mit Hydroxylamin unter Bildung von Oximen, wobei das anomere Hydroxyl aufgelöst wird. Dadurch kommt es zur Bildung nur eines einzigen offenkettigen Oxim-Zucker-Derivats (vgl. Arbeitsvorschrift 2.9).

Die Aldoximmethode zeichnet sich besonders durch ihren geringen Aufwand aus: die Proben können ohne Isolierungsschritte direkt in ihre per-Trimethylsilyl-Derivate überführt werden.

Arbeitsvorschrift 2.9 Herstellung von Zucker-Aldoxim-Derivaten für die Gaschromatographie

Prinzip	Umsetzung des freien Zuckercarbonyls zum Aldoxim
Reagenz	2,5% Hydroxylamin-Hydrochlorid in Pyridin (STOX-Reagenz)
Ausführung	ca. 5 mg Probe in 1 ml-Reaktionsglas mit 500 µl Reagenz versetzen; 70–75°C; 30 min. Weitere Derivatisierung mit HMDS oder TMSI (vgl. Arbeitsvorschrift 2.11)

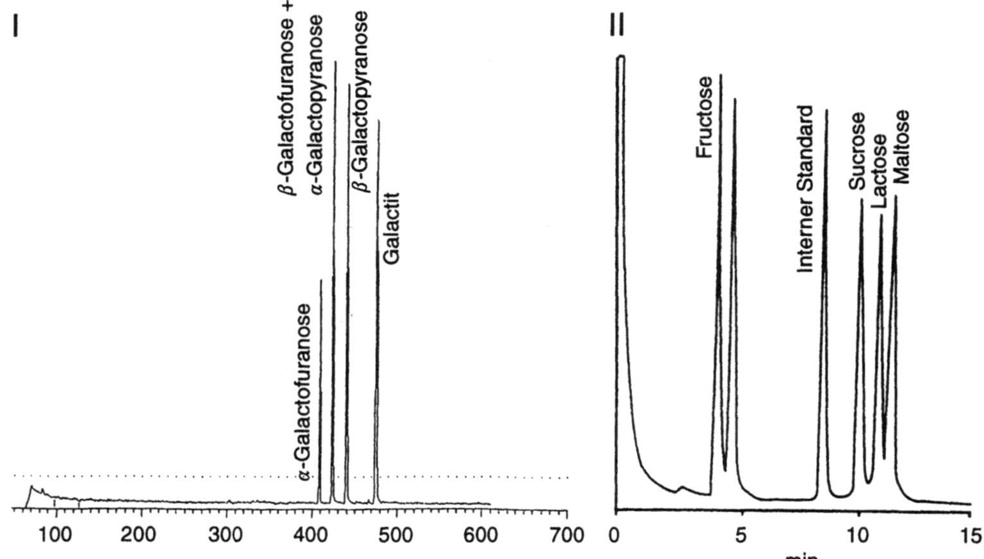

Bild 2.25 Gaschromatogramme von per-TMS-Zucker-Derivaten. I: per-TMS-Galactose, per-TMS-Galactit aus Galactose nach Arbeitsvorschrift 10; Säule: CP-SIL 8-CB, Chrompac, 0,25 mm × 50 m, d_f = 0,12 µm; Temperaturgradient: 140–220°C / 3°·min^{-1}; exp.Bedingungen: vgl. Arbeitsvorschrift 2.10 und 2.11; II: per-TMS-Aldoxime; Säule: 3% OV-17 auf Chromosorb W(HP) 80/100 mesh; exp. Bedingungen: vgl. Arbeitsvorschrift 2.9 und 2.11. Aus Firmenschrift Fa. Pierce, Pierce Europe, Oud-Bejerland, Niederlande.

Nachteilig ist jedoch, daß die meisten Zucker in Abhängigkeit von den Derivatisierungs- und Probenmatrixbedingungen zur Ausbildung von Glycosylaminen neigen. Die Bildung dieser Nebenprodukte ist nur sehr schwer kontrollierbar, weshalb diese Methode nur im Zusammenhang von Meßreihen mit ähnlicher Probenmatrix empfohlen werden kann.

Bild 2.25 (II) zeigt ein Chromatogramm eines Zuckergemischs, das nach der Oximbildung durch per-Trimethysilylierung gewonnen wurde.

Alditolmethode

Die methodisch bedingten Nachteile der Aldoxim-Derivatisierung können durch die reduktive Gewinnung von Zuckeralkoholen überwunden werden. Zucker lassen sich in wäßriger Lösung in Gegenwart von Natriumborhydrid quantitativ in ihre korrespondierenden Alditole überführen. Die Reaktion ist zwar langwieriger als die der Aldoximmethode, führt jedoch zu Derivaten, die vor allem für massenspektrometrische Folgeuntersuchungen als besonders aussagekräftig gelten. Arbeitet man mit deuterierten Reagenzien, so läßt sich auch die Carbonylposition im Molekül eindeutig zuordnen.

Die wäßrigen, borathaltigen Proben müssen aufgearbeitet und die Alditole vor der eigentlichen Derivatisierung isoliert werden. Bewährt hat sich, die Natriumionen im „Batch"-Verfahren mit einigen mg saurem Ionenaustauscher mittels Filtration zu entfernen, das Wasser im Stickstoffstrom (bereits im Reaktionsglas) abzublasen und die Borsäure mit Methanol als Borsäuremethylester ebenfalls abzublasen (vgl. Arbeitsvorschrift 2.10).

Arbeitsvorschrift 2.10 Reduktive Überführung von Zuckern in ihre Alditole

Prinzip	Reduktion von Carbonylen mittels komplexer Hydride bzw. Deuteride
Reagenzien	0,5 % $NaBH_4$ resp. $NaBD_4$ in Wasser Ionenaustauscher (z.B. Dowex 50 WX 8, 100–200 mesh) KH-freier Filter (z.B. Polyamid oder Polysulfon) Methanol (wasserfrei)
Geräte	konisches Reaktionsglas mit Schraubverschluß Abblasvorrichtung
Durchführung	1–5 mg Probe in 1 ml 0,5% $NaBH_4$- resp. $NaBD_4$-Lösung lösen; 4 Std. bei Raumtemperatur; mit ca. 100 mg Ionenaustauscher versetzen; abfiltrieren; Wasser bei 50°C abblasen; 3 mal in je 500 µl Methanol aufnehmen und abblasen

Bild 2.25 (I) zeigt ein Chromatogramm eines Zuckergemischs aus den Galactoseisomeren und eines durch reduktive Derivatisierung erhaltenen Galactits. Durch die Ringöffnung als Folge der Hydrierung wird im Galactit eine Hydroxylgruppe mehr derivatisiert, was die größere Retentionszeit zur Folge hat.

Flüchtige Derivate

Für die Überführung der freien Zucker und Zuckerabkömmlinge, sowie der hergestellten Derivate in flüchtige Verbindungen gibt es mehrere Möglichkeiten, für die je nach Probenmatrix verschiedene Varianten entwickelt wurden, die mehrheitlich als fertige Reagenzienkits kommerziell erhältlich sind. Die wichtigsten Grundmethoden sind:

Arbeitsvorschrift 2.11 Überführung von Zuckern in flüchtige Derivate

	per-Methyl-Derivate	per-Trifluoracetyl-Derivate	per-Trimetylsilyl-Derivate
Prinzip	Alkylierung mit Methyliodid	Acylierung mit MBTFA	Veretherung HMDS / TMCS bzw TMSI
Reagenz	0,5% CH_3I in Pyridin / DMSO (1:5)	MBTFA Pyridin	1. HMDS TMCS Pyridin 2. TMSI
Durch-führung	ca. 5 mg Probe, 200 µl Reagenz 10 min, RT GC: 1–2 µl	ca. 5 mg Probe, 100 µl MBTFA, 100 µl Pyridin; 65°C, 60 min; GC: 1–2 µl	ca. 5 mg Probe, 1. 25 µl Pyridin, 50 µl HMDS, 50 µl TMCS; 5 min, RT; GC: 1–2-µl 2. 100 µl TMSI 30 min, 75°C; GC: 1–2 µl

MBTFA: N-Methyl-bis(trifluoroacetamid)
HMDS: Hexamethyldisilazan
TMCS: Trimethylchlorsilan
TMSI: N-Trimethysilylimidazol
RT: Raumtemperatur

- Methylierung. Sie ist die älteste der drei angesprochenen Derivatisierungsmethoden für Zucker. Sie ist einfach durchzuführen, doch sind die per-Methyl-Derivate gaschromatographisch weniger signifikant auftrennbar, als dies bei den beiden anderen Methoden der Fall ist.
- Trifluoracetylierung. Die Derivatisierung zu per-Trifluoracetaten ist äußerst einfach, die Trennung im Gaschromatographen gelingt mit fast allen stationären Phasen zufriedenstellend; nachteilig ist jedoch die geringe Stabilität und die Tatsache, daß freie Trifluoressigsäure die meisten stationären Phasen in Mitleidenschaft zieht.
- Trimethylsilylierung. Sie zeigt keine der oben genannten Nachteile, ist ebenfalls denkbar einfach zu handhaben und hat sich mittlerweile weitgehend durchgesetzt. Lediglich bei besonderen und vor allem kombinierten Aufgabenstellungen werden auch die anderen Methoden eingesetzt.

Die Arbeitsvorschriften der wichtigsten Grundmethoden sind in Arbeitsvorschrift 2.11 zusammengefaßt.

2.3.3 Methoden zur Strukturaufklärung

Die aussagekräftigsten und im allgemeinen auch zugänglichen Methoden zur Strukuraufklärung von Kohlenhydraten und ihren Derivaten sind die Massenspektroskopie (MS) und die magnetische Kernresonanz (NMR).

2.3.3.1 Massenspektrometrie

Wenngleich die Massenspektrometrie keine Aussage zur Konfiguration und Konformation machen kann, so ist sie dennoch unersetzlich, da es mit ihrer Hilfe gelingt, die verschiedenen Kohlenhydrate und ihre Abkömmlinge nach Art (Aldose, Ketose, Polyalkohol usw.), Größe (Pentose, Hexose, usw.), Ringkonfiguration (Furanose, Pyranose), Verknüpfungsart und -ort einzuteilen. In Kombination mit der Gaschromatographie können über die Retentionszeiten praktisch alle Zuckerarten differenziert und eindeutig zugeordnet werden.

In der Praxis hat sich auch für massenspektrometrische Untersuchungen überwiegend die Derivatisierung der Zucker und ihrer Abkömmlinge mit der Trimethylsilylgruppe (TMS) durchgesetzt. Nachfolgend werden deshalb vorwiegend diese Derivate besprochen.

Wie aus Bild 2.26 deutlich zu erkennen ist, unterscheiden sich die Massenspektren der per-TMS-Derivate von Glucopyranose, Glucofuranose, Fructopyranose und Sorbit erheblich. Die jeweils wichtigsten charakteristischen Fragmente sind in Tabelle 2.9 gegenübergestellt. Die Massenspektren dieser Zuckerderivate, die alle 6 Kohlenstoffatome enthalten, und sich sterisch nur geringfügig unterscheiden, zeigen signifikante Unterschiede. Auch die Unterscheidung zwischen pyranoider und furanoider Struktur gelingt problemlos.

Cyclische Kohlenhydratderivate

Im Falle cyclischer Kohlenhydrate treten primär Fragmente auf, die vorwiegend aus bzw. nach vorangegangenen Eliminierungs- und Abspaltungsreaktionen am anomeren Kohlenstoff entstanden sind. Beispielsweise ist die Massenzahl 435 für Aldohexopyranosen charakteri-

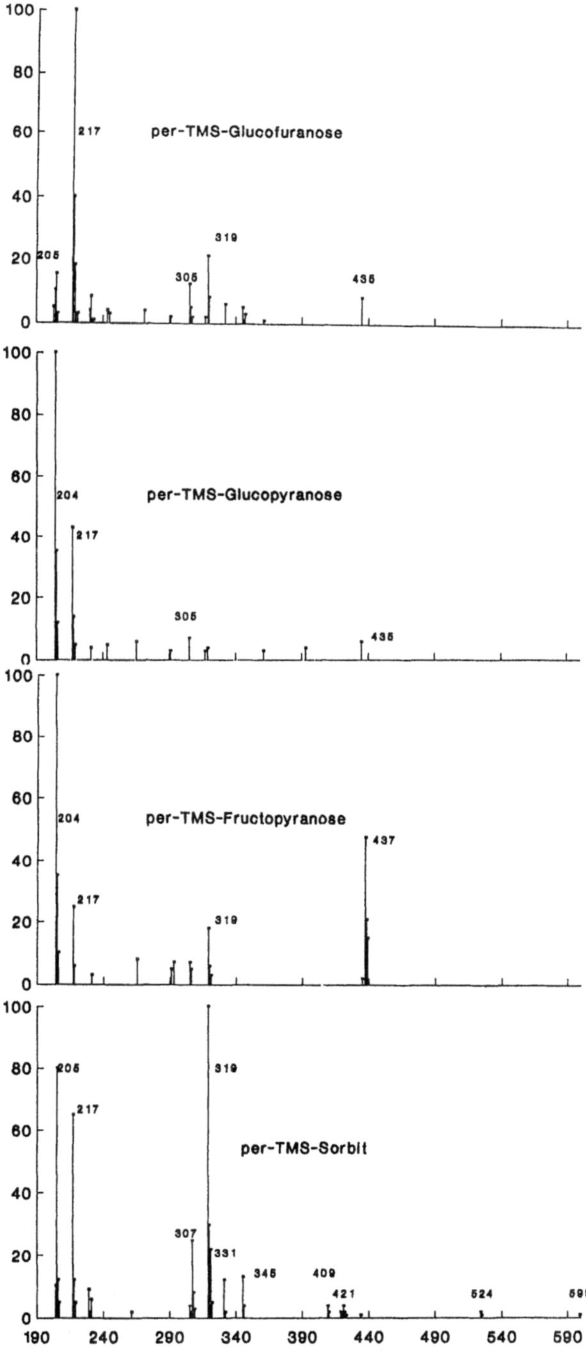

Bild 2.26 (a) Massenspektrum von per-TMS-Glucofuranose, (b) Massenspektrum von per-TMS-Glucopyranose, (c) Massenspektrum von per-TMS-Fructopyranose, (d) Massenspektrum von per-TMS-Sorbit.

Tabelle 2.9 Charakteristische Massenpeaks einiger per-TMS-Monosaccharidderivate

Glucopyr.	Glucofur.	Fructopyr.	Sorbit	1-D-Sorbit	Bemerkungen
				615	M^+
			614		M^+
				600	$M-CH_3$
			599		$M-CH_3$
540	540	540			M^+
		437			$M–CH_2OTMS$
435	**435**				M–HOTMS, CH_3
				422	$M–CH_2OTMS$, HOTMS
				421	M–CHDOTMS, HOTMS
			421		$M–CH_2OTMS$, HOTMS
				320	422–CHOTMS
			319		421–CHOTMS
217	217	217	217	217/8	Rumpffragment
				206	CHOTMS–CHDOTMS
	205		**205**	**205**	$CHOTMS–CH_2OTMS$
204		**204**			CHOTMS–CHOTMS

stisch. Sie entsteht durch Eliminierung des HOTMS-Restes an C-1/C-2 und der simultanen Abspaltung eines (beliebigen) Methylrestes . Die Massenzahl 437 kommt durch Abspaltung des CH_2OTMS-Restes am C-2 zustande und ist somit für Ketohexosen charakteristisch.

Die Abspaltungen exocyclischer Reste, wie z.B $–CH_2OTMS$ aus Glucopyranose oder $–CHOTMS–CH_2OTMS$ aus Glucofuranose, lassen sich über die Rumpffragmente zwar leicht verfolgen, doch ist ihr Beitrag zum Fragmentierungsbild weniger charakteristisch. Im Falle der Glucose (stellvertretend für alle Hexosen) läßt das Auftreten des exocyclischen Fragments $–CHOTMS–CH_2OTMS$ mit der Masse 205 jedoch sicher auf die furanoide Form schließen, während die Masse 204 dem innercyclischen Rumpffragment CHOTMS–CHOTMS und damit der pyranoiden Form zugeordnet werden muß.

Offenkettige Kohlenhydratderivate

Offenkettige Zuckerderivate, wie zum Beispiel Polyalkohole, unterliegen vorwiegend einem einfachen Fragmentierungsschema: Eliminierung von HOTMS-Gruppen, statistischem C-C-Bindungsbruch und (in untergeordnetem Masse) Abspaltung von Methylresten. Im Falle des Sorbits (stellvertretend für die Hexitole) kommt es zur Reihe der Massenzahlen 421, 319, 217 und 205. Die Masse 421 kommt durch die Eliminierung einer HOTMS- und der Abspaltung einer endständigen $–CH_2OTMS$-Gruppe zustande. Die Massen 319 und 217 entstehen aus 421 durch suksessive Abspaltung von –CHOTMS-Gruppen; die Masse 205 entspricht dem endständigen Glycolderivat. Zuckersäuren zeigen weitgehend analoges Verhalten, doch treten durch McLafferty-Umlagerungen zusätzliche Massenzahlen auf, die in diesem Rahmen jedoch nicht näher besprochen werden können.

Massenspektrometrische Strukturaufklärung bei Oligosacchariden mittels Methylierungsanalyse

Die oben besprochenen Methoden geben keine Auskunft über die Verknüpfungsart und den -Ort. Ein elegantes Verfahren ist die sog. Methylierungsanalyse. Das zu untersuchende Oligosaccharid wird zunächst mit $NaBD_4$ umgesetzt, um die freie glycosidische Gruppe am Zuckerbaustein 1 durch reduktive Isotopenmarkierung festzulegen. Im nächsten Schritt wird mit CH_3I in DMSO permethyliert, dann sauer hydrolysiert und anschließend werden die freigewordenen glycosidischen Carbonylgruppen mit $NaBH_4$ zu ihren korrespondierenden Alditolen reduziert. Die so freigesetzten Hydroxylgruppen der ursprünglichen glycosidischen Bindung, dem ringtragenden und dem verknüpfenden Kohlenstoffatom werden in ihre TMS-Derivate überführt. In Bild 2.27 ist die Vorgehensweise der Methylierungsanalyse am Beispiel eines Trisaccharides, β-L-Fucopyranosyl-(1-3)-β-D-N-Acetyl-Glucopyranosaminyl-(1- 3)-D-Galactopyranose, aufgezeigt.

Die gewonnenen Zuckerderivate (vgl. Bild 2.27 I, II, III) lassen sich oft schon mittels Gaschromatographie mit ausreichender Sicherheit zuordnen. Endgültige Gewißheit liefert die Anwendung der Massenspektrometrie. Massenspektren, die mittels der EI-Methode erhalten werden, zeigen charakteristische Fragmentionen, die in Bild 2.27 beispielhaft an diesen Derivaten aufgezeigt werden.

C-4-verknüpfte Aldohexopyranosen und C-5-verknüpfte Aldohexofuranosen lassen sich nach der hier beschriebenen Variante der Methylierungsmethode nicht unterscheiden. Da diese Aussage meist nicht gefordert wird (beispielsweise sind derzeit keine furanosetragende Glycoproteine bekannt) kann im allgemeinen auf die etwas aufwendigere reduzierende Hydrolyse mit Bortrifluoretherat verzichtet werden, bei der das glycosidische Kohlenstoffatom unter Ringerhaltung reduziert wird.

Lange und verzweigte Oligosaccharidketten werden meist nach der Permethylierung einer Partialhydrolyse unterworfen, deuteroreduziert und die freigewordenen Hydroxyle ethyliert. So können die entstehenden Fragmente später wie im Puzzle (über die Ethylreste) zusammengesetzt werden. Ehe die so gewonnenen Partialfragmente wie oben (Hydrolyse, Reduktion, Trimethylsilylierung) weiterverarbeitet werden können, müssen sie mittels präparativer HPLC aufgetrennt werden.

Massenspektrometrie ganzer Oligosaccharideinheiten

Das Bestreben der modernen Analytik ist es, den zwar eleganten, aber doch etwas aufwendigen Weg der Methylierunsanalyse zu umgehen. Die MS-Methoden mit electron impact (EI) und chemischer Ionisation (CI) erfordern die unzersetzte Verdampfbarkeit und sind deshalb auf kleine Oligosaccharide beschränkt. Neuere Methoden, wie zum Beispiel Fast-Atom-Bombardement- (FAB) und Matrix-Assisted-Laser-Desorption-MS erlauben die massenspektrometrische Untersuchung auch sehr großer Kohlenhydrateinheiten. Die Interpretation dieser Spektren ist im allgemeinen außerordentlich schwierig. Meist gelingt es nur, die Molekülmasse und die endständigen Einheiten mit einigermaßen großer Sicherheit festzulegen.

(1) $NaBD_4$-Reduktion
(2) Permethylierung
(3) Hydrolyse

CHDOMe
HC-OMe
HO-CH
MeO-CH
HC-OMe
CH_2 OMe

(4) $NaBH_4$-Reduktion
(5) Trimethylsilylierung

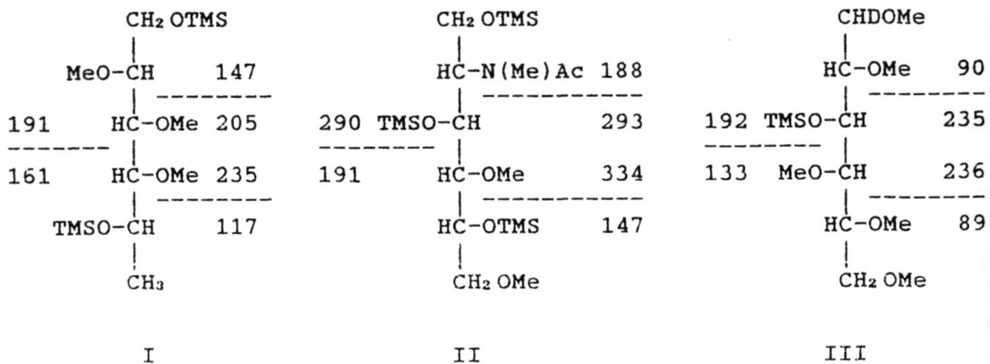

Bild 2.27 Vorgehen bei einer Methylierungsanalyse

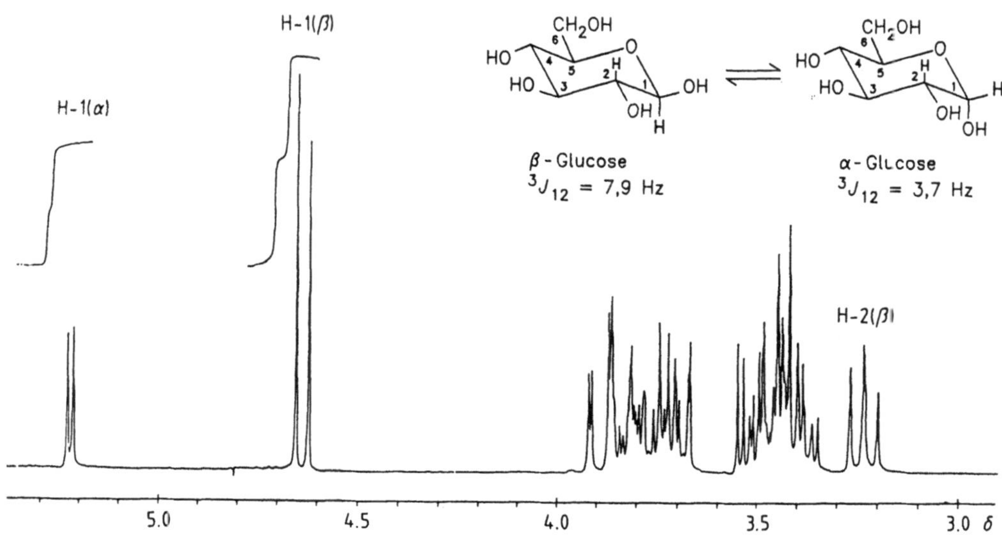

Bild 2.28 250-MHz-^{1}H-NMR-Spektrum von D-Glucose in D_2O. Das Lösungsmittelrestsignal ist unterdrückt. ------ aus Horst Friebolin, Ein- und zweidimensionale NMR-Spektroskopie, Verlag Chemie, Weinheim, 1992.

2.3.3.2 Kernresonanz

Sowohl die ^{1}H- als auch die ^{13}C-NMR-Spektroskopie können wertvolle Informationen zur Konfiguration und Konformation von Zuckern geben. Besonderes Interesse gilt hierbei der ^{1}H-NMR-Spektroskopie, da über die Karplus-Gleichung der direkte Zugang zur anomeren Konfiguration möglich ist.

Freie D-Glucose zeigt in wäßriger Lösung (D_2O) für die beiden anomeren Protonen an C-1 der α- bzw. β-pyranoiden Konfiguration zwei Dubletts bei $\sigma = 5{,}22$ und 4,63. Das Dublett bei tieferem Feld ist der α-Form zuzuordnen, weil es die kleinere Kopplung zum Proton an C-2 zeigt. Bild 2.28 zeigt das 250 MHz-^{1}H-NMR-Spektrum von Glucose in D_2O. Die Lösung enthält aufgrund der Mutarotation α- und β-D-Glucose. Die anomeren H-1-Protonen sind im Vergleich zu allen anderen Ringprotonen durch die beiden α-ständigen Sauerstoffatome am schwächsten abgeschirmt. Außerdem koppeln sie nur mit einem weiteren Proton, mit H-2. Die H-1-Protonen ergeben deshalb als einzige im Molekül Dubletts, die außerdem zu tieferem Feld verschoben sind.

Mittels hochauflösender Kernresonanzspektroskopie gelingt es so meist, die anomere Konformation in Oligosacchariden eindeutig festzulegen. Die Aussage bezüglich der Konfiguration der restlichen Hydroxylgruppen ist im allgemeinen äußerst schwierig. Die endgültige Zuordnung der einzelnen Zuckerkomponenten und deren Verknüpfungsort sollte deshalb nicht ohne kombinierte Methylierungs- und Trimethylsilylierungsreaktion mittels der GC-MS-Methode gemacht werden.

Literatur

H.Bauer, Carbohydrates, in *HPLC in Biochemistry*, Hrsg. A.Henschen, K.-P.Hupe, F.Lottspeich, W.Voelter, Verlag Chemie, Weinheim **1985**.

A.E.Pierce, *Silylation of organic compounds*, Pierce/Publisher **1979**.

W.Pigman, D.Horton, *The Carbohydrates*, Academic Press, New York **1985**.

M.Yalpani, *Polysaccharides*, Elsevier, Amsterdam **1988**.

Firmenschriften:

Enzymatische Analytik, Boehringer Mannheim,

Präparate für die Biochemie, Merck, Darmstadt,

Anfärbereagenzien für die Dünnschichtchromatographie, Merck, Darmstadt,

Application Manual, HPLC/TLC/HPTLC, Merck, Darmstadt,

Chromatography, Handbook and Catalog, Macherey-Nagel, Düren

Carbohydrate Bulletin, Biotronik GmbH, Maintal

Handbook and general Catalog, Pierce, Rockford, Illinois, USA

Silylating Agents, Fluka Chemie, Neu-Ulm

2.4 Manometrische Messung von Gaswechselprozessen (nach Warburg)

Die manometrische Messung von Gaswechselprozessen nach der Warburg-Methode arbeitet nach dem Prinzip der Druckmessung bei konstantem Volumen und konstanter Temperatur. Vorteil dieser Methode ist die Möglichkeit zur gleichzeitigen Bestimmung von O_2 und von CO_2.

Grundlagen

Die Aufnahme und Abgabe gasförmiger Stoffe, insbesondere von CO_2 und O_2, spielt eine entscheidende Rolle im Zellstoffwechsel. Eine klassische Methode zur Messung des mit der Photosynthese und der Dissimilation einhergehenden Gaswechsels ist die Manometrie nach Otto Warburg. Heute hat die polarographische Methode die Warburg-Manometrie nahezu vollständig abgelöst. Gegenüber der O_2-Elektrode hat die Warburg-Methode aber den entscheidenden Vorteil, daß sie im Prinzip unabhängig ist von der Art des zu messenden Gases. Durch relativ einfache Maßnahmen können O_2 und CO_2 nebeneinander gemessen werden. Es lassen sich nicht nur intakte Organismen oder Organe (z.B. Blätter, Keimlinge, isolierte Wurzeln, Gewebeschnitte), sondern auch isolierte Zellfraktionen, Organellen (z.B. Mitochondrien) oder Enzyme (z.B. Oxidasen) auf ihre Gaswechselaktivität hin untersuchen.

Materialien

Für die Messung der aeroben und anaeroben Dissimilation von Hefezellen wird benötigt:

- Hefesuspension: 1 g Preßhefe wird in 100 ml Wasser suspendiert und durch zweimaliges Zentrifugieren (2000 g, 10 min) und Resuspendieren gereinigt. Die Suspension wird anschließend für 2 Tage belüftet.
- Glucose-Lösung (200 mmol l^{-1})
- Phosphatpuffer (50 mmol l^{-1}, pH 5,5): 50 mmol l^{-1} K_2HPO_4-Lösung werden am pH-Meter mit 50 mmol l^{-1}, KH_2PO_4-Lösung auf pH 5,5 titriert.
- NaOH-Lösung (2 mol l^{-1})
- Brodie-Lösung: 11,5 g NaCl und 2,5 g Na-Cholat werden in 200 ml dest. Wasser gelöst, einige Tropfen konzentrierte alkoholische Methylenblau-Lösung zugegeben und auf 250 ml aufgefüllt.
- N_2 (Stahlflasche mit Reduzierventil, Blasenzähler)
- Vaseline, Nitriersäure, Petroleumbenzin

Geräte

Warburg-Gerät mit Manometern und kegelförmigen Standard-Reaktionsgefäßen mit einer Birne. Warburg-Apparate und Zubehör werden von B.Braun Diessel Biotech (Melsungen) und Plischke & Buhr (Bonn) hergestellt.

Das Warburg-Manometer (Bild 2.29) besteht aus einem zweischenkligen Kapillarmanometer (beiderseits von 0 bis 300 mm graduiert), welches mit einer Sperrflüssigkeit gefüllt ist. Der linke Schenkel ist offen, der rechte durch einen Dreiwegehahn verschließbar. Die Höhe der Sperrflüssigkeit kann durch einen Quetschhahn, der auf ein flexibles Reservoir drückt, reguliert werden. Der rechte Manometerschenkel trägt einen Seitenarm mit dem Reaktionsgefäß. Dieses besitzt in seiner Standard-Ausführung eine Birne mit Begasungsventil und einen Absorptionseinsatz. Das Reaktionsgefäß taucht in ein temperaturkonstantes Wasserbad ein und wird während der Reaktion geschüttelt, um die Gleichgewichtseinstellung von Temperatur und Gasaustausch sicher zu gewährleisten.

Durchführung

- Die durch Belüften an Substrat verarmte Hefe wird abzentrifugiert und in 400 ml Puffer suspendiert.
- Die Manometer werden blasenfrei mit Brodie-Lösung gefüllt, Thermostat und Kühlwasser eingeschaltet, die Badtemperatur auf 25,0°C einreguliert.
- Je zwei Reaktionsgefäße (für Doppelmessung) werden nach folgendem Plan beschickt (Tabelle 2.10):
- In den Einsatz wird ein ziehharmonikaförmig gefaltetes Stück Filterpapier gesteckt, um die absorbierende Oberfläche für CO_2 zu vergrößern. Anschließend werden die Manometereinheiten zusammengesetzt (Schliffe leicht einfetten) und in die Halterung der Schüttelvorrichtung gesteckt. Die Manometer werden auf die Marke 150 mm eingestellt.

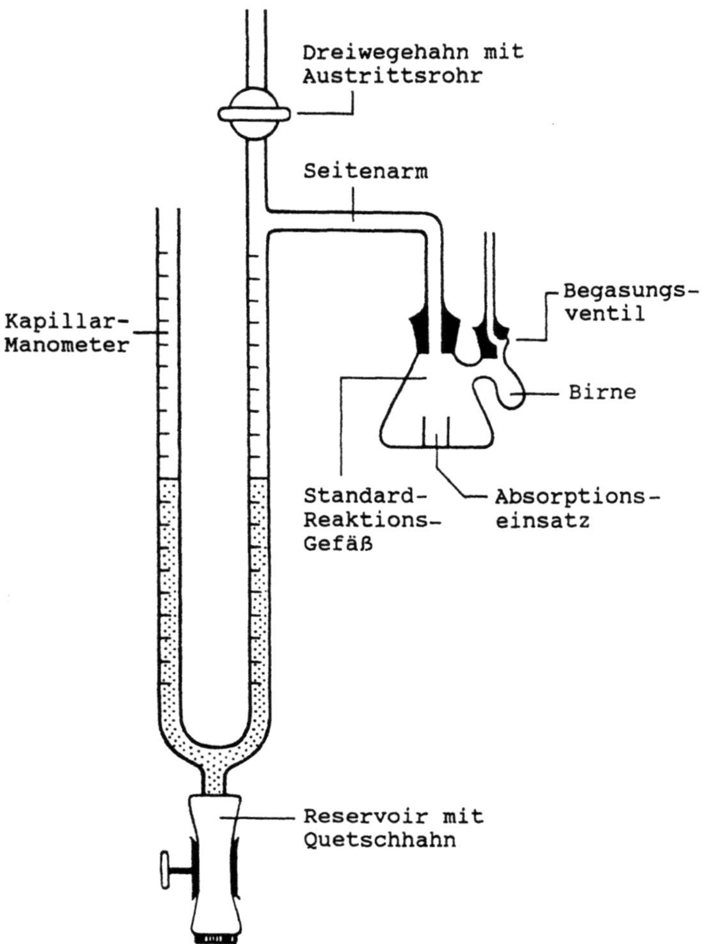

Bild 2.29 Schema eines Warburg-Manometers mit Reaktionsgefäß

Tabelle 2.10 Pipettierschema für die Messung von Atmung und Gärung

Ansatz	1	2	3	4
	Thermo-barometer	CO_2-Abgabe und O_2-Aufnahme	O_2-Aufnahme	anaerobe CO_2-Abgabe
Hauptraum:				
Hefesuspension (ml)	–	2,5	2,5	2,5
dest. Wasser (ml)	3,0	–	–	–
Einsatz:				
NaOH-Lösung(ml)	–	–	0,2	–
dest. Wasser(ml)	–	0,2	–	0,2
Birne:				
Glucose-Lösung(ml)	–	0,3	0,3	0,3

- Ansatz 4 wird durch das Gasventil mit N_2 begast (ca. 5 Blasen s^{-1}). Dazu muß der Dreiwegehahn geöffnet sein.
- Nach 15 min Äquilibrierzeit werden alle Hähne geschlossen, und es wird mit Schütteln begonnen. Alle 5 min wird kurz unterbrochen und die Manometer der Reihe nach abgelesen.
- Nach der 5. Ablesung werden die Ansätze 2, 3 und 4 kurz abgenommen, der linke Manometerschenkel mit dem Finger verschlossen und das Gerät vorsichtig so geneigt, daß der Birneninhalt in den Hauptraum fließt. Danach wird ca. zwei Stunden weitergemessen. Wenn die Sperrflüssigkeit im Verlauf einer Meßserie im linken Manometerschenkel den graduierten Bereich verläßt, öffnet man den Dreiwegehahn ganz kurz zum Druckausgleich.
- Die Reaktionsgefäße werden nach dem Abnehmen mit Petroleumbenzin von Vaseline befreit, mit heißem Wasser gespült und für einige Stunden in Nitriersäure gelegt. Dann wird gründlich mit dest. Wasser gespült und im Trockenschrank getrocknet.

Fehlerquellen

- Luftblasen in der Sperrflüssigkeit müssen beseitigt werden.
- Alle Schliffe müssen mit Vaseline sauber abgedichtet und durch Federn gesichert werden.

Die Messungen können nicht beliebig lange fortgesetzt werden, da sich unter Umständen nach einiger Zeit die Gaszusammensetzung spürbar verändert (z.B. durch den O_2-Verbrauch bei der Atmung).

Auswertung

Die Grundlage ist durch die allgemeine Gasgleichung gegeben:

$$P \cdot V = n \cdot R \cdot T$$

P = Druck, V = Volumen, n = Molzahl, R = Gaskonstante, T = abs. Temperatur

Zur Berechnung der CO_2-Produktion in µl benötigt man die Gefäßkonstante K (in mm^2) der verwendeten Apparatur, welche sich nach der folgenden Formel berechnen läßt:

$$K = \left(V_g \cdot 273/T + V_f \cdot \alpha\right) / P_0 \qquad (1)$$

Darin bedeuten:

V_g [µl] = Volumen des Gasraumes (Reaktionsgefäß + Seitenarm + oberer Teil des rechten Manometerschenkels – V_f)

V_f [µl] = Volumen der flüssigen Phase

T [K] = Reaktionstemperatur (°C + 273)

α [$l_{Gas}\, l^{-1}$] = BUNSENscher Absorptionskoeffizient des Gases bei der Temperatur T, z.B. für 25°C: $\alpha O_2 = 0{,}0282$, $\alpha CO_2 = 0{,}759$

P_0 [mm] = Normaldruck (=$1{,}013 \times 10^5$ Pa), ausgedrückt durch den hydrostatischen Druck der Sperrflüssigkeit

Für den gemessenen Druckanstieg *dh* (Höhendifferenz am Manometer [mm]) ist die Menge an gebildetem CO_2:

$$X_{CO_2} = dh \cdot K_{CO_2} \; [\mu l]$$

Gleichung (1) enthält einige Korrekturfaktoren (Löslichkeit des zu messenden Gases in der Flüssigkeit, Abmessungen von Reaktionsgefäß und Manometer, Dichte der verwendeten Sperrflüssigkeit).

Bei der Manometrie muß beachtet werden:

- Das Gasvolumen muß für jede Manometer-Gefäß-Kombination gesondert berechnet werden.
- Temperaturschwankungen wirken sich sehr stark auf den Druck im Gasvolumen aus, deshalb dürfen sie für genaue Messungen höchstens ± 0,02°C betragen.
- Der BUNSENsche Absorptionskoeffizient α gibt an, wieviel l Gas bei Normaldruck ($1{,}013 \cdot 10^5$ Pa) in 1 l Flüssigkeit gelöst sind. Er hängt ab von der Art des Gases, der Art der Flüssigkeit und der Temperatur. Bei schwach konzentrierten Lösungen können die Werte für reines Wasser verwendet werden.
- Bei allen Messungen mit Beteiligung von CO_2 muß man die pH-abhängige Retention dieses Gases durch den Puffer des Probenmediums berücksichtigen. Sie kann nur bei pH < 5,5 vernachlässigt werden.
- Als Sperrflüssigkeit dient Brodiesche Lösung (gefärbte Salzlösung der Dichte 1,033 g cm^{-3}), welche einen Normaldruck von 10000 mm besitzt ($P_0 = 1{,}013 \times 10^5$ Pa = 10000 mm Brodie). Dadurch wird eine sehr hohe Empfindlichkeit erreicht.
- Da der linke Schenkel des Manometers während der Messung mit der Außenwelt in Verbindung steht, wirken sich Luftdruckschwankungen auf das Meßergebnis aus. Zur Korrektur dient das Thermobarometer (TB). Es handelt sich um ein Warburg-Manometer, das an Stelle der Probe Wasser enthält und bei jeder Messung mit abgelesen wird. Seine Druckänderungen repräsentieren den Einfluß von Luftdruckschwankungen (und evtl. vorhandenen Temperaturschwankungen). Die abgelesenen Werte werden mit den Werten der Versuchsmanometer (VM) verrechnet:

  $$dh_{korr} = dh_{VM} - dh_{TB}$$

- Bei der Atmung biologischer Objekte sind zwei Gase beteiligt, deren Partialdrücke sich gegenläufig verändern. Deshalb werden zwei Manometer benötigt. Im ersten mißt man die Bilanz von O_2-Aufnahme und CO_2-Abgabe, im zweiten wird durch NaOH im Absorptionseinsatz das CO_2 quantitativ aus dem Gasraum entfernt, sodaß sich nur die O_2-Aufnahme auf den Manometerstand auswirkt. Da sich bei der Bilanzmessung die Partialdrücke von O_2 und CO_2 additiv auf den Manometerstand auswirken, kann der Beitrag der CO_2-Abgabe berechnet werden.

Es gilt für das Gefäß mit NaOH:

$$X_{O_2} = dh_{O_2} \cdot K_{O_2} \qquad (2)$$

Für das Gefäß ohne NaOH:

$$dh' = dh'_{CO_2} + dh'_{O_2} = X_{CO_2} / K'_{CO_2} + X_{O_2} / K'_{O_2}$$

Durch Einsetzen von X_{O_2} aus Gleichung (2) kann X_{CO_2} berechnet werden.

$$X_{CO_2} = \left(dh' - X_{O_2} / K'_{O_2}\right) K'_{CO_2}$$

Dieses Verfahren ist nur dann anwendbar, wenn die O_2-Abgabe nicht durch das Fehlen von CO_2 beeinflußt wird. Während dies bei der Atmung normalerweise gegeben ist, muß zur Messung der apparenten Photosynthese ein CO_2-Puffer ($NaHCO_3$ und Na_2CO_3 in wäßriger Lösung) zur Aufrechterhaltung eines konstanten CO_2-Partialdrucks in der Gasphase verwendet werden.

Bei manometrischen Messungen erhält man in relativ kurzer Zeit eine große Zahl von Meßwerten. Deshalb muß man unbedingt vor der Messung ein klar aufgebautes Meßprotokoll vorbereiten. Ein Beispiel zeigt Tabelle 2.11.

An Hand der Tabellenwerte werden die Kinetiken der aeroben O_2-Aufnahme, aeroben CO_2-Abgabe und anaeroben CO_2-Abgabe in ein Diagramm eingetragen. Die Berechnung erfolgt in der Größenordnung [µl $CO_2(O_2)$ × ml Hefesuspension^{-1}] und wird auf die Trockenmasse bezogen. Unter Berücksichtigung des Barometerdrucks kann man auch auf µmol $CO_2(O_2)$ umrechnen. Aus dem Experiment kann der RQ und das Verhältnis von aerober und anaerober CO_2-Produktion berechnet werden.

Tabelle 2.11 Muster zum Tabellieren manometrischer Daten

Ansatz	TB	VM I (+ NaOH)	VM II
V_g [µl]	–		
K [mm^2]	–	K_{O_2} =	K_{O_2} =
			K_{CO_2} =
Zeit [min]	h Δh	h Δh Δh_{korr} µl O_2	h Δh Δh_{korr} µl CO_2
0			
5			
10			
15			
20			
…			
…			

h = abgelesener Manometerstand

Δh = Differenz zwischen dem zum Zeitpunkt t und zum Zeitpunkt 0 abgelesenen Manometerstand

Δh_{korr} = gemäß der Thermobarometeranzeige korrigierter Wert

K_{O_2}, K_{CO_2} = Gefäßkonstanten

VM = Versuchsmanometer

TB = Thermobarometer

Anwendungsbereich

Messungen des Gas-Stoffwechsels von intakten Organismen, Organen (z.B. Blätter, Keimlinge, isolierte Wurzeln, Gewebeschnitte), isolierten Zellfraktionen (z. B. Mitochondrien) oder Enzymen (z. B. Oxidasen).

Literatur

A. Kleinzeller, Hrsg., *Manometrische Methoden und ihre Anwendung in Biologie und Biochemie*, Fischer, Jena **1965**.

P. Schopfer, *Experimentelle Pflanzenphysiologie*, Band 1 und 2, Springer, Berlin **1986**.

O. A. Semikhatova, M. V. Chulanovskaya, H. Metzner, *Manometric method of plant photosynthesis determination*, in: Z. Sesták, J. Catsky, P. G. Jarvis, Hrsg., *Plant photosynthetic production – Manual of methods*, S. 238-256, Junk, Den Haag **1971**.

W. W. Umbreit, R. H. Burris, J. F. Stauffer, *Manometric and biochemical techniques*, 5. Aufl., Burgess, Minneapolis **1972**.

2.5 Electrospray-Massenspektrometrie

Die Electrospray-Massenspektrometrie (ESI-MS) erlaubt die genaue Molmassenbestimmung von Peptiden, Proteinen und anderen Biomolekülen (Nukleotide, Zucker). Sequenzinformationen von Peptiden können über die Tandemmassenspektrometrie (MS-MS) gewonnen werden. Die Leistungsfähigkeit von ESI-MS für die Analyse komplexerer Mischungen läßt sich durch Direkt-Kopplung mit der Hochleistungsflüssigkeitschromatographie (HPLC) noch weiter steigern.

Grundlagen

Zur massenspektrometrischen Molmassenbestimmung einer chemischen Verbindung werden neutrale Moleküle zunächst ionisiert und dann entsprechend ihres Masse-zu-Ladungsverhältnisses m/z mit physikalischen Methoden, z. B. in elektrischen und magnetischen Feldern, aufgetrennt. Die Ionenerzeugung kann im einfachsten Fall durch Beschuß einer in der Dampfphase vorliegenden Probe mit Elektronen (Elektronenstoßionisierung, EI) erfolgen. Auf diese Weise erhält man hauptsächlich positiv geladene Molekülradikalionen $M^{+\bullet}$. Durch den Elektronenbeschuß wird im allgemeinen mehr Energie zugeführt, als zur Ionisierung des Moleküls nötig ist. Es kommt daher zur Fragmentierung des Ions. Bei der Elektronenstoßionisierung muß die Probe zunächst durch Erhitzen in die Dampfphase überführt werden. Thermolabile Verbindungen lassen sich jedoch nicht unzersetzt verdampfen. Für diese Verbindungen, zu denen auch die Peptide gehören, wurden in den letzten Jahren verschiedene schonende Ionisierungstechniken entwickelt. Darunter fallen Oberflächenionisierungstechniken, bei denen Ionen des Analyten aus der kondensierten oder festen Phase heraus durch Beschuß mit den unterschiedlichsten Partikeln erhalten werden: mit Ionen (Sekundärionen-

Massenspektrometrie, SIMS), mit schnellen Atomen (Fast-Atom-Bombardment, FAB), mit radioaktiven Zerfallsprodukten (^{252}Cf Plasma Desorption, PD), oder mit Photonen (Matrix-unterstützte Laser Desorption, MALDI). Auch hohe elektrische Felder können zur Ionenerzeugung benutzt werden (Feldionisation, FI und Felddesorption, FD). Infolge der schnellen Energieübertragung auf den Analyten ist bei diesen Techniken das Ausmaß der Fragmentierung geringer. Deshalb treten die Molekülionen $M^{+\bullet}$ bzw. Quasimolekülionen (z.B. protonierte Ionen $[M+H]^+$) des Analyten im Massenspektrum deutlich und mit meist hoher Intensität auf.

Ionisierung bei atmosphärischem Druck: Sowohl die Elektronenstoßionisierung als auch die meisten der obengenannten sanften Ionisierungstechniken weisen zwei wesentliche gemeinsame Merkmale auf: die Ionisierung erfolgt im Hochvakuum, und es werden fast ausschließlich einfach geladene Ionen (Ladung $z = 1$) erzeugt. Im Gegensatz hierzu stehen die sogenannten API-Techniken (Abkürzung von „atmospheric pressure ionization"), zu denen das Electrospray und das Ionenspray, eine mit Druckluftunterstützung arbeitenden Variante des Electrospray, gehören. Bei beiden Verfahren finden Verdampfung und Ionisierung in einem Schritt und bei atmosphärischem Druck statt. Eine Lösung des Analyten wird dabei in einem elektrostatischen Feld zu einem Nebel (Aerosol) von hochgeladenen Tröpfchen versprüht (Bild 2.30). Je nach Polarität der an die Austrittskapillare angelegten Spannung (mehrere Kilovolt) enthalten diese Tröpfchen positive bzw. negative Ionen im Überschuß. Bei der reinen Electrosprayionisierung wird die Zerstäubung der Probenlösung allein durch das elektrische Feld erreicht. Beim Ionenspray erfolgt die Zerstäubung zusätzlich mit Hilfe eines Zerstäubergases (Stickstoff oder Druckluft). Das Zerstäubergas bewirkt ein stabileres Spray und ermöglicht zudem höhere Flußgeschwindigkeiten (Ionenspray bis mehrere 100 $\mu l \cdot min^{-1}$, Electrospray 1–10 $\mu l \cdot min^{-1}$). Den Bildungsmechanismus von Gasphasenionen kann man sich folgendermaßen vorstellen: neutrale Lösungmittelmoleküle (Wasser, Methanol etc.) verlassen die hochgeladenen Tröpfchen. Die Tröpfchen, die nach dem Austritt aus der Kapillare zunächst Radien von einigen Mikrometern besitzen, werden dadurch laufend kleiner. Die Ladungsdichte und damit die elektrische Feldstärke an der Tröpfchenoberfläche nimmt zu. Infolge der elektrostatischen Abstoßung der Ionen zerfällt das ursprüngliche Tröpfchen ab

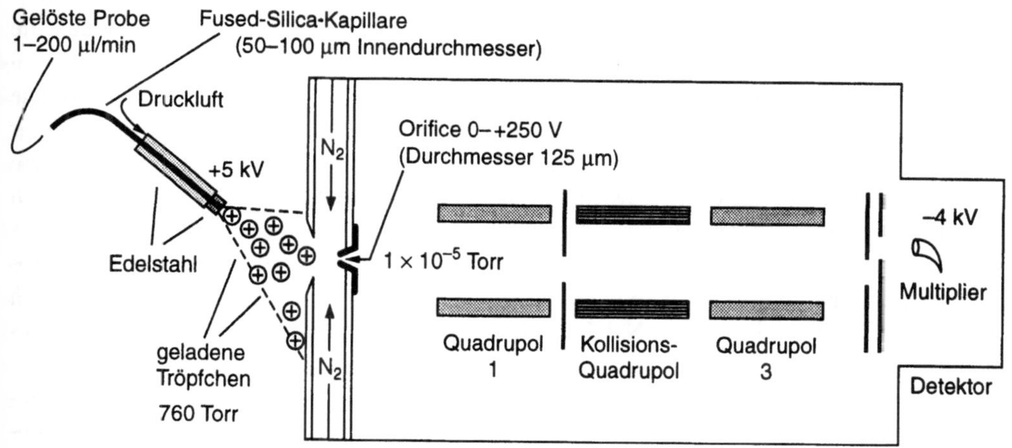

Bild 2.30 Schematische Darstellung eines Tripelquadrupolmassenspektrometers ausgerüstet mit einer druckluftunterstützten Electrospray-Quelle (Ionenspray-Quelle)

einer bestimmten kritischen Feldstärke (Rayleigh-Grenze) in kleinere Tröpfchen („Coulomb-Explosionen"). Dieser Vorgang setzt sich fort bis die Tröpfchen eine Größe im Nanometerbereich erreichen. Für die Bildung von Ionen aus diesen Tröpfchen gibt es nun zwei Modellvorstellungen. Beim „Ionenverdampfungs-Modell" nimmt man an, daß ein solches kleinstes Tröpfchen noch mehrere Analytionen enthält und daß einzelne Ionen infolge des hohen elektrischen Feldes daraus in die Gasphase emittiert werden (dies entspricht einer Felddesorption aus der kondensierten Phase). Bei dem „Modell des geladenen Rückstands" (engl. Charged Residue Modell) enden die Coulomb-Explosionen mit der Bildung eines kleinsten Tröpfchen mit nur noch einem Analytion. Die gebildeten Ionen werden in Richtung des vorhandenen Spannungsgefälles in die Hochvakuumregion des Massenspektrometers hineingezogen und anschließend durch die Massenanalysatoren hindurch auf den Detektor zubeschleunigt (im Positivionenmodus beträgt die Spannungsdifferenz zwischen Electrospray-Nadel und Detektor etwa 8 kV). Diese Ionen liegen, da sie aus der kondensierten Phase kommen, vor dem Eintritt in das Hochvakuum noch stark solvatisiert vor. Die Entfernung der Solvenshülle kann durch einen Stickstoffvorhang begünstigt werden, den die Ionen bei manchen Massenspektrometertypen beim Durchtritt ins Vakuum passieren (Bild 2.30). Das zwischen der Eintrittsöffnung und dem Analysatorsystem herrschende Potential, das über die Orifice- bzw. Skimmerspannung eingestellt wird, steuert die kinetische Energie der gebildeten Ionen. Da in diesem Bereich ein relativ hoher Gasdruck herrscht, kommt es hier zu Zusammenstößen von Analytionen mit Gasmolekülen. Bei hoher Spannung und damit höherer kinetischer Energie der Ionen führen diese Zusammenstöße zur effektiveren Entfernung der Solvenshülle, aber auch vermehrt zur Fragmentierung („Quellen-CID", „Nozzle-Skimmer-fragmentierung"). Ein Spektrum läßt sich deshalb unter schonenderen (niedrige Orificespannung = geringe Fragmentierung) oder drastischeren Bedingungen (höhere Orificespannung = stärkere Fragmentierung) messen.

Ionisierung mit Electrospray ist nur möglich, wenn die Analytmoleküle in Lösung bereits in ionisierter Form vorliegen. Polyelektrolyte (Moleküle mit mehreren basischen bzw. sauren Gruppen) bilden mehrfachgeladene Ionen (z kann z.B. bei Proteinen größer 100 werden!). Bei Peptiden und Proteinen erfolgt die Bildung von positiv geladenen Ionen in wässriger Lösung vor allem durch Protonierung, wobei die Ladungszahl der Zahl der angelagerten Protonen entspricht. Protoniert werden dabei in erster Linie der freie Amino-Terminus und die basischen Seitenkettenfunktionen der Arginyl-, Lysyl- und Histidyl-Reste. Aber auch bei anderen Resten wird bisweilen eine Protonierung beobachtet (z.B. bei Glutamin-Resten). Die wässrige Lösung eines Proteins enthält eine Mischung unterschiedlich stark protonierter Proteinmoleküle, zwischen denen sich pH-abhängig ein Gleichgewicht einstellt; die Zugabe von Säure verschiebt das Gleichgewicht auf die Seite der höher protonierten Formen. Durch Electrospray im Positivionenmodus werden diese Ionen als protonierte Molekülionen $[M + nH]^{n+}$ („Quasi"- bzw. „Pseudomolekülionen") mit unterschiedlichem Ladungs- bzw. Protonierungszustand in die Gasphase überführt. Enthält die Lösung Metallionen, so treten auch andere Spezies wie z.B. $[M + n\ Na]^{n+}$ auf. Im Negativionen-Modus werden $[M - nH]^{n-}$ gebildet.

Im ESI-Massenspektrum eines Proteins tritt deshalb nicht nur ein Massenpeak auf, sondern es werden zahlreiche Massenpeaks mit charakteristischer Intensitätsverteilung beobachtet (Bild 2.31), aus deren m/z -Werten sich die Molmasse berechnen läßt (siehe Abschnitt „Auswertung").

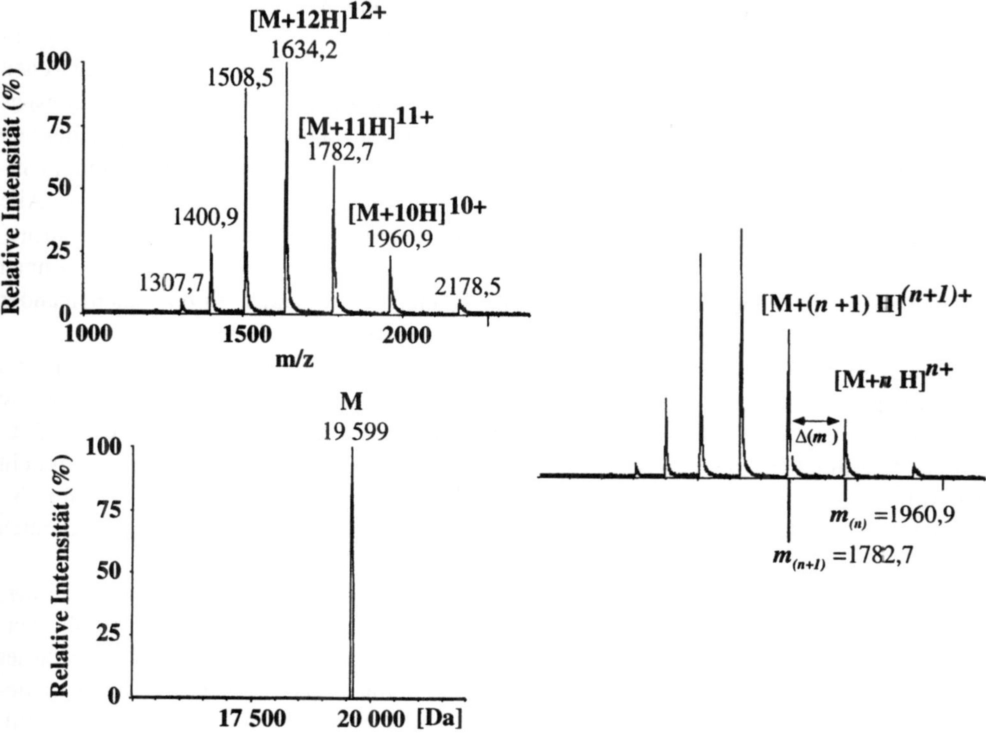

Bild 2.31 Electrospray-Massenspektrum eines Interferons. Aus den 10- bis 15-fach protonierten Ionen kann aus dem *m/z*-Verhältnis von jeweils zwei benachbarten Molekülionen (rechts) eine relative Molmasse von 19599 berechnet werden (unten Dekonvolutionsspektrum)

Electrospray- und Ionenspray-MS sind sehr empfindliche Analysemethoden. Der Probenverbrauch bei der Aufnahme eines Spektrums liegt im allgemeinen im pmol- bis fmol-Bereich, manchmal auch darunter.

2.5.1 Besondere Arbeitsmethoden

Tandemmassenspektrometrie (MS-MS)

Bei Ionisierungstechniken, die wie das Electrospray sehr schonend verlaufen, wird unter Umständen nur eine geringe oder gar keine Fragmentierung beobachtet. Fragmentionen sind jedoch häufig erwünscht, da sie wertvolle Strukturinformationen liefern, die bei der Strukturaufklärung unbekannter Verbindungen wichtig sein können. Die Tandemmassenspektrometrie bietet hier einen Ausweg. Ausgewählte Ionen werden hierbei gezielt durch Kollision mit Gasatomen (z.B. Argon) im Hochvakuumbereich des Massenspektrometers fragmentiert. Diese Technik hat im Bereich der Peptid- und Proteinchemie besondere Bedeutung erlangt, da sie Informationen über die Sequenz liefert.

Man benötigt für die Tandemmassenspektrometrie ein Massenspektrometer mit zwei Massenanalysatoren, weshalb diese Technik auch MS-MS genannt wird. Der erste Analysator dient der Selektion eines Ions, beispielsweise des $[M+H]^+$-Ions eines Peptides. Zwischen erstem und zweitem Analysator befindet sich eine Kollisionszelle, in die ein Kollisionsgas eingebracht wird und in der die kollisionsinduzierte Dissoziation (CID) zu Fragmentionen erfolgt. Der zweite Analysator ermöglicht die Aufnahme eines Spektrums dieser Fragmentionen, das sogenannte Tochter- oder Fragmentionenspektrum des selektierten Ions. Alle Ionen, die in diesem Spektrum beobachtet werden, stammen ausschließlich von dem ausgewählten Vorläuferion (engl.: precursor ion) bzw. Elternion (engl.: parent ion) ab. So können beispielsweise die Peptide einer Mischung unabhängig voneinander einzeln nacheinander untersucht werden, vorausgesetzt sie besitzen eine unterschiedlich Masse.

Bild 2.30 zeigt den schematischen Aufbau eines Tripelquadrupolmassenspektrometers, das – wie der Name sagt – aus drei Quadrupolen besteht. Im ersten Quadrupol Q1 erfolgt die Selektion des Elternions, der mittlere Quadrupol fungiert als Kollisionszelle, der dritte Quadrupol Q3 ermöglicht die Analyse der gebildeten Fragmentionen. Dieser Aufbau ermöglicht die Aufnahme von sogenannten Niederenergie-CID-Spektren mit Kollionsenergien im eV-Bereich; bei Verwendung von Mehrsektorfeldgeräten liegen die Energien im keV-Bereich (Hochenergie-CID).

Bei der Kollision des protonierten Molekülions eines Peptids mit Argon kommt es überwiegend zu Bindungsbrüchen entlang des Peptidrückgrates. Man erhält so eine Reihe verschiedener N- und C-terminaler Fragmentionen. Für die systematische Bezeichnung dieser Ionen sind die Nomenklaturen nach Roepstorff und Fohlmann (Niederenergie-CID) und Biemann (Hochenergie-CID) gebräuchlich. Abhängig vom Ort der Bindungsspaltung im Peptidrückgrat werden danach N-terminale Fragmente mit a, b, c und C-terminale Fragmente mit x, y, z bezeichnet. Die Bindungen entlang des Peptidrückgrates werden nummeriert und die Lage der Spaltstelle wird durch Tiefstellen der entsprechenden Bindungsnummer an den Buchstaben angegeben (Bild 2.32). Meistens werden N-terminale Fragmentionen vom N-Terminus und C-terminale Fragmentionen vom C-Terminus her gezählt. Findet beispielsweise ein Bindungsbruch bei einem Pentapeptid zwischen dem dritten und vierten Aminosäurerest genau zwischen CO und NH der Peptidbindung statt (Bild 2.32), erhält man ein N-terminales b_3-Fragment und ein C-terminales y_2''-Fragment. (Die Doppelstriche stehen für die beiden zusätzlichen Protonen, die der Amidstickstoff häufig nach dem Bindungsbruch aufgenommen hat.)

Für Peptide bekannter Sequenz lassen sich die theoretisch möglichen Fragmentionen mittels Computerprogrammen vorhersagen. Stimmen die in den Produktionenspektren gefundenen Ionen mit den berechneten überein, hat man einen Strukturbeweis für das Peptid. Bild 2.33 zeigt das Produktionenspektrum des Nonapeptids Ser-Tyr-Phe-Pro-Glu-Ile-Thr-His-Ile (im Einbuchstabencode: SYFPEITHI). Man erkennt, daß das Spektrum überlappende Serien von b- und y"-Fragmentionen enthält, die eine Bestimmung der Sequenz ermöglichen. Es treten dabei für die einzelnen Aminosäurenreste typische Abstände (Tabelle 2.12) zwischen den Fragmentionen auf. Die Interpretation wird jedoch durch das Auftreten weiterer Fragmentionen erschwert, die zum Teil höhere Intensitäten zeigen als die b- und y-Fragmente. Dazu gehören a-, c-, x- und z-Fragmentionen sowie Fragmentionen, die durch gleichzeitige Abspaltung von N- und C-terminalen Aminosäuren entstanden sind (innere Spaltung, engl.

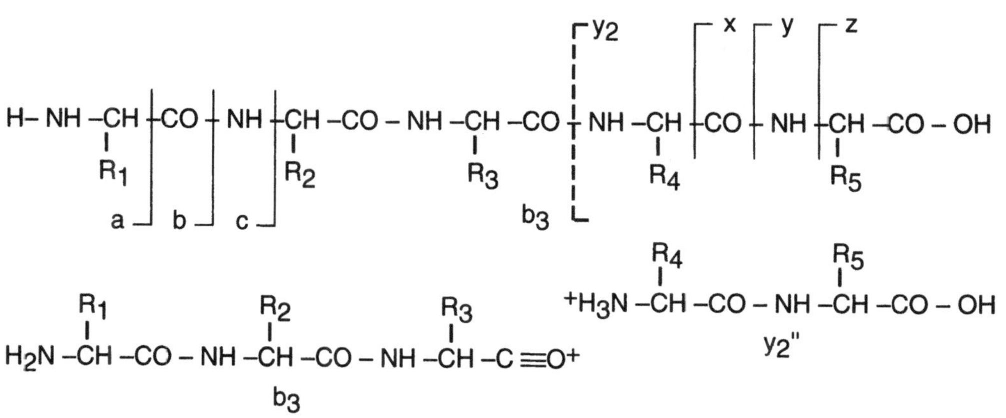

Bild 2.32 Klassifizierung von Fragmentionen nach Roepstorff und Fohlmann.

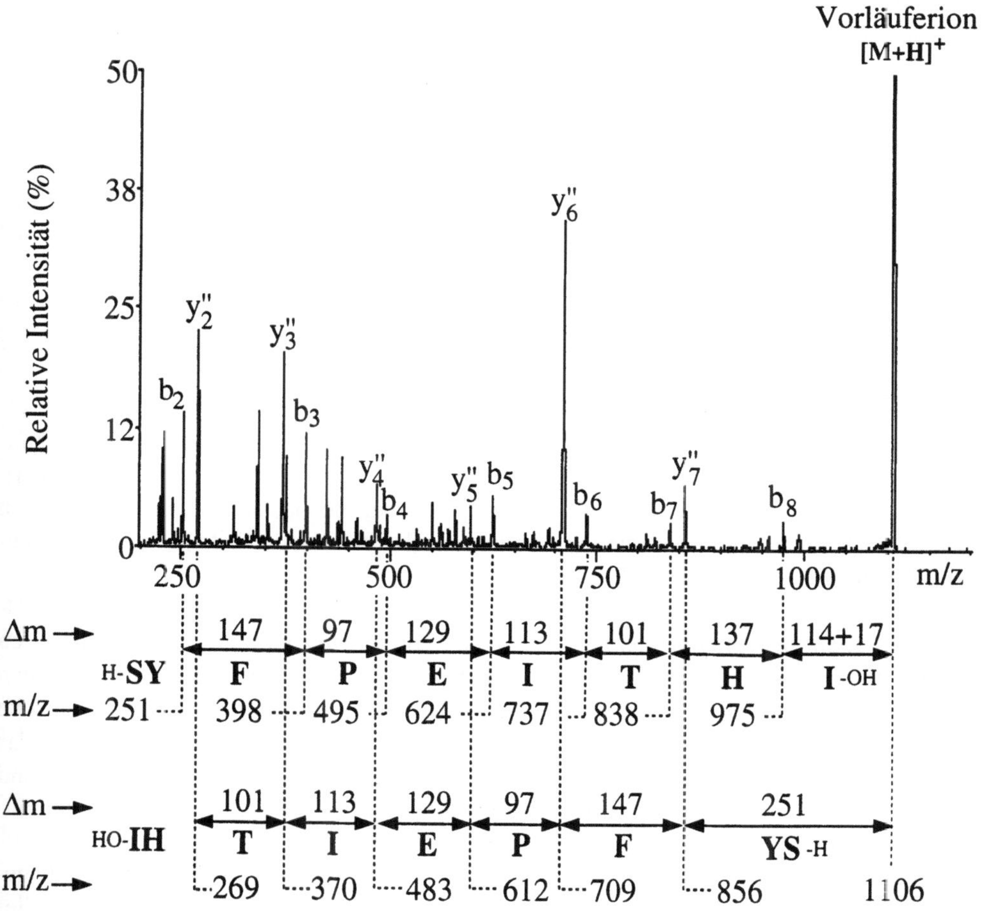

Vorläuferion $[M+H]^+$

Relative Intensität (%)

0, 12, 25, 38, 50

y''_2, y''_3, y''_4, y''_5, y''_6, y''_7, b_2, b_3, b_4, b_5, b_6, b_7, b_8

250, 500, 750, 1000 m/z

Δm → 147, 97, 129, 113, 101, 137, 114+17

H-**SY** **F** **P** **E** **I** **T** **H** **I**-OH

m/z → 251, 398, 495, 624, 737, 838, 975

Δm → 101, 113, 129, 97, 147, 251

HO-**IH** **T** **I** **E** **P** **F** **YS**-H

m/z → 269, 370, 483, 612, 709, 856, 1106

Bild 2.33 Produktionenspektrum des Nonapeptids SYFPEITHI (Vorläuferion $[M + H]^+$ m/z 1106,5). Die Fragmentionen der b- und y-Serie sind zugeordnet.

Tabelle 2.12 Molmassen von Aminosäureresten (NH-CHR-CO)

Aminosäurerest	Drei- bzw. Ein-Buchstabencode		Monoisotopische Masse	Mittlere Masse
Glycin	Gly	G	57,021	57,052
Alanin	Ala	A	71,037	71,079
Serin	Ser	S	87,032	87,078
Prolin	Pro	P	97,053	97,117
Valin	Val	V	99,068	99,133
Threonin	Thr	T	101,048	101,105
Cystein	Cys	C	103,009	103,145
Isoleucin	Ile	I	113,084	113,160
Leucin	Leu	L	113,084	113,160
Asparagin	Asn	N	114,043	114,104
Asparaginsäure	Asp	D	115,027	115,089
Glutamin	Gln	Q	128,059	128,131
Lysin	Lys	K	128,095	128,174
Glutaminsäure	Glu	E	129,043	129,116
Methionin	Met	M	131,040	131,199
Histidin	His	H	137,059	137,142
Phenylalanin	Phe	F	147,068	147,177
Arginin	Arg	R	156,101	156,188
Tyrosin	Tyr	Y	163,063	163,176
Tryptophan	Trp	W	186,079	186,213

internal cleavage). Man erkennt auch, daß das Peptid eine bevorzugte Spaltstelle am sekundären Aminosäurerest Prolin besitzt, was zum intensiven C-terminalen Fragment Y_6'' führt. Dieses Verhalten wird häufig bei prolinhaltigen Peptiden beobachtet. Solche bevorzugten Spaltstellen können eine Interpretation erschweren, da dadurch die Bildung anderer Fragmentionen in den Hintergrund rückt.

Besonders bei der Hochenergie-CID kann neben der Fragmentierung entlang des Peptidrückgrates noch eine Fragmentierung von Aminosäureseitenketten auftreten. In günstigen Fällen treten auch charakteristische Fragmentionen auf, die eine Differenzierung zwischen den isomeren Aminosäuren Ile und Leu erlauben. Um Gln und Lys, die ebenfalls identische Nominalmassen besitzen („isobare" Aminosäuren), unterscheiden zu können, kann man das Peptid für eine zweite MS-Analyse acetylieren. Dadurch wird der freie N-Terminus und Lysyl-Reste in ihrer Seitenkette acetyliert (Molmassenänderung +42), während Glutamin-Reste unverändert bleiben.

Weitaus schwieriger ist die Bestimmung unbekannter Sequenzen aus experimentell gewonnenen MS-MS-Daten. Voraussetzung für eine eindeutige massenspektrometrische Sequenzierung ist das Vorhandensein überlappender C- und N-terminaler Ionenserien. Das Ausmaß der Fragmentierung ist von der Molmasse und der Aminosäuresequenz des Analyten sowie der Zahl der Ladungen des Quasimolekülions abhängig. Bei Peptiden mit relativen Molekülmassen von mehr als 2000 sinkt die Fragmentionenausbeute im allgemeinen stark ab. Daneben hängt der Erfolg der Sequenzierung wie erwähnt sehr stark von der Sequenz ab, da durch diese festgelegt wird, ob und welche Art von Fragmentionen gebildet werden.

CID von zweifach protonierten Molekülionen liefert aufgrund der Ladungsabstoßung meist fragmentreichere Spektren mit intensiveren Produktionen als CID von einfach geladenen Ionen. Günstig ist dieser Effekt für die Untersuchung von tryptischen Peptiden, die man beim enzymatischen Abbau von Proteinen mit Trypsin erhält (z.B. für Peptidemapping). Da Trypsin hinter Lysin und Arginin spaltet, wird bei diesen Peptiden stets ein intensives $[M + 2H]^{2+}$-Signal beobachtet. Die Protonierung tritt am freien N-Terminus und an der Seitenkette der C-terminalen basischen Aminosäure auf. Auch höhergeladene Ionen lassen sich fragmentieren. Für die Auswertung solcher Spektren muß jedoch der Ladungszustand der gebildeten Fragmentionen bekannt sein. Ein 20-fach geladenes Vorläuferion kann beispielsweise Produktionen bilden, die zwischen einer und 20 Ladungen tragen. Der Ladungszustand eines Ions kann einfach bestimmt werden, wenn die Massenauflösung des Spektrometers hinreichend groß ist. Er ergibt sich als Kehrwert des Abstandes zum ^{13}C-Isotopenpeak. Beträgt der Abstand beispielsweise 0,2 Masseneinheiten, so handelt es sich um ein fünffach geladenes Ion. Mit einem Quadrupolanalysator läßt sich diese Bestimmung nur für relativ niedrig geladene Ionen durchführen, hochgeladene Ionen werden nicht mehr isotopenaufgelöst.

Selbst bei kleineren Peptiden ist das Hinzuziehen von Interpretationshilfen durch Computerprogramme oder eine Sequenzdatenbanksuche oft unumgänglich. Meist müssen jedoch auch dann noch Zusatzinformationen wie das Ergebnis eines automatischen Edman-Abbaus, einer Aminosäurenanalyse oder das Ergebnis von Modifizierungsreaktionen hinzugezogen werden, um verläßliche Resultate zu bekommen.

2.5.2 Hochleistungsflüssigkeitschromatographie-Massenspektrometrie (HPLC-MS)

Isolate natürlicher Peptide und Proteine sind häufig mehr oder weniger stark mit anorganischen und organischen Salzen, Puffern oder Detergenzien verunreinigt, die die Empfindlichkeit von Electrospray-MS senken oder die Analyse ganz unmöglich machen. In diesen Fällen empfiehlt es sich, ein Trennverfahren, insbesondere die Hochleistungsflüssigkeitschromatographie (HPLC), on-line an das Massenspektrometer anzukoppeln. Electrospray und Ionenspray eignen sich ideal für diese Kopplung. Der Vorteil von API-Interfaces besteht zum einen darin, daß der größte Teil des Eluenten bereits vor dem Eintritt in das Hochvakuum abgetrennt wird und es damit weniger Vakuumprobleme gibt. Zum anderen erfassen diese Ionisierungstechniken die verschiedensten Verbindungsklassen, sowohl polar als auch unpolar, in einem sehr großen Massenbereich zwischen 10 Da bis über 100 000 Da.

Im On-line HPLC-MS-Betrieb wird das Massenspektrometer als Detektor verwendet. Vor Beginn der Analyse werden der interessierende Massenbereich sowie die Meßparameter festgelegt, die die Scangeschwindigkeit, d.h. die Zeit, die für das Durchfahren des eingestellten Massenbereichs benötigt wird, bestimmen. Die Scangeschwindigkeit muß hinreichend hoch sein, da sonst zwei Verbindungen, die chromatographisch bereits getrennt sind, dennoch gemeinsam in *einem* Massenspektrum erscheinen. Des weiteren muß man berücksichtigen, daß Electrospray nur bei Flußgeschwindigkeiten bis etwa 10 µl/min, die druckluftunterstützte Variante Ionenspray bis etwa 200 µl/min betrieben werden kann (zusätzlich thermisch unterstützte Varianten jedoch auch darüber). Man greift deshalb auf Säulen mit kleinerem Innendurchmesser zurück (2-mm-Narrowbore-Säulen, 0,5–1-mm-Microbore-Säulen oder gepackte 75–150-µm-fused-silica-Kapillarsäulen) oder splittet den Fluß, so daß nur ein Teil des Eluenten in die Ionenquelle gelangt. Die Massendaten werden während der Analyse vom Computer kontinuierlich abgespeichert. Man erhält so ein Chromatogramm, das den Totalionenstrom (alle Ionen, die den Detektor erreichen und innerhalb des gewählten Massenbereichs liegen) gegen die Zeit wiedergibt (rekonstruiertes Totalionenstromchromatogramm TIC). Die Massenspektren, die zu den einzelnen Peaks im TIC gehören, können während der Analyse oder später abgerufen werden.

Im Vergleich zu anderen Detektionsverfahren wie z.B. der UV/VIS-Detektion ist ein Massendetektor wesentlich spezifischer und liefert meist auch aussagekräftigere Resultate. Selbst wenn zwei Verbindungen chromatographisch nicht vollständig getrennt werden können und deshalb im HPLC-Chromatogramm als ein Peak erscheinen, können sie mit Hilfe der massenspektrometrischen Analyse differenziert werden. Bild 2.34 zeigt die HPLC-MS-Analyse eines Gemisches, das aus vier Peptiden mit Molmassen zwischen 2000 und 2200 besteht. Die einzelnen Peptide besitzen unterschiedliche Retentionszeiten und erreichen die ESI-Quelle nach ihrer Elution von der HPLC-Säule zeitlich versetzt. Man erhält vier Peaks im TIC (Bild 2.34, oben). Während der Elution der Einzelkomponenten von der Säule wurden jeweils etwa 3–6 Massenspektren (Scans) pro Peak aufgenommen. Diese zu einem Peak gehörenden Einzelspektren wurden aufsummiert (Bild 2.34, unten) und zeigen die zwei- bis fünffach geladenen protonierten Molekülionen der entsprechenden Peptide.

Besonders vorteilhaft ist der Einsatz von HPLC-MS für die Charakterisierung (Massenbestimmung, Sequenzierung) von Proteinen über ihre enzymatischen Spaltprodukte (Peptidemapping).

Geräte

Viele ältere Quadrupol-Massenspektrometer lassen sich mit einer Electrosprayquelle nachrüsten (Preis ca. 120 TDM o. MWSt.). Quadrupol-Massenspektrometer mit *einem* Analysator (Single-Quadrupol-MS) mit Electrospray-Quelle eignen sich für einfachere Massenanalysen (kein MS-MS möglich, jedoch Quellen-CID) und werden mittlerweile von mehreren Firmen als Detektor für die HPLC angeboten (Preis ca. 200–350 TDM o.MWSt.). Zur Durchführung von MS-MS-Experimenten sind Tripelquadrupol-Instrumente (Preis ca. 500–700 TDM) oder Mehrsektorfeld-Instrumente erforderlich (Preis > 700 TDM). Daneben gibt es weitere kommerziell erhältliche Geräte, die Flugzeitanalysatoren (engl. time of flight, TOF) besitzen, beispielsweise reine ESI-TOF-Geräte oder MS-MS-fähige Hybrid-Geräte, bei denen z.B. ein Quadrupol- mit einem TOF-Analysator kombiniert wird (Q-TOF). Auch Massenspektrometer mit Ionenfallen und ultrahochauflösende Fourier-Transform-Ionencyclotron-Massenspektrometer werden heute mit ESI-Quellen angeboten, wobei erstere relativ preisgünstig (ab ca. 250 TDM) und letztere erheblich teurer (ab ca. 1 Million DM) sind.

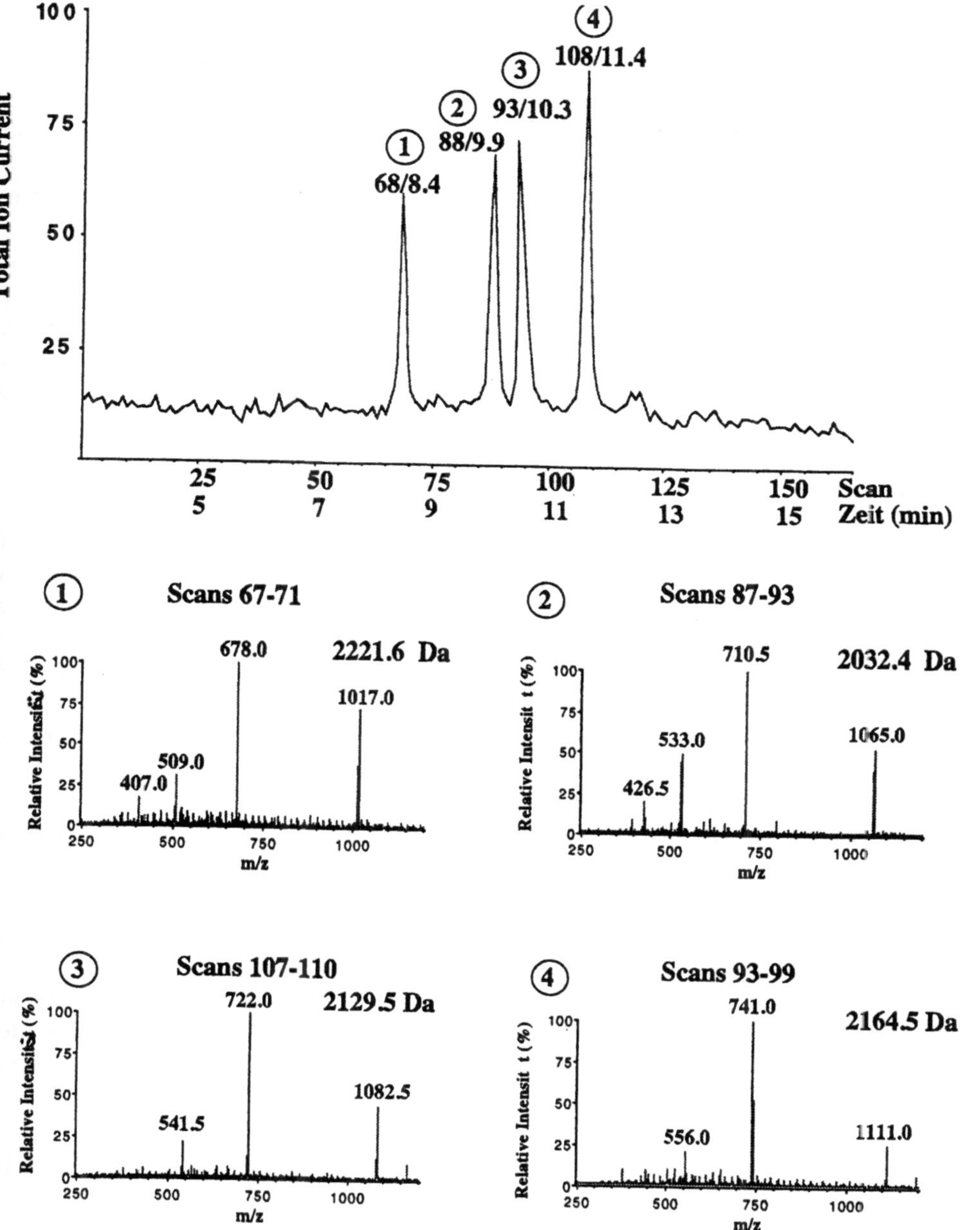

Bild 2.34 HPLC-MS Analyse einer Mischung bestehend aus vier Peptiden (Eluent A 0,1 % wäßrige Ameisensäure, B Acetonitril, linearer Gradient 0–100 % B, Säule 2 × 100 mm RP-18, Flußrate 200 µl/min; Split ins MS: 1:5).

Zur Kopplung an das Massenspektrometer sind pulsationsfreie HPLC-Pumpen, die auch bei geringen Flußgeschwindigkeiten einen zuverlässigen und reproduzierbaren Gradientenbetrieb ermöglichen, zu bevorzugen.

Probenaufbereitung und - aufgabe

Zur Messung am Electrospray-Massenspektrometer wird das Peptid oder Protein in einem Gemisch aus Methanol/Wasser oder Acetonitril/Wasser gelöst und z.B. 1:100 mit 0.1–0.5 % Ameisensäure oder Essigsäure versetzt. Auch viele weitere Lösungsmittel- und Säurekombinationen sind möglich; es sollten jedoch keine hochsiedenden oder schwerflüchtigen Bestandteile verwendet werden. Statt der Säure kann auch 1 % Ammoniumacetatlösung zugegeben werden. Für lipophile Verbindungen eignen sich unpolare Lösungsmittelgemische wie z.B. Chloroform/Methanol/Eisessig 2:3:1. Die Konzentration des Analyten sollte im milli- bis mikromolaren Bereich liegen (für kleinere Peptide ca. 0,1 mg/ml).

Die Probe kann dem Interface mit Hilfe einer Microliterspritze und einer medizinischen Infusionspumpe oder durch einen automatischen Probengeber (oder einem manuellen Injektionsventil) in Kombination mit einer HPLC-Pumpe bei Flußgeschwindigkeiten von 1–200 µl/min zugeführt werden.

Auswertung

Im Massenspektrometer wird das Verhältnis von Masse-zu-Ladung der Ionen bestimmt. Bild 2.31 zeigt das Electrospray-Massenspektrum eines Interferons der relativen Molmasse 19599. Das Massenspektrum besteht aus einer ganzen Serie von Peaks mit leicht unsymmetrisch glockenförmiger Intensitätsverteilung, die den unterschiedlich protonierten Molekülionen des Proteins entsprechen. Aus dem m/z-Wert jedes dieser Ionen läßt sich die Molmasse des Proteins berechnen, wenn die zugehörige Ladung bekannt ist: für das 10-fach protonierte Ion $[M + 10\ H]^{10+}$ bei m/z 1960,9 ergibt sich durch Multiplikation mit 10 der Wert 19609. Um zur Molmasse des Proteins zu gelangen, muß von diesem Wert noch die Masse der 10 angelagerten Protonen abgezogen werden.

Allgemein gilt: die protonierten Ionen, die zu zwei benachbarten Massenpeaks im Electrospraymassenspektrum gehören, unterscheiden sich genau um eine Ladung bzw. ein Proton. Das Ion bei höherem Masse-zu-Ladungsverhältnis $m_{(n)}$ ist n-fach geladen und n-fach protoniert, das benachbarte Ion beim niedrigeren Masse-zu-Ladungsverhältnis $m_{(n+1)}$ ist n+1-fach geladen und n+1-fach protoniert (Bild 2.31, rechts).

Die Masse des Moleküls ergibt sich durch Multiplikation des jeweiligen m/z-Werts mit der zu diesem Ion zugehörigen Ladung und anschließender Subtraktion der entsprechenden Protonenmassen (die Protonenmasse wird in nachfolgender Rechnung vereinfachend gleich 1 gesetzt):

$$\left(m_{(n)} \cdot n\right) - n = M \tag{1}$$

$$\left(m_{(n+1)} (n+1)\right) - (n+1) = M \tag{2}$$

Diese beiden Gleichungen enthalten zwei Unbekannte, den Ladungszustand n und die Molmasse M. Durch Umformung erhält man:

$$n = \left(m_{(n+1)} - 1\right) / \left(m_{(n)} - m_{(n+1)}\right) \tag{3}$$

$$M = n \cdot \left(m_{(n+1)} - 1\right) \tag{4}$$

Tabelle 2.13

$m_{(n)}$	$m_{(n+1)}$	m/z-Differenz $\Delta(m) = m_{(n)} - m_{(n+1)}$	Berechnete Ladung n (gerundet)	relative Molmasse M
2178,5	1960,9	217,6	+9	19597,5
1960,9	1782,7	177,3	+10	19598,9
1782,7	1634,2	148,5	+11	19598,6
1634,2	1508,5	125,7	+12	19598,3
1508,5	1400,9	107,6	+13	19597,4
1400,9	1307,7	93,2	+14	19598,5
Durchschnittliche Molmasse				19598,7 ± 0,98

Für die Peaks im Proteinspektrum (Bild 2.31) erhält man so die Werte der Tabelle 2.13.

Die Tabelle zeigt, daß die $\Delta(m)$-Werte, also die Abstände zwischen benachbarten Peaks im ESI-Spektrum, mit kleiner werdenden m/z-Verhältnissen bzw. mit steigender Ladung der Ionen abnehmen.

Computerauswerteprogramme führen die oben gezeigte Berechnung automatisch durch. Sie ermöglichen auch die Umwandlung in ein „Dekonvolutions-Spektrum", bei dem alle Molekülpeaks mathematisch in einen Peak überführt werden, der die mittlere Molmasse des Proteins repräsentiert (Bild 2.31, unten). Die Abszisse in dieser Darstellungsform stellt keine m/z-Achse mehr dar, sondern eine Molmassenachse.

Anwendungsbereich

Die Peptid- und Proteinanalytik stellt einen Hauptanwendungsbereich der Electrospray-Massenspektrometrie dar, z.B.:

- Charakterisierung synthetischer und natürlicher Peptide und Proteine
- Peptidemapping von Proteinen
- Identifizierung von posttranslationalen Modifizierungsstellen in Proteinen (z.B. Phosphorylierungsstellen, Glykosylierungsstellen)
- Charakterisierung von rekombinanten Proteinen
- Bestimmung der Lage von Disulfidbrücken
- Nachweis nicht-kovalenter (supramolekularer) Wechselwirkungen zwischen Molekülen
- Untersuchung der Sekundärstruktur von Proteinen

Weitere Anwendungen sind die Charakterisierung von:

- synthetischen makromolekularen Verbindungen (Polyethylenglykole, Polystyrole etc.)
- Oligonukleotiden, Kohlenhydraten und Lipiden
- Naturstoffen

Fehlerquellen

Die Reinheit einer Probe ist entscheidend für eine erfolgreiche massenspektrometrische Analyse. Höhere Konzentrationen nicht flüchtiger Puffer (z.B. des bei HPLC-Trennungen gebräuchlichen Phosphat-Puffers) vermindern die Signalintensität des Analyten stark und können eine Ionisierung des Analyten gänzlich unterdrücken. Enthält die Probe organische Puffer (z.B. Tris, Tween) oder Detergenzien (z.B. SDS) werden bevorzugt diese und nicht der Analyt ionisiert. Bei höheren Konzentrationen können hier auch Aggregate der Art $[n\ M + X]^+$ (X = H oder NH_4, Na, K etc., wenn zusätzlich Salze vorhanden sind) auftreten, die ebenfalls die Identifizierung der analytspezifischen Ionen erschweren.

Die Genauigkeit der Molmassenbestimmung mit ESI-MS hängt wesentlich von der exakten Kalibrierung des Geräts ab. Diese hat deshalb sehr sorgfältig zu erfolgen. Zur Kalibrierung eignen sich Lösungen von Polyethylenglykolen, Polypropylenglykolen oder Cäsiumiodid. Im allgemeinen wird bei der Bestimmung der Molekülmasse von Proteinen eine Genauigkeit von 0,01 % erreicht. Eine relative Molmasse von 10000 kann also auf etwa 1 Masseneinheit genau bestimmt werden. Dies ist wesentlich genauer als mit „klassischen" Methoden der Molekulargewichtsbestimmung von Proteinen, wie z.B. mit der Gelelektrophorese.

Für die Bestimmung des Ladungszustandes von Ionen aus dem ^{13}C-Isotopenabstand (siehe oben) sollte die Auflösung $m/\Delta m$ des Massenspektrometers möglichst groß sein. Quadrupol-Massenspektrometer erlauben Massenauflösungen von etwa 1000–2000 (eine Auflösung von 1000 bedeutet, daß die Masse 1000 noch von 1001 unterschieden werden kann). Falls diese doch relativ geringe Auflösung nicht ausreicht, müssen hochauflösende Massenspektrometer (Sektorfeldgeräte, Fourier-Transform-Ionencyclotronresonanz-Massenspektrometer, moderne TOF-Geräte) für die Messung herangezogen werden.

Die in Kombination mit Electrospray am häufigsten eingesetzten Quadrupolanalysatoren besitzen einen eingeschränkten oberen m/z-Bereich von etwa 1500 bis 4000. Es kann deshalb vorkommen, daß größere Peptide oder Proteine mit nur wenigen basischen Aminosäuren zwar ionisiert, aber nicht gemessen werden können, weil die m/z-Werte der gebildeten Ionen außerhalb des m/z-Bereichs des Quadrupolanalysators liegen. Die Massenpeaks von monoklonalen Antikörpern (relative Molmasse ca. 150000) treten beispielsweise häufig erst bei m/z-Werten größer 2000 auf. Es sollte für solche Messungen deshalb ein Analysator bis mindestens m/z 4000 verwendet werden. Auch auf die für die Proteinchemie wertvolle massenspektrometrische Methode der matrix-unterstützten Laserdesorptions-Flugzeitmassenspektrometrie (MALDI-TOF-MS) kann hier prinzipiell ausgewichen werden, da Flugzeitanalysatoren prinzipiell keine obere Massengrenze besitzen. Liegen Proteinmischungen vor, so können die Einzelkomponenten über MALDI-TOF-MS wesentlich einfacher identifiziert werden, weil keine Dekonvolution nötig ist. Auch bei der Charakterisierung von Glykoproteinen mit stark mikroheterogenem Zuckeranteil oder Oligosacchariden liefert MALDI-TOF-MS oft bessere Ergebnisse als ESI-MS. Beide Techniken ergänzen sich sehr gut.

Literatur

K.L. Bush, G.L. Gielish, S.A. McLuckey: *Mass Spectrometry, Techniques and Applications of Tandem Mass Spectrometry*. VCH Publishers, New York **1988**.

J.R. Chapman, Hrsg., *Protein and peptide analysis by mass spectrometry*, Methods in Molecular Biology, Vol. 61, Humana Press, Totowa, New Jersey **1996**.

J.R. Chapman, Hrsg., *Practical Organic Mass Spectrometry*, A Guide for Chemical an Biochemical Analysis, John Wiley, Chichester **1995**.

R: B. Cole, Hrsg., *Electrospray Ionization Mass Spectrometry – Fundamentals, Instrumentation and Application*, John Wiley, New York **1997**.

W.D. Lehmann, *Massenspektrometrie in der Biochemie*, Spektrum Akademischer Verlag, Heidelberg **1996**.

J.A. McCloskey, Hrsg., *Methods Enzymol.* 193, Mass Spectrometry, Academic Press, New York **1990**.

W.M.A. Niessen, J. van der Greef, *Liquid Chromatography-Mass Spectrometry*, Principles and Applications, Marcel Dekker, New York **1992**.

2.6 Photometrische und fluorimetrische Methoden für Ionentransportmessungen

Unter dem Begriff photometrische und fluorimetrische Methoden von subzellulären Fraktionen sollen hier Methoden verstanden werden, welche in der UV/Vis- oder Fluoreszenz-Spektroskopie zur Bestimmung von Ionentransport-Vorgängen (z. B. H^+, Mg^{2+}, Ca^{2+}) an isolierten Zellorganellen oder Membranfraktionen mit Hilfe von Indikator-Farbstoffen eingesetzt werden.

Grundlagen

Die Membranen lebender Zellen stellen Diffusionsbarrieren für gelöste Stoffe dar und sorgen für die Aufrechterhaltung von Ionen- und Stoffwechselgradienten, die für Wachstum, Bewegung, Entwicklung und Signalübertragung essentiell sind. In die Membran eingelagerte Proteine übernehmen die Aufgabe des spezifischen inter- und intrazellularen Transports. Zwar ist die direkte Messung von H^+ und anderen Ionen in Zellen mit entsprechend miniaturisierten pH-Elektroden oder ionensensitiven Elektroden möglich, in der Praxis verhindert jedoch die Größe oder die Handhabung derartiger Elektroden eine einfache Anwendung. Dies gilt in vollem Umfang für subzelluläre Kompartimente, wie Membranvesikel oder Chloroplasten. In diesen Fällen kann mit geeigneten Indikator-Farbstoffen (Neutralrot, Acridinorange, 9-Amino-Acridin, Fluorescein und dessen Ester) oder Komplexbildnern (Fura 2, Indo 1) die Ionenaufnahme gemessen werden.

Isolierte Membranvesikel werden für Transportstudien deswegen eingesetzt, weil Untersuchungen möglich sind über

- die Art der transportierten Ionen,
- die Art der Energetisierung (z.B. ATP),
- die Abhängigkeit von pH, Ionen, Effektoren, usw.,
- die Regulation durch chemische oder physikalische Parameter (z. B. Wuchsstoffe, Licht),
- die Lokalisation an spezifischen Membranen.

Materialien

Zur Untersuchung eignen sich Zellfraktionen, wie sie mit der präparativen Ultrazentrifugation (vgl. Abschnitt 1.4) gewonnen werden, z.B. Mitochondrien, Chloroplasten, mikrosomale Membranvesikel.

Geräte

Im Prinzip sind Spektral-Photometer oder -Fluorimeter geeignet, welche mindestens zwei Wellenlängen simultan registrieren können (Bild 2.35) oder bei welchen wenigstens der Wechsel der Meß- bzw. Referenz-Wellenlängen programmierbar ist. Deshalb eignen sich besonders moderne Diodenarray-Geräte, die das gesamte Spektrum des eingestrahlten Lichtes simultan verarbeiten können. Eine wichtige Voraussetzung ist allerdings, daß die Geräte einen einfachen Strahlengang (keine Spiegel zwischen Probe und Photomultiplier!) aufweisen, damit Streu-Effekte durch das trübe Probenmaterial die Messungen nicht behindern. Sonst müssen spezielle Photometer mit End-On-Photomultipliern eingesetzt werden, bei denen die Positionierung der Proben direkt vor der Photokathode den Einfluß der Lichtstreuung auf das Meßergebnis minimiert (Bild 2.35b).

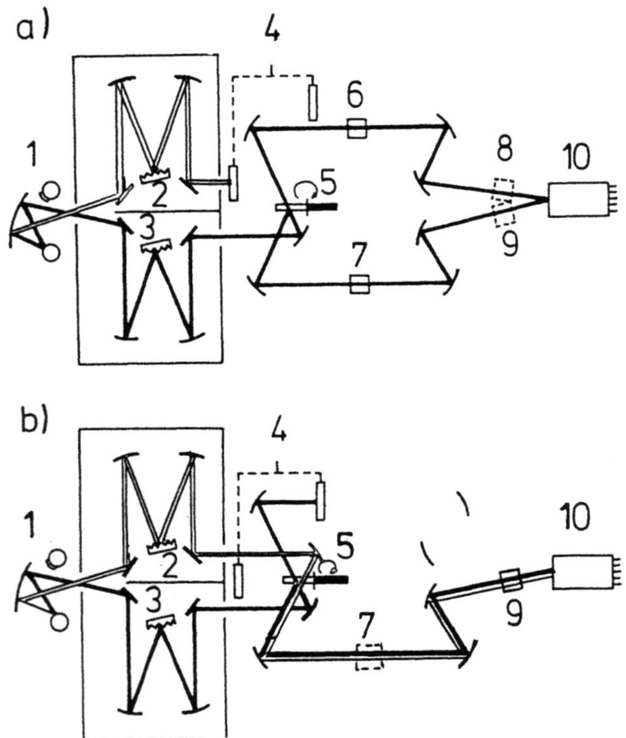

Bild 2.35 Spektralphotometer für den einfachen Wechsel vom Doppelstrahlgerät (a) zum Gerät für die Registrierung von 2 Wellenlängen (b). Die Umschaltung erfolgt über simultanes Verschieben der miteinander verbundenen Verschlüsse (4). Das Doppelstrahlverfahren wird vor allem bei klaren Proben, die Zweiwellenregistrierung für trübe Proben eingesetzt (Shimadzu, Düsseldorf).

1 Lichtquelle für den sichtbaren und UV-Bereich
2 Gitter für den oberen Strahlengang (Wellenlänge λ_1)
3 Gitter für den unteren Strahlengang (Wellenlänge λ_2)
4 miteinander verbundene Verschlüsse
5 Sektorenspiegel zum Unterbrechen des Lichtstrahls (Chopper)
6 Referenzzelle für klare Proben
7 Probenzelle für klare Proben
8 Referenzzelle für trübe Proben
9 Probenzelle für trübe Probe
10 Detektor (Photomultiplier)

Anwendungsbereich

Untersuchung von Ionentransport-Vorgängen an Zellen und Membranen

2.6.1 Messung des Protonentransports an Membran-Vesikeln mit der Neutralrot-Methode

Grundlagen

Von den Transportproteinen sind die primär energetisierten Protonentranslocasen von besonderer Bedeutung. Sie katalysieren einen elektrogenen Transport von Protonen über eine Membran, der zum Aufbau einer elektrischen Potentialdifferenz und eines chemischen Gradienten führt. Nach der chemiosmotischen Theorie von Mitchell wird die Energie dieses elektrochemischen Protonengradienten in Mitochondrien und Chloroplasten zur ATP-Synthese benutzt.

Die Protonenaufnahme in Vesikeln kann mit Fluoreszenzfarbstoffen oder mit Neutralrot gemessen werden. Die Eignung von Neutralrot als pH-Indikator wird aus Bild 2.36 ersichtlich.

Die Akkumulation dieser Indikatoren in den Vesikeln beruht auf dem Prinzip der *Ionenfalle*. Das ungeladene Neutralrot permeiert durch die Membran in das Innere der Vesikel.

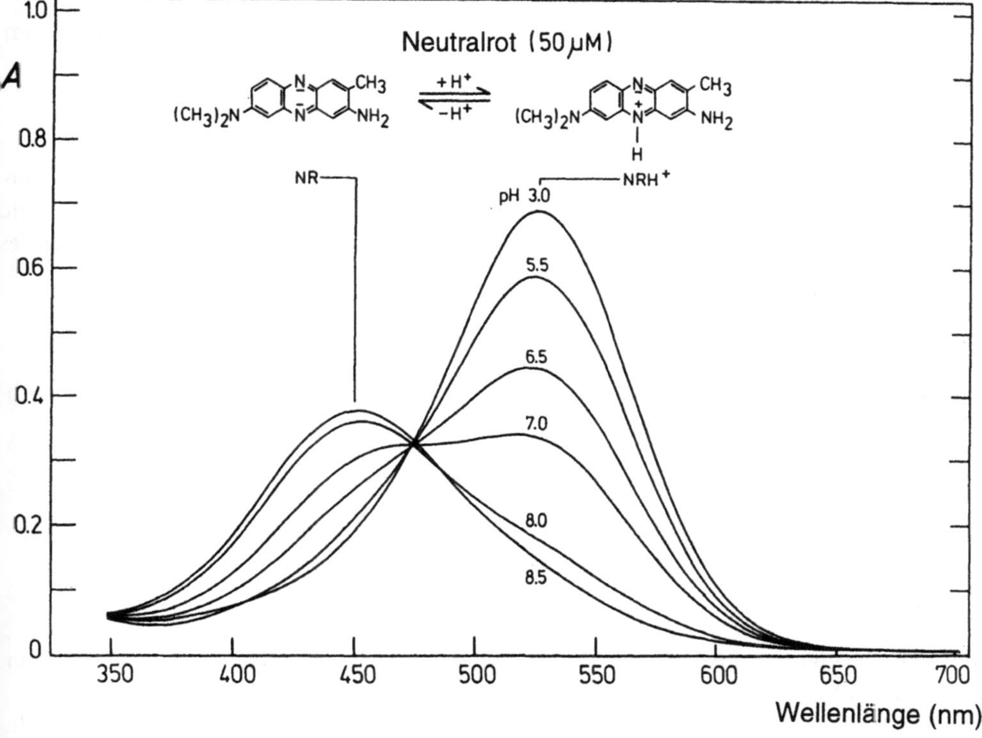

ild 2.36 Spektrale Veränderungen von Neutralrot in Abhängigkeit vom pH

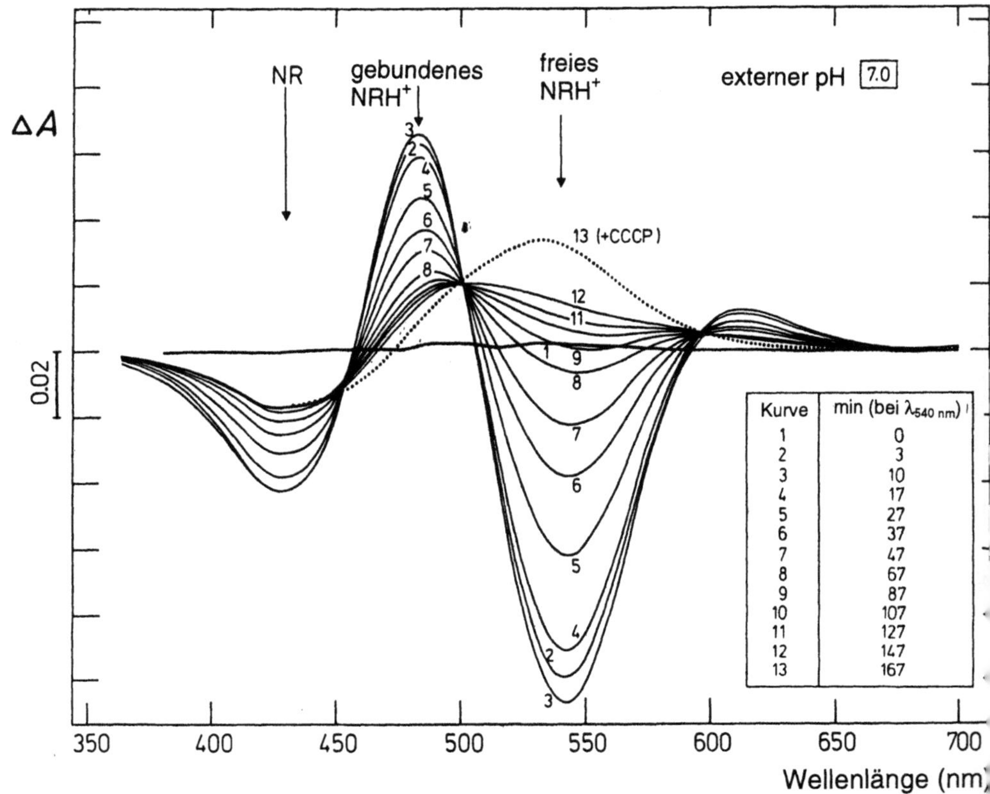

Bild 2.37 Aufnahme von Neutralrot in Membranvesikeln aus Maiskoleoptilen, verursacht durch H^+-ATPasen

Durch die Tätigkeit der H^+-ATPasen, welche Protonen ins Innere der Vesikel transportieren, wird es dort protoniert und gefangen, da es als Kation nicht mehr membrangängig ist. Bild 2.37 zeigt die Akkumulation von Neutralrot in Vesikeln, zu erkennen an der Abnahme des freien protonierten Neutralrots (Absorption bei 540 nm).

Materialien

Mikrosomale Membranfraktionen, wie sie mit der präparativen Ultrazentrifugation (vgl. Abschnitt 1.4) gewonnen werden.

Geräte

Spektralphotometer, z.B. Shimadzu Doppelwellenlängenphotometer UV 300 (s. Bild 2.35).

Durchführung

Die ATP abhängige Aufnahme von Protonen durch mikrosomale Membranvesikel wird unter folgenden Versuchsbedingungen durchgeführt:

Die Membranen (100 $\mu g \cdot ml^{-1}$ Protein) werden mit Suspensionspuffer (10 $mmol \cdot l^{-1}$ Hepes-Tris, pH 7,0 mit 300 $mmol \cdot l^{-1}$ Saccharose, 50 $mmol \cdot l^{-1}$ KCl, 2 $mmol \cdot l^{-1}$ $MgCl_2$ und 5

$\mu mol \cdot l^{-1}$ Neutralrot) und den Additiven (z.B. 0,1 $mmol \cdot l^{-1}$ Ammoniummolybdat) in eine Photometerküvette eingebracht (Endvolumen 1 ml). Die Reaktion wird durch Zugabe von ATP (2 $mmol \cdot l^{-1}$) gestartet. Die Protonenakkumulation ergibt sich aus der Abnahme der Absorption bei 430 nm gegen eine Referenzwellenlänge von 465 nm (pH-unabhängiger isosbestischer Punkt). Dies entspricht der Abnahme der unprotonierten Form des Neutralrots im Außenmedium. Als Maß für die Aktivität der Protonenpumpen wird die Differenz der Absorptionswerte bei 465 und 430 je Minute herangezogen.

Anwendungsbereich

Biologische Untersuchungen von Protonen-Transport und -Aufnahme.

2.6.2 Messung von Ca^{2+}-Konzentrationen mit der Indo-1-Methode

Grundlagen

Als Komplexbildner mit hoher Selektivität für Ca^{2+} gegenüber anderen zweiwertigen Ionen wie Mg^{2+} hat sich EGTA für biologische Untersuchungen allgemein durchgesetzt. Der von EGTA abgeleitete fluoreszierende Ca^{2+}-Indikator BABTA zeigt eine im wesentlichen unveränderte geometrische Anordnung der für die Bindung des Calcium-Ions verantwortlichen Carboxylgruppen. Bessere Fluoreszenz-Eigenschaften haben dessen Nachfolgeprodukte Quin 2, Fura 2 und Indo 1. Bei Indo 1 führt die Bindung von Calcium zu einer Veränderung des Emissionsspektrums. Indo 1 ist nicht membranpermeabel und ungiftig. Es ist geeignet zur Bestimmung der freien cytoplasmatischen Calciumkonzentration. Dagegen ist der Acetoxymethylester von Indo 1 membranpermeabel. Er wird durch intrazelluläre Esterasen gespalten und kann deshalb zur Aufladung von Zellen mit Indo 1 dienen. Die Strukturformeln von EGTA, BAPTA und Indo 1 sind in Bild 2.38 wiedergegeben.

Die chemischen Bezeichnungen der wichtigsten Komplexbildner sind:

EGTA	=	Ethylenglykol-bis-(2-aminoethyl)-N,N,N',N'-tetraessigsäure Tetranatrium bzw. -kaliumsalz
BABTA	=	1,2-Bis(2-aminophenoxy)-ethan-N,N,N',N'-tetraessigsäure Tetranatrium bzw. -kaliumsalz
Quin 2	=	8-Amino-2-[2-amino-5-methylphenoxy)methyl)-6-methoxychinolin-N,N,N',N'-tetraessigsäure Tetranatrium bzw. -kaliumsalz
Fura 2	=	1-[6-Amino-2-(5-carboxy-2-oxazolyl)-5-benzofuranyloxy]-2-(2-amino-5-methylphenoxy)ethan-N,N,N',N'-tetraessigsäure Tetranatrium bzw. -kaliumsalz
Indo 1	=	1-[2-Amino-5-(6-carboxy-2-indolyl)phenoxy]-2-(2-amino-5-methylphenoxy)ethan-N,N,N',N'-tetraessigsäure Tetranatrium bzw. -kaliumsalz

Die Bestimmung der freien Calciumkonzentration benutzt ein Quotientenverfahren aus zwei Meßgrößen (Fluoreszenzintensität bei 480 nm für das freie Indo 1 und Fluoreszenzintensität bei 400 nm für den Calcium-Komplex) bei einer Anregungswellenlänge von 355 nm:

Für die freie Calciumkonzentration C gilt

$$C = K_D \left(F_{\max} - F\right)\left(F - F_{\min}\right)^{-1} \quad \text{und}$$

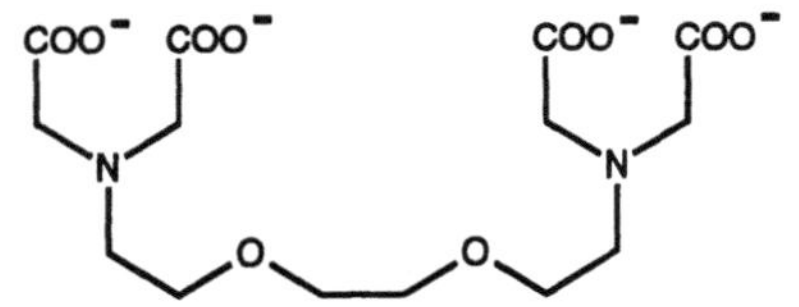

EGTA

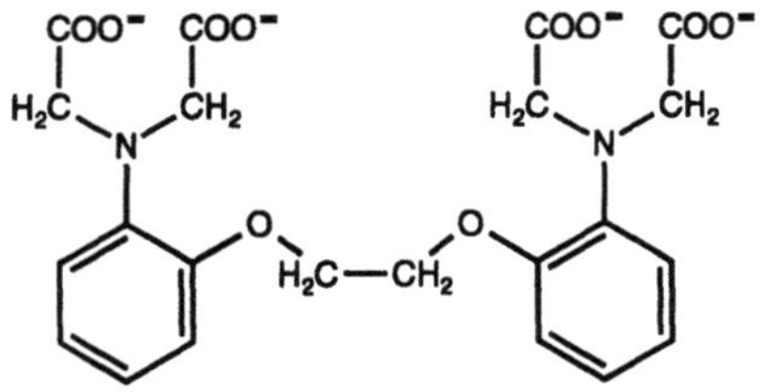

BAPTA

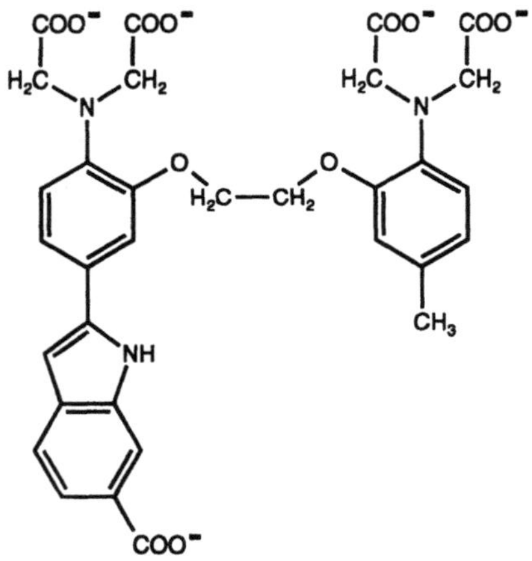

INDO 1

Bild 2.38 Strukturformeln der Calcium-Komplexbildner EGTA, BABTA und Indo 1

$$C = K_D\left(G - G_{\min}\right)\left(G_{\max} - G\right)^{-1}$$

Diese beiden Gleichungen ergeben:

$$C = K_D\left(G \cdot F^{-1} - G_{\min} \cdot F_{\max}^{-1}\right)\left(G_{\max} \cdot F_{\min}^{-1} - G \cdot F^{-1}\right)^{-1} F_{\max} \cdot F_{\min}^{-1}$$

Nach Substitution von $G{\cdot}F^{-1}$ durch R:

$$C = K_D\left(R - R_{\min}\right)\left(R_{\max} - R\right)^{-1} F_{\max} \cdot F_{\min}^{-1}$$

F = Fluoreszenzintensität bei 480 nm für das freie Indo 1

G = Fluoreszenzintensität bei 400 nm für den Calcium-Komplex

K_D = Es wird ein K_D-Wert von 250 nmol·l^{-1} verwendet. Die Kalibrierung erfolgt mit 10 mM EGTA ($G_{\min}$, $G_{\max}$) bzw. 3 mmol·l^{-1} $CaCl_2$ ($F_{\min}$, $F_{\max}$).

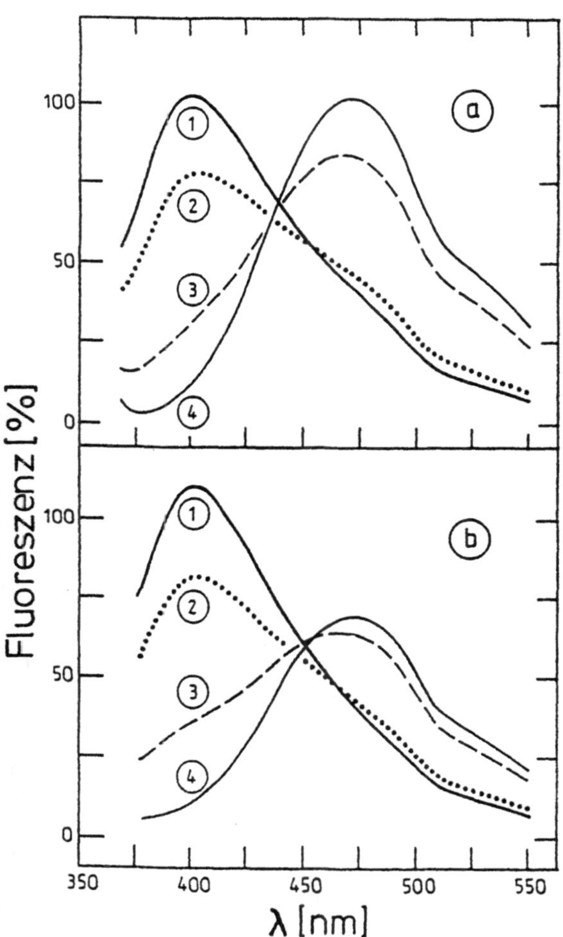

Bild 2.39 Emmissionsspektren von Indo 1 ohne (a) oder mit (b) Membranvesikeln (50 µg Protein/ml) in Suspensionspuffer mit KCl 100 mmol·l^{-1}, $MgCl_2$ 2 mmol·l^{-1} und Indo 1 1 µmol·l^{-1}. Zusätzlich enthielten die Ansätze: (1) $CaCl_2$ 3 mmol·l^{-1}, (2) Oxalat 10 mmol·l^{-1}, (3) Oxalat 10 mmol·l^{-1} + EGTA 1 µmol·l^{-1}, (4) EGTA 10 mmol·l^{-1}.

In Bild 2.39 sind die Emissionsspektren von Indo 1 in Abhängigkeit von der freien Calciumionenkonzentration dargestellt.

Materialien

Mikrosomale Membranfraktionen, wie sie mit der präparativen Ultrazentrifugation (vgl. Abschnitt 1.4) gewonnen werden.

Geräte

Programmierbare Spektralfluorimeter

Durchführung

Die energieabhängige Aufnahme von freiem Calcium durch mikrosomale Membranvesikel wird unter den in Bild 2.40 angegebenen Versuchsbedingungen durchgeführt. Im ersten Versuch wird die Aufnahme ohne Membranvesikel (Bild 2.40a) und anschließend mit Membranvesikeln durchgeführt. (Bild 2.40b).

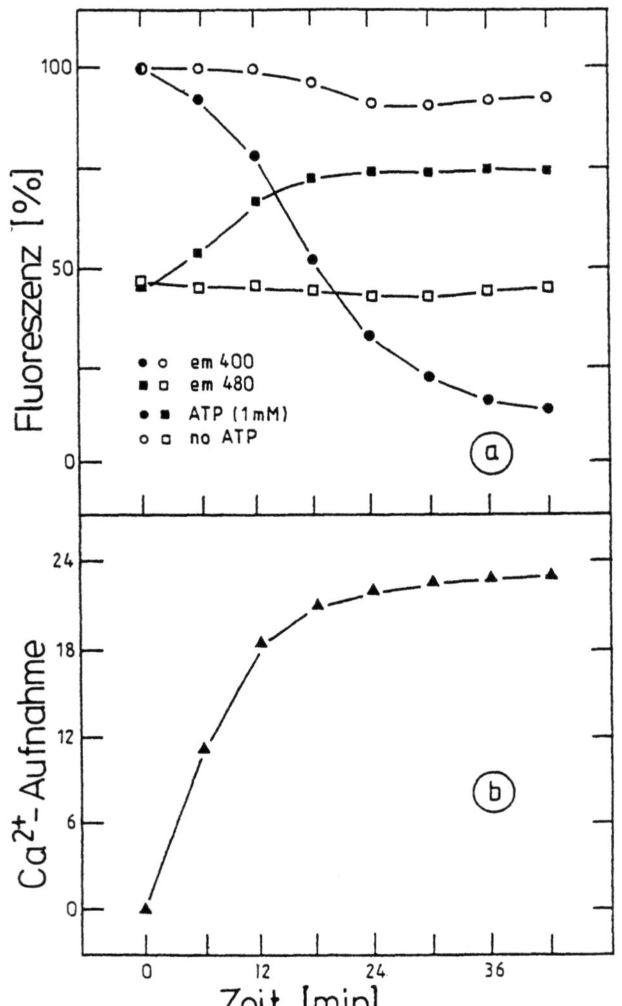

Bild 2.40 Zeitlicher Verlauf der Fluoreszenzänderung bei den Emissionswellenlängen 400 und 480 nm (a) und ATP-abhängige Calciumaufnahme (b). Zusammensetzung der Versuchsansätze: Suspensionspuffer mit 50 $\mu g \cdot ml^{-1}$ Membranprotein im Suspensionspuffer (15/33) mit 100 $mmol \cdot l^{-1}$ KCl, 2 $mmol \cdot l^{-1}$ $MgCl_2$, 10 $mmol \cdot l^{-1}$ Oxalat und 1 $\mu mol \cdot l^{-1}$ Indo 1 in einem Endvolumen von 1 ml. Gefüllte Symbole: mit 1 mM ATP, leere Symbole: ohne ATP.

Anwendungsbereich

Biologische Untersuchungen von Calcium-Transport und -Aufnahme.

Literatur

K. E. Geckeler, H. Eckstein, *Analytische und präparative Labormethoden*, Verlag Vieweg, Braunschweig **1987**.

H. Naumer, W. Heller (Hrsg.), *Untersuchungsmethoden in der Chemie*, Georg Thieme Verlag, Stuttgart **1986**.

G. Grynciewicz, M. Poenie, R. Y. Tsien, A new generation of Ca^{2+} indicators with greatly improved fluorescence properties. *J. Biol. Chem. 260*, 3440-3450, **1985**.

H. Sze, H^+-translocating ATPases: advances using membrane vesicles, *Ann. Rev. Plant Physiol. 36*, 175-208, **1985**.

3 Radioisotopenmethoden

Eine Reihe von Elementen haben bei gleicher Ordnungszahl verschiedene Massen (Isotope). Einige dieser Isotope zerfallen spontan unter Abgabe einer typischen Strahlung (α-, β-, γ-Strahlung). Da bereits der Zerfall nur eines Atoms (wenigstens im Prinzip) gemessen werden kann, können kleinste Substanzmengen von Molekülen, die ein Radioisotop enthalten, detektiert werden. Dies ist die Grundlage vieler spezifischer und empfindlicher Untersuchungsmethoden.

Grundlagen

Atomkerne bestehen aus positiv geladenen Protonen und Neutronen. Die Zahl der Protonen ergibt die Ordnungszahl und bestimmt die Lage im Periodensystem. Die Summe der Protonen und Neutronen ergibt die Massenzahl des Atoms. Da bei manchen Elementen die Zahl der Neutronen unterschiedlich groß ist, sind auch die Massenzahlen[a)] unterschiedlich. Für Wasserstoff gibt es drei Isotope: ^{1}H (1 Proton = Wasserstoff), ^{2}H (1 Proton und 1 Neutron = Deuterium) und ^{3}H (1 Proton und 2 Neutronen = Tritium). Während die beiden ersten Isotope stabil sind, zerfällt das Tritium mit einer Halbwertszeit von 12,2 a, d. h. nach dieser Zeit ist die Hälfte der ursprünglich vorhandenen Atome zerfallen. Bei jedem Zerfall wird ein Elektron (β^--Teilchen, oft nur als β-Teilchen bezeichnet) aus dem Atomkern emittiert. Daher nennt man Tritium einen β-Strahler. In Tabelle 3.1 sind die physikalischen Daten der in der Biochemie häufiger verwendeten Isotope angegeben.

Die nach außen auftretende Radioaktivität läßt sich in drei Arten von Strahlen einteilen:

- α-Strahlen (bestehen aus doppelt positiv geladenen Heliumkernen, s. u.)
- β-Strahlen (bestehen in der Regel aus schnellen Elektronen oder Positronen)
- γ-Strahlen (kurzwellige elektromagnetische Strahlung)

α-Strahler. Wenn ein Kern zu groß ist, werden α-Teilchen emittiert. Sie bestehen aus 2 Protonen und 2 Neutronen und entsprechen somit einem zweifach positiv geladenem Heliumkern $^{4}He^{2+}$. Solche Strahlen haben nur eine geringe Reichweite, wirken aber sehr stark ionisierend. Da Alphastrahlen emittierende Isotope erst ab Ordnungszahlen > 52 auftreten, haben sie für die biochemische Forschung nur geringes Interesse. Sie kommen vor allem im kerntechnischen Bereich vor.

β-Strahler. Kerne die einen Überschuß von Neutronen haben, können ein negativ geladenes β-Teilchen (β^-, Elektron auch als Negatron bezeichnet) und ein Antineutrino ($\overline{\nu}$) mit hoher

a) Für die Angabe der Massenzahl bei Isotopen sind die beiden Schreibweisen ^{125}I bzw. I-125 üblich

Tabelle 3.1 Physikalische Angaben für einige in der Biochemie häufiger verwendete Isotope

Element	Symbol	Halbwertszeit	Betaemission	Gammaemission
Calcium	^{45}Ca	165 d	+	–
Kohlenstoff	^{14}C	5760 a	+	–
Chlor	^{36}Cl	3×10^5 a	+	–
Cobalt	^{60}Co	5,26 a	+	+
Wasserstoff	^{3}H	12,2 a	+	–
Iod	^{125}I	60 d	Elektroneneinfang	+
Iod	^{131}I	8,04 d	+	+
Eisen	^{59}Fe	45 d	+	+
Magnesium	^{28}Mg	21,4 h	+	+
Stickstoff	^{13}N	600 s	Positron	+
Phosphor	^{32}P	14,3 d	+	–
Kalium	^{40}K	10^9 a	Elektroneneinfang	+
Kalium	^{42}K	12,4 h	+	+
Natrium	^{22}Na	2,6 a	Positron	+
Natrium	^{24}Na	15 h	+	+
Schwefel	^{35}S	87,2 d	+	–

Geschwindigkeit emittieren. Dabei nimmt die Ordnungzahl um eine Einheit zu. Hierzu gehören die am häufigsten eingesetzten Radioisotope Tritium und ^{14}C:

$$^{3}H \rightarrow {}^{3}He + \beta^- + \bar{\nu} \quad \text{und} \quad {}^{14}C \rightarrow {}^{14}N + \beta^- + \bar{\nu}$$

Kerne mit einem Überschuß an Protonen können ein positiv geladenes β-Teilchen, (β^+, Positron) und ein Neutrino (ν) emittieren:

$$^{11}C \rightarrow {}^{11}B + \beta^+ + \nu$$

Ein Positron hat nur eine sehr kurze Lebensdauer, ehe es mit einem der Elektronen eines nahegelegenen Atoms rekombiniert. Dabei zerstrahlen die beiden Partikel in zwei γ-Quanten.

Die Elektronen von Betastrahlern haben unterschiedliche Energieniveaus. Die maximale Energie ist dabei charakteristisch für das jeweilige Isotop. Betastrahlen (üblicherweise sind nur β^--Strahler gemeint) haben eine um das zehnfache höhere Reichweite im Vergleich zu α-Strahlern. Eine Ausnahme bildet das Tritium, dessen β-Teilchen aufgrund ihrer geringen Energie eine mit α-Teilchen vergleichbare Reichweite haben.

γ-Strahler. Neben dem oben genannten Effekt gibt es noch zwei andere Ursachen für die Emission von elektromagnetischer Strahlung.

Eine weitere Möglichkeit einen Protonenüberschuß zu kompensieren, ist das Einfangen eines Elektrons aus einer inneren Elektronenschale der Atomhülle. In die entstehende Elektronenlücke fällt ein Elektron aus einem höheren Orbital. Die dabei freigesetzte Energie wird als Röntgenstrahlung nach außen abgegeben. Ein wichtiges Isotop mit dieser Strahlung ist das ^{125}I:

$$^{125}\mathrm{I} + e^- \rightarrow {}^{125}\mathrm{Te} + \gamma$$

Beim radioaktiven Zerfall verbleibt der Tochterkern meist im angeregten Zustand. Beim Übergang in den Grundzustand werden Gammaquanten emittiert. Dabei können bei einem Zerfall mehrere Quanten unterschiedlicher Energie abgestrahlt werden. Sie haben keine Masse und keine Ladung und wirken daher nicht direkt ionisierend.

Je nach der Energie der Strahlung muß die Abschirmung ausgewählt werden (s. Anhang B 2.5).

Der radioaktive Zerfall ist ein statistisch vorkommender Prozeß. Die Zerfallsrate ist proportional der vorhandenen instabilen Isotope.

$$\frac{\Delta N}{\Delta t} \propto N$$

Daraus ergibt sich der exponentielle Zusammenhang der Abnahme der Radioaktivität mit der Zeit:

$$\ln \frac{N_t}{N_0} = -\lambda\, t \quad \rightarrow \quad N_t = N_0\, e^{-\lambda t}$$

N_t = Aktivität zur Zeit t

N_0 = Aktivität zur Zeit 0

λ = radioaktive Zerfallskonstante

t = Zeit

Eine in diesem Zusammenhang wichtige Größe ist die Halbwertszeit. Das ist die Zeit, in der die Hälfte der vorhandenen radioaktiven Atome zerfallen sind. Sie ist eine für jedes Isotop charakteristische Konstante. Je höher die spezifische Aktivität eines Isotops ist, um so kürzer ist die Halbwertszeit. Sie ergibt sich aus der Gleichung für den radioaktiven Zerfall nach einigen Umrechnungen zu:

$$t_{1/2} = \frac{0{,}6931}{\lambda}$$

Wesentlich für die meßtechnische Erfassung einer Verbindung, die ein radioaktives Isotop enthält, ist die *spezifische Aktivität*. Sie ergibt sich aus der Gesamtaktivität einer Probe und der Molmasse der markierten Verbindung in dieser Probe und wird in Bq mol^{-1} angegeben.

Die *Einheit der Radioaktivität* war früher das Curie (Ci). Sie ist bezogen auf die Aktivität von 1 g reinem Radium-226, das $3{,}7 \cdot 10^{10}$ Zerfälle pro Sekunde (**d**isintegrations **p**er **s**econd = dps) aufweist. Die Bezeichnung für die Zerfälle pro Minute heißt dpm. Seit der Einführung der SI-Einheiten wird die Aktivität in Zerfällen je Sekunde als Becquerel (Bq) angegeben.

Daneben gibt es noch wirkungsspezifische Einheiten zur Charakterisierung der Strahlendosis. Sie sind in Tabelle 3.2 zusammengestellt.

Tabelle 3.2 Einheiten für die Radioaktivität und Strahlendosis. Beziehungen zwischen SI-Einheiten und nicht-Si-Einheiten

Bezeichnung	SI-Einheit	Nicht-Si-Einheit	Umrechnung
Aktivität	Bequerel (Bq) 1 Bq = 1 dps	Curie (Ci)	1 Ci = $3{,}7 \cdot 10^{10}$ Bq = 37 GBq 1 Bq = $2{,}7 \cdot 10^{-11}$ Ci = 37 pCi
Absorbierte Dosis	Gray (Gy) 1 Gy = 1 J/kg	Rad (rad)	1 rad = 0,01 Gy = 10 mGy 1 Gy = 100 rad
Dosisäquivalent	Sievert (Sv) 1 SV = 1 J/kg	Rem (rem)	1 rem = 0,01 Sv = 10 mSv 1 Sv = 100 rem
Exposition	Coulomb/ Kilogramm (Cb/kg)	Röntgen (R)	1 R = $2{,}58 \cdot 10^{-4}$ Cb/kg 1 Cb/Kg = 3876 R

Die *Energiedosis* ist die Dosis einer ionisierenden Strahlung, die von einem Gramm Gewebe absorbiert wird und wurde früher in Rad (**r**adiation **a**bsorbed **d**ose), jetzt in Gray (Gy) angegeben.

Die *Äquivalentdosis* trägt der unterschiedlichen Wirkung ionisierender Strahlung im Körper Rechnung. Die frühere Bezeichnung war das Rem (**r**oentgen **e**quivalent **m**an, rem), jetzt ist die Einheit das Sievert (Sv).

Die *Ionendosis* berücksichtigt die Menge absorbierter elektrischer Ladung je kg.

Reinheit von Radiochemikalien

Die Reinheit von Radiochemikalien muß unter drei Gesichtspunkten gesehen werden:

- *Radiochemische Reinheit* bezeichnet den Prozentsatz der Radioaktivität, der sich in der angegebenen Verbindung befindet. Der Rest der Aktivität stammt von möglichen Verunreinigungen.
- *Chemische Reinheit.* Radiochemikalien enthalten wie alle anderen Chemikalien auch Verunreinigungen, die selbst nicht aktiv sind. Bei der Bestimmung der Aktivität spielen diese Verunreinigungen zwar nur eine untergeordnete Rolle, bei biochemischen Experimenten können sie aber als Inhibitoren wirken. Verbindungen mit schwacher Aktivität können mit den allgemein üblichen Methoden (vor allem Umkristallisieren oder Chromatographie) gereinigt werden. Produkte mit hoher spezifischer Aktivität liegen oft nur in so geringen Mengen vor, daß die obengenannten Reinigungsmethoden nicht angewendet werden können.
- *Biologische Reinheit.* Unter Umständen können geringe chemische Verunreinigungen biologische Systeme stark beeinträchtigen. In diesem Fall sind Blindversuche anzustellen, um unerwünschte Störungen beim späteren Experiment frühzeitig erkennen zu können.

Die radiochemische und die chemische Reinheit der Radiochemikalien können aus den Datenblättern der Hersteller entnommen werden.

Tabelle 3.3 Zersetzungsraten für radioaktiv markierte Verbindungen aufgrund der Radiolyse bei optimaler Lagerung (Amersham Buchler, Braunschweig)

Nuklid	Zersetzungsrate
Kohlenstoff-14	1 bis 3% pro Jahr
Tritium	1 bis 3% pro Monat
Schwefel-35	2 bis 3% pro Monat
Phosphor-32	1 bis 2% pro Monat
Iod-125	5% pro Monat

Umgang mit radioaktiven Stoffen

Der Umgang mit radioaktiven Stoffen ist durch die Strahlenschutzverordnung (s. Anhang B 2.5) geregelt.

Stabilität und Lagerung radioaktiver Stoffe

Die beim radioaktiven Zerfall freigesetzte ionisierende Strahlung kann Moleküle in der Umgebung des zerfallenden Kerns zersetzen (Autoradiolyse). Für Verbindungen mit hoher spezifischer Aktivität kann die durch die Radiolyse verursachte Zersetzungsrate abgeschätzt werden (Tabelle 3.3)

Die Lagerungsbedingungen richten sich nach der jeweiligen Verbindung. Sie werden vom Hersteller auf dem Datenblatt angegeben. Typische Bedingungen sind

- Raumtemperatur
- +2°C (aber nicht gefroren)
- –20°C
- –80°C (Tiefkühltruhe oder Trockeneis)
- –140°C (über flüssigem Stickstoff).

  Hinweis: Mit Ausnahme von abgeschmolzenen Ampullen nicht *im*, sondern *über* flüssigem Stickstoff lagern. Bei der tiefen Temperatur können Dichtungen schrumpfen und flüssiger Stickstoff kann in das Gefäß gelangen. Beim Erwärmen kann es dann zur Explosion kommen.

Neben der Autoradiolyse kann eine Zersetzung der Verbindungen auch durch Mikroorganismen erfolgen, da die meisten organischen Substanzen in wäßriger Lösung auch Nährböden darstellen. Bei mehrfacher Verwendung muß daher das Öffnen des Gefäßes und die Entnahme der Probe unter sterilen Bedingungen erfolgen. Sonst muß die Probe zwischen der Entnahme im Kühlschrank aufbewahrt werden.

Bei tritiummarkierten Verbindungen ist wichtig, daß sie nicht eingefroren gelagert werden. Beim langsamen Durchgefrieren können durch auskristallisierendes reines Eis lokale Konzentrationserhöhungen der radioaktiven Komponente auftreten. Damit wird zwar auch bei anderen Nukliden die Autoradiolyse erhöht. Aber durch die geringe Reichweite der β-Strahlen des Tritiums wirkt sich die Ionisierung voll in der nächsten Umgebung des zerfallenen Atoms aus. Daher werden tritiummarkierte Verbindungen besser nur in Lösung gelagert.

Umgekehrt werden Phosphor-32 markierte Verbindungen besser in gefrorenem Zustand aufbewahrt, da die β-Strahlen eine sehr hohe Energie, d. h. eine hohe Geschwindigkeit und damit eine große Reichweite haben. Der größte Teil der Strahlung verläßt den Nahbereich des Moleküls, ohne Nachbarmoleküle zu zersetzen.

Anwendungsbereich

Die bevorzugte Anwendung radioaktiv markierter Substanzen liegt in dem empfindlichen Nachweis der radioaktiven Strahlung. Die genaue Quantifizierung dieser Verbindungen in biologischen Flüssigkeiten liegt im Picomol- (10^{-12} mol) bis Femtomolbereich (10^{-15} mol). Zur Zeit werden zunehmend immunologisch arbeitende Methoden mit Fluoreszenzmarkern (s. Abschnitt 5.2) entwickelt, die vergleichbar empfindlich sind, aber nicht den erhöhten Arbeitsaufwand beim Umgang mit radioaktiven Stoffen verlangen.

Die wichtigsten Anwendungsbereiche radioaktiv markierter Verbindungen sind:

- Untersuchung der Metabolisierung bestimmter Substanzen im ganzen Tier oder in einzelnen Organen. In der Strahlenmedizin werden auch radioaktive Verbindungen zur Diagnose beim Menschen eingesetzt.
- Empfindlicher Nachweis von Stoffwechselprodukten in der klinischen Chemie mit dem Radioimmunoassay (RIA) und der damit verwandten Methode des immunoradiometrischen Assays (IRMA). Vorteil: Bei Verwendung von γ-Strahlern (meist Iod-125) ist zur Messung keine besondere Probenvorbereitung notwendig.
- Nachweis von Nucleotiden bei der Sequenzierung von DNA (s. Abschnitt 2.2) und bei der Hybridisierung mit der Autoradiographie (s. Abschnitt 3.2.3.1).

Literatur

Firmenschrift, *Hinweise für den Umgang mit Radiochemikalien*, Amersham Buchler, Braunschweig **1984**.

Firmenschrift, *Safe and Secure – Guide to working safely with radiolabelled compounds*, Amersham International, Little Chalfont, UK **1992**.

D.J. Malohme-Lawes, *Introduction to Radiochemistry*, McMillan Press Ltd., London **1979**.

s. auch Abschnitt 3.2.2.2

3.1 Markierungsverfahren

Zum effizienten und empfindlichen Detektieren einer Substanz wird ein radioaktives Isotop in eine Verbindung eingebracht. Es genügt, wenn nur ein kleiner Bruchteil der Moleküle der Substanz markiert sind (Tracer).

Grundlagen

Im Prinzip gibt es zwei Möglichkeiten, eine Verbindung radioaktiv zu markieren. Entweder wird eine Substanz synthetisiert, bei der bei einem Teil der Moleküle ein bestimmtes Atom durch ein radioaktives Isotop ersetzt ist. Für die meisten Experimente können solche bereits markierten Verbindungen gekauft werden. Im anderen Fall muß die Verbindung synthetisiert oder nachträglich markiert werden, wobei ein Molekülteil mit einer radioaktiv markierten Gruppe verändert wird.

Synthese von radioaktiv markierten Verbindungen

Eine Vielzahl radioaktiv markierter Verbindungen ist im Handel erhältlich. In speziellen Fällen kann es erforderlich sein, markierte Verbindungen selbst herzustellen. Hierfür kommen vor allem in Betracht:

- Begasung von Kulturen mit $^{14}CO_2$ zur Aufklärung von Stoffwechselprozessen. Nachteil: Die Radioaktivität ist über alle Organismen bzw. Organellen verteilt.
- Fütterungsversuche
- Einführung der radioaktiven Komponente erst ganz am Ende einer sonst konventionell durchgeführten Synthesesequenz.

In manchen Fällen reicht es auch aus, in ein fertiges Molekül einen radioaktiven Marker einzuführen. Dann wird aber die zu untersuchende Verbindung verändert und das markierte Molekül ist chemisch nicht mehr mit der Ausgangsverbindung identisch. Ein Beispiel für diese Methode stellt die *Radioiodierung* von Proteinen dar. Hierbei wird der aromatische Ring des Seitenkette des Tyrosins in einer elektrophilen Substitution mit ^{125}I substitutiert. Eine wesentliche Anwendung finden radioiodierte Verbindungen im Radioimmunoassay (RIA) und dem Immunradiometrischen Assay (IRMA). Da die Radioiodierung zunehmend an Bedeutung verliert, wird auf sie nicht näher eingegangen.

Statt der Radioiodierung wird zunehmend durch immunologische Methoden ein *Fluoreszenzlabelling* (vgl. Abschnitt 5.2) durchgeführt. Die Empfindlichkeit der Methode konnte in den letzten Jahren erheblich gesteigert werden. Der Vorteil dieser Methode liegt in der wesentlich einfacheren Durchführung der Untersuchungen, da auf die Sicherheitsmaßnahmen beim Umgang mit radioaktiven Stoffen verzichtet werden kann.

Eine attraktive Alternative zur radioaktiven Markierung stellt die Einführung nicht radioaktiver Isotope dar, z. B. mit ^{15}N. Der Nachweis der markierten Verbindung kann dann mit der Massenspektrometrie oder der ^{15}N-Kernresonanz geführt werden.

Literatur

Firmenschrift (A. E. Bolton), *Radioiodination Techniques* (Review 18), Amersham International, Little Chalfont, UK **1985**.

3.2 Meßtechniken

Die Grundlage der meßtechnischen Erfassung des radioaktiven Zerfalls bildet die Wechselwirkung der Strahlung mit der Umgebung.

Die meßtechnische Erfassung der Radioaktivität beruht auf den direkten oder indirekten Ionisierungseffekten. Dabei wird entweder die Zahl der einzelnen Emissionen pro Zeiteinheit (differentielle Messung) oder der kumulative Effekt aller Emissionen in einer gegebenen Zeit (integrale Messung) gemessen. Für quantitative Messungen wird nach der ersten Methode verfahren, während die integralen Methoden generell für die Dosimetrie oder Autoradiographie verwendet werden.

Unabhängig vom Instrument oder der Art der Messung muß bei jeder quantitativen Bestimmung die natürliche Strahlung (*Nulleffekt*) mit berücksichtigt werden.

Geräte

α- und β-Strahlen haben nur sehr kurze Reichweiten und können im Gegensatz zu den γ-Strahlen die Wand ihres Behälters kaum durchdringen. Sie werden daher mit unterschiedlichen Geräten gemessen.

- *Flüssigkeitsszintillationszähler* (s. Abschnitt 3.2.1) erfassen quantitativ α- (z. B. Radon) und β-Strahler.
- *Proportionalzählrohre* (s. Abschnitt 3.2.3.2) werden überwiegend für die Dosimetrie eingesetzt. Gemessen werden können energiereichere β-Strahler (z. B. ^{14}C, ^{32}P). Dabei gelangen die emittierten Teilchen (durch ein Fenster oder direkt bei ^{3}H) in die Zählkammer und werden dort detektiert.
- *Funken-Kameras* (Beta-Kamera) dienen zur Ermittlung der Verteilung der Radioaktivität auf dünnen Schichten (z. B. DC-Chromatogramme, Elektrophoresegele etc.). Die gesamte Fläche der Schicht wird mit einem speziellen Detektor (Funkenkammer) gleichzeitig ausgemessen. Die Funkenkammer deckt die gesamte Meßfläche ab. β-Teilchen, die in die Funkenkammer hinein fliegen, lösen einen Funken aus. Eine Polaroidkamera registriert die in einer bestimmten Zeit aufgetretenen Funken. Das Polaroidbild zeigt dann helle Flecken an den Stellen, an denen in der Schicht Radioaktivität vorhanden ist. Auf einem Flecken von 3 mm Durchmesser können bei einer Meßzeit von 10 min problemlos 1000 dpm ^{3}H und 100 dpm ^{14}C nachgewiesen werden.
- *Gammazähler* (s. Abschnitt 3.2.2) werden nochmals unterteilt in *Natriumiodidkristallzähler* und *Halbleiterzähler* und dienen zur Messung von γ-Strahlen.
- Mit der *Autoradiographie* können praktisch alle Strahlenarten detektiert werden. Im einfachsten Fall wird ein Film verwendet (s. Abschnitt 3.2.3.1). Bei kleineren, flachen Objekten werden die *Imager* eingesetzt (s. Abschnitt 3.2.3.3).

In Tabelle 3.4 sind die häufig verwendeten Detektoren und die dabei verwendeten Meßmethoden zusammengestellt.

Literatur

s. Abschnitt 3.2.2.2

Tabelle 3.4 Meßaufgabe, Meßmethode und Anwendung der verschiedenen Detektoren (nach R. Maushart).

Methode	Bestimmung (*Aufgabe*)		
	Aktivität (*Zählen*)	Energie (*Spektroskopieren*)	Dosisleistung (*gewichtet Zählen*)
optisch			
Szintillation	Natriumiodid (γ) Plastik-Szintillator (β) Flüssig-Szintillator (α,β)		Plastik-Szintillator (γ)
Filmschwärzung	(Autoradiographie)		
elektrisch			
Zählrohre	Proportionalzählrohr (α,β)		Geiger-Müller-Zählrohr, Porportionalzählrohr (auch linear Analyser und Imager)
Halbleiter		Ge-Li, RGe (γ) Si-Sperrschicht (α,β)	Ionisationskammer

3.2.1 Flüssigkeitsszintillationszähler (LSC)

Beim Durchgang eines β-Teilchens durch eine Flüssigkeit werden die Lösungsmittelmoleküle angeregt. Enthält diese Flüssigkeit eine Substanz (Szintillator), die unter diesen Bedingungen zur Fluoreszenz angeregt werden kann, dann übernimmt der Szintillator die Anregungsenergie und gibt sie beim Übergang in den Grundzustand als Fluoreszenzlicht ab. Dieser Lichtblitz kann mit einem Photomultiplier detektiert werden. Dabei entspricht jeder Lichtblitz einem Zerfall.

Grundlagen

Für die Flüssigkeitsszintillationszählung (engl. **L**iquid **S**zintillation **C**ounting, LSC) muß die Energie eines emittierten β-Teilchens in einen meßbaren Lichtblitz überführt werden. Der Teilchennachweis erfolgt in mehreren Schritten:

- teilweise Umwandlung der Teilchenenergie in sichtbare Photonen im Szintillationsmedium (s. u.),
- die auf die Kathode des Photomultipliers auftreffenden Photonen lösen Photoelektronen aus,
- die Photoelektronen werden beschleunigt und auf die erste Dynode fokussiert,
- durch die nachfolgenden Dynoden vermehren sich die Elektronen lawinenartig um den Faktor 10^6 bis 10^8. Beim Auftreffen auf die Photoanode wird dann ein elektrisches Signal erzeugt.

Die Umwandlung der Teilchenenergie geschieht durch einen LSC-Cocktail, der im LSC-Fläschchen vorhanden ist. Da der Fluorophor eine wasserunlösliche Substanz ist, die biologische Probe aber in wäßriger Lösung vorliegt, werden folgende Komponenten für die Messung benötigt:

- die *radioaktive Probe*
- der flüssige *Szintillationscocktail*, bestehend aus:
  a) dem *Lösungsmittel*, z. B. konventionell Toluol, neuerdings zunehmend das biologisch abbaubare Diisopropylnaphthalin,
  b) einem *Emulgator*, z. B. einem Detergens (Triton X-100), der eine gute Vermischung der wäßrigen Probe mit dem organischen Lösungsmittel garantiert und
  c) einem *Fluorophor* (z. B. PPO, s. u.).

Die Umwandlung des β-Teilchens in sichtbares Licht erfolgt durch die folgenden Wechselwirkungen:

- Die kinetische Energie eines einzelnen β-Teilchens wird durch mehrere (n) Lösungsmittelmoleküle (z. B. Toluol) absorbiert und somit angeregt.

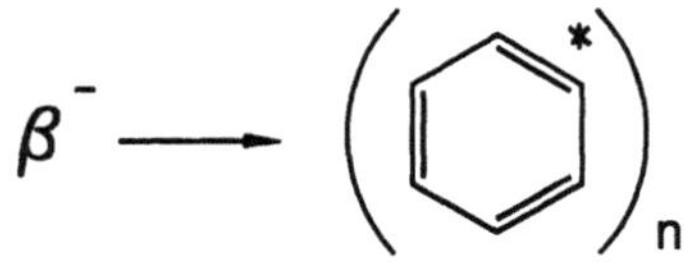

$$\beta^- \longrightarrow (\ldots)^*_n$$

Betateilchen angeregte Lösungsmittelmoleküle

Die angeregten Moleküle gehen durch die Abgabe von Licht oder Wärme in ihren Grundzustand über. Der größte Teil der Energie geht in Wärme über. Das emittierte Licht liegt im UV-Bereich und kann vom Flüssigkeitsszintillationszähler nicht detektiert werden.

- Durch den Fluorophor wird die Energie von den angeregten Lösungsmittelmolekülen übernommen.

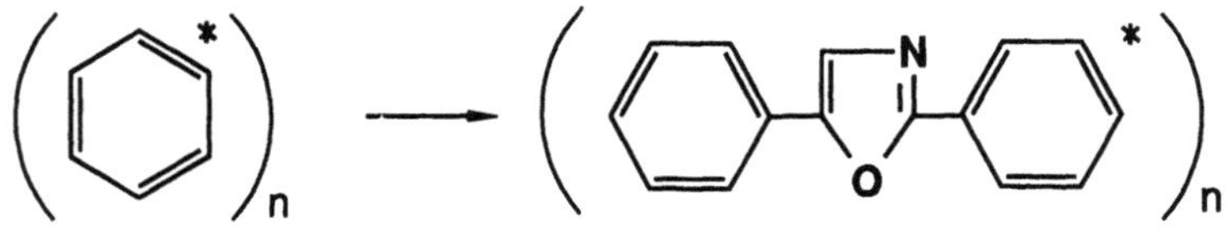

N O

angeregte Lösungsmittelmoleküle angeregte Moleküle des Fluorophors

- Der angeregte Fluorophor geht unter Lichtabgabe in den Grundzustand über:

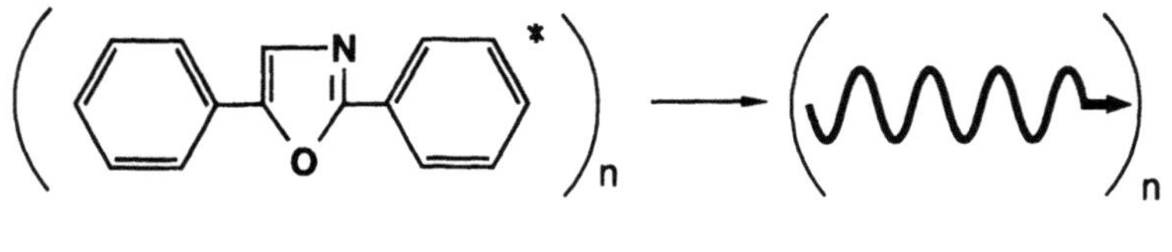

N O

angeregte Moleküle des Fluorophors Licht (Photonen)

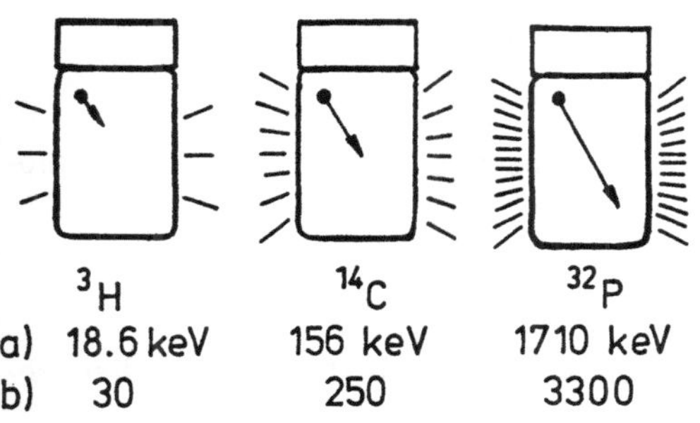

Bild 3.1 Die Lichtintensität, die aus dem Fläschchen strahlt, ist der Energie des Partikels proportional. a) Maximalenergie, b) angenäherte Photonenausbeute.

Die Wellenlänge des Fluoreszenzlichtes ist dabei unabhängig vom radioaktiven Isotop und liegt z. B. bei PPO (s. u.) bei etwa 370 nm.

Die Intensität des Lichts, das aus dem LSC-Fläschchen emittiert wird, ist proportional zur Energie des emittierten Teilchens, d. h. je höher die Teilchenenergie, desto mehr Lösungsmittelmoleküle werden angeregt und umso mehr Licht wird erzeugt (Bild 3.1).

Das Licht strahlt aus dem LS-Fläschchen in alle Richtungen und wird in zwei Photomultiplierröhren „dirigiert". Ein einzelnes β-Teilchen von ^{32}P kann mehr als 3000 Photonen erzeugen. Die Amplitude (oder „Höhe") eines Impulses kann als Spannung bestimmt werden und ist proportional der Energie des β-Teilchens (Bild 3.2).

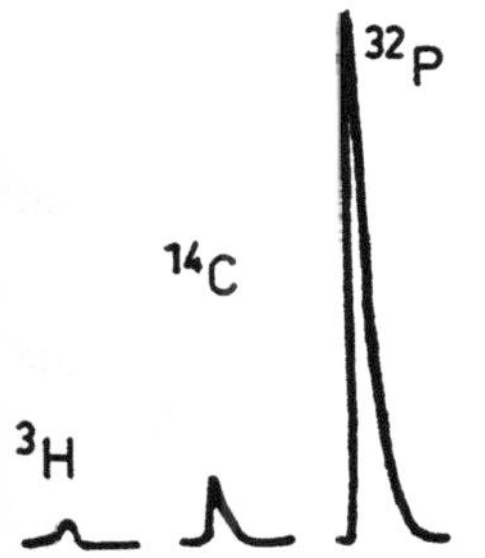

Bild 3.2 Die Pulshöhe ist zur Energie des Strahlers proportional.

Koinzidenzschaltung

Alle Photomultiplier erzeugen eine große Zahl von Impulsen, die nicht auf einem radioaktiven Zerfall beruhen. Um diese Störimpulse nicht zu zählen, werden zwei Photomultiplier in Koinzidenzschaltung verwendet. Wenn ein Zerfall einen Lichtblitz erzeugt, werden seine Photonen gleichzeitig in beiden Photomultipliern detektiert. Im Gegensatz dazu wird ein Störimpuls nur in einem Photomultiplier erfaßt. Durch die Prüfung der Koinzidenz werden nur gleichzeitig gemessene und gleich hohe Impulse gezählt.

Impulsverarbeitung

Die Impulse, die durch die Koinzidenzschaltung detektiert werden, werden an einen Analog/Digital-Konverter weitergeleitet und digitalisiert. Der digitalisierte Impuls wird dann in einem Multikanalanalysator (MCA) entsprechend seiner Teilchenenergie gespeichert. Aus den Daten im MCA können folgende Informationen gewonnen werden:

- Das Energiespektrum der beim Zerfall entstandenen Teilchen, aus dem sich das *Impulshöhenspektrum* als Häufigkeitsverteilung der beobachteten Impulshöhen ergibt.
- Die Zählrate der radioaktiven Zerfälle in der Probe je Minute (cpm).

Es gibt mehrere Prozesse, die die Lichtausbeute verringern oder auch zusätzliche Photonen erzeugen.

Quench

Jede Verringerung der Zählausbeute wird als Quench bezeichnet. Hierfür kommen drei Prozesse in Betracht:

- *Physikalischer Quench* entsteht durch Fremdkörper im Cocktail, die das nachzuweisende Teilchen abbremsen. Diese Energie fehlt dann für die Anregung der Lösungsmittelmoleküle.
- *Chemischer Quench* entsteht durch solche Fremdstoffe (z. B. Sauerstoff), die durch Stöße mit den angeregten Lösungsmittelmolekülen deren Energie übernehmen und strahlungslos abführen.
- *Farbquench* entsteht durch Absorption von Photonen durch farbige Beimischungen (z. B. Blut, Urin) in der Probe.

Die drei wesentlichen Arten von Quench sind in Bild 3.3 dargestellt.

Quenching führt zu zwei Auswirkungen:

- Verschiebung des Impulshöhenspektrums zu tieferer Energie
- Verringerung der Zählausbeute. Dieser Effekt wirkt sich besonders bei Partikeln mit niedriger Energie aus.

Die folgenden drei Effekte (Lumineszenz) führen zu einer Erhöhung der Meßwerte, die die Reproduzierbarkeit negativ beeinflussen und den Untergrund des Meßwertes erhöhen.

Phosphoreszenz

Die langlebigen Triplettzustände von π-Elektronen führen zu einem langen Nachleuchten, das langsam abnimmt. Dieser Effekt tritt auch auf, wenn die LSC-Fläschchen vor der Messung der Sonne oder dem Licht von Leuchtstoffröhren ausgesetzt werden. *Abhilfe:* Aufbe-

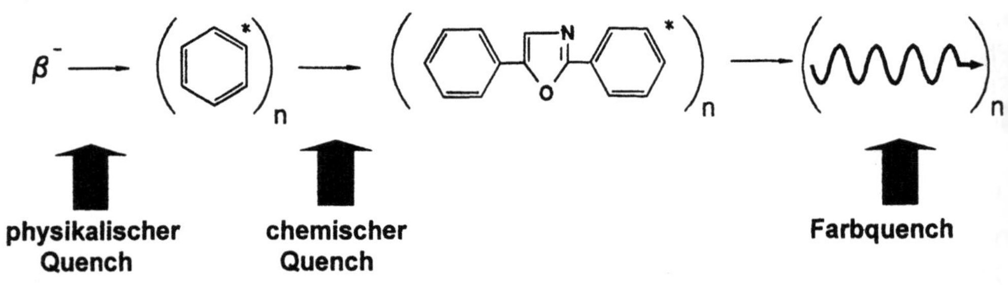

Bild 3.3 Die verschiedenen Möglichkeiten des Enstehens des Quench.

wahrung der LSC-Fläschchen und der Proben im Dunkeln. Die Zugabe des Cocktails sollte bei gedämpften Licht erfolgen. Bei empfindlichen Messungen muß mit dem Beginn der Messung gewartet werden, bis die Phosphoreszenz abgeklungen ist.

Chemilumineszenz

Aufgrund der komplexen Zusammensetzung der zu messenden Probe kann es unter Umständen zu chemischen Reaktionen kommen. Beispiele hierfür sind Zusätze zu Blut- und Urinproben oder alkalische „Solubilizer" (s. u.). Ebenso können oxidierende Zusätze wie Peroxide oder auch Luftsauerstoff zur Chemilumineszenz führen. Die freiwerdende Reaktionsenergie regt fluoreszenzfähige Moleküle an. Die nachfolgende Photonenemission führt zu einer Erhöhung des Meßuntergrunds. Auch dieser Effekt ist zeitabhängig.

Cerenkovstrahlung

Hierbei handelt es sich nicht um eine Szintillation. Sie entsteht durch schnelle Elektronen (z.B. β-Teilchen), die in der sie umgebenden Materie eine zeitabhängige elektrische Polarisation bewirken. Bei niedriger Geschwindigkeit fließt die Polarisationsenergie zum bewegten Teilchen zurück. Ist die Teilchengeschwindigkeit jedoch größer als die Lichtgeschwindigkeit in der Materie, dann kann die Energie dem Teilchen nicht mehr zurückgegeben werden. Sie wird als Cerenkovlicht im ultravioletten oder sichtbaren Bereich abgegeben.

Der Effekt kann auch benutzt werden, um ^{32}P direkt, also ohne Szintillator, zu messen. Wichtig dabei ist, daß weder das Lösungsmittel noch die Wand des Zählfläschchens im Bereich des Cerenkovlichts absorbieren.

Vorteile: a) Messung in wäßrigen Lösungen ohne Zusatz von Szintillator; damit fallen Probleme der Mischung von Probe und Szintillator weg. b) Keine Störung durch chemischen Quench. c) Geringere Entsorgungsprobleme. d) Da kein Cocktail zugegeben werden muß, kann ein größeres Probevolumen gemessen werden.

Nachteile: a) Messung nur bei β-Strahlern hoher Energie empfindlich genug, aber geringer als bei der LSC-Meßtechnik. b) Starke Störung durch Farbquench möglich. c) Die Zählausbeute ist vom Probevolumen abhängig.

Besondere Arbeitsweise

Doppelmarkierung

Enthält eine Probe zwei β-Nuklide so können beide Nuklide simultan gemessen werden, wenn sich die β-Energien der beiden Nuklide genügend unterscheiden. Dies ist z. B. bei ^{3}H und ^{14}C der Fall, deren β-Energien sich um den Faktor 10 unterscheiden. Die Diskriminierung beider Spektren erfolgt dadurch, daß die verschiedenen Kanäle des MCA zu Fenstern zusammengefaßt werden. Sie werden im vorliegenden Fall so eingestellt, daß alle ^{3}H-Impulse im Fenster 1 gemessen werden. Leider überlagern sich die beiden Impulshöhenspektren etwas. Ein Teil der ^{14}C-Impulse fallen auch in das Fenster 1 (Spillover). Bei einer Probe ohne Quench (s. u.) sind das 17% (s. Bild 3.4).

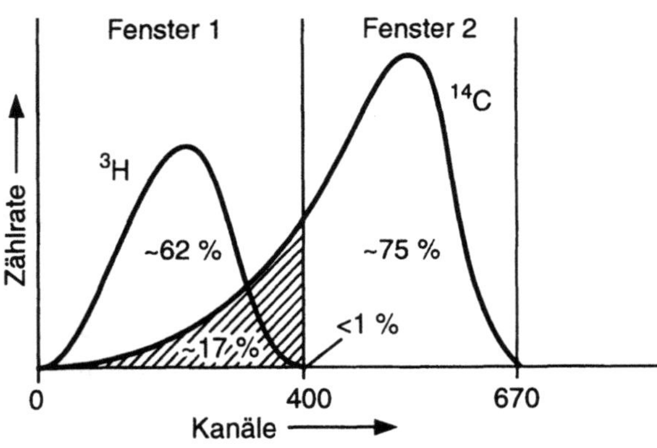

Bild 3.4 Das Impulshöhenspektrum von ^{14}C reicht mit 17% in das ^{3}H-Fenster (Spillover, schraffierte Fläche). Mit einer ^{3}H/^{14}C doppelt markierten Probe.

Materialien

Ein LSC-Cocktail besteht mindestens aus:

- einem *Lösungsmittel*, dessen Moleküle durch die Energie der β-Teilchen angeregt werden. Geeignet sind: aromatische Kohlenwasserstoffe (Toluol, p-Xylol, Pseudocumol oder besser Diisopropylnaphthalin) oder Dioxan/Naphthalin (mit Wasser mischbar).
- *Szintillatoren* (Fluorophore). Die wichtigsten Fluorophore sind:

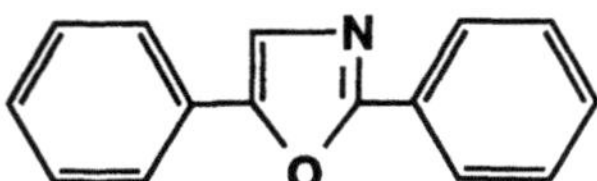

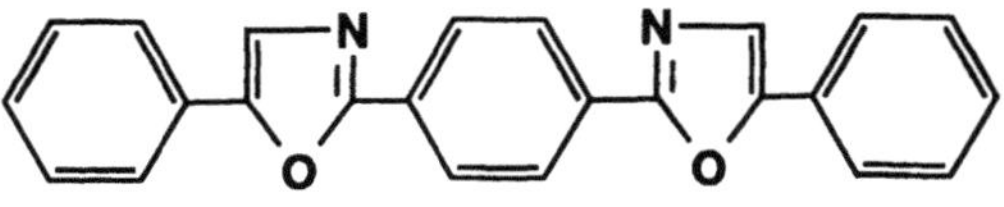

2,5-Diphenyloxazol (PPO) 1,4-Di-(2-(5-phenyloxazolyl))-benzol (POPOP)

Bei PPO handelt es sich um einen primären Szintillator mit einem Emissionsmaximum von 365 nm. Da (vor allem ältere) Flüssigkeitsszintillationszähler besser Licht längerer Wellenlänge messen können, wird oft ein zweiter Szintillator zugesetzt, der die Wellenlänge des emittierten Lichts weiter in den sichtbaren Bereich verschiebt (sekundärer Szintillator). POPOP verschiebt das Emissionsmaximum auf 416 nm.

- *Zusätze* werden benötigt als Lösungsvermittler, Emulgatoren oder als „Solubilizer" (s. Vorbereitung).

Zur Zeit häufig verwendete Cocktails können in zwei Gruppen eingeteilt werden:

- *wäßrig:* Ultimagold XR (Packard), Aquasafe (Zinsser) und LSC-Safety (Baker)
- *organisch:* Opti-Fluor O (Packard), Quicksafe N (Zinsser) und RS 11 eco (Roth).

Soll die Messung der radioaktiven Substanzen auf Filtern erfolgen, können z. B. folgende Filter (alle mit 24 mm Durchmesser) verwendet werden:

- *Papierfilter* S&S Nr. 595 (Schleicher & Schüll)
- *Nitrocellulosefilter* S&S 362203, Selektron, 0,45 μm, BA 84 (Schleicher & Schüll)
- *Glasfaserfilter* GF/C-Glass Microfibre (Whatman)

Geräte

Flüssigkeitsszintillationszähler (Liquid Scintillation Counter, LSC) werden als Kompaktgeräte angeboten. Wesentliche Bauteile sind:

- Probenwechsler für 300 Proben.
- Zähleinrichtung mit Probenkammer und zwei Photomultipliern. Die LSC-Fläschchen werden automatisch ein- und ausgefahren.
- Meßelektronik
- Auswertung durch einen Personalcomputer
- Drucker zum Ausdruck der Meßprotokolle

Probefläschchen werden aus Glas oder Kunststoff angeboten. Fläschchen aus Kunststoff haben den Vorteil, daß sie einen niedrigeren Untergrund (Abwesenheit von ^{40}K) aufweisen und auch leichter entsorgt werden können.

Vorbereitung

Je nach der Art, in der die Probe zur Auszählung kommt, unterscheidet man

- homogene Zählsysteme und
- heterogene Zählsysteme

Homogene Zählsysteme

Die ideale Probe löst sich problemlos in einem optimalen Cocktail. Sie kommt dann in den engsten Kontakt mit dem Lösungsmittel und dem Szintillator. Die meisten biologischen Proben bestehen aus Biopolymeren, Salzen und Wasser und sind daher für die optimale Messung weniger geeignet.

Der Inhalt des LSC-Fläschchens muß transparent sein, damit das erzeugte Licht auch an den Photomultiplier kommen kann. Daher sind die Proben so aufzubereiten, daß dieser zu bestimmende Anteil der Probe in Lösung vorliegt. Hierzu gibt es je nach der Art der Probe verschiedene Möglichkeiten:

- Extraktion der radioaktiv markierten Spezies durch Lösungsmittel (z. B. Lipide, Steroide).
- Abbaumethoden
  a) *enzymatisch.* Biopolymere wie DNA, RNA, Proteine oder Polysaccharide sind in LS-Cocktails im Gegensatz zu den Monomeren nicht löslich. Inkubation mit den geeigneten Enzymen ergibt lösliche Fragmente.
  b) *chemisch durch Hydrolyse*, auch als „Solubilisierung" bezeichnet, mit quarternären Ammoniumbasen (Handelsnamen sind Soluene, Lumasolve, Bio-Solv, Hyaminhydroxid etc.) unter Erwärmen bis 50°C. Geeignet bei Gewebe, Blut, Urin, Proteine, DNA.
  Hinweis: Solubilizer erzeugen einen starken Quench oder eine hohe Chemilumineszenz (s. Fehlerquellen). Die Chemilumineszenz kann durch Ansäuern der Hydrolysate vermieden werden.
  c) *Naßoxidation* „schwieriger" Gewebe wie Haut, Insekten-Kutikula bei 70°C mit Salpetersäure oder einer Mischung von 60%iger Perchlorsäure und 30%igem Wasserstoffper-

oxid. Innerhalb weniger Stunden werden die Proben vollständig aufgelöst.
d) *Verbrennung* organischer Proben zu ^3H_2O und $^{14}CO_2$ in Verbrennungsautomaten. Das Wasser und das in einer alkalischen Lösung absorbierte CO_2 können ohne die unter (b) erwähnten Fehlerquellen (Quench, Chemilumineszenz) gemessen werden.

Heterogene Zählsysteme

Hier liegen zwei Phasen im LSC-Fläschchen vor. Dabei kann die Probe auf einer festen Matrix (z. B. Filterplättchen) vorliegen oder in flüssiger Form, die nicht mit dem Cocktail mischbar ist. Man unterscheidet drei heterogene Zählsysteme:

- *Zählen auf Filtern.* Die Probe wird ausgefällt und abgesaugt. Als Filter werden Papier-, Glasfaser- oder Membranfilter (z. B. Polycarbonat) verwendet. Dabei werden niedermolekulare Verunreinigungen abgesaugt und aus der Probe entfernt. *Nachteil:* Quenchkorrekturen sind nicht durchführbar.
  Bei Papierfiltern darf sich nichts von der Probe im Cocktail lösen, da die Zählausbeute in Lösung höher ist und der Ablösungsvorgang nicht reproduzierbar durchgeführt werden kann. *Abhilfe:* Probe im geeigneten Cocktail quantitativ lösen.
  Papierfilter sind für Messung von Tritium aufgrund der hohen Selbstabsorption nicht geeignet.
  Trockene Membran- und Glasfaserfilter sind im Cocktail transparent und können problemlos gemessen werden. Membranfilter können auch in geeigneten Lösungsmitteln aufgelöst werden. Die Probe muß dann aber auch löslich sein. Bei Glasfaserfiltern kann die Probe durch starke Säuren oder alkalische „Solubilizer“ abgelöst werden.
- *Zählen in Suspensionen und Gelen.* Bei der Verbrennung wird das $^{14}CO_2$ oft in $Ba(OH)_2$ oder $Ca(OH)_2$ absorbiert. Wird das fein zerriebene Carbonat in organischen Cocktails mit Zusätzen von Aluminiumstearat (5%ig) oder Thixcin (3%ig) suspendiert, dann ist die Suspension beim Schütteln flüssig, erstarrt aber beim Stehen sofort gelartig. Die Proben können dann quasi homogen ausgezählt werden. Quenchkorrekturen sind nicht möglich.
- *Zählen als Emulsion (Kolloid).* Wäßrige Proben, die im Cocktail nicht gelöst werden können, können mit Hilfe von Emulgatoren so mit der Szintillatorflüssigkeit vermischt und stabilisiert werden, daß eine hohe Zählausbeute erhalten werden kann. Mit nichtionischen Detergenzien wie Triton X 100 (iso-Octyl-phenoxy-polyethoxyethanol) und organischen Cocktails im Mischungsverhältnis 1:2 und 2:1 (v,v) ergeben sich in der Regel „Wasser in Öl“ Emulsionen. Je nach Wassergehalt ergeben sich unterschiedlich große kolloidale Tröpfchen. Die Emulsionen erscheinen homogen klar, trüb, opaque oder zweiphasig oder als halbfeste opaque oder klare Gele. Bei einem Wassergehalt von 15% erhält man zwei Phasen. Die Zählausbeuten sind dann schlecht und nicht reproduzierbar. Quenchkorrekturen sind in der klaren, quasihomogenen Phase durchführbar.

Durchführung

Die Durchführung einer LSC-Messung ist sehr einfach. Im hier beschriebenen Beispiel sollen 0,1 ml einer wäßrigen ^{14}C-Lösung mit ca. 1000 Bq/ml gemessen werden.

Messung in Lösung. 0,1 ml Probe und 6 ml Cocktail (wäßrig) vermischen.

Messung auf Filter: Dabei sollte sich die auf den Filter aufgebrachte Probe nicht im Cocktail lösen.

- 0,1 ml der Probe werden auf einen der oben genannten Filter aufgetropft,
- trocknen lassen,
- trockenen Filter in das LSC-Fläschchen geben,
- 6 ml Cocktail (organisch) zupipettieren,
- 1 min im LS-Counter (^{14}C-Fenster) messen.

Gefärbte Proben können folgendermaßen entfärbt und dann gemessen werden.

- 0,2 ml Probe (ca. 1000 Bq/ml) in ein Glasfläschchen geben,
- 0,5 ml einer Lösung von Soluene 350/Isopropanol (1:2 v,v) zugeben,
- unter Erwärmen auf max. 50°C umschwenken, bis die Lösung klar ist (15 min bis mehrere Stunden),
- 0,5 ml 35%iges Wasserstoffperoxid zutropfen (!) und 30 min bei Raumtemperatur umschwenken,
- mit 15 ml Cocktail (Ultima Gold/0,5 M HCl (9:1 v,v) auffüllen,
- 1 min im LS-Counter messen.

Besondere Arbeitsweise

Neuerdings wird im Handel ein Glasfaserfilter angeboten, der einseitig mit einem Feststoffszintillator (XtalScint, Beckman Instruments) beschichtet ist (Ready Filter).

Alternativ hierzu gibt es den Feststoffszintillator auch als Beschichtung des Bodens eines kleinen zylindrischen Plastikbehälters, geeignet für ein Probenvolumen bis 500 µl.

Bei Tritiumproben muß wegen der geringen Reichweite der β-Teilchen das Lösungsmittel vollständig entfernt sein.

Vorteil: Es wird kein Cocktail benötigt. Damit wird die Laborsicherheit erhöht und die Entsorgung der Zählfläschchen (sie können mehrmals verwendet werden) verbessert.

Nachteil: Nicht anwendbar bei mehrfach markierten Proben mit variablem Quench, bei leicht flüchtigen Proben oder solchen Proben, die ein nicht flüchtiges Lösungsmittel (z. B. Glycerin) enthalten. Ungenau, wenn die Aktivität bei einem Probenvolumen von 200 µl (Ready Cap) nicht genügend hoch ist. Die durch den anderen Szintillator hervorgerufene Veränderung im Impulshöhenspektrum muß für genauere Messungen berücksichtigt werden.

Auswertung

Die Auswertung wird durch den LS-Counter vorgenommen. Dabei sind die unten angegebenen Störungen zu berücksichtigen und z. B. müssen Quenchkorrekturen durchgeführt werden. Hierfür gibt es mehrere Möglichkeiten:

- *Interne Standardisierung*. Zunächst wird die unbekannte Probe gezählt (Nettozählrate C). Dann wird eine definierte Aktivität A_S (z. B. ^{14}C-markiertes Lösungsmittel) zugegeben und erneut gezählt (Nettozählrate $C + C_S$). Daraus ergibt sich die Zählausbeute zu

$$E = C_S / A_S$$

und die unbekannte Aktivität zu

$$A = C/E \quad \text{bzw.} \quad A = C \cdot (A_S / C_S)$$

Vorteile: Genauigkeit (bei genügend genauer Pipettiermöglichkeit kleiner Volumina). Anwendbar bei jeder Art von Quench mit Ausnahme des physikalischen Quenchs.
Nachteil: Großer Zeitbedarf und Veränderung der Probe durch die Zugabe des Standards.

- *Externe Standardisierung.* Als externen Standard wird eine γ-Strahlenquelle (z. B. ^{137}Cs) benutzt. Sie wird in der Zählkammer des Flüssigkeitsszintillationszählers an das Probefläschchen herangefahren. Die γ-Strahlen erzeugen in der Probe durch ihre Wechselwirkung mit dem Lösungsmittel Elektronen (Comptonspektrum). Diese Comptonelektronen entsprechen Betateilchen und erzeugen in gleicher Weise Photonen.
Der Quench wirkt sich auf das Comptonspektrum in vergleichbarer Weise wie beim Betaspektrum aus. Somit kann ein Quenching bei neueren Flüssigkeitsszintillationszählern sowohl detektiert (*Quenchdetektor*) als auch (automatisch) korrigiert werden. Die frühere Empfindlichkeit im Hinblick auf unterschiedliche Probevolumina und der Zusammensetzung des Cocktails sind in neueren Geräten weitgehend behoben.
Vorteil: Geringer Zeitbedarf; die Probe wird nicht verändert.
Nachteil: Die Probe muß homogen sein.

- *Kanalverhältnismethode (SCR).* Hierbei wird der Zählkanal in einen niedrigenergetischen Teil a und einen höherenergetischen Teil b aufgespalten. Durch den Quench wird die Nettozählrate C_a in Kanal a erhöht und die Nettozählrate C_b in Kanal b erniedrigt. Das Kanalverhältnis C_b/C_a ist somit ein Maß für den Quencheffekt.
Aus einer Meßreihe von Proben bekannter Aktivität mit verschieden starker Quenchung kann eine Eichkurve erstellt werden, indem die Zählausbeute $E = (C_a + C_b)/A$ gegen das Kanalverhältnis C_a/C_b aufgetragen wird.
Vorteil: Es wird nur eine Zählung benötigt, die Probe wird nicht verändert. Die Methode ist für jede Art von Quenching geeignet und ist unabhängig vom Probevolumen.
Nachteil: Ungenau bei niedrigen Aktivitäten.

- *Externe Standardkanalverhältnismethode (ESCR).* Diese Methode verbindet die beiden vorgenannten Methoden. Neben dem Meßkanal sind noch zwei weitere Kanäle nötig, in denen das Kanalverhältnis C_{Sb}/C_{Sa} des externen Standards bestimmt wird. Zum bestimmen der Eichkurve wird eine Reihe von Proben mit bekannter Aktivität gemessen und die Zählausbeute E im Probenkanal gegen das externe Standardkanalverhältnis C_{Sb}/C_{Sa} aufgetragen.
Vorteil: Schneller und genauer als die Methode der externen Standardisierung.
Nachteil: Teurere Gerätekosten, da zusätzliche Kanäle benötigt werden.

Bei der Doppelmarkierungsmethode wirkt sich das Quenching besonders aus, da sich das Impulshöhenspektrum zu niedrigeren Energien verschiebt. Schon bei geringem Quench wird ein erheblicher Anteil der ^{14}C-Zerfälle im ^{3}H-Fenster gemessen (s. Bild 3.5 und vgl. Bild 3.4).

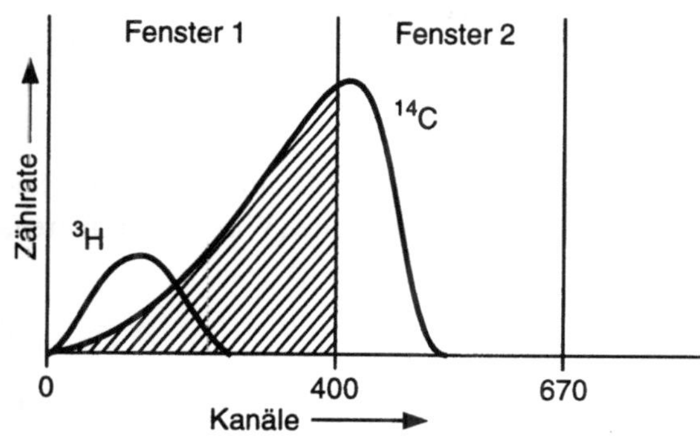

Bild 3.5 Eine gequenchte Probe zeigt gegenüber der ungequenchten Probe (Bild 3.4) eine Verschiebung des Impulshöhenspektrums zu niedrigeren Energien. Damit wird der ^{14}C-Spillover (schraffierte Fläche) in das ^{3}H-Fenster größer.

Neuere Geräte verändern die Fenster in Abhängigkeit des jeweiligen Quenches so, daß der Spillover minimal oder konstant gehalten wird (**A**utomatic **Q**uench **C**ompensation, AQC).

Fehlerquellen

Eine der wichtigsten Fehlerquellen ist die Verminderung der Zählausbeute durch den „Quench". Je nach der Entstehungsart des Quenches (s. Bild 3.3) kann in begrenztem Umfang Abhilfe geschaffen werden:

- *Physikalischer Quench* durch Fremdkörper. *Abhilfe:* Entfernen durch Zentrifugieren oder Filtrieren, falls die Aktivität nicht im Feststoff vorliegt oder daran adsorbiert ist. Probe durch „Solubilisieren" in ein homogenes Zählsystem (s. o.) überführen.
  Eine Quenchkorrektur ist nicht möglich.
- *Chemischer Quench* durch gelöste Fremdstoffe. *Abhilfe:* Sauerstoff kann durch Begasen mit Stickstoff entfernt werden.
  Eine Quenchkorrektur ist möglich, falls die Ursache nicht zeitabhängig ist (s. o.).
- *Farbquench* durch Absorption von Photonen durch farbige Beimischungen in der Probe. *Abhilfe:* Entfärben der Probe mit Benzoylperoxid oder 30%igem Wasserstoffperoxid. Durch Verschieben des pH-Werts in den sauren Bereich kann eine Chemilumineszenz vermieden werden.
  Eine Quenchkorrektur ist möglich.

Fehlerquellen können auch durch Prozesse entstehen, die Photonen liefern:

- *Chemilumineszenz* (s. o.). Da die chemische Reaktion nur eine begrenzte Zeit anhält, braucht man im Prinzip nur zu warten, bis die Reaktion abgelaufen ist. Es gibt aber auch andere Ursachen, z. B. starke Lichteinstrahlung auf Probe, Cocktail und Zählröhrchen aus Pyrexglas.
  Chemilumineszenz-Monitor. Zur Unterscheidung zwischen echten Mehrphotonen-Ereignissen, die durch β-Teilchen erzeugt werden und den Einzelphotonen-Ereignissen der Chemilumineszenz werden in einem MCA die Summe aller koinzidenten Erignisse gespeichert (radioaktive und zufällig koinzidente Ereignisse). In einem zweiten MCA wer-

den nur die zufällig koinzidenten Ereignisse gespeichert (delayed Coincidence-Verfahren). Durch Subtraktion der Speicherinhalte wird die Zahl der reinen β-Zerfälle erhalten.

Anwendungsbereich

Quantitative Bestimmung von niederenergetischen β-Strahlen in der Biologie bzw. Biochemie (^{3}H, ^{14}C, ^{35}S, ^{32}P) und zur Arbeitsplatzkontrolle im Strahlenschutz (Wischtestverfahren, Anhang B 2.3).

Literatur

P. D. Burus und R. Steiner, *Advanced Technology Guide*, Beckman Firmenschrift, Fullerton, California **1991**.

A. Dyer, *An Introduction to Liquid Scintillation Counting*, Heyden, London **1974**.

B. W. Fox, Techniques of Sample Preparation for Liquid Scintillation Counting in: T. S. Work and E. Work, Hrsg., *Laboratory Techniques in Biochemistry and Molecular Biology*, North-Holland Publishing Company, Amsterdam **1976**.

C. T. Peng, *Sample preparation in liquid scintillation counting*, Amersham Buchler, Firmenschrift, Amersham, England **1977**.

s. auch Abschnitt 3.2.2.2

3.2.2 Gammazähler

Beim Einwirken von γ-Strahlen auf einen mit Thalliumionen dotierten Natriumkristall werden Photonen erzeugt, die mit einem Photomultiplier gemessen werden können.

Grundlagen

Während in der Flüssigkeitsszintillationsmeßtechnik Teilchenstrahlung aufgrund ihrer starken Wechselwirkung mit dem Lösungsmittel effizient gemessen werden kann, durchstrahlt die höherenergetische γ-Strahlung das Lösungsmittel ohne wesentliche Wechselwirkung. Um mit γ-Strahlen eine Wechselwirkung zu bekommen, muß ein möglichst dichtes Material, ein Feststoffszintillator eingesetzt werden. Hierfür ist ein Einkristall aus Natriumiodid gut geeignet, der mit Spuren von Thallium dotiert ist.

An Stelle von Natriumiodid kann auch ein Halbleiter als Detektor verwendet werden.

3.2.2.1 Zähler mit Natriumiodidkristall

Im Natriumiodidkristall erzeugen γ-Strahlen Lichtblitze, die durch Photomultiplier gezählt werden. Dabei ist die Impulshöhe proportional zur Strahlungsenergie.

Beim Durchstrahlen des Natriumiodids werden bewegliche Elektronen in dem Gitter erzeugt und als Folge davon positiv geladene Löcher. Diese sind ebenfalls beweglich. Wenn sie auf ein Thalliumion treffen, geben sie ihre Energie ab und es entsteht ein angeregtes Thalliumion. Dieses kann durch emittieren von Photonen in den Grundzustand zurückkehren. Dabei wirkt das Tl^{+} als Aktivator.

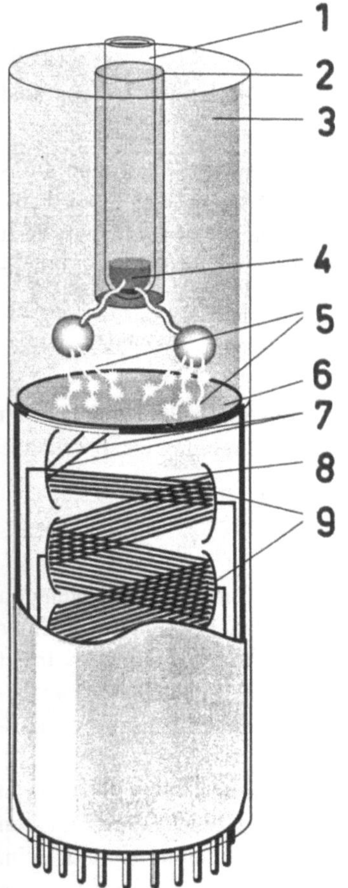

Bild 3.6 Prinzip eines Szintillator-Detektors zur Messung von γ-Strahlen (Wallac Oy, Turku Finnland, in D Berthold, PO 100163, 75312 Bad Wildbad).

1 Proberöhrchen
2 Bohrloch
3 Natrium(Tl)-Kristall
4 Probe
5 Photonen
6 Photokathode
7 Photoelektronen
8 Sekundärelektronen
9 Dynoden

Neben anderen Ausführungen hat der Bohrlochkristall die breiteste Anwendung gefunden. Wie in Bild 3.6 dargestellt ist, wird das Probengefäß direkt in den Kristall eingeführt, um eine möglichst große Wirkung zu erzielen. Die im Kristall entstehenden Photonen erzeugen beim Auftreffen auf den Photomultiplier einen Impuls, dessen Energieverteilung ähnlich wie im Flüssigkeitsszintillationszähler in einzelnen Kanälen aufgenommen wird.

Fehlerquellen

- Hoher Nullwert durch Fremdeinstrahlung. *Abhilfe:* Gerät an einem geeigneten Ort aufstellen.
- Schlechte Reproduzierbarkeit kann durch unterschiedliche Geometrie der Probe verursacht werden. *Abhilfe:* Probengefäß gut justieren; gleiche Füllhöhe in den Probenröhrchen.

Anwendungsbereich

- Messung von ^{125}I und ^{131}I im Radioimmunoassay (RIA).
- Messung von ^{57}Co und ^{58}Co im klinischen Bereich zum Vitamin B12 RIA. Dabei wird das natürliche vorkommende Kobalt teilweise durch das radioaktive Isotop ^{57}Co ausgetauscht.

- Messung von ^{59}Fe für Hämogolobin-Tests
- Messung von ^{137}Cs und ^{134}Cs in Böden, Pflanzen und Tieren. Die beiden Isotope sind Bestandteil des atomaren Fallout.
- In der Positronen-Emittierenden-Tomographie (PET). Hierbei werden Positronen emittierende Isotope im Blutkreislauf durch eine ringförmige Anordnung von Positronendetektoren detektiert. Beim Zerfall entstehen zwei Positronen, die genau entgegengesetzt emittiert werden. Durch die ringförmige Anordnung der Detektoren kann ein zweidimensionales Bild der Positronenquelle erhalten werden.

3.2.2.2 Zähler mit Halbleiter

In Halbleitern kann ionisierende Strahlung Defektelektronen erzeugen, die dann elektronisch erfaßt und ausgewertet werden. Aus dem Meßeffekt kann das der γ-Strahlung entsprechende Nuklid bestimmt werden. Die Hauptanwendung ist die γ-Spektroskopie.

Grundlagen

Die Halbleiterdetektoren sind in ihren meßtechnischen Eigenschaften und Anwendungen den Szintillationsdetektoren (vgl. Abschnitt 3.2.2.1) ähnlich. Das elektrische Signal wird hier jedoch nicht über die Entstehung von Photonen durch den Szintillationseffekt, sondern direkt im Halbleiter erhalten. Durch die ionsierende Strahlung entstehen Elektronen-Defektelektronen-Paare. Diese Ladungsträger werden durch ein elektrisches Feld abgesaugt und in Spannungsimpulse umgesetzt.

Halbleiterdetektoren bestehen zur Zeit aus Silicium und Germanium. Einige Detektoren müssen dauernd mit flüssigem Stickstoff gekühlt werden. Hochreine Ge-Detektoren müssen zwar nur während der Messung gekühlt sein und können sonst auf Raumtemperatur sein. Dieser Einschränkung in der Anwendung steht aber die wesentlich höhere Energieauflösung im Vergleich zu den Szintillationsdetektoren gegenüber, wie aus Bild 3.7 ersichtlich ist.

Anwendung

Mit Halbleiterdetektoren werden alle Arten ionisierender Strahlung gemessen. Hauptanwendungsgebiet sind die Energiespektrometrie in der Kernphysik, die Analysenmeßtechnik und der Strahlenschutz.

Literatur

M. F. L'Annunziata, *Radionuclide Tracers – Their Detection and Measurement*, Academic Press, New York **1987**.

K. Debertin und R. G. Helmer, *Gamma- and X-Ray Spectrometry with Semiconductor Detectors* North-Holland, Amsterdam **1988**.

R. Maushart, *Überwachung der Radioaktivität in der Umwelt* – Strahlenschutz-Meßtechnik für Praktiker, Teil 3 der Reihe "Man nehme einen Geigerzähler", GIT-Verlag, Darmstadt **1989**.

W. Stolz, *Messung ionisierender Strahlung – Grundlagen und Methoden*, Physik-Verlag, Weinheim **1985**.

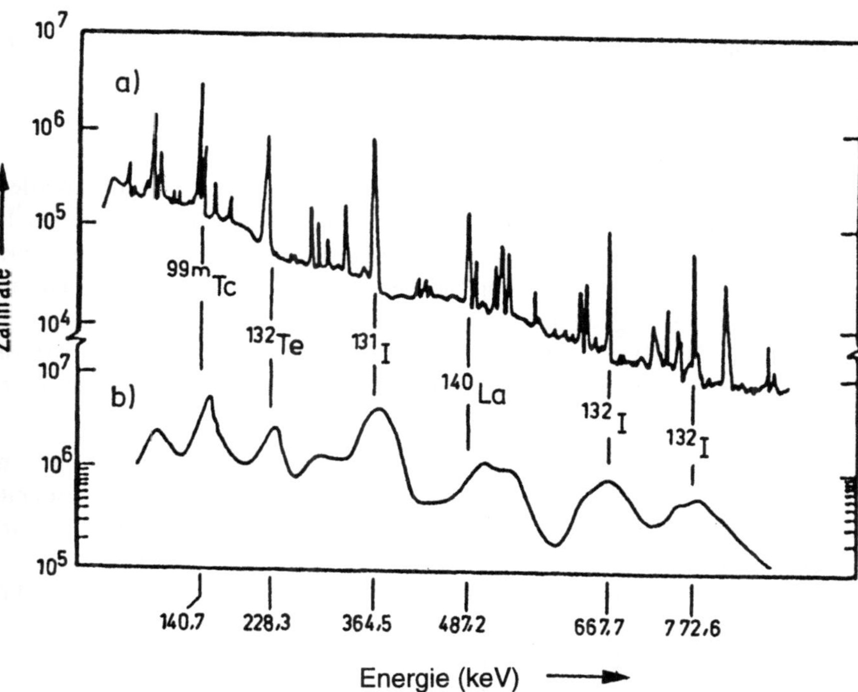

Bild 3.7 Vergleich der Energieauflösung von (a) Germanium-Halbleiter- und Szintillations-Detektor (b). (H. Lemme, Kernstrahlungsmessung mit Halbleiterdetektoren; *Elektronik* 21, S. 102 – 104, **1988**.

3.2.3 β, γ-Direktmessungen von DC, Elektrophorese und Schnitten

Unter Direktmessungen (Radionuklidimaging) versteht man das Erzeugen eines Bildes der Verteilung von Radionukliden in einem vorgegebenen Körper oder Material.

Die älteste Form der Direktmessung ist die Autoradiographie mit einem Film. Dabei wird ausgenutzt, daß radioaktive Strahlung ähnlich wie Licht einen Film schwärzen kann.

Autoradiographie ist die am meisten angewendete Methode, um ein Bild zu erzeugen, das direkt mit dem Auge erfaßt werden kann (Makroautoradiographie). Bilder auf zellulärer oder subzellulärer Ebene können nur mit Licht- oder Elektronenmikroskopen erzeugt werden (Microautoradiographie).

3.2.3.1 Autoradiographie

Die im direkten Kontakt mit der lichtempfindlichen Schicht eines Films befindliche radioaktive Probe erzeugt durch die Ionisationsspur der radioaktiven Strahlung in der lichtempfindlichen Schicht eine Schwärzung. Die Autoradiographie ist die einfachste Detektierungsmöglichkeit radioaktiver Strahlung.

Je nach Anwendungsgebiet können direkt morphologische Strukturen sichtbar gemacht werden. Die Autoradiographie kann aber auch dazu verwendet werden, markierte Verbindungen nach ihrer dünnschichtchromatographischen oder elektrophoretischen Trennung zu identifizieren und quantitativ zu bestimmen.

Grundlagen

Prinzipiell können fast alle radioaktiven Isotope für die Autoradiographie benutzt werden. Stark ionisierende Strahlungen, z. B. α-Strahlung und niedrigenergetische β-Strahlung (^{3}H, ^{14}C) können mit einer höheren Auflösung, höherenergetische β-Strahlung (z.B. ^{32}P) mit einer höheren Empfindlichkeit gemessen werden. In Tabelle 3.5 sind die Energien und Eindringtiefen von β-Strahlern zusammengestellt.

In manchen Fällen (z. B. ^{3}H) reicht die Aktivität der Probe nicht aus oder ist die Expositionszeit zu lange. Dann kann man zwei Verfahren zur Steigerung der Empfindlichkeit anwenden.

- *Szintillationsautoradiographie* (Szinto- oder Fluorographie). Bei Anwesenheit von Szintillatoren können diese durch die Strahlung angeregt werden. Das dabei ausgestrahlte Licht schwärzt dann den Film entsprechend der Intensität der Strahlung. Der Szintillator kann auf drei Wegen eingesetzt werden
  - durch direkte Einarbeitung in die Trennschicht der DC-Platte bzw. des Elektrophoresegels
  - oder durch nachträgliches Besprühen bzw. Tränken der Trennschicht oder
  - heute üblich durch Auflegen einer Fluoreszenzfolie.
- *Tieftemperaturexposition.* Hier wird die Tatsache ausgenutzt, daß photographische Filme bei tieferen Temperaturen einen geringeren Untergrund aufweisen. Damit nimmt die Nachweisempfindlichkeit zu. Die Exposition bei –78°C verbessert z. B. die Nachweisgrenze von ^{3}H um den Faktor 10.

Bei Kombination beider Verfahren kann die Expositionszeit, bzw. die Nachweisgrenze, noch weiter gesenkt werden.

Doppelmarkierung. Die unterschiedliche Reichweite (s. Tabelle 3.5) verschiedener Nuklide kann zur Detektion von doppelmarkierten Proben ausgenutzt werden. Voraussetzung ist ein genügend großer Unterschied in der β-Energie der beiden Nuklide.

- Vom auszuwertenden Objekt wird einmal direkt ein Autoradiogramm und ein weiteres durch eine Folie zwischen Objekt und dem Röntgenfilm angefertigt. Dieses Verfahren eignet sich zur Detektion von $^{14}C/^{32}P$ markierten Proben.

Tabelle 3.5 Zusammenhang zwischen Strahlungsenergie und Eindringtiefe in die lichtempfindliche Schicht von Röntgenfilmen einiger wichtiger β-Strahler.

Nuklid	β-Energie Mev	Eindringtiefe µm
^{3}H	0,018	2
^{14}C	0,155	100
^{32}P	1,71	3200
^{35}S	0,167	100

- Die Nuklidkombination $^{14}C/^{32}P$ kann durch einen Farbfilm bestimmt werden. Die β-Teilchen des ^{14}C dringen nur in die oberste Schicht des Farbfilms ein und erzeugen dort bläuliche Flecke, während β-Teilchen von ^{32}P tiefer eindringen und an der grünlichen Farbe der Flecken erkannt werden können.
  Mit einem Polaroidfilm kann $^{3}H/^{14}C$ bestimmt werden. ^{3}H ergibt blaßblaue, ^{14}C grünweiße Flecken.

Auflösung. Die Auflösung benachbarter Flecken hängt von verschiedenen Faktoren ab:

- Je energieärmer die Strahlung, desto besser die Auflösung.
- Die Auflösung nimmt mit zunehmender Schichtdicke der Emulsion ab.
- Mit zunehmender Korngröße der Silberhalogenidkristalle nimmt die Auflösung ab, die Empfindlichkeit aber zu.
- Schichtdicke des Präparats
- Abstand von der fotografischen Schicht.

Materialien

Außer Röntgenfilmen oder evtl. Farbfilmen werden nur noch Materialien zur Entwicklung und Fixierung von Filmen benötigt. Zu Steigerung der Empfindlichkeit können noch Szintillatoren wie sie bei der Flüssigkeitsszintillation verwendet werden (z. B. Anthracen, PPO oder POPOP in Dimethylsulfoxid oder Dioxan) eingesetzt werden.

Für die Strukturautoradiographie wird evtl. Kernspuremulsion benötigt.

Durchführung

Alle Arbeiten mit lichtempfindlichem Material müssen im Dunkelraum bei schwacher, dunkelroter Beleuchtung oder in absoluter Dunkelheit durchgeführt werden.

Autoradiographie von Chromatogrammen/Elektropherogrammen

- Platten gut trocknen. Lösungsmittel müssen vollständig entfernt sein.
- Markierungspunkte an den Plattenrändern anbringen, damit die Zuordnung der Flecken auf dem Film und der Platte einfach möglich ist. Hierzu wird eine alte radioaktive Probe mit einem Farbstoff versetzt.
- Röntgenfilm auf die Platte legen und mit einer Glasplatte andrücken.
- Lichtdicht mit Aluminiumfolie einwickeln oder eine Entwicklungskassette benutzen und genügend lange „belichten“.
- Film nach den Angaben des Herstellers entwickeln.

Strukturautoradiographie

Bei genügend flachen Objekten kann wie oben beschrieben vorgegangen werden. Weitere Verfahren sind:

- *Montier-Methode.* Histologische Schnitte werden auf den Film aufgeschwemmt.

- *Stripping-Film-Methode.* Mit einer Drahtöse wird eine Kernspuremulsion (ist bei 45°C flüssig) über das mikroskopische Präparat als dünner Film gezogen. Nach der Exposition kann der Film quantitativ durch Messung der Schwärzung oder durch mikroskopische Silberkornauszählung ausgewertet werden.

Auswertung

Für die quantitative Auswertung der detektierten Flecken gibt es mehrere Möglichkeiten:

- *Auskratzen (DC) oder Ausschneiden (Elektrophorese) der markierten Flecke* und durch LSC ausmessen. Heterogenes Zählsystem (s. o.), daher weniger genau. Besser ist es, wenn die Probe aus der Matrix isoliert und im LS-Counter gemessen wird.
- Genaue Ergebnisse können auch durch *Verbrennen* der isolierten Probe (s. o.) erzielt werden.
- *Optische Ausmessung der Schwärzung.* Der Meßbereich ist durch den linearen Meßbereich des Films begrenzt. Die Entwicklungsbedingungen müssen genau eingehalten werden. Eichung mit Standards erforderlich.

Fehlerquellen

Trotz der einfachen Durchführung der Autoradiographie können eine Reihe von Störungen auftreten. In den meisten Fällen handelt es sich dabei um punktuelle oder flächige Schwärzungen des Films (Artefakte):

- Scharfe Flecken oder verwaschene Flächen auf dem Film durch Lichteinfall. Ursache: Löcher in der Verpackung bzw. Empfindlichkeit des Röntgenfilms gegen Rotlicht.
- Lokale Schwärzung durch Druck (z. B. Kratzen) auf die druckempfindliche Photoschicht.
- Sternförmige oder bahnartige Schwärzung des Films durch elektrostatische Entladungen beim Abziehen des Röntgenfilms von Folien, die eine geringe elektrische Leitfähigkeit besitzen – besonders bei geringer Luftfeuchtigkeit.
- Durch das Eindiffundieren von Chemikalien aus dem Objekt in die Photoschicht können Schwärzungen erzeugt, aber auch aufgehoben werden. *Abhilfe:* Dünne Kunststoffolie zwischen Objekt und Film legen. Die Expositionszeit muß entsprechend verlängert werden.
- Grauer Untergrund durch zu lange Expositionszeiten oder zu lange Lagerung des Films. Günstig wirkt sich die Lagerung der Filme bei niedriger Temperatur aus.

Anwendungsbereich

Bei flachen Objekten wie DC-Platten, Elektropherogrammen, Gewebeschnitten oder Quetschpräparaten zur Untersuchung von:

- Aufnahme, Transport, Deponierung und Metabolismus pflanzlicher und tierischer Inhaltsstoffe
- Einlagerung von Pharmaka in Organe von Versuchstieren

- Markierung von Chromosomen z. B. durch Einbau von ^{3}H-Thymidin
- qualitative und quantitative Auswertung von DC-Platten oder Elektropherogrammen
- DNA-Sequenzierung (s. Abschnitt 2.2)

Literatur

P.B. Gahan, *Autoradiography for Biologists*, Academic Press, New York **1972**.

S. Prydz, T. B. Melö, J. F. Koren und E. L. Eriksen, Fast Radiochromatography Detection of Tritium with „Liquid" Scintillators at Low Temperatures, *Angew. Chem. 42*, 156-161, **1970**.

C.O. Tio und S. P. Sisenwine, Autoradiography of Thin-layer Radiochromatograms Using Polaroid Films, *J. Chromatogr. 48*, 555-557, **1970**.

3.2.3.2 Proportionalzählrohr

Das Zählen von Ionisationsprozessen in Gasen erfolgt mit Hilfe des Proportionalzählrohrs. Die bei der Ionisation entstehenden Ionenpaare werden an den entsprechenden Elektroden gesammelt und die gesammelten Ladungen werden als „*counts*" registriert. Mit einer besonderen Meßanordnung kann der Zerfallsprozeß auch „ortsabhängig" gemessen werden (Linear Analyzer).

Grundlagen

Das prinzipielle Problem beim Detektieren eines einzelnen ionisierenden Teilchens liegt in dem sehr kleinen elektrischen Impuls. Durch die hohe Spannung an den aus Drähten bestehenden Elektroden entsteht ein hoher Potentialgradient. Wenn sich ein einzelnes Elektron der Anode nähert, wird es so stark beschleunigt, daß es neue Ionenpaare erzeugt. Dieser Prozeß setzt sich fort und führt zu einer Lawine von Elektronen an der Anode. Diese Gasverstärkung (auch als Stoßionisation bezeichnet) kann innerhalb von 2 µs erfolgen und einen genügend starken und somit meßbaren Impuls hervorrufen.

Aufgrund der zweifachen Ladung und der höheren Masse eines α-Teilchens entstehen im Vergleich zu den nur einfach geladenen und leichteren β-Teilchen mehr Ionenpaare. Mit einem Impulshöhendiskriminator kann daher zwischen α- und β-Teilchen unterschieden werden. Mit einem Pulshöhen- oder Multikanalanalysator können auch die Energien von Röntgen- und schwachen γ-Strahlen bestimmt werden.

Im Gegensatz zum Geiger-Müller-Zählrohr bleibt der Ionisationsprozeß ein lokales Ereignis. Durch eine elektrische Schaltung kann der Ort des Ereignisses bestimmt werden. Dieses Meßprinzip liegt den Linear Analyzern zugrunde. Im Prinzip wird hierbei der Draht der Anode über die auszumessende Spur eines Dünnschichtchromatogramms oder eines Elektropherogramms positioniert. Der Ort des Ionisationsprozesses auf der Anode entspricht dann dem Ort des radioaktiven Zerfalls in der Spur. Wurde bei den älteren DC-Scannern eine Spur Punkt für Punkt durchgemessen, entsteht bei den Linear Analyzern in kürzester Zeit ein Abbild der Radioaktivitätsverteilung in der gesamten Spur. Dieses Prinzip ist bei den Imagern noch weiter verfeinert (vgl. 3.2.3.3).

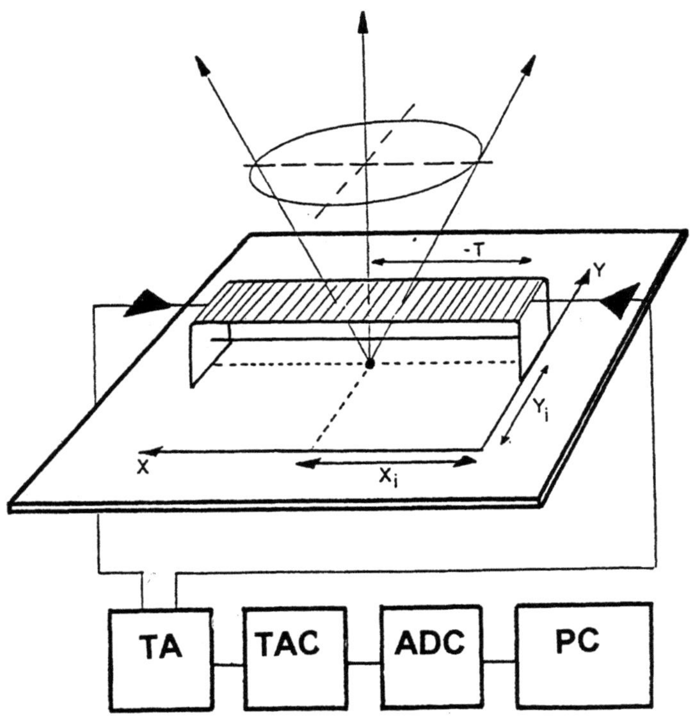

Bild 3.8 Prinzip der Meßmethode des ortsempfindlichen Proportionalzählrohrs im Linear Analyzer Chroma 2D (Berthold, Wildbad).

TA = Time Analyzer
TAC = Zeit-Amplituden-Konverter
ADC = Analog-Digital-Wandler
PC = Personalcomputer

Geräte

Das Prinzip eines ortsabhängig messenden Proportionalzählrohrs ist in Bild 3.8 wiedergegeben.

Es besteht aus einem positiv geladenen Zähldraht (Anode) und einigen Kathodendrähten, die alle in Längsrichtung verlaufen. Die von der Probe emittierten β-Teilchen erreichen die Drahtkammer von unten durch ein 200 bis 250 mm langes und – je nach Blende – bis zu 15 mm breites offenes Fenster. Die β-Teilchen ionisieren im Zählrohr das Zählgas. Die dabei entstehenden Elektronen werden auf die Anode zubewegt und erzeugen eine Ladungslawine (s. o.), die ihrerseits auf dem Anodendraht ein Ladungskügelchen hervorruft, dessen Ladungsmenge proportional zur Ionisation des emittierten β-Teilchens ist. Der Ort des Ladungskügelchens auf der Anode wird durch die Laufzeit der Signale gemessen. Die Ladungskügelchen erzeugen in den Kathodendrähten eine Influenzladung, die in beide Richtungen über eine Verzögerungsleitung zur Masse abfließt. Die Influenzladung erzeugt nach einer Laufzeit an den Enden der Verzögerungsleitung ein Ladungssignal „Start“ und „Stop“ das der Position des Ladungskügelchen auf der Anode entspricht. Aus der Differenz der Signallaufzeiten ergibt sich auf der X-Achse die Position des β-Teilchens.

Je nach der Reichweite der zu messenden Strahlung ist das Fenster offen oder geschlossen. Beim offenen Fenster fließt das Zählgas mit konstanter Geschwindigkeit durch den Detektor. Beim geschlossenen Fenster (Folie mit Silberverspiegelung) muß das Zählgas immer wieder nachgefüllt werden.

Als Zählgase werden verwendet:

- 90 % Argon / 10 % Methan
- Methan oder Propan ist empfindlich für β-Teilchen. Der Wirkungsgrad für ^{14}C ist ca. 30 % und für ^{3}H bei offenem Fenster 10 %.
- Xenon mit Fenster (Einmalfüllung) ist besser für γ-Strahlen geeignet. Der Wirkungsgrad für ^{14}C ist nur ca. 5 %.

Auswertung

Die im Time Analyzer (TA) eintreffenden Ladungssignale werden in die Impulssignale „Start" und „Stop" umgeformt, die im Zeit-Amplituden-Konverter (TAC) in ein Ausgangssignal umgewandelt werden, dessen Höhe dem Ort X_i proportional ist. Die analogen Signale werden im Analog-Digital-Konverter (ADC) digitalisiert und in das Datensystem (PC mit spezieller Schnittstelle) eingelesen.

Anwendung

- Im Strahlenschutz als Hand- bzw. Hand-Fuß-Monitor. Durch die einfache Messung der Zahl von radioaktiven Zerfällen, kann ebenso wie auch mit dem ähnlich aufgebauten Geiger-Müller-Zählrohr Dosimetrie betrieben werden.
- Bestimmung der Strahlenart. Durch Bestimmung der Impulshöhe der gemessenen Impulse, kann zwischen α-, β-Teilchen, Röntgen- und schwachen γ-Strahlen unterschieden werden.
- Die Möglichkeit der ortsaufgelösten Bestimmung von Impulsen kommt bei den Linear Analyzern und den Imagern zur Anwendung (vgl. Abschnitt 3.2.3.3).

Literatur

s. Abschnitt 3.2.2.2

3.2.3.3 Imager

Imager sind Auswertegeräte, bei denen direkt eine bildliche Wiedergabe (meist auf dem Bildschirm eines Personal Computers) der Radioaktivitätsverteilung einer Oberfläche (z. B. DC-Platte, Gewebeschnitt) erzeugt wird. Die Detektoren sind aus einem oder mehreren Proportionalzählrohren aufgebaut (vgl. Abschnitt 3.2.3.2).

Proportionalzähler mit direkter Bildwiedergabe haben die mechanisch angetriebenen Dünnschichtscanner weitgehend vertrieben. Sie unterscheiden sich von den die Oberfläche punktförmig abtastenden Scannern dadurch, daß der Detektor die ganze Oberfläche abdeckt (zweidimensional).

Geräte

Da der Imager die gesamte Radioaktivität ortsaufgelöst und simultan mißt, liegt das Ergebnis der Auswertung augenblicklich, auf jeden Fall aber wesentlich schneller als bei den älteren Radioscannern vor. Zudem ist die Empfindlichkeit wesentlich höher.

Die Geräte enthalten Array Detektoren, die aus einer Anordnung (Array) von 100 Anodendrähten bestehen und eine Fläche von bis zu 20 × 20 cm abdecken. Die Positionen der radioaktiven Komponenten werden von zwei Sätzen von Kathodendrähten registriert, die mit zwei getrennten Delaylinien verbunden sind.

Beim Instantimager (Packard) kommt ein Microchannel Array Detektor (MICAD) zur Anwendung. Hier sind mehr als 200 000 Microkanäle über einer Fläche von 20 × 24 cm angeordnet. Jeder der Microkanäle hat einen Durchmesser von nur 400 micron. Ein starkes elektrisches Feld an der Platte vervielfacht wie in einem Proportionalzählrohr die durch ein Loch eindringenden Elektronen lawinenartig. Die Position jedes detektierten radioaktiven Ereignisses wird in einer dünnen Mehrdrahtkammer gezählt. Diese digitalen Daten werden in einem Rechner gesammelt, bearbeitet und als Abbild der dünnen Schicht auf dem Bildschirm wiedergegeben.

Auswertung

Die Rohdaten werden von einem Computer übernommen und mit Hilfe der geeigneten Software in ein eindimensionales (falls nur eine Spur gemessen werden soll), zweidimensionales oder sogar dreidimensionales Bild übersetzt. Dabei wird senkrecht zur Meßebene noch die Konzentration wiedergegeben.

Anwendungsbereich

Imager finden ihre Anwendung bei der automatischen, quantitativen Auswertung der Radioaktivitätsverteilung auf Dünnschichtplatten, Papierchromatogrammen und in Gelen.

Da die Imager die Verteilung der Radioaktivität mit einem Meßvorgang zweidimensional bestimmen, eignen sie sich neben den bereits oben genannten Anwendungsbereichen auch noch zur Auszählung von Filtern und Microtiter-Platten.

Aufgrund der sehr kurzen Meßzeit eignen sich die Imager besonders für das Screening, da hier sehr viele Proben in möglichst kurzer Zeit zu untersuchen sind und auch für die Untersuchung kinetischer Abläufe.

Literatur

s. Abschnitt 3.2.2.2.

4 Elektroanalytische Methoden

4.1 Allgemeines

4.1.1 Elektroanalytische Methoden

Die *Elektrochemie* untersucht Umsetzungen, bei denen von einer Spannungsquelle gelieferte Elektronen an chemischen Reaktionen teilnehmen. Der elektrische Strom ist dabei Auslöser (Elektrolyse) oder Resultat (galvanische Zelle) der Reaktion. Elektronen*quelle* oder *-senke* sind – meist inerte – *Elektroden*, die in einen *Elektrolyten* eintauchen. Die elektrisch positivere der beiden Elektroden ist die *Anode*, die elektrisch negativer geladene die *Kathode*. Je nachdem, ob Elektronen auf die reagierenden Teilchen übertragen oder von diesen abgegeben werden, spricht man von *Reduktion* oder *Oxidation*. An einen solchen *Elektronentransfer* als Primärprozeß können sich chemische Reaktionsschritte anschließen.

Auch viele biochemische Reaktionen stellen Redoxvorgänge dar oder werden von diesen ausgelöst. Elektrochemische Umsetzungen laufen wie biochemische Vorgänge oft bei relativ milden Bedingungen ab (Raumtemperatur, gegebenenfalls neutraler pH-Bereich). Aus diesen Gründen werden elektrochemische Reaktionen zur Modellierung von Elektronenübertragungen in biochemischen Systemen benutzt. So verlaufen beispielsweise die elektrochemische Oxidation von Aminen und Amiden einerseits und ihr mikrosomaler Abbau andererseits analog. Dies zeigt sich sowohl an der ähnlichen Produktverteilung wie auch am weitgehend identischen Isotopeneffekt auf die Reaktion (Shono et al., 1982). Auch viele analytische Bestimmungen beruhen auf Elektronentransfers (redoxaktive Enzyme, Sensorik).

Die Vorgänge bei elektrochemischen Experimenten lassen sich mit Hilfe von *elektroanalytischen Methoden* untersuchen. Diese benutzen das Potential E einer Elektrode oder den Strom i durch eine Elektrode als Meßgröße, um Konzentrationen zu bestimmen oder den Mechanismus und die Kinetik von Reaktionen an und in der Nähe der Elektrode (*Elektrodenreaktion*) festzulegen. Man kann sie in *statische* und *dynamische* Meßtechniken einteilen.

Statische elektroanalytische Methoden messen das Potential, das sich im thermodynamischen Gleichgewichtszustand an einer Phasengrenze zwischen einer Elektrode und einem Elektrolyten einstellt, als Grundlage für die Quantifizierung und Identizierung von Elektrolytbestandteilen.

Dynamische elektroanalytische Methoden (elektroanalytische Methoden im engeren Sinn) sind Techniken, bei denen E oder i konstant gehalten oder definiert mit der Zeit t verändert wird. Die jeweils andere Größe wird gemessen. Aus ihrem Wert wird auf die Konzentration von Elektrolytbestandteilen geschlossen, aus ihrer Veränderung mit der Zeitskala des Experiments auf die Kinetik oder den Mechanismus der Elektrodenreaktion.

Hier sollen zunächst einige grundlegende Begriffe aus dem Bereich der Elektrochemie definiert und dann einige wichtige experimentelle elektroanalytische Verfahren besprochen werden. Dabei wird der Schwerpunkt weniger auf die quantitativ-analytischen Methoden (Konzentrationsbestimmung) als vielmehr auf die Darstellung derjenigen Techniken gelegt, die eine Untersuchung der Elektrodenreaktionen und ihrer Mechanismen erlauben. Diese Beschränkung erweist sich wegen der Vielzahl elektrochemischer Methoden und ihrer Varianten als nötig. Techniken zur präparativen Elektrolyse wurden dagegen wegen ihrer Bedeutung zusätzlich aufgenommen.

Literatur

T. Shono, T. Toda und N. Oshino, *J. Am. Chem. Soc. 104*, 2639 – 2641 **1982**.

4.2 Grundlagen

4.2.1 Prozesse an einer Elektrode

Elektrochemische Vorgänge sind heterogene Umsetzungen an der Phasengrenze zwischen einer meist inerten Elektrode und einem leitfähigen Elektrolyten, der das Substrat oder die Substrate enthält. Sie setzen sich aus mehreren Teilprozessen zusammen (vgl. Bild 4.1).

Das Edukt (Substrat) E ist im Elektrolyten gelöst. Es wird zunächst zur Phasengrenze (Elektrodenoberfläche) *transportiert*. Das Produkt P des Elektronentransfers muß analog von der Phasengrenze wieder ins Innere der Lösung gebracht werden. Elektrochemisch relevante Transportprozesse sind *Migration* (Bewegung von elektrisch geladenen Teilchen im Feld zwischen den Elektroden), *Konvektion* (makroskopische Bewegung der Elektrolytphase) und *Diffusion* (Bewegung von Molekülen entlang eines Konzentrationsgefälles). Erstere wird bei elektroanalytischen Untersuchungen meist durch den Zusatz von Leitsalzen ausgeschlossen (vgl. Abschnitt 4.2.5). In ruhenden Lösungen kann auch die Konvektion vernachlässigt werden. Bei strömenden Elektrolyten kann sie aber eine Haupttransportart darstellen. Diffusion spielt in den meisten elektrochemischen Systemen eine wichtige Rolle.

Über die Phasengrenze hinweg werden Elektronen e^- ausgetauscht. Man spricht von der *Durchtrittsreaktion*. Dabei wird E durch Aufnahme (Reduktion) oder Abgabe von Elektronen (Oxidation) in P umgewandelt. Der Ladungsdurchtritt ist eine heterogene Umsetzung (Oberflächenreaktion) mit einer definierten Geschwindigkeit. Die Durchtrittsreaktion entspricht der Umwandlung einer oxidierten in eine reduzierte Spezies oder umgekehrt. Entsprechend werden E und P oft auch als Ox und Red (oder umgekehrt) bezeichnet.

An diese Transport- und Durchtrittsprozesse können vor- bzw. nachgelagerte *chemische Reaktionen* gekoppelt sein, die im Innern des Elektrolyten ablaufen. Aus einer Vorstufe E′ wird dabei beispielsweise das elektroaktive E gebildet oder das Produkt P zerfällt in einer Folgereaktion zu P′, wobei auch weitere Moleküle beteiligt sein können. Im Gegensatz zur Durchtrittsreaktion finden diese Umsetzungen in Lösung statt und werden als *homogene* Schritte bezeichnet.

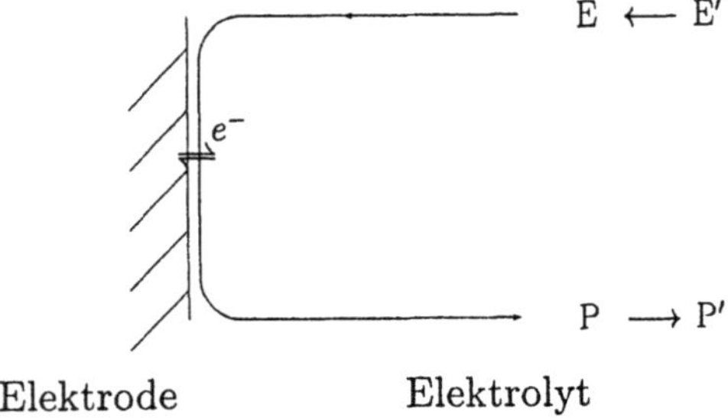

Bild 4.1
Grundlegende Prozesse an der Phasengrenze zwischen einer Elektrode (links) und einem Elektrolyten (erstreckt sich nach rechts); E und E′ stellen Edukte, P und P′ Produkte der Elektrodenreaktion dar.

Schließlich kann *Adsorption* von E, P, Vorstufen, Zwischenstufen, Folgeprodukten oder anderen in der Lösung vorhandenen Teilchen an der Phasengrenze eintreten. Dabei reichert sich das entsprechende Molekül an der Grenzfläche gegenüber dem Innern der Lösung an.

Die Kombination dieser Prozesse stellt die *Elektrodenreaktion* dar. Alle Teilschritte können einen Einfluß auf den Strom i bzw. das Elektrodenpotential E haben. Umgekehrt kann aus i bzw. E und deren Verhalten auf die Elektrodenreaktionen zurückgeschlossen werden.

4.2.2 Theorie

Als Grundlage für die Beschreibung und Diskussion der elektroanalytischen Methoden im einzelnen sollen nun einige der wichtigsten theoretischen Zusammenhänge dieses Gebiets aufgeführt werden.

Die Phasengrenze Elektrode/Elektrolyt verhält sich in erster Näherung wie ein Kondensator mit der Kapazität C_{dl} (Doppelschichtkapazität, double layer capacity). Über die Phasengrenze hinweg finden wir eine Potentialdifferenz. Bei der Angabe von Potentialen ist zu beachten, daß absolute Potentialwerte nicht gemessen werden können, Elektrodenpotentiale E beziehen sich daher immer auf eine Vergleichselektrode.

Die mikroskopischen Struktur der Phasengrenzfläche Elektrode/Elektrolyt beeinflußt wesentlich den Ablauf der elektrochemischen Reaktionen. Es bildet sich eine geladene Doppelschicht aus, an der die Lösungsmittelmoleküle, die Ionen des Leitsalzes (vgl. Abschnitt 4.2.5) und geladene reduzierte bzw. oxidierte Formen der Untersuchungsspezies beteiligt sind (Bild 4.2).

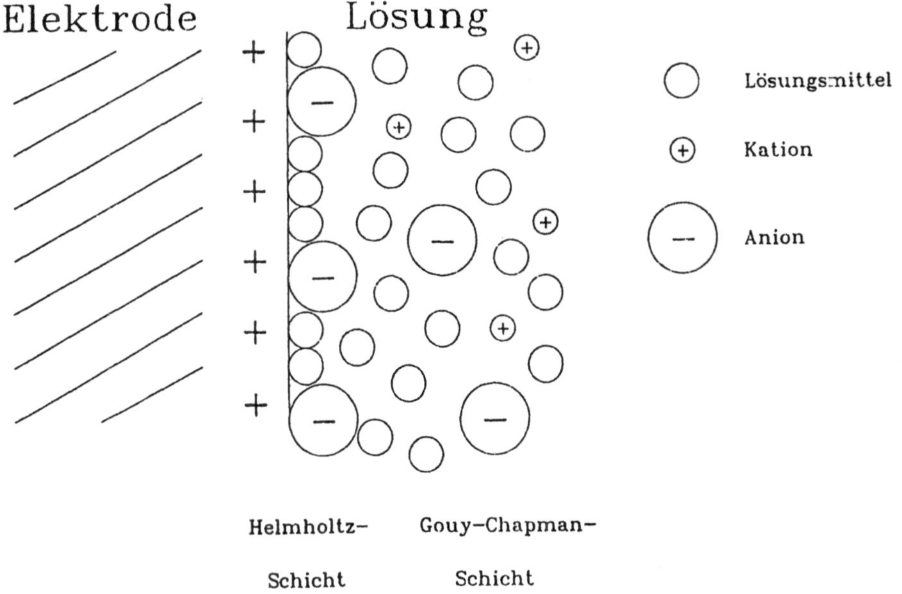

Bild 4.2 Vereinfachte Darstellung der Struktur der Phasengrenze zwischen einer positiv geladenen Elektrode und dem Elektrolyten mit Verteilung der Ladungen, Ionen und Lösungsmittelmoleküle.

Die Elektrode sei mit dem positiven Pol einer Spannungsquelle verbunden, ihr werden dann Elektronen entzogen und sie trägt positive Ladungen. Der Phasengrenze unmittelbar benachbart finden wir eine Schicht von Lösungsmittelmolekülen und Ionen, welche eine der Elektrode entgegengesetzte Ladung besitzen (HELMHOLTZ-Schicht [1]). Daran schließt sich die *diffuse Doppelschicht* (GOUY-CHAPMAN-Schicht) an, in der die Überschußkonzentration an Ladungsträgern, die die Elektrodenladung ausgleichen, mit der Entfernung abnimmt. Die Modifikation dieses Modells durch STERN berücksichtigt zusätzlich die endliche Größe der beteiligten Ionen.

Insgesamt erscheint die Phasengrenze neutral. Zwischen Elektrode und Lösung findet aber eine Ladungstrennung statt, deren Ausmaß und Richtung vom Elektrodenpotential abhängt. Als Folge bildet sich über die elektrochemische Doppelschicht ein elektrisches Feld aus. Dieses ist letztlich die Ursache für die Übertragung von Ladungsträgern in der Elektrodenreaktion.

Fließt durch die Elektrode ein Strom i, entspricht er der übertragenen Ladung Q pro Zeiteinheit:

$$i = Q/t \tag{4.1}$$

Die Ladung ist wiederum proportional der umgesetzten Stoffmenge m (in mol; FARADAYsches Gesetz)

$$Q = nFm \tag{4.2}$$

wobei n die Anzahl der pro Molekül oder Ion übertragenen Elektronen und F die Faraday-Konstante (96487 C/mol) darstellt. Damit ist der Strom proportional zur pro Zeit- und Flächeneinheit umgesetzten Stoffmenge J, dem (Material-)*Fluß*:

$$i = nFm/t = nFAJ \tag{4.3}$$

(A symbolisiert die elektroaktive Fläche der Elektrode).

Erfolgt der Durchtritt des Elektrons durch die Phasengrenze schnell und vernachlässigt man Reaktions- und Adsorptionseffekte, ist J nur eine Funktion des Transports zur Elektrodenoberfläche. In einem ruhenden Elektrolyten wird der Materialfluß im wesentlichen von der Diffusion bestimmt.

Im Innern des Elektrolyten besitze das Substrat des Elektronentransfers eine Konzentration c^0 (vgl. Konzentrationsprofil in Bild 4.3).

An der Elektrodenoberfläche werde es verbraucht. Im Zwischenbereich bildet sich dann eine *Diffusionsschicht* der Dicke δ aus, in der sich c mit der Entfernung von der Elektrode ändert.

Vereinfachend gilt für Systeme mit planarer Elektrode, die durch eine einzelne Entfernungskoordinate x beschrieben werden können:

$$J = -D\left(\frac{\partial c}{\partial x}\right)_{x=0} \tag{4.4}$$

(1. FICKsches Gesetz), wobei D den Diffusionskoeffizienten darstellt. Der Fluß ist also proportional zur Variation der Konzentration c mit der Entfernung x von der Elektrode bei $x = 0$.[2]

[1] Die weitere Aufteilung in eine *innere* und eine *äußere* HELMHOLTZ-Schicht wird hier ebenso vernachlässigt wie die Frage der Solvatisierung der Ionen.

[2] Das Minuszeichen in Gleichung (4.4) resultiert aus der Tatsache, daß der Materialfluß in Richtung negativer x-Werte erfolgt.

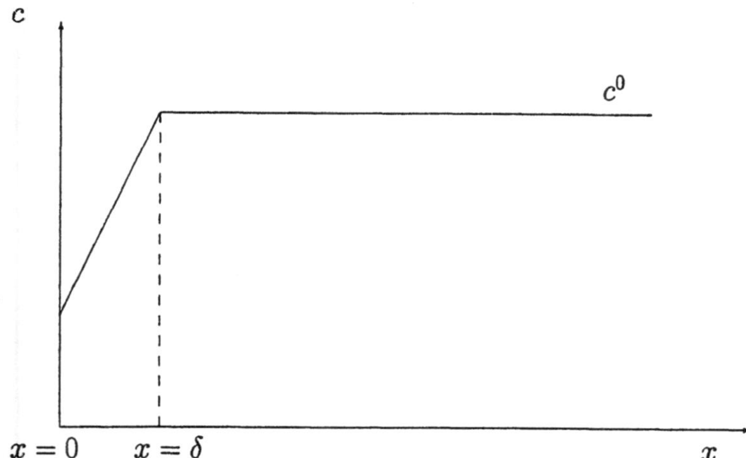

Bild 4.3 Linearisiertes Konzentrationsprofil (x = Entfernungskoordinate) für die Diffusion zu einer Elektrode ($x = 0$) über eine Diffusionsschicht der Dicke δ.

Auch im *bewegten Elektrolyten*, in dem zusätzlich Transport durch Konvektion zu berücksichtigen ist, bildet sich an der Oberfläche der Elektrode eine Diffusionsschicht aus, in der die Teilchen praktisch nur noch diffundieren. Die Dicke dieser Schicht hängt von der Strömungsgeschwindigkeit des Elektrolyten ab. Ein relativ einfacher Fall ist gegeben, wenn der Elektrolyt zeitlich konstant an der Elektrode vorbeiströmt (vgl. Durchflußelektroden, Abschnitt 4.2.5) oder sich umgekehrt die Elektrode entsprechend im Elektrolyten bewegt (vgl. rotierende Elektroden, Abschnitt 4.2.5). In erster Näherung lassen sich hier Konvektion und Diffusion trennen. Nach kurzer Zeit bildet sich ein stationärer Zustand aus. Dann ist δ und damit auch J und schließlich i zeitlich konstant.

Im einem *ruhenden Elektrolyten* breitet sich dagegen die Diffusionsschicht mit der Zeit aus, δ wächst mit t an. In Bild 4.4 sind Konzentrationsprofile für verschiedene Zeitpunkte dargestellt. An der Elektrodenoberfläche selbst sei die Eduktkonzentration verschwindend klein. E diffundiert dann aus dem Bereich hoher Konzentration in den Verarmungsbereich. Im Verlauf des Vorgangs werden die Konzentrationsprofile immer flacher.

Zusätzlich zu Gleichung (4.4) gilt dann das 2. FICKsche Gesetz:

$$\frac{\partial c}{\partial t} = -D\frac{\partial^2 c}{\partial x^2} \tag{4.5}$$

welches die Zeit- (linke Seite) und die zweite Ortsableitung (Differentialquotient auf der rechten Seite) der Konzentration verknüpft.

Für die eigentliche Übertragung des Elektrons kann man zwei Extremsituationen formulieren:

- Der Elektronentransfer verläuft verglichen mit den Transportprozessen *schnell*. Dann stellt sich an der Phasengrenze immer das NERNSTsche Gleichgewicht

$$\frac{c_{\mathrm{ox}}(x=0)}{c_{\mathrm{red}}(x=0)} = \exp\left[\frac{nF}{RT}(E - E^0)\right] \tag{4.6}$$

ein (R = allgemeine Gaskonstante, T = absolute Temperatur). Unter diesen Umständen wird das Verhältnis der Konzentrationen c_{ox} und c_{red} der oxidierten bzw. reduzierten

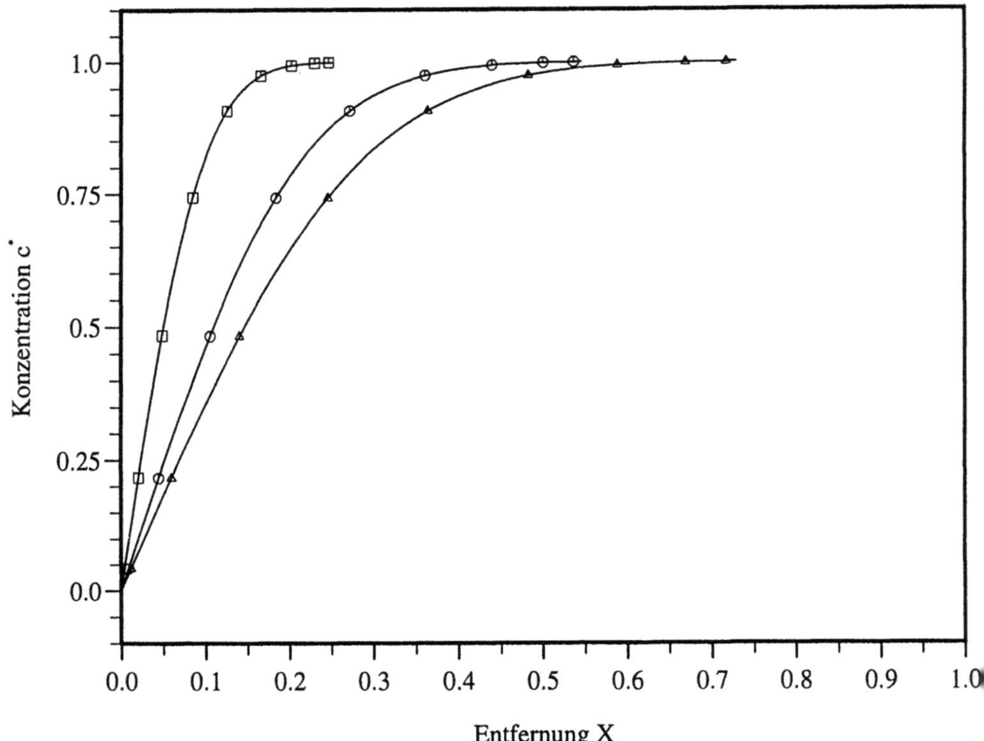

Bild 4.4 Ausbreitung der Diffusionsschicht vor einer Elektrode im ruhenden Elektrolyten; Elektrodenoberfläche bei $x = 0$, $x = 1$ befindet sich in einem unbeeinflußten Teil der Lösung, die Konzentration c^* ist normiert ($0 \leq c^* \leq 1$); berechnete Kurven, in der Reihenfolge der Symbole □, ○, △ an den Kurven wächst die Zeit an.

Spezies bei $x = 0$ immer dem Potential E der Elektrode folgen. Man spricht von einem *reversiblen Elektronentransfer*. Dabei stellt E^0 das *Standard-* oder *Formalpotential* dar. Das Standardpotential ist eine thermodynamische Größe unter Berücksichtigung der Aktivitäten der beteiligten Redoxpartner [die Konzentrationen c in Gleichung (4.6) sind durch die entsprechenden Aktivitäten a zu ersetzen]. Das Formalpotential enthält dagegen die Aktivitätskoeffizienten γ und wird gleich dem Standardpotential, wenn $\gamma_{ox} = \gamma_{red}$. Eventuelle Gleichgewichtsreaktionen, die an den Elektronentransfer gekoppelt sind, haben ebenfalls einen Einfluß auf das Formalpotential.

Ist $E = E^0$, sind die Konzentrationen c_{ox} und c_{red} (oder die entsprechenden Aktivitäten) bei $x = 0$ gleich groß.

Ist E für eine Oxidation sehr viel größer als E^0 bzw. für eine Reduktion sehr viel kleiner als E^0, wird die Konzentration des Edukts an der Elektrodenoberfläche praktisch gleich Null (Bild 4.4). Da dann das Konzentrationsgefälle zwischen Lösung und Elektrode – und damit der Strom – maximal ist, spricht man vom *Grenzstrombereich*.

- Der Elektronentransfer verläuft verglichen mit den Transportprozessen *langsam*. Dann kann sich das NERNSTsche Gleichgewicht nicht einstellen und es gilt (für eine Reduktion) die Gleichung:

$$i = nFAk^0 \left[c_{\text{ox}}(x=0) \exp\left(-\alpha \frac{nF}{RT}(E - E^0)\right) - c_{\text{red}}(x=0) \exp\left((1-\alpha)\frac{nF}{RT}(E - E^0)\right)\right] \quad (4.7)$$

wobei $nFAk^0 = i_0$ als *Austauschstrom* bezeichnet wird. Für $E = E^0$ ist zwar der beobachtbare Gesamtstrom $i = 0$, aber in oxidative und reduktive Richtung findet jeweils Elektronenaustausch in identischem Ausmaß i_0 statt.

Die Größen k^0 (Standardgeschwindigkeitskonstante des Elektronentransfers) und α (Transferkoeffizient) stellen wichtige Parameter zur Charakterisierung der Elektrodenreaktion dar. Ihre Vorhersage und Interpretation ist Bestandteil der MARCUS-Theorie (R.A. MARCUS, Nobelpreis für Chemie 1992). Während k^0 ein Maß für die Geschwindigkeit des Elektronenübergangs bei $E = E^0$ ist, gibt α den Einfluß des Potentialverlaufs an der Phasengrenze auf die Kinetik der Reaktion an.

Die Geschwindigkeit des Elektronentransfers ist potentialabhängig: je weiter E von E^0 abweicht, umso stärker überwiegt der oxidative bzw. reduktive Teilstrom und i weicht von Null ab.

Durch Gleichung (4.7) wird ein *irreversibler Elektronentransfer* beschrieben. Für kleine Abweichungen der Konzentrationen an der Elektrodenoberfläche von denen im Innern der Lösung wird Gleichung (4.7) auch als BUTLER-VOLMER-Gleichung bezeichnet.

Die geschilderten reversiblen bzw. irreversiblen Elektronentransfers stellen Grenzfälle dar. In der Realität treten Zwischensituationen auf. Haben sowohl die NERNSTsche wie auch die BUTLER-VOLMER-Gleichung einen Einfluß auf die elektrochemische Reaktion, spricht man auch von einem *quasireversiblen Elektronentransfer*.

Vor- und nachgelagerte Reaktionen (vgl. Bild 4.1) laufen nicht an der Phasengrenze sondern in homogener Lösung ab. Sie folgen den üblichen kinetischen Geschwindigkeitsgesetzen. Häufig beobachtet man uni- oder bimolekulare Gleichgewichtsreaktionen, in deren Verlauf erst E gebildet wird. Das Produkt reagiert oft monomolekular unter Zerfall oder bimolekular in einer Dimerisierungsreaktion. Bei katalytischen Elektrodenprozessen wird P ins Edukt E zurückverwandelt und geht dabei mit einem Cosubstrat eine Redoxreaktion ein (Anwendung bei der mediierten Elektrolyse, vgl. Abschnitte 4.3.4 und 4.4.2, und in der Sensorik).

Die Vielzahl von Reaktionsmöglichkeiten und -mechanismen, die durch Elektronentransfers ausgelöst werden, ist einer der Gründe für die Attraktivität elektrochemischer Methoden. Das Zusammenspiel der verschiedenen Schritte der Elektrodenreaktion ist äußerst komplex. Eine sinnvolle Vorhersage für den Ablauf eines Experiments ist im Einzelfall oft nur durch Simulationsrechnungen möglich (vgl. Abschnitt 4.5.4).

4.2.3 Einteilung der elektroanalytischen Methoden

Analytische Methoden auf Basis der Elektrochemie bezeichnet man als *elektroanalytische Methoden*. Eine mögliche Systematik für ihre Einteilung ist in Bild 4.5 gezeigt.

Man unterscheidet zunächst zwischen *statischen* (oder *Gleichgewichts-*) und *dynamischen* (oder FARADAYschen) *Methoden*. Im ersten Fall wird das Gleichgewichtspotential über

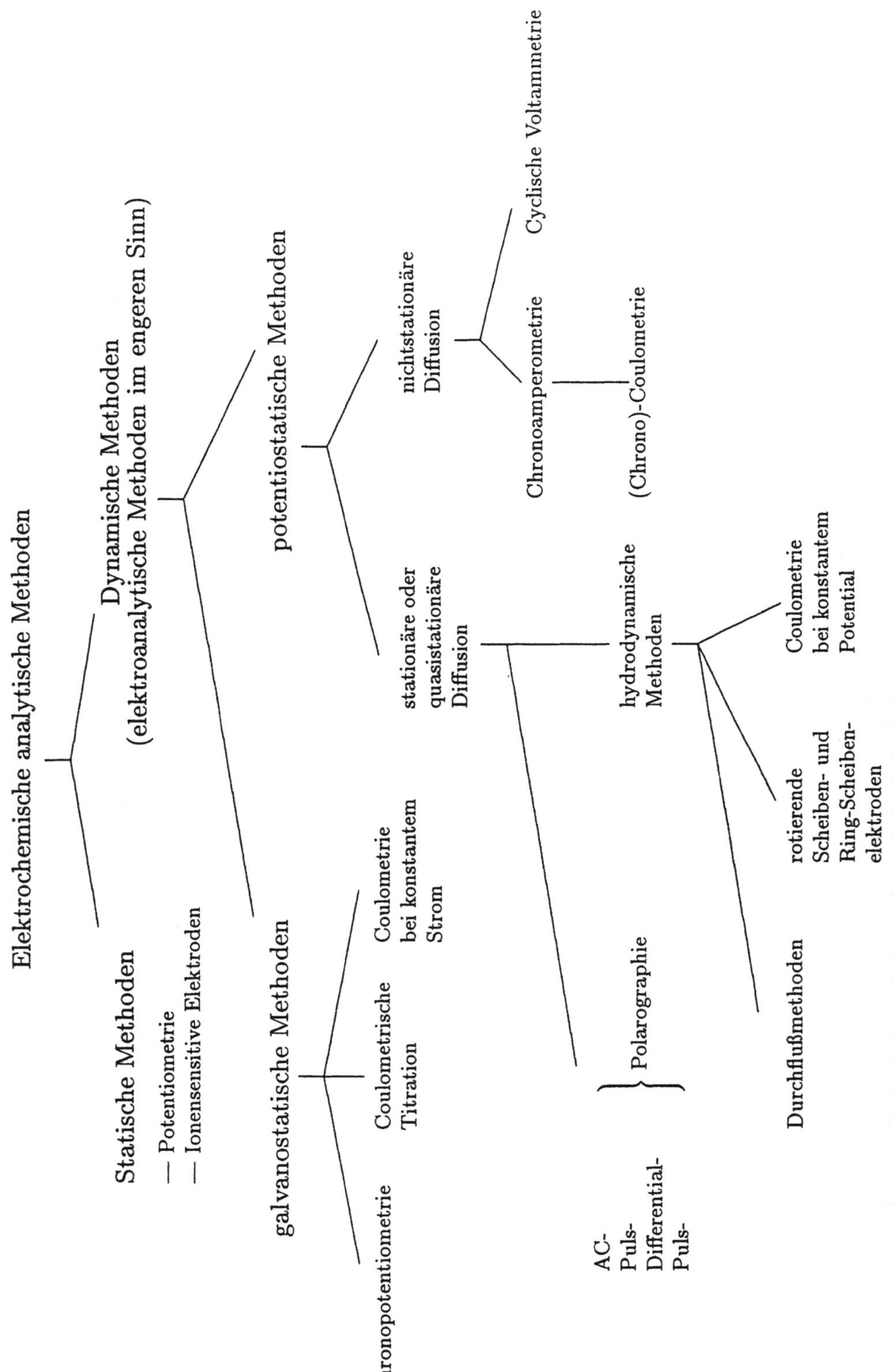

Bild 4.5 Systematische Einteilung einer Auswahl elektrochemischer analytischer Meßmethoden.

die Phasengrenze gemessen (Potentiometrie). Es fließt kein Nettostrom. Hierzu gehören pH-Messungen an der Glaselektrode oder die Konzentrationsbestimmungen mit ionensensitiven Elektroden (beispielsweise für Halogenid- oder Erdalkali-Ionen).

Die dynamischen – und meist im engeren Sinn so genannten – elektroanalytischen Methoden sind dagegen durch einen Stromfluß über die Phasengrenze charakterisiert: es erfolgt Stoffumsatz gemäß den FARADAYschen Gesetzen an der Elektrodenoberfläche.

Hier unterscheidet man weiter zwischen *galvanostatischen* und *potentiostatischen* Methoden, je nachdem, ob der Strom i oder das Potential E kontrolliert wird. Beispiele für galvanostatische Techniken (vgl. Abschnitt 4.4.1) sind die Chronopotentiometrie, bei der ein konstanter Strom vorgegeben und das Elektrodenpotential im Zeitverlauf gemessen wird, die coulometrische Titration, bei der ein Reagens durch Strompulse definierter Länge und damit Ladung erzeugt wird, oder die Coulometrie bei konstantem Strom.

Die potentiostatischen elektroanalytischen Methoden lassen sich nach dem zeitlichen Verlauf des Transports weiter unterteilen in solche mit *stationärer* (zeitlich unabhängiger), *quasistationärer* (im zeitlichen Mittel unabhängiger) und *nichtstationärer* (zeitlich abhängiger) Diffusion.

Zu ersteren zählen die hydrodynamischen Methoden, von denen hier Durchflußtechniken (elektrochemische Detektion in der Flüssigkeitschromatographie, vgl. Abschnitt 4.5.2) und rotierende Scheiben- bzw. Ring-Scheiben-Elektroden erwähnt werden sollen.

Die Coulometrie bei konstantem Potential (vgl. Abschnitt 4.3.3), bei der der Elektrolyt mechanisch gerührt wird, wird auch im Rahmen der präparativen Elektrolyse eingesetzt.

Unter Polarographie versteht man potentiostatische elektroanalytische Methoden, bei deren Durchführung man eine Quecksilbertropfelektrode benutzt. Die Durchmischung des Elektrolyten durch den abfallenden und sich periodisch erneuernden Tropfen führt zu einer zeitlichen Mittelung der Diffusion. Wechselstrom (AC-), Differentialpuls- und Inverspolarographie stellen hierbei moderne Varianten dar.

Die nichtstationären potentiostatischen elektroanalytischen Methoden sind insbesondere für mechanistische und kinetische Untersuchungen von Bedeutung. Neben der Chronoamperometrie (vgl. Abschnitt 4.3.2) und ihrer integrierten Form, der Chronocoulometrie, hat sich hierbei die cyclische Voltammetrie (vgl. Abschnitt 4.3.1) als vorteilhaft erwiesen.

Neben diesen Techniken existiert eine Reihe von Kombinationen mit spektroskopischen Methoden (*Spektroelektrochemie*, vgl. Abschnitt 4.5.1). In jüngerer Zeit werden elektrochemische Verfahren zusammen mit Methoden der Massenbestimmung (elektrochemische Quarzmikrowaage, electrochemical quartz crystal micro balance, EQCM) oder zur Oberflächenabbildung (rasternde elektrochemische Mikroskopie, scanning electrochemical microscopy, SECM) verwendet. Auf diese Weise sind simultan zur elektrochemischen Messung auch Strukturdaten und Informationen über kinetische Prozesse sowie Abscheidungs- und Auflösevorgänge erhältlich.

Eine Auswahl wichtiger elektroanalytischer Methoden wird in den Abschnitten 4.3 und 4.4 näher besprochen. Dabei werden jeweils potential- und stromkontrollierte Techniken zusammengefaßt. Dynamische Methoden stehen im Vordergrund. Schließlich werden einige moderne Anwendungen elektroanalytischer Methoden diskutiert (vgl. Abschnitt 4.5).

Zuvor sollen jedoch die experimentellen Grundlagen für die Anwendung elektroanalytischer Techniken besprochen werden.

4.2.4 Aufbau eines elektroanalytischen Experiments

Zur Untersuchung der elektrochemischen Eigenschaften von Elektrolytlösungen werden einige spezielle Geräte benötigt.

Die wesentlichen Komponenten des Aufbaus sind (vgl. die schematische Darstellung in Bild 4.6):

- die *elektrochemische Zelle* (Z, vgl. Abschnitt 4.2.5), bestehend aus einem Gefäß meist mit einer (hier nicht dargestellten) Vorrichtung zum Einleiten von Schutzgas sowie drei Elektroden (*Arbeitselektrode* A, *Gegenelektrode* G, und *Vergleichselektrode* V; vgl. Abschnitt 4.2.5). An der Arbeitselektrode laufen die zu untersuchenden Reaktionen ab, der Stromkreis wird über G geschlossen (Messung von i im Gegenelektrodenstromkreis). Alle Potentiale werden auf das Potential der stromlosen Vergleichselektrode bezogen (Messung von E). Zwischen A und G liegt die Klemmenspannung der Zelle U.

  In manchen Fällen (z.B. Arbeiten bei konstantem Strom) kann man auf die Vergleichselektrode verzichten und mit einer Zwei-Elektrodenanordnung (A und G) arbeiten.

  Die Gegenelektrode kann gegebenenfalls durch ein Diaphragma abgetrennt werden.

  Die Zelle enthält weiterhin den *Elektrolyten* (vgl. Abschnitt 4.2.5) mit der Untersuchungssubstanz.

- der *Potentiostat* (Ps, für potentialkontrollierte Experimente) bzw. *Galvanostat* (Gs, für stromkontrollierte Experimente), ein elektronisches Gerät, heute fast ausschließlich auf der Basis von Operationsverstärkern aufgebaut, zur Kontrolle des Potentials von A bzw. des Stroms durch G.

- der *Funktionsgenerator* F zur Vorgabe des zeitlichen Verlaufs von E bzw. i und Steuerung des Potentio- bzw. Galvanostaten.

- der *Schreiber* S oder *Computer mit A/D-Wandler* zur Aufzeichnung und digitalen Speicherung der Signals. Im letzteren Fall wird das Resultat in Form einer Tabelle oder graphisch auf Drucker oder Plotter ausgegeben. Die digitale Aufzeichnung erleichtert auch den Vergleich mit Simulationen (vgl. Abschnitt 4.5.4).

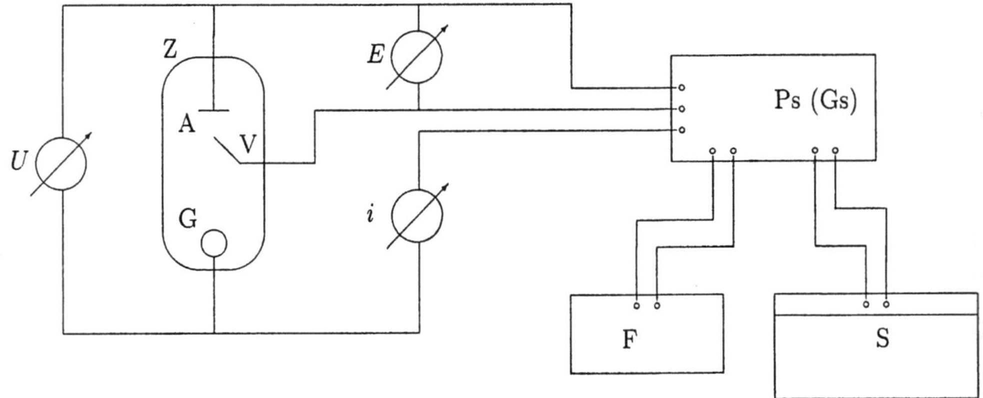

Bild 4.6 Schematischer Aufbau eines elektroanalytischen Experiments; Erklärung der Symbole siehe Text.

In *spektroelektrochemischen Experimenten* (vgl. Abschnitt 4.5.1) wird die elektrochemische Zelle mit einem Spektrometer gekoppelt, um Produkte der Elektrodenreaktion nachzuweisen und zu charakterisieren. Die Zelle kann sich dabei im Spektrometer befinden (*in situ*), oder der Elektrolyt wird von der Zelle ins Spektrometer überführt (*ex situ*). Auch *Durchflußsysteme* sind bekannt.

Die elektronischen Komponenten sind einzeln oder als Kombination kommerziell erhältlich. Eine ausführliche Zusammenstellung geben Heinze und Ebling. Bei der Entscheidung über Anschaffung und Benutzung sind u.a. folgende Gesichtspunkte wesentlich:

- Die *elektrische Ausgangsleistung*, die der Potentiostat oder Galvanostat zur Verfügung stellt, muß ausreichen, um den zu untersuchenden Elektrodenprozess treiben zu können. Wichtige Größen sind die maximale Klemmenspannung und der maximal erreichbare Strom. Insbesondere bei Arbeiten in nichtwässrigen Lösungsmitteln kann U mehrere 100 V betragen, auch wenn E nur im Bereich von 1 – 2 V liegt!

- Die *Anstiegszeit*, die der Potentio- oder Galvanostat benötigt, um auf Veränderungen des vorgegebenen Potentials oder Stroms zu reagieren, muß kurz genug sein, um die Resultate nicht zu verzerren. Heute werden in kommerziellen Geräten Werte bis hinab zu ca. 0,1 μs erreicht.

- Die *zeitliche Auflösung* der Experimente wird durch die Aufzeichnungsgeschwindigkeit festgelegt. Bei Geräten, die elektromechanische Schreiber verwenden, ist eine Obergrenze durch die Trägheit des Aufzeichnungssystems gegeben [maximale Vorschubgeschwindigkeit bei der cyclischen Voltammetrie (vgl. Abschnitt 4.3.1) ca. 500 mV/s]. Bei digitaler Aufzeichnung ist die Abtastrate zu beachten, die bei kommerziellen Geräten heute typischerweise bei ca. 50 μs/Punkt liegt.

- Der *Eingangswiderstand* für die Potentialmessung an der Vergleichselektrode V muß möglichst groß sein, damit der Strom durch diese Elektrode klein bleibt. Dadurch werden Verschiebungen des Potentialnullpunkts vermieden. Typische Werte liegen im Bereich von $10^{11}\,\Omega$.

- Die *Langzeit-* bzw. die *Temperaturdrift* geben an, wie sich die Charakteristiken der Verstärkerschaltungen mit der Zeit bzw. der Temperatur verändern. Sie werden in μV/Zeiteinheit oder μV/ °C angegeben und sollten möglichst kleine Werte annehmen.

Manche Geräte sind modular aufgebaut und können gegebenenfalls ergänzt und erweitert werden. Viele elektrochemische Systeme sind heute an Rechner (meist Personalcomputer) gekoppelt, einige enthalten Software mit einer breiten Palette von Meßmethoden und Auswertungsmöglichkeiten. Bisweilen wird passende Simulationssoftware angeboten.

4.2.5 Die Bestandteile einer elektroanalytischen Zelle

Zellkonstruktionen

Einfache *elektrochemische Zellen* sind kommerziell erhältlich. Für die Praxis müssen sie aber oft speziellen Bedürfnissen angepaßt und entsprechend angefertigt werden. So existieren beispielsweise Konstruktionen für den Anschluß an Vakuumanlagen zur Probenvorbereitung unter Reinstbedingungen oder Anordnungen zum Einbau in diverse Spektrometer (vgl. Abschnitt 4.5.1, Spektroelektrochemie). Die Elektroden werden ebenso wie die wichtigsten Elektrolytkomponenten weiter unten beschrieben.

Eine schematische Darstellung einer typischen Zelle für elektroanalytische Untersuchungen ist in Bild 4.7a gezeigt.

Der Zellkörper besteht aus Glas. Er trägt die Elektroden, die über Schliffe eingesetzt werden. Gegen- und Vergleichselektrode sind durch Glasfritten von der Meßlösung abgetrennt. Über den Vakuumanschluß kann Schutzgas eingeleitet werden. Ein Magnetrührstäbchen dient zur Durchmischung der Lösung.

Das Elektrolytvolumen in einer solchen Zelle kann bis hinab zu einigen wenigen ml Lösung liegen.

Präparative Zellen haben meist ein größeres Volumen (Bild 4.7b). Kathode und Anode (hier für Reduktionen) sind durch ein Diaphragma getrennt (poröses Glas, Keramik oder Ionenaustauschermembranen). Wegen der Wärmeentwicklung bei Elektrolysen (Widerstand der Lösung!) ist ein Temperiermantel empfehlenswert. Der Schutzgaseinlaß erlaubt es beispielsweise, gereinigten Stickstoff oder Argon durch den Elektrolyten zu leiten, um gelösten Sauerstoff bei der Vorbereitung des Experiment zu entfernen.

Neben diesen Zellen werden *Dünnschichtzellen* (Bild 4.8) verwendet, in denen sich der Elektrolyt zwischen den einige Millimeter oder weniger voneinander entfernten, parallel ausgerichteten Wänden befindet. In spektroelektrochemischen Anordnungen bieten diese Zellen den Vorteil, Licht und elektromagnetische Strahlung auch bei starker Absorption durch

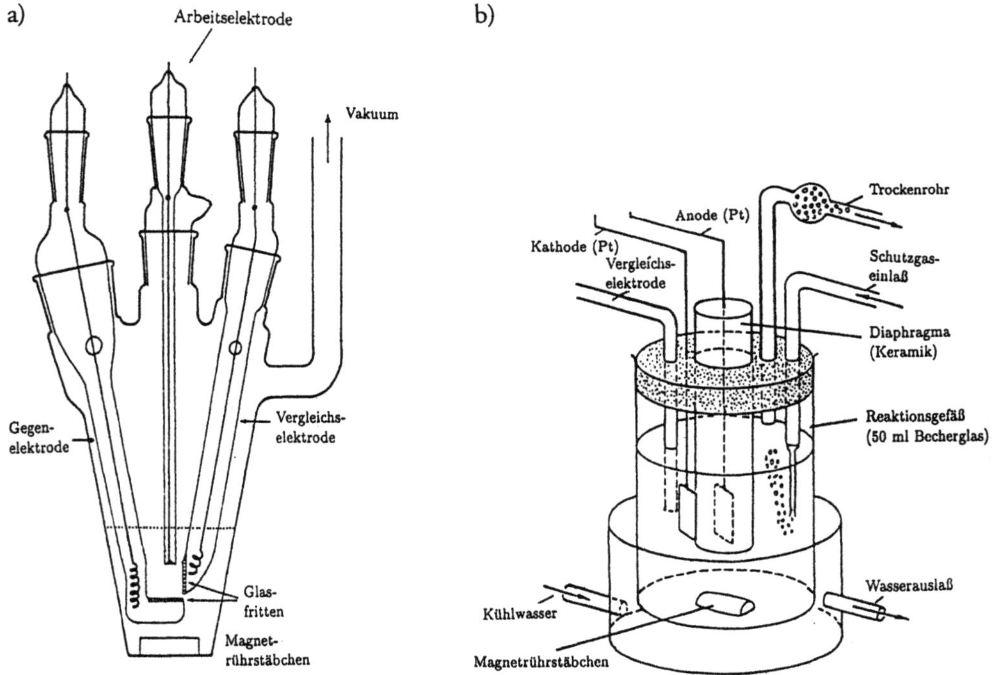

Bild 4.7 a) Zelle zur Ausführung elektroanalytischer Experimente (nach A. Demortier und A.J. Bard, *J. Am. Chem. Soc.* *95*, 3495 – 3500 **1973**, mit freundlicher Genehmigung der American Chemical Society); b) elektrochemische Zelle für präparative Elektrolysen (nach T. Shono, Electroorganic Synthesis, Academic Press, New York, 1991, mit freundlicher Genehmigung des Verlags).

Tabelle 4.1 Einige Elektrodenmaterialen für elektrochemische Untersuchungen

Material	Bemerkungen
Pt (Pt/Ir), Au	weit verbreitete inerte Elektrodenmaterialien
Hg	als Tropf- oder Poolelektrode, nur reduktiv verwendbar
ITO	*i*ndium *t*in *o*xide, in dünnen Schichten optisch transparent, daher in spektroelektrochemischen Zellen benutzt
PbO_2	für anodische Reaktionen
C	in Form von Graphit, Kohlepaste, Glaskohle

Elektrolytbestandteile in ausreichender Intensität durchtreten zu lassen. In der Coulometrie werden Dünnschichtzellen benutzt, da es in kurzer Zeit gelingt, das gesamte im Elektrolyten vorhandene Substrat zu elektrolysieren.

Eine einfache Anordnung besteht aus zwei Glasscheiben (z.B. Objektträgern für die Mikroskopie), die durch 2 mm dicke Teflonstreifen voneinander getrennt werden (Bild 4.8). Die Elektrode besteht aus einem „minigrid" aus Gold (hier: 100 Drähte pro inch). Das „Sandwich" aus Elektrode und Objektträger wird verklebt und zur Messung in den Elektrolyten getaucht. Dieser wird durch Kapillarkräfte in den Spalt zwischen den Glasscheiben gezogen. Gegen- und Vergleichelektrode tauchen seitlich in den Elektrolyten ein. Das Zellvolumen von 30 – 50 μl kann in 30 – 60 s völlig elektrolysiert werden.

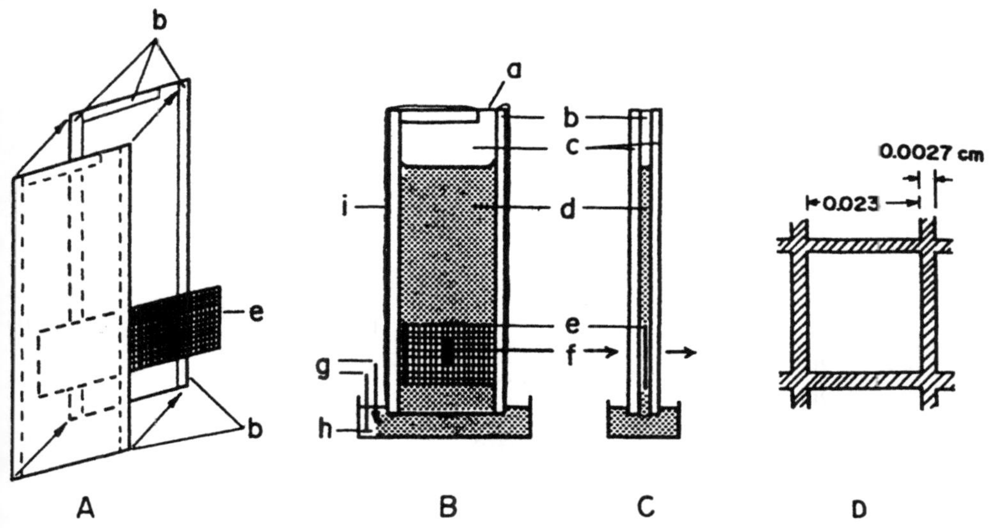

Bild 4.8 Schematische Darstellung einer Dünnschichtzelle; A: Komponenten und Zusammenbau der Zelle, B: Vorderansicht, C: Seitenansicht, D: Dimensionen des „minigrid" für die Elektrode; (a): Stelle, um Vakuum zum Einsaugen der Lösung anzulegen, (b): Teflon-Abstandshalter, (c): Objektträger aus Glas, (d): Lösung, (e): Au-minigrid-Elektrode, (f): optischer Pfad eines Spektrometers bei spektroelektrochemischer Anwendung, (g): Vergleichs- und Gegenelektrode, (h): Gefäß für Meßlösungen, (i): Epoxyharz (nach T.P. DeAngelis und W.R. Heineman, *J. Chem. Educ. 53*, 594 – 597 **1976**, mit freundlicher Genehmigung der American Chemical Society).

Elektroden

Arbeits-, Gegen- und Vergleichselektroden stellen neben dem Elektrolyten die Komponenten der elektrochemischen Zelle mit dem größten Einfluß auf die elektroanalytischen Experimente dar.

Arbeitselektroden dienen als Elektronenquelle (bei Reduktionen) bzw. -senke (bei Oxidationen). Sie sind im allgemeinen aus einem *chemisch inerten Material* hergestellt. Eine Ausnahme stellen *chemisch modifizierte Elektroden* dar, bei denen die Oberfläche gezielt verändert wird, so daß sie in die Elektrodenreaktion eingreift.

Man verwendet Elektroden aus Metallen wie Pt, Pt/Ir, Au, Hg und Oxiden wie beispielsweise Indium-Zinnoxid (*i*ndium *t*in*o*xide, ITO) oder PbO_2. Auch Kohlenstoff-Elektroden aus Graphit, Glaskohle oder Kohlepaste (Graphit gemischt mit Nujol oder Bromoform) werden benutzt (vgl. auch Tabelle 4.1). Die Bilder 4.9a und b zeigen schematisch den Querschnitt und die Aufsicht einer ebenen Festelektrode, wobei das leitfähige Material von einem Isolator umgeben ist. Eine solche *Elektrodenspitze* („electrode tip", kommerziell erhältlich) kann über das Gewinde auf eine Halterung geschraubt werden. Nur der untere Teil der Anordnung taucht in den Elektrolyten ein. Einfache Elektroden sind auch durch Einschmelzen eines Drahtes in Glas, Abschneiden und Planschleifen herzustellen (Bild 4.9c). Die Elektrodenscheibe selbst besitzt einen Radius r und damit eine *geometrische Fläche* $A = \pi r^2$ (Aufsicht in Bild 4.9b).

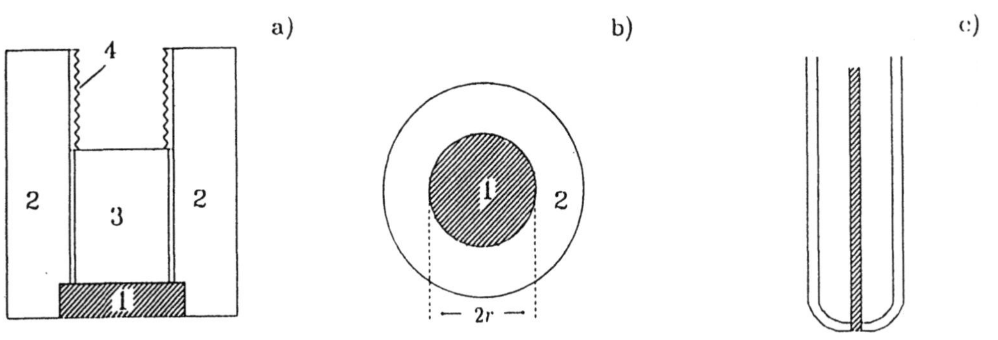

Bild 4.9 Schematischer Aufbau einer Arbeitselektrode aus festem leitfähigem Material (1), umgeben von einem Isolator (2), geeignet für Schraubverbindung zu einer Halterung über das Gewinde (4) und eine elektrisch leitende Verbindung (3); a) Querschnitt, b) Ansicht senkrecht von unten; c) einfache Festelektrode, hergestellt durch Einschmelzen eines Drahts in Glas und Abschleifen.

Je nach Vorbehandlung kann sich die Elektrodenoberfläche bezüglich der Rauhigkeit oder der chemischen Beschaffenheit unterscheiden. Die *Rauhigkeit* der Elektrode spielt bei festen Elektrodenmaterialien eine Rolle und wird zum Beispiel durch mikroskopisch kleine Kratzer hervorgerufen, die bei der maschinellen Bearbeitung entstehen. Zudem ist das Elektrodenmaterial in vielen Fällen mikrokristallin. Aus diesen Gründen ist die elektroaktive Elektrodenoberfläche meist größer als die geometrische. In Spezialfällen wird versucht, durch Abscheidung eines porösen Metallschwamms die Oberfläche einer Elektrode besonders groß zu gestalten (platinierte Platinelektroden).

Wird die Elektrode vor Benutzung poliert, kann man in den meisten Fällen die aus der Rauhigkeit resultierenden Probleme vernachlässigen. Als Poliermittel eignen sich Al_2O_3 (angerührt mit Wasser) oder Diamantpaste. Ist eine molekular einheitliche Oberfläche erwünscht (z.B. Untersuchung von Adsorptionsschichten), muß man auf Elektroden aus Einkristallen zurückgreifen.

Bei flüssigen Elektrodenmaterialien (vgl. Quecksilbertropfelektrode, siehe unten) ist die sphärische Form der Elektrode vorgegeben. Die Rauhigkeit der Oberfläche spielt hier auf Grund der Oberflächenspannung keine Rolle.

Die *chemische Beschaffenheit* der Elektrodenoberfläche ist für den Ablauf der Elektrodenreaktion von großer Bedeutung. Dabei ist zu beachten, daß beispielsweise Kohleelektroden an ihrer Oberfläche Sauerstoffunktionen, Pt-Elektroden Oxidschichten und OH-Gruppen tragen. Diese Gruppen werden duch Polieren der Oberfläche nicht wesentlich beeinflußt. Sie lassen sich aber – insbesondere in wässrigen Lösungen – durch oxidative oder reduktive Vorbehandlung stark verändern (vgl. auch chemisch modifizierte Elektroden, siehe unten).

Elektroden können durch chemische Behandlung gereinigt werden (z.B. Pt-Elektroden mit konz. HNO_3). Adsorbierte Schichten eines Edukts, einer Zwischenstufe oder eines Produkts lassen sich oft leicht mechanisch entfernen. Daher empfiehlt es sich, zwischen verschiedenen Experimenten zu polieren. In hartnäckigen Fällen hilft bisweilen die reduktive oder oxidative Schaltung in einer elektrochemischen Zelle bei sehr negativen oder positiven Potentialen.

An den einzelnen Elektrodenmaterialien bzw. an Elektroden unterschiedlicher Oberflächenbeschaffenheit können sich Elektrodenprozesse deutlich unterscheiden, beispielsweise in ihrer Geschwindigkeit oder dem Ausmaß von Adsorptionserscheinungen.

Man unterteilt die Arbeitselektroden nach ihrer *Größe* in Makro- und Mikroelektroden (auch *Ultra*mikroelektroden; die Bezeichnung ist in der Literatur nicht einheitlich). Es gelten folgende ungefähre Grenzen bei ebener Ausbildung:

- Makroelektroden, $r > 20\ \mu m$
- (Ultra)mikroelektroden, $r < 20\ \mu m$

Kürzlich wurden auch sogenannte Nanoelektroden (Nanoden) vorgestellt, die Radien im Bereich von 1 – 2 nm besitzen.

Bezüglich der *Geometrie* finden sich ebene (flache; vgl. Bild 4.9), sphärische (kugel- oder halbkugelförmige, vgl. Quecksilbertropfelektrode, Bild 4.10a und weiter unten), zylindrische (drahtförmige) und Netz-Elektroden. Zylinderelektroden (4.10b) lassen sich leicht durch Einschmelzen eines Drahtes in ein Glasrohr realisieren.

Die minigrid-Netzelektroden wie oben beschrieben (vgl. Bild 4.8) verhalten sich bei hinreichender Dichte des Drahtgeflechts wie Elektroden aus Metallfolie. Sie besitzen aber durch die Zwischenräume zwischen den Drähten (vgl. Bild 4.8) optische Durchlässigkeit (im Fall des minigrids in Bild 4.8: ca. 82 %) und sind daher für spektroelektrochemische Messungen besonders gut geeignet.

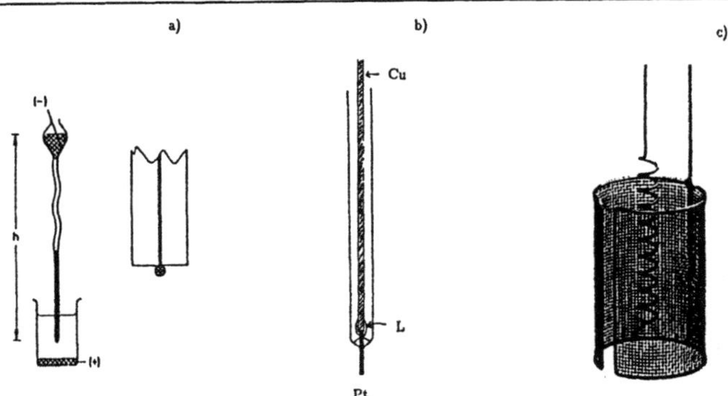

Bild 4.10 Ausgewählte Elektrodengeometrien; a) sphärische Elektrode am Beispiel einer Quecksilbertropfelektrode (nach O. Hammerich und V.D. Parker in H. Lund und M.M. Baizer, *Organic Electrochemistry*, Marcel Dekker, New York **1991**, mit freundlicher Genehmigung des Verlags); *h* = Höhe der Quecksilbersäule), b) Drahtelektrode (nach R.N. Adams *Electrochemistry at Solid Electrodes*, Marcel Dekker, New York **1969**, mit freundlicher Genehmigung des Verlags; L = Lötstelle), c) Netzelektrode mit Gegenelektrode für präparative Elektrolysen (Degussa, Durchmesser der äußeren Elektrode ca. 4 cm).

Für präparative Zwecke werden ebenfalls Netzelektroden, allerdings mit größerer Maschenweite, benutzt (Bild 4.10c).

Der *Aggregatzustand* des Elektrodenmaterials ist in den meisten Fällen fest, die in der Polarographie häufige Quecksilbertropfelektrode ist eine Flüssigelektrode.

Nach dem *Aufbau* unterscheidet man ruhende Anordnungen (vgl. Bild 4.9), Durchflußelektroden, Tropfelektroden und rotierende Elektroden. Bei den Durchflußsystemen ist die Elektrode in ein Rohr integriert, durch das der Elektrolyt an der elektroaktiven Oberfläche vorbeiströmt. Solche Elektroden werden als elektrochemische Detektoren in der Flüssigkeitschromatographie verwendet (vgl. Bild 4.11a und Abschnitt 4.5.2).

Bei Tropfelektroden (Bild 4.10a) tritt das flüssige Elektrodenmaterial nach unten aus einer senkrecht angeordneten Kapillare aus (Druck der Quecksilbersäule der Höhe *h*) und bildet einen in den Elektrolyten hineinwachsenden Tropfen. Schließlich fällt der Tropfen ab und ein neuer beginnt zu wachsen. Mißt man an einem Quecksilbertropfen konstanten Durchmessers, spricht man von einer HMDE („hanging mercury drop electrode", Bild 4.11c). Durch Abschlagen und erneutes Wachsenlassen des Tropfens ist sehr leicht eine Erneuerung der Oberfläche möglich.

Versetzt man Elektroden in schnelle Drehung um ihre senkrechte Achse, liegt eine *rotierende Elektrode* vor (vgl. Bild 4.11b). Der Elektrolyt wird durch eine solche Anordnung gerührt. Er strömt von unten senkrecht zur Elektrodenoberfläche, wird in kreisförmige Bewegung versetzt und dadurch radial nach außen weggeschleudert. Es findet andauernder Transport von Edukten zur Elektrode und von Produkten in die Lösung hinein durch Konvektion statt.

Bei *chemisch modifizierten Elektroden* wird die Oberfläche der Elektrode durch Adsorption oder chemische Reaktion so verändert, daß sie nicht mehr nur als Quelle und Senke für Elektronen dient, sondern auch aktiv in den Elektrodenprozeß eingreifen kann. Dies dient einerseits zur katalytischen Aktivierung des Redoxvorgangs, andererseits durch Anreicherung des Substrats oder Ausschluß von Störungen zur Erhöhung der Empfindlichkeit für Konzentrationsbestimmungen.

Bild 4.12 zeigt einige Modifizierungsmöglichkeiten für Kohlenstoff- bzw. Metallelektroden.

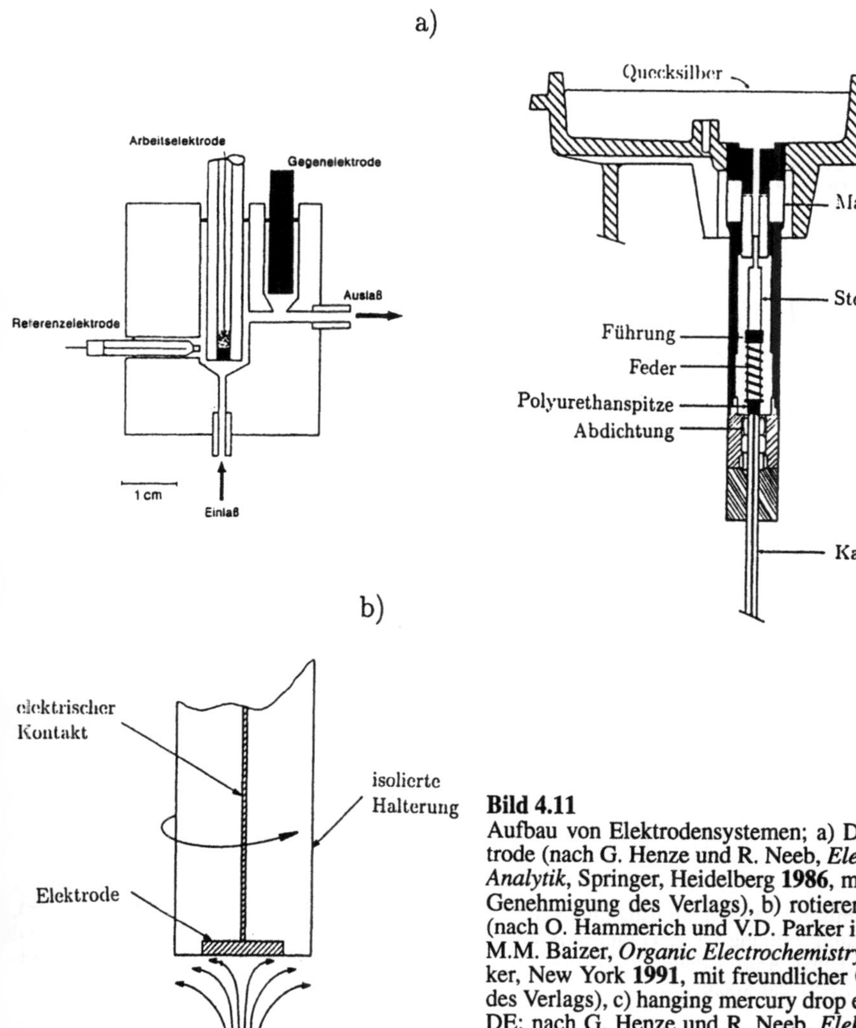

Bild 4.11
Aufbau von Elektrodensystemen; a) Durchflußelektrode (nach G. Henze und R. Neeb, *Elektrochemische Analytik*, Springer, Heidelberg **1986**, mit freundlicher Genehmigung des Verlags), b) rotierende Elektrode (nach O. Hammerich und V.D. Parker in H. Lund und M.M. Baizer, *Organic Electrochemistry*, Marcel Dekker, New York **1991**, mit freundlicher Genehmigung des Verlags), c) hanging mercury drop electrode (HMDE; nach G. Henze und R. Neeb, *Elektrochemische Analytik*, Springer, Heidelberg **1986**, mit freundlicher Genehmigung des Verlags).

Dabei wird die Adsorption an die Oberfläche ausgenutzt, aber auch die Bildung von Bindungen oder die Abscheidung von Polymeren.

Das Material der **Gegenelektrode** hat üblicherweise keinen Einfluß auf die Vorgänge an der Arbeitselektrode. Man wählt meist Metallelektroden hoher Leitfähigkeit (Pt), um Spannungsverluste zu minimieren. Dadurch gelingt es, die Klemmenspannung U zu verringern.

Der Spannungsabfall von der Gegenelektrode in die Lösung muß ausreichen, um an G einen Elektrodenprozeß ablaufen zu lassen. Nur dann bilden A, der Elektrolyt, G und der Potentiostat einen geschlossenen Stromkreis. Häufig wird an G der Leitelektrolyt zersetzt. Man setzt bisweilen eine leicht umsetzbare Spezies zu, z.B. Protonen, um das Gegenelektrodenpotential und damit U niedrig zu halten.

Die Reaktionen an G werden im allgemeinen bei elektroanalytischen Messungen nicht berücksichtigt. Ihre Produkte können jedoch die eigentlich untersuchte Elektrodenreaktion an der Arbeitselektrode stören. Man kann in solchen Fällen die Gegenelektrode durch ein

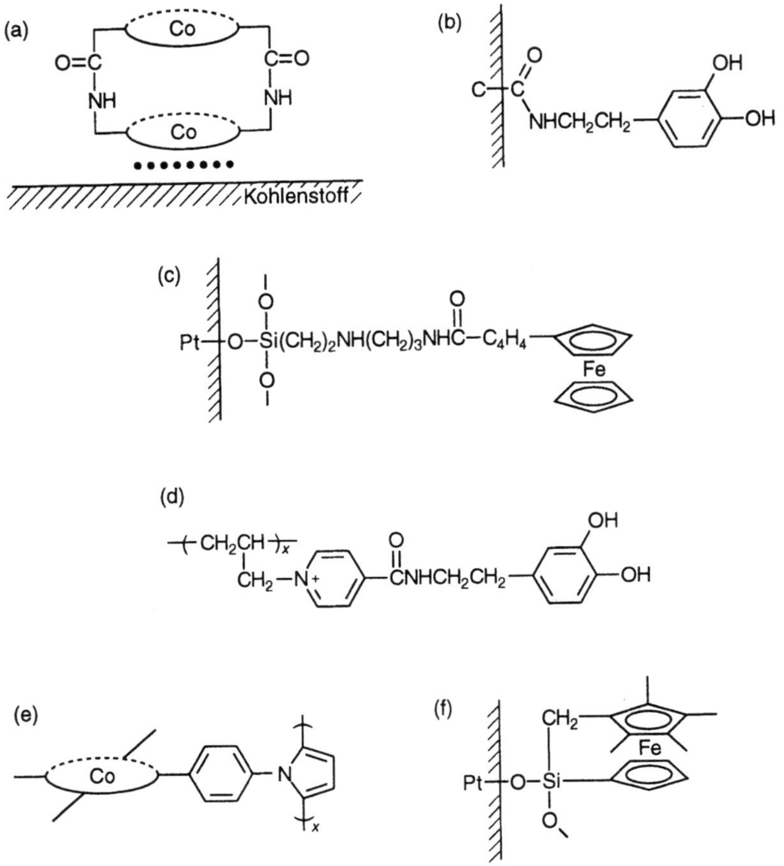

Bild 4.12 Chemische Modifikationsmöglichkeiten für Elektrodenoberflächen durch Adsorption (a), Bindungsbildung (b, c, f) und Polymerisation (d, e) (nach R.W. Murray, A.G. Ewing und R.A.Durst, *Anal. Chem.* *59*, 379A – 390A **1987**, mit freundlicher Genehmigung der American Chemical Society).

Diaphragma (vgl. Abschnitt 4.2.5) abtrennen. Dabei ist zu beachten, daß in einer solchen Anordnung wegen des Spannungsabfalls im Diaphragma höhere Klemmenspannungen benötigt werden. In einigen Fällen wird die Reaktion an der Gegenelektrode bewußt genutzt: bei der *gepaarten Elektrolyse* reagieren Zwischenstufen, die räumlich getrennt an Anode und Kathode erzeugt wurden, miteinander zum eigentlichen Produkt.

Die Fläche der Gegenelektrode sollte die der Arbeitselektrode nicht wesentlich unterschreiten, um Polarisationseffekte zu vermeiden.

Die **Vergleichselektrode** soll – bei geringer Strombelastung – ein definiertes, konstantes Potential liefern, das als Bezugspunkt für Potentialangaben dient. In Frage kommen Redoxvorgänge mit schneller Einstellung des NERNSTschen Gleichgewichts. Der hohe Eingangswiderstand am Potentiostaten (vgl. Abschnitt 4.2.4) sorgt für kleine Ströme durch V.

Einige weitverbreitete Vergleichselektrodensysteme sind in Tabelle 4.2 zusammengestellt. Bei der Angabe von Potentialwerten muß grundsätzlich die Art der verwendeten Vergleichselektrode berücksichtigt werden.

Die „klassischen" Vergleichselektroden wie die gesättigte Kalomel- Elektrode (*s*aturate

Tabelle 4.2 Häufig benutzte Vergleichselektroden und Referenzsysteme bei elektrochemischen Experimenten

a) wichtige Vergleichselektroden für wässrige Systeme

Elektrode	potentialbestimmender Vorgang	Bemerkungen
SCE	$Hg + Cl^- \rightleftharpoons 1/2\, Hg_2Cl_2 + e^-$	Elektrode 2. Ordnung
Ag/AgCl	$Ag + Cl^- \rightleftharpoons AgCl + e^-$	Elektrode 2. Ordnung
Pt/H_2	$H^+ \rightleftharpoons 1/2\, H_2 + e^-$	

b) wichtige Vergleichselektroden für nicht-wässrige Systeme

Elektrode	potentialbestimmender Vorgang	Bemerkungen
Ag/Ag^+	$Ag \rightleftharpoons Ag^+ + e^-$	Elektrode 1. Ordnung, im jeweiligen Lösungsmittel
Ag/AgCl	$Ag + Cl^- \rightleftharpoons AgCl + e^-$	in Acetonitril, in Gegenwart von LiCl

c) Referenzsysteme für nicht-wässrige Systeme

Redoxsystem[a)]	potentialbestimmender Vorgang	Bemerkungen
Fc/Fc^+	$Fc \rightleftharpoons Fc^+ + e^-$	
Cc/Cc^+	$Cc \rightleftharpoons Cc^+ + e^-$	
$BbpCr/BbpCr^+$	$BbpCr \rightleftharpoons BbpCr^+ + e^-$	

[a)] Fc=Ferrocen, Cc=Cobaltocen

*c*alomel *e*lectrode, SCE; in verschiedenen Varianten) und die Silber/Silberchlorid-Elektrode (Ag/AgCl-Elektrode) sind streng genommen nur in wässrigen Untersuchungssystemen anwendbar. Dies gilt auch für die heute allerdings nur noch in Ausnahmefällen eingesetzte Platin/Wasserstoff-Elektrode.

Benutzt man die SCE oder Ag/AgCl-Elektrode zur Potentialmessung in *nichtwässriger* Lösung, erzeugt man eine Phasengrenze zwischen der wässrigen Vergleichselektrode und der Untersuchungslösung. Hier können sich auf Grund der unterschiedlichen Beweglichkeit der Ionen *Diffusionspotentiale* ausbilden. Diese verfälschen die Potentialmessung. Obwohl sie durch Wahl eines geeigneten Leitsalzes vermindert werden können, empfiehlt sich soweit möglich in nichtwässriger Lösung die Verwendung der in Tabelle 4.2 unter b) angegebenen Vergleichselektroden oder ähnlicher Systeme. Die Ag/Ag^+-Elektrode ist als *Elektrode 1. Ordnung* zwar gegenüber Konzentrationsänderungen empfindlicher als eine *Elektrode 2. Ordnung*, der resultierende Fehler ist jedoch – insbesondere bei Benutzung von Referenzsystemen (siehe unten) – meist gering. Man vermeidet zudem Störungen durch Eindiffundieren von Wasser in das nichtwässrige Lösungsmittel und verhindert das Ausfallen von schwerlöslichen Salzen (z.B. KCl) in der Anordnung sowie eine daraus eventuell resultierende Potentialdrift.

Häufig werden Ag/Ag^+-Vergleichselektroden im entsprechenden Lösungsmittel verwendet. Dazu löst man ein Silbersalz, z.B. $AgNO_3$ oder $AgClO_4$, in definierter Konzentration (z.B. 0,01 M) im gereinigten Solvens, dem man Leitsalz zusetzt. In diese Lösung taucht ein Silberdraht. Es stellt sich ein Potential

$$E = E^0_{Ag/Ag^+} + \frac{RT}{F} \ln c_{Ag^+} \tag{4.8}$$

ein, das von der Silberionenkonzentration abhängt. Für praktische Anwendungen ist E meist hinreichend reproduzierbar (Standardabweichung: einige mV) und auch zeitlich stabil.

So gelingt z.B. der Aufbau einer Ag/Ag^+ (0,01 M in CH_3CN)-Vergleichselektrode für Messungen in Acetonitril (vgl. auch HABER-LUGGIN-Kapillare, weiter unten). Solche Ag/Ag^+-Vergleichselektroden sind in vielen üblicherweise verwendeten Lösungsmitteln – außer denen, die durch Ag^+ oxidiert werden – anwendbar, solange sich ein Silbersalz löst. Für Solventien, die diese Voraussetzungen nicht erfüllen (z.B. DMF) kann ein Übergang vom benutzten Lösungsmittel über eine Fritte zu beispielsweise Acetonitril erfolgen, wo dann eine Ag/Ag^+ (0,01 M in CH_3CN) - Elektrode benutzt wird.

Speziell in Acetonitril sind Ag/AgCl-Elektroden bei Zusatz eines Chlorids wie LiCl im Überschuß stabil (vgl. Tabelle 4.2b).

Von der Verwendung von Silberdrähten, die direkt in die Untersuchungslösung eintauchen („Quasireferenzelektrode"), wird abgeraten. Einerseits können hier Verfälschungen und zeitliches Driften des Potentialnullpunkts auftreten. Andererseits besteht die Gefahr der Reaktion von Elektrolytbestandteilen an der Silberoberfläche und mit Silberionen.

Es zeigt sich, daß die Potentialwerte solcher Vergleichselektroden zwar in sich, zwischen verschiedenen Aufbauten aber nicht immer vollständig reproduzierbar sind. Insbesondere sind Werte in verschiedenen Lösungsmitteln nicht direkt miteinander vergleichbar. Man hat daher *Referenzsysteme* angegeben (vgl. Tabelle 4.2c), die als allgemeiner Standard für den Vergleich von Messungen in verschiedenen Laboratorien und in verschiedenen Lösungsmitteln verwendet werden können. In der Literatur (Gritzner/Kůta) werden die Redoxpaare Ferrocen/Ferricinium-Ion (Fc/Fc^+), Cobaltocen/Cobalticinium-Ion und Bis(biphenyl)chrom(0)/bis(biphenyl)chrom(I)-Ion diskutiert. Alle drei Systeme bestehen aus weitgehend kugelförmigen Molekülen bzw. Ionen, für die Solvatationseffekte klein sein sollten.

Diese Referenzsysteme können *intern* und *extern* verwendet werden. In beiden Fällen wird das elektroanalytische Experiment mit einer der oben diskutierten Vergleichselektroden (insbesondere nach Tabelle 4.2b) ausgeführt.

Bei der *internen Anwendung* setzt man am Ende des Experiments Ferrocen, Cobaltocen oder Bis(biphenyl)chrom in einer der Untersuchungssubstanz vergleichbaren Konzentration zu und bestimmt mit Hilfe der cyclischen Voltammetrie (vgl. Abschnitt 4.3.1) das Formalpotential E^0_{ref} dieses Redoxpaares. Der erhaltene Wert wird zur Korrektur aller zuvor gemessenen Potentialwerte benutzt, wobei gilt:

$$E^{\text{korr}} = E - E^0_{\text{ref}} \tag{4.9}$$

Das beobachtete Potential E ist dabei auf die verwendete Vergleichselektrode, E^{korr} dagegen auf das Referenzsystem bezogen.

Bei *externer Anwendung* wird die Vergleichselektrode benutzt, um mit Hilfe der cyclischen Voltammetrie E^0_{ref} in Lösungen *ohne* Edukt zu bestimmen. Aus den Resultaten wird ein Mittelwert berechnet, der zur Potentialkorrektur verwendet wird. Dieses Vorgehen erscheint gegenüber der internen Standardisierung des Potentials von Vorteil, da Reaktionen des Referenzsystems mit dem Edukt und Überlagerungen der Meßsignale von Referenz und

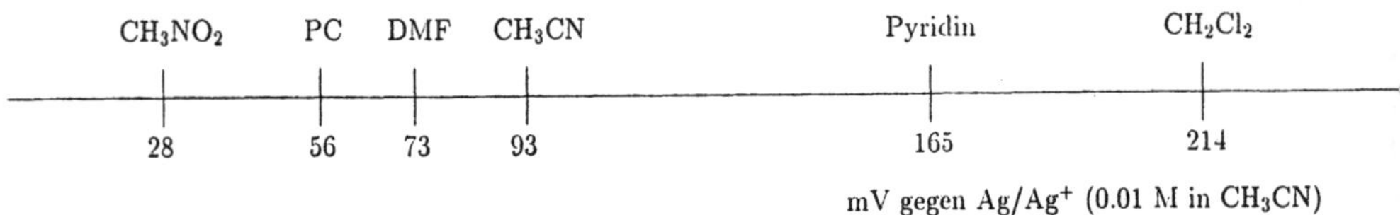

Bild 4.13 Lage des Formalpotentials des Ferrocen/Ferriciniumion-Referenzredoxsystems in einer Reihe nichtwässriger Lösungsmittel.

Edukt vermieden werden. Andererseits wird vorausgesetzt, daß das Potential der Vergleichselektrode mit der Zeit nicht driftet. Es sollte in monatlichem Abstand durch Messungen des Referenzsystems überprüft werden.

Der Vergleich von Potentialen, die in verschiedenen Lösungsmitteln unter Bezug auf ein Referenzsystem wie Fc/Fc^+ gemessen wurden, kann unter der Voraussetzung erfolgen, daß das Bezugspotential in diesen Elektrolyten nicht variiert („extrathermodynamische Annahme", vgl. die Arbeiten von Gritzner und Kůta). Das Referenzpotential wird dabei gegen eine geeignete Vergleichselektrode gemessen. Bild 4.13 zeigt die Lage der Potentialnullpunkte in Bezug auf Ag/Ag^+ (0,01M in CH_3CN) in einer Reihe nichtwässriger Lösungsmittel.

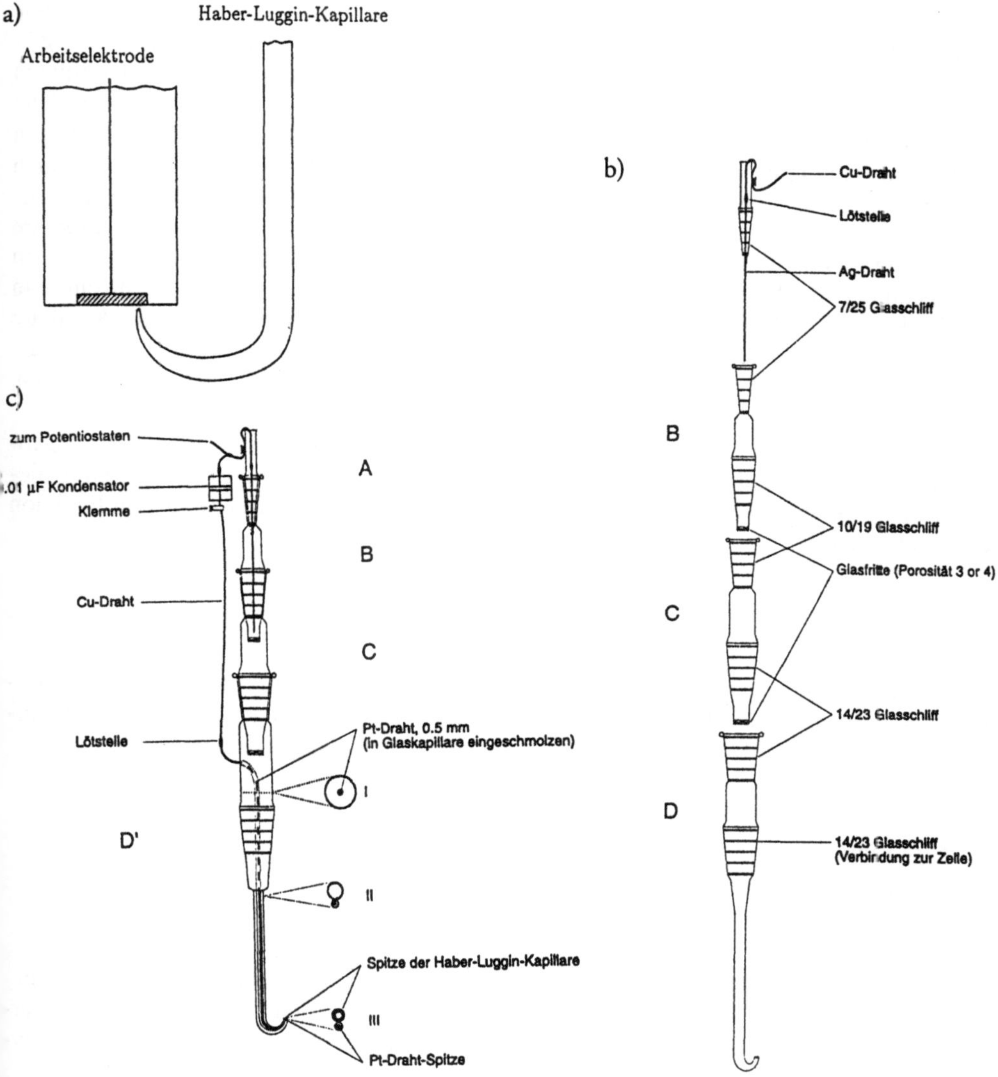

Bild 4.14 HABER-LUGGIN-Kapillaren; a) schematische Anordnung von Elektrode und Kapillare (nach D.T. Sawyer und J.L. Roberts, Jr., *Experimental Electrochemistry for Chemists*, John Wiley, New York **1974**, mit freundlicher Genehmigung des Verlags), b) Kapillarenkonstruktion zur Verwendung in nichtwässrigen Lösungsmitteln, c) Doppelreferenzelektrode zur Verwendung in schlechtleitenden Lösungen (nach B. Gollas et al., *Current Sep. 13*, 42–44 **1987**, mit freundlicher Genehmigung des Verlags.

In allen Fällen sollte die Vergleichselektrode nicht *direkt* mit dem Elektrolyten in der elektrochemischen Zelle in Verbindung gebracht werden. Vielmehr sollte der elektrische Kontakt über einen *Stromschlüssel* und eine HABER-LUGGIN-*Kapillare* geführt werden.

Der Stromschlüssel besteht aus einem Frittengefäß, das mit dem Grundelektrolyten der Zelle gefüllt ist. Er dient im wesentlichen zur Verringerung von Diffusionspotentialen.

Die HABER-LUGGIN-Kapillare (vgl. Bild 4.14a) bewirkt eine Messung des Potentials nahe der Elektrode. Eine Konstruktion einer Ag/Ag^+-Vergleichselektrode für die Verwendung in nichtwässrigen Lösungsmitteln ist in Bild 4.14b gezeigt. Teil A ist ein Einsatz mit Normschliffkern, der den potentialbestimmenden Silberdraht trägt. Zur Verbindung mit dem Vergleichselektrodeneingang des Potentiostaten ist er mit einem Kupferdraht verlötet. Teil B enthält die Silbersalzlösung (z.B. 0,01 M $AgClO_4$ in CH_3CN mit 0,1 M Tetra-*n*-butylammoniumhexafluorophosphat als Leitsalz); Teil A wird aufgesetzt, nachdem die Ag^+-Lösung eingefüllt wurde. Teil C wird üblicherweise mit einer Lösung des Grundelektrolyten (vgl. Abschnitt 4.2.5) befüllt. Teil B wird so in Teil C eingesetzt, daß die Glasfritte, welche B abschließt, in den Elektrolyten in C eintaucht. In Einzelfällen kann das Lösungsmittel in C über die Fritte hinweg in B hineindiffundieren und mit den dort befindlichen Ag^+-Ionen reagieren. Dann sollte es durch das in B befindliche Lösungsmittel ersetzt werden. Die zusammengesetzten Teile A – C werden dann in die mit Grundelektrolyt beschickte Kapillare D eingeführt. Die Glasfritten in B und C verhindern ein Eindiffundieren der Ag^+-Ionen in die eigentliche Meßlösung. Die Gesamtanordnung A – D wird über eine Normschliffhülse in den Deckel einer Zelle eingesetzt (vgl. Bild 4.7a). Die Spitze der HABER-LUGGIN-Kapillare wird nahe der Elektrodenoberfläche justiert. Diese Anordnung verringert den iR-Fehler (vgl. Abschnitte 4.2.5 und 4.3.1). Der Abstand kann allerdings nicht beliebig verkleinert werden, da sonst Abschirmungseffekte auftreten.

Insbesondere in schlechtleitenden Elektrolyten ist der Potentiostatenregelkreis gegenüber Oszillationen empfindlich. Man beobachtet dann stark verrauschte Signale. Abhilfe bietet eine Doppelreferenzelektrode, wie beispielsweise die in Bild 4.14c gezeigte (zur Funktion vgl. Gollas et al.).

Elektrolyte

Der *Elektrolyt* bildet den Inhalt der elektrochemischen Zelle. Er muß eine ausreichende Leitfähigkeit aufweisen, um den Strom, der zwischen Arbeits- und Gegenelektrode fließt, aufrecht erhalten zu können. Der Elektrolyt hat üblicherweise folgende Komponenten:

- Lösungsmittel
- Leitsalz
- Substrat (Edukt)
- Zusätze (Reagenzien, Puffer)

Die Lösung des Leitsalzes im Lösungsmittel wird bisweilen als *Grundelektrolyt* bezeichnet.

Das *Lösungsmittel* muß alle anderen Komponenten lösen, denn nur in dieser Form werden die elektroaktiven Substanzen zur Phasengrenze transportiert (Ausnahme: Festelektrolyte).

In vielen Fällen werden wässrige Elektrolytsysteme verwendet. Zunehmend werden – gerade im Bereich der Elektrochemie organischer Verbindungen – aber auch nichtwässrige Lösungsmittel eingesetzt. Auch Gemische werden benutzt. Tabelle 4.3 führt eine Auswahl dieser Solventien auf. Besonders häufig verwendet werden Acetonitril, Dimethylformamid und Dichlormethan.

Tabelle 4.3 Einige nichtwässrige Lösungsmittel für elektrochemische Untersuchungen

Lösungsmittel	Bemerkungen	DK
CH_3OH	häufig für präparative Elektrolysen, problematisch an Pt (Bedeckung, Oxidation), im oxidativen Bereich nicht verwendbar	33
CH_3CN	gute Leitfähigkeit mit Leitsalzen, weites elektrochemisches Fenster, giftig	37,5
DMF	mäßige Leitfähigkeit, reduktiv weites elektrochemisches Fenster, reizend	36,7
DMSO	relativ weites elektrochemisches Fenster, insbesondere reduktiv	46,7
THF	gutes Lösungsmittel für organische Verbindungen, z.T. bis −4 V verwendbar, Nachteile: Azeotrop mit Wasser, Peroxidbildung	7,4
SO_2	für Tieftemperaturmessungen geeignet	18
NH_3	für Tieftemperaturmessungen geeignet, besonders für Reduktionen, Nachteil: leicht oxidierbar	23
Propylencarbonat	gutes Lösungsmittel für organische Verbindungen, geringes elektrochemisches Fenster	69
CH_2Cl_2	stabilisiert Radikalkationen, elektrochemisches Fenster reduktiv erweitert, wenn wasserfrei, Nachteile: hoher Dampfdruck, niedrige Siedetemperatur	8,9
$Hex_4N^+C_6H_5COO^-$	gleichzeitig Solvens und Leitsalz, bei Raumtemperatur flüssig, im reduktiven Bereich verwendbar	

Die Lösungsmittel haben im allgemeinen eine hohe Dielektrizitätskonstante (DK). Dadurch erhalten die Lösungen hohe Leitfähigkeiten. Ausnahmen stellen THF und CH_2Cl_2 dar, die eine relativ niedrige DK aufweisen. Entsprechend muß hier mit hohen Elektrolytwiderständen und gegebenenfalls Ionenpaarbildung gerechnet werden.

Für die Reinigung ist der Siedepunkt, für die praktische Anwendung der Bereich, in dem das Lösungsmittel in flüssiger Phase vorliegt, von Bedeutung. Weitere Punkte, die bei der Auswahl des Solvens beachtet werden müssen, sind: Lösungsvermögen für Edukt und Produkte, Basizität sowie die Komplexierungseigenschaften.

Das *Leitsalz* soll im benutzten Solvens möglichst vollständig in Ionen zerfallen. Diese Ionen transportieren bei ihrer Wanderung im elektrischen Feld die Ladung und sichern dadurch den Stromfluß in der Lösung zwischen Arbeits- und Gegenelektrode. Das Leitsalz wird üblicherweise in hohem Überschuß über dem Edukt eingesetzt. Seine Konzentration sollte im Bereich von 0,1 M liegen. Damit sorgt es auch für eine Unterdrückung der Migration von geladenen Edukt- oder Produktmolekülen. Die Leitsalzionen bestimmen weiterhin wesentlich den Aufbau der elektrochemischen Doppelschicht (vgl. Abschnitt 4.2.2).

In wässrigen Elektrolyten stellen Salze aus schwer oxidierbaren Anionen und schwer reduzierbaren Kationen bevorzugte Leitsalze dar (Alkalisalze, Perchlorate). In nichtwässrigen Solventien benutzt man häufig Tetraalkylammoniumsalze (vgl. Tabelle 4.4). Dabei werden die früher meist verwendeten – aber unter Umständen explosiven – Perchlorate zunehmend durch Tetrafluoroborate oder Hexafluorophosphate ersetzt, mit denen insbesondere im oxidativen Potentialbereich ein weiteres elektrochemisches Fenster (siehe unten) erreicht werden kann.

Die Perchlorate, Tetrafluoroborate und Hexafluorophosphate verändern die Säure/Basen-Eigenschaften des Lösungsmittels nur wenig oder gar nicht. Ein „Leitsalz" wie KOH (in Methanol) hingegen führt zu einem stark basischen Elektrolyten. Dies ist insbesondere bei der Untersuchung deprotonierbarer Substrate zu beachten.

Tabelle 4.4 Einige Leitsalze für nichtwässrige Medien

Leitsalz	Anwendungsbereich (Lösungsmittel in Auswahl)
$NaClO_4$	CH_3CN, NH_3, THF, CH_3OH, DMSO
$LiClO_4$	CH_3CN, THF
$KClO_4$	DMSO
TBAP	CH_3CN, CH_3OH, DMSO
TBAHP	CH_3CN, CH_2Cl_2, DMF, Propylencarbonat
KNO_3	NH_3
KOH	CH_3OH

TBAP = Tetrabutylammoniumperchlorat
TBAHP = Tetrabutylammoniumhexafluorophosphat

Die Leitsalze sind in den meisten Fällen kommerziell erhältlich, können jedoch unter Umständen aus billigeren Komponenten leicht selbst synthetisiert werden. Wichtig ist hierbei die Entfernung von leicht oxidierbaren oder reduzierbaren Bestandteilen, meist durch mehrfache Umkristallisation, die sich auch für kommerzielle Produkte empfiehlt.

Als Beispiel sei die Herstellung von Tetra-*n*-butylammoniumhexafluorophosphat beschrieben (nach Dümmling et al.):

> 100 g $(n\text{-Bu})_4NBr$ (Fluka, purum) werden in 250 ml Aceton gelöst und mit einer Lösung von 50 g NH_4PF_6 in 350 ml Aceton versetzt. Das gebildete NH_4Br wird abfiltriert und die Lösung auf 300 ml eingeengt. Anschließend wird das gebildete Tetra-*n*-butylammoniumhexafluorophosphat durch Zugabe von Wasser ausgefällt. Es wird nochmals in 200 ml Aceton mit 5 g NH_4PF_6 gelöst und erneut durch Wasserzugabe gefällt. Nach viermaliger Umkristallisation aus 300 ml Ethanol/100 ml Wasser wird 48 h bei 100 °C im Hochvakuum ($< 10^{-5}$ Torr) getrocknet. Ausbeute: 94 g (78 %) farblose Kristallplättchen.

Beim Anfallen größerer Leitsalzmengen ist auch an ein Recycling zu denken, wobei die Verunreinigungen insbesondere durch Umkristallisation entfernt werden.

Wichtige Kriterien für die Anwendbarkeit der Lösungsmittel und Leitsalze sind neben den Lösungseigenschaften die Leitfähigkeit der Elektrolyte und das elektrochemische Fenster.

Die *Leitfähigkeit* ist mit der Konzentration und Art des verwendeten Leitsalzes sowie den dielektrischen Eigenschaften des Solvens verknüpft. Lösungsmittel, die den Zerfall des Leitsalzes in Ionen durch eine hohe Dielektrizitätskonstante fördern (z.B. CH_3CN) sind besser geeignet als solche, die die Bildung von Ionenpaaren begünstigen (z.B. THF). Eine geringe Leitfähigkeit kann durch die resultierende hohe Klemmenspannungen dazu führen, daß die Ausgangsleistung des Potentiostaten zur Aufrechterhaltung des Zellstroms nicht mehr ausreicht. Zudem wächst auch der experimentelle iR-Fehler (siehe unten).

Den für elektroanalytische Untersuchungen zugänglichen Potentialbereich bezeichnet man als *elektrochemisches Fenster*. Er wird bei positiven und negativen Potentialen durch die oxidative bzw. reduktive Zersetzung des Lösungsmittels und/oder der Leitsalzionen begrenzt. Diese Zersetzungsreaktionen führen zu einem starken Anwachsen des Hintergrundstroms außerhalb des Fensters. Dadurch wird ein eventuell vorhandenes Meßsignal in diesen Bereichen überlagert.

Das elektrochemische Fenster hängt wesentlich von der Reinheit der verwendeten Lösungsmittel und Leitsalze sowie vom Elektrodenmaterial ab. Bild 4.15 zeigt die ungefähren Grenzen für einige Elektrolyte.

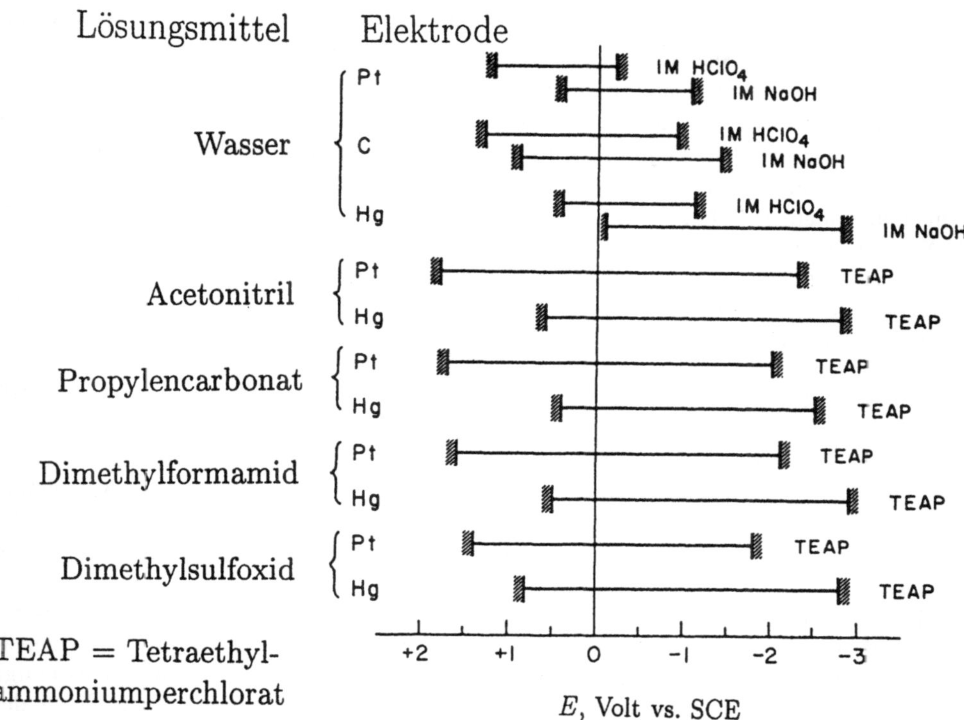

Bild 4.15 Grenzen des elektrochemischen Fensters in verschiedenen Elektrolyten bei Verwendung von Pt, C und Hg als Elektrodenmaterial (nach D.T. Sawyer und J.L. Roberts, Jr., *Experimental Electrochemistry for Chemists*, John Wiley, New York **1974**, mit freundlicher Genehmigung des Verlags).

Kommerziell erhältliche Lösungsmittel zeigen, auch wenn sie speziell gereinigt angeboten werden, meist keine befriedigenden Resultate, da die elektrochemischen Methoden sehr empfindlich reagieren. Für die Lösungsmittel ist daher eine oftmals aufwendige Reinigung nötig. Es gilt, alle *elektroaktiven* Verunreinigungen weitgehend zu entfernen (für Einzelheiten vgl. die Angaben in Mann).

Eine Verunreinigung, die in der Elektrochemie eine besondere Rolle spielt, ist gelöster Sauerstoff. In nichtwässrigen Lösungsmitteln ist meist auch Wasser unerwünscht.

Sauerstoff wird in Lösung sehr leicht reduziert und erhöht (im negativen Potentialbereich) den Hintergrundstrom. Zudem kann O_2 mit elektrochemisch erzeugten Zwischenstufen wie Radikalen oder Radikalionen reagieren. *Wasser* wird elektrochemisch reduziert und oxidiert. Dies führt zu einer erheblichen Einschränkung des elektrochemischen Fensters.

Während Sauerstoff mit Hilfe von gereinigtem Stickstoff oder Argon leicht im Verlauf der experimentellen Vorbereitungen ausgeblasen werden kann (vgl. z.B. Abschnitt 4.3.1), gelingt vollständiger Wasserausschluß nur bei Probenvorbereitung unter Vakuumbedingungen. Dabei wird das destillativ gereinigte Lösungsmittel in einem Schlenkrohr mit aktiviertem Al_2O_3 getrocknet, entgast und dann in die vakuumdichte Zelle einkondensiert.

Der *Zusatz* von Al_2O_3 *zur Meßlösung* wird wegen der bisweilen auftretenden Reaktionen und Adsorptionserscheinungen *nicht* empfohlen.

In *Salzschmelzen* sind Lösungsmittel und Leitsalz identisch. Obwohl solche Elektrolyte meist bei höheren Temperaturen eingesetzt werden, sind auch bei Raumtemperatur geschmolzene Elektrolyten bekannt, zum Beispiel Tetrahexylammoniumbenzoat (vgl. Tabelle 4.3).

Die Konzentration des *Edukts (Substrats)* sollte wesentlich unter der des Leitsalzes liegen. Für kinetische und mechanistische Untersuchungen wird $10^{-3} - 10^{-4}$ M empfohlen, bei analytischen Anwendungen sind routinemäßig Bereiche bis 0,1 ppb erreichbar.

Im Rahmen kinetischer und mechanistischer Messungen müssen in vielen Fällen *Reagenzien* zugesetzt werden, die mit Produkten der Elektrodenreaktion Folgereaktionen eingehen. Diese Umsetzungen können dann untersucht werden. Insbesondere in wässrigen Elektrolyten benutzt man weiterhin *Puffersysteme*, um im Verlauf des Experiments einen konstanten pH-Wert festzulegen. Die Puffersubstanzen stellen dann oft gleichzeitig die Leitsalze dar, da sie in Ionen zerfallen, die in ausreichender Konzentration vorliegen.

Jeder Elektrolyt setzt dem elektrischen Strom einen Widerstand entgegen. Charakteristisch ist der *spezifische Widerstand*

$$\rho = R\frac{q}{l}[\Omega\,\mathrm{cm}] \tag{4.10}$$

wobei R der gemessene Widerstand eines Lösungsvolumens der Länge l und des Querschnitts q ist. Der Zahlenwert von ρ entspricht dem Widerstand eines würfelförmigen Ausschnitts aus dem Elektrolyten mit dem Volumen 1 cm^3. Der Elektrolytwiderstand kann erhebliche Auswirkungen auf die elektroanalytischen Messungen haben, wie im folgenden besprochen werden soll.

Das Elektrodenpotential wird an der Spitze der HABER-LUGGIN-Kapillare gemessen. Aus praktischen Gründen befindet sich diese Spitze nicht in der elektrochemischen Doppelschicht, sondern in einer gewissen Entfernung von der Elektrodenoberfläche (meist einige Millimeter entfernt). Der Elektrolyt besitzt dann zwischen der Elektrode und der Spitze der Kapillare einen Widerstand R. In DMF mit 0,1 M Tetra-n-butylammoniumhexafluorophosphat sind beispielsweise Werte von mehreren kΩ möglich.

Fließt ein Strom i, gilt für den Spannungsabfall ΔE zwischen Elektrode und Spitze der Kapillare nach dem OHMschen Gesetz

$$\Delta E = i\,R \tag{4.11}$$

Um diesen Betrag wird das gemessene Elektrodenpotential verfälscht. Werte für diesen *iR-Fehler* (vgl. Bott und Howell) können in nichtwässrigen Elektrolyten bis zu mehreren 100 mV betragen.

Der auch *iR-Drop* genannte Fehler kann durch Verringerung von R verkleinert werden. Dazu kann entweder die Leitfähigkeit der Lösung vergrößert oder der Abstand zwischen der HABER-LUGGIN-Kapillare und der Elektrodenoberfläche verkleinert werden.

Ersteres wird durch Erhöhung der Leitsalzkonzentration erreicht, wobei die Löslichkeit im Solvens eine Grenze setzt. Auf die Justierung der HABER-LUGGIN-Kapillare wurde bereits hingewiesen (siehe oben).

Auch eine Verringerung von i vermindert ΔE. Dies wird durch geringere Substratkonzentrationen oder Verkleinerung der Elektrodenoberfläche erreicht. Ersteres wird durch die gleichzeitige Abnahme der Meßsignale bei gleichbleibendem Hintergrundstrom (vgl. Abschnitt 4.3.1) begrenzt. Letzteres führt zur Verwendung von Mikroelektroden (vgl. Abschnitt 4.5.3). In Abschnitt 4.3.1 wird die Vermeidung, Kompensation bzw. Korrektur des iR-Fehlers bei der Messung und Auswertung von cyclischen Voltammogrammen ausführlich diskutiert.

Ein hoher Widerstand verlangsamt auch die Aufladung der elektrochemischen Doppelschicht (vgl. Abschnitt 4.2.2). Hat die Doppelschicht eine Kapazität C_{dl}, entspricht die Arbeitselektrode in erster Näherung einem RC-Glied, das sich mit einer Zeitkonstante $1/RC_{\mathrm{dl}}$ auflädt. Große R verhindern daher die Messung schneller Vorgänge.

Literatur

Lehrbücher und Übersichtsartikel:
R.N. Adams, *Electrochemistry at Solid Electrodes*, Marcel Dekker, New York, **1969**.
A.J. Bard und L.R. Faulkner, *Electrochemical Methods. Fundamentals and Applications*, Wiley, New York, **1980**.
C.H. Hamann und W. Vielstick, *Elektrochemie*, Wiley-VCH, Weinheim **1998**.
O. Hammerich und V.D. Parker in H. Lund und M.M. Baizer (Hrsg.), *Organic Electrochemistry. An Introduction and a Guide*, Marcel Dekker, New York, **1991**, S. 121 – 205.
G. Henze und R. Neeb, *Elektrochemische Analytik*, Springer, Heidelberg **1986**.
P.T. Kissinger und W.R. Heineman (Hrsg.), *Laboratory Techniques in Electroanalytical Chemistry*, Marcel Dekker, New York, 2. Auflage **1996**.
H. Lund und M.M. Baizer (Hrsg.), *Organic Electrochemistry. An Introduction and a Guide*, Marcel Dekker, New York **1991**.
C.K. Mann, in A.J. Bard (Hrsg.), *Electroanalytical Chemistry 3*, 57 – 134 **1969**.
D.T. Sawyer, A. Sobkowiak und J.L. Roberts, Jr., *Experimental Electrochemistry for Chemists*, John Wiley, New York, 2. Auflage **1995**.
T. Shono, *Electroorganic Synthesis*, Academic Press, London, **1991**.
A. Bond und M. Švestka, *Coll. Czech. Chem. Commun. 58*, 2769 – 2812 **1993**.

Originalliteratur:
A.W. Bott und J.O. Howell, *Curr. Sep. 11*, 21 – 24 **1992**.
T.P. DeAngelis und W.R. Heineman, *J. Chem. Ed. 53*, 594 – 597 **1976**.
B. Gollas, B. Krauß, B. Speiser und H. Stahl, *Curr. Sep. 13*, 42 – 44 **1994**.
G. Gritzner und J. Kůta, *Pure Appl. Chem. 56*, 461 – 466 **1984**.
J. Heinze und D. Ebling, *Nachr. Chem. Tech. Lab. 41 (9)*, M1 – M34 **1993**.
R.W. Murray, A.G. Ewing und R.A. Durst, *Anal. Chem. 59*, 379A – 390A **1987**.
S. Dümmling, E. Eichhorn, S. Schneider, B. Speiser und M. Würde, *Curr. Sep. 15*, 53 – 56 **1996**.

4.3 Potentiostatische Methoden

Bei den potentiostatischen Methoden wird das Elektrodenpotential kontrolliert. Man hat daher direkten Einfluß auf die Oxidations- bzw. Reduktionskraft der Elektrode und – über die NERNSTsche Gleichung (4.6) – auf die Konzentrationen an der Elektrodenoberfläche.

4.3.1 Cyclische Voltammetrie

Die *cyclische Voltammetrie* (CV) ist eine stationäre, potentialkontrollierte elektroanalytische Technik, bei der ein dreiecksförmiger Verlauf des Potentials mit der Zeit vorgegeben wird. Der Strom wird als Funktion der Zeit oder – häufiger – des Potentials aufgezeichnet (cyclisches Voltammogramm, auch: Cyclovoltammogramm). Die Interpretation dieser Strom/Zeit- bzw. Strom/Spannungskurve liefert kinetische und mechanistische Informationen.

Grundlagen

Bei der cyclischen Voltammetrie wird der Elektrode ein Potential aufgeprägt, das linear mit der Zeit variiert (*linear scan*). Bild 4.16 zeigt den Verlauf von E während des Experiments.

a)

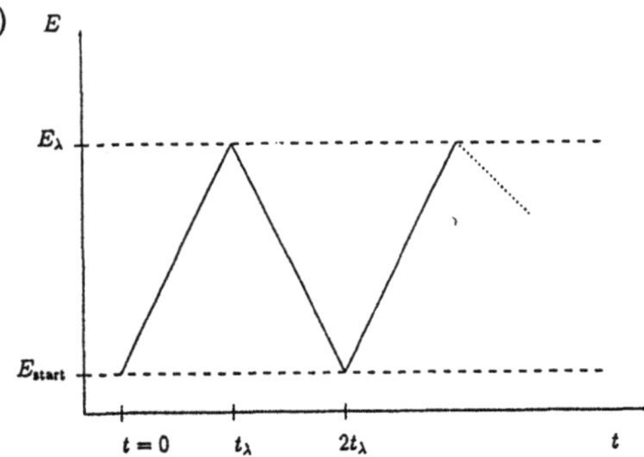

b)

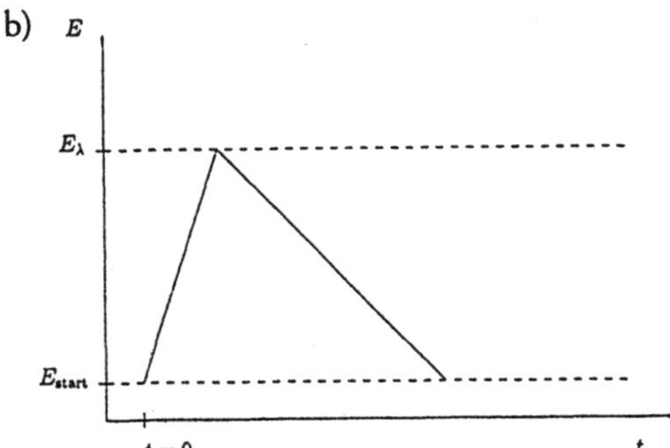

c)

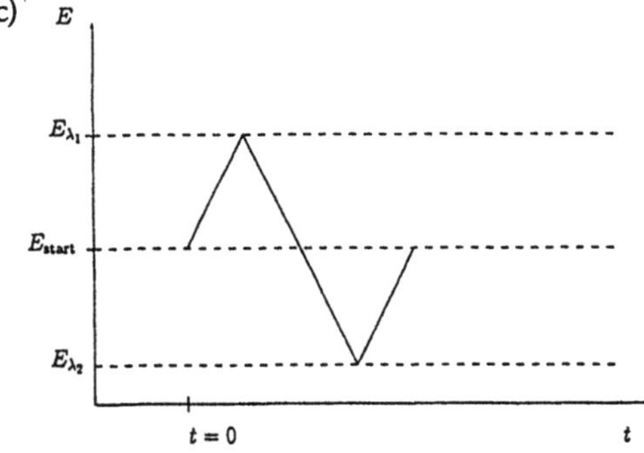

Bild 4.16
Zeitlicher Potentialverlauf bei der cyclischen Voltammetrie; a) bei konstanten Beträgen der Spannungsvorschubgeschwindigkeit v, b) bei unterschiedlichen Beträgen von v in den beiden Teilen des Cyclus, c) bei Lage des Startpotentials zwischen zwei Umschaltpotentialen.

Man beginnt ($t = 0$) bei einem Startpotential E_{start}, bei dem die Untersuchungssubstanz möglichst nicht elektroaktiv sein sollte. Das Potential wird dann mit einer Spannungsvorschubgeschwindigkeit[3] (*scan rate*)

$$v = \frac{\mathrm{d}E}{\mathrm{d}t} = \text{const} \tag{4.12}$$

verändert, bis das Umschaltpotential (*switching potential*) E_λ erreicht ist. Dort wird die Richtung des Spannungsvorschubs umgedreht und E erneut linear mit der Zeit variiert, bis wieder das Startpotential anliegt. Der Wert für v kann während der beiden *scans* eines so definierten *Cyclus* gleich (Bild 4.16a) oder verschieden (Bild 4.16b) sein. In manchen Fällen kann sich – je nach den Gegebenheiten des Untersuchungssystems – das zuletzt erreichte Potential auch von E_{start} unterscheiden.

[3] Obwohl genau genommen die Veränderung des *Potentials* der Elektrode mit der Zeit von Interesse ist, hat sich in der deutschen Literatur der Begriff der *Spannungs*vorschubgeschwindigkeit eingebürgert.

Manche Geräte erlauben es, das Startpotential zwischen zwei Umschaltpotentiale zu legen (vgl. Bild 4.16c). Bisweilen werden mehrere Cyclen hintereinander durchfahren (*multicycle-Experiment*, in Bild 4.16a angedeutet). Wird nur ein einzelner Scan ausgeführt, spricht man auch von *linear scan voltammetry* (LSV; $0 \leq t \leq t_\lambda$).

Die Spannungsvorschubgeschwindigkeit kann in Spezialfällen Werte bis zu 10^6 V s^{-1} erreichen. Im allgemeinen liegt die praktische Obergrenze für Makroelektroden bei 50 – 100 V s^{-1}. Einerseits muß der Potentiostat schnell genug auf die Potentialvorgabe durch den Funktionsgenerator reagieren, andererseits benötigt die Einstellung des Potentials über die elektrochemische Doppelschicht eine gewisse Zeit (Aufladung im Sinne eines *RC*-Gliedes). Die Abtastrate für den Strom muß groß genug sein, um eine sinnvolle Zeit- bzw. Potentialauflösung zu erreichen. Die Untergrenze wird dadurch definiert, daß für sehr langsame Experimente Konvektion einsetzt und die Resultate verzerrt. Dies ist unter üblichen Bedingungen etwa für $v < 0{,}01$ V s^{-1} der Fall.

Den Stromverlauf während eines Experiments mit einem einzelnen Cyclus mit der Zeit zeigt Bild 4.17a für den einfachsten Fall einer Elektrodenreaktion, den reversiblen Elektronentransfer (vgl. Abschnitt 4.2.2). Beim Startpotential (Beginn des Experiments, $t = 0$) fließt kein Strom.

Sobald Potentiale erreicht werden, bei denen das Edukt an der Elektrodenoberfläche einen Elektronentransfer eingehen kann [NERNSTsche Gleichung, (4.6); vgl. Abschnitt 4.2.2], beginnt dort die Oxidation oder Reduktion: es fließt ein Strom. Entsprechend der NERNSTschen Gleichung sinkt die Eduktkonzentration an der Phasengrenze, während die Konzentration des Produkts entsprechend ansteigt. Die Konzentrationen an der Oberfläche weichen damit von den Werten im Innern der Lösung ab (Bild 4.18a).

Folglich wird Edukt – in ruhender Lösung – durch Diffusion zur Elektrode hin transportiert. Entsprechend erfolgt Transport des Produkts von der Elektrode in die Lösung hinein.

Die Stromstärke i hängt von der Änderung der Konzentration mit der Entfernung an der Elektrodenoberfläche ($x = 0$) ab [Gleichungen (4.3) und (4.4)]. Zwei Effekte haben eine Einfluß auf diesen Wert:

- Mit steigendem E sinkt die Eduktkonzentration bei $x = 0$ immer weiter ab (NERNSTsche Gleichung). Entsprechend erhöht sich die Steigung der Konzentrationsprofile (Bild 4.18b) und i wird größer.

- Im Laufe der Zeit verarmt der Elektrolyt vor der Elektrode an Edukt. Die Diffusionsschicht breitet sich in die Lösung hinein aus. Dies bewirkt eine Abflachung der Konzentrationsprofile (Bild 4.18c) und ein Absinken von i mit t.

Da E mit t über Gleichung (4.12) zusammenhängt, überlagern sich die beiden Effekte. Der Strom steigt zunächst an und fällt dann wieder ab. Es bildet sich eine Stromspitze (*Peak*) aus.

Das gebildete Produkt der Elektrodenreaktion ist im diskutierten Fall stabil und reichert sich in der Diffusionsschicht an. Auch nach Erreichen des Umschaltpotentials wird zunächst noch Edukt umgesetzt. Erst wenn – beim „Zurückfahren" des Potentials – E ausreicht, um die Rückreaktion vom Produkt zum Edukt einzuleiten, geht der Strom zunächst auf Null zurück, um dann in entgegengesetzter Richtung einen zweiten Peak auszubilden. Auch diese Stromspitze resultiert aus einem Anwachsen von i mit dem Potential und seinem Abnehmen auf Grund von Verarmungseffekten. Auf dem zweiten Scan wird also das Produkt des Elektronentransfers nachgewiesen. Dies gelingt auch für elektroaktive Produkte von Folgereaktionen.

Üblicherweise trägt man i nicht gegen t, sondern gegen das linear zu- und dann wieder abnehmende Potential E auf. Es ergibt sich ein cyclisches Voltammogramm (auch „Strom/Spannungskurve" genannt) wie in Bild 4.17b.

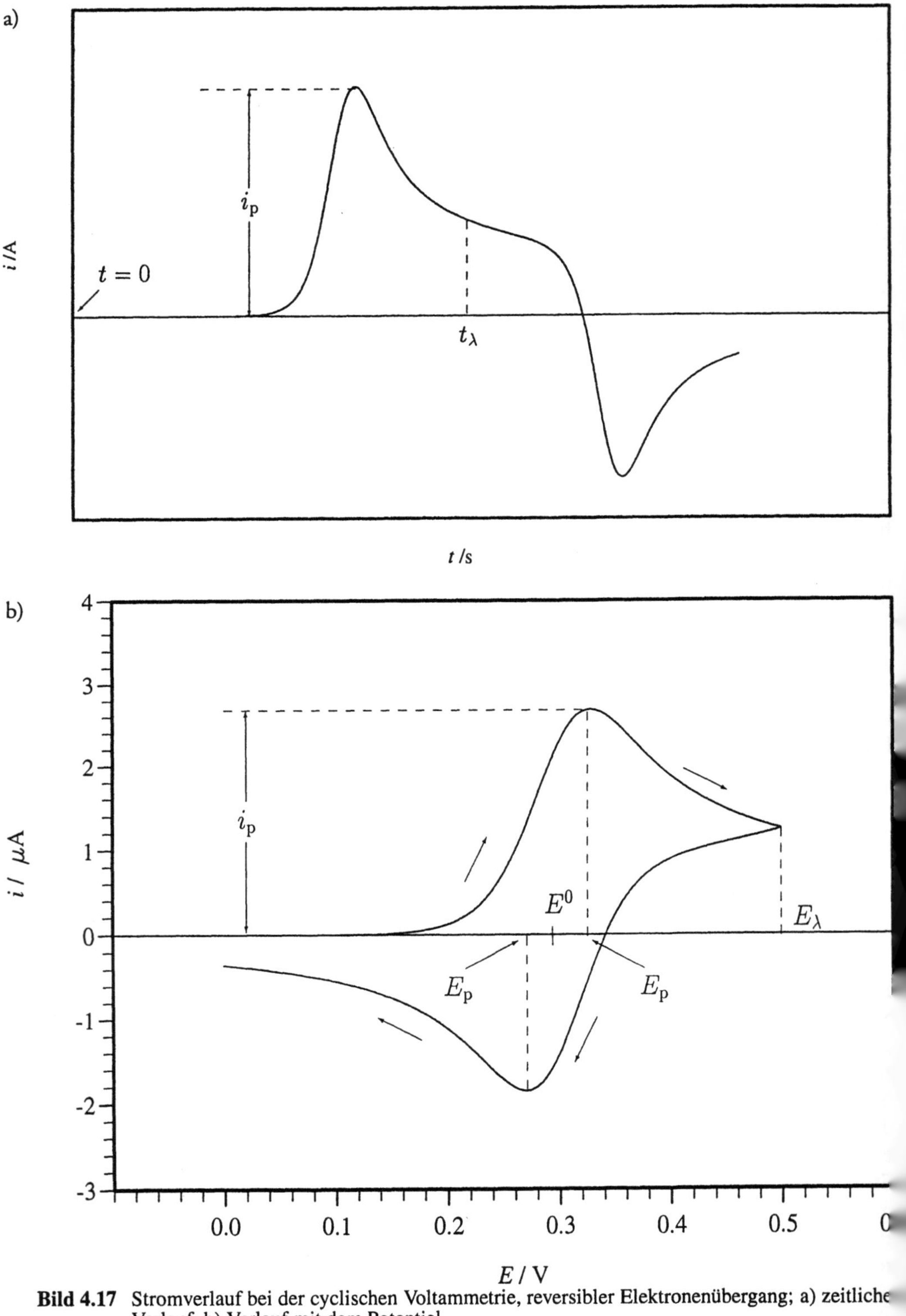

a)

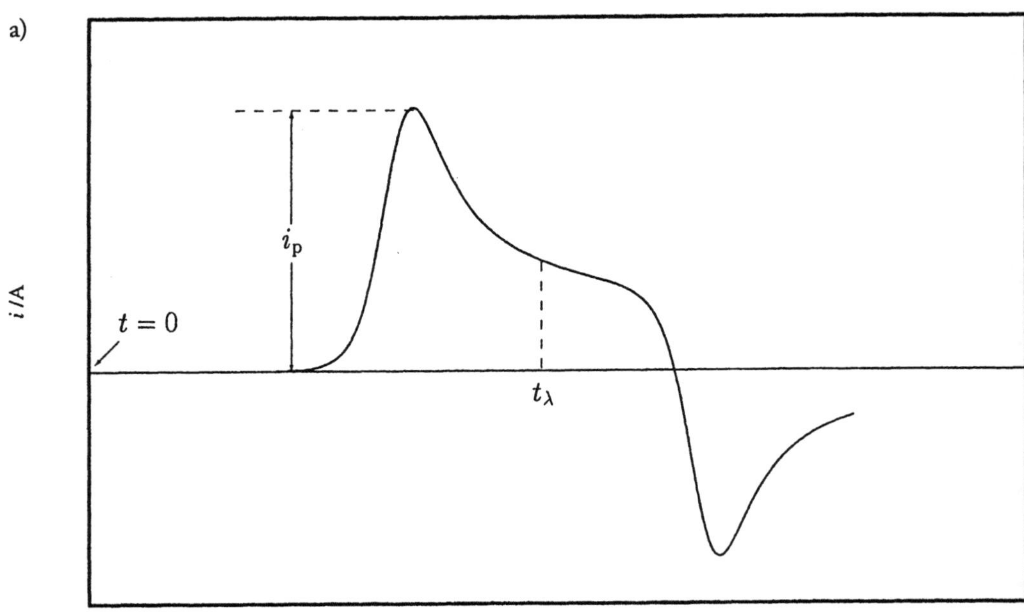

b)

i / μA

4
3
2
1
0
-1
-2
-3

i_p
E^0
E_λ
E_p
E_p

0.0 0.1 0.2 0.3 0.4 0.5 0

E / V

Bild 4.17 Stromverlauf bei der cyclischen Voltammetrie, reversibler Elektronenübergang; a) zeitliche Verlauf, b) Verlauf mit dem Potential.

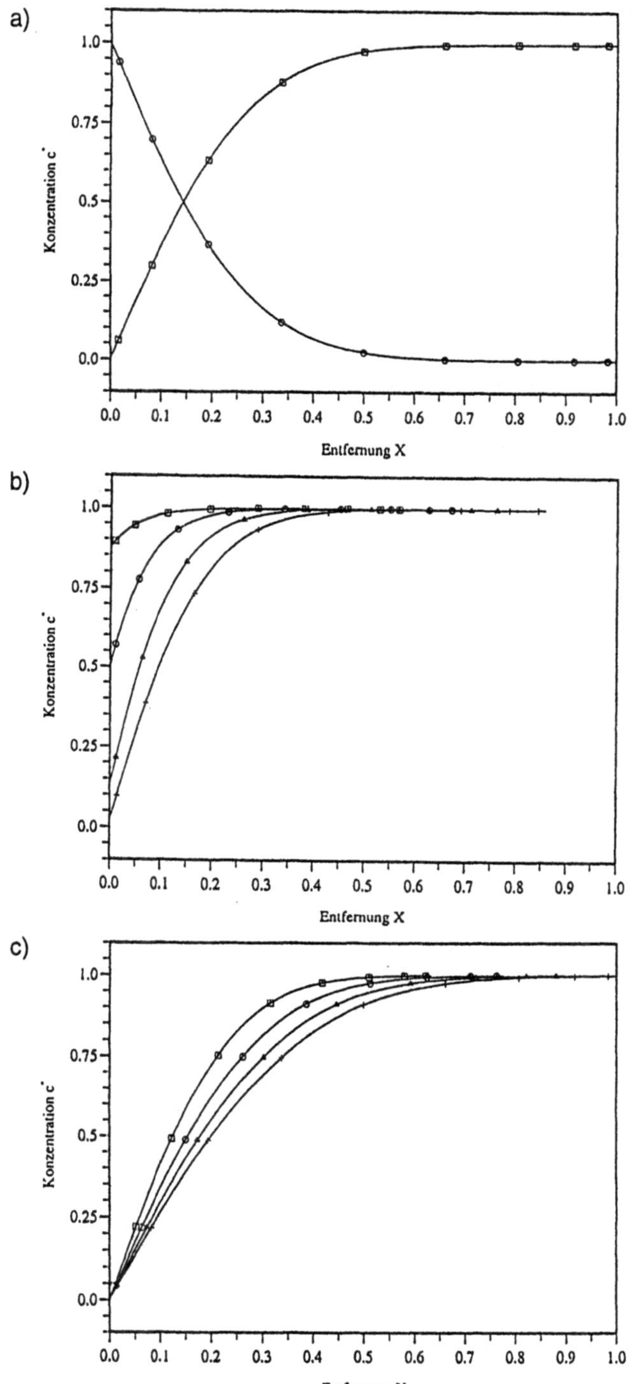

Bild 4.18 Konzentrationsprofile bei der cyclischen Voltammetrie; a) Konzentrationsprofile von Edukt (□) und Produkt (o), b) Konzentrationsprofile im Bereich des zum Peak ansteigenden Stroms, c) Konzentrationsprofile im Bereich des nach dem Peak abfallenden Stroms.

Die Lage der Peaks auf der Potentialachse wird durch die *Peakpotentiale*, E_p, ihre Intensität durch die *Peakströme*, i_p, charakterisiert.

Früher wurden – der polarographischen Tradition folgend [4] – positive Potentiale nach links, Oxidationsströme nach unten aufgetragen. Heute verfährt man bei der Aufzeichnung cyclovoltammetrischer Experimente so, daß der Potentialvorschub im Uhrzeigersinn verläuft (in Bild 4.17b durch Pfeile angedeutet). Dadurch können positive Potentiale auch nach rechts gezeichnet werden. Man beachte dies bei der Interpretation von cyclischen Voltammogrammen in der Literatur.

Benutzt man Mikroelektroden (vgl. Abschnitt 4.5.3), beobachtet man bei kleinen Spannungsvorschubgeschwindigkeiten keine Peaks mehr, sondern stufenförmige Strom/Spannungskurven, wobei sich der Verlauf im ersten und zweiten Teil des Cyclus nahezu deckt (Bild 4.19). Durch den kleinen Radius der Mikroelektroden erfolgt zusätzlich Diffusion über den Rand der Elektrodenscheibe hinweg. Dadurch werden die Verarmungserscheinungen zurückgedrängt und das Absinken des Stroms bei hohen Potentialen unterbleibt.

Erst bei höheren Spannungsvorschubgeschwindigkeiten tritt wieder die übliche Peakform auf (Bild 4.19, rechts unten).

Materialien

Neben der zu untersuchenden Substanz benötigt man

- Lösungsmittel, gereinigt; Menge je nach Volumen der elektrochemischen Zelle
- Leitsalz, gereinigt; Konzentration bevorzugt 0,1 M im Lösungsmittel
- gegebenenfalls Verbindungen, deren Reaktion mit Elektrodenreaktionsprodukten oder -zwischenstufen untersucht werden soll.

Die Konzentration der elektroaktiven Probensubstanz sollte im allgemeinen $10^{-4} - 10^{-3}$ M betragen. Lösungsmittel und Leitsalz sind nach folgenden Gesichtspunkten auszuwählen:

- Löslichkeit von Edukt, Produkt und Leitsalz
- Möglichkeiten der Entfernung von Verunreinigungen
- geringe Reaktivität mit eventuellen Zwischenstufen der elektrochemischen Umsetzung
- elektrochemisches Fenster.

Geräte

An Geräten benötigt man

- elektrochemische Zelle mit Arbeits-, Gegen- und Vergleichselektrode (letztere vorzugsweise mit HABER-LUGGIN-Kapillare) sowie gegebenenfalls Einleitungsrohr für Schutzgas (oder Vakuumanlage)

---

[4] In polarographischen Experimenten an der Quecksilbertropfelektrode werden meist Reduktionen durchgeführt, da sich Hg-Elektroden im oxidativen Potentialbereich auflösen. Bei Reduktionen wird der Wert des Elektrodenpotentials negativer. Die reduktiven Strom/Spannungskurven wurden im ersten Quadranten des Koordinatensystems aufgezeichnet.

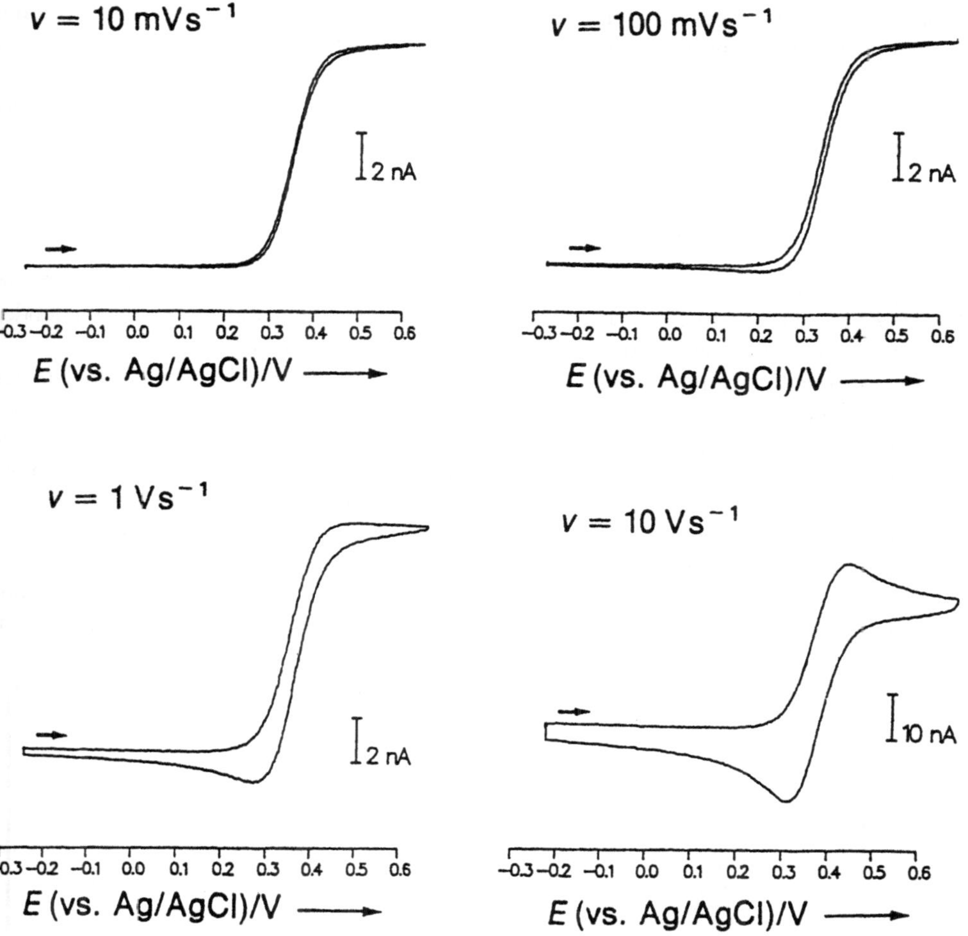

Bild 4.19 Cyclische Voltammogramme an einer Mikroelektrode ($r = 6\ \mu$m); 3,2 mM Ferrocen in CH_2Cl_2/0,1 M Tetrabutylammoniumhexafluorophosphat (nach J. Heinze, *Angew. Chem. 105*, 1327 – 1349 **1993**, mit freundlicher Genehmigung des Verlags).

- Apparatur zur Reinigung des Schutzgases
- elektroanalytisches Kombinationsgerät oder
- Potentiostat, Dreiecksgenerator, Schreiber bzw. Computer mit A/D-Wandler

Dabei können mechanische Schreiber bis zu Vorschubgeschwindigkeiten von 500 mV s^{-1} verwendet werden. Für schnellere Experimente ist digitale Aufzeichnung der Kurven nötig.

Probenvorbereitungen

Die Lösung der zu untersuchenden Substanz im Lösungsmittel mit 0,1 M Leitsalz wird in die elektrochemische Zelle gefüllt. Die Elektroden werden eingesetzt. Durch die Lösung wird während ca. 15 min ein leichter Schutzgasstrom geleitet, um gelösten Sauerstoff zu entfernen. Alternativ kann die Zelle bei geeigneter Konstruktion unter Vakuumbedingungen gefüllt werden. Dazu wird der geschlossene Zellkörper (Elektroden durch Glas-Normschliffstopfen ersetzen; Leitsalz einwiegen) mehrfach evakuiert und mit Schutzgas (N_2, Ar) gefüllt. Das Lösungsmittel wird durch mehrfaches Einfrieren, Abpumpen und Auftauen (freeze-pump-thaw-Cyclen) entgast und entweder in die Zelle umkondensiert oder unter leichtem Überdruck an Schutzgas mit Kanüle und Septum überführt.

Durchführung

Die Durchführung der voltammetrischen Messung unterscheidet sich, je nachdem, ob ein *Überblick* über das elektrochemische Verhalten der Untersuchungssubstanz gewonnen oder ob ein *spezieller Schritt* der Elektrodenreaktion *im Detail* untersucht werden soll.

Im ersten Fall wird man möglichst das gesamte zugängliche elektrochemische Fenster im entsprechenden Elektrolyten durchfahren, um alle auftretenden Elektrodenprozesse identifizieren zu können. Dazu wählt man ein Startpotential in einem Bereich, in dem die Untersuchungssubstanz *nicht elektroaktiv* ist. Bei E_{start} darf (mit Ausnahme des Hintergrundstroms) kein Strom fließen. Dann registriert man zwei cyclische Voltammogramme, bei denen das Potential während des ersten Scans einmal in positive und einmal in negative Richtung bis zur jeweiligen Elektrolytzersetzung variiert wird (vgl. Bild 4.20).

Alternativ kann ein Potentialprogramm wie in Bild 4.17c gewählt werden, so daß der Gesamtbereich in einem einzigen Cyclus durchfahren wird. Die Umschaltpotentiale werden

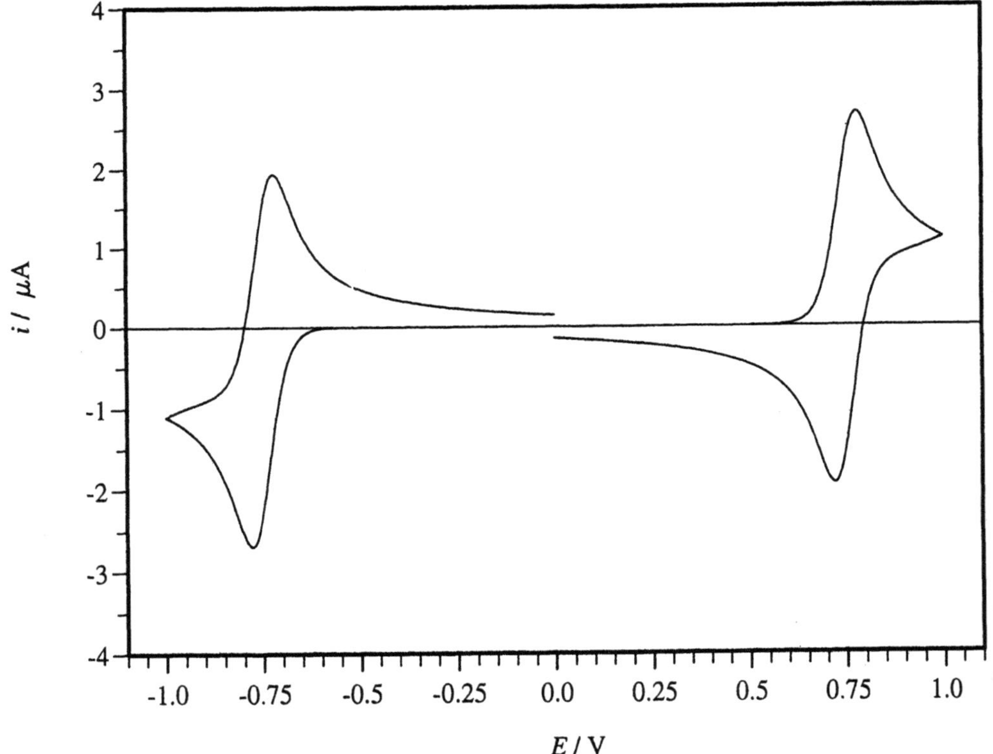

Bild 4.20 Durchfahren des gesamten zugänglichen Potentialbereichs in zwei Schritten für ein Eduk[t], das bei 0 V nicht elektroaktiv ist, aber sowohl reversibel oxidiert (+0,75 V) wie auch redu[-]ziert (−0,75 V) werden kann.

dann nahe dem Stromanstieg am Rande des elektrochemischen Fensters gewählt. Auch dabei sollten allerdings zwei verschiedene Strom/Spannungs-Kurven aufgenommen werden, wobei E während des ersten Scans zum einen positiv, zum anderen aber negativ verändert wird. Die beiden Voltammogramme können sich erheblich unterscheiden, da einmal primär das Oxidations-, andernfalls zunächst das Reduktionsprodukt erzeugt und jeweils die Folgespezies beobachtet werden.

Für solche Überblicksvoltammogramme empfiehlt sich zunächst eine mittlere Spannungsvorschubgeschwindigkeit von zum Beispiel $v = 100\,\mathrm{mV\,s^{-1}}$. Aus Voltammogrammen unter Variation von v folgen dann erste Hinweise auf ablaufende gekoppelte chemische Reaktionen oder gehemmten Elektronentransfer (siehe Abschnitt „Auswertung" weiter unten).

Soll ein spezieller Schritt der Elektrodenreaktion genauer untersucht werden, werden Start- und Umschaltpotential so gewählt, daß der oder die entsprechenden Peaks „isoliert" im Voltammogramm auftreten. Wiederum darf bei E_{start} kein Strom fließen. Es werden dann Strom/Spannungs-Kurven unter systematischer Variation von v, c (des Edukts oder von zugesetzten Reagenzien), E_λ und gegebenenfalls auch E_{start} aufgenommen.

Nach der Aufnahme eines jeden Voltammogramms wird die Lösung durchmischt (Durchleiten des Schutzgases oder Rühren). Gegebenenfalls muß die Elektrodenoberfläche poliert werden. Danach läßt man den Elektrolyten wieder zur Ruhe kommen und kann die nächste Messung beginnen. Während einer Messung selbst darf der Elektrolyt nicht mehr gerührt werden, da sonst konvektiver Transport die Ergebnisse verfälscht.

Für quantitative Auswertungen muß unter den jeweiligen Meßbedingungen auch der *Grund-* bzw. *Hintergrundstrom* aufgezeichnet werden. Dies kann *vor* Zugabe des Edukts oder in einer erneut *nur mit Grundelektrolyt* gefüllten Zelle erfolgen. Der Grundstrom wird dann vom cyclischen Voltammogramm, das in Gegenwart des Edukts aufgenommen wurde, subtrahiert. Manche kommerziell erhältlichen Geräte erlauben dies programmgesteuert. Die erhaltene korrigierte Strom/Spannungskurve wird dann ausgewertet.

Der Grund- bzw. Hintergrundstrom setzt sich aus drei Komponenten zusammen:

- der *Ladestrom* ist ein nicht-FARADAYscher Strom, also ein Strom, der nicht auf der Elektrolyse eines Elektrolytbestandteils beruht. Er bewirkt die Auf- bzw. Umladung der elektrochemischen Doppelschicht mit E. Wie in Abschnitt 4.2.2 beschrieben, kann die Doppelschicht vereinfachend als Kondensator der Kapazität C_{dl} betrachtet werden. Die Ladung der Doppelschicht ist dann

$$Q = C_{\mathrm{dl}} \cdot E \tag{4.13}$$

  und ihre Zeitabhängigkeit

$$i = \frac{\mathrm{d}Q}{\mathrm{d}t} = C_{\mathrm{dl}} \cdot \frac{\mathrm{d}E}{\mathrm{d}t} = C_{\mathrm{dl}} \cdot v \tag{4.14}$$

  Der Ladestrom wächst linear mit v an, da bei schnellerer Potentialänderung die gleiche Ladung in entsprechend kürzerer Zeit auffließen muß. Der Peakstrom eines Voltammogramms ist dagegen zu $\sqrt{v}$ proportional (vgl. Abschnitt „Auswertung" weiter unten). Daher kann der Ladestromanteil besonders bei hohen Spannungsvorschubgeschwindigkeiten das eigentliche Meßsignal überdecken.

- FARADAYsche *Ströme auf Grund der Elektrolytzersetzung* treten insbesondere am Rand des elektrochemischen Fensters auf. Sie stören die Untersuchung von Elektrodenprozessen, die bei sehr positiven oder sehr negativen Potentialen ablaufen. Die Komponenten des Grundelektrolyten liegen in sehr viel höherer Konzentration vor als das Edukt. Daher können diese Ströme sehr intensiv sein und kleinere Peaks überdecken.

- FARADAYsche *Ströme auf Grund von Verunreinigungen*, beispielsweise Resten von Wasser oder Sauerstoff (vgl. Abschnitt 4.2.5, „Elektrolyte"). Diese Komponente kann durch sorgfältige Reinigung des Solvens und des Leitsalzes sowie durch entsprechende Probenvorbereitung minimiert werden.

Bild 4.21 zeigt die Grundstromsubtraktion an einem Beispiel.

Fehlerquellen

Der häufigste Fehler, der bei der Aufnahme cyclischer Voltammogramme eine Rolle spielt, beruht auf dem iR-Drop (vgl. Abschnitt 4.2.5, „Elektrolyte").

Nach Gleichung (4.11) nimmt der iR-Fehler unter sonst gleichen Bedingungen mit i zu. Während der Aufnahme eines cyclischen Voltammogramms wird ΔE also zunächst anwachsen, am Peak ein Maximum erreichen und wieder abfallen. Dann wird der Fehler sein Vorzeichen ändern, ein Maximum in anderer Richtung erreichen und wiederum betragsmäßig abfallen. Als Resultat wird das cyclische Voltammogramm verzerrt. Bild 4.22 zeigt cyclische Voltammogramme mit und ohne iR-Drop unter ansonsten gleichen Bedingungen.

Der iR-Fehler hat Auswirkungen sowohl auf das Potential (die Lage) der Peaks wie auch auf den Peakstrom (die Höhe).

Im Falle eines nahezu reversiblen cyclischen Voltammogramms wie in Bild 4.22 verschieben sich die Peaks mit zunehmendem iR-Fehler in der Spannungsvorschubrichtung „nach hinten" (bei Oxidationen wird E_p positiver, bei Reduktionen negativer als ohne iR-Drop). Damit wird die Peakpotentialdifferenz, ΔE_p, also der Abstand der Peaks auf der Potentialachse, größer. Diese Größe dient häufig als quantitatives Kriterium für die Auswertung und Interpretation von cyclischen Voltammogrammen (vgl. Abschnitt „Auswertung" weiter unten). So ist beispielsweise ΔE_p für einen reversiblen Prozess von v unabhängig. Die experimentelle Überprüfung dieser Tatsache scheitert bei vorhandenem iR-Fehler, da i, damit iR und schließlich ΔE_p mit v ansteigen.

Auch der Peakstrom i_p wird durch den iR-Fehler verändert: mit zunehmendem i bzw. R wird der Peak niedriger, i_p kleiner. Auch diese Verzerrung stört bei quantitativen Auswertungen.

Die Korrektur bzw. Elimination des iR-Fehlers ist daher in der cyclischen Voltammetrie von großer Bedeutung. Drei Möglichkeiten werden besprochen:

- *Vermeidung*. Auf die Verringerung von i bzw. R wurde bereits hingewiesen (vgl. Abschnitt 4.2.5, „Elektrolyte").

- *Kompensation*. Durch apparative Änderungen an der elektronischen Schaltung des Potentiostaten läßt sich der iR-Fehler zumindest teilweise kompensieren. Dazu wird ein Teil des gemessenen Elektrodenpotentials in den Verstärker des Potentiostaten zurückgekoppelt. Im Idealfall sollte die Verstärkerschaltung bis zur 100 %igen Elimination des Fehlers stabil bleiben und dann in Oszillationen übergehen. Letztere können auf dem angeschlossenen Schreiber, mit einem Oszilloskop oder am Bildschirm beobachtet werden.

  Bei vielen kommerziell erhältlichen Potentiostaten hat man daher die Möglichkeit über ein Potentiometer den Rückkopplungsfaktor bis zum Auftreten von Instabilitäten zu erhöhen und dann gerade so weit wieder zu erniedrigen, daß die Oszillationen verschwinden. Man spricht dabei auch von *empirischer iR-Kompensation*. In neueren Geräte erfolgt dies vollautomatisch als Teil der softwaregesteuerten Meßroutinen.

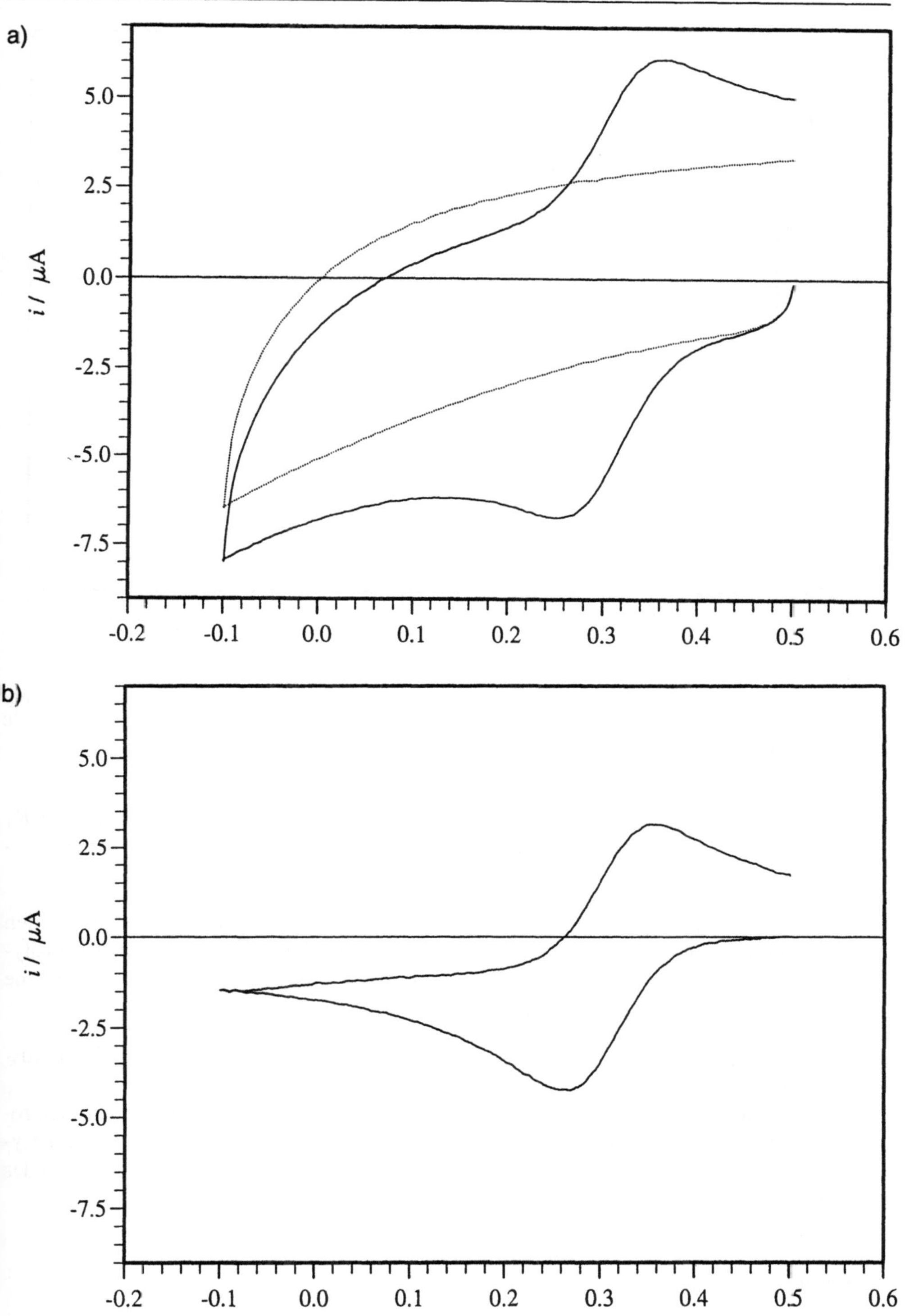

Bild 4.21 Subtraktion des Grundstroms bei der cyclischen Voltammetrie; 1 mM $K_3Fe(CN)_6$ in H_2O/1 M KCl, Pt-Elektrode, $v = 5{,}12$ V/s; a) Grundstrom (gepunktet) und unkorrigierte Meßkurve, b) grundstromkorrigiertes cyclisches Voltammogram.

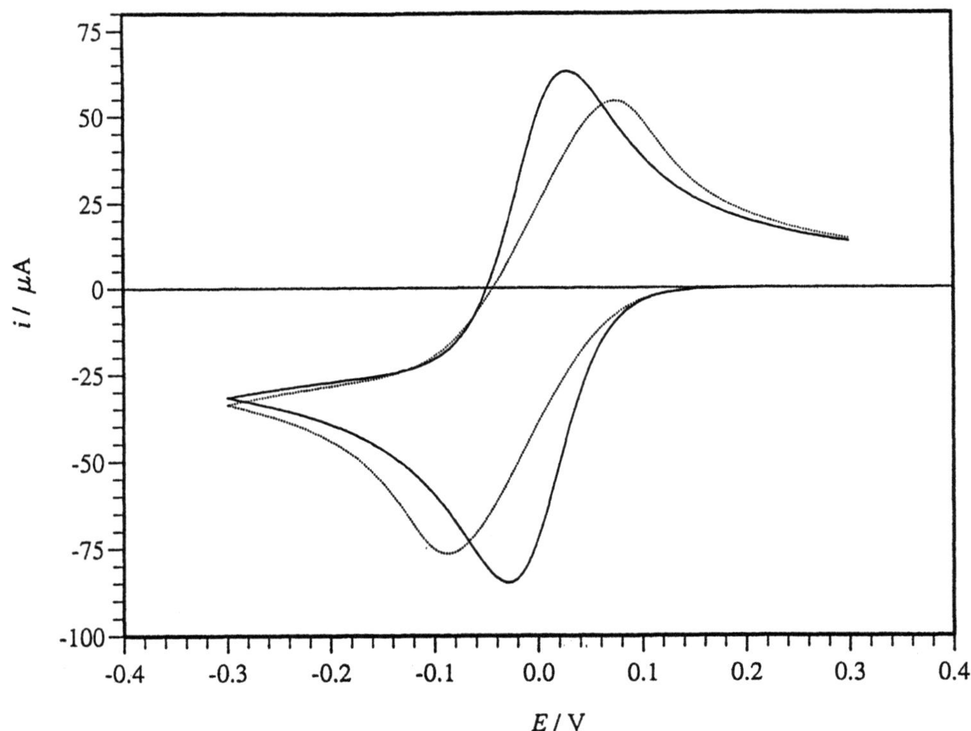

Bild 4.22 Einfluß des iR-Fehlers auf cyclische Voltammogramme; cyclisches Voltammogramm eines reversiblen Elektronentransfers ohne (durchgezogene Kurve) und mit iR-Fehler (gepunktete Kurve).

In realen Schaltkreisen bleibt allerdings immer ein *unkompensierter Widerstand* R_u übrig, da Oszillationen meist vor der vollständigen Kompensation des iR-Fehlers einsetzen.

- *Korrektur.* Läßt sich die Verfälschung von Meßdaten durch den iR-Fehler mit den genannten Maßnahmen nicht vermeiden (zum Beispiel in schlecht leitenden Elektrolyten), muß der Fehleranteil nachträglich bestimmt werden. Dann kann eine numerische Korrektur erfolgen (vgl. z.B. die Methode von Eichhorn et al.).

In der Praxis wird man eine Kombination aller dieser Methoden wählen, um eine Beeinflussung der Meßwerte weitgehend auszuschließen.

Eine zweite Fehlerquelle in cyclovoltammetrischen Messungen sind Vergleichselektroden, deren Potential mit der Zeit driftet. Die Abhilfe durch Bezug auf eine Referenzsystem wurde bereits diskutiert (vgl. Abschnitt 4.2.5, „Elektroden“). Auch die Subtraktion des Grundstroms wurde – im Abschnitt „Durchfhrung“ weiter oben – besprochen.

Auswertung

Aus den cyclischen Voltammogrammen werden für die quantitative Auswertung Werte sogenannter *Merkmale* entnommen. Es handelt sich dabei meist um *Peakpotentiale*, *Peakströme* sowie deren *Differenzen* bzw. *Verhältnisse* (Bild 4.17b). In manchen Fällen ist das *Halbpeak*-

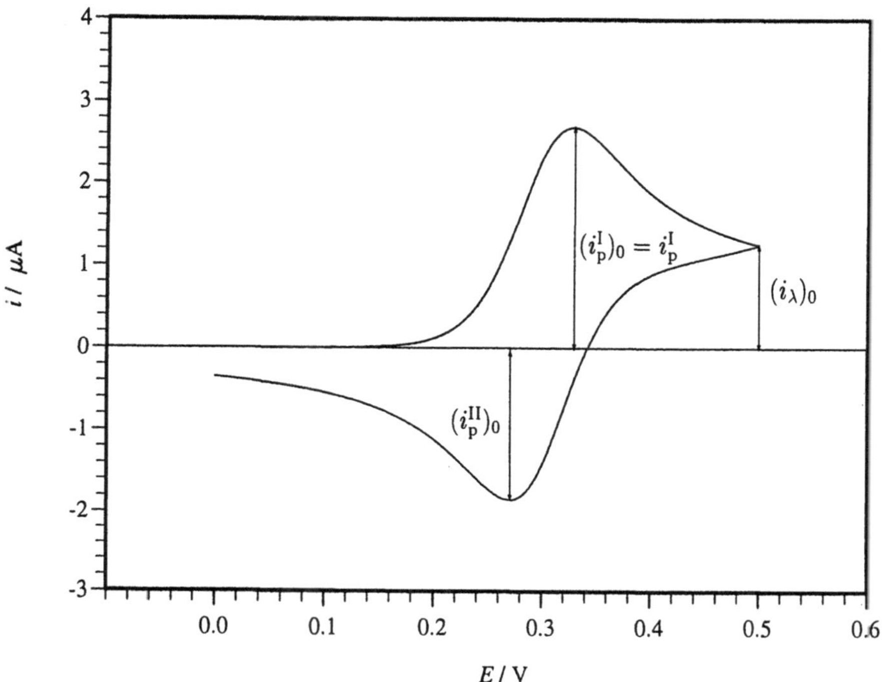

Bild 4.23 Definition der Ströme zur Bestimmung des Peakstromverhältnisses aus cyclischen Voltammogrammen.

oder *Halbwellenpotential* (Potential, bei dem der Strom die Hälfte des Maximalwertes erreicht hat) von Interesse, insbesondere dann, wenn sich kein Peak ausbildet, sondern der Strom auf einen vom Potential unabhängigen Grenzstrom ansteigt (vgl. Bild 4.19). Die Werte der Merkmale werden in Abhängigkeit von den experimentellen Parametern (Spannungsvorschubgeschwindigkeit, Konzentrationen, Umschaltpotential etc.) tabelliert.

Während die Peakpotentiale und der Peakstrom des ersten Peaks im cyclischen Voltammogramm – nach Korrektur des Grund- bzw. Hintergrundstroms und gegebenenfalls des *iR*-Fehlers (vgl. Abschnitt „Fehlerquellen" weiter oben) – direkt aus den Strom/Spannungskurven entnommen werden können, erfordert die Bestimmung des *Peakstromverhältnisses* die Messung von drei Stromwerten: den Strömen der beiden Peaks jeweils auf die Nullinie bezogen, $(i_p{}^I)_0$ und $(i_p{}^{II})_0$ sowie des Stroms beim Umschaltpotential $(i_\lambda)_0$ (Bild 4.23).

Dann gilt (wenn E_λ mindestens 150 mV hinter E^0 liegt)

$$\frac{i_p^{II}}{i_p^I} = \frac{(i_p^{II})_0}{(i_p^I)_0} + \frac{0{,}485(i_\lambda)_0}{(i_p^I)_0} + 0{,}086 \qquad (4.15)$$

Diese Berechnung berücksichtigt, daß der Strom auf dem zweiten Scan eine Überlagerung der Anteile der Oxidations- und Reduktionsreaktionen darstellt.

Die Bestimmung der *elektroaktiven Fläche* der Arbeitselektrode A ist für quantitative Untersuchungen von besonderer Bedeutung, da der Strom durch die Elektrode zu A proportional ist [vgl. Gleichung (4.3)].

Wegen der Oberflächenrauhigkeit ist A meist größer als die *geometrische* Oberfläche der Elektrode. Zur Flächenbestimmung mit Hilfe der cyclischen Voltammetrie benutzt man ein *reversibles Redoxsystem*, das im verwendeten Lösungsmittel gut löslich ist. Der Diffusionskoeffizient der beiden Redoxpartner muß bekannt sein. In wässrigen Systemen verwendet man oft $K_3[Fe(CN)_6]$ ($D = 6{,}77 \times 10^{-6}$ cm^2 s^{-1}) mit KCl als Leitsalz in 0,1 molarer Konzentration. Bei nichtwässrigen Lösungsmitteln ist Ferrocen eine geeignete elektroaktive Substanz (z.B. in Acetonitril: $D = 2{,}4 \times 10^{-5}$ cm^2 s^{-1}). Im ersten Fall wird die Reduktion, im zweiten Fall dagegen die Oxidation der Ausgangsverbindung untersucht.

Für den Peakstrom während des ersten Teils des Cyclus gilt die RANDLES-ŠEVČIK-Gleichung

$$i_\mathrm{p} = 2{,}69 \times 10^5 n^{3/2} A D^{1/2} v^{1/2} c^0 \tag{4.16}$$

(für $T = 298$ K; i_p in A, A in cm^2, D in cm^{2}s^{-1}, v in V s^{-1} und c^0 in mol cm^{-3}). Daraus läßt sich für die Flächenbestimmung

$$A = \frac{i_\mathrm{p}}{2{,}69 \times 10^5 n^{3/2} D^{1/2} v^{1/2} c^0} \tag{4.17}$$

ableiten.

Die *Zahl der übergehenden Elektronen n* ist für alle Redoxprozesse ein wichtiges Charakteristikum. Aus n läßt sich auf die Oxidationsstufe des Produkts der Elektrodenreaktion schließen. Für reversible Elektronentransferreaktionen folgt aus der RANDLES-ŠEVČIK-Gleichung

$$n = \left(\frac{i_\mathrm{p}}{2{,}69 \times 10^5 A D^{1/2} v^{1/2} c^0} \right)^{2/3} \tag{4.18}$$

Ist neben den experimentellen Größen c^0 und der Fläche der Elektrode A auch der Diffusionskoeffizient des Edukts bekannt, kann n aus Gleichung (4.18) leicht bestimmt werden. In vielen Fällen ist D aber unbekannt. Dann führt die Kombination von cyclovoltammetrischen und chronoamperometrischen (vgl. Abschnitt 4.3.2) Resultaten nach MALACHESKY zum Ziel:

$$n = \left(\frac{1}{4{,}92} \frac{i_\mathrm{p}/\sqrt{v}}{i t^{1/2}} \right)^2 \tag{4.19}$$

Auch die Abhängigkeit von A und c^0 wird hier eliminiert.

Man beachte, daß ein so berechnetes n von einem durch Coulometrie (vgl. Abschnitte 4.3.3 und 4.4.1) bestimmten abweichen kann, da sich die Zeitskalen der beiden Experimente um Größenordnungen unterscheiden können.

Ist n bekannt, folgt schließlich der *Diffusionskoeffizient D* der elektroaktiven Spezies als

$$D = \left(\frac{i_\mathrm{p}}{2{,}69 \times 10^5 n^{3/2} A v^{1/2} c^0} \right)^2 \tag{4.20}$$

Dabei wird vorausgesetzt, daß c^0 aus der Einwaage und A durch eine Eichmessung – wie oben beschrieben – bestimmt werden kann.

Das *Formalpotential* E^0 für einen reversiblen Elektronenübergang läßt sich als Mittelwert der beiden Peakpotentiale bestimmen:

$$E^0 = \frac{E_\mathrm{p}^\mathrm{ox} + E_\mathrm{p}^\mathrm{red}}{2} \tag{4.21}$$

Die Größen n, D und E^0 beschreiben ein reversibles Redoxsystem vollständig.

Dokumentation

Zur Dokumentation wird bevorzugt das experimentell erhaltene cyclische Voltammogramm abgebildet. Die Meßbedingungen müssen durch Angabe der Elektrolytzusammensetzung, von Elektrodenart und -typ, Gerätetyp und Temperatur charakterisiert werden. Für die Potentialskala muß die Vergleichselektrode bzw. der Potentialbezugspunkt des Referenzsystems, für die Ströme die Elektrodenfläche angegeben werden.

Anwendungsbereich

Die cyclische Voltammetrie wird qualitativ zur Aufklärung von Elektrodenreaktionsmechanismen und quantitativ zur Bestimmung der Elektrodenfläche, der Zahl übergehender Elektronen und von Reaktionsparametern (Formalpotentialen, Geschwindigkeitskonstanten etc.) bei verschiedenen Mechanismen eingesetzt. Obwohl grundsätzlich auch Konzentrationsbestimmungen möglich sind, wird dies in der Praxis weniger häufig durchgeführt, denn andere elektroanalytische Methoden (z.B. Differentialpulspolarographie) sind weit empfindlicher.

Bei der *qualitativen* Analyse von Elektrodenreaktionsmechanismen mit Hilfe der cyclischen Voltammetrie versucht man aus der Zahl, Form, Lage und Höhe der Peaks in der Strom/Potential-Kurve Schlüsse über die ablaufenden Teilreaktionen zu ziehen. Auch die Veränderung der Kurven mit v, c^0 und beim Zusatz von Reagenzien ist von Interesse.

Dazu dienen im wesentlichen sogenannte *Kriterien*, die angeben, wie sich die Peaks für einen bestimmten Mechanismus theoretisch verhalten. Die Kriterien werden aus theoretischen Betrachtungen oder aus Computersimulationen der Elektrodenvorgänge (vgl. Abschnitt 4.5.4) abgeleitet. Ihre Benutzung soll im folgenden an Hand des reversiblen Elektronenübergangs (diffusionskontrollierte Übertragung eines Elektrons), des einfachsten elektrochemischen Prozesses, beispielhaft erläutert werden.

Der erste Schritt besteht in der Gewinnung experimenteller Daten. Dazu werden – wie beschrieben – cyclische Voltammogramme unter Variation zumindest der Spannungsvorschubgeschwindigkeit v bestimmt. Auch die Konzentration des elektroaktiven Edukts stellt einen wesentlichen experimentellen Parameter dar, der verändert werden kann. Man erhält cyclische Voltammogramme vom Typ der in Bild 4.17b gezeigten Kurve und entnimmt jeweils Werte der Peakpotentiale E_p^ox und $E_\mathrm{p}^\mathrm{red}$ bzw. i_p^ox, und die auf die Stromgrundlinie bezogenen Größen $(i_\mathrm{p})_0^\mathrm{red}$ und $(i_\lambda)_0$.

Für einen reversiblen Elektronentransfer gelten bei einer Oxidationsreaktion folgende Kriterien:

- Die Peakpotentiale sind unabhängig von v; $E_\mathrm{p}^\mathrm{ox} \neq f(v)$, $E_\mathrm{p}^\mathrm{red} \neq f(v)$.
- Der Peakstrom i_p^ox ist proportional zu $\sqrt{v}$; $i_\mathrm{p}^\mathrm{ox} \sim \sqrt{v}$.
- Die Peakpotentialdifferenz $\Delta E_\mathrm{p} = |E_\mathrm{p}^\mathrm{ox} - E_\mathrm{p}^\mathrm{red}|$ ist für einen Einelektronenübergang ($n = 1$) 58 mV und unabhängig von v; $\Delta E_\mathrm{p} = 58\mathrm{mV} \neq f(v)$.
- Das Peakstromverhältnis $i_\mathrm{p}^\mathrm{red}/i_\mathrm{p}^\mathrm{ox}$ (vgl. Gleichung (4.15)) ist 1 und unabhängig von v; $i_\mathrm{p}^\mathrm{red}/i_\mathrm{p}^\mathrm{ox} = 1 \neq f(v)$

Für eine Reduktionsreaktion sind die Indizes „ox" und „red" zu vertauschen.

Treten Abweichungen auf, sind also einzelne Kriterien erfüllt, andere oder alle nicht, kann meist auf alternative Mechanismen geschlossen werden. Zwei Beispiele sollen dies illustrieren.

- Sinkt – bei einer Oxidation – i_p^{red}/i_p^{ox} auf Werte unter 1 ab und wird dieses Merkmal mit kleiner werdendem v ebenfalls kleiner, liegt eine *chemische Folgereaktion* vor. Das Produkt des primären Oxidationsschritts zerfällt oder reagiert mit einem Elektrolytbestandteil. Es ist zur Reduktion bei E_p^{red} nicht mehr oder nicht mehr vollständig vorhanden. Dadurch verringert sich i_p^{red} und folglich auch das Peakstromverhältnis (Bild 4.24a). Dieser Effekt hat einen stärkeren Einfluß, wenn mehr Zeit für die Reaktion vorhanden ist, also bei kleinem v.

  In einem solchen Fall verschiebt sich E_p^{ox} zu weniger positiven Potentialwerten, im Extremfall um 30 mV für eine Verringerung von v um den Faktor 10.

- Wächst ΔE_p mit steigender Spannungsvorschubgeschwindigkeit v an, kann das Auftreten einer *langsamen Durchtrittsreaktion* vermutet werden. Mit zunehmendem v verkürzt sich die Zeitskala des Experiments und die Durchtrittshemmung führt zu Verschiebungen von Oxidationspeaks in positive, von Reduktionspeaks in negative Richtung auf der Potentialskala. Als Resultat wandern die Peaks auseinander und ΔE_p wächst an (Bild 4.24b).

  In einem solchen Fall ist allerdings darauf zu achten, daß etwaige iR-Fehler kompensiert sind, denn deren Einfluß ist von dem einer gehemmten Durchtrittsreaktion in der Praxis nur schwer zu unterscheiden. Das einzige Kriterium zur Diagnose ist aus der Tatsache abgeleitet, daß der iR-Fehler über den Peakstrom in erster Näherung proportional zur Konzentration sein muß, während die Geschwindigkeit der Durchtrittsreaktion von c^0 unabhängig ist. Aus Experimenten unter Variation von v und c^0 kann das Vorliegen von iR-Fehlern also dann ausgeschlossen werden, wenn

  $$\Delta E_p \neq f(c^0) \tag{4.22}$$

  Weisen ΔE_p-Werte ohne Fehler einen Anstieg mit v auf, liegt mit großer Wahrscheinlichkeit ein *quasireversibler Elektronentransfer* mit langsamem Elektronendurchtritt vor.

Auf ähnliche Weise können auch komplexere cyclische Voltammogramme analysiert werden. Dabei weisen zusätzliche Peaks auf weitere Elektronenübergänge hin, beispielsweise beim *ECE-Mechanismus* (vgl. Bild 4.25a), bei dem eine chemische Reaktion (C) zwischen zwei Elektronentransfers (E) geschaltet ist: Das Produkt des ersten elektrochemischen Schritts (Peak I) bei 0,75 V zerfällt (man beachte, daß zu Oxidationspeak I *kein* zugehöriger Reduktionspeak auftaucht) und bildet eine Spezies, die in einem zweiten elektrochemischen Schritt bei +0,25 mV reduziert werden kann (Peaks II und III).

Auch bei ECE-Voltammogrammen können die Peaks I und II mit steigendem v auseinanderwandern.

Sehr symmetrische und spitze Peaks im cyclischen Voltammogramm weisen auf *Adsorptionserscheinungen* hin (Bild 4.25b). Im gezeigten Fall wird das Edukt zunächst in Peak I oxidiert. Das Produkt der Elektronenübertragung wird an der Elektrodenoberfläche adsorbiert und reichert sich dort an. Während der Reduktion erfolgt Ladungstransfer auf Produktmoleküle, die sich direkt auf der Elektrodenoberfläche befinden. Das zurückgebildete Edukt wird in Peak II gleichsam von der Elektrode „abgesprengt".

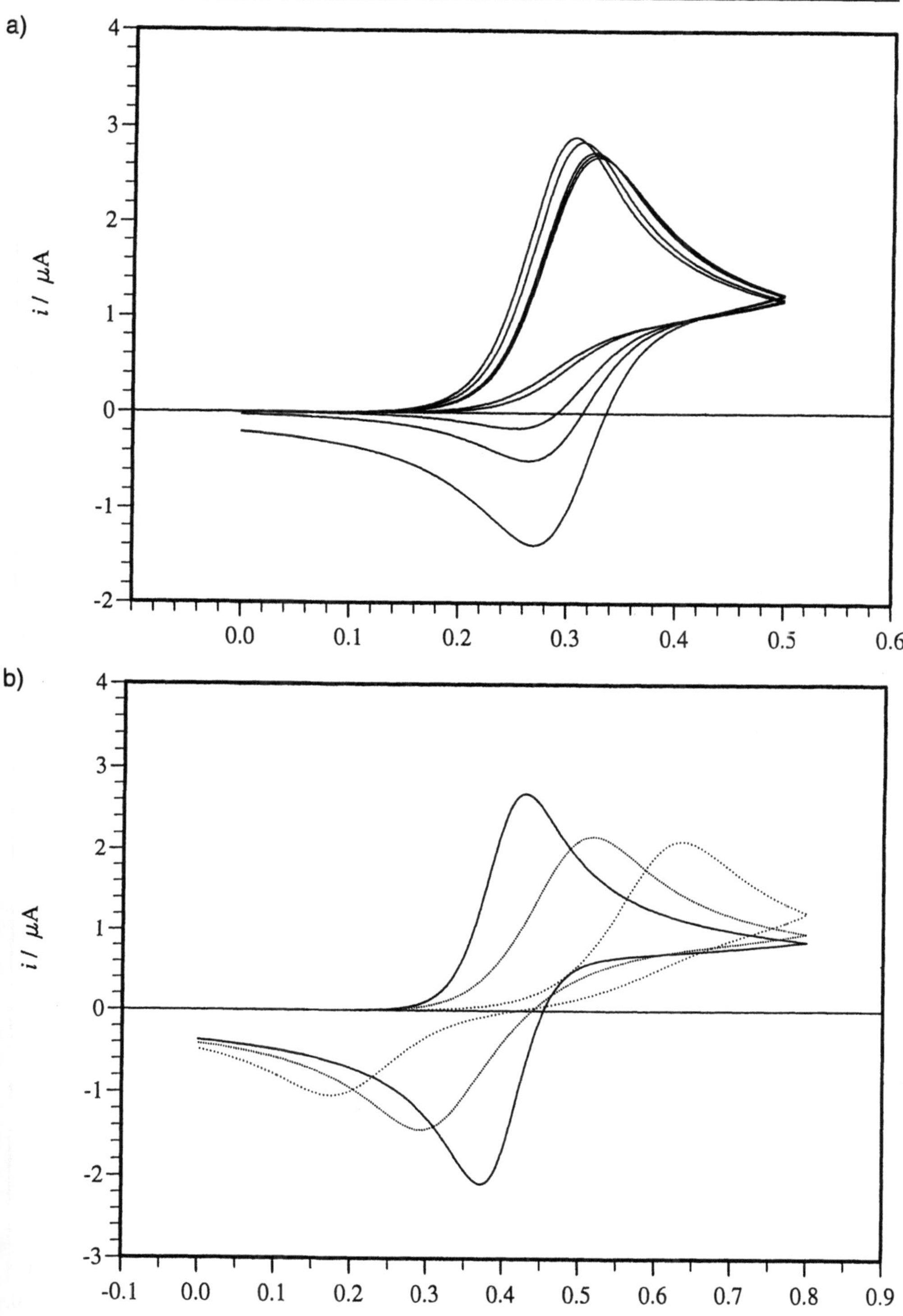

Bild 4.24 Einfluß kinetischer Effekte auf cyclische Voltammogramme; a) Folgereaktion, mit abnehmendem „Rückpeak" schneller werdend, b) Elektronentransfer, mit kleiner werdenden Peaks langsamer werdend.

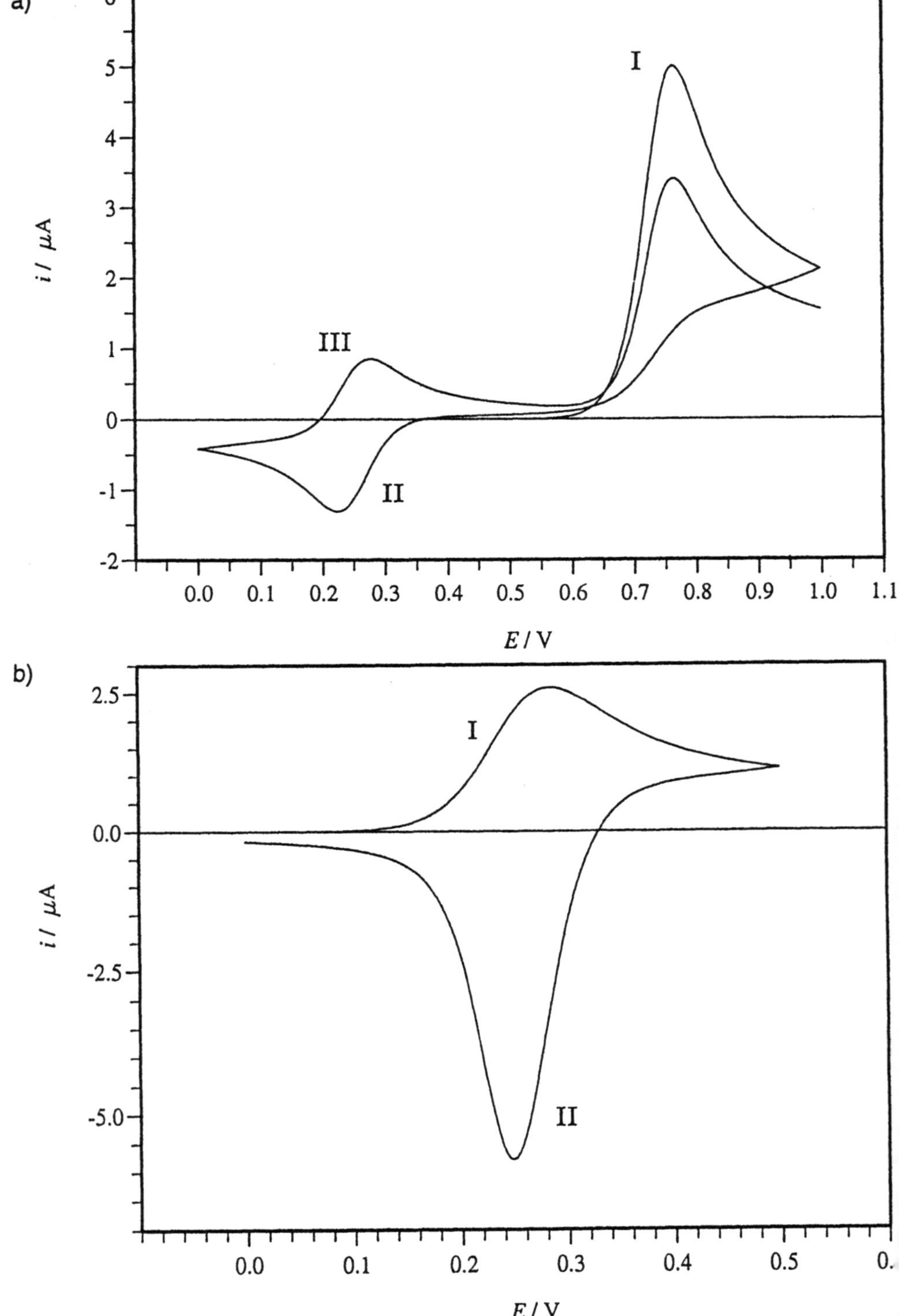

Bild 4.25 a) Typisches cyclisches Voltammogramm beim ECE-Mechanismus; b) typisches cyclisches Voltammogramm beim Auftreten von Adsorptionseffekten.

Literatur

A.J. Bard und L.R. Faulkner, *Electrochemical Methods. Fundamentals and Applications*, John Wiley, New York **1980**.

E. Eichhorn, A. Rieker und B. Speiser, *Anal. Chim. Acta 256*, 243 – 249 **1992**.

J. Heinze, *Angew. Chem. 96*, 823 – 840 **1984**.

J. Heinze, *Angew. Chem. 105*, 1327 – 1349 **1993**.

P.A. Malachesky, *Anal. Chem. 41*, 1493 – 1494 **1969**.

B. Speiser, *Chem. in uns. Zeit 15*, 62 – 67 **1981**.

4.3.2 Chronoamperometrie

Die *Chronoamperometrie* (CA) ist eine stationäre, potentialkontrollierte elektroanalytische Technik, bei der ausgehend von einem Potential, bei dem kein Redoxvorgang stattfindet, in *einem* Schritt ein Potential im Grenzstrombereich angelegt wird. Der resultierende Strom wird als Funktion der Zeit aufgezeichnet.

Grundlagen

Das Potentialprogramm bei der Chronoamperometrie ist in Bild 4.26a gezeigt. Zum Zeitpunkt $t = 0$ (Beginn des Potentialschritts) wird das Elektrodenpotential von E_1 (hier soll kein Redoxprozeß ablaufen, d.h. kein Strom fließen) auf E_2 (im Grenzstrombereich des zu untersuchenden Redoxvorgangs) umgeschaltet.

Während zunächst also die elektroaktiven Spezies gleichförmig vor der Elektrode verteilt sind ($c =$const), wird beginnend mit $t = 0$ die Konzentration an der Elektrodenoberfläche $c(x = 0)$ auf den Wert Null abgesenkt. Sofort wird Edukt zur Elektrode diffundieren und dort umgesetzt. Es fließt ein Strom. Produkt diffundiert von der Elektrode ins Innere der Lösung.

Den zeitlichen Verlauf der Konzentration vor der Elektrode geben die Konzentrationsprofile in Bild 4.18c wieder. Mit der Zeit werden diese Kurven immer flacher, die Diffusion verlangsamt sich, der Strom fällt. Bild 4.27a zeigt den resultierenden Stromverlauf mit der Zeit.

Vor Beginn des Potentialschritts fließt kein Strom. Beim Umschalten von E_1 auf E_2 ($t = 0$) steigt i stark an und fällt dann nach

$$i = \frac{nFAD^{1/2}c^0}{\pi^{1/2}t^{1/2}} \tag{4.23}$$

ab (COTTRELL-Gleichung).

Bei einer als *Doppelpulschronoamperometrie* bezeichneten Variante (Bilder 4.26b und 4.27b) wird das Potential nach einer Zeit t_1 auf den ursprünglichen Wert E_1 oder auf ein weiteres Potential E_3 zurückgeschaltet. Der Stromverlauf ist dann wie in Bild 4.27b: während bei E_2 wie im Fall der Chronoamperometrie Produkt erzeugt wird, wird dieses für $t > t_1$ (hier ab $t = 2$ s) zum Edukt zurück umgesetzt.

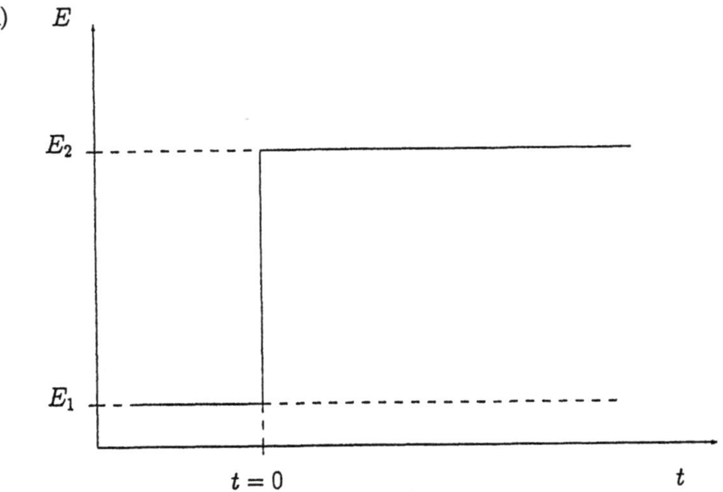

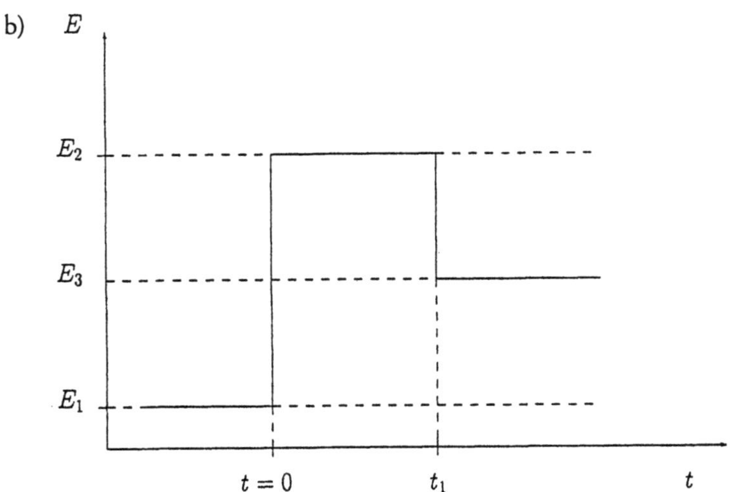

Bild 4.26 Zeitlicher Potentialverlauf bei der Chronoamperometrie; a) einfacher Potentialsprung, b) Doppelpulschronoamperometrie; Umschaltung von E_1 auf E_2 bei $t = 1$ s.

Materialien, Geräte, Vorbereitungen

Die Ausrüstung und die Versuchsvorbereitungen entsprechen denen bei der cyclischen Voltammetrie (vgl. Abschnitt 4.3.1). Der Dreiecksgenerator ist dabei durch einen Pulsgenerator (Rechteckgenerator) zu ersetzen.

Durchführung

Vor der Aufnahme von Chronoamperogrammen wird eine cyclovoltammetrische Untersuchung zur Gewinnung eines Überblicks (vgl. Abschnitt 4.3.1) über die ablaufenden Elektrodenprozesse empfohlen. Aus den cyclischen Voltammogrammen ist leicht zu bestimmen, be

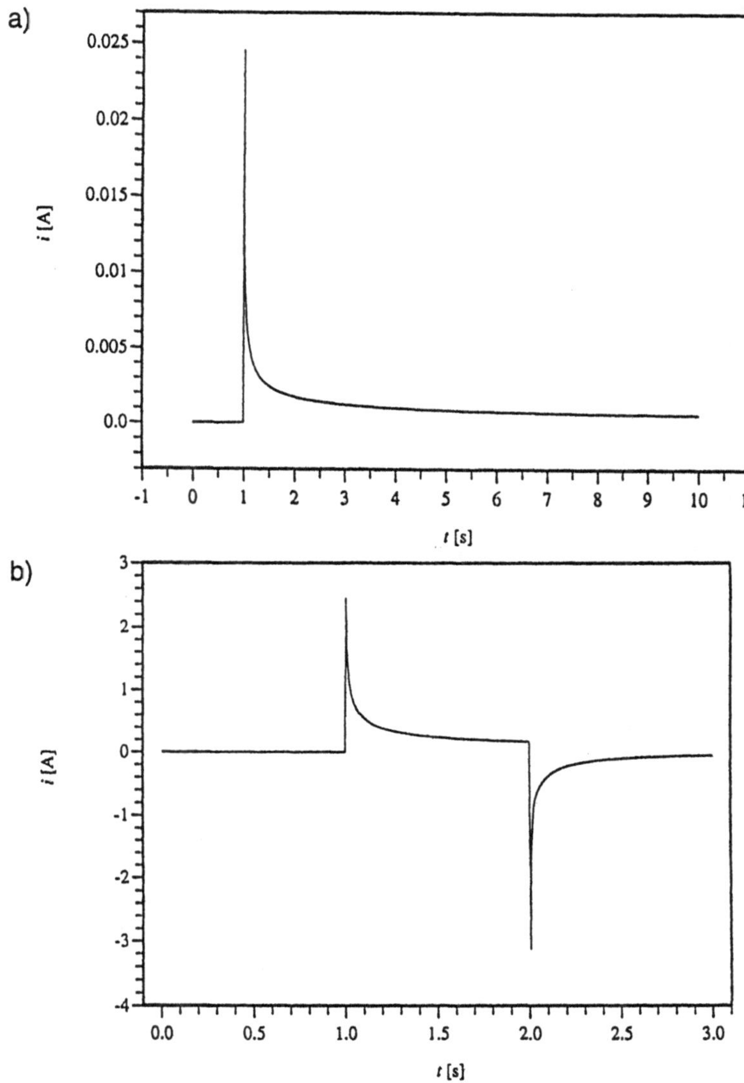

Bild 4.27 Zeitlicher Stromverlauf bei der Chronoamperometrie; a) einfacher Potentialsprung, b) Doppelpulschronoamperometrie.

welchem Potential die Untersuchungssubstanz nicht elektroaktiv ist (kein Strom; E_1) und bei welchen Potentialen Chronoamperogramme gemessen werden können (E_2).

Tritt – ausgehend vom Edukt – nur jeweils eine einzige Oxidations- bzw. Reduktionsreaktion auf, wird man E_2 im Bereich des Grenzstroms dieser Vorgänge wählen, also mindestens 150 mV „hinter" (positiver bei Oxidationen, $E_2 \geq E^0 + 150\,\text{mV}$; negativer bei Reduktionen, $E_2 \leq E^0 - 150\,\text{mV}$) dem jeweiligen Peak.

Bei mehreren Oxidations- bzw. Reduktionspeaks ausgehend vom Edukt können auch weitere Chronoamperogramme registriert werden, um Informationen über die verschiedenen Redoxprozesse zu erhalten.

Bei komplexeren Reaktionsmechanismen findet die Doppelpulschronoamperometrie Anwendung. Durch Wahl von E_3 kann die während E_2 ablaufende Elektrodenreaktion ganz oder teilweise wieder rückgängig gemacht werden.

Chronoamperogramme werden je nach der Geschwindigkeit der untersuchten Reaktionen sowie den apparativen und experimentellen Voraussetzungen in verschiedenen „Zeitfenstern“ vorgenommen. Bisweilen empfiehlt sich die Kombination schneller und langsamer Messungen.

Fehlerquellen

Im Gegensatz zur cyclischen Voltammetrie reagiert das chronoamperometrische Experiment unempfindlicher auf iR-Fehler. Da sich E_2 im Grenzstrombereich des jeweiligen Elektrodenprozesses befindet, hat ein Fehler in diesem Potential nur geringe Einflüsse auf die Resultate.

Von Interesse ist jedoch die Subtraktion des Grund- bzw. Hintergrundstroms vom chronoamperometrischen Meßsignal. Dazu sind vor Substratzugabe oder in einem getrennten Experiment Grundstromkurven unter gleichen Meßbedingungen aufzunehmen und von der eigentlichen Meßkurve zu subtrahieren.

Eine weitere Fehlerquelle stellt die Tatsache dar, daß die idealisierten Bedingungen für die Anwendbarkeit der chronoamperometrischen Theorie nur innerhalb eines gewissen Zeitfensters gültig sind.

Für sehr kurze Zeiten ist zu beachten, daß Potentiostaten und Aufzeichnungsgeräte charakteristische Einstellzeiten besitzen, die die Gültigkeit der Resultate beschränken. So sind mit einem elektromechanischen Schreiber Zeitauflösungen unter 1 s kaum zu erreichen. Bei Aufzeichnung über A/D-Wandler und digitale Speicherung kann demgegenüber die Abtastrate von ca. 50 μs/Punkt voll genutzt werden.

Bei schnellen Messungen wird das Verhalten der Meßzelle nicht durch die FARADAYschen Prozesse an der Elektrode, sondern durch Doppelschichteffekte limitiert. Dies läßt sich umgekehrt zur Untersuchung der Phasengrenzfläche ausnutzen. Auch kann die Geschwindigkeit des Elektronentransfers den Ablauf der Gesamtreaktion begrenzen.

Für längere Zeiten ist die Diffusion nicht mehr nur auf eine Raumrichtung senkrecht zur Elektrodenoberfläche [x, Gleichungen (4.4) und (4.5); *planare* oder *lineare Diffusion*] beschränkt. In Abhängigkeit von der Elektrodenfläche werden dann Abweichungen von der Theorie auftreten, da elektroaktive Moleküle zusätzlich parallel zur Elektrodenoberfläche in die Diffusionsschicht eindringen. Man spricht von *Kantendiffusion* („edge diffusion“; über eine Möglichkeit zur Korrektur solcher nichtidealer Diffusionsbeiträge vgl. den nachfolgenden Abschnitt). An Mikroelektroden (vgl. Abschnitt 4.5.3) wird dies bewußt ausgenutzt.

Während noch länger andauernden Experimenten kann schließlich *Konvektion* auftreten und die Stromresultate verfälschen. Bei Makroelektroden werden solche Effekte typisch für Meßzeiten > ca. 30 s beobachtet.

Auswertung

Aus der chronoamperometrischen i *vs.* t-Kurve werden zu definierten Zeiten die Stromwerte entnommen. Als Nullpunkt der Zeitskala wird dabei derjenige Zeitpunkt gewählt, zu dem das Potential umgeschaltet wird. Dann wird das Produkt $it^{1/2}$ (vgl. Gleichung 4.23) als Funktion von t tabelliert bzw. graphisch aufgetragen.

Für einen reversiblen Elektronenübergang wird aus der COTTRELL-Gleichung erwartet, daß $it^{1/2}$ von t unabhängig ist. Es liegt „COTTRELL-Verhalten“ vor. Der Mittelwert der Meßwerte wird dann zur weiteren Auswertung benutzt.

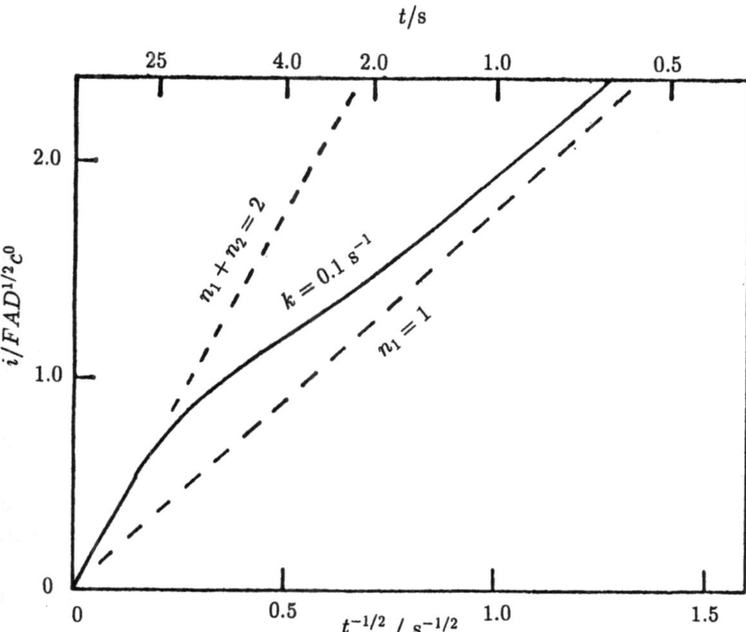

Bild 4.28 Zeitlicher Stromverlauf in Chronoamperogrammen beim ECE-Mechanismus für $k = 0{,}1\ s^{-1}$ (durchgezogene Kurve) und Grenzfälle für Ein- bzw. Zweielektronentransfer (gestrichelte Geraden; nach G.S.Alberts und I. Shain, *Anal. Chem. 35*, 1859 – 1866 **1963**, mit freundlicher Genehmigung der American Chemical Society).

Im Abschnitt „Fehlerquellen" weiter oben wurde darauf hingewiesen, daß bei langen Zeiten die Kantendiffusion chronoamperometrische Resultate verfälschen kann. Zur Korrektur wird folgendes Vorgehen empfohlen (vgl. Rosanske und Evans):

Man trägt $it^{1/2}$ gegen $t^{1/2}$ auf und extrapoliert auf $t^{1/2} = 0$. Der so erhaltene $it^{1/2}$-Wert enthält keine nichtidealen Diffusionsbeiträge mehr.

Änderungen von $it^{1/2}$ mit t können allerdings auch durch die zugrundeliegende Elektrodenreaktion bewirkt werden. Bild 4.28 zeigt die Auftragung von $it^{1/2}$ gegen $t^{-1/2}$ und t im Fall eines ECE-Mechanismus (einfachste Variante, vgl. Abschnitt 4.3.1 „Anwendungsbereich").

Bei kleinen Zeiten ($t <$ ca. 1s, rechts) entsprechen die Meßwerte einem Einelektronenübergang. Die chemische Reaktion (C-Schritt in der ECE-Sequenz) hat noch keinen Einfluß auf die Resultate. Gegen Ende des Experiments ($t >$ ca. 20s, links) wird dagegen ein Zweielektronenübergang beobachtet: die chemische Reaktion ist so schnell, daß sofort anschließend der zweite E-Schritt abläuft. Im Zwischenbereich wird nur ein Teil des Edukts vollständig, d.h. im Zweielektronenprozeß, umgesetzt. Aus der Lage der Kurve auf der t-Achse kann auf die Geschwindigkeitskonstante des C-Schrittes (hier: $k = 0{,}1\ s^{-1}$) geschlossen werden.

Anwendungsbereich

Ähnlich wie die cyclische Voltammetrie wird die Chronoamperometrie zur quantitativen Bestimmung von A, n und D sowie zur mechanistischen Analyse eingesetzt.

Für die quantitativen Anwendungen ist von Vorteil, daß eine einzige chronoamperometrische Kurve bereits viele Einzelmeßwerte liefert, die gemittelt werden können. Ein einzelnes chronoamperometrisches Experiment überstreicht zudem eine breite Zeitskala.

Aus der COTTRELL-Gleichung (4.23) gilt

$$A = \frac{it^{1/2}\pi^{1/2}}{nFD^{1/2}c^0} \tag{4.24}$$

$$n = \frac{it^{1/2}\pi^{1/2}}{AFD^{1/2}c^0} \tag{4.25}$$

$$D = \left(\frac{it^{1/2}\pi^{1/2}}{nAFc^0}\right)^2 \tag{4.26}$$

so daß A, n oder D berechnet werden können, wenn die jeweils anderen beiden Größen bekannt sind.

Besonders interessant ist die Kombination der chronoamperometrischen $it^{1/2}$-Resultate mit cyclovoltammetrischen $i_p/\sqrt{v}$-Werten zur Bestimmung von n nach MALACHESKY [vgl. Abschnitt 4.3.1, „Auswertung“ und Gleichung (4.19)]

Wegen der fehlenden Potentialauflösung ist die Chronoamperometrie der cyclischen Voltammetrie bei mechanistischen Untersuchungen unterlegen[5].

Literatur

G.S. Alberts und I. Shain, *Anal. Chem. 35*, 1859 – 1866 **1963**.

A.J. Bard und L.R. Faulkner, *Electrochemical Methods. Fundamentals and Applications*, John Wiley, New York, **1980**.

T.W. Rosanske und D.H. Evans, *J. Electroanal. Chem. 72*, 277 – 285 **1976**.

B. Speiser, *Chem. in uns. Zeit 15*, 21 – 26 **1981**.

4.3.3 Chronocoulometrie und Coulometrie bei konstantem Potential

Die *Coulometrie bei konstantem Potential* (controlled potential coulometry, CPC) ist eine potentialkontrollierte elektroanalytische Technik, bei der ein Potential im Grenzstrombereich angelegt und die durch die Zelle geflossene Ladung gemessen wird. Zeichnet man die Ladung bei einem stationär durchgeführten Experiment als Funktion der Zeit auf, spricht man von *Chronocoulometrie*.

Grundlagen

Das Potentialprogramm bei der Coulometrie bei konstantem Potential und bei der Chronocoulometrie entspricht demjenigen bei der Chronoamperometrie (vgl. Abschnitt 4.3.2). Der Strom wird über die Zeit integriert, womit man die geflossene Ladung Q erhält

[5] Es wurde jedoch eine „potentialabhängige“ Chronoamperometrie beschrieben, bei der E_2 nicht im Grenzstrombereich, sondern bei verschiedenen Potentialen im Anstiegsbereich des Stroms in einem cyclischen Voltammogramm gewählt wird. Aus den so erhaltenen Kurven wurden dabei mechanistische Details über die Elektrodenreaktion abgeleitet.

$$Q(t) = \int_0^t i(t)\mathrm{d}t \tag{4.27}$$

Wie bei der Doppelpulschronoamperometrie können mehrere Potentialschritte gekoppelt werden.

Bei der Chronocoulometrie als stationärer Technik wird wie bei der Chronoamperometrie nur der (geringe) Teil des Substrats umgesetzt, der sich in der Diffusionsschicht befindet. Die Konzentrationen im Innern der Lösung ändern sich praktisch nicht. Die Integration der COTTRELL-Gleichung ergibt

$$Q_\mathrm{f}(t) = \frac{2nFAD^{1/2}c^0}{\pi^{1/2}}t^{1/2} \tag{4.28}$$

wobei Q_f die auf Grund des untersuchten FARADAYschen Vorgangs fließende Ladung ist. Weitere Beiträge zur Gesamtladung sind die Doppelschichtladung Q_dl sowie die Ladung, die benötigt wird, um adsorbiertes Material umzusetzen, Q_A (vgl. Bild 4.29a):

$$Q = Q_\mathrm{ges}(t) = Q_\mathrm{f}(t) + Q_\mathrm{dl} + Q_\mathrm{A} \tag{4.29}$$

Die letzten beiden Ladungskomponenten werden in sehr viel kürzerer Zeit übertragen als Q_f. Dies läßt sich zur Trennung und damit zur Bestimmung von $Q_\mathrm{dl} + Q_\mathrm{A}$ einerseits und $Q_\mathrm{f}(t)$ andererseits ausnutzen.

Bei der Coulometrie bei konstantem Potential wird dagegen die gesamte Lösung in der Zelle elektrolysiert. Dazu wird die Lösung gerührt, wenn nicht in einer Dünnschichtzelle gearbeitet wird. Die Konzentration des Substrats im Innern der Lösung sinkt, die Produktkonzentration steigt an. Der Strom sinkt im Verlauf des Experiments auf kleine Werte, im Idealfall Null, ab. Die Ladung, die für die Umsetzung des Substrats verbraucht wird, ist durch Gleichung (4.2) (FARADAYsches Gesetz) gegeben. Meist werden bei der Coulometrie bei konstantem Potential makroskopische Mengen (> mg) an Substrat umgesetzt. Der Ladestrom für die Doppelschicht und die Ladung für gegebenenfalls adsorbierte Spezies können dabei im allgemeinen vernachlässigt werden.

Materialien, Geräte, Vorbereitung

Die experimentale Ausrüstung und die Vorbereitungen entsprechen denen bei der Chronoamperometrie (vgl. Abschnitt 4.3.2). Für die Ladungsbestimmung wird ein Stromintegrator benötigt. Solche Geräte sind kommerziell erhältlich und integrieren i durch Aufladung eines Kondensators. Kombinationsgeräte führen die Integration des Stromsignals softwaremäßig durch.

Für die Coulometrie bei konstantem Potential werden vorteilhaft Dünnschichtzellen (vgl. Abschnitt 4.2.5) eingesetzt.

Durchführung

Die Chronocoulometrie wird analog zur Chronoamperometrie durchgeführt. Bei der Coulometrie bei konstantem Potential wird der Endpunkt der Elektrolyse über den Betrag des Stroms (z.B. 1 % des Anfangsstroms), dünnschichtchromatographisch oder eine geeignete Nachweisreaktion für das Edukt bestimmt.

Bild 4.29a zeigt eine chronocoulometrische Kurve, Bild 4.29b das Resultat einer coulometrischen Messung bei konstantem Potential in einer Dünnschichtzelle.

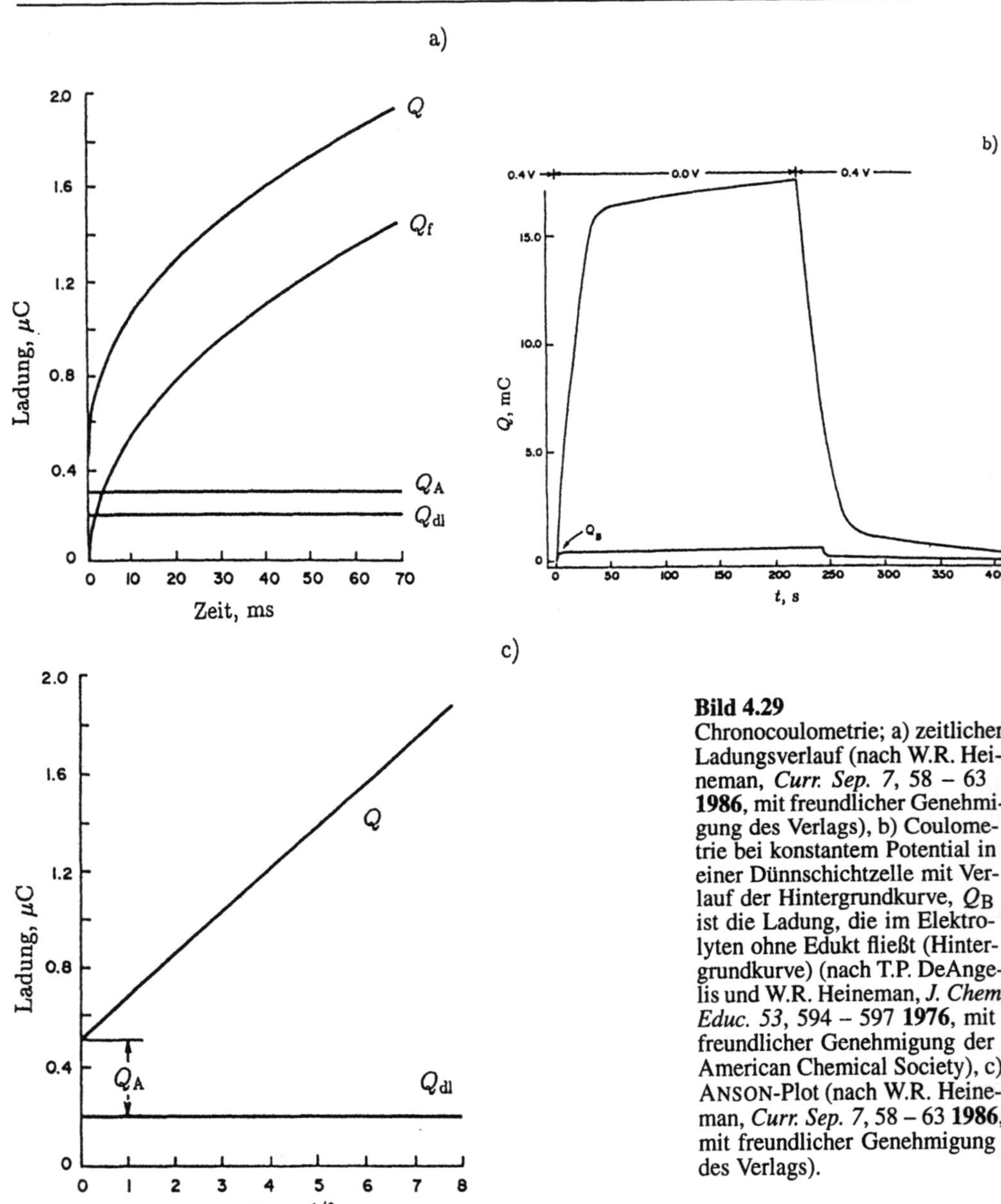

Bild 4.29
Chronocoulometrie; a) zeitlicher Ladungsverlauf (nach W.R. Heineman, *Curr. Sep. 7*, 58 – 63 **1986**, mit freundlicher Genehmigung des Verlags), b) Coulometrie bei konstantem Potential in einer Dünnschichtzelle mit Verlauf der Hintergrundkurve, Q_B ist die Ladung, die im Elektrolyten ohne Edukt fließt (Hintergrundkurve) (nach T.P. DeAngelis und W.R. Heineman, *J. Chem. Educ. 53*, 594 – 597 **1976**, mit freundlicher Genehmigung der American Chemical Society), c) ANSON-Plot (nach W.R. Heineman, *Curr. Sep. 7*, 58 – 63 **1986**, mit freundlicher Genehmigung des Verlags).

Fehlerquellen

Wie bei der cyclischen Voltammetrie und der Chronoamperometrie müssen auch bei der Chronocoulometrie und der Coulometrie bei konstantem Potential für quantitative Experimente Grundströme subtrahiert werden (Q_B in Bild 4.29b).

Bei der Coulometrie bei konstantem Potential ist darüber hinaus auch die Endpunktbestimmung eine kritische Fehlerquelle.

Auswertung

Chronocoulometrische Resultate werden als $Q = f(t)$ aufgezeichnet. Entsprechend den Gleichungen (4.28) und (4.29) trägt man Q gegen $t^{1/2}$ auf (ANSON-Plot; vgl. Bild 4.29c). Da Q_{dl} und Q_{A} sehr schnell übertragen werden, bestimmen sie den *Achsenabschnitt* der resultierenden Geraden bei $t = 0$. Aus der *Steigung* folgt dagegen n bei bekanntem A und D. Gegebenenfalls können entsprechend A oder D bestimmt werden.

Bei der Coulometrie bei konstantem Potential erhält man aus der Gesamtladung am Ende des Experiments über die Anwendung von Gleichung (4.2) die Zahl der übertragenen Elektronen pro umgesetztem Molekül

$$n = \frac{Q}{Fm} \tag{4.30}$$

Man beachte, daß die Coulometrie bei konstantem Potential üblicherweise eine längere Zeitskala besitzt als die bisher behandelten Methoden. Insbesondere bei langsam ablaufenden chemischen Teilschritten der Elektrodenreaktion kann ein mit dieser Technik bestimmtes n erheblich von den Elektronenzahlen aus schnelleren Methoden (z.B. cyclische Voltammetrie) abweichen.

Anwendungsbereich

Die Chronocoulometrie und die Coulometrie bei konstantem Potential können zur Bestimmung von n eingesetzt werden. Die Chronocoulometrie erlaubt darüber hinaus auch die Analyse von Adsorptionsvorgängen an der Elektrode.

Literatur

F.C. Anson und R.A. Osteryoung, *J. Chem. Ed. 60*, 293 – 296 **1983**.

A.J. Bard und L.R. Faulkner, *Electrochemical Methods. Fundamentals and Applications*, John Wiley, New York, **1980**.

T.P. DeAngelis und W.R. Heineman, *J. Chem. Ed. 53*, 594 – 597 **1976**.

W.R. Heineman, *Curr. Sep. 7*, 58 – 63 **1986**.

4.3.4 Präparative Elektrolyse bei konstantem Potential

Wird eine potentialkontrollierte Elektrodenreaktion zur Synthese benutzt, spricht man von präparativer Elektrolyse bei konstantem Potential oder potentialkontrollierter Elektrolyse.

Grundlagen

Die präparative Elektrolyse bei konstantem Potential entspricht der Coulometrie bei konstantem Potential. Sie beruht zudem auf der Tatsache, daß durch den Elektronentransfer an der Elektrode reaktive Zwischenstufen (Radikale, Radikalionen, Ionen) erzeugt werden, die dann in Sekundärschritten abreagieren. Als Reagenzien dienen dabei Elektrolytbestandteile (insbesondere das Lösungsmittel) oder zugesetzte Stoffe. Die Produkte der Elektrodenreaktion werden isoliert.

Eine spezielle Art der präparativen Elektrolyse ist die *mediierte* oder *indirekte* Elektrolyse. Dabei wird nicht das Substrat selbst an der Elektrode umgesetzt. Vielmehr gibt man einen leicht oxidier- oder reduzierbaren *Mediator* zu, der an der Elektrode Elektronen abgibt oder aufnimmt. Der Mediator geht dann in der Folge Elektronentransferreaktionen mit dem Substrat ein, in deren Verlauf wiederum reaktive Spezies entstehen.

Materialien, Geräte, Vorbereitungen

Die benutzten Elektrolytkomponenten oder -zusätze sind für elektrochemische Zwecke zu reinigen. Im Gegensatz zu den elektro*analytischen* Methoden benutzt man Elektroden großer Fläche, um einen schnellen Umsatz zu erreichen [Netzelektroden, vgl. Bild 4.10c, Quecksilberpoolelektroden („Bodenquecksilber")]. Die Elektrolyse kann in geteilter (mit Diaphragma, vgl. Bild 4.7b) oder ungeteilter Zelle stattfinden. Im letzteren Fall kann das Elektrolyseprodukt unter Umständen an der Gegenelektrode wieder zerstört werden. Potentialkontrolle erfolgt über einen Potentiostaten.

Durchführung

Wie bei der Coulometrie bei konstantem Potential elektrolysiert man im allgemeinen bis zum Verschwinden der Ausgangsverbindung(en). Aus dem Elektrolyten isoliert man das oder die Produkte.

Primär muß dabei vom Leitelektrolyten abgetrennt werden. Für unpolare Produkte gelingt dies durch Abziehen des Lösungsmittels und Extraktion des verbleibenden Feststoffs mit wenig polaren Solventien. Gegebenenfalls sind weitere Reinigungsschritte (Chromatographie, Umkristallisation, Sublimation o.ä.) anzuschließen.

Bei polaren (z.B. ionischen) Produkten ist die Abtrenung vom Leitsalz oft schwierig. Bei geeigneten Unterschieden in der Löslichkeit hilft die fraktionierte Kristallisation weiter.

Fehlerquellen

Bei der präparativen Elektrolyse bei konstantem Potential kann bezüglich des elektrochemischen Teils des Experiments der Fall eintreten, daß die Ausgangsleistung des Potentiostaten nicht ausreicht, um den Stromfluß durch die Zelle aufrechtzuerhalten. Dies ist häufig auf hohe Elektrolyt- oder (bei geteilter Zelle) Diaphragmenwiderstände zurückzuführen. Läßt sich der Widerstand nicht verringern (polareres Lösungsmittel, höhere Leitsalzkonzentration, durchlässigeres Diaphragma, leichter umsetzbare Elektrolytkomponente im Gegenelektrodenraum), muß auf Potentiostaten mit höherer Ausgangsleistung zurückgegriffen werden.

Während der Elektrolyse können sich Elektroden mit einer schlechtleitenden Schicht belegen. Hierdurch sinkt der Stromfluß bisweilen schon nach kurzer Zeit stark ab, ohne daß das Substrat umgesetzt wurde. In manchen solcher Fälle hilft das kurzzeitige „Pulsen" des Potentials auf hohe negative oder positive Werte. Gegebenenfalls muß die Elektrode mechanisch oder chemisch gereinigt werden.

Anwendungsbereich

Die präparative Elektrolyse bei konstantem Potential spielt eine wichtige Rolle in der Synthese. Wegen der möglichen Selektivitätserhöhung durch Wahl des Potentials ist sie in manchen Fällen klassischen Synthesemethoden überlegen. Insbesondere werden keine „chemischen" Reduktions- oder Oxidationsmittel (häufig Schwermetalle oder deren Verbindungen) eingesetzt. Dem steht die Trennproblematik (Leitsalz) gegenüber. Im industriellen Bereich werden elektrochemische Reaktionen speziell für die Synthese von Pharmazeutika, Spezialchemikalien etc. eingesetzt. Der wichtigste großtechnische elektrosynthetische Prozeß abgesehen von der Chlor-Alkali-Elektrolyse ist der MONSANTO-Prozeß zur Gewinnung von Adipodinitril aus Acrylnitril.

Literatur

A. Fry, *Synthetic Organic Electrochemistry*, John Wiley, New York, **1989**.

H. Lund und M.M. Baizer (Hrsg.), *Organic Electrochemistry. An Introduction and a Guide*, Marcel Dekker, New York, **1991**.

T. Shono, *Electroorganic Synthesis*, Academic Press, New York, **1991**.

4.4 Galvanostatische Methoden

Bei *galvanostatischen Techniken* wird der Strom durch eine Elektrolysezelle (konstant oder in einer definierten Zeitabhängigkeit) über einen Galvanostaten kontrolliert, das Potential der Arbeitselektrode gemessen, die geflossene Ladung bestimmt und/oder aus dem Elektrolyten ein Produkt isoliert.

4.4.1 Chronopotentiometrie und Coulometrie bei konstantem Strom

Die *Chronopotentiometrie* ist eine stationäre stromkontrollierte elektroanalytische Methode, bei der ein konstanter Strom durch die Zelle geleitet und das Arbeitselektrodenpotential als Funktion der Zeit aufgezeichnet wird.

Bestimmt man die Ladung, die bei vollständiger galvanostatischer Elektrolyse fließt, spricht man von *Coulometrie bei konstantem Strom* (constant current coulometry, CCC).

Grundlagen

Bei den bisher besprochenen potentiostatischen Methoden wurden über das Potential der Arbeitselektrode die Konzentrationen (genauer: Aktivitäten) der Redoxpartner an der Phasengrenze [NERNSTsche Gleichung (4.6)] kontrolliert. Bei galvanostatischen Techniken dagegen legt man über die Gleichungen (4.3) und (4.4) nach

$$\frac{i}{nFA} = J = -D\left(\frac{\partial c}{\partial x}\right)_{x=0} \tag{4.31}$$

a)

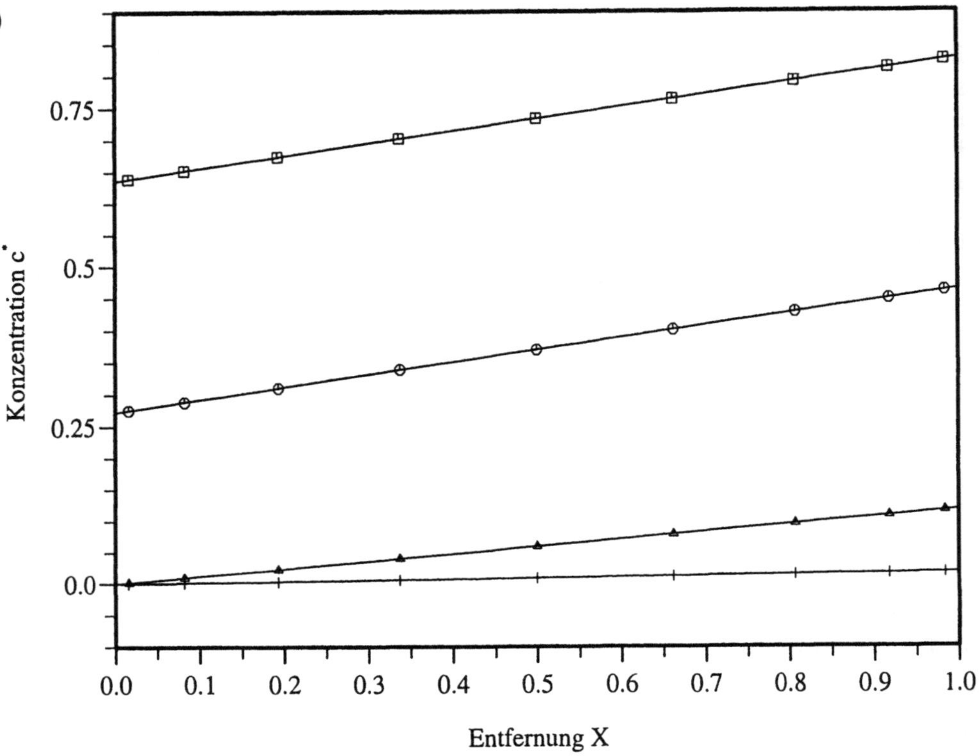

Konzentration c*

0.75
0.5
0.25
0.0

0.0 0.1 0.2 0.3 0.4 0.5 0.6 0.7 0.8 0.9 1.0

Entfernung X

b)

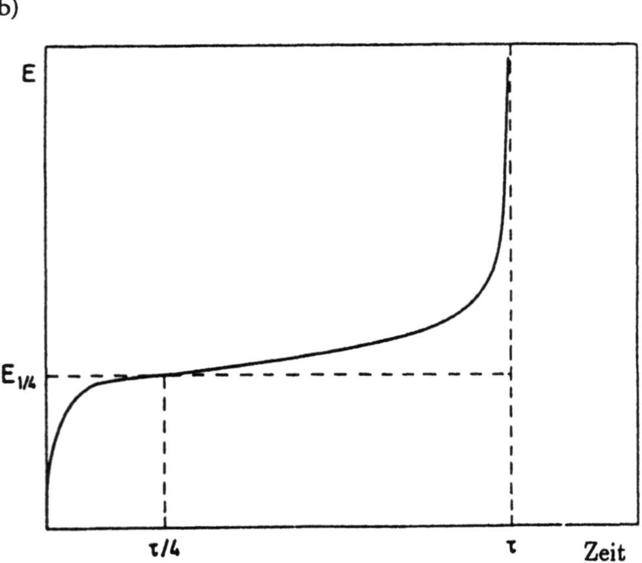

Bild 4.30
Chronopotentiometrie; a) Konzentrationsprofile in der Nähe der Elektrode (Zeit in der Reihenfolge □, ○, △, + steigend), b) Chronopotentiogramm mit Bestimmung der Transitionszeit τ und des Potentials $E_{1/4}$ (nach O. Hammerich und V.D. Parker in H. Lund und M.M. Baizer, *Organic Electrochemistry*, Marcel Dekker, **1991**, mit freundlicher Genehmigung des Verlags).

den Fluß des Substrats zur Elektrode fest. Ist der Strom durch die Zelle beispielsweise konstant, ist auch J und damit die Steigung der Konzentrationsprofile bei $x = 0$ zeitlich unveränderlich.

Bild 4.30a demonstriert dies für eine galvanostatische Elektrolyse. Zur Aufrechterhaltung des Stromes sinkt auf Grund der Verarmung des Substrats in der Nähe der Elektrode gleichzeitig die Substratkonzentration $c(x = 0)$ ab. Das Elektrodenpotential ist durch die Konzentrationen von Substrat und Edukt bei $x = 0$ und Gleichung (4.6) gegeben. Ist $c(x = 0) \approx 0$, ist also das Substrat in unmittelbarer Nähe der Elektrode verbraucht, kann der Strom durch dessen Diffusion allein nicht mehr aufrecht erhalten werden (Konzentrationsprofil mit Symbolen + in Bild 4.30a). Nun verändert sich das Potential schnell, bis ein weiterer Elektrodenprozeß stattfindet. Hierbei kann es sich auch um die Zersetzung des Elektrolyten handeln.

Eine typische Potential-Zeitkurve zeigt Bild 4.30b. Charakteristisches Merkmal solcher Kurven ist die Transitionszeit τ, bei der das Potential ansteigt. Der Zusammenhang zwischen τ und i ist für einen reversiblen Elektronentransfer durch die SAND-Gleichung

$$i = \frac{nFAc^0 D^{1/2} \pi^{1/2}}{2\tau^{1/2}} \tag{4.32}$$

gegeben (Chronopotentiometrie). Häufig wird auch das Potential $E_{1/4}$ bei $\tau_{1/4}$ angegeben.

In der Coulometrie bei konstantem Strom ist die Ladungsbestimmung einfach, wenn der Endpunkt der Reaktion (vollständige Elektrolyse, t_{end}) detektiert werden kann. Es gilt

$$Q = i t_{\mathrm{end}} \tag{4.33}$$

Materialien, Geräte, Vorbereitungen

Materialien und Vorarbeiten entsprechen denen bei potentiostatischen elektroanalytischen Experimenten. Der Potentiostat ist durch einen Galvanostaten zu ersetzen. Viele Kombinationsgeräte enthalten die entsprechenden Schaltungen. Hat man eine Konstantspannungsquelle zur Verfügung, kann galvanostatisches Arbeiten dadurch erreicht werden, daß die elektrochemische Zelle mit einem großen Widerstand R in Reihe geschaltet wird (Bild 4.31). Der größte Teil der Klemmenspannung U fällt dann an R ab, geringe Änderungen der Spannung über die Elektrolysezelle ändern i kaum.

Werden keine exakten Potentialmessungen benötigt, kann auf die Verwendung einer Vergleichselektrode verzichtet werden (Zweielektrodenanordnung).

Coulometrie bei konstantem Strom kann wiederum vorteilhaft in Dünnschichtzellen (vgl. Abschnitt 4.2.5, „Zellenkonstruktionen") durchgeführt werden.

Durchführung

Galvanostatische Experimente werden analog zu den bereits geschilderten Untersuchungen durchgeführt.

Fehlerquellen

Ein experimentelles Problem sowohl bei der Chronopotentiometrie wie auch bei der Coulometrie bei konstantem Strom stellt die Endpunktbestimmung dar.

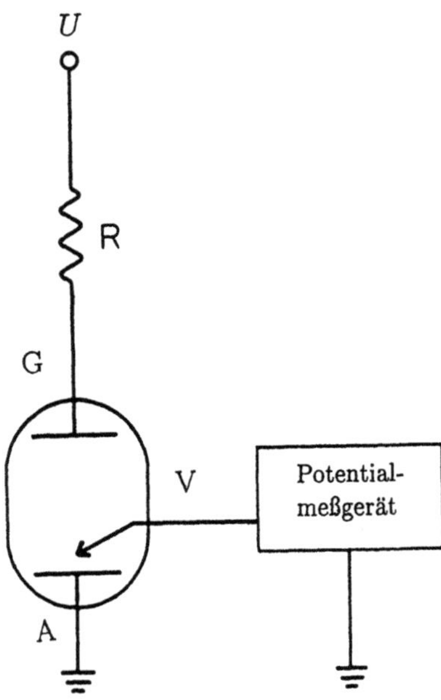

Bild 4.31
Schaltung für ein einfaches galvanostatisches Experiment (nach P.T. Kissinger und W.R. Heineman in P.T. Kissinger und W.R. Heineman, *Laboratory Techniques in Electroanalytical Chemistry*, Marcel Dekker, New York **1997**, mit freundlicher Genehmigung des Verlags).

Bei der Chronopotentiometrie ist τ zu bestimmen. Bild 4.30b zeigt die Extrapolationsprozedur. Häufig sind die Potential/Zeitkurven flach, so daß die Bestimmung von τ mit Fehlern verbunden ist. Dies gilt insbesondere dann, wenn mehrere Elektronentransferprozesse bei wenig unterschiedlichen Potentialen ablaufen.

Bei der Coulometrie bei konstantem Strom wird daher auch die Konzentration des Substrats mit t verfolgt (über chemische, spektroskopische oder elektrochemische Konzentrationsbestimmungen, z.B. mit Hilfe der cyclischen Voltammetrie).

Weitere Fehlerquellen sind bei der Chronopotentiometrie

- das Vorhandensein von elektrochemisch leichter als das Substrat umsetzbaren Verunreinigungen. Diese werden bevorzugt oxidiert oder reduziert und die Transitionszeit verlängert sich.
- Adsorptionsphänomene. Auch die selektive Anreicherung von Substraten an der Grenzfläche kann τ verlängern.
- der Ladestrom. Dieser ist selbst für sehr einfache Elektrodenreaktionen eine komplexe Funktion der Zeit. Für seine Kompensation werden graphische und elektronische Näherungsverfahren angegeben (siehe Macdonald).

Anwendungsbereich

Die Chronopotentiometrie wird zur Bestimmung von n, A, c^0 oder D entsprechend der SAND-Gleichung eingesetzt. Die Ableitung analoger Gleichungen für komplexere Elektrodenreaktionen erlaubt es beispielsweise, die Methode zur Analyse von Gleichgewichten heranzuziehen, die dem Elektronentransfer vorgelagert sind. Wie die potentiostatische Coulometrie (Abschnitt 4.3.3) liefert die Coulometrie bei konstantem Strom Werte für n über Gleichung (4.33) und das FARADAYsche Gesetz. Ähnlich sind quantitative Konzentrationsbestimmungen durchzuführen.

Literatur

W.R. Heineman und P.T. Kissinger in P.T. Kissinger und W.R. Heineman (Hrsg.), *Laboratory Techniques in Electroanalytical Chemistry*, Marcel Dekker, New York, 2. Auflage **1996**, S. 127 – 139.

D.D. Macdonald, Transient Techniques in Electrochemistry, Plenum Press, New York **1977**.

4.4.2 Präparative Elektrolyse bei konstantem Strom

Wird eine stromkontrollierte Elektrodenreaktion zur Synthese benutzt, spricht man von einer präparativen Elektrolyse bei konstantem Strom oder einer stromkontrollierten Elektrolyse.

Grundlagen

Bei der Elektrolyse bei konstantem Strom werden wie bei der entsprechenden potentialkontrollierten Technik (vgl. Abschnitt 4.3.4) durch Elektronentransfer reaktive Zwischenstufen erzeugt und die Produkte der Reaktionen dieser Spezies isoliert. Auf Grund der galvanostatischen oder potentiostatischen Arbeitsweise unterscheiden sich jedoch die Konzentrationsverhältnisse bei Anwendung der beiden Methoden erheblich, insbesondere die Konzentrationen an oder in der Nähe der Elektrodenoberfläche.

Die Elektrolyse bei konstantem Strom ist häufig einfacher durchzuführen (keine aufwendige Kontrolle von E). Andererseits erlaubt die Elektrolyse bei konstantem Potential die exakte Kontrolle der Oxidations- oder Reduktionskraft der Elektrode. Die stromkontrollierte Elektrolyse ist also von Vorteil, wenn man verhindern kann, daß das Potential Werte annimmt, bei denen unerwünschte Nebenreaktionen auftreten (vgl. Elektrolyse bei konstanter Konzentration, Abschnitt „Durchfhrung“ weiter unten).

Auch die präparative Elektrolyse bei konstantem Strom kann als *mediierte* Reaktion durchgeführt werden.

Materialien, Geräte, Vorbereitungen

Die experimentellen Voraussetzungen entsprechen denen der präparativen Elektrolyse bei konstantem Potential, wobei der Potentiostat durch einen Galvanostaten zu ersetzen ist.

Durchführung

Die Durchführung entspricht im wesentlichen derjenigen der präparativen Elektrolyse bei konstantem Potential. Man findet zwei Varianten:

- *erschöpfende Elektrolyse*, bei der das Substrat ausgehend von seiner Anfangskonzentration kontinuierlich bis zum mehr oder weniger vollständigen Verschwinden verbraucht wird und
- *Elektrolyse bei konstanter Konzentration.* Hierbei wird im Elektrolyten verbrauchtes Substrat durch Zutropfen ergänzt, so daß seine Konzentration während der Elektrolysedauer annähernd konstant bleibt.

Naturgemäß unterscheiden sich die Konzentrationsverhältnisse in den beiden Varianten. Die zweite ist beispielsweise von Interesse, wenn bei geringer Konzentration Nebenreaktionen vermieden werden, aber dennoch größere Substanzmengen umgesetzt werden sollen.

Fehlerquellen

Die Fehlerquellen sind analog zu denen bei der potentialkontrollierten Elektrolyse.

Anwendungsbereich

Wie die potentialkontrollierte Elektrolyse wird auch die präparative Elektrolyse bei konstantem Strom in vielen Bereichen der (bio)organischen, anorganischen und metallorganischen Synthese angewandt.

Literatur

A. Fry, *Synthetic Organic Electrochemistry*, John Wiley, New York **1989**.
H. Lund und M.M. Baizer (Hrsg.), *Organic Electrochemistry. An Introduction and a Guide*, Marcel Dekker, New York 1991.
T. Shono, *Electroorganic Synthesis*, Academic Press, New York **1991**.

4.5 Spezielle, moderne elektrochemische Methoden

4.5.1 Spektroelektrochemische Methoden

Spektroelektrochemische Methoden kombinieren die potentio- oder galvanostatische Erzeugung von Elektrolyseprodukten mit deren spektroskopischem Nachweis oder ihrer spektroskopischen Identifizierung.

Grundlagen

Ein Problem der Untersuchung von Redoxreaktionen mit elektroanalytischen Methoden besteht darin, daß die Ergebnisse keine *direkten* Informationen über die Struktur der Reaktionsprodukte enthalten. So läßt sich zwar chronoamperometrisch oder coulometrisch die Zahl übergehender Elektronen, n, bestimmen oder cyclovoltammetrisch ein Elektrodenreaktionsmechanismus aufklären, die Identität der Zwischenstufen oder Produkte kann aber nicht direkt aus den Strom/Zeit- oder Strom/Spannungskurven entnommen werden.

Andererseits sind spektroskopische Techniken bekannt für die Fülle an Details, die sie über untersuchte Moleküle auszusagen vermögen. Die Spektroelektrochemie kombiniert diese beiden Aspekte.

Tabelle 4.5 Beispiele für spektroskopische Techniken, die an elektrochemische Eperimente gekoppelt wurden

Technik	erhältliche Information/ untersuchte molekulare Prozesse
ESR	Spindichteverteilung in Radikalen
UV/VIS	elektronische Struktur, räumliche Verteilung
Circulardichroismus	optische Aktivität/Antipoden
IR(FTIR)	Molekülschwingungen
Raman, SERS	Molekülschwingungen
^{1}H-NMR	chemische Struktur, Ladungsverteilung
^{13}C-NMR	chemische Struktur, Ladungsverteilung
Massenspektrometrie	Molekülmasse, funktionelle Gruppen
Mößbauerspektroskopie	Oxidationsstufen, chemische Umgebung, Bindungen
EXAFS (extended X-ray absorption fine structure)	geometrische Struktur

Geräte, Durchführung

Die elektrochemische Zelle kann im Spektrometer angeordnet werden (*in situ*). Die Spektren werden dann während der elektrochemischen Untersuchung an der Elektrode aufgenommen. Andererseits kann sich die Zelle außerhalb des Detektionsbereichs des Spektrometers befinden. Der Elektrolyt wird dann aus der Zelle heraus, durch das Spektrometer und schließlich wieder in die Zelle zurück gepumpt (*Durchflußverfahren*) oder in bestimmten Zeitabständen aus der Zelle in das Spektrometer überführt.

Tabelle 4.5 führt eine Reihe von spektroskopischen Methoden auf, die an elektrochemische Experimente gekoppelt wurden, und gibt stichwortartig die bei den Untersuchungen jeweils zu gewinnenden Strukturinformationen an.

Anwendungsbereich

Historisch zuerst gelang die Kopplung mit der ESR-Spektroskopie, die Informationen über die Spindichteverteilung in Radikalen liefert. Solche oft kurzlebigen Teilchen entstehen bei Einelektronentransfers aus Molekülen, die nur gepaarte Elektronen enthalten, also bei der überwiegenden Mehrzahl aller elektrochemischen Reaktionen.

Für UV/VIS-*in situ*-spektroelektrochemische Techniken sind drei Elektrodentypen gebräuchlich (vgl. Bilder 4.8 und 4.32).

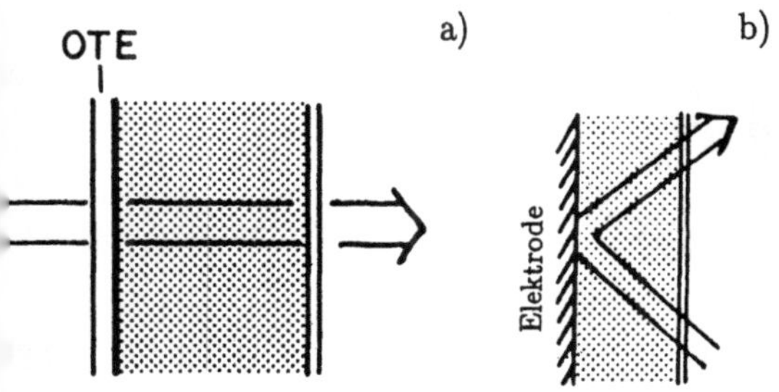

Bild 4.32
Elektrodenanordnungen in der Spektroelektrochemie; a) optisch transparente Elektrode, b) Anordnung bei der Specular-reflectance-Technik (nach P.T. Kissinger und W.R. Heineman in P.T. Kissinger und W.R. Heineman, *Laboratory Techniques in Electroanalytical Chemistry*, Marcel Dekker, New York **1997**, mit freundlicher Genehmigung des Verlags).

Ein *minigrid* (vgl. Bild 4.8) ist ein Geflecht sehr dünner Metalldrähte (zum Beispiel Pt, Au). Es wird als Arbeitselektrode verwendet. Die Zwischenräume zwischen den Drähten sind mit Lösung ausgefüllt. In sehr kurzer Zeit nach Anlegen des Potentials ist das Edukt elektrolysiert und man hat eine Produktlösung erzeugt. Das Licht wird senkrecht durch das minigrid hindurch geführt und tritt dabei mit den Produktmolekülen in Wechselwirkung.

Eine *optisch transparente Elektrode* (OTE, Bild 4.32a) besteht aus einer Schicht des Elektrodenmaterials (Metalle, C, Oxide wie ITO; vgl. Abschnitt 4.2.5, „Elektroden“), die auf einen durchsichtigen Träger aufgedampft ist. Auch hier tritt das Licht senkrecht durch die Elektrodenfläche und dann durch die Diffusionsschicht im Elektrolyten.

Bei der *Specular-reflectance*-Technik (vgl. Bild 4.32b) wird die Elektrode poliert. Der Lichtstrahl trifft von der Lösungsseite her auf, nachdem er die Diffusionsschicht durchquert hat. Er wird reflektiert und nach erneutem Durchgang durch die Diffusionsschicht registriert.

Im Vergleich zu den bisher diskutierten elektroanalytischen Experimenten, in denen die kontrollierte elektrische Größe (E bei potentiostatischen, i bei galvanostatischen Techniken) den alleine experimentell veränderbaren Parameter darstellt, kommt bei spektroelektrochemischen Experimenten die *spektrale Auflösung* hinzu. Man kann also zu verschiedenen Zeitpunkten oder bei verschiedenen Potentialen jeweils Spektren über einen bestimmten spektralen Bereich registrieren.

Auf diese Weise sind beispielsweise über UV/VIS-Spektroelektrochemie die Absorptionsmaxima verschiedener – auch instabiler – Oxidationsstufen einer Ausgangsverbindung zugänglich.

Bild 4.33 zeigt dies am Beispiel des 2,5,8,11-Tetra-*tert*-butyl-*peri*-xanthenoxanthens

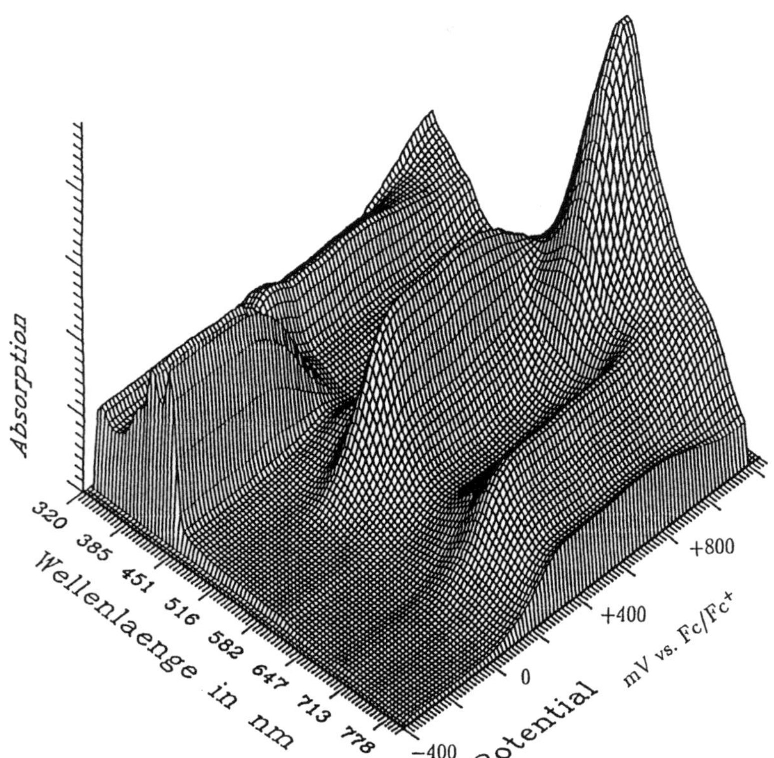

Bild 4.33 Potentialabhängigkeit der UV/VIS-Spektren bei Oxidation des 2,5,8,11-Tetra-*tert*-butyl-*peri*-xanthenoxanthens (nach Salbeck, unveröffentlichte Ergebnisse).

1 in Dichlormethan. Der Elektrolyt befindet sich in einer Dünnschichtzelle aus parallelen Quarzfenstern, die mit einer dünnen ITO-Schicht bedampft sind. Sie dienen als Arbeitselektrode. Bei einem Potential von −400 mV gegen eine Fc/Fc^{+}-Elektrode liegt die Ausgangsverbindung **1** vor, deren Spektrum drei Maxima bei 331, 411 und 438 nm zeigt. Oberhalb von 0 V geht dieses Spektrum in das des violetten Radikalkations $\mathbf{1}^{\bullet +}$ über (λ_{max} = 368,534 und 712 nm). Bei noch positiveren Potentialen ($E > +800$ mV) entsteht schließlich das blaue Dikation $\mathbf{1}^{++}$ mit einem sehr intensiven Absorptionsmaximum bei 621 nm.

Bei *zeitlicher Auflösung* kann der Absorptionsverlauf für eine Spezies Hinweise auf Folgereaktionen liefern. In Bild 4.34 sind entsprechende Kurven für die Oxidation zweier Aniline in Acetonitril zu ihren Radikalkationen dargestellt. Die Untersuchung erfolgt mit Hilfe der Specular-reflectance-Technik.

Im Fall des 2,6-Di-*tert*-butyl-4-phenylanilins (Bild 4.34a) ist das Radikalkation stabil. Es wird beim Absorptionsmaximum der oxidierten Spezies (λ = 372,5 nm) gemessen. Nach einer 40 ms langen Erzeugungsphase bei einem Elektrodenpotential von +0,8 V *vs.* SCE (Zunahme der optischen Dichte) wird der Stromkreis geöffnet. Damit kann kein weiterer Strom fließen und daher auch kein Elektronentransfer mehr erfolgen (*open circuit relaxation*). Die Absorption ändert sich praktisch nicht mit der Zeit, das Radikalkation geht also auch keine Folgereaktionen ein.

Das Radikalkation des 2,4,6-Tri-tert-butylanilins (Bild 4.34b) dagegen reagiert rasch zu Folgeprodukten. In der spektroelektrochemischen Absorptions/Zeitkurve erkennt man dies (nach Ablauf der Erzeugungsphase) am Abfallen mit t. Bei quantitativer Auswertung läßt sich die Geschwindigkeitskonstante für die chemische Reaktion des Radikalkations angeben.

Darüber hinaus gelang es inzwischen auch, die *räumliche Verteilung* der Spezies in der Diffusionsschicht vor der Elektrode bei UV/VIS-spektroelektrochemischen Experimenten abzubilden. Dabei wird der Lichtstrahl parallel zur Elektrodenoberfläche geführt. Bei Anwendung von Diodenarrays erreicht man Auflösungen bis zu 4 μm. Da die optische Dichte der Konzentration proportional ist, kann man auf diese Weise die bislang nur durch Simulation zugänglichen Konzentrationsprofile in der Diffusionsschicht direkt untersuchen.

Literatur

W.R.Heineman, *Anal. Chem. 50*, 390A – 402A **1978**.

W.R. Heineman und P.T. Kissinger in P.T. Kissinger und W.R. Heineman (Hrsg.), *Laboratory Techniques in Electroanalytical Chemistry*, Marcel Dekker, New York, 2. Auflage, **1996**, S. 51 – 125.

B. Speiser, A. Rieker und S. Pons, *J. Electroanal. Chem. 147*, 205 – 222 **1983**.

4.5.2 Elektrochemische Detektion

Grundlagen

In der Flüssigkeitschromatographie und im Zusammenhang mit Fließinjektionsverfahren wird die elektrochemische Detektion angewandt. Dabei wird das Fließmittel (hier gleichzeitig Elektrolyt) mit der zu detektierenden Substanz durch eine *Durchflußelektrode* hindurch geleitet. Dort wird – meist potentiostatisch – oxidiert oder reduziert und der resultierende Strom gemessen, der mit der Konzentration des Substrats zusammenhängt (amperometrische Verfahren).

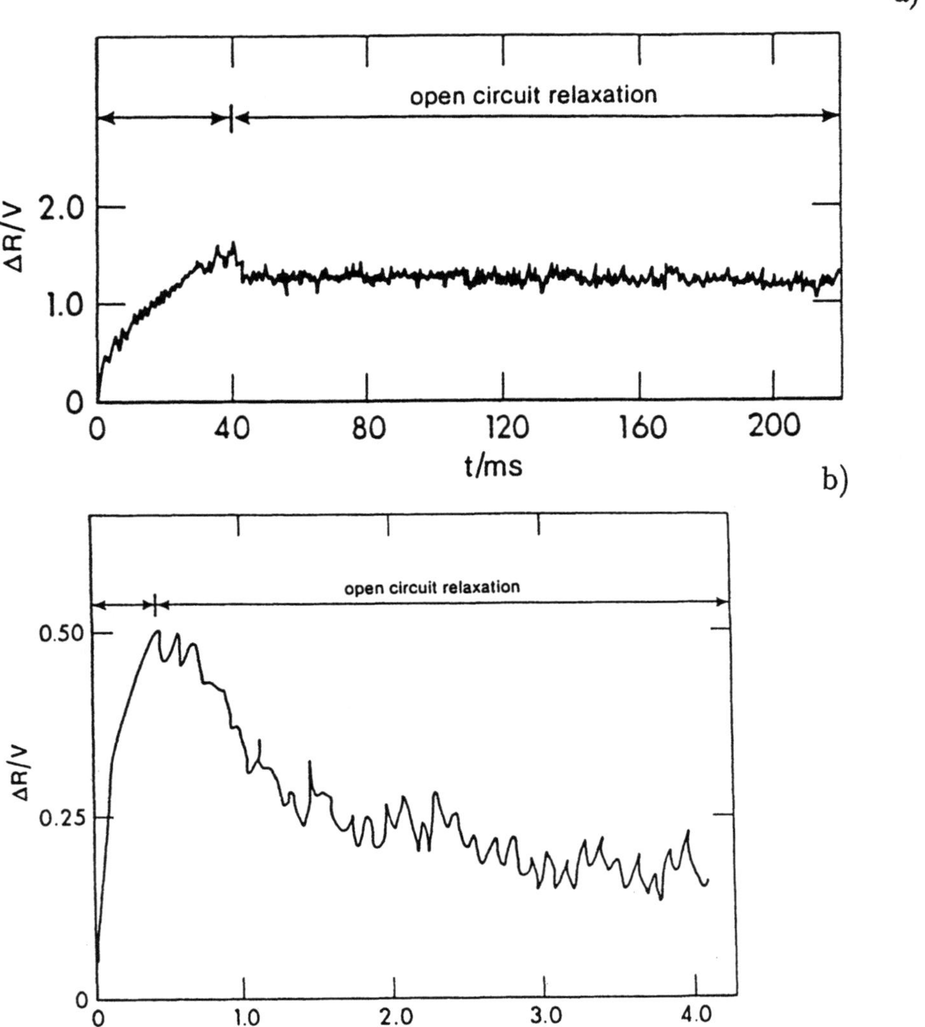

Bild 4.34 Zeitabhängigkeit der Absorptionen bei den UV/VIS-Maxima a) des 2,6-Di-*tert*-butyl-4-phenylanilins und b) des 2,4,6-Tri-*tert*-butylanilins, Erzeugung durch Oxidation und anschließende „open circuit relaxation" (nach S. Pons, A. Rieker und B. Speiser, *J. Electroanal. Chem. 147*, 205 – 222 **1983**, mit freundlicher Genehmigung von Elsevier B.V.).

Eine Durchflußzelle ist eine *hydrodynamische Elektrode* (vgl. Abschnitt 4.2.5, „Elektroden"). Der Elektrolyt strömt an der in einer Rohrwand angeordneten elektroaktiven Fläche vorbei (Bild 4.35). Während im Innern der Lösung Transport durch Konvektion erfolgt, bildet sich an der Oberfläche bei konstanter Strömungsgeschwindigkeit eine dünne Diffusionsschicht aus. Elektrolysiert man im Grenzstrombereich des Substrats, wird seine Konzentration an der Elektrodenoberfläche praktisch gleich Null. Das Konzentrationsgefälle über die Diffusionsschicht und damit nach den Gleichungen (4.3) und (4.4) der Strom werden maximal und proportional zur Substratkonzentration. Zudem sind sie umgekehrt proportional zur Dicke der Diffusionsschicht.

Die Vergleichselektrode wird bevorzugt an der der Arbeitselektrode gegenüberliegenden

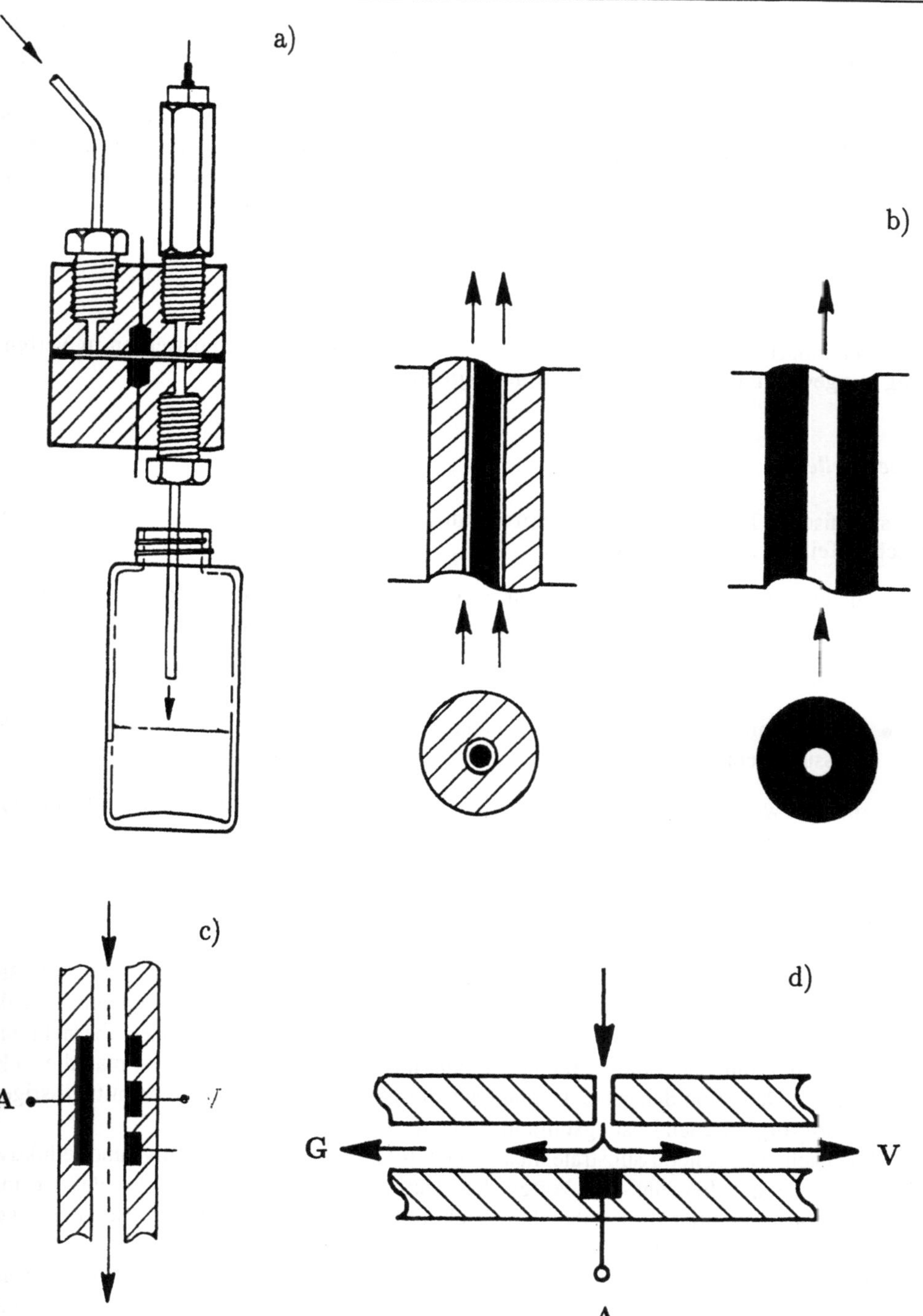

Bild 4.35 Durchflußzellen für die elektrochemische Detektion, a) Gesamtansicht, b) gepackte und Röhrenelektrode (elektroaktives Material schwarz gekennzeichnet), c) häufig verwendete Anordnung von Arbeits- (A), Vergleichs- (V)- und Gegenelektrode (G), d) „wall-jet"-Elektrode (nach P.T. Kissinger in P.T. Kissinger und W.R. Heineman, *Laboratory Techniques in Electroanalytical Chemistry*, Marcel Dekker, New York **1997**, mit freundlicher Genehmigung des Verlags.

Rohrwand angeordnet (Bild 4.35c), um den iR-Fehler zu vermindern. Die Gegenelektrode kann weiter entfernt über ein in Strömungsrichtung liegendes Reservoir mit dem Elektrolyten in Kontakt stehen.

Daneben werden Röhrenelektroden (Elektrode umschließt den Elektrolyten) oder gepackte Elektroden (leitfähiges poröses Material) verwendet (Bild 4.35b). An „wall-jet"-Elektroden (Bild 4.35d) kann die Diffusionsschicht auf Grund der Strömungsverhältnisse sehr dünn werden (Erhöhung des Stroms und damit der Empfindlichkeit).

Geräte

Elektrochemische Durchflußdetektoren sind kommerziell erhältlich und werden in Verbindung mit gewöhnlichen Flüssigkeitschromatographen benutzt.

Fehlerquellen

Die spezifischen Fehlerquellen der elektrochemischen Detektion sind durch den elektrochemischen Teil der Anordnung gegeben:

- die heterogene Art des Elektronentransfers kann sich durch Abscheidungs- oder Belegungseffekte empfindlich auf den Nachweis des Substrats auswirken;
- der iR-Fehler kann die Anwendung hoher Klemmenspannungen nötig machen;
- im Fließmittel gelöster Sauerstoff kann über seine elektrochemische Reduktion die Messung beeinträchtigen;
- dies gilt wegen der hohen Empfindlichkeit der elektrochemischen Meßtechnik auch für andere Spurenverunreinigungen.

Anwendungsbereich

Das Fließmittel dient bei der elektrochemischen Detektion gleichzeitig als Elektrolyt. Benutzt man makroskopische Elektroden, muß zur Aufrechterhaltung des Stroms ein Leitsalz zugesetzt werden. Oftmals kann ein Puffer auch die Funktion des Leitsalzes übernehmen. Das Fließmittel muß aber eine ausreichende Polarität aufweisen.[6] Häufig setzt man die elektrochemische Detektion daher bei Trennungen an reversed-phase-Materialien mit wässrigen oder wässrig-organischen Lösungsmitteln (CH_3OH, CH_3CN, THF) ein.

Die nachzuweisenden Substrate müssen elektroaktiv sein. Viele oxidative und reduktive Anwendungen sind bekannt. Ein Vorteil der elektrochemischen Detektion ist, daß sie mit dem Elektrodenpotential ein zusätzliches Selektionskriterium besitzt, das es erlaubt, schwer zu oxidierende oder zu reduzierende Substrate „auszublenden".

Tabelle 4.6 führt eine Auswahl von Verbindungsklassen auf, für die elektrochemische Detektionsverfahren ausgearbeitet wurden. Dabei lassen sich routinemäßig Nachweisgrenzen von 0,1 pmol erhalten. Auf Grund der Tatsache, daß die elektrochemische Detektion ihr Substrat über eine Oberflächenreaktion nachweisen, können sie kompakt mit Totvolumina $< 1\ \mu l$ konstruiert werden.

[6] Die in Abschnitt 4.5.3 besprochenen Ultramikroelektroden, mit denen auch Messungen in leitsalzfreien Elektrolyten durchgeführt werden können, werden inzwischen auch für Detektionszwecke eingesetzt.

Tabelle 4.6 Beispiele für Verbindungsklassen, die durch elektrochemische Detektion nachweisbar sind

Verbindungsklasse	Beispiele/Bemerkungen
Phenole	Oxidation, z.B. Catecholamine, Antioxidantien, Spurennachweis
aromatische Amine	niedriges Oxidationspotential
Thiole	z.B. Cystein, Oxidation, Adsorptionsgefahr
Chinone	reduktiver Nachweis z.B. natürlich vorkommender Verbindungen
Nitroverbindungen	Reduktion zu Aminen, z.B. Pharmazeutika, Sprengstoffe

Literatur

G. Henze und R. Neeb, *Elektrochemische Analytik*, Springer, Berlin **1986**.

S.M. Lunte, C.E. Lunte und P.T. Kissinger in P.T. Kissinger und W.R. Heineman (Hrsg.), *Laboratory Techniques in Electroanalytical Chemistry*, Marcel Dekker, New York, 2. Auflage, **1996**, S. 813 – 853.

4.5.3 Verwendung von Ultramikroelektroden

Grundlagen

In den vorhergehenden Abschnitten wurde mehrfach auf die Verwendung von (Ultra)-Mikroelektroden hingewiesen. Diese Elektroden besitzen in mindestens *einer* Raumrichtung („charakteristische Dimension") eine sehr kleine Ausdehnung ($\leq$ 20 μm; vgl. Abschnitt 4.2.5, „Elektroden"). Bild 4.36a zeigt eine Reihe typischer Ultramikroelektrodenformen, wobei die Scheibenelektrode leicht herstellbar ist und häufig benutzt wird. Mikrokugelelektroden sind z.B. in Form von Hg-Elektroden zu realisieren, Ringe, Bänder und Drähte können trotz sehr kleiner Ausdehnung in der charakteristischen Dimension relativ große Elektrodenflächen haben. Analog benutzt man „Arrays" von Ultramikroelektroden oder miteinander verschränkte Interdigitalelektroden.

Der grundlegende Unterschied zu Makroelektroden besteht darin, daß sich die Diffusion an der Ultramikroelektrode nicht nur auf eine einzelne Raumrichtung senkrecht zur Elektrodenoberfläche beschränkt, sondern beispielsweise im Fall einer Elektrodenscheibe hemisphärisch erfolgt (Bild 4.36b). Dadurch bildet sich nach kurzer Zeit ein steady-state aus, in dem sehr hohe Flüsse zur Elektrode auftreten (vgl. Bild 4.19 für cyclische Voltammogramme unter Steady-state-Bedingungen an einer Ultramikroelektrode). Experimentelle und theoretische Resultate zeigen, daß der iR-Fehler an Ultramikroelektroden dennoch sehr klein ist.

Geräte

Mikroelektroden aus Pt, Au oder C (beispielsweise: Kohlefaser) sind kommerziell erhältlich, werden aber auch häufig selbst hergestellt. Dies gilt insbesondere für spezielle Formen wie elektrisch abgeschirmte Typen (vgl. Bild 4.36c).

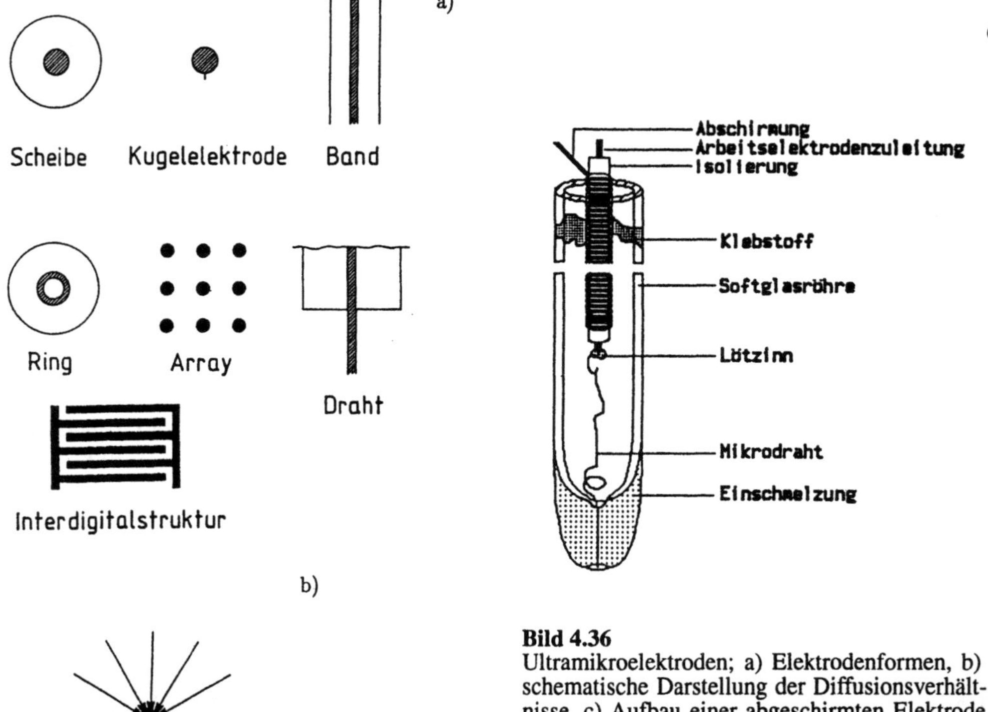

Bild 4.36
Ultramikroelektroden; a) Elektrodenformen, b) schematische Darstellung der Diffusionsverhältnisse, c) Aufbau einer abgeschirmten Elektrode (nach J. Heinze, *Angew. Chem. 105*, 1327 – 1349 **1993**, mit freundlicher Genehmigung des Verlags).

Anwendungsbereich

Ultramikroelektroden werden heute für eine Reihe von elektrochemischen Experimenten eingesetzt:

- *in vivo*-Elektrochemie: Nachweis von Neurotransmittern, Ascorbinsäure und anderen elektroaktiven Stoffen in biologischem Material bis hinab zu einzelnen Zellen (Ausnutzung der geringen Dimension)
- analytische Elektrochemie: Spurenanalytik durch die hohen Flüsse im steady-state, Chemo- und Biosensoren, Elektrochemie in der Gasphase
- Elektrochemie in schlechtleitenden Elektrolyten: Durch den geringen iR-Fehler gelingt die Verwendung von unpolaren Solventien wie Benzol und/oder leitsalzfreien Elektrolyten. Dadurch sind auch unpolare Substrate untersuchbar und Bedingungen zu verwenden, wie sie beispielsweise auch in der Spektroskopie üblich sind.
- cyclische Voltammetrie unter stationären Bedingungen: Benutzt man Ultramikroelektroden für die cyclische Voltammetrie bei klassischen Vorschubgeschwindigkeiten, stellt sich sehr schnell der steady-state ein (vgl. Bild 4.19). Für manche Elektrodenreaktionen läßt sich dies mechanistisch und kinetisch interpretieren.
- "Fast-scan"-Cyclovoltammetrie: Bei sehr hohen Spannungsvorschubgeschwindigkeiten findet man auch bei Ultramikroelektroden noch Voltammogramme mit Peakform

Der iR-Fehler ist jedoch gering, so daß Verzerrungen der Kurven vermieden werden. Messungen bis 10^6 V s^{-1} wurden durchgeführt.

Literatur

J. Heinze, *Angew. Chem.* *105*, 1327 – 1349 **1993**.

4.5.4 Simulation elektrochemischer Experimente

Grundlagen

Die mechanistische Interpretation elektroanalytischer Experimente wird durch *Simulationsrechnungen* erleichtert und in manchen Fällen erst ermöglicht. Dies gilt insbesondere für die cyclische Voltammetrie.

Dazu werden partielle Differentialgleichung wie (4.5), welche die Diffusionsverhältnisse an der Elektrode beschreiben, mit *Anfangsbedingungen* (Konzentrationen zu Beginn des Experiments, $t = 0$) und *Randbedingungen* [Änderung der Konzentration mit t an räumlichen Extrempositionen, z.B. $x = 0$ (Elektrodenoberfläche) oder $x \rightarrow \infty$ (im Innern der Lösung)] kombiniert. Homogene chemische Reaktionen werden in Form ihrer kinetischen Gleichungen den partiellen Differentialgleichungen als *kinetische Glieder* hinzugefügt.

Aufgabe der Simulation ist es, das Differentialgleichungssystem zu lösen und auf diese Weise die Abhängigkeit der Konzentrationen von Ort und Zeit zu bestimmen [$c = f(x,t)$]. Anschaulich kann dies durch zeitlich veränderliche Konzentrationsprofile (vgl. beispielsweise Bild 4.4) dargestellt werden. Aus der Steigung der Profile kann der Strom durch die Elektrode nach Gleichungen (4.3) und (4.4) berechnet werden.

Es existiert eine Vielzahl von Varianten, nach der die Rechnungen durchgeführt werden können. Sie unterscheiden sich in der Art der Näherungen, die für die Lösung der Differentialgleichungen gemacht werden. Die bekanntesten sind:

- finite Differenzenverfahren (FD-Techniken), bei denen die Differentiale in den Diffusionsgleichungen durch Differenzen angenähert werden und

- orthogonale Collocationsalgorithmen (OC-Methoden), welche die Ortsabhängigkeit von c (das Konzentrationsprofil) näherungsweise durch ein Polynom ausdrücken.

Bis vor wenigen Jahren mußten potentielle Anwender von Simulationsrechnungen eigene Programme erstellen. In jüngerer Zeit wurden mehrere Programmsysteme beschrieben, die die Simulation einer Reihe von Reaktionsmechanismen erlauben oder sogar so allgemein sind, daß sie praktisch alle Kombinationen von Elektronentransfers mit homogenen Reaktionen erster oder zweiter Ordnung zulassen.

Die simulierten Kurven werden dann qualitativ und/oder quantitativ mit experimentellen Ergebnissen verglichen.

Die meisten Simulationsprogramme beschreiben die Bedingungen der cyclischen Voltammetrie, aber auch chronoamperometrische Experimente und potentiostatische oder galvanostatische Elektrolysen können auf diese Weise behandelt werden.

Geräte

Simulationsprogramme können teilweise auf Personalcomputern (DOS oder Windows) benutzt werden, manche wurden für UNIX-Rechner geschrieben.

Anwendungsbereich

Die Simulation elektrochemischer Experimente kann eine hervorragende didaktische Hilfe für das Verständnis der komplexen Vorgänge an einer Elektrode sein. Dazu dienen insbesondere auch die graphischen Darstellungen der – von Ausnahmen abgesehen (vgl. Abschnitt 4.5.1) – experimentell nicht zugänglichen Konzentrationsprofile.

Die qualitative Gegenüberstellung simulierter und experimenteller Kurven, z.B. Cyclovoltammogramme, kann einen hypothetischen Mechanismus für den Ablauf einer Elektrodenreaktion erhärten oder widerlegen. Quantitative Vergleiche dienen zur Bestimmung von Potentialen, Geschwindigkeits- oder Gleichgewichtskonstanten.

Literatur

L. Bieniasz, *Comput. Chem. 17*, 355 – 368 **1993**.

D. Britz, *Digital Simulation in Electrochemistry*, Springer, Berlin **1988**.

D.K. Gosser jr., *Cyclic Voltammetry. Simulation and Analysis of Reaction Mechanisms*, VCH, New York **1993**.

M. Rudolph, D.P. Reddy und S.W. Feldberg, *Anal. Chem. 66*, 589A – 600A **1994**.

B. Speiser, *Comput. Chem. 14*, 127 – 140 **1990**.

B. Speiser in A.J. Bard (Hrsg.), *Electroanalytical Chemistry*, Vol. 19, Marcel Dekker, New York **1996**, S. 1 – 108.

4.6 Biosensoren

4.6.1 Definition und Klassifizierung von Biosensoren

Unter einem chemischen Sensor versteht man allgemein ein kompaktes Bauelement, das die Konzentration eines Stoffes in seiner Umgebung dadurch registriert, daß es ein mit dieser Konzentration korreliertes elektrisches Signal erzeugt.

Ein Sensor besteht aus einem Rezeptor, der spezifisch mit dem nachzuweisenden Stoff reagiert, und einem Transducer, der diese Reaktion des Rezeptors in ein elektrisches Signal umwandelt. Dem Transducer nachgeschaltet ist eine Elektronik zur Signalverstärkung und Signalauswertung.

Es existieren auch verschiedene spezifischere Definitionen eines chemischen Sensors. Sie betrachten in einem Extrem als Sensoren nur Bauelemente, die vollkommen reversibel auf die Meßgröße reagieren und damit immer wieder verwendbar sind. Im anderen Extrem betrachten sie auch Einweg- (bzw. „Wegwerf"-) Bauteile als Sensoren. Genauso verschieden sind die Ansichten über den erforderlichen Informationsgehalt des Meßsignals eines Sensors, wobei einerseits quantitative und andererseits rein qualitative Signale als Sensoreffekte akzeptiert werden. Auch hinsichtlich des Aufbaus gibt es verschiedene Auffassungen darüber, was ein chemischer Sensor ist. Einerseits werden nur kompakte, möglichst mikrostrukturierte Bauelemente als Sensoren definiert, andererseits werden auch größere Meßanordnungen, wie z.B. Durchflußsäulen mit nachgeschaltetem Detektor oder miniaturisierte Spektrometer, als Sensoren betrachtet.

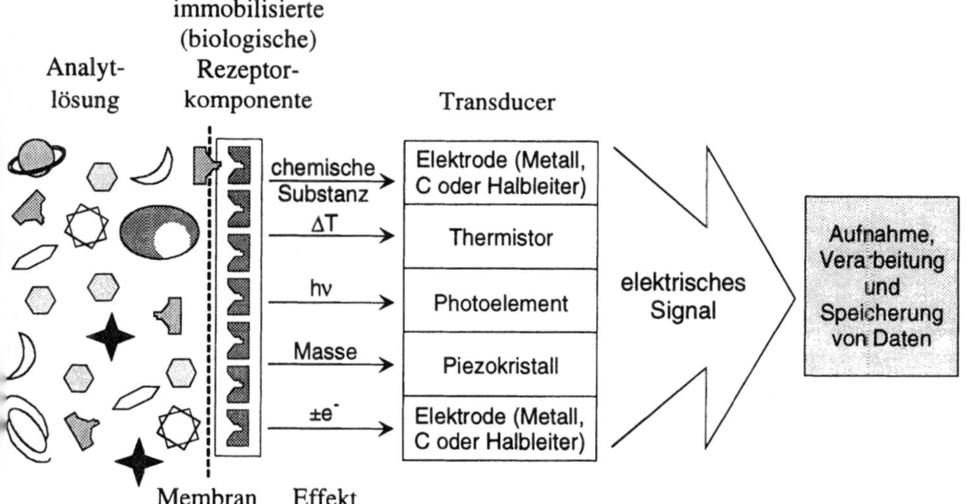

Bild 4.37 Prinzipieller Aufbau eines Biosensors. Die (oft mit einer Membran bedeckte) immobilisierte biologische Rezeptorkomponente „erkennt" spezifisch den Analyten. Der Transducer wandelt einen chemischen oder physikalischen Effekt der Erkennung einer chemischen Komponente des Analyten in ein elektrisches Signal um (nach Chen & Karube, *Curr. Opinion Biotechnol.* **1992**, *3*, 31).

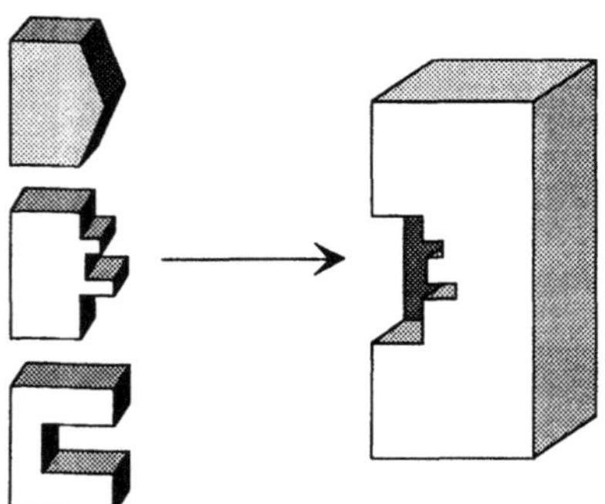

Bild 4.38 Skizze des „Schlüssel-Schloß"-Prinzips. Nur das passende Molekül kann sich an die Biokomponente anlagern.

Wenn die Rezeptorkomponente biologischer Herkunft ist und somit ein biologischer Erkennungsprozeß vorliegt, spricht man von einem *Biosensor*. Mit derartigen biologischen (oder „biologisch inspirierten") Rezeptorkomponenten ausgestattet, können Biosensoren chemische Substanzen, die oftmals ebenfalls biologischer Herkunft oder biologisch relevant sind, nachweisen und in ihrer Konzentration bestimmen.

Das besondere Merkmal von Biosensoren ist die räumliche Integration von biologischen Erkennungselementen und Meßfühlern. Vereinigt werden Eigenschaften der durch die Affinität komplementärer biologischer Strukturen bewirkten hohen Selektivität natürlicher Systeme auf der einen Seite mit der hohen Signalempfindlichkeit technischer bzw. elektronischer Systeme auf der anderen. Die Änderung eines chemischen oder physikalischen Parameters aufgrund der Wechselwirkung zwischen dem Analyten und der immobilisierten Biokomponente wird durch den Transducer in ein elektrisches Signal umgewandelt.

Diese eingesetzten biologischen Strukturen arbeiten, vereinfachend gesagt, komplementär nach dem sogenannten „Schlüssel-Schloß"-Prinzip, das die Grundlage für die hohe Selektivität der biologischen Erkennungsstrukturen, wie z.B. Enzyme, Nucleinsäuren oder Immunsysteme, ist. Durch die Verwendung dieser biologischen Strukturen kann der interessierende Analyt z.B. auch in verhältnismäßig komplexen Probenmatrizen erkannt und bestimmt werden.

4.6.1.1 Die Einteilung von Biosensoren

Im folgenden werden kurz die Möglichkeiten der Einteilung von Biosensoren aufgezeigt. Sie können nach der als Rezeptorbaustein eingesetzten Biokomponente, nach dem Transducerprinzip, nach der Art der Erkennung oder nach dem Grad der Integration der Biokomponente eingeteilt werden. Auf die unter den ersten beiden Punkten angeführten Beispiele wird in den Abschnitten 4.6.1.2 und 4.6.1.4 noch detaillierter eingegangen.

Einteilung nach der Biokomponente

- Enzyme: Enzymsensor (z.B. „Enzymelektrode")
- Lektine, Antigene, Antikörper: Immunosensor
- Rezeptoren: Rezeptorsensor
- Organellen: Organellensensor
- Mikroorganismen: mikrobieller Sensor
- Zellen: Zellensensor
- Gewebe: Gewebesensor

Einteilung nach dem Transducerprinzip

- elektrochemisch
  - Potentiometrie (ionenselektive Elektrode (ISE), oder Feldeffekttransistor (FET), ...)
  - Amperometrie
  - Voltammetrie
  - Impedanzmessung (Gesamtimpedanz, frequenzabhängige kapazitive oder resistive Anteile)
  - Konduktometrie (Oberflächen- oder Elektrolytleitfähigkeit)
- optisch
  - Ellipsometrie
  - Oberflächenplasmonenresonanz („surface plasmon resonance", SPR)
  - Fluoreszenz
  - Absorption
  - Reflektion
  - Lumineszenz
  - Brechungsindex
  - Lichtstreuung
  - Interferometrie
- massensensitiv
  - Detektion von Masseänderungen mit piezoelektrischen Transducern (Volumen-, Oberflächen- Dünnschicht- oder Plattenwellenschwingungen, „bulk" (BAW), „surface" (SAW) oder „lamb acoustic wave" (LAW), „plate acoustic wave" (PAW))
- kalorimetrisch
  - Messung der Reaktions- oder Adsorptionswärme

Einteilung nach der Art der Erkennung

„*Metabolismussensoren*": Hierbei wird der Analyt aufgrund einer katalytischen Aktivität der Biokomponente (Enzyme, Organellen, Zellen, Gewebe, usw.) umgesetzt. Metabolismussensoren können je nach Bauart auf Substrate und Cofaktoren, auf Inhibitoren und Aktivatoren oder auch auf Enzymaktivitäten reagieren. Die Detektion des Analyten beruht auf dem Nachweis der erzeugten Produkte oder des Verbrauches von Cosubstraten, im allgemeinen auf elektrochemischem, optischen und kalorimetrischen Weg.

„*Affinitätssensoren*": Der Analyt (DNA, Antikörper, Antigene, Haptene) wird in einer Erkennungsreaktion gebunden, bleibt aber weitestgehend unverändert. Die Detektion ist dabei auf zwei Wegen möglich:

i) Der Transducer reagiert direkt auf die vollzogene Bindung des Analyten (Optoden, potentiometrische Sensoren, FET, piezoelektrische Transducer).

ii) Die Bindung des Analyten wird durch indirekte Detektion nachgewiesen. Dazu wird ein Bindungspartner markiert (Fluoreszenz-, Enzym- oder radioaktive Marker).

Einteilung nach dem Grad der Integration der Biokomponente

Biosensoren der 1. Generation: Die gelöste Biokomponente ist durch physikalischen Einschluß zwischen dem Transducer und der Probelösung oder direkt auf oder in einer Membran fixiert.

Biosensoren der 2. Generation: Die Biokomponente ist direkt auf dem Transducer immobilisiert. Zusätzlich werden oft Cosubstrate mit immobilisiert, wodurch man einen sogenannten „reagenzlosen Sensor" erhält.

Biosensoren der 3. Generation: Monoschichten der Biokomponente werden kovalent und in gerichteter Weise auf der Oberfläche von miniaturisierten Halbleiterbausteinen immobilisiert, z.B. auf ionensensitiven Feldeffekttransistoren (ISFETs) oder Elektroden. Diese Verfahrensweise ist auch für den Bau von integrierten Arrays multifunktioneller Sensoren geeignet.

4.6.1.2 Biokomponenten und Erkennungsprinzipien

Im Biosensor dient üblicherweise ein biologisches Makromolekül, das den Analyten „erkennt", als Rezeptorkomponente. Diese soll im folgenden, um eine Verwechslung mit biologischen Rezeptoren zu vermeiden, als „Biokomponente" bezeichnet werden. Bei der Verwendung höherer biologischer Systeme, wie Zellen oder Gewebe, erfolgt die Erkennung wiederum über die in diesen Systemen enthaltenen Makromoleküle. Die in Biosensoren prinzipiell verwendbaren Biokomponenten sind äußerst vielgestaltig. Am häufigsten werden die entsprechenden Makromoleküle, wie z.B. Proteine, direkt als Biokomponente verwendet. Dies gilt z.B. für Enzyme, Antikörper, Rezeptormoleküle oder die DNA. Auch als Transportsysteme arbeitende Proteine wurden schon eingesetzt. An höheren Systemen wurden Organellen, Mikroorganismen, tierische und pflanzliche Zellen, aber auch tierisches und pflanzliches Gewebe sowie komplette Rezeptororgane, wie z.B. Fühler, verwendet.

Im folgenden soll kurz auf diese Biokomponenten und ihre Fixierung im Biosensor näher eingegangen werden. Dabei orientiert sich die Ausführlichkeit der Darstellung der einzelnen Biokomponenten an ihrer praktischen Bedeutung und Anwendungsbreite.

Enzyme

Die Enzymsensoren allgemein und unter diesen die am häufigsten verwendeten sogenannten „Enzymelektroden" sind die umfangreichste und bedeutsamste Gruppe der Biosensoren. Nahezu alle kommerziellen Biosensorsysteme beruhen auf der Anwendung von Enzymsensoren. Enzyme sind als hochwirksame natürliche Katalysatoren bekannt. Sie sind hochmolekulare Proteine, die oftmals noch andere Bestandteile enthalten, wie z.B. Kohlenhydratreste. Meistens werden sie aus Zell- bzw. Bakterienkulturen gewonnen, aber auch aus verschiedenen tierischen und pflanzlichen Quellen. Bis jetzt wurden über 50 Enzyme in Biosensoren erprobt und eingesetzt.

Bei den elektrochemischen Enzymsensoren sind dies vor allem Oxidasen, z.B. für den Nachweis von Glucose, Lactat, Harnsäure, Cholesterol, Glycerol oder Cholin. Bei der enzymatischen Reaktion mit dem Analyten wird dabei Sauerstoff verbraucht und Wasserstoffperoxid oder Wasser gebildet. Für beide Vorgänge ist der elektrochemische Nachweis verhältnismäßig einfach. Bei optischen Sensoren finden vor allem Dehydrogenasen Verwendung, z.B. für den Nachweis von Glucose, Lactat, Glycerol oder Glutamat, wobei das entstehende NADH in einem chemischen Folgeschritt zu einem optisch nachweisbaren Produkt umgesetzt wird.

$$\text{Substrat} + O_2 \xrightarrow{\text{Oxidase}} \text{Produkt} + H_2O_2 \qquad (1a)$$

Tabelle 4.7 Beispiele für Enzyme, mit denen Membranen in Enzymsensoren beladen wurden (Scheller, Wollenberger, *Biosensors* '92, Genf, Elsevier, Oxford S. 173, **1992**).

Analyt	Enzym	Quelle	Beladung (U/Membran)[1)]
Glucose	Glucoseoxidase	*Penicillum notatum*	6
Lactat	Lactatoxidase	*Pediococcus spec.*	5
Lysin	Lysinoxidase	*Trichoderma viride*	1
Glutamat	Glutamatoxidase	*Streptomyces spec.*	3,5
Ascorbinsäure	Ascorbatoxidase	*Cucubita spec*	50
Maltose	Glucoseoxidase / Amyloglucosidase	*Penicillum notatum* / *Aspergillus niger*	6/40
Maltose	Glucoseoxidase / Mutarotase / α-Glucosidase	*Penicillum notatum*/ Schweineniere/ Hefe	6/300/3
Sucrose	Glucoseoxidase / Mutarotase / β-Fructosidase	*Penicillum notatum*/ Schweineniere/ Hefe	6/300/30

[1)] Die Enzymaktivität wird üblicherweise in internationalen Einheiten, den sogenannten „units" (U), angegeben. 1 U entspricht derjenigen Enzymaktivität, die 1 µmol Substrat in einer Minute umsetzt. Dabei ist es gleichgültig, ob das Enzym immobilisiert ist oder nicht, entscheidend ist der durch das vorhandene Enzym bewirkte reale Umsatz.

$$\text{Substrat} + O_2 \xrightarrow{\text{Oxidase}} \text{Produkt} + H_2O \tag{1b}$$

$$\text{Substrat} + \text{NAD}^+ \xrightarrow{\text{Dehydrogenase}} \text{Produkt} + \text{NADH} \ (+ \ H^+) \tag{1c}$$

In der Tabelle 4.7 sind einige Beispiele für Enzyme aufgeführt, die, in Membranen eingebettet, in Enzymelektroden eingesetzt werden können.

Seit dem Ende der 70er Jahre werden enzymatische Reaktionen gekoppelt, um eine größere Einsatzbreite für Enzymsensoren zu erreichen. Die einfachste Variante dafür ist die sogenannte „Recycling"-Variante mit dem Einsatz von zwei Enzymen, von denen das eine den Analyten zu einem Produkt umsetzt, welches seinerseits vom zweiten Enzym wieder zum ursprünglich vorliegenden Analyt-Molekül umgesetzt wird (Bild 4.39). Dadurch kann schon durch wenige Moleküle des Analyten ein meßbares Signal erzielt werden, da der Verbrauch an Cosubstraten oder die Entstehung von Nebenprodukten, welche als Sensorsignal gemessen werden, bedeutend größer ist.

Durch sequentielle und parallele Kopplung verschiedener Enzyme wurde die Bandbreite an nachweisbaren Analyten erhöht. Dies gelang u.a. unter Einbeziehung von subzellularen Organellen oder Geweben. So wurde z.B. durch die Kombination von Lactat-umsetzenden Enzymen die Bestimmung von 14 Substraten und 4 Enzymaktivitäten möglich. Der Bereich der bestimmbaren Konzentrationen konnte somit ausgedehnt werden, sowohl zu sehr hohen oder auch zu sehr niedrigen Konzentrationen, z.T. bis in den picomolaren Bereich. Außerdem konnte die Selektivität erhöht werden, indem Störsignale durch sogenannte „Anti-Interferenzschichten" oder die Verwendung von Cosubstraten eliminiert wurden. In der Tabelle 4.8 sind Beispiele für das Analyt-Recycling in Enzymsensoren aufgeführt.

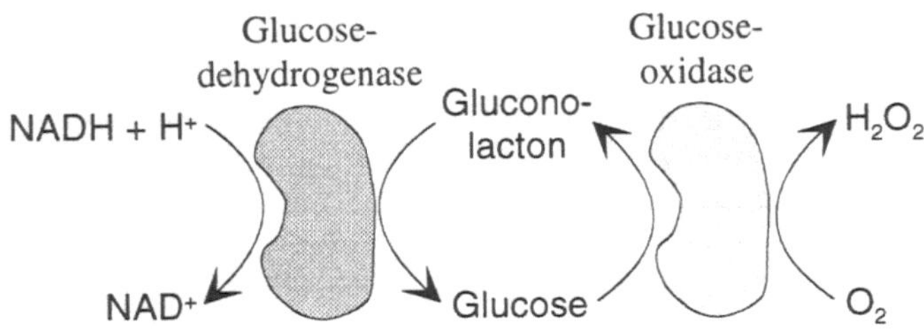

Bild 4.39 Schematische Darstellung eines „Analyt-Recycling“, bei welchem die von der Glucoseoxidase umgesetzte Glucose von der Glucosedehydrogenase unter Verbrauch von NADH wieder gebildet wird. Gemessen wird der erhöhte Sauerstoff-Verbrauch (siehe Tabelle 4.8). Nach Scheller et al., *Analyst 114*, 653, **1989**.

Tabelle 4.8 Im Arbeitskreis Scheller entwickelte Systeme für Enzymsensoren, die auf dem Prinzip des „Analyt-Recycling“ beruhen (Scheller, *GBF-Monograph* Vol. 17, Braunschweig, S. 9, **1991**).

Enzyme	Analyt	Transducer	Verstärkungsfaktor
Lactatoxidase, Lactatdehydrogenase	Lactat	Thermistor O_2-Elektrode	1000 48000
Glucoseoxidase, Glucosedehydrogenase	Glucose	O_2-Elektrode	10
Cytochrom b_2, Lactatdehydrogenase	Lactat/Pyruvat	Pt-Elektrode bei +0,25 V	10
Meerrettichoxidase, Glucosedehydrogenase	$NADH/NAD^+$	O_2-Elektrode	60
Lactatdehydrogenase	$NADH/NAD^+$	O_2-Elektrode	230
Glutamatdehydrogenase, Alanin-Aminotransferase	Glutamat	modifizierte Kohlenstoffelektrode O_2-Elektrode	15 60
Glutamatdehydrogenase, Glutamatoxidase	Glutamat	O_2-Elektrode	20
Leucindehydrogenase, Aminosäureoxidase	Leucin	O_2-Elektrode	40
Pyruvatkinase, Hexokinase, Glucose-6-phosphatdehydrogenase	ADP/ATP	O_2-Elektrode NADH-Elektrode	220 1200
Cytochrom b_2, Lactase	Benzochinon / Hydrochinon	O_2-Elektrode	500
Pyruvatkinase, Hexokinase, Lactatdehydrogenase, Lactatoxidase	ATP	Thermistor	1700

Antigene und Antikörper

Antikörper und Antigene bzw. Haptene reagieren miteinander zu einem stabilen Komplex mit Stabilitätskonstanten zwischen 5×10^4–10^{12} l/mol. Da die Antikörper und Antigene relativ große Moleküle sind, verläuft die Komplexbildung langsam und ist dementsprechend oft schwierig direkt zu messen. Deshalb greift man häufig auf indirekte Methoden zurück.

a) Indirekte Immunosensoren

Einer der beiden Immunreaktanden wird markiert. Dies kann mit Enzymen, Fluorophoren, radioaktiven Isotopen, Metall-Clustern oder Lumineszenzmarkern erfolgen. Dadurch hat man bereits eine Nachweisgrenze von 2800 (!) Molekülen in einer Probe von weniger als 100 µl erreicht. Der *homogene Immunoassay* beruht nun darauf, daß die Aktivität des Markers nach der Komplexbildung verändert ist, wobei sie meistens gehemmt wird. Beim *heterogenen Immunoassay unterscheidet* man den kompetitiven und den Zwei-Seiten-(„Sandwich")-Bindungstest. Beim kompetitiven Bindungstest konkurrieren markierte und nicht markierte Immunreaktanden um freie Bindungsstellen am Sensor. Das Markersignal ist umgekehrt proportional zur Konzentration des Analyten. Beim Zwei-Seiten-Bindungstest läßt man an den gebundenen Immunreaktanden seinerseits einen markierten Immunreaktanden binden. Damit ist das Markersignal proportional zur Konzentration des Analyten.

Beispiele für Enzyme in Immunosensoren:

- Glucoseoxidase mit Glucose als Substrat für den amperometrischen Betrieb; Ferrocen dient als Elektronenmediator, alternativ dazu wird der Sauerstoff-Verbrauch während des Glucose-Umsatzes gemessen (näheres zum amperometrischen Meßprinzip unter 4.6.1.2, Mikroorganismen)
- Peroxidase, als Meßgröße dient die Wasserstoffperoxid-Konzentration
- Chloroperoxidase, gemessen wird die Kohlendioxid-Bildung mit einem Kohlendioxid-Gassensor
- Urease, deren Aktivität mit einem Ammoniak-Gassensor gemessen wird
- Katalase, gemessen wird entweder der Wasserstoffperoxid-Verbrauch oder die Bildung von Sauerstoff

Tabelle 4.9 Beispiele für die Anwendung der Enzyme Glucoseoxidase und Katalase als Markerenzyme in Immunosensoren (nach Scheller, Schubert, *Biosensoren*, Akademie-Verlag, Berlin, S. 268, **1989**) .

Antigen	Enzym	Prinzip	Elektrode	Empfindlichkeit
Theophyllin	Katalase	kompetitiv	O_2	1–5 mM
Theophyllin	Katalase	Sandwich	O_2	0,05–2,5 µM
Insulin	Katalase	kompetitiv	O_2	1 µM
HCG	Katalase	kompetitiv	O_2	3 ng – 15 µg/l
HCG	Glucoseoxidase	Sandwich	Ferrocen	0,03 – 0,3 ng/l
Albumin	Glucoseoxidase	kompetitiv	O_2	10 nM
IgG	Glucoseoxidase	Sandwich	Hydrochinon / Benzochinon	$3 \cdot 10^{-13}$ M
IgG	Katalase	kompetitiv	O_2	0,06–6 nM

HCG – humanes Choriongonadotropin, IgG – Immunoglobulin G

b) Direkte Immunosensoren

Die Anlagerung eines Immunoreaktanden an sein immobilisiertes Gegenstück erzeugt Änderungen der physikalischen Eigenschaften in der Schicht vor dem Sensor. Dies können Potential-, Kapazitäts- oder Leitfähigkeitsänderungen sein, die mit geeigneten Transducern gemessen werden. Allerdings sind hier die gemessenen Effekte oft sehr klein und meistens durch Störeffekte überlagert.

Weiterhin können mit Antigenen markierte Ionophore auf oder in den Membranen für ionenselektive Elektroden immobilisiert werden. Ein Beispiel sind Benzokronenether auf den Membranen von Kalium-sensitiven Elektroden. Durch die Komplexbildung mit Antikörpern ändert sich die Beweglichkeit der Ionophoren, was als Änderung der Konzentration der Kalium-Ionen im Innern der ionenselektiven Elektrode gemessen werden kann.

Auch piezoelektrische Systeme werden angewandt, bei denen sehr empfindlich die Massenänderung nach der Immunoreaktion gemessen werden kann. Einen rasanten Aufschwung nimmt diese Technik, seitdem es durch verbesserte elektronische Schaltungen möglich geworden ist, die Schwingquarze auch in wäßrigem Milieu zu betreiben. Schließlich sei noch die optische Methode der Oberflächenplasmonenresonanz (SPR) erwähnt, mit der ebenfalls mit hoher Empfindlichkeit Immunoreaktionen detektiert werden können. Die beiden letzten Verfahren sind bereits in kommerziellen Geräten verwirklicht worden. Es kann eingeschätzt werden, daß sie sich am erfolgreichsten durchsetzen werden.

Organellen

Vorrangig werden Mitochondrien und Mikrosomen eingesetzt. Die Analyte werden von ihnen als Substrate umgesetzt. Die Produkte werden nachgewiesen, oder der Verbrauch an Sauerstoff wird gemessen. Geeignete Analyte sind z.B. Succinat, NADH, Anilin oder Glutamin. Der lineare Meßbereich liegt meistens zwischen 0,05 bis 0,5 mM, und der Sensor hat eine Ansprechzeit von mehreren Minuten. Die Stabilität liegt bei ein bis zwei Wochen.

Mikroorganismen

Mikrobielle Sensoren unterscheiden sich von anderen Biosensoren dadurch, daß sie eine lebende und vermehrungsfähige Biokomponente enthalten.

Vorteile von mikrobiellen Sensoren sind:

- Mikroorganismen können im Prinzip für die Umsetzung nahezu jeder organischen Verbindung eingesetzt werden.
- Die für die Umsetzung des Substrats notwendigen Enzyme sind oft außerhalb ihrer natürlichen Umgebung nur wenig stabil oder schwierig zu immobilisieren; in der lebenden Zelle bleiben sie jedoch länger stabil und werden immer wieder neu produziert.
- Mikroorganismen können in der Regel kostengünstig gezüchtet werden, wogegen die Isolierung der reinen Enzyme aus ihnen sehr aufwendig sein kann.
- In lebenden Mikroorganismen werden die Analyte meistens vollständiger als vom einzelnen Enzym abgebaut, was ein stärkeres Signal liefert, z.B. bei der Umsetzung von Glucose durch Glucoseoxidase (GOD) oder die lebende Zelle:

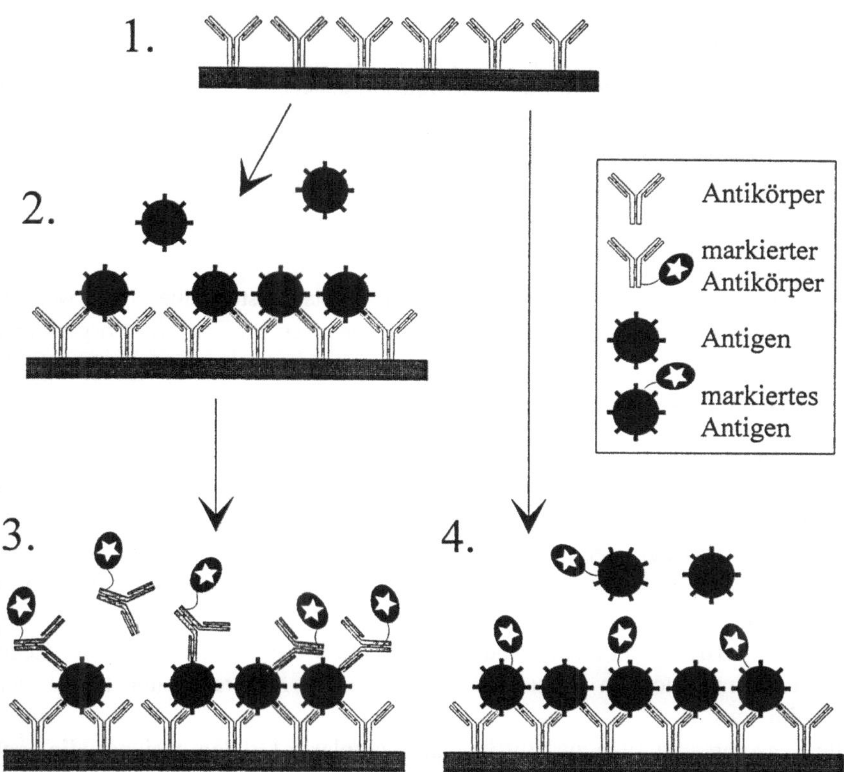

Bild 4.40 Schematische Darstellung möglicher Varianten beim Immunoassay. 1. Mit einem Antikörper beschichtetes Substrat, z.B. ein Transducer. 2. Aus einer zugegebenen Analytlösung heraus binden Antigene an die immobilisierten Antikörper. Auf dieser Stufe wird der direkte Immunoassay durchgeführt. 3. Als nächster Schritt wird ein zweiter, markierter Antikörper zugegeben. Dieser bindet an das bereits gebundene Antigen („Sandwich-Assay"). Die Größe des durch den Marker bewirkten Signals ist der Antigenkonzentration proportional. 4. Ausgehend von dem mit Antikörpern beschichteten Substrat, wird gleichzeitig mit der Analytlösung eine bekannte Konzentration des zu bestimmenden Antigens zugegeben, das markiert wurde. Markiertes und unmarkiertes Antigen konkurrieren um die Bindungsplätze auf dem Substrat („kompetitiver Assay"). Hier ist das durch den Marker bewirkte Signal umgekehrt proportional zur Antigenkonzentration.

$$\text{Glucose } (C_6H_{12}O_6) \xrightarrow{\text{GOD}} \text{Gluconolacton} + 2\,H^+ + 2\,e^- \tag{2a}$$

$$\text{Glucose } (C_6H_{12}O_6) \xrightarrow{\text{lebende Zelle}} 6\,CO_2 + 24\,H^+ + 24\,e^- \tag{2b}$$

- Innerhalb der Mikroorganismen sind die Enzyme besser vor interferierenden oder inhibierenden Substanzen geschützt. Cofaktoren werden von der Zelle selbst geliefert.
- Selektivitäten können durch gezielte Zucht von Mutanten beeinflußt oder neu geschaffen werden.
- Summenparameter können bestimmt werden, wie z.B. die Toxizität oder Mutagenität einer Substanz.

Die *Nachteile* sind:

- Die große Vielseitigkeit und Flexibilität von Mikroorganismen begrenzt die Selektivität und Empfindlichkeit von mikrobiellen Sensoren; außerdem besteht die Möglichkeit, daß sich die Mikroorganismen unter Streßbedingungen (wie z.B. eine komplizierte Probenmatrix) mit ihrem Stoffwechsel unerwartet auf eine andere Substratspezifität umstellen.
- Mit der Langzeitstabilität können Probleme auftreten.
- Wechselwirkungen der Mikroorganismen und der in ihnen enthaltenen Enzyme mit Mediatoren können durch Wechselwirkungen mit dem Luftsauerstoff überlagert werden; weiterhin kann die Immobilisierung von Mediatoren an oder bei den Mikroorganismen problematisch sein.
- Die Kalibrierung derartiger Sensoren ist zumeist schwierig.

In den meisten Fällen wird nur eine einzige Aktivität aus der Vielfalt der möglichen Umsetzungen einer Zelle ausgenutzt. Viele biologisch verwertbare Substanzen werden über den Sauerstoff-Verbrauch nachgewiesen, manchmal auch über die Bildung von NH_3 oder CO_2, oder über Änderungen des pH-Wertes. Solche Substanzen sind beispielsweise Kohlenhydrate, Aminosäuren, Methan, Alkohole, organische Säuren sowie andere Stickstoff- oder Schwefel-haltige organische Verbindungen.

Die Meßbereiche variieren mit Analyt und eingesetztem Mikroorganismus. In der Regel liegen sie im unteren millimolaren Bereich und darunter. Die Ansprechzeiten liegen zwischen 5 und 10 Minuten.

Mikrobielle Sensoren sind auch zur Bestimmung komplexer Größen geeignet, die auch durch herkömmliche Bakterienkulturen bestimmt werden können. Dazu gehören das Testen von Substanzen auf Mutagenität oder Toxizität, die Bestimmung des biologischen Sauerstoffbedarfes (BSB) oder des Gehaltes einer Lösung an assimilierbaren Zuckern, aber auch die Charakterisierung von Mikroorganismen selbst, wie von Zellpopulationen, der Zellzahl, ihres physiologischen Zustandes und der Differenzierung nach grampositiv/gramnegativ.

Bis jetzt gibt es über 30 verschiedene Biosensoren auf der Grundlage von Mikroorganismen. Angesichts der Vielzahl von Mikroorganismen und der Möglichkeiten ihrer genetischen Manipulation wird diese Zahl schnell wachsen. Eines der ersten Beispiele für einen mikrobiellen Biosensor war 1978 die Anwendung von Zellen des Stammes *Sarcina flava* zum Nachweis von Glutamin. Dieser Biosensor arbeitete im Serum mehrere Wochen.

Im kommerziellen Gerät „CYTOSENSOR™" der Firma Molecular Devices (Menlo Park, USA) werden Zellen zwischen zwei Polycarbonatmembranen immobilisiert. Es können sehr kleine Änderungen des pH-Wertes gemessen werden, die als Reaktion der Zellen auf die Zugabe von aktiven Substanzen entstehen. Solche Substanzen können Wirkstoffe, Inhibitoren, Cytokine oder Toxine sein. So sprechen z.B. Zellen aus dem Eierstock von Hamstern über spezielle eigene Rezeptoren auf den β-adrenergischen Agonisten Isoproterenol und seine Wechselwirkung mit dem entsprechenden Blocker Propanolol an. Überführt man nun humane Rezeptoren in diese Zellen, kann der Effekt solcher Wirkstoffe auch auf Rezeptoren des Menschen getestet werden.

Gewebe

Verwendet werden Gewebe in Form von Gewebeschnitten bzw. -teilen sowohl tierischer als auch pflanzlicher Herkunft, in denen entsprechende, den Analyten umsetzende Enzyme vorhanden sind. Wie bei den mikrobiellen Sensoren, so liegt auch hier eine längere Lebenszeit des Enzyms vor, da es in seiner natürlichen Umgebung belassen wird.

Das Gewebe wird am Transducer mit einer semipermeablen Membran oder einem Nylonnetz befestigt. Die Gewebe können aus Säugetierorganen (wie Niere oder Leber) oder Säugetiermuskeln stammen, aber auch pflanzlicher Herkunft sein (Kartoffel, Maiskörner, Gurke, Banane, verschiedene Blüten, wie z.B. von Magnolien oder Chrysanthemen).

Nachweisbare Analyte sind Aminosäuren, Salze organischer und anorganischer Säuren, Phenole und Catechole, Harnstoff sowie Pyruvat. Als Transducer finden beispielsweise NH_3-, CO_2- oder O_2-Gassensoren Verwendung.

Einer der am meisten untersuchten Sensoren mit einem tierischen Gewebe ist der Glutamin-Sensor mit Gewebe aus der Schweineniere, das mit einer potentiometrischen NH_3-Gaselektrode gekoppelt ist. In der zerebrospinalen Flüssigkeit arbeitet dieser Sensor bis zu 60 Tage mit einer vernachlässigbaren Interferenz zu anderen Aminosäuren. Er kann bei der Diagnose des Reye-Syndroms eingesetzt werden.

Ein Beispiel für jüngere Untersuchungen ist die Verwendung von Blättern der Sojabohne für die Detektion von landwirtschaftlichen Herbiziden, wie Metribuzin.

Rezeptoren

Gewisse Mottenarten reagieren sehr spezifisch schon auf wenige Wirkstoffmoleküle. Es gibt Meerestiere, die im Meerwasser Biomoleküle in einer Konzentration von weniger als 10^{-13} M bemerken. Die empfindlichen Rezeptoren, die in den Sinnesorganen dieser und anderer Lebewesen vorhanden sind, kann man auch direkt ausnutzen, da die Nervenimpulse elektrochemischer Natur sind. Dabei gibt es zwei Varianten.

Erstens kann man die Rezeptormoleküle aus einem Organismus isolieren und auf einem Sensor, z.B. einer Membranelektrode, immobilisieren. Dies ist jedoch oftmals mit Problemen der Lebensdauer und der Auswahl einer geeigneten Matrix verbunden. Inzwischen ist es gelungen, Rezeptormoleküle gentechnisch in größeren Mengen und billiger zu produzieren.

Die zweite Möglichkeit besteht darin, ganze, intakte Chemorezeptorstrukturen als Rezeptor *und* Transducer einzusetzen, da diese Strukturen Neuronen oder Axonen enthalten, die Aktionspotentiale erzeugen können, welche ihrerseits als Nervensignale mit einer Mikroelektrode registriert werden können. Wegen der biologischen Herkunft sowohl des Rezeptors als auch des Transducers und der etwas anderen Art der Signalregistrierung spricht man zuweilen auch von einer neuen Art von Sensoren neben den Metabolismus- und den Affinitätssensoren, den „Neurosensoren".

Als Beispiel für die erste Variante soll die Nutzung des Nicotinacetylcholin-Rezeptors des Zitterrochens *Torpedo californica* für Acetylcholin und einige seiner Antagonisten genannt werden. Bei der zweiten Variante ist die Nutzung von Krabbenfühlern bekannt geworden, z.B. der Fühler der ostpazifischen Blauen Krabbe (*Callinectes sapidus*), mit denen potentiometrisch Aminosäuren detektiert werden konnten. Weitere Varianten werden intensiv bearbeitet.

.6.1.3 Immobilisierung der Biokomponente

um Aufbau eines Biosensors und der Aufbringung der Biokomponente auf dem Transducer ind verschiedene Varianten möglich:

- die Biokomponente wird zwischen zwei Membranen eingeschlossen,
- die Biokomponente wird zwischen einer Membran und dem Transducer eingeschlossen, dabei kann die Biokomponente auf separaten Trägern fixiert werden,
- die Biokomponente wird direkt in einer Membran physikalisch oder chemisch fixiert und auf dem Transducer aufgebracht, dabei wird sie zum Teil von außen mit einer zusätzlichen Membran bedeckt,
- die Biokomponente wird direkt auf dem Transducer fixiert, oder
- die Biokomponente wird in einer Durchflußsäule vor dem Transducer fixiert (hier ist die Zuordnung zur Klasse der „eigentlichen" Sensoren umstritten).

Vorteile der Immobilisierung sind:

- die Stabilität der Biokomponente wird meistens erhöht, z.B. gegenüber organischen Lösungsmitteln sowie Schwankungen der Temperatur oder des pH-Wertes,
- das System Biokomponente-Träger kann leicht von der zu analysierenden Lösung abgetrennt werden oder getrennt gehalten werden und
- die immobilisierte Biokomponente kann zu einem integrierten Bestandteil des analytischen Instruments werden.

Als Nachteil der Immobilisierung ist zu nennen, daß zuweilen ein Teil der Aktivität der Biokomponente verloren geht. Besonders besteht diese Gefahr dann, wenn die Biokomponente chemisch modifiziert wird. Beim Einschluß oder der Einbettung der Biokomponente in Membranen oder Gelen bestehen für Substrate und Produkte Diffusionsbarrieren.

Beispiele für Immobilisierungstechniken bei Enzymelektroden und Thermistoren:

Glucoseoxidase:

- irreversible Adsorption an Graphit oder Glaskohlenstoff
- gemeinsame Immobilisierung mit FAD an Teflon™-gebundenes Graphit
- Vernetzung mit BSA auf Platin mittels Glutaraldehyd
- Reaktion mit unlöslichem Collagen mittels Dimethylsuberimidat
- Vernetzung mit einem Polycarbonat-Film mittels Glutaraldehyd
- Einschluß zwischen Platin und einem Polyethylenphthalat-Film, der durch γ-Strahlen vernetzt wurde
- Immobilisierung an eine p-Benzochinon-Kohlepaste-Elektrode mit einem Nitrocellulose-Film
- gemeinsame Immobilisierung mit Kaliumhexacyanoferrat an Nylongewebe

Urease:

- Vernetzung mit BSA auf Pd/PdO-Elektroden mittels Glutaraldehyd
- direkte O-Alkylierung von Nylon 6

Alkoholoxidase:

- Vernetzung mittels Glutaraldehyd auf einer Clark-Elektrode
- Immobilisierung auf eine poröse Polycarbonatmembran

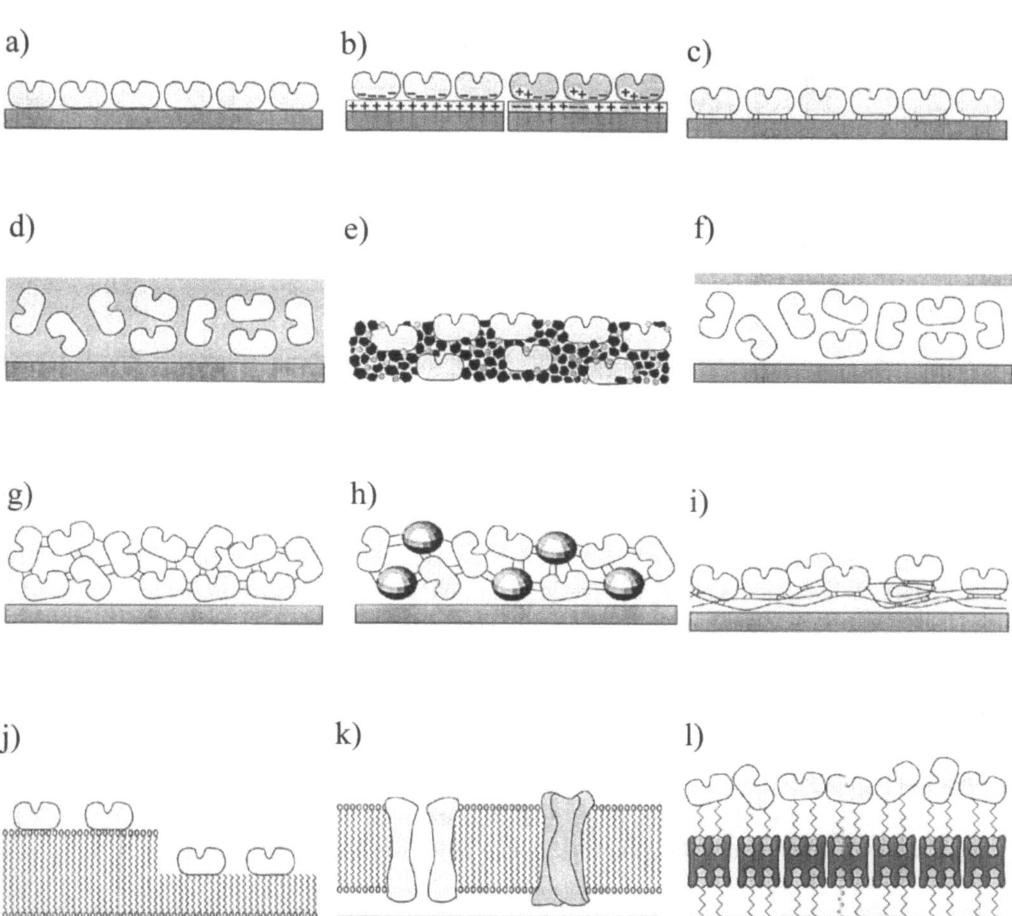

Bild 4.41 Skizzierung von einigen wichtigen Arten der Immobilisierung der Biokomponente auf einem Biosensor. a) Adsorption, b) Immobilisierung durch elektrostatische Anziehung, c) kovalente Anknüpfung, d) Einbettung in eine Matrix, z.B. ein Gel, e) Einbettung in eine leitfähige Matrix, z.B. eine Graphitpaste, f) Einschluß hinter eine Membran, g) kovalente Quervernetzung, h) kovalente Quervernetzung mit einem zusätzlichen Protein, z.B. BSA, i) kovalente Kopplung an ein Polymer, j) Adsorption an Lipidschichten, k) Einlagerung in Lipidschichten, l) Immobilisierung durch Modifizierung mit Biotin und Kopplung des Biotins an (Strept-)Avidin. Weitere Erläuterungen im Text.

Adsorption

Die spontane Adsorption (a) aus einer Lösung ist die einfachste Methode der Immobilisierung. Als adsorptionsaktive Materialien können Phenolharze oder andere anionische und kationische Ionenaustauscherharze, Aktivkohle, poröse Gläser, Silicagel, Tone, Kaolin, Aluminiumoxid, Keramik, Kollodium, Hydroxyapatit oder Kollagen eingesetzt werden. Die Bindung ist aber im allgemeinen nicht sehr stabil, Änderungen der Eigenschaften des Mediums (pH-Wert, Ionenstärke, Substratkonzentration, Temperatur) können zur Desorption führen. Dafür treten bei einer adsorptiven Immobilisierung kaum Aktivitätsverluste der Biokomponente ein. Zum Teil ist auch eine Ausrichtung der Moleküle möglich, wie z.B. bei der Adsorption von Antikörpern an Schichten von Protein A oder G.

Eine andere Möglichkeit der Adsorption ist die An- oder Einlagerung der Biokomponente an (j) oder in (k) Filme, wie adsorbierte Langmuir-Blodgett-Schichten, die aus Lipiden oder anderen Amphiphilen gebildet werden. In jüngster Zeit wird auch die Ein- oder Anlagerung in oder an selbstorganisierende Monoschichten („*self assembling monolayer*", SAM) oder Mehrfachschichten untersucht.

Einschluß

Die einfachste und auch historisch gesehen erste Variante ist der physikalische Einschluß der in Lösung oder Suspension befindlichen Biokomponente hinter eine semipermeable Membran (f). Zusammenhängendes Gewebe kann auch durch ein Nylonnetz gehalten werden. Später ging man dazu über, die Biokomponente in Gele, in die Membran oder in Polymere einzulagern (d). Während die Biokomponente in der Membran bzw. im Gel verbleibt, können kleine Substrat-, Produkt- oder Effektormoleküle leicht hinein- oder hinausdiffundieren. Bevorzugte Materialien sind Alginat, Kollagen, Agar, Gelantine, Cellulosetriacetat, Polyacrylamid, Silicongummi, Polyvinylbutyrat, Polyvinylalkohol und verschiedene photochemisch vernetzbare Präpolymere. Gegebenenfalls erfolgt eine Modifizierung der Biokomponente oder des Mediators mit großen Molekülen zur Einschränkung der Bewegungsfreiheit, um eine Diffusion aus der Membran bzw. dem Gel zu verhindern („Verankerung" z.B. des NAD^+ mit Polyethylenglykol). Häufig wird das Gel quervernetzt, z.B. die Alginat-Ketten mit Ca^{2+}-Ionen. Auch der Einschluß in elektrochemisch hergestellte Polymere (Polypyrrol, Polyanilin, Polyphenol) wird erfolgreich angewandt.

Ebenfalls gebräuchliche Methoden sind der Einschluß der Biokomponente und die Verwendung von Mediatoren, Cofaktoren usw. in Kohlepaste-Kompositen (e).

Kovalente Bindung

Eine dauerhafte Bindung der Biokomponente kann durch ihre kovalente Bindung über bifunktionelle Reagenzien an Oberflächengruppen des Transducers oder eines fest haftenden Trägers erreicht werden (c). Solche Träger können z.B. Membranen und Polymere (i) sein, die durch elektrochemische Polymerisation oder Abscheidung von Plasmapolymeren oder vernetzenden Silanen aufgebracht werden.

Chemisch reaktive Stellen eines Proteins sind $-NH_2$ und -COOH (endständig oder in den Seitenketten), die Sulfhydrylgruppen, der Phenolrest beim Tyrosin und die Imidazolgruppe beim Histidin. An der Kopplungsreaktion sollten natürlich nur diejenigen Gruppen der Biokomponente beteiligt sein, die nicht für ihre biologische Aktivität zuständig sind.

Der Vorteil der kovalenten Anknüpfung ist die Dauerhaftigkeit der Bindung. Bei gebundenen Enzymen beobachtet man häufig eine gesteigerte Stabilität. Es gibt aber auch viele Fälle, bei denen die chemische Prozedur der kovalenten Verknüpfung mit Aktivitätsverlusten verbunden ist.

Oft werden die Enzyme durch die bifunktionellen Reagenzien mit sich selbst auf der Oberfläche des Transducers vernetzt (g), oder die Vernetzung läuft in einer zusätzliche Bindungsstellen liefernden Matrix ab, wie z.B. in Polyurethan, vernetztem Rinderserumalbumin (BSA) oder Gelantine (h).

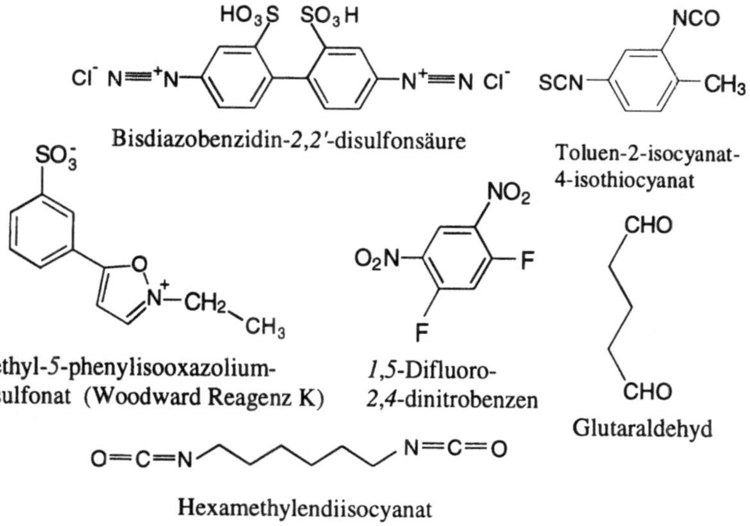

Bild 4.42 Typische bifunktionelle Reagenzien, die für die kovalente Ankopplung von Biokomponenten verwendet werden.

4.6.1.4 Transducer-Varianten

In Abhängigkeit von dem physikalisch-chemischen Effekt, der durch die Wechselwirkung zwischen dem Analyten und der als Rezeptorbaustein eingesetzten Biokomponente ausgelöst wird, wählt man den geeigneten Transducer.

Thermistoren

Prinzipiell genügt ein einziger Reaktionsschritt mit ausreichender, meßbarer Reaktionswärme. Genutzt werden Kleinkalorimeter (z.B. Peltier-Elemente) oder Thermistoren mit einem Fließsystem durch einen Polyurethan-isolierten Aluminium-Block. Durch Halbleiterwiderstände können schon kleinste Wärmemengen gemessen werden.

Mehr als 50 verschiedene Analyte wurden schon mit Thermistoren bestimmt, z.B. Substrate, Enzyme, Vitamine und Antigene. Der lineare Meßbereich liegt häufig zwischen 0,1 und 10 mM, die Nachweisgrenze bei unter 10 µM und die Meßfrequenz bei ca. 10 Proben / Stunde. Der Vorteil ist die allgemeine Anwendbarkeit und die Eignung für kontinuierliche Messungen. Nachteilig sind die Unhandlichkeit der Meßanordnung, der Anfälligkeit gegenüber Störungen durch unkontrollierte Ad- und Desorptionsvorgänge sowie Wärmetönungen von Nebenreaktionen. Der Unhandlichkeit der Meßanordnung versucht man in jüngerer Zeit durch sogenannte kompakte thermische Enzymsonden („thermal enzyme probes“, TEP) zu begegnen, allerdings ist hier durch die geringe Menge an Enzym die Wärmeausbeute gering, da in der Regel der Wärmeverlust nach außen den Substrattransport „nach innen“, also zum Enzym, um eine Größenordnung übersteigt.

Tabelle 4.10 Beispiele für Analyte, für Biokomponenten zu deren Nachweis, für die jeweiligen Effekte bei der Erkennungsreaktion der Biokomponente mit dem Analyten und für entsprechende geeignete Transducer (nach Schumann, Habilitationsschrift, Technische Universität München, **1993**).

Analyt	Biokomponente	Effekt der Erkennungsreaktion	geeignete Transducer
Substrat, Inhibitor	Enzym	Konzentrationsänderung, Wärme	elektrochemische Transducer, Thermistor,
Molekül, Ion	Transportprotein	Konzentrationsänderung	elektrochemische Transducer
Antigen, Hapten	Antikörper	Konzentrations- oder Masseänderung	elektrochemische Transducer, piezoelektrischer Sensor
Wirkstoffe, Hormone, Toxine, Neurotransmitter	Rezeptor	Membranpermeabilitätsänderungen, Produktion eines sekundären Botenstoffes	elektrochemische Transducer, piezoelektrische Sensoren mit orientierten Rezeptoren
DNA, RNA	DNA, RNA	Bildung von Wasserstoffbrückenbindungen	Anregungsübergänge (Fluoreszenzquenching), Indikatorreaktion an markierten Molekülen
Kohlenhydrate	Lectine oder andere spezifische Proteine	Konformationsänderungen	Anregungsübergänge (Fluoreszenzquenching), Indikatorreaktion an markierten Molekülen

Tabelle 4.11 Beispiele der molaren Reaktionsenthalpie von enzymatischen Reaktionen (nach Scheller, Schubert, *Biosensoren*, Akademie-Verlag, Berlin, S. 10, **1989**).

Substrat	Enzym	Reaktion	$-\Delta H$ (kJ/mol)
H_2O_2	Katalase	$2\ H_2O_2 \rightarrow 2\ H_2O + O_2$	100,4
Glucose	Glucoseoxidase	Glucose → Gluconolacton	80,0
Penicillin G	β-Lactamase	Penicillin → Penicilloinsäure	67,0
Na-Pyruvat	Lactatdehydrogenase	Pyruvat → Lactat	62,1
Cholesterol	Cholesteroloxidase	Cholesterol → Cholestenon	52,9
Harnsäure	Uricase	Harnsäure → Allantoin	49,1

Optoden

Für Optoden werden lichtleitende Fasern in Verbindung mit der Spektrophotometrie, der Fluorimetrie oder der Reflektometrie genutzt. Erfaßt werden Veränderungen optischer Parameter, wie der Lichtabsorption, der Wellenlänge oder der Reflexion im Meßmedium oder in unmittelbarer Nähe des Lichtleiterkabels.

Die als Rezeptorbaustein wirkende Biokomponente wird auf der Spitze des Lichtleiters oder um ihn herum immobilisiert. Für die Anzeige der Erkennungsreaktion werden optische Indikatoren eingesetzt. In der Regel sind dies Farbstoffe (Phenolrot, Bromthymolblau) und pH- bzw. Sauerstoff-sensitive Fluoreszenzfarbstoffe (Fluorescein, Hydroxyperylensulfonsäure bzw. Pyren, Perylen und Anthracenderivate).

Meistens wird die Wechselwirkung der immobilisierten Biokomponente mit dem Analyten durch ein optoelektronisches Element erfaßt, wofür eine Lichtquelle erforderlich ist. Die lichtleitenden Fasern, die das Licht von der Lampe zur Probe und zurück zum Detektor bringen, können nebeneinander oder koaxial angeordnet sein.

Vergleicht man Optoden mit elektrochemischen Transducern, so ergeben sich folgende Vor- und Nachteile:

Vorteile der Optoden:

- Keine „Referenz" wird benötigt, obwohl es dennoch von Vorteil ist, das Licht mit einem elektrischen Vergleichssignal zu korrelieren,
- elektrische und magnetische Einflüsse am Ort der Messung stören nicht,
- die immobilisierte reagierende Phase muß nicht im physikalischen Kontakt mit dem Lichtleiter stehen,
- optische Kabel müssen bei in vivo Messungen nicht elektrisch isoliert werden,
- gewisse Analyten, besonders Sauerstoff, können auf der Grundlage eines Gleichgewichtes optisch bestimmt werden, aber nicht amperometrisch,
- geringere Empfindlichkeit gegenüber Schwankungen der Temperatur und der Fließgeschwindigkeit,
- Empfindlichkeit kann dem benötigten Meßbereich in weiten Grenzen angepaßt werden,
- hohe Kalibrierungsstabilität, besonders bei der Intensitätsmessung bei zwei verschiedenen Wellenlängen,
- Messungen bei mehreren Wellenlängen können zu Kalibrierzwecken verwendet werden und überdies Aufschlüsse über den Zustand der Biokomponente geben.

Nachteile der Optoden:

- Empfindlichkeit gegenüber umgebenden Lichtquellen, deshalb sind eine Abschirmung oder spezielle Modulationstechniken notwendig,
- begrenzte dynamische Meßbereiche (pH-Elektrode: 1012, Optode: 102),
- optische Sensoren sind „extensive" Geräte, das Signal hängt von der Reagenzienmenge ab, dadurch sind Grenzen bei der Miniaturisierung gesetzt, außerdem wird zumeist anstelle der für die meisten Fragestellungen relevanten Aktivität eines Stoffes seine Konzentration bestimmt,
- Schwierigkeiten mit der Langzeitstabilität,
- geringere Ansprechzeiten.

Beispiele für Anwendungsmöglichkeiten von Optoden:

- Die Zellfluoreszenz hängt vom NADH/NAD^+-Verhältnis ab und zeigt damit den Zellstatus sehr empfindlich an.
- Bestimmung von Nitrophenylphosphat mit alkalischer Phosphatase: das Substrat wird zum gelben Nitrophenol umgewandelt.
- Bestimmung von Glucose, Harnsäure, Cholesterol mit den entsprechenden Oxidasen, wobei die Chemilumineszenz in der H_2O_2-abhängigen Umsetzung von Luminol, deren Mechanismus noch nicht vollständig aufgeklärt ist, das Meßsignal liefert.

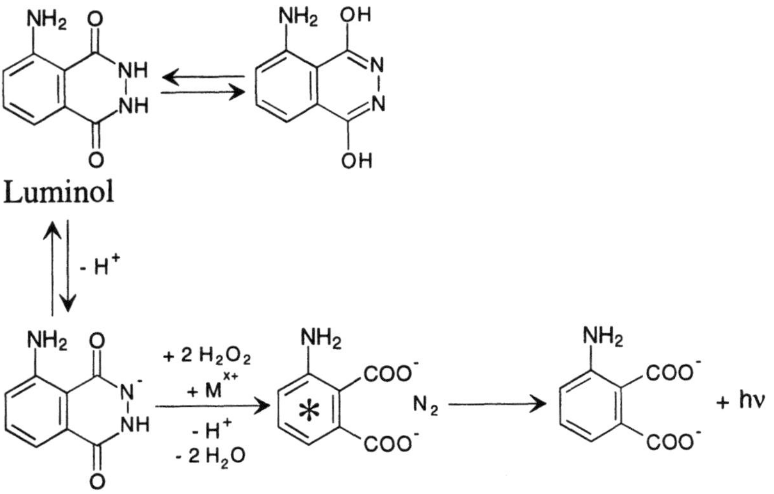

Bild 4.43 Prinzipieller Mechanismus der Luminol-Reaktion.

Um optisch auswertbare Meßeffekte zu erzielen, können verschiedene Prozesse miteinander gekoppelt werden:

- Verschiedene Enzymreaktionen, z.B. die Umsetzung von Glucose, Lactat, Ethanol, Xanthin, sowie Antigen-Antikörper-Paaren, mit Sauerstoff- oder pH-sensitiven Fluoreszenzindikatormolekülen,
- desaminierende Enzyme, wie die Urease, mit Gemischen von pH-Indikatoren,
- die Umsetzung von Lactat, Pyruvat, Ethanol durch Dehydrogenasen mit der fluorimetrischen Anzeige von NADH,
- Erfassung des Lichtes, das durch Biolumineszenz unter der Wirkung von Peroxidase oder Luciferase emittiert wird,
- Messung von Serumalbumin durch Farbänderung nach der Komplexbildung mit Bromkresolgrün,
- besonders für Immunooptoden, wie für den Nachweis von BSA, HSA, Ovalbumin, Fibrinogen, humanem IgG, aber auch von Haptenen, wie Morphin, Phenylarsensäure und Dinitrophenol, werden innere Reflektionstechniken angewandt, wie abgeschwächte Totalreflektion (ATR), totale innere Reflektionsfluoreszenz (TIRF), Oberflächen-Plasmonenresonanz (SPR) und die Ellipsometrie.

Piezoelektrische Sensoren

Ein mit Resonanz schwingender Quarzkristall reagiert sehr empfindlich auf Veränderungen seiner Massebeladung. Eine Erhöhung der Masse auf der Oberfläche des Kristalls bewirkt eine Senkung der Resonanzfrequenz. Beschrieben werden kann diese Frequenzänderung Δf bei einer Massenänderung Δm durch die Gleichung

$$\Delta f = \frac{-2 f_0^2 \Delta m}{A\sqrt{\mu_q \rho_q}} , \qquad (3)$$

Tabelle 4.12 Beispiele für optische Enzymsensoren (nach Camann et al., *Angew. Chem. 103*, 519, **1991**).

Enzym	Substrat	Produkt	Transducer	Meßbereich
Alkoholdehydrogenase / Lactatdehydrogenase	Ethanol	NADH	Lichtleiter	0–1 mM
Glucoseoxidase	Glucose	D-Gluconolacton	Sauerstoff-Optode	0,1–20 mM
Urease	Harnstoff	Ammoniak	NH_3-Optode	0,3–3 mM
Lactatmonooxygenase	Lactat	Pyruvat	Lichtleiter	0,5–1 mM
Penicillinase	Penicillin	Penicillinsäure	pH-Optode	0,25–10 mM

mit f_0 = Resonanzfrequenz des unbeladenen Kristalls, μ_q = Schermodulus des Kristalls, ρ_q = Dichte des Kristalls und A = Flächeninhalt der aktiven Kristalloberfläche.

Dieser Effekt wird ausgenutzt, indem auf dem Schwingquarz die Biokomponente immobilisiert wird. Wird der Analyt gebunden, sei es während einer katalytischen Umsetzung oder aufgrund einer Affinität, kommt es zu einer Zunahme der Masse auf dem Quarz. Bei der konkreten Ausführung des Schwingquarzes unterscheidet man die Volumenschwingung („BAW"), die Plattenwellenschwingung („PAW"), Dünnschichtwellenschwingung („LAW") und die Oberflächenschwingung („SAW"). Letztere ist besonders empfindlich gegenüber Änderungen der Massebeladung der Oberfläche, während der „PAW"-Modus besonders für flüssige Medien geeignet ist.

Weit verbreitet sind piezoelektrische Gassensoren für Ammoniak, NO_x, CO, CO_2, Kohlenwasserstoffe, Wasserstoff, SO_2 und Methan. Auch organische Phosphorverbindungen wurden bereits detektiert. Die Nachweisgrenze liegt zum Teil bereits im unteren ppb-Bereich. Antigen-Antikörper-Reaktionen können ebenfalls mit solchen massensensitiven Schwingquarzen detektiert werden.

Kommerziell erhältlich waren bis vor kurzem nur solche Systeme, bei denen die Messung bei trockenem Zustand des Schwingquarzes an der Luft durchgeführt wird. Im flüssigen Medium verbreitert sich nämlich die Resonanzkurve der Schwingquarze nach dem „BAW" bzw. „SAW"-Modus beträchtlich und verschiebt sich in ihrer Lage, wodurch eine genaue Messung relativ kompliziert ist.

Ein kommerzielles System ist der „Gas Phase Detector PZ 105" der Firma „Universal Sensors, Inc." (Metairie, USA). Es arbeitet mit einem Schwingquarz, der mit den verschiedensten selektiven Schichten versehen werden kann. Konzipiert ist dieser Sensor für den

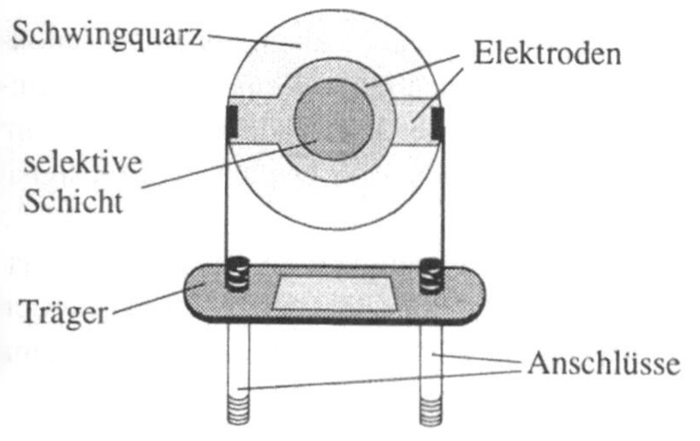

Bild 4.44 Typischer Aufbau eines piezoelektrischen Sensors auf der Grundlage eines Schwingquarzes.

Betrieb an der Luft für die Detektion von Gasen, wie CO_2, Formaldehyd, SO_2, HCl, H_2S, Quecksilberdämpfe, Kokain, Benzen, Toluen, Pestizide und Diisocyanat. Wenn der Schwingquarz als Immunosensor genutzt werden soll, wird er, mit der entsprechenden immunologisch aktiven Schicht versehen, zuerst an der Luft vermessen. Danach wird er für eine bestimmte Zeit in die Probelösung getaucht, abgespült, getrocknet und wieder an der Luft vermessen. Die Massendifferenz ist dann das Maß für den Gehalt am entsprechenden Immunreaktanden in der Probelösung. Weitere kommerzielle Geräte sind in der Erprobungsphase.

Störend wirkt sich bei Messungen mit piezoelektrischen Sensoren die unspezifische Adsorption von anderen Bestandteilen der Probenmatrix aus. Deshalb geht man mehr und mehr zu Meßanordnungen mit einer Differenzmessung zwischen zwei Schwingkristallen mit der Biokomponente über, wobei bei einem der beiden Kristalle zuvor die Biokomponente inaktiviert worden ist. Wie bereits ausgeführt, gibt es inzwischen auch Systeme, die in wäßrigem Medium arbeiten. Dies erfordert zum einen einen höheren elektronischen Aufwand, besonders in Verbindung mit den hohen Frequenzen (10–30 MHz), zum anderen einen sehr sorgfältigen mechanische Aufbau.

Elektrochemische Transducer

Elektrochemische Sensoren dominieren eindeutig gegenüber den anderen Arten der Transduktion. Besonders weit verbreitet sind amperometrische Sensoren und ionenselektive Elektroden als potentiometrische Systeme, und vereinzelt trifft man auf konduktometrische und kapazitive Sensoren sowie Feldeffekttransistoren (FET).

Vom Aufbau her sind verschiedene Arten elektrochemischer Transducer möglich:

- zylindrische Gold-, Kohlenstoff-, oder Platin-Elektroden zur amperometrischen Anzeige von Sauerstoff, Wasserstoffperoxid, NADH oder Mediatoren
- planare Dick- oder Dünnschichtelektroden aus Gold, Platin, Antimon- oder Iridiumoxid für die amperometrische, potentiometrische oder impedimetrische Anzeige
- Kohle-Komposit-Elektroden (Mischung aus Graphit, Polymeren und z.T. Enzymen, Mediatoren)
- ionensensitive (z.B. pH-) Feldeffekttransistoren

a) *Amperometrische Sensoren.* Amperometrische Sensoren basieren auf heterogenen Elektronentransferreaktionen und damit auf der Umsetzung eines Reaktanden. Elektrochemisch aktive Substanzen werden an einer Arbeitselektrode, der ein definiertes Potential aufgeprägt wird, oxidiert oder reduziert. Am häufigsten sind dies Wasserstoffperoxid oder Sauerstoff, die bei vielen enzymatischen Reaktionen erzeugt oder verbraucht werden.

Dabei kann die als Rezeptorbaustein eingesetzte Biokomponente ebenfalls einer Redoxreaktion unterliegen, was vor dem Einsatz berücksichtigt werden muß. Wenn das aktive Zentrum der Biokomponente redoxaktiv ist und dicht genug an der Elektrode liegt (z.B. beim Cytochrom *c*, Plastocyanin, Azurin oder Ferredoxin), kann man dies bewußt als Meßsignal nutzen.

Bei richtiger Wahl des Arbeitspotentials kann die Geschwindigkeit des Elektronentransfers so gesteigert werden, daß der diffusionskontrollierte Stofftransport zur Elektrode für den gemessenen Strom bestimmend wird. Der dabei fließende Diffusionsgrenzstrom i_D ist dann der Konzentration der Substanz c_0 direkt proportional:

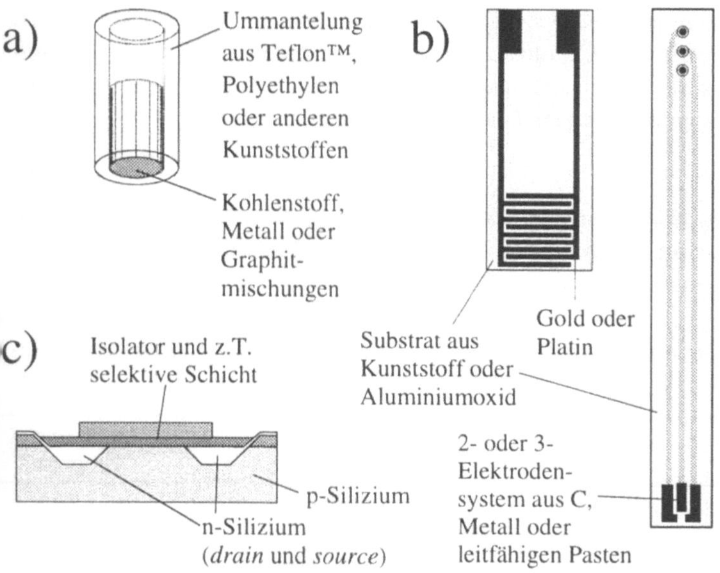

Bild 4.45 Beispiele für den prinzipiellen Aufbau von elektrochemischen Transducern. a) zylindrische Elektroden, besonders für die Amperometrie, b) flache Elektroden besonders für die Amperometrie, Konduktometrie und Impedimetrie und c) schematische Darstellung eines Feldeffekttransistors (FET).

$$i_D = nAFc_0 \frac{D}{\delta} \tag{4}$$

mit D = Diffusionskoeffizient der Substanz, δ = Dicke der Diffusionsschicht.

Das Elektrodenpotential beeinflußt entscheidend die Selektivität des Sensors. Man ist dabei bemüht, mit einem möglichst niedrigen Elektrodenpotential zu arbeiten, um Interferenzen zu vermeiden. Bei einem Potential von 0,6 V gegen eine Ag/AgCl-Referenzelektrode, das man meistens zur H_2O_2-Messung an die Arbeitselektrode anlegt, gibt z.B. Ascorbinsäure ebenfalls einen Oxidationsstrom.

Die wohl am häufigsten eingesetzte amperometrische Elektrode ist die Sauerstoffelektrode nach Clark. Eine Kathode (früher Platin, heute meistens Gold) und eine Ag/AgCl-Referenzelektrode befinden sich in KCl-Lösung. Über dem Platin befindet sich eine Sauerstoff-durchlässige Membran aus Polyethylen, Polypropylen oder Teflon™ mit einer Dicke von 10 bis 50 µm. Zur Messung erfolgt eine Polarisierung auf –0,6 bis –0,9 V. Der Sauerstoff wird nach der folgenden Gleichung reduziert:

$$O_2 + 4\,H^+ + 4\,e^- \longrightarrow 2\,H_2O \tag{5}$$

Elektroden für elektrochemische Oxidationen, z.B. von H_2O_2, haben eine ähnliche Konfiguration. Statt der hydrophoben Sperrmembran ist bei ihnen eine Dialysemembran angebracht. Das Arbeitspotential liegt zwischen +0,4 und +1,0 V. Diese Elektroden haben jedoch eine geringe Selektivität, da bei diesem Potential auch Ascorbinsäure, Harnsäure, Glutathion, NADH, Catechole, Paracetamol und andere Substanzen oxidiert werden. Aus diesem

Grund werden Polymermembranen mit Polyanionen zur Fernhaltung von interferierenden Substanzen eingesetzt, wie Nafion™, Celluloseacetat oder Cellulosenitrat. Diese Art der amperometrischen Detektion wird ähnlich häufig eingesetzt wie die Sauerstoffelektrode. Das Wasserstoffperoxid wird nach der folgenden Gleichung oxidiert:

$$H_2O_2 \longrightarrow O_2 + 2\,H^+ + 2\,e^- \tag{6}$$

Prinzipiell kann man für jeden Analyten, für den es ein redoxaktives Enzym gibt, einen amperometrischen Enzymsensor bauen. Solche Enzyme können Oxidasen, Reduktasen, Peroxidasen oder (De-)Hydrogenasen sein. Einige Beispiele sind in Tabelle 4.12 aufgelistet.

Tabelle 4.12 Beispiele für durch Oxidoreduktasen bestimmbare Analyte (nach Camann et al., *Angew. Chem. 103*, 519, **1991**, ergänzt um weitere Quellen).

Enzym	Analyt / Meßgröße	Elektrodenspezifität / Produkte	Meßbereich / Obergrenze
Glucoseoxidase	Glucose	Sauerstoff oder Wasserstoffperoxid	0–7 g/l
Cholinoxidase	Cholin	Wasserstoffperoxid	0,5 M
Cholesterinoxidase	Cholesterin	Sauerstoff oder $[Fe(CN)_6]^{4-/3-}$ als Mediator	
Alkoholoxidase (Dehydrogenase)	Ethanol	Wasserstoffperoxid	10 mg/l
Acyl-Coenzym A-Oxidase	Fettsäuren	Sauerstoff	
Formaldehyd-dehydrogenase	Formaldehyd	NADH	10^{-6} M
Glycerindehydrogenase	Glycerin	NADH, Sauerstoff	
L-Aminosäureoxidase	L-Aminosäuren	Wasserstoffperoxid	
Glutaminase, Glutamatoxidase	Glutamin	Wasserstoffperoxid	0–25 mM
Putrescinoxidase	Putrescin	Wasserstoffperoxid	
Xanthinoxidase	Hypoxanthin	Wasserstoffperoxid	$4 \cdot 10^{-6}$ bis $1{,}8 \cdot 10^{-4}$ M
Lactatoxidase	Lactat	Wasserstoffperoxid	1–40 mM
Glycoamylase/ Glucoseoxidase	Oligosaccharide	Wasserstoffperoxid	0,1–2,5 mM
Polyphenoloxidase	Phenol	Chinon	
Nucleosid-Phosphorylase	anorgan. Phosphor	Sauerstoff	
Galactoseoxidase	Galactose	Sauerstoff	

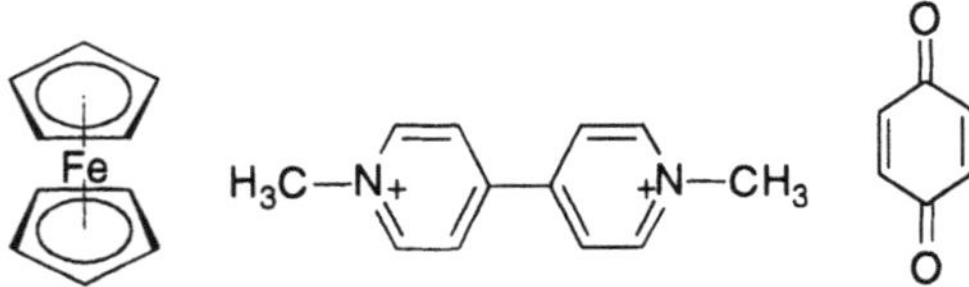

Bild 4.46 Beispiele für die redoxaktiven Grundbausteine häufig verwendeter Mediatoren.

Bei amperometrischen Enzymsensoren werden oft Elektronenmediatoren eingesetzt, um erstens den Betrag des für die Reduktion oder Oxidation notwendigen Elektrodenpotentials und dadurch die Anzahl möglicher Nebenreaktionen zu senken und zweitens die Empfindlichkeit des Sensors zu steigern. Als solche Mediatoren werden häufig Farbstoffe wie Methylenblau oder Thionin eingesetzt, aber auch Benzochinon, *N,N'*-Methylviologen, Ferrocenderivate, Hexacyanoferrat, Phenazine oder Phenoxazine. Dabei werden entweder Elektronen vom Reaktionsprodukt (H_2O_2, NADH) auf den Mediator übertragen und von diesem dann auf die Elektrode, oder der Mediator dient zur direkten Elektronenübertragung zwischen dem Enzym und der Elektrode. In letzterem Fall müssen die Mediatormoleküle klein genug sein, um an das meistens im Inneren der Biokomponente gelegene redoxaktive Zentrum heranzukommen. Es gibt auch viele Bemühungen, das Enzym direkt mit Mediatoren zu modifizieren.

Es gelang bereits, mit Mediatoren Enzymsensoren zu entwickeln, die unabhängig vom Sauerstoff arbeiten. Der Einsatz von Mediatoren ist schon für viele Oxidoreduktasen erprobt, so Ferrocen bei der Glucoseoxidase, der L-Aminosäureoxidase, der Glycolatoxidase, der Lactatoxidase, der Pyruvatoxidase oder der Glutathionreduktase. Bei der Glucoseoxidase sind die entsprechenden Enzymsensoren schon seit längerem handelsüblich (z.B. MediSense).

Problematisch bei Mediator-unterstützten Enzymsensoren ist die allmähliche Auswaschung des löslichen Mediators, während er in immobilisierter oder derivatisierter Form nicht immer die hohe Effizienz wie im gelösten Zustand erreicht. Wenig erfolgreich waren Versuche, den direkten Elektronentransfer zwischen dem Enzym und der Elektrode durch organische Salze zu erreichen, wie NMP^+TCNQ^-, TTF^+TCNQ^- oder Q^+TCNQ^-.

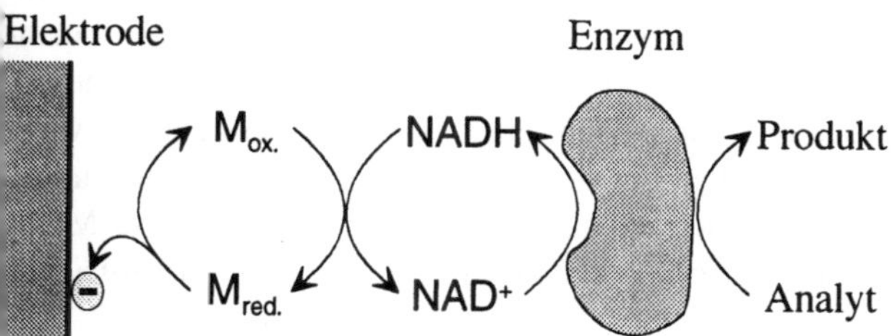

Bild 4.47 Wirkungsweise eines Mediators M am Beispiel eines NADH-bildenden Enzyms. Beispiele für solche, das NADH oxidierenden Mediatoren sind in L. Gorton et al., *Anal. Chim. Acta 250,* 203, **1991** gegeben.

b) *Potentiometrische Sensoren.* Potentiometrische Sensoren basieren bei den einfachen Typen auf der Abhängigkeit des Potentials *E* reversibler Redoxelektroden von dem Verhältnis der Aktivitäten der oxidierten bzw. reduzierten Form nach der NERNSTschen Gleichung

$$E = E^0 + \frac{RT}{nF} \ln \frac{a_{ox}}{a_{red}} \tag{7}$$

mit E = Potential der Elektrode, E^0 = Standardelektrodenpotential, n = Anzahl der Elektronen bei der Redoxreaktion, a_{ox} und a_{red} = Aktivitäten der oxidierten bzw. reduzierten Form.

Diese Gleichung gilt bei Gleichgewichtsbedingungen. Im Idealfall und bei 25°C ändert sich das Potential um einen Wert von 59 mV / n, wenn sich das Verhältnis der Aktivitäten von oxidierter und reduzierter Form um den Faktor 10 ändert.

Ionenselektive Elektroden (ISE) basieren auf der Ausbildung eines Membranpotentials an einer Membran, die sich mit einer von ihren beiden Seiten mit der zu analysierenden Lösung und mit der anderen Seite mit einer konstanten Lösung in Kontakt befindet. Dieses Membranpotential kann durch semipermeable Eigenschaften der Membran oder durch Veränderungen der Ladungsdichte infolge der Dissoziation von funktionellen Gruppen ihrer sensitiven Membran entstehen und z.B. durch Kalomel- oder Ag/AgCl-Elektroden gemessen werden. Diese Membran kann fest oder flüssig sein. Das bekannteste Beispiel für eine ISE ist die Glaselektrode für pH-Messungen.

Als Membranen für ISE sind Festkörpermembranen (amorph wie Glas oder kristallin wie Oxide), flüssige oder polymere Ionenaustauschermembranen sowie Membranen mit gelösten Ionophoren gebräuchlich, mit Selektivitäten für H_3O^+, Alkalimetall-, Schwermetall-, Halogenid- und Pseudohalogenidionen. Das korrespondierende Gegenion darf dabei aber nicht in die Membran eindringen können. Durch gasdurchlässige Kunststoffmembranen aus Polyethylen oder Polytetrafluorethylen von etwa 20 µm Dicke können pH-Elektroden für Ammoniak oder Kohlendioxid selektiv werden, wodurch gassensitive ISE realisiert werden können.

Metalloxidelektroden werden ebenfalls als pH-abhängige Transducer zum Bau von Biosensoren angewandt, z.B. Antimonoxid, Palladiumoxid oder Iridiumoxid, indem sie mit immobilisierten Enzymen gekoppelt werden, bei deren Reaktion sich der pH-Wert im Mikromilieu ändert.

Auch Halbleiterbausteine werden als Transducer für Biosensoren benutzt. Der Stromfluß durch einen p- oder n-dotierten Kanal eines *Feldeffekttransistors* (*FET*) wird durch Oberflächenladungen oder die Stärke eines auf diesen Kanal wirkenden elektrischen Feldes beeinflußt. Als Material dienen Siliziumdioxid, Siliziumnitrid, Tantaloxid oder Aluminiumoxid. Wenn auf diesen Baustein eine chemisch oder biologisch sensitive Schicht aufgebracht wird, kann der Zustand dieser Schicht die Leitfähigkeit des dotierten Kanals beeinflussen. Zuweilen wird der Kanal auch direkt dem Analysemedium ausgesetzt. Eine ionensensitive Membran unmittelbar auf dem FET ergibt den *ISFET*, den *ionensensitiven Feldeffekttransistor*. Bei Biosensoren dient der ISFET der Messung von Änderungen des pH-Wertes.

Bei einem solchen Sensor sind die direkte Integration der elektronischen Signalverarbeitung und die Miniaturisierung einfach zu realisieren. Erfaßt werden können Ionenaktivitäten, z.B. pH-Werte, und ihre Veränderungen während enzymatischer Reaktionen bei der Detektion von Analyten. Bei den sogenannten Immuno-FETs werden die durch die Antigen-Antikörper-Reaktion hervorgerufenen Änderungen des Potentials in der biologischen Schicht gemessen.

Von Vorteil bei den ISFETs sind sehr schnelle Ansprechzeiten. Sie sind jedoch empfindlich gegenüber Temperaturschwankungen und Lichteinflüssen. Außerdem gibt es immer wieder Probleme mit der Drift, der Verkapselung und dem reproduzierbaren Aufbringen des Rezeptors. Während der ISFET selbst aufgrund der Fertigungsverfahren in der Mikroelektronik sehr klein gestaltet werden kann, ist dies bei der notwendigen Referenzelektrode noch nicht in dem Maße möglich.

Überall, wo sich Ionenkonzentrationen, z.B. pH-Werte, direkt oder als Folgereaktion ändern, können potentiometrische Sensoren eingesetzt werden.

Tabelle 4.13 Beispiele für potentiometrische Enzymsensoren (nach Camann et al., *Angew. Chem. 103*, 519, **1991**, ergänzt um weitere Quellen).

Enzym	Analyt / Meßgröße	Elektrodenspezifität / Produkte	Meßbereich	Stabilität	Antwort-zeit
Glucoseoxidase	Glucose	pH-Wert, Gluconsäure	1–100 mM	1 Woche	5–10 min
Penicillinase	Penicillin	pH-Wert	0,2–70 mM	1–2 Wochen	0,5–2 min
Urease	Harnstoff	Ammonium-Ionen, NH_3	0,05–50 mM	1–4 Monate	2–4 min
Urease	Harnstoff	Hydrogencarbonat-Ionen, Kohlendioxid	0,01–10 mM	3 Wochen	1–2 min
Nitrat-Reduktase	Nitrat	Ammonium-Ionen	0,1–10 mM	1 Tag	2-3 min
Kreatinin-Lyase (Kreatinase)	Kreatinin	Ammonium-Ionen, NH_3			
Decarboxylasen	Amino-säuren	Hydrogencarbonat-Ionen, Kohlendioxid			
Adenosin-deaminase	Adenosin	NH_3			
L-Aspartase	Aspartam	Ammonium-Ionen	0,1–0,6 mM		
Lipase	Fette	pH-Wert, Fettsäuren	5.10^{-6} bis $5·10^{-5}$ M		
Nitrit-Reduktase	Nitrit	Ammonium-Ionen	1 mM	3–4 Monate	2–3 min
L-Aminosäure-oxidase	L-Amino-säuren	Ammonium-Ionen	0,1–10 mM	>1 Monat	1–3 min
Xanthinoxidase	Purin	Xanthinoxidase			
Sulfat-Reduktase	Sulfate	Hydrogensulfid-Ionen			
Salicylat-hydroxylase	Salicylat	CO_2			
β-Glucosidase	Amygdalin	Cyanid-Ionen	0,01–10 mM	3 Tage	10–20 min

Tabelle 4.14 Beispiele für potentiometrische Enzymsensoren auf der Grundlage von Feldeffekttransistoren („ENFET", nach Camann et al., *Angew. Chem. 103*, 519, **1991**).

Enzym	Analyt	Produkt	Meßbereich
Glucoseoxidase	Glucose	Gluconsäure	0–20 mM
Urease	Harnstoff	Hydrogencarbonat-Ionen	0–6 mM
Penicillinase	Penicillin	Ammonium-Ionen, Penicillinsäure	0,2–20 mM
Penicillin-G-Amidase	Penicillin G	Phenylessigsäure	1,5–50 mM
Lipase	Triolein	Fettsäure	0,6–3 mM

c) *Konduktometrische Sensoren.* Konduktometrische Sensoren beruhen nicht auf Redoxreaktionen von gelösten Substanzen, sondern sie nutzen nichtfaradaysche Ströme zur Bestimmung der Leitfähigkeit der Meßlösung. Das Meßsignal spiegelt die Wanderung *aller* Ionen in der Lösung wider. Aus diesem Grund haben diese Sensoren nur eine geringe Selektivität und können nur dann benutzt werden, wenn die Grundlösung aller Meßproben eine einheitliche Leitfähigkeit besitzt. Störend wirken sich auch Änderungen des pH-Wertes der Probelösung aus, die nicht durch die enzymatische Reaktion verursacht wurden.

Für die Herstellung dieser Sensoren wendet man Produktionsverfahren aus der Mikroelektronik an. So bringt man z.B. Platinelektroden auf Keramikunterlagen nach der Siebdrucktechnik auf. Biosensoren auf der Grundlage konduktometrischer Transducer haben sich bisher trotz einiger guter Labormodelle kaum durchgesetzt.

4.6.1.5 Kriterien zur Charakterisierung von Biosensoren

Zur Beurteilung eines Biosensors aus der Sicht eines Anwenders gibt es verschiedene Kriterien.

Wichtig ist die Stabilität eines Sensors, d.h. er darf nur eine geringe Drift besitzen. Günstig ist es, wenn er die Möglichkeit zur Autokalibrierung hat. Dazu kommt seine Zuverlässigkeit und Beständigkeit im Einsatzmilieu. Dies betrifft solche Parameter wie die Temperatur, den pH-Wert oder die Ionenstärke. Beachtet werden müssen Passivierungseffekte durch die Adsorption von Kontaminationen sowie durch den Angriff von Proteasen oder Mikroorganismen. Auch von Seiten des Biosensors muß die Verträglichkeit mit dem Milieu vorliegen, d.h. es darf keine Rückkopplung mit der Meßgröße entstehen, der Sensor muß beim Einsatz in einem lebenden Milieu biokompatibel und selbst steril sein.

Brauchbar ist ein Sensor im allgemeinen nur bei einer hohen Selektivität. Dies bedeutet, daß der Sensor nur die Anwesenheit und/oder die Konzentration einer bestimmten Substanz bzw., wo dies gewünscht ist, einer Substanzgruppe oder einer komplexen Eigenschaft anzeigt. Dabei dürfen keine Interferenzen auftreten, z.B. durch Sauerstoff oder niedermolekulare Verbindungen, wie z.B. Ascorbinsäure. Für den benötigten Konzentrationsbereich muß er von seiner Nachweisgrenze und Empfindlichkeit her geeignet sein, z.B. wenn es um die Bestimmung von geringsten Spuren von Verunreinigungen geht. Durch seine einheitliche Herstellung und entsprechende konstruktive Möglichkeiten muß seine Kalibrierbarkeit gegeben sein.

Die Ansprechzeit des Biosensors muß seinem Aufgabenbereich gerecht werden, z.B. bei Echtzeitmessungen oder der rechtzeitigen Warnung vor Gefahren. Bei Massenanalysen müssen die Meßfrequenzen genügend groß sein. Von Bedeutung ist oft die Möglichkeit zur Miniaturisierung, womit kleine Probenvolumina, *in vivo*-Messungen und geringe Analytmengen verbunden sind.

Nicht zuletzt müssen Herstellungsaufwand und -kosten berücksichtigt werden.

Vorteile: Die meisten Biosensoren haben einen einfachen Aufbau, sind deshalb miniaturisierbar und ermöglichen einen einfachen Meßablauf. Aufgrund ihrer biologischen Rezeptorkomponente sind sie meistens sehr selektiv, wodurch ihr Einsatz in Multikomponentensystemen möglich ist, wie in echten biologischen Flüssigkeiten und Lösungen (Blut, Fermentationslösungen, usw.). Dadurch sind vorhergehende Trennungsschritte überflüssig, und es können auch komplizierte Substanzen relativ einfach bestimmt werden.

Mit immobilisiertem Gewebe oder Zellen können auch komplexe Einflüsse und biologische Parameter bestimmt werden, wie Nährstoffgehalt, Mutagenität, allergene Wirkung oder Toxizität. Dies kann zur Vermeidung von langwierigen Tierversuchen beitragen.

Zur Zeit geht die Entwicklung in Richtung immer kürzerer Ansprechzeiten, wodurch man bei einigen Typen Echtzeitmessungen nahe kommen kann. Viele Biosensoren weisen gute bis sehr gute Nachweisempfindlichkeiten und einen geringen Reagenzienverbrauch auf und können heute schon mit modernen Technologien relativ kostengünstig hergestellt werden.

Nachteile: Die biologische Erkennungskomponente ist anfällig gegenüber extremen Bedingungen, wie hoher Temperatur, extremen pH-Werten, hohen Salzkonzentrationen sowie der Anwesenheit von Proteasen, organischen Lösungsmitteln, Inhibitoren und Giften.

Aufgrund ihrer empfindlichen Biokomponente haben sie oft eine relativ kurze Lebensdauer, eine geringe Lagerfähigkeit und eine geringe Langzeitstabilität.

Die im Biosensor angewandten Biokomponenten sind oft noch recht teuer. Ihre Immobilisierung kann zuweilen schwierig sein. Ihr Funktionieren erfordert zum Teil zusätzliche Cofaktoren, Marker oder Mediatoren.

Verglichen mit der großen Anzahl im Labor entwickelter und erprobter Systeme, sind Biosensoren erst in einer geringen Anzahl kommerziell verfügbar. Analytische Bestimmungen mit Biosensoren sind trotz der hohen Genauigkeit und Selektivität noch nicht allgemein als Standard akzeptiert.

4.6.2 Anwendungen

4.6.2.1 Anwendungsgebiete im Überblick

Medizin/Gesundheitswesen: Hier wird auch weiterhin eines der vorherrschenden Anwendungsgebiete liegen. Dabei wird sich der Einsatz mehr und mehr auch auf den dezentralen Einsatz ausdehnen, von den Krankenhäusern auf die Arztpraxis und die Heimkontrolle.

Wichtig sind z.B. Urin-Untersuchungen. Ein hoher Glucose-Gehalt zeigt Diabetes an, und am Protein-Gehalt kann man Nierenkrankheiten erkennen. Diabetes läßt auch bei der Untersuchung des Blutes auf den Gehalt an Glucose festzustellen, wobei mit Hochdruck an der on-line-Messung *in vivo* gearbeitet wird. Auch andere Substanzen im mikro- bis millimolaren Bereich sind für die Diagnostik interessant, wie Lactat, Steroide, Pharmaka, Metabolite, Hormone oder Proteinfaktoren.

Biotechnologie/Bioprozesse: Die Anwendung erfolgt bei biotechnologischen Prozessen, wie z.B. an Fermentatoren. Wichtig sind ständige Kontrollen der Konzentrationen der beteiligten Stoffe zur Prozeßsteuerung und Prozeßregelung. Solche Substanzen sind Glucose und andere Kohlenhydrate, Lactat, Glutamin, Ethanol, Methanol, Penicillin, L-Lysin, Essigsäure, Ameisensäure, Phosphate, Ammonium und Hormone. Bedarf besteht auch an empfindlichen Sensoren zur Kontrolle der Abbauprodukte. Die Kenntnis komplexer Größen, wie des biologischen Sauerstoffbedarfes (BSB), ist bei der Nutzung biologischer Prozesse in Kläranlagen von Bedeutung.

Trinkwasser/Umweltschutz: Im Umweltschutz ist die Messung von über 2000 „gefährlichen" Substanzen im Wasser, in der Luft und im Erdboden erforderlich. Allein die Trinkwasserverordnung schreibt die regelmäßige Bestimmung von 50 wichtigen Gefahrenstoffen vor. Die Senkung vieler Grenzwerte stellt die Analytik vor völlig neue Aufgaben. Außerdem werden künftig flächendeckende Überwachungen mit Sensornetzen notwendig sein. Zu den Gefahrstoffen sind z.B. Pestizide sowie polycyclische und halogenierte Kohlenwasserstoffe zu zählen, die in sehr geringen Konzentrationen erfaßt werden müssen. Dies gilt auch bei der Untersuchung von kontaminierten Flächen, wie militärischen Übungsgeländen oder Industriegebieten.

Kriminalistik: Hier steht vor allem das Aufspüren von Drogen, Giften und Sprengstoffen, z.B. bei Zollkontrollen im Mittelpunkt, wobei das Auffinden von Sprengstoffen besonders bei der zivilen Luftfahrt von Bedeutung ist.

Militärwesen: Die Anwendung von Biosensoren im militärischen Bereich ist für die Feststellung chemischer und biologischer Kampfstoffe gedacht. Hierbei wird häufig die Acetylcholinesterase als Biokomponente verwendet. Dieses Enzym kommt in den Nervensynapsen vor und wird durch viele Kampfstoffe gehemmt.

Nahrungsmittel/Landwirtschaft: Untersucht werden können Änderungen bei Früchten während des Reifeprozesses hinsichtlich des Gehaltes an verschiedenen Zuckern, organischen Säuren, freien Aminosäuren, Pigmenten oder Duftstoffen. Im Gebrauch sind bereits Wegwerfsensoren zum Testen von Fischen auf ihre Frische. Auch Milch und Käse können auf ihren Gehalt an Antibiotika, ihr Alter und ihre Frische untersucht werden. In Fruchtsäften und Limonaden kann der Gehalt an verschiedenen Zuckern bestimmt werden.

In der Landwirtschaft ist es im Interesse der Umwelt notwendig, die Belastung der Nutzflächen mit Pestiziden, wie Herbiziden, Fungiziden und Insektiziden, und die Geschwindigkeit ihres Abbaus und ihrer Ausbreitung in die Gewässer und das Grundwasser zu ermitteln und zu kontrollieren.

4.6.2.2 Nachgewiesene Substanzen im Überblick

Bisher wurden Biosensoren für über 120 verschiedene Analyte beschrieben, d.h. für niedermolekulare Substanzen (Stoffwechselprodukte, Pharmaka, Nährstoffe, Gase, Schwermetallionen), Enzymbestandteile (Wirkgruppen, Vitamine, Coenzyme, Aktivatoren), aber auch für Makromoleküle (Enzyme, Lectine, polymere Kohlenhydrate wie Stärke und Cellulose, Nucleinsäuren), Viren und Mikroorganismen sowie für Gruppeneffekte. Dabei muß jedoch berücksichtigt werden, daß die meisten dieser Sensoren noch nicht kommerziell verfügbar oder praktisch einsetzbar sind.

Die folgende Auflistung bezieht sich auf Analyte, die durch elektrochemische Biosensoren detektiert werden können (nach Scheller et al., *Analyst 114*, 653, **1989**):

- *Kohlenhydrate:* Amygdalin, Cellubiose, Fructose, Galactose, Glucose, Glucose-1-phosphat, Glucose-6-phosphat, Lactose, Maltose, Pullulan, Saccharose
- *Steroide:* Androstendion, Cholestenon, Cholesterol, Cholesterolester, Testosteron, Östradiol

Tabelle 4.15 Zeiträume für bereits vollzogene und noch geplante Einführungen von Biosensoren in verschiedene Anwendungsgebiete (MASCINI, *Report on Biosensor Technology*, CEC-Programm BRIDGE, DG XII-CUBE, 1992).

Zeitraum	Technologie	Anwendungsgebiet
1973–1988	Analysatoren mit elektrochemischen Enzymsensoren im Laboratoriumsmaßstab	Nahrungsmittel-, Fermentations- und klinische Analyse
1986–1992	mikrobielle Sensoren im Laboratoriumsmaßstab	Umweltüberwachung
1987–1991	elektrochemische Enzymsensoren als Taschengeräte	Glucose-Analyse für Arztpraxen und den Heimgebrauch
1988–1998	elektrochemische Enzymsensoren	in-situ Sonden bei Fermentoren
1989	elektrochemische Enzymsensoren als Taschengeräte	Analyse anderer Substanzen, wie z.B. Cholesterol, für Arztpraxen und den Heimgebrauch
1989–1990	elektrochemische und optische Enzym- und Immunosensoren	tragbare Analysatoren für die Notfalldiagnostik, Pharmaka, Herzkrankheiten und im Kreißsaal
1991	elektrochemische und optische Immunosensoren	Arztpraxen, Bestimmung der totalen Zellzahlen und von Infektionskrankheiten
1992	elektrochemische mikrobielle Sensoren	Screening von Nahrungsmitteln, Toxinen und Antibiotika
1993	elektrochemische Enzymsensoren	Lebensmittelüberwachung
1994	elektrochemische und optische Enzymsensoren	*in vivo* Überwachung
1995	elektrochemische und optische DNA-Sensoren	genetisches Screening
1998	modifizierte oder synthetische Biokomponenten in Biosensoren	Prozeßfertigung
2000	Zellrezeptoren und Membranen	pharmazeutische Industrie, Militärwesen

- *Alkohole, Phenole und Carbonsäuren:* Acetat, Ascorbat, Benzoat, Catechole, Chlorphenol, Cholesterol und seine Ester, Ethanol, Formiat, Glycerol und seine Ester, Gluconat, Glyoxalat, Hydrochinon, D-Isocitrat, D- und L-Lactat, Malat, Methanol, Oxalat, Phenol, 2,4-Dinitrophenol, Pyruvat, Succinat
- *Stickstoffverbindungen:* Acetylcholin, Aminopyrin, Anilin, Bilirubin, Caprolactam, Cholin, Kreatin, Kreatinin, Guanosin, Harnsäure, Harnstoff, Hypoxanthin, Lecithin, Penicillin, Spermin, Xanthin
- *Aminosäuren:* D-Alanin, L-Arginin, L-Asparagin, L-Aspartat, L-Cystein, L-Glutamat, L-Glutamin, Gluthathion, L-Histidin, Isoleucin, D- und L-Leucin, L-Lysin, D- und L-Methionin, N-acetylmethionin, D- und L-Phenylanalin, Sarcosin, Serin, L-Tryptophan, L-Tyrosin, D-Valin
- *Cosubstrate:* ADP, AMP, ATP, FAD, NAD(P)H, Wasserstoffperoxid, Phosphoenolpyruvat (PEP), Pyridoxalphosphat (PLP), Thiaminpyrophosphat (TPP)

- *Proteine und Enzyme:* α-Amylase, Angiotensin, Aspartam, Cholinesterase, α-Fetoprotein, Glucoamylase, HSA, humanes Choriogonadotropin, Insulin, IgG, α-Interferon, Interleukin, Kreatinkinase, Lactatdehydrogenase, Peroxidase, Proinsulin, Pyruvatkinase, Transaminasen, Tyroxin, Pullanasen
- *Gase:* Ammoniak, Kohlendioxid, Kohlenmonoxid, Methan, Stickstoffmonoxid, Sauerstoff, Schwefeldioxid, Wasserstoff
- *Anorganische Ionen:* Cadmium, Fluorid, Kupfer, Nitrit, Nitrat, Phosphat, Quecksilber, Sulfat, Sulfit, Sulfid, Zink
- *Verschiedenes:* assimilierbare Substanzen, Antibiotika, Blutgruppen, BSB (Abwasserbelastung), Frische von Fleisch bzw. Fisch, Mutagenität, Peptide, Pestizide, Theophyllin, Vitamine

4.6.2.3 Beispiele für den selektiven Nachweis über Biosensoren

Glucose

Glucose-Bestimmungen werden in klinischen Labors, in der Mikrobiologie und der Lebensmittelindustrie benötigt.

Eine der wichtigsten Anwendungen ist die Untersuchung von Blut bei Diabetes-Patienten, da ca. 4–5 % der Bevölkerung in den entwickelten Industrieländern davon betroffen sind. Der normalerweise bei 5 mM liegende Blutzuckerspiegel liegt bei Zuckerkranken bei bis zu 50 mM. Weltweit sollen in diesem Bereich 500 Millionen Glucose-Sensoren zum Einsatz gelangen.

Bei der praktischen Durchführung von Blutanalysen muß das Blut meistens im Verhältnis von 1:10 verdünnt werden. Am besten geeignet ist hypotonischer Phosphatpuffer mit einem geringfügigen Zusatz von Dextran und Natriumazid. Dies führt zur Hämolyse der Erythrozyten, da in diesen ebenfalls ein gewisser Anteil an Blutzucker enthalten ist und sie ansonsten den im Blut vorhandenen Blutzucker allmählich abbauen. Aus diesem Grund erhält man in unverdünntem Blut oft zu niedrige Glucose-Werte.

Auch im Urin kann der Glucose-Gehalt bestimmt werden. Bei Urinproben treten jedoch oft Störungen durch das Vorhandensein von oxidierbaren Substanzen auf, die man durch den Zusatz von 2 mM Hexacyanoferrat(II) zum isotonischen Puffer vermeiden kann.

Die Konzentrationsbestimmung von Glucose muß auch bei der Messung von Di- und Polysacchariden und von Amylase sowie von Cellulaseaktivitäten erfolgen, da hier durch zuckerspaltende Enzyme Glucose gebildet wird und daraus auf die Gesamtmenge der Kohlenhydrate geschlossen werden kann. Das Bild 4.48 zeigt Arbeitsprinzipien, die bei der Glucose-Bestimmung zur Anwendung kommen können.

In den Biosensoren für Glucose wird vorwiegend die Umsetzung von Glucose durch das Enzym Glucoseoxidase (E.C. 1.1.3.4) genutzt, seltener die Umsetzung durch die NADH-abhängige Glucosedehydrogenase (E.C. 1.1.1.18). Aufgrund ihrer hohen Selektivität dient die Glucose-Bestimmung mit der ATP-abhängigen Hexokinase (E.C. 2.7.1.1) als Referenzmethode bei der Beurteilung von Glucose-Sensoren.

Bei den derzeit kommerziell erhältlichen Geräten werden vor allem Membranen mit Glucoseoxidase eingesetzt. Der Verbrauch an Sauerstoff oder die Bildung von Wasserstoffper-

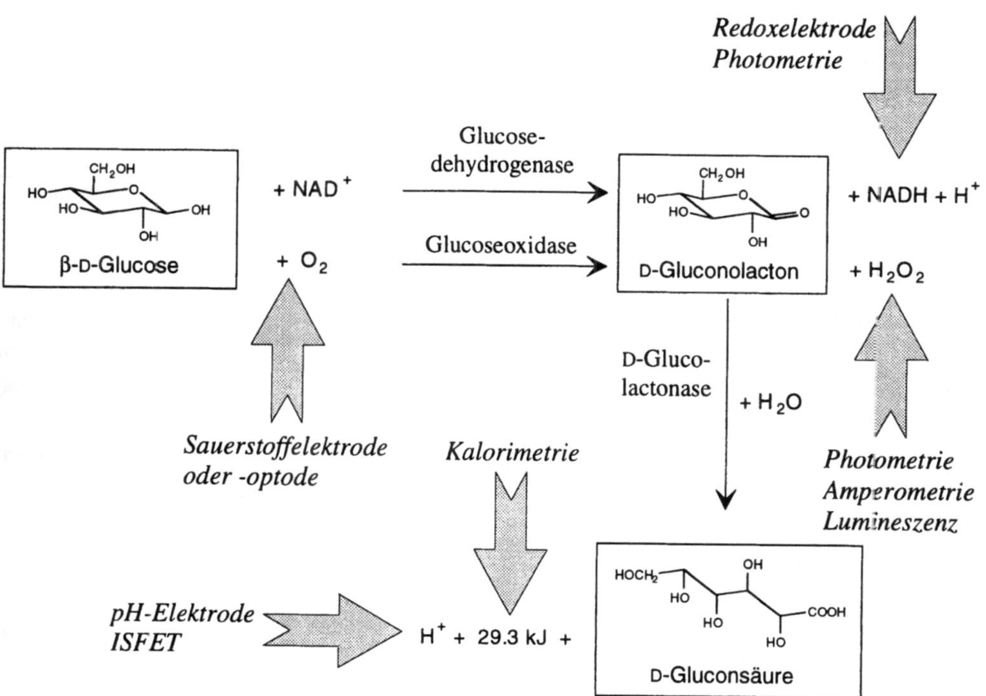

Bild 4.48 Reaktionswege der Umsetzung von β-D-Glucose mit Glucoseoxidase bzw. Glucosedehydrogenase und D-Glucolactonase (nach Schmidt et al., *Chemie in unserer Zeit 26*, 163, **1992** und Scheller, Schubert, *Biosensoren*, Akademie-Verlag, Berlin, **1989**). Die Pfeile kennzeichnen hier wie in den nächsten Abbildungen die Ansatzpunkte für die verschiedenen angewandten Transducerprinzipien.

oxid werden amperometrisch bestimmt. Im folgenden soll eine Auswahl dieser Geräte genannt werden. Von einigen Firmen wird bereits eine Mediator-unterstützte Glucoseoxidase-Membran eingesetzt (MediSense, Hoffmann-La Roche).

Die Tabelle 4.16 enthält einige Analysegeräte zur Bestimmung von Glucose auf der Grundlage von Biosensoren mit Angaben zum Probenvolumen, dem linearen Meßbereich, der Meßfrequenz oder der Antwortzeit, dem seriellen Variationskoeffizienten und der Stabilität, wo diese Angaben verfügbar waren. Wenn die Handhabung bei einigen Firmen auch anders sein kann, wird als Antwortzeit (AZ) in der Regel die Zeit betrachtet, die zum Erreichen von 95 % des Endsignals benötigt wird. Aufgrund notwendiger Schritte zum Spülen und zum Wechseln der Proben kann keine direkte Beziehung zwischen der Antwortzeit eines Sensors und der Meßfrequenz eines Analysegerätes hergestellt werden. Gleichartige Tabellen werden auch bei den nächstfolgenden Analyten verwendet. Für die Tabellen wurden Aufstellungen von SCHELLER und SCHMID sowie Unterlagen der Hersteller verwendet.

Auch die Technik der enzymunterstützten Fließinjektionsanalyse (FIA) mit photometrischer, fluorimetrischer, luminometrischer oder elektrochemischer Detektion wird bereits erfolgreich eingesetzt. Erwähnt seien hier die Geräte Tecator FIA-Star aus Schweden und Eppendorf FIAtronic aus Deutschland. Auch von Hitachi und Shimadzu aus Japan gibt es entsprechende Systeme.

Tabelle 4.16 Beispiele für kommerzielle Analysegeräte für die Bestimmung von Glucose.

Hersteller-Firma	Gerät	Proben-volumen (µl)	linearer Meßbereich (mM)	Meß-frequenz (h^{-1})	serieller Variations-koeffizient (%)	Stabilität
YSI Yellow Springs International, USA	23 A[1)]	25	1–45	40	<2	300 Proben
	1500 Sidekick	25	1–50	AZ 60 s		
Medingen / Eppendorf, BRD	ESAT-6660/61	20	0,5–45	120–130	<1,5	10 Tage, 2000 Proben
	ADM 300		1–100	80	<2	>2000 Proben
Prüfgerätewerk Medingen, BRD	Glukometer ECA 20	20-25	0,5–50	100	1,5	10 Tage, 1000 Messungen
Solea-Tacussel, Frankreich	Gluco-processeur[2)]		0,01–2	30	<2	>2000 Proben
Seres, Frankreich	Enzymat	200	1–22	60		500 Proben
Fuji Electric, Japan	Gluco 20[3)]	20	0–27	80–90	1,7	>500 Proben
Analytical Instru-ments, Japan	Stat Analyzer S 80[4)]	10	0–50	120	2	
Daiichi, Japan	Auto-Stat GA-1120		1–40	60–120	1	
MediSense, Großbritannien	ExacTech,[5)]	10	2,2–25	AZ 30 s	3,3–8,1	Einwegsensor
	Pen 2 [5)] Companion 2[5)]	10	1,1–33,3	AZ 20 s	3,3–8,1	Einwegsensor
Hoffmann-La Roche, Schweiz	Glucose Ana-lyzer 5410	100	2,5–27,5	AZ 60 s	1.5	8 Wochen
EliLilly/ELCO, USA	Direkt 30/30[5)]		2,5–28	30	2-8	30 Tage, 500 Proben
NOVA biomedical, USA	STAT-Profile		1–25	33–38	2	7 Tage
EKF Industrie-Elektronik, BRD	BIOSEN Med G[6)]	15	1–20	20–30, AZ <30 s	<5	30 Tage
	BIOSEN Glukose 2000	5	2–25,5		<5	30 Tage

[1)] Celluloseacetatmembran, Elektrode nicht für H_2O_2 allein selektiv

[2)] Kollagenmembran, nach dem Acyl-Azid-Verfahren aktiviert, mit Glucoseoxidase beladen, vor allem für die Lebensmittelindustrie

[3)] Membran aus Acetylcellulose mit asymmetrischem Aufbau

[4)] keine Interferenzen durch Ascorbinsäure oder Bilirubin, die Sauerstoffelektrode arbeitet mehr als drei Monate

[5)] Taschengerät

[6)] direkte Vermessung des Blutes aus dem zur Entnahme verwendeten Kapillarröhrchen

Cholesterol

Die Bestimmung von Cholesterol ist eine der am häufigsten ausgeführten Analysen zur Diagnose von Lipidstoffwechselstörungen. Die normale Konzentration im Serum liegt bei 3,1–6,7 mM. Auch in der mikrobiologischen und pharmazeutischen Industrie benötigt man Cholesterol-Messungen.

Bei der Analyse müssen zuerst die im Serum vorhandenen Cholesterolester mit Cholesteroloxidase (E.C. 3.1.1.13) gespalten werden. Dann erfolgt die Umsetzung des dabei freigesetzten Cholesterols mit Cholesteroloxidase (E.C. 1.1.3.6). Das Enzym Cholesteroloxidase wird für seinen Einsatz an verschiedene Träger gebunden, wie Kollagen, Glas, Sepharose, Zellulose, Nylon oder Polyamid. Neben der elektrochemischen Anzeige, wobei Ferrocyanid als Mediator eingesetzt werden kann, werden auch kalorimetrische Methoden oder die Messung der UV-Absorption des Cholestenons bei 240 nm angewandt. In Gegenwart einer Peroxidase kann man das Wasserstoffperoxid für die Reaktion von 4-Aminoantipyrin mit Phenol nutzen, wobei ein spektrophotometrisch bestimmbares Chinonimid entsteht.

Die japanische Firma Toyo Jozo stellt das Gerät ICA-LG 400 her, mit dem pro Stunde 40 Proben auf Cholesterol untersucht werden. Dafür werden 30 µl Serum mit 7,5 µl einer Lösung von Cholesterolesterase für 11 Minuten bei 37°C inkubiert. Danach erfolgt die Messung mit Cholesteroloxidase an einer Sauerstoffelektrode. Die Ansprechzeit beträgt 15 s.

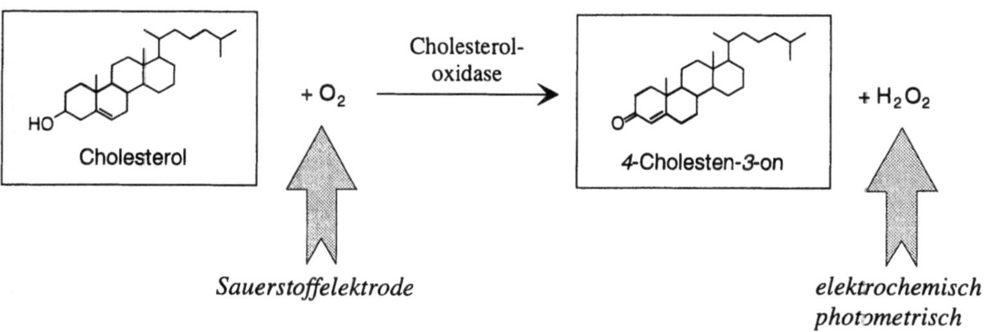

Bild 4.49 Umsetzung von Cholesterol durch Cholesteroloxidase.

Lactat und Pyruvat

a) *L-Lactat*: L-Lactat tritt als Intermediat im Kohlenhydrat-Stoffwechsel auf. Seine erhöhte Konzentration im Blut bei Gewebehypoxie und Lebererkrankungen macht Lactat zu einem klinisch und sportmedizinisch relevanten Faktor. Der Normalbereich liegt bei 1,2 bis 2,7 mM, unter extremer Belastung jedoch kann die Konzentration bis zu 25 mM betragen. Wichtig ist die Lactat-Bestimmung auch in der Schock- und Herzinfarktdiagnostik sowie für die Prozeßkontrolle in der Lebensmittelindustrie und Mikrobiologie. Für die richtige Bestimmung ist die schon bei der Glucose-Analyse erwähnte Hämolyse erforderlich, da der Vorgang der Glycolyse, in dessen Verlauf zusätzliches Lactat entsteht, schnell inhibiert werden muß. Am besten geeignet ist enteiweißtes Blut. Die Hämolyse kann durch den Zusatz von Penthanil und Sanopin erreicht werden. Auch im hypotonen Puffer wird die Glycolyse gehemmt, und die Erythrozyten hämolysieren nahezu sofort.

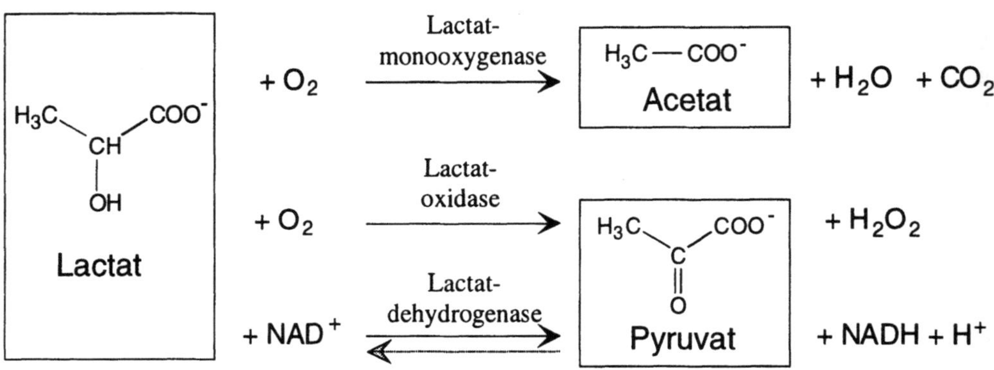

Bild 4.50 In Biosensoren angewandte Umsetzungen von Lactat (nach Scheller, Schubert, *Biosensoren*, Akademie-Verlag, Berlin, S. 123, **1989**).

Als Enzyme für die Biosensoren kommen die Lactatoxidase (E.C. 1.1.3.2), die Lactatmonooxygenase (E.C. 1.13.12.4) oder die Lactatdehydrogenase (E.C. 1.1.1.27) zum Einsatz. Bei der Verwendung von Lactatmonooxidase kann die Detektion des verbrauchten Sauerstoffs mit einer amperometrischen Sauerstoffelektrode erfolgen, auch vom Einsatz eines Thermistors wurde berichtet. Bei der Lactatoxidase kann die Detektion über die Sauerstoffelektrode oder die amperometrische Bestimmung des entstehenden H_2O_2 erfolgen. Beim Einsatz der Lactatdehydrogenase bestimmt man in der Regel amperometrisch das entstehende NADH. Die Lactatdehydrogenase-Reaktion verläuft zum Teil reversibel. Deshalb ist es von Vorteil, der Rezeptorschicht etwas Glutamat und die Glutamat-Pyruvat-Transaminase (GPT) zuzusetzen, womit die Lactatdehydrogenase-Reaktion durch die weitere Umsetzung des Pyruvats vollständig abläuft:

$$\text{Pyruvat} + \text{L-Glutamat} \xrightarrow{\text{GPT}} \text{L-Alanin} + \alpha\text{-Ketoglutarat} \qquad (8)$$

b) *Pyruvat*: Pyruvat ist ein zentraler Metabolit an der Verzweigungsstelle von anaerobem und aeroben Stoffwechsel. Im Serum liegt die Normalkonzentration bei 0,04 bis 0,12 mM. Viele wichtige Metabolite und Enzymaktivitäten können auf Pyruvat zurückgeführt werden. Zur enzymatischen Bestimmung wird die Pyruvatoxidase (E.C. 1.2.3.3) eingesetzt.

$$\underset{\text{Pyruvat}}{H_3C{-}C({=}O){-}COO^-} + HPO_4^{2-} + O_2 + H^+ \xrightarrow{\text{Pyruvat-oxidase}} H_3C{-}C({=}O){-}OPO_3^{2-} + CO_2 + H_2O_2$$

Bild 4.51 Umsetzung von Pyruvat durch Pyruvatoxidase.

Tabelle 4.17 Beispiele für kommerzielle Analysegeräte für die Bestimmung von Lactat.

Hersteller-Firma	Gerät	Proben-volumen (µl)	linearer Meßbereich (mM)	Meß-frequenz (h^{-1})	serieller Variations-koeffizient (%)	Stabilität
EKF Industrie Elektronik, BRD	BIOSEN Lactat 2000[1)]	5	0,5–12	>30, AZ 30 s	<5	10 Tage
	BIOSEN 5020 L	15	0,5–25	20–30, AZ 30 s	<5	14 Tage
YSI Yellow Springs Instruments, USA	23 L[2)]	100	0,1–15	40	<5	
	1500 Sport	25	0,1–30	40	2	
Omron Tateisi, Japan	HER-100		0–8,3		<5	> 10 Tage
NOVA Biomedical, USA	Blutgas-Analysator		0–15	33–38	4,1	7 Tage
La Roche, Schweiz	LA 640	100	0,5–12	20–30	<5	40 Tage

1) Taschengerät mit Polycarbonat-modifizierter Lactatoxidase-Membran, Messung im Vollblut möglich

2) für Vollblut oder Plasma geeignet

Ethanol

Die Bestimmung von Ethanol spielt besonders bei der Feststellung des Alkoholgehaltes im Blut, z.B. nach Verkehrsdelikten, eine Rolle. Bei Fermentationsprozessen und zur Feststellung des Methanolgehaltes im Trinkwasser kann man ebenfalls Biosensoren einsetzen.

Als Enzyme werden die Alkoholoxidase (E.C. 1.1.3.13) aus Mikroorganismen oder die Alkoholdehydrogenase (E.C. 1.11.1.6) verwendet. Günstig ist die Zugabe von Semicarbazid, welches mit dem Ethanal zum Semicarbazon reagiert. Dadurch läuft die enzymatische Reaktion vollständig ab. Für die Bestimmung des bei der Umsetzung mit Alkoholdehydrogenase entstehenden NADH gibt es verschiedene Möglichkeiten. Es kann durch Meerrettich-Peroxidase oxidiert werden, wodurch bei einem Probenvolumen von nur 5 µl Messungen im Vollblut möglich sind. Es kann auch amperometrisch mit 2,6-Dichlorophenolindophenol als Mediator bestimmt werden, was Probenvolumina zwischen 10 und 20 µl ermöglicht. Schließlich kann auch die Zunahme der relativen Fluoreszenz gemessen werden.

Die Firma Yellow Springs Instruments (USA) entwickelte das Analyse-Gerät Modell 27. Es enthält zwischen einer Polycarbonat- und einer Zelluloseacetat-Membran eine Alkoholoxidase-Membran. Das Gerät ist besonders für die industrielle Anwendung gedacht, z.B. für Getränke, und weist eine gute Präzision bis zu einer Konzentration von 94 mM auf. Der lineare Meßbereich liegt zwischen 0 und 60 mM. Pro Stunde sind 20 Messungen möglich, der serielle Variationskoeffizient ist kleiner als 2 %, und die Stabilität beträgt sieben Tage.

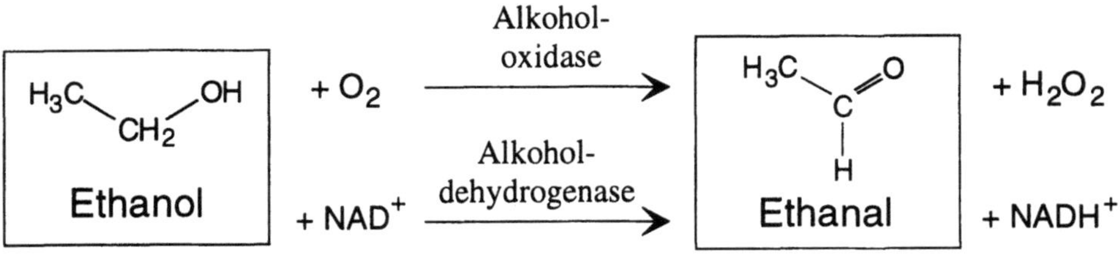

Alkohol-oxidase: Ethanol (H_3C-CH_2-OH) $+ O_2$ → Ethanal (H_3C-CHO) $+ H_2O_2$

Alkohol-dehydrogenase: Ethanol $+ NAD^+$ → Ethanal $+ NADH^+$

Bild 4.52 In Biosensoren angewandte Umsetzungen von Ethanol.

Harnsäure

Die Harnsäure ist ein Produkt des Purinstoffwechsels. Der Normalwert der Konzentration liegt zwischen 0,2 und 0,42 mM. Eine erhöhte Konzentration im Serum weist auf Stoffwechselstörungen oder eine verminderte Harnsäureausscheidung hin. Weiterhin besteht eine direkte Beziehung zwischen der Harnsäure-Konzentration und dem Auftreten der Gicht.

Im Biosensor wird die Uricase (E.C. 1.7.3.3) eingesetzt. Das Enzym wird mit Glutaraldehyd und Rinderserumalbumin vernetzt und dann auf eine Membran aufgebracht.

Die Firma Fuji Electric aus Japan entwickelte das Harnsäure-Meßgerät UA-300A. Es beruht auf der Detektion von Wasserstoffperoxid bei 0,7 V. Das Probenvolumen beträgt 20 µl, der lineare Meßbereich wird mit 0 bis 1,2 mM angegeben, der serielle Variationskoeffizient mit etwa 3 % und die Stabilität mit 1000 Proben bzw. 17 Tagen. Pro Stunde sind 50 bis 60 Messungen möglich.

Harnstoff

Der Harnstoff ist das wichtigste stickstoffhaltige Endprodukt des Eiweißabbaus im Körper. Der Gehalt im Urin gestattet Aussagen über die Funktionsfähigkeit der Niere, vor allem für die Notfalldiagnostik. Der Normalbereich der Konzentration liegt zwischen 3,6 und 8,9 mM. Im Biosensor wird die Urease (E.C. 3.5.1.5) eingesetzt. Der im Urin schwankende Gehalt an Proteinen und Bikarbonat kann sich störend auswirken, deshalb ist eine Meßanordnung mit einer Differenzbildung zwischen einem enzymhaltigen und einem enzymfreien Sensor günstig.

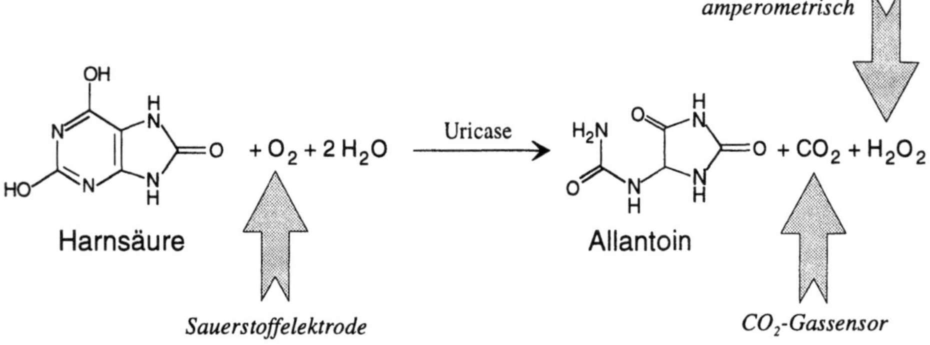

Harnsäure $+ O_2 + 2\,H_2O$ —Uricase→ Allantoin $+ CO_2 + H_2O_2$

amperometrisch (H_2O_2) — *Sauerstoffelektrode* (O_2) — *CO_2-Gassensor* (CO_2)

Bild 4.53 Umsetzung von Harnsäure durch Uricase.

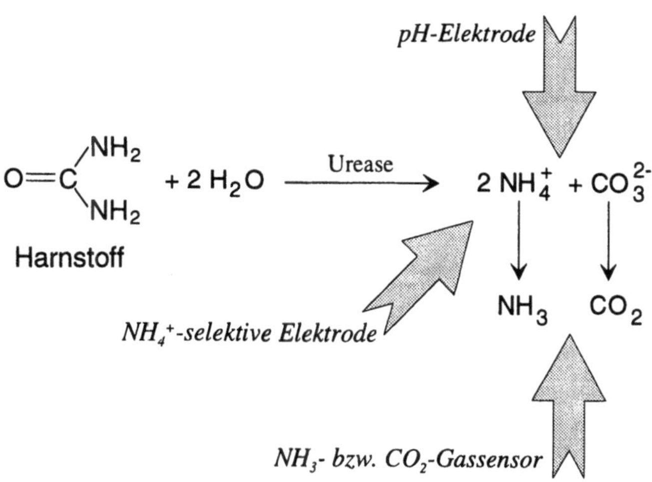

Bild 4.54 Umsetzung von Harnstoff durch Urease.

Bei der Messung der Ammonium-Ionen mit einer NH_4^+-selektiven Elektrode muß beachtet werden, daß es zu Interferenzen mit Natrium- oder Kaliumionen kommen kann. Deshalb sollten die Proben mit einem Ionenaustauscherharz vorbehandelt werden. Eine andere Möglichkeit besteht darin, den Biosensor mit einer Membran mit Ionenaustauscher-Eigenschaften zu bedecken. Das entstehende Ammoniak kann oxidativ mit Phenol zum Indophenol, das ein blaues Alkalisalz liefert, gekoppelt und damit nachgewiesen werden (Berthelot-Methode).

Die Firma Med Test Systems (USA) entwickelte das portable Gerät Modell 2001, das mit einer Einweg-Kartusche ausgerüstet ist. Für die Bestimmung soll ein Tropfen Vollblut genügen. Das Gerät ist auch für die Messung von Na^+-, K^+-, Cl^-- und HCO_3^--Ionen geeignet.

L-Aminosäuren

L-Aminosäuren sind als Grundbausteine der Eiweiße in der Lebensmittel- und Biotechnologie weit verbreitet. Die Bestimmung ihrer Konzentration (z.B. Lysin in Reis) liefert Aussagen über den biologischen Wert von Lebensmitteln. Auch im klinischen Bereich ist die Messung von L-Aminosäuren zur Bestimmung der Aktivität wichtiger Enzyme, wie Transaminasen und Peptidasen, wichtig.

Als Enzym wird die L-Aminosäureoxidase (E.C. 1.4.3.2) eingesetzt.

Inzwischen werden auch mehr spezifische Oxidasen für einzelne Aminosäuren verwendet, so z.B. für Tyrosin und Lysin (CO_2-sensitive Elektroden) sowie Asparagin und Phenylalanin (NH_3-sensitiver Sensor). Für Methionin wird die Methionin-Lyase bei potentiometrischer Detektion eingesetzt, für Histidin Histidindecarboxylasen mit CO_2-sensitiven Sensoren, für Cystein die L-Cysteindesulfohydrolase bei Detektion von Ammoniak und für Glutaminsäure die Enzyme Glutamatoxidase, Glutamatdecarboxylase oder Glutamatdehydrogenase.

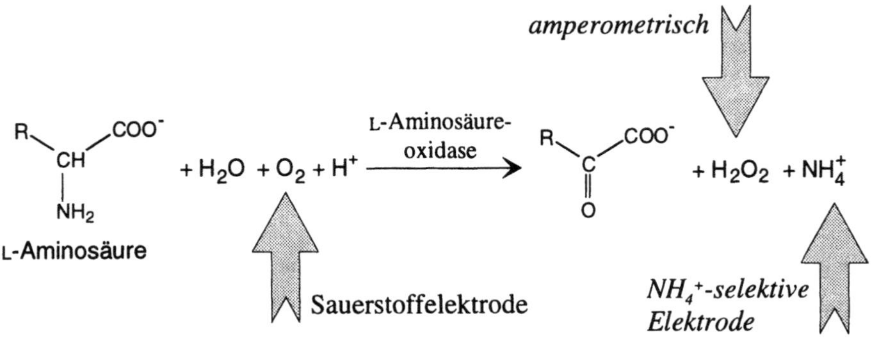

amperometrisch

$R{-}CH(NH_2){-}COO^- + H_2O + O_2 + H^+ \xrightarrow{\text{L-Aminosäure-oxidase}} R{-}C(=O){-}COO^- + H_2O_2 + NH_4^+$

L-Aminosäure

Sauerstoffelektrode

NH_4^+-selektive Elektrode

Bild 4.55 Umsetzung von L-Aminosäuren durch die L-Aminosäureoxidase.

Kreatinin/Kreatinkinase

Das Stoffwechselprodukt Kreatinin, das mit dem Urin ausgeschieden wird, ist einer der zentralen Parameter, wenn es um die Diagnostik von kardiologischen und Nierenkrankheiten geht. Die Bestimmung von Kreatinin ist gegenüber Harnstoffmessungen aussagekräftiger, da sie nicht durch eine eventuelle Diät des Patienten oder die Stoffwechselgeschwindigkeit beeinflußt wird. Im Normalzustand des Stoffwechsels liegt die Konzentration unter 100 μM, aber im Krankheitsfall kann dieser Wert auf mehr als 1000 μM ansteigen. In den ersten 24 Stunden nach einem Herzinfarkt kann die Aktivität des Enzyms Kreatinkinase (E.C. 2.7.3.2) vom Normalwert 6 bis 30 U/l bis auf das 30-fache ansteigen.

Um beide Parameter zu bestimmen, wird die in Bild 4.56 gezeigte Sequenz realisiert, unter Einbeziehung der Kreatinkinase und unter Verwendung von Kreatininamidohydrolase (E.C. 3.5.2.10), Kreatin-amidinohydrolase (E.C. 3.5.3.3) und Sarkosinoxidase (E.C. 1.5.3.1).

Ein Biosensor für Kreatinin kann in das Gerät der Firma Eppendorf (ESAT 6660/61) integriert werden. Der lineare Meßbereich für Kreatinin reicht von 5 bis 500 μM, die Meßzeit je Probe beträgt 15 s, der serielle Variationskoeffizient ist kleiner als 5 %, und die Stabilität beträgt sechs Tage. Die Aktivität der Kreatinkinase kann im Bereich von 1 bis 1000 U/l bestimmt werden.

Kreatinin allein kann auch durch Kreatininiminohydrolase (3.5.4.21.) bestimmt werden. Dabei kommen Thermistoren oder Ammoniak-Gassensoren zum Einsatz (Bild 4.57).

Salicylat

Acetylsalicylsäure ist das wichtigste antipyretisch sowie antiinflammatorisch wirkende Pharmakon. Im Körper wird es zu Salicylat hydrolysiert. Zur Bestimmung von Salicylat setzt man es durch Salicylathydroxylase (E.C. 1.14.13.1) um. Als Meßgröße dient der Verbrauch von Sauerstoff. Derartige Biosensoren haben einen linearen Meßbereich von 0,01 bis 0,7 mM.

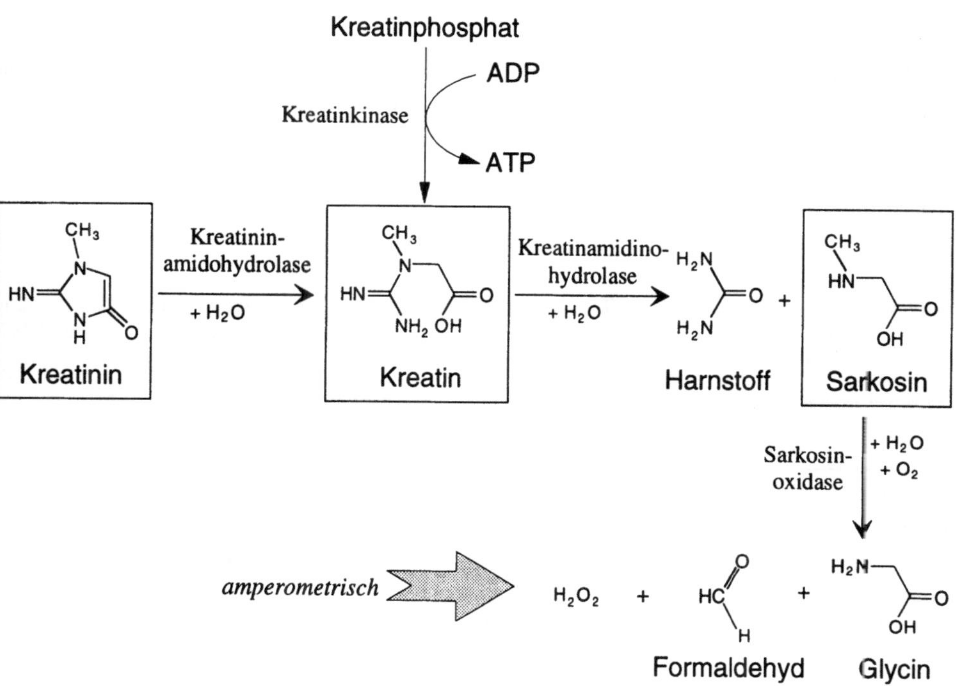

Bild 4.56 Reaktionswege des Nachweises von Kreatinin, Kreatin bzw. der Kreatinkinaseaktivität (nach Pfeiffer, Scheller et al., GBF-Monograph, Vol. 17, Braunschweig **1991**, S. 13).

Kreatinin $+ H_2O$ —Kreatinin-iminohydrolase→ *1*-Methylimidazolidin-*2,4*-dion $+ NH_3$

Thermistor
NH_3-Gassensor

Bild 4.57 Umsetzung von Kreatinin durch Kreatininiminohydrolase.

Salicylat (COO^-, OH) $+ 2\,H^+ + O_2 +$ NADPH —Salicylat-hydroxylase→ Brenzcatechin (OH, OH) $+ H_2O + NADP^+ + CO_2$

Bild 4.58 Umsetzung von Salicylat durch Salicylathydroxylase.

Penicillin

Penicilline sind die wichtigsten Antibiotika. Ihre jährliche Weltproduktion wurde Ende der achtziger Jahre auf 40 Mrd. Mark geschätzt. Im Sensor erfolgt ihre Umsetzung durch β-Lactamase (Penicillinase, E.C. 3.5.2.6), seltener durch Penicillinamidase (E.C. 3.5.1.11). Zur Kopplung mit einem Transducer werden vor allem die Erniedrigung des pH-Wertes oder die Reaktionsenthalpie genutzt.

Tabelle 4.18 Beispiele für mögliche Transducer und die zugehörigen Parameter bei der Bestimmung von Penicillin (nach Scheller, Schubert, *Biosensoren*, Akademie-Verlag, Berlin **1989**, S. 172).

Transducer	linearer Meß-bereich (mM)	Meßfrequenz (h^{-1})	serieller Variationskoeffizient (%)	Stabilität
Thermistor	0,1–100	40	2	20 Tage
Optode	0,5–5	20	2	20 Tage
pH-Elektrode	1–20	10–20	5	10–50 Tage
pH-FET	5–50	20		

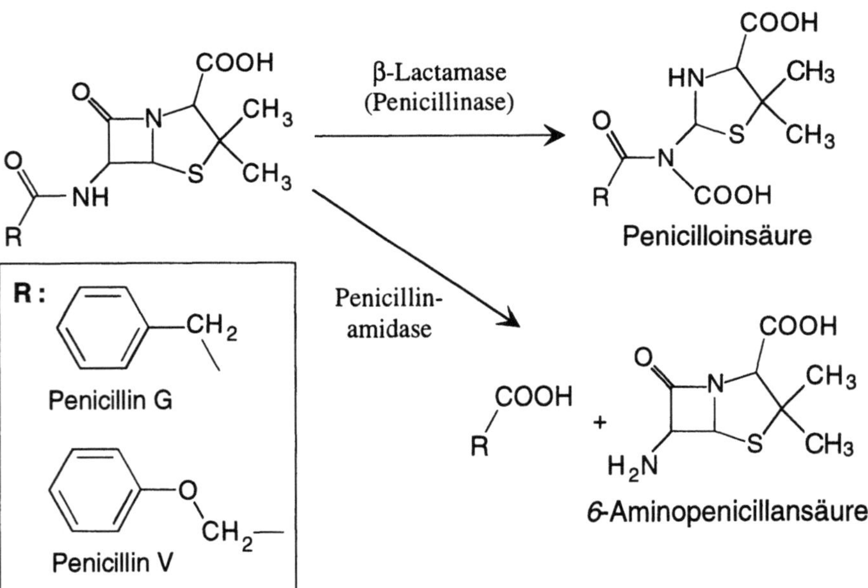

Bild 4.59 Möglichkeiten der Umsetzung von Penicillin.

Biologischer Sauerstoffbedarf

Der biologische Sauerstoffbedarf (BSB) ist eine komplexe Meßgröße, die zur Charakterisierung des Gehaltes an biologisch umsetzbaren Substanzen im Wasser aus Kläranlagen oder belasteten Gewässern dient. Etabliert hat sich dabei die Bestimmung des sogenannten BSB_5-Wertes. Dieser Wert wird aus der Menge an Sauerstoff bestimmt, die speziell ausgewählte Mikroorganismen innerhalb von fünf Tagen in der entsprechenden Wasserprobe verbrauchen. Je mehr Sauerstoff verbraucht wird, desto mehr ist das Wasser mit organischen Substanzen und Nährstoffen belastet.

Nach diesem Prinzip arbeiten auch Biosensoren zur Bestimmung des BSB. Mikroben werden immobilisiert, je nach Nährstoffangebot läuft ihr Stoffwechsel ab, der verbrauchte Sauerstoff wird gemessen und dient als Maß für den Nährstoffgehalt des Wassers.

So ein Biosensor wurde in Berlin-Buch entwickelt. Im Sensor wurden die Mikroben *Bacillus subtilis* oder *Trichosporon cutaneum* vor einer Sauerstoffelektrode immobilisiert. Um eine möglichst kurze Meßdauer zu erreichen, wird die Änderung des Stromes in der Zeit gemessen. Das Meßsignal ist bis 100 mg/l BSB linear zur Konzentration, wobei die untere Nachweisgrenze bei 4 mg/l liegt.

Von der AUCOTEAM GmbH Berlin und vom Prüfgerätewerk Medingen wurden ein tragbares Meßgerät bzw. ein Labormeßgerät dazu gebaut. Durch eine automatische Verdünnung wird im Feldgerät „BODypoint“ ein Gesamtmeßbereich von 5 bis 500 mg/l mit einem Fehler <20 % und einer Ansprechzeit von weniger als einer Minute realisiert. Die Messungen können im Abstand von fünf Minuten durchgeführt werden. Der Sensor mit der die Mikroben enthaltenden Membran bleibt über 30 Tage in seiner Funktion stabil.

Das Labormeßgerät „BSB-Modul“ aus Medingen findet seine Anwendung vor allem bei der Überwachung der Aufbereitung kommunaler Abwässer. Pro Stunde können zwölf Proben untersucht werden. Der Meßbereich des Sensors liegt bei 2 bis 22 mg/l. Durch eine entsprechende Verdünnung der Probenlösung können aber auch konzentriertere Lösungen vermessen werden. Die serielle Ungenauigkeit liegt unter 10 %.

Wegen der kurzen Meßzeit werden vor allem diejenigen Stoffgruppen erfaßt, die schnell von den immobilisierten Mikroben umsetzbar sind. Deswegen ist eine numerische Übereinstimmung mit dem standardisierten BSB_5-Wert nicht zu erwarten. Dennoch wurden für verschiedene Abwassertypen lineare Beziehungen mit hoher Korrelation zum BSB_5-Wert erzielt. Somit kann mit den mit Biosensoren ausgerüsteten Geräten eine aktuelle Steuerung der Abwasserbehandlung realisiert werden.

Immunodiagnostik

Für viele Anwendungen in der medizinischen Forschung und Diagnostik ist es von großer Wichtigkeit, Wechselwirkungen zwischen Biomolekülen in ihrer Stärke, ihrer Geschwindigkeit und ihrer Spezifität bestimmen zu können. Speziell betrifft dies das Gebiet der Molekularbiologie, der Prophylaxe, Diagnostik und Therapie von Infektionskrankheiten (z.B. AIDS), der Untersuchung von Regulations- und Wachstumsfaktoren, von Rezeptoren und der biologischen Signaltransduktion und das Gebiet der Krebsforschung, -diagnostik und -therapie. Um in ihrer Durchführung einfache Bestimmungen zu ermöglichen, gibt es eine Vielzahl von Systemen, die auf Affinitätssensoren beruhen. Der Trend geht dabei zur direkten Detektion, d.h., es wird auf die Markierung eines der Reaktanden verzichtet. Die wenigsten Systeme jedoch sind bereits in dem Entwicklungsstadium, daß sie kommerziell einsetzbar und verfügbar wären.

Viele Anwendungen auf den oben genannten Gebieten können bereits durch das von der schwedischen Firma Pharmacia entwickelte System BIAcore abgedeckt werden. Es beruht auf der optischen Methode der Oberflächenplasmonresonanz („surface plasmon resonance", SPR). Das Prinzip der SPR besteht darin, daß ein keilförmig fokussiertes Bündel polarisierten Lichtes durch ein Halbzylinder-förmiges Prisma auf eine Goldschicht gerichtet wird, die auf die Querschnittsfläche des Prismas aufgedampft ist und von dieser Goldschicht reflektiert wird. Bei einem bestimmten Einfallswinkel des Lichtes, dem sogenannten Resonanzwinkel, tritt bei den Oberflächen-Plasmonen in der Goldschicht Resonanz auf, wodurch der reflektierte Strahl stark abgeschwächt wird. Die Goldschicht ist dabei sehr dünn, ca. 47 nm. Auf die dem Glas abgewandte Seite der Goldschicht ist über eine Dextranschicht (Dicke ca. 100 nm) der gewünschte biospezifische Ligand immobilisiert. Wenn Moleküle an diesen Liganden binden oder von dem Liganden abgelöst werden, ändert sich der Resonanzwinkel des Systems, was sehr genau gemessen werden kann. Angegeben wird die Änderung in sogenannten Resonanzeinheiten („resonance unit", RU), wobei eine Änderung von 0,0001° einer RU entspricht, die ihrerseits wieder einer Änderung der Beladung der Goldschicht von ca. 1 pg/mm^2 entspricht.

Beim System BIAcore werden wiederverwendbare Sensorchips eingesetzt. Vorteilhaft ist, daß die Detektion direkt und ohne Marker erfolgen kann. Die Probe muß nur wenig oder gar nicht vorbereitet werden. Die Analysen können in Abständen von 5 bis 10 Minuten durchgeführt werden. Die Reproduzierbarkeit der Messung liegt über 95 %. Im Prinzip kann das System für alle biologischen Reaktionen angewandt werden, bei denen bindende Wechselwirkungen auftreten. Als etablierte Anwendungsgebiete genannt werden von Pharmacia z.B. die Untersuchung von synthetischen Proteinen, DNA-Sequenzen und Pharmaka, die Charakterisierung von monoklonalen Antikörpern und die Erforschung von Infektionskrankheiten. Möglich sind Konzentrationsmessungen im Bereich von 10^{-11} bis 10^{-3} M, Affinitätsmessungen im Bereich von 10^5 bis 10^{10} M^{-1} und kinetische Messungen im Bereich von 10^3 bis 10^6 $(Ms)^{-1}$.

Anmerkung

Aufgrund des einfachen und standardisierbaren Aufbaus von Biosensoren gibt es heute bereits viele Analysesysteme, bei denen ein Grundgerät mit Sensoren für verschiedene Analyte ausgerüstet werden kann. Die in der Tabelle 4.19 angeführten Geräte sind für die Bestimmung mehrerer Analyte geeignet.

Tabelle 4.19 Beispiele für kommerzielle Systeme, die für die Bestimmung mehrerer Analyte geeignet sind.

Hersteller-Firma	Gerät	Analyte	linearer Meßbereich (mM)	Meßfrequenz (h^{-1})	serieller Variationskoeffizient (%)	Stabilität
YSI Yellow Springs Instruments, USA	2000	Lactose, Galactose, Saccharose	0–55	20	2	
	2700 Select	D-Glucose	0–140	AZ 90 s	2	
		L-Lactat	0–28			
		Lactose	0–73			
		Ethanol	0–70			
Fuji Electric, Japan	Gluco 20	Glucose	0–27	80–90	1,7	> 500 Proben
		α-Amylase		30	4–5	
SGI (Setric Genie Industriel), Frankreich	Mikrozym-L[1)]	L-Lactat[2)]	0,05–1,5	30–60	<2	> 200 Proben, 15 Tage
		Glucose[3)]	0,3–30	30–60		>400 Proben, 3–4 Wochen
Seres, Frankreich	Enzymat	D-Lactat	0,5–20	60		
		Cholin	0–29	60		
		L-Lysin	0,1–2	60		
		Glucose	0,3–22	60		
Universal Sensors, USA	ABD 3001[4)] (Amperometric Biosensor Detector)	Glucose	0,003–3		<3	500 Proben
		Harnstoff	0,1–10		<5	500 Proben
		Harnsäure	0,006–0.6		<3	500 Proben
		Lactat	0,01–2.5		<3	500 Proben
Prüfgerätewerk Medingen, BRD	Industrie-Modul[5)]	Glucose	0,5–44[6)]	36	<2	>1000 Proben
		Lactat	0,5–34[6)]	36	<2	>1000 Proben
		Lysin	3,4–48[6)]	36	<2	>1000 Proben
Eppendorf, BRD	EBIO 6666	Lactat	0,5–30	120	<1,5	10 Tage,
		Glucose	0,6–50	120	<1,5	2000 Proben
Toyo Jozo, Japan	Lipid Analyzer ICA-LG 400[7)]	Cholesterol, Triglyceride, Phospholipide		40		

[1)] Probenvolumen 60 µl, Option zur Bestimmung von Saccharose in Vorbereitung

[2)] besonders in Blutproben, Fermentations- oder Zellkulturmedien, Milch- und Eiprodukten und zuckerhaltigen Proben

[3)] besonders in Fermentationsmedien und Getränken (Weine, Säfte)

[4)] auch für Alkohol, L-Aminosäuren, Ascorbinsäure, Glutamat, Lactose, Galactose, Oxalat, Salicylat und Sucrose

[5)] Lactose, Glutamat und Ascorbinsäure in Vorbereitung, Probenvolumen 10 µl

[6)] bei Verdünnung 1+50

[7)] Probenvolumen 30 µl, Vorinkubation der Probe mit der entsprechenden Hydrolase, dann Messung mit Enzymsensor, bei dem Cholesteroloxidase, Glycerokinase, Glycerophosphatoxidase oder Cholinoxidase vor einer Sauerstoffelektrode immobilisiert sind.

Tabelle 4.20 In Berlin-Buch entwickelte Enzymmembranen, mit denen das Grundgerät Glukometer der Prüfgerätewerkes Medingen ausgerüstet werden und somit für die Bestimmung der folgenden Analyte eingesetzt werden kann (nach Scheller et al., GBF-Monograph, Vol. 17, Braunschweig **1991**, S. 6).

Analyt	Enzym	linearer Meßbereich (mM)	Meß-frequenz (h^{-1})	serieller Variationskoeffizient (%)	Stabilität
Lactat	Lactatoxidase	1–40	120	1	14 Tage
Pyruvat (+ Lactat)	Lactatdehydrogenase + Lactatmonooxygenase	0–7	20	2	55 Tage
Glucose	Glucoseoxidase	0,5–50	100	1,5	10 Tage
Harnstoff	Urease	0,8–50	40	1	15 Tage
Harnsäure	Uricase	0,1–1,2	40	2	10 Tage
Lactose	Glucoseoxidase + β-Galactosidase	1–50	100	1,5	20 Tage
Maltose	Glucoseoxidase + α-Glukosidase	1–50	60	2	14 Tage
Sucrose	Glucoseoxidase + Mutarotase + Invertase	1–44	40	1,5	5 Tage
Glutamat	Glutamatoxidase	0,04–40	40	1,5	10 Tage
Glutamin	Glutaminase + Glutamatoxidase	0,04–20	40	1,5	10 Tage
Lysin	Lysinoxidase	0,01–2	60	1,5	20 Tage
Phosphat	Glucoseoxidase + alkalische Phosphatase	2–24	12	2	28 Tage
Lactatdehydrogenase	Lactatmonooxygenase	60–1200 U/l	15	2	55 Tage
Pyruvatkinase	Lactatdehydrogenase + Lactatmonooxygenase	60–840 U/l	15	3	55 Tage
Kreatinkinase	Pyruvatkinase	60–1050 U/l	10	3	14 Tage
Acetylcholinesterase	+ Lactatdehydrogenase + Lactatmonooxygenase	200–24000 U/l	40	2	21 Tage

Literatur

Monographien

D.G. Buerk, *Biosensors. Theory and Applications*, Technomic Publishing Company, Lancester **1993**.

A.E.G. Cass (Hrsg.), *Biosensors. A Practical Approach*, Oxford University Press, Oxford **1990**.

W. Göpel, J. Hesse, J.N. Zemel (Hrsg.), *Sensors: A Comprehensive Survey*, Bände 2 u. 3: *Chemical and Biochemical Sensors*, **1991** und Band 8: *Micro- and Nanosensor Technology*, **1995** VCH Verlagsges., Weinheim.

W. Göpel, G. Sandstede (Hrsg.), *Elektrochemische Sensorik: Neues aus Forschung und Anwendung*, Dechema Monographs, Band 126, VCH Verlagsges., Weinheim **1992**.

E.A. Hall, *Biosensors*, Oxford University Press, Ballmoor, **1990**.

E.A. Hall, *Biosensoren*, Springer, Berlin **1995**.

F. Scheller, F. Schubert, *Biosensors*, Elsevier, Amsterdam, **1990**.

Th. Scheper, *Bioanalytik*, Verlag Vieweg, Braunschweig **1991**.

U.E. Spichiger-Keller, *Chemical Sensors and Biosensors for Medical and Biological Applications*, Wiley-VCH, Weinheim **1998**.

A.P.F. Turner, I. Karube, G. Wilson (Hrsg.), *Biosensors*, Oxford University Press, Oxford **1986**.

J. Wang, *Electroanalytical techniques in clinical chemistry and laboratory medicine*, VCH Verlagsges., Weinheim, **1988**.

Übersichtsartikel:

M. Aizawa, *Anal. Chim. Acta 250*, 249-256, **1991**.

M.P. Byfield & R.A. Abuknesha, *Biosens. Bioelectron. 9*, 373-400, **1994**.

O. Camman et al., *Angew. Chem. 103*, 519-541, **1991**.

W. Göpel & P. Heiduschka, *Biosens. Bioelectron. 10*, 853-883, **1995**.

L. Gorton et al., *Anal. Chim. Acta 250*, 203-248, **1991**.

F. Scheller et al., *Analyst 114*, 653-662, **1989**.

R.D. Schmid et al., *Chemie in unserer Zeit 26*, 163-173, **1992**.

R.S. Sethi, *Biosens. Bioelectron. 9*, 243-264, **1994**.

N. Thompson & U.J. Krull, *Anal. Chem. 63*, 393A-403A, **1991**.

P. Vadgama et al., *Analyst 117*, 1657-1670, **1992**.

5 Immunologische Methoden

5.1 Immundiffusion und Immunelektrophorese

5.1.1 Einleitung

Definition

Immundiffusion ist eine einfache Methode, um in einem Gel spezifische Antikörper-Antigen-Komplexe zu bestimmen. Die Technik basiert auf dem Prinzip, daß Makromoleküle, wie Antigen und Antikörper, in wäßriger Phase in einem weitmaschigen Gel frei diffundieren, bis durch Komplexierung von Antigen und Antikörper unlösliche Präzipitate gebildet werden. Die Präzipitate werden durch Färbung sichtbar gemacht.

Grundlagen

Makromoleküle mit einer Molmasse (**M**) bis etwa 10^6 g mol^{-1} können in wäßriger Phase frei diffundieren. Dabei bilden sie einen Diffusionsgradienten aus. Die Diffusionsrate von Makromolekülen ist proportional zum Konzentrationsgradienten und hängt vom Diffusionskoeffizienten des Moleküls ab. Dies wird durch folgende Beziehung beschrieben, die in der Literatur auch als Ficksches Diffusionsgesetz bezeichnet wird:

$$\frac{\mathrm{d}M}{\mathrm{d}t} = D(x)\ F(x)\frac{\mathrm{d}c}{\mathrm{d}x}$$

wobei M die Menge an Substanz ist, die über die Fläche F in der Zeit t diffundiert. D ist der Diffusionskoefffizient, der u.a. von der Molmasse und der Größe bzw. Form des Moleküles abhängt. $\mathrm{d}c\,/\,\mathrm{d}x$ stellt den Konzentrationsgradienten dar, wobei c die Ausgangskonzentration und x die Strecke der Diffusion ist. Antikörpermoleküle haben eine große Molmasse; für IgG liegt sie bei $1{,}5 \times 10^5$, für IgM bei 10^6 g mol^{-1}. Daher ist der Diffusionskoeffizient sehr klein. Aus diesem Grunde benötigt die Immundiffusion selbst relativ viel Zeit. In der Regel wird die Diffusion über 16 bis 48 h durchgeführt, die nachfolgende Aufarbeitung und die Analyse benötigen ebenfalls 24 h oder mehr. Um die wäßrige Phase für diese lange Zeit zu stabilisieren, wird eine weitmaschige Gelmatrix verwendet, die die Migration der Makromoleküle kaum behindert, aber eine unspezifische Durchmischung von Antigen und Antikörper oder ein gleichmäßiges Verteilen der beiden Komponenten verhindert. In der Praxis werden hierfür 0.5 bis 2 % Agar oder Agarose verwendet. Diese Matrix erlaubt die Migration der Proteine und unterbindet mechanische oder thermische Strömungen. Die Technik der Immundiffusion nutzt die Eigenschaft von multireaktiven Seren aus, mit multivalenten Antigenen verzweigte unlösliche Präzipitate zu bilden (Bild 5.1). Die Präzipitation erfolgt nur im sogenannten Äquivalenzbereich. Sowohl bei Antigenüberschuß (Bild 5.2) als auch bei Antikör-

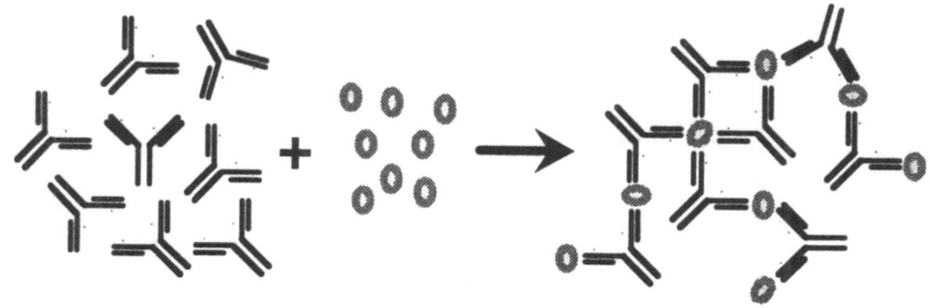

Bild 5.1 Präzipitation eines Immunkomplexes: Multivalente Antiseren und multivalente Antigene bilden im Bereich äquivalenter Konzentrationen hochmolekulare, quervernetzte Komplexe, die als unlösliche Präzipitate ausfallen. Im Gel werden bei ausreichender Konzentration beider Komponenten sichtbare Präzipitationszonen (Präzipitine) gebildet.

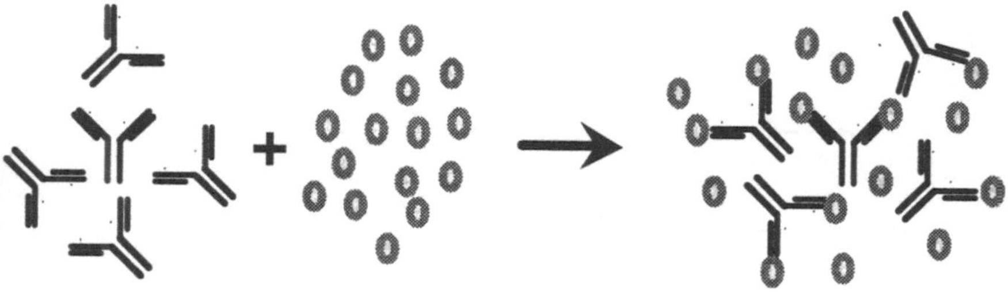

Bild 5.2 Lösliche Immunkomplexe bei Antigenüberschuß: Bei Antigenüberschuß werden alle Bindungsstellen der Antikörper von einzelnen Antigenmolekülen besetzt. Daher können sich keine hochmolekularen quervernetzten Komplexe ausbilden.

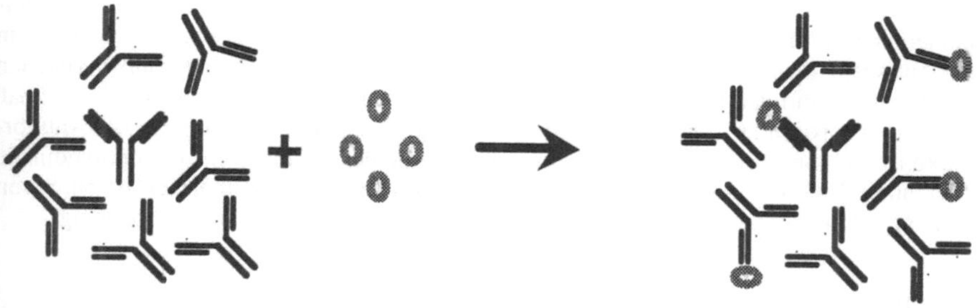

Bild 5.3 Lösliche Immunkomplexe bei Antikörperüberschuß: Bei Überschuß an Antikörpern können nur wenige Bindungsstellen der Antikörper ein Antigenmolekül binden. Daher kommt es nicht zur Ausbildung großer Komplexe.

perüberschuß (Bild 5.3) bilden sich kleine, lösliche Komplexe. Die Abhängigkeit der Präzipitatbildung von der Antigen-Konzentration bei konstanter Antikörpermenge wird durch die og. Heidelberger-Kurve beschrieben (Bild 5.4). Wenn also in der Immundiffusion das Antien in die Matrix diffundiert, gibt es eine schmale Zone, wo die Konzentrationen des Antiens und Antikörpers äquivalent sind und sie hochmolekulare, unlösliche Komplexe ausbilen, welche präzipitieren (Bild 5.1, 5.4). Diese Präzipitate können zur Auswertung angefärbt verden.

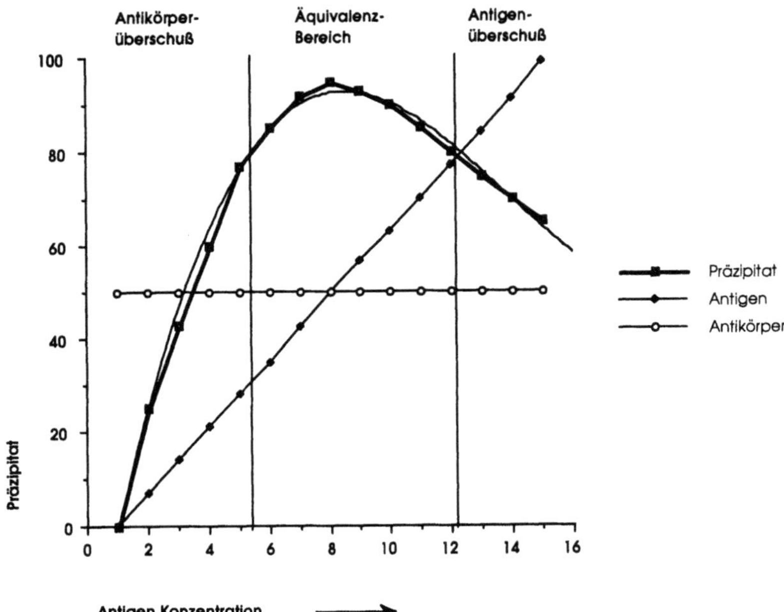

Bild 5.4 Mengenverhältnisse bei der Immunpräzipitation: Die Titration von ansteigender Antigenmenge bei konstanter Antikörperkonzentration zeigt, daß bei geringer Antigenmenge nur wenig Präzipitat gebildet wird und niedermolekulare Antikörper-Antigen-Komplexe gebildet werden (vgl. Bild 5.3). Analog führt relativer Antigenüberschuß zu löslichen Antigen-Antikörper-Komplexen (vgl. Bild 5.2). Nur im Äquivalenzbereich der Konzentrationen beider Komponenten (vgl. Bild 5.1) ist eine maximale Präzipitatmenge abscheidbar (Heidelberger Kurve). Die Heidelberger Kurve zeigt, daß bei immunologischen Reaktionen in der flüssigen Phase sowohl ein Antigen- als auch ein Antikörperüberschuß vermieden werden muß, und daß keine lineare Beziehung zwischen der Präzipitatmenge (= Ausmaß der Immunreaktion zwischen Antikörper und Antigen) und der Antigen- bzw. der Antikörperkonzentration besteht. Die Annäherungskurve (dünner Graph) stellt eine polynomiale Gleichung 3. Ordnung dar. Die Bildung von unlöslichen Immunkomplexen ist auch von anderen Randbedingungen, wie Temperatur, Ionenstärke und pH-Wert etc. abhängig.

Immundiffusion

Die Immundiffusion nutzt die spontane Diffusion von Molekülen entlang eines Konzentrationsgefälles bzw. Diffusionsgradienten aus. Durch sorgfältige Anpassung der Konzentrationen des Antigens und des Antikörpers können mit dieser Methode sowohl die Konzentration des Antigens als auch die Zahl der antigenen Determinanten auf dem Antigen bestimmt werden. Durch die Kombination der Reagenzien und die Geometrie des Gels lassen sich Informationen über Identität oder Unterschiede von Antigenen finden. Insbesondere Kreuzreaktivitäten von bestimmten Antikörpern mit verwandten Antigenen verschiedener Spezies, Kreuzreaktivitäten von Antikörpern mit homologen Antigenen einer Spezies, sowie die Reinheit von Antigenen und die Spezifität von Antikörpern lassen sich auf diese Weise einfach ermitteln. Die Präzipitation von Antigen-Antikörper-Komplexen nach Diffusion wird im allgemeinen in vier Varianten durchgeführt, die im folgenden beschrieben werden:

1) Diffusion einer Komponente in einer Dimension
2) Diffusion einer Komponente in zwei Dimensionen
3) Doppelte Diffusion in einer Dimension
4) Doppelte Diffusion in zwei Dimensionen (sog. Ouchterlony Test)

Immunelektrophorese

Die Techniken der Immunelektrophorese stellen Modifikationen dieser o.g. Methoden dar, die allein auf spontaner Diffusion entlang eines Gradienten basieren, und sie erweitern die analytischen Möglichkeiten. Bei der Immunelektrophorese werden Antigene oder Gemische elektrophoretisch aufgetrennt. Die Antigene werden durch nachfolgende Immundiffusion quer zur Elektrophoreserichtung detektiert. Folgende Varianten der Immunelektrophorese werden im allgemeinen angewandt:

1) Immunelektrophorese (IEP)
2) Rocket electrophoresis (RIEP)

Auf die experimentellen Besonderheiten und die analytischen bzw. präparativen Möglichkeiten der Methoden der Immundiffusion wird im folgenden Abschnitt eingegangen. Prinzipiell ist jedoch anzumerken, daß die Bedeutung der Immundiffusion und Immunelektrophorese für die experimentelle Immunologie und die klinische Diagnostik abgenommen hat und von Westernblott, RIA, ELISA und anderen sensitiveren oder schnelleren präparativen und analytischen Methoden verdrängt wurde. Außerdem werden für viele experimentelle Zwecke heute bevorzugt hochaffine monoklonale Antikörper eingesetzt, die nur ein definiertes Epitop auf dem Antigen erkennen. Für die Immundiffusion eignen sich jedoch multivalente Seren und multivalente Antigene besser, da dadurch große Immunpräzipitate durch Quervernetzung von Antigen und Antikörper ausgebildet werden (Bild 5.1). Zur Präzipitinbildung mit monoklonalen Antikörpern muß daher das Antigen mehrere identische Epitope besitzen, da jeder individuelle monoklonale Antikörper nur über zwei identische Paratope (Bindungsstellen) verfügt. Der zweite prinzipielle Nachteil dieser Techniken ist, daß stabile Präzipitate in ausreichender Dichte im Gel geformt werden müssen. Daher sind vergleichsweise hohe Antikörper- und Antigenkonzentrationen notwendig (Bild 5.4). Außerdem können nur Lösungen von Antikörpern mit vergleichsweise hoher Affinität bzw. Avidität erfolgreich eingesetzt werden, so daß in der Regel nur pentamere IgM- oder hochaffine IgG-Seren verwendet werden, da sonst keine stabilen spezifischen Immunkomplexe ausgebildet werden.

5.1.2 Immundiffusion, experimentelles Design

5.1.2.1 Diffusion einer Komponente in einer Dimension

Zur Immundiffusion einer Komponente in einer Dimension wird die Gelmatrix in einem schmalen Glasrohr präpariert (Bild 5.5). In die Gelmatrix wird das Antiserum bzw. der Antikörper inkorporiert. Je nach Molmasse des Antigens eignen sich 0,5% bis 2% Agar in PBS. Das Antigen wird in wäßriger Lösung auf das Gel aufgetragen und diffundiert durch die mit

Antikörper dotierte Matrix. Dabei bildet sich dort, wo die Antigenkonzentration äquivalent zur Antikörperkonzentration ist, die Präzipitationszone (Präzipitin-Bande) aus. (Bild 5.1, 5.4, 5.5) Da die Konzentration des Antikörpers im Gel überall gleich ist, bildet sich die Präzipitationszone im Gel nur in Abhängigkeit von der Konzentration des Antigens aus, die durch die Diffusion des Antigens zum Zeitpunkt *t1* eingestellt wird (Bild 5.5). Da mehr Antigen nachdiffundiert, löst sich die Präzipitin-Bande laufend wieder auf, weil bei höherer Antigenkonzentration, im Vergleich zur Menge an freien Valenzen, niedermolekulare lösliche Komplexe gebildet werden (Bild 5.2, 4). Die Präzipitationszone wandert daher langsam durch das Gel (Bild 5.5, *t2*). Deshalb wird kein Gleichgewichtszustand erreicht. Folglich ist die Auswertung dieser Analysen schwierig, und exakte quantitative Analysen lassen sich praktisch nicht durchführen. Zudem werden zur Dotierung des Gels erhebliche Mengen an Antiseren gebraucht; bei unbekanntem Antigen oder bei Antigen-Gemischen müssen gegebenenfalls mehrere Gele mit unterschiedlichen Konzentrationen an Antikörpern präpariert werden, um die zur Präzipitinbildung notwendige optimale Konzentration der beiden Komponenten zu erhalten.

5.1.2.2 Diffusion einer Komponente in zwei Dimensionen

Bei der Immundiffusion einer Komponente in zwei Dimensionen wird, wie oben unter 5.1.2.1 beschrieben, die Gelmatrix mit der Antikörperlösung dotiert. Dadurch bildet sich die Präzipitationszone nur in Abhängigkeit von der Konzentration des Antigens aus. Die Konzentration stellt sich durch Diffusion im Gel ein. Im Gegensatz zur eindimensionalen Diffusion wird bei der zweidimensionalen Immundiffusion die Gelmatrix in Petrischalen oder auf

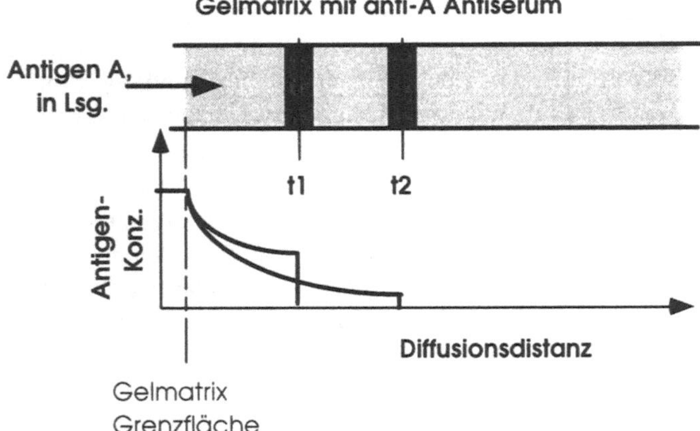

Bild 5.5 Immundiffusion einer Komponente in einer Dimension: In die flüssige Gelmatrix wird anti-A Antiserum gemischt. Die Gelmatrix wird in ein Glasrohr gegossen. Nach Erkalten wird das Antigen A oder ein Gemisch, welches die Komponente A enthält, auf einer Seite aufgetragen. Das Antigen diffundiert durch die Matrix. An der Stelle, wo sich durch die Diffusion zur Zeit *t1* eine Zone äquivalenter Konzentrationen von Antigen A und anti-A Antiserum ausbildet, wird ein unlöslicher Immunkomplex gebildet (dunkle Zone). Solange weitere Antigenmoleküle nachdiffundieren, bewegt sich der Präzipitinring weiter nach rechts (*t2*).

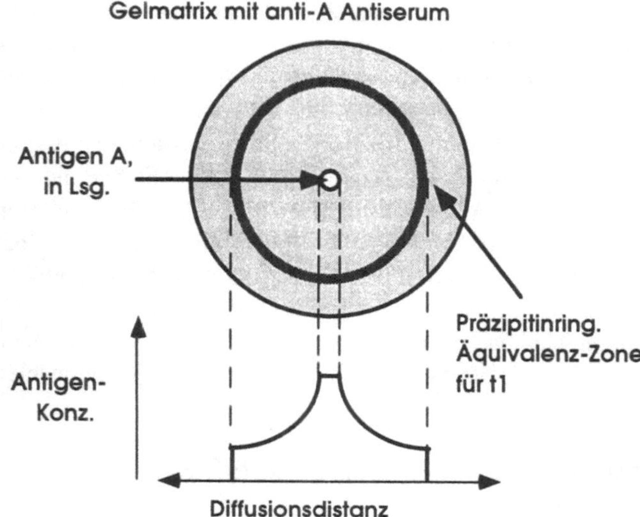

Bild 5.6 Immundiffusion einer Komponente in zwei Dimensionen: In die flüssige Gelmatrix wird anti-A Antiserum gemischt. Die Gelmatrix wird in eine Petrischale oder auf eine Glasplatte gegossen. Nach Erkalten wird ein Probenloch gestanzt, in welches das Antigen A oder ein Gemisch, welches die Komponente A enthält, gefüllt wird. Die Antigenmoleküle diffundieren radial in das Gel. Dort, wo die Antigenkonzentration den im Gel vorgegebenen Konzentrationsbereich des Antikörpers erreicht, bildet sich ein Präzipitinring aus. Je höher die Antigenkonzentration an Komponente A in der Probenlösung ist, desto größer ist der Präzipitinring zum Zeitpunkt *t1*. Solange Antigenmoleküle nachdiffundieren, weitet sich der Präzipitinring.

Glasplatten präpariert. In das Gel wird ein Loch mit einem Durchmesser von ca. 2,5 mm oder größer gestanzt. Das Antigen wird in das Loch pipettiert und diffundiert in die mit Antiserum dotierte Matrix (Bild 5.6). Bei einem bestimmten Radius ist die Konzentration des Antigens äquivalent zur Konzentration des Antikörpers im Gel, und es formt sich ein Präzipitinring aus (Bild 5.6). Je höher die Konzentration und die Mobilität des Antigens in der Ausgangslösung sind, desto weiter diffundiert das Antigen in der Matrix. Diese Methode stellt ein simples Verfahren zur Bestimmung von Antikörper-Titern in Seren dar, da im Gel Antikörper gegen Immunglobuline mit bekannter Konzentration verwendet werden können. Weil die Methode jedoch eine relative hohe Mindestkonzentration beider Komponenten zur Präzipitinbildung erfordert, wird sie heute in der Regel durch wesentlich sensitivere Methoden wie z.B. Westernblot (vgl. Abschnitt 5.3) oder ELISA (vgl. Abschnitt 5.4) ersetzt.

5.1.2.3 Diffusion zweier Komponenten in einer Dimension

Die Diffusion zweier Komponenten (i.e., doppelte Diffusion) in einer Dimension stellt eine weitere Variante der Immundiffusion dar, die technisch leichter durchzuführen ist und zudem den Vorteil bietet, daß eine stabile Präzipitin-Bande sichtbar ist. Bei diesem Verfahren wird die Gelmatrix ohne Antikörper in einem Glasrohr präpariert. Antigen und Antikörper werden an den Enden aufgetragen und diffundieren gegeneinander (Bild 5.7). In Abhängigkeit von der Konzentration von Antigen und Antikörper, deren Diffusionskoeffizient bzw.

Mobilität und der Diffusionsstrecke bildet sich im Gel eine Zone der Präzipitation dort aus, wo sich äquivalente Konzentrationen von Antigen und Antikörper einstellen. Da entlang des Diffusionsgradienten weitere Antigen- und Antikörper-Moleküle in die Präzipitationszone diffundieren, wird eine stabile Präzipitin-Bande ausgebildet. Bei hoher Ausgangskonzentration von Antigen und Antikörper kann das Präzipitin allerdings so dicht werden, daß es eine Diffusionsbarriere darstellt. Diese Methode eignet sich, um Gemische von Antigen und Antikörpern aufzutrennen. Hierbei wird für jedes Antigen-Antikörper-Paar in Abhängigkeit von der Ausgangskonzentration und dem Diffusionskoeffizient ein Präzipitin gebildet. Da aber häufig IgG-Antiseren verwendet werden, ist zumindest die Diffusionskonstante der Antikörper gleich. Daher ist bei doppelter Immundiffusion in eindimensionaler Analyse die Auflösung eingeschränkt. Der Vorteil dieser Methode liegt jedoch darin, daß in die Gelmatrix kein Antikörper eingebracht wird und daß bei einfacher Zusammensetzung der Komponenten stabile Präzipitin-Banden gebildet werden.

5.1.2.4 Diffusion zweier Komponenten in zwei Dimensionen (Ouchterlony)

Die Diffusion zweier Komponenten in zwei Dimensionen, auch Gel-Doppeldiffusion (GDD) genannt, stellt unter den Immundiffusionstechniken die am weitesten verbreitete Methode dar. Für diesen Test wird eine Gelmatrix ohne Antikörper in einer Petrischale oder auf einer Glasplatte geliert (Bild 5.8). Die Lösungen von Antigen und Antikörpern werden in die

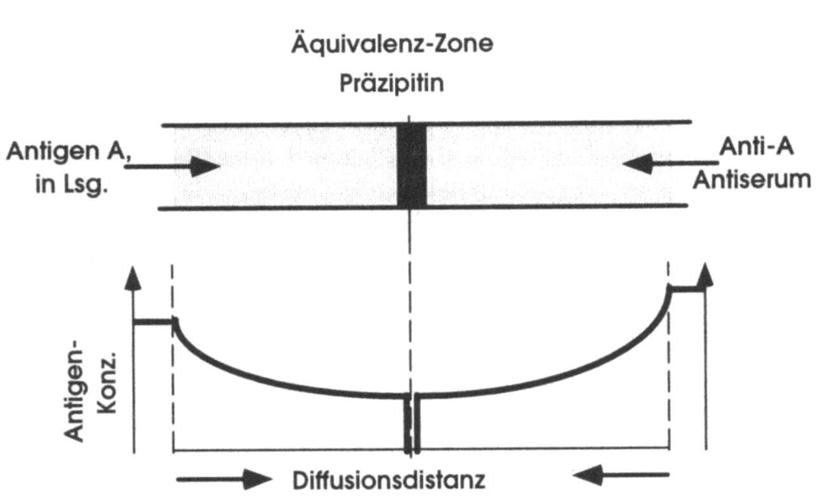

Bild 5.7 Doppelte Immundiffusion in einer Dimension: Bei der Immundiffusion von zwei Komponenten in einer Dimension wird eine reine Gelmatrix (ohne Serum) in einem Glasrohr präpariert. Antigen und Antikörper werden an den Enden aufgetragen und diffundieren spontan durch die Matrix. In Abhängigkeit von den Diffusionskoeffizienten und den Ausgangskonzentrationen beider Komponenten wird im Gel ein Bereich äquivalenter Konzentrationen erreicht. Dort bildet sich ein stabiles Präzipitin aus, da Antigen und Antikörper gegeneinander diffundieren.

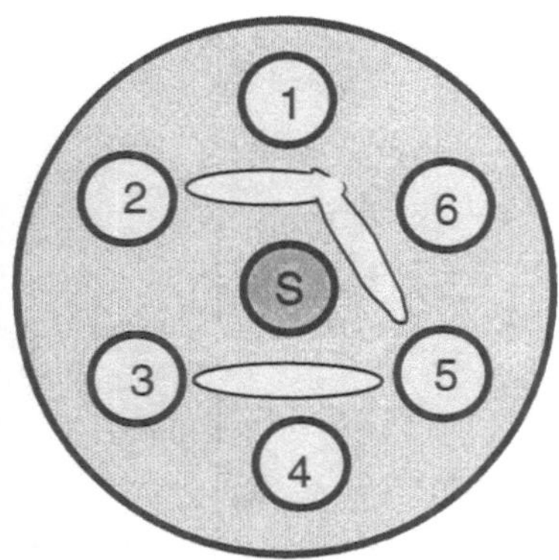

Bild 5.8 Ouchterlony-Test: Der Ouchterlony-Test stellt eine Immundiffusion zweier Komponenten in zwei Dimensionen dar. Die reine Gelmatrix (ohne Antiserum) wird in einer Petrischale oder auf einer Glasplatte präpariert. Das Antiserum S wird in der Mitte aufgetragen und diffundiert gegen die Antigene 1 – 6. Präzipitine werden bei Antigen 1,4 und 6 gebildet. Da beim Ouchterlony-Test beide Komponenten gegeneinander diffundieren, werden stabile Präzipitine gebildet. Antigene 1,4 und 6 enthalten also z.B. eine gemeinsame Komponente, die mit Serum S reagiert, oder Serum S enthält verschiedene Antikörper, die mit 1,4 und 6 reagieren. Antiserum S ist jedoch nicht (oder sehr schwach) reaktiv gegen die Moleküle 2,3 und 5. Je nach Ausganskonzentration oder Zusammensetzung der Antigene werden bestimmte Muster der Präzipitinbildung beobachtet.

Probenlöcher pipettiert und diffundieren entlang des Gradienten radial aus. Wie unter 5.1.2.3 beschrieben, bildet sich ein Präzipitin in der Zone aus, wo Antigen und Antikörper äquivalente Konzentrationen erreichen (Bild 5.8). Durch geeignete Anordnung der Löcher lassen sich im Ouchterlony-Test mehrere Komponenten synchron analysieren (radial immuno diffusion, RID Bild 5.9). Da sich stabile Präzipitate ausbilden, ist diese Methode zur qualitativen und quantitativen Analyse geeignet. Ein weiterer Vorteil in der Praxis besteht darin, daß bei schwacher Reaktion nach wenigen Stunden die Ouchterlonygele mit Antigen oder Antiserum „nachgeladen“ werden können, da es sich bei dieser Technik um eine stabile Gleichgewichtsreaktion handelt. Dabei können jedoch auch Artefakte entstehen, die die Auswertung erschweren.

Material und Methoden

Für alle Varianten der Immundiffusion haben sich Matrices aus Agar oder Agarose in Wasser oder in leicht alkalischem Puffer bewährt. Da Agar einen relativ höheren Anteil an Fremdstoffen hat, ist für analytische Arbeiten Agarose (Serva) vorzuziehen. Vielfach wird jedoch gereinigter Agar (Noble Agar, Difco) für Standardexperimente verwendet. Die Chemikalien sind wie in Tabelle 5.1 beschrieben vorzubereiten:

Neben den üblichen Laborgeräten wie pH-Meter, Heizplatte mit Magnetrührer, Mikrowellengerät, sind Nivellierplatte, Ouchterlony-Stanzen, feuchte Kühlkammer und Horizon-

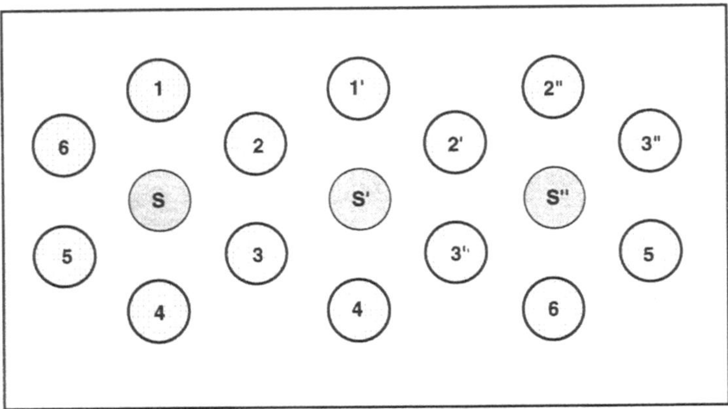

Bild 5.9 Radiale Immundiffusion: Die radiale Immundiffusion stellt eine Variante des Ouchterlony-Tests dar. Hierbei wird das Antiserum z.B. in verschiedenen Verdünnungen S, S' uns S" in die Probenlöcher pipettiert (graue, zentrale Löcher) und gleichzeitig gegen a) verschiedene Antigene 1-6, oder b) verschiedene Konzentrationen eines Antigens z.B. 2 bzw. 2' oder c) verschiedene Fraktionen von Antigenpräparationen etc. diffundiert z. B. 3,3',3". Dadurch können relativ rasch semiquantitative Aussagen z.B. zur Reinheit oder Konzentration eines Antigenes gemacht werden. Auf diese Weise können Seren bzw. Antigene mit bekannter Reaktivität, aber unbekannter Konzentration im Vergleich zu den entsprechenden Standardlösungen quantitativ ausgewertet werden.

talgelsystem zur Durchführung von Immundiffusion und Immunelektrophorese empfehlenswert.

- Die Salze für PBS bzw. Trispuffer werden eingewogen, der pH-Wert eingestellt und die Lösungen autoklaviert. Die anderen Lösungen werden direkt hergestellt und sind stabil.
- Zur Herstellung des Gels werden 7,5 g Agar mit 500 ml Aqua dest. vermischt und für 4 – 6 h gequollen, dann in der Mikrowelle erhitzt, bis die Lösung dünnflüssig, klar und homogen ist.

Tabelle 5.1 Präparation von 1% Agar in PBS-N_3

PBS:	2,7 g/l $Na_2HPO_4 \times 12H_2O$ 0,39 g/l $NaH_2PO_4 \times 2H_20$ 9,0 g/l NaCl pH auf 7,2 einstellen.
10% NaN_3 Lösung:	100 g/l NaN_3 in H_20
1M Tris-HCl:	121 g/l Tris-Base pH auf 8 mit HCl einstellen
Coomassie-Färbelösung:	0,5 % (w/v) Coomassie Brill.Blau R 250 40 % Ethanol 10 % Eisessig 50 % Wasser
Entfärbelösung:	20 % Ethanol 5 % Eisessig 75 % Wasser

- Man mischt 5 mg Na-Methiolat (Thimerosal) ein und aliquotisiert das Gel zur Lagerung in Glasfläschchen.
- Die Matrix ist bei ca. 4°C für wenige Wochen haltbar. Alternativ kann auch PBS als wäßrige Phase verwendet werden, dem NaN_3 ad 0.05 % (v/v) zugesetzt wird.

Anstelle von Agar werden häufig auch Agarosegele eingesetzt. Agarose ist für Immunelektrophoresegele mit geringer Elektroendo-Osmose (low endo osmosis, LEO) erhältlich (s.u.). Als Standard-Agarose für alle Immundiffusionsmethoden ohne Elektrophorese empfiehlt sich jedoch der Einsatz von Agarose höherer Elektroendo-Osmose (Serva, Pharmacia). Als Puffer kommen 0,05 M Barbitol pH 8,6 oder auch 0,1 M Tris-HCl pH 8 und andere leicht alkalische Puffer in Frage. Für allgemeine Zwecke werden 1% Agarosegele verwendet. Zur besseren Auftrennung kann gegebenenfalls bis zu 3% PEG 6000 beigefügt werden. PEG kann zudem Immunkomplexe stabilisieren und damit zur besseren Detektion beitragen. Gegen Kontaminationen wird ebenfalls Thimerosal oder Natriumazid zugesetzt (s.o.). Zur Herstellung des Gels werden 5 g Agarose in 500 ml Puffer in der Mikrowelle erhitzt. Wenn die Agarose vollständig gelöst ist, wird gegebenenfalls PEG 6000 eingerührt und weiter erhitzt bis die Lösung homogen und klar ist. Wenn sich die Lösung auf ca. 60°C abgekühlt hat, wird wie oben N_3 zugegeben und das Gel in verschlossenen Fläschchen bei 4°C gelagert. Vor Gebrauch wird die Agar- oder Agarosematrix im Mikrowellengerät oder Wasserbad erhitzt. Die Gele werden in Petrischalen oder auf Glasplatten gegossen. Pro 8 cm Petrischale werden je 22 ml Gelmatrix gegossen. Alternativ können auch Glasplatten (ca. 8,5 × 10 cm) verwendet werden. Dies ist von Vorteil, wenn zeitgleich viele Proben mit einigen Seren getestet werden sollen (Bild 5.9, radial assay). Die Glasplatten werden gut mit Spülmittel/Wasser und dann mit Ethanol gereinigt. Die Platten werden mit ca. 8 ml 0,5% Agarose vorbeschichtet und 4 h bei 50°C oder über Nacht bei Raumtemperatur getrocknet. Die vorbeschichteten Platten werden dann auf einer waagerechten Fläche (Nivellierplatte) mit 12 ml 1 % Agarose/PEG-Gel überschichtet. Die Gele erhärten beim Abkühlen auf Raumtemperatur. Zur Lagerung müssen diese Platten in einer feuchten Kammer bei 4 °C aufbewahrt werden. Mit Injektions- oder Perfusionsnadeln (z.B. G15), Glaspipette bzw. einer Immundiffusionsstanze (EC Apparatus) werden die Probenlöcher im Abstand von etwa 5 bis 7,5 mm gestanzt. Nach dem Stanzen wird in die Probenlöcher ein Tropfen heißer Gellösung gegeben, um den Spalt zwischen Matrix und Glasboden zu versiegeln. Der Durchmesser der Löcher und der Abstand sollte dem Auftragsvolumen und der Konzentration der Komponenten angepaßt sein. Bei 1,5 mm Gelstärke ist für 2 µl Probenvolumen ein Durchmesser von 1,5 mm ausreichend, für 5 µl: 2,3 mm, für 10 µl: 3 mm, für 30 µl: 5 mm, für 40 µl: 6 mm. Größere Volumina können auf Glasplatten nicht analysiert werden. Hierfür sind Gele mit höherer Schichtdicke in Petrischalen besser geeignet.

Die Lösungen von Antigen und Antikörper werden in die Probenlöcher pipettiert und bei 4°C für 16 bis 48 h zur Diffusion inkubiert. Die Entwicklung eines Präzipitins mit IgG Antiseren dauert in der Regel 16–24 h, bei IgM Seren jedoch 48 h oder länger. Erwärmung auf Raumtemperatur kann den Diffusionsvorgang zwar beschleunigen, dies geht aber auf Kosten der Sensitivität und Auflösung. Um ein Austrocknen des Gels zu verhindern, sollte die Inkubation in einer feuchten Kammer durchgeführt werden. Unverdünntes Serum oder Antikörperkonzentrationen im Bereich von 10–100 µg/ml können mit Antigenen in einer Ausgangskonzentration von etwa 1 mg/ml gute Präzipitate bilden.

Nach der Immundiffusion wird das Gel auf einem Magnetrührer in einer Schale in PBS-N_3 mindestens 16 h, in der Regel jedoch 24–48 h gewaschen, um überschüssiges Protein zu entfernen. Mehrere Pufferwechsel sind ratsam. Das Gel wird dann in ein Wasserbad überführt, um das PBS zu entfernen. Zum Trocknen wird das Gel auf Filterpapier gelegt und unter Druck über Nacht auf das Filterpapier getrocknet. Jetzt kann durch Coomassie Blau die Präzipitinbande sichtbar gemacht werden: In der Regel reichen bei Raumtemperatur 10 min. Färbezeit aus, gefolgt von mehreren Waschschritten, bis optimale Färbung erreicht wird.

Auswertung und Dokumentation

Da die Präzipitinbanden direkt durch Coomassie-Färbung sichtbar gemacht werden, können Immundiffusionsgele direkt ausgewertet werden. Zur Dokumentation dienen neben direkter Photokopie auch alle anderen bildgebenden Verfahren wie Photographie oder Videodokumentation.

Fehlerquellen

Die Immundiffusionstechnik nutzt die Ausbildung eines Präzipitates von Antigen-Antikörper-Komplexen bei äquivalenten Konzentrationen aus. Hierfür müssen geeignete Mindestkonzentrationen beider Komponenten vorliegen, um 1.) einen Diffusionsgradienten auszubilden, der spontane Diffusion über die vorgegebene Strecke erlaubt, und um 2.) im Bereich äquivalenter Konzentrationen eine stabile und sichtbare Präzipitin-Bande zu erzeugen. Komplexe Antigene und/ oder multispezifische Seren können mehrere Präzipitin-Banden oder überlappende Banden erzeugen, was die Interpretation erschwert. Unlösliche Präzipitinbanden können auch die Diffusion anderer Komponenten im Gemisch behindern, was die Präzipitationszonen verschiebt. Daher lassen sich die Immundiffusionstechniken nur für relativ simple Fragestellungen heranziehen.

Anwendungsbeispiele

Immundiffusion stellt eine relative einfache und kostengünstige Methode dar, um z.B. im Labor Seren von immunisierten Tieren auf Titer, Präzipitationsfähigkeit und Spezifität gegen gelöste Antigene zu testen. Ebenso kann der Isotyp einer Antikörperpräparation bestimmt werden. Wenn spezifische Antiseren vorhanden sind, kann analog die Reinheit einer Antigenpräparation und halbquantitativ auch der Titer des Antigenes bestimmt werden.

5.1.3 Immunelektrophorese, experimentelles Design

5.1.3.1 Standard Immunelektrophorese (IEP)

Antigene sind in der Praxis häufig Gemische und daher zu komplex, um ohne Aufreinigung direkt per Immundiffusion untersucht zu werden. Dies führt dazu, daß bei simpler Immundiffusion zu viele Banden erzeigt werden oder die Banden zu eng beieinander liegen. Die Immunelektrophorese kombiniert daher die elektrophoretische Auftrennung des Antigengemisches in einer Richtung mit nachfolgender Immundiffusion senkrecht dazu (Bild 5.10)

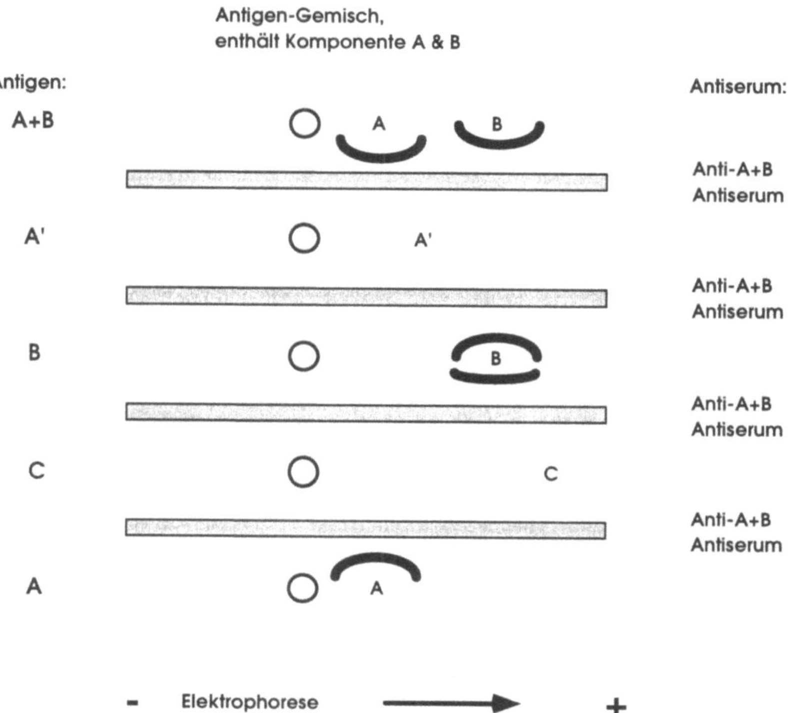

Bild 5.10 Immunelektrophorese: Bei der Immunelektrophorese werden die Antigen enthaltenden Lösungen in die Probenlöcher pipettiert und durch Elektrophorese aufgetrennt. Parallel zur Richtung der Elektrophorese wird in die schmalen Schlitze das Antiserum gegeben. Die nachfolgende Immundiffusion entspricht der doppelten Immundiffusion in zwei Dimensionen. Es werden stabile Präzipitine ausgebildet. Der Vorteil der Immunelektrophorese besteht darin, daß komplexe Proteingemische vor der Immundiffusion aufgetrennt werden, so daß z.B. eine Überlagerung von mehreren Präzipitinen vermieden wird.

Die initiale Elektrophorese trennt die Antigenmoleküle nach Mobilität und Ladung bei gegebenem pH-Wert im Gel auf. Nach Elektrophorese wird das Antiserum in den Probenschlitz pipettiert und diffundiert senkrecht zur Elektrophoreserichtung durch die Matrix. Wie in Abschnitt 5.1.1 beschrieben, bilden sich Präzipitin-Banden dort aus, wo äquivalente Konzentrationen von Antigen und Antikörper auftreten (Bild 5.1, 5.4). Der Vorteil dieser Methode liegt darin, daß die Kombination von Elektrophorese und nachfolgender Doppeldiffusion die Auflösung der Analyse erheblich steigert. Diese Methode wird in der klinischen Diagnostik zur Analyse von Serumproteinen, insbesondere zur Charakterisierung von Myelomproteinen (Immunglobulin von B-Zell Tumoren), eingesetzt.

5.1.3.2 Rocket electrophoresis (RIEP)

Die sog. Rocket-Immunelektrophorese nutzt die Kombination von Proteinelektrophorese und Immunpräzipitation in anderer Weise als die 1D-IEP (s. Abschnitt 5.1.3.1) aus. Die Gelmatrix wird wie bei der einfachen Immundiffusion (s. Abschnitte 5.1.2.1 und 5.1.2.2, Bilder 5.5

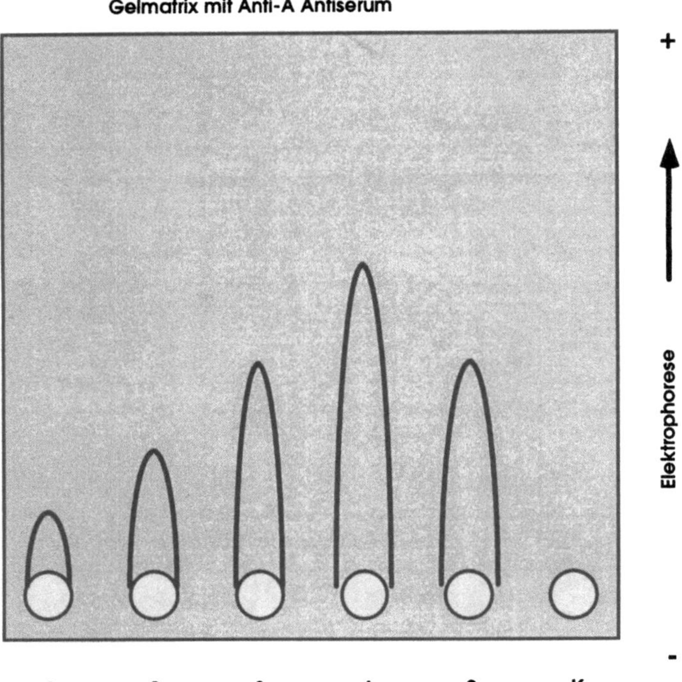

Bild 5.11 Rocket-Immunelektrophorese: Die Rocket-Immunelektrophorese (RID) stellt eine schnelle Analyse zur Messung von Antigenkonzentrationen dar. Hierbei wird eine Matrix mit spezifischem Antiserum gegen das zu untersuchende Antigen präpariert. Das Antigen unbekannter Konzentration (Probe **?**) wird auf das Gel aufgetragen und durch Elektrophorese zur Anode bewegt. Je höher die Konzentration des Antigens, desto weiter bewegt sich das Antigen in der Antikörper-dotierten Matrix. Dort, wo die Äquivalenz-Zone erreicht wird, bildet sich das Präzipitin. Durch gleichzeitiges Auftragen von mehreren Verdünnungen des Antigens bekannter Konzentration (Proben **1-4**), läßt sich die Konzentration der zu bestimmenden Lösung (Probe **?**) ermitteln. Die Spezifität der Reaktion wird durch Kontrollen **K** bestätigt. Die RID kann nur unter der Bedingung durchgeführt werden, daß das Antigen negativ geladen ist und sich zur Anode bewegt und das Antiserum nahe des IP stationär im Gel verbleibt.

und 5.6) mit einem spezifischen Antiserum dotiert. Der pH-Wert des Gels wird auf 8,6 eingestellt, weil dies nahe am isoelektrischen Punkt (IP) der meisten Immunglobulin-Proteine ist. Dadurch bewegt sich das Serum nicht im elektrischen Feld, sondern nur das Antigen wird zur Anode bewegt. Dies stellt auch die wichtigste Limitation des Systems dar, denn Antigene mit IP nahe 8,6 können nicht aufgetrennt werden. Durch die Elektrophorese bilden sich spitze Keile in der Matrix (Bild 5.11), deren Höhe der Konzentration des Antigenes in der Probenlösung proportional ist. Durch Vergleich mit Standardlösungen bekannter Konzentration kann so der Gehalt an Antigen in einer Probenlösung bestimmt werden.

Auf die weitere Methoden der Protein-Gelelektrophorese und Immundiffusion, wie 2D-Immunelektrophorese oder isoelektrische Fokussierung mit Immundiffusion etc., kann im Rahmen dieser Methodenübersicht nicht eingegangen werden. Es wird daher auf die Originalliteratur verwiesen.

Material und Methoden

Prinzipiell werden bei der Immunelektrophorese, analog zur Durchführung der Immundiffusion, Agar oder Agarosegele verwendet. Bei der Immunelektrophorese ist jedoch ein Trägermaterial mit möglichst geringer Elektroendo-Osmose (LEO Agarose) notwendig, um eine Erwärmung des Gels durch hohe Stromdichte zu vermeiden. Elektrophoresepuffer von 0,02 M bis 0,075 M mit hoher Pufferkapazität, wie 0,05 M Barbitone pH 8,6 oder 0,075 Tris-HCl pH 8, wurden erfolgreich eingesetzt. Im alkalischen Puffer bewegen sich die meisten Serumproteine zur Anode, der Probenauftrag erfolgt daher auf der Kathodenseite. Für gute Auflösung ist jedoch weniger der pH-Wert als vielmehr die Wahl des Pufferanions kritisch. Zur Auftrennung von Proteinen mit anderem isoelektrischen Punkt können auch Tris-Glycin, Tris-Borat oder andere Borat- und Acetatpuffer Verwendung finden. Wichtig ist in jedem Falle, daß durch ausreichende Pufferkapazität pH-Schwankungen während der Elektrophorese vermieden werden. Für Protokolle der Routineuntersuchungen von Serum o.a. sei auf die technischen Blätter der Hersteller von IEP Apparaturen verwiesen:

- Pharmacia Biotech, Freiburg, BRD
- Shandon Labortechnik, Frankfurt/M,BRD
- EC Apparatus, St. Petersburg, FL, USA

Die Auswertung und Dokumentation der Immunelektrophorese erfolgt wie oben beschrieben.

Literatur

Berzofsky, J.A., Epstein, S.L. und Berkower, I.J. in: *Fundamental Immunology* Hrsg.: W.E. Paul, S. 445–450 Raven Press, New York **1993**.

Catty, D. und Raykundalia, C. in: *Antibodies, a practical approach*, Band 1 Hrsg. C. Catty S. 137–168 IRL Press Oxford **1988**.

Hornbeck, P., Double immunodiffusion assay for detecting specific antibodies in: *Current Protocols in Immunology*, Band 1: Hrsg. J.E. Coligan, A.M. Kruisbeek, D.H. Margulies, E.M. Shevach und W. Strober S. 2.3.1.–2.3.4., John Wiley, New York **1991**.

Ouchterloni, O und Nilson,L.A., Immunodiffusion und Immunoelectrophoresis. in: *Handbook of Experimental Immunology*, Band 1: *Immunochemistry*; Hrsg.: D.M. Weir, L.A. Herzenberg, C. Blackwell and L.A. Herzenberg , pp. 32.1-32.50 , Blackwell, Oxford, GB **1986**.

5.2 Immunfluoreszenz (IF)

Die Immunfluoreszenz (IF) zeichnet sich als wichtige Methode in der Immunologie durch eine hohe *Sensitivität* und einfache Durchführung aus. Sie erlaubt zudem eine *Analyse nativer Proben*. In der Immunologie wird die Immunfluoreszenz in der Regel zum Nachweis und zur Quantifizierung von Oberflächenantigenen, die bestimmte Zellpopulationen charakterisieren, sowie zur Phänotypisierung von Immunzellen eingesetzt. Dabei sind Mehrfachmarkierungen zur Detektion zweier oder mehrerer Oberflächenantigene möglich. Immunfluoreszenzpräparate können mit Hilfe spezieller Einrichtungen am *Fluoreszenzmikroskop* oder mit dem *Durchflußzytometer* auch quantitativ analysiert werden. Allerdings sind die Anschaffungskosten der Geräte zur quantitativen Probenauswertung relativ hoch.

Die IF basiert auf der Anregung bestimmter Farbstoffmoleküle, sogenannter *Fluorochrome*, durch Licht bestimmter Wellenlängen. Die Fluorochrome absorbieren dieses Licht in einem bestimmten Wellenlängenbereich (*Absorptionsspektrum*) und emittieren dafür energieärmeres Licht längerer Wellenlängen (*Emissionsspektrum*).

Dieses emittierte Licht wird Fluoreszenzlicht oder kurz Fluoreszenz genannt. Für immunologische Fragestellungen sind die Fluorochrome an polyklonale Antiseren, monoklonale Antikörper oder andere Reagenzien kovalent gebunden. Diese Fluorochrom-Komplexe werden Konjugate genannt.

Grundlagen

Die Grundlage der IF bilden Farbstoffe, Fluorochrome, die durch eine Lichtquelle (Quecksilberdampflampe, Laser) in einem bestimmten Wellenlängenbereich (Absorptionsspektrum) angeregt, durch intramolekularen Elektronentransfer Licht im energieärmeren längerwelligen Bereich emittieren (Emissiosspektrum). Dieses Licht, das als Fluoreszenzlicht bezeichnet wird, kann durch geeignete Filtersysteme vom Anregungslicht getrennt werden.

In der Immunologie werden vorzugsweise Fluorochrome eingesetzt, die an spezifische immunologische Reagenzien in Form von polyklonalen Antiseren oder monoklonalen Antikörpern kovalent gebunden sind. Diese Fluorochrom-Antikörper-Komplexe werden als Konjugate bezeichnet. Für immunologische Fragestellungen kann eine Vielzahl von Konjugaten eingesetzt werden, die die unterschiedlichsten Fluorochrome tragen und dadurch auch Mehrfarbenmarkierungen ermöglichen.

Die wichtigsten in der Immunologie gebräuchlichen Fluorochrome sind in der Tabelle 5.2 zusammengefaßt.

Bei der Auswahl der Fluorochrome, die für eine bestimmte Fragestellung eingesetzt werden, ist bei der Analyse mit Hilfe des Fluoreszenzmikroskops darauf zu achten, daß schon vor Versuchsbeginn geeignete Anregungs- und Emissionsfilter zur Verfügung stehen. Bei der späteren Analyse im Durchflußzytometer sollte vor Versuchsbeginn geklärt werden, welche Fluorochrome überhaupt angeregt bzw. gemessen werden können. Bei einer Einfarbenmarkierung für eine spätere Analyse im Durchflußzytometer sollte grundsätzlich ein Farbstoff verwendet werden, der mit der 488-nm-Linie eines Argonlasers angeregt werden kann. Hierfür stehen Fluoresceinisothiocyanat (FITC)- und Phycoerythrin (PE)-Konjugate zur Verfügung.

FITC hat den Vorteil, daß es in einer Vielzahl von spezifischen Konjugaten zur Verfügung steht, die zudem noch relativ preisgünstig sind. Außerdem ist eine Markierung von eigenen Antikörpern mit FITC ohne große chemische Vorkenntnisse möglich. Zu den FITC-Konjugaten gehören auch Antikörper, die mit FITC-Derivaten wie z.B *DTAF* ((5-[4,6-Dichlorotriazin-2-yl]amino)-fluorescein, Jackson Laboratories) oder *FLUOS* (5(6)-Carboxyfluorescein-N-hydroxysuccinimidester, Boehringer Mannheim) markiert sind. In der Durchflußzytometrie besteht zudem bei der Anregung bei 488 nm und der Verwendung von FITC-Konjugaten die Möglichkeit der Zweifarbenimmunfluoreszenzanalysen, entweder in der Farbstoffkombination FITC/Propidiumiodid (PI) oder FITC/PE.

Tabelle 5.2 Die Tabelle zeigt die in der Immunologie gebräuchlichsten Fluoreszenzfarbstoffe, mit den jeweiligen Wellenlängenbereichen der Absorptions- und Emissionsspektren. Die jeweiligen Maxima sind kursiv dargestellt.

Fluorochrom	Anregungswellenlängen von – *Maximum* – bis	Emissionswellenlängen von – *Maximum* – bis	Bemerkungen
Hoechst 33342	310 – *350* – 380	400 – *450* – 540	DNA-Farbstoff, zur DNA Markierung lebender Zellen
DAPI (4,6-Diamidino-2-phenyl-indodihydrochlorid)	310 – *355* – 400	405 – *450* – 540	DNA-Farbstoff, markiert Zellkerne toter Zellen
Propidiumiodid	300 – *340* – 390	570 – *620* – 690	DNA/RNA-Farbstoff, markiert Zellkerne toter Zellen; wird zusammen mit FITC bei Doppelmarkierungen eingesetzt
	450 – *540* – 585		
AMCA (7-Amino-methyl-coumarin-3-acetat)	300 – *345* – 390	420 – *450* – 550	Vielzahl von Konjugaten kommerziell erhältlich, Kopplung an eigene Antikörper einfach
FITC (Fluorescein-isothiocyanat)	440 – *495* – 540	500 – *530* – 580	gängigster Farbstoff, Vielzahl von Konjugaten kommerziell erhältlich, Kopplung an eigene Antikörper einfach
R-PE (Phycoerythrin)	450 – *550* – 580	550 – *580* – 650	Vielzahl von Konjugaten kommerziell erhältlich, Kopplung an eigene Antikörper aufwendig, in der Durchflußzytometrie gebräuchlichster Farbstoff für Doppelmarkierungen mit FITC
TRITC (Tetramethyl-rhodamin-isothiocyanat)	490 – *554* – 580	550 – *582* – 660	Vielzahl von Konjugaten kommerziell erhältlich, Kopplung an eigene Antikörper einfach, in der Mikroskopie für Doppelmarkierungen mit FITC geeignet
Texas Red (Sulpho-rhodamin-101-chlorid)	500 – *594* – 630	560 – *623* – 660	Vielzahl von Konjugaten kommerziell erhältlich, Kopplung an eigene Antikörper möglich, in der Mikroskopie für Doppelmarkierungen mit FITC geeignet
Allophycocyanin	550 – *640* – 670	630 – *660* – 690	wenige Konjugate kommerziell erhältlich, Kopplung schwierig, nur für die Durchflußzytometrie geeignet

Das PI, das wie FITC bei 488 nm angeregt werden kann, emittiert im orangeroten Wellenlängenbereich und wird als DNA/RNA-Farbstoff häufig zum Ausschluß toter Zellen von der Analyse eingesetzt.

Phycoerythrine (PE), die als R-PE und B-PE vorliegen, sind Algenfarbstoffe, die sich in der Durchflußzytometrie, als Konjugate, in Kombination mit dem FITC eingesetzt, hervorragend zum Nachweis weiterer antigener Determinanten eignen. PE-Konjugate sind im weitem Umfang kommerziell erhältlich und zeichnen sich durch eine brilliante gelborange Fluoreszenz aus. Sie sind allerdings im Vergleich zu FITC-Konjugaten etwas teurer. Von der Herstellung eigener direkt-PE-markierter Reagenzien, was bei FITC keinen allzu großen Aufwand bedeutet, ist allerdings abzuraten.

Da sich die Emissionsspektren beider Farbstoffe (FITC und PE) sehr stark überlappen, ist eine Auswertung dieser Präparate nur im Durchflußzytometer möglich, da dort die Überlappungen elektronisch korrigiert werden können. Für Doppelmarkierungen, die im Mikroskop ausgewertet werden sollen, ist von dieser Farbstoffkombination abzuraten.

Für die Analyse im Fluoreszenzmikroskop sind entweder Kombinationen von FITC/Rhodamin oder FITC/AMCA zu empfehlen. Rhodamin und AMCA (7-4-Methylcoumarin-3-acetat) können mit der Quecksilberdampflampe des Fluoreszenzmikroskopes angeregt werden, wobei geeignete Filterkombinationen beim Hersteller des Mikroskopes erfragt werden können. Beide Farbstoffe sind in einer breiten Palette von Konjugaten kommerziell erhältlich.

AMCA, das im ultravioletten (UV) Wellenlängenbereich angeregt wird und im blauen Lichtbereich emittiert, zeigt nur sehr geringe Überlappungen mit FITC. Aufgrund seiner stabilen Fluoreszenz ist es besonders für die Photodokumentation geeignet.

Rhodamin und seine Derivate *TRITC* (Tetramethylrhodamin-isothiocyanat), *Texas Red* (Sulphorhodamin 101) und *RHODOS* (5(6)-Carboxy-rhodamin 101-N-hydroxysuccinimidester, Boehringer Mannheim) werden im grünen Wellenlängenbereich angeregt und zeigen rote Fluoreszenzen. Da beim Rhodamin Überlappungen im Emissionsspektrum mit FITC vorkommen, sind die Derivate dem Rhodamin vorzuziehen. Eine Vielzahl von TRITC- und Texas-Red-Konjugaten ist kommerziell erhältlich. Bei der Markierung von eigenen Antikörpern sollte speziell bei monoklonalen Antikörpern eine Konjugation mit Texas Red umgangen werden, da diese oftmals zur Inaktivierung des Antikörpers führt. Hierfür besser geignet sind TRITC und RHODOS, deren Kopplung sehr einfach ist.

Vor der Markierung von Zellen für die Fluoreszenzanalyse stellt sich oftmals die Frage, ob eine *Einfarbenimmunfluoreszenz* zur Klärung der Fragestellung ausreicht oder eine *Mehrfarbenimmunfluoreszenz* angewandt werden muß. Während die Einfarbenimmmunfluoreszenz die Analyse und Darstellung eines Antigens erlaubt, bietet die Zwei- oder Mehrfarbenimmunfluoreszenz die Möglichkeit der korrelierten Darstellung zweier oder mehrerer Antigene. So ermöglichen z.B. Zweifarbenimmunfluoreszenzanalysen Aussagen über negative Zellpopulationen, Zellen, die mit dem einen oder mit dem anderen Farbstoff markiert sind, sowie über doppelpositive Zellen, die beide Farbstoffe tragen.

Speziell bei der Markierung der Proben für die Doppelimmunfluoreszenz ist auf einige Fehlermöglichkeiten und widrige Umstände zu achten, auf die in den folgenden Abschnitten noch näher eingegangen wird. Die prinzipiellen Markierungsmöglichkeiten sind in Bild 5.12 dargestellt.

Bevor die einzelnen Markierungsmöglichkeiten erörtert werden, einige Bemerkungen zum Prinzip der Immunfluoreszenz, den notwendigen Materialien sowie zur Durchführung.

Übersicht über Markierungsmöglichkeiten für die Immunfluoreszenzanalyse

Einfarbenmarkierung		Zweifarbenmarkierung	
direktmarkierter Antikörper	indirekte Markierung	direkte Markierung	indirekte Markierung
	mit spezifischen Konjugaten	mit zwei direktmarkierten Antikörpern	speziesspezifisches Konjugat zusammen mit einem direkt markierten Antikörper
	mit dem Biotinsystem	mit einem direktmarkierten Antikörper + Streptavidin-Biotin-System	speziesspezifisches Konjugat zusammen mit Streptavidin-Biotin-System
			bei verschiedenen Spezies: mit zwei speziesspezifischen Konjugaten
			bei verschiedenen Isotypen: mit isotypspezifischen Konjugaten

Bild 5.12 Übersicht über die *Markierungsmöglichkeiten* für die Immunfluoreszenzanalyse

Prinzip

Zellen werden mit einer ausreichenden Menge *Antikörper* (monoklonale Antikörper oder polyklonale Antiseren) solange inkubiert, bis eine *Absättigung* der zu markierenden Antigene erreicht ist. Die Antikörper sind hierbei entweder mit einem Fluorochrom versehen (*direkte Immunfluoreszenz*) oder werden in einem zweiten Inkubationsschritt wiederum unter saturierenden Bedingungen mit einem erstantikörperspezifischen Fluoreszenzkonjugat markiert (*indirekte Immunfluoreszenz*). Überschüssige Antikörpermoleküle werden nach den jeweiligen Inkubationsschritten abgewaschen.

Materialien

- Zellen, entweder adhäerent oder in Suspension;
- Antikörper (monoklonale Antikörper oder polyklonale Antiseren) in Form von:
  - direktkonjugierten Antikörpern,
  - biotinmarkierten (biotinylierten) Antikörpern,
  - Zellkulturüberstand oder Aszites,
- Fluorochromkonjugate,
  - fluorochrommarkierte speziesspezifische Antiseren
  - fluorochrommarkiertes Streptavidin

  Waschpuffer
  - PBS mit 1% Rinderserumalbumin, 0,01 % Na-Azid
- Zentrifuge (nur bei Suspensionszellen)

Für die anschließende Analyse entweder ein Fluoreszenzmikroskop oder bei Suspensionszellen auch ein Durchflußzytometer.

Durchführung

Markierung von adhärenten Zellen

Zellen, die ein bis zwei Tage zuvor auf Objektträgern ausgesät worden sind, werden mit Waschpuffer gewaschen und für 30 min bei 4°C mit 0,05 ml des Erstantikörpers inkubiert. Danach wird die Probe zweimal gewaschen.

Wurde die erste Inkubation mit einem nichtmarkierten Antikörper durchgeführt, schließt sich ein weiterer Inkubationsschritt an, in dem der Erstantikörper durch ein Fluorochrom-Konjugat nachgewiesen wird.

Dazu wird die Probe 30 min bei 4°C mit 0,05 ml des betreffenden Konjugates inkubiert und anschließend zweimal mit Waschpuffer gewaschen.

Bei der Verwendung direktmarkierter Antikörper entfallen diese weiteren Inkubationsschritte.

Da diese Präparate unfixiert sind, sollten sie sofort im Fluoreszenzmikroskop ausgewertet werden.

Markierung von Suspensionszellen

Zur Markierung von Suspensionszellen werden $1 \times 10^5 - 1 \times 10^6$ Zellen pro Ansatz in Eppendorfgefäßchen pelletiert (5 min, 600 g) in 0,1 ml Antikörper resuspendiert und 20 min bei 4°C inkubiert. Danach werden die Zellen durch Zugabe von jeweils 0,5 ml Waschpuffer zweimal pelletiert und für die Analyse im Mikroskop in 0,02–0,03 ml Waschpuffer, für die Analyse im Durchflußzytometer in 0,2 ml Waschpuffer ohne Rinderserumalbumin aufgenommen.

Wurde die erste Inkubation mit einem nichtmarkierten Antikörper durchgeführt, schließt sich nach dem ersten Waschschritt eine weitere Inkubation mit einem fluorochrommarkierten Konjugat an. Für diese Markierung werden die pelletierten Zellen in 0,1 ml eines Konjugates resuspendiert und für 20 min bei 4°C inkubiert. Danach wird zweimal mit 0,5 ml Waschpuffer gewaschen und die Zellen in der für die Durchführung der Analyse nötigen Menge Puffer aufgenommen.

Kontrollen

Zur Kontrolle der Spezifität der Markierung sollten grundsätzlich folgende Proben mitgeführt werden:

1) unmarkierte Zellen,
2) Zellen, die nur mit dem Konjugat markiert wurden, um unspezifische Bindungen des Konjugates zu überprüfen, und
3) Zellen, die mit einem unspezifischen Antikörper des gleichen Isotyps (IgM, IgG_1 usw.) des spezifischen Erstantikörper zusammen mit dem jeweiligen Konjugat markiert wurden, um unspezifische Bindungen des Erstantikörpers an die Zellen auszuschließen (*Isotypkontrolle*).

Bei Mehrfarbenfluoreszenzanalysen sollten zusätzlich

4) die jeweiligen Einfarbenfluoreszenzen und
5) alle möglichen Kombinationen von Doppelmarkierungen mitgeführt werden.

5.2.1 Die Einfarbenimmunfluoreszenz

5.2.1.1 Die direkte Immunfluoreszenz

Prinzip

Die direkte Immunfluoreszenz stellt eine *Einschritt-Methode* dar, da mit direktfluorochrommarkierten Antikörpern gearbeitet wird.

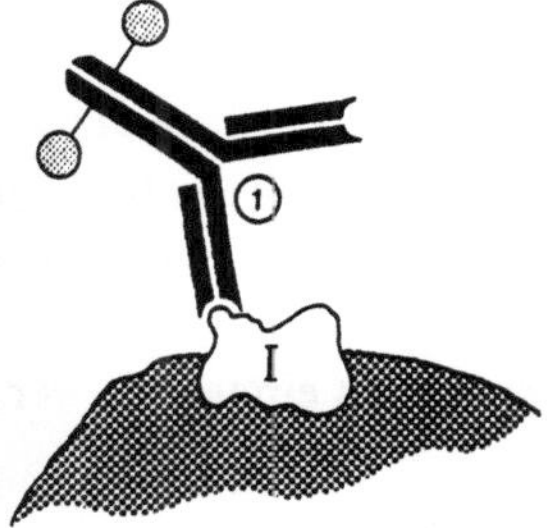

Bild 5.13 Schematische Darstellung der direkten Immunfluoreszenz. Die Markierung des zellulären Oberflächenantigens (I) wird in einer Einschritt-Inkubation (1) mit einem direktkonjugierten Antikörper erreicht (schwarz, Fluorochrom: gerasterte Kreise).

Durchführung

Inkubation der Zellen mit einem direktmarkierten Antikörper. Nach zweimaligem Waschen kann die Probe analysiert werden.

Vorteile

- Zeitersparnis, schnelle Auswertung möglich,
- durch wenige Waschschritte, geringe Zellverluste.

Nachteile

- direktkonjugierter Erstantikörper erforderlich. Ist ein direkt-konjugierter Erstantikörper nicht kommerziell erhältlich, muß der Erstantikörper zuerst aufgereinigt und mit einem Fluorochrom konjugiert werden. Dies erfordert Zeit und vor allem eine größere Menge des Erstantikörper in Form von einigen ml Aszites oder einigen 100 ml Zellkulturüberstand, da bei einer Fluorochrommarkierung von mindestens 0,5 mg gereinigtem Antikörper ausgegangen werden sollte.
- manchmal sehr schwache Fluoreszenzintensität, da, ohne den Antikörper zu inaktivieren, nur eine bestimmte Anzahl von Fluoreszenzmolekülen an ein Antikörpermolekül gebunden werden kann.

Kontrollen

- nichtmarkierte Zellen;
- bei der Verwendung von monoklonalen Antikörpern: Zellen, die mit einem unspezifischen direktmarkierten Antikörper des gleichen Isotyps inkubiert wurden;
- bei der Verwendung von polyklonalen Antiseren: Zellen, die mit einem vor der Immunisierung gewonnenen Serum des gleichen Tieres (*Nullserum*) markiert wurden.

Fehlermöglichkeiten

- *hohe unspezifische Fluoreszenz*, d.h. unspezifische Bindung des Antikörpers. Dieser Fehler tritt hauptsächlich bei polyklonalen Antiseren auf. Es stehen mehrere Möglichkeiten zur Verfügung, diese Fehlermöglichkeit zu minimieren oder zu umgehen.
  1) Titration, d.h. Ausverdünnen des Antikörpers;
  2) Adsorption des Antikörpers an antigennegativen Zellen;
  3) Reinigung des Antikörpers;
  4) Herstellung von $F(ab')_2$ -Fragmenten.
- *schwache spezifische Fluoreszenz*, ist wiederum eine Fehlerquelle, die hauptsächlich bei der Verwendung von monoklonalen Antikörpern auftritt, sie kann wie folgt umgangen werden:
  1) Titration des Antikörpers, eventuell sollte eine höhere Konzentration eingesetzt werden;
  2) Verwendung des Verstärkereffekts der indirekten Immunfluoreszenz;
  3) bei eigenen Antikörpern empfiehlt sich eine nochmalige Markierung;
  4) bei kommerziell erhältlichen Produkten sollte entweder eine neue Charge des Herstellers ausgetestet oder gleich das Produkt von einer anderen Firma bezogen werden.

5.2.1.2 Die indirekte Immunfluoreszenz

Markierung mit speziesspezifischen Fluorochromkonjugaten

Prinzip: Die indirekte Immunfluoreszenz basiert auf dem Nachweis eines an Zellen gebundenen Erstantikörpers durch ein spezifisches gegen den Erstantikörper gerichtetes Fluorochromkonjugat. *Beispiel:* wird als Erstantikörper ein Antikörper aus der Maus verwendet, so kann dieser durch ein Ziege-anti-Maus-Fluorochromkonjugat detektiert werden.

Vorteile

- Diese Methode erfordert geringe Mengen von Erstantikörpern, so kann ein polyklonales Antiserum in einer Verdünnung von bis zu 1:10000, Aszites bis zu 1:1000 und Zellkulturüberstand bis zu 1:50 eingesetzt werden, ohne den Sättigungsbereich zu verlassen;
- keine zeitaufwendige Großproduktion und Aufreinigung des Erstantikörpers ist erforderlich;

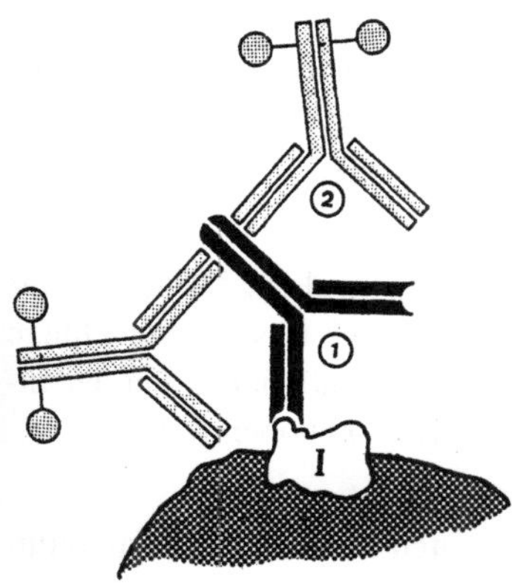

Bild 5.14 Schematische Darstellung der indirekten Immunfluoreszenz mit einem speziesspezifischen Fluorochromkonjugat. Der Verstärkereffekt durch die Zweischritt-Markierung (1, 2) wird in dieser Darstellung sichtbar.

- keine Fehlermöglichkeiten bei der Antikörperreinigung und Konjugation;
- hochspezifische Konjugate mit nahezu allen Fluoreszenzfarbstoffen sind kommerziell erhältlich;
- *Verstärkereffekt* des Konjugates wird ausgenutzt (Bild 5.14).

Nachteile

- Zweischritt-Methode, erfordert gegenüber direkter Immunfluoreszenz doppelte Inkubationszeit;
- mehr Waschschritte führen zu etwas höheren Zellverlusten.

Materialien

Anstelle des direktkonjugierten Antikörpers wird ein *nicht-prozessierter* Erstantikörper verwendet. Hierfür eignen sich der Überstand von antikörperproduzierenden Hybridomazellen, Aszites und polyklonale Antiseren. Diese Erstantikörper werden durch ein spezifisches Fluoreszenzkonjugat nachgewiesen, das gegen Antikörper der Spezies des Erstantikörpers gerichtet ist. Diese Konjugate sind in einer breiten Palette kommerziell erhältlich, sodaß sich eine eigene Herstellung nur in Ausnahmefällen zeitlich und finanziell lohnt.

Durchführung

1) Zellen werden mit dem nichtprozessierten Erstantikörper für 20 min inkubiert, gewaschen und
2) in einem zweiten Schritt mit einem spezifischen Fluorochrom-Konjugat markiert (20 min).

Kontrollen

- nichtmarkierte Zellen;
- Zellen, die nur mit dem Fluoreszenzkonjugat markiert wurden;
- bei der Verwendung von monoklonalen Antikörpern: Zellen, die mit einem irrelevanten Erstantikörper der gleichen Spezies und des gleichen Isotyps zusammen mit dem Konjugat markiert wurden (Isotypkontrolle);

- bei der Verwendung von polyklonalen Antiseren: Zellen, die mit einem vor der Immunisierung gewonnenen Serum des gleichen Tieres (Nullserum) inkubiert wurden.

Fehlermöglichkeiten

- *hohe unspezifische Fluoreszenz* der Probe sowie der Negativkontrollen. Dieser Fehler tritt meistens bei der Verwendung polyklonaler Antiseren auf. Einige Lösungsvorschläge wurden hierbei schon unter 5.2.1.1 abgehandelt. Spezifische Fehlermöglichkeiten der indirekten Immunfluoreszenz können in den meisten Fällen wie folgt behoben werden:
  1) Titration des Fluorochromkonjugates;
  2) Verwendung von etwas teureren voradsorbierten Konjugaten und fluorochromkonjugierten $F(ab')_2$-Fragmenten;

  GRUNDREGEL: Oftmals ist ein etwas teureres Konjugat am Ende doch billiger: Es spart Zeit und schont die Nerven.
- *schwache spezifische Fluoreszenz*:
  1) Titration des Erstantikörpers;
  2) Austesten des Konjugates an einer Probe, von der man weiß, daß sie positiv sein muß (Positivkontrolle);
  3) Titration des Konjugates;
  4) Verwendung eines anderen Konjugates (andere Charge, anderes Fluorochrom, anderer Hersteller).
  5) Verstärkung durch einen weiteren indirekten Schritt: z.B. Erstantikörper ist in der Maus gemacht, der Nachweis erfolgt über einen Ziege-anti-Maus-Antikörper. Es ist nun durchaus möglich, den Ziegenantikörper (konjugiert oder unkonjugiert) durch ein Kaninchen-anti-Ziege-Konjugat nachzuweisen. Hierbei wird oftmals allerdings auch die unspezifische Fluoreszenz erhöht.

Das Streptavidin-Biotin-System

Das Streptavidin-Biotin- oder Avidin-Biotin-System basiert auf der hohen Affinität des aus dem Eiklar gewonnenen Avidin zu dem Vitamin Biotin. Nachteile des stark positiv geladenen Avidins (isoelekrischer Punkt pH 10,5) in Bezug auf erhöhte Affinität zu negativgeladenen Proteinen können durch die Verwendung von *Streptavidin* (isoelektrischer Punkt pH 6,5) aus Steptomyces avidinii vermieden werden. Avidin/Streptavidinmoleküle besitzen vier Bindungsstellen für das sehr kleine *Molekül Biotin*, das sich aufgrund seiner Größe (244 Dalton) sehr leicht an Antikörper koppeln läßt, ohne spezifische Bindungsstellen zu inaktivieren. Voraktivierte Biotinreagenzien sind dafür kommerziell erhältlich.

Prinzip

Zellen werden mit einem biotinylierten Erstantikörper inkubiert, die Fluoreszenzmarkierung erfolgt dann durch die Zugabe eines kommerziell erhältlichen Avidin/Streptavidin-Fluorochromkonjugates.

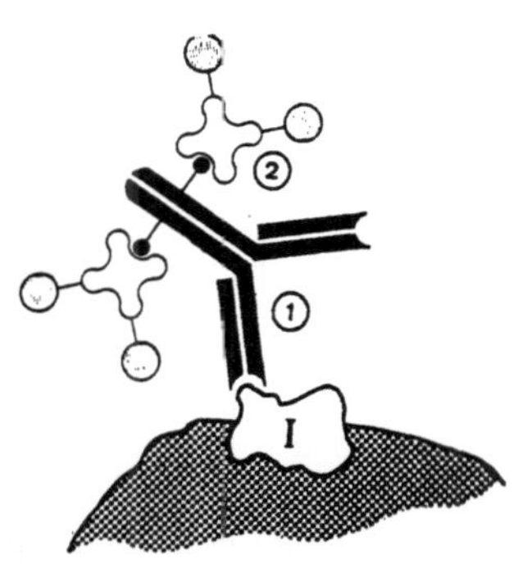

Bild 5.15 Schematische Darstellung der indirekten Markierung mit Hilfe des Streptavidin-Biotin-Systems. In einer Zweischritt-Markierung wird ein biotinylierter Antikörper ((1) schwarz, Biotinmoleküle: kleine schwarze Punkte) durch fluorochrommarkiertes Streptavidin ((2) weiß) nachgewiesen.

Vorteile

- Verstärkereffekt des Streptavidin-Konjugates;
- große Auswahl an Streptavidin-Fluorochrom-Konjugaten;
- hohe Affinität des Streptavidin-Konjugates zum Biotin führt zu einer Verkürzung der Inkubationszeiten;
- die Biotinylierung des Erstantikörpers ist einfacher und schonender als eine direkte Markierung mit Fluorochromen.

Nachteile

- Die Biotinylierung des Erstantikörpers erfordert eine vorhergehende Aufreinigung, die wiederum Zeit und eine größere Menge an Ausgangsmaterial erfordert. Für die Biotinylierung sollten mindestens 0,5 mg gereinigter Antikörper zu Verfügung stehen;
- trotz der vorhergehenden Biotinylierung handelt es sich um eine Zweischritt-Markierung, da der biotinylierte Antikörper über ein Streptavidin-Konjugat nachgewiesen werden muß;
- besondere Vorsicht ist bei fixierten Zellen geboten, wo oftmals intrazelluläres Biotin durch Streptavidin-Konjugate nachgewiesen wird.

Materialien

Zur Durchführung dieser Art der indirekten Immunfluoreszenz wird anstelle des nichtkonjugierten Erstantikörpers ein biotinylierter Erstantikörper verwendet. Dieser kann, sofern er nicht kommerziell erhältlich ist, selbst hergestellt werden. Zum Nachweis des Erstantikörpers wird ein Avidin-, besser noch ein Streptavidin-Fluorochromkonjugat benötigt. Diese Konjugate sind in einer breiten Palette im Handel erhältlich.

Durchführung

1) Zellen werden mit einem biotinylierten Antikörper markiert (20 min), der dann nach einmaligem Waschen der Zellen in
2) einem weiteren Inkubationsschritt (10 min) mit einem Streptavidin-Fluorochromkonjugat nachgewiesen wird.

Kontrollen

- nichtmarkierte Zellen;
- Zellen, die nur mit betreffenden Streptavidin-Konjugat markiert wurden;
- Zellen, die mit einem irrelevanten biotinylierten Antikörper zusammen mit dem Streptavidin-Konjugat markiert wurden.

Fehlermöglichkeiten

- *hohe unspezifische Fluoreszenz* der Kontrollen. Diese Fehlermöglichkeit tritt meistens bei der Verwendung von Avidin-Konjugaten auf und kann durch Verwendung von Streptavidin-Produkten vermieden werden. Wird sie dadurch nicht beseitigt, ist folgende Vorgehensweise zu empfehlen:
  1) Titration des Streptavidin-Konjugates;
  2) bei fixierten und permeabilisierten Zellen sollte eventuell auf den Einsatz des Streptavidin-Biotin-Systems verzichtet werden und die Zellen auf eine andere Weise z.B. in der indirekten Immunfluoreszenz mit speziesspezifischen Konjugaten markiert werden.
- *geringe spezifische Fluoreszenz:*
  1) Titration des Streptavidin-Konjugates;
  2) Überprüfung und Titration des biotinylierten Antikörpers;
  3) Verwendung eines anderen Streptavidin-Konjugates, wobei durchaus ein anderes Fluorochrom z.B. Phycoerytrin anstelle von FITC eine bessere Auflösung ergeben kann.

5.2.2 Zweifarbenimmunfluoreszenz

Bei Markierungen für die Zweifarbenimmunfluoreszenz (oder auch für die Mehrfarbenimmunfluoreszenz) ist neben der Auswahl der geeigneten Farbstoffe (siehe Tabelle 5.2), die sich in ihrem Emissionsspektrum nur sehr geringfügig überlappen dürfen, vor allem bei den einzelnen Markierungsschritten höchste Vorsicht geboten, um unspezifische Bindungen und Kreuzreaktionen zwischen den einzelnen Antikörpern und Fluorochromkonjugaten auszuschließen.

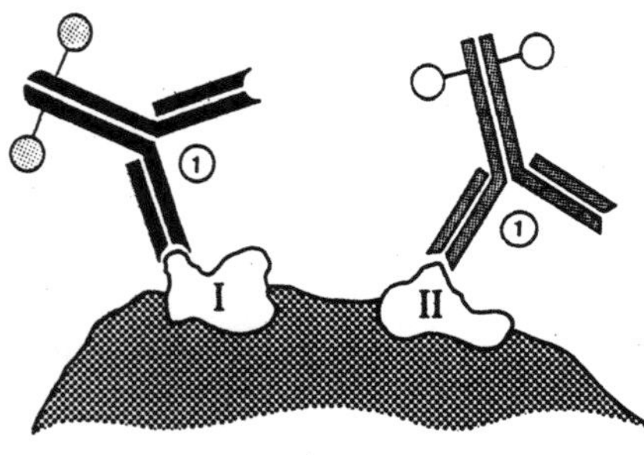

Bild 5.16 Darstellung einer Zweifarbenimmunfluoreszenz mit zwei direktmarkierten Antikörpern. Zwei verschiedene zelluläre Oberflächenantigene (I, II) werden in einem Inkubationsschritt (1) durch zwei unterschiedliche Antikörper (schwarz und gerastert), an die verschiedene Fluorochrome gekoppelt sind, detektiert.

5.2.2.1 Die doppelte-direkte Markierung

Die doppelte-direkte Markierung mit zwei fluorochrommarkierten Antikörpern

Prinzip: Die doppelte-direkte Markierung basiert auf der direkten Immunfluoreszenz (5.2.1.1). Anstelle von einem direktfluorochrommarkierten Antikörper werden zwei Antikörper verwendet, die mit verschiedenen Fluorochromen markiert sind.

Vorteile

- Einschritt-Methode, die zum einen Zeit spart, zum anderen, bedingt durch die wenigen Waschschritte, auch höhere Zellverluste vermeidet.
- Die Möglichkeit einer Kreuzreaktion oder von unspezifischen Bindungen der Antikörper untereinander ist nahezu ausgeschlossen.

Nachteile

- Es sind direktmarkierte Antikörper erforderlich. Direktmarkierte Antikörper sind zwar für bestimmte Fragestellungen kommerziell erhältlich, doch speziell bei Arbeiten mit weniger verbreiteten oder eigenen Antikörpern ist diese Methode mit einigen Vorarbeiten und Schwierigkeiten verbunden. Es müssen beide Antikörper vorher aufgereinigt und konjugiert werden. Die Konjugation von Antikörpern mit Fluorochromen ist zwar bei einigen Farbstoffen (FITC, AMCA, RHODAMIN) relativ einfach, erweist sich aber beim Phycoerythrin, das vor allem in der Durchflußzytometrie sehr häufig zusammen mit dem FITC verwendet wird, als sehr aufwendig und erfordert einige proteinchemische Vorkenntnisse. Oftmals kann außerdem eine Fluorochrommarkierung zur Inaktivierung des Antikörpes führen.

  Um diese Nachteile zu umgehen, empfiehlt es sich zumindest einen indirekten Markierungsschritt einzuführen.

Materialien

Zwei direktmarkierte Antikörper.

Durchführung

Die Markierung erfolgt in einem Inkubationsschritt durch die gleichzeitige Zugabe beider direktmarkierter Antikörper.

Kontrollen

- Nichtmarkierte Zellen,
- die Isotypkontrollen (siehe 5.2.1.1),
- die jeweiligen Einfachmarkierungen.

Fehlermöglichkeiten

Die wesentlichen Fehlermöglichkeiten, die bei der direkten Immunfluoreszenzmarkierung auftreten können, sind unter 5.2.1.1 beschrieben.

Die direkte Markierung zusammen mit dem Streptavidin-Biotin-System

Prinzip: Das Markierungsschema mit einem direktmarkierten Antikörper – in der Regel FITC markiert – und dem indirekten Schritt über das Streptavidin-Biotin-System erspart zwar nicht die Reinigung beider Antikörper und deren Biotinylierung bzw. FITC-Konjugation, umgeht aber eine zweite Fluorochrommarkierung. Durch die Wahl eines biotinylierten Antikörpers wird außerdem die *Variabilität* des Systems erhöht. So kann bei der Analyse der Probe im Durchflußzytometer ein Streptavidin-Phycoerythrin-Konjugat für die mikroskopische Auswertung ein Streptavidin-AMCA oder ein Streptavidin-Texas-Red-Konjugat in Kombination mit dem direkt-FITC-markierten Erstantikörper verwendet werden.

Vorteile

- Zweischritt-Methode, wenig Inkubationszeiten, geringe Zellverluste durch wenige Waschschritte;
- keinerlei unspezifische Bindungen und Kreuzreaktionen zwischen den Einzelkomponenten möglich;
- Verstärkereffekt durch den indirekten Schritt;
- hohe Variabilität in der Wahl des zweiten Fluorochroms durch das Streptavidin-Biotin-System.

Nachteile

- Aufreinigung beider Erstantikörper für die Biotinylierung und die Fluorochromkonjugation.

Materialien

Für die Durchführung dieser Markierung werden ein direkt mit einem Fluorochrom markierter Antikörper – es empfiehlt sich ein direkt-FITC-markierter Antikörper -, ein biotinylierter Antikörper sowie ein Streptavidin-Fluorochrom-Konjugat benötigt.

Durchführung

Die Markierung erfolgt in zwei Inkubationsschritten:

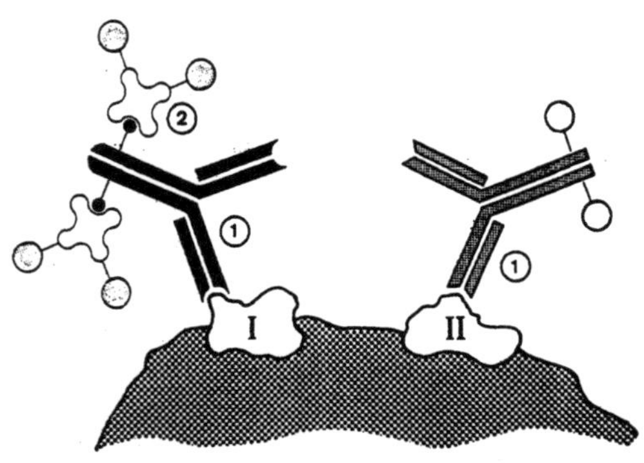

Bild 5.17 Schematische Darstellung einer Zweifarbenimmunfluoreszenzmarkierung mit einem direktkonjugierten und einem biotinylierten Antikörper. Die beiden Antigene (I, II) werden in zwei Inkubationsschritten ((1),(2)) markiert.

1) Inkubation der Zellen mit dem direktkonjugierten Antikörper zusammen mit dem biotinylierten Antikörper;
2) Markierung des biotinylierten Antikörpers durch ein Streptavidin-Fluorochromkonjugat.

Kontrollen

- Nichtmarkierte Zellen;
- mit dem Streptavidin-Konjugat markierte Zellen;
- die Isotypkontrolle, die in diesem Fall: aus einem irrelevanten FITC-konjugierten und einem irrelevanten biotinylierten Antikörper des gleichen Isotyps, wie die jeweiligen zur spezifischen Markierung eingesetzten Antikörper, zusammen mit dem Streptavidin-Konjugat besteht;
- die jeweiligen Einfachfluoreszenzen, wobei sich zusätzlich eine Kombination des direktkonjugierten Antikörpers zusammen mit dem Streptavidin-Konjugat anbietet.

Fehlermöglichkeiten

Die Fehlermöglichkeiten bei dieser Markierung sind sehr gering und in den entsprechenden Abschnitten der Einfarbenimmunfluoreszenzen aufgeführt (5.2.1.1 und 5.2.1.2).

5.2.2.2 Die Kombinationsmöglichkeiten der indirekten Immunfluoreszenz

Die direkte Markierung zusammen mit einer indirekten Markierung mit einem speziesspezifischen Konjugat

Prinzip: Oftmals liegt nur ein Antikörper prozessiert, d.h. direkt mit einem Fluorochrom markiert oder biotinyliert vor. Auch zusammen mit einem nichtprozessierten Antikörper, Zellkulturüberstand oder Aszites ist eine Doppelmarkierung möglich, doch sollten speziell, wenn es sich um Antikörper aus der gleichen Spezies handelt, einige Besonderheiten zur Vermeidung unspezifischer Bindungen und Kreuzreaktionen beachtet werden.

Vorteile

- Nur ein Antikörper muß direktkonjugiert vorliegen;
- der andere Antikörper kann in Form von Zellkulturüberstand oder Aszites unprozessiert eingesetzt werden.

Nachteile

- Für diese Markierung sind vier Inkubationsschritte nötig, die
- eine längere Markierungszeit und
- höhere Zellverluste durch mehr Waschschritte mit sich bringen;
- diese Markierung ist außerdem sehr anfällig für unspezifische Bindungen und Kreuzreaktionen, deshalb
- muß das Markierungsprotokoll strikt eingehalten werden.

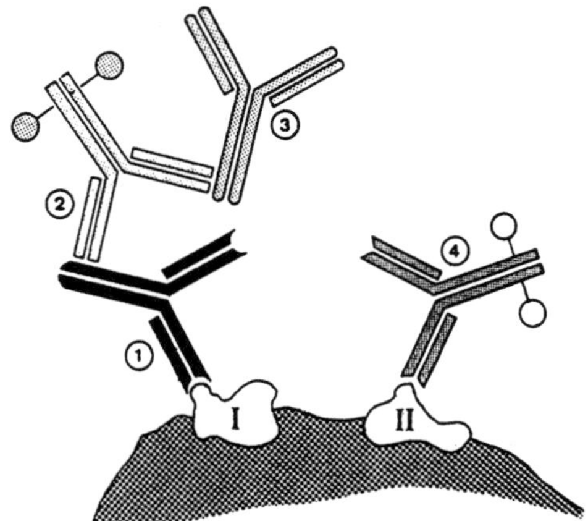

Bild 5.18 Markierungsschema einer Zweifarbenimmunfluoreszenz mit einem direktmarkierten und einem unprozessierten Antikörper. Nach der Markierung des ersten Antigens (1) mit dem unprozessierten Antikörper (schwarz) und dem speziesspezifischen Fluorochromkonjugat (2) folgt ein Inkubationsschritt (3) zur Absättigung der freien Bindungsvalenzen des speziesspezifischen Konjugates. Erst danach kann mit dem direktmarkierten Antikörper (4) das zweite Antigen (II) nachgewiesen werden.

Materialien

Für die Durchführung dieser Markierung werden ein direktmarkierter Antikörper, ein nichtprozessierter Antikörper in Form von Zellkulturüberstand oder Aszites, ein gegen diesen Antikörper gerichtetes Fluoreszenzkonjugat und ein unkonjugierter Antikörper der gleichen Spezies des nichtprozessierten Antikörpers benötigt.

Durchführung

Die Markierung erfolgt in vier Inkubationsschritten. Es ist darauf zu achten, daß die Reihenfolge der Inkubationsschritte eingehalten wird, da es sonst zu unspezifischen Bindungen und Kreuzreaktionen kommen kann.

1) Inkubation mit dem ersten *nichtprozessierten Antikörper* (Zellkulturüberstand oder Aszites).
2) Nachweis des ersten Antikörpers über ein antikörperspezifisches Fluoreszenzkonjugat.
3) *Abstättigen* der freien Bindungsvalenzen des Fluoreszenzkonjugates durch Zugabe eines nichtmarkierten Antikörpers der gleichen Spezies des Erstantikörpers.
4) Markierung mit dem *direktkonjugierten zweiten Antikörper.*

Kontrollen

- Nichtmarkierte Zellen;
- Zellen, die nur mit Fluoreszenzkonjugat markiert wurden;
- die Isotypkontrolle, d.h. in diesem Fall: Zellen, die mit einem irrelevanten nichtprozessierten Erstantikörper und einem irrelevanten direktmarkierten Zweitantikörper der jeweils gleichen Spezies und des gleichen Isotyps inkubiert wurden;
- beide Einfachfluoreszenzen.

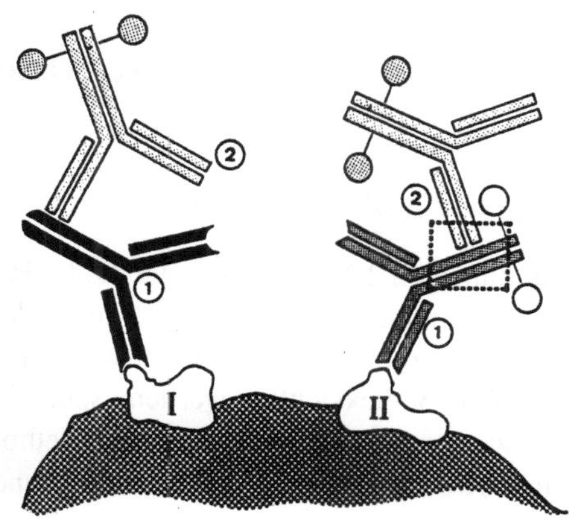

Bild 5.19 Fehlermöglichkeit bei der Markierung in der Kombination der direkten und indirekten Immunfluoreszenz. Durch das Nichteinhalten des Markierungsschemas (Bild 5.18) und dem Abkürzen der Methode zu einer Zweischritt-Prozedur kommt es zu einer ungewollten Reaktion des speziesspezifischen Fluorochromkonjugates (2) mit dem direktmarkierten Antikörper (gestricheltes Kästchen). Das zweite Antigen (II) wird somit mit beiden Fluorochromen markiert.

Fehlermöglichkeiten

Die Fehlermöglichkeiten bei dieser Markierung beruhen hauptsächlich auf dem *Nichteinhalten des Markierungsprotokolls* und den damit verbundenen unspezifischen Bindungen.

1) Die Vierschritt-Methode wird zu einer Zweischritt-Methode verkürzt. In dem ersten Schritt wird sowohl mit dem nichtprozessierten Antikörper wie auch mit dem direktmarkierten Antikörper inkubiert. Beide werden dann in dem zweiten Schritt durch das speziesspezifische Fluoreszenzkonjugat nachgewiesen.

   Dieses verkürzte Markierungsschema kann nur angewendet werden, wenn der nichtprozessierte und der direktmarkierte Antikörper aus zwei verschiedenen Spezies stammen oder unterschiedliche Immunglobulinisotypen darstellen, die dann durch hochspezifische Fluoreszenzkonjugate nachgewiesen werden (s. u.).

2) Das *Absättigen* der freien Bindungsvalenzen des Konjugates wird vergessen, die Vierschritt-Methode wird zu einer Dreischritt-Methode verkürzt. Das Absättigen der freien Bindungsstellen des Konjugates scheint auf den ersten Blick ein Inkubationsschritt zu

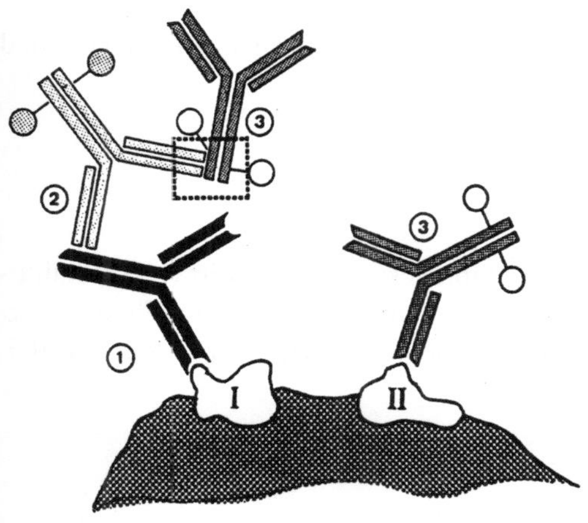

Bild 5.20 Fehlermöglichkeit bei der Markierung mit einem direktkonjugierten Antikörper (3) und einem unprozessierten Antikörper (1) der durch ein speziesspezifisches Fluoreszenzkonjugat (2) nachgewiesen wird. Dadurch, daß freie Bindungsstellen des Konjugates nicht abgesättigt wurden, kommt es zu einer Bindung des direktmarkierten Antikörpers ((3) gestricheltes Kästchen) an das Fluoreszenzkonjugat (2).

sein, auf den durchaus verzichtet werden kann, doch kann ein Nichteinhalten dieses Inkubationsschrittes ähnlich fatale Auswirkungen wie die unter 1) beschriebene Fehlermöglichkeit, d.h. falschpositive Zellen zur Folge haben.

Die indirekte Markierung zusammen mit dem Streptavidin-Biotin-System

Prinzip: Dieses Markierungsprotokoll erlaubt wie die unter 5.2.2.1 angeführte Methode den Einsatz von nichtprozessierten Antikörpern in der Doppelimmunfluoreszenz und verbindet diesen Vorteil mit dem Verstärkereffekt des Streptavidin-Biotin-Systems. Bei dieser Fünfschritt-Methode müssen allerdings einige Besonderheiten berücksichtigt werden, speziell, wenn bei der Markierung Antikörper der gleichen Spezies verwendet werden. Diese Methode ist relativ anfällig für unspezifische Bindungen und Kreuzreaktionen, aus diesem Grund sollte das Markierungsprotokoll unbedingt eingehalten werden.

Vorteile

- Nur ein Antikörper muß für die Biotinylierung aufgereinigt werden;
- der andere Antikörper kann für diese Markierung nichtprozessiert in Form von Zellkulturüberstand oder Aszites eingesetzt werden;
- die Biotinylierung eines Antikörpers ist einfacher als eine Fluorochromkonjugation und ermöglicht
- eine höhere Flexibilität in der Wahl des Fluorochroms;
- durch die Biotinylierung wird im Vergleich zu einem direkt-markierten Antikörper der Verstärkereffekt des Streptavidin-Biotin-Systems ausgenützt.

Nachteile

- Die Zellen werden in fünf sukzessiven Inkubationsschritten markiert, d.h. das diese Markierungsprozedur sehr zeitaufwendig ist und bedingt durch die
- vielen Waschschritte mit einigen Zellverlusten verbunden ist.
- Das Markierungsschema ist sehr anfällig gegenüber unspezifischen Bindungen und Kreuzreaktionen und vor allem
- muß das Markierungsprotokoll strikt eingehalten werden.

Materialien

Zur Durchführung dieser Markierung werden ein nichtprozessierter Antikörper (Zellkulturüberstand oder Aszites), ein biotinylierter Antikörper, ein speziesspezifisches Fluoreszenzkonjugat, ein Streptavidin-Fluoreszenzkonjugat und ein nichtmarkierter Antikörper der gleichen Spezies des nichtprozessierten Antikörpers benötigt.

Durchführung

Die Markierung erfolgt in *fünf Inkubationsschritten*, wobei das Markierungsprotokoll unbedingt eingehalten werden sollte:

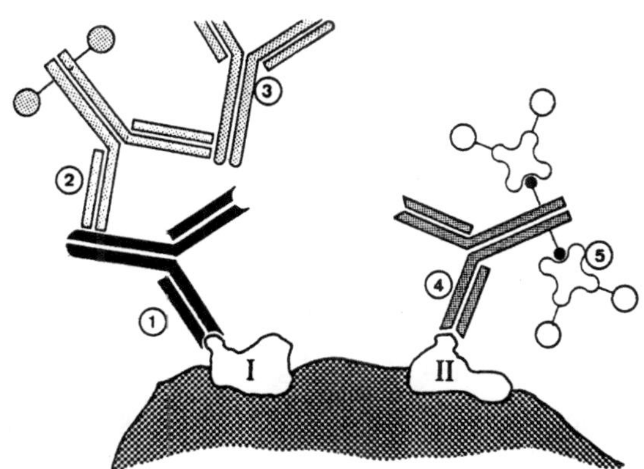

Bild 5.21 Schematische Darstellung einer Doppelmarkierung mit einem speziesspezifischen Konjugat zusammen mit dem Streptavidin-Biotin-System. Die fünf Inkubationsschritte sind durch die Zahlen an den jeweiligen Antikörpern dargestellt. Die Markierung beginnt mit dem Nachweis des Antigens (I) mit Hilfe der indirekten Immunfluoreszenz ((1) und (2)). Nachdem die freien Bindunsvalenzen des Fluorochromkonjugates in einem weiteren Schritt (3) abgesättigt worden sind, wird das zweite Antigen (II) durch einen biotinylierten Antikörper (4) zusammen mit dem Streptavidin-Fluorochromkonjugat (5) markiert.

1) Inkubation mit dem *ersten Antikörper* (Zellkulturüberstand oder Aszites),
2) Nachweis des ersten Antikörpers durch ein *speziesspezifisches Konjugat,*
3) *Absättigung* der freien Bindungsstellen des Konjugates mit einem nichtmarkierten Antikörper der gleichen Spezies des Erstantikörpers,
4) Inkubation mit dem biotinylierten Antikörper,
5) Nachweis des biotinylierten Antikörpers über *ein Streptavidin-Fluorochromkonjugat.*

Kontrollen

- Nichtmarkierte Zellen;
- Zellen, die mit dem speziesspezifischen Konjugat markiert wurden;
- Zellen, die mit dem Streptavidinkonjugat markiert wurden;
- Isotypkontrolle, d.h. Zellen, die mit einem irrelevanten nichtprozessierten Erstantikörper und einem irrelevanten biotinylierten Antikörper (mit den Isotypen der spezifischen Antikörper) zusammen mit den jeweiligen Konjugaten inkubiert wurden,
- die Einfachimmunfluoreszenzen der jeweiligen Kombinationen.

Fehlermöglichkeiten

Die Fehler, die bei dieser Markierung auftreten, beruhen in der Hauptsache auf dem Nichteinhalten des Markierungsprotokolls. Sie sind im wesentlichen im Abschnitt 5.2.2.1 beschrieben und in den Bildern 5.19 und 5.20 dargestellt – mit der Abweichung, daß anstelle eines direkt-konjugierten Antikörpers ein biotinylierter Antikörper zusammen mit einem Streptavidin-Konjugat verwendet wird.

Markierung mit speziesspezifischen Fluoreszenzkonjugaten

Prinzip: Dieses Markierungsschema kann angewendet werden, wenn die Erstantikörper aus unterschiedlichen Spezies stammen (z.b. Maus und Ziege). Durch den Einsatz von speziesspezifischen Konjugaten (z.B. Kaninchen-anti-Maus und Kaninchen-anti-Ziege) werden dann die Erstantikörper spezifisch markiert.

Vorteile

- Es sind bei dieser Methode keine gereinigten Antikörper notwendig;
- es handelt sich um eine Zweischritt-Methode, was eine Zeitersparnis und geringe Waschverluste mit sich bringt.
- Durch die doppelte indirekte Markierung wird eine Verstärkung der Fluoreszenz erzielt.

Nachteile

- Kreuzreaktionen und unspezifische Bindungen der fluoreszenzkonjugierten Zweitantikörper, die speziell bei der Verwendung von Erstantikörpern nahe verwandter Spezies (z.B. Maus und Ratte, Nachweis durch z.B. Kaninchen-anti-Maus und Kaninchen-anti-Ratte) sehr hoch sind. In diesem Fall ist sogar von der Verwendung speziesspezifischer Konjugate abzuraten.

Materialien

Für diese Markierung werden Zellkulturüberstand, Aszites oder polyklonale Antiseren aus verschiedenen Spezies verwendet. Die Erstantikörper werden durch speziesspezifische Fluoreszenzkonjugate in einem zweiten Schritt nachgewiesen.

Durchführung

Die Durchführung dieser Markierung erfolgt in zwei Inkubationsschritten:

1) Inkubation mit den *Erstantikörpern*,
2) Nachweis der Erstantikörper durch *speziesspezifische Fluoreszenzkonjugate.*

Kontrollen

Als Kontrollen sollten folgende Proben mitgeführt werden:

- nichtmarkierte Zellen;
- Zellen, die entweder mit dem einen oder mit dem anderen Fluoreszenzkonjugat markiert wurden;
- Isotypkontrollen;
- die Einfachmarkierungen, d.h. Zellen, die mit einem Erstantikörper und dem spezifischen Konjugat markiert wurden,
- und Zellen, die mit einem Erstantikörper und dem für den anderen Erstantikörper spezifischen Konjugat markiert wurden.

Fehlermöglichkeiten

Die Fehlermöglichkeiten dieser Methode sind relativ groß, da bei der Verwendung speziesspezifischer Konjugate eine Kreuzreaktion mit Antikörpern anderer Spezies nie ganz ausgeschlossen werden kann. Es empfiehlt sich, bei der Anwendung dieser Methode grundsätzlich Konjugate einzusetzen, die an Serumproteine anderer Spezies voradsorbiert worden sind. Allerdings sind auch diese kommerziell erhältlichen Konjugate speziell in der Erstantikörperkombination Maus und Ratte, die mit einem Kaninchen-anti-Maus- bzw. einem Kaninchen-anti-Ratte-Konjugat nachgewiesen werden, nicht allzu zuverlässig und zeigen fast immer eine erhöhte unspezifische Reaktion mit dem Antikörper, mit dem sie eigentlich nicht reagieren sollten.

Markierung mit isotypspezifischen Antikörpern

Prinzip: Die Markierung mit *isotypspezifischen Antikörpern* stellt eine sehr elegante Methode dar. Sie basiert auf spezifischen, gegen bestimmte Immunglobulinsubklassen gerichteten Antiseren, die mit verschiedenen Fluorochromen markiert sind. Der Einsatz isotypspezifischer Antiseren zum spezifischen Nachweis von Erstantikörpern ist allerdings nur bei der Verwendung von monoklonalen Erstantikörpern mit klar definierten unterschiedlichen Subklassen möglich.

Vorteile

- Es sind bei dieser Methode keine gereinigten Erstantikörper erforderlich;
- es handelt sich um eine Zweischritt-Methode, was eine Zeitersparnis und geringe Waschverluste mit sich bringt;
- durch die doppelte indirekte Markierung wird eine Verstärkung der Fluoreszenz erzielt.

Nachteile

- Als Erstantikörper müssen monoklonale Antikörper mit klar definierten Immunglobulinklassen bzw. Immunglobulinsubklassen vorliegen;
- bei monoklonalen Antikörpern gleicher Klassen bzw. Subklassen ist eine Markierung mit dieser Methode nicht möglich;
- auch sollte besonders bei der gleichzeitigen Verwendung von monoklonalen Antikörpern der Subklassen IgG_{2a} und IgG_{2b} auf Kreuzreaktionen der jeweiligen isotypspezifischen Antiseren geachtet werden.
- Zusammengefaßt, fällt die hohe Störanfälligkeit dieser Methode auf, die zum einen durch eigene fehlerhafte Erstantikörper (z.B. Subklassenänderung während der Kultivierung), zum anderen sehr häufig durch kreuzreagierende kommerziell erhältliche Konjugate bedingt sein kann.

Materialien

Zur Durchführung dieser Markierung werden monoklonale Antikörper mit verschiedenen Immunglobulinisotypen und isotypspezifische Fluorochromkonjugate benötigt, durch die die Erstantikörper in einem zweiten Inkubationsschritt nachgewiesen werden.

Durchführung

Die Durchführung dieser Markierung erfolgt in zwei Inkubationsschritten:

1) Inkubation mit den *Erstantikörpern*,
2) Nachweis der Erstantikörper durch *isotypspezifische Fluoreszenzkonjugate.*

Kontrollen

Als Kontrollen sollten folgende Proben mitgeführt werden:

- nichtmarkierte Zellen;
- Zellen, die nur mit den jeweiligen Konjugaten markiert wurden;
- die Einfachmarkierungen und
- zum Austesten der Kreuzreaktion der Konjugate: Einfachmarkierungen, die mit dem spezifischen Konjugat des anderen Erstantikörpers markiert wurden.

Fehlermöglichkeiten

Die Fehlermöglichkeiten dieser Markierungsmethode, die von der Theorie her sehr gering sein müßten, sind leider in der Praxis oftmals sehr hoch und basieren in den meisten Fällen auf unsauberen Reagenzien. Treten unerwünschte Kreuzreaktionen zwischen den Einzelkomponenten auf, sollten folgende Parameter überprüft werden:

- *Klonalität der Erstantikörper.* Es ist durchaus möglich, daß während einer längeren Kultivierung einer antikörperproduzierenden Hybridomazellinie die Zellen entweder die Produktion von Antikörpern einstellen oder einen Isotyp-Switch durchführen, d.h. spezifische Antikörper eines anderen Isotyps produzieren. Die Markierung wird somit mit einer Mischung von verschiedenen Isotypvarianten eines monoklonalen Antikörpers durchgeführt. Beim Auftreten dieses Problems empfiehlt es sich, sofern man im Besitz der antikörperproduzierenden Zellinie ist, diese zu reklonieren und die Isotypvarianten zu selektionieren. Dies ist allerdings sehr zeitaufwendig und erfordert Erfahrung mit Hybridomkulturen.
- *Spezifität der isotypspezifischen Konjugate.* In der Regel sollten isotypspezifische Konjugate nur Isotypen einer Immunglobulinklasse bzw. Subklasse erkennen. Bei sehr ähnlichen Immunglobulinmolekülen (z.B. IgG_{2a} und IgG_{2b}) ist allerdings eine Kreuzreaktion nie ganz auszuschließen. Beim Auftreten dieser Kreuzreaktionen sollte eine neue Charge des Konjugates ausgetestet werden; wobei es sich oftmals auch empfiehlt, gleichzeitig den Hersteller zu wechseln.

5.2.3 Dokumentation

Da Immunfluoreszenzpräparate, besonders fluoreszenzmarkierte Lebendpräparate, nicht unbegrenzt haltbar sind, sollten sie so schnell wie möglich analysiert werden. Dies sollte bei Lebendpräparaten möglichst noch am gleichen Tag, bei fixierten Proben, ohne daß die Qualität beeinträchtigt wird, im Verlauf der nächsten Tage geschehen.

Für die Dokumentation der Immunfluoreszenzen stehen mehrere Möglichkeiten zur Verfügung, deren Anwendung davon abhängt, ob die Analyse im Fluoreszenzmikroskop oder im Durchflußzytometer durchgeführt wird.

5.2.3.1 Dokumentation der im Mikroskop ausgewerteten Immunfluoreszenzpräparate

Die einfachste Auswertung von Immunfluoreszenzpräparaten im Mikroskop wird durch das *Auszählen* fluoreszenzpositiver Zellen im Verhältnis zur Gesamtzellzahl durchgeführt. Für die Dokumentation ist dann die Angabe der *prozentualen Verteilung positiver Zellen* ausreichend.

Eine weitere Möglichkeit stellt die *photographische Dokumentation* dar, in der ein repräsentativer Ausschnitt des Präparates entweder abphotographiert wird oder mittels einer speziellen Videokamera auf einen Datenträger gespeichert wird. Durch besondere Einrichtungen und Computerprogramme ist bei dieser Auswertung sogar eine quantitative Fluoreszenzanalyse möglich.

5.2.3.2 Analyse der Präparate im Durchflußzytometer und Dokumentation der Durchflußzytometriedaten

Die Durchflußzytometrie bietet gegenüber der Analyse von Fluoreszenzpräparaten im Mikroskop den Vorteil, daß innerhalb einer sehr kurzen Zeit 10^4 und mehr Zellen analysiert werden können – allerdings mit der Einschränkung, daß diese Zellen als *Suspensionszellen* vorliegen müssen. Bei der Messung von Zellen im Durchflußzytometer werden pro Zelle mehrere Parameter analysiert und mit Hilfe eines Computers auf Datenträgern gespeichert.

Neben den *Fluoreszenzparametern* werden bei der Analyse im Durchflußzytometer auch fluoreszenzunabhängige Parameter, sogenannte *Streulichtparameter*, erfaßt, die mit der Zellgröße und der intrazellulären Granulation der analysierten Zellen korrelieren. Alle Parameter, die Streulicht- und die Fluoreszenzintensitäten, werden bei der Analyse im Durchflußzytometer *quantitativ* erfaßt.

Zur Darstellung und Dokumentation der Durchflußzytometriedaten werden dann korreliert abgespeicherte Daten, die im Falle einer Doppelimmunfluoreszenz aus bis zu 4 Parametern pro analysierter Zelle bestehen können:

- aus der Größe,
- der intrazellulären Granulation,
- der Fluoreszenzintensität des ersten Fluorochroms und
- der Fluoreszenzintensität des zweiten Fluorochroms,

durch spezielle Computerprogramme so prozessiert, das sie in der Regel entweder als *Histogramme* (Bild 5.22) oder als zweidimensionale *Konturdarstellungen* (Bild 5.23) ausgedruckt werden können.

Darstellung als Fluoreszenzhistogramme

Bei den Histogrammdarstellungen wird in der Regel die gemessene *Fluoreszenzintensität* einer Markierung (Abszisse) gegen die gemessene *Zellzahl* (Ordinate) aufgetragen.

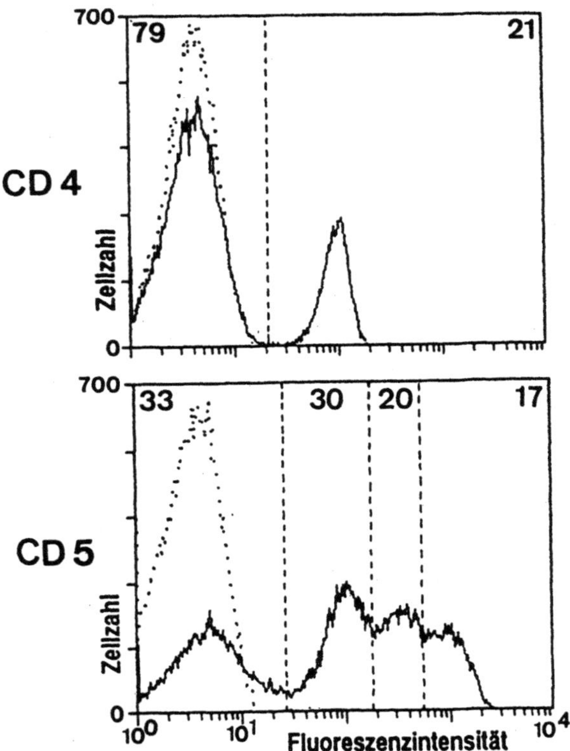

Bild 5.22 Darstellung zweier Fluoreszenzhistogramme. Die Abbildung zeigt die Immunfluoreszenzprofile von T-Lymphozyten des Schweines, die mit monoklonalen Antikörpern (anti-CD4 (oben) und anti-CD5 (unten)) zusammen mit einem speziesspezifischen Konjugat in der indirekten Immunfluoreszenz markiert wurden. Die relativen Fluoreszenzintensitäten (Abszisse) von 10^4 analysierten Zellen pro Probe sind in logarithmischen Skalen von 1024 Kanälen gegen die jeweilige Zellzahl pro Einzelkanal (Ordinate) aufgetragen. Negativkontrollen sind durch die punktierten Linien dargestellt. Die gestrichelten Linien parallel zu der Ordinate definieren die Subpopulationen mit unterschiedlicher Fluoreszenzintensität. Die Zahlen in den jeweiligen Feldern geben den Anteil dieser Subpopulationen an der Gesamtpopulation an. Bei der Markierung mit dem Antikörper gegen das CD4-Antigen treten zwei Subpopulationen auf: CD4-negative T-Lymphozyten (links, 79%) und CD4-positive Zellen (rechts, 21%). Bei der Markierung mit dem Antikörper gegen das CD5-Antigen können dagegen 4 Subpopulationen mit unterschiedlichen Fluoreszenzintensitäten, sprich Antigendichten nachgewiesen werden: CD5-negative Zellen (33%), schwachpositive Zellen (30%), Zellen mit intermediärer Fluoreszenzintensität (20%) und eine hochpositive Subpopulation (17%).

Die Fluoreszenzintensität nichtmarkierter Zellen, die als Maß für die *Autofluoreszenz* der Zellen steht, kann als Kontrolle zusammen mit dem Histogramm der Probe dargestellt werden. Oftmals ist allerdings eine symbolische Markierung der negativen Population z.B. durch eine Trennlinie ausreichend.

Durch spezielle Statistikprogrammteile in der Analysesoftware können durch das Setzen bestimmter Markierungslinien der prozentuale Anteil positiver Zellen und Teilpopulationen mit unterschiedlichen Fluoreszenzintensitäten berechnet werden.

Die Abbildung der Fluoreszenzintensitäten in einer zweidimensionalen Konturdarstellung

Die *zweidimensionale korrelierte Darstellung* von Meßwerten aus der Durchflußzytometrieanalyse eignet sich besonders bei der Präsentation von Zweifarbenmarkierungen. Eine zweidimensionale Konturdarstellung einer Zweifarbenimmunfluoreszenz ist in Bild 5.23 zu sehen.

Die zwei Fluoreszenzintensitäten von 5×10^4 analysierten Zellen sind gegeneinander aufgetragen, wobei die Fluoreszenzintensität der Markierung mit dem ersten Antikörper auf der Abszisse, die Fluoreszenzintensität der zweiten Markierung auf der Ordinate in einer logarithmischen Skala von jeweils 1024 Kanälen wiedergegeben sind. Die analysierten Zellen, die sich in dieser Matrix von 1024 × 1024 Kanälen befinden, werden durch *Höhenlinien* dargestellt, wobei die Höhenlinien Zellzahlen von 10, 20, 40, 60, 80, 120, 160, 200 und 240 Zellen repräsentieren. Durch eine Negativkontrolle, d.h. einer unmarkierten Probe, werden 4 *Quadranten* definiert (I – IV), dabei befinden sich die antigennegativen, unmarkierten Zellen im Quadranten III. Einfachpositive Zellpopulationen sind in den Quadranten I (positiv für die Fluoreszenz 2) und in den Quadranten IV (positiv für die Fluoreszenz 1) zu finden. Doppelpositive Zellen treten in Quadrant II auf. Die Zahlen in den Ecken eines jeden Quadranten

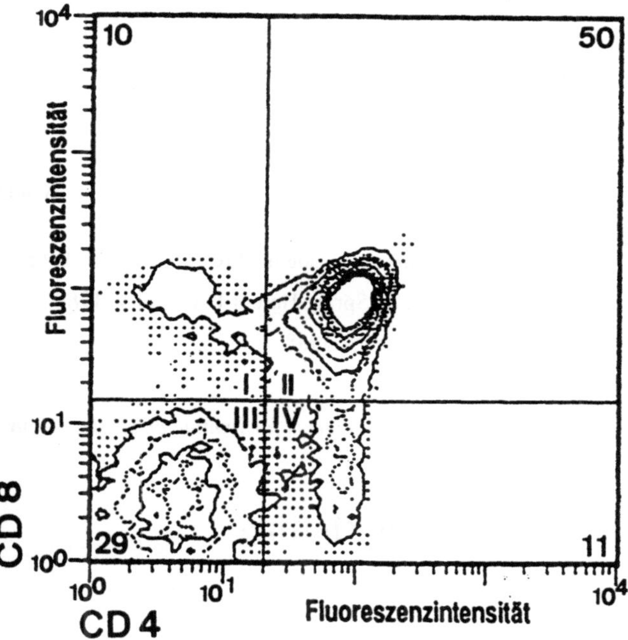

Bild 5.23 Charakterisierung der durch die CD4 und CD8 Differenzierungsantigene definierten Thymozytensubpopulationen des Schweines in der zweidimensionalen Konturdarstellung. Thymozyten wurden mit Zellkulturüberstand der monoklonalen Antikörper anti-CD4 (IgG_{2b}) und anti-CD8 (IgG_{2a}) markiert und die spezifische Bindung dieser Antikörper durch isotypspezifische Fluoreszenzkonjugate (anti-IgG_{2b}-FITC und anti-IgG_{2a}-PE) detektiert.

spiegeln den prozentualen Anteil der jeweiligen Subpopulation an der Gesamtpopulation wieder. Wie aus Bild 5.23 hervorgeht, sind neben der Charakterisierung von vier Subpopulationen durch die Zweifarbenimmunfluoreszenz auch direkte Aussagen über korrelierte Fluoreszenzintensitäten, sprich korrelierte Antigenexpressionen möglich.

5.2.4 Anwendungsbereich

Die Methode zum Nachweis bestimmter Antigene mit Hilfe der Immunfluoreszenz findet in folgenden Gebieten eine Anwendung:

- *in der Grundlagenforschung:*
  zur Untersuchung des Immunsystems;
  zur Anreicherung und funktionellen Charakterisierung bestimmter Subpopulationen;
  zur Zelldifferenzierung;
  zum Austesten neuer Antikörper.
- *in der Diagnostik:*
  zum Nachweis infektiöser Agentien (Viren, Bakterien);
  zum Nachweis und zur Charakterisierung von Tumorzellen.
- *in der Transplantationsmedizin:*
  zur Gewebstypisierung (HLA-Typisierung);
  zur Immunstatusbestimmung nach Transplantation.

Literatur

E.H..Peters (Hrsg.), *Monoklonale Antikörper*, Herstellung und Charakterisierung, Springer, Heidelberg **1990**.

G.R. Bullock & P. Petrusz, *Techniques in Immunocytochemistry*, Academic Press, New York **1985**.

E. Harlow & D. Lane, *Antibodies, A Laboratory Manual*, Cold Spring Harbor Laboratory, **1988**.

H.M. Shapiro, *Practical Flow Cytometry*, Alan R. Liss, New York **1988**.

Gesamtkatalog der Fa. Dianova, Hamburg, **1996**.

Biochemicals Catalog, Boehringer Mannheim, *Antibodies and Reagents for Immunochemistry*, **1998**.

5.3 Immunpräzipitation und Western Blotting

5.3.1 Immunpräzipitation

Definition

Die Immunpräzipitation basiert auf der Bildung stabiler Antigen-Antikörperkomplexe, die durch Bindung an präzipitierbare Trägerpartikel oder bei ausreichender Menge durch Vernetzung abgetrennt werden können. Aus einem komplexen Proteingemisch kann damit selektiv ein spezifisches Antigen isoliert und in seiner Struktur charakterisiert werden. In der meisten Fällen wird eine Immunpräzipitation mit einer SDS-Polyacrylamid-Gelelektrophorese verbunden. Dadurch lassen sich bestimmte Merkmale eines Antigens wie Molekulargewicht, Syntheserate, posttranslationale Modifikationen, aber auch Interaktionen mit anderen Liganden nachweisen.

5.3.1.1 Grundlagen

Die Durchführung einer Immunpräzipitation läßt sich generell in vier Schritte unterteilen:

- Markierung des Antigens zur Detektion des Immunkomplexes (optional)
- Zellyse, soweit die Antigene nicht bereits in Lösung sind
- Bildung eines Antigen-Antikörper-Komplexes
- Aufreinigung des Immunkomplexes

Bei den meisten Immunpräzipitationen werden die Antigene durch Inkubation lebender Zellen mit einem radioaktiven Metaboliten markiert. Hierzu können radioaktive Aminosäuren wie ^{35}S-Methionin, ^{35}S-Cystein oder ^{3}H-Leucin ebenso eingesetzt werden wie anorganisches ^{35}S-Sulfat oder Na^{125}I. Im Gegensatz zur metabolischen Markierung von Proteinen lebender Zellen mit Aminosäuren, bei der prinzipiell sämtliche antigene Proteine erfasst werden können, lassen sich mit einer Iodierung spezifisch nur Moleküle der Zelloberfläche markieren. Für intrazelluläre, nur selten vorkommende Proteine kann eine nachträgliche Iodierung primär unmarkierter Antigene nach erfolgter Immunpräzipitation die Nachweismethode der Wahl sein. Diese nicht sehr häufig eingesetzte Möglichkeit bietet aber den Vorteil, daß nach Konzentrierung durch die Immunpräzipitation auch geringe Mengen nur schlecht metabolisch markierbarer, zellulärer Proteine detektiert werden können.

Eine vielversprechende Alternative zur radioaktiven Markierung mit Iod steht mit dem Biotin-Streptavidin-System zur Verfügung. Bei dieser Methode werden Zelloberflächenmoleküle mit aktivierten Biotinmolekülen markiert. Nach der selektiven Präzipitation kann das gesuchte Antigen mit enzymgekoppeltem Streptavidin auf verschiedene Weise nachgewiesen werden.

Eine Markierung des Antigens, mit Biotin oder radioaktiv, ist aber nicht eine unbedingte Voraussetzung für eine Immunpräzipitation. Es stehen auch Methoden zur Verfügung, die das präzipitierte Antigen ohne Markierung erkennen, eine Markierung erhöht die Sensitivität der Immunpräzipitation allerdings erheblich.

Das gesuchte Antigen wird durch Extraktion in einem Lysepuffer aus der Zelle freigesetzt. Zellen ohne eine Zellwand können mit ionischen oder nichtionischen Detergenzien lysiert werden, aber auch durch mechanische Zerstörung der Zellmembran oder durch wiederholtes Einfrieren und Auftauen. Ist eine Zellwand vorhanden, müssen härtere Methoden zum Lysieren verwendet werden. Oftmals werden hierbei die Zellen enzymatisch verdaut.

Zu dem Lysat werden nun Antikörper gegeben, die zusammen mit dem gesuchten Antigen einen Immunkomplex bilden. Es können sowohl polyklonale Antiseren wie auch monoklonale Antikörper verwendet werden, entscheidend für den Erfolg einer Immunpräzipitation sind die Affinitäten der Antikörper. Polyklonale Antikörper haben den Vorteil, daß die darin enthaltenen Antikörper verschiedene Epitope des Antigens erkennen und es somit zu stabilen Antigen-Antikörper-Komplexen kommen kann. Ein Nachteil dieser Antiseren ist, daß sie auf Grund ihres zusätzlichen Gehaltes an unspezifischen Immunglobulinen oftmals unspezifische Hintergrundsignale erzeugen können. Monoklonale Antikörper hingegen erkennen nur ein Epitop auf dem Antigen. Sie sind somit ausgezeichnete Reagenzien, um definierte Strukturen auf einem Antigen nachzuweisen. Kritisch bei den monoklonalen Antikörpern ist die Affinität, da im ungünstigsten Fall nur eine Antigen-Antikörperbindung für die Immunpräzipitation ausreichen muß. Monoklonale Antikörper mit Affinitäten, die kleiner als 10^7/mol sind, sollten bei Immunpräzipitationen nicht eingesetzt werden. Mit den heute üblichen Methoden der Herstellung und Charakterisierung monoklonaler Antikörper können allerdings auch Antikörper mit Affinitäten von nur 10^6/mol gewonnen werden, so daß sich bei weitem nicht alle monoklonalen Antikörper für eine Immunpräzipitation eignen.

Falls vorhanden, ist der kombinierte Einsatz verschiedener monoklonaler Antikörper gegen unterschiedliche Epitope eines Antigens die Methode der Wahl.

Die gebildeten Immunkomplexe werden mit Protein A oder Protein G, welche an eine unlösliche Matrix gekoppelt sind, präzipitiert. Das Protein A (oder G) bindet an den F_c-Teil des Antikörpers, und die so gebildeten Antigen-Antikörper-Protein A (G)-Komplexe können durch Waschen der unlöslichen Matrix von den ungebundenen Proteinen abgetrennt werden. Am Ende dieser Prozeduren liegen also gereinigte Antigen-Antikörper-Komplexe vor, die an eine unlösliche Matrix gebunden sind.

In den meisten Fällen werden die gereinigten Komplexe durch eine Gelelektrophorese und im Falle einer radioaktiven Markierung durch Autoradiographie oder Fluorographie analysiert. Ist das Antigen biotinyliert, so schließt sich ein Transfer auf Nitrozellulose und eine Detektion mit Streptavidin als Nachweisreagenz an.

5.3.1.2 Materialien

Im wesentlichen werden folgende Materialien benötigt:

- Zellkulturmedien, fötales Kälberserum, Antibiotika
- Markierungsreagenzien: wahlweise radioaktiv markierte Aminosäuren oder $Na^{125}I$ oder Biotin-X-NHS
- monoklonale Antikörper oder polyklonale Antiseren
- Detergenzien für die Zellyse
- Protein-A- oder Protein-G-Sepharose

5.3.1.3 Geräte

Neben einem geeigneten Arbeitsplatz zum radioaktiven Arbeiten, bei dem vor allem bei Verwendung von ^{125}Iod ein Abzug zur Verfügung stehen muß, sollten folgende Geräte vorhanden sein:

- 37°C-Inkubator mit CO_2-Begasung für die metabolische Markierung der Zellen
- Kühlraum; (nicht unbedingt notwendig, aber vorteilhaft zum Arbeiten bei 4°C)
- SDS-Polyacrylamid-Gelelektrophorese, Geltrockner, Western-Blot-Apparatur
- –70°C-Tiefkühlschrank
- Röntgenfilmkassetten

5.3.1.4 Durchführung

Die zu untersuchenden Zellen sollen in einem guten Zustand sein und sich zum Zeitpunkt der Markierung im Anstieg und nicht im Plateau ihrer Wachstumskurve befinden.

Die Markierung

Die zu präzipitierenden Proteine können mit radioaktiven und nichtradioaktiven Methoden markiert werden. Am gebräuchlichsten ist die metabolische Markierung mit radioaktiv markierten Aminosäuren, wobei vor allem ^{35}S-Methionin eingesetzt wird. Eine andere gängige Markierungstechnik ist die Iodierung von Zelloberflächenmolekülen. Eine interessante Alternative zum radioaktiven Arbeiten bietet die Biotinylierung intakter Zellen.

a) Metabolische Markierung

^{35}S-Methionin ist eine der gebräuchlichsten radioaktiven Aminosäuren, die zum metabolischen Markieren der Zellen eingesetzt werden. Von Vorteil ist hierbei, daß sich der ^{35}S-Zerfall einfacher als der ^{14}C- oder der ^{3}H- Zerfall in der Autoradiographie detektieren läßt, und das ^{35}S-Signal kann durch Fluorographie verstärkt werden. Zum anderen ist die freie Konzentration an Methionin in der Zelle relativ gering, sodaß von außen zugeführtes radioaktives Methionin bevorzugt in die neu synthetisierten Proteine eingebaut wird.

Zellen aus Suspensionskulturen werden durch Zentrifugation bei 150–300 g für fünf Minuten pelletiert und danach in methionin-freiem Medium resuspendiert. Zum Waschen werden die Zellen nochmals unter den gleichen Bedingungen abzentrifugiert und wiederum in methionin-freiem Medium resuspendiert, wobei die Zelldichte auf etwa 10^7 Zellen /ml eingestellt werden soll.

Adhärent wachsende Zellen (sogenannte Monolayer-Kulturen) sollten markiert werden, wenn sie ungefähr zu 70% konfluent sind. Nach Dekantieren des Kulturmediums werden die adhärenten Zellen mit methionin-freiem Medium einmal gewaschen. Die Zellen werden anschließend mit möglichst wenig methionin-freiem Medium inkubiert (2 ml für 100 mm Petrischale, 0,25 ml für eine 35 mm Petrischale, 0,02 ml für ein 96er Loch einer Gewebekulturplatte).

Im methionin-freien Medium werden die Zellen eine Stunde bei 37°C im CO_2-Inkubationsschrank gehalten, um den intrazellulären Methioningehalt verarmen zu lassen. Dann wird ^{35}S-Methionin zugefügt. Die benötigte Menge an ^{35}S-Methionin hängt im wesentlichen von der relativen Häufigkeit des untersuchten Antigens ab und ob die markierten Proteine mittels Autoradiographie oder Fluorographie analysiert werden. Tabelle 5.3 gibt hierfür einige Anhaltspunkte.

Tabelle 5.3 Vorschläge zur benötigten Menge an ^{35}S-Methionin

Vorkommen	Moleküle/Zelle	Beispiele	Kbq / 3 h Markierung
häufig	$> 10^7$	Histone	185 / 37 *
mittel	$10^5 - 10^7$	Cytochrome	1850 / 370
selten	$10^3 - 10^5$	Transkriptionsfaktoren	18500 / 3700

Die erste Zahl gibt den Wert für die Autoradiographie, die zweite für die Fluorographie an

In vielen Fällen genügt eine Markierungsdauer von zwei bis vier Stunden. Die Einbaurate der radioaktiven Aminosäure ist auch noch bis zu acht Stunden linear. Werden aus bestimmten Gründen längere Einbauzeiten benötigt oder gewünscht, wird der Zusatz von nicht radioaktiv markiertem Methionin empfohlen.

Nach der Markierungszeit wird das Medium abgenommen, bei Suspensionskulturen wird es abzentrifugiert (5 Minuten, 400 g). Das Medium wird entweder im radioaktiven Abfall entsorgt oder, falls es gewünschte sezernierte Antigene enthält, direkt zur Bildung von Immunkomplexen eingesetzt. Die markierten Zellen können nun lysiert werden.

b) Iodinierung von Zelloberflächenmolekülen

Diese Technik wird bevorzugt, wenn die zu präzipitierenden Moleküle nur in geringer Zahl auf der Zelloberfläche vorhanden sind und es schwierig ist, sie metabolisch zu markieren.

Zur Iodinierung stehen mehrere Methoden zur Verfügung. In allen Fällen muß wegen der Gefahr einer Inhalation von freiem ^{125}Iod unter einem Abzug mit Schutzvorrichtungen gegen die radioaktive Strahlung gearbeitet werden. Durch chemische oder enzymatische Oxidation von ^{125}Iodid (welches meist als Na^{125}I geliefert wird) wird freies ^{125}Iod erzeugt, welches dann die Seitenketten der Aminosäuren Tyrosin und Histidin angreifen kann. Eine andere Möglichkeit ist die Verwendung iodinierter reaktiver Kopplungsgruppen; das bekannteste Reagenz ist das Bolton-Hunter-Reagenz, iodiniertes N-Succinimydyl 3-(4-Hydroxyphenyl)-Propionat. Dieses Reagenz kann freie Aminogruppen, entweder von Lysinseitengruppen oder am Ende eines Peptides oder Proteins angreifen.

Im folgenden soll die Iodinierung durch enzymatische Oxidation von ^{125}Iodid mit Lactoperoxidase dargestellt werden:

Adhärent wachsende Zellkulturen (Monolayer-Kulturen) werden zweimal mit PBS gewaschen. Suspensionskulturen werden ebenso zweimal durch Zentrifugation (300 g, fünf Minuten) und Resuspendierung mit PBS gewaschen. Etwa $5 \times 10^6 - 10^7$ Zellen werden nach Aufnahme in 0,5 ml PBS (Phosphat-gepufferte Saline) auf eine 100 mm Petrischale gegeben. Kurz vor der Iodinierung wird 30%iges H_2O_2 in PBS 1:20 000 verdünnt. Die Lactoperoxidase wird ebenfalls in PBS auf 1 Unit/ml verdünnt. Zu den Zellen werden zunächst 100 µl der verdünnten Lactoperoxidase gegeben, dann werden 18,5 MBq Na^{125}I zugesetzt und leicht geschwenkt. Die Reaktion wird durch Zugabe von 1 µl verdünntem H_2O_2 in Gang gebracht. In einminütigen Intervallen werden jeweils 1 µl frisches, verdünntes H_2O_2 zugefügt und jeweils vorsichtig geschwenkt. Nach fünf Minuten kann die Reaktion durch Zugabe von 600 µl einer Lösung aus 1 mg/ml Tyrosin und 1 mM Dithiothreitol (DTT) in PBS gestoppt werden. Die Zellen werden zweimal mit PBS gewaschen, der Überstand jeweils im radioaktiven Abfall entsorgt. Die Zellen können nun lysiert werden.

c) Biotinylierung von Zelloberflächenmolekülen

Adhärent wachsende Zellen werden mit 2 mM EDTA behandelt und – falls notwendig – mit einem Zellschaber abgelöst. Die freien Zellen bzw. Suspensionszellen werden mit einem Waschpuffer (150 mM NaCl, 50 mM Tris pH 7,5, 1 mM $MgCl_2$, 1 mM $CaCl_2$) zweimal gewaschen und auf 5×10^6 Zellen/ml eingestellt. Von einer 10 mg/ml Biotin-X-NHS Stammlösung in Dimethylsulfoxid werden 10 µl/ml Zellsuspension zugesetzt und vorsichtig vermischt. Das Reaktionsgemisch wird eine Stunde bei Raumtemperatur unter gelegentlichem Schwenken inkubiert. Danach werden die Zellen dreimal mit Waschpuffer gewaschen und können, falls sie nicht sofort weiterverwendet werden, ohne Puffer bei –70°C gelagert werden. Zum Lysieren der biotinylierten Zellen wird der Waschpuffer mit Zusatz von 1% NP40 verwendet.

Zellyse

Die Auflösung der Zellen kann mit verschiedenen Techniken erreicht werden. Am gebräuchlichsten sind die Lyse mit Detergenzien und die mechanische Zerstörung der Zellmembran, beispielsweise durch Ultraschall. Besitzt die Zelle noch eine Zellwand, muß diese noch zusätzlich zerstört werden. Dies geschieht in den meisten Fällen auf enzymatischem Wege.

Alle diese Techniken setzen zelluläre Proteasen frei. Um etwaige Proteindegradationen, insbesondere des gesuchten Antigens, zu vermeiden, sollte die Lyse immer in Anwesenheit von verschiedenen Proteinaseinhibitoren durchgeführt werden. Sehr empfehlenswert ist auch, die Proben während des gesamten Lyseprozesses im Eisbad oder durch Arbeiten im 4°C-Raum kühl zu halten.

a) Lyse der Zellen mit Detergenzien

Es können verschiedene Puffersysteme mit unterschiedlichen Detergenzien verwendet werden, die je nach Gegebenheiten ausgewählt werden müssen, denn *den* Lysepuffer schlechthin gibt es nicht. Allgemein gelten zwei Grundregeln: das Detergenz soll das gesuchte Antigen in möglichst effektiver Weise freisetzen, und das Antigen muß nach dieser Behandlung noch vom Antikörper erkannt werden. Bei einem bislang unbekannten Antigen wird man mit einem relativ starken Puffer zur möglichst vollständigen Extraktion beginnen und erst danach die Lysebedingungen optimieren. Grundsätzlich sollten dann die Bedingungen so mild als irgendmöglich gewählt werden, um die spezifischen Antikörperbindungsstellen zu schonen und den unspezifischen Hintergrund an gelösten Proteinen zu minimieren.

Die folgenden Variablen können hierzu verändert werden:

a) Detergenz: einem nichtionischen Detergenz soll grundsätzlich der Vorzug gegenüber einem ionischen Detergenz gegeben werden. Die Detergenzkonzentration für eine wirksame Freisetzung des Antigens soll so niedrig wie möglich gehalten werden, außerdem sind Mischungen von Detergenzien nicht empfehlenswert. Tabelle 5.4 listet einige der gebräuchlichsten Detergenzien auf:

Tabelle 5.4

Detergenz, ionisch	*Abkürzung/Handelsname*
Natriumdodecylsulfat	SDS
Natriumdesoxycholat	DOC
Detergenz, nichtionisch	
Polyoxyethylen (9) p-t-octylphenol	NP40
Polyoxyethylen (9-10) p-t-octylphenol	Triton X 100
Polyoxyethylen (20) sorbitolmonolaurat	Tween 20
Octyl-ß-Glucosid	

b) Wichtige Einflüße auf die Effektivität der Lyse können auch die Salzkonzentrationen, eine Anwesenheit divalenter Kationen und der pH ausüben. Folgende Parametergrenzen sollten bei der Erprobung eines neuen Lysepuffers getestet werden:

- Salzkonzentration: 0 – 1000 mM
- Detergenz, nichtionisch: 0,1% – 2,0%
- Detergenz, ionisch: 0,01% – 0,50%
- Divalente Kationen: 0 – 10 mM
- EDTA: 0 – 5 mM
- pH: 6 – 9

Drei typische, häufig verwendete Puffersysteme sind im folgenden angegeben:

1) NP-40-Puffer: 150 mM NaCl, 1% NP-40, 50 mM Tris pH 8,0
2) Hochsalzpuffer: 500 mM NaCl, 1% NP-40, 50 mM Tris pH 8,0
3) Niedrigsalzpuffer: 50 mM Tris pH 8,0, 1% NP-40

(bei allen Puffern sollen Proteinaseinhibitoren, z.B. Aprotinin und Phenylmethylsulfonylfluorid [PMSF], zugesetzt werden)

Monolayerkulturen werden einmal mit PBS gewaschen, Suspensionskulturen mit 300 g fünf Minuten abzentrifugiert, in beiden Fällen wird der Überstand vollständig abgenommen und die Zellen auf Eis transferiert. 1 ml des gewählten Lysepuffers, der bereits auf 4°C vorgekühlt ist, wird zu 10^7 Suspensionszellen oder zu den Monolayerzellen einer 100 mm Petrischale gegeben. Nach einer halben Stunde unter gelegentlichem Schwenken werden die adhärenten Zellen mit einem Zellschaber gelöst und zusammen mit dem Lysepuffer in ein 1,5 ml Eppendorfhütchen überführt, ebenso wird mit den Suspensionszellen samt Puffer verfahren. Die unlöslichen Zellreste werden bei 4°C und 10000 g zehn Minuten lang abzentrifugiert. Der Überstand kann jetzt direkt für die Präzipitation eingesetzt oder bei –20°C bis zur weiteren Verwendung gelagert werden (siehe aber auch Fehlerquellen).

b) Mechanische Zellyse

Für eine mechanische Lyse von kleineren Zellmengen sind Dounce-Homogenisatoren und der Einsatz von Ultraschall am gebräuchlichsten. Besonders der Dounce-Homogenisator stellt eine wertvolle Alternative zum Arbeiten mit Detergenzien dar, wenn Zellorganellen intakt bleiben sollen. Ultraschall kann, insbesondere in Verbindung mit Detergenzien, die Effektivität der Antigenfreisetzung erhöhen.

- Dounce-Homogenisation von Suspensionszellen
  Die Zellen werden fünf Minuten bei 300 g zentrifugiert und der Überstand verworfen. Danach werden sie im 2–3fachen des Zellvolumens eines vorgekühlten hypotonischen Puffers (1,5 mM $MgCl_2$, 5 mM KCl, 10 mM HEPES pH 7,5, Proteinaseinhibitoren) resuspendiert. Die Zellsuspension wird in einen auf Eis vorgekühlten Homogenisator überführt und die Zellen durch gleichmäßiges Hochziehen und Herunterdrücken des Pistills lysiert. Das Ergebnis der Lyse kann im Phasenkontrastmikroskop verfolgt werden. Der Einsatz von Lebendfarbstoffen wie Trypanblau erleichtert die Bestimmung der Lyse.

- Zellyse mit Ultraschall
  Die Suspensionszellen werden bei 300 g fünf Minuten abzentrifugiert und mit einem entsprechenden Lysepuffer mit Detergenz auf Eis resuspendiert. Nach Eintauchen der Mikrospritze eines Ultraschallstabes in die Suspensionslösung wird eine Ultraschallbehandlung in mehreren Intervallen durchgeführt. Um ein Aufschäumen des Puffers zu vermeiden, sollte nicht die maximale Intensität gewählt werden. Da sich die Lösung bei dieser Prozedur stark erhitzt, empfiehlt es sich, während der Ultraschallbehandlung die Probe ständig im Eisbad zu halten. Danach werden ungelöste Zellbestandteile bei 10000 g und 4°C zehn Minuten lang abzentrifugiert, der Überstand mit den gelösten Proteinen kann sofort weiterverwendet werden.

Bildung und Reinigung der Immunkomplexe

Bei diesen Schritten kommt es darauf an, neben dem möglichst quantitativen Aufreinigen des gesuchten Antigens auch den unspezifischen Hintergrund zu minimieren. Das Zellysat sollte deshalb vorbehandelt werden, um besonders Proteine zu eliminieren, die unspezifisch an die zugesetzten Antikörper, die gebildeten Immunkomplexe oder die inerte Trägermatrix binden.

a) Vorreinigung des Lysates

Die Vorreinigung des Lysates wird mit Normalseren derjenigen Tierspezies durchgeführt, aus denen die für die Präzipitation eingesetzten Antikörper gewonnen wurden, deshalb gleicht das Protokoll für diese Vorreinigung auch der eigentlichen Immunpräzipitation. Erfahrungsgemäß eignet sich für diese Zwecke normales Kaninchenserum sehr gut. Wichtig ist, daß die Antikörper des Normalserums nach der Vorreinigung wieder vollständig eliminiert werden, damit sie später beim eigentlichen Präzipitationsschritt nicht mit dem gewünschten, spezifischen Antikörper konkurrieren.

Zu 1 ml Lysat werden 20 µl Serum eines nicht-immunisierten Kaninchens gegeben und eine Stunde auf Eis inkubiert. Danach weren 100 µl einer 20% Protein-A-Sepharose in Lysepuffer zugesetzt und unter langsamen Rotieren bei 4°C eine weitere Stunde inkubiert. Das Lysat wird nun bei 4°C in der Eppendorfzentrifuge abzentrifugiert und der gereinigte Überstand für die Präzipitation weiterverwendet.

b) Bildung des Immunkomplexes

Bei diesem Schritt können die Menge an eingesetztem Antikörper und das Endvolumen des Reaktionsgemisches variiert werden. Generell wird man zwischen 0,5–5 µl Antiserum und 10–100 µl Kulturüberstand eines Hybridoms auf ein Aliquot (50 µl – 1 ml) des Zellysates einsetzen. Das Volumen der Reaktionslösung spielt bei hochaffinen Antikörpern kaum eine Rolle, bei niederaffinen Antikörpern kann eine Konzentrationserhöhung in wenig Volumen von Vorteil sein, um die Gleichgewichtsreaktion in Richtung Immunkomplex zu verschieben.

Das gereinigte Zellysat wird mit den Antikörpern versetzt und eine Stunde auf Eis inkubiert. Eine längere Inkubationsdauer bringt keine Vorteile, im Gegenteil, besonders bei Inkubationen über Nacht ist die Gefahr einer Erhöhung des unspezifischen Hintergrundes gegeben.

Tabelle 5.5 Affinitäten von Protein A und Protein G für verschiedene Spezies

polyklonale Antiseren		Protein A	Protein G
Kaninchen		+ + + +	+ + +
Maus		+ +	+ +
Meerschweinchen		+ + + +	+ +
Mensch		+ + + +	+ + + +
Ratte		+/–	+ +
Schaf		+/–	+ +
Ziege		–	+ +
monoklonale Antikörper		**Protein A**	**Protein G**
Ratte	IgG_1	–	+
	IgG_{2a}	–	+ + + +
	IgG_{2b}	–	+ +
	IgG_{2c}	+	+ +
Maus	IgG_1	+	+ + + +
	IgG_{2a}	+ + + +	+ + + +
	IgG_{2b}	+ + +	+ + +
	IgG_3	+ +	+ + +

c) Reinigung des Immunkomplexes

Protein A und Protein G sind normale Bestandteile der Zellwand von *Staphylococcus aureus* beziehungsweise *Streptococcus* des Stammes G. Beide Proteine weisen eine hohe Affinität für den F_c-Teil der Immunglobuline auf, allerdings variieren ihre Bindungsaffinitäten für die verschiedenen Immunglobulinsubklassen je nach Spezies erheblich. In Tabelle 5.5 sind einige Affinitäten für verschiedene Ig-Subklassen in unterschiedlichen Spezies aufgelistet. Protein A oder G, die an inerte Sepharosekügelchen gekoppelt wurden, stellen somit ideale Agenzien zur Präzipitation von Immunkomplexen dar. Eine weitere Möglichkeit zur Präzipitation der Immunkomplexe ist die Verwendung von spezies-spezifischen anti-Immunglobulin-Antikörpern (z.B. Ziege-anti-Maus-Antikörper), die an Agarose gekoppelt sind.

Zum Immunkomplex werden 50–100 µl einer 10 % Protein-A Sepharose-Suspension in Lysepuffer gegeben und eine Stunde bei 4°C unter langsamen Rotieren inkubiert. Die Sepharose wird anschließend bei 4°C und 10000 g abzentrifugiert und noch mindestens dreimal mit Lysepuffer gewaschen, um eine eventuelle Bindung von niedrigaffinen, unspezifischen Proteinen zu lösen. Nach dem letzten Waschschritt soll der Überstand vollständig abgenommen werden. Der gebundene Immunkomplex kann nun für den gewünschten Assay weiterverwendet werden.

Für eine SDS-Gelelektrophorese, die sich in den meisten Fällen anschließen wird, werden 50 µl Laemmli-Probenpuffer (3 % SDS, 10 % Glyzerin, 100 mM DTT, 62,5 mM Tris pH 6,8 mit 0,01 % Bromphenolblau) zugegeben und fünf Minuten bei 95°C gekocht. Nach Zentrifugieren wird der Überstand mit dem gelösten Antigen direkt auf das Gel aufgetragen oder kann bei –20°C gelagert werden.

d) Detektion von immunpräzipitierten Antigenen

Die folgenden drei Protokolle sind für die Detektion unterschiedlich markierter und immunpräzipitierter Proteine im Anschluß an eine Gelelektrophorese anzuwenden:

- *Audioradiographie*: für iodierte Proteine, seltener für ^{35}S-markierte Proteine wird das Gel direkt nach dem Elektrophoreselauf getrocknet und auf einem Röntgenfilm bei –70°C exponiert. Die Expositionszeiten sind, je nach Menge und Markierungsintensität des präzipitierten Antigens, empirisch zu ermitteln.
- *Fluorographie*: bei ^{35}S-markierten Proteinen können die radioaktiven Signale im Gel durch Fluorographie verstärkt werden. Hierbei bieten kommerziell erhältliche Fluorochromlösungen (z.B. AmplifyTM von Amersham-Buchler, Braunschweig) bezüglich Effektivität und Inkubationsdauer erhebliche Vorteile. Grundsätzlich wird das Gel nach dem Elektrophoreselauf in Methanol/Eisessig/Wasser (5:1:5) fixiert und anschließend mit dem Fluorochrom inkubiert. Nach dem Trocknen des Gels wird es ebenfalls bei –70°C auf einem Röntgenfilm exponiert. Die Exposition bei dieser Temperatur gewährleistet eine lineare Signalübertragung auf den Röntgenfilm.
- *Streptavidin*: Waren die Proteine biotinyliert, werden sie nach der Elektrophorese auf Nitrozellulose transferiert und nach Blockierung der unspezifischen Bindungsstellen der Membran mit enzymgekoppeltem Streptavidin und einer Farbstoffreaktion detektiert. (Die genaue Anleitung hierzu ist im Abschnitt 5.3.2 „Western Blotting" beschrieben).

Fehlerquellen

Die größten Schwierigkeiten bei Immunpräzipitationen bereiten sicherlich Hintergrundsignale, die häufig unspezifischer Natur sein können. Zum einen müssen deshalb geeignete Kontrollen zur Definition der spezifischen Immunpräzipitate durchgeführt werden, zum anderen können verschiedene Parameter geändert werden, um den Hintergrund zu minimieren. Wird kein spezifisches Signal im jeweiligen Detektionssystem der Immunpräzipitate erhalten, muß wegen des Verdachts einer ineffektiven Immunpräzipitation die Effektivität der Markierung und die Affinität des verwendeten Antikörpers überprüft werden. Die folgende Liste gibt einige Vorschläge:

a) Kontroll-Immunpräzipitationen: Um spezifische Antigen-Antikörperreaktionen von unspezifischen Proteinbindungen zu unterscheiden, sollten bei allen Immunpräzipitationen verschiedene Kontrollen mitgeführt werden. Da die meisten spezifischen, polyklonalen Antiseren weitere Antikörper unbekannter Spezifität enthalten, sind Immunpräzipitationen mit irrelevanten Antikörpern der gleichen Spezies zu empfehlen. Ideal ist beispielsweise das Präimmunserum des Kaninchens, von dem das spezifische, polyklonale Antiserum gewonnen wurde. Bei monoklonalen Antikörpern kann ein nichtbeteiligter Antikörper gleicher Immunglobulinsubklasse und Speziesherkunft als exzellente Kontrolle verwendet werden. Zur Kontrolle unspezifischer Bindung an das inerte Trägermaterial und an Protein A (G) sollten Probeansätze ohne Antikörperzusatz bei den Immunpräzipitationen durchgeführt werden.

b) Ausbleiben eines spezifischen Signals: Immunpräzipitate können bei Verwendung von markierten Antigenen schwer nachweisbar sein, wenn die Markierung des Antigens selbst ineffektiv war. Voraussetzung für eine metabolische Markierung zellulärer Antigene ist eine möglichst ausreichend laufende intrazelluläre Neusynthese. Nur Zellen, die in einem guten, vitalen Zustand sind und optimal proliferieren, erfüllen diese Bedingungen. Ein Signal kann aber auch mit Antikörpern ausbleiben, die für Immunpräzipitationen nativer Proteine ungeeignet sind. Deshalb sollte für die Immunpräzipitationen nativer oder denaturierter Proteine die Spezifität der Antikörper abgestimmt werden.

c) Unspezifische Präzipitationen: Zur Vermeidung unspezifischer Präzipitate muß die Methode nach folgenden Gesichtspunkten optimiert werden:

Optimale Entfernung unspezifischer Partikel und Membrankomplexe aus Lysat und Antiserum, an die eine Bindung erfolgen kann:

- Hierzu wird das Lysat bei 100000 g für 30 Minuten zentrifugiert, bevor der Antikörper zugegeben wird.
- Das Antiserum wird ebenfalls bei 100000 g für 30 Minuten zentrifugiert.

Entfernung unspezifisch gebundener Proteine von der Trägermatrix:

- Hierzu können die Waschschritte mit höherer Stringenz durchgeführt werden. Ein Waschschritt kann mit destilliertem Wasser durchgeführt werden. Die Erhöhung der Salzkonzentration und der Detergenzien im Waschpuffer kann hilfreich sein.
- Die Zahl der Waschschritte wie auch ihre Dauer kann erhöht werden.
- In manchen Fällen kann das Einfrieren der Lysate den Hintergrund erhöhen.
- Wenn zu den erwarteten Signalen zusätzliche Signale immer wieder auftauchen, liegt eine physiologische Interaktion zwischen verschiedenen Polypeptidketten oder mit spezifischen Liganden sehr nahe.

Dokumentation

Die Röntgenfilme genügen als Dokumentation, sie können für Publikationszwecke abfotographiert werden. Die Nitrozellulosefilter sollten nach der Farbreaktion sofort fotographiert werden, da die Farbintensität der Signale mit der Zeit stark nachläßt.

Anwendungsbereich

Die Immunpräzipitation ist keine Methode, die sich für Routineuntersuchungen eignet. Sie wird hauptsächlich in der zellbiologischen und molekularbiologischen Grundlagenforschung eingesetzt.

Literatur

E. Harlow und D. Lane, Antibodies. *A laboratory manual.* Cold Spring Harbor Laboratory Press **1988**.

J. Sambrook, E.F. Fritsch und T. Maniatis, *Molecular cloning*. A laboratory manual. 2. Aufl. Cold Spring Harbor Laboratory Press **1989**.

5.3.2 Western Blotting

Definition

Der Western Blot, auch Immunblot genannt, dient der Darstellung und Detektion gelelektrophoretisch aufgetrennter Proteine nach Übertragung auf eine geeignete Trägermembran mit Hilfe immunologischer Methoden. Ein wesentlicher Vorteil dieses Blots besteht darin, daß das gesuchte Molekül nicht in einem Gel verteilt, sondern auf der Oberfläche einer Membran konzentriert ist und somit wesentlich leichter detektiert werden kann. Mit Hilfe dieser Methode können unmarkierte Antigene in komplexen Gemischen nach ihrer gelelektrophoretischen Auftrennung durch spezifische Antikörper detektiert und in ihrem relativen Molekulargewicht und ihrer Quantität bestimmt werden.

5.3.2.1 Methodische Grundlagen

Die Durchführung des Immunblots läßt sich in verschiedene Schritte unterteilen:

- Aufarbeitung des Antigens oder des Proteingemisches
- Auftrennung der Proteine durch Gelelektrophorese
- Übertragung der aufgetrennten Proteine auf eine Membran
- Blockierung der unspezifischen Bindungsstellen der Membran
- Inkubation der Membran mit spezifischen Antikörpern
- Detektion des gebundenen Antikörpers

Im Gegensatz zur Immunpräzipitation, bei der meistens eine Markierung des Antigens zur Detektion Voraussetzung ist, wird beim Immunblot das gesuchte Antigen nicht markiert. Der Immunblot ermöglicht daher keine Analysen der Neusynthese oder Syntheserate eines Proteins, sondern läßt nur Bestimmungen bereits vorhandener Antigene zu. Proteine, die nur schwer zu markieren sind oder sehr leicht degradiert werden, sind mit einem Immunblot leichter nachweisbar als mit einer Immunpräzipitation.

In den meisten Fällen werden Antigene aus Zellen oder Geweben, seltener aus Proteingemischen in Lösung (z.B. Seren), im Immunblot analysiert. Hierzu können Proteinextrakte aus Zellen mit geeigneten Lysepuffern gewonnen werden. Eine andere Möglichkeit der Proteinextraktgewinnung besteht darin, die Zellen oder das zu untersuchende Gewebe direkt in einem Elektrophorese-Auftragspuffer aufzukochen und zu solubilisieren. Danach können die Proteine gelelektrophoretisch in einem linearen SDS-Polyacrylamidgel oder aber auch in einem Gradientengel aufgetrennt werden. Hierbei wird die Trennung im wesentlichen durch die Molekulargewichte der Proteine bestimmt, andere Faktoren, wie beispielsweise die Proteinstruktur (z.B. globuläre Proteine), spielen eine sekundäre Rolle. Wird eine höhere Auflösung gewünscht, können zweidimensionale Gelelektrophoresen durchgeführt werden, die eine isoelektrische Fokussierung mit einer Gelelektrophorese verbinden. Hierbei läßt sich neben dem Molekulargewicht auch noch der isoelektrische Punkt (pI) des gesuchten Antigens bestimmen. Die aufgetrennten Proteine werden anschließend auf Membranen übertragen, die Proteine unspezifisch binden. Hierfür stehen verschiedene Transfersysteme zur Verfügung, die aber alle für die Wanderung der Proteine aus dem Gel auf die Oberfläche der Membran ein elektrisches Feld verwenden. Da die Membranen Proteine unspezifisch binden, müssen die verbliebenen, nicht besetzten Bindungsstellen vor der immunologischen Detektion des spezifischen Antigens mit einem Antikörper durch irrelevante Proteine blockiert werden. Ein weiterer kritischer Punkt bei einem Western Blot ist die Denaturierung der zu analysierenden Proteine und die damit verbundene mögliche Zerstörung von Antikörperbindungsstellen auf den jeweiligen Antigenen. Von monoklonalen Antikörpern, die gegen native Proteine gerichtet sind, werden nur denaturierungsresistente Epitope erkannt. Polyklonale Antiseren enthalten meistens auch noch Antikörper gegen denaturierte Epitope. Hochaffine Antikörper sind für den Western Blot nicht unbedingt notwendig, da durch die hohe lokale Konzentration des Antigens auf der Membran die Bindung begünstigt wird. So können manche Antikörper, die in der Immunpräzipitation nur sehr schlecht reagieren, durchaus wertvolle Reagenzien für Immunblots sein.

Der spezifische Detektionsantikörper wird in den seltensten Fällen direkt markiert sein. Viel häufiger werden markierte Zweitantikörper mit Spezies- und/oder Subklassen-Immunglobulin-Spezifität für den Erstantikörper zur indirekten Detektion eingesetzt. Diese können mit den Enzymen Meerrettichperoxidase oder alkalische Phosphatase gekoppelt sein, mit denen sich durch Umsetzen spezifischer Farb- oder Chemilumineszenzsubstrate spezifische Antigene nachweisen lassen. Verwendet werden auch mit kolloidalem Gold markierte Zweitantikörper, immer weniger verwendet werden radioaktiv markierte Zweitantikörper. Eine Signalverstärkung kann durch das Biotin-Streptavidinsystem erreicht werden. Hierbei werden biotinylierte Zweitantikörper eingesetzt, die in einem weiteren Detektionsschritt durch unterschiedlich markiertes Streptavidin gebunden werden.

Der Western Blot ist eine relativ sensitive Methode. Für die meisten Detektionssysteme liegt die Nachweisgrenze bei etwa 20 Femtomol. Dies bedeutet für ein Protein mit einem Molekulargewicht von etwa 100 000 Dalton, daß gerade noch 2 Nanogramm nachgewiesen werden können. Der limitierende Faktor für den Nachweis eines spezifischen Antigens ist jedoch meistens die Kapazität der SDS-Gelelektrophorese. Wenn ein Protein in einem Zellextrakt nur in sehr geringer Menge vorliegt, kann eine partielle Vorreinigung des Extraktes, beispielsweise durch Chromatographieschritte, notwendig werden, um eine genügend hohe Konzentration des gesuchten Antigens auf der Membran zu erlangen.

Materialien

Im wesentlichen werden folgende Materialien und Reagenzien benötigt:

- SDS-Polyacrylamid-Gele
- Nitrozellulose-Membranen
- Antigen-spezifische Antikörper
- markierte Zweitantikörper zur Detektion
- verschiedene Detektionssysteme (u.a. Chemilumineszenz, Farbreaktionen)

Geräte

Für einen Western Blot ist keine aufwendige apparative Ausstattung notwendig. Folgende Kleingeräte sollten vorhanden sein:

- Heizblock zum Erwärmen auf 95°C
- Systeme für die vertikale Gelelektrophorese

- Stromversorgungsgerät (vorzugsweise mit konstantem Strom)
- Transfereinheiten
- Schüttler oder Roller

Kommerziell werden auch kostenintensive, in ihren Einzelheiten aufeinander abgestimmte Apparate angeboten, die sich vor allem bei Routineuntersuchungen als vorteilhaft erweisen können. So kann das Phastgel-System (Pharmacia, Freiburg) mit Blotting-Einheit, das bereits vorgefertigte Gele auf Trägerschichten verwendet, ein hohes Maß an Schnelligkeit, Einfachheit in der Handhabung und an Reproduzierbarkeit bieten. Allerdings sind neben der Neuanschaffung auch die laufenden Kosten hierbei relativ hoch.

5.3.2.2 Durchführung

Jedes Protein oder Proteingemisch kann in einem Western Blot analysiert werden. Die häufigste Quelle der Proteine werden allerdings Rohextrakte aus Zellen oder Geweben sein, in selteneren Fällen wird man gereinigte Proteine untersuchen. Die ersten Schritte eines Western Blots sind nicht spezifisch für diese Methode, es können Standardbedingungen für Proteinextraktionen und Elektrophorese benutzt werden.

a) Die Extraktion

Im allgemeinen wird man sich zwischen den folgenden zwei Methoden entscheiden: entweder man kocht die Zellen direkt in einem Auftragspuffer für die Gelelektrophorese auf oder man extrahiert die Proteine aus den Zellen in einem Lysepuffer, vorzugsweise unter Zusatz eines Detergenzes.

Für eine Tris/Glycin-SDS-Polyacrylamid-Gelelektrophorese wird folgender Auftragspuffer verwendet: 3 % SDS, 100 mM DTT, 62,5 mM Tris pH 6,8, 10 % Glycerin und 0,01 % Bromphenolblau). Etwa 5–10 Volumen dieses Puffers werden zu einem Volumen der Zellen gegeben, und diese Probe wird fünf Minuten bei 95°C aufgekocht. Durch die freigesetzte chromosomale DNS wird die Probe hochviskos. Die DNS wird durch mehrmaliges Aufziehen durch eine Nadel geschert, oder sie wird mit Ultraschall 10–20 Sekunden behandelt. Die Probenlösung wird anschließend 10 Minuten lang bei 10000 g zentrifugiert. Der Überstand kann bei Bedarf eingefroren werden, er ist bei –20°C einige Monate stabil.

Liegt das Proteingemisch gelöst in einem Lysepuffer vor, muß es mit dem gleichen Volumen an doppelt konzentriertem Auftragspuffer versetzt werden. Die Probe wird wiederum bei 95°C fünf Minuten gekocht, die DNS, falls notwendig, geschert und zentrifugiert.

b) Die Gelelektrophorese

Es sind eine ganze Reihe unterschiedlicher Elektrophoresesysteme verfügbar, das gebräuchlichste hiervon ist die diskontinuierliche Tris/Glycin-SDS-Polyacrylamid-Gelelektrophorese. Hierbei werden die Proteine denaturiert und durch Zusatz von DTT oder β-Mercaptoethanol auch reduziert, d.h. vorhandene Disulfidbrücken werden gespalten. Der Vorteil eines diskontinuierlichen Puffersystems in Sammel- und Trenngel liegt darin, daß die aufgetragenen Proteinproben im Sammelgel konzentriert werden. Es können somit auch verdünnte Lösungen eingesetzt werden, ohne an Auflösungsschärfe zu verlieren. Die Polyacrylamidkonzentration im Trenngel wird man sich nach dem gesuchten Antigen auswählen. Je geringer das Molekulargewicht des Antigens, umso höher wird die Konzentration des Polyacrylamids liegen. Liegen mehrere gesuchte Antigene von ähnlichem Molekulargewicht vor, kann durch Verwendung von Gradientengelen die Auftrennung optimiert werden. Da die Proteine nach der Elektrophorese auf eine Membran übertragen werden, also aus dem Gel herauswandern müssen, ist eine möglichst niedrige Konzentration des Acrylamids, verbunden mit einem geringen Anteil an Quervernetzer (Bis-Acrylamid), von Vorteil. Hierbei spielt auch die Dicke eines Geles eine Rolle. Je dünner das Gel, umso leichter kann der Transfer erfolgen. Allerdings sind Gele unter 0,5 mm Dicke nur sehr schwer zu handhaben. Dickere Gele bieten den Vorteil, daß eine höhere Konzentration an Proteinextrakten auf das Gel geladen werden kann, ohne die Auflösungsfähigkeit zu beeinträchtigen, was wiederum die Sensitivität für seltener vorkommende Proteine erhöht. Bei Gelen ab 2 mm Dicke ist eine annehmbare Übertragungseffizienz auf die Membran jedoch nicht mehr gegeben.

c) Der Transfer

Für den Transfer der Proteine aus dem Polyacrylamidgel stehen mehrere Membranen zur Verfügung. Am gebräuchlichsten ist die Nitrozellulosemembran, die eine hohe Bindungskapazität besitzt. Allerdings hat diese Membran auch einige Nachteile. Zum einen werden die Proteine nicht kovalent an die Membran gebunden, zum anderen kann die Membran ihre Größe mit verschiedenen Puffern beim Waschen und beim Trocknen verändern, zudem ist sie leicht brüchig. Nylonmembranen hingegen besitzen eine hohe mechanische Stabilität und verändern ihre Größe nicht. Ihr Nachteil besteht in einer geringen Bindungskapazität, die die Nylonmembran für die meisten Anwendungen ungeeignet macht. Ein Ausweg sind positiv geladene Nylonmembranen (beispielsweise Nylon N^+ von Amersham-Buchler, Braunschweig), die aber einen höheren unspezifischen Hintergrund erzeugen können. Eine weitere Möglichkeit sind mit Diazogruppen aktivierte Papiere, die aber wiederum mit speziellen Puffersystemen kombiniert werden müssen. Freie Aminogruppen, z.B. des Glycins, sind unverträglich mit diesen Membranen, die zudem recht teuer sind und nur eine begrenzte Lebensdauer aufweisen. Die Membran der Wahl wird deshalb in den meisten Fällen, trotz der oben erwähnten Nachteile, die Nitrozellulosemembran sein.

Der Transfer auf die Membran wird heute hauptsächlich im elektrischen Feld ausgeführt (elektrophoretische Elution), die einfache Diffusion ist nicht effektiv genug, und ein Transfer im Vakuum bietet keine Vorteile. Die elektrophoretische Elution zeichnet sich durch eine kurze Transferdauer von einigen Stunden und der Vollständigkeit der Übertragung aus. Unterschieden wird zwischen dem halbtrockenen Transfer („semi-dry"), bei dem das Gel mit der Membran zwischen Puffer-getränkten Filterpapieren und Kohleplatten als Elektroden gelegt wird, und dem Transfer in einem Puffertank. Hierbei wird das Gel mit der Membran, wie im Bild 5.24 gezeigt, im „Sandwich"-Verfahren zwischen Filterpapieren, zwei Luftpolstern und einem durchlässigen Plastikhalter eingeklemmt. Als Elektroden dienen hierbei Platindrähte im Puffertank.

Die Nitrozellulosemembran wird in der Größe des Polyacrylamidgeles ausgeschnitten, ebenso vier Filterpapiere (eines der gebräuchlichsten ist das Whatman 3MM Papier). Die Nitrozellulose wird zuerst mit Wasser benetzt und anschließend fünf Minuten im verwendeten Transferpuffer inkubiert. Ein gebräuchlicher Transferpuffer hat folgende Zusammensetzung: 50 mM Tris, 380 mM Glycin, 0,1 % SDS und 20 % Methanol. Bei Proteinen mit

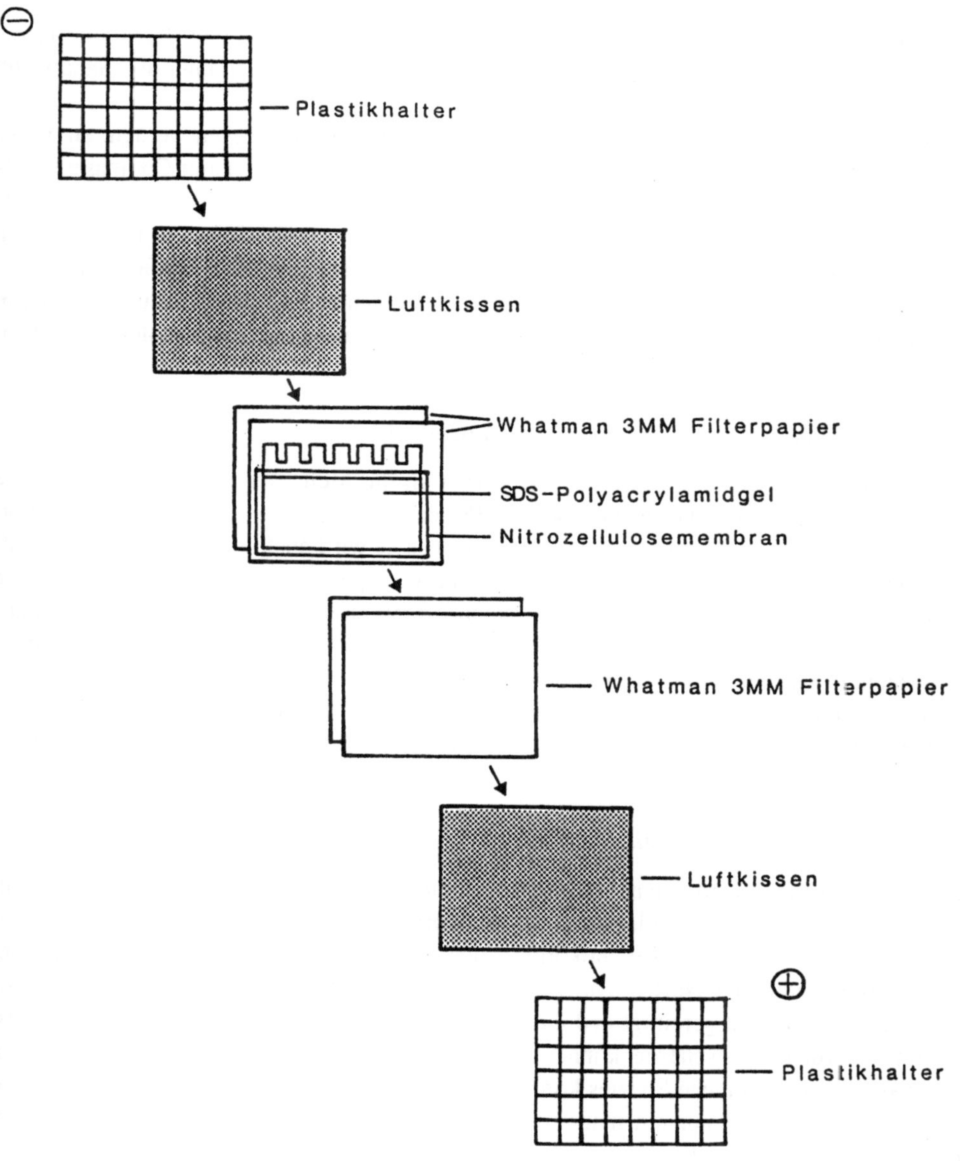

Bild 5.24 Zusammenbau des „Sandwich" für den Transfer von Proteinen

einem Molekulargewicht < 80 kD kann das SDS weggelassen werden. Die Filterpapiere, das Gel und die Polster werden ebenfalls im Transferpuffer eingeweicht, wobei besonders bei den Polstern darauf geachtet werden muß, daß sämtliche vorhandenen Luftblasen entfernt worden sind. Der Transfer-„Sandwich" wird nun – luftblasenfrei – zusammengebaut und so n den Transferpuffer im Tank gesetzt, daß die Membran der Anode, dem positiven Pol, am nächsten ist.

Die Transferzeit, die in den meisten Fällen zwischen 4 und 18 Stunden liegen wird, hängt von der Größe des gesuchten Proteins und der Dicke des Geles ab und muß empirisch bestimmt werden. Die elektrophoretische Elution wird mit 8–10 V/cm durchgeführt. Da sich während des Transfers der Puffer erhitzt, sollte der Transfer entweder im Kühlraum erfolgen, oder der Puffer muß gekühlt und gerührt werden, um Gasblasenbildung im „Sandwich“ zu vermeiden.

Die Effektivität des Transfers kann auf zweierlei Weise nachgewiesen werden: entweder wird das elektroeluierte Polyacrylamidgel mit einer Silberfärbung oder mit Coomassie Brillant Blue angefärbt, oder ein Teil der Nitrozellulosemembran wird mit einem Farbstoff (z.B. Amidoschwarz oder Ponceau S) gefärbt, wobei alle transferierten Proteine nachgewiesen werden können. Dieser Schritt kann allerdings überflüssig werden, wenn ein farbig markierter Molekulargewichtsmarker eingesetzt wird. Ein Vergleich zwischen Gel und Membran macht deutlich, wie effektiv der Transfer von niedermolekularen und hochmolekularen Proteinen war.

d) Blockierung unspezifischer Membranbindungsstellen

Um eine unspezifische Adsorption der Antikörper an die Membran zu verhindern, ist eine vollständige Blockierung aller nicht besetzten Proteinbindungsstellen auf der Membran notwendig. Je besser die Blockierung verläuft, umso besser wird auch das Signal:Hintergrund-Verhältnis werden. Es stehen mehrere Blockierungslösungen zur Verfügung, die in Tabelle 5.6 aufgelistet sind. Nicht alle Lösungen sind jedoch mit allen Detektionssystemen kompatibel. Beispielsweise ist die Verwendung von Pferdeserum nicht anzuraten, wenn Protein A oder Protein G als Detektionsreagenz eingesetzt werden.

Nach dem Transfer wird die Membran mehrmals mit PBS gewaschen und in einer der Blockierungslösungen zwei Stunden bei Raumtemperatur unter leichtem Schütteln oder Bewegen des Filters inkubiert.

e) Bindung des spezifischen Antikörpers

Das gesuchte Antigen wird nun auf der Membran durch die Bindung eines Antikörpers nachgewiesen. In den seltensten Fällen wird der Antikörper direkt markiert sein. Weitaus gängiger ist es, mit markierten Zweitantikörpern den gebundenen, spezifischen Erstantikörper nachzuweisen (indirekter Nachweis). Dies hat mehrere Vorteile: die meist wertvollen Erstantikörper müssen nicht gereinigt und markiert werden, sondern können direkt ohne Verlust eingesetzt werden. Desweiteren können markierte Zweitantikörper mit einer Vielzahl an Erstantikörpern der gleichen Spezies kombiniert werden. So werden für verschiedene monoklonale Mausantikörper nur ein markierter anti-Maus-Antikörper benötigt. Dies kann sich recht kostengünstig auswirken.

Tabelle 5.6 Blockierungslösungen

Substanz	Konzentration	Charakteristikum
Trockenmilch, fettfrei	5 % in PBS	billig, guter Hintergrund
Tween-20	0,1–0,2 % in PBS	billig, erlaubt die Färbung aller Proteine nach der spezifischen Antigendetektion
Rinderserumalbumin	3–5% in PBS	relativ teuer
Pferdeserum	10 % Serum in PBS	nicht mit allen Detektionssystemen kompatibel

Alle Blockierungslösungen enthalten 0,02 % Natriumazid.

Es können sowohl Antiseren als auch monoklonale Antikörper für den Immunblot eingesetzt werden. Antiseren haben den Vorteil, daß sie ein breites Spektrum an Immunglobulinen gegen das gesuchte Antigen besitzen und somit die Wahrscheinlichkeit recht hoch ist, daß sie auch das denaturierte Protein erkennen. Allerdings ist bei Verwendung von Antiseren auch die Gefahr eines unspezifischen Hintergrundes gegeben. Monoklonale Antikörper sind die Agenzien der Wahl, wenn bekannt ist, daß sie ihr Epitop auch noch nach der Denaturierung erkennen.

Die Membranen werden mit unverdünntem oder bis zu 1:10 verdünntem Hybridoma-Zellkulturüberstand inkubiert. Bei Antiseren können Verdünnungen zwischen 1:50 und 1:5000 gewählt werden, die geeignetste Verdünnung muß hierbei empirisch bestimmt werden. Verdünnungen der Antikörper sollten immer in proteinhaltigen Lösungen erfolgen, beispielsweise in 1 % BSA. Um die Menge an benötigtem Erstantikörper möglichst gering zu halten, können zwei Methoden verwendet werden. Zum einen kann man die Membran luftblasenfrei mit der Antikörperlösung in Plastiktüten einschweißen. Es werden für einen 10 × 8 cm Blot etwa vier bis fünf Milliliter Antikörperlösung benötigt. Die eingeschweißte Membran wird während der Inkubationszeit von einer Stunde bei Raumtemperatur ständig bewegt. Eine zweite Möglichkeit ist die Verwendung eines sich drehenden Zylinders. Die feuchte Membran wird so an die Innenseite des Zylinders gelegt, daß die Seite mit den transferierten Proteinen zum Inneren des Zylinders zeigt. Die Antikörperlösung wird zugegeben und der Zylinder auf einem waagerechten Roller (Wasserwaage!) langsam gedreht, so daß die Oberfläche der Membran ständig mit Flüssigkeit bedeckt ist. Nach einer Stunde kann der Filter gewaschen werden, es sollten drei bis vier Waschschritte mit PBS für jeweils fünf Minuten durchgeführt werden. Der Blot ist nun für die Detektion mit einem markierten Zweitantikörper bereit.

f) Die Detektion

Die Inkubation mit dem markierten Zweitantikörper erfolgt in der gleichen Art und Weise wie mit dem spezifischen Erstantikörper. Die Membran wird mit einer verdünnten Antikörperlösung eingeschweißt oder im sich drehenden Zylinder inkubiert und nach einer Stunde Inkubationszeit wiederum mit drei bis vier Waschschritten behandelt.

Die folgenden Markierungen der Zweitantikörper stehen zur Auswahl:

- *Enzym*-Markierung: die Enzyme katalysieren entweder die Entstehung eines chromogenen Präzipitates oder eine Reaktion, bei der als Nebenprodukt Licht entsteht (Chemilumineszenz)
- Kolloidales Gold: der mit kolloidalem Gold markierte Zweitantikörper kann als violettes Signal detektiert werden, meist wird diese Methode aber in Verbindung mit einer Silberverstärkung angewandt.
- Radioaktive Isotope: der zweite Antikörper ist meist mit ^{125}I oder ^{35}S markiert und kann direkt mit einer Autoradiographie oder Fluorographie nachgewiesen werden

Eine Verstärkung des Signals kann auch durch Verwendung von biotinylierten Zweitantikörpern erreicht werden, die ihrerseits durch ein direkt markiertes Avidin oder Streptavidin nachgewiesen werden. Für die Markierung des Streptavidins/Avidins stehen wieder die oben erwähnten Möglichkeiten zur Verfügung.

1. Die enzymatische Reaktion

Zwei Enzyme werden hauptsächlich für die Markierung benutzt, die alkalische Phosphatase und die Meerrettichperoxidase. Für beide stehen enzymatische Farbreaktionen zur Verfügung. Protokolle für einen erfolgreichen Einsatz der Chemilumineszenz im Western Blot gibt es allerdings bislang nur für die Peroxidase.

Farbreaktionen mit der alkalischen Phosphatase (AP): Der gebräuchlichste und sensitivste Nachweis mit AP erfolgt mit dem Bromochloroindolyl-phosphat/Nitroblue-tetrazolium (BCIP/NBT) Substrat, das ein schwarz-violettes Präzipitat an der Bindungsstelle des Enzyms hinterläßt. Die Reaktion verläuft linear, und die Signalstärke kann durch die Länge der Inkubationszeit bestimmt werden. Im allgemeinen erreicht man mit dieser Methode scharfe Banden bei einem geringen Hintergrund.

Folgende Stammlösungen der Farbsubstrate, die bei 4°C mindestens ein Jahr stabil sind, sollten hergestellt werden. NBT: 1g NBT wird in 20 ml 70 % Dimethylformamid gelöst; BCIP: 1g des Dinatriumsalzes des BCIP wird in 20 ml 100 % Dimethylformamid gelöst; AP-Puffer: 100 mM NaCl, 5 mM $MgCl_2$, 100 mM Tris pH 9,5.

Kurz vor der Entwicklung eines Western Blots wird eine frische Substratlösung aus 66 µl NBT in 10 ml AP-Puffer hergestellt, zu der 33 µl BCIP zugegeben werden. Die Lösung soll innerhalb einer Stunde verwendet werden. Die Membran wird in die frisch angesetzte Substratlösung gegeben und unter leichtem Schütteln bis zur Bildung genügend dunkler, spezifischer Banden entwickelt. Die Reaktion wird mit 20 mM EDTA gestoppt.

Farbreaktionen mit Meerrettichperoxidase (PO): Drei Substrate können mit gutem Ergebnis bei Verwendung der PO im Immunblot eingesetzt werden: 4-Chloro-1-naphtol, Aminoethylcarbazol und Diaminobenzidin (DAB). Zwei dieser Farbreaktionen sind im folgenden beschrieben:

Die Reaktion mit 4-Chloro-1-naphtol ergibt zwar in leicht zu kontrollierender Weise ein intensives blau-schwarzes Reaktionsprodukt, aber die Reaktion selbst ist wenig sensitiv. Der entwickelte Immunblot sollte möglichst bald fotographiert werden, da die Farbintensität der Signale mit der Zeit stark nachlassen kann. Unspezifische Hintergrundbindung des Reaktionsproduktes an die Membran ist bei dieser Methode sehr gering.

Eine Stammlösung von 3 mg/ml 4-Chloro-1-naphtol in absolutem Ethanol kann bei 4°C gelagert werden. Kurz vor der Entwicklung werden 5 ml dieser Lösung mit 25 ml einer 50 mM Tris pH 7,4 Lösung gemischt, hierzu werden 15 µl 30 % H_2O_2 zugegeben. Die Membran wird in dieser Lösung bei Raumtemperatur inkubiert. Typische Entwicklungszeiten liegen zwischen zwei und zehn Minuten, längere Zeiten führen in den meisten Fällen zu einem erhöhten Hintergrund. Die Reaktion wird durch Waschen mit PBS gestoppt.

Eine wesentlich höhere Sensitivität erreicht man mit Diaminobenzidin (DAB), das ein braunes Reaktionsprodukt ergibt. Die Sensitivität kann durch den Zusatz von Ni^{2+} oder Co^{2+}-Ionen noch gesteigert werden. Diese Verstärkung kann auch noch nach einer einfachen DAB-Entwicklung erfolgen. Die Reaktion mit DAB hat allerdings zwei Nachteile: zum einen reagiert DAB so schnell, daß es häufig zu einer Überentwicklung mit hohem unspezifischen Hintergrund kommt. Andererseits ist DAB ein potentielles Karzinogen, so daß entsprechende Vorsichtsmaßnahmen notwendig sind.

Kurz vor der Reaktion werden 6 mg DAB-Tetrahydrochlorid in 10 ml 50 mM Tris pH 7,6 gelöst und 10 µl 30 % H_2O_2 zugegeben. Die gewaschene Membran wird unter leichter

Bewegung solange inkubiert, bis eine genügend braune Färbung der gewünschten Banden vorhanden ist. Dies wird innerhalb von Sekunden bis wenigen Minuten erreicht. Die Reaktion kann durch Waschen mit PBS gestoppt werden.

Chemilumineszenzreaktion mit Peroxidase: Es kommt zur Chemilumineszenz, wenn die Energie einer chemischen Reaktion in Form von Licht abgegeben wird. Zufriedenstellende Protokolle gibt es heute für die Western Blot Analyse nur für die Peroxidase-vermittelte Chemilumineszenz. Hierbei wird Luminol, ein zyklisches Diacylhydrazid, in Gegenwart von H_2O_2 und Peroxidase unter Lichtabsonderung gespalten. Vorteile dieser Methode sind ein hoher Sensitivitätsgrad und die einfache Dokumentation auf einem Röntgenfilm.

Aus vorgefertigten, kommerziell erhältlichen Stammlösungen (z.B. Amersham-Buchler, Braunschweig) wird eine frische Reaktionslösung angesetzt, in der die Membranen eine Minute lang inkubiert und danach sofort mit einem Röntgenfilm exponiert werden. Typische Entwicklungszeiten sind zehn bis zwanzig Sekunden, längere Entwicklungszeiten können bei selteneren Antigenen notwendig sein. Das Maximum der Reaktion ist sehr schnell erreicht, deshalb sollte der Röntgenfilm möglichst schnell auf die Membran aufgelegt werden.

Ein weiterer Vorteil der Chemilumineszenzmethode ist, daß die Membran, sofern sie feucht gehalten wird, für einen weiteren Western Blot wiederverwendet werden kann. Das Signal der ersten Reaktion kann bei 50°C mit 62,5 mM Tris pH 6,7, 2 % SDS und 100 mM Mercaptoethanol in dreißig Minuten weggewaschen werden. Die Membran kann anschließend wieder mit einem ersten Antikörper inkubiert werden, gefolgt von einem zweiten, Peroxidase-gekoppelten Antikörper. Diese Wiederverwendung der Membran ist mit Färbemethoden nur sehr schwer zu erreichen.

2) Die radioaktive Markierung

Die am meisten verwendeten radioaktiv markierten Zweitantikörper enthalten ^{125}I, aber in jüngerer Zeit werden zunehmend auch ^{35}S-markierte Zweitantikörper verwendet, da diese vom radioaktiven Umgang her einfacher zu handhaben sind. Vorteil der radioaktiven Methode ist ein relativ einfaches Protokoll, wenn der Experimentator im Umgang mit radioaktiven Stoffen trainiert ist. Wie bei der Chemilumineszenz dienen Röntgenfilme zur Dokumentation.

Die Membran wird mit dem radioaktiv markierten Zweitantikörper inkubiert und anschließend gründlich gewaschen, bevor sie mit dem Röntgenfilm exponiert wird. Bei Verwendung von ^{125}I kann die noch feuchte Membran in eine dünne Plastikfolie eingeschweißt werden, bei ^{35}S und besonders bei Verwendung von ^{14}C-markierten Molekulargewichtsmarkern muß die Membran *vollständig* vor dem Exponieren getrocknet werden. Selbst ein kleiner Rest Feuchtigkeit läßt ansonsten die Membran fest an den Röntgenfilm kleben. Sie kann nur durch Rehydratisierung in einem Puffer wieder vom Film entfernt werden.

Es ist prinzipiell auch möglich, statt der spezies-spezifischen Zweitantikörper (z.B. anti-Maus, anti-Kaninchen) auch markiertes Protein A oder Protein G zu verwenden. Hierbei stehen ^{125}I und ^{35}S markiertes Protein A oder G zur Verfügung. Bei Verwendung dieser Reagenzien ist auf die Reaktivität der einzelnen Immunglobulinklassen der verschiedenen Spezies mit dem Protein A oder Protein G zu achten (siehe auch Immunpräzipitation, Tabelle 5.5).

5.3.2.3 Fehlerquellen

Ähnlich der Immunpräzipitation bereiten beim Western Blot ein unspezifischer Hintergrund und zusätzlich detektierte Banden die größten Schwierigkeiten. Ein unspezifischer, diffuser Hintergrund kann durch ungenügende Blockierung der Membran hervorgerufen werden, aber auch durch eine Reaktion des Detektionssystems mit dem Blockierungsreagenz. Spezifische, zusätzliche Banden können durch spezifische Antikörper, die in den verwendeten Antiseren vorhanden sind, hervorgerufen werden, aber auch bei monoklonalen Antikörpern können durch Kreuzreaktionen mit verwandten Epitopen zusätzliche Signale entstehen. Im folgenden sind einige Ratschläge zur Verbesserung aufgeführt:

a) Unspezifischer, diffuser Hintergrund

Dieser kann neben der oben erwähnten ungenügenden Blockierung bei der indirekten Nachweismethode auch durch den markierten Zweitantikörper entstehen. Um diese Möglichkeit auszuschließen, sollten Kontrollen durchgeführt werden, bei denen der spezifische Erstantikörper weggelassen, ansonsten die Methode aber identisch ausgeführt wird. Entsteht der diffuse Hintergrund durch den markierten Zweitantikörper, muß dessen Konzentration so austitriert werden, daß ein Signal ohne Hintergrund entstehen kann. Ist dies nicht möglich, muß ein anderer markierter Zweitantikörper verwendet werden.

Eine weitere Möglichkeit ist die Variation des Blockierungsreagenz, um den Hintergrund zu minimieren. Desweiteren können die Waschschritte ausgedehnt und die Inkubationszeiten für die Antikörper reduziert werden.

b) Spezifischer Hintergrund

Auch hier muß bei der indirekten Nachweismethode der Einfluß des markierten Zweitantikörpers nachgeprüft werden. Stammen spezifische Signale vom Zweitantikörper, soll dieser, wenn irgend möglich, gewechselt werden. Rühren die spezifischen zusätzlichen Signale vom ersten Antikörper her, so sollte man bei monoklonalen Antikörpern einen weiteren monoklonalen Antikörper austesten. Erscheint das zusätzliche Signal weiterhin, läßt dies Rückschlüsse auf gemeinsame Epitope bei den detektierten Proteinen zu. Schwieriger wird es bei Verwendung polyklonaler Antiseren. Hier kann die Adsorption des Antiserums an ein Proteingemisch, welches das gesuchte Antigen nicht enthält, eine wesentliche Verbesserung bringen. Steht jedoch gereinigtes Antigen zur Verfügung, so ist eine Reinigung des Antiserums mittels Affinitätschromatographie die Methode der Wahl.

c) Kein Signal

Wird überhaupt kein Signal erhalten, müssen alle Schritte des Western Blots überprüft werden. Dazu gehören die Kapazität des Gels, die Transferbedingungen, die Inkubationszeiten und Konzentrationen der Antikörper und das Detektionssystem. Auch ein Verlust der Antigenität des Proteins während der gesamten Prozedur sollte im Dot-Blot-Verfahren mit verschiedenen Behandlungsmethoden des Antigens (SDS, Methanol, usw.) überprüft werden.

Dokumentation

Bei den Farbreaktionen sollten die Membranen möglichst bald fotographiert werden, bei Chemilumineszenz und radioaktiven Isotopen hat man mit den entsprechenden Röntgenfilmen bereits eine gute Dokumentation.

Anwendungsbereich

Der Immunblot wird häufig in der zell- und molekularbiologischen Grundlagenforschung eingesetzt, er läßt sich aber mit den entsprechenden Apparaturen auch für Routineuntersuchungen in der klinischen Chemie verwenden.

Literatur

E. Harlow, und D. Lane, *Antibodies. A laboratory manual.* Cold Spring Harbor Laboratory Press, **1988**.

J. Sambrook, E.F. Fritsch und T. Maniatis, *Molecular cloning. A laboratory manual.* 2. Aufl.. Cold Spring Harbor Laboratory Press, **1989**.

5.4 Epitopmapping und ELISA

5.4.1 Epitopmapping

Als Epitopmapping bezeichnet man die Suche nach denjenigen Bereichen eines Proteins, die dem Immunsystem zugänglich sind. Je nach erkennender Immunzelle unterscheidet man B-Zell- und T-Zell-Epitope. Da B-Zellen bzw. Immunglobuline Antigene direkt binden, liegen B-Zell-Epitope typischerweise an der Oberfläche der Proteine. Innen liegende Epitope können von Immunglobulinen nur gebunden werden, wenn das Immunogen bzw. das Antigen denaturiert vorliegt. T-Zellen dagegen erkennen ein Antigen als Peptid, das in der Grube des MHC- bzw. HLA-Moleküls auf der Oberfläche der Antigen präsentierenden Zelle liegt. Diese Peptide werden durch Proteolyse des Antigens in Zellen erzeugt. Daher können T-Zellen Peptide erkennen , die evtl. auch im Inneren des nativen Proteins lokalisiert sind. Funktionell werden T-Zell-Epitope unterteilt in: zytotoxische T-Zell-Epitope, welche im MHC/HLA Klasse I Kontext präsentiert werden und zytotoxische Lyse der Zielzelle induzieren, und T-Helfer Epitope , welche im MHC/HLA-Klasse-II-Kontext präsentiert werden und T-Zell-Proliferation und die Synthese von Cytokinen induzieren .

Grundlagen

Fremde, nicht körpereigene Proteine werden vom Immunsystem des Körpers erkannt. Häufig sind dies Oberflächenproteine von Bakterien oder Hüllproteine von Viren. Kennt man die Epitope solcher Proteine, so können diese als synthetische Peptide in Form sogenannter Immunogene, dem Immunsystem zugänglich gemacht werden, um die Präsenz des Fremdorganismus zu simulieren. Die Entwicklung von synthetischen Impfstoffen ohne Verwendung des pathogenen Erregers ist somit möglich. Untersuchungen von Seren mit Hilfe von Peptiden, die bekannte Epitope enthalten, erlauben Rückschlüsse auf die Anwesenheit von Antikörpern im Blut und somit auf eine Infektion. Die Kenntnis der Epitope eines Proteins kann somit auch für diagnostische Anwendungen eingesetzt werden. Im Bereich der immunchemischen Forschung ermöglichen Epitope die Grundlagen der Immunabwehr zu studieren.

Das Immunsystem kann sowohl Aminosäuren in Folge, in einer Konformation oder auch aus verschiedenen Domänen erkennen. Das Epitop kann somit sequenziell, konformativ oder diskontinuierlich sein (Bild 5.25).

Durchführung

Prinzipiell werden heute zwei Strategien zur Epitopanalyse eines Proteins angewendet.

Mit Hilfe von Vorhersagemethoden können bestimmte Wahrscheinlichkeiten für Epitopbereiche eines Proteins ermittelt werden. Peptide aus diesen Bereichen werden gezielt synthetisiert und auf ihre antigenen Eigenschaften überprüft.

Durch die Synthese einer Vielzahl von Peptiden wird die gesamte Primärsequenz des Proteins erfaßt. Die Identifizierung der epitopen Bereiche erfolgt mittels biologischem Test.

B-Zell-Epitope werden häufig durch ELISA (Enzyme Linked Immunosorbent Assay) oder RIA (Radio-Immuno Assay) identifiziert (vgl. Abschnitt 5.4.2).

Zur Identifizierung von T-Zell-Epitopen werden, je nach zu untersuchender Zell-Subpopulation, verschiedene Testmethoden angewendet. Es handelt sich dabei um Testmethoden mit ganzen Zellen, sogenannten T-Killerzell-Assay oder T-Helferszell-Asays.

Mit Hilfe des Proliferationstests kann die Stimulierung und somit die Aktivierung von T-Helferzellen durch Peptide untersucht werden. T-Lymphocyten werden mit Peptiden inkubiert, kultiviert und mit ^{3}H-Thymidin versetzt. Wird der T-Zell-Klon durch das Peptid stimu-

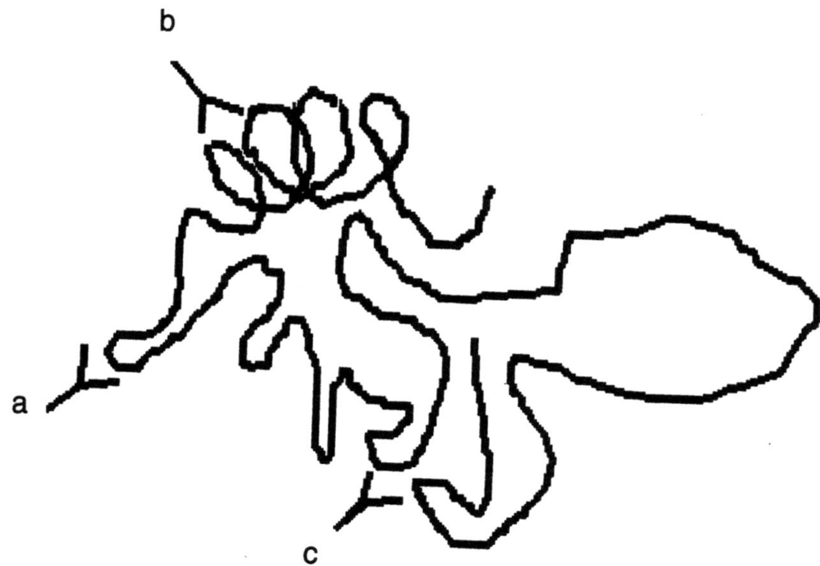

Bild 5.25 Schematische Darstellung eines sequentiellen [a], konformativen [b] und diskontinuierlichen [c] Epitops

liert, so proliferieren die Zellen verstärkt und das mit Tritium markierte Nucleotid wird eingebaut. Die Radioaktivität der Zellen wird im Counter vermessen und ist ein direktes Maß für das Wachstum der Zellen und somit für die Stimulation des T-Zellklons durch das zugegebene Peptid.

Mit Hilfe des ^{51}Chrom-Freisetzungstests werden Epitope cytotoxischer T-Zellen bestimmt. Plasmazellen, welche ^{51}Chrom enthalten, werden mit Peptiden beladen. Tritt nach Inkubation mit T-Killer-Zellklonen ^{51}Chrom im Überstand auf, so wurde die Plasmazelle von der Killerzelle erkannt und lysiert. Das Peptid ist ein T-Killerzell-Epitop.

Anwendung

Epitopmapping ist sehr hilfreich, wenn Antikörper, die gegen ein bestimmtes Protein gerichtet sind, erhalten werden sollen oder die Bindungsstelle eines bereits vorhandenen, z. B. monoklonalen Antikörpers charakterisiert werden soll.

Dies ist besonders häufig in folgenden Anwendungen der Fall:

- Identifizierung eines Proteins in einer Zelle oder Spezies,
- Untersuchung der Freisetzung, der Prozessierung und der Regulation eines Proteins,
- Lokalisierung eines Proteins, das aus der DNA-Sequenz abgeleitet ist,
- Information über die Raumstruktur eines viralen oder bakteriellen Proteins mit Hilfe neutralisierender Antikörper gegen außen liegende Proteinbereiche,
- gezielte Blockierung von Protein-Domänen,
- Untersuchung von Kreuzreaktivitäten von Antikörpern,
- Aufbau von biologischen Testsystemen (siehe Abschnitt 5.4.2 ELISA),
- Charakterisierung von monoklonalen Antikörpern,
- Entwicklung von synthetischen Impfstoffen,
- Grundlagenerforschung der molekularen Mechanismen der Immunantwort.

Literatur

I. M. Roitt, J. Brostoff und D. K. Male, *Kurzes Lehrbuch der Immunologie*, Georg Thieme Verlag, Stuttgart **1995**.

M. H. V. van Regenmortel, J. B. Briand, S. Muller und S. Plaue, *Synthetic Peptides as Antigens*, Elsevier, Amsterdam **1988**.

A. K. Abbas, A. H. Lichtman und J. S. Pober, *Immunologie*, Huber-Verlag, Bern **1996**.

G. Köhler (Hrsg.), *Immunsystem*, Spektrum der Wissenschaft, 2. Aufl., Heidelberg **1988**.

5.4.1.1 Computer-unterstützte Epitopvorhersage

Die Wahrscheinlichkeit für das Vorhandensein eines Epitopes in einem bestimmten Bereich des Proteins wird mit Hilfe von Computerprogrammen festgestellt. Bestimmte Motive oder Eigenschaften bekannter Epitope dienen als Grundlage der Datensätze.

Grundlagen

B-Zell-Epitope werden von Antikörpern erkannt. Sie liegen somit an der Oberfläche des zu untersuchenden Proteins. Oberflächensegmente haben verschiedene Eigenschaften gemeinsam, die man sich bei der B-Zell-Epitopanalyse zu Nutze machen kann:

- sie enthalten häufig geladene und polare Aminosäuren;
- es handelt sich um flexible Regionen, wesentlich flexibler als starre Transmembran- oder Coresegmente;
- Turnstrukturen sind häufig exponierte Segmente des Proteins und somit gut für Antikörper zugänglich.

Verschiedene Algorithmen wurden entwickelt, um aus der Primärsequenz eines Proteins auf die Eigenschaften verschiedener Segmente zu schließen. Alle Methoden beruhen darauf, daß jeder der 20 Aminosäuren ein bestimmter Parameterwert zugeordnet wird. Analysiert man ein Protein, so wird die Primärsequenz Aminosäure für Aminosäure durchgerastert. Eine bestimmte Anzahl der umliegenden Aminosäuren wird dadurch berücksichtigt, daß ein Fenster von z. B. 7 Aminosäuren verwendet wird. Der Mittelwert aus den Parameterwerten dieser Aminosäuren wird der mittleren zugeordnet und beschreibt die Eigenschaft dieser Position in ihrer Umgebung. Die Bestimmung exponierter Regionen eines Proteins erfolgt mit folgenden Parametern:

- Flexibilität
- Hydrophilie
- Hydropathie
- Acrophilie
- Sekundärstrukturparameter

Die Kettenflexibilität ist eine physikalische Eigenschaft, die auf Röntgenstrukturdaten bekannter Proteine basiert. Durch Auswertung dieser Strukturdaten gelingt die Einteilung in starre und nichtstarre Aminosäurereste. Starre Segmente zeichnen sich in der Röntgenstruktur durch vermehrte Unschärfe aus. Für die Berechnung der Hydropathie wird die Übergangsenthalpie bei der Überführung einer Aminosäure von Wasser nach Ethanol jeder Aminosäure als Parameter zugeordnet. Die Übergangsenthalpie einer Aminosäure von Wasser ins Vakuum dient als Zuordnungsparameter für die Hydrophilie. Eine vom Platz einer Aminosäure in einem Bereich unabhängige Mittelwertsbildung wird durchgeführt. Die Bereichslänge liegt bei 6 für die Hydrophilie und bei 9 Aminosäuren für die Hydropathie. Die statistische Erfassung von Proteinen, deren dreidimensionale Struktur bekannt ist, liefert eine Verteilung der Aminosäuren von innen und außen. Häufig außen liegende Aminosäuren erhalten hohe Werte in der Parametrisierung, häufig innen aufgefundene Aminosäuren niedrige. Das so erhaltene Diagramm wird auch als Acrophilie-Plot bezeichnet (s. Bild 5.26). Auf gleiche Art und Weise kann auch eine statistische Berechnung der Häufigkeiten von Aminosäuren in antigenen Bereichen durchgeführt werden. Diese Analyse zeigt, ob bestimmte Regionen viele Aminosäuren enthalten, die auch in Epitopen anderer Proteine häufig auftreten. Die Vorhersagen der Sekundärstrukturen, wie α-Helix, β-Faltblatt, Turn- oder Coil-Konformation leiten sich aus einer Statistik von Proteinen bekannter dreidimen-

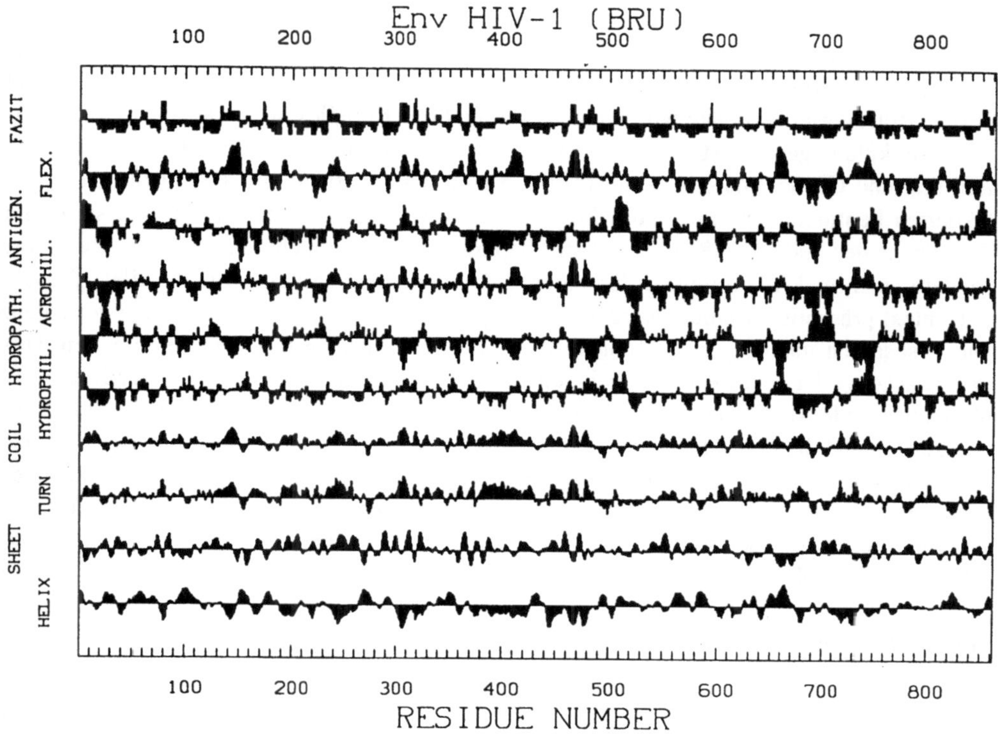

Bild 5.26 B-Zell-Epitopvorhersage des HIV-envelop-Proteins

sionaler Struktur (Tertiärstruktur) ab. Es wird untersucht, welche Aminosäure bevorzugt in experimentell bestimmten Konformationen vorkommt. Hohe Wahrscheinlichkeit für helikale Konformation haben Alanin, Glutaminsäure und Methionin, als Helixbrecher werden Glycin, Tyrosin, Prolin und Asparaginsäure eingeordnet. β-Faltblattkonformation wird durch Isoleucin, Valin und Tyrosin unterstützt, von Asparaginsäure, Glutaminsäure und Lysin verhindert. Prolin, Asparagin, Glycin, Cystein und Tryptophan werden häufig in Turnregionen beobachtet; Valin, Methionin, Alanin, Glutaminsäure, Leucin und Isoleucin verhindern die Turnbildung. Bei der Sekundärstrukturparametrisierung einer Sequenz wird, wie bei den anderen Vorhersagemethoden die Umgebung der einzelnen Aminosäuren berücksichtigt und eine Kombination wie z. B. Gly-Pro steigert die Turnwahrscheinlichkeit erheblich.

Zur Vorhersage von T-Zell-Epitopen existieren zwei weit verbreitete Ansätze, die jedoch nicht unumstritten sind. So sollen Peptide, die ein beliebiges T-Zell-Epitop tragen, eine amphiphile, helikale Konformation und gemeinsame Muster hydrophiler und hydrophober Aminosäuren besitzen, um sich in das MHC-Molekül einzulagern.

Jüngere Arbeiten zeigen allerdings, daß MHC Klasse I-Moleküle meist Nonapeptide dem T-Killerzell-Rezeptor präsentieren, wobei durch 2–3 sogenannte Anker-Aminosäuren in diesen Peptiden bestimmte Sequenzmotive auftreten. Auch durch Moleküle des MHC-Klasse II werden Peptide mit bestimmten Sequenzmotiven, jedoch variabler Länge von 12–20 Aminosäuren dem T-Helferzell-Rezeptor präsentiert. Je nach MHC-Klon variieren die Sequenzmotive. In der Antigen präsentierenden Zelle werden die Antigenproteine proteolytisch gespalten. Im Zytoplasma spalten Proteasomen endogene Proteine, die im MHC Klasse I Kontext präsentiert werden, in kleine Peptide. Diese Spaltung erfolgt weitgehend zufällig, bestimmte Größen- oder Sequenzmotive sind nicht bekannt. Diese Peptide werden dann von TAP-1 und TAP-2 (transporter associate with antigen presentation) Komplexen ins rauhe endoplasmatische Retikulum geschleust. Dieser TAP-abhängige Transport selektiert die Peptide nach Affinität und Größe, und bestimmte Peptide findet man häufiger im ER. Mit diesen vorselektierten Peptiden wird im ER das MHC-Klasse-I-Molekül beladen und gelangt so an die Oberfläche der Zelle. Die Selektion dieser Peptide erfolgt also nicht nur am MHC-Rezeptor, sondern auch im TAP-Komplex. Für exogene Antigene bzw. Proteine, die im MHC-Klasse-II-Kontext präsentiert werden, werden durch lysosomale Protease wie Cathepsine gespalten. Die Lysosomen fusionieren mit Lipidvesikeln, die MHC-Klasse-II-Moleküle enthalten. Unter Freisetzung der sog. invariant chain, einem Protein, das die Bindungsstelle des Klasse-II-Moleküles bedeckt, bis das Antigen gebunden wird, werden die lysosomalen Peptide vom Klasse-II-Molekül gebunden. Der Peptid-MHC-Klasse-II-Komplex wird dann auf der Zelloberfläche präsentiert. Immer mehr MHC-Bindungsmotive werden durch Sequenzierung der MHC-kodierenden Gene bekannt. Ebenso werden die mit diesen MHC-Motiven assoziierten Peptide analysiert. Durch Vergleich der Daten können mit einer gewissen Wahrscheinlichkeit in Zukunft T-Zell-Epitope vorhergesagt werden.

Vorbereitung und Durchführung

Computerprogramme zur Epitop-Vorhersage ist teilweise kommerziell erhältlich. Die Untersuchung einer jeden beliebigen Primärsequenz ist damit möglich (s. Bild 5.26). Die Analyse des Vorhersageprofils folgt nach folgenden Gesichtspunkten für B-Zell-Epitope:

- große Hydrophilie, geringe Hydropathie
- große Flexibilität
- hohe Turnwahrscheinlichkeit
- hohe Antigenität
- hohe Acrophilie.

Nach der Synthese der so ermittelten Sequenzabschnitte erfolgt dann der biologische Test. Gängige Methoden der Peptidsynthese finden hier Anwendung. Im Normalfall wird ein Peptid mit einer Länge von mindestens 15 Aminosäuren synthetisiert, da sich je nach Fenster der Vorhersage der Bereich um zwei bis drei Aminosäuren verschieben kann. Bei längeren Peptiden erhöht sich zudem die Wahrscheinlichkeit, auch konformative Epitope zu erfassen.

Die Bedingungen für das Auffinden z. B. einer amphiphilen Helix entspricht einem Muster von hydrophilen und hydrophoben Aminosäuren. In einer Helix ordnen sich die Aminosäuren derart an, daß die 18. Aminosäure nach drei Windungen wieder auf Platz eins liegt. Bei einer 180° Amphiphilie liegen neun Aminosäuren auf der hydrophilen, neun auf der hydrophoben Seite. Jeder der 20 Aminosäuren wird nun entweder der Wert –1 (hydrophob: Alanin, Cystein, Phenylalanin, Isoleucin, Leucin, Methionin, Valin Tryptophan, Tyrosin), +1 (hydrophil: Asparaginsäure, Glutaminsäure, Lysin, Asparagin, Arginin, Glutamin) oder 0 (Glycin, Histidin, Prolin Serin, Threonin) zugeordnet. Die Sequenz des zu untersuchenden Proteins wird nach dieser Vorschrift übersetzt. Für eine amphiphile 180°-Helix (s. Bild 5.27)

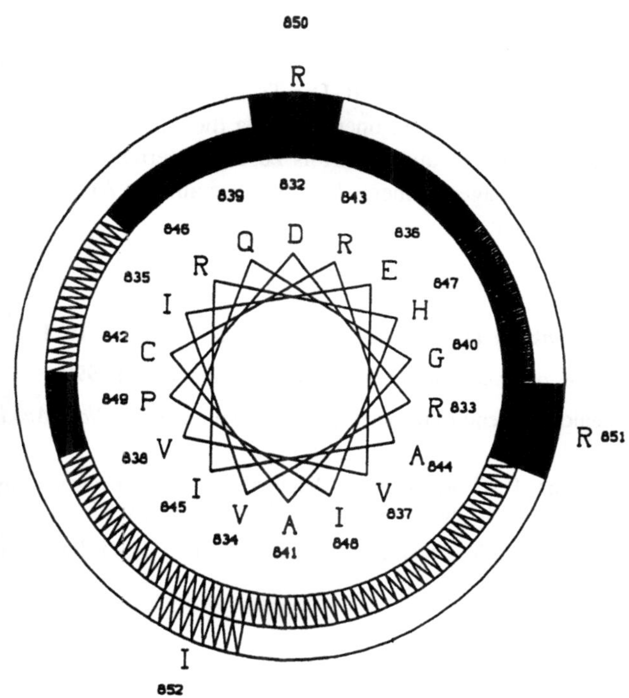

Bild 5.27 Helix-Achse einer amphiphilen 180°-Helix: schwarz: hydrophile Aminosäure, schraffiert: hydrophobe Aminosäure

erwartet man für 18 Aminosäuren in Folge das Hydrophiliemuster +1.+1.–1.–1.+1.+1.–1. –1.+1.–1.–1.+1.+1.–1.–1.+1.+1.–1. Da es jedoch auch amphiphile Helices gibt, deren Teilung in hydrophoben und hydrophilen Bereich nicht gleich ist, müssen auch andere Sequenzfolgen berücksichtigt werden. Für eine 60°-amphiphile Helix zum Beispiel ergibt sich folgendes Muster: +1.+1.+1.–1.+1.+1.+1.–1.+1.+1.+1.+1.+1.+1.–1.+1.+1.+1.

Anwendungsbereich

- Erkennung von Domänen eines Proteins (zuverlässige Voraussage von Transmembransegmenten, hydrophile, flexible Turnbereiche und stabilen Helices),
- Auswahl von Peptiden zur Synthese von Konjugaten zur Antikörpergewinnung,
- kostengünstiges Epitopmapping, da nur Synthese von „wahrscheinlichen" Epitopen durchgeführt wird,
- Ausgangspunkt für Konformationsmapping von Proteinen,
- bestätigt sich ein vorhergesagtes Epitop im biologischen Test, so kann eventuell auf Grund der Konformationsvorhersage unterschieden werden, ob es sich um eine sequenzielles Epitop (hohe Turn-Wahrscheinlichkeit) oder um ein konformatives Epitop (hohe Helix-Wahrscheinlichkeit) handelt.

Fehlerquellen

Ein Nachteil ist, daß nicht alle Epitope eines Proteins erkannt werden und auch nicht alle vorhergesagten Sequenzbereiche zwangsläufig Epitope sind. Die Treffer-Quote beträgt zwischen 40 und 70%. Diskontinuierliche Epitope bleiben unerkannt, da die Tertiärstruktur in der Epitopvorhersage unberücksichtigt bleibt. Die aus den Plots zusätzlich erhaltenen Aussagen aus Kombinationsanalysen der Vorhersageparameter können aber auf die Anordnung gewisser Domänen im Protein schließen lassen.

Literatur

R. E. Dickerson und I. Geis, *Struktur und Funktion der Proteine*, Verlag Chemie, Weinheim **1971**.

G. E. Schultz und R. E. Schirmer, *Principles of Protein Structure*, Springer Verlag, Berlin **1990**.

C. DeLisi, J. A. Berzofsky, T-cell antigenic sites tend to be amphipathic structures, *Proc. Natl. Acad. Sci.* USA *82*, 7048-7053, **1985**.

K. Falk, O. Rötschke, S. Stevanovic, G. Jung, H.-G. Rammensee, Allele specific motifs revealed by sequencing of self-peptides eluted from MHC molecules, *Nature 351*, 290-296, **1991**.

K: Falk, O. Rötschke, M. Takiguchi, S. Grahovac, V. Gnau, S. Stevanovic, G. Jung, H.-G. Rammensee, *Immunogenetics*, *40*, 238–241, **1994**.

5.4.1.2 Multiple Peptidsynthese

Unter den multiplen Methoden der Peptidsynthese (MPS), auch als simultane multiple Peptidsynthese (SMPS) bezeichnet, versteht man die parallele/gleichzeitige Synthese von mehreren bis vielen Peptidsequenzen unterschiedlicher Länge und Aminosäurenzusammensetzung.

Grundlagen

Die systematische Epitopsuche wurde erst durch die Entwicklung von Methoden der multiplen Peptidsynthese möglich. Häufig genügen für die Kartierung eines Proteins mit immunologischen Methoden wenige Milligramm. Dies wird bei der Ansatzgröße der multiplen Peptidsynthese berücksichtigt. Die Länge der Sequenzen und die Rasterbreite sind den Untersuchungen anzupassen und bestimmen die Anzahl der zu synthetisierenden Sequenzen. Wird z. B. das Nef-Protein des HIV-Virus mit 208 Aminosäuren mittels Hexapeptiden und einem Raster von 2 untersucht, so sind hierfür 102 Peptide notwendig. Allgemein gilt für die Anzahl der benötigten Peptide

$$n = \frac{\text{Anzahl der Aminosäuren des Proteins} - \text{Anzahl der Aminosäuren pro Peptid}}{\text{Rasterbreite}} + 1$$

Verschiedene Ansätze und Methoden zur Synthese einer solchen Vielzahl von Peptiden sollen vorgestellt werden. Allen Methoden gemeinsam ist die Parallelität der Synthese, die Möglichkeit im µmol-Bereich zu synthetisieren und immunologische Testbarkeit der Peptide.

Anwendungsbereich

- Epitopmapping von Proteinen, da alle sequenziellen Epitope erkannt werden,
- Identifizierung von Bindungsstellen monoklonaler Antikörpern, sofern diese sequenzielle Bereiche des Proteins erkennen,
- Synthese von vielen verschiedenen Peptiden zur Immunisierung.

Fehlerquellen

Bei den parallelen Methoden der Peptidsynthesen treten verschiedene Fehlerquellen häufiger auf:

- Parallele Synthesen erlauben keine individuelle Strategie für einzelne „schwierige" Sequenzen. Das Routineprotokoll kann zu Syntheseabbrüchen oder Nebenreaktionen führen.
- Pipettierfehler, Sortierfehler
- Verschleppung und verunreinigte Produkte durch nachlässiges Waschen

Die Analytik sollte somit bei allen Methoden nicht vernachlässigt werden. HPLC und Hydrolyse mit On-line-Aminosäurenanalytik sind bereits als vollautomatische Geräte erhältlich und erlauben die analytische Untersuchung einer Vielzahl von Proben in kurzer Zeit. Fortschritte in der Massenspektrometrie ermöglichen zusätzlich die Routineanalytik von Peptiden, die mit dieser Methode hergestellt wurden.

Literatur

G. Jung und A. G. Beck-Sickinger, Multiple Methoden der Peptidsynthese und ihre Anwendungen (Review), *Angew. Chemie 104*, 375-389, **1992** und dort zitierte Literatur.

J. M. Steward, J. D. Young, *Solid Phase Peptide Synthesis*, Pierce Chemical Company, New York **1984**.

G. B. Field und R. L. Noble, SPPS utilizing Fmoc-amino acids (Review), *Int. Journal Pept. Prot. Res. 35*, 162 , **1990**.

G. Jung (Hrsg.), *Combinatorial Peptide and Nonpetide Libraries*, VCH Verlagsges., Weinheim **1996**.

A. G. Beck-Sickinger, G. Jung, *Pharm. Acta Helv.*, *68*, 3-20, **1993**.

E. Atherton, R. C. Sheppard, *Solid Phase Peptide Synthesis*, IRC Press, Oxford **1989**.

H.-D. Jakubke, *Peptide: Chemie und Biologie*, Spektrum Verlag, Heidelberg **1996**.

Peptidsynthese im Teebeutel

Grundlagen

Die Tea-bag-Methode (Teebeutel-Methode) von R. A. Houghten gehört, da erstmals 1985 publiziert, bereits zu den älteren Strategien der multiplen Peptidsynthese. Die Methode, die für bis 150 verschiedene Peptide mit einer Ausbeute bis zu 50 mg geeignet ist, beruht auf der Separation des polymeren Trägers durch Einschweissen in Polypropylennetze vor der Festphasenpeptidsynthese. Für jedes Peptid wird ein solches Tea-bag benötigt, das mit Tusche markiert und Polymer gefüllt wird. Üblicherweise wird Polystyrol-1%-divinylbenzol verwendet, prinzipiell sind aber auch andere polymere Träger zu verwenden. Die Abspaltung der Aminoschutzgruppe und das Waschen erfolgt für alle Tea-bags gemeinsam in einer dem Waschvolumen angepaßten Polypropylenschraubflasche. Pro Beutel wird ein Waschvolumen von ca. 3–5 ml verwendet. Zur Kupplung werden die Tea-bags nach der zu kuppelnden Aminosäure sortiert und parallel in getrennten Reaktionsgefäßen mit der aktivierten Aminosäure behandelt. Zum Auswaschen des Überschusses wird zweimal separat gewaschen, wonach die Tea-bags wieder in einem Gefäß vereinigt werden können. Um die Diffusion im Harz und durch das Netz zu erleichtern, finden sowohl die Waschvorgänge wie auch die Kupplung unter starkem Schütteln statt (s. Bild 5.28).

Material und Geräte

Die Tea-bag-Methode ist in ihren Etablierungskosten äußerst günstig. Benötigt werden neben den Chemikalien zur Peptidsynthese:

- Polypropylennetz (Maschenweite 60–70 μm)
- Folienschweißapparat
- Polyethylenfläschchen für Wasch- und Kupplungsschritte
- Schütteltisch
- India-Tusche zur Markierung der Beutel
- Pinzette zum Sortieren
- Multidispenserflaschen zum Verteilen der Lösungsmittel
- Computerprogramm zur Kalkulation der Mengen pro Kupplung und zur Unterstützung beim Sortieren

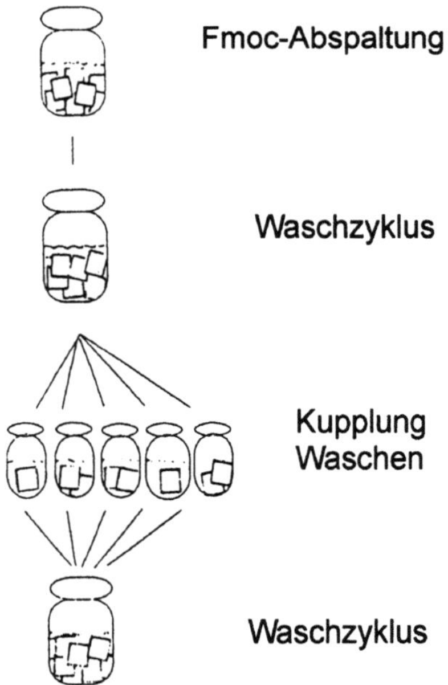

Bild 5.28 Schematische Darstellung der Tee-Beutel-Synthese

Vorbereitung

Die Syntheseplanung beginnt mit der Eingabe der gewünschten Peptidsequenzen in ein Computerprogramm. Häufig wird das zu untersuchende Protein in 15er bis 20er Peptide aufgeteilt, die teilweise überlappen. Außer der Sequenz werden zur Kalkulation die gewünschte Harzmenge, deren Beladung, sowie Strategie, Überschüsse und die geschützten Aminosäurederivate benötigt. Es ist wichtig, schon jetzt den gewünschten Peptiden Nummern zuzuordnen und diese zu dokumentieren. Nach diesen Angaben erstellt das Computerprogramm einen Ausdruck, welcher enthalten sollte:

- für jede Kupplung die Menge an jeder der vollgeschützten Aminosäurederivate,
- für jede Kupplung und jede Aminosäure die Menge an Lösungsmittel und Aktivierungsreagenzien,
- die Zuordnung der Nummern der Teebeutel (=Peptide) zu den Aminosäuregefäßen für jede Kupplung,
- für die Kontrolle die umgekehrte Zuordnung: den Gefäßen zur Kupplung der Aminosäuren alle Teebeutel für jede Kupplung zugeordnet,
- zur Kalkulation ist zudem die Gesamtmenge an den benötigten Aminosäurederivaten und Reagenzien hilfreich,
- kann kein Computerprogramm erhalten oder erstellt werden, so ist für kleinere Ansätze das sorgfältige Berechnen dieser Parameter vor der Synthese notwendig.

Durchführung

Schweissen der Teebeutel
Auf einem Bogen Papier wird das Muster für eine Serie von Teebeutel aufgezeichnet. Die Größe pro Beutel sollte ca. 4 × 4 cm betragen. Auf der Größe eines DIN A4 Blattes können 5 × 7 Beutel aufgezeichnet werden. Es hat sich als günstig erwiesen, an einer Kante eine zweite Linie im Abstand von 0,5 cm einzuzeichnen. Dieses Feld wird zur Markierung der Teebeutel benötigt. Ein Bogen Polypropylenfolie (60–65 μM) wird gefaltet, das Papiertemplat zwischen die Folie gelegt und die vorgezeichneten Felder werden mit Kugelschreiber auf die vordere Seite der Folie übertragen. Der Musterbogen wird entfernt und kann bei der nächsten Synthese erneut als Templat dienen. In die kleinen Felder (4 × 0,5 cm) werden nun mit Tusche Zahlen geschrieben, die den gewünschten Peptiden zugeordnet sind. Jede Zahl entspricht einem Peptid. Es ist wichtig, diese Zuordnung zu notieren. Entlang der aufgezeichneten Kanten werden nun die vordere und die hintere Seite der Folie zu Teebeuteln mit einem Folienschweissgerät zusammengeschweisst. Die Naht ist dicht, wenn das Polypropylennetz klar ist. Jede seitliche Schweissnaht sollte 5–8 mm betragen, die Quernähte müssen insbesondere die eingezeichneten Zahlen ganz umfassen. Nur nach dem Schweissen ist die Tusche für die Synthese haltbar. Nach Abschluß dieses Arbeitsschrittes hat man 5 × 7 zusammenhängende Teebeutel. Entlang den mit Kugelschreiber aufgezeichneten Linien werden die Beutel seitlich auseinandergeschnitten. Es ist dabei zu beachten, daß jeder Beutel noch eine dichte Seitennaht hat. Quer wird unter den Zahlenfeldern durchgeschnitten, die fertigen Beutel sind oben offen und tragen unten ihre Markierungsnummer. In jeden Beutel wird die gewünschte Menge an polymerem Träger eingefüllt. Verwendet man Harze, die bereits die erste Aminosäure enthalten, so ist auf die richtige Zuordnung zu achten! Ca. 100

mg Polymer haben sich für einen Beutel dieser Größe bewährt. Anschließend werden die Tea-bags oben ebenfalls zugeschweißt, und überstehende Polypropylenfolien und ausgefranste Nähte zurechtgeschnitten. Dies ist notwendig, damit die Beutel sich während der Synthese nicht verhaken, sondern gut geschüttelt werden können. Die Dichtigkeit der Teebeutel sollte vor jeder Synthese überprüft werden. Geeignet hierfür ist das Schütteln in Dichlormethan (15 min) und anschliessendes Trocknen. Da das Harz in Dichlormethan stark quillt, füllt es die Beutel gut aus. Undichte Bags verlieren nach diesem Schritt große Mengen an Harz und können vor Synthesebeginn ersetzt werden.

Deblockierung

Verwendet man einen polymeren Träger, der bereits mit der ersten geschützten Aminosäure belegt ist, so ist die Abspaltung der N-Schutzgruppe der erste Schritt. Prinzipiell kann mit der Tea-bag-Methode sowohl nach der Boc- wie auch nach der Fmoc-Strategie vorgegangen werden. Kupplungs- und Deblockierungszyklen für Boc-Strategie mit Tea-bags sind beschrieben und können entsprechend angewendet werden. Da aber die Fmoc-Strategie ohne eine abschließende HF-Abspaltung durchgeführt werden kann, wird im folgenden dieser Methode der Vorzug gegeben. Die Abspaltung der Fmoc-Schutzgruppe erfolgt mit 30% Piperidin in Dimethylformamid für alle Teebeutel gemeinsam. Die Größe des Polyethylenschraubgefäßes richtet sich nach der Anzahl der Teebeutel. Ein 500-mL-Gefäß ist für 50 Beutel ausreichend, 1000-ml-Flaschen werden bis 120 Beutel verwendet. Die Gefäße werden zur Hälfte mit 30% Piperidin in Dimethylformamid gefüllt, alle Beutel werden dazugegeben und 20 min auf einem Schütteltisch heftig geschüttelt. Das Abgießen der Abspaltungslösung geschieht am günstigsten mit einem Kunststofftrichter mit enger Öffnung unter dem Abzug. Die Beutel sollen im Trichter zurückgehalten und für die folgenden Waschschritte wieder in die Polyethylenflasche zurückgegeben werden. Mehrere Waschschritte mit Dimethylformamid und Methanol folgen. Die Flasche wird jeweils zur Hälfte mit Lösungsmittel gefüllt und 2 bis 5 min stark geschüttelt. Anschließend wird das Lösungsmittel nach dem oben beschriebenen Prinzip wieder abgegossen. Das Waschen wird solange fortgesetzt, bis alles Piperidin entfernt ist. Bewährt hat sich das in der Tabelle 5.7 aufgeführte Waschprotokoll.

Kupplung

Für jede Kupplung werden die vollgeschützten Aminosäurederivate entsprechend der Computerkalkulation eingewogen, aufgelöst und mit Aktivierungsreagenzien versetzt. Bewährt haben sich folgende Kupplungsstrategien:

- Fmoc-Aminosäure, Diisopropylcarbodiimid, 1-Hydroxybenzotriazol (1:1:1)
- Fmoc-Aminosäure, Benzotriazol-1-yl-oxy-1,1,3,3-tetramethyluroniumtetrafluoroborat (TBTU), 1-Hydroxybenzotriazol, Diisopropylethylamin (1:1:1:1,5).

Das entsprechende Hexafluorophosphat (HBTU) kann ebenfalls verwendet werden. Von BOP (Benzotriazol-1-yl-oxy-tris(dimethylamino)phosphoniumhexafluorophosphat) muß wegen der Karzinogenität des bei der Synthese entstehenden Hexamethylenphosphorsäuretriamids (HMPT) abgeraten werden.

Tabelle 5.7 Kupplungszyklus bei der Tea-Bag-Synthese

Operation	Solvens	Volumen [ml]	Zeit [min]
Deblock	Piperidin 30 % in DMF	250	15
Waschen	DMF	250	2
	DMF	250	2
	DMF	250	2
	Methanol	250	2
	DCM	250	2
	Methanol	250	2
	DCM	250	2
	DCM	250	2
	DMF	250	2
	DMF	250	2
Kupplung	BOP/HOBt/DIPEA in DMF	nach Berechnung	60
Waschen	DMF	im sep. Gefäß	2
	DMF	im sep. Gefäß	2
	DCM	250	2
	DMF	250	2
	DMF	250	2

Die Kupplungslösung sollte 0,2 M sein, ein zehnfacher Überschuß und Dimethylformamid als Lösungsmittel haben sich bewährt. Das Verteilen der Kupplungsreagenzien auf die Gefäße wird durch die Vorbereitung von Stammlösungen erheblich erleichtert. An die Stelle des Einwiegens der festen Chemikalien tritt nun das wesentlich schnellere Pipettieren von Lösungen. Sind alle Aminosäurederivate aktiviert, so werden die gewaschenen Beutel auf ein Papierhandtuch gegeben und trocken getupft. Mit einer Pinzette werden die Beutel nach den zu kuppelnden Aminosäuren entsprechend dem Computerausdruck sortiert. Bevor die Teebeutel in die Kupplungslösungen gebracht werden, hat sich ein zweites Überprüfen als unerläßlich erwiesen. Die Sortierliste nach Aminosäurenderivaten und die Zuordnung der Nummern und Anzahl der Beutel hat sich hierfür bewährt. Die Fläschchen werden verschlossen und eine Stunde intensiv geschüttelt. Auf eine gute Benetzung der Beutel mit Kupplungsreagenz ist zu achten. Anschließend wird das überschüssige Reagenz abgegossen, jedes Derivat wird zweimal im Kupplungsfläschchen mit ca. 5 ml Dimethylformamid gewaschen, bevor die Beutel wieder im großen Gefäß für zwei weitere Waschschritte vereinigt werden. Der nächste Kupplungszyklus beginnt wieder mit der Abspaltung der Schutzgruppe.

Abspaltung vom Polymer

Wurden alle Kupplungen durchgeführt, so werden die Beutel abschließend noch zweimal mit 2-Propanol und Diethylether gewaschen und im Vakuum getrocknet. Die Abspaltung kann auf zwei Arten erfolgen:

Die Teebeutel werden in die Abspaltungslösung (Trifluoressigsäure und thiohaltige Scavenger) als Ganzes gegeben. Für jeden Beutel, der vollkommen mit Abspaltungsreagenz bedeckt sein muß (5–6 ml), ist ein Reagenzglas notwendig. Das Polymer wird wie bei der Synthese vom Beutel zurückgehalten, während die Abspaltungslösung das ungeschützte Peptid enthält. Die Abspaltungslösung muß eingeengt werden. Das Peptid wird durch Ausfällen aus kaltem Diethylether, anschließender Zentrifugation, Auflösen mit Wasser/Essigsäure (10 %), Abtrennen vom Beutel und Gefriertrocknung erhalten. Nachteile dieser Variante sind der Bedarf von großen Mengen an Abspaltungslösung, die aufwendige Einengung und die häufig beobachtete Adsorption des Peptides an das Polypropylen-Netz. Letzteres kann zu einem deutlichen Ausbeuteverlust führen.

Alternativ werden die Teebeutel vor der Synthese geöffnet, das polymergebundene Peptid wird in ein Eppendorf-Gefäß transferiert und mit Abspaltungslösung behandelt (1 ml). Danach wird das Polymer abfiltriert, das Peptid aus kaltem Diethylether gefällt, zentrifugiert und aus Wasser/tert.-Butanol lyophilisiert. Der zusätzliche Filtrationsschritt ist als Nachteil dieser Variante anzusehen.

Anwendung

- kostengünstige Synthese von 50–100 mg Rohpeptid, Menge variiert je nach Beladung des Harzes und Kettenlänge
- multiple Synthese ohne hohe Anschaffungskosten
- anwendbar für die Synthese von Peptidbibliotheken

Fehlerquellen

Die häufigsten Fehler, die bei einer Teebeutel-Synthese zu falschen oder unreinen Produkten führen, sind:

- ungenügendes Waschen nach der Deblockierung. Die Piperidinspuren spalten die Schutzgruppe dann bereits während der Kupplung der nächsten Aminosäure partiell ab.
- fehlerhaftes Sortieren und Zuordnen der Beutel. Konzentriertes Arbeiten, eventuell zu Zweit, verringert die Fehlerhäufigkeit.
- schlecht geschweisste Teebeutel. Undichte Beutel verlieren Harz und führen zu einem Verlust des Peptides. Bei schlechten Nähten kann sich Polymer dazwischen einlagern und nicht für jede Kupplung zugänglich sein. Es entstehen Fehlsequenzen.
- ungenügend starkes Schütteln. Dies führt zu unvollständiger Kupplung. Die Diffusion der Reagenzien durch die Polypropylenmembran wird nach dem 2. Fickschen Gesetz durch starkes Schütteln erheblich begünstigt.

Literatur

R. A. Houghten, General method for rapid solid-phase synthesis oflarge numbers of peptides: specificity of antigen-antibody interaction at the level of indiviual amino acids, *Proc. Natl. Acad. Sci.* USA *82*, 5131-5135, **1985**.

C. Pinilla, J. R. Appel, P. Blanc, R. A. Houghten, *Biotechnique*, *13*, 901-905, **1992**.

Vollautomatische Synthese mit Hilfe von Pipettierrobotern

Grundlagen

Da bei den multiplen Peptidsynthesen, wie bei Festphasenpeptidsynthesen im allgemeinen, sich bei jeder zu kuppelnden Aminosäure Deblockierungs-, Wasch- und Kupplungsschritte wiederholen, ist auch die SMPS automatisierbar. Die Realisierung gelang mit Hilfe von handelsüblichen Pipettierrobotern (s. Bild 5.29), welche apparativ modifiziert und für die Belange der Peptidsynthese verändert wurden. Als geeignet erwies sich ein Gerät, welches mit zwei in *x*-, *y*- und *z*-Richtung frei beweglichen Nadeln an zwei Armen ausgerüstet ist. Nadel 1 wird für die Zugabe der Reagenzien, der aktivierten Aminosäuren und der Lösungsmittel verwendet. Nadel 2 ist mit einem Edelstahlsieb versehen, dient zum Absaugen der Lösungsmittel. Alternativ wird die Synthese in Filtergefäßen durchgeführt. Das Entfernen der Lösungs- und Reaktionskomponenten erfolgt durch Stickstoffüberdruck oder Vakuum. Als Reaktionsgefäße dienen je nach Programmierung beliebige Glasgefäße oder Eppendorf-Gefäße. Zur Aktivierung der in Dimethylformamid/1-Hydroxybenzotriazol vorgelösten N-terminal geschützten Aminosäuren wird Diisopropylcarbodiimid, als polymerer Träger Polystyrol-1%-divinylbenzol verwendet. Synthesezyklus und sequenzabhängige Aminosäurenverteilung wird über einen Personal Computer gesteuert. Bei der automatischen multiplen Peptidsynthese muß neben dem großen Vorteil der Arbeitserleichterung bemerkt werden, daß nur nach dem Protokoll der Fmoc-Strategie gearbeitet werden kann. Offene Reaktionsgefäße verhindern den Einsatz von Trifluoressigsäure, wie es die Boc-Strategie in jedem Kupplungszyklus verlangt.

Material und Geräte

- Pipettierroboter zur vollautomatischen Peptidsynthese, ausgerüstet mit allen notwendigen Zusätzen (Lösungsmittelgefäße, Halterungen für Reagenzien)
- Einwegmaterialien und die Chemikalien zur Peptidsynthese

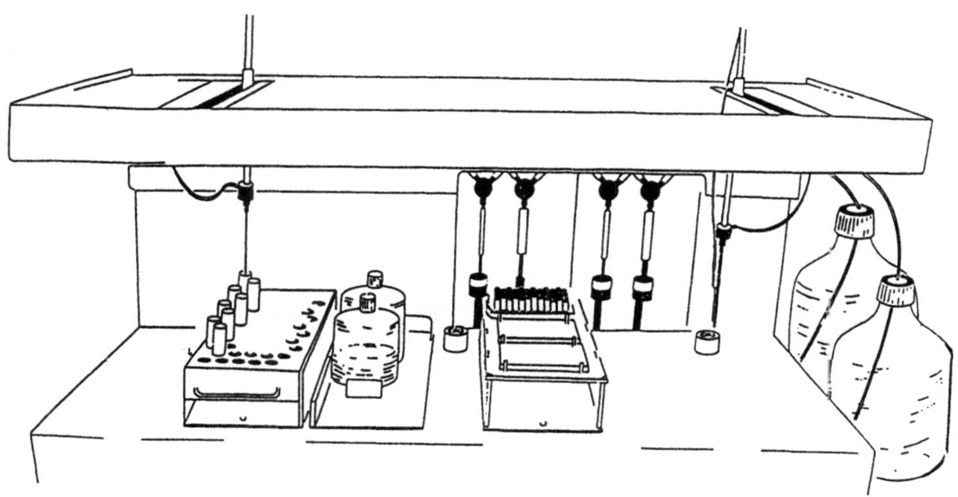

Bild 5.29 Schematische Darstellung eines Pipettierroboters zur multiplen Peptidsynthese

Durchführung

Alle Pipettierroboter werden mit einem über ein Menü gesteuerten Eingabeprogramm geliefert. Folgende Schritte müssen beachtet und durchgeführt werden:

- Bestimmung der Positionen der Aminosäure,
- Eingabe der Aminosäuren mit den gewünschten Seitenschutzgruppen,
- Eingabe der Sequenzen,
- Angabe der Harzbelegung, der Menge an eingesetztem Harz, Festlegung des Überschusses und der Kupplungsstrategie.

Ein zehnfacher Überschuß, Diisopropylcarbodiimid/1-Hydroxybenzotriazol-Aktivierung der Fmoc-Aminosäuren und eine Ansatzgröße von 15 µmol haben sich als günstig erwiesen. Schwierige Sequenzen können insgesamt oder nur an einzelnen Positionen doppelt gekuppelt werden.

Nach Eingabe der Syntheseparameter wird ein Ausdruck zur Einwaage der Reagenzien und Aminosäurenderivate erstellt. Das Harz wird in die Eppendorf-Gefäße eingewogen und auf die Synthesepositionen plaziert. Stocklösungen der Reagenzien und in 1-Hydroxybenzotriazol/Dimethylformamid vorgelösten Aminosäurenderivate werden an den vorgesehenen Halterungen positioniert. Beim Syntheseablauf kann folgendes variiert werden:

- Deblockierungszeit, Lösungsmittelmenge
- Anzahl der Waschschritte nach Deblockierung und Kupplung
- Volumen des Lösungsmittels
- Kupplungsstrategie: statt mit Diisopropylcarbodiimid/1-Hydroxybenzotriazol kann auch mit Benzotriazol-1-yl-oxy-1,1,3,3-tetramethyluroniumtetrafluoroborat (TBTU), 1-Hydroxybenzotriazol, Diisopropylethylamin (1:1:1:1,5) aktiviert werden,
- werden nur geringe Mengen an Peptid benötigt (5–10 mg), so werden 5 µmolare Ansätze in sogenannten „Micronics"-Gefäßen durchgeführt.

Nach Beendigung der Synthese werden die polymergebundenen Peptide mit 2-Propanol oder Diethylether zweimal gewaschen, getrocknet und direkt in den Synthesegefäßen mit Abspaltungslösung versetzt. Das Polymer wird abfiltriert, das Peptid durch Fällung aus Diethylether, anschließender Zentrifugation und Gefriertrocknung aus Wasser/tert. Butanol erhalten.

Anwendung

- häufiges Durchführen von B- und T-Zell-Epitopanalysen großer Proteine
- Synthese von kleinen Mengen (10–20 mg) vieler Peptidanaloga für biologischen Aktivitätsuntersuchungen

Fehlerquellen

- Mangel an Lösungsmitteln,
- technische Probleme des Roboters (Ventil defekt, Schläuche oder Anschlüsse undicht etc.).

Literatur

G. Schnorrenberg, K. Wiesmüller, A. Beck-Sickinger, H. Drechsel und G. Jung, *Rapid fully automatic SMPS for epitope mapping of influenza nucleoprotein*, S. 202-203, in *Peptides* 1990 (E. Giralt, D. Andreu, Hrsg.), ESCOM Verlag, Leiden **1991**.

H. Gausepohl, M. Kraft, C. Boulin und R. W. Frank, *A multiple reaction system for automated simultaneous peptide synthesis*, S. 206-207, in *Peptides* 1990 (E. Giralt, D. Andreu, Hrsg.), ESCOM Verlag, Leiden **1991**.

G. Schnorrenberg, H. Gebhard, *Tetrahedron*, *45*, 7759-7764, **1989**.

Peptidsynthese von polymergebundenen Sequenzen (Pinsynthese)

Grundlagen

Insbesondere für die B-Zell-Epitopanalyse von Proteinen wurde von H. M. Geysen die Methode der stäbchengebundenen Peptidsynthese, auch „Pinsynthese“ genannt, entwickelt. Nicht nur während, sondern auch nach der Synthese verbleiben die Peptide am Träger und werden zur Testung nur von den Schutzgruppen befreit. Als Träger werden Polyethylenstäbchen verwendet. Jeweils 96 dieser sogenannten „Rods“ oder „Pins“ sind pro Block in 8 Reihen bzw. 12 Stäbchen vorhanden. Die Anordnung entspricht exakt derjenigen von ELISA-Platten. Das Waschen und die Deblockierung wird in großen Wannen vorgenommen. Die Mengen und die Verteilung der zu kuppelnden Fmoc-Aminosäuren werden von einem Computerprogramm berechnet und in gegen Dimethylformamid stabile ELISA-Platten pipettiert. Nach der Aktivierung werden die Blöcke auf die Platten gestellt, und die Kupplung kann erfolgen. Von entscheidender Bedeutung ist das intensive Waschen nach jedem Reaktionsschritt. Da die Polyethylenstäbchen nicht quellen oder schrumpfen können, sind adsorbierte Moleküle schwer zu entfernen. Da die Peptide für die Untersuchung ihrer biologischen Relevanz am Träger gebunden bleiben, müssen nach der erfolgten Synthese lediglich die Seitenschutzgruppen entfernt werden. Dies kann bei der auch in der Pin-Synthese ausschließlich angewandten Fmoc-Strategie durch einen abschließenden Waschschritt mit Trifluoressigsäure geschehen. Der Test der trägergebundenen Peptide erfolgt mittels modifiziertem ELISA. Die Beschichtung der Platten entfällt. Die Antikörper-Erkennungsreaktionen finden nicht wie beim ELISA mit freien Peptiden am Plattenboden, sondern an den Pins statt. Pro Test werden für einen Stäbchenblock insgesamt vier ELISA-Platten benötigt, für die Inkubation mit der Blockierlösung, die Inkubation mit dem Serum, die Inkubation mit dem Anti-Antikörper-Enzym-Konjugat und für die Farbreaktion jeweils eine. Da das Substrat nach wie vor in Lösung zugegeben wird, kann durch photometrische Vermessung der letzten ELISA-Platten auf die Antigenität der Peptide an den Pins der entsprechenden Positionen im Block geschlossen werden. Durch Waschschritte mit Detergenz im Ultraschallbad können gebundene Antikörper wieder von den Pins entfernt werden, sodaß ein Block bis zu fünfzigmal untersucht werden kann, d. h. bis zu 50 Seren oder monoklonale Antikörper können analysiert werden. Werden synthetische Peptide untersucht, die nur um eine Aminosäure versetzt sind, so ergeben sich sehr genaue B-Zell-Epitopanalysen.

Eine kostengünstige alternative Synthesemethode von polymergebundenen Peptiden zum Screening von Seren wurde von R. Frank entwickelt. Die Peptidsynthese wird hier direkt auf Cellulosepapier durchgeführt. Zur Kupplung werden Aliquote im Abstand von 1 cm auf das

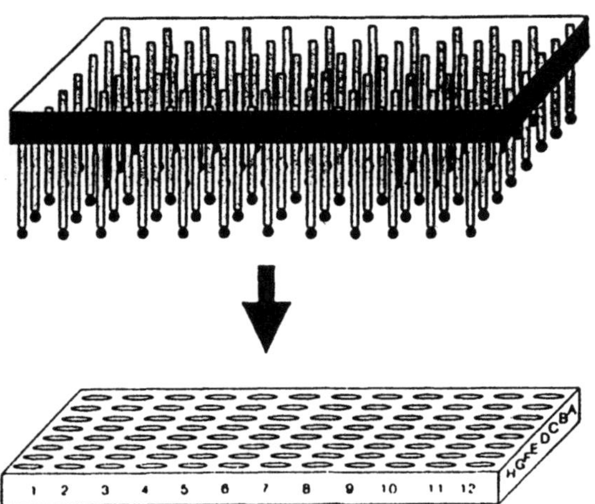

Bild 5.30 Schematische Darstellung der Pin-Blöcke

Papier pipettiert. Für die Wasch- und Deblockierungsschritte wird der Papierstreifen in die entsprechenden Lösungen getaucht und nach dem letzten Schritt, einem Ethanolbad, getrocknet. Die Kupplung der nächsten Aminosäure erfolgt erneut durch Verteilung der Aliquote an die entsprechenden Spots. Dies kann manuell, aber auch mit Hilfe eines Pipettierroboters erfolgen. Die Bedingungen zur Abspaltungen der Seitenschutzgruppen lösen die Peptide nicht vom Papier, sodaß der peptidtragende Papierstreifen direkt wie die geblotteten Membranen des Westernblots behandelt und getestet wird.

Material und Geräte

- Blöcke mit Polyethylenpins (96 Pins pro Block, angeordnet auf einer 8 × 12 Matrix) (s. Bild 5.30). Jedes Pin (Durchmesser 4 mm, Länge 40 mm) ist aus Polyethylenpolymer aufgebaut und mit einer Folge von Anker und Spacer beschichtet: über Acrylsäure wird die Verbindung zum Polyethylen hergestellt, Hexamethylendiamin dient als Spacer. Daran ist bereits Fmoc-Alanin als erste Aminosäure für alle Peptide gekuppelt. Die Kosten zur Anschaffung der Pin-Blöcke sind derzeit noch sehr hoch
- Dimethylformamid-stabile ELISA-Platten zur Kupplung
- Cellulosepapier-Variante: exakte Pipetten, Filterpapier, Waschschälchen

Vorbereitung

Die Syntheseplanung beginnt, wie bei anderen multiplen Peptidsynthesemethoden beschrieben, mit der Erstellung des Computerausdruckes. Das zu untersuchende Protein wird z. B. in Nonapeptiden, die jeweils um eine Aminosäure verschoben sind, durchgerastert. Ein Computerprogramm, welches aus der Gesamtproteinsequenz bereits die Rasterung vornehmen kann, erleichtert das Eingeben der Sequenzen. Außer der erforderlichen Reagenzienmenge pro Kupplung wird ein Pipettierschema ausgedruckt. Je nach Programm erfolgt die Angabe

Tabelle 5.8 Kupplungszyklus bei der Pin-Synthese

Lösungsmittel	Menge	Dauer	Zweck
20% Piperidin/DMF	1,2 l	30 min	Abspalten der Fmoc-Schutzgruppe
1 × 1% Essigsäure/Methanol	1,2 l	15 min	Neutralisierung von Piperidin
1 × DMF	1,2 l	5 min	waschen
4 × Methanol	1,2 l	2 min	waschen
		10 min	trocknen
1 × DMF	1,2 l	5 min	quellen
aktivierte Aminosäure	100 μl pro Loch	60 min	Kupplung der Aminosäure bei BOP/HBTU-Aktivierung
		18 h	bei Verwendung der Fmoc-Aminosäure-Pfp-ester
1 × DMF	1,2 l	2 min	waschen
1 × Methanol	1,2 l	2 min	waschen
1 × DMF	1,2 l	2 min	waschen

entweder in Koordinaten (z. B. 1. Kupplung, Alanin: A3, C5, G9,...) oder in Form eines zweidimensionalen Plots entsprechend der Größe von ELISA-Platten. Im letzteren Fall sind die zu pipettierenden Positionen pro Kupplung und Aminosäure schwarz unterlegt. Beim Auflegen der Platten auf den Plot gibt das schwarze Feld das Loch an, welches die Aminosäure erhält. Pro Kupplung sind somit bis zu 20 Plots für die 20 Aminosäuren notwendig. Die zweite Methode ist zwar in der Vorbereitung etwas aufwendiger, reduziert jedoch die Pipettierfehler während der Synthese erheblich.

Durchführung

Pin-Synthese: Die Abspaltung der Fmoc-Schutzgruppe von den Stäbchen ist der erste Schritt. Als Reaktionsgefäß wird eine Polyethylenwanne verwendet, die 20% Piperidin in Dimethylformamid enthält. Nach 30 min werden die Blöcke entnommen und mit einer Spritzflasche, die Lösungsmittel enthält, intensiv abgespült. Die folgenden Waschschritte werden wieder in einer Polyethylenwanne durchgeführt. Nach kurzem Schütteln wird der Block 2–3 min im Lösungsmittel stehen gelassen und erneut abgespült. Methanol- und Dimethylformamid-Waschschritte wechseln ab. Die für die Kupplung benötigten Aminosäurederivate werden vor der Synthese eingewogen, aufgelöst, aktiviert und nach den Pipettierschemata in die Dimethylformamid-beständigen ELISA-Platten pipettiert. Pro Loch werden 100 μl Reaktionslösung verwendet. Ein zehnfacher Überschuß bei einer Kupplungszeit von 60 min und einer Aktivierung mit Benzotriazol-1-yl-oxy-1,1,3,3-tetramethyluronium-tetrafluoroborat (TBTU), 1-Hydroxybenzotriazol und Diisopropylethylamin (1:1:1:1,5) hat sich als erfolgreich herausgestellt. Waschschritte, wie oben beschrieben, erfolgen auch nach der Kupplung. Die intensive Waschprozedur (abspülen der Pins, schütteln, stehen lassen) ist notwendig, um auch Reagenzienreste aus den Spalten zwischen Halter und eingesteckten Polyethylenstäbchen zu entfernen. Nach der Abspaltung der letzten Fmoc-Schutzgruppe werden die Peptide mit Essigsäureanhydrid/Diisopropylethylamin in Dimethylformamid innerhalb von 90 min acetyliert. Unspezifische Wechselwirkungen bei der Antikörperbindung werden dadurch unterdrückt. Die Blöcke werden erneut gewaschen und getrocknet. Die Abspaltung der Seitenkettenschutzgruppen erfolgt mit 100 µl Trifluoressigsäure/Ethandithiol/Thioanisol (95:2:3) pro Loch analog zur Kupplung ebenfalls in ELISA-Platten aus Polyethylen innerhalb von 90 min. Die Peptide befinden sich nach dieser Prozedur nach wie vor am Stäbchen, da lediglich die Seitenschutzgruppen entfernt wurden. Die Pins, die nun die ungeschützten Peptide kovalent gebunden tragen, werden gewaschen, mit 2 % Diisopropylethylamin in Dimethylformamid neutralisiert, im Ultraschallbad mehrfach mit Dichlormethan und Methanol behandelt, getrocknet und unter Vakuum im Exsikkator aufbewahrt. Sie können direkt zum Pepscan-ELISA eingesetzt werden.

Cellulose-Spot-Synthese: Ein 55 × 105 mm großes Cellulose-Papier (Whatman 540) wird ausgeschnitten. Die reaktiven Hydroxygruppen der Cellulose werden mit 1 ml einer 0,2 M Lösung von Fmoc-Glycin-1-hydroxybenzotriazolester und 0,2 M N-Methylimidazol in Dimethylformamid innerhalb von 3 h umgesetzt. Die anschließenden Waschschritte mit Dimethylformamid werden mit je 10 ml Lösungsmittel in Polyethylenschalen durchgeführt. Die Abspaltung der Fmoc-Schutzgruppe erfolgt mit 3 × 1 ml 20% Piperidin in Dimethylformamid. Nach erneutem Waschen (Dimethylformamid, Ethanol) wird das Papier getrocknet. Ein Polymer für die Synthese von 50 Peptiden und einer Beladung von 0,1–0,3 $\mu mol/cm^2$ ist vorbereitet. Als erste Aminosäure mit Spacerfunktion wird Fmoc-Glycin gekuppelt. 1 µl-Aliquote werden im Abstand von 10 mm auf mit Bleistift markierte und nummerierte Punkte pipettiert. Bei einem 55 × 105 mm großem Papierstreifen erhält man 5 Reihen à 10 Peptide. Nach einer Kupplungszeit von 20 min wird der Streifen gewaschen und getrocknet. Nicht umgesetzte Aminogruppen werden mit Essigsäureanhydrid abgeblockt. Nach Abspaltung der Fmoc-Schutzgruppe des Spacer-Glycins beginnt die Synthese der gewünschten Sequenzen. Nach einem Pipettierschema werden jeweils 1 µl-Aliquote der aktivierten Aminosäuren auf die markierten Punkte pipettiert. Nach Ende der Reaktionszeit (20 min) wird der Papierstreifen gewaschen, getrocknet und zur Abspaltung der Fmoc-Schutzgruppen mit Piperidin behandelt. Nach der letzten zu kuppelnden Aminosäure folgt ebenfalls die Abspaltung der Fmoc-Schutzgruppe, die N-terminale Acetylierung mit Essigsäureanhydrid und die Entfernung der Seitenschutzgruppen. Hierfür wird eine Lösung von 20 % Trifluoressigsäure, 1 % Triisobutylsilan in Dichlormethan und eine Abspaltungsdauer von 20 min empfohlen. Das Papier wird getrocknet und über Nacht mit 3 % Rinderserumalbumin in PBS inkubiert. Nach intensivem Waschen mit PBS erfolgt die Inkubation mit Serum und nach erneuten Waschschritten mit Anti-Antikörper-Enzym-Konjugat. Die enzymkatalysierte Farbreaktion färbt diejenigen Spots, deren Peptide die im Serum enthaltenen Antikörper gebunden haben.

Anwendung

- Analyse von kontinuierlichen B-Zell-Epitopen
- Minimierung eines erkannten Epitopes. Häufig werden Okta- oder Nonapeptide im ersten Schritt synthetisiert, jeweils um 1–2 Aminosäuren versetzt und den gesamten Bereich des Proteins umfassend. Werden Sequenzabschnitte als positiv identifiziert, so ist ein Feinmapping mit kleineren Peptiden bis hin zu Tri- und Tetrapeptiden möglich.
- Identifizierung der exakten Bindungsdomäne eines monoklonalen Antikörpers
- Entwicklung von Mimotopen

Fehlerquellen

- Ungenügendes Waschen ist vor allem bei den Pinsynthesen ein Problem und kann zu fehlerhaften Peptide und nicht erkannten Epitopen führen.
- Von einer Quantifizierung muß gewarnt werden. Die Beladung der einzelnen Pins kann unterschiedlich ausfallen und damit unterschiedlich intensive Farbreaktionen im ELISA (Abschnitt 5.4.2) hervorrufen. Im Zweifelsfall muß eine Beladungsbestimmung mittels Aminosäureanalyse durchgeführt werden.

Literatur

H. M. Geysen, R. H. Meloen und S. J. Bartling: Use of peptide synthesis to probe viral antigens to a resolution of a single amino acid, *Proc. Natl. Acad. Sci* USA *81*, 3998-4002, **1984**.

R. Frank, S. Güler, S. Krause und W. Lindenmaier: *Facile and rapid 'spot-synthesis' of large number of peptides on membrane sheets*, S. 151-152, in *Peptides* 1990 (E. Giralt, D. Andreu, Hrsg.), ESCOM Verlag, Leiden **1991**.

E. Trifilieff, M. C. Dubs; M. H. V. Van Regenmortel, *Mol. Immunol.*, *28*, 889-896, **1991**.

5.4.2 ELISA (Enzyme Linked Immuno Sorbent Assay)

Als ELISA (enzyme linked immuno sorbent assay, enzymgekoppelter Test der immunologischen Wechselwirkungen) wird eine Testmethode bezeichnet, die auf der hochspezifischen Wechselwirkung von Antikörper und Antigen beruht und deren Detektion durch einen enzymkatalysierten Farbumschlag erfolgt.

Grundlagen

Die hochselektiven Wechselwirkungen zwischen Antikörper und Antigen können wahlweise, je nach Versuchsanordnung, zur quantitativen oder qualitativen Bestimmung von spezifischen Antikörpern oder Antigenen verwendet werden. Der ELISA oder analog der RIA basieren auf dem Prinzip, daß durch Fixierung einer Komponente – des Antigens oder des Antikörpers – an die Festphase, die zweite Komponente aus der Lösung an der Festphase gebunden. Andere Proteine werden durch Waschen entfernt und das Antigen bzw. der Antikörper wird damit nachweisbar. Die Detektion dieses Antigen-Antikörper-Komplexes erfolgt mit einem radioaktiv markierten zweiten Antikörper (RIA, radio-immuno assay) oder mit einem zweiten Enzym-gekoppelten Antikörper (ELISA). Als Enzyme werden u. a. Meerrettichperoxidase oder Phosphatase eingesetzt, Substrate sind z. B. Chlornaphtol, p-Nitrophenylphosphat. Der enzymkatalysierte Farbumschlag wird photometrisch vermessen.

Die prinzipiell verschiedenen Anordnungen unterscheiden sich im Versuchsablauf und Aufbau:

- Beschichtung der Mikrotiterplatten mit Antigen (Peptid oder Protein) zur Quantifizierung oder qualitativen Bestimmung von Antikörpern aus Seren oder monoklonalen Antikörpern.

  Das Peptid oder Protein wird zur Beschichtung der Mikrotiterplatten eingesetzt. Unspezifische Adsorption an die Mikrotiterplatte wird durch geeignetes Absättigen

(Blockieren) der Oberfläche mit einer inerten Schicht reduziert. Nach intensivem Waschen wird eine Lösung von monoklonalen Antikörpern oder Serum in unterschiedlicher Verdünnung in die Löcher der Mikrotiterplatte pipettiert und inkubiert. Die Auswahl des zweiten, enzymgekoppelten Antikörpers folgt aus der Spezies des ersten Antikörpers/Serums und ist gegen dessen artspezifischen FC-Teil gerichtet. Zur Testung eines z. B. monoklonalen Mausantikörpers wird mit Peroxidase-gekoppeltem Ziege-anti-Maus-Antikörper gearbeitet, oder die Untersuchung von Kaninchenserum wird mit Peroxidase-gekoppeltem Maus-anti-Kaninchen-Antikörper als zweitem Antikörper durchgeführt.

- Beschichtung der Mikrotiterplatten mit dem zu bestimmenden Antigen.

  Im direkten ELISA wird das zu bestimmende Antigen (z. B. Hormon im Serum) direkt auf die Platten pipettiert. Ein gegen das Hormon gerichteter Antikörper, an welchen das Enzym kovalent gekoppelt wurde, dient zur Detektion. Die Quantifizierung erfolgt über die Absorption anhand einer Eichkurve. Da dieses Verfahren häufig Fehler durch unspezifische Bindungen zeigt, eignet sich besser ein

- Sandwich-ELISA zur Quantifizierung von Antigenen.

  Hierbei dient der 1. Antikörper, der gegen das Antigen gerichtet ist, zur Beschichtung der Platten. Nach den Waschschritten wird die Lösung mit dem zu bestimmenden Antigen in verschiedenen Verdünnungen zupipettiert und inkubiert. Ein zweiter Antikörper, der ebenfalls gegen das Antigen gerichtet ist und mit Enzym konjugiert wurde, dient der Detektion. Vorteil dieser Methode ist die größere Selektivität. Als nachteilig kann empfunden werden, daß zwei Antikörper gegen ein Antigen benötigt werden, die sich nicht in ihrer Bindung behindern dürfen. Eine Variante und häufig ein Ausweg aus obiger Schwierigkeit ist die Verwendung des Biotin-Avidin(Streptavidin)-Systems. Streptavidin besitzt vier hochspezifische und hochaffine Bindungsstellen ($K_D = 10^{-15}$ M) für Biotin. Mikrotiterplatten können mit Streptavidin beschichtet werden, biotinylierte Peptide (meist N-terminal) oder Proteine werden gebunden. Die Detektion erfolgt mit einem enzymgekoppelten monoklonalen Antikörper. Umgekehrt besteht auch die Möglichkeit, mit dem monoklonalen Antikörper die Platte zu beschichten und mit Peroxidase konjugiertem Streptavidin die Detektion durchzuführen.

  Eine weitere Variante ist der sogenannte Kompetitionsassay. Das zu bestimmende Antigen konkurriert mit dem markierten (z.B. biotinylierten) Antigen um den immobilisierten 1. Antikörper. Je weniger des 2. Antikörpers nun bindet, um so höher ist die Affinität des zu bestimmenden Antigens.

- Pepscan-ELISA

  Ein Spezialfall des ELISAs zur Charakterisierung von Antikörpern und Seren ist der Pepscan-ELISA. Es erfolgt keine Beschichtung der Mikrotiterplatten, stattdessen werden kurze Peptide (max. Nonapeptide) an Polyethylenstäbchen synthetisiert (vgl. Abschnitt 5.4.1.2, Pinsynthese). Der Block, an dem die Stäbchen befestigt sind, entspricht den Massen einer Mikrotiterplatte. Der zu untersuchende monoklonale Antikörper wird in die Löcher der Mikrotiterplatte pipettiert, der Stäbchenblock in die Löcher gestellt. Da an jedem Stäbchen ein anderes Peptid kovalent gebunden ist, werden nur diejenigen Stäbchen den monoklonalen Antikörper binden, die seine Bindungssequenz tragen. Analog erfolgt die Inkubation des zweiten, enzymgekoppelten Antikörpers, der den ersten erkennt. Die Farbreaktion findet wie beim normalen ELISA in der Mikrotiterplatte statt und wird photometrisch im ELISA-Reader vermessen.

Material und Methoden

a) Mikrotiterplatten
b) Antigen- und Antikörper-Lösungen
c) Pipetten, besser Multipipetten
d) Pufferlösungen und Enzymsubstrat
e) Photometer, besser ELISA-Reader
f) bei häufiger Durchführung von ELISAs empfiehlt sich die Anschaffung eines ELISA-Washers oder eines Pipettierroboters, der Wasch- und Pipettierschritte programmgemäß übernimmt.

Durchführung

Am Beispiel eines ELISAs zur Antikörper/Serum-Analyse soll die Durchführung gezeigt werden. Direkter und Sandwich-ELISA sind analog durchzuführen.

Beschichtung der Mikrotiterplatten (Coating)

Synthetische Peptidsegmente, Lipopeptide, Peptidkonjugate oder Proteine können zur Plattenbeschichtung eingesetzt werden. Pro Loch wird 1 mg bis 1 ng Antigen in PBS-Buffer gelöst und pipettiert. Die Inkubation erfolgt häufig über Nacht bei 25–37°C. Nach jedem Inkubationsschritt wird die gesamte Platte 4–8 mal mit Waschpuffer (PBS/0,05% Tween 20) gewaschen und trocken geklopft.

Blockierung (Blocking)

Zur Absättigung reaktiver Gruppen der Mikrotiterplatten und zur Senkung unspezifischer Bindungen wird die Platte mit 200 µL Blockierungspuffer (1% BSA in PBS oder 2% Magermilchpulver in PBS) 1 h bei 37°C inkubiert und anschließend wieder gewaschen.

Serum/Antikörper-Inkubation

Die zu untersuchenden Seren oder Antikörper werden in verschiedenen Verdünnungsstufen aufgetragen. Die Verdünnung erfolgt mit 0,2 % BSA in PBS, die Stufen richten sich nach der zu erwartenden Affinität. Häufig erfolgt eine Abtastung des Verdünnungsbereiches in einem Vorversuch. Die Inkubation erfolgt je nach Empfindlichkeit bei 4°C bis 37°C in 1 bis 4 h.

Inkubation des 2. Antikörpers

Mit Enzym konjugierter 2. Antikörper (z. B. Meerrettich-Peroxidase) wird verdünnt, inkubiert (z. B. 1 h, 37°C), danach wird wieder gewaschen.

Substratzugabe/Detektion

Als Substrat bei Meerrettich-Peroxidase kann z. B. o-Phenylendiamin in Citratpuffer (pH 5) eingesetzt werden. Kurz vor dem Pipettieren erfolgt die Zugabe von H_2O_2. Die Messung der Farbreaktion erfolgt nach 30 min bei 492 nm.

Negativ- und Positivkontrollen

Um einen ausagekräftigen Test durchzuführen, müssen mehrere Negativ- und Positivkontrollen stets parallel angesetzt werden:

- eine Reihe der ELISA-Platte sollte nicht beschichtet werden (Leerwert),
- eine Reihe sollte mit Blockierungspuffer beschichtet werden,
- neben dem zu testenden Serum sollte ein Präimmunserum in mindestens zwei, am besten in allen Verdünnungen verwendet werden,
- Positivkontrollen sind die Beschichtung mit 1. Antikörper, 2. Antikörper sowie eventuell mit bekanntem Protein.

Anwendungen

- Quantifizierung von Proteinen und Peptiden (z. B. Hormone) im Blut,
- Quantifiizerung von monoklonalen Antikörpern und bestimmten Antikörpern in Seren,
- Diagnostik, sofern Antikörper vorhanden sind (z. B. PCB in der Wasseranalytik, Milchanalyse; Erregertests im Blut, Urin).

Fehlerquellen

- Pipettierfehler verfälschen die Quantifizierung,
- bei zu kleinen Peptiden zur Plattenbeschichtung kann es zu geringer Haftung und zum Auswaschen kommen. Ausweg bietet die Verwendung von aktivierten Mikrotiterplatten zur kovalenten Fixierung,
- Lichtempfindlichkeit des Farbreagenzes,
- Antikörper sind zu alt, zu wenig affin, zu verdünnt,
- Puffer fehlerhaft (zu viel/wenig Tween 20, falscher pH).

Literatur

D.H. Margulies, Antibody detection and preparation, in: *Current Protocols in Immunology*, R. Cioco (Hrsg.), John Wiley, New York **1994**, 2.1.1 ff.

Ch.A. Janeway und P. Travers, *Immunologie*, Spektrum Akadem. Verl., Heidelberg **1995**.

Anhang A

Laborsicherheit

Einleitung

Der Umgang mit gefährlichen Stoffen wird durch die „Verordnung über gefährliche Stoffe" (Gefahrstoffverordnung, **GefStoffV**) vom 1.10.1986 geregelt. In ihr sind 15 neuere Richtlinien der Europäischen Gemeinschaft enthalten. Die Gesetzesgrundlage der GefStoffV ist das Chemikaliengesetz (**ChemG**).

Die GefStoffV wird ständig den neuen Entwicklungen und Erkenntnissen angepaßt. Dies gilt vor allem für die Bewertung der Gefahrstoffe im Hinblick auf ihre Giftigkeit und besonders auf ihre krebserzeugende (cancerogene), erbgutverändernde (mutagene) und fruchtschädigende (teratogene) Eigenschaften. In den Geltungsbereich der GefStoffV einbezogen sind auch Beamte, Schüler und Studenten (seit 1.1.1988).

Inzwischen hat sich herausgestellt, daß die GefStoffV für Hochschulen nicht uneingeschränkt geeignet ist, da die Mengen und die Vielfalt der Gefahrstoffe, mit denen gearbeitet wird, nicht mit den Bedingungen, wie sie in der chemischen Industrie gegeben sind, vergleichbar sind. Für die Hochschulen wurde eine Technische Regel (TRGS 451) erarbeitet, die 1991 verabschiedet und 1995 überarbeitet wurde. Sie regelt den Umgang mit Gefahrstoffen für die Hochschulen.

Begriffe

Gefahrstoffe sind Stoffe mit folgenden Eigenschaften:

- *sehr giftig* (T+) sind Stoffe, die bereits in sehr geringen Mengen äußerst schwere Gesundheitsschäden hervorrufen oder zum Tode führen können.
- *giftig* (T) sind Stoffe, die in geringen Mengen zu einer vorübergehenden Erkrankung, bleibenden Gesundheitsschäden oder zum Tode führen können.
- *minder giftig* (Xn) sind Stoffe, die in größeren Mengen zu Gesundheitsschäden von beschränktem Ausmaß führen können.
- *ätzend* (C) sind Stoffe, die bei Berührung Körpergewebe zerstören können.
- *reizend* (Xi) sind Stoffe, die bei Berührung mit der Haut bzw. den Schleimhäuten Entzündungen hervorrufen können.
- *explosionsgefährlich* (E)
- *hochentzündlich* (F+)
- *leichtentzündlich* (F)
- *brandfördernd* (O) sind Stoffe, die selbst nicht brennen, aber einen Brand fördern können.
- *umweltgefährlich* (N)

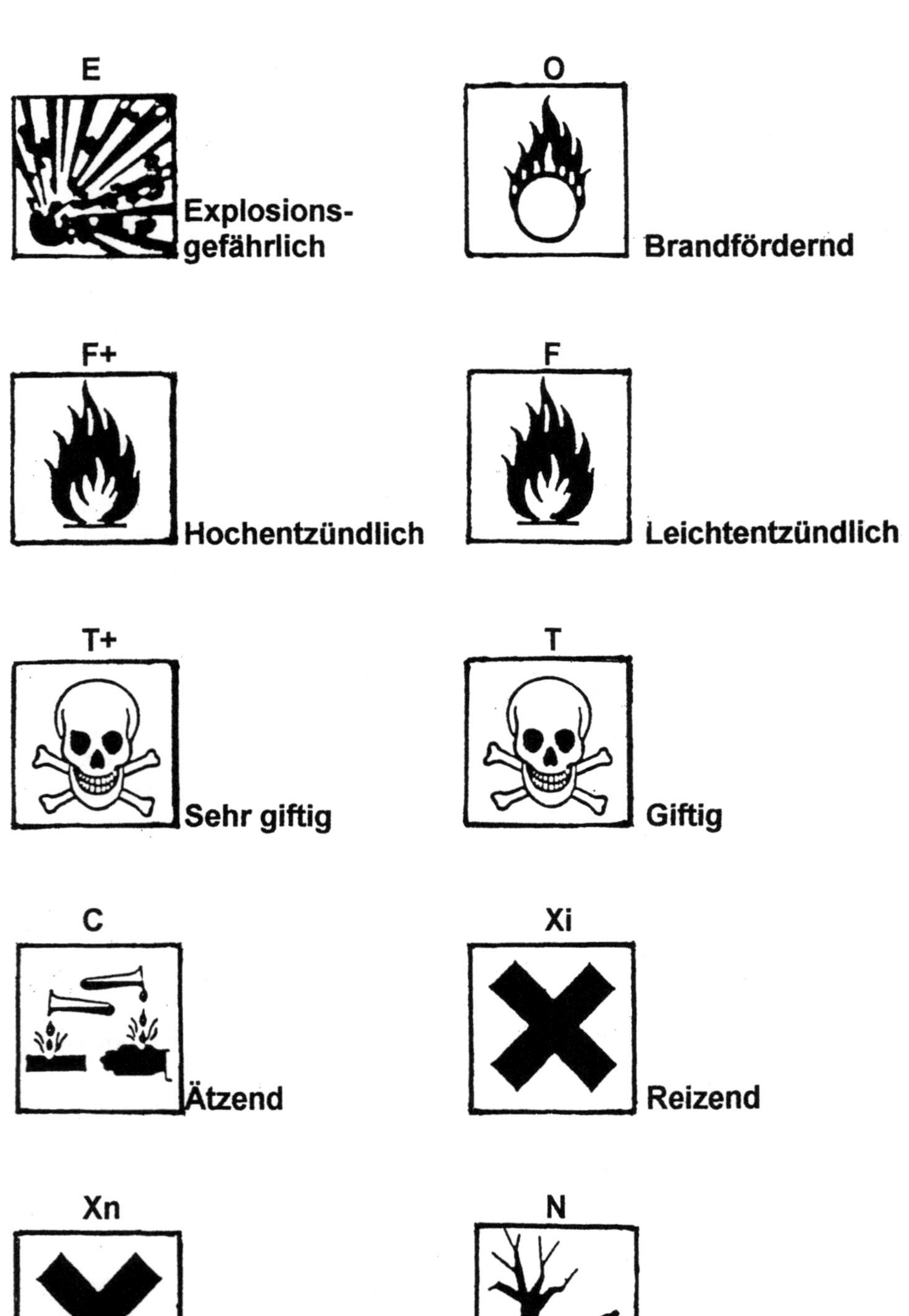

Bild A.1 Gefahrensymbole und Gefahrenbezeichnungen

Für Behälter, die Stoffe mit einer oder mehrerer dieser Eigenschaften enthalten, müssen die in Bild A.1 wiedergegebenen Gefahrensymbole verwendet werden.

Eine besondere Gruppe bilden die Stoffe, bei denen keine untere Grenze für ihre Gefährlichkeit angegeben werden kann. Hierzu gehören Stoffe, die

- *krebserzeugend* (cancerogen) sind, also körpereigene Zellen zu bösartigen Geschwülsten anregen können,
- *erbgutschädigend* (mutagen) sind und somit weitervererbbare Schäden hervorrufen können,
- *fruchtschädigend* (teratogen) sind, d. h. bei Nachkommen der ersten Generation Schäden verursachen können.

Zur Beurteilung des Gesundheitsrisikos dienen in der Bundesrepublik Deutschland fünf Werte:

- Der *MAK-Wert* (maximale Arbeitsplatzkonzentration, § 15, Abs. 4 GefStoffV) ist die höchstzulässige Konzentration eines Arbeitsstoffes in der Luft am Arbeitsplatz. Nach dem gegenwärtigen Stand der Kenntnis wird dann die Gesundheit der Beschäftigten auch bei wiederholter, langfristiger Exposition (8-Stundentag und 40 Arbeitsstunden pro Woche) nicht beeinträchtigt. MAK-Werte gibt es nicht für kanzerogene Stoffe.
- Der *BAT-Wert* (Biologischer Arbeitsstoff-Toleranz-Wert, § 15, Abs. 5 GefStoffV) ist die Konzentration eines Stoffes oder eines Metaboliten im Körper, bei der nach dem gegenwärtigen Stand der wissenschaftlichen Kenntnis im allgemeinen die Gesundheit nicht beeinträchtigt wird. Die Expositionsdauer ist wie beim MAK-Wert festgelegt.
- Die *TRK* (Technische Richtkonzentration, § 15, Abs. 6 GefStoffV) eines Arbeitsstoffes ist diejenige Konzentration eines Stoffes in der Luft am Arbeitsplatz, die beim Stand der Technik eingehalten werden kann. Sie wird nur für solche Arbeitsstoffe angegeben, für die keine untere Grenze der Gefährdung angegeben werden kann (z. B. für alle cancerogenen Stoffe).

  Die Einhaltung der Technischen Richtkonzentration soll das Risiko vermindern, vermag dieses jedoch nicht vollständig auszuschließen. Beim Überschreiten werden Schutzmaßnahmen und die meßtechnische Überwachung am Arbeitsplatz notwendig.
- *EKA-Wert. Expositionsäquivalente für krebserzeugende Arbeitsstoffe* (EKA) werden für kanzerogene reaktive Zwischenprodukte oder Metaboliten aufgestellt. Für sie wird kein BAT-Wert festgelegt. Aus ihnen kann entnommen werden, welche innere Belastung sich bei ausschließlich inhalativer Stoffaufnahme ergeben würde.
- *Auslöseschwelle* (§3, Abs. 9 TRGS 451, bzw. TRGS 100). Die Auslöseschwelle ist die Konzentration eines Stoffes in der Luft am Arbeitsplatz oder im Körper, bei deren Überschreitung zusätzliche Maßnahmen zum Schutze der Gesundheit erforderlich sind, z. B.:
  - persönliche Schutzausrüstung
  - Mitteilung an die Personal- bzw. Betriebsräte
  - Beschäftigungsbeschränkungen
  - arbeitsmedizinische Vorsorgeuntersuchungen (bei kanzerogenen Stoffen evtl. auf Lebenszeit)
  - Anzeige an die Behörde

In der Regel ist die Auslöseschwelle überschritten, wenn 1/4 des Schichtmittelwerts des MAK- oder TRK-Werts überschritten wird. Sie gilt auch dann als überschritten, wenn ein Verfahren verwendet wird, bei dem ein unmittelbarer Hautkontakt besteht.

Die MAK-Werte und die BAT-Werte werden von der Senatskommission zur Prüfung gesundheitsschädlicher Arbeitsstoffe der Deutschen Forschungsgemeinschaft jährlich neu veröffentlicht.

Da das Überschreiten der Auslöseschwelle erhebliche Probleme aufwirft, aber auch aus prinzipiellen Gründen, soll die Unterschreitung der Auslöseschwelle durch geeignete bauliche Maßnahmen und optimale apparative Ausrüstung gewährleistet sein. Ein wesentliches Gewicht kommt in diesem Zusammenhang der gezielten Auswahl der Arbeitsstoffe, Arbeitsmethoden und der Einsatzmengen zu.

Einzelheiten der Anwendung der GefStoffV sind in den *Technischen Regeln für Gefahrstoffe, TRGS 451* festgelegt.

Unterweisung. Damit der Arbeitnehmer weiß, welche Gefahr ihm beim Umgang mit Gefahrstoffen droht und wie er sie vermeiden kann, muß vor Beginn der Arbeit eine mündliche, arbeitsplatzbezogene Unterweisung erfolgen, die jährlich mindestens einmal wiederholt werden muß. Der Inhalt der Unterweisung und die Teilnahme müssen schriftlich festgehalten werden.

Betriebsanweisung. Darüber hinaus ist der Arbeitgeber verpflichtet, die notwendigen Maßnahmen beim Umgang mit Gefahrstoffen in Form einer Betriebsanweisung an geeigneter Stelle im Betrieb auszulegen. Dies kann für einen einzelnen Arbeitsstoff oder für allgemeine Arbeitsweisen notwendig sein (s. u., Laborordnung vor allem im Hochschulbereich).

Risikosätze. Behälter, die Substanzmengen von mehr als 1 Liter aufnehmen können, müssen zusätzlich zu den Gefahrstoffsymbolen noch mit den sogenannten Risikosätzen (R-Sätzen, s. Tabelle A.1) und Sicherheitsratschlägen (S-Sätze, s.Tabelle A.2) gekennzeichnet werden. Dabei werden die Gefahren, die von Arbeitsstoffen ausgehen können, in einzelnen Sätzen erfaßt und mit einer Nummer versehen. Die Nummern und ihre Bedeutung sind in Tabelle A.1 aufgelistet.

Wichtige R-Sätze sind R 26 (sehr giftig beim Einatmen), R 27 (sehr giftig bei Berührung mit der Haut), R 28 (sehr giftig beim Verschlucken), sowie R 45 (kann Krebs erzeugen), R 46 (kann vererbbare Schäden verursachen) und R 47 (kann Mißbildungen verursachen).

Bestimmte Risikosätze können auch zu einem Satz kombiniert werden. So bedeutet R 26/28 »sehr giftig beim Einatmen und Verschlucken«. Treffen auf einen Arbeitsstoff mehrere Risikosätze zu, dann werden sie mit „-" voneinander getrennt. Z. B. würde R 28-45 »Sehr giftig beim Verschlucken. Kann Krebs erzeugen« bedeuten.

Sicherheitssätze. Die Sicherheitsratschläge sind in den S-Sätzen (s. Tabelle A.2) angegeben.

Besonders wichtig ist der Sicherheitsratschlag S 53 (Exposition vermeiden, vor Gebrauch besondere Anweisung einholen). Hier handelt es sich um besonders risikoreiche Stoffe, wie z. B. Stoffe mit den Risikosätzen R 45/46/47.

Tabelle A.1 Hinweise auf die besonderen Gefahren (R-Sätze)

R1	In trockenem Zustand explosionsgefährlich
R2	Durch Schlag, Reibung, Feuer oder andere Zündquellen explosionsgefährlich
R3	Durch Schlag, Reibung, Feuer oder andere Zündquellen besonders explosionsgefährlich
R4	Bildet hochempfindliche explosionsgefährliche Metallverbindungen
R5	Beim Erwärmen explosionsfähig
R6	Mit und ohne Luft explosionsfähig
R7	Kann Brand verursachen
R8	Feuergefahr bei Berührung mit brennbaren Stoffen
R9	Explosionsgefahr bei Mischung mit brennbaren Stoffen
R10	Entzündlich
R11	Leichtentzündlich
R12	Hochentzündlich
R13	Hochentzündliches Flüssiggas
R14	Reagiert heftig mit Wasser
R15	Reagiert mit Wasser unter Bildung leicht entzündlicher Gase
R16	Explosionsgefährlich in Mischung mit brandfördernden Stoffen
R17	Selbstentzündlich an der Luft
R18	Bei Gebrauch Bildung explosionsfähiger/leichtentzündlicher Dampf-Luftgemische möglich
R19	Kann explosionsfähige Peroxide bilden
R20	Gesundheitsschädlich beim Einatmen
R21	Gesundheitsschädlich bei Berührung mit der Haut
R22	Gesundheitsschädlich beim Verschlucken
R23	Giftig beim Einatmen
R24	Giftig bei Berührung mit der Haut
R25	Giftig beim Verschlucken
R26	Sehr giftig beim Einatmen
R27	Sehr giftig bei Berührung mit der Haut
R28	Sehr giftig beim Verschlucken
R29	Entwickelt bei Berührung mit Wasser giftige Gase
R30	Kann bei Gebrauch leicht entzündlich werden
R31	Entwickelt bei Berührung mit Säure giftige Gase
R32	Entwickelt bei Berührung mit Säure sehr giftige Gase
R33	Gefahr kumulativer Wirkungen
R34	Verursacht Verätzungen
R35	Verursacht schwere Verätzungen
R36	Reizt die Augen
R37	Reizt die Atmungsorgane
R38	Reizt die Haut
R39	Ernste Gefahr irreversiblen Schadens
R40	Irreversibler Schaden möglich
R41	Gefahr ernster Augenschäden

Tabelle A.1 Forts. Hinweise auf die besonderen Gefahren (R-Sätze)

R42	Sensibilisierung durch Einatmen möglich
R43	Sensibilisierung durch Hautkontakt möglich
R44	Explosionsgefahr bei Erhitzen unter Einschluß
R45	Kann Krebs erzeugen
R46	Kann vererbbare Schäden verursachen
R47	Kann Mißbildungen verursachen
R48	Gefahr ernster Gesundheitsschäden bei längerer Exposition
R49	Kann Krebs erzeugen beim Einatmen
R50	Sehr giftig für Wasserorganismen
R51	Giftig für Wasserorganismen
R52	Schädlich für Wasserorganismen
R53	Kann in Gewässern längerfristig schädliche Wirkungen haben
R54	Giftig für Pflanzen
R55	Giftig für Tiere
R56	Giftig für Bodenorganismen
R57	Giftig für Bienen
R58	Kann längerfristig schädliche Wirkungen auf die Umwelt haben
R59	Gefährlich für die Ozonschicht
R60	Kann die Fortpflanzungsfähigkeit beeinträchtigen
R61	Kann das Kind im Mutterleib schädigen
R62	Kann möglicherweise die Fortpflanzungsfähigkeit beeinträchtigen
R63	Kann das Kind im Mutterleib möglicherweise schädigen
R64	Kann Säuglinge über die Muttermilch schädigen

Möglichkeiten der Gefährdung durch Gefahrstoffe

Aufnahmewege. Gefahrstoffe können auf verschiedenen Wegen in den Organismus gelangen:

- oral über den Magen-Darmtrakt
- über die Lunge in Form von Gasen, Dämpfen oder Stäuben
- über die Haut

Abhilfe: Ganz allgemein sollte nur mit der absolut notwendigen Menge von Gefahrstoffen gearbeitet werden. Im eigenen Interesse, aber auch nach der GefStoffV § 16 Abs. 2, ist zu prüfen, ob nicht weniger gefährliche Arbeitsstoffe eingesetzt werden können (z. B. Toluol statt Benzol oder Dichlormethan anstelle von Trichlor- und besonders an Stelle von Tetrachlormethan).

- Der beste Schutz vor Atemgiften bietet eine gute Raumbelüftung und genügend Raum in Abzügen mit einem genügend hohen Luftumsatz, sowie das Arbeiten in geschlossenen Apparaturen. Vorsicht ist auch beim Reinigen der Apparaturen angebracht. Die zweitbeste Maßnahme ist der Einsatz von Atemschutzgeräten.

Tabelle A.2 Sicherheitsratschläge (S-Sätze)

S1	Unter Verschluß aufbewahren
S2	Darf nicht in die Hände von Kindern gelangen
S3	Kühl aufbewahren
S4	Von Wohnplätzen fernhalten
S5	Unter ____ aufbewahren (geeignete Flüssigkeit vom Hersteller anzugeben)
S6	Unter ____ aufbewahren (inertes Gas vom Hersteller anzugeben)
S7	Behälter dicht geschlossen halten
S8	Behälter trocken halten
S9	Behälter an einem gut gelüfteten Ort aufbewahren
S12	Behälter nicht gasdicht verschließen
S13	Von Nahrungsmitteln, Getränken und Futtermitteln fernhalten
S14	Von __________ fernhalten (inkompatible Substanzen vom Hersteller anzugeben)
S15	Vor Hitze schützen
S16	Von Zündquellen fernhalten – nicht rauchen
S17	Von brennbaren Stoffen fernhalten
S18	Behälter mit Vorsicht öffnen und handhaben
S20	Bei der Arbeit nicht essen und trinken
S21	Bei der Arbeit nicht rauchen
S22	Staub nicht einatmen
S23	Gas/Rauch/Dampf/Aerosol nicht einatmen (geeignete Bezeichnung[en] vom Hersteller anzugeben)
S24	Berührung mit der Haut vermeiden
S25	Berührung mit den Augen vermeiden
S26	Bei Berührung mit den Augen gründlich mit Wasser abspülen und Arzt konsultieren
S27	Beschmutzte, getränkte Kleidung sofort ausziehen
S28	Bei Berührung mit der Haut sofort abwaschen mit viel ____________ (vom Hersteller anzugeben)
S29	Nicht in die Kanalisation gelangen lassen
S30	Niemals Wasser hinzugießen
S33	Maßnahmen gegen elektrische Aufladungen treffen
S34	Schlag und Reibung vermeiden
S35	Abfälle und Behälter müssen in gesicherter Weise beseitigt werden
S36	Bei der Arbeit geeignete Schutzkleidung tragen
S37	Geeignete Schutzhandschuhe tragen
S38	Bei unzureichender Belüftung Atemschutzgerät anlegen
S39	Schutzbrille/Gesichtsschutz tragen
S40	Fußboden und verunreinigte Gegenstände mit ______________ reinigen (vom Hersteller anzugeben)
S41	Explosions-und Brandgase nicht einatmen
S42	Beim Räuchern/Versprühen geeignetes Atemschutzgerät anlegen (geeignete Bezeichnung[en] vom Hersteller anzugeben)

Tabelle A.2 Forts. Sicherheitsratschläge (S-Sätze)

S43	Zum Löschen _________ (vom Hersteller anzugeben) verwenden (wenn Wasser die Gefahr erhöht, anfügen: Kein Wasser verwenden)
S44/45	Bei Unfall oder Unwohlsein ärztlichen Rat einholen (wenn möglich, dieses Etikett vorzeigen)
S46	Beim Verschlucken sofort ärztlichen Rat einholen und Verpackung oder Etikett vorzeigen
S47	Nicht bei Temperaturen über ___ °C aufbewahren (vom Hersteller anzugeben)
S48	Feucht halten mit ________ (geeignetes Mittel vom Hersteller anzugeben)
S49	Nur im Originalbehälter aufbewahren
S50	Nicht Mischen mit ____________ (vom Hersteller anzugeben)
S51	Nur in gut belüfteten Bereichen verwenden
S52	Nicht großflächig für Wohn- und Aufenthaltsräume zu verwenden
S53	Exposition vermeiden – vor Gebrauch besondere Anweisungen einholen
S56	Diesen Stoff und seinen Behälter der Problemabfallentsorgung zuführen
S57	Zur Vermeidung einer Kontamination der Umwelt geeigneten Behälter verwenden
S59	Information zur Wiederverwendung/Wiederverwertung beim Hersteller/Lieferanten erfragen
S60	Dieser Stoff und sein Behälter sind als gefährlicher Abfall zu entsorgen
S61	Freisetzung in die Umwelt vermeiden. Besondere Anweisungen einholen/ Sicherheitsdatenblatt zu Rate ziehen
S62	Bei Verschlucken kein Erbrechen herbeiführen. Sofort ärztlichen Rat einholen und Verpackung oder dieses Etikett vorzeigen

- Vor einer oralen Aufnahme kann man sich sehr einfach durch die notwendige Arbeitshygiene schützen:
  - nicht Essen, Trinken und Rauchen
  - Flüssigkeiten nicht mit dem Mund ansaugen, sondern einen Peleus-Ball verwenden
  - nach der Arbeit Hände waschen

- Der Aufnahme von Giften durch die Haut wird oft nicht genügend Beachtung geschenkt. Gegen eine unbemerkte Kontamination hilft die Sauberhaltung des Arbeitsplatzes und der Arbeitsgeräte. Werden Schutzhandschuhe verwendet, ist auf die richtige Auswahl des Materials der Schutzhandschuhe zu achten (Listen beim Händler anfordern).

Carcinogene, mutagene und teratogene Stoffe

(1) *Einstufung in Gefährdungsklassen.* Beim Umgang mit Stoffen, die in geringen Mengen kumulativ wirken und irreversible Schäden verursachen können, muß besonders vorsichtig gearbeitet werden. Die meisten dieser Stoffe können über die Haut aufgenommen werden. Für Frauen im »gebährfähigen« Alter gelten bestimmte Einschränkungen beim Umgang mit Gefahrstoffen.

Die Senatskommission zur Prüfung gesundheitsschädlicher Arbeitsstoffe der Deutschen Forschungsgemeinschaft unterteilt die als krebserzeugend ausgewiesenen Arbeitsstoffe in Listen:

Liste A1 – Stoffe, die beim Menschen eindeutig bösartige Tumore verursachen

Liste A2 – Stoffe, die nur bei Tieren eindeutig bösartige Tumore verursachen

Liste B – Stoffe mit begründetem Verdacht auf krebserzeugendes Potential

In der GefStoffV werden die Listen A1 und A2 in einer gemeinsamen Liste zusammengefaßt (Anhang II) und in Abhängigkeit von ihrer Wirkungsstärke und ihrer Konzentration in Stoffgemischen in drei Gefährdungsklassen eingeteilt:

I sehr stark gefährdend

II stark gefährdend

III gefährdend

Die Liste wird jährlich neu erstellt und wird im Bundesarbeitsblatt in der TRGS 900 veröffentlicht.

(2) *Einteilung nach Stoffklassen*

- Alkylierende Verbindungen (z. B. Iodmethan, Vinylchlorid, einige Epoxide wie Ethylenoxid und Epichlorhydrin, Ethylenimin, ß-Propiolacton, Dimethylsulfat)
- Polycyclische aromatische Kohlenwasserstoffe und Heterocyclen (z. B. Mono- und Dibenzanthracene, Mono- und Dibenzopyrene)
- Aromatische Amine mit mehreren Ringen (z. B. 2-Naphtylamin, Amino- (oder Nitro-)biphenyle wie Benzidin)
- N-Nitrosoverbindungen (z. B. Nitrosamine, N-Nitroso-N-methylharnstoff, Nitrosoguanidine)
- Azoverbindungen und Hydrazine (z. B. bestimmte Azoalkane und -aromaten, Aminoazobenzole, Diazoniumsalze, Diazomethan und Hydrazin)
- Schwermetalle (als Stäube) und deren Verbindungen (z. B. Cadmium, Cobalt, Nickel, Nickelcarbonat, Chromate und Quecksilberalkyle)

Schutzmaßnahmen

Zum sicheren Umgang mit Gefahrstoffen gehört, daß man sich vor Beginn der Arbeit über die Gefährdung durch den Arbeitsstoff informiert. Die Risiko- und Sicherheitssätze müssen von den Herstellern in ihren Katalogen angegeben werden. Außerdem werden von vielen Firmen Sicherheitsdaten- und Produktmerkblätter herausgegeben. Die folgenden Informationen sollten vor dem Umgang mit dem Arbeitsstoff eingeholt werden:

- Wirkungsweise des Arbeitsstoffs, z. B. auf Haut, Augen, Lunge
- Zulässige Arbeitsplatzkonzentration (MAK-, TRK-Wert)
- Verhaltensweisen für den gefahrlosen Umgang
- Geruchsschwelle, falls möglich

Sollten in den Informationsschriften keine Angaben zu finden sein, darf nicht daraus geschlossen werden, daß der Stoff ungefährlich ist.

Grundlage für die Umsetzung der vorgesehenen Schutzmaßnahmen sind:

Unterweisungen, die mündlich und arbeitsplatzbezogen durchgeführt werden müssen. Die Unterweisung muß vor der Arbeitsaufnahme und dann mindestens im jährlichen Abstand erfolgen. Der Inhalt und der Zeitpunkt der Unterweisung ist schriftlich festzuhalten. Zusätzlich müssen weibliche Beschäftigte (auch Studentinnen) über die möglichen Gefahren und Beschäftigungsbeschränkungen schriftlich hingewiesen werden. (Musterbeispiel s. u.)

Betriebsanweisungen, in denen die beim Umgang mit Gefahrstoffen auftretenden Gefahren für Mensch und Umwelt sowie die erforderlichen Schutzmaßnahmen festgelegt sind. In ihnen müssen auch die sachgerechte Entsorgung, das Verhalten im Gefahrenfall und eine Erste Hilfe festgelegt sein. Ein Musterbeispiel einer allgemeinen Betriebsanweisung für Hochschulen („Laborordnung") ist unten angegeben.

Richtige Kennzeichnung von Gefahrstoffen. Behältnisse, in denen Gefahrstoffe in den Verkehr gebracht werden, sind in der Regel bereits richtig gekennzeichnet. In wissenschaftlichen Instituten, Laboratorien und Apotheken gilt unter gewissen Voraussetzungen („für den Handgebrauch") eine erleichterte Kennzeichnungspflicht. In diesem Fall sind die Mindestanforderungen:

- Bezeichnung des Stoffes (keine laborinternen Kurznamen oder Abkürzungen), der Zubereitung und deren Bestandteile (Anhang I Nr. 1.2 GefStoffV).
- Gefahrensymbol mit der zugehörigen Gefahrenbezeichnung (Anhang I und VI der GefStoffV).

Richtige Aufbewahrung von Gefahrstoffen. Nach § 24 Absatz 1 sind Gefahrstoffe so aufzubewahren oder zu lagern, daß sie die menschliche Gesundheit und die Umwelt nicht gefährden. Es sind dabei geeignete und zumutbare Vorkehrungen zu treffen, um den Mißbrauch oder Fehlgebrauch nach Möglichkeit zu verhindern. Gefahrstoffe, die mit den Buchstaben T oder T+ zu bezeichnen sind, sind unter Verschluß zu halten.

Darüber hinaus sind noch folgende Punkte zu berücksichtigen:

- Falls möglich andere Methoden oder weniger gefährliche Chemikalien verwenden (z. B. Toluol statt Benzol, N-Nitroso-N-methyl-p-toluolsulfonamid an Stelle von N-Nitroso-N-methylharnstoff für die Herstellung von Diazomethan)
- Arbeiten mit kleinstmöglichen Mengen in geschlossenen Apparaturen (Ausschluß von Kontaminationen, Atem- und Körperschutz)
- Besondere Kennzeichnung des Arbeitsbereichs (evtl. Sicherheitsbereiche oder Sonderlaboratorien einrichten)
- Besondere Kennzeichnung und Aufbewahrung von cancerogenen Stoffen

Musterbeispiel einer Betriebsanweisung (Laborordnung)

Universität xxxxxxxxxx	xxxxxxxx, den Tag/Monat/Jahr
Institut für xxxxxxxxxxx	Tel.:

BETRIEBSANWEISUNG

nach § 20 GefStoffV

für Forschungslaboratorien

Allgemeine Laborordnung

Beim Umgang mit gasförmigen, flüssigen oder festen Gefahrstoffen sowie mit denen, die als Stäube auftreten, haben Sie besondere Verhaltensregeln und die Einhaltung von bestimmten Schutzvorschriften zu beachten.

Der Umgang mit Stoffen, deren Ungefährlichkeit nicht zweifelsfrei feststeht, hat so zu erfolgen wie mit Gefahrstoffen.

Die Aufnahme der Stoffe in den menschlichen Körper kann durch Einatmen über die Lunge, durch Resorption durch die Haut sowie über die Schleimhäute und den Verdauungstrakt erfolgen.

Gefahrstoffe sind Stoffe oder Zubereitungen, die

sehr giftig (T+)	explosionsgefährlich (E)	krebserzeugend
giftig(T)	brandfördernd (O)	fruchtschädigend
mindergiftig (Xn)	hochentzündlich (F+)	erbgutverändernd
ätzend (C)	leichtentzündlich (F)	reizend (Xi)

sind oder aus denen bei der Verwendung gefährliche oder explosionsfähige Stoffe oder Zubereitungen entstehen oder freigesetzt werden können.

Bei allen Arbeiten haben Sie die hier aufgeführten Regelungen einzuhalten.

I. Grundregeln

1) Um Unfälle zu vermeiden, ist jeder Mitarbeiter verpflichtet, vor dem Umgang mit einem Gefahrstoff anhand von Hersteller- oder Händlerkatalogen die Risikogruppe, zu der Stoff gehört, zu ermitteln. Jeder Mitarbeiter hat jährlich einmal an einer geeigneten Vorlesung über Sicherheit teilzunehmen und dies anhand einer Unterschriftenliste nachzuweisen.

2) Für *Fremde* ist der Aufenthalt in den Laboratorien aus versicherungsrechtlichen Sicherheitsgründen nicht gestattet.

3) Während des Aufenthalts in den Praktikums- oder Laborräumen müssen alle Personen eine Schutzbrille mit gehärteten Gläsern tragen. Brillenträger müssen eine optisch korrigierte Schutzbrille oder eine Überbrille (Korbbrille) über der eigenen Brille tragen. Im

Labor ist zweckmäßige Kleidung, z. B. ein Baumwoll-Labormantel, zu tragen, deren Gewebe aufgrund des Brenn- und Schmelzverhaltens keine erhöhte Gefährdung im Brandfall erwarten läßt. Die Kleidung soll den Körper und die Arme ausreichend bedecken. Es darf nur festes, geschlossenes und trittsicheres Schuhwerk getragen werden.

4) In den Laboratorien ist das *Rauchen wegen Feuergefahr, Essen und Trinken untersagt.*

5) Am Arbeitsplatz sind keine geruchsbelästigenden Reaktionen gestattet.

6) Um Gesundheitsschädigungen durch Substanzdämpfe zu vermeiden, dürfen *Reaktionen in offenen Apparaturen* sowie das Umkristallisieren aus organischen Lösungsmitteln *nur in den Abzügen* durchgeführt werden. Die Frontschieber der Abzüge sind möglichst weit zu schließen.

7) Alle Arten von *Arbeiten mit unangenehm riechenden, toxischen oder explosiven Substanzen* (wie z.B. Chlor, Brom, Säurehalogenide, Mercaptane, Diazomethan) sind *in den Abzügen der Stinkräume*[1] unter Berücksichtigung der jeweils notwendigen zusätzlichen Schutzmaßnahmen (wie z.B. Gummihandschuhe, Gasmaske oder Explosionsschutzgitter) durchzuführen. Die Frontschieber der Abzüge sind möglichst weit zu schließen. Auf die Gefahr ist außen am Stinkraum hinzuweisen. Abzüge, in denen mit *cancerogenen, mutagenen* oder *teratogenen Substanzen* gearbeitet wird, müssen während der Dauer der Arbeit gekennzeichnet werden. Vor Beginn der Arbeit muß man sich über die für den Umgang mit diesen Stoffen geltenden Betriebsanweisungen informieren. Beim Umgang mit sehr giftigen, giftigen oder ätzenden Druckgasen muß eine Gasmaske mit dem entsprechenden Filter bereit liegen.

8) Die *Reinigung von stark riechenden Glasgeräten* und die *Beseitigung von stinkenden oder giftigen Rückständen* darf nur im Abflußbecken im Abzug der *Stinkräume* unter Berücksichtigung der Gefahrstoffverordnung erfolgen.

9) Bei längerdauernden, unbeaufsichtigten Reaktionen sind alle Schläuche dauerhaft mit Draht oder Klemmen zu sichern. Die Verwendung von Bunsenbrennern zum Heizen ist nicht erlaubt.

10) Alle nicht am eigenen Arbeitsplatz aufgebauten Apparaturen (oder Gefäße, die über Nacht stehen bleiben müssen) sind leserlich mit einem *befestigten Zettel mit dem Namen des Mitarbeiters und dem Namen des Präparates, ggfl. unter Angabe des Lösungsmittels, sowie Hinweise auf evtl. gefährlichen Inhalt* (z.B. Hydride, Alkalimetalle, Nitrile oder Explosionsgefahr) zu versehen. Das Beschriften der Abzugsglasscheibe ist dafür nicht erlaubt.

11) Die *Verwendung von Lebensmittelflaschen* zur Aufbewahrung von Chemikalien ist *nicht erlaubt.*

12) Alle *Chemikalienflaschen* müssen mit einem Klebeetikett eindeutig beschriftet sein, die Schrift und das Schild müssen mit Tesafilm gesichert sein. Alte Etiketten müssen vorher entfernt werden und dürfen nicht überklebt werden. Beschriftungen der Flaschen allein mit Filzschreiber sind nicht zulässig. Die Angaben auf den Etiketten müssen der Gefahr-

[1] Stinkräume sind vom Labor abgetrennte Räume mit besonders wirksamen Abzügen. Hier werden gefährliche Reaktionen durchgeführt. Die Zahl der dort arbeitenden Personen und deren Aufenthaltszeit sind zu minimieren.

stoffverordnung entsprechen (Name und Gefahrensymbol). Bei Mengen über 1 Liter müssen auch die R- und S-Sätze angegeben werden. Sehr giftige (T+) und giftige Stoffe (T) sind unter Verschluß zu halten.

13) *Druck(gas)flaschen* sind immer durch Festbinden oder Anketten am Labortisch gegen Umstürzen zu sichern. Sie dürfen nur mit den dafür vorgesehenen Transportwagen befördert werden. Es sind prinzipiell Sicherheits-Waschflaschen und Blasenzähler zur Kontrolle des Gasstroms zu benutzen.

14) Beim Arbeiten mit *Hochvakuumölpumpen* (10^2 bis 10^{-1} Pa) sind beide Kühlfallen-Dewars mit flüssigem Stickstoff oder Trockeneis/Isopropanol-Kältemischung zu kühlen und die Kühlfallen nach vorsichtigem Eintauchen sofort durch Schläuche an die Apparatur anzuschließen. Es wird empfohlen, die Ölpumpen mit verschlossener Saugleitung und geöffnetem Ballastventil ca. 30 Minuten vor Gebrauch warmlaufen zu lassen. *Vor einer Vakuumdestillation* darf erst nach dem Evakuieren der Apparatur und dem Erreichen des gewünschten Endvakuums mit dem Heizen begonnen werden. *Nach einer Vakuumdestillation* sollte man zuerst das Heizbad entfernen und den Destillationskolben etwas abkühlen lassen, ehe die Apparatur belüftet wird, da bei stark erhitzten organischen Verbindungen die Gefahr einer plötzlichen Reaktion mit Luftsauerstoff besteht. Nach der Destillation müssen die Kühlfallen sofort aus den Dewars mit flüssigem Stickstoff entfernt und gereinigt werden, da sonst die Gefahr der Kondensation von Luftsauerstoff und evtl. heftiger Reaktion mit organischen Substanzresten in der Kühlfalle beim Auftauen besteht.

15) Das Herstellen von Kältebädern durch Abkühlen von org. Lösungsmitteln durch fl. Luft und auch durch fl. Stickstoff ist nicht erlaubt. Beim längeren Stehenlassen von fl. Stickstoff an der Luft kondensiert Sauerstoff, der sich dann im org. Lösungsmittel anreichert und zu katastrophalen Explosionen führen kann.

II. Allgemeine Schutz- und Sicherheitseinrichtungen

1) *Abzüge* sind *vor der Benutzung* auf Funktionstüchtigkeit zu prüfen (z. B. durch an der Rückwand befestigten Wollefäden oder Kunststoffstreifen). *Während der Benutzung* ist die Abzugscheibe möglichst weit zu schließen.

2) Man hat sich über den Standort der *Feuerlöscher, Behälter für Löschsand* und die *Notabschaltung für die Gasversorgung* sowie der *Löschduschen* zu informieren. Bei Eingriffen in die Gasversorgung sind die betroffenen Verbraucher zu warnen und die Betriebstechnik wird unverzüglich benachrichtigt.

3) *Feuerlöscher* (auch solche mit verletzter Plombe) und *Löschsandbehälter* sind nach jeder Benutzung auszutauschen bzw. aufzufüllen.

III. Abfallverminderung und -entsorgung

1) *Die Menge gefährlicher Abfälle ist* dadurch *zu vermindern*, daß nur kleine Mengen von Stoffen in Reaktionen eingesetzt werden. Der Weiterverwendung und der Wiederaufarbeitung, z. B. von Lösungsmitteln, ist der Vorzug vor der Entsorgung zu geben.

2) *Reaktive Reststoffe* sind sachgerecht zu weniger gefährlichen Stoffe umzusetzen (s. u.).

3) Anfallende, nicht weiterverwendbare *Reststoffe* bzw. *Lösungsmittel* sind nach angeschlagenen *Richtlinien zur Abfallentsorgung* zu behandeln.

IV. Handhabung gefährlicher Chemikalien

1) Der Hautkontakt und das Inhalieren von Dämpfen aller organischer Verbindungen sollte im Interesse der eigenen Gesundheit vermieden werden (evtl. Handschuhe verwenden).

2) *Vor Destillation von Ethern* (wie z. B. Diethylether, Tetrahydrofuran oder Dioxan) oder von Etherlösungen ist auf Peroxidfreiheit zu prüfen (Peroxid-Teststäbchen). Die Verwendung von basischem Aluminiumoxid zum Absolutieren von Lösungsmitteln wird empfohlen und ist für Tetrahydrofuran und Dioxan dringend angeraten.

3) *Vorsicht beim Umgang mit brennbaren Lösungsmitteln*, die sich nicht nur an offenen Flammen, sondern auch an heißen Heizplatten (evtl. auch der eines Nachbarn) entzünden können.

4) *Natrium-Rückstände* sind sofort nach der Reaktion vorsichtig mit Ethanol im *offenen* Gefäß im Abzug zu beseitigen. Es wird empfohlen, möglichst Natrium-Dispersion in Paraffin zu verwenden. Diese Rückstände müssen mit Propanol oder Butanol beseitigt werden und das Paraffin durch vorsichtiges Ausfällen (langsames Eingießen der Natrium-freien Butanollösung in ein Becherglas mit Wasser) zurückgewonnen werden, da sonst die Abgußleitungen in Kürze verstopft sind.

5) Gefäße, die *Alkalimetalle*, *Alkalimetallhydride* oder *Grignardreagenzien* enthalten, dürfen nicht unter Verwendung von Wasserbädern erhitzt werden; stattdessen sind Heizpilze oder Ölbäder zu verwenden. Verwendete Rückflußkühler müssen vorher auf Dichtigkeit geprüft werden. $LiAlH_4$-enthaltende Lösungen dürfen nicht über 120°C erhitzt werden (Explosionsgefahr).

6) *Halogenhaltige Lösungsmittel dürfen nicht mit Natrium getrocknet werden.* Geeignete Trockenmittel sind den Firmenschriften oder Laborhandbüchern zu entnehmen.

7) Die Benutzung von *Chromschwefelsäure* ist aus Umweltschutzgründen *prinzipiell zu vermeiden.* Für die oxidative Reinigung von Glasgeräten ist alkalische Kaliumpermanganatlösung und Nachspülen mit konz. Salzsäure ebenso effektiv wie Chromschwefelsäure.

8) *Chromabfälle*, die bei der Oxidation mit Chromsäure anfallen, sind in den ausstehenden Abfallbehälter *vorsichtig* einzufüllen.

9) *Quecksilber-Reste* sind der Entsorgung zu übergeben. Zur gefahrlosen Beseitigung von verschüttetem Quecksilber sind nicht Zinkstaub oder Schwefel, sondern Adsorptionsmittel wie z. B. Mercurisorb (Roth) und für Quecksilberdämpfe Iod-Kohle zu verwenden. Bei jedem Verschütten von Quecksilber ist der Arbeitskreisleiter zu informieren.

10) In den „*Ölbädern*“ soll wasserlösliches Polyethylenglykol verwendet werden, das nicht über 200°C erhitzt werden darf. Für höhere Badtemperaturen soll ein Metallbad benutzt werden.

V. Verhalten in Gefahrensituationen

Beim Auftreten gefährlicher Situationen, z. B. Feuer, Austreten gasförmiger Schadstoffe, Auslaufen von gefährlichen Flüssigkeiten, sind folgende Anweisungen einzuhalten.

1) Ruhe bewahren und überstürztes, unüberlegtes Handeln vermeiden!

2) Gefährdete Personen warnen, gegebenenfalls zum Verlassen der Räume auffordern.

3) Gefährdete Versuche abstellen: Gas, Strom und gegebenenfalls Wasser (Kühlwasser muß evtl. weiterlaufen!). Im Brandfall Entstehungsbrand mit Eigenmitteln löschen (Feuerlöscher, Sand). Auf eigene Sicherheit achten, Panik vermeiden. Falls notwendig fahrbaren Pulverlöscher (50 kg) einsetzen und gleichzeitig Feuermelder betätigen, Betriebstechnik und Feuerwehr informieren. Feuerwehr nach der Ankunft einweisen.
4) Arbeitskreisleiter und Institutsdirektor bzw. Stellvertreter benachrichtigen.
5) Bei Unfällen mit Gefahrstoffen, die Langzeitschäden auslösen können oder die zu Unwohlsein oder Hautreaktionen geführt haben, ist ein Arzt aufzusuchen (evtl. unter Begleitung als Vorsichtsmaßnahme). Der Arbeitskreisleiter ist zu informieren (s. auch VI.)
6) Beim Ertönen des Alarmsignals (Sirene) Arbeitsplatz sichern (falls möglich Strom, Gas und Wasser abschalten) und das Gebäude auf dem kürzesten Weg (z. B. Fluchtbalkon) verlassen. Keine Aufzüge benutzen!

VI. Grundsätze der richtigen Erste-Hilfe-Leistung.

1) Bei allen Hilfeleistungen auf die eigene Sicherheit achten!

PERSONENSCHUTZ GEHT VOR SACHSCHUTZ

2) Personen aus dem Gefahrenbereich bergen und an die frische Luft bringen.
3) *Kleiderbrände schnellstmöglich löschen*: Feuerlöscher, Löschdecke oder Notduschen einsetzen.
4) Bei großflächiger *Personenkontamination* mit Gefahrstoffen sind die Notduschen zu benutzen, wobei mit Chemikalien beschmutzte Kleidung vorher entfernt wird (notfalls bis auf die Haut ausziehen). Dann zuerst mit Wasser und Seife reinigen. *Keine organischen Lösungsmittel verwenden*, da dann Gefahrstoffe schneller durch die Haut aufgenommen werden!
5) Zur *Ersten Hilfe bei kleinen Verletzungen* befindet sich in jedem Labor ein Erste-Hilfe-Kasten: Blutungen stillen, Verbände anlegen, dabei die Einmalhandschuhe aus dem Erste-Hilfe-Kasten benutzen. Eintrag in das Verbandbuch nicht vergessen! Im Zweifelsfall sollte eine fachkundige Wundversorgung in einer Unfallklinik oder beim Hausarzt erfolgen.
6) Bei *Augenverätzungen* mit weichem, umkippenden Wasserstrahl beide Augen von außen her zur Nasenwurzel bei gespreizten Augenlidern 10 Minuten oder länger spülen. Anschließend ist ein Arzt aufzusuchen.
7) Atmung und Kreislauf prüfen und überwachen.
8) *Bei Bewußtsein* gegebenenfalls Schocklage erstellen; Beine nur leicht (max. 10 cm) über Herzhöhe mit entlasteten Gelenken lagern.
9) *Bei Bewußtlosigkeit und vorhandener Atmung* in die stabile Seitenlage bringen. Sofort Notarzt rufen.
10) *Bei Bewußtlosigkeit ohne Atmung* Kopf überstrecken und sofort mit der Beatmung beginnen. Gegebenenfalls auf Vergiftungsmöglichkeiten achten. Sofort Notarzt rufen.

11) *Information des Arztes* sicherstellen. Angabe der Chemikalien möglichst mit Hinweisen für den Arzt aus entsprechenden Büchern, Vergiftungsregistern oder dem „*Hommel*", Erbrochenes und Chemikalien sicherstellen.

12) Verletzte Person bis zum Eintreffen des Rettungsdienstes nicht allein lassen.

13) Hilfsperson beauftragen, die einen Aufzug für den Rettungsdienst bereit hält und ihn einweist.

14) *Bei gefährlichen Verletzungen* soll der Krankentransport nur durch das Rote Kreuz (nicht im Privatwagen) erfolgen. Unbedingt die entsprechende Klinik (Pforte und Arzt vom Dienst) telefonisch von dem bevorstehenden Antransport und über die Art der Verletzung informieren.

a) *Wichtige Telefon-Nummern*:

Feuerwehr

Rotes Kreuz

Betriebstechnik

Augenverletzungen:

(Augen-)Klinik Pforte

diensthabender Arzt

Verletzungen, sowie *Verätzungen* und *kleinere Verbrennungen*:

(Unfall-)Klinik

Schwere Verbrennungen:

Klinik

Pforte

Aufnahme

Ärztlicher Bereitschaftsdienst

Vergiftungen:

Klinik

Pforte

Notaufnahme

Notschwester

b) Nach jeder Art von Unfall muß der zuständige Arbeitskreisleiter informiert werden.

c) Formulare für die Unfallanzeige an den Versicherungsträger (z. B. Gemeindeunfallversicherungsverband, GUV) müssen ausgefüllt und nach Vorlage beim Arbeitskreisleiter beim Sicherheitsbeauftragten abgegeben werden.

(gez. Arbeitskreisleiter)

Musterbeispiel der Unterrichtung gebährfähiger Arbeitnehmerinnen

UNTERRICHTUNG GEBÄHRFÄHIGER FRAUEN*)
im Institut für xxxxxxxxxx xxxxxx der Universität xxxxxxxx über
Beschäftigungsbeschränkungen und mögliche Gefahren für werdende Mütter
(*) Hochschullehrerinnen, Mitarbeiterinnen, Studentinnen)

Sehr geehrte Damen!
Mit diesem Schreiben weise ich Sie darauf hin, daß bestimmte Gefahrstoffe erbgutschädigende (mutagene), krebserzeugende (cancerogene) und/oder fruchtschädigende (teratogene) Eigenschaften besitzen.

Krebserzeugende und teratogene Substanzen sind in der MAK-Liste der DFG bzw. in der TRGS 900 besonders gekennzeichnet. Im Anhang VI zur Gefahrstoffverordnung (GefStoffV) sind die Stoffe mit den Hinweisen auf besondere Gefahren versehen.

Risikosätze:

- R 45 = kann Krebs erzeugen
- R 46 = kann vererbbare Schäden verursachen
- R 47 = kann Mißbildungen verursachen

Sicherheitssatz:

- S 53 = Exposition vermeiden – vor Gebrauch besondere Anweisungen einholen

In Ihrem Tätigkeitsbereich handelt es sich besonders um folgende Stoffe:

***** Stoffaufzählung *****

Nach § 26 Abs. 5-7 GefStoffV dürfen werdende Mütter mit diesen Stoffen nicht beschäftigt werden, es sei denn, sie sind den Gefahrstoffen beim bestimmungsgemäßen Umgang nicht ausgesetzt. Gleiches gilt für neue Stoffe, wenn aufgrund von Analogieschlüssen oder aufgrund anderer Einschätzungen mit o.g. Wirkungen gerechnet werden muß.

Stillende Mütter dürfen mit diesen Stoffen nur beschäftigt werden, wenn die Auslöseschwelle nicht überschritten wird.

Mit sehr giftigen, giftigen und mindergiftigen oder in sonstiger Weise den Menschen chronisch schädigenden Gefahrstoffen dürfen werdende oder stillende Mütter nur umgehen, wenn dabei die Auslöseschwelle nicht überschritten wird. Auch dürfen sie nicht mit Gefahrstoffen umgehen, die erfahrungsgemäß Krankheitserreger übertragen können, wenn sie den Krankheitserregern ausgesetzt sind.

Gebährfähige Arbeitnehmerinnen dürfen mit Gefahrstoffen, die Blei oder Quecksilberalkyle enthalten, nicht beschäftigt werden. Dies gilt nicht, wenn dabei die Auslöseschwelle nicht überschritten wird.

Bitte geben Sie zum Schutz von Mutter und Kind so früh wie möglich ihre Schwangerschaft dem Arbeitgeber bekannt. Im Falle einer Schwangerschaft müssen Ihre Tätigkeiten entsprechend dem Ihnen und Ihrem Kind zu gewährenden Schutz verändert werden.

(gez. Arbeitskreisleiter)

Literatur

L. Bretherick, *Hazards in the Chemical Laboratory*, The Royal Society of London, London **1977**.

Kühn-Birett, *Merkblätter Gefährliche Arbeitsstoffe*, Verlag Moderne Industrie, München.

A. Picot, P. Grenouillet, *Safety in the Chemistry and Biochemistry Laboratory*, VCH Verlagsges., Weinheim **1995**.

Richtlinien für Laboratorien, *Berufsgenossenschaft der Chemischen Industrie*, Carl Heymans Verlag, Köln.

O. Strubelt, *Gifte in Natur und Umwelt*, Spektrum Akademischer Verlag, Heidelberg **1996**.

Technische Regeln für Gefahrstoffe TRGS 900 (MAK- und BAT-Werte), Anlage 4 zu den Unfallverhütungsvorschriften, Berufsgenossenschaft der chemischen Industrie, Jedermann-Verlag Dr. Otto Pfeffer oHG, Heidelberg.

Verordnung über gefährliche Stoffe (Gefahrstoffverordnung), Deutscher Bundesverlag, Bonn.

Anhang B

Strahlenschutz

B.1 Rechtlicher Strahlenschutz

Grundlage des Strahlenschutzes (s. Tabelle B.1) in der Bundesrepublik Deutschland ist das Atomgesetz (AtG). Entsprechende Gesetzgebungen gibt es in den anderen EG-Ländern, die sich alle auf die Euratom-Grundnormen stützen. Die darin enthaltenen Ermächtigungsvorschriften sind in verschiedenen allgemeinverbindlichen Rechtsverordnungen konkretisiert.

Die Strahlenschutzverordnung (StrlSchV) gilt für den Umgang mit radioaktiven Stoffen, den Verkehr mit radioaktiven Stoffen, die Beförderung, die Einfuhr und die Ausfuhr radioaktiver Stoffe. Sie enthält ins einzelne gehende Überwachungs- und Schutzvorschriften für Personen, die beruflich mit ionisierender Strahlung umgehen, für die übrige Bevölkerung und für die Umwelt.

Tabelle B.1 Gesetzlicher Strahlenschutz

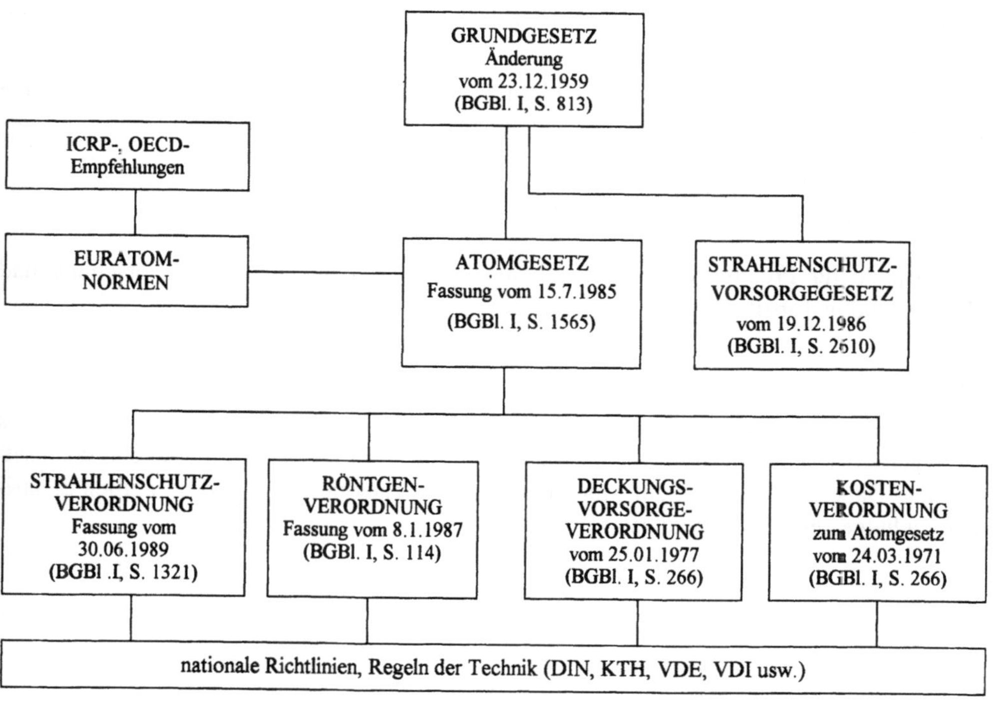

Die Verordnung enthält einen sogenannten „Ordnungswidrigkeitenparagraphen", auf Grund dessen Verstöße gegen einzelne oder mehrere Paragraphen der Strahlenschutz- bzw. Röntgenverordnung Bußgelder gegen den Strahlenschutzverantwortlichen, Strahlenschutzbeauftragten und die sonstigen Personen bis zu einer Höhe von DM 100.000,-- verhängt werden können. Einige Fälle sind im folgenden wiedergegeben:

- wer ohne Genehmigung oder Anzeige oberhalb der Freigrenzen mit radioaktiven Stoffen umgeht
- wer nicht Buch über Erhalt und Verbleib der radioaktiven Stoffe führt
- wer radioaktive Stoffe an nicht berechtigte Personen abgibt
- wer Strahlenschutzmessungen oder die ärztliche Untersuchung nicht ermöglicht.

B.1.1 Bereiche für den Umgang mit radioaktiven Stoffen

Beim Umgang mit radioaktiven Stoffen sind außer dem Atomgesetz und der Strahlenschutzverordnung weitere Gesetze (z. B. Wasserhaushalts- und Abfallgesetz) und Verordnungen (z. B. Gefahrgutverordnung Straße) und das Gesetz und die Ausführungsverordnung für Einheiten im Meßwesen zu beachten.

Der Umgang mit einem radioaktiven Stoff oberhalb der in der Strahlenschutzverordnung in Anlage IV Tabelle IV 1 festgelegten Freigrenze (Aktivität[1)]) für das betreffende Radionuklid wird in zwei Bereiche eingeteilt:

- *Anzeigepflichtiger Umgang.* Der Umgang bis zum 10fachen der Freigrenze muß der zuständigen Aufsichtsbehörde lediglich angezeigt werden.
- *Genehmigungsbedürftiger Umgang.* Soll diese Aktivitätsmenge überschritten werden, muß vor Beginn des Umgangs von der zuständigen Aufsichtsbehörde eine Umgangsgenehmigung eingeholt werden.

Wird mit mehr als einem Radionuklid umgegangen, muß zur Festlegung die sogenannte „Summenformel" angewendet werden:

$$\frac{\text{Aktivität Nuklid A}}{\text{Freigrenze Nuklid A}} + \frac{\text{Aktivität Nuklid B}}{\text{Freigrenze Nuklid B}} + \cdots = n \text{ Freigrenzen}$$

Beispiele für Freigrenzen einiger gebräuchlicher Radionuklide in der Forschung und Medizin sind in Tabelle B.2 aufgeführt.

B.1.2 Dosisbegriffe

Trifft ionisierende Strahlung auf Materie (Luft, feste Stoffe oder Gewebe), dann kommt es zur Wechselwirkung mit deren Atomen. Die Dosis ist das Maß für die Stärke der Wechselwirkung. Dabei wird Energie auf Materie übertragen (Energiedosis), und es werden elektrische Ladungen erzeugt (Ionendosis).

[1)] die gesetzliche Einheit der Aktivität ist das Bequerel (Bq)

Tabelle B.2 Freigrenzen einiger in Forschung und Medizin öfter verwendeter Radionuklide.

Radionuklid	Freigrenze (Bq)	Radionuklid	Freigrenze (Bq)
^{3}H	$5 \cdot 10^{5}$	^{55}Fe	$5 \cdot 10^{5}$
^{14}C	$5 \cdot 10^{5}$	^{59}Fe	$5 \cdot 10^{5}$
^{32}P	$5 \cdot 10^{5}$	^{58}Co	$5 \cdot 10^{5}$
^{33}P	$5 \cdot 10^{5}$	^{60}Co	$5 \cdot 10^{4}$
^{35}S	$5 \cdot 10^{5}$	^{86}Rb	$5 \cdot 10^{5}$
^{36}Cl	$5 \cdot 10^{5}$	^{125}I	$5 \cdot 10^{4}$
^{45}Ca	$5 \cdot 10^{5}$	^{131}I	$5 \cdot 10^{4}$
^{51}Cr	$5 \cdot 10^{6}$	^{137}Cs	$5 \cdot 10^{5}$

Energiedosis (D)

Die Energiedosis ist der Quotient aus der Energie, die durch ionisierende Strahlung auf das Material in einem Volumenelement übertragen wird und der Masse in diesem Volumenelement.

Die abgeleitete Einheit der Energiedosis ist das Gray (Gy). Bis 1.1.1986 war die gebräuchliche Einheit das Rad (rd). 1 Gray ist gleich der Energiedosis, die bei Übertragung der Energie 1 J auf Materie der Masse 1 kg durch ionisierende Strahlung räumlich konstanter Energieflußdichte entsteht.

Ionendosis (I)

Die Ionendosis ist der Quotient aus dQ und dm, wobei dQ der Betrag der elektrischen Ladung der Ionen eines Vorzeichens ist, die in Luft in einem Volumenelement dV durch die Strahlung unmittelbar oder mittelbar gebildet werden. Das Massenelement ergibt sich zu $dm = d \cdot dV$, wobei d die Dichte in diesem Volumenelement ist. Die Einheit der Ionendosis ist C/kg. Bis 1.1.1986 war die gebräuchliche Einheit das Röntgen (R).

Ionendosis und Energiedosis müssen allerdings noch in die Äquivalentdosis umgerechnet werden, wenn eine für die Wirkung von Strahlungen auf den Menschen relevante Dosis erhalten werden soll.

Äquivalentdosis (H)

Die Äquivalentdosis (H) ist das Produkt aus der Energiedosis und dem Bewertungsfaktor. Sie beschreibt die biologischen Effekte nach der Einwirkung verschiedener Strahlenarten und läßt somit eine vergleichende Beurteilung der Strahlenexposition durch verschiedene Strahlenarten zu. Dabei gilt für die Äquivalentdosis

$$H = q \cdot D \quad \text{mit} \quad q = Q \cdot N$$

$q =$ Bewertungsfaktor

$Q =$ Qualitätsfaktor, berücksichtigt die Qualität der verschiedenen Strahlungsarten im Hinblick der biologischen Wirkung auf das Gewebe (s. Tabelle B.3)

$N =$ modifizierender Faktor, der bei äußerer Exposition $N = 1$ gesetzt und bei innerer Exposition von der Behörde festgelegt wird.

Tabelle B.3 Qualitätsfaktoren der verschiedenen Strahlungsarten im Hinblick der biologischen Wirkung auf das Gewebe

Strahlungsart	Q
Röntgen- Gammastrahlung, Betastrahlung (Elektronen und Positronen)	1
Protonen mit Energien größer 2 MeV	2
Neutronen mit Energien kleiner 10 KeV	3
Neutronen mit Energien größer 10 keV	10
Alphastrahlung, Spaltfragmente, Rückstoßprotonen	20

Die Einheit der Äquivalentdosis ist das Sievert (Sv = J/kg). Bis 1.1.1986 war die gebräuchliche Einheit das Rem (rem).

Die quantitative Bestimmung der Energiedosis, z.B. über die direkte Messung der durch Strahlung übertragenen Energie und der dadurch bedingten Erwärmung eines Stoffes, stößt in der Praxis auf erhebliche Schwierigkeiten, weil die Erwärmung im Bereich der natürlichen Untergrundstrahlung durch radioaktive Stoffe zu gering ist, um mit vertretbarem Aufwand gemessen zu werden. Deshalb wird sie in der Regel über die leichter und genauer meßbare Ionendosis bestimmt. Unter bestimmten Bedingungen (Sekundärelektronengleichgewicht) kann z.B. eine Umrechnung der Gleichgewichtsionendosis in die Gleichgewichtsenergiedosis erfolgen. Aus der Energiedosis erhält man nach der oben angegebenen Gleichung die Äquivalentdosis.

Die Dosis bzw. die Wirkung der vorgegebenen Aktivität eines Radionuklids in Bezug auf menschliches Gewebe ist schwierig zu bestimmen. So liefert die Kenntnis des Radionuklides und seiner Aktivität unmittelbar noch keinen Anhaltspunkt für die Wirkung der vom Nuklid ausgehenden Strahlung auf den Menschen, wie vielfach angenommen wird; sie ist nur eine Mengenangabe für die Zahl der Kernzerfälle dieses Radionuklids. Zur Bestimmung der Dosis bzw. zur Abschätzung der Wirkung eines Radionuklids bekannter Aktivität benötigen wir zusätzliche Kenntnisse, insbesondere über:

- Art des Zerfalls (α, β, γ; Tochternuklide),
- Energie der Strahlung,
- Zeitdauer der Exposition (bei interner Exposition z.B. physikalische und biologische Halbwertszeit),
- Abstand des Strahlers zum bestrahlten Objekt (z.B. ob externe oder interne Exposition),
- betroffene Organe der Exposition,
- abschirmende Materialien zwischen Strahler und Objekt.

Die Äquivalentdosis ist eine nuklidunabhängige Größe für die Wirkung ionisierender Strahlung auf den Menschen, sodaß die Grenzwerte der Strahlenexposition über die Körperdosis gesetzlich festgelegt werden. Sie ist der Oberbegriff für verschiedene Dosisbegriffe:

- *Ortsdosis.* Äquivalentdosis für Weichteilgewebe, gemessen an einem bestimmten Ort.
- *Personendosis.* Äquivalentdosis für Weichteilgewebe, gemessen an einer für die Strahlenexposition repräsentativen Stelle der Körperoberfläche.

Tabelle B.4 Größen und Einheiten im Strahlenschutz

Größe	Gesetzliche Einheit (SI-Einheit)	alte Einheit	Umrechnung
Aktivität	Becquerel (Bq) $1\ \text{Bq} = 1 \cdot \text{s}^{-1}$	Curie (Ci)	$1\ \text{Bq} = 2{,}7 \cdot 10^{-11}\ \text{Ci}$ $1\ \text{Ci} = 3{,}7 \cdot 10^{10}\ \text{Bq}$
Energiedosis (*D*)	Gray (Gy)	Rad (rd)	1 Gy = 100 rd
Äquivalentdosis (*H*)	Sievert (Sv)	Rem (rem)	1 Sv = 100 rem
Ionendosis (*I*)	Coulomb durch Kilogramm (C/kg)	Röntgen (R)	1 C/kg = 3876 R $1\ \text{R} = 2{,}58 \cdot 10^{-4}\ \text{C/kg}$
Energiedosis-leistung	Gray durch Sekunde (Gy/s) bzw. Gray durch Stunde (Gy/h)	Rad durch Sekunde (rd/s) bzw. Rad durch Stunde (rd/h)	1 Gy/s = 100 rd/s bzw. 1 Gy/h = 100 rd/h

- *Körperdosis.* Sammelbegriff für die Ganz- und Teilkörperdosis.
- *Ganzkörperdosis.* Mittelwert der Äquivalentdosis über Kopf, Rumpf, Oberarme und Oberschenkel. Dabei nimmt man an, daß die Bestrahlung des ganzen Körpers homogen ist.
- *Teilkörperdosis.* Mittelwert der Äquivalentdosis über das Volumen eines Körperabschnittes oder eines Organs.
- *effektive Äquivalentdosis.* Organdosis, multipliziert mit einem Wichtungsfaktor. Der Wichtungsfaktor berücksichtigt die Strahlenempfindlichkeit der einzelnen Organe. Er stellt den Risikoanteil dar, der sich aus einer bestimmten Organdosis für das Gesamtrisiko ergibt, wenn der Ganzkörper gleichförmig bestrahlt wird.
- *Folgeäquivalentdosis* H_{50}. Äquivalentdosis, die im Körper in 50 Jahren aus der Zufuhr eines Radionuklids resultiert.

Die für den beschriebenen Anwendungsbereich wichtigen Größen und Einheiten im Strahlenschutz sind in Tabelle B.4 zusammengefaßt.

B.1.3 Personengruppen im Geltungsbereich der Strahlenschutzverordnung

Im Geltungsbereich der Strahlenschutzverordnung werden folgende Personengruppen unterschieden:

- Strahlenschutzverantwortliche
- Strahlenschutzbeauftragte
- sonst tätige Personen

Strahlenschutzverantwortlicher ist, wer im Sinne von § 29 Abs. 1 der Strahlenschutzverordnung anzeigepflichtig mit radioaktiven Stoffen umgeht bzw. auf Grund einer Genehmigung mit sonstigen radioaktiven Stoffen umgeht.

Wesentliche Aufgaben des Strahlenschutzverantwortlichen sind:

- jede unnötige Strahlenexposition oder Kontamination von Personen, Sachgütern und der Umwelt zu vermeiden,

- jede Strahlenexposition oder Kontamination von Personen, Sachgütern oder der Umwelt unter Beachtung des Standes von Wissenschaft und Technik und unter Berücksichtigung aller Umstände des Einzelfalles auch unterhalb der in den entsprechenden Verordnungen festgesetzten Grenzwerte so niedrig wie möglich zu halten.

Dies geschieht durch

- Bereitstellung geeigneter Räume, Schutzvorrichtungen, Geräte und Schutzausrüstungen für Personen
- eine geeignete Regelung des Betriebsablaufs
- Bereitstellung ausreichenden und geeigneten Personals.

Strahlenschutzbeauftragter im Sinne von § 29 Abs. 2 StrlSchV ist, wer für die Leitung oder Beaufsichtigung der beim Strahlenschutzverantwortlichen aufgezählten Tätigkeiten schriftlich bestellt wurde. Die Voraussetzung dafür ist gegeben, wenn

- die Fachkunde im Strahlenschutz nachgewiesen ist
- in der Bestellung der innerbetriebliche Entscheidungsbereich und seine Aufgaben festgelegt sind
- dem Bestellten ein Abdruck der Bestellung ausgehändigt wurde
- die Bestellung der Aufsichtsbehörde angezeigt wurde und keine Tatsachen bekannt sind, die gegen die Zuverlässigkeit des Bestellten sprechen.

Die Anforderungen an den Strahlenschutzbeauftragten richten sich nach den in der Anlage A der Fachkunderichtlinie für Strahlenschutzbeauftragte aufgeführten Fachkundegruppen und sind in Tabelle B.5 genannt.

Tabelle B.5 Fachkundegruppen für den Umgang mit radioaktiven Stoffen.

Gruppe	Tätigkeit
1	Anzeigepflichtiger Umgang mit radioaktiven Stoffen geringer Aktivität
2	Umgang mit umschlossenen radioaktiven Stoffen, soweit nicht unter Ziffer 1 enthalten
2.2[1)]	Genehmigungsbedürftiger Umgang mit Aktivitäten bis zum 10^6-fachen der Freigrenze
3	Umgang mit umschlossenen radioaktiven Stoffen für die zerstörungsfreie Werkstoffprüfung
4	Umgang mit offenen radioaktiven Stoffen und Betrieb von kerntechnischen Anlagen
4.1[1)]	Genehmigungsbedürftiger Umgang mit Aktivitäten bis zum 10^2-fachen der Freigrenze
4.2[1)]	Genehmigungsbedürftiger Umgang mit Aktivitäten zwischen dem 10^2-fachen und dem 10^5-fachen der Freigrenze
5	Beschäftigung von Eigenpersonal als beruflich strahlenexponierte Personen in fremden Anlagen
6	Anzeigepflichtige Verwendung, Lagerung und Betrieb von bauartzugelassenen Vorrichtungen und Röntgeneinrichtungen in Schulen
7	Errichtung und Betrieb von Anlagen zur Erzeugung ionisierender Strahlung
8	Aufsuchung, Gewinnung und Aufbereitung von radioaktiven Mineralien

[1)] Diese Fachkundeuntergruppen sind für den Umgang mit radioaktiven Stoffen wesentlich.

Tabelle B.6 Anforderungen an die praktische Berufserfahrung (in Jahren) im zukünftigen Entscheidungsbereich

Fachkundegruppen	Berufsausbildung			
	keine	Facharbeiter	Techniker/ Meister	Fachhochschul- und Hochschulabsolventen, naturw./techn. bzw. medizin. Fachrichtungen
Genehmigungsbedürftiger Umgang mit umschlossenen radioaktiven Stoffen bis zum 10^6-fachen der Freigrenze	——	0,5–1	0,1–0,5	0
Anzeigepflichtiger oder genehmigungsbedürftiger Umgang mit offenen radioaktiven Stoffen bis zum 10^2-fachen der Freigrenze	——	1–1,5	0,5–1	0,1–0,5*
Genehmigungsbedürftiger Umgang mit offenen radioaktiven Stoffen zwischen dem 10^2-fachen und dem 10^5-fachen der Freigrenze	——	——	0,5–1,5	0,2–1
Genehmigungsbedürftiger Umgang mit offenen radioaktiven Stoffen über dem 10^5-fachen der Freigrenze	——	——	mind. 2	1–2
Genehmigungsbedürftige Tätigkeiten nach § 7 AtG (außer Anlagen zur Spaltung von Kernbrennstoffen)	——	——	——	1–2

—— nicht vorgesehen bei der betreffenden Berufsausbildung

* gilt auch für radiologisch-technische Assistenten

Der Strahlenschutzbeauftragte der Fachkundegruppen 2–8 muß dazu einen oder zwei Kurse absolvieren, bevor er mit der Arbeit beginnen kann. *Hinweis:* Manche Kurse werden nur ein- oder zweimal jährlich angeboten.

Außerdem muß er eine Berufsausbildung und eine praktische Tätigkeit nachweisen können, die seinem späteren Bestellungsbereich entspricht (vgl. Tabelle B.6; z. B. Fachkundegruppe 4.2 mindestens 2,4 Monate).

Der Strahlenschutzbeauftragte hat dafür zu sorgen, daß im Rahmen seines innerbetrieblichen Entscheidungsbereiches die oben aufgeführten Strahlenschutzgrundsätze eingehalten werden. Er hat die Einhaltung der Bestimmungen des Bescheides über die Genehmigung oder allgemeine Zulassung und die von der zuständigen Behörde erlassenen Anordnungen und Auflagen zu gewährleisten, soweit ihm deren Durchführung und Erfüllung übertragen worden ist.

Dem Strahlenschutzbeauftragten obliegen die genannten Pflichten nur im Rahmen seines innerbetrieblichen Entscheidungsbereichs. Im Hinblick auf die möglichen Rechtsfolgen ist bei der Festlegung des Entscheidungsbereiches darauf zu achten, daß es nicht zu Kompetenzüberschneidungen kommt und bei der Auslegung keine Mißverständnisse entstehen können.

Die Stellung des Strahlenschutzverantwortlichen und des Strahlenschutzbeauftragten sind im § 30 und ihre Pflichten im § 31 StrlSchV festgelegt.

Die Gruppe der *„sonst tätigen Personen“* umfaßt beruflich strahlenexponierte Personen, die in Strahlenschutzbereichen tätig werden. Die beruflich strahlenexponierten Personen werden auf Grund möglicher Strahlenexpositionen in zwei Gruppen (Kategorie A und B) eingeteilt, wobei für die Kategorie B 3/10 der Dosisgrenzwerte der Kategorie A zugelassen sind. Sie müssen die notwendigen Kenntnisse über die mögliche Strahlengefährdung und die anzuwendenden Schutzmaßnahmen besitzen. In der Regel werden diese Kenntnisse vermittelt:

- im Rahmen einer ausführlichen Erstbelehrung
- durch eine spezifische Einweisung am Arbeitsplatz unter intensiver Betreuung von fachkundigen Personen oder
- durch den Besuch eines Kurses.

B.1.4 Strahlenschutzbereiche und Kennzeichnungen

Sperrbereich ist ein Bereich des Kontrollbereichs, in denen die Ortsdosisleistung größer als 0,3 mSv/h sein kann.

Kontrollbereich ist ein Bereich, in dem Personen infolge des Umgangs mit radioaktiven Stoffen durch äußere oder innere Strahlenexposition im Kalenderjahr eine höhere effektive Dosis als 15 mSv (Teilkörperdosis 45–150 mSv je nach betroffenem Organ) bei einem Aufenthalt von 40 Stunden je Woche und 50 Wochen im Kalenderjahr erhalten können (entspricht einer Ortsdosisleistung von 7,5 mSv/h).

Betrieblicher Überwachungsbereich ist ein nicht zum Kontrollbereich gehörender Bereich, in denen Personen infolge des Umgangs mit radioaktiven Stoffen bei dauerndem Aufenthalt im Kalenderjahr eine höhere effektive Dosis als 5 mSv (Teilkörperdosis 15–50 mSv je nach betroffenem Organ) erhalten können (mittlere Ortsdosisleistung 0,57 mSv/h).

Außerbetrieblicher Überwachungsbereich ist ein unmittelbar an den Kontrollbereich oder an den betrieblichen Überwachungsbereich anschließender Bereich, in dem Personen infolge des Umgangs mit radioaktiven Stoffen bei dauerndem Aufenthalt im Kalenderjahr eine höhere effektive Dosis als 0,3 mSv (Teilkörperdosis 0,9–1,8 mSv je nach betroffenem Organ) erhalten können (mittlere Ortsdosisleistung 0,037 mSv/h).

An den Arbeitsplätzen müssen die verwendeten Nuklide und die maximal zugelassene Aktivität deutlich sichtbar angegeben werden.

Abgesehen vom außerbetrieblichen Überwachungsbereich sind die Bereiche mit dem Strahlenzeichen und der entsprechenden Kennzeichnung versehen.

Es gibt noch andere Bereiche, die mit dem Strahlenzeichen gekennzeichnet sind:

- Anlagen, Geräte, sonstige Vorrichtungen, Räume, Schutzbehälter und Aufbewahrungsbehältnisse und Umhüllungen, in denen sich genehmigungs- oder anzeigebedürftige Mengen von radioaktiven Stoffen befinden.

  Auf Vorratsbehältern, die offene radioaktive Stoffe von mehr als dem 10.000-fachen der Werte der Anlage IV Tabelle IV 1 Spalte 4 enthalten, müssen folgende Einzelheiten feststellbar sein:

- Radionuklid
- chemische Verbindung
- Tag der Abfüllung
- Aktivität am Tag der Abfüllung oder einem besonders bezeichnetem Stichtag
- Strahlenschutzverantwortlicher zum Zeitpunkt der Abfüllung.

- Bereiche, in denen die Kontamination die Grenzwerte der Anlage IX StrlSchV überschreitet.

Geräte und Behältnisse müssen nicht gekennzeichnet werden, wenn sie innerhalb eines Kontrollbereiches in abgesonderten Bereichen für Arbeiten verwendet werden, solange die mit diesen Arbeiten betraute Person in dem abgesonderten Bereich anwesend oder der Raum gegen unbeabsichtigten Zutritt gesichert ist.

Wird das Strahlenzeichen zur Warnung verwendet, ist je nach Sachlage der Zusatz anzubringen:

- Vorsicht – Strahlung
- Radioaktiv
- Kontamination

Kennzeichnungen dürfen erst entfernt werden, wenn keine Radioaktivität mehr vorhanden ist bzw. die anhaftende Kontamination die Grenzwerte der Anlage IX StrlSchV unterschreitet. Werden entsprechende Gegenstände zum gewöhnlichen Abfall gegeben, muß die Kennzeichnung entfernt werden.

B.2 Betrieblicher Strahlenschutz

Der Umgang mit radioaktiven Stoffen ist auf Grund der gesetzlichen Vorgaben gründlich zu planen, um später unliebsame Überraschungen z.B. in Form von Nachrüstungen zu vermeiden. Deshalb sind zuerst grundsätzliche Fragen zu klären, z. B. ob es sich um einen anzeigepflichtigen (1 bis 10 Freigrenzen) oder einen genehmigungsbedürftigen Umgang (mehr als 10 Freigrenzen) handelt, da die Anforderungen für einen anzeigepflichtigen Umgang wesentlich geringer sind und bei ihrer Einhaltung sofort mit dem Umgang begonnen werden kann.

Für einen Antrag einer Genehmigung ist eine bestimmte Vorlaufszeit erforderlich für die Erstellung von Strahlenschutzplänen, Gutachten, die Erfüllung zusätzlicher baulicher Auflagen oder Forderungen der Aufsichtsbehörde. Eine frühzeitige Kontaktaufnahme mit der zuständigen Aufsichtsbehörde ist empfehlenswert. Für die Bearbeitung eines Genehmigungsantrags muß in der Regel mehr als ein Monat eingeplant werden.

B.2.1 Bauliche Voraussetzungen

Die Arbeiten mit radioaktiven Stoffen werden zum überwiegenden Teil in sogenannten Radionuklidlaboratorien durchgeführt. Zu einem Radionuklidlaboratorium können in Abhängigkeit der gestellten Anforderungen mehrere Räume gehören.

Zum eigentlichen Umgangsbereich (Kernbereich) gehören:

- Labor- und Meßräume
- Dekontaminationsräume bzw. Räume zur Reinigung von Schutzkleidung
- Tierhaltungs- und Versuchsräume
- Räume für die Behandlung von radioaktiven Abfällen
- Vorratslager für radioaktive Stoffe
- Schleusen
- Büroräume

Zu den übrigen Räume, die funktionsbedingt außerhalb dieses Bereiches liegen werden, zählen:

- Lagerräume für Abfälle
- Räume für die Abwasseranlage und für die Abluftanlage
- Sozialräume.

Die Anforderungen an die Auslegung und Installationen sind in den entsprechenden DIN-Normen festgelegt. Außerdem ergeben sich zusätzliche bauliche Anforderungen aus der DIN-Norm für den vorbeugenden Brandschutz, die auf Grund der verschiedenen Strahlenschutzklassen bestimmte Feuerschutzklassen für einzelne Bauteile verlangen.

B.2.2 Schutzausrüstungen und -einrichtungen

Bei den Schutzausrüstungen und -einrichtungen werden persönliche Schutzausrüstung, Werkzeuge und Geräte, technische Einrichtungen und Hilfsmittel unterschieden, die entsprechend dem Umfang und dem Risiko des Versuchs oder der Tätigkeit anzupassen sind.

Persönliche Schutzausrüstung

Die persönliche Schutzausrüstung darf nur in Strahlenschutzbereichen verwendet werden. Sie muß in Abhängigkeit von der Umgangsart ausreichend vorhanden sein. Die wesentlichen Voraussetzungen für den Umgang mit radioaktiven Stoffen sind:

- Arbeitsschutzmäntel nach DIN mit besonderer Kennzeichnung (z.B. spezielle Farbe und u.U. mit Namensschild versehen)
- Schutzhandschuhe in verschiedenen Größen
- die Verfügbarkeit mindestens eines geeigneten betriebsbereiten Strahlenschutzmeßgerätes
- Vorrathaltung von Schuhüberzügen.

In genehmigungsbedürftigen Bereichen ist eine weitergehende Ausrüstung notwendig:

- persönliche Dosimeter
- die Vorrathaltung von Haarschutz- oder Kopfhaube, Schutzbrillen, Ersatzkleidung und u.U. Schutzanzüge.

Die persönliche Schutzausrüstung wird getrennt von der Straßenkleidung aufbewahrt. Für einen guten Schutz ist die richtige Größe der Mäntel (aus Baumwolle, kein Synthetikmaterial) und insbesondere der Ärmellänge wichtig. Unerwünschte Kontaminationen der Ärmelenden lassen sich mit Hilfe von Druckknöpfen oder Klettverschlüssen, die das Handgelenk eng umschließen, vermeiden.

Die Handschuhe werden nur beim „eigentlichen Umgang“ mit den offenen radioaktiven Stoffen am Arbeitsplatz getragen. Um Kontaminationsverschleppungen zu vermeiden, dürfen mit ihnen keine Griffe, Wasserhähne, Lichtschalter, Telefone usw. bedient und keine Meßräume betreten werden.

Überschuhe werden nur bei besonderen Arbeiten, beim Dekontaminieren von Fußböden und in kontaminierten Bereichen getragen, wenn mit höheren Aktivitäten und Freisetzungsmöglichkeiten gerechnet werden muß.

Zur Vermeidung von Kontaminationsverschleppung werden an Grenzen verschiedener Strahlenschutzbereiche die Überschuhe und Schutzkleidung gewechselt und eine Messung mit einem Hand-Fuß-Monitor einer möglichen Körperoberflächen-Kontamination vorgenommen.

Werkzeuge und Geräte

Notwendige Geräte für den Strahlenschutz sind:
- Meßgeräte
- Probensammler (z.B. für Luft und Aerosole)
- Atemschutzgeräte
- Reinigungsgeräte
- Kommunikationsgeräte (Telefon, Notrufanlagen, etc).

Technische Einrichtungen

Wesentliche technische Einrichtungen für den Strahlenschutz sind:
- Handschuhboxen
- Abluftanlagen, Filtereinrichtungen
- Dekontaminationseinrichtungen
- Abwassersammel- und -behandlungsanlagen
- Abschirmmaterial (z.B. Plexiglas, Blechfolien, Metallplatten, Bleifolie und -bausteine).

Hilfsmittel

Als Hilfsmittel benötigt man noch:
- Erste-Hilfe-Ausrüstung
- Absperrvorrichtungen (z.B. Ketten, Ständer, Klebeband)
- Kennzeichnungsmaterial (z.B. Schilder, Kreide, Filzstifte)
- Schalen aus Kunststoff oder Edelstahl als Auffangwannen
- Auslegeware (Folien und Klebeband)
- Dekontaminationshilfsmittel (s. Anhang B 3.1)
- Abfallbehälter

Mit der doppelt beschichteten Auslegeware (eine Seite mit PE, die andere Seite mit saugfähigem Papier) lassen sich eventuelle Kontaminationen begrenzen und problemlos beseitigen.

Hinweis: Radioaktive Iod- und Phosphorverbindungen nicht mit Edelstahl in Verbindung bringen; radioaktive Phosphorverbindungen nicht in Glasgefäße aus Phosphatgläsern geben, da diese Kontaminationen nur durch Abklingenlassen zu beseitigen sind.

B.2.3 Strahlenschutzmessungen

Die Strahlenschutzmessungen beim Umgang mit radioaktiven Stoffen dienen der Überwachung der beruflich strahlenexponierten Personen im Hinblick auf:

- äußere Strahlenexposition von Personen
- Kontamination
- Inkorporation.

Darüber hinaus ist auch die Abgabe radioaktiver Stoffe an dieUmwelt zu kontrollieren.

Je nach der konkreten Aufgabenstellung werden Strahlungsmessungen nach unterschiedlichen Methoden und mit verschiedenen Meßeinrichtungen durchgeführt. Mit den im folgenden aufgezählten Geräten läßt sich der überwiegende Teil der Meßaufgaben erledigen:

- Filmdosimeter (Aktivierung von Filmemulsionen)
- Stabdosimeter (Erzeugung elektrischer Ladungen in Ionisationskammern)
- Lumineszenzdosimeter (Aktivierung von Lumineszenzzentren)
- Zählrohre (Erzeugung elektrischer Ladungen mit Gasverstärkung)
- Szintillationszähler (Auslösung von Lichtblitzen in szintillationsfähigen organischen bzw. anorganischen Materialien).

Die verschiedenen Dosimeter werden im folgenden Kapitel behandelt.

B.2.3.1 Strahlenschutzmeßgeräte

Filmdosimeter

Ein durch die Photoemulsionsschicht fliegendes elektrisch geladenes Teilchen (im Falle von γ-Strahlung sind dies Photo- oder Comptonelektronen) sensibilisiert entlang seiner Ionisationsspur die Alkalihalogenidkörner. Die Spuren werden durch die Entwicklung des Films sichtbar, wobei die mittlere Schwärzung ein Maß für die eingefallene Strahlung ist. Die quantitative Auswertung erfolgt durch Vergleich der optischen Dichte mit Vergleichsfilmen derselben Emulsionscharge, die bei amtlichen Meßstellen einer „Kalibrierstrahlung" ausgesetzt wird. In der Kunstoffhalterung der Filmdosimeter sind in der Regel zwei unterschiedlich empfindliche Filme enthalten, die mit verschiedenen Absorberplättchen abgedeckt sind, um der Zerfallsart und -energie der einzelnen Radionuklide Rechnung zu tragen.

Die Filmplakette wird als integrierendes und nicht löschbares Dosimeter zur Ermittlung der „amtlichen" Personendosis benutzt, sofern die Behörde nichts anderes vorschreibt. Die Filme werden in der Regel monatlich an die amtliche Meßstelle zur Auswertung geschickt. Das Filmdosimeter wird an einer für den Körper repräsentativen Stelle („linke Brusttasche des Arbeitsmantels") des Körpers getragen.

Beim ausschließlichen Umgang mit niederenergetischen ß-Strahlern (z.B. H-3, C-14, S-35) kann von der Aufsichtsbehörde eine Befreiung von der Filmdosimetrie erhalten werden.

Stabdosimeter

Das Stabdosimeter (s. Bild B.1) gehört zur Gruppe der Ionisationskammern. Dabei handelt es sich um mit Luft oder Argon gefüllte Kondensatorkammern. Der Kondensator des Stabdosimeters wird vor Gebrauch kurzzeitig an eine Spannungsquelle angeschlossen und geladen. Beim Eindringen ionisierender Strahlung in die Ionisationskammer entlädt sich der Kondensator, so daß der jeweilige Ladungszustand ein Maß für die empfangene Dosis ist. Die optische Anzeige der Dosis erfolgt durch die Positionsveränderung (vor dem Betreten und nach dem Verlassen eines Strahlenschutzbereiches) seines metallisierten Quarzfadens auf einer geeichten Skala (s. Bild B.1).

Das Stabdosimeter ist ein direkt anzeigendes, löschbares Dosimeter und wird deshalb häufig auch für kurzfristige oder unregelmäßige Überwachungen (z.B. Service- und Wartungspersonal) eingesetzt. Das Stabdosimeter ist das zweite „amtliche" Dosimeter, das von der Behörde, vom Strahlenschutzverantwortlichen oder Strahlenschutzbeauftragten zusätzlich vorgeschrieben werden kann, bzw. einer zu überwachenden Person auf Anforderung zur Verfügung zu stellen ist. Das Stabdosimeter wird wie die Filmplakette an einer für den Körper repräsentativen Stelle („linke Brusttasche des Arbeitsmantels") des Körpers getragen.

Lumineszenzdosimeter

Das Lumineszenzdosimeter enthält spezielle Feststoffe (mit Magnesium oder Titan dotiertes Lithiumfluorid oder spezielle Phosphatgläser), die in der Lage sind, über längere Zeit Ener-

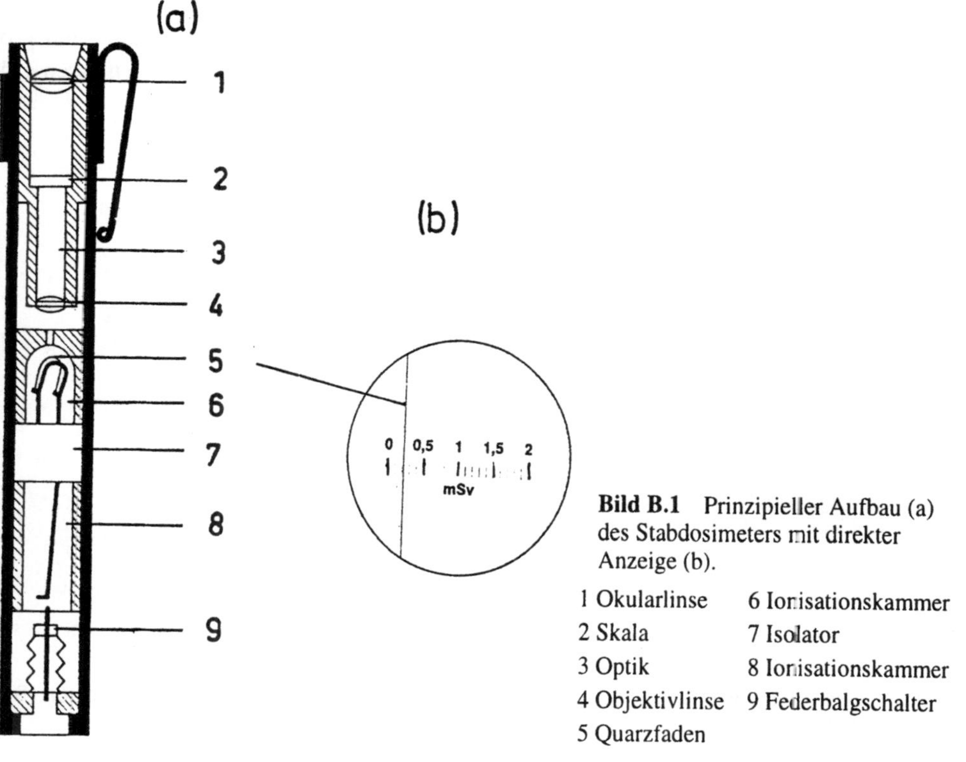

Bild B.1 Prinzipieller Aufbau (a) des Stabdosimeters mit direkter Anzeige (b).

1 Okularlinse
2 Skala
3 Optik
4 Objektivlinse
5 Quarzfaden
6 Ionisationskammer
7 Isolator
8 Ionisationskammer
9 Federbalgschalter

gie zu speichern, ohne daß bei der Bestrahlung unmittelbar Wirkungen erkennbar sind. Zur Auswertung werden die Feststoffe auf 250–400°C erhitzt (Thermolumineszenz) oder durch Lichtbestrahlung mit einem UV-Laser (Photolumineszenz) angeregt und das emittierte Licht gemessen.

Lumineszenzdosimeter eignen sich wegen ihrer Robustheit und ihrem geringen Ausmaß besonders gut zur Dosismessung der Hände, indem sie z.B. in Fingerringe eingesetzt werden.

Zählrohre

Zählrohre sind wie die Ionisationskammern gasgefüllte Kondensationskammern und sind in Abschnitt 3.2 beschrieben. Zählrohre werden nach ihrem Gasverstärkungsfaktor in *Proportionalzählrohre* (Gasverstärkungsfaktor bis 10^4) und *Auslösezählrohre* (Gasverstärkungsfaktor 10^4–10^9, bekannt als Geiger-Müller-Zählrohr) eingeteilt.

Beide Arten werden für Dosisleistungsmessungen eingesetzt. In Bild B.2 ist ein Dosisleistungsmonitor (Proportionalzählrohr) wiedergegeben.

Erstere werden in unterschiedlichen Ausführungsformen für niedrigere Meßbreiche bis ca. 50 mSv/h (häufig als sogenannte stationäre „Pegelwächter“) und Geiger-Müller-Zählrohre für einen größere Meßbereich von ca. 1 µSv/h bis 10 Sv/h verwendet.

Geiger-Müller-Zähler besitzen in der Regel nur eine kleines Zählrohrfenster und eignen sich deshalb nur für punktuelle Kontaminationsmessungen.

Proportionalzählrohre (vgl. Abschnitt 3.2.3.2) können im Gegensatz zu Geiger-Müller-Zählern wegen der Proportionalität der Energie der einfallenden Strahlung zur Impulshöhe für die Dosimetrie eingesetzt werden.

Sollen sie für Kontaminationsmessungen genutzt werden, so werden Detektoren mit großer Oberfläche benötigt, um das Ansprechvermögen zu erhöhen und um das Ausmessen größerer Flächen zu erleichtern.

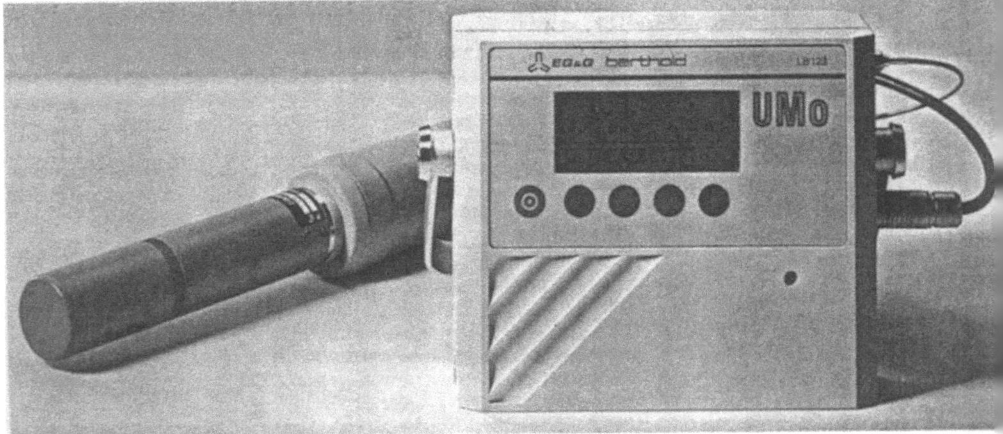

Bild B.2 Dosisleistungsmeßgerät mit einem Proportionalzählrohr als Dosisleistungsdetektor (Berthold, Bad Wildbad).

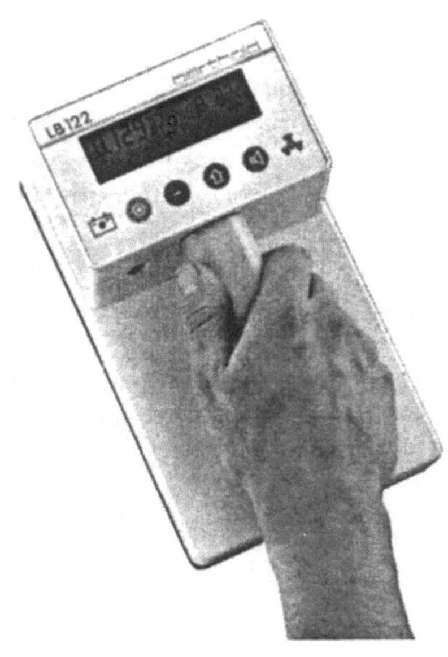

Bild B.3 Kontaminationsmonitor mit einem Beta-Gamma-Xenon-Detektor zur Kontaminationsmessung von Oberflächen und Gegenständen (Berthold, Bad Wildbad).

Die tragbaren Kontaminationsmonitore (s. Bild B.3) besitzen in der Regel eine effektive Fensterfläche von mindestens 100 cm^2, wobei die dünnwandige Folie des Fensters mit einem Gitter gegen Beschädigungen geschützt ist. Für α- und niederenergetische β-Strahler (E_{max} kleiner 200 keV) wird auf Grund der geringen Reichweite und des geringen Durchdringungsvermögens eine dünne Folie (ca. 0,3–0,7 mg/cm^2 Massenbelegung) und als Zählgas Methan, Butan oder ein Butan/Propan-Gemisch für ein möglichst gutes Ansprechvermögen gewählt. Für Tritiummessungen müssen fensterlose Zählrohre verwendet werden.

Für höherenergetische β-Strahler und γ-Strahlung wird ein abgeschmolzenes Zählrohr mit gasdichter Titanfolie (ca. 5 mg/cm^2 Massenbelegung) und Xenon als Zählgas eingesetzt.

Die Meßgröße ist die durch die ioniserende Strahlung ausgelöste Impulsrate. Aus der Impulsrate kann man bei Kenntnis des Radionuklids nach vorheriger Kalibrierung die flächenbezogene Aktivität (Bq/cm^2) berechnen. Bei technisch aufwendigeren Geräten wird die flächenbezogene Aktivität direkt angezeigt.

Kontaminationsmonitore (s. Bild B.3) sind mit einer abschaltbaren akustischen Wiedergabe der Einzelimpulse und einer akustischen und optischen Meldung beim Überschreiten von vorgegebenen Grenzwerten ausgestattet.

Kontaminationsmessungen dienen zum Nachweis von radioaktiven Stoffen auf Oberflächen (Arbeitstischen, Geräten, Ausrüstungsteilen, Schutzkleidung und Körperteilen), um einer Inkorporation oder Verschleppung vorzubeugen.

Durchführung der Messung

Sie erfolgt in den drei Schritten:

- Prüfung der Batteriespannung und der Gasfüllung
- Messung des Strahlungsuntergrundes (entspricht er dem Erfahrungswert?)
- Messung

Die zu prüfende Fläche wird mit dem Kontaminationsmeßgerät (Monitor) möglichst langsam abgefahren, um eine vorhandene Kontamination von der natürlichen Untergrundstrahlung unterscheiden zu können. Bei kleinen Kontaminationen sollte die Messdauer für zuverlässige Messungen an einer Stelle mindestens das Dreifache der eingestellten Dämpfungszeitkonstanten des Gerätes betragen. Das Detektorfenster wird dabei so dicht wie möglich über die Oberfläche geführt, um die Absorption der ionisierenden Strahlung durch die Luft so gering wie möglich zu halten. Allerdings darf dabei das Detektorfenster die Oberfläche nicht berühren, da es sonst zu unerwünschten Kontaminationen des Detektors kommen kann.

Kontaminationsmessungen werden unter Umständen schon während der Arbeit, auf jeden Fall aber vor dem Verlassen des Arbeitsplatzes durchgeführt, um Verschleppungen von Kontaminationen zu vermeiden. Zur Verhütung von weiterreichenden Verschleppungen befinden sich am Ausgang von größeren Umgangsbereichen außerdem stationäre Monitore (Hand-Fuß-Kleider-Monitore; s. Bild B.4). Sie besitzen in der Regel getrennte Meßsonden für Hände (je zwei für Handrücken und Handinnenfläche) und jeden Fuß und eine bewegliche Meßsonde für Kleidung und Geräte.

Bild B.4 Alpha-Beta-Kontaminationsmonitor als „Hand-Fuß-Kleider-Monitor". Die Detektoren sind Großflächendurchflußdetektoren. Nach Betreten des Fußmonitors werden die Hände in die beiden Handflächenmonitore gesteckt und die Fingerspitzen solange an die Rückwand gedrückt, bis das Ende der Messung durch die Anzeige mitgeteilt wird. Dabei werden zuerst die α- und dann die $\alpha+\beta$-Strahlung gemessen. Wird eine Strahlung oberhalb des Grenzwertes gemessen oder wird der Monitor zu früh verlassen, ertönt ein Warnsignal. Mit dem an der rechten Seite hängenden, abnehmbaren Monitor kann bei Bedarf die Kleidung ausgemessen werden (Berthold, Bad Wildbad).

Weitere Meßverfahren

Szintillationszähler. Tragbare Szintillationszähler mit NaI-Kristall (vgl. Abschnitt 3.2) können zum Nachweis von γ-Strahlung und mit Einschränkungen für harte β-Strahler eingesetzt werden.

Fensterlose Zählrohre. Falls ein Strahler, z.B. Tritium, auf Grund seiner geringen Energie die Folie des Detektors nicht durchdringen kann, muß für ein direktes Meßverfahren ein fensterloses Zählrohr verwendet werden. Diese besitzen aus meßtechnischen Gründen nur sehr kleine Detektorfenster, sodaß sie nur für punktförmige Kontaminationsmessungen verwendbar sind. Sie werden mit Erfolg zur Dosisbestimmung von punktförmigen Hautkontaminationen eingesetzt.

Wischtestverfahren. Das Wischtestverfahren bietet sich als indirektes Verfahren besonders in folgenden Fällen an, bei

- schwer zugängliche Oberflächen
- Oberflächen mit ungleichmäßiger Geometrie
- Vorhandensein mehrerer Radionuklide auf der Oberfläche
- wenn der Untergrund an der auszumessenden Stelle durch andere schon vorhandene Strahler zu hoch ist.

Durchführung

Beim Wischtestverfahren wird die zu prüfende Oberfläche mit Filterpapieren oder Wattebäuschchen möglichst „repräsentativ" gewischt und die Wischproben anschließend an einem anderen Ort ausgemessen. Für diese Aktivitätsmessungen werden automatische Probenwechsler eingesetzt. Der Detektor kann ein fensterloses Proportionalzählrohr oder ein Szintillationszähler sein (vgl. Kapitel 3). In die Aktivitätsbestimmung muß außer dem Kalibrierungsfaktor für die Meßanordnung auch die Größe der gewischten Fläche und der Prozentsatz der abgewischten Aktivität berücksichtigt werden, der je nach Art des Wischmaterials und der Oberfläche 5–90 % betragen kann. Bei glatten ca. 100 cm^2 großen Oberflächen und sachgerechtem Andrücken von trockenen Filterpapieren wird für Routineuntersuchungen ein Wirkungsgrad des Abwischens von 10 % angenommen.

B.2.3.2 Strahlenschutzüberwachung

Personendosimetrie

Grundlage ist die Richtlinie für die physikalische Strahlenschutzkontrolle gemäß §§ 62 u. 63 StrlSchV.

Betriebliche Aufgaben sind:

- Ausgabe und Einsammeln von Personendosimetern,
- Auswertung bzw. Versand an eine autorisierte Auswertestelle,
- Benachrichtigung der entsprechenden Personen im Falle von festgestellten Dosen.

Die „*einzelne Person*" hat folgende Aufgaben:

- Tragen der Dosimeter,
- unverzügliche Meldungen von festgestellten Dosen an den Strahlenschutzbeauftragten.

Kontaminationsüberwachung (§ 64 StrlSchV)

Die betrieblichen Aufgaben sind:

- regelmäßige Kontaminationsmessungen des Ausgangsbereiches, der Arbeitsplätze, Ausgüsse, Kühlschränke, des Isotopen- und Abfallagers, der Flure usw. auf Grund von Meßplänen (z.B. Wischtestplänen),
- Freigabemessungen von Geräten und Materialien, die aus dem Strahlenschutzbereich entfernt werden sollen.

Aufgaben der einzelnen Person:

- Kontaminationsüberwachung des Arbeitsplatzes nach Beendigung der Tätigkeit,
- Kontaminationskontrolle beim Verlassen von Kontroll- und betrieblichen Überwachungsbereichen.

Inkorporationsüberwachung

Grundlage ist die Richtlinie für die physikalische Strahlenschutzkontrolle gemäß §§ 62 u. 63 StrlSchV. Von der betriebliche Seite aus sind durchzuführen:

- Urinkontrollen
- Body-Counter-Messungen

Die einzelne Person muß eine Inkorporation bzw. einen entsprechenden Verdacht an den Strahlenschutzbeauftragten unverzüglich melden.

Raumluftüberwachung (§§ 45 u. 46 StrlSchV)

Die Überwachung der „Fortluft“ und der Raumluft ist vom Betreiber durchzuführen, die einzelne Person ist verantwortlich für die

- Überwachung der Raumluft am Arbeitsplatz
- unverzügliche Meldung von Freisetzungen bzw. eines entsprechenden Verdachts an den Strahlenschutzbeauftragten.

Abwasserüberwachung (§§ 45 u. 46 StrlSchV)

Der Betrieb muß das Abwasser vor dem Verlassen von Strahlenschutzbereichen zur Einleitung in die öffentliche Kanalisation auf Radioaktivität kontrollieren, während die einzelne Person dem Strahlenschutzbeauftragten das Einleiten radioaktiver Stoffe in das Abwassernetz melden muß.

Überwachung der Ortsdosisleistung (§63 StrlSchV)

Dem Betrieb kommt die Überwachung der Ortsdosisleistung in den Strahlenschutzbereichen zu, während die einzelne Person für die Überwachung der Ortsdosisleistung am Arbeitsplatz zuständig ist.

Funktionsprüfung und Wartung der Strahlenschutzmeßgeräte (§ 72 StrlSchV)

Betrieblicherseits ist die regelmäßige Funktionsprüfung und Wartung der Strahlenschutzmeßgeräte durchzuführen.

Aufgaben der einzelnen Person sind:

- Funktionsprüfung der Meßgeräte vor ihrer Benutzung,
- unverzügliche Meldung nicht funktionsbereiter Strahlenschutzmeßgeräte an den Strahlenschutzbeauftragten.

B.2.4 Zugangsregelungen für Strahlenschutzbereiche

Zunächst sind die verschiedenen möglichen Personengruppen im Strahlenschutzbereich und die entsprechenden Zugangsregelungen festzulegen (vgl. Abschnitt B.1.4). Dabei müssen auch Personen von Fremdfirmen berücksichtigt werden, wennn sie Reparatur- und Wartungsarbeiten in diesen Bereichen ausführen sollen. Die Zugangsberechtigungen „sonstiger" Personengruppen sind in Tabelle B.7 zusammengestellt.

Spezielle Zugangsberechtigungen zum Sperr- bzw. Kontrollbereich durch den fachkundigen Strahlenschutzverantwortlichen oder durch den zuständigen Strahlenschutzbeauftragten bedürfen der vorherigen Zustimmung der zuständigen Aufsichtsbehörde. Dabei ist festzulegen, wer die verschiedenen Belehrungen durchzuführen hat und wie der Aufenthalt der Personen in den einzelnen Strahlenschutzbereichen überwacht wird.

Sichergestellt werden muß, daß:

- unbefugte Personen keinen Zugang zu Strahlenschutzbereichen haben,
- Strahlenschutzbereiche nur betreten werden, wenn der zuständige Strahlenschutzbeauftragte sofort erreichbar ist,
- das Betreten und Verlassen des Kontrollbereiches von Personen zeitlich überwacht wird (z.B. Anwesenheitsbuch, Codekarten-, Codechipsystem, spezielles Schließsystem),
- beim Betreten von Kontroll- und betrieblichen Überwachungsbereichen die entsprechende persönliche Schutzausrüstung benutzt wird,
- vor dem Verlassen von Kontroll- und betrieblichen Überwachungsbereichen eine Personenkontaminationskontrolle erfolgt und die Schutzausrüstung abgelegt wird,
- nur das Material in Strahlenschutzbereiche mitgenommen oder gebracht wird, das für die Tätigkeit unbedingt erforderlich ist (Blumen, Ansichtskarten, Taschen z.B. sind es nicht),
- Material aus Strahlenschutzbereichen erst nach einer entsprechenden Kontrolle (z.B. durch eine Kontaminationsmessung) und anschließender Freigabe herausgenommen wird,
- im Falle einer festgestellten Kontamination diese unverzüglich beseitigt, der Ursprung festgestellt und dies dokumentiert wird. Andernfalls muß der Strahlenschutzbeauftragte unverzüglich benachrichtigt werden.

Tabelle B.7 Sonstige Personengruppen und ihre Zugangsvoraussetzungen zu Strahlenschutzbereichen

Personengruppen	*Voraussetzungen für Personen zum anzeige- bzw. genehmigungsbedürftigen Umgang mit radioaktiven Stoffen*					Voraussetzungen für Personen zum Zugang zu Strahlenschutzbereichen		
	anzeigebedürftiger Umgang	genehmigungsbedürftiger Umgang				betriebl. Überwachungsbereich	Kontrollbereich	Sperrbereich
	ärztliche Eignungsuntersuchung	ärztliche Eignungsuntersuchung	jährliche ärztliche Wiederholungsuntersuchung	notwendige Kenntnisse	Erst- und halbjährliche Wiederholungsbelehrung			
beruflich strahlenexponierte Personen (Betriebspersonal)								
Personen, die mit radioaktiven Stoffen umgehen (Kategorie A)	entfällt	ja	ja	ja[*]	ja[**]	ja	ja, nach Belehrung über[***]	ja, nach Belehrung über[***] und unter fachkundiger Begleitung
Personen, die mit radioaktiven Stoffen umgehen (Kategorie B)	ja	ja	nein	ja[*]	ja[**]		entfällt	ja, nach Belehrung über[***] und unter fachkundiger Begleitung
Reinigungspersonal (Kategorie B)	nein	ja	nein	entfällt	entfällt	ja	ja, nach Belehrung über[***]	ja, nach Belehrung über[***] und unter fachkundiger Begleitung
Personen im Alter zwischen 16-18 Jahren (z.B. Auszubildende) (Kategorie B)	nein	ja	nein	ja[*]	ja[**]	ja, nach Einweisung	ja, nach Belehrung über[***] (Ausnahmefälle)	entfällt

Tabelle B.7 Forts. Sonstige Personengruppen und ihre Zugangsvoraussetzungen zu Strahlenschutzbereichen

nicht beruflich strahlenexponierte Personen (Betriebspersonal)								
Wartungs- und Reparaturpersonal ohne Umgang (Kategorie B)	entfällt	entfällt	entfällt	entfällt	entfällt	ja, nach Einweisung	ja, nach Belehrung über***	ja, nach Belehrung über*** und unter fachkundiger Begleitung
Kursbesucher	entfällt	entfällt	entfällt	entfällt	Kurs-belehrung	ja, nach Einweisung	ja, nach Belehrung über***	ja, nach Belehrung über*** und unter fachkundiger Begleitung
Besucher	entfällt	nein	nein	nein	Besucher-belehrung	ja, nach Einweisung	ja, nach Belehrung über***	ja, nach Belehrung über*** und unter fachkundiger Begleitung
schwangere und stillende Frauen	ja	Umgang verboten	Umgang verboten	Umgang verboten	Umgang verboten	ja, nach Einweisung	Zutritt verboten	Zutritt verboten
Fremdpersonal Inhaber der fremden Firma muß im Besitz einer § 20-Genehmigung sein; Strahlenschutzabgrenzungsvertrag erforderlich	Regelungen für *beruflich strahlenexponierte Personen* (z.B. Reparatur-, Wartungs- und Reinigungspersonal und Personen, die mit radioaktiven Stoffen umgehen) gemäß Strahlenschutzabgrenzungsvertrag; vor Betreten von Kontroll- bzw. Sperrbereichen muß ein gültiger Strahlenpaß und ein persönliches amtliches Dosimeter (Film- bzw. Stabdosimeter) vorgewiesen werden.							

*) mögliche Strahlengefährdung und anzuwendende Schutzmaßnahmen (§ 6 (1) Nr.4 StrlSchV)

**) Arbeitsmethoden, mögliche Gefahren, Strahlenexposition aus besonderem Anlaß, anzuwendende Sicherheits- und Schutzmaßnahmen, wesentlicher Inhalt der Verordnung, Genehmigung und der Strahlenschutzanweisung – wenn erforderlich – (§ 39 (1) StrlSchV)

***) mögliche Gefahren und ihre Verhütung (§ 39 (2) StrlSchV)

B.2.5 Strahlenschutz beim Umgang mit radioaktiven Stoffen

Der Umgang mit radioaktiven Stoffen wird durch die sogenannten 4A-Regeln bestimmt:

- möglichst geringe *Aktivität*
- Beschränkung der *Aufenthaltsdauer*
- Einhaltung von *Abständen*
- Verwendung von *Abschirmungen.*

Aktivität. Der Umgang mit der niedrigstmöglichen Aktivität bedeutet größere Sicherheit am Arbeitsplatz (geringeres Gefahrenpotential, geringere Dosisbelastung in der Umgebung des Strahlers, geringeren Aufwand für den Strahlenschutz) und Geldersparnis beim Erwerb der radioaktiven Stoffe und bei der Abgabe der beim Versuch anfallenden radioaktiven Abfälle.

Aufenthaltsdauer. Die kürzeste Aufenthaltsdauer im Strahlenfeld erreicht man durch sorgfältige Arbeitsplanung unter Berücksichtigung möglicher Probleme (Verfügbarkeit von Hilfsmitteln, u.U. kalter Vorversuch[1]). Ein Versuch mit radioaktiven Substanzen benötigt in der Regel etwa die dreifache Zeit wie für einen kalten Versuch.

Eine Halbierung der Aufenthaltszeit im Strahlenfeld entspricht einer Reduzierung der ursprünglichen Dosisbelastung auf die Hälfte, da die Zeit linear in die Dosis eingeht:

$$D = D^* t$$

D = Energiedosis
D^* = Energiedosisleistung (gemessen in Gray [Gy])
t = Aufenthaltszeit

Abstand. Wenn es sich um Betastrahler mit höherer Grenzenergie als 200 keV oder Gammastrahler handelt, sollen zur Einhaltung des größtmöglichen Abstandes möglichst keine Substanzen mit der Hand manipuliert werden. Das gilt insbesondere für das Anfassen von Orginalvorratsfläschchen und Eppendorfgefäßen. Es müssen Greifwerkzeuge wie Zangen und Pinzetten, Spatel usw. benutzt werden.

Die Intensität einer punktförmigen Strahlenquelle nimmt umgekehrt zum Quadrat des Abstands ab. Es gilt:

$$H(t,d) = \Gamma_H \cdot A/r^2 \cdot t \cdot B \cdot e^{-\mu} \cdot d \quad \text{oder vereinfacht} \quad D >> 1/r^2$$

H = Äquivalentdosis [mSv]
Γ_H = Äquivalentdosisleistungskonstante [mSv·m²/h·GBq]
A = Aktivität [GBq]
r = Abstand [m]
t = Zeit [s]
B = Build-up-Faktor
μ = Massenschwächungskoeffizient [cm²/g]
d = Dicke der Abschirmung [g/cm²]

---

[1] Unter einem „kalten“ Versuch versteht man eine Versuchdurchführung ohne radioaktive Nuklide, aber unter sonst gleichen Bedingungen.

Dieses Gesetz gilt nur für punktförmige Gammastrahler und Röntgenstrahlung, weil hier die Luftabsorption vernachlässigt werden kann.

Abschirmung. Die Strahlung wird durch Materie abgeschirmt. Die Abschirmwirkung ist generell umso stärker, je dicker und dichter (ρ) das Abschirmmaterial ist:

$$D^* = D_0^* \cdot B \cdot e^{-\mu/\rho} \cdot d$$

Die Absorption von Strahlern durch die Luft ist je nach ihrer Art verschieden:

- *α-Strahler* mit Energie bis zu 8 MeV werden auf einer Strecke von 7 cm schon vollkommen absorbiert.
- *β-Strahler* mit einer Energie von 0.2–1.0 MeV werden nach der unten angegebenen Faustformel absorbiert.
  Für 10 cm: $D^* = 0{,}75 \cdot A$ [Gy·h^{-1}]
  Für 30 cm: $D^* = 0{,}1 \cdot A$ [Gy·h^{-1}]
- *γ-Strahler.* Für die Energie-Dosisleistung einer punktförmigen Quelle mit einer Energie von 0,3 MeV bis 3,0 MeV (Genauigkeit von ± 20 %) gilt:
  Für 30 cm: $D^* = 1{,}5 \cdot 10^{-3} \cdot A \cdot E$ [Gy·h^{-1}]
  Für 1 m: $D^* = 1{,}5 \cdot 10^{-4} \cdot A \cdot E$ [Gy·h^{-1}]
  E = Gesamtenergie der je Zerfallsakt emittierten Gamma-Quanten in MeV

Je nach Art des Strahlers und der Energie der Strahlung werden unterschiedliche Abschirmungen benötigt:

α-Strahler werden schon durch ein Blatt Papier vollständig absorbiert.

β-Strahler: Die Reichweite in Luft ist pro 1 MeV ca. 360 cm. Der Zusammenhang zwischen Maximalenergie des ß-Spektrums und der notwendigen Schichtdicke eines ausgewählten Absorbermaterials ergibt sich über eine Näherungsformel:

$E_{max}/2$ = Massenbelegung

Wobei die Maximalenergie in MeV und die Massenbelegung in g/cm^2 gemessen wird. Dividiert man die Massenbelegung durch die Dichte des Absorbermaterials (Tabelle B.8), so erhält man die notwendige Schichtdicke dieses Stoffes in cm.

β-Strahler hoher Energie (z. B. P-32) werden anstelle von Blei mit Plexiglas abgeschirmt, da im Blei eine Röntgenbremsstrahlung entsteht, die als elektromagnetische Strahlung weitreichender ist als die ursprüngliche Partikelstrahlung.

γ-Strahlen besitzen keine maximale Reichweite. Deshalb ist nur eine Reduzierung der Strahlenintensität möglich. Je höher die Quantenenergie und je höher die Aktivität eines bestimmten Radionuklids ist, desto stärker müssen die Abschirmungen ausgelegt werden. Man wählt dazu im allgemeinen Wände aus Blei oder Beton. Bei der Abschirmung muß an die kugelsymmetrische Strahlenausbreitung einer radioaktiven Quelle und an mögliche Streustrahlung gedacht werden, wenn Arbeitsplätze gegen die dort arbeitenden Personen und die angrenzenden Labors abgeschirmt werden müssen.

Bei Arbeiten mit offenen radioaktiven Stoffen gibt es außer den vier A-Regeln noch drei andere wichtige Punkte:

Tabelle B.8 Dichte einiger Absorbermaterialien

Material	Dichte [g/cm^3]	Material	Dichte [g/cm^3]
Aluminium	2,7	Gips	0,84
Beton	2,3	Holzziegel	1,2
Blei	11,3	Polyethylen	1,18
Bleiglas	4,0	Schwerbeton	2,9
Eisen	7,8	Vollziegel	1,8

- *Sicherheit am Arbeitsplatz.* Schon bei der Planung von Arbeitsplätzen muß auf die notwendige Qualität der Arbeitsplätze geachtet werden. Sie darf nicht durch Verstellen mit Einrichtungen oder Schränken im Laufe der Zeit verloren gehen. Dazu zählt auch die Beschränkung der gleichzeitig am Arbeitsplatz tätigen Personen, damit der Gefahrenbereich möglichst eng begrenzt und eine unnötige gegenseitige Behinderung vermieden werden kann.
- *Kennzeichnung und Absperrung* der Gefahrenbereiche. Da die Strahlung nur durch eine Messung und nicht durch Sinnesorgane wahrnehmbar ist, kommt der Kennzeichnung und Absperrung von Gefahrenbereichen eine besondere Bedeutung zu. Orte möglicher Exposition müssen vor allem dann gut markiert sind, wenn sich dort keine Personen aufhalten. Absperrmaterial (leichte Ketten und Ständer, Seile und breites farbiges Klebeband) und Radioaktivitätswarnzeichen müssen in ausreichender Menge vorhanden und kurzfristig (z. B. bei Kontaminationen oder Feuer) verfügbar sein.
- *Verbote.* Essen (auch Kaugummi kauen), Trinken, Rauchen, Tabakschnupfen und das Auftragen von Kosmetika sind verboten, um eine Inkorporation zu vermeiden. Laborgeräte (z. B. Pipetten) dürfen deshalb auch nicht an den Mund geführt werden. Es dürfen nur die Gegenstände vorhanden sein, die für die Arbeiten bzw. die Durchführung der Versuche unbedingt erforderlich sind.

Strahlenschutzplanung und Arbeitsverfahren

Für Versuche mit größerem Strahlenschutzrisiko ist eine Detailplanung unter Berücksichtigung möglicher Zwischenfälle durchzuführen. Dafür ist es sinnvoll, maximale Dosisbelastungen für verschiedene Punkte am Arbeitsplatz und in den angrenzenden Räumen zu bestimmen. Es sind in diesem Planungsstadium unter Umständen auch die einzusetzende Aktivität und das vorgeschlagene Arbeitsverfahren zu überprüfen. So sind nasse Verfahren den trockenen vorzuziehen. Bei trockenen Verfahren ist wegen möglicher Staubbildung das Kontaminations- und vor allem das Inkorporationsrisiko größer.

In den Arbeitsvorschriften sind dann die Verhaltensregeln der beteiligten Personen festzulegen. Zusätzlich werden die erforderlichen Meßgeräte, Kontaminationskontrollen (u. U. Dosisleistungsmessungen), Schutzausrüstungen, Schutzeinrichtungen und nicht zuletzt die Abfallsammlung bestimmt. Dabei gilt es sowohl die Normalausrüstung festzulegen als auch die zusätzliche Ausrüstung für mögliche Zwischenfälle.

B.2.6 Ni-63 EC-Detektoren

In der Gaschromatographie werden zur Detektion von Verbindungen mit hoher Elektronenaffinität (z.B. halogenhaltige und Carbonylgruppen enthaltende organische Verbindungen) vorzugsweise Elektroneneinfangdetektoren (**e**lectron **c**apture **d**etector, ECD) eingesetzt.

Der Detektor ist ein Plattenkondensator mit angelegtem elektrischen Feld. Eine im Detektor angebrachte radioaktive Quelle (^{3}H oder ^{63}Ni) ionisiert durch ihre ausgestrahlten ß-Teilchen das zwischen den Platten befindliche Gas (Stickstoff oder Argon/Methan). Das führt zu einem kontinuierlichen Ionenstrom.

Gelangt eine Verbindung mit elektroaffinen Atomen oder Gruppen in den Gasraum des Detektors, so werden die kontinuierlich freigesetzten Elektronen von den elektronegativen Atomen oder Gruppen eingefangen, sodaß sich der Ionenstrom verringert. Die Verminderung des Stromes ist ein quantitatives Maß für die Menge der zu detektierenden Substanz.

Da beim Ausheizen des Detektors (in geringen) Mengen radioaktive Stoffe freigesetzt werden können, handelt es sich nach der Strahlenschutzverordnung definitionsgemäß um den Umgang mit einem *offenen* radioaktiven Stoff. Auf Grund der Aktivität von ca. 370 MBq ^{63}Ni ist dieser Betrieb genehmigungsbedürftig, obwohl das Gefahrenpotential auf Grund des festen Einbaus der Quelle vergleichsweise gering ist. Auch ist ein Strahlenschutzbeauftragter mit entsprechender Fachkunde zu bestellen.

Ein EC-Detektor darf nur in Betrieb genommen werden, wenn:

- er nur in den genehmigten Räumen eingesetzt wird,
- der Ein- und Ausbau nur vom Strahlenschutzbeauftragten oder einer von ihm beauftragten Person vorgenommen wird,
- Reparaturen am Detektor nur von fachlich geschultem Personal der Fachfirma durchgeführt werden,
- die Abgase vom Detektorausgang über einen Schlauch direkt in die Abluft geleitet werden,
- sein Abhandenkommen und unbefugtes Öffnen des Detektorgehäuses und die Reinigung mit z.B. flüssigen Reinigungsmitteln verhindert werden,
- der Detektor keinen Einwirkungen ausgesetzt wird, durch die radioaktive Stoffe aus der Nickelfolie herausgelöst werden (z.B. zu hohe Temperatur bzw. agressive Substanzen),
- bei Verdacht einer Kontamination umgehend der Strahlenschutzbeauftragte informiert wird und
- einmal jährlich Kontaminationskontrollen mit Hilfe eines Wischtestes durchgeführt werden.

Die mit dem Detektor arbeitenden „sonstigen Personen“ müssen die notwendigen Kenntnisse über die mögliche Strahlengefährdung und die anzuwenden Schutzmaßnahmen besitzen. Außerdem müssen sie entsprechend eingewiesen und regelmäßig belehrt werden.

B.2.7 Organisation der Strahlenschutzüberwachung

Zur Strahlenschutzüberwachung gehören eine Reihe von Aufgaben, von denen die wesentlichen unter drei Gesichtspunkten zusammengefaßt werden können:

- Arbeitsschutz beruflich strahlenexponierter Personen
- Schutz der Bevölkerung und der Umwelt
- Schadensvorsorge und Schadensbekämpfung.

Arbeitsschutz beruflich strahlenexponierter Personen. Er wird erreicht durch:

- Tätigkeitsverbote
- Personendosisüberwachung (Filmdosimeter, Glasdosimeter, Stabdosimeter, Dosiswarngeräte, Ortsdosismessungen)
- Inkorporationsüberwachung (Ausscheidungsanalysen, Ganzkörpermessung)
- Raumluftüberwachung
- Kontaminationsüberwachung (Arbeitsplätze, Geräte, Schutzkleidung, Haut, Dichtheit umschlossener radioaktiver Stoffe)
- medizinische Überwachung (Erstuntersuchung, Nachuntersuchung, Unfallfürsorge)
- Belehrung
- Kennzeichnung der Arbeitsplätze
- Meßgeräte
- Sicherheitseinrichtungen.

Schutz der Bevölkerung und der Umwelt. Er geschieht durch:

- Abluftüberwachung (Emissionsmessungen, Überwachung von Filteranlagen, Messung der Abgaberaten und Mengen)
- Abwasserüberwachung (Kontrolle der Abwasseranlagen, Sammelbehälter und Abklinganlagen, Messung der Abgaberaten und Mengen)
- Abfallüberwachung (Überprüfung von Kennzeichnung und Verpackung radioaktiver Abfälle, Kontrolle der Lagerräume, Buchführung der angefallenen und abgegeben Mengen)
- Überwachung der Zutrittsbeschränkungen (Anwesenheitsbuch, Zugangskontrollsystem, Schließsystem, Zwangswege)
- Überwachung der Personen- und Geräte auf Kontamination beim Verlassen des Umgangsbereichs.

Schadensvorsorge und Schadensbekämpfung im Hinblick auf:

- Brände, Explosionen
- Kontaminationen
- Unfälle und Störfälle
- Diebstahl oder Verlust radioaktiver Stoffe.

B.3 Dekontamination

Unter einer Kontamination versteht man die unerwünschte Verunreinigung von Arbeitsflächen, -geräten, Räumen, Wasser, Luft und Personen mit radioaktiven Stoffen.

Kontaminationen sind beim Umgang mit offenen radioaktiven Stoffen in vielen Fällen nicht zu vermeiden. Auf Grund ihrer Art lassen sie sich unterscheiden in:

- Festhaftende Oberflächenkontamination, sie ist durch übliche Beanspruchung nicht übertragbar
- Nicht-festhaftende Oberflächenkontamination, sie kann verschleppt werden.

Durch äußere Einflüsse kann eine festhaftende in eine nicht-festhaftende Kontamination übergehen.

Um die dann erforderlichen Dekontaminationen möglichst einfach und zeitsparend zu ermöglichen, sind schon vor Beginn des Umgangs mit radioaktiven Stoffen Vorkehrungen zu treffen. So sollten die Oberflächen der Räume, Einrichtungen und Geräte bestimmte Eigenschaften aufweisen:

- glatt und porenfrei,
- Resistenz gegen die verwendeten Chemikalien,
- gut handhabbare Geräte (zerbrechliche oder offene elektronische Geräte sind kaum oder gar nicht zu dekontaminieren),
- gute Zugänglichkeit (z. B. sind Ritzen oder Ecken nachteilig).

Der Maßstab für die Dekontaminierbarkeit ist der Dekontaminationsfaktor DF:

$$DF = \frac{\text{Aktivität } \textit{vor} \text{ der Dekontamination}}{\text{Aktivität } \textit{nach} \text{ der Dekontamination}}$$

Er drückt das Verhältnis der Ausgangsimpulsrate zur Restimpulsrate nach der Dekontamination aus. Eine gute Dekontaminierbarkeit liegt dann vor, wenn dieser Faktor größer als 500 ist. Als Faustregel für eine erfolgreiche Dekontamination gilt das Erreichen des doppelten Nulleffekts[1].

Falls kein eigens für die Dekontamination vorgesehener Raum vorhanden ist, sollte wenigstens ein entsprechender Platz im Laborbereich hierfür ausgewiesen sein. Dort sollten sich ausreichend Dekontaminationshilfsmittel befinden:

- Bekleidung wie Kittel, Handschuhe, Überschuhe (evtl. Gasmaske und/oder Vollschutzanzug)
- Wischpapier, Sorptionsmittel, Spritzflaschen, Eimer
- Dekontaminationsmittel, Chemikalien (s. u.)
- *„Radioaktivitätsband“*, Absperrvorrichtungen

[1] Der Nulleffekt beruht auf der immer vorhandenen kosmischen Strahlung und einer unter besonderen Umständen vorhandenen Störstrahlung.

B.3.1 Maßnahmen zur Dekontamination von Räumen und Ausrüstungen

Die Maßnahmen sind abhängig von der Art der Kontamination. Für die Dekontamination dürfen nur Personen eingesetzt werden, die die dafür erforderlichen Kenntnisse besitzen. Dabei sind die folgenden Punkte zu berücksichtigen:

- anzustrebender Dekontaminationsgrad
- anzuwendende Dekontaminationsverfahren
- Schutzausrüstung (speziell bei Inkorporationsgefahr)
- notwendige Hilfsmittel
- Meßgeräte und Erfolgskontrolle
- Überwachunng des Zugangs zur Dekontaminationszone
- Einweisung und Aufsicht von Personal
- Abfallbehandlung
- Dokumentation.

Entsprechend dem Dekontaminationsziel müssen gesetzliche Grenzwerte eingehalten werden. Dies gilt besonders bei einer Änderung der Zweckbestimmung von Räumen, die nicht mehr für den Umgang mit radioaktiven Stoffen genutzt werden sollen und für Geräte, die zur Freigabe bestimmt sind (s. Tabelle B.9).

Tabelle B.9 Grenzwerte für Schutzmaßnahmen bei Oberflächenkontamination[1)] von Arbeitsplätzen und Gegenständen in Bq/cm² (Anlage IX zu §§ 35,64)

Radionuklidart	Arbeitsplätze[2)] und Außenseite der Schutzkleidung	Gegenstände, Kleidung, Wäsche: in betrieblichen Überwachungsbereichen	Gegenstände, Kleidung, Wäsche: außerhalb von betrieblichen Überwachungsbereichen
Alphastrahler, für die eine Freigrenze von $5 \cdot 10^3$ festgelegt ist	5	0,5	0,05
Betastrahler und Elektroneneinfangstrahler, für die eine Freigrenze von $5 \cdot 10^6$ festgelegt ist[3)]	500	50	5
Sonstige Radionuklide	50	5	0,5

[1)] Gemittelt über eine Fläche von 100 cm².

[2)] Die angegebenen Werte der Flächenkontamination an Arbeitsplätzen schließen die festhaftende Aktivität nicht ein, sofern sichergestellt ist, daß durch diesen Aktivitätsanteil keine Gefährdung durch Weiterverarbeitung oder Inkorporation möglich ist.

[3)] Die Werte dieser Zeile gelten auch für C-14, P-33, S-35, Ca-45, Fe-55, Ni-63, V-48 und Pm-147

Bei einer kleineren Kontamination kann die Dekontamination nach folgendem Schema ablaufen:

- Überblick über das Ausmaß und die Art der Kontamination herstellen und mutmaßlichen Gefahrenbereich abgrenzen
- mutmaßlichen Gefahrenbereich und betroffene Personen (an der Gefahrenbereichsgrenze) ausmessen
- kontaminierte Personen nach Kleiderwechsel (Kittel und Schuhe) aus dem kontaminierten Bereich entfernen und falls erforderlich an geeigneter Stelle weiter dekontaminieren (unter Umständen ermächtigten Arzt[1)] informieren)
- möglichst bald mit der Dekontamination beginnen, wobei unter ständiger Meßkontrolle von außen auf den Kontaminationsherd zu dekontaminiert wird.

Für den Fall, daß die kontaminierte Person allein ist, wird Hilfe herbeigeholt, die mit Messungen zur Abgrenzung des Gefahrenbereichs hilft, die Kontaminationsprüfung der betroffenen Person und deren Kleidung an der Gefahrenbereichsgrenze durchführt und gegebenenfalls auch für Ersatzkleidung, Ersatzschuhe und Dekontaminationshilfsmittel sorgt. Ziel ist, die Kontamination nicht unnötig zu verschleppen.

Dies gilt in jedem Fall bei einer größeren Kontamination oder wenn ihr Ausmaß nicht abzusehen ist. Dann sind auch die übrigen Beschäftigten zu informieren, evtl. sind ganze Bereiche zu sperren.

Der Erfolg der Dekontamination hängt wesentlich davon ab, wie leicht die radioaktiven Materialien von der Oberfläche entfernt werden können. Durch Diffusion können Substanzen in die Oberfläche eindringen und sind dann nur noch schwer oder gar nicht mehr zu entfernen. Daher wird mit der Dekontamination so schnell wie möglich begonnen.

Auswahl des geeigneten Dekontaminationsverfahrens

Die Wahl des „richtigen“ Dekontaminationsverfahrens kann im allgemeinen nur für einen konkreten Fall getroffen werden, weil das Ausmaß der Kontamination, die Art der Kontamination und das zu dekontaminierende Material sowohl das zu wählende Dekontaminationsverfahren als auch die einzusetzenden Dekontaminationsmittel entscheidend beeinflussen. Grundsätzlich ist die Wahl zu treffen zwischen:

- *mechanischen Dekontaminationsverfahren*, z. B. Putzen, Bürsten, Schrubben, Wasserstrahl-, Dampfstrahl-, Sandstrahl- und Ultraschallverfahren
- *chemischen Dekontaminationsverfahren*, z. B. Ablösen von Belägen und Korrosionsschichten, Abtragen von Metallschichten, chemische Reinigung von Textilien.

Bei den mechanischen Verfahren z. B. beim Putzen werden häufig chemische Dekontaminationsmittel eingesetzt, die den mechanischen Vorgang unterstützen und beschleunigen bzw. erleichtern. Die Anwendung von chemischen Dekontaminationsverfahren setzt im allgemeinen eine chemische Grundausbildung voraus. Bei sehr hartnäckigen Kontaminationen ist abzuwägen, ob eine Dekontamination sinnvoll ist, insbesonders dann, wenn es sich um kurzlebige Isotope handelt.

---

1) Ein ermächtigter Arzt darf aufgrund einer behördlichen Genehmigung beruflich strahlenexponierte Personen untersuchen.

Auswahl des geeigneten Dekontaminationsmittels

Als Dekontaminationsmittel für die gängigsten Materialien eignen sich z. B. für

- *Metalle:* Wasser, Seifenlösung, handelsübliches Spülmittel, für Edelstahl verdünnte Salpetersäure oder 5%ige Komplexon-III-Lösung
- *Glas:* Wasser, Spülmittel, dann halbverdünnte Salpetersäure, 10%ige Salzsäure mit Trägermaterial, Komplexon-III-Lösung
- *Anstriche:* Wasser, Spülmittel, dann organische Lösungsmittel z. B. Aceton oder verdünnte Salzsäure
- *Kunststoffe:* Wasser, Spülmittel, saure Komplexon-III-Lösung, bei Bodenbelägen aus Polyethylen auch stärkere Säuren (z. B. verdünnte Salzsäure), organische Lösungsmittel (z. B. Ethanol, dann Aceton)

Hinweis: Handelsübliche Scheuermittel (z. B. Ata, Vim) sollten nur verwendet werden, wenn ein Aufrauhen der Oberfläche ausgeschlossen bzw. nicht von Bedeutung ist.

B.3.2 Personendekontamination

Grundsätzlich geht bei Unfällen mit Verletzungen Erste-Hilfe und lebensrettende Maßnahmen dem Strahlenschutz immer vor. Im Notfall müssen kontaminierte Personen auch künstlich beatmet werden.

Bei der Bergung von Personen mit einer Trage ist diese nach Möglichkeit (z. B. mit einer Plastikfolie) abzudecken, um eine Verschleppung der Kontamination zu vermeiden.

Bei Personen sind im allgemeinen nur die unbekleideten Körperteile, Hände, Gesicht und Kopfhaare kontaminiert. Großflächige Kontaminationen der Haut oder des ganzen Körpers treten selten auf.

Nach der ersten Feststellung einer Kontamination ist durch fachkundiges Personal das Ausmaß festzustellen. Unter Umständen muß dazu die Schutz- bzw. Oberkleidung entfernt werden. Dabei ist darauf zu achten, daß keine weiteren Hautpartien kontaminiert werden.

Vorsicht vor Kontaminationen der Luft durch Stäube oder Aerosole. Der Helfer muß die entsprechende Schutzkleidung tragen (z. B. Handschuhe, Gasmaske, evtl. Schutzanzug). Die kontaminierte Kleidung ist in geeigneten Behältnissen sicher zu verpacken und zu kennzeichnen. Die bei der Dekontamination anfallenden Abfälle sind zu sammeln und gekennzeichnet zum radioaktiven Abfall zu geben.

Ergeben die Messungen, daß auch die unbekleideten Körperteile kontaminiert sind, so werden nacheinander Hände, Gesicht und Haare und dann erst Augen und Ohren dekontaminiert.

Nur bei Ganzkörperkontaminationen ist es zweckmäßig, die Dekontamination unter einer Dusche vorzunehmen. Ansonsten wird die jeweils lokale Dekontamination empfohlen, um eine Ausbreitung auf andere Körperpartien zu vermeiden. Da die Kontamination einerseits in Abhängigkeit von der Zeit tiefer in die Haut eindringt, die Haut andererseits durch heftige Maßnahmen aber nicht geschädigt werden darf, soll zügig, aber nicht überhastet vorgegangen werden.

Dekontamination der Haut

Bei allen Maßnahmen darf die Haut wegen einer möglichen Inkorporation nicht beschädigt werden. Bei Hautkontaminationen < 10 Bq/cm^2 wird wie folgt vorgegangen:

- Die Haut wird nur an den kontaminierten Stellen mit lauwarmem, fließenden Wasser und einem Waschmittel dekontaminiert.
- Die Dekontamination wird an den Hautpartien mit den höchsten Aktivitäten begonnen. Dabei dürfen andere Körperpartien nicht unnötig kontaminiert werden.
- Falls im wesentlichen nur die Innenflächen der Hände kontaminiert sind, werden sie gewaschen, ohne die Handaußenflächen zu benetzen.
- Nicht länger als ca. 2 Minuten waschen, um die Haut nicht unnötig zu belasten.

Bei Hautkontaminationen von > 10 Bq/cm^2 ist die Dekontamination zu wiederholen. Ist der Meßwert < 10 Bq/cm^2, kann auf eine weitere Dekontamination verzichtet werden.

Hinweis: Eine verbleibende geringfügige Restkontamination ist meist weniger schädlich als eine überstrapazierte Haut, mit der Gefahr einer Inkorporation der Aktivität.

Nach abgeschlossener Dekontamination werden die behandelten Hautpartien gründlich und schonend abgetrocknet und gegebenenfalls mit einer Fettcreme vorsichtig eingerieben.

Bei erfolglosen Dekontaminationsversuchen ist ein ermächtigter Arzt hinzuzuziehen, der die weiteren Maßnahmen bestimmt, z. B.:

- spezielle Reinigung von Hautfalten, Nagelfalz und Fingernägeln
- Aufkleben und vorsichtiges Abreißen von Tesafilm oder Pflaster (vorher werden Haare entfernt)
- Verwendung stärkerer Dekontaminationsmittel in der Reihenfolge Feinwaschmittel, Dekontaminationspasten, 3%ige Zitronensäurelösung, Komplexierungslösungen (z. B. Komplexon-III), 5%ige Kaliumpermanganatlösung (schwefelsauer), 5%ige Natriumbisulfitlösung.

Dekontamination der Haare

Die Dekontamination der Haare wird folgendermaßen durchgeführt:

- Der Helfer (mit Handschuhen) wäscht die Haare bei nach hinten geneigtem Kopf (am besten in einem Friseurwaschbecken) mit einem Haarwaschmittel und anschließend mit reichlich Wasser.

  Hinweis: Kontaminiertes Wasser darf nicht in Augen oder Ohren gelangen!
- vor dem Trocknen der Haare Kontrollmessung mit einem Kontaminationsmonitor durchführen

Hinweis: Haare dürfen nur mit der Einwilligung des Betroffenen abgeschnitten werden.

Möglichst bald im Verlauf der Dekontamination ist festzustellen, ob eine Kontamination der Nase oder des Rachenraumes vorliegt. Wenn kein Arzt oder Sanitätspersonal anwesend ist, kann das nach der ersten Gesichtswaschung geschehen, indem der Kontaminierte in ein Papiertuch schneuzt. Gleichfalls mit einem Papiertuch sollte eine Mundprobe genommen werden. Beide Proben sind sofort auszumessen und in geeigneten Gefäßen aufzubewahren.

Läßt sich eine Kontamination der Augen oder des Nasen- und Rachenraumes feststellen, so können fachkundige Ersthelfer auch hier mit ersten Dekontaminationsmaßnahmen beginnen, damit weitere Inkorporationen vermieden werden. In beiden Fällen muß ein ermächtigter Arzt unverzüglich eingeschaltet werden.

Dekontamination von Mund, Nase und Ohren

Bei einer Kontamination der Ohren muß grundsätzlich ein ermächtigter Arzt hinzugezogen werden. Der Mund kann mit Wasser ausgespült werden, die Nase geschneuzt werden. Bei Verdacht auf Inkorporation muß eine Inkorporationsmessung durchgeführt werden. Das weitere Vorgehen darf nur unter ärztlicher Aufsicht erfolgen.

Dekontamination der Augen

Zur Dekontamination der Augen darf ohne weitergehende ärztliche Anordnung nur Wasser oder physiologische Kochsalzlösung verwendet werden:

- Sofortmaßnahme: Gründliches Spülen unter fließendem, lauwarmem Wasser. Dabei sind die Augenlider mit Daumen und Zeigefinger zu spreizen.
  Hinweis: Keinesfalls darf der Kontaminierte mit seinen möglicherweise stark kontaminierten Händen seine Augenlider selbst spreizen.
- Wasser nur vom inneren Augenwinkel auf der Nasenseite zum äußeren Augenwinkel fließen lassen. Damit wird eine Kontamination der Tränenkanäle vermieden.
- Falls notwendig anschließend Augen mit physiologischer Kochsalzlösung spülen. Hierfür sind die üblichen Flaschen für die Augendusche gut geeignet. Dann nochmals mit fließendem Wasser spülen.
  Für diese Dekontaminationsmaßnahme ist mindestens ein Helfer notwendig.

Hinweis: Zur Vermeidung weiterer Kontaminationen darf der Kontaminierte mit seinen Händen nichts anfassen.

Ist der Dekontaminationseffekt nach mehrfachem Spülen mit Wasser unbefriedigend, muß unverzüglich ein ermächtigter Arzt hinzugezogen werden. Weitere Maßnahmen dürfen nur unter seiner Aufsicht ergriffen werden.

Maßnahmen bei offenen Wunden

Beim Umgang mit offenen radioaktiven Stoffen entstandene Wunden sind grundsätzlich solange als kontaminiert anzusehen, bis eine Wundausmessung das Gegenteil nachweist. Dazu ist eine ausreichend empfindliche Meßanordnung erforderlich. Die Ausmessung soll am Rand und nicht in der Wunde vorgenommen werden.

Liegt eine kontaminierte Wunde an den Extremitäten vor, so ist möglichst rasch zum Körper hin eine wundnahe Stauung anzulegen (weicher Stauschlauch mit Klemme). Somit wird eine weitere Aufnahme von Aktivität über die Blutgefäße vermieden. Zusätzlich spült die durch die Stauung verursachte vermehrte venöse Blutung einen Teil der in die Wunde gelangten Aktivität aus. Dieser Vorgang wird durch Ausspülen der Wunde unter fließendem Wasser unterstützt. Anschließend kann ein steriler Wundverband angelegt werden.

Hinweis: Unverzüglich einen (vorzugsweise ermächtigten) Arzt hinzuziehen.

Die weiteren Maßnahmen hängen wesentlich von der Art und Intensität der Kontamination ab, sodaß möglicherweise zu diesem Zeitpunkt unter Anleitung des Arztes exaktere Messungen durchzuführen sind. Das bei Wundkontaminationen erforderliche rasche und gezielte Handeln der Ersthelfer setzt ein in Erster-Hilfe geschultes Personal voraus.

Wann wird ärztliche Hilfe benötigt?

Ärztliche Hilfe ist ratsam, wenn

- Dekontaminationsmaßnahmen nicht zum Erfolg führen. In jedem Fall sind Hautreizungen zu vermeiden.
- eine Dekontamination der Augen notwendig war, auch nach erfolgreicher Dekontamination.

Ärztliche Hilfe ist notwendig, bei einer Kontamination

- angegriffener Haut
- des Nasen- oder Rachenraumes
- der Gehörgänge
- von Wunden.

Hinweis: Falls ein Arzt benötigt wird, sollte es möglichst ein ermächtigter Arzt sein.

Dokumentation

Es ist eine gute Praxis, größere Vorfälle grundsätzlich zu dokumentieren, wobei folgende Angaben festzuhalten sind:

- Radionuklid
- Art der Kontamination (flüssig, staubförmig)
- Körperteile (Verdacht auf Inkorporation?)
- Meßwerte
- Dekontaminationsmaßnahmen und -erfolge

B.4 Abfallentsorgung

B.4.1 Gesetzliche Vorgaben

Aufgrund ihrer Besonderheiten sind die radioaktiven Abfälle im Abfallgesetz der Bundesrepublik ausdrücklich ausgeklammert.

Die beim Umgang mit radioaktiven Stoffen anfallenden Abfälle werden zunächst als radioaktive Reststoffe bezeichnet, die entsprechend ihrem weiteren Weg in schadlos zu verwertende Reststoffe und radioaktive Abfälle unterteilt werden.

Die geltenden Vorschriften über Ablieferungspflichten und Beseitigungsverbote für radioaktive Abfälle orientieren sich in erster Linie an der Aktivität der radioaktiven Stoffe. Sie sind sehr umfangreich. Es werden daher hier nur die wichtigsten Richtlinien berücksichtigt.

Für die Abfälle aus dem *genehmigungsfreien Umgang* mit radioaktiven Stoffen unterhalb dem 10-fachen der Freigrenze (z. B. H-3 = 500 Bq/g; I-125 = 5 Bq/g) verzichtet der Gesetzgeber auf eine Ablieferungspflicht bzw. ein Beseitigungsverbot für radioaktive Abfälle.

Die bei einem *genehmigungsbedürftigen Umgang* (d. h. oberhalb dem 10-fachen der Freigrenze) entstehenden radioaktiven Abfälle unterliegen solange der Ablieferungspflicht an eine Landessammelstelle nach § 82 StrlSchV, soweit nicht nach § 83 StrlSchV eine anderweitige Beseitigung oder Abgabe angeordnet oder genehmigt worden ist.

B.4.2 Abfallentsorgung

Die Art der Abfallentsorgung richtet sich unter anderem nach

- den verwendeten Radionukliden
- den Aktivitätskonzentrationen der einzelnen Abfallsorten
- den physikalischen und chemischen Eigenschaften der Abfälle
- der Zahl der Radionuklidlaboratorien und der Größe des Betriebes
- dem Gesamtvolumen des Abfalls aus Radionuklidlaboratorien
- vorhandenen Räumlichkeiten für die Abfallagerung
- den Entsorgungsmöglichkeiten für radioaktive und gewöhnliche Abfälle
- wirtschaftlichen Gesichtspunkten (Entsorgung als radioaktiver oder als gewöhnlicher Abfall).

B.4.2.1 Sammlung der Abfälle

Da in der Regel Abfälle unterschiedlicher Aktivitätskonzentrationen von verschiedenen Radionukliden bzw. -gemischen anfallen, ist eine Trennung nach Abfallsorten, Nukliden und Aktivitätskonzentrationen am Arbeitsplatz eine wesentliche Voraussetzung für eine sachgerechte Entsorgung. Tabelle B.10 gibt eine Übersicht für häufig in Medizin und Forschung verwendete Nuklide und ihre Halbwertszeiten, wobei die kurzlebigen Radionuklide (Halbwertszeiten kleiner als 100 Tage) fett gedruckt sind.

Die Abfallbehälter werden so aufgestellt, daß sie die Arbeit nicht stören, am besten in rollbaren Unterschüben unter den Arbeitsflächen. Wenn erforderlich, müssen die Unterschübe an die Abluft des Abzugs angeschlossen werden. Für stärker strahlende Radionuklide müssen die Unterschübe entsprechend abgeschirmt sein.

Die Art der Behälter wird entsprechend dem weiteren Entsorgungsweg gewählt. Dabei sind auch die Vorschriften der Entsorgungsfirmen zu berücksichtigen.

Jeder Behälter ist mit einem Abfallbehälterinventarschein zu versehen, der nicht nur die Buchführung der Aktivität, sondern auch andere Abfallkriterien berücksichtigt. Ein Muster hierfür ist in Tabelle B.11 wiedergegeben.

Tabelle B.10 Häufig in der Forschung und Medizin verwendete Nuklide. Die kurzlebigen Nuklide (Halbwertszeit < 100 Tage) sind durch Fettdruck hervorgehoben.

Nuklid	Halbwertszeit	Nuklid	Halbwertszeit
C-14	5730 Jahre	**I-125**	**60,1 Tage**
Ca-45	163 Tage	**I-131**	**8,4 Tage**
Cl-36	300000 Jahre	Na-22	2,6 Jahre
Co-58	**70,8 Tage**	**P-32**	**14,3 Tage**
Co-60	5,3 Jahre	**Rb-86**	**18,7 Tage**
Cr-51	**27,7 Tage**	**S-35**	**87,3 Tage**
Fe-55	2,7 Jahre	Se-75	120 Tage
Fe-59	**44,6 Tage**	Sr-90	28,5 Jahre
H-3	12,33 Jahre	**Tc-99m**	**6 Stunden**

B.4.2.2 Abfälle, die als gewöhnliche Abfälle auf Grund einer Genehmigung nach § 3 StrlSchV entsorgt werden

Hierbei handelt es sich um zwei Arten von Abfällen:

- Abfälle kurzlebiger Radionuklide
- Abfälle, deren spezifische Aktivität beim Entstehen das 10^{-4}-fache der Freigrenzmengen pro Gramm unterschreitet.

Die Abfallbehälter werden in diesem Fall nur mit Strahlen- bzw. Radioaktivitätskennzeichen versehen, solange es § 35 StrlSchV vorschreibt. Die Abfallgebinde dürfen keine entsprechenden Kennzeichen enthalten, wenn sie über konventionelle Beseitigungswege entsorgt werden, da diese Abfälle nach dem Atomgesetz nicht mehr als radioaktive Stoffe gelten. Die Kennzeichnung des Behälters enthält deshalb in der Regel nur die Abfallsorte und den Namen des Radionuklids.

B.5 Literatur, Gesetzestexte, Richtlinien, DIN-Normen

Weiterführende Literatur

C. Grupen, *Grundkurs Strahlenschutz*, Verlag Vieweg, Braunschweig **1998**.

R. Kramer, G. Zerlett, *Röntgenverordnung* (Kommentar), Verlag W. Kohlhammer GmbH, Köln **1988**.

R. Kramer, G. Zerlett, *Strahlenschutzverordnung*, *Strahlenschutzvorsorgegesetz*, Verlag W. Kohlhammer GmbH, Köln **1990**.

E. Sauter, *Grundlagen des Strahlenschutzes*, Thiemig Taschenbücher, Karl Thiemig AG, München **1983**.

A. Spang, *Strahlenschutz-Fachkunde*, Verlag W. Kohlhammer GmbH, Köln **1992**.

H.G. Vogt, H. Schultz, *Grundzüge des praktischen Strahlenschutzes*, Carl-Hanser Verlag, München **1992**.

Gesetze, Verordnungen und Richtlinien

Gesetz über die Beförderung gefährlicher Güter vom 6.8.19975 (BGBl.[2] I, S. 2121) zuletzt geändert durch §4 Abs. Nr.14 des sechsten Überleitungsgesetzes vom 25.9.1990 (BGBl. I, S. 2106)

Gefahrgutverordnung Straße (GGVS) in der Fassung der Bekanntmachung vom 13.11.1990 (BGBl. I, S. 2453, zuletzt geändert durch die 4. Straßen-Gefahrgutänderungsverordnung vom 13.4.1993 (BGBl. I, S. 448), insbesondere Klasse 7.

Verordnung über die Bestellung von Gefahrgutbeauftragten und die Schulung der beauftragten Personen in Unternehmen und Betrieben (Gefahrgutbeauftragtenverordnung, GbV) vom 12.12.1989 (BGBl. I, S. 2185).

Bundesminister für Umwelt, Naturschutz und Reaktorsicherheit, Strahlenschutzfragen bei Anfall und Beseitigung von radioaktiven Reststoffen (Veröffentlichungen der Strahlenschutzkommission, Bd. 11), Gustav Fischer Verlag, Stuttgart 1988.

Verordnung über den Schutz vor Schäden durch Röntgenstrahlen (Röntgenverordnung, RöV) vom 1.3.1973, in der Fassung vom 8.1.1987 (BGBl. I, S. 114-133).

Fachverband für Strahlenschutz, Musterstrahlenschutz-Anweisungen, Verlag TÜV Rheinland, 1993.

Strahlenschutzkommissionsempfehlung, Maßnahmen bei radioaktiver Kontamination der Haut, Bundesanzeiger Nr. 45 (1990) S. 1082-1084.

Merkposten zu Antragsunterlagen in dem Genehmigungsverfahren für Anlagen zur Erzeugung ionisierender Strahlung (GMBl.[2] 1978, Nr. 4).

Richtlinien für die physikalische Srahlenschutzkontrolle (§§ 62 und 63 StrlSchV) (GMBl. 1978, Nr. 22).

Richtlinien über Prüffristen bei Dichheitsprüfungen an umschlossenen radioaktiven Stoffen (GMBl. 1979, Nr. 11).

Richtlinien für den Strahlenschutz bei Verwendung von radioaktiven Stoffen und beim Betrieb von Anlagen zur Erzeugung ionisierender Strahlen und Bestrahlungseinrichtungen mit radioaktiven Quellen in der Medizin (GMBl. 1979, Nr. 31).

Rahmenrichtlinie zu Überprüfungen nach § 76 StrlSchV (GMBl. 1981, Nr. 2).

Richtlinie zu § 63 der StrlSchV (GMBl. 1981, Nr. 23) – Berechnungsgrundlage für die Ermittlung der Körperdosis bei innerer Strahlenexposition.

Richtlinie zu § 45 StrlSchV – (GMBl. 1979, S. 371) – Allgemeine Berechnungsgrundlage für die Strahlenexposition bei radioaktiven Ableitungen mit der Abluft oder in Oberflächengewässer.

Richtlinie zur Emissions- und Immissionsüberwachung kerntechnischer Anlagen (GMBl. 1979, S. 668).

Richtlinie über die Fachkunde im Strahlenschutz (GMBl. 1982, S. 592).

[1] BGBl. = Bundesgesetzblatt

[2] GMBl. = Gemeinsame Ministerialblätter

DIN-Normen

DIN 1 946	Raumlufttechnik
DIN 6 812	Medizinische Röntgenanlagen bis 300 kV, Strahlenschutzregeln für die Einrichtung
DIN 6 814	Blatt 1: Begriffe und Benennung in der radiologischen Technik, Allgemeines, Anwendung ionisierender Strahlen Blatt 2: Strahlenphysik Blatt 3: Dosisgrößen und Dosiseinheiten Blatt 4: Radioaktivität Blatt 5: Strahlenschutz
DIN 6 843	Strahlenschutz beim Arbeiten mit radioaktivem Material in offener Form in medizinischen Betrieben, Regeln
DIN 6 844	Nuklearmedizinische Betriebe, Regeln für die Einrichtung und Ausstattung
DIN 25 415	Dekontamination von radioaktiv kontaminierten Oberflächen, Verfahren zur Prüfung und Bewertung der Dekontaminierbarkeit
DIN 25 422	Aufbewahrung radioaktiver Stoffe
DIN 25 425	Radionuklidlaboratorien Teil 1, Regeln für die Auslegung
DIN 25 425	Radionuklidlaboratorien Teil 2, Grundlagen für die Erstellung einer betriebsinternen Strahlenschutzanweisung
DIN 25 425	Radionuklidlaboratorien Teil 3, Regeln für den vorbeugenden Brandschutz
DIN 25 425	Radionuklidlaboratorien Teil 4, Dekontamination von radioaktiv kontaminierten Oberflächen, Prüfung von Dekontaminationswaschmitteln für Textilien
DIN 25 425	Radionuklidlaboratorien Teil 5, Regeln zur Dekontaminierbarkeit von Oberflächen
DIN 25 466	Radionuklidabzüge, Anforderungen an Auslegung und Prüfungen
DIN 54 113	Technische Röntgeneinrichtungen und -anlagen bis 300 kV, Strahlenschutzregeln für die Herstellung und Errichtung
DIN 54 115	Blatt 1: Strahlenschutzregeln für die technische Anwendung umschlossener radioaktiver Stoffe, zugelassene Körperdosen, Kontroll- und Überwachungsbereiche Blatt 2: Strahlenschutzregeln für die technische Anwendung umschlossener radioaktiver Stoffe, umschlossene Strahler Blatt 3: Strahlenschutzregeln für die technische Anwendung umschlossener radioaktiver Stoffe, Beförderung

Bezugsquellen

Bundesgesetzblätter (BGBl.), Verlag Bundesgesetzblatt, Bonn.

Gesetzblätter für Baden-Württemberg (Ges.Bl.), Versandstelle des Gesetzblatts, Reinsburgstr. 20, 70187 Stuttgart.

Gemeinsame Ministerialblätter (GMBl.) Carl Heymanns Verlag KG, Bonn.

ICRP-Richtlinien, Gustav Fischer Verlag, Stuttgart.

DIN-Normen, Beuth Verlag GmbH, Berlin.

Tabelle B.11 Muster für einen Abfallbehälterinventarschein

<table>
<tr><td colspan="3">Behälter-Nr.:</td><td colspan="3">physikalische Beschaffenheit:

fest, flüssig, nicht brennbar[1]</td></tr>
<tr><td colspan="3">Gesamtaktivität: kBq

gemessen ( ) geschätzt ( )</td><td colspan="3" rowspan="2">Gewicht: kg

Volumen: L

pH-Wert:</td></tr>
<tr><td colspan="3">Abfallschlüssel nach Abfallbestimmungsordnung[2]:</td></tr>
<tr><td colspan="6">Gefahrstoffe:</td></tr>
<tr><td rowspan="2">Datum</td><td rowspan="2">Nuklide</td><td rowspan="2">Aktivität
(kBq)</td><td colspan="2">nur bei LSC-Proben</td><td rowspan="2">Abfallerzeuger(in)</td></tr>
<tr><td>Anzahl</td><td>Summe</td></tr>
<tr><td></td><td></td><td></td><td></td><td></td><td></td></tr>
<tr><td></td><td></td><td></td><td></td><td></td><td></td></tr>
<tr><td></td><td></td><td></td><td></td><td></td><td></td></tr>
<tr><td></td><td></td><td></td><td></td><td></td><td></td></tr>
<tr><td colspan="6">Die Außenfläche des Behälters ist kontaminationsfrei !

Datum:.........
Strahlenschutzbeauftragte(r):......................... ....
Name Unterschrift</td></tr>
</table>

[1] nicht Zutreffendes streichen [2] siehe Auszug Abfallschlüssel. Die wichtigsten Abfallschlüssel sind in Tabelle A.1/2, Anhang A angegeben

Anhang C

Entsorgung von Laborabfällen

Die Entsorgung von Laborchemikalien, Rückständen und gebrauchten Lösungsmitteln bereitet zunehmend Schwierigkeiten. Es braucht nicht darauf hingewiesen werden, daß Abfall zu vermeiden besser ist, als Abfall zu beseitigen. Die große Zahl der verschiedenen Abfälle, die aber meist in nur geringen Mengen anfallen, macht ein Recycling nur in Ausnahmefällen möglich.

Die Abfälle sind überwiegend Sonderabfälle und müssen in der Bundesrepublik Deutschland nach dem Abfallgesetz des Bundes, der Länder sowie nach den einschlägigen Verordnungen erfolgen. In anderen Staaten gibt es entsprechende Verordnungen.

Es ist ratsam, sich rechtzeitig mit einem zuständigen Entsorgungsunternehmen in Verbindung zu setzen, mit dem die Fragen der Klassifizierung, Sammlung und Verpackung der Abfälle abgestimmt werden.

C.1 Sammelbehälter

Zum Sammeln von Laborabfällen müssen Behälter verwendet werden, die den chemischen Beanspruchungen standhalten und gegebenenfalls auch den Transportbestimmungen nach dem Chemikaliengesetz entsprechen.

Beim Sammeln von brennbaren Lösungsmitteln handelt es sich im Sinne der „Technischen Regel für brennbare Flüssigkeiten" um eine aktive Lagerung, d. h. ein diskontinuierliches Füllen ortsbeweglicher Gefäße. Falls Kunststoffbehälter mit einem Volumen größer als 5 Liter verwendet werden, müssen Vorsorgemaßnahmen gegen eine elektrostatische Aufladung getroffen werden (s. u.). Außerdem müssen die Behälter in dafür geeigneten Räumen mit einer ausreichenden Lüftung aufgestellt sein, damit sich keine zündfähigen Gasgemische bilden können und die Schadstoffkonzentrationen in der Luft möglichst niedrig gehalten werden können.

Sammelbehälter für brennbare Flüssigkeiten sind grundsätzlich in einer Auffangwanne aus Edelstahl aufzustellen, die den gesamten Inhalt aufnehmen kann (Brandschutz).

Werden Kunststoffbehälter mit einem Volumen kleiner 5 Liter verwendet, muß der Trichter zur Vermeidung von elektrostatischer Aufladung beim Einfüllen bis knapp über den Boden des Sammelgefäßes reichen. Trichter aus Metall müssen geerdet werden, solche aus Kunststoff oder Glas brauchen keine Erdung und sind daher vorzuziehen.

Werden größere Sammelbehälter benötigt, muß Vorsorge gegen elektrostatische Aufladung getroffen werden. Falls das Entsorgungsunternehmen Sammelbehälter wieder zurückgibt oder vor Ort entleert, können elektrisch leitfähige Kanister[1] mit 10 Liter Inhalt, die baumustergeprüft GGVS sind, eingesetzt werden. Die Auffangwannen sind dann zu erden und Kunststoff- oder Glastrichter mit genügend langem Hals zu verwenden. Es gibt auch andere Alternativen, z. B. Kunststoffblasen, die in geerdete Metallbehälter eingelegt sind. Falls Behälter umgefüllt werden sollen, darf dies nur in solchen Räumen geschehen, die dafür zugelassen sind.

Behälter größer als 10 Liter sind im Hinblick auf eine zu große Brandlast zu vermeiden. Darüber hinaus sollten volle Behälter mindestens täglich abtransportiert werden.

C.2 Kennzeichnung der Sammelbehälter

Laborabfälle sind getrennt nach ihrer chemischen Beschaffenheit zu sammeln, damit sie später vom Entsorgungsunternehmen auch abgenommen werden können. Reaktive Chemikalien müssen zuvor in chemisch inaktive Substanzen überführt werden (s. u.). Die Behälter sind entsprechend ihres Inhalts deutlich zu beschriften und mit den entsprechenden Gefahrensymbolen (s. Anhang A) zu kennzeichnen. Zusätzlich ist die Abfallschlüsselnummer anzugeben. Eine Auswahl von Abfallschlüsseln ist in Tabelle C.1 angegeben.

A. Lösungsmittel

A1. *Halogenfreie organische Lösungsmittel* (55370) und Lösungen organischer Stoffe. Geringe Mengen Halogen werden unter Umständen vom Entsorgungsunternehmen toleriert.
A2. *Dichlormethanhaltige Lösungsmittel* (55206) zum Recycling, die als halogenierte Komponente **nur** Dichlormethan enthalten.
A3. *Alle anderen halogenhaltigen Lösungsmittel* (55220) und Lösungen halogenhaltiger Stoffe. Auf Tetrachlorkohlenstoff sollte ganz verzichtet werden.

B. Metallsalzabfälle

Sonstige Konzentrate (52725); vor dem Einfüllen, müssen die Salzlösungen auf pH 6-8 gebracht werden. Die Verwendung von Chromschwefelsäure ist nach Möglichkeit zu vermeiden.

C1. *Feststoffe, org./lösl./halogenfrei* kommen in die Behälter für halogenfreie Lösungsmittel A1.

C2. *Feststoffe, org./lösl./halogenhaltig* kommen in den Behälter für halogenhaltige Rückstände A2.

C3. *Verbrauchte Filter und Aufsaugmassen* (31435), auch für Sorptionsmittel aus der Chromatographie

C4. *Feste organische Laborchemikalien* (59302), sortiert in Originalpackungen (s. u.). Jedem Behälter der jeweiligen Sorte wird eine Liste der einzelnen Gefäßinhalte beigelegt.

[1] Erhältlich z. B. vom Kunststoffwerk Draak GmbH, 21423 Winsen/L., Kunstoffbehälter G 100, leitfähig.

Tabelle C.1 Auszug von Abfallschlüsseln aus dem Kreislaufwirtschafts- und Abfallgesetz KRW-/AbfG vom 27.9.1994 (BGBl. I S. 2705).

Abfallschlüsselnr. bis 31.12.1998	UN-Nr.	Abfallschlüsselnr. ab 1.1.1999	Bezeichnung
521 02	3264	060199	Anorganische Säuren, Säuregemische und Beizen (sauer)
524 02	3267	060299	Laugen, Laugengemische und Beizen (basisch)
527 25	2810	060399	Sonstige Konzentrate und Halbkonzentrate sowie Spül- und Waschwasser
552 20	1992	140102	Lösemittelgemische, halogenierte organische Lösemittel enthaltend
553 70	1992	140103	Lösemittelgemische ohne halogenierte organische Lösemittel
554 01	2926	140106	Lösemittelhaltige Schlämme mit halogenierten organischen Lösemitteln
554 02	3175	140107	Lösemittelhaltige Schlämme ohne halogenierte organische Lösemittel
593 02	2930	160503	Laborchemikalienreste, organisch, fest
593 03	3288	160502	Laborchemikalienreste, anorganisch, fest
953 04	2926	150106	mit Chemikalien verunreinigte Betriebsmittel

Vorschlag für die Sortierung organischer Laborchemikalien:

Gruppe 1: Organische Stoffe, die nur C, H, N, O enthalten.

Gruppe 2: Chlor, Schwefel und Phosphor enthaltende organische Verbindungen (besondere Rauchgasreinigung erforderlich).

Gruppe 3: Brom enthaltende organische Verbindungen. (Spezielle Konditionierung vor der Verbrennung erforderlich.)

Gruppe 4: Fluor und Iod enthaltende organische Verbindungen. (Spezielle Konditionierung vor der Verbrennung erforderlich.)

Gruppe 5: Metallorganische Verbindungen, selbstentzündliche organische und anorganische Verbindungen. (Einzelbehandlung notwendig.)

Gruppe 6: Explosive Stoffe, Peroxide, Acetylenide, Nitroverbindungen. (Verbrennung nur in starker Verdünnung möglich.)

Gruppe 7: Bromierte, iodierte und fluorierte Aromaten. (Spezielle Konditionierung bei der Entsorgung entsprechend der Art des Halogens.)

Gruppe 0: Krebserzeugende Stoffe. Bei krebserzeugenden Stoffen wird diese Kennzeichnung zusätzlich zu der Einordnung in die Gruppen 1–7 benötigt. Besondere Schutzmaßnahmen sind für die damit arbeitenden Personen während der Entsorgung erforderlich.

Die Möglichkeit der Entsorgung von Quecksilber, quecksilberhaltigen und anderen schwermetallhaltigen Rückständen ist nicht immer gegeben und sollte frühzeitig mit den jeweiligen Entsorgungsunternehmen abgeklärt werden.

C.3 Desaktivierung von Laborabfällen

Kleinmengen reaktiver Chemikalien sind vor dem Sammeln in harmlose Folgeprodukte zu überführen. Bei den im Folgenden beschriebenen Prozeduren ist besondere Vorsicht geboten, da manche Reaktion sehr heftig verlaufen (Schutzbrille, Schutzhandschuhe, Abzug mit möglichst geschlossener Frontscheibe). Dabei handelt es sich um eine Auswahl. Weitere Hinweise sind z. B. im Chemikalienkatalog der Firma Merck, Darmstadt, unter dem Stichwort „Laborabfälle“ gegeben.

Im Zweifelsfall wird man das Verhalten der Reaktionspartner in Vorversuchen mit kleinen Substanzmengen ausprobieren.

- *Alkaliamide und -hydride* s. Alkalimetalle.
- *Alkaliborhydride* können direkt mit Methanol zersetzt und anschließend mit Wasser hydrolisiert werden.
- *Alkalimetalle* werden in einem inerten Lösungsmittel vorgelegt und tropfenweise mit Propanol versetzt (Wasserstoff- bzw. Knallgasentwicklung beachten! Abzug!). Nach Beendigung der Reaktion wird tropfenweise Wasser zugegeben. Falls Natriumdispersion in Paraffin vorgelegt wurde, muß das Paraffin mit Wasser gefällt und vor der Entsorgung (Sammelbehälter B) abgetrennt werden. Das Paraffin kann wie unter C1 beschrieben entsorgt werden.
- *Alkylsulfate.* Diese Substanzen sind cancerogen (Anhang II der GefStoffV, stark gefährdend): Einatmen und Hautkontakt vermeiden. Eintropfen in eine eisgekühlte konzentrierte Ammoniaklösung. Vor Einfüllen in den Sammelbehälter B pH kontrollieren und gegebenfalls korrigieren (pH 6–8).
- *Cyanide* werden mit Wasserstoffperoxid zunächst bei pH 10–11 zu Cyanaten und dann bei pH 8–9 zu CO_2 oxidiert. Die Vollständigkeit der Oxidation kann z. B. mit Mercoquant Cyanid-Teststäbchen (Merck) überprüft werden. Es entstehen keine abwasserschädlichen Reaktionsprodukte. Vorsicht, wegen der Verwendung von Wasserstoffperoxid dürfen höchstens geringe Mengen organischer Substanzen oder Lösungsmittel vorhanden sein!
- *Lithiumaluminiumhydrid.* Im Rundkolben in Ether suspendieren und unter Schutzgas (N_2) eine Mischung Essigester/Ether (1:4) unter intensivem Rühren zutropfen. Hinweis: Die Essigesterlösung darf nicht an die Kolbenwand gelangen, da sich sonst Nester von Rückständen bilden, die nicht vollständig abreagieren.
- *Mercaptane und Nitrile.* Oxidation durch mehrstündiges Rühren mit Natriumhypochlorit-Lösung. Der Überschuß an Natriumhypochlorit wird mit Natriumthiosulfat zerstört. Die organische Phase kommt in den Sammelbehälter A1, die wässrige Phase in B.

- *Oleum.* Vorsichtig in 40%ige Schwefelsäure eintropfen lassen (Kühlung mit Eis, stark exotherm!). Entstehende konzentrierte Schwefelsäure vorsichtig auf viel Eis gießen. Vor dem Entsorgen (Sammelbehälter B) muß neutralisiert werden.
- *Organische Basen und Amine.* Sammelbehälter A1 bzw. A3. Bei starker Geruchsbelästigung können sie vorher in einem organische Lösungsmittel gelöst und mit verdünnter Schwefelsäure neutralisiert und in den entsprechenden Sammelbehälter A1 bzw. A3 gegeben werden. Falls eine wässrige Phase auftritt, wird sie in Behälter B gegeben.
- *Organische Peroxide* werden mit Eisen-II-salzen oder mit dem Perex-Kit (Merck) reduziert und die Vollständigkeit der Reduktion mit Peroxid-Teststäbchen kontrolliert. Die organische Phase kommt in den Sammelbehälter A1, die wässrige Phase in B.
- *Saure Gase* (Halogenwasserstoff, Chlor, Phosgen, Schwefeldioxid) werden in verdünnte Natronlauge eingeleitet und vor dem Entsorgen (Sammelbehälter B) mit Salzsäure neutralisiert.
- *Säurehalogenide.* Umwandlung in Methylester durch Eintropfen in einen Überschuß von Methanol. Vor Einfüllen in den Sammelbehälter mit Natronlauge neutralisieren. (Organische Phase in A3, wässrige Phase in B).

Literatur

K.R. Müller, G. Schmitt-Gleser, *Handbuch der Abfallentsorgung*, Ecomed Verlagsgesellschaft, Landsberg **1990** (wird fortlaufend ergänzt)

L. Roth, *Gefahrstoffentsorgung*, Ecomed Verlagsgesellschaft, Landsberg **1990** (wird fortlaufend ergänzt)

Weitere Angaben s. Anhang A

Sachwortverzeichnis

A

Abbau, Edman- 180; 185
Absorptionsphotometrie 81
Acrophilie-Plot 478
Acrylamid 31
Adsorption an Gele 172
Adsorptionschromatographie 15
Affinitäten von Proteinen 462
Affinitäts-Chromatographie 20
Affinitäts-Elektrophorese 33
Agarose-Gele 425
Agarose-Gel-Elektrophorese 34
Aktivatoren 75
Aktivität, spezifische 273
Aktivitätsverlust bei Serum 77
Alditolmethode 236
Aldohexosen 225
Aldopentosen 225
Aldoximmethode 235
Alpha-Strahlen 271
AMCA 432
Aminopeptidasen 180
Aminosäure, PTH- 185
Aminozucker 234
  –, Hydrolyse 221
Amylase 223
Analyse, enzymatische 228
Anionenaustauscher 19
Anlaufphase 76
Antigen 421; 465
  – -Antikörper-Komplex 455
Antikörper 421; 495
  –, isotypspezifische 449
  – -gewinnung 481
  – -Titer 421
Äquivalentdosis 274
Arbeitselektrode 310; 314
Arylamin-Membran 185
Auflösung 2
Auslöseschwelle 501
Ausschlußchromatographie 13
Ausschwing-Rotor 134
Austauschstrom 307
Autoradiogramm 197
Autoradiographie 203; 278; 293
Autoradiolyse 275

B

BABTA 267; 268
BAT-Wert 501
Becquerel 273
Beta-Kamera 278
Beta-Lactoglobulin 187
Beta-Fragmentionen 254
Bicinchoninatmethode 230
Biochromatographie 10
Biologischer Sauerstoffbedarf 411
Biolumineszenz 106
Biopolymer 160
  – -klassen 161
Biosensoren 371
Biotin-Streptavidin-System 455
Biotinylierung 442
  – von Zelloberflächenmolekülen 458
Blockierung von Proteinbindungsstellen 470
Blot-Membran 182
Blotting 45
Böden, theoretische 2
Boratmethode 233
Bromcyanspaltung 183
B-Zell-Epitope 475; 478; 494

C

Carboxypeptidasen 180
Celluloseacetat-Elektrophorese 29
Cellulose-Spot-Synthese 494
Cerenkovstrahlung 283
Chemilumineszenz 283; 289; 466
Chemisch modifizierte Elektrode 316
Chromatographie 1ff
Chronoamperometrie 345f
Chronocoulometrie 350f
Chronopotentiometrie 355f
Chymotrypsin 184
CID 254
coating 63
Coomassie-Färbung 44
C-terminale Sequenzanalyse 191
Cyclische Voltammetrie 327f

D

Datenbanken, Sequenz- 191
Dekonvolutions-Spektrum 261
Denaturierung 71
Derivate, flüchtige 237
Detektoren in der HPLC 7
Dialyse 150; 169
Dichtegradient 116
- -Differentialzentrifugation 115
Didesoxinucleotid-Methode 198
Differentielle Pelletierung 115
diffuse Doppelschicht 304
Diffusion
-, Eddy- 5
-, Longitudinal- 5
- -sgesetz, Ficksches 416
- -skoeffizient 120; 304
- -sporen 10
- -potential 319
direkte Immunfluoreszenz 433; 435
Diskontinuierliche Polyacrylamid-Gelelektrophorese 35
Dispergier-Geräte 157
Dissoziation, kollisionsinduzierte 254
DNA
- -Fragment 196
- -Polymerase 196
- -Sequencer 193
- -Sequenzanalyse 192
Domänen 481
Doppeldiffusion, Gel- 422
Doppelmarkierung 283; 447
Doppelpulschronoamperometrie 345
Doppelschicht 303f
- -kapazität 303
Dounce-Homogenisator 460
Drehwert, spezifischer 224
Dünnschicht-Chromatographie 228
Dünnschicht-Elektrophorese 28
Dünnschicht-Zelle 313
Durchflußporen 10
Durchflußzytometer 430; 451
Durchtrittsreaktion 302
Dynamische elektroanalytische Methoden 301

E

Eddy-Diffusion 5
Edman-Abbau 180; 185
EGTA 267; 268
EI-Methode 241
Einfarbenimmunfluoreszenz 432; 435
Electrospray-Massenspektrometrie 250
Elektrochemische Transducer 390
Elektrochemische Umsetzungen 301
Elektrochemische Zelle 310f
Elektrode
-, Arbeits- 310; 314
-, chemisch modifizierte 316
-, Gegen- 310; 317
-, ionenselektive 394
-, hydrodynamische 364
-, Kalomel-, ges. 318
-, rotierende 316
-, Vergleichs- 310; 318
Elektrolyse 359f
Elektrolyt 322f
Elektronentransfer 301
-, reversibler 306
-, irreversibler 307
-, quasireversibler 307
Elektroendo-Osmose 425
Elektrophorese 26
-, kontinuierliche trägerfreie 27
-, zweidimensionale 38
ELISA 476; 495
Elution 2
Enantiomerentrennung 23
Endcapping 16
Endoproteinase Arg-C 184
Endoproteinase Asp-N 184
Endoproteinase Lys-C 184
Endwertmethode 98
Energiedosis 274
Enzymatic Cycling 97
enzymatische Freisetzung 224
Enzym
-, Kohlenhydratspaltendes 222
- -elektroden 374
- -Kits 226
- -konzentration 70
- -sensoren 374
-, optische 389
- -Substrat-Komplex 69
Epitopmapping 475
Epitopvorhersage 477
ESI-MS 250
Extraktion 467

F

Factor Xa 184
Fällung
- mit Salz 165
–, fraktionierte
- mit Ammoniumsulfat 165
- mit organischen Agentien 166
–, protolytische 168
Faltblattkonformation 479
Faradaysches Gesetz 304
Faradayscher Strom 335
Fast-Atom-Bombardement-MS 241
Ficksches Diffusionsgesetz 304; 416
Fingerprint 214; 215
FITC 430
Flugzeitanalysatoren 258
Fluoresceinisothiocyanat 430
Fluoreszenzhistogramme 451
Fluoreszenzkonjugate, speziesspezifische 448
Fluoreszenzmikroskop 429
Fluorimetrie 106
Fluorochrome 430
Fluorophore 86
Flüssigkeitschromatographie 6
Flüssigkeitsszintillationszähler 278; 279
Fokussierung, isoelektrische 27; 48
Formalpotential 306
Formazane 84
Fragmentdatenbank 190
Fragmentierung 181
Fragmentionen 241
- , b- und y"- 254
fraktionierte Fällung
- mit Ammoniumsulfat 165
- mit organischen Agenzien 166
Fraktionierung von Biopolymeren 162
Funken-Kamera 278
Fura 2 267
Furfural-Derivate 224

G

Galactosidase, exo-ß- 223
Gammazähler 278; 290
Gaschromatographie 234
- an Kohlenhydraten 227
Gaswechselprozesse 244
Gefahrensymbole 500
Gefahrstoffverordnung 499
Gefriertrocknung 152; 172
Gegenelektrode 310; 317
Gelchromatographie 6; 13; 230
Gel-Doppeldiffusion 422
Gel-Elektrophorese 29; 465; 467
–, SDS- 37
Gelfiltration 13
Genbank 191
Gerüstpolymere 160
Gesamtkohlenhydratbestimmung 225f
Glasfaserfilter 184
Glasperlenhomogenisatoren 157
Glucosebestimmung 227
Glucosidase 223
Glycogen 223
Glycoproteine 219; 223
Glycoside 219
glycosidische Bindung 220
Gouy-Chapman-Schicht 304
Gradienten
–, exponentielle 129
- -Gel 41
- -Gel-Elektrophorese 36
–, lineare 128
- -Material 125
- -Mischer 41
Grenzstrombereich 306
Grundelektrolyt 322
Gruppennachweis, photometrischer 225

H

Haber-Luggin-Kapillare 321f
Halbwertszeit 273
Helix-Achse 481
Helmholtz-Schicht 304
Hexokinase-Methode 226
Hilfsreaktionen 76
Histogramme, Fluoreszenz- 451
HIV-envelop-Protein 479
Hochgeschwindigkeits-Zentrifugation 122
Homochromatographie 214
Homogenisationsmedien 146; 150
Homogenisatoren, Zell- 157
Homomix 215
HPLC-MS 257
HPLC-Pumpe 7
HPLC-Säulen 7
Hybridisierung 198

Hydrolyse
–, chemische 221
–, enzymatische 222
–, limitierte 183
– von Kohlenhydraten 221f
Hydrophobe Interaktions-Chromatographie 22

I

Imager 299
Immobiline 52
– -Gele, Rehydratisierung von 57
immobilisierte pH-Gradienten 51
Immun-
– -abwehr 476
– -blot 465
– -diffusion 416; 418; 419
– -elektrophorese 33; 419; 426
– -elektrophoresegele 425
– -fixation 32
– -fluoreszenz 429
–, direkte 433; 435
–, indirekte 433; 436
– -komplex 417; 455
– -präzipitation 418; 454
Immunodiagnostik 411
Immunogene 475
Immunosensoren 377
Impfstoffe 475
Indikator-Farbstoffe 263
Indikator-Reaktion 76
indirekte Immunfluoreszenz 433; 436
Indo 1 267f
Indo-1-Methode 267
Inhibitoren 75
Interaktions-Chromatographie, hydrophobe 22
in-vivo-Elektrochemie 368
Iodinierung von Zelloberflächenmolekülen 458
Iodosobenzoesäure, Spaltung mit 183
Ionenaustauschchromatographie 19; 230
– von Aminozuckern 233
Ionenaustauscher 231
Ionendosis 274
Ionenpaarchromatographie 21
Ionenselektive Elektroden 394
Ionenspray 251
Ionentransportmessungen 263
Ionisierung 251
irreversibler Elektronentransfer 307
isoelektrische Fokussierung 27; 48; 57
–, analytische 53
–, präparative 60
Isopyknische Zentrifugation 116
Isotachophorese 26; 48
Isothiocyanat-Membran 185
Isotope 271
Isotypkontrolle 434; 437
isotypspezifische Antikörper 449

K

Kalomelelektrode, ges. 313
Kanalverhältnismethode 288
Kapazitätsfaktor 3
Kapillare, Haber-Luggin- 321f
Kapillar-Isoelektrische Fokussierung 66
Kapillar-Isotachophorese 66
Kapillar-Elektrochromatographie 65
Kapillar-Elektrophorese 62
–, Geräte 67
Kapillar-Gelelektrophorese 63
Kapillar-Zonenelektrophorese 63
Katal 70
Katalytischer Test 103
Kationenaustauscher 20
Kernresonanzspektroskopie 243
Ketohexosen 225
Kettenabbruchnucleotid 198
Kettenreaktion, Polymerase- 196
Kieselgele, oberflächenmodifizierte 16
Klonierung, Shotgun- 196
Klonierungstechnik 195
Kohlenhydratderivate, offenkettige 240
Kohlenhydrate 218
–, cyclische 238
Koinzidenzschaltung 281
kollisionsinduzierte Dissoziation 254
konduktometrische Sensoren 396
Konfiguration, anomere 243
Konformationsmapping 481
Kontinuierliche trägerfreie Elektrophorese 27
kontinuierlicher Test 78
Kontroll-Immunpräzipitation 463
Konzentrierung von Biopolymeren 169

L

Laborzentrifuge, hochtourige 122
Lactoglobulin, Beta- 187
Ladder Sequencing 191
Ladungsdurchtritt 302
lag-Effekt 189
Leitsalz 323
limitierte Hydrolyse 183
Longitudinal-Diffusion 5
Luminol-Reaktion 388
Luminometer 108
Luminometrie 88; 106
Lyophilisation 152; 172

M

MAK-Wert 501
MALDI-TOF-MS 62; 262
Manometer, Warburg- 245
Markierung, metabolische 457
Massenspektrometer, Quadrupol- 258
Massenspektrometrie 238
Matrix-Assisted-Laser-Desorption-MS 241
Maxam-Gilbert-Verfahren 193; 208
Mediatoren 392
Mehrfarbenimmunfluoreszenz 432
Mehrsubstratreaktion 71
Membran
  –, Arylamin- 185
  –, Blot- 182
  –, Isothiocyanat- 185
  – -proteine 150
    –, Auftrennung von 59
  – -trennverfahren 168
Messerhomogenisatoren 157
Messung von Ca^{2+}-Konzentrationen 267
Methionin 457
Methyl-Derivate 237
Methylierungsanalyse 242
Michaelis-Menten-Gleichung 70f
Mikrodissektion 114
Mixed-Mode-Chromatographie 22
Mizellare Elektrokinetische Kapillarchromatographie 64
Molmassenbestimmung 13; 250
Monolayer-Kultur 457
Mono-Saccharide 219
Montier-Methode 295
MPS 482
MS-MS-Kopplung 250; 253
Multikanalanalysator 297
Multiple Sequenzanalyse 191
Multiplex-Sequenzierung 205
Mutarotation 234; 243
Myoglobin 6

N

Nachweis von Biopolymeren 172
Nanoelektroden (Nanoden) 315
Neutralzucker 231
  –, Hydrolyse 221
NMR-Spektroskopie 243
Nukleotiddatenbank 191
Nullserum 436

O

Oligosaccharide 219; 241
Öl-Well-Technik 113
Optoden 386
Osmolyse 151
Ouchterlony-Test 423
Ovalbumin 6

P

PAGE 35
Papier-Elektrophorese 28
Partialhydrolyse 215
PCR 196
PE 430
Pepsin 184
Peptid
  – -mapping 257
  – -sequenzierung 254
  – -synthese 491
    –, multiple 482
  –, tryptisches 257
Perfusionschromatographie 10
Phage 195
pH-Gradient, immobilisierter 51
pH-Optimum der Enzyme 73
Phosphatzucker, Hydrolyse 221
Phosphoreszenz 282
Photometer, Spektral- 264
Photometrie 97
  –, Reflektions- 92
Phycoerythrin 430
piezoelektrische Sensoren 388
Pin-Blöcke 492

Pin-Synthese 491ff
Pipettierroboter 489
Plasmid 195
Platin/Wasserstoff-Elektrode 319
Polarimetrie 224
Polyacrylamid-Gel 30
– -Elektrophorese 35; 198
–, diskontinuierliche 35
Polyalkohole 240
Polyelektrolyte 252
Polymerase 196
– -Kettenreaktion 196
Polysaccharide 230
Polyvinylidendifluorid 184
POPOP 284
Positivkontrolle 438
post column reactor 230
potentiometrische Sensoren 393
Potter 154
PPO 284
Präzipitation eines Immunkomplexes 417
Präzipitin-Bande 421
Probenaufgabe 7
Proportionalzählrohr 278; 297
Protease, V8- 183
– -Inhibitoren 149
Proteindatenbank 191
Proteinreinigung 175
Proteoglycane 219
protolytische Fällung 168
PTH-Aminosäuren 185
Pufferaustausch 170
Pufferlösung 78
Puffersubstanzen 73
Pulsed Field Gel-Elektrophorese 35
Pulshöhenanalysator 297
Pumpe, HPLC- 7
Pyridylethylcystein 190

Q

Quadrupol 254
– -Massenspektrometer 258
quasireversibler Elektronentransfer 307
Quellen-CID 252
Quench 282; 289
– -effekt 87
Quin 2 267

R

radioaktiver Zerfall 273
Radiochemikalien 274
Radio-Immuno Assay 476
Radioiodierung 277
Radioisotopenmethoden 271
Radiolyse 275
Reaktionen, einfache und gekoppelte 75
Reflektions-Photometrie 92
Rehydratisierung von Immobiline-Gelen 57
Reinheit von Radiochemikalien 274
Reinigung von Biopolymeren 162
Repetitive Yield 189
Reporterenzym 88
Restriktionsenzym 194
Retention, relative 3
Retentionszeit 2
reversibler Elektronentransfer 306
Rezeptor 372; 381
Rhodamin 432
RIA 476; 495
Risikosätze 502; 503
Rocket-Immunelektrophorese 427
rotierende Elektrode 316
Rotorparameter 119

S

Saccharose 223
Salzfällung 165
Sandwich-Verfahren 468
Sanger-Methode 193; 198
Säulen in der HPLC 7
SDS-Gelelektrophorese 37
Sedimentation 115
– -skoeffizient 118
Sekundärstruktur 478
Selektivität 3
Sensoren 371
–, Enzym- 374
–, Immuno- 377
–, konduktometrische 396
–, piezoelektrische 388
–, potentiometrische 393
Sequenzanalyse 192
–, C-terminale 191
–, multiple 191
Sequenzdatenbanken 191
Sequenzier-Gel 198

Sequenzierung 257
–, Multiplex- 205
Sequenzmotive 479
Serumalbumin 6
Shotgun-Klonierung 196
Sicherheitsratschläge 502; 505
Silber/Silberchlorid-Elektrode 318
Silicagel 228
Sorbit 240
Spaltung
– mit Iodosobenzoesäure 183
– mit Trypsin 183
– mit V8-Protease 183
–, Bromcyan- 183
Speicherpolymere 160
Spektral-Fluorimeter 264
Spektral-Photometer 264
spezifische Aktivität 273
Standardkanalverhältnismethode 288
Standardpotential 306
Stärke 223
statische elektroanalytische Methoden 301
Stopptest 78
Strahler, β- 271
Streptavidin-Biotin-System 438; 446
Streptavidin-Fluorochromkonjugat 439
Streulichtparameter 451
Stripping-Film-Methode 296
Strukturaufklärung 253
– von Kohlenhydraten 238
Strukturautoradiographie 295
Substratbestimmung, kinetische Methode 102
Suspensionszellen 434
swissprot 191
Szintillationscocktail 280
Szintillator 91

T

Tandemmassenspektrometrie 250; 253
Taq-Polymerase 196
Teebeutel-Methode 483
Temperatureinfluß bei Enzymreaktionen 71
Tentakel-Polymere 10
Tertiärstruktur 479
Test, kontinuierlicher 78
Tetrazoliumsalz 84
Thermistoren 385
TIC 258
TMS-Monosaccharidderivate 240
Totalionenstrom 258
– -chromatogramm, rekonstruiertes 258
Tracer 276
Trägerampholyte 50
Transducer 371
–, Elektrochemische 390
–, Optoden 386
–, Thermistoren 385
Transfer 468
Transmembransegmente 481
Trennfaktor 3
Trennleistung 2
Trennmaterial 8
–, hydrophiles 14
–, organophiles 14
Trennprinzipien 11
Trennstufenhöhe 2
Trennstufenzahl 2
Trifluoracetyl-Derivate 237
Trimetylsilyl-Derivate 237
Tripelquadrupolmassenspektrometer 254
Tritium 271
TRK 501
trockenchemische Verfahren 92
Trypsin, Spaltung mit 183
tryptische Peptide 257
Turnbereich 481
T-Zell-Epitope 475

U

Ultrafiltration 171
Ultraschallgeräte 158
Ultrazentrifugation, analytische 144
Ultrazentrifuge 124
Unit 70

V

V8-Protease, Spaltung mit 183
van-Deemter-Kurve 5
Verfahren, trockenchemische 92
Vergleichselektrode 310; 318
Verteilungschromatographie 229; 231
Verteilungs-HPLC von Kohlenhydraten 232
Vertikalrotor 133; 135
Vinylpyridin 190
Virus 195
Visualisierung 84
Voltammetrie, Cyclische 327f

W

Wandering-Spot-Methode 213
Warburg-Manometer 245
Warburg-Methode 244
Western Blotting 465
Winkelrotor 133

Y

y''-Fragmentionen 254

Z

Zählsysteme 286
Zellaufschluß
 – durch Druck 159
 – -verfahren 145
Zelle, elektrochemische 310f
Zellhomogenisatoren 157
Zellmühlen 154
Zellyse 459
Zentrifugalbeschleunigung 117
Zentrifugation 115
 –, Hochgeschwindigkeits- 122
Zentrifugen 119
 – -Klassen 121
Zerfall, radioaktiver 273
Zermahlen von Geweben 153
Zonal-Rotor 135
Zonen-Elektrophorese 27; 32
Zonen-Zentrifugation 115
Zucker-Aldoxim-Derivate 235
Zweifarbenimmunfluoreszenz 440
Zweiphasen-Extraktion 172
Zykluszahl 104

vieweg

If you have any concerns about our products,
you can contact us on
ProductSafety@springernature.com

In case Publisher is established outside the EU,
the EU authorized representative is:
Springer Nature Customer Service Center GmbH
Europaplatz 3, 69115 Heidelberg, Germany

Printed by Libri Plureos GmbH
in Hamburg, Germany